当代杰出青年科学文库

等离子体光子晶体理论

刘少斌　章海锋　莫锦军　孔祥鲲　刘　崧　著

科学出版社

北　京

内 容 简 介

光子晶体是介质在空间中的周期性分布，作为一种新的“光子”材料已广泛应用于各种微波器件的设计中。由于等离子体的可调性，等离子体光子晶体较传统的光子晶体具有更为广泛的应用前景。

全书共 14 章：第 1~4 章介绍光子晶体以及等离子体光子晶体的基本概念和发展现状以及等离子体的物理特性和相关算法，并对主要计算光子晶体的技术进行了概述，尤其强调了主流算法在处理等离子体光子晶体时的缺陷及解决方案；第 5~10 章主要对一维和二维等离子体光子晶体的理论分析和相关器件设计进行阐述；第 11~14 章对三维等离子体光子晶体在不同条件下的色散特性和器件设计进行介绍，如不同晶格条件、不同磁化模式以及各向异性条件。

本书可供从事微波技术、计算电磁学、光学和光通信、电子科学与技术、应用物理和凝聚态物理等领域研究和开发工作的科技人员参考，也可以作为高等院校相关专业的高年级本科生、研究生和教师的参考书。

图书在版编目(CIP)数据

等离子体光子晶体理论/刘少斌等著. —北京：科学出版社，2016. 6

ISBN 978-7-03-048130-6

Ⅰ. ①等… Ⅱ. ①刘… Ⅲ. ①等离子体－光学晶体－研究 Ⅳ. ①O53

中国版本图书馆 CIP 数据核字 (2016) 第 090144 号

责任编辑：惠 雪 崔慧娴 曾佳佳／责任校对：李 影 刘亚琦

责任印制：徐晓晨／封面设计：许 瑞

科学出版社出版

北京东黄城根北街 16 号

邮政编码：100717

http://www.sciencep.com

北京建宏印刷有限公司印刷

科学出版社发行 各地新华书店经销

*

2016 年 6 月第 一 版 开本：720 × 1000 1/16

2025 年 1 月第四次印刷 印张：35 1/4

字数：711 000

定价：198.00 元

(如有印装质量问题，我社负责调换)

前　　言

在信息技术高速发展的今天，集成电路技术已被广泛应用于通信系统之中。微电子技术和超大规模集成电路技术已经广泛应用于许多微波通信器件中，如滤波器、波导、耦合器和天线等。而基于半导体技术的集成电路技术，将不可避免地面临发热量大和响应时间长等问题。在提倡节能减排和绿色环保的今天，工程师们在制造微波器件时，不会将目光仅仅局限在传统的半导体材料上，因此光子晶体 (photonic crystals) 这种新型的“光子半导体”成为一种较好的选择。尤其是近 20 多年以来，光子晶体已广泛应用于各种微波器件的设计中。然而，对于传统的介质光子晶体而言，禁带是不可调谐的。光子晶体的拓扑结构和加工误差将直接影响带隙特性。为了克服这个缺点，学者们在光子晶体中引入电磁超材料 (metamaterial)，以获得可调谐性禁带。在自然界，等离子体能被视为一种电磁超材料，而且其频率可以涵盖整个微波波段，这意味着等离子体光子晶体可以用来设计可调谐和可重构的微波器件，这在民用和军事上都有着巨大的应用前景。如何在理论上给出等离子体光子晶体器件的设计方案，了解和掌握等离子体光子晶体的电磁特性成为不可回避的问题。而理论上的一维和二维模型在实际应用中不具有普适性，在工程应用中一维和二维问题本质上都是有限的三维结构，所以在理论上充分研究三维等离子体光子晶体的电磁特性是等离子体光子晶体器件走向实用过程中必不可少的一环。值得一提的是，等离子体的介电常数是关于频率的函数而且符合 Drude 模型，在数学模型上与金属、超导体和半导体等色散介质相同。这意味着等离子体光子晶体器件设计的理论和方法同样适用于含以上色散介质的光子晶体器件。因此，在理论上系统地给出等离子体光子晶体的电磁特性和相关器件的设计方法是十分必要的，应当引起业内人士足够的关注。

另外，要实现对等离子体光子晶体电磁特性和相关器件的研究和设计，理论上的计算和仿真是必不可少的。现有的一些商业软件 (如 CST、HFSS、COMSOL、R-Soft 等) 已经可以实现对常规介质光子晶体特性的计算和仿真，甚至可以对等离子体光子晶体的传输特性进行计算。然而，这些仿真都是由国外的软件公司开发的，“黑盒”性强，所以长期依赖国外的仿真软件不利于国家科技的长期发展，并给国家安全带来巨大隐患。因此，在现有的基础上，改进和创新等离子体光子晶体的计算方法成为一个亟待解决的问题。因此，弥补和改进传统计算方法上的不足，使其更具有普适性就显得十分重要了。这为将来开发自主知识产权的相关计算软件奠定了基础。特别是最近几年，突破对国外仿真软件的过度依赖也越来越被业内的专家学者所关注。基于以上原因，我们编写了本书。目的是将最近几年从事等离子体光子晶体的特性研究的一些成果以及国内外同行的一些相关工作汇编成册，供从事微波技术、计算电磁学、光学和光通信、电子科学与技术、应用物理和凝聚态物理等领域研究和开发工作的科技人员参考，从而起到抛砖引玉的作用。

全书共 14 章。第 1 章是对光子晶体和等离子体光子晶体的一些基本概念和涉及的一些算法知识进行概述；第 2~5 章主要侧重于等离子体的物理特性、FDTD 算法以及等离子体光子晶体的计算方法的发展，对主流的计算方法进行探讨和分析，使其能用于对等离子光子晶体进行计算；第 6 ~ 8 章主要从一维等离子体光子晶体的应用角度出发提出不同解决方案，设计了一系列的全向反射器及其相关电磁特性；第 9、10 章主要用 PWE、FDTD 和 FDFD 等方法对二维等离子体光子晶体的电磁特性进行了研究，内容涉及二维等离子体光子晶体的线缺陷、点缺陷、全向反射带隙展宽、全角负折射和自准直等问题 (第 9 章主要侧重于对二维等离子体光子晶体的基本色散和传输特性进行讨论，第 10 章主要侧重于对二维等离子体光子晶体的器件设计进行介绍)；第 11 章主要介绍了三维等离子体光子晶体的基本电磁特性，内容主要关注三维等离子体光子晶体在不同晶格条件下 (立方体、钻石晶格) 和不同磁光效应下 (磁光 Voigt、Faraday 效应) 的色散特性；第 12 章对三维等离子体光子晶体的禁带展宽技术进行了介绍，如引入新型晶格结构、各向异性介质；第 13 章对三维等离子体光子晶体在微波器件设计中的应用进行了探索，并就不同磁光条件下的光开关设计技术给出了一个简单的解决方案；第 14 章对更为普适情况下的三维等离子体光子晶体的特性进行了研究，并指出了本书还未详尽阐述的内容，并对将来可能还需要进一步开展的研究工作进行了展望。

本书是作者所在课题组最近几年来在等离子体光子晶体研究方面所积累的一些研究成果，其中理论上的计算结果和设计实例主要取材于章海锋博士后的相关研究工作和博士学位论文。感谢参与本书编写的众多同行和研究生们；感谢南京航空航天大学电子信息工程学院、国防科技大学、南京炮兵学院和南昌大学理学院在本书撰写和出版过程中给予的帮助；最后感谢所有参与本书出版的人员。

本书的出版得到了国家自然科学基金 (项目编号：61471368，61307052)、江苏省博士后科研资助计划 (项目编号：1501016) 和第 58 批中国博士后面上项目 (项目编号：2015M581790) 的资助，在此表示感谢。

光子晶体已经逐渐成为一门成熟的学科，而等离子体光子晶体是这个大家族中蓬勃发展的一支，其本身也是电磁场微波技术、电子科学与技术、凝聚态物理和应用光学等专业的交叉学科，为将来设计相关的通信系统的新型器件奠定了理论基础。限于作者水平，书中不妥之处在所难免，敬请读者不吝指正。

作　者

2015 年 11 月于南京

目　　录

第1章　等离子体光子晶体概况

随着信息技术的发展，人们对于半导体技术的依赖性越来越强。不论是生活中用到的手机、网络、计算机和家用电器，还是用于国防建设的雷达、预警机、导弹和通信卫星，都离不开芯片技术，也就是常说的集成电路技术。随着人们对信息交流、索取和保存的种类和数量越来越大，对于各类通信和生活电子产品都提出了更高效率、更快速度和更大容量的要求。就是在这样一个大的潮流下，基于半导体工艺的集成电路工艺在过去几年间得以飞速发展。在神奇的摩尔定律 (当价格不变时，集成电路上可容纳的元器件的数目每隔 18~24 个月便会增加一倍，性能也将提升一倍) 的推动下，半导体的集成技术也在近几十年内得到了飞速发展，现代人们正享受着技术不断革新而带来的便利。然而，在最近几年，摩尔定律似乎遇到了瓶颈，随着半导体器件集成度的空前提高，过高的集成度将使电子间的作用更为明显。由于库仑力的存在，所以电子间的热效应更为明显，这将直接导致集成电路热量堆积，从而影响其性能。过度的能量消耗、较长的响应时间和信息传输速率下降成为半导体集成技术的缺陷，同时也制约着当代信息技术的进一步发展。在提倡节能减排和绿色环保的今天，工程师们不得不考虑用新一代材料替代现有的半导体材料，因此用“光子”代替“电子”来传递信息成为一种必然的选择。“光子”较“电子”优势明显：首先，光子没有电荷，也就不存在电磁场的相互作用，所以在传播时可以相互交叉，不会发生干涉，这使得光波导能传递更大的信息量；其次，光子没有静止的质量，所以在真空或介质中传播，其传播速度约是电子在导线中传播速度的 1000 倍，这使得光子传递信息的速度更快；最后，光子还具有抗干扰性强、能耗低和保密性好等优点。光子晶体就是这样一种材料，是人们梦寐以求的“光子半导体”。人们正在尝试着用光子晶体来实现“集成光路”，努力实现如光计算、光存储和光通信，最终实现信息技术的飞跃性发展。尤其对于通信网络中的微波器件而言，人们不但要求其具备高性能和小型化等优点，还对其可重构性提出了要求，即不仅要求器件在频率上实现可重构，还要求其在功能上也实现可重构。这对承担技术革新使命的光子晶体而言，又提出了进一步的要求。因此，在光子晶体中引入电磁超材料成为一种较好的解决方案。等离子体 (plasma) 作为物质的第四态，在自然界中，它也能被视为一种电磁超材料，且它的物理学特性容易通过外部实现调节，如外加磁场、电压和电子密度等参数。近几年来，等离子体越来越多地被用于电磁隐身、目标识别和航空航天等技术的开发，已经成为一个新兴的研究热点。作为光子晶体的一个分支 —— 等离子体光子晶体用来设计可调谐和可重构的微波器件，这在民用和军事上都有着巨大的应用前景。本章将对光子晶体的基本概念和理论进行简要的介绍，内容涉及光子晶体的概念、原理和器件设计，并对等离子体光子晶体目前在国内的发展情况进行简要叙述，对等离子体光子晶体的理论、器件设计和实验验证工作进行综述；最后，对现有的主流的光子晶体的计算方法进行介绍，侧重介绍几种主流的计算方法，为本书后续章节在方法学上奠定基础。

1.1　光子晶体概述

光子晶体作为一种新型的 “光子” 材料被人们所关注，其作为一种人工材料，可以用于设计大量的工作在微波、毫米波、红外波段甚至光波波段的器件。下面从以下几个方面对光子晶体相关知识进行简单的概述。

1.1.1　光子晶体的概念

简单来说，光子晶体 (photonic crystals) 就是一种人工合成的材料，即不同介质在空间的周期性分布。当然，这种不同介质的周期性分布可以是两种也可以是多种，通常光子晶体由两种不同的介质构成。由于这种周期性的介质分布是空间的分布函数，所以从周期分布的角度来说，光子晶体可以划分为一维、二维和三维结构，也就是我们所称的一维、二维和三维光子晶体，其结构图如图 1.1 所示。这个概念于 1987 年分别由学者 Yablonovitch[1] 和 John[2] 独立提出。当电磁波通过周期分布的介质时，由于 Bragg 散射的作用，光子晶体能产生能带结构 —— 光子禁带 (photonic band gaps，PBGs)[3,4]。在这一点上光子晶体和半导体极为相似，但半导体内是周期性变化的原子，而光子晶体则是周期性变化的介质。当周期性分布的介质相差足够大时，这种周期性排列将产生一定的 “势场”，这样在不同介质的分界面上将产生 Bragg 散射，因此光子禁带就产生了。当入射电磁波的频率位于 PBGs 中时，入射电磁波将不能通过光子晶体。光子晶体的另外一个特点是光子局域化，又称为缺陷模[5]。图 1.2 给出了最简单的一维二元光子晶体中含单一缺陷层时频率和光子密度态 ($D(\omega)$) 的关系图。当光子晶体的几何拓扑结构或者空间介质分布发生变化时，入射电磁波通过光子晶体时将产生光子局域现象，即光子能在 PBGs 中发生隧穿而形成缺陷模。这两个有趣的特性使得光子晶体能够用于设计许多实用的器件，如全向反射器[6]、高 Q 值的微波谐振腔[7]、低阈值激光[8]、全光开关[9] 和光学晶体管[10] 等。在短短的几十年内，光子晶体理论及其应用研究得到了 “井喷式” 的发展，每年发表与此相关的论文都在数千篇，并且每年关键词为“光子晶体”的论文数量大体呈现增长的趋势，内容涵盖理论研究、算法实现、性能优化、器件设计、实验测量和实验制备等方面。另外，由于光子晶体本身又是凝聚态物理、光学、微波电磁场技术、信息技术和电子科学与技术等的交叉学科，这无疑使得光子晶体表现出强大的生命力。光子晶体作为一种迈向未来的材料，不仅引起了全世界科学家的广泛关注，而且引领了一个全新的研究领域。因此，1999 年美国权威期刊 *Scicnce* 将光子晶体列为九大研究热点之一，并预言 21 世纪将是一个光子的世纪。

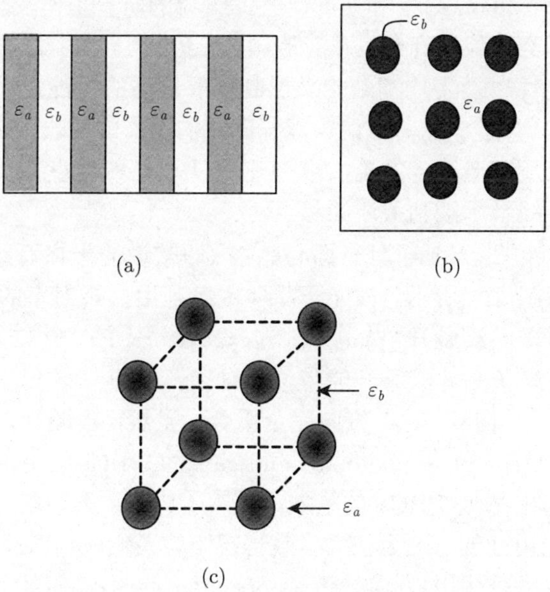

图 1.1　光子晶体的一维、二维和三维结构

(a) 一维光子晶体; (b) 二维光子晶体; (c) 三维光子晶体

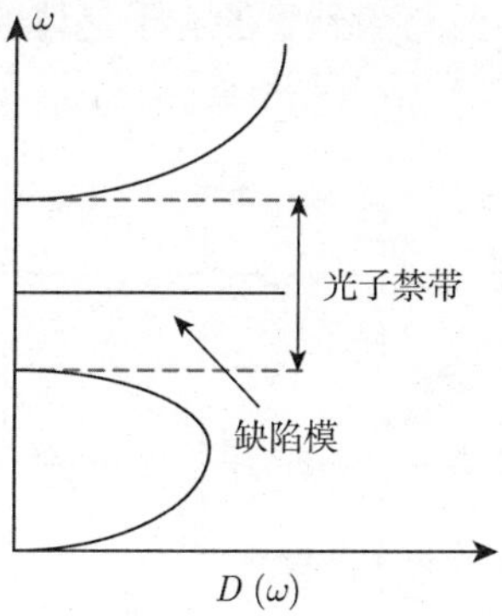

图 1.2　一维二元光子晶体含缺陷时频率和光子密度态的关系图

1.1.2　光子晶体的前世今生

尽管光子晶体的研究在最近几十年内得到了飞速的发展，但是最早对光子晶

体的研究却可以追溯到 1887 年[11]。当时，人们并没有将其定义为“光子晶体”，而是简单地称之为周期结构，而且大量的研究工作仅围绕一维的周期结构展开。直到将近 100 年以后的 1973 年，苏联科学家 Bykov 发表了一篇论文，他在论文中提到了用周期结构来控制自发辐射[12]。然而，光子晶体真正成为一个研究方向且飞速发展却要始于学者 Yablonovith 和 John 于 1987 年的研究工作，他们的研究成果几乎同时发表在物理类顶级期刊*Physical Review Letter*[1,2] 上。他们的论文阐述了控制自发辐射的可能性以及用周期结构来控制辐射传播的可能性，并且较为正式地提出了光子晶体这个概念。随着这两篇里程碑式的论文的发表，每年与光子晶体相关的理论、应用以及制造技术的论文数量几乎以 2 倍的速度增长。光子晶体成为各大研究领域和各级学术期刊关注的焦点。

1990 年，Ho 等[13] 得到了具有面心晶格 (即常说的蛋白石结构) 的三维光子晶体的能带图，如图 1.3 所示。该光子晶体本身是由高折射率的介质球置于空气中构成的，他们用平面波展开 (plane wave expansion，PWE) 法对其进行了计算。由图 1.3 可知，该光子晶体的第一能带位于频率范围 0~0.8 以下，而第二能带与第一能带却在 Γ-L 方向和 Γ-X 方向完全重合。显然，由图 1.3 可知，该光子晶体不存在完全带隙 (complete photonic band gaps，CPBGs)。所谓完全禁带就是在任意晶格对称方向上都是 PBGs 的区域。虽然 CPBGs 不存在，但是这并不意味着光子晶体是毫无用处的。因为在大多数情况下，人们仅对某个晶格对称方向上的 PBGs 感兴趣，即所谓的方向禁带 (stop band gaps，SBGs)。SBGs 对基于光子晶体的器件设计有更为现实的意义。如图 1.3 所示，该光子晶体在 Γ-L 方向和 Γ-X 方向存在着 SBGs，这意味着电磁波沿着这两个方向经过该光子晶体时都会被反射。当然，他们也对在钻石晶格条件下的光子晶体的能带图进行了计算，在此不再给出。他们的计算结果证明，在钻石晶格条件下，相同填充物质的光子晶体能产生

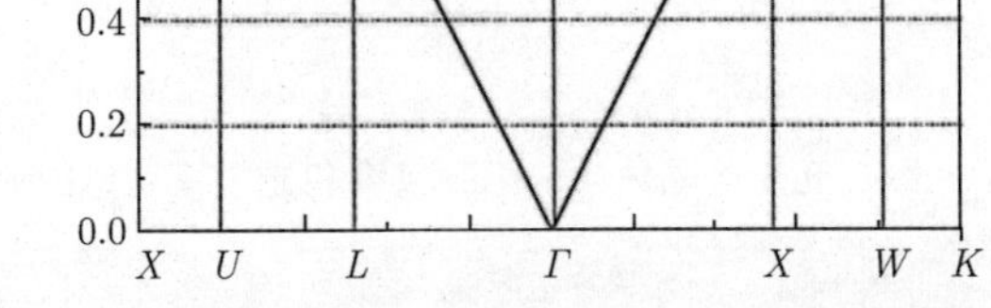

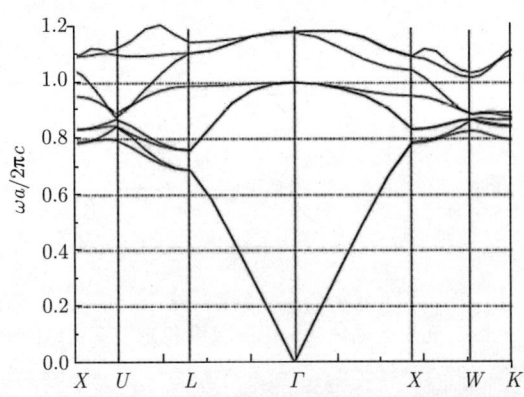

图 1.3　Ho 等[13] 得到的三维面心晶格光子晶体的能带图

CPBGs，这意味着光子晶体的晶格结构能对 CPBGs 的产生造成影响，这个特点也和半导体的特性相似。

1992 年，Sozuer 等[14] 对蛋白石结构的互补结构的三维光子晶体的禁带特性进行了研究，即俗称的“反蛋白石结构”。简单来说就是用空气球填充在高介电常数的介质背景中，在拓扑结构上和 Ho 等研究的三维光子晶体呈现一个互补的关系。他们所计算的该光子晶体的能带曲线如图 1.4 所示。由图 1.4 可知，该光子晶体能产生 CPBGs，图中灰色部分表示 CPBGs 的区域。这种反蛋白石结构的光子晶体引起了学者们的关注，因为现代光子晶体的制造水平更容易实现这种空气填充介质的结构。另外，这种结构也更容易获得 CPBGs，从而使得光子晶体器件化变成可能。

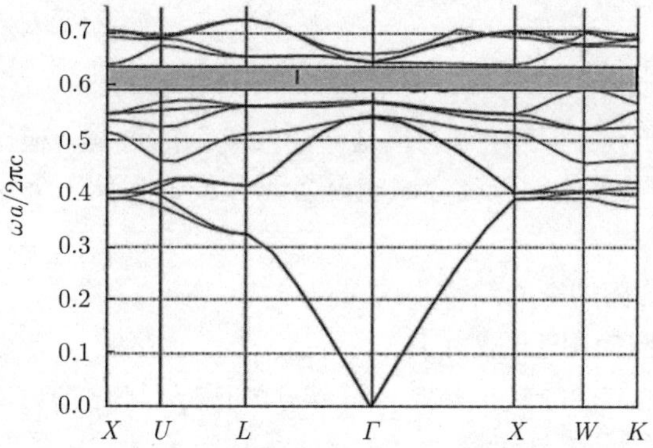

图 1.4 Sozuer 等[14] 得到的反蛋白石结构的光子晶体能带图

直到 1998 年，这种反蛋白石结构的光子晶体才通过实验的方式得到[15]，这使得光子晶体的研究再也不是“纸上谈兵”的理论研究阶段，实验研究光子晶体的大门从此开启。这也从另一个方面说明，光子晶体的研究向材料科学方向交叉。到此时为止，该结构中填充球的直径已经可以精确到 1μm，并且填充球间的距离非常小，几乎到了相切的地步。但是从制造工艺的角度来说，近距离的反蛋白石结构较远距离的蛋白石结构的光子晶体在制造上更为简单。因此，如果这种填充率较大的 FCC 结构要得到 CPBGs，就不得不以折射率较大的介质为背景。由于半导体硅有较大的介电常数，所以基于硅工艺的制造技术能够较好地实现对光子晶体的制造。到 2000 年，能在近红外波段得到 CPBGs，且基于半导体硅工艺的三维光子晶体被制造出来[16]。

1987~2015 年，每年都有数量惊人的与光子晶体相关的学术论文被发表，从总体上看，论文内容主要涉及计算方法研究、光子理论研究、光子晶体器件设计、光子晶体器件制备和光子晶体制备等方面。其中研究成果较为成熟的是光子晶体的算法和理论研究，毕竟随着现代计算机水平的发展，更为复杂和多变的光子晶体结构和器件已经能够在理论上进行计算，并在计算机上呈现计算结果。但是，由于制造水平的局限性，生产和成品化光子晶体及其器件还有一定的难度，业界的学者正在为此进行不断的努力，近几年在光子晶体小型化和器件化等方面已经取得了令人鼓舞的成就，这部分的内容将在稍后的章节中进行介绍。大势所趋，光子晶体在发展的同时，还在不断地和其他学科进行着交叉。如材料科学、新计算方法的改进、新材料的引入和新理论 (如转换光学理论) 的结合等方向，使得光子晶体散发着勃勃生机。作为光子晶体的一个研究方向，引入色散介质实现对光子晶体的 PBGs 的调控也是近几年光子晶体发展的一个大的趋势，如金属[17]、等离子体[18]、超导体[19] 和半导体[20] 等。本书有针对性地对等离子体光子晶体的电磁特性进行了介绍，具体内容将在后面章节中呈现。

1.1.3　光子晶体的分类

要精确地对光子晶体进行分类也是一个较复杂的过程，根据不同应用场合和不同研究背景，光子晶体的分类方式也是各不相同，大体上来说有以下几种分类方式：

(1) 根据光子晶体的空间结构不同可以分为一维光子晶体、二维光子晶体和三维光子晶体，其结构如图 1.1 所示。

(2) 根据光子晶体的晶格拓扑结构可以分为正方形晶格光子晶体、三角形晶格光子晶体、阿基米德晶格光子晶体、立方体晶格光子晶体、面心晶格光子晶体等，其结构如图 1.5 所示。由于一维光子晶体仅在一个方向上有周期变化，能够变化的仅有晶格常数。而对于二维和三维光子晶体而言，单位晶格内光子晶体的填充方式各异，所以有无数种填充方式和晶格结构。由于三维光子晶体在结构上更像固体物理中的晶体结构，所以固体物理中的晶格几乎都能应用于构成光子晶体，如前面提及的面心结构、钻石结构、立方体结构以及堆柴结构和螺旋形结构等。因此，光子晶体丰富的晶格结构使得其物理学特性也是多样的 (如反射谱线、能量传输曲线和带隙结构等)。

(3) 根据光子晶体的来源可以分为自然生长型光子晶体[21] 和人工制造光子晶体。虽然光子晶体在理论上定义为一种人工合成的介质，但这并不意味着在自然界不存在光子晶体，因此将其称为周期性结构。由于光子晶体被定义为不同介质在空间的周期性分布，所以自然界得到的周期性结构也可视为生物光子晶体，最有代表性的是自然存在的蛋白石和蝴蝶的翅膀 (图 1.6(a))。早在实验室合成光子晶体之前，人们就通过显微镜发现蝴蝶的翅膀具有周期性结构，且能对不同频率的光在不同的方向上散射，透射出不同颜色的光。关于这种神奇的周期性生物光子晶体，不仅昆虫具有，如甲壳昆虫、飞蛾，而且一些海洋生物也具有，甚至一些蕨科类植物也具有类

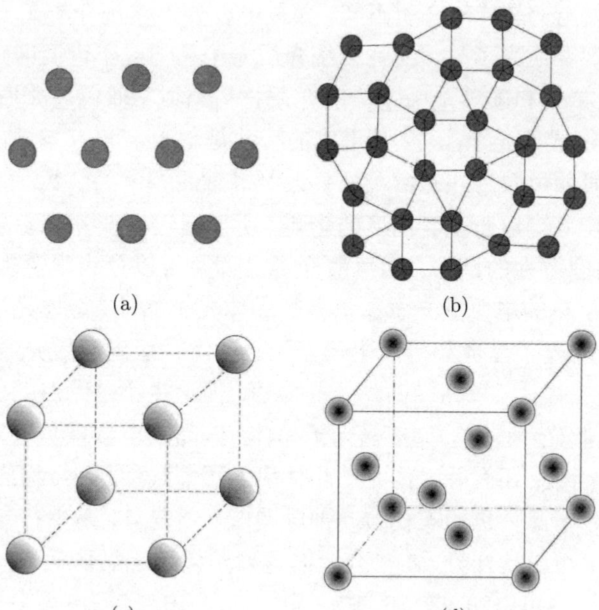

图 1.5 光子晶体的基本晶格拓扑结构图

(a) 三角形晶格；(b) 阿基米德晶格；(c) 立方体晶格；(d) 面心晶格

似的周期性结构，能对特性频率的光谱进行反射。以海洋生物鲍鱼为例，它的壳表面下层有周期性的槽状结构，使得光通过它时发生衍射、反射等综合作用过程，最终呈现多彩反光的特性。海老鼠的刺毛则是众多六角圆柱体层层累积而形成的结晶状结构，它类似于光纤，使得刺毛仅能反射某些频率的光线，而呈现出鲜明的彩色。而甲虫的背部在显微镜下也能呈现六角形的光子晶体结构，因此在不同波长的光线照耀下将会呈现不同的颜色 (图 1.6(b))。基于人工制备的光子晶体种类比较多，在此不再进行详细介绍。通过现代的半导体集成工艺技术，工作在微波、毫米波甚至是光波波段的光子晶体器件已经制备出来，将在 1.1.4 节进行详细介绍。

图 1.6 自然界的生长型光子晶体结构

(a) 蝴蝶的翅膀；(b) 甲虫的背部

(4) 根据组成光子晶体的介质不同，大致可以分为常规介质光子晶体和色散介质光子晶体。常规介质光子晶体又称传统介质光子晶体或不可调谐光子晶体，光子晶体由一般的电参量和磁参量为定值的介质材料组成；而色散介质光子晶体则是由色散介质参与构成的光子晶体，其最大的特性是 PBGs 和 S 参数的可调谐性。通常来说，色散介质的电参量和磁参量都是入射电磁波频率的函数，且大小很容易受到外界的磁场、电场、电压或者温度的影响，所以通过改变外界参数，就能实现对色散光子晶体物理特性的调谐。而色散光子晶体又可以分为电色散光子晶体和磁色散光子晶体，常见的电色散光子晶体有超导体光子晶体、金属光子晶体、半导体光子晶体、石墨烯光子晶体和等离子体光子晶体等；而磁色散介质光子晶体常见的有铁氧体光子晶体、三氧化二铁光子晶体等。但这也不是绝对的，有时可调谐光子晶体未必是色散光子晶体，如液晶光子晶体，液晶的电参量是电压的函数，但不是入射波频率的函数；还有些时候光子晶体引入了非线性材料，构成了非线性光子晶体，但是这类光子晶体也能被视为一种可调谐光子晶体。从现在光子晶体的发展方向来看，大体上可以这样分，本书介绍的等离子体光子晶体就是一种色散光子晶体，它的物理学特性可以通过外加磁场、电子温度和电子密度等参量进行调节。

(5) 根据光子晶体的周期性分布，又可以分为周期型晶格光子晶体、晶格渐变型光子晶体、准周期结构光子晶体、离散型光子晶体等。周期型晶格光子晶体就是一般意义上的光子晶体结构；晶格渐变型光子晶体是指光子晶体的晶格常数不是一个定值，而是以一个渐变值出现的，这种结构常见于一维光子晶体中；而准周期型光子晶体结构的晶格参数满足一定规律，如分形和自递归结构，常见的如 Fibonacci、Thue-Morse 分形结构等；离散型光子晶体是指考虑实际加工误差情况下，引入 disorder 效应时的光子晶体结构，如光子晶体的填充单元间的距离存在系统误差，“随机”而且“离散”地分布于背景介质之中。

众所周知，光子晶体的分类方式还有很多，如按照工作的波长分类；按照光子晶体的功能特性分类；按照制造工艺分类等。关于光子晶体繁杂的分类方式，在此就不再叙述了，我们所感兴趣的是光子晶体所体现的电磁特性，本书也将有针对性地对等离子体光子晶体的电磁特性进行介绍。

1.1.4　光子晶体的应用

尽管现在光子晶体在制造工艺上还存在缺陷，不可能实现对全波段光子晶体的加工与制造，但是随着加工工艺水平的发展，越来越多的光子晶体器件被加工出来，并且应用于实际。由于光子晶体自身的特点，具有数据传输量大、损耗小、稳定度高等优势，光子晶体在很多方面具有潜在的应用价值。

1. 自发辐射的调控

自发辐射的调控使得光子晶体能够应用于光源的设计，因此光子晶体在设计此类光源时起到了非常关键的作用。例如, 光子晶体能够用于设计低阈值半导体激光器[22]，并且可以提高其工作效率。由于光子晶体的 PBGs 对特定频率的电磁波具有抑制作用，如果激光器的工作物质的自发辐射频率刚好落在光子晶体的 PBGs 中，那么激光器自身的自发辐射就会被抑制，这将直接导致光子晶体自发辐射的损耗减少，从而使得激光器阈值降低。光子晶体自发辐射的调控还可以使得光子晶体能够用于新型辐射光源的设计，如发光二极管[23]。一般的发光二极管的发光中心的光经过包围它的介质无数次发射后，大部分能量都不能有效地辐射出去，因为在耦合效率低的情况下，大部分能量以热能的形式发射出去。如果在发光二极管中心放置一块特制的光子晶体，使得发光中心的自发辐射频率落入光子晶体的 PBGs 中，从而使得二极管的发光中心能实现光的局域化特性，即发光中心的光不会进入包围它的光子晶体中，从而提高辐射效率。当然，光子晶体在这种应用背景下，可以以光子晶体或光子晶体谐振腔的形式出现，主要取决于应用场合。通常，光子晶体可以用于对激光和发光二极管性能的改善。

2. 光学隔离器

所谓光学隔离器是一个较为宽泛的概念，所谓光子晶体隔离器是利用光子晶体的光子局域效应，即使得光子辐射在缺陷内，也就是说使得局域的缺陷模的频率必须在光子晶体的 PBGs 中。根据这个特性，光子晶体可以设计成许多器件，如光子晶体微谐振腔[24]、波导[25]、弯型波导[26]、分离器 (splitter)[27]、耦合器[28] 和混频器[29] 等。这些器件主要应用了光子晶体的禁带特性和缺陷模局域化特性，即在周期性结构中引入缺陷，与缺陷模频率相同的电磁能在光子晶体中传播，并得到局域增强，而落在 PBGs 内的电磁波将被阻隔，所以可以通过改变缺陷模的位置来实现对某些频率电磁波的局域增强或隔离。要实现对缺陷模的调谐，只需要在相应光子晶体的周期结构中移除一个或者某些填充单元就能够实现。下面介绍光子晶体使用该特性在某些实用器件设计上的应用。

(1) 光子晶体波导 (waveguide)。光子晶体波导是由在光子晶体的周期结构中引入线性缺陷而形成的。线性缺陷的引入使得一定频率范围内的电磁波能在其中传播，从而实现导波功能。这种导波特性本质上是基于光子晶体的缺陷模局域特性，这意味着光子晶体波导不仅可以制作成线性波导，还能制作成弯折型波导。弯折型波导的角度可以达到 90°，或者更大。与平面波导相比，光子晶体波导的原理是基于全内反射 (the total internal reflection), 由于光子晶体的 CPBGs 的存在，电磁波的导波模式能够在光子晶体中传播。基于类似的原理，弯折型波导也能高效地传播电磁波，并且较平面波导有更为紧凑的结构。

(2) 光子晶体分离器。光子晶体分离器是指能够按比例对入射电磁波在特定方向以特定的比例进行能量分配，或者使得不同极化模式的电磁进行分离的器件。要实现光子晶体分离器设计，只需要将不同的光子晶体波导在某一点进行连接。在这种情况下，电磁波由某一波导端口入射，然后将在波导的连接点处进行分离。当然，另外一种能量的方式也可以采用能量耦合的原理实现[5]，即两个平行的线性波导相距较小的距离，从而实现能量的耦合。因此，只需要调节输入和输出端口的参数，就能达到能量分配的目的。

3. 色散特性的调控

光子晶体是一种人工介质，所以电磁波通过光子晶体会产生色散特性，使其能展现许多有趣的特性，如负折射现象[30]、Cherenkov 辐射的逆转[31]、超棱镜现象[32]、超透镜现象等[33]，还能用于设计多路复用器[34] 和信号分离器[35] 等器件。这主要是光子晶体在某些频段能使其等效介电常数和等效磁导率为负值。在自然界中是不存在这种物质的，但可以通过人工合成光子晶体的方式实现，所以在特定的条件下光子晶体也可以被看成一种电磁超材料。尽管现在学界对 metamaterial 的定义还存在争议，但是在实验室条件下能够得到等效折射率为负的材料却是不争的事实。1996 年，学者 Pendry [36] 从理论上证明了用多层金属线的三维周期结构能够在 GHz 波段实现等效介电常数为负的设计，并进一步将此理论推广到等效负磁导率[36]，提出了一种 LC 谐振回路的周期结构方式，实现了负的磁导率。Smith 等 [37] 延续了 Pendry 的工作，用开口谐振腔的形式在实验室内同时得到了等效介电常数和磁导率都为负的人工介质，当然开口谐振腔的排列方式也是周期性的。由于他们杰出的研究工作，Veselago[38] 关于介质反常色散 (负折射) 的特性在实验室内得以实现。显然，Smith 和 Pendry 等所构建的人工介质能够被视为一种光子晶体。

光子晶体的超棱镜现象。顾名思义，超棱镜现象就是指不同频率的电磁波在介质表面发生折射时，展现出不同的折射角。根据物理学中的 Snell 定律可知，不同电磁波得到的折射率是不同的。由于一般介质的色散特性较差，要快速分开不同频率的电磁波，就不得不借助光栅来实现。1996 年，Lin 等[39] 将光子晶体排成棱镜形，构成了一种高色散 “棱镜”，用禁带下边缘能带的高色散区域实现了分光。随着人们对光子晶体色散特性研究的深入，一种用光子晶体构成的 “超棱镜” 实现了，该装置能将波长相差 1%的光分开近 50°。光子晶体的这种超棱镜现象，使得人们能将不同功能的光学器件集成在一个芯片之上。由于这种光子晶体 “超棱镜” 对结构参数和工作波长极为敏感，所以其特性由加工工艺直接决定。

光子晶体的超透镜现象。超透镜现象与超棱镜现象相似，不同频率的电磁波入射光子晶体后，由于等效折射率不同，电磁波将在光子晶体中沿着不同的方向传播。这意味着不同方向的等频率面的形状是不同的，因而其法线方向也是不同的，从而将直接导致入射电磁波的折射方向会随着频率和入射角度的不同而发生变化。当所有入射电磁波在光子晶体内部发生自聚焦时，超透镜现象就产生了。光子超透镜现象可以用来设计平面聚焦镜和提高太阳能电池板的聚能效果等。

光子晶体用来设计多路复用器和信号分离器也是采用与上述相似的原理。由于光子晶体的色散特性，即不同频率入射的电磁波在光子晶体中的传播速度不相同，使得一个相似结构 (波导) 能够高效地被不同频率的电磁波使用 (多路复用器)；反之，入射的电磁波也能通过光子晶体被分解到不同的信道。这样使得整个器件的大小得以压缩，从而使得基于光子晶体的多路复用器和信号分离器较传统此类器件具有更小的体积、更少的信道密度，并且能与线性波导和弯型波导集成工作。

4. 光子晶体的非线性

光子晶体是空间周期性排列的介质结构。如果光子晶体中引入了非线性材料，那么该光子晶体就具有了非线性。该光子晶体又称为非线性光子晶体，并且将展现出一些有趣的特性，而且能用它来设计一些有用的器件。非线性材料主要的特点是，它的折射率不是一个定值，一般可以是电场强度、磁场强度或光强的函数，而且这个函数是一个非线性的函数，因此被称为非线性介质。非线性材料所具有的奇特的性质，使得非线性光子晶体能够用来制作许多有价值的光学器件，如光学信息存储器、逻辑门和光功率限制 (阈值) 器 (optical power limiter) 等，在非线性光子晶体中分布着离散的光孤子 (optical solitons)，能够用于对信息储存。通过光照强度实现对光孤子的读和写，来达到对信息存储目的。

对于光子晶体逻辑门而言，单一信号的传输是不能改变该光子晶体结构的逻辑特性的。如果在光子晶体中引入非线性材料，并用两路信号加以作用，那么非线性材料的折射率将发生变化，这样必然会导致非线性光子晶体的传输特性发生变化，即该非线性光子晶体的透射率和反射率发生变化。这样依靠两路光束作用于非线性光子晶体的特性，必然可以构成不同逻辑门，如与门或者与非门。

而基于光子晶体的光功率限制器则用于光传感器，为了避免传感器因为过高的入射光强而损坏，或者用于光学电路的输入段进行光强归一化，其特性是反射率将随着非线性光子晶体的光照强度增加而增大，但是其输出端的光强将保持不变。

5. 光子晶体光纤

光子晶体光纤是一种带有缺陷的二维光子晶体，光纤包层由规则分布的空气孔排列成三角形或者六边形的微结构。由于缺陷的存在，光会限制在缺陷内传播，其原理与普通的内反射型普通光纤不同，它是利用光子晶体的光子局域特性，使得一定波长和传播参数内的光的所有模式不能贯穿包裹层，从而达到轴向传播的目的。这种独特的特性使得光子晶体光纤具有广泛的应用前景。光子晶体光纤的传播方式主要有两种：一种是与普通光纤类似的全内反射；另一种是用光子晶体的带隙来禁止特定频率的光横向传播。

全内反射光子晶体光纤的纤芯折射率比包层的有效折射率高，导波方式与全反射原理类似，并不依赖于 PBG 效应。这种光子晶体光纤在结构上与传统光纤非常类似，但表现出了极为不同的性能: 如果将其纤芯尺寸做得足够小 (一般都在 2μm 左右)，超短脉冲在传播过程中将与纤芯相互作用表现出非常明显的非线性现象，如光孤子的产生、拉曼散射、自陡峭现象等; 它在很宽的频率范围内支持单模运行; 它允许核心面积大于传统光纤核心面积 10 倍以上，这样就允许较高的入射功率; 它在可见光波段 (可达 500nm) 可以实现零色散和高偏振设计等。这种导光机制的光子晶体光纤实现起来相对简单，即它对空气孔排列的精确度要求较低，也不要求大直径的气孔，而且光学损耗基本降到了普通光的水平。目前大多数的研究和应用都是针对这种类型。

禁带型光子晶体光纤要求包层空气孔结构具有严格的周期性，通过破坏它的周期性结构形成具有一定频宽的缺陷态或局域态，这样只有特定频率的光波可以在该缺陷区域中传播，其他频率的光波则不能传播。这种光纤与全内反射式光子晶体光纤最大的不同就是纤芯引入了折射率低于包层材料的空气孔缺陷，因此光的导入就不可能利用全内反射原理，而必须完全借助于光子带隙效应。1992 年，英国 Bath 大学的 Russell 提出了光子晶体光纤的概念，1996 年制成了第一根光子晶体光纤，采用全内反射传光[40]。1998 年 Knight 等[41] 在实验上制成了第一根用带隙导光的光子晶体光纤。光子晶体光纤具备传统光纤所没有的优良特性，如宽范围单模特性和奇特的色散特性。光子晶体光纤除了可以替代传统光纤作为优良的光波导之外，还有一些其他方面的潜在应用，如超宽色散补偿、光纤传感、光学集成电路、超短脉冲激光器等。光子晶体光纤独有的结构特征更是赋予了人们更大的自由度去设计制备更多不同特性的光纤，具有更加广阔的应用前景。

6. 光子晶体的慢光效应

光子晶体的最大特点是能产生 PBGs，能对光子运动状态进行调控。而近几年来人们对如何降低光子的传输速度，即所谓的慢光效应产生了浓厚的兴趣。这开启了一个新的研究热点，一方面，降低光速为控制光和物质相互作用的研究提供了一个崭新的平台；另一方面，慢光有很多潜在的应用，包括光缓存、数据同步、光储存和信号处理等。经过理论研究和实验观察可知，光子晶体结构与其他慢光介质系统相比，其主要优势在于潜在的带宽大；另外，光子晶体的增益或吸收与慢光产生处的频率是相对独立的，而且光子晶体结构材料设计灵活，通过改变结构参数，可以在任意波长实现慢光；而且光子晶体结构材料器件体积小，便于与现有的光通信器件集成，因此备受关注。

众所周知，当光在真空中传播时，它的相速度和群速度是相同的。但是，在色散介质中，这两者是不相同的。尤其是信号脉冲或者光波信号，它们本身包含多个频率的信号源，在介质中传播的相速度和群速度是不同的。相速度ν_{p}是指信号中任意一个频率成分的相位在介质中传播的速度$\nu_{\mathrm{p}}=c/n$；而群速度ν_{g}是指这些频率的信号波的合成波在介质中传播的速度，即光脉冲包络传播的速度，或者说信号脉冲实际前进的速度，表达为

$$\nu_{\mathrm{g}}=\frac{\partial\omega}{\partial k}=\frac{c-\omega\dfrac{\partial n(\omega,k)}{\partial k}}{n(\omega,k)+\omega\dfrac{\partial n(\omega,k)}{\partial\omega}} \tag{1.1}$$

从式 (1.1) 可以看出，光的群速度 ν_{g} 变化范围很大，可以小于光在真空中传播的速度，甚至可以接近于零。慢光即电磁波脉冲在介质中以一个很小的群速度进行传播。从式 (1.1) 可知，可以通过两个途径来实现慢光：第一种方式是改变材料的色散特性 $\partial n(\omega,k)/\partial\omega$；第二种方式是改变结构色散 $\partial n(\omega,k)/\partial k$。第一种慢光方式一般可以通过电磁诱导透明、相干布居数振荡以及受激布里渊散射等技术来实现；第二种慢光方式一般可以通过微结构、光子晶体波导等来实现。下面对以上方法进行简要说明。

(1) 电磁诱导透明。我们知道电磁波在介质中传播时，其速度与介质的折射率成反比，因此如果通过大幅提高介质的折射率来降低光的传播速度，那么介质对电磁波的吸收也会大大增加，光速减慢得越剧烈，吸收就越大。电磁诱导透明能够较好地解决这个问题。它于 1997 年首次被 Stanford 大学的 Harris 小组发现[42]，该效应是由原子光激发通道之间的量子相干效应引起的，会导致光在原子共振吸收频率处的吸收减小，甚至变成完全透明。电磁诱导透明技术是世界范围内第一种成功产生慢光的技术，1999 年哈佛大学 Hau 等首次将它应用到慢光领域，并在 450nK 的超冷原子中成功实现了 17m/s 的慢光[43]。尽管通过电磁诱导透明技术可以实现慢光，但分析他们的实验可以发现，该技术也存在缺点：① 电磁诱导透明技术一般应用于气体介质，并且要把介质处于低温或加热的状态，对实验条件和装置的要求太高，常温下难以实现；② 实验耗资巨大。因此，电磁诱导透明技术的实际应用价值并不大，但由于这是人们第一次成功实现慢光，所以它对慢光的发展有着深远的影响。但是随着时间的推移，在最近几年基于微波波段和太赫兹波段的电磁诱导透明又成为了一个研究热点，并且该技术是基于人工电磁超材料制成的，使得人们对慢光的研究又推进了一步。尽管在这种情况下，慢光只能针对窄带实现，但是却给人们提供了进一步深入研究慢光的思路。

(2) 相干布居数振荡技术。该技术的原理是：在介质中当一束泵浦光和一束信

号光以很小的频差传播时会发生相互作用产生相干布居数振荡过程，使介质达到饱和吸收，从而在介质吸收光谱上产生烧孔，并且孔宽大约为基态粒子数恢复时间的倒数。由增益理论分析可以得到，对于不同的抽运光功率，其介质吸收状态不同，在介质的吸收区域，振荡将导致光脉冲经历饱和吸收，从而引起折射率的迅速变化，导致很强的慢光效应。2003 年，美国 Rochester 大学的 Bigelow 小组提出了基于相干布居数振荡理论的慢光实现方法，他们利用光谱烧孔技术在红宝石和紫翠玉晶体中实现了 57.5m/s 的慢光[44]。2007 年，哈尔滨工业大学邱巍等[45] 用类似的方法在光纤中观测到了光速为 2.557×10^3m/s 的慢光。相干布居数振荡技术的最大贡献在于人们首次在室温下实现了对光速的减慢，是慢光领域的又一重大突破。该技术的缺陷表现在：① 实验中的光脉冲只能工作在特定的波长上，有些波长不在光通信的波长范围；② 光脉冲的带宽必须限制在一定的线性区域内，所以相干布居数振荡技术的带宽很窄。

(3) 受激布里渊散射技术。受激布里渊散射是一种在光纤中发生的非线性效应，当相向传输的泵浦光和 Stokes 光在光纤中传播时，如果泵浦光达到布里渊散射阈值，则受激布里渊散射会把大部分的泵浦光功率转移到相向传输的 Stokes 光上，因此 SBS 可以看成是一种窄带放大过程，高频光的能量不断地被转移到低频光上。根据 Kramers-Kronig 关系，在窄带增益处，后向传输的 Stokes 光传播常数将发生剧烈改变，导致群折射率显著增加，从而实现慢光[46]。在光纤中利用受激布里渊散射实现慢光最早由 Gauthier 于 2004 年提出。2005 年，Song 等 [47] 第一次在光纤中使用受激布里渊散射技术，使 100ns 的光脉冲延迟了 30ns。2007 年，Zhu 等 [48] 利用受激布里渊散射技术将光纤中的慢光带宽提高到了 12.6G，并且将 75ps 的光脉冲延迟了 47ps。受激布里渊散射技术慢光优点在于，它可以在任意波长处实现慢光，只需要改变泵浦光的波长即可；此外，通过调整泵浦光的功率，可以实现对信号的可变延迟。不过受激布里渊散射的固有特性也直接导致它的不足，即慢光的延迟有限并且带宽较窄。

(4) 微结构。随着人们对上述慢光技术的发现，越来越多的新型慢光机制被人们所发现。2007 年，日本 Shizuoka 大学的 Totsuka 等[49] 研究了利用光纤光锥将光脉冲耦合到微球体系统中实现慢光的原理，其基本原理是: 微球体系统中的色散强烈依赖于微球体和光纤之间的耦合强度以及光在微球体中的环路损耗，如果微球体和光纤处于过耦合状态，则此时耦合程度比损耗大，从而将观察到正常的色散，并且产生慢光。由于微球体系统的制作非常困难，因此该方法目前暂没有被广泛应用。

(5) 光子晶体波导。光子晶体作为一种色散的人工介质，且兼具 PBGs 和缺陷模局域化特性，人们可以通过这两种技术的结合而实现慢光效应。1996 年，Scalora 等[50] 首次在一维光子晶体带隙结构中发现了光脉冲的延迟现象，从而为光子晶体慢光效应的研究开辟了先河。近十几年来，光子晶体慢光技术得到了非常快的发展，世界各国科学家都在致力于光子晶体慢光的研究，比较著名的有日本的 Baba 课题组[51]、德国的 Petrov 课题组[52] 以及丹麦的 Frandsen 课题组[53]。2008 年，北京大学的武隽等[54] 首次在光子晶体楔形槽波导结构中实现了慢光效应。尤其是最近几年，用光子晶体波导实现慢光效应的论文已经大量发表，在此不再一一列举。新材料的引入和新型光子晶体结构引入成为了光子晶体波导实现慢光的主流发展趋势。

由上述可知，光子晶体慢光技术同其他方法相比，具有大的带宽和延迟带宽积、可以在室温下实现、器件结构比较小便于集成等优势，因此成为慢光领域的研究热点而倍受关注。目前利用光子晶体产生慢光的常见方法有啁啾结构光子晶体波导、光子晶体耦合波导和优化参数的光子晶体波导，它们在产生慢光的机制方面有所不同，也各有其优点和不足。啁啾光子晶体波导出现最早，能产生大带宽和低色散的慢光，但该结构对制作工艺要求很高，否则会产生很大的内部反射损耗；光子晶体耦合波导在产生大带宽和低色散的慢光的同时，消除了内部反射损耗，并且实现了慢光的可变延迟；优化参数的光子晶体波导在产生慢光时首次发现了光子晶体波导中慢光的非线性。不过光子晶体慢光技术也有其需要解决的问题，如色散和损耗等。

基于光子晶体的慢光技术在很多方面都有潜在的应用，其中最值得关注的应用是全光通信中的光信号处理和数据缓存。利用慢光技术实现的光缓存应用到全光开关上，可以解决数据包竞争的现象，理论研究表明大通信容量的光分组交换通信网的性能将能得到显著的提高；在数据同步方面，半个到一个脉冲长度延迟足以使脉冲恢复到相应的时隙，从而达到数据再同步。另外，即使是单个脉冲的延迟，对于光纤内发生畸变的脉冲串的再生也是非常有益的，数个单脉冲的延迟对量子信息处理可能也是非常有用的。慢光另一个潜在的应用是光学传感器。用于检测微量物质的光学传感器，对于设计安全、工业过程监控和科学研究等领域都是必需的。通过降低光速能够增强物质结构内电磁场的能量密度，从而使光与周围物质的相互作用得到增强, 增强的局域场也能够增强化学和生物传感器的整体灵敏度。由于气体或液体被测物能直接流过光子晶体纳米级微孔，使透射谱发生变化, 借助光谱分析仪可以分析待测物的成分和含量。随着新材料研究和现代微加工技术的进展，相信通过精心设计光子晶体结构能够动态高效地控制光的传输速度。在不久的将来，慢光技术将应用于高速通信网络的中继器和合成孔径雷达的实时延迟装置中。如果光信号的畸变程度在可接受的范围内，并有足够大的延迟，慢光在光缓存器和光储存器中将大有用武之地，因而性能更优越的全光通信将得以实现。对于光子晶体的应用而言，慢光效应是非常重要的研究内容，也是一个值得大量投入的研究方向。

7. 微波光子晶体天线

随着光子晶体理论、制备和实验测试手段的日趋成熟，光子晶体的应用迅速拓展到了微波波段。工作在微波波段的光子晶体，被称为微波光子晶体。由于微波波段对于现代通信有非常重要的价值，所以微波光子晶体的研究也迅速开展，并取得了丰硕的成果。微波光子晶体不仅应用于设计滤波器、混合器、谐振器、高效放大器，也被用于微波天线、相控阵天线等方面。应用光子晶体的 PBGs 和光子区域态的特性使得人们可以制造低剖面光子晶体天线、表面波抑制天线、光子晶体阵列天线和高定向性光子晶体天线等微波器件。传统的微波天线一般是将天线直接制备在介质基底上，这会导致大量的能量被天线基底吸收，从而使得天线辐射效率低下。例如，对一般用 GaAs 介质作基底的天线反射器，98%的能量都损耗在基底中，只有 2%的能量被发射出去，同时造成基底发热。但是，如果以光子晶体作为天线的基片，就使天线的工作频率落在光子晶体的 PBGs 中，这样光子晶体基板不会吸收微波，因此就实现了无损耗全反射，使得天线能把能量全部辐射出去。自从 1990 年 Yablonovitch 等在微波波段制作出第一个光子晶体后，光子晶体在天线方面的应用就逐渐展开。1993 年美国军方研制出了反射率接近 100%的光子晶体平面微波天线。由于 GaAs 半导体材料的光子晶体的禁带设定在天线的工作频率范围内，微波不能在基本的一侧传播，因而天线的效率大大提高了。这种结构后来还用于微带贴片天线、开槽天线等多种天线的设计中，本质上就是用光子晶体来抑制天线的表面波，以提高天线的工作效率。1996~1998 年，Qian 和 Coccioli 等用在微带基板打周期性孔洞的方式来构成光子晶体，这种结构同样可以用来设计微带天线，用于高次谐波的抑制。1999 年，Mushroom 结构的微波光子晶体用于微带天线的表面波的抑制，从而改善了天线的性能。重要的是这种光子晶体结构能够方便地和集成电路工艺相结合，使得加工变得异常简单。这种结构除了具备带隙特性外，其表面对入射电磁波还有相同反射特性，利用这个特性可加工成低剖面的天线结构。到 2003 年，该光子晶体结构也被用来设计相控阵天线和高定向性天线。总之，微波光子晶体越来越多地被应用于天线性能的改善和设计。我国国防科技大学袁乃昌课题组在这方面做了大量工作。关于微波光子晶体天线技术的相关内容可以参阅国防科技大学付云起等合著的《微波光子晶体天线技术》一书。

综上 7 个方面所述，光子晶体在加工现代通信系统中的组件和光学器件等方面有越来越广泛的应用背景。微波、光波和太赫兹波器件将越来越多地应用到与光子晶体相关的技术，因此光子晶体的“魅力”正在被广大的学者所接受。除了上述谈及的 7 个方面外，光子晶体还能应用到其他的许多领域，如滤波器设计、功分器设计、光子晶体传感器和光开关等。限于本书的篇幅，不能对此进行逐一介绍，有兴趣的读者可以查阅相关文献。但是，值得一提的是最近几年周期性结构的电磁超材料，如目前研究比较热的微波吸波器、电磁诱导透明、高阻表面、频率选择表面和人工磁导体等，尽管外观上是金属涂覆介质基板的结构，但就其本质而言都可以视为一种光子晶体。所以，光子晶体本身的应用研究将逐渐走向成熟，将来的成果也将更好地服务于人类社会。

1.1.5 光子晶体的制备

虽然自然界中的某些生物身上能够发现光子晶体结构的存在，但这种生物光子晶体是不能用于实际应用的。为了能使光子晶体走向实际应用，人们不得不根据实际应用的情况对光子晶体进行制备。这意味着材料科学中很多制备技术可以直接应用于光子晶体的制备。尤其是近些年来，半导体集成工艺已经使得人们在实验室条件下得到工作在微波、毫米波、光波、太赫兹波等波段的光子晶体结构，并且能够批量生产基于光子晶体的各类器件。从现有的光子晶体制备技术来看主要有以下几种方法：机械制备法、光刻法、光学法、化学刻蚀法、薄膜生长法、胶体自组织密堆积法、反蛋白石光子晶体合成法和 X 射线刻蚀法等。本书仅对几种经典光子晶体制备方法加以介绍，读者如果对这部分内容感兴趣，可以参阅马锡英编著的《光子晶体原理及应用》一书或材料学科的相关参考书籍和文献资料。

1. 精密机械制备法

精密机械制备法主要用于工作在微波和毫米波波段的光子晶体的制作[55]。长波长二维光子晶体多通过上下两个带孔的薄片将细小的介质杆或金属杆固定住，而薄片孔的排列决定了光子晶体的晶格结构。短波长光子晶体则多采用在半导体基片上打孔的方法来制造。在半导体基片上打孔时往往要用到激光刻蚀、电子束刻蚀、离子束刻蚀等先进的半导体微加工制作技术。1990 年，美国艾奥瓦州立大学的 Chan 等[13] 首先在理论上证明采用面心晶格分布的三维光子晶体能够产生 CPBGs。尽管 1989 年美国贝尔实验室的 Yablonovitch[56] 在一块 Al_2O_3 基板上按面心立方的排列用活性离子束钻出了约 8000 个球状空洞，而每一个空洞就是一个“原子”。实验证明该结构不能产生 CPBGs，但是他的工作已经引起了业界对光子晶体的重视。直到 1991 年，Yablonovitch[55] 改进加工方法后，在 GaAs 介质基板上用机械打孔的方法制备出了第一个 CPBG 工作在 13~15GHz 的三维面心晶格的光子晶体，在实验上证明了光子晶体 CPBG 的存在。他们的制备方式是在 GaAs 基板上覆盖掩模板，从不同方位在 GaAs 基板上钻出空气孔，加工过程如图 1.7 所示。但是由于受到机械加工尺度上的限制，机械加工法很难制备工作在可见光和太赫兹波段的光子晶体。

2. 光学蚀刻制备法

为了能够制备工作在可见光和太赫兹波段的光子晶体，人们采用了光学蚀刻

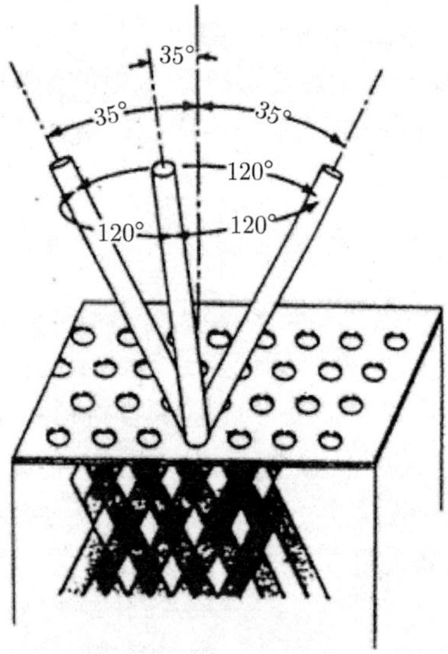

图 1.7　Yablonovitch 制作三维光子晶体的方法[55]

制备方法。对于光子晶体而言，工作频率越高，加工空间立体结构就越困难，尤其是加工亚微米量级的空间立体结构。利用光刻技术结合刻蚀过程就能得到三维空间的周期性介质分布。现代光学蚀刻法主要包含电子束光刻法、原子力显微光刻法、紫外光刻法、X 射线光刻法、掩模制造法、激光直写光刻法、激光全息干涉成像法和激光刻蚀混合加工技术等，其中激光全息成像法是较为常用的技术。激光全息法又称多光束干涉法，它是利用激光在光阻掩模板上进行蚀刻，即利用多束激光在空间交汇，交汇区会形成空间周期变化的干涉图样。让感光树脂在全息干涉图样中曝光，使光与物质相互作用，然后显影，就可以形成介质折射率在空间上周期性变化的有序微结构。但是直接得到的结构折射率比较低，不能产生完全带隙。可以将显影后形成的有序结构作为模板，填充高介电常数的材料来形成高折射率比的光子晶体结构。这种方法相对于其他方法，最大的好处是刻蚀面积大、一次成形等，而且光子晶体的晶格长度可以通过调节激光刻蚀的波长来进行调节，所以这种方法特别适合制作光波范围内的光子晶体。目前，实验室内已经可以采用四光束、五光束相干涉的方法来制备三维光子晶体。Divliansky 等[57] 就用该技术制备了三维光子晶体，其全息干涉图如图 1.8 所示。

3. 化学蚀刻制备法

化学蚀刻法主要是使用物质间的化学反应来实现对光子晶体的制备，通常是指用一种化学药剂对基板进行腐蚀加工而得到想要的光子晶体结构，其中一般包含湿法刻蚀法、电化学刻蚀法和浮雕法等。现对湿法刻蚀法进行简要的阐述。湿法刻蚀

(a) (b)

图 1.8 用激光全息干涉制备的光子晶体图形[57]

法就是用特定的化学试剂与加工的基板材料进行化学反应，然后没有被光刻胶覆盖的部分将被除去，而被光刻胶覆盖的部分将被保留下来。这种方法的最大优点是化学反应迅速，各向同性地进行刻蚀，工艺相对简单。但是它的缺点也非常明显：光刻胶覆盖的边缘部分很容易被腐蚀，这就意味着光子晶体中的线条部分比较难以控制。因此对于湿法刻蚀法而言，控制蚀刻溶剂的浓度、反应时间、反应温度以及溶液的搅拌方式等就显得尤为重要了。在湿法刻蚀法中 Si 湿法刻蚀法的应用较为普遍，其原理是用强氧化剂将 Si 氧化成二氧化硅，然后通过 HF 酸反应去掉 SiO_2，而达到对 Si 蚀刻的目的。

1.2 等离子体光子晶体概述

由 1.1 节可知，光子晶体可以有很多方面的应用，然而常规介质光子晶体最大的缺点在于禁带的不可调谐性，禁带性能会受到加工误差的影响。为了解决这个问题，metamaterial 和色散介质被引入到光子晶体的设计中来，以此来获得可调谐禁带和零折射率带隙 (zero$-\overline{n}$ gaps)[58]。然而在自然界，理想的 metamaterial 是不存在的，而色散介质却是较为常见的，如金属、等离子体、超导体和半导体等。等离子体光子晶体就是在这个大的需求背景下提出的，并得到了广大学者的关注。

1.2.1 等离子体光子晶体的由来

众所周知，等离子体是物质存在的第四态，其物理学特性可以被许多外部参数所调控，如等离子体密度、外加磁场和电子温度等[59,60]，所以当等离子体引入光子晶体中时，可调谐的禁带结构很容易获得。正如 Sakai[61] 在*Plasma as metamaterials: a review*一文指出的那样，等离子体本身也能被视为一种 metamaterial。所以，将等离子体作为光子晶体的组成元素，就构成了等离子体光子晶体。等离子体的密度一般可以达到 $10^{12}\sim10^{16}\text{cm}^{-3}$，这意味着等离子体几乎可以涵盖整个微波波段，使得等离子体光子晶体完全可以用来制作微波器件，并且这种器件明显具有可调谐、可重构等优点。另外，等离子体光子晶体的电磁特性不仅可由等离子体本身的参数特性决定，还可以通过外加磁场的方式进行控制。当外加磁场作用于等离子体时，等离子体将表现为很强的各向异性。因此，磁化等离子体光子晶体较非磁化等离子体光子晶体具有更为复杂的电磁特性。我们知道当电磁波通过磁化等离子体时，根据外加磁场和波矢方向的不同，磁化等离子体中可以得到两种不同的磁光效应，即 Faraday 和 Voigt 效应[59,60]。当外加磁场与波矢方向平行时，磁光 Faraday 效应存在于磁化等离子体中，此时电磁波将被极化为右旋圆极化 (right-hand circularly polarized，RCP) 波和左旋圆极化 (left-hand circularly polarized，LCP) 波；当外加磁场与波矢方向垂直时，磁光 Voigt 效应存在于磁化等离子体中，此时电磁波将被分解为寻常极化波 (ordinary polarized wave) 和非寻常极化波 (extraordinary polarized wave)[59,60]。这使得磁化等离子体光子晶体较非磁化等离子体光子晶体具有更为广阔的应用前景。

1.2.2　等离子体光子晶体的国内外研究现状

等离子体光子晶体 (plasma photonic crystals) 的概念产生于 2004 年，由日本学者 Hojo 和 Mase 提出[62]。他们从 Maxwell 方程组出发，求取了一维等离子体光子晶体的色散关系，计算结果表明等离子体光子晶体不但存在着 PBGs，而且禁带的宽度能够被等离子体密度所调谐。同年，清华大学的李伟[63] 在国内的期刊、杂志上也发表了类似的文章。他也计算了等离子体光子晶体的色散关系，同时给出了等离子体光子晶体的概念；并且通过数值计算，也得到了明显的通带和禁带的图，并发现等离子体参数对色散关系有明显的调谐作用。从此等离子体光子晶体成为一个新的研究热点，并被国内外各大研究机构所关注。经过 10 余年的发展，等离子体光子晶体无论是在理论研究、器件设计等方面，还是在实验验证上，都取得了重大进展，研究成果丰硕。2005 年，南京航空航天大学的刘少斌等[64] 用时域有限差分 (finite-difference time-domain，FDTD) 方法计算了一维等离子体光子体透射图谱，得到了周期性的禁带结构，因此等离子体光子晶体的高通滤波特性得到了验证。2006 年，印度学者 Shiveshwari 等[65] 用传输矩阵法 (transfer matrix method, TMM) 对等离子体光子晶体的滤波特性进行了研究，他们的研究结果和 Hojo 的结果类似，在探讨等离子体密度对 PBGs 特性影响的同时，还讨论了光子晶体的周期数对禁带的影响。同年，南京航空航天大学的刘少斌[66] 首次采用等离子体的 FDTD 方法，用高斯脉冲激励的方式计算了磁化等离子体光子晶体的透射系数，通过 RCP 波和 LCP 波的透射系数可知，等离子体光子晶体的禁带可以被外加磁场所调谐。但是仅考虑了最简单的模型，即垂直入射的情况，对不同模式的电磁波的禁带特性尚未进行详细分析。国防科技大学的刘建全[67] 很好地解决了这个问题，不仅对不同角度下的等离子体光子晶体的色散关系进行了研究，而且对反常色散关系和二维等离子体光子晶体的散射、等离子体激元共振也进行了研究。2007 年开始，等离子体光子晶体的研究进入蓬勃发展期，大量研究成果涌现。

南昌大学的章海锋对一维等离子体光子晶体进行了系统研究[68]，他采用 FDTD 方法研究了一维非磁化[69] 和磁化等离子体[70] 光子晶体的缺陷模特性，研究结果表明外加磁场和等离子体频率对 PBGs 的位置有明显的调谐作用。他还从应用光子晶体的实际出发，对等离子体层在考虑时变、密度的非均匀分布和不同的电子温度下一维等离子体 (分别讨论了非磁化和磁化的情况) 光子晶体的 PBGs 特性和禁带的周期特性等问题进行了研究[70,73]，为下一步等离子体光子晶体的器件化设计奠定了基础。南昌大学的肖晴[74] 延续了他的工作，对时变非磁化等离子体光子晶体进行了相应的讨论，但并未讨论入射角对 PBGs 特性的影响。南京农业大学的孔祥鲲[75] 和国防科技大学的林明东[76] 采用 TMM 和 FDTD 方法相结合的手段研究了电磁波在斜入射情况下等离子体的光子晶体的反常色散问题，他们得出的结论和刘建全的结论相符。林明东还对二维等离子体光子晶体的色散关系进行了研究，研究结果表明 TM 和 TE 波在通过二维等离子体光子晶体时会产生不同的效果，即对于 TM 波存在截止频率，而对于 TE 波则会出现水平能带。此时，国外的课题组也同样推进了关于等离子体光子晶体的研究，尤其是日本京都大学的 Sakai 课题组[77,78]，不但在理论上对等离子体光子晶体进行了研究，而且在实验验证上做了大量的工作，使得对等离子体光子晶体的研究从理论研究走向实验，但较为遗憾的是 Sakai 课题组在 TE 模式下二维等离子体光子晶体的理论计算方法上出现了错误。这并未抹杀 Sakai 课题组在等离子体光子晶体研究方面的贡献，因为他们在理论和实验验证上都得出了 TE 模式下二维等离体光子晶体的水平能带 (flatbands) 是由于表面等离子体激元 (surface plasmon polaritons) 所造成的。国内，武汉理工大学的郭斌和电子科技大学的亓丽梅也做了大量的工作。2009 年，郭斌等[79,80] 推导了一维等离子体光子晶体在斜入射时 TE 和 TM 波的色散关系，讨论了等离子体参数和 PBGs 间的关系，研究结果表明等离子体参数对色散曲线有明显的调谐作用。2009~2010 年，亓丽梅发表了系列论文，其主要贡献是对磁化等离子体 (仅考虑磁光 Voigt 效应时) 进行了研究。她使用等效介质理论重新推导了一维磁化等离子体光子晶体在斜入射情况下 TM 波的传输矩阵公式[81]，并对色散关系进行了讨论，研究结果表明 PBGs 可以被外加磁场所调谐。她同时采用 PWE 和 FDTD 方法对二维磁化和非磁化等离子体光子晶体进行了研究[82−84]，研究结果表明等离子体密度和外加磁场一样，都能实现对 PBGs 的调谐；还指出当考虑磁光 Voigt 效应时，外加磁场仅对 TE 波产生的禁带有调谐作用；并且提出了一种新的构造等离子体光子晶体的方式[85]，即通过周期性地改变外加磁场的方向来实现对空间介质的周期性排列。这种光子晶体的好处是等离子体光子晶体本身仅包含等离子体自身，而不需要其他介质的引入就能获得禁带结构。

随着等离子体光子晶体理论研究的日渐完善，各国研究者开始有针对性地将等离子体光子晶体应用于器件设计。Shiveshwari [86] 对 zero-$\overline{n}$ gaps 进行了研究，讨论了等离子体参数对 zero-$\overline{n}$ gaps 的影响，他认为 TM 波的带宽会随着入射角的增大而变大，这给设计极化分离器提供了思路。Prasad 等[87,88] 讨论了三元一维等离子体光子晶体的相速度、群速度、带隙和等离子体参数的关系，并且讨论了两种不同结构下的一维三元等离子体光子晶体的禁带特性，给出了优化设计滤波应采用 glass-plasma-Zns 结构的结论。Li 等[89] 用非磁化等离子体光子晶体设计了一款基于消逝波的梳状滤波器，发现滤波器中的通带个数和位置可以通过改变周期数和等离子体参数来进行调节。Qi[90] 和 Kong 等[91] 研究了一维磁化等离子体光子晶体分别以介质和等离子体层时的缺陷模特性，并且给出作为滤波器在 TE 波和 TM 波入射时的特性，研究结果表明，要实现外加磁场对缺陷模特性的调谐，入射电磁波的电场必须和外加磁场垂直。Kong[92] 和 Pandey[93] 等研究了等离子体光子晶体反射带隙的特性，并用三元和二元的结构方式实现了全角反射器。但是他们的设计方法较为传统，没能最大限度地实现对全向反射带隙的拓展，要得到更宽的全向反射带隙，必须采用一些新的技术。Hamidi[94] 用 4×4 的 TMM 研究了一维耦合谐振器结构的磁化等离子体光子晶体的磁光特性，分析了磁化等离子体在 Faraday 和 Voigt 效应下的带隙特性，研究结果表明磁光特性可以由周期数、等离子体频率和外加磁场的大小进行调谐。

最近几年，越来越多的新特异性介质也被引入等离子体光子晶体中，以获得更好的 PBGs 特性，更为一般的物理学模型也被探讨，用于设计更实用的微波器件。Zhang 等[95] 考虑了更为一般的情况，即外加磁场方向和波矢方向的夹角为任意值时，等离子体具有很强的各向异性。此时 TM 波通过磁化等离子体光子晶体时，将会被分解成为两种基本的模式。通过计算表明，等离子体频率和外加磁场能实现对这两种模式的调谐，而等离子体碰撞频率不能对此进行调谐。Mehdian 等[96] 对此做了延续性的工作，他们将各向异性的磁色散介质 —— 铁氧体和等离子体组成等离子体光子晶体，研究结果表明外磁场对禁带有很好的调控特性。Fu 等[97,98] 用 FDTD 方法研究了二维金属 —— 等离子体光子晶体的带隙和缺陷特性，研究结果表明等离子体参数对 PBGs 和缺陷模的位置有明显的影响，这种等离子体光子晶体可以用来制作微波或者光波波段滤波器。基于相似的设计思想，Kong[99] 和 Mehdian 等[100] 将非线性材料以缺陷的形式分别引入一维非磁化和磁化等离子体光子晶体中，由于非线性材料的折射率是电场强度的函数，所以这种等离子体光子晶体可以被用来设计成微波隔离器。而 Ghasempour Ardakani[101] 采用了更巧妙的方式，即利用磁化等离子体在 Voigt 效应下的 TMM 公式含波矢系数项的原理，实现了一维三元磁化等离子体光子晶体的非互异特性，为设计新型的微波隔离器提供了新的思路。类似地，在等离子体光子晶体中引入谐振腔结构，也能用来设计工作在微波波段的吸波器[102]。

等离子体光子晶体的研究工作不仅在理论和器件设计上取得了进步，而且在实验验证上也取得了重大的进展。正如前文所提及的日本京都大学的 Sakai 课题组，他们在实验室验证方面做出了重大的贡献，而国内也有多家研究机构，如河北大学、中国科学院 (简称中科院)，对此也做了相应的研究工作。Sakai 和 Sakaguchi 等[103−106]对如何产生等离子体、如何构成二维等离子体光子晶体、波段在 33~110GHz 的 TE 和 TM 波，通过二维等离子体光子晶体的禁带特性进行了研究，并用电容板并联整列电容，通过不同的反馈电信号电离惰性气体的方式来实现二维等离子体光子晶体，实验证明改变等离子体的晶格常数可以实现对其滤波特性的调谐，所产生的二维等离子体光子晶体和实验测试装置如图 1.9 所示。而 Fan[107] 和 Dong 等[108]则采用了不同的方式获得二维等离子体光子晶体。他们的方法是仅采用两个平行的电极和一个较薄的介质，当两极上的激励电压足够大时，薄层介质将会被击穿，通过改变晶格类型、晶格常数和激励电压，就能实现对禁带的调谐。其实验装置如图 1.10 所示。用类似的方式，Fan[109] 等用电极放电产生等离子体的方式对一维等离子 体光子晶体色散和禁带关系进行了验证，结果表明当等离子体密度大于一定值时，可以产生可调谐的禁带结构。而 Mitu 等[110] 用另外一种方式来实现一维等离子体光子晶体，即将介质柱周期性地排列在等离子体鞘套中，研究结果表明改变介质柱的直径和间距可以对 PBGs 进行调谐。Naito 等[111] 在实验上用一维可重构的柱状等离子体实现了微波波导。英国拉夫堡的大学的 Kong 等[112] 用较长的等离子体柱实现了二维等离子体，并且使得等离子体边缘更为清晰。等离子体光子晶体的缺陷模特性同样在实验上得到了验证。Lo 等[113] 在周期性的金属柱结构中插入了等离子体柱，通过改变等离子体柱中等离子体的密度实现了对电磁波传播方向的控制，这使得等离子体的缺陷模特性尤为明显。图 1.11 给出了 Lo 等的仿真结果和实验效果图。这种非连续产生等离子体的方式也使得等离子体柱本身可以以缺陷的方式来控制电磁波的传播方式。Varault 等[114] 用这种方式实现了基于等离子体缺陷的耦合开关。

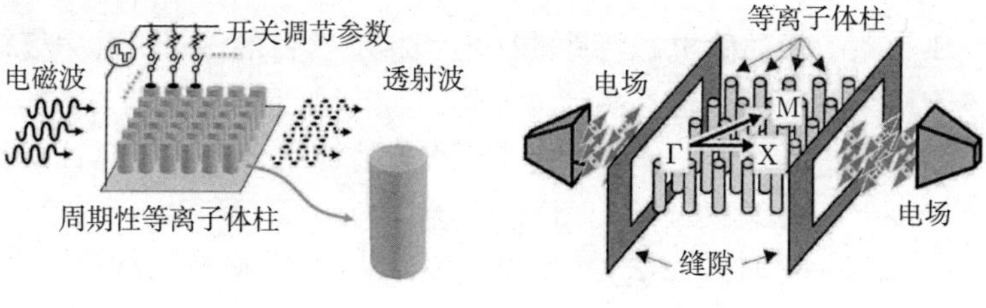

(a) (b)

图 1.9 二维等离子体光子晶体的产生和实验测试装置[106]

(a) 二维等离子体光子晶体产生装置; (b) 实验测试装置

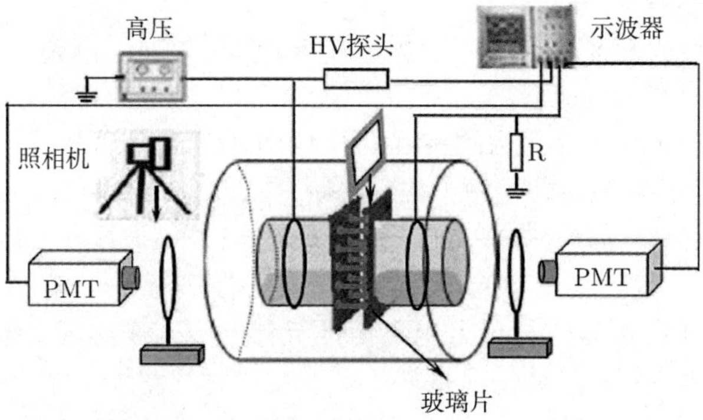

图 1.10 双电极激励产生二维等离子体光子晶体的实验装置示意图[107]

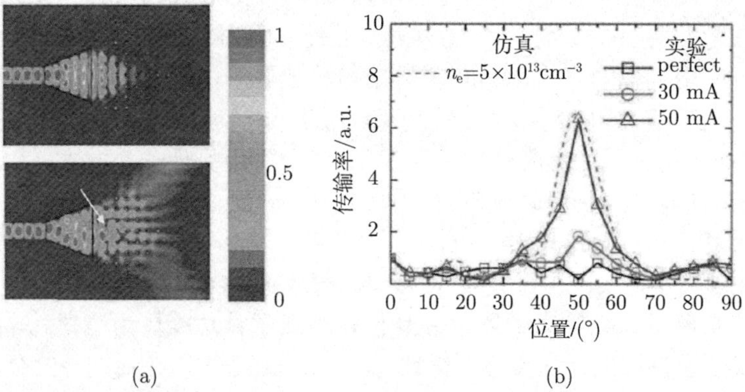

图 1.11 Lo 等的仿真结果和实验效果图[113]

1.3 光子晶体的计算法

为了实现对光子晶体的电磁特性的研究和相应器件的设计，首先要对等离子体光子晶体的相关参数进行仿真和计算，其中对传输特性和色散关系的计算是必不可少的一个环节。从光子晶体概念提出至今，能够用于对光子晶体进行计算的数值方法有很多，如前文提及的 TMM、FDTD、PWE 等方法，还有 Korringa-Kohn-Rostoker 法[115]、有限元法[116]、周期边界法[117]、格林函数法[118]、波矢 K 法[119]、FDFD(finite-difference frequency-domain) 方法[120,121]、小波分析法[122]、Dirichlet-to-Neumann map 法[123,124]、空间有限元法[125−127](spectral element method)、多域伪谱法[128](multidomain pseudospectral method)、混合传输矩阵平面波展开法[129]、Cell 法[130]、块迭代频域法[131](block-interative frequency-domain method)、界面算子法[132−135](interfacial operator method) 等。

科学家对光子晶体应用进行不断的探索，使得光子晶体的理论研究不断深入。在数学上要实现对光子晶体的理论计算，有无穷种方法，所以要准确地对光子晶体进行分类，也是不可能的。总体来说，光子晶体算法从实现方式来说可以分为以下几大类：解析解求解法、数值计算法、数值网格法和混合网格法等。如果按照对于光子晶体参数求解种类划分，可以划分为 S 参数求解法和色散特性求解法，如求解有限周期的波导特性和微腔结构等；如果按照求解域划分，可以划分为频域法和时域法。如果按照第一种分类方式，可以简单地对不同种类的算法进行介绍。

第一种解析方法是借鉴了固体物理中求解薛定谔方程的方法。薛定谔方程在固体物理中是用来描述任意粒子的潜在行为的。相对于此，光子晶体的解析算法也是基于 Maxwell 方程组的，目的是用来描述电磁波在光子晶体中的行为。在特定情况下，电磁波在光子晶体中的行为可以类比于粒子在固体介质中的行为，但是求解方程不再是薛定谔方程而是 Maxwell 方程组。显然，解析方法用于对光子晶体的求解，如常见的 TMM 和 S 散射矩阵法等。尤其在求解一维光子晶体的相关问题时解析法能够得到相对精确的解，如求解透射和反射系数。

第二种数值计算法。该方法能够较好地计算光子晶体的色散特性，因为理论上光子晶体的周期结构是无限的。其中为人们所赞同的是 PWE 方法，该方法同样借鉴了固体物理中的一些知识，使得光子晶体填充的介电常数 (或者磁导率) 用傅里叶变换在倒格矢空间展开，最终得到所要的色散曲线。在下面的章节将对 PWE 方法进行详细介绍。

第三种数值网格法。该种方法又称为数值差分方法。由于数值计算中差分技术的引入，基于数值网格法的求解方程能够计算无限大和有限大的光子晶体，并且光子晶体的外形可以是任意形状。这种求解方法的特点是稳定性较强。基于这种数值网格计算又可以通过观察是否在时域内进行差分划分，即 FDTD 和 FDFD 方法。对于 FDTD 方法而言，在空间和时间上对 Maxwell 方程组进行离散 (差分)，这种差分的网格数是确定的，因此可以方便地应用于计算三维光子晶体的问题。而对于相对简单的一维和二维问题，同样可以得到关于电场和磁场迭代的差分方程。FDTD 最大的优点是进行一次计算就可以得到一个较宽频带内的传输特性，但是在求解光子晶体色散曲线时就较为复杂，具体的内容将在以后的章节中进行详细介绍。由于 FDTD 是一种基于网格技术的数值方法，所以存在着截断误差。截断误差主要来源于离散的网格数和计算能力的极限。与 FDTD 方法不同，如果不对时域进行差分，而对频域进行差分，就是我们俗称的 FDFD 方法，在本质上两者区别不大，仅是关注的映射区间不同。这说明在差分时电场和磁场很难形成迭代关注，因此不得不把整个计算区间的电场和磁场分量都用矩阵的形式保存下来，所以 FDFD 方法是一个较占内存的方法，但是能够快捷地求解出光子晶体的色散关系。数值网格法还有一个分支，就是我们所熟知的有限元法。它不仅灵活机动、高效，还能用任意的剖分网格对任意的计算区域进行离散。有限元方法能够同时快捷地对光子晶体的传输特性和色散关系进行求解，但是该方法也有劣势，由于对于计算空间要进行复杂网格的剖分，所以计算的时间很长。有报道称，在相同的内存需求下，有限元的计算时间是 FDTD 方法的 10 倍。为了克服这个困难，人们提出了最后一种算法 —— 混合网格法。例如，用 FDTD 方法处理中心计算区域，而复杂几何体的外形就用有限元来计算。混合网格法包括很多种类，如光束传播法、传输线法和时域有限体积差分方法等。

总之，以上提及的算法都有各自的优势与劣势，也有各自的适用场合，没有一种方法能完美地解决光子晶体计算过程中的所有问题。它们也越来越多地被商业软件所重视。现在微波和光学领域适用比较多的，如 HFSS、CST、R-Soft 和 XFDTD 等软件都是基于以上方法进行开发的。但其中较为主流的是 PWE、FDFD、FDTD 方法和 TMM，下面对其进行简要介绍。

1.3.1　光子晶体的理论基础

由于光子晶体的很多概念都来源于固体物理，那么类似于固体物理中晶体的结构，光子晶体也可以用空间点阵等来描述。光子晶体周期性重复的单元称为基元，又称单元格。填充单元格间的距离称为晶格常数。在普适条件下，单元格的晶格可以用矢量$\{\boldsymbol{a}_1,\boldsymbol{a}_2,\boldsymbol{a}_3\}$来确定, 那么空间的格矢可以表示为 $\boldsymbol{R}=m_1\boldsymbol{a}_1+m_2\boldsymbol{a}_2+m_3\boldsymbol{a}_3$，其中 m_1,m_2,m_3 为整数。如果光子晶体的在空间上以填充介质的介电常数为周期性分布，那么这种周期可以用以下关系来表示

$$\hat{T}_R\varepsilon(\boldsymbol{r})=\varepsilon(\boldsymbol{r}+\boldsymbol{R})=\varepsilon(\boldsymbol{r}) \tag{1.2}$$

式中，$\hat{T}_R$ 表示位置矢量的平移算子。式 (1.2) 在傅里叶空间的展开可以表示为

$$\varepsilon(\boldsymbol{r})=\sum_{\boldsymbol{G}}\varepsilon(\boldsymbol{G})\mathrm{e}^{\mathrm{j}\boldsymbol{G}\cdot\boldsymbol{r}} \tag{1.3}$$

式中，$\boldsymbol{G}$ 是倒格矢，且 $\boldsymbol{G}\cdot\boldsymbol{r}=2n\pi$，$n$ 为整数。傅里叶空间中的周期点阵称为晶体的倒易点阵，即$\{\boldsymbol{b}_1,\boldsymbol{b}_2,\boldsymbol{b}_3\}$，其中基矢和倒格矢量为

$$\begin{cases}\boldsymbol{b}_i=2\pi\dfrac{\boldsymbol{a}_j\times\boldsymbol{a}_k}{\boldsymbol{a}_i\cdot\boldsymbol{a}_j\times\boldsymbol{a}_k}, & i,j,k=1,2,3\\ \boldsymbol{G}=l_1\boldsymbol{b}_1+l_2\boldsymbol{b}_2+l_3\boldsymbol{b}_3\end{cases} \tag{1.4}$$

式中，l_1,l_2 和 l_3 是任意的整数。如果从 Maxwell 方程组出发，光子晶体由线性、各向同性且无源的介质组成，那么在考虑时谐电场的情况下，可以得到关于电场和磁场的方程

$$\hat{\aleph}_E E(\boldsymbol{r})=\frac{1}{\varepsilon(\boldsymbol{r})}\nabla\times\nabla\times E(\boldsymbol{r})=\frac{\omega^2}{c^2}E(\boldsymbol{r}) \tag{1.5}$$

$$\hat{\aleph}_H H(\boldsymbol{r}) = \nabla \times \frac{1}{\varepsilon(\boldsymbol{r})} \times \nabla \times H(\boldsymbol{r}) = \frac{\omega^2}{c^2} H(\boldsymbol{r}) \tag{1.6}$$

式中，c 表示真空中的光速。那么 Maxwell 方程组就变成了求解本征值的问题，本征值的大小为 ω^2/c^2。而且可以证明，$\hat{\aleph}_H$ 是正定的厄米算子，其本征值是非负实数，并且存在着完备的正交本征函数系，而 $\hat{\aleph}_E$ 不是厄米算子。对于光子晶体的周期平移算子 $\hat{T}_R$ 而言，它的本征值可以表示为

$$t_k = \mathrm{e}^{\mathrm{j}\boldsymbol{R}\cdot\boldsymbol{k}} \tag{1.7}$$

式中，$\boldsymbol{k}$ 是波矢，属于此本征值的本征方程可以表示为 $f_{\boldsymbol{k}}(\boldsymbol{r}) = f_0\mathrm{e}^{\mathrm{j}\boldsymbol{k}\cdot\boldsymbol{r}}$，其中 f_0 为归一化系数。由于光子晶体的周期性，则 $\hat{\aleph}_H$ 与 $\hat{T}_R$ 互易，从而具有共同的本征函数，且这些共同的本征函数能组成完备系。因此，式 (1.6) 可以用 $\hat{T}_R$ 的本征函数的线性组合来表示

$$h_{\boldsymbol{G}} = \sum_{\boldsymbol{G}} A(\boldsymbol{k}|\boldsymbol{G})\mathrm{e}^{\mathrm{j}(\boldsymbol{k}+\boldsymbol{G})\cdot\boldsymbol{r}} = u_k(\boldsymbol{r})\mathrm{e}^{\mathrm{j}(\boldsymbol{k}+\boldsymbol{G})\cdot\boldsymbol{r}} \tag{1.8}$$

式中，$u_k(\boldsymbol{r})$ 在 $\hat{T}_R$ 作用下不变，这就是光子晶体对 Floquet-Bloch 定理的体现。由式 (1.8) 可知，如果在波矢量 $\boldsymbol{k}$ 上叠加一个倒格矢 $\boldsymbol{G}$:$\boldsymbol{k}' = \boldsymbol{k} + \boldsymbol{G}$, 那么求解结果不变。换句话说，不同的波矢量 $\boldsymbol{k}$ 能够对应于相同的本征函数。根据这个特性，波矢空间可以分割为等价的 $[\boldsymbol{k}]$ 类群，矢量 $\boldsymbol{k}$ 和 $\boldsymbol{k}'$ 如果满足$\{(\boldsymbol{k},\boldsymbol{k}') \in (\boldsymbol{k}^3, \boldsymbol{k}^3) : (\boldsymbol{k} - \boldsymbol{k}') = \boldsymbol{G} \in \{\boldsymbol{b}_1, \boldsymbol{b}_2, \boldsymbol{b}_3\}\}$，则它们对应于相同的 $u_k(\boldsymbol{r})$，此时可以认为它们是等价的。选择其中一组 $[\boldsymbol{k}]$ 的某一矢量作为这一类的代表，成为 Bloch 矢量。Bloch 矢量的选择不是唯一的，通常都是选择其中模值最小的单元，它们的集合就称为第一不可约布里渊区 (first irreducible Brillouin zone)。对于光子晶体而言，将第一不可约布里渊区求得的特征值连接起来，那么就得到了光子晶体的色散曲线。

1.3.2 光子晶体的传输矩阵法

TMM[136] 是一种解析方法，从 Maxwell 方程组出发，根据磁场和电场的连续边界条件，推导出电场和磁场的迭代方程，来实现对光子晶体传输特性和色散关系的求解。20 世纪 90 年代，英国学者 Pendry[36] 对周期性结构的电磁特性进行了详细的分析，提出了 TMM。在他最初发表的论文中，TMM 直接被用来求解三维问题，当然该方法也能用于求解一维和二维问题。由于该方法是基于 Maxwell 方程组的解析，在求解二维和三维问题时不得不考虑复杂的边界条件，使得算法实现较难，程序实现较为复杂。这些缺点使得 TMM 与其他算法在处理二维和三维问题时有明显的劣势，所以 TMM 一般用于求解相对简单的一维光子晶体的问题，尤其是在处理包含色散[137] 和非线性介质[138] 时，计算程序几乎不需要做太大的修改

就能很好地达到计算目的。本节将对一维光子晶体的 TMM 方法进行介绍，如果读者对 TMM 的二维和三维方法的应用感兴趣，可以参阅文献 [136]。

如图 1.12 所示，一维光子晶体由两种介质组成，相对介电常数为ε_a 和ε_b，厚度分类分别为 a 和 b，空间周期为 $d = a + b$。入射电磁波从左边入射到右边，且置于空气中。计算模型如图 1.13 所示，可以将电磁波在任意介质层中的传播看成正向行进电磁波和反向行进电磁波的叠加。介质交界面处的电磁场满足边界条件，每一介质层与电磁波的相互作用可由其特征矩阵完全决定。介质层两边的场矢量 $E_{\rm I}$、$H_{\rm I}$、$E_{\rm II}$ 和 $H_{\rm II}$ 的模可用特征矩阵关联起来，即

$$\begin{pmatrix} E_{\rm I} \\ H_{\rm I} \end{pmatrix} = \boldsymbol{M} \begin{pmatrix} E_{\rm II} \\ H_{\rm II} \end{pmatrix} \tag{1.9}$$

那么该如何求取关联矩阵 (传输矩阵)$\boldsymbol{M}$ 呢？

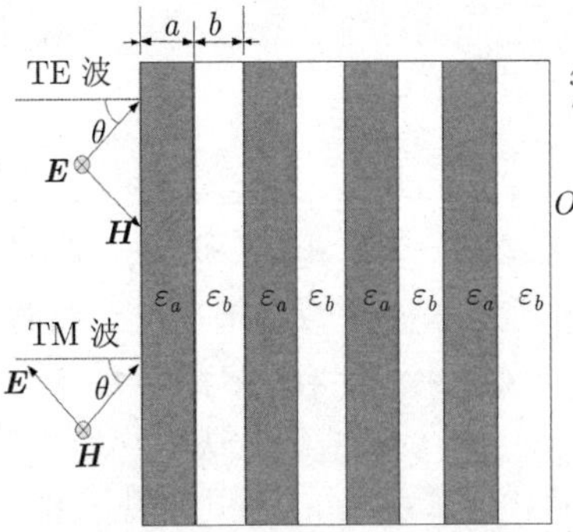

图 1.12　一维光子晶体的示意图

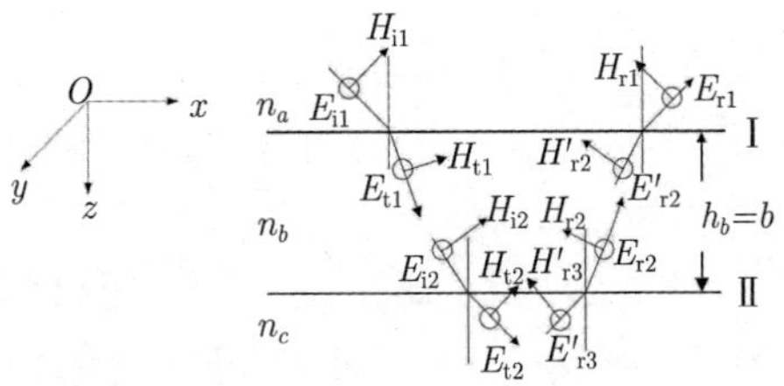

图 1.13　电磁波在任意一层中的传播情况

如图 1.13 所示，界面 I 上侧的场矢量为 E_0 和 H_0，下侧的场矢量为 E_1 和 H_1，$E_{\rm II}$ 和 $H_{\rm II}$ 表示界面 II 的 n_c 一边的矢量场。在界面 I 上有入射电磁波 $E_{\rm i1}$、反射电磁波 $E_{\rm r1}$、透射电磁波 $E_{\rm t1}$ 以及由介质 n_b 中入射到界面 I 的电磁波 $E'_{\rm r2}$。当介质中无自由电荷或传导电流时，根据电磁场边界条件，界面处的电偏振 $\boldsymbol{E}$ 和磁偏振 $\boldsymbol{H}$ 的切向分量连续。假设入射光波的电偏振 $\boldsymbol{E}$ 垂直入射面，即先考虑 TE 模式。以 E_n 和 H_n 表示界面 n 处电偏振 $\boldsymbol{E}$ 和磁偏振 $\boldsymbol{H}$ 的切向分量，因在同一界面两侧，显然有 $E_0 = E_{\rm I}$ 和 $H_0 = H_{\rm I}$。因此，对于界面 I 来说有

$$\begin{cases} E_{\rm I} = E_{\rm i1} + E_{\rm r1} = E_{\rm t1} + E'_{\rm r2} \\ H_{\rm I} = H_{\rm i1}\cos\theta_{\rm i1} - H_{\rm r1}\cos\theta_{\rm i1} = H_{\rm t1}\cos\theta_{\rm i2} - H'_{\rm r2}\cos\theta_{\rm i2} \end{cases} \tag{1.10}$$

对于界面 II，$E_{\rm II}$ 和 $H_{\rm II}$ 也能有类似的公式。考察界面 I 上的透射场 $E_{\rm r1}(x, y, z = 0)$ 与界面 II 的入射场 $E_{\rm i2}(x, y, z = b)$ 满足

$$\left\{\begin{array}{l} E_{\mathrm{t1}}=E_{\mathrm{t10}}\mathrm{e}^{-\mathrm{j}(k_x x+k_z z)}|_{z=0} \\ E_{\mathrm{i2}}=E_{\mathrm{t10}}\mathrm{e}^{-\mathrm{j}(k_x x+k_z z)}|_{z=b}=E_{\mathrm{t1}}\mathrm{e}^{-\mathrm{j}k_z b}=E_{\mathrm{t1}}\mathrm{e}^{\mathrm{j}\delta_b} \\ \delta_b=-k_z h_b=-\dfrac{\omega}{c}n_b b\cos\theta_b \quad (\theta_b=\theta_{\mathrm{t1}}=\theta_{\mathrm{i2}}) \end{array}\right. \tag{1.11}$$

式中，δ_b 表示波矢 $\boldsymbol{k}$ 的平面波在介质层中垂直横跨过两个界面时的相位差。同理，可以得到

$$E'_{\mathrm{r2}}=E_{\mathrm{r2}}\mathrm{e}^{\mathrm{j}\delta_b} \tag{1.12}$$

根据

$$H=\sqrt{\frac{\varepsilon}{\mu}}E=\sqrt{\frac{\varepsilon_0}{\mu_0}}E\sqrt{\varepsilon_{\mathrm{r}}} \tag{1.13}$$

式 (1.9)~ 式 (1.12) 可以化简为

$$\left\{\begin{array}{l} E_{\mathrm{I}}=\cos\delta_b E_{\mathrm{II}}-\dfrac{\mathrm{j}}{\eta_b}\sin\delta_b H_{\mathrm{II}} \\ H_{\mathrm{I}}=-\mathrm{j}\eta_b\sin\delta_b E_{\mathrm{II}}+\cos\delta_b H_{\mathrm{II}} \\ \eta_b=\sqrt{\dfrac{\varepsilon_0}{\mu_0}}\sqrt{\varepsilon_b}\cos^2\theta_b \end{array}\right. \tag{1.14}$$

式 (1.14) 可以简化为

$$\begin{pmatrix} E_{\mathrm{I}} \\ H_{\mathrm{I}} \end{pmatrix}=\begin{pmatrix} \cos\delta_b & -\dfrac{\mathrm{j}}{\eta_b}\sin\delta_b \\ -\mathrm{j}\eta_b\sin\delta_b & \cos\delta_b \end{pmatrix}\begin{pmatrix} E_{\mathrm{II}} \\ H_{\mathrm{II}} \end{pmatrix} \tag{1.15}$$

上述推导了 TE 模式下的 TMM 公式。采用类似的方法可以推导得到 TM 模式下的 TMM 计算公式。显然当电磁波垂直入射时，TM 模式下的 TMM 公式与 TE 模式下的相同。在 TM 模式下有

$$\eta_{\mathrm{i}}=\sqrt{\frac{\varepsilon_0}{\mu_0}}\frac{\sqrt{\varepsilon_{\mathrm{r}}}}{\cos^2\theta_{\mathrm{i}}} \tag{1.16}$$

所以在 TE 模式下，当电磁波通过光子晶体的每个介质层时，都能用一个传输矩阵进行描述

$$\boldsymbol{M}_{\mathrm{i}}=\begin{pmatrix} \cos\delta_{\mathrm{i}} & -\dfrac{\mathrm{j}}{\eta_{\mathrm{i}}}\sin\delta_{\mathrm{i}} \\ -\mathrm{j}\eta_{\mathrm{i}}\sin\delta_{\mathrm{i}} & \cos\delta_{\mathrm{i}} \end{pmatrix},\quad \left\{\begin{array}{l} \delta_{\mathrm{i}}=-\dfrac{\omega}{c}\sqrt{\varepsilon_{\mathrm{i}}}h_{\mathrm{i}}\cos\theta_{\mathrm{i}} \\ \eta_{\mathrm{i}}=\sqrt{\dfrac{\varepsilon_0}{\mu_0}}\sqrt{\varepsilon_{\mathrm{i}}}\cos^2\theta_{\mathrm{i}} \end{array}\right. \tag{1.17}$$

而对于该光子晶体的最后一个界面而言，只有右行波，不存在左行波，式 (1.17) 依然成立。对于一维光子晶体的结构而言，可以逐层应用式 (1.15) 所示的特征矩阵方程进行累积。对第 N 层介质，其左侧界面的场量为 E_N、H_N、E_{N+1} 和 H_{N+1}，则有

$$\begin{pmatrix} E_N \\ H_N \end{pmatrix}=\boldsymbol{M}\begin{pmatrix} E_{N+1} \\ H_{N+1} \end{pmatrix} \tag{1.18}$$

依层次类推，该一维等离子体光子晶体可以表示为

$$\begin{pmatrix} E_1 \\ H_1 \end{pmatrix} = \boldsymbol{M}_1 \cdot \boldsymbol{M}_2 \cdot \boldsymbol{M}_3 \cdot \boldsymbol{M}_N \begin{pmatrix} E_{N+1} \\ H_{N+1} \end{pmatrix} = \begin{pmatrix} A & B \\ C & D \end{pmatrix} \begin{pmatrix} E_{N+1} \\ H_{N+1} \end{pmatrix} \tag{1.19}$$

因此，如果假设其反射和透射系数分别为 r 和 t，该一维等离子体光子晶体在 TE 模式下的反射率 (R)、透射率 (T) 与色散关系可以表示为

$$r = \frac{E_{\mathrm{r1}}}{E_{\mathrm{i1}}} = \frac{A\eta_0 + B\eta_0\eta_{N+1} - C - D\eta_{N+1}}{A\eta_0 + B\eta_0\eta_{N+1} + C + D\eta_{N+1}} \tag{1.20}$$

$$R = |r|^2 \tag{1.21}$$

$$t = \frac{E_{\mathrm{t}N+1}}{E_{\mathrm{i1}}} = \frac{2\eta_0}{A\eta_0 + B\eta_0\eta_{N+1} + C + D\eta_{N+1}} \tag{1.22}$$

$$T = |t|^2 \tag{1.23}$$

由图 1.12 可知，一维光子晶体置于空气中，有 $\eta_{N+1} = \eta_0$。如果一维光子晶体的周期数 N 足够大，那么根据 Floquet-Bloch 定理可知，界面处的矢量场满足

$$\begin{pmatrix} E_{N+2} \\ H_{N+2} \end{pmatrix} = \mathrm{e}^{\mathrm{j}kd} \begin{pmatrix} E_N \\ H_N \end{pmatrix} \tag{1.24}$$

所以根据上述几个等式，求解定解条件

$$\boldsymbol{M}_a\boldsymbol{M}_b \begin{pmatrix} E_{N+2} \\ H_{N+2} \end{pmatrix} = \mathrm{e}^{-\mathrm{j}kd} \begin{pmatrix} E_{N+2} \\ H_{N+2} \end{pmatrix}$$

就能得到该一维光子晶体的色散关系，即

$$\cos kd = \cos\delta_a \cos\delta_b - \frac{1}{2}\left(\frac{\eta_a}{\eta_b} + \frac{\eta_b}{\eta_a}\right)\sin\delta_a \sin\delta_b \tag{1.25}$$

式中，$\delta_a = -\dfrac{\omega}{c}\sqrt{\varepsilon_a}a$; $\delta_b = -\dfrac{\omega}{c}\sqrt{\varepsilon_b}b$; $\eta_a = \sqrt{\dfrac{\varepsilon_0}{\mu_0}}\sqrt{\varepsilon_a}$; $\eta_b - \sqrt{\dfrac{\varepsilon_0}{\mu_0}}\sqrt{\varepsilon_b}$。如果将 kd 限制在 $0 \leqslant kd \leqslant \pi$ 的范围内，那么就得到了色散曲线。由以上的推导可知，对于一维的 TMM 而言，色散关系可通过计算一个周期的传输矩阵来获得，最后的 S 参数仅和周期数有关。显然该方法准确高效，且较适合计算含有色散和非线性介质的一维光子晶体。

1.3.3　光子晶体的 FDTD 算法

传输矩阵法用到了介质分布的周期性，且只考虑单色光的传输，属于谱域的办法。对于实际的光子晶体，在三个方向上均可能是有限的和可能存在各种缺陷。如

果我们希望得到光在光子晶体中的传输过程，用时域有限差分方法进行模拟是很好的选择。具体模拟过程: 建立空间网格体系，选定空间时间步长，将 Maxwell 方程时间、空间的微分变为差分，进行迭代求解。自 1966 年 Yee[139] 首次提出时域有限差分方法 (FDTD) 以来，FDTD 已经广泛地用于包括电磁散射、天线辐射以及生物电磁学等诸多方面。20 世纪 90 年代，FDTD 方法又被引入光子晶体理论的研究领域; FDTD 的优点是能够很直观地研究电磁波在光子晶体中的传输问题 (包括有源、无源和瞬时)，不仅能模拟任何形状的光子晶体，而且可以通过傅里叶变换，一次计算含很大频率范围的结果; 它的缺点是计算量大，对计算机的性能要求比较高。目前，在国内外，FDTD 方法用于研究一维、二维光子晶体已经比较普遍，也有单位建立了三维光子晶体的并行算法模拟平台。

1966 年 Yee 提出了被后人称为 Yee 氏网格的空间离散方法。对于 Maxwell 方程组的旋度方程为

$$\nabla \times \boldsymbol{H} = \frac{\partial \boldsymbol{D}}{\partial t} + \boldsymbol{J} \tag{1.26}$$

$$\nabla \times \boldsymbol{E} = -\frac{\partial \boldsymbol{B}}{\partial t} - \boldsymbol{J}_{\mathrm{m}} \tag{1.27}$$

式中，$\boldsymbol{E}$ 为电场强度; $\boldsymbol{D}$ 为电通量密度; $\boldsymbol{H}$ 为磁场强度; $\boldsymbol{B}$ 为磁通量密度; $\boldsymbol{J}$ 为电流密度; $\boldsymbol{J}_{\mathrm{m}}$ 为磁流密度。在各向同性介质中的本构关系是

$$\boldsymbol{D} = \varepsilon \boldsymbol{E}, \quad \boldsymbol{B} = \mu \boldsymbol{H}, \quad \boldsymbol{J} = \sigma \boldsymbol{E}, \quad \boldsymbol{J}_{\mathrm{m}} = \sigma_{\mathrm{m}} \boldsymbol{H} \tag{1.28}$$

式中，ε 为介质的介电常数; μ为磁导系数; σ为电导率，σ_{m} 为磁导率。在直角坐标系中式 (1.26) 和式 (1.27) 可以写为

$$\left.\begin{aligned} \frac{\partial H_z}{\partial y} - \frac{\partial H_y}{\partial z} &= \varepsilon \frac{\partial E_x}{\partial t} + \sigma E_x \\ \frac{\partial H_y}{\partial x} - \frac{\partial H_z}{\partial y} &= \varepsilon \frac{\partial E_z}{\partial t} + \sigma E_z \\ \frac{\partial H_x}{\partial z} - \frac{\partial H_z}{\partial x} &= \varepsilon \frac{\partial E_y}{\partial t} + \sigma E_y \end{aligned}\right\} \tag{1.29}$$

$$\left.\begin{aligned} \frac{\partial E_z}{\partial y} - \frac{\partial E_y}{\partial z} &= -\mu \frac{\partial H_x}{\partial t} - \sigma_{\mathrm{m}} H_x \\ \frac{\partial E_y}{\partial x} - \frac{\partial E_z}{\partial y} &= -\mu \frac{\partial H_z}{\partial t} - \sigma_{\mathrm{m}} H_z \\ \frac{\partial E_x}{\partial z} - \frac{\partial E_z}{\partial x} &= -\mu \frac{\partial H_y}{\partial t} - \sigma_{\mathrm{m}} H_y \end{aligned}\right\} \tag{1.30}$$

下面考虑式 (1.29) 和式 (1.30) 的 FDTD 差分离散。令 $f(x,\ y,\ z,\ t)$ 代表 $\boldsymbol{E}$ 或 $\boldsymbol{H}$ 在直角坐标系中的某一分量，在时间和空间域中的离散取以下符号表示

$$f(x,y,z,t) = f(i\Delta x, j\Delta y, k\Delta z, n\Delta t) = f^n(i,j,k) \tag{1.31}$$

$f(x, y, z, t)$ 关于时间和空间的一阶偏导数取中心差分的近似:

$$\left.\begin{aligned}
\left.\frac{\partial f(x,y,z,t)}{\partial x}\right|_{x=i\Delta x} &\approx \frac{f^n\left(i+\frac{1}{2},j,k\right)-f^n\left(i-\frac{1}{2},j,k\right)}{\Delta x}\\
\left.\frac{\partial f(x,y,z,t)}{\partial y}\right|_{y=j\Delta y} &\approx \frac{f^n\left(i,j+\frac{1}{2},k\right)-f^n\left(i,j-\frac{1}{2},k\right)}{\Delta y}\\
\left.\frac{\partial f(x,y,z,t)}{\partial z}\right|_{z=k\Delta z} &\approx \frac{f^n\left(i,j,k+\frac{1}{2}\right)-f^n\left(i,j,k-\frac{1}{2}\right)}{\Delta z}\\
\left.\frac{\partial f(x,y,z,t)}{\partial t}\right|_{t=n\Delta t} &\approx \frac{f^n(i,j,k)-f^n(i,j,k)}{\Delta x}
\end{aligned}\right\} \tag{1.32}$$

在直角坐标系中的 Yee 网格体系如图 1.14 所示。

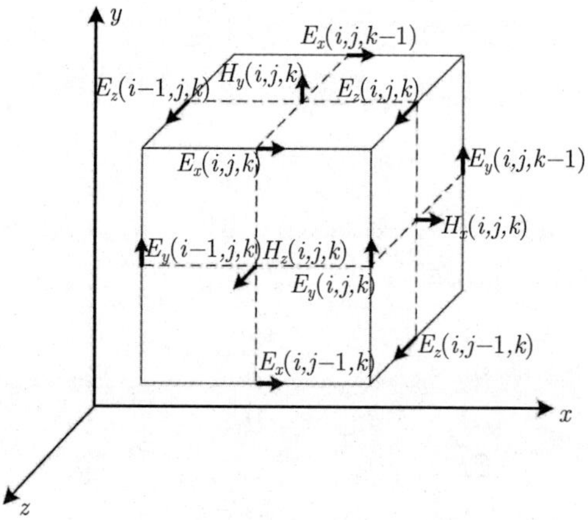

图 1.14　电磁场分量在 Yee 网格空间离散点的分布

从图 1.14 可以看出，电场和磁场的各个分量在空间的取值点被交叉地放置，使得在电场分量的四周有磁场分量环绕，同时每个磁场分量的四周有电场分量环绕。这样的电磁场空间配置符合 Maxwell 方程的基本要求，因而也符合电磁波在空间传播的规律。用数值差商代替式 (1.29) 和式 (1.30) 六个方程中的导数，将连续的微分方程离散化，可以得到 Maxwell 方程的差分形式:

$$E_x^{n+1}\left(i+\frac{1}{2},j,k\right)=CA(m)\cdot E_x^n\left(i+\frac{1}{2},j,k\right)$$

$$+CB(m)\left[\frac{H_z^{n+1/2}\left(i+\frac{1}{2},j+\frac{1}{2},k\right)-H_z^{n+1/2}\left(i+\frac{1}{2},j-\frac{1}{2},k\right)}{\Delta y}\right]$$

$$-CB(m)\left[\frac{H_y^{n+1/2}\left(i+\frac{1}{2},j,k+\frac{1}{2}\right)-H_y^{n+1/2}\left(i+\frac{1}{2},j,k-\frac{1}{2}\right)}{\Delta z}\right] \tag{1.33}$$

式中，$CA(m) = \dfrac{\dfrac{\varepsilon(m)}{\Delta t}-\dfrac{\sigma(m)}{2}}{\dfrac{\varepsilon(m)}{\Delta t}+\dfrac{\sigma(m)}{2}} = \dfrac{1-\dfrac{\sigma(m)\Delta t}{2\varepsilon(m)}}{1+\dfrac{\sigma(m)\Delta t}{2\varepsilon(m)}}$；$CB(m) = \dfrac{1}{\dfrac{\varepsilon(m)}{\Delta t}+\dfrac{\sigma(m)}{2}} = \dfrac{\dfrac{\Delta t}{\varepsilon(m)}}{1+\dfrac{\sigma(m)\Delta t}{2\varepsilon(m)}}$；$m=(i+0.5,j,k)$。

同理 $m=(i,j+0.5,k)$ 时，

$$E_y^{n+1}\left(i,j+\frac{1}{2},k\right)$$

$$=CA(m)\cdot E_y^{n}\left(i,j+\frac{1}{2},k\right)$$

$$+CB(m)\left[\frac{H_x^{n+1/2}\left(i,j+\frac{1}{2},k+\frac{1}{2}\right)-H_x^{n+1/2}\left(i,j+\frac{1}{2},k-\frac{1}{2}\right)}{\Delta z}\right]$$

$$-CB(m)\left[\frac{H_x^{n+1/2}\left(i+\frac{1}{2},j+\frac{1}{2},k\right)-H_x^{n+1/2}\left(i-\frac{1}{2},j+\frac{1}{2},k\right)}{\Delta x}\right] \tag{1.34}$$

同理 $m=(i,j,k+0.5)$ 时，

$$E_z^{n+1}\left(i,j,k+\frac{1}{2}\right)$$

$$=CA(m)\cdot E_z^{n}\left(i,j,k+\frac{1}{2}\right)$$

$$+CB(m)\left[\frac{H_y^{n+1/2}\left(i+\frac{1}{2},j,k+\frac{1}{2}\right)-H_x^{n+1/2}\left(i-\frac{1}{2},j,k+\frac{1}{2}\right)}{\Delta x}\right]$$

$$-CB(m)\cdot\left[\frac{H_x^{n+1/2}\left(i,j+\frac{1}{2},k+\frac{1}{2}\right)-H_x^{n+1/2}\left(i,j-\frac{1}{2},k+\frac{1}{2}\right)}{\Delta y}\right] \tag{1.35}$$

根据现实的原理，对于磁场 $\boldsymbol{H}$ 而言，也可以分解成 3 个等式：

$$\begin{aligned}H_x^{n+1/2}\left(i,j+\frac{1}{2},k+\frac{1}{2}\right)=&CP(m)\cdot H_x^{n-1/2}\left(i,j+\frac{1}{2},k+\frac{1}{2}\right)\\&-CQ(m)\cdot\left[\frac{E_z^n\left(i,j+1,k+\frac{1}{2}\right)-E_z^n\left(i,j,k+\frac{1}{2}\right)}{\Delta y}\right]\\&-CQ(m)\cdot\left[\frac{E_y^n\left(i,j+\frac{1}{2},k+1\right)+E_y^n\left(i,j+\frac{1}{2},k\right)}{\Delta z}\right]\end{aligned} \tag{1.36}$$

$$\begin{aligned}&H_z^{n+1/2}\left(i+\frac{1}{2},j+\frac{1}{2},k\right)\\=&CP(m)\cdot H_z^{n-1/2}\left(i+\frac{1}{2},j+\frac{1}{2},k\right)\\&-CQ(m)\cdot\left[\frac{E_y^n\left(i+1,j+\frac{1}{2},k\right)-E_y^n\left(i,j+\frac{1}{2},k\right)}{\Delta x}\right]\\&-CQ(m)\cdot\left[\frac{E_x^n\left(i+\frac{1}{2},j+1,k\right)+E_z^n\left(i+\frac{1}{2},j,k\right)}{\Delta y}\right]\end{aligned} \tag{1.37}$$

$$\begin{aligned}&H_y^{n+1/2}\left(i+\frac{1}{2},j,k+\frac{1}{2}\right)\\=&CP(m)\cdot H_y^{n-1/2}\left(i+\frac{1}{2},j,k+\frac{1}{2}\right)\\&-CQ(m)\cdot\left[\frac{E_x^n\left(i+\frac{1}{2},j,k+1\right)-E_x^n\left(i+\frac{1}{2},j,k\right)}{\Delta z}\right]\\&-CQ(m)\cdot\left[\frac{E_z^n\left(i+1,j,k+\frac{1}{2}\right)+E_z^n\left(i,j,k+\frac{1}{2}\right)}{\Delta x}\right]\end{aligned} \tag{1.38}$$

式中，$CP(m)=\dfrac{\dfrac{\mu(m)}{\Delta t}-\dfrac{\sigma_{\mathrm{m}}(m)}{2}}{\dfrac{\mu(m)}{\Delta t}+\dfrac{\sigma_{\mathrm{m}}(m)}{2}}=\dfrac{1-\dfrac{\sigma_{\mathrm{m}}(m)\Delta t}{2\mu(m)}}{1+\dfrac{\sigma_{\mathrm{m}}(m)\Delta t}{2\mu(m)}}$；$CQ(m)=\dfrac{1}{\dfrac{\mu(m)}{\Delta t}+\dfrac{\sigma_{\mathrm{m}}(m)}{2}}=\dfrac{\dfrac{\Delta t}{\mu(m)}}{1+\dfrac{\sigma_{\mathrm{m}}(m)\Delta t}{2\mu(m)}}$。

对于光子晶体的理论研究问题，可以归结为光在光子晶体中的传播问题，于是可以由宏观 Maxwell 方程组来求解。例如，考虑一种最简单的情况，认为光子晶体中的电磁场是足够小的，以至于只考虑线性问题; 还假设电介质是各向同性的，于是介电常数 ε 可以被看成一个标量。同时忽略介电常数 ε 与光频率的函数关系，认为介电常数在我们所关注的频率范围内是一个常量; 考虑没有损耗的电介质，这就意味着介电常数是一个纯实数。最后，我们还认为电介质是无磁性的，并且其中没有电流或电荷。经过上面的处理后，$\boldsymbol{E}$ 和 $\boldsymbol{H}$ 的各坐标的分量值可以表示为

$$
\begin{aligned}
&E_x^{n+1}\left(i+\frac{1}{2},j,k\right)\\
&=E_x^{n}\left(i+\frac{1}{2},j,k\right)\\
&\quad+\frac{\Delta t}{\varepsilon\left(i+\frac{1}{2},j,k\right)}\cdot\left[\frac{H_z^{n+1/2}\left(i+\frac{1}{2},j+\frac{1}{2},k\right)-H_z^{n+1/2}\left(i+\frac{1}{2},j-\frac{1}{2},k\right)}{\Delta y}\right]\\
&\quad-\frac{\Delta t}{\varepsilon\left(i+\frac{1}{2},j,k\right)}\cdot\left[\frac{H_y^{n+1/2}\left(i+\frac{1}{2},j,k+\frac{1}{2}\right)-H_y^{n+1/2}\left(i+\frac{1}{2},j,k-\frac{1}{2}\right)}{\Delta z}\right]
\end{aligned}
\tag{1.39}
$$

$$
\begin{aligned}
&E_y^{n+1}\left(i,j+\frac{1}{2},k\right)\\
&=E_y^{n}\left(i,j+\frac{1}{2},k\right)\\
&\quad+\frac{\Delta t}{\varepsilon\left(i,j+\frac{1}{2},k\right)}\cdot\left[\frac{H_x^{n+1/2}\left(i,j+\frac{1}{2},k+\frac{1}{2}\right)-H_x^{n+1/2}\left(i,j+\frac{1}{2},k-\frac{1}{2}\right)}{\Delta z}\right]
\end{aligned}
$$

$$-\frac{\Delta t}{\varepsilon\left(i,j+\frac{1}{2},k\right)}\cdot\left[\frac{H_x^{n+1/2}\left(i+\frac{1}{2},j+\frac{1}{2},k\right)-H_x^{n+1/2}\left(i-\frac{1}{2},j+\frac{1}{2},k\right)}{\Delta x}\right] \quad (1.40)$$

$$\begin{aligned}&E_z^{n+1}\left(i,j,k+\frac{1}{2}\right)\\&=E_z^{n}\left(i,j,k+\frac{1}{2}\right)\\&\quad+\frac{\Delta t}{\varepsilon\left(i,j,k+\frac{1}{2}\right)}\cdot\left[\frac{H_y^{n+1/2}\left(i+\frac{1}{2},j,k+\frac{1}{2}\right)-H_x^{n+1/2}\left(i-\frac{1}{2},j,k+\frac{1}{2}\right)}{\Delta x}\right]\\&\quad-\frac{\Delta t}{\varepsilon\left(i,j,k+\frac{1}{2}\right)}\cdot\left[\frac{H_x^{n+1/2}\left(i,j+\frac{1}{2},k+\frac{1}{2}\right)-H_x^{n+1/2}\left(i,j-\frac{1}{2},k+\frac{1}{2}\right)}{\Delta y}\right]\end{aligned} \quad (1.41)$$

$$\begin{aligned}&H_x^{n+1/2}\left(i,j+\frac{1}{2},k+\frac{1}{2}\right)\\&=H_x^{n-1/2}\left(i,j+\frac{1}{2},k+\frac{1}{2}\right)-\frac{\Delta t}{\mu_0}\\&\quad\cdot\left[\frac{E_z^{n}\left(i,j+1,k+\frac{1}{2}\right)-E_z^{n}\left(i,j,k+\frac{1}{2}\right)}{\Delta y}+\frac{E_y^{n}\left(i,j+\frac{1}{2},k+1\right)-E_y^{n}\left(i,j+\frac{1}{2},k\right)}{\Delta z}\right]\end{aligned} \quad (1.42)$$

$$\begin{aligned}&H_y^{n+1/2}\left(i+\frac{1}{2},j,k+\frac{1}{2}\right)\\&=H_y^{n-1/2}\left(i+\frac{1}{2},j,k+\frac{1}{2}\right)\frac{\Delta t}{\mu_0}\\&\quad\cdot\left[-\frac{E_x^{n}\left(i+\frac{1}{2},j,k+1\right)-E_x^{n}\left(i+\frac{1}{2},j,k\right)}{\Delta z}+\frac{E_z^{n}\left(i+1,j,k+\frac{1}{2}\right)-E_z^{n}\left(i,j,k+\frac{1}{2}\right)}{\Delta x}\right]\end{aligned} \quad (1.43)$$

$$H_z^{n+1/2}\left(i+\frac{1}{2},j+\frac{1}{2},k\right)$$

$$
= H_z^{n-1/2}\left(i+\frac{1}{2}, j+\frac{1}{2}, k\right)\frac{\Delta t}{\mu_0}
$$

$$
\cdot\left[-\frac{E_y^n\left(i+1, j+\dfrac{1}{2}, k\right)-E_y^n\left(i, j+\dfrac{1}{2}, k\right)}{\Delta x}+\frac{E_x^n\left(i+\dfrac{1}{2}, j+1, k\right)-E_z^n\left(i+\dfrac{1}{2}, j, k\right)}{\Delta y}\right] \tag{1.44}
$$

如果用 FDTD 方法求解二维问题，入射电磁波的形式可以分解为 TM 波和 TE 波，其计算过程如图 1.15 所示。

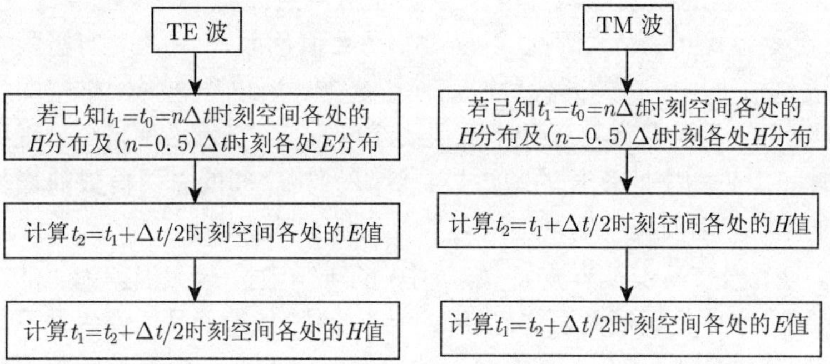

图 1.15 TE 和 TM 模式下 FDTD 方法的计算流程图

1. 数值稳定性条件

我们知道，光子晶体是由具有不同介电常数的电介质组成的，可以将其看成是分区均匀的。由电磁场理论可以知道，平面电磁波在均匀介质中的解析色散关系为

$$
\frac{\omega^2}{c^2} = k_x^2 + k_y^2 + k_z^2 \tag{1.45}
$$

在 Yee 氏网格空间中，平面波的各分量可以表示为

$$
E_x^n(i,j,k) = E_{x0}\exp[-\mathrm{j}(k_x\widehat{i}\Delta x + k_y\widehat{j}\Delta y + k_z\widehat{k}\Delta z - \omega n\Delta t)] \tag{1.46}
$$

$$
E_y^n(i,j,k) = E_{y0}\exp[-\mathrm{j}(k_x\widehat{i}\Delta x + k_y\widehat{j}\Delta y + k_z\widehat{k}\Delta z - \omega n\Delta t)] \tag{1.47}
$$

$$
E_z^n(i,j,k) = E_{z0}\exp[-\mathrm{j}(k_x\widehat{i}\Delta x + k_y\widehat{j}\Delta y + k_z\widehat{k}\Delta z - \omega n\Delta t)] \tag{1.48}
$$

$$
H_y^n(i,j,k) = H_{y0}\exp[-\mathrm{j}(k_x\widehat{i}\Delta x + k_y\widehat{j}\Delta y + k_z\widehat{k}\Delta z - \omega n\Delta t)] \tag{1.49}
$$

$$
H_z^n(i,j,k) = H_{z0}\exp[-\mathrm{j}(k_x\widehat{i}\Delta x + k_y\widehat{j}\Delta y + k_z\widehat{k}\Delta z - \omega n\Delta t)] \tag{1.50}
$$

$$
H_x^n(i,j,k) = H_{x0}\exp[-\mathrm{j}(k_x\widehat{i}\Delta x + k_y\widehat{j}\Delta y + k_z\widehat{k}\Delta z - \omega n\Delta t)] \tag{1.51}
$$

将上面六式分别代入差分方程式 (1.39)~ 式 (1.44)，化简可以得到 FDTD 方法的数值色散式为

$$\begin{aligned}&\left(\frac{1}{c\Delta t}\right)^2\sin^2\left(\frac{\omega\Delta t}{2}\right)\\=&\frac{1}{\Delta x^2}\sin^2\left(\frac{k_x\Delta t}{2}\right)+\frac{1}{\Delta y^2}\sin^2\left(\frac{k_y\Delta t}{2}\right)+\frac{1}{\Delta z^2}\sin^2\left(\frac{k_z\Delta t}{2}\right)\end{aligned} \tag{1.52}$$

式中，ω 为平面波的角频率；k_x，k_y, k_z 分别为波矢的三个坐标分量；c 是均匀介质中的光速。

利用高等数学的极限知识可以很容易证明，当 Δt, Δx, Δy, Δz 趋于零时，式 (1.52) 就变为式 (1.45)，因此式 (1.45) 是数值色散式 (1.52) 的极限式。这说明数值色散是由于用近似差商代替微商而引起的，所以当选择网格空间步长和时间步长足够小时，数值色散可以减小到所要求的程度。当然这种减少是受实际限制的，因为时间步长和空间步长的减少导致计算网格空间的总网格数的增加和时间循环次数的增加，因而相应地增加了对计算机性能的要求。

计算表明，当空间步长为波长 (媒质中) 的 1/10 时，最大误差为 1.3%；当空间步长为波长的 1/20 时，最大误差已经减少到 0.31%。光子晶体由两种不同的电介质组成，我们以电磁波在介电常数较大的电介质中的波长为参考对象来选择空间步长，相当于以最坏的情况选择空间步长。当模拟电磁波在光子晶体中传播时，有时用的是时变脉冲源，这种源具有很宽的谱，在网格空间中传播时，其较高频率部分的误差比较低频率部分的误差要大。所以我们在计算中选择了这样的空间步长，它使得我们所关心的频率部分满足其波长大于 10 倍空间步长的条件。

求解差分方程组是一个迭代过程，当没有选择好时间步长和空间步长的关系时，就会使所得的数值结果不稳定，具体表现为：随着时间增加，被计算的场量无限制地增大。其原因在于差分方程的时间步长和空间步长的选取不符合电磁场传播的规律，从而导致由差分方程模拟的数字波在网格空间中传播的因果关系被破坏了。因而，为了用所导出的差分方程进行稳定计算，就需要合理地选取时间步长和空间步长之间的关系。同样，还是以平面波为研究对象，将其表达式代入光子晶体 Maxwell 差分方程组，可以得到稳定性条件：

$$2c\left(\frac{1}{\Delta x^2}+\frac{1}{\Delta y^2}+\frac{1}{\Delta z^2}\right)^{1/2}\leqslant\left(\frac{2}{\Delta t}\right)^2 \tag{1.53}$$

式中，$c=1/\sqrt{\mu_0\varepsilon_0\varepsilon_{\rm r}}$ 是电磁波在某一光子晶体中相对介电常量 $\varepsilon_{\rm r}$ 的均匀区域的传播速度，因为光子晶体是由具有不同的介电常数的电介质组成的，所以对于光子晶体的不同电介质区域，c 是不同的。但是，由于稳定性条件是一个不等式，故只

要选取最大的 c 满足的条件，则其他区域就自然满足条件了。即

$$c_{\max}\Delta t \leqslant \left(\frac{1}{\Delta x^2}+\frac{1}{\Delta y^2}+\frac{1}{\Delta z^2}\right)^{1/2} \tag{1.54}$$

在计算中取时间步长为

$$\Delta t=\frac{\min(\Delta x,\Delta y,\Delta z)}{2c_{\max}}=\frac{\min(\Delta x,\Delta y,\Delta z)\cdot\sqrt{\mu_0\varepsilon_0\varepsilon_{\mathrm{r\,min}}}}{2} \tag{1.55}$$

式中$\varepsilon_{\mathrm{rmin}}$ 为光子晶体中介电常数较小的电介质的相对介电常数。所以，式 (1.55) 被称为 Courant 稳定条件。

2. 吸收边界

在进行 FDTD 仿真时，由于计算机存储空间和计算能力的限制，只能模拟有限的空间，另外过大的计算空间将耗费大量的计算时间，同时问题区域外的计算空间对问题本身没有贡献，因此在计算空间的适当位置必须进行截断。直接截断将在截断处引起电磁波的反射，造成很大的误差。一个良好的边界不应对计算空间中的电磁波传播产生明显的影响。自从 Mur 于 1981 年提出 Mur 近似吸收边界[140]后，FDTD 方法开始应用于解决实际电磁问题。1994 年 Berenger 提出了完全匹配层 (perfect match layer, PML)[141] 的概念，极大地改善了吸收效果，同时该边界条件可以吸收各方向各频率的电磁波。PML 作为第一种有效的吸收边界条件，在 FDTD 仿真中大量使用。下面将简要介绍 PML 吸收边界条件。

PML 是在计算区域截断边界处设置的一种特殊介质层，该层介质的波阻抗与相邻介质波阻抗完全匹配，因而入射波将无反射地进入 PML 层。并且由于 PML 层为有耗介质，进入 PML 层的透射波将迅速衰减，当 PML 层厚度适当时，透射波将完全被吸收。PML 介质层在二维情况下的设置基本结构如图 1.16 所示，在 FDTD 计算区域中，麦克斯韦方程以常规的 FDTD 方法求解，在计算域四周是 PML 层，PML 层需满足的完全匹配条件是

$$\frac{\sigma}{\varepsilon_0}=\frac{\sigma_{\mathrm{m}}}{\mu_0} \tag{1.56}$$

式中，σ 和 σ_{m} 分别是 PML 层的电导率和磁导率。

设靠近 PML 层的 FDTD 区域为真空，则区域 a 和区域 b 中的参数分别为 $(0, 0, \sigma_y, \sigma_{\mathrm{m}y})$ 和 $(\sigma_x, \sigma_{\mathrm{m}x}, 0, 0)$，区域 c 的参数为 $(\sigma_x, \sigma_{\mathrm{m}x}, \sigma_y, \sigma_{\mathrm{m}y})$。此时通过 PML 层的平面波以光速传播，且穿过边界和顶角区域时均无反射。但是在实际过程中，PML 介质层不可能延伸到半空间，只能是有限厚度，PML 层的外侧通常采用理想导体截断。PML 层中介质损耗参数采用如下形式

$$\sigma(\rho)=\sigma_{\max}\left(\frac{\rho}{d}\right)^n \tag{1.57}$$

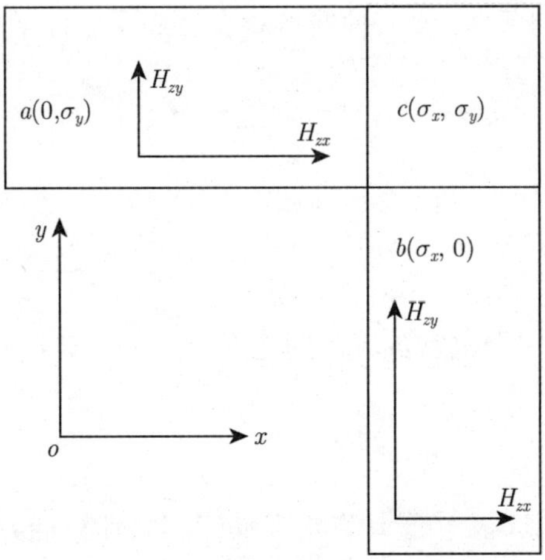

图 1.16　PML 层介质设置示意图

式中，ρ 为外分界面到内分界面的距离；d 为 PML 层的厚度；n 为层数，一般选取的值为 5。PML 吸收层的网格剖分方式与常规 FDTD 网格完全一致，唯一的区别是：由于 PML 介质中的波方程将 H_z 分量分裂成两个子分量 H_{zx} 和 H_{zy}，因此要在原来 H_z 分量的节点处同时计算 H_{zx} 和 H_{zy}。由于在 PML 介质中电磁波衰减很快，常规 FDTD 中的 Yee 氏差分格式已不再适用，方程必须采用指数差分的形式，四个顶角的差分格式分别为

$$E_x^{n+1/2}\left(i,j+\frac{1}{2}\right)=\exp\left[-\sigma_y\left(j+\frac{1}{2}\right)\frac{\Delta t}{\varepsilon_0}\right]E_x^{n-1/2}\left(i,j+\frac{1}{2}\right) \\ -\frac{1-\exp\left[-\sigma_y\left(j+\frac{1}{2}\right)\frac{\Delta t}{\varepsilon_0}\right]}{\Delta y\sigma_y\left(j+\frac{1}{2}\right)}\left[H_z^n(i,j)-H_z^n(i,j+1)\right] \tag{1.58}$$

$$E_y^{n+1/2}\left(i+\frac{1}{2},j\right)=\exp\left[-\sigma_x\left(i+\frac{1}{2}\right)\frac{\Delta t}{\varepsilon_0}\right]E_y^{n-1/2}\left(i+\frac{1}{2},j\right) \\ -\frac{1-\exp\left[-\sigma_x\left(i+\frac{1}{2}\right)\frac{\Delta t}{\varepsilon_0}\right]}{\Delta x\sigma_x\left(i+\frac{1}{2}\right)}\left[H_z^n(i+1,j)-H_z^n(i,j)\right] \tag{1.59}$$

$$H_{zx}^{n+1}(i,j)=\exp\left[-\sigma_{\mathrm{m}x}(i)\frac{\Delta t}{\mu_0}\right]H_{zx}^n(i,j)$$

$$-\frac{1-\exp\left[-\sigma_{\mathrm{m}x}(i)\dfrac{\Delta t}{\mu_0}\right]}{\Delta x\sigma_{\mathrm{m}x}(i)}\left[E_y^{n+1/2}(i,j)-E_y^{n+1/2}\left(i-\frac{1}{2},j\right)\right] \tag{1.60}$$

$$\begin{aligned}H_{zy}^{n+1/2}(i,j)=&\exp\left[-\sigma_{\mathrm{m}y}(j)\frac{\Delta t}{\mu_0}\right]H_{zy}^{n}(i,j)\\&-\frac{1-\exp\left[-\sigma_{\mathrm{m}y}(j)\dfrac{\Delta t}{\mu_0}\right]}{\Delta y\sigma_{\mathrm{m}y}(j)}\left[E_x^{n+1/2}\left(i,j+\frac{1}{2}\right)-E_x^{n+1/2}\left(i,j-\frac{1}{2}\right)\right]\end{aligned} \tag{1.61}$$

在左右两边的区域中，由于参数 $(\sigma_y,\ \sigma_{\mathrm{m}y})=0$，所以得到

$$E_x^{n+1/2}\left(i,j+\frac{1}{2}\right)=E_x^{n-1/2}\left(i,j+\frac{1}{2}\right)-\frac{Z_0}{2}\left[H_z^n(i,j)-H_z^n(i,j+1)\right] \tag{1.62}$$

$$H_{zy}^{n+1}(i,j)=H_{zy}^{n}(i,j)-\frac{1}{2Z_0}\left[E_x^{n+1/2}\left(i,j+\frac{1}{2}\right)-E_x^{n+1/2}\left(i,j-\frac{1}{2}\right)\right] \tag{1.63}$$

式中，Z_0 为自由空间的波阻抗。在上下两边的区域中，由于参数 $(\sigma_x,\ \sigma_{\mathrm{m}x})=0$，所以得到

$$E_y^{n+1/2}\left(i+\frac{1}{2},j\right)=E_y^{n-1/2}\left(i+\frac{1}{2},j\right)-\frac{Z_0}{2}\left[H_z^n(i+1,j)-H_z^n(i,j)\right] \tag{1.64}$$

$$H_{zx}^{n+1}(i,j)=H_{zx}^{n}(i,j)-\frac{1}{2Z_0}\left[E_y^{n+1/2}\left(i+\frac{1}{2},j\right)-E_y^{n+1/2}\left(i-\frac{1}{2},j\right)\right] \tag{1.65}$$

3. 激励源

使用时域有限差分法分析电磁问题时，必须模拟激励源，就是选择合适的入射波形式以及用适当的方法将入射波加入 FDTD 迭代中。一般来说，激励源按时间和空间分成两大类。激励源随时间变化的有：随时间周期性变化的时谐场源、对时间呈脉冲函数形式的波源。激励源按空间分布方式有面源、线源、点源等。各种激励源应用于不同的场合，对于不同的求解问题，可以采用不同的激励源。

总之，FDTD 算法的相关技术还有很多，如求解光子晶体要用到的周期边界，这部分内容将在本书第 2 章进行介绍。还有诸如远近场外推、集总参数模拟等内容，限于篇幅在此不作详细介绍，对此感兴趣的读者可以参阅相关教材和文献。

1.3.4 光子晶体的 PWE 算法

对于以上介绍的两种光子晶体算法而言，TMM 能够快速求解一维光子晶体的所有问题，而要计算二维或者三维光子晶体的色散关系，在程序实现上将变得异常

困难。而 FDTD 方法虽然能够快捷地计算光子晶体 S 参数，不受光子晶体的维度限制，但是它在求解光子晶体的色散曲线时却显现明显的不足，因为 FDTD 方法要求解光子晶体的色散关系就意味着要引入周期边界条件，这样在计算上很容易出现“漏频”和“虚频”的现象，与之相关的内容将在第 2 章进行介绍。而为了解决求解高维光子晶体的色散关系问题，人们用得最多的是 PWE 方法。

PWE 方法是目前最常用的计算光子晶体色散关系的方法之一，其主要思想是：首先，在倒格矢空间对光子晶体的介电常数 (磁导率) 进行傅里叶展开，同时完成对入射波矢的平面波展开，然后将 Maxwell 方程组简并成电场或者磁场的本征方程，最后求本征矩阵沿着第一不可约布里渊区边界上的本征值，最后把这些本征值连接起来就可以得到光子晶体的色散曲线。PWE 方法的优点十分明显：它能够有效、简单、准确地计算光子晶体的色散关系。另外，PWE 方法假设光子晶体的周期数是无限大的，所以当光子晶体的周期数一定或者光子晶体的大小有限时，PWE 方法计算得到的色散曲线未必精确。但是，如果光子晶体含有较多的周期性单元，该方法仍然可以得到较为精确的结果。PWE 方法以其高效性、易实现性、对光子晶体物理本质的反映和较准确性，成为目前应用最广泛、最重要的计算方法之一。下面对 PWE 方法的相关算法进行介绍。

众所周知，光子晶体是空间中介质的周期性分布，由电磁场理论可知，电磁场服从以下 Maxwell 方程组：

$$\begin{cases} \nabla\cdot\boldsymbol{D}=\rho \\ \nabla\cdot\boldsymbol{B}=0 \\ \nabla\times\boldsymbol{H}=\boldsymbol{J}+\dfrac{\partial\boldsymbol{D}}{\partial t} \\ \nabla\times\boldsymbol{E}=-\dfrac{\partial\boldsymbol{B}}{\partial t} \end{cases} \tag{1.66}$$

式中，$\boldsymbol{D}$ 为电位移矢量；$\boldsymbol{B}$ 为磁感应强度；$\boldsymbol{H}$ 为磁场强度；$\boldsymbol{E}$ 为电场强度；ρ 为电荷密度；$\boldsymbol{J}$ 为电流密度。为了简便地说明 PWE 方法，假设光子晶体是由线性、各向同性和非磁性的材料组成，且 $\boldsymbol{J}=0$，$\rho=0$。如果引入时谐参量 $\mathrm{e}^{\mathrm{j}\omega t}$，那么电场可以表示为

$$\boldsymbol{E}(r,t)=\boldsymbol{E}(r)\cdot\mathrm{e}^{\mathrm{j}\omega t};\quad \boldsymbol{H}(r,t)=\boldsymbol{H}(r)\cdot\mathrm{e}^{\mathrm{j}\omega t} \tag{1.67}$$

式中，ω 为振幅频率。

考虑到 $\dfrac{\partial}{\partial t}\longrightarrow\mathrm{j}\omega$，同时将$\boldsymbol{D}(r,t)=\boldsymbol{E}(r,t)\cdot\varepsilon_0\varepsilon(r,t)$ 和 $\boldsymbol{B}(r,t)=\boldsymbol{H}(r,t)\cdot\mu_0$ 代入式 (1.66)，可得到下列等式：

$$\begin{cases}\nabla\cdot\varepsilon(r)\boldsymbol{E}(r)=0\\ \nabla\cdot\boldsymbol{H}(r)=0\\ \nabla\times\boldsymbol{H}(r)=\mathrm{j}\omega\varepsilon_0\varepsilon(r)\boldsymbol{E}(r)\\ \nabla\times\boldsymbol{E}(r)=-\mathrm{j}\omega\mu_0\boldsymbol{H}(r)\end{cases}\tag{1.68}$$

由于 $\boldsymbol{H}$ 是连续变化的，$\varepsilon(r)$ 是不连续变化的，所以必然引起 $\boldsymbol{E}$ 不连续变化。基于这一点，仅考虑 $\boldsymbol{H}$，由式 (1.68) 可知，对于 $\boldsymbol{H}$ 可以将其化简成一个本征值方程

$$\nabla\times\frac{1}{\varepsilon(r)}\nabla\times\boldsymbol{H}(r)=\left(\frac{\omega}{c}\right)^2\boldsymbol{H}(r)\tag{1.69}$$

对于光子晶体而言，满足 Bloch 定理

$$\begin{cases}\boldsymbol{H}(r)=\mathrm{e}^{\mathrm{j}\boldsymbol{k}\cdot\boldsymbol{r}}h(\boldsymbol{r})\cdot e_{\boldsymbol{k}}\\ h(\boldsymbol{r})=h(\boldsymbol{r}+\boldsymbol{R})\end{cases}\tag{1.70}$$

其中，$\boldsymbol{R}=m_1\boldsymbol{a}_1+m_2\boldsymbol{a}_2+m_3\boldsymbol{a}_3$ 为格矢，m_1，m_2，m_3 为任意整数，$\boldsymbol{a}_1$，$\boldsymbol{a}_2$，$\boldsymbol{a}_3$ 为光子晶体晶格单元的基矢；$\boldsymbol{e_k}$ 表示垂直于波矢 $\boldsymbol{k}$ 且平行于 H 的单位矢量；周期性函数 $\varepsilon(r)$ 和 $h(r)$ 可用傅里叶级数进行展开

$$\begin{cases}\varepsilon(r)=\sum\limits_{\boldsymbol{G_i}}\varepsilon(\boldsymbol{G_i})\mathrm{e}^{\mathrm{j}\boldsymbol{G_i}\cdot\boldsymbol{r}}\\ \varepsilon^{-1}(r)=\sum\limits_{\boldsymbol{G_i}}\varepsilon^{-1}(\boldsymbol{G_i})\mathrm{e}^{\mathrm{j}\boldsymbol{G_i}\cdot\boldsymbol{r}}\\ h(r)=\sum\limits_{\boldsymbol{G_i}}h(\boldsymbol{G_i})\mathrm{e}^{\mathrm{j}\boldsymbol{G_i}\cdot\boldsymbol{r}}\end{cases}\tag{1.71}$$

将式 (1.71) 代入式 (1.70) 可以得到

$$\boldsymbol{H}(r)=\mathrm{e}^{\mathrm{j}\boldsymbol{k}\cdot\boldsymbol{r}}\sum_{\boldsymbol{G_i}}\varepsilon(\boldsymbol{G_i})\mathrm{e}^{\mathrm{j}\boldsymbol{G_i}\cdot\boldsymbol{r}}\cdot e_{\boldsymbol{k}}=\sum_{\boldsymbol{G_i},\lambda}h(\boldsymbol{G_i},\lambda)\mathrm{e}^{\mathrm{j}(\boldsymbol{G_i}+\boldsymbol{k})\cdot\boldsymbol{r}}\boldsymbol{e}_{\lambda,\boldsymbol{k}+\boldsymbol{G_i}}\tag{1.72}$$

其中，$\boldsymbol{G_i}$ 为倒格矢，$\boldsymbol{e}_{\lambda,\boldsymbol{k}+\boldsymbol{G_i}}$ 为垂直于 $\boldsymbol{G_i}+\boldsymbol{k}$ 的两个正交单位向量 (λ=1, 2)。将式 (1.72) 和式 (1.71) 代入式 (1.69)，可以得到特征值方程

$$\begin{aligned}&\nabla\times\sum_{\boldsymbol{G_i}}\varepsilon^{-1}(\boldsymbol{G_i})\mathrm{e}^{\mathrm{j}\boldsymbol{G_i}\cdot\boldsymbol{r}}\nabla\times\sum_{\boldsymbol{G_i},\lambda}h(\boldsymbol{G_i},\lambda)\mathrm{e}^{\mathrm{j}(\boldsymbol{G_i}+\boldsymbol{k})\cdot\boldsymbol{r}}\\ &=\left(\frac{\omega}{c}\right)^2\sum_{\boldsymbol{G_i},\lambda}h(\boldsymbol{G_i},\lambda)\mathrm{e}^{\mathrm{j}(\boldsymbol{G_i}+\boldsymbol{k})\cdot\boldsymbol{r}}\boldsymbol{e}_{\lambda,\boldsymbol{k}+\boldsymbol{G_i}}\end{aligned}\tag{1.73}$$

进一步化简可以得到

$$\nabla\times\sum_{\boldsymbol{G_i}}\varepsilon^{-1}(\boldsymbol{G_i})\mathrm{e}^{\mathrm{j}\boldsymbol{G_i}\cdot\boldsymbol{r}}\sum_{\boldsymbol{G_i},\lambda}h(\boldsymbol{G_i},\lambda)\nabla\mathrm{e}^{\mathrm{j}(\boldsymbol{G_i}+\boldsymbol{k})\cdot\boldsymbol{r}}\times\boldsymbol{e}_{\lambda,\boldsymbol{k}+\boldsymbol{G_i}}$$

$$=\left(\frac{\omega}{c}\right)^2\sum_{\boldsymbol{G_i},\lambda}h(\boldsymbol{G_i},\lambda)\mathrm{e}^{\mathrm{j}(\boldsymbol{G_i}+\boldsymbol{k})}\boldsymbol{e}_{\lambda,\boldsymbol{k}+\boldsymbol{G_i}} \tag{1.74}$$

对于平面波而言，有 $\nabla\mathrm{e}^{\mathrm{j}(\boldsymbol{G_i}+\boldsymbol{k})\cdot\boldsymbol{r}}=\mathrm{j}(\boldsymbol{G_i}+\boldsymbol{k})\mathrm{e}^{\mathrm{j}(\boldsymbol{G_i}+\boldsymbol{k})\cdot\boldsymbol{r}}$，那么式 (1.74) 可以进一步化简为

$$\begin{aligned}&\nabla\times\sum_{\boldsymbol{G_i},\lambda}\sum_{\boldsymbol{G}'_i}\varepsilon^{-1}(\boldsymbol{G_i})\mathrm{e}^{\mathrm{j}\boldsymbol{G_i}\cdot\boldsymbol{r}}h(\boldsymbol{G_i},\lambda)\mathrm{e}^{\mathrm{j}(\boldsymbol{G_i}+\boldsymbol{k})\cdot\boldsymbol{r}}\mathrm{j}(\boldsymbol{G_i}+\boldsymbol{k})\times\boldsymbol{e}_{\lambda,\boldsymbol{k}+\boldsymbol{G_i}}\\&=\left(\frac{\omega}{c}\right)^2\sum_{\boldsymbol{G_i},\lambda}h(\boldsymbol{G_i},\lambda)\mathrm{e}^{\mathrm{j}(\boldsymbol{G_i}+\boldsymbol{k})\cdot\boldsymbol{r}}\boldsymbol{e}_{\lambda,\boldsymbol{k}+\boldsymbol{G_i}}\end{aligned} \tag{1.75}$$

再将 $\nabla\times$ 移入求和里面，并作等量代换 $\boldsymbol{G_i}+\boldsymbol{G}'_i\longrightarrow\boldsymbol{G}'_i$，则式 (1.75) 可以简化为

$$\begin{aligned}&\sum_{\boldsymbol{G_i},\lambda}\sum_{\boldsymbol{G}'_i-\boldsymbol{G_i}}\varepsilon^{-1}(\boldsymbol{G_i}-\boldsymbol{G}'_i)h(\boldsymbol{G_i},\lambda)\nabla\times[\mathrm{e}^{\mathrm{j}(\boldsymbol{G_i}+\boldsymbol{k})\cdot\boldsymbol{r}}\mathrm{j}(\boldsymbol{G_i}+\boldsymbol{k})\times\boldsymbol{e}_{\lambda,\boldsymbol{k}+\boldsymbol{G_i}}]\\&=\left(\frac{\omega}{c}\right)^2\sum_{\boldsymbol{G_i},\lambda}h(\boldsymbol{G_i},\lambda)\mathrm{e}^{\mathrm{j}(\boldsymbol{G_i}+\boldsymbol{k})\cdot\boldsymbol{r}}\boldsymbol{e}_{\lambda,\boldsymbol{k}+\boldsymbol{G_i}}\end{aligned} \tag{1.76}$$

再利用 $\nabla\longrightarrow j\boldsymbol{k}$ 将式 (1.76) 进一步化简为

$$\begin{aligned}&\sum_{\boldsymbol{G_i},\lambda}\sum_{\boldsymbol{G}'_i-\boldsymbol{G_i}}\varepsilon^{-1}(\boldsymbol{G_i}-\boldsymbol{G}'_i)h(\boldsymbol{G_i},\lambda)\mathrm{j}(\boldsymbol{G}'_i+\boldsymbol{k})\times[\mathrm{e}^{\mathrm{j}(\boldsymbol{G_i}+\boldsymbol{k})\cdot\boldsymbol{r}}\mathrm{j}(\boldsymbol{G_i}+\boldsymbol{k})\times\boldsymbol{e}_{\lambda,\boldsymbol{k}+\boldsymbol{G_i}}]\\&=\left(\frac{\omega}{c}\right)^2\sum_{\boldsymbol{G_i},\lambda}h(\boldsymbol{G_i},\lambda)\mathrm{e}^{\mathrm{j}(\boldsymbol{G_i}+\boldsymbol{k})\cdot\boldsymbol{r}}\boldsymbol{e}_{\lambda,\boldsymbol{k}+\boldsymbol{G_i}}\end{aligned} \tag{1.77}$$

我们知道 $\mathrm{j}(\boldsymbol{G}'_i+\boldsymbol{k})\times[\mathrm{e}^{\mathrm{j}(\boldsymbol{G_i}+\boldsymbol{k})\cdot\boldsymbol{r}}\mathrm{j}(\boldsymbol{G_i}+\boldsymbol{k})\times\boldsymbol{e}_{\lambda,\boldsymbol{k}+\boldsymbol{G_i}}]=[(\boldsymbol{G_i}+\boldsymbol{k})\times\boldsymbol{e}_{\lambda,k+\boldsymbol{G_i}}]\times(\boldsymbol{G}'_i+\boldsymbol{k})$ 且 $\boldsymbol{k}\cdot\boldsymbol{H}=0$，从而有

$$\begin{aligned}&\sum[(\boldsymbol{G_i}+\boldsymbol{k})\times\boldsymbol{e}_{\lambda,\boldsymbol{k}+\boldsymbol{G_i}}]\times(\boldsymbol{G}'_i+\boldsymbol{k})\\&=\{[(\boldsymbol{G_i}+\boldsymbol{k})\times\boldsymbol{e}_{\lambda,\boldsymbol{k}+\boldsymbol{G_i}}]\cdot[(\boldsymbol{G}'_i+\boldsymbol{k})\times\boldsymbol{e}_{\lambda,\boldsymbol{k}+\boldsymbol{G}'_i}]\}\boldsymbol{e}_{\lambda,\boldsymbol{k}+\boldsymbol{G}'_i}\end{aligned} \tag{1.78}$$

考虑到式 (1.78) 的两边，同幂项相等得到

$$\sum_{\boldsymbol{G}'_i,\lambda'}[(\boldsymbol{G}+\boldsymbol{k})\times\boldsymbol{e}_\lambda]\cdot[(\boldsymbol{G}'+\boldsymbol{k})\times\boldsymbol{e}_{\lambda'}]\varepsilon(\boldsymbol{G}-\boldsymbol{G}')h(\boldsymbol{G}',\lambda')=\left(\frac{\omega}{c}\right)^2h(\boldsymbol{G},\lambda) \tag{1.79}$$

式中，λ=1,2。式 (1.79) 等价于

$$\sum_{\boldsymbol{G}',\lambda'}|\boldsymbol{k}+\boldsymbol{G}||\boldsymbol{k}+\boldsymbol{G}'|\begin{pmatrix}\widehat{\boldsymbol{e}}_2\cdot\varepsilon^{-1}_{\boldsymbol{G},\boldsymbol{G}'}\cdot\widehat{\boldsymbol{e}}_{2'} & -\widehat{\boldsymbol{e}}_2\cdot\varepsilon^{-1}_{\boldsymbol{G},\boldsymbol{G}'}\cdot\widehat{\boldsymbol{e}}_{1'}\\-\widehat{\boldsymbol{e}}_1\cdot\varepsilon^{-1}_{\boldsymbol{G},\boldsymbol{G}'}\cdot\widehat{\boldsymbol{e}}_{2'} & \widehat{\boldsymbol{e}}_1\cdot\varepsilon^{-1}_{\boldsymbol{G},\boldsymbol{G}'}\cdot\widehat{\boldsymbol{e}}_{1'}\end{pmatrix}h_{\boldsymbol{G}',\lambda'}=\frac{\omega^2}{c^2}h_{\boldsymbol{G},\lambda} \tag{1.80}$$

若取平面波的个数为 n，则式 (1.80) 是一个典型的求解 $2n\times 2n$ 矩阵特征值问题。求解该特征方程可以得到对于特定波矢 $\boldsymbol{k}$ 的一系列特征值，进而可以得到光子晶体的能带结构以及本征电磁场在空间的分布。式 (1.80) 给出了在三维情况下普适的本征模式的求解方程。如果是对于求解二维的等离子体光子晶体问题，式 (1.80) 可以化简成以下形式

$$\text{TE 模式：} \sum_{\boldsymbol{G}',\lambda'} (\boldsymbol{k}+\boldsymbol{G})\cdot(\boldsymbol{k}+\boldsymbol{G}')\varepsilon^{-1}_{\boldsymbol{G},\boldsymbol{G}'} h_{\boldsymbol{G}',\lambda'} = \frac{\omega^2}{c^2} h_{\boldsymbol{G},\lambda} \tag{1.81}$$

$$\text{TM 模式：} \sum_{\boldsymbol{G}',\lambda'} |\boldsymbol{k}+\boldsymbol{G}||\boldsymbol{k}+\boldsymbol{G}'|\varepsilon_{\boldsymbol{G},\boldsymbol{G}'} h_{\boldsymbol{G}',\lambda'} = \frac{\omega^2}{c^2} h_{\boldsymbol{G},\lambda} \tag{1.82}$$

1.3.5 光子晶体的 FDFD 算法

FDFD 算法是有限差分方法的频域形式。与瞬态 Maxwell 方程相比，频域 Maxwell 方程没有对时间求偏微分这一项。相应地，FDFD 方法中就没有 FDTD 方法中的时间步进过程，因而 FDFD 方法中也不存在 FDTD 方法中的稳定性问题。虽然两者基于相同的原理，但是 FDFD 方法的求解过程与 FDTD 方法截然不同。FDFD 方法的求解过程一般是将空间离散化后，在每个节点上建立起差分方程，最后将所有的差分方程组成一个矩阵方程，求解该矩阵方程就得到了离散空间节点上的相应场值。FDFD 方法因其简单和直观适用于处理复杂结构，而被应用于许多电磁场问题中，如导波结构的散射参数 (S 参数) 的提取，各向异性媒质的散射特性，导波结构的传播常数、衰减常数及模式的提取等。显然，FDFD 算法也能用于计算光子晶体的本征值。对于 FDFD 方法，仍然可以采用与 FDTD 方法相同的 Yee 网格技术 (图 1.14) 对空间进行离散，从而与 FDTD 方法相类似地得到在 Yee 网格下的 FDFD 方法基本差分方程。虽然 FDFD 方法和 FDTD 方法的计算域不同，但是在许多方面是有共性的，如吸收边界条件、总场/散射场边界公式等，它们的频域形式和时域形式可分别用于 FDFD 方法和 FDTD 方法中。因此，两种方法的发展是相辅相成、相互对应的，对其中一种方法的研究结果可以被另一种方法所借鉴。与 FDTD 方法相比，FDFD 算法可同时计算多个模式的传播常数、衰减常数及模式场分布等信息，且无需要作傅里叶变换。

FDFD 方法可以直接从频域 Maxwell 方程组出发，采用 Yee 网格对空间进行离散，并将方程组中的偏微分近似成网格节点上的中心差分，从而得到一组差分程组，联立求解后就得到了各个节点上相应的场值。如图 1.17 所示，Yee 网格中的电场节点和磁场节点是相互交错的，电场节点分别位于周围与之相垂直的磁场节点的中心，磁场节点也是同样。因此，从频域出发，Maxwell 方程组可以表示为

$$\begin{cases} \nabla\times\boldsymbol{H}(r) = \mathrm{j}\omega\varepsilon\boldsymbol{E}(r) \\ \nabla\times\boldsymbol{E}(r) = -\mathrm{j}\omega\mu\boldsymbol{H}(r) \end{cases} \tag{1.83}$$

式中，ε 和 μ 表示复介电常数和磁导率。

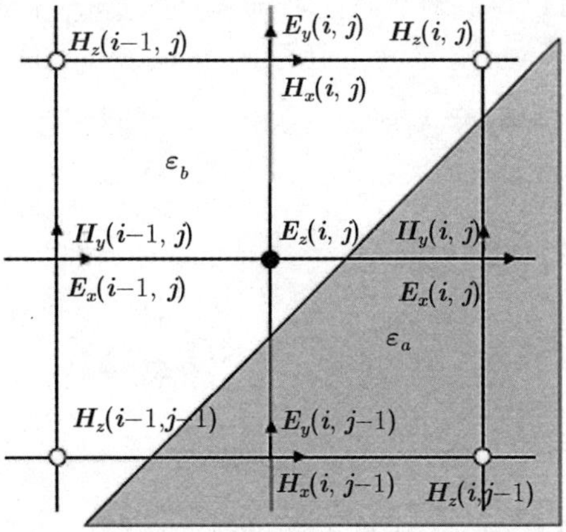

图 1.17　二维 FDFD 算法的 Yee 网格

采用 Yee 网格对空间进行离散后，式 (1.83) 可以在三维空间上对电场和磁场进行离散，这 6 个离散式可以表示为

$$-\mathrm{j}\omega\mu H_x(i,j,k) = \frac{E_z(i,j,k) - E_z(i,j-1,k)}{\Delta y(i,j,k)} - \frac{E_y(i,j,k) - E_y(i,j,k-1)}{\Delta z(i,j,k)} \tag{1.84}$$

$$-\mathrm{j}\omega\mu H_y(i,j,k) = \frac{E_x(i,j,k) - E_x(i,j,k-1)}{\Delta z(i,j,k)} - \frac{E_z(i,j,k) - E_z(i-1,j,k)}{\Delta x(i,j,k)} \tag{1.85}$$

$$-\mathrm{j}\omega\mu H_z(i,j,k) = \frac{E_y(i,j,k) - E_y(i-1,j,k)}{\Delta x(i,j,k)} - \frac{E_x(i,j,k) - E_x(i,j-1,k)}{\Delta y(i,j,k)} \tag{1.86}$$

$$\mathrm{j}\omega\varepsilon E_x(i,j,k) = \frac{H_z(i,j+1,k) - H_z(i,j,k)}{[\Delta y(i,j+1,k) + \Delta y(i,j,k)]/2} - \frac{H_y(i,j,k+1) - H_y(i,j,k)}{[\Delta z(i,j,k+1) + \Delta z(i,j,k+1)]/2} \tag{1.87}$$

$$\mathrm{j}\omega\varepsilon E_y(i,j,k) = \frac{H_x(i,j,k+1) - H_x(i,j,k)}{[\Delta z(i,j,k+1) + \Delta z(i,j,k)]/2} - \frac{H_z(i+1,j,k) - H_z(i,j,k)}{[\Delta x(i+1,j,k+1) + \Delta x(i,j,k)]/2} \tag{1.88}$$

$$\mathrm{j}\omega\varepsilon E_z(i,j,k) = \frac{H_y(i+1,j,k) - H_y(i,j,k)}{[\Delta x(i+1,j,k) + \Delta x(i,j,k)]/2} - \frac{H_x(i,j+1,k) - H_x(i,j,k)}{[\Delta y(i,j+1,k) + \Delta y(i,j,k)]/2} \tag{1.89}$$

显然，FDFD 算法由于采用 Yee 网格对剖分，电场节点和磁场节点相互加错，当采用均匀的 Yee 网格对空间进行离散后，得到的差分方程具有二阶精度。正如前面所介绍的，FDFD 算法最终要将每个节点上的差分方程联立起来组成一个大规模的稀疏矩阵方程并求解该方程。因此，当问题的规模增大时，FDFD 算法所生成的矩阵方程的规模会急剧上升，从而导致了占用内存大和计算上的困难。FDFD

算法的其他技术与 FDTD 类似，如吸收边界、激励源和远近场外推等，在此不作过多阐述。

为了进一步理解 FDFD 算法在求解光子晶体色散特性上的应用，我们以求解二维问题来说明，更为具体的推导见第 2 章。假设入射波的场强与 $e^{j(\beta z-\omega t)}$ 有关，如果假设空气的阻抗为 $Z_0=\sqrt{\mu_0/\varepsilon_0}$，于是 Maxwell 方程组可以化简为

$$\begin{cases} jk_0H_x=\partial E_z/\partial y-j\beta E_y \\ jk_0H_y=-\partial E_z/\partial x+j\beta E_x \\ jk_0H_z=\partial E_y/\partial x-\partial E_x/\partial y \\ -jk_0\varepsilon_r E_x=\partial H_z/\partial y-j\beta H_y \\ -jk_0\varepsilon_r E_y=-\partial H_z/\partial x+j\beta H_x \\ -jk_0\varepsilon_r E_z=\partial H_y/\partial x-\partial H_x/\partial y \end{cases} \tag{1.90}$$

对式 (1.90) 进行离散可得到

$$\begin{cases} jk_0H_x(i,j)=\left[E_z(i,j+1)-E_z(i,j)\right]/\Delta y-j\beta E_y(i,j) \\ jk_0H_y(i,j)=\left[E_z(i,j)-E_z(i+1,j)\right]/\Delta x+j\beta E_x(i,j) \\ jk_0H_z(i,j)=\left[E_y(i,j)+1-E_y(i,j)\right]/\Delta x-\left[E_x(i,j+1)-E_x(i,j)\right]/\Delta y \\ -jk_0\varepsilon_{rx}E_x(i,j)=\left[H_z(i,j)-H_z(i,j-1)\right]/\Delta y-j\beta H_y(i,j) \\ -jk_0\varepsilon_{ry}E_y(i,j)=\left[H_z(i-1,j)-H_z(i,j)\right]/\Delta x+j\beta H_x(i,j) \\ -jk_0\varepsilon_{rz}E_z(i,j)=\left[H_y(i,j)-H_y(i-1,j)\right]/\Delta x-\left[H_x(i,j)-H_x(i,j-1)\right]/\Delta y \end{cases} \tag{1.91}$$

其中

$$\begin{cases} \varepsilon_{rx}=\left[\varepsilon_r(i,j)+\varepsilon_r(i,j-1)\right]/2 \\ \varepsilon_{ry}=\left[\varepsilon_r(i,j)+\varepsilon_r(i-1,j)\right]/2 \\ \varepsilon_{rz}=\left[\varepsilon_r(i,j)+\varepsilon_r(i-1,j-1)+\varepsilon_r(i,j-1)+\varepsilon_r(i-1,j)\right]/4 \end{cases} \tag{1.92}$$

通过式 (1.92)，每个相邻单元间的介电常数就能够准确得到了。如果将式 (1.91) 写成矩阵的形式，那么

$$jk_0\begin{bmatrix} \boldsymbol{H}_x \\ \boldsymbol{H}_y \\ \boldsymbol{H}_z \end{bmatrix}=\begin{bmatrix} \boldsymbol{0} & -j\boldsymbol{\beta I} & \boldsymbol{U}_y \\ j\boldsymbol{\beta I} & \boldsymbol{0} & -\boldsymbol{U}_x \\ -\boldsymbol{U}_y & \boldsymbol{U}_x & \boldsymbol{0} \end{bmatrix}\begin{bmatrix} \boldsymbol{E}_x \\ \boldsymbol{E}_y \\ \boldsymbol{E}_z \end{bmatrix} \tag{1.93}$$

$$-\mathrm{j}k_0\begin{bmatrix}\varepsilon_{\mathrm{r}x} & \mathbf{0} & \mathbf{0}\\ \mathbf{0} & \varepsilon_{\mathrm{r}y} & \mathbf{0}\\ \mathbf{0} & \mathbf{0} & \varepsilon_{\mathrm{r}z}\end{bmatrix}\begin{bmatrix}\boldsymbol{E}_x\\ \boldsymbol{E}_y\\ \boldsymbol{E}_z\end{bmatrix}=\begin{bmatrix}\mathbf{0} & -\mathrm{j}\beta\boldsymbol{I} & \boldsymbol{V}_y\\ \mathrm{j}\beta\boldsymbol{I} & \mathbf{0} & -\boldsymbol{V}_x\\ -\boldsymbol{V}_y & \boldsymbol{V}_x & \mathbf{0}\end{bmatrix}\begin{bmatrix}\boldsymbol{H}_x\\ \boldsymbol{H}_y\\ \boldsymbol{H}_z\end{bmatrix} \tag{1.94}$$

式中，$\boldsymbol{I}$ 是单位矩阵；$\boldsymbol{\varepsilon}_{\mathbf{r}x},\boldsymbol{\varepsilon}_{\mathbf{r}z}$ 和 $\boldsymbol{\varepsilon}_{\mathbf{r}y}$ 是对角矩阵，它们由式 (1.92) 得出；$\boldsymbol{U}_x$，$\boldsymbol{U}_y$，$\boldsymbol{V}_x$ 和 $\boldsymbol{V}_y$ 由边界条件决定。

从式 (1.93) 和式 (1.94) 可以推导出关于横向电场的本征方程

$$\boldsymbol{P}\begin{bmatrix}\boldsymbol{E}_x\\ \boldsymbol{E}_y\end{bmatrix}=\begin{bmatrix}\boldsymbol{P}_{xx} & \boldsymbol{P}_{xy}\\ \boldsymbol{P}_{yx} & \boldsymbol{P}_{xx}\end{bmatrix}\begin{bmatrix}\boldsymbol{E}_x\\ \boldsymbol{E}_y\end{bmatrix}=\beta^2\begin{bmatrix}\boldsymbol{E}_x\\ \boldsymbol{E}_y\end{bmatrix} \tag{1.95}$$

式中

$$\begin{aligned}
\boldsymbol{P}_{xx}&=-k_0^{-2}\boldsymbol{U}_x\varepsilon_{\mathrm{r}z}^{-1}\boldsymbol{V}_y\boldsymbol{V}_x\boldsymbol{U}_y+(k_0^2\boldsymbol{I}+\boldsymbol{U}_x\varepsilon_{\mathrm{r}z}^{-1}\boldsymbol{V}_x)(\varepsilon_{\mathrm{r}x}+k_0^{-2}\boldsymbol{V}_y\boldsymbol{U}_y)\\
\boldsymbol{P}_{yy}&=-k_0^{-2}\boldsymbol{U}_y\varepsilon_{\mathrm{r}z}^{-1}\boldsymbol{V}_x\boldsymbol{V}_y\boldsymbol{U}_x+(k_0^2\boldsymbol{I}+\boldsymbol{U}_y\varepsilon_{\mathrm{r}z}^{-1}\boldsymbol{V}_y)(\varepsilon_{\mathrm{r}y}+k_0^{-2}\boldsymbol{V}_x\boldsymbol{U}_x)\\
\boldsymbol{P}_{xy}&=\boldsymbol{U}_x\varepsilon_{\mathrm{r}z}^{-1}\boldsymbol{V}_y(\varepsilon_{\mathrm{r}y}+k_0^{-2}\boldsymbol{V}_x\boldsymbol{U}_x)-k_0^{-2}(k_0^2\boldsymbol{I}+\boldsymbol{U}_y\varepsilon_{\mathrm{r}z}^{-1}\boldsymbol{V}_x)\boldsymbol{V}_y\boldsymbol{U}_x\\
\boldsymbol{P}_{yx}&=\boldsymbol{U}_y\varepsilon_{\mathrm{r}z}^{-1}\boldsymbol{V}_x(\varepsilon_{\mathrm{r}x}+k_0^{-2}\boldsymbol{V}_y\boldsymbol{U}_y)-k_0^{-2}(k_0^2\boldsymbol{I}+\boldsymbol{U}_y\varepsilon_{\mathrm{r}z}^{-1}\boldsymbol{V}_x)\boldsymbol{V}_x\boldsymbol{U}_y
\end{aligned}$$

同理，式 (1.93) 和式 (1.94) 可以推导出关于横向磁场的本征方程

$$\boldsymbol{Q}\begin{bmatrix}\boldsymbol{H}_x\\ \boldsymbol{H}_y\end{bmatrix}=\begin{bmatrix}\boldsymbol{Q}_{xx} & \boldsymbol{Q}_{xy}\\ \boldsymbol{Q}_{yx} & \boldsymbol{Q}_{yy}\end{bmatrix}\begin{bmatrix}\boldsymbol{H}_x\\ \boldsymbol{H}_y\end{bmatrix}=\beta^2\begin{bmatrix}\boldsymbol{H}_x\\ \boldsymbol{H}_y\end{bmatrix} \tag{1.96}$$

其中

$$\begin{aligned}
\boldsymbol{Q}_{xx}&=-k_0^{-2}\boldsymbol{V}_x\boldsymbol{U}_y\boldsymbol{U}_x\boldsymbol{\varepsilon}_z^{-1}\boldsymbol{V}_y+(\varepsilon_{\mathrm{r}y}+k_0^{-2}\boldsymbol{V}_x\boldsymbol{U}_x)(k_0^2\boldsymbol{I}+\boldsymbol{U}_y\varepsilon_{\mathrm{r}z}^{-1}\boldsymbol{V}_y)\\
\boldsymbol{Q}_{yy}&=-k_0^{-2}\boldsymbol{V}_y\boldsymbol{U}_x\boldsymbol{U}_y\boldsymbol{\varepsilon}_{\mathrm{r}z}^{-1}\boldsymbol{V}_x+(\varepsilon_{\mathrm{r}x}+k_0^{-2}\boldsymbol{V}_y\boldsymbol{U}_y)(k_0^2\boldsymbol{I}+\boldsymbol{U}_x\varepsilon_{\mathrm{r}z}^{-1}\boldsymbol{V}_x)\\
\boldsymbol{Q}_{xy}&=(\varepsilon_{\mathrm{r}y}+k_0^{-2}\boldsymbol{V}_x\boldsymbol{U}_x)\boldsymbol{U}_y\boldsymbol{\varepsilon}_{\mathrm{r}z}^{-1}\boldsymbol{V}_x+k_0^{-2}\boldsymbol{V}_x\boldsymbol{U}_y(k_0^2\boldsymbol{I}+\boldsymbol{U}_x\varepsilon_{\mathrm{r}z}^{-1}\boldsymbol{V}_x)\\
\boldsymbol{Q}_{yx}&=-(\varepsilon_{\mathrm{r}x}+k_0^{-2}\boldsymbol{V}_y\boldsymbol{U}_y)\boldsymbol{U}_x\boldsymbol{\varepsilon}_{\mathrm{r}z}^{-1}\boldsymbol{V}_y+k_0^{-2}\boldsymbol{V}_y\boldsymbol{U}_x(k_0^2\boldsymbol{I}+\boldsymbol{U}_y\varepsilon_{\mathrm{r}z}^{-1}\boldsymbol{V}_y)
\end{aligned}$$

如果选择合适的边界条件如零值边界条件 (zero-value boundary condition) 时，满足 $\boldsymbol{V_x}=-\boldsymbol{U_x}^{\mathrm{T}}$ 和 $\boldsymbol{V_y}=-\boldsymbol{U_y}^{\mathrm{T}}$，其中 T 为转置算符，

$$\boldsymbol{U_x}=\frac{1}{\Delta x}\begin{bmatrix}-1 & 1 & & & & \\ & -1 & 1 & & & \\ & & \ddots & \ddots & & \\ & & & \ddots & \ddots & \\ & & & & -1 & 1\\ & & & & & -1\end{bmatrix},\quad \boldsymbol{U_y}=\frac{1}{\Delta y}\begin{bmatrix}-1 & & 1 & & & \\ & -1 & & & \ddots & \\ & & \ddots & & & 1\\ & & & \ddots & & \\ & & & & -1 & \\ & & & & & 1\end{bmatrix}$$

$$
\boldsymbol{V_x}=\frac{1}{\Delta x}\begin{bmatrix} 1 & & & & & \\ -1 & 1 & & & & \\ & -1 & \ddots & & & \\ & & \ddots & \ddots & & \\ & & & -1 & 1 & \\ & & & & -1 & 1 \end{bmatrix},\quad \boldsymbol{V_y}=\frac{1}{\Delta y}\begin{bmatrix} 1 & & & & \\ & 1 & & & \\ & & \ddots & & \\ -1 & & & \ddots & \\ & \ddots & & & 1 \\ & & -1 & & 1 \end{bmatrix}
$$

由式 (1.95) 和式 (1.96) 可知

$$
\boldsymbol{Q}_{xx}=\boldsymbol{P}_{yy}^{\mathrm{T}},\quad \boldsymbol{Q}_{yy}=\boldsymbol{P}_{xx}^{\mathrm{T}},\quad \boldsymbol{Q}_{xy}=-\boldsymbol{P}_{xy}^{\mathrm{T}},\quad \boldsymbol{Q}_{yx}=-\boldsymbol{P}_{yx}^{\mathrm{T}}
$$

显然，当 FDFD 算法的边界条件选取周期边界时，就可以用来求解光子晶体的本征值了。

第 2 章 等离子体物理学基础

等离子体是由大量带电粒子组成的非束缚态宏观体系。它包含自由电子、自由离子，也可能存在中性粒子，是继物质三种形态 (即固体、液体、气体) 之后的第四种物质形态。等离子体具有数密度近似相等的自由电子和正离子，在整体上呈电中性，并表现出显著的集体行为。等离子体的运动主要受电磁场力的作用与支配，对电磁波的传播有很大的影响。本章将主要对等离子体的基本参量进行描述，重点对等离子体流体近似及其对应的麦克斯韦方程组进行描述，并对电磁波和等离子体的相互作用进行讨论，尤其是介绍等离子体在磁化和非磁化不同情况下电磁波的传播特性，并对波矢与外加磁场呈任意夹角情况下的等离子体的电磁特性进行描述。

2.1 等离子体的基本参量

什么是等离子体? 如何产生等离子体? 通常来说，当任何不带电的普通气体在受到外界高能作用后 (如对气体施加高能粒子轰击、强激光照射、高压气体放电、热致电离等方法)，部分原子中电子吸收的能量超过原子电离能后脱离原子核的束缚而成为自由电子，同时原子因失去电子而成为带正电的离子，这样原中性气体因电离将转变成由大量自由电子、正电离子和部分中性原子组成的与原气体具有不同性质的物质，这种物质就称为等离子体。但并非所有的自由电子、正电离子和部分中性原子组成的物质都是等离子体，需要有足够高的电离度的电离气体才具有等离子体的性质，才能称为等离子体。粗略地说，等离子体是带电的，具有 “电性”；而普通气体是不带电的，具有 “中性”。当体系中 “电性” 比 “中性” 更重要时，这一体系可以称为等离子体。

等离子体具有数密度近似相等的自由电子和正离子，在整体上呈电中性，并表现出显著的集体行为。等离子体的运动主要受电磁场力的作用与支配，对电磁波的传播有很大的影响。等离子体具有良好的导电性。如果普通气体中有 0.1%的气体被电离，则这种气体就有显著的集体行为，具有很好的等离子体性质。如果电离气体增加到 1%，这样的等离子体便成为导电率很大的理想导电体。在军事上，核爆炸，放射性同位素的射线，高超音速飞行器的激波，燃料中掺有铯、钾、钠等易电离成分的火箭和喷气式飞机的射流，都可以形成弱电离等离子体。再入物体也可在其四周形成等离子体。

2.1.1 等离子体频率

由于在等离子体中存在电子的扰动 (使电子与离子本底有个位移)，将在等离子体中形成电子的振荡。这个振荡频率就是等离子体的一个重要参数：等离子体电子振荡频率，用 ω_{pe} 表示。限于篇幅，等离子体电子振荡频率的推导过程不再给出，请读者参考等离子体理论的相关书籍。等离子体电子振荡频率可写为

$$\omega_{\mathrm{pe}}=\left(n_{\mathrm{e}}e^2/m_{\mathrm{e}}\varepsilon_0\right)^{1/2} \tag{2.1}$$

这里，n_{e} 是等离子体自由电子密度；e、m_{e} 分别是电子电量和质量 ($e=-1.60\times10^{-19}\mathrm{C}$，$m_{\mathrm{e}}=9.11\times10^{-31}\mathrm{kg}$)；$\varepsilon_0=8.854\times10^{-12}\mathrm{F/m}$，是真空中的介电常数。

一个有用的近似公式是

$$f_{\mathrm{pe}}=\frac{\omega}{2\pi}\approx 9000\sqrt{n_{\mathrm{e}}} \tag{2.2}$$

这个频率仅取决于等离子体电子密度，它是等离子体的基本特征之一。由于电子质量较小，等离子体电子振荡频率通常是较高的。例如，在等离子体密度 $n_{\mathrm{e}}=10^{18}$ 个/m^3 时，等离子体电子振荡频率 $f_{\mathrm{pe}}\approx10\mathrm{GHz}$。

同理，等离子体中离子的振荡频率用 ω_{pi} 表示。

$$\omega_{\mathrm{pi}}=\left(n_{\mathrm{i}}e^2/m_{\mathrm{i}}\varepsilon_0\right)^{1/2} \tag{2.3}$$

通常，离子的质量远大于电子的质量，因而离子振荡频率通常是较低的，属于低频振荡，在大多数高频情况下可以忽略不计。

等离子体频率 (plasma frequency) 也称为朗缪尔频率，其定义是

$$\omega_{\mathrm{p}}^2=\omega_{\mathrm{pe}}^2+\omega_{\mathrm{pi}}^2 \tag{2.4}$$

考虑到离子的质量远大于电子的质量，等离子体频率通常近似地认为

$$\omega_{\mathrm{p}}=\omega_{\mathrm{pe}} \tag{2.5}$$

如果考虑到等离子体的热运动，等离子体振荡将在等离子体中传播，这时称之为等离子体波。

2.1.2 等离子体碰撞频率

顾名思义, 等离子体碰撞频率是指等离子体中的电子与离子进行能量交换的频率，它表示一个能量交换和损耗的过程。通常情况下等离子体碰撞频率会远小于等离子体频率，一般在一个数量级以上，所以有时等离子体碰撞频率可以忽略。然而对于等离子体的传输特性的研究而言，等离子体频率一般将予以考虑，其具体分析见下文。为了便于记忆，等离子体碰撞频率一般用 ν_{c} 表示。

2.1.3 等离子体回旋频率

等离子体在磁场中的运动是非常复杂的，一般将此时的等离子体称为磁化等离子体。下面介绍磁化等离子体的一个基本的物理量 —— 等离子体回旋频率。

假定有一个不随时间和空间变化的均匀磁场，那么等离子体中的带电粒子在磁场中运动时就会受到洛伦兹力的作用，产生一个简单的回旋回转 (cyclotron gyration)，或叫拉莫尔 (Larmor) 运动。电子对应的频率称为电子回旋频率 ω_{Le}(electron cyclotron frequency)，对应的回转半径称为拉莫尔半径 r_{Le}。

$$\omega_{\mathrm{Le}} = eB/m_{\mathrm{e}}, \quad r_{\mathrm{Le}} = \frac{m_{\mathrm{e}}v_{\mathrm{e}}}{eB} \tag{2.6}$$

式中，B 为磁感应强度；v_{e} 为电子的运动速度。离子对应的频率称为离子回旋频率 ω_{Li}(ion cyclotron frequency)，对应的回转半径称为拉莫尔半径 r_{Li}。

$$\omega_{\mathrm{Li}} = eB/m_{\mathrm{i}}, \quad r_{\mathrm{Li}} = \frac{m_{\mathrm{i}}v_{\mathrm{i}}}{eB} \tag{2.7}$$

此处设离子带一个电荷。显然，对于每一个确定的带电粒子，其回旋频率只与磁感应强度 B 有关，磁感应强度 B 越大，回旋频率 ω_{Le} 越高；而对具有一定速度的带电粒子而言，磁感应强度 B 越大，拉莫尔半径 r_{Le} 越小。

如果带电粒子的初始速度并不垂直于磁场，那么可将速度分解为两个分量，即垂直于磁场方向的分量 $v_{\perp}$，平行于磁场方向的分量 $v_{||}$。这样，粒子的运动就是由两部分合成的，即沿磁场方向的匀速直线运动和垂直磁场方向的匀速圆周运动。其结果是带电粒子沿着磁场方向为轴的螺旋轨迹运动。

2.2 等离子体的流体近似与介电张量表示

众所周知，典型的等离子体密度可以达到 10^{18} 个/m^3。因此，要详细地描述每一个粒子的轨迹是不太可能的，也是不必要的。在等离子体物理学中，经常采用各种近似。本节将给出等离子体的流体模型，并将忽略个别粒子的本性，而只考虑流体元的运动，据此给出等离子体的介电张量模型。与流体力学中提及的流体相比，其不同之处在于：等离子体流体元中包含电荷。

为了讨论电磁波在等离子体中的传播，必须将麦克斯韦方程与等离子体满足的方程相结合。这些方程不仅包括波的时变特性，而且包括等离子体中由电磁波感应的电荷密度 ρ 和电流密度 $\boldsymbol{J}$。

2.2.1 时域麦克斯韦方程组

等离子体首先是一种介质，但是它又不是一种普通的介质。对于等离子体介质，除了时间色散以外，还必须引入空间色散。换句话说，等离子体中的介电张量

不仅依赖于频率 ω，而且与波矢 $\boldsymbol{k}$ 有密切关系。

在等离子体内，电磁波要引起带电粒子的运动，带电粒子的运动又要产生电磁波。这种电磁波与等离子体的相互作用和相互影响形成了等离子体内电磁波的特色。等离子体作为一种介质，在场的作用下会出现感应电荷和感应电流，它们之间满足麦克斯韦方程组。

$$\nabla \times \boldsymbol{E} = -\mu_0 \frac{\partial \boldsymbol{H}}{\partial t} \tag{2.8}$$

$$\nabla \cdot \boldsymbol{E} = \frac{\rho + \rho_0}{\varepsilon_0} \tag{2.9}$$

$$\nabla \times \boldsymbol{H} = \varepsilon_0 \frac{\partial \boldsymbol{E}}{\partial t} + (\boldsymbol{J} + \boldsymbol{J}_0) \tag{2.10}$$

$$\nabla \cdot \boldsymbol{H} = 0 \tag{2.11}$$

式中，ρ_0 和 $\boldsymbol{J}_0$ 分别是外场源的电荷密度和极化电流密度；$\boldsymbol{E}$ 是电场强度；$\boldsymbol{H}$ 是磁场强度；$\varepsilon_0 = 8.854 \times 10^{-12}$，$\mu_0 = 4\pi \times 10^{-7}\mathrm{H/m}$ 分别为真空中的介电常数和磁导率。

2.2.2 频域麦克斯韦方程组

时域稳态电磁场问题可以通过傅里叶变换转变成频域内的问题，时域内的场可写为 $\boldsymbol{E}(\boldsymbol{r},t)$、$\boldsymbol{H}(\boldsymbol{r},t)$，为实数矢量，而频域的场可写为 $\boldsymbol{E}(\boldsymbol{r},\omega)$、$\boldsymbol{H}(\boldsymbol{r},\omega)$，则为复数矢量。把以上的时域麦克斯韦方程变换成频域形式时，变为

$$\nabla \times \boldsymbol{E}(\boldsymbol{r},\omega) = -\mathrm{j}\mu_0 \omega \boldsymbol{H} \tag{2.12}$$

$$\nabla \cdot \boldsymbol{E}(\boldsymbol{r},\omega) = [\rho(\boldsymbol{r},\omega) + \rho_0(\boldsymbol{r},\omega)]/\varepsilon_0 \tag{2.13}$$

$$\nabla \times \boldsymbol{H}(\boldsymbol{r},\omega) = \mathrm{j}\varepsilon_0 \omega \boldsymbol{E}(\boldsymbol{r},\omega) + [\boldsymbol{J}(\boldsymbol{r},\omega) + \boldsymbol{J}_0(\boldsymbol{r},\omega)] \tag{2.14}$$

$$\nabla \cdot \boldsymbol{H}(\boldsymbol{r},\omega) = 0 \tag{2.15}$$

2.2.3 流体近似下的等离子体方程

流体近似是等离子体物理学中常用的近似之一。在进行宏观分析时，流体的质点或微分体积元的线度 l 大于德拜长度 ($l > \lambda_\mathrm{D} > n_0^{-1/3}$)；同时，又要小于等离子体内波动的波长 ($l < \lambda$)。在满足这些条件时，诸多物理量 (如电场 $\boldsymbol{E}$、磁场 $\boldsymbol{H}$、质点的漂移速度 $\boldsymbol{v}$ 等) 才有意义。

在流体近似中，等离子体被认为是由两种或两种以上的流体所组成 (等离子体中每一种带电粒子被认为是一种流体)。在最简单的情况下，等离子体由两种粒子组成，其中正离子因其较大的质量而被认为是不动的，因此，只需要给出负离子满足的流体方程。在部分电离的等离子体中，还需要给出中性原子满足的流体方程。

1. 连续性方程

由物质的守恒定律可知，通过闭合曲面 S(包围的体积为 V) 的粒子净流量等于体积 V 中粒子数的增量。由于粒子数的通量密度为 $n\boldsymbol{v}$(n 为粒子密度，$\boldsymbol{v}$ 为粒子运动速度)，由斯托克斯定理得

$$\frac{\partial N}{\partial t}=\int_V\frac{\partial n}{\partial t}\mathrm{d}V=-\oint n\boldsymbol{v}\cdot\mathrm{d}\boldsymbol{S}=-\int_V\nabla\cdot(n\boldsymbol{v})\mathrm{d}V \tag{2.16}$$

式中，N 为总粒子数。

由于式 (2.16) 对任何体积 V 均成立，所以被积函数相等，得连续性方程 (equation of continuity)

$$\frac{\partial n}{\partial t}+\nabla\cdot(n\boldsymbol{v})=0 \tag{2.17}$$

同理，电子和离子的连续性方程为

$$\frac{\partial n_{\mathrm{e}}}{\partial t}+\nabla\cdot(n_{\mathrm{e}}\boldsymbol{v}_{\mathrm{e}})=0 \tag{2.18}$$

$$\frac{\partial n_{\mathrm{i}}}{\partial t}+\nabla\cdot(n_{\mathrm{i}}\boldsymbol{v}_{\mathrm{i}})=0 \tag{2.19}$$

式中，$n_{\mathrm{e}},n_{\mathrm{i}}$ 分别为电子密度和离子密度；$\boldsymbol{v}_{\mathrm{e}},\boldsymbol{v}_{\mathrm{i}}$ 分别为电子和离子的运动速度。

对电子和离子的连续性方程作线性近似，可得 ρ_0 和 $\boldsymbol{J}_0$ 以及感应的电荷密度 ρ_{q} 和电流密度 $\boldsymbol{J}$ 之间应满足的电荷连续性方程：

$$\frac{\partial \rho_{\mathrm{q}}}{\partial t}+\nabla\cdot\boldsymbol{J}=0 \tag{2.20}$$

$$\frac{\partial \rho_0}{\partial t}+\nabla\cdot\boldsymbol{J}_0=0 \tag{2.21}$$

2. 流体运动方程

等离子体流体运动方程的推导，要用等离子体分布函数来实现。限于篇幅，在此将不给出具体的推导过程，详细的推导可以参见有关专业书籍。

考虑粒子的热运动 (如压力张量)、粒子之间的碰撞，应用流体近似，可以得到每种流体的运动方程为

$$m_\alpha n_\alpha\left(\frac{\partial}{\partial t}+\boldsymbol{v}_\alpha\cdot\nabla\right)\boldsymbol{v}_\alpha=n_\alpha\left(q_\alpha\boldsymbol{E}+q_\alpha\boldsymbol{v}_\alpha\times\boldsymbol{B}\right)+n_\alpha m_\alpha\boldsymbol{g}-\nabla p_\alpha+\nu_\alpha n_\alpha m_\alpha\boldsymbol{v}_\alpha \tag{2.22}$$

式中，$n_\alpha q_\alpha\boldsymbol{E}$ 为库仑力；$n_\alpha q_\alpha\boldsymbol{v}_\alpha\times\boldsymbol{B}$ 为洛伦兹力；$n_\alpha m_\alpha\boldsymbol{g}$ 为粒子的重力；∇p_α 为带电粒子的压力引起的热压力，p_α 为带电粒子的气压；$\nu_\alpha n_\alpha m_\alpha\boldsymbol{v}_\alpha$ 为碰撞引起的有效摩擦阻力，α 代表流体的种类。

如果流体有稳定的流速 $\boldsymbol{v}_{\alpha0}$ 和恒定的外磁场 $\boldsymbol{B}_0$，则物理量有如下关系：

$$\text{总速度} = \boldsymbol{v}_{\alpha0} + \boldsymbol{v}_\alpha \tag{2.23}$$

$$\text{总磁场} = \boldsymbol{B}_0 + \boldsymbol{B} \tag{2.24}$$

现在的 $\boldsymbol{v}_\alpha$ 就是相对于恒定速度 $\boldsymbol{v}_{\alpha0}$ 的偏差，$\boldsymbol{B}$ 就是相对于恒定速度 $\boldsymbol{B}_0$ 的偏差。将式 (2.23) 和式 (2.24) 代入式 (2.22)，并忽略非线性项，得每种粒子的漂移运动方程为

$$\begin{aligned} m_\alpha n_\alpha \left(\frac{\partial}{\partial t} + \boldsymbol{v}_{\alpha0}\cdot\nabla\right)\boldsymbol{v}_\alpha =& n_\alpha q_\alpha\left(\boldsymbol{E} + \boldsymbol{v}_{\alpha0}\times\boldsymbol{B}_0 + \boldsymbol{v}_\alpha\times\boldsymbol{B}_0 + \boldsymbol{v}_{\alpha0}\times\boldsymbol{B}\right) \\ &+ n_\alpha m_\alpha \boldsymbol{g} - \nabla p_\alpha + \nu_\alpha n_\alpha m_\alpha \boldsymbol{v}_\alpha \end{aligned} \tag{2.25}$$

恒定的漂移速度通常并不重要，此时有 $\boldsymbol{v}_{0\alpha} = 0$。于是，每种粒子的漂移运动方程可以简化为

$$m_\alpha n_\alpha \frac{\partial \boldsymbol{v}_\alpha}{\partial t} = n_\alpha q_\alpha\left(\boldsymbol{E} + \boldsymbol{v}_\alpha\times\boldsymbol{B}_0\right) + n_\alpha m_\alpha \boldsymbol{g} - \nabla p_\alpha + \nu_\alpha n_\alpha m_\alpha \boldsymbol{v}_\alpha \tag{2.26}$$

此外，每一种流体还需要一个状态条件或其他条件，如热平衡时的等温条件，$T_\mathrm{i} = T_\mathrm{e}$，$p_\mathrm{e} = n_\mathrm{e}kT_\mathrm{e}$，$p_\mathrm{i} = n_\mathrm{i}kT_\mathrm{i}$。

3. *单流体方程*

假定等离子体只有两种粒子：电子和离子。双流体理论所描述的两种流团的物理量，如速度、密度、压强等，实际上也是难于观测的。因此，在甚大尺度和低频现象的情况下，需要把双流体合并起来，使其变成一种简单的单流体。引进单流体的质量密度、质心速度、电流密度以及电荷密度如下：

质量密度为

$$\rho = m_\mathrm{e}n_\mathrm{e} + m_\mathrm{i}n_\mathrm{i} \tag{2.27}$$

质心速度为

$$\boldsymbol{v} = (m_\mathrm{e}n_\mathrm{e}\boldsymbol{v}_\mathrm{e} + m_\mathrm{i}n_\mathrm{i}\boldsymbol{v}_\mathrm{i})/\rho \tag{2.28}$$

电流密度为

$$\boldsymbol{J} = n_\mathrm{e}q_\mathrm{e}\boldsymbol{v}_\mathrm{e} + n_\mathrm{i}q_\mathrm{i}\boldsymbol{v}_\mathrm{i} \tag{2.29}$$

电荷密度为

$$\rho_\mathrm{q} = q_\mathrm{e}n_\mathrm{e} + q_\mathrm{i}n_\mathrm{i} \tag{2.30}$$

将式 (2.22) 的离子和电子的运动方程合并起来，得到单流体运动方程

$$\rho\left(\frac{\partial}{\partial t} + \boldsymbol{v}\cdot\nabla\right)\boldsymbol{v} = \rho_\mathrm{q}\boldsymbol{E} + \boldsymbol{J}\times\boldsymbol{B} + \rho\boldsymbol{g} - \nabla p \tag{2.31}$$

将式 (2.18)、式 (2.19) 的离子和电子的质量连续方程合并起来，得到单流体质量连续方程

$$\frac{\partial \rho}{\partial t} + \nabla \cdot (\rho \boldsymbol{v}) = 0 \tag{2.32}$$

2.2.4　等离子体的极化模型和极化率

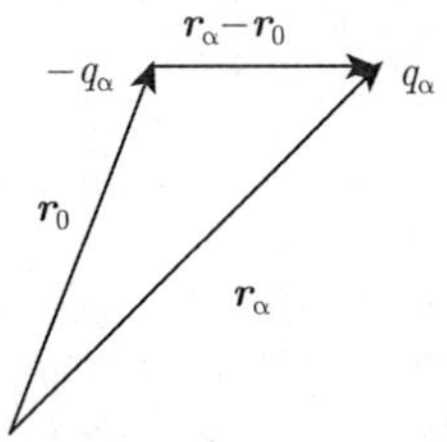

图 2.1　带电粒子位移图

如图 2.1 所示，设想在一个宏观上为电中性的等离子体空间内，某一点上有一个带电粒子 q_α 离开其原来的位置，产生了一段小距离的位移，则必然会出现一个偶极子。设 $\boldsymbol{r}_0$ 为原来的位置，$\boldsymbol{r}_\alpha$ 为后来的位置，则电偶极矩为 $q_\alpha(\boldsymbol{r}_\alpha - \boldsymbol{r}_0)$。单位体积内电偶极矩的总和就是极化强度 $\boldsymbol{P}_\alpha$，即

$$\boldsymbol{P}_\alpha = n_0 q_\alpha (\boldsymbol{r}_\alpha - \boldsymbol{r}_0) \tag{2.33}$$

对式 (2.33) 求导有

$$\frac{\partial}{\partial t}\boldsymbol{P}_\alpha = n_0 q_\alpha \frac{\partial}{\partial t}(\boldsymbol{r}_\alpha - \boldsymbol{r}_0) = n_0 q_\alpha \boldsymbol{v}_\alpha = \boldsymbol{J}_\alpha \tag{2.34}$$

由于式 (2.26) 的各个变量均正比例于 $\exp(\mathrm{j}\omega t)$，将式 (2.34) 代入式 (2.26) 并忽略重力和碰撞，有

$$-\omega^2 \boldsymbol{P}_\alpha = \varepsilon_0 \omega_{\mathrm{p}\alpha}^2 \boldsymbol{E} + \mathrm{j}\omega_{\mathrm{L}\alpha}\omega \boldsymbol{P}_\alpha \times \boldsymbol{B}_0 / B_0 - \mathrm{j}\nu_\alpha \omega \boldsymbol{P}_\alpha \tag{2.35}$$

1. 非磁化等离子体的介电常数

对非磁化等离子体，即 $\boldsymbol{B}_0 = 0$，式 (2.35) 可写为

$$-\omega^2 \boldsymbol{P}_\alpha = \varepsilon_0 \omega_{\mathrm{p}\alpha}^2 \boldsymbol{E} - \mathrm{j}\nu_\alpha \omega \boldsymbol{P}_\alpha \tag{2.36}$$

进一步写为

$$\boldsymbol{P}_\alpha = \varepsilon_0 \chi_\alpha \boldsymbol{E} = -\varepsilon_0 \frac{\omega_{\mathrm{p}\alpha}^2}{\omega^2}\left(1 - \mathrm{j}\frac{\nu_\alpha}{\omega}\right)\boldsymbol{E} \tag{2.37}$$

非磁化等离子体的极化率为

$$\chi_\alpha = -\frac{\omega_{\mathrm{p}\alpha}^2}{\omega^2}\left(1 - \mathrm{j}\frac{\nu_\alpha}{\omega}\right) = -\frac{\omega_{\mathrm{p}\alpha}^2}{\omega^2 + \nu_\alpha^2} - \mathrm{j}\frac{\nu_\alpha}{\omega}\frac{\omega_{\mathrm{p}\alpha}^2}{\omega^2 + \nu_\alpha^2} \tag{2.38}$$

同理，非磁化等离子体的相对介电常数为

$$\varepsilon_{\mathrm{r}} = 1 + \sum_\alpha \chi_\alpha = 1 - \sum_\alpha \frac{\omega_{\mathrm{p}\alpha}^2}{\omega^2 + \nu_\alpha^2} - \mathrm{j}\sum_\alpha \left(\frac{\nu_\alpha}{\omega}\frac{\omega_{\mathrm{p}\alpha}^2}{\omega^2 + \nu_\alpha^2}\right) \tag{2.39}$$

非磁化等离子体的介电常数则为 $\varepsilon=\varepsilon_0\varepsilon_{\rm r}$。显然，非磁化等离子体的极化率和介电常数都是复数，而且其实部和虚部都是频率的函数，也就是说，非磁化等离子体是具有损耗的色散介质。

2. 磁化等离子体的介电张量

令 $U_\alpha=\left(1-{\rm j}\dfrac{\nu_\alpha}{\omega}\right)$，$X_\alpha=\dfrac{\omega_{{\rm p}\alpha}^2}{\omega^2}$，$\boldsymbol{Y}_\alpha=-\dfrac{\omega_{{\rm L}\alpha}}{\omega}\boldsymbol{b}_0$，这里 $\boldsymbol{b}_0=\boldsymbol{B}_0/B_0$ 为磁场方向上的单位矢量。如果磁场不为零，则式 (2.35) 可写为

$$-\varepsilon_0X_\alpha\boldsymbol{E}=U_\alpha\boldsymbol{P}_\alpha+{\rm j}\boldsymbol{Y}_\alpha\times\boldsymbol{P}_\alpha \tag{2.40}$$

设外磁场 $\boldsymbol{B}_0=B_0\boldsymbol{k}$(沿 z 轴正方向)，则 $\boldsymbol{Y}_\alpha=Y_\alpha\boldsymbol{k}$，将其代入式 (2.40) 并在直角坐标系中展开，可得到

$$-\varepsilon_0X_\alpha E_x=U_\alpha P_{\alpha x}-{\rm j}Y_\alpha P_{\alpha y} \tag{2.41a}$$

$$-\varepsilon_0X_\alpha E_y=U_\alpha P_{\alpha y}+{\rm j}Y_\alpha P_{\alpha x} \tag{2.41b}$$

$$-\varepsilon_0X_\alpha E_z=U_\alpha P_{\alpha z} \tag{2.41c}$$

将式 (2.41) 写成逆张量的形式，则

$$\varepsilon_0\boldsymbol{E}=\boldsymbol{X}_\alpha^{-1}\cdot\boldsymbol{P}_\alpha \tag{2.42}$$

式中，$\boldsymbol{X}_\alpha^{-1}$ 为磁化等离子体极化率张量的逆张量，则

$$\boldsymbol{X}_\alpha^{-1}=-\frac{1}{X_\alpha}\begin{pmatrix}U_\alpha & -{\rm j}Y_\alpha & 0\\ {\rm j}Y_\alpha & U_\alpha & 0\\ 0 & 0 & U_\alpha\end{pmatrix} \tag{2.43}$$

由式 (2.43) 可求出磁化等离子体的极化张量为

$$\boldsymbol{X}_\alpha=-\frac{X_\alpha}{U_\alpha\left(U_\alpha^2-Y_\alpha^2\right)}\begin{pmatrix}U_\alpha^2 & {\rm j}Y_\alpha U_\alpha & 0\\ -{\rm j}Y_\alpha U_\alpha & U_\alpha^2 & 0\\ 0 & 0 & U_\alpha^2-Y_\alpha^2\end{pmatrix} \tag{2.44}$$

磁化等离子体的相对介电张量为

$$\varepsilon_{\rm r}=\boldsymbol{I}+\sum_\alpha\boldsymbol{X}_\alpha \tag{2.45}$$

式中，$\boldsymbol{I}$ 为单位张量。磁化等离子体的介电张量则为 $\boldsymbol{\varepsilon}=\varepsilon_0\boldsymbol{\varepsilon}_{\rm r}$，将式 (2.45) 代入即可求得相对介电张量。例如，无碰撞磁化等离子体的相对介电张量可写为

$$\boldsymbol{\varepsilon}_{\rm r}=\begin{pmatrix} 1-\sum\limits_{\alpha}\dfrac{X_\alpha}{1-Y_\alpha^2} & -{\rm j}\sum\limits_{\alpha}\dfrac{X_\alpha Y_\alpha}{1-Y_\alpha^2} & 0 \\ {\rm j}\sum\limits_{\alpha}\dfrac{X_\alpha Y_\alpha}{1-Y_\alpha^2} & 1-\sum\limits_{\alpha}\dfrac{X_\alpha}{1-Y_\alpha^2} & 0 \\ 0 & 0 & 1-\sum\limits_{\alpha}X_\alpha \end{pmatrix} \tag{2.46}$$

一般情况下，极化率张量和介电张量的每一个元素均为复数，并且与频率有关，即磁化等离子体既有损耗又有色散，同时也是各向异性的。从等离子体介电张量的表达式 (2.46) 可以看出，磁化等离子体是各向异性的介质，在与磁场垂直及平行方向上等离子体的响应特性不同。当磁场趋于零时，介电张量退化成对角张量，并且三个对角项相等，于是等离子体恢复其各向同性的特征。正是由于磁化等离子体具有这样的优势，它在与常规介质构成磁化等离子体光子晶体时具有了一些特殊的性质。

3. 等离子体介质模型的频域麦克斯韦方程组

将等离子体看成电介质时，在频域内电流密度和极化强度的关系为 $\boldsymbol{J}={\rm j}\omega\boldsymbol{P}$，将其代入频域麦克斯韦方程组，化简可得如下形式介质的麦克斯韦方程组：

$$\nabla\times\boldsymbol{E}=-{\rm j}\mu_0\omega\boldsymbol{H} \tag{2.47a}$$

$$\nabla\times\boldsymbol{H}={\rm j}\varepsilon\omega\boldsymbol{E} \tag{2.47b}$$

$$\nabla\cdot\boldsymbol{H}=0,\quad \nabla\cdot(\varepsilon\boldsymbol{E})=0 \tag{2.47c}$$

本书中大部分问题的分析基本上均建立在上述方程组上。

2.2.5 等离子体的导电模型和导电率

在频率较低时，把等离子体等效成一种导电媒质是很合适的。注意到 $\boldsymbol{J}_\alpha=n_{\alpha0}q_\alpha\boldsymbol{v}_\alpha$，忽略重力和热压力后，流体运动方程 (2.26) 可写为

$$\frac{\partial}{\partial t}\boldsymbol{J}_\alpha=\varepsilon_0\omega_{p\alpha}^2\boldsymbol{E}+\omega_{{\rm L}\alpha}\boldsymbol{J}_\alpha\times\boldsymbol{B}_0/B_0-\nu_\alpha\boldsymbol{J}_\alpha$$

由于上式中 $\boldsymbol{J}_\alpha$ 正比例于 $\exp({\rm j}\omega t)$，可将上式变换到频域

$${\rm j}\omega\boldsymbol{J}_\alpha=\varepsilon_0\omega_{{\rm p}\alpha}^2\boldsymbol{E}+\omega_{{\rm L}\alpha}\boldsymbol{J}_\alpha\times\boldsymbol{B}_0/B_0-\nu_\alpha\boldsymbol{J}_\alpha \tag{2.48}$$

进一步可写为

$$-{\rm j}\varepsilon_0\omega X_\alpha\boldsymbol{E}=U_\alpha\boldsymbol{J}_\alpha-{\rm j}\boldsymbol{Y}_\alpha\times\boldsymbol{J}_\alpha \tag{2.49}$$

1. 非磁化等离子体的电导率

对非磁化等离子体，即 $\boldsymbol{B}_0=0$，$\boldsymbol{Y}_\alpha=0$，式 (2.49) 可简化为

$$-\mathrm{j}\varepsilon_0\omega X_\alpha\boldsymbol{E}=U_\alpha\boldsymbol{J}_\alpha \tag{2.50}$$

由于电流密度与电导率的关系为 $\boldsymbol{J}_\alpha=\sigma_\alpha\boldsymbol{E}$，所以有

$$\sigma_\alpha=-\mathrm{j}\varepsilon_0\omega X_\alpha/U_\alpha=\frac{\varepsilon_0\nu_\alpha\omega_{\mathrm{p}\alpha}^2}{\omega^2+\nu_\alpha^2}-\mathrm{j}\frac{\varepsilon_0\omega\omega_{\mathrm{p}\alpha}^2}{\omega^2+\nu_\alpha^2} \tag{2.51}$$

其实部和虚部分别为

$$\frac{\varepsilon_0\nu_\alpha\omega_{\mathrm{p}\alpha}^2}{\omega^2+\nu_\alpha^2},\quad\frac{\varepsilon_0\omega\omega_{\mathrm{p}\alpha}^2}{\omega^2+\nu_\alpha^2}$$

电导率与极化率的关系为

$$\chi_\alpha=\sigma_\alpha/(\mathrm{j}\varepsilon_0\omega) \tag{2.52}$$

2. 磁化等离子体的电导率张量

设外磁场沿 z 轴正方向，即 $\boldsymbol{B}_0=B_0\boldsymbol{k}$，$\boldsymbol{Y}_\alpha=Y_\alpha\boldsymbol{k}$，将其代入式 (2.49) 并在直角坐标系中展开，可得到

$$-\mathrm{j}\varepsilon_0\omega X_\alpha E_x=U_\alpha J_{\alpha x}+\mathrm{j}Y_\alpha J_{\alpha y} \tag{2.53a}$$

$$-\mathrm{j}\varepsilon_0\omega X_\alpha E_y=U_\alpha J_{\alpha y}-\mathrm{j}Y_\alpha J_{\alpha x} \tag{2.53b}$$

$$-\mathrm{j}\varepsilon_0\omega X_\alpha E_z=U_\alpha J_{\alpha z} \tag{2.53c}$$

将式 (2.53) 写成张量的形式，可求出电导率张量

$$\boldsymbol{\sigma}_\alpha=\begin{pmatrix}-\mathrm{j}\varepsilon_0\omega\dfrac{X_\alpha U_\alpha}{U_\alpha-Y_\alpha^2} & -\varepsilon_0\omega\dfrac{X_\alpha Y_\alpha}{U_\alpha-Y_\alpha^2} & 0\\ \varepsilon_0\omega\dfrac{X_\alpha Y_\alpha}{U_\alpha-Y_\alpha^2} & -\mathrm{j}\varepsilon_0\omega\dfrac{X_\alpha U_\alpha}{U_\alpha-Y_\alpha^2} & 0\\ 0 & 0 & -\mathrm{j}\varepsilon_0\omega\dfrac{X_\alpha}{U_\alpha}\end{pmatrix} \tag{2.54}$$

电导率张量和极化率张量的关系与式 (2.52) 类似

$$\boldsymbol{\sigma}_\alpha=\mathrm{j}\varepsilon_0\omega\boldsymbol{\chi}_\alpha \tag{2.55}$$

3. 等离子体导电模型的频域麦克斯韦方程组

将等离子体看成导电媒质时，在频域内电流密度和电导率的关系有 $\boldsymbol{J}=\sigma\boldsymbol{E}$，将其代入频域麦克斯韦方程组，并考虑到位移电流在低频时可以忽略，化简可得如下形式介质的麦克斯韦方程组：

$$\nabla\times\boldsymbol{E}=-\mathrm{j}\mu_0\omega\boldsymbol{H} \tag{2.56a}$$

$$\nabla \times \boldsymbol{H} = \sigma \boldsymbol{E} \tag{2.56b}$$

$$\nabla \cdot \boldsymbol{H} = 0, \quad \nabla \cdot (\sigma \boldsymbol{E}) = 0 \tag{2.56c}$$

本书中个别问题的分析基本上均建立在上述方程组上。

2.3　电磁波在低温非磁化等离子体中的传播

为研究电磁波与低温等离子体间的相互作用，本节给出外加磁场不存在时，电磁波在低温非磁化等离子体传播中的物理特性，并且推导了在考虑等离子体碰撞和不考虑等离子体碰撞两个不同条件下的色散公式。

等离子体中的电子振荡频率和离子振荡频率的平方分别为：$\omega_{\text{pe}}^2 = n_{\text{e}} e^2 / m_{\text{e}} \varepsilon_0$，$\omega_{\text{pi}}^2 = n_{\text{i}} e^2 / m_{\text{i}} \varepsilon_0$。由于离子的质量远大于电子的质量，所以电子振荡频率也远大于离子振荡频率。因此，在忽略离子的影响下，非磁化等离子体的相对介电常数可写为

$$\varepsilon_{\text{r}} = 1 - \frac{\omega_{\text{p}}^2}{\omega(\omega - \text{j}\nu_{\text{c}})} = 1 - \frac{\omega_{\text{p}}^2}{\omega^2 + \nu_{\text{c}}^2} - \text{j}\frac{\nu_{\text{c}}}{\omega}\frac{\omega_{\text{p}}^2}{\omega^2 + \nu_{\text{c}}^2} \tag{2.57}$$

这里，$\omega_{\text{p}}^2 \approx \omega_{\text{pe}}^2$ 为等离子体频率；ν_{c} 为电子与中性粒子的碰撞频率。

通常将相对介电常数写为实部和虚部的叠加，则实部和虚部可写为

$$\varepsilon_{\text{r}} = \varepsilon_{\text{r}}' - \text{j}\varepsilon_{\text{r}}'' \tag{2.58a}$$

其中

$$\varepsilon_{\text{r}}' = 1 - \frac{\omega_{\text{p}}^2}{\omega^2 + \nu_{\text{c}}^2}; \quad \varepsilon_{\text{r}}'' = \frac{\nu_{\text{c}}}{\omega}\frac{\omega_{\text{p}}^2}{\omega^2 + \nu_{\text{c}}^2} \tag{2.58b}$$

下面讨论平面电磁波在非磁化等离子体中的传播。平面电磁波是麦克斯韦方程中最重要的基本解，其指数函数形式为

$$\exp[\text{j}(\omega t - \boldsymbol{k} \cdot \boldsymbol{r})] \tag{2.59}$$

式中，$\boldsymbol{k}$ 称为平面波的传播矢量，其方向为电磁波的传播方向。

将式 (2.59) 代入介质麦克斯韦方程组 (2.47) 后, 有

$$\boldsymbol{k} \times \boldsymbol{E} = \mu_0 \omega \boldsymbol{H} \tag{2.60}$$

$$\boldsymbol{k} \times \boldsymbol{H} = -\varepsilon \omega \boldsymbol{E} \tag{2.61}$$

$$\boldsymbol{k} \cdot \boldsymbol{H} = 0 \tag{2.62}$$

$$\varepsilon_0 \varepsilon_{\text{r}} \boldsymbol{k} \cdot \boldsymbol{E} = 0 \tag{2.63}$$

从式 (2.60)~ 式 (2.62) 中消去磁场 $\boldsymbol{H}$，有

$$(\boldsymbol{k}\cdot\boldsymbol{E})\boldsymbol{k}-k^2\boldsymbol{E}=-\varepsilon_{\mathrm{r}}\left(\frac{\omega}{c}\right)^2\boldsymbol{E} \tag{2.64}$$

在碰撞等离子体中，传播矢量是一个复矢量。令传播矢量 $\boldsymbol{k}=(\beta-\mathrm{j}\alpha)\boldsymbol{I}^0$，$\boldsymbol{I}^0$ 为传播方向的单位矢量，β 称为相位常数，α 称为衰减常数。

指数形式的波函数变为

$$\exp(\mathrm{j}\omega t-\alpha\boldsymbol{I}^0\cdot\boldsymbol{r}-\mathrm{j}\beta\boldsymbol{I}^0\cdot\boldsymbol{r}) \tag{2.65}$$

从式 (2.58) 可知介电常数的实部和虚部不为零，即有 $\boldsymbol{k}\cdot\boldsymbol{E}=0$。因此，式 (2.54) 可写为

$$(\beta-\mathrm{j}\alpha)^2\boldsymbol{E}=\left(\frac{\omega}{c}\right)^2(\varepsilon_{\mathrm{r}}'-\mathrm{j}\varepsilon_{\mathrm{r}}'')\boldsymbol{E} \tag{2.66}$$

式 (2.66) 的非零解的色散方程为

$$(\beta-j\alpha)^2=k_0^2(\varepsilon_{\mathrm{r}}'-\mathrm{j}\varepsilon_{\mathrm{r}}'') \tag{2.67}$$

这里，$k_0=\omega/c$ 为真空中的波数。

式 (2.67) 的解为

$$\beta=k_0\left\{\frac{1}{2}\left[\varepsilon_{\mathrm{r}}'+\left(\varepsilon_{\mathrm{r}}'^2+\varepsilon_{\mathrm{r}}''^2\right)^{1/2}\right]\right\}^{1/2} \tag{2.68}$$

$$\alpha=k_0\left\{\frac{1}{2}\left[-\varepsilon_{\mathrm{r}}'+\left(\varepsilon_{\mathrm{r}}'^2+\varepsilon_{\mathrm{r}}''^2\right)^{1/2}\right]\right\}^{1/2} \tag{2.69}$$

对无损耗 (无碰撞) 等离子体，介电常数的实部 $\varepsilon_{\mathrm{r}}'=1-\omega_{\mathrm{p}}^2/\omega^2$，虚部 $\varepsilon_{\mathrm{r}}''=0$，则相位常数 $\beta=k_0(\varepsilon_{\mathrm{r}}')^{1/2}$，衰减常数 $\alpha=0$。假定电磁波沿 z 轴传播，指数形式的波函数变为

$$\exp\left[-c^{-1}\left(\omega_{\mathrm{p}}^2-\omega^2\right)^{1/2}z\right]\exp(\mathrm{j}\omega t) \tag{2.70}$$

我们定义等离子体的折射率 $n=\beta c/\omega$，无损耗等离子体的折射率为 $n=(1-\omega_{\mathrm{p}}^2/\omega^2)^{1/2}$。等离子体沿 z 轴的相速为 $v_{\mathrm{p}}=c/n=c(1-\omega_{\mathrm{p}}^2/\omega^2)^{-1/2}$，可以看出等离子体是色散的。

当 $\omega_{\mathrm{p}}>\omega$ 时，电磁波沿 z 方向按指数规律衰减，衰减常数为 $c^{-1}\left(\omega_{\mathrm{p}}^2-\omega^2\right)^{1/2}$，则将入射电磁波的振幅衰减到原值的 $1/e$ 时的厚度称为反射趋肤深度，用 δ 表示。

$$\delta=1/\alpha=c\left(\omega_{\mathrm{p}}^2-\omega^2\right)^{-1/2} \tag{2.71}$$

对频率低于等离子体频率的电磁波，无碰撞等离子体对电磁波完全反射，该频段为阻带；当 $\omega_{\mathrm{p}}<\omega$ 时，衰减常数为零，电磁波可以无损耗地通过 (假设等离子

体与电磁波无相互作用)，该频段为通带。等离子体的这种性质可以称为高通滤波器。等离子体的这种传播特性如图 2.2 所示。

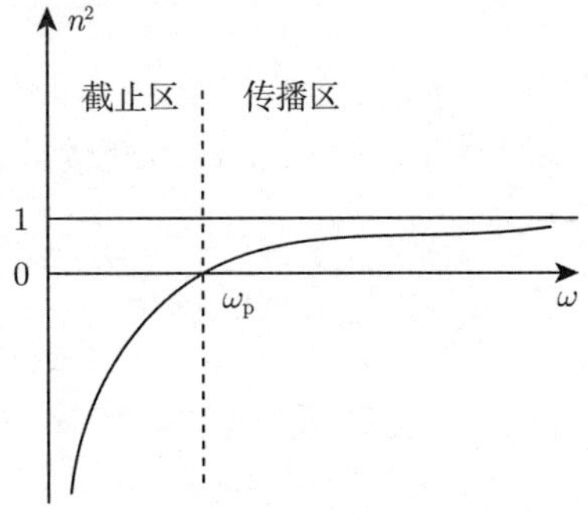

图 2.2　非磁化等离子体色散特性

对损耗 (有碰撞) 等离子体，将式 (2.58) 代入式 (2.68)、式 (2.69) 后，相位常数和衰减常数分别为

$$\beta = k_0\left(\frac{1}{2}\left\{\left(1-\frac{\omega_\text{p}^2}{\omega^2+\nu_\text{c}^2}\right)+\left[\left(1-\frac{\omega_\text{p}^2}{\omega^2+\nu_\text{c}^2}\right)^2+\left(\text{j}\frac{\nu_\text{c}}{\omega}\frac{\omega_\text{p}^2}{\omega^2+\nu_\text{c}^2}\right)^2\right]^{1/2}\right\}\right)^{1/2} \tag{2.72}$$

$$\alpha = k_0\left(\frac{1}{2}\left\{-\left(1-\frac{\omega_\text{p}^2}{\omega^2+\nu_\text{c}^2}\right)+\left[\left(1-\frac{\omega_\text{p}^2}{\omega^2+\nu_\text{c}^2}\right)^2+\left(\text{j}\frac{\nu_\text{c}}{\omega}\frac{\omega_\text{p}^2}{\omega^2+\nu_\text{c}^2}\right)^2\right]^{1/2}\right\}\right)^{1/2} \tag{2.73}$$

α 描述等离子体对电磁波的碰撞吸收，当频率大于等离子体频率的电磁波入射到等离子体内部时，等离子体通过碰撞吸收大部分入射波的能量。其作用机理是：电磁波的电场对自由电子做功，把一部分能量传递给电子，而电场自身的能量被衰减，电子通过与其他粒子的有效碰撞，把能量转化为无规则运动的能量，并按自由度均分。β 描述电磁波在等离子体中的传播情况，其相速度为 $V=\omega/\beta$。

下面对相位常数和衰减常数进行简单的估算。在高频情况下，$\omega \gg \nu_\text{c}$, 且 $\omega \gg \omega_\text{p}$，有

$$\beta \approx k_0(1-\omega_\text{p}^2/\omega^2)^{1/2} \tag{2.74}$$

$$\alpha \approx k_0\frac{\nu_\text{c}\omega_\text{p}^2}{2\omega^3}(1-\omega_\text{p}^2/\omega^2)^{-1/2} \tag{2.75}$$

显然，相位常数几乎与碰撞频率无关，即折射率几乎与碰撞频率无关。而衰减常数在一般情况下有 $\beta \gg \alpha$，等离子体变成一种损耗较低的介质。其物理机制是：电磁波的电场变化太快，使得等离子体中的电子来不及响应电场的变化，因而碰撞吸收

较小。在低频情况下，$\nu_c \gg \omega, \omega_p \gg \omega$，此时等离子体是良导体，因此采用导电模型更合适。式 (2.51) 可简化为

$$\sigma = \frac{\varepsilon_0 \omega_{pe}^2}{\nu_e} + \frac{\varepsilon_0 \omega_{pi}^2}{\nu_i} \tag{2.76}$$

在一级近似下，有

$$\beta \approx k_0 \left(\frac{\omega_p^2}{2\omega\nu_c}\right)^{1/2} \left(1 - \frac{\omega}{2\nu_c}\right) \tag{2.77}$$

$$\alpha \approx k_0 \left(\frac{\omega_p^2}{2\omega\nu_c}\right)^{1/2} \left(1 + \frac{\omega}{2\nu_c}\right) \tag{2.78}$$

从式 (2.77) 和式 (2.78) 可以看出，相位常数和衰减常数近似相等。此时与电磁波在导体内传播相似，存在趋肤效应。趋肤深度 (也称为衰减长度) 用 δ 表示。

$$\delta = \left(\frac{2}{c\alpha\sigma}\right)^{1/2} \tag{2.79}$$

2.4 电磁波在磁化等离子体中的传播 (外加磁场平行于波矢)

为研究电磁波与磁化等离子体间的相互作用，本节给出外加磁场与入射电磁波波矢平行时，电磁波在磁化等离子体传播中的物理特性，并推导了在考虑等离子体碰撞和不考虑等离子体碰撞两个不同条件下的色散公式。

2.4.1 忽略等离子体碰撞频率时电磁波在磁化等离子体中的传播

在磁化等离子体中，外加磁场使得等离子体成为各向异性的介质，磁场的方向是空间的特殊方向，等离子体对扰动的响应在磁场方向上有别于与磁场垂直的方向。设磁场沿 z 轴方向，并设磁化等离子体是无界的、无碰撞的。当电磁波传播时，满足式 (2.64)。令

$$\varepsilon_{xx} = \varepsilon_{yy} = 1 - \frac{\omega_{pe}^2}{\omega^2 + \omega_{Le}^2} - \frac{\omega_{pi}^2}{\omega^2 + \omega_{Li}^2} \tag{2.80}$$

$$\varepsilon_{xy} = -j\frac{1}{\omega}\left(\frac{\omega_{pe}^2\omega_{Le}}{\omega^2 - \omega_{Le}^2} - \frac{\omega_{pi}^2\omega_{Li}}{\omega^2 - \omega_{Li}^2}\right) \tag{2.81}$$

$$\varepsilon_{zz} = 1 - \frac{\omega_{pe}^2}{\omega^2} - \frac{\omega_{pi}^2}{\omega^2} \tag{2.82}$$

将式 (2.64) 展开有

$$\begin{pmatrix} n^2-\varepsilon_{xx} & -\varepsilon_{xy} & 0 \\ \varepsilon_{xy} & n^2-\varepsilon_{xx} & 0 \\ 0 & 0 & -\varepsilon_{zz} \end{pmatrix}\begin{pmatrix} E_x \\ E_y \\ E_z \end{pmatrix}=0 \tag{2.83}$$

式 (2.83) 的第一个非零解为

$$\varepsilon_{zz}=1-\frac{\omega_{\text{pe}}^2}{\omega^2}-\frac{\omega_{\text{pi}}^2}{\omega^2}=0 \tag{2.84}$$

此时，磁场为零，电场为无旋场。没有电磁波的传播，只有电场的自由振荡。电场 E_z 的极化方向与外磁场的方向一致，电子的运动不受外磁场的影响，因此与非磁化等离子体中的自由振荡完全相同。因 $\omega_{\text{pe}}\gg\omega_{\text{pi}}$，则自由振荡的频率为 $\omega=\omega_{\text{pe}}$。

第二个非零解的色散关系为

$$(n^2-\varepsilon_{xx})(n^2-\varepsilon_{xx})+\varepsilon_{xy}^2=0 \tag{2.85}$$

即

$$n^2=\varepsilon_{xx}\pm \text{j}\varepsilon_{xy} \tag{2.86}$$

令 n_{R}、n_{L} 为两个特征非零解的折射率，将式 (2.80)、式 (2.81) 代入式 (2.86)，则两个平行磁场传播的特征波的色散关系是

$$n_{\text{L}}^2=\varepsilon_{xx}+\text{j}\varepsilon_{xy}=1-\frac{\omega_{\text{pe}}^2}{\omega(\omega+\omega_{\text{Le}})}-\frac{\omega_{\text{pi}}^2}{\omega(\omega-\omega_{\text{Li}})} \tag{2.87}$$

$$n_{\text{R}}^2=\varepsilon_{xx}-\text{j}\varepsilon_{xy}=1-\frac{\omega_{\text{pe}}^2}{\omega(\omega-\omega_{\text{Le}})}-\frac{\omega_{\text{pi}}^2}{\omega(\omega+\omega_{\text{Li}})} \tag{2.88}$$

将式 (2.87) 代入式 (2.83)，可求得

$$\frac{E_x}{E_y}=\frac{\text{j}\varepsilon_{xy}+\varepsilon_{xy}}{\text{j}\varepsilon_{xy}-\varepsilon_{xy}}=-\text{j} \tag{2.89}$$

即折射率为 n_{L} 的特征波是左旋圆极化的纯横波。同样可以证明，折射率为 n_{R} 的特征波有 $E_x/E_y=\text{j}$，是右旋圆极化的纯横波。

1. 圆极化波的截止与共振

下面分析左、右旋圆极化的截止与共振。将式 (2.87)、式 (2.88) 进一步化简得到

$$n_{\text{L}}^2=1-\frac{\omega_{\text{p}}^2}{(\omega+\omega_{\text{Le}})(\omega-\omega_{\text{Li}})} \tag{2.90}$$

$$n_{\mathrm{R}}^2 = 1 - \frac{\omega_{\mathrm{p}}^2}{(\omega - \omega_{\mathrm{Le}})(\omega + \omega_{\mathrm{Li}})} \tag{2.91}$$

这里 $\omega_{\mathrm{p}}^2 = \omega_{\mathrm{pe}}^2 + \omega_{\mathrm{pi}}^2$。右、左旋圆极化的截止条件分别为 $n_{\mathrm{R}}^2 = 0$，$n_{\mathrm{L}}^2 = 0$，所以右、左旋圆极化的截止频率 ω_{L}、ω_{R} 分别为

$$\omega_{\mathrm{L}} = \left[\omega_{\mathrm{p}}^2 + \frac{(\omega_{\mathrm{Le}} + \omega_{\mathrm{Li}})^2}{4}\right]^{1/2} - \frac{\omega_{\mathrm{Le}} - \omega_{\mathrm{Li}}}{2} = \left(\omega_{\mathrm{p}}^2 + \frac{\omega_{\mathrm{Le}}^2}{4}\right)^{1/2} - \frac{\omega_{\mathrm{Le}}}{2} \tag{2.92}$$

$$\omega_{\mathrm{R}} = \left[\omega_{\mathrm{p}}^2 + \frac{(\omega_{\mathrm{Le}} + \omega_{\mathrm{Li}})^2}{4}\right]^{1/2} + \frac{\omega_{\mathrm{Le}} - \omega_{\mathrm{Li}}}{2} = \left(\omega_{\mathrm{p}}^2 + \frac{\omega_{\mathrm{Le}}^2}{4}\right)^{1/2} + \frac{\omega_{\mathrm{Le}}}{2} \tag{2.93}$$

右、左旋圆极化的共振条件分别为 $n_{\mathrm{R}}^2 = \infty$，$n_{\mathrm{L}}^2 = \infty$，所以右、左旋圆极化的共振频率 $\omega_{\mathrm{R}}^{\infty}$、$\omega_{\mathrm{L}}^{\infty}$ 分别为

$$\omega_{\mathrm{R}}^{\infty} = \omega_{\mathrm{Le}} \tag{2.94}$$

$$\omega_{\mathrm{L}}^{\infty} = \omega_{\mathrm{Li}} \tag{2.95}$$

右旋波的电场旋转方向与电子回旋运动一致，当波的频率与电子回旋频率相等时，在电子看来，波动的电场几乎是不变的，可以持续地对电子施加作用，产生共振。在微波波段，利用电子回旋共振加速电子，实现气体放电产生等离子体是一种常用的手段，称为电子回旋共振等离子体 (简称 ECR 等离子体)。

下面根据色散关系式 (2.90)、式 (2.91)，进一步分析圆极化波的传播性质。

右、左旋极化波的色散关系如图 2.3 和图 2.4 所示。

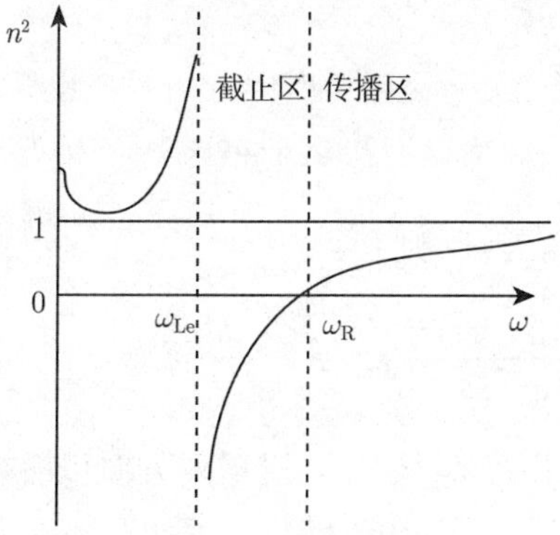

图 2.3 右旋极化波的色散关系

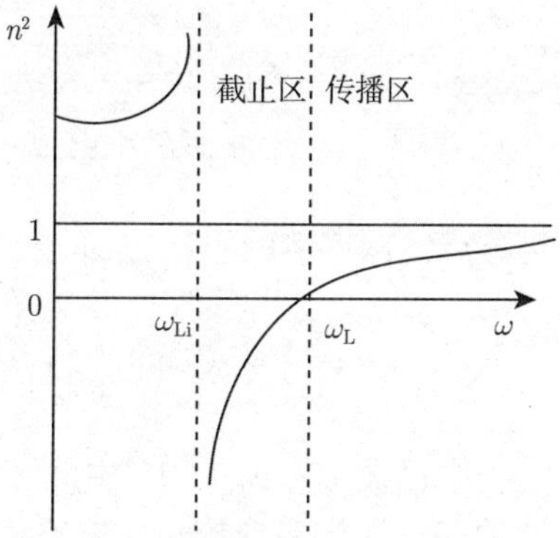

图 2.4 左旋极化波的色散关系

(1) 当 $\omega \gg \omega_{\mathrm{Le}}$ 时，$n_{\mathrm{L}}^2 = n_{\mathrm{R}}^2 = 1$，即此时电磁波在等离子体中传播的相速度为 c，与真空中相同。这是由于电磁波的频率太高，等离子体中粒子的响应跟不上电磁场的变化。

(2) 对右旋圆极化电磁波有两个通带：$\omega > \omega_{\mathrm{R}}$ 的区域和 $\omega < \omega_{\mathrm{Le}}$ 的区域；一个阻带：$\omega_{\mathrm{Le}} < \omega < \omega_{\mathrm{R}}$。

(3) 对左旋圆极化电磁波也有两个通带：$\omega > \omega_{\mathrm{L}}$ 的区域和 $\omega < \omega_{\mathrm{Li}}$ 的区域；一个阻带：$\omega_{\mathrm{Li}} < \omega < \omega_{\mathrm{L}}$。

值得指出的是：磁化等离子体为入射的电磁波开辟了多个窗口，导致频率较低的电磁波也能在等离子体中传播；而非磁化等离子体则具有“高通滤波器”的性质，只有高频电磁波才能传播。

2. 法拉第旋转

下面分析法拉第 (Faraday) 旋转。众所周知，一个线偏振的电磁波可以分解为一个左旋圆极化波和一个右旋圆极化波。一个线偏振的电磁波平行于磁场方向入射到磁化等离子体后，由于左旋和右旋圆极化波的传播速度不同 ($v_{\mathrm{L}} = c/n_{\mathrm{L}} = c/(\varepsilon_{xx} + \mathrm{j}\varepsilon_{xy})^{1/2}$，$v_{\mathrm{R}} = c/n_{\mathrm{R}} = c/(\varepsilon_{xx} - \mathrm{j}\varepsilon_{xy})^{1/2}$)，线偏振的电磁波将被分解为左旋和右旋圆极化波，其偏振面将以磁场方向为轴旋转。也就是说，在线偏振波沿着磁场方向传播过程中，其极化方向会产生旋转，这种现象称为法拉第旋转。

由式 (2.83) 可以解出左旋和右旋圆极化波的电场分别为

$$\boldsymbol{E}_{\mathrm{L}} = (\boldsymbol{e}_x - \mathrm{j}\boldsymbol{e}_y)E_{\mathrm{L}} \exp \mathrm{j}(k_{\mathrm{L}}z - \omega t) \tag{2.96}$$

$$\boldsymbol{E}_{\mathrm{R}} = (\boldsymbol{e}_x + \mathrm{j}\boldsymbol{e}_y)E_{\mathrm{R}} \exp \mathrm{j}(k_{\mathrm{R}}z - \omega t) \tag{2.97}$$

这里，E_{L}，E_{R} 分别为左旋和右旋圆极化波的电场；$k_{\mathrm{L}} = \omega n_{\mathrm{L}}/c$，$k_{\mathrm{R}} = \omega n_{\mathrm{R}}/c$ 分别为左旋和右旋圆极化波的波数。合成后线偏振的电磁波的总电场为

$$\begin{aligned}\boldsymbol{E} = \boldsymbol{E}_{\mathrm{L}} + \boldsymbol{E}_{\mathrm{R}} = \{&\boldsymbol{e}_x \left[E_{\mathrm{L}} \exp(\mathrm{j}k_{\mathrm{L}}z) + E_{\mathrm{R}} \exp(\mathrm{j}k_{\mathrm{R}}z)\right] \\ &- \mathrm{j}\boldsymbol{e}_y \left[E_{\mathrm{L}} \exp(\mathrm{j}k_{\mathrm{L}}z) - E_{\mathrm{R}} \exp(\mathrm{j}k_{\mathrm{R}}z)\right]\} \exp(-\mathrm{j}\omega t)\end{aligned} \tag{2.98}$$

设该后线偏振波的极化方向与 x 轴的夹角为 γ，则有

$$\gamma = \operatorname{arccot} \frac{E_x}{E_y} = \operatorname{arccot} \left\{ -\mathrm{j} \frac{1 + \exp\left[\mathrm{j}(k_{\mathrm{L}} - k_{\mathrm{R}})z\right]}{1 - \exp\left[\mathrm{j}(k_{\mathrm{L}} - k_{\mathrm{R}})z\right]} \right\} = \frac{k_{\mathrm{L}} - k_{\mathrm{R}}}{2} z \tag{2.99}$$

式 (2.99) 中已设 $E_{\mathrm{L}}/E_{\mathrm{R}} = 1$。由此可见，在磁化等离子体中，沿磁场方向传播的线偏振波的偏振面绕磁场旋转。旋转角的大小决定于传播距离与左旋和右旋圆极化波的波数差，而波数差又由等离子体密度和磁场强度的大小决定。偏振面的旋转是随着传播距离不断进行的，因此传播距离越远，偏振面旋转的角度也越大。

法拉第旋转可以用来测量等离子体的密度。当入射电磁波的频率远大于等离子体频率和电子回旋频率时，法拉第旋转的角度为

$$\gamma = \frac{e^3 B_0}{2\varepsilon_0 c m_{\mathrm{e}} \omega^2} n_{\mathrm{e}} z \tag{2.100}$$

其中，n_e、m_e 分别为电子密度和质量；B_0 为磁感应强度。如果等离子体密度沿传播方向是不均匀的，那么磁感应强度也是 z 的函数，则式 (2.100) 变为

$$\gamma = \frac{e^3}{2\varepsilon_0 c m_\mathrm{e}\omega^2}\int B_0(z)n_\mathrm{e}(z)\mathrm{d}z \tag{2.101}$$

在式 (2.100)、式 (2.101) 中法拉第旋转角的单位为弧度。

2.4.2 考虑等离子体碰撞频率时电磁波在磁化等离子体中的传播

本节考虑等离子体碰撞频率，即电子的碰撞，而忽略离子的碰撞。与 2.4.1 节相同，设磁场沿 z 轴方向，并设磁化等离子体是无界的、有碰撞的。电磁波的传播应满足式 (2.64)，写成矩阵形式则变为

$$\begin{pmatrix} n^2-\varepsilon_{xx} & -\varepsilon_{xy} & 0 \\ \varepsilon_{xy} & n^2-\varepsilon_{xx} & 0 \\ 0 & 0 & -\varepsilon_{zz} \end{pmatrix}\begin{pmatrix} E_x \\ E_y \\ E_z \end{pmatrix} = 0 \tag{2.102}$$

若考虑电子碰撞的影响，忽略离子的影响，则式 (2.102) 中

$$\varepsilon_{xx} = \varepsilon_{yy} = 1 + \frac{X}{[Z+\mathrm{j}(1-Y)][Z+\mathrm{j}(1+Y)]} \tag{2.103}$$

$$\varepsilon_{xy} = \mathrm{j}\frac{XY}{[Z+\mathrm{j}(1-Y)][Z+\mathrm{j}(1+Y)]} \tag{2.104}$$

$$\varepsilon_{zz} = 1 - \frac{X}{1-\mathrm{j}Z} \tag{2.105}$$

式中，$X=\omega_\mathrm{p}^2/\omega^2$；$Y=\omega_\mathrm{L}/\omega$；$Z=\nu_\mathrm{c}/\omega$。其中 $\omega_\mathrm{L}=\omega_\mathrm{Le}$ 为电子回旋频率。

式 (2.102) 的第一个非零解的色散关系在有碰撞时变为

$$\varepsilon_{zz} = 1 - \frac{\omega_\mathrm{pe}^2}{\omega(\omega-\mathrm{j}\nu_\mathrm{c})} = 1 - \frac{\omega_\mathrm{p}^2}{\omega^2+\nu_\mathrm{c}^2} - \mathrm{j}\frac{\nu_\mathrm{c}}{\omega}\frac{\omega_\mathrm{p}^2}{\omega^2+\nu_\mathrm{c}^2} \tag{2.106}$$

此时，由于等离子体的碰撞，该特征波的介电常数出现虚部。同时，由于电场 E_z 的极化方向与外磁场的方向一致，电子的运动不受外磁场的影响。此特征波与非磁化等离子体中的电磁波完全相同。其衰减常数和相位常数参见式 (2.72) 与式 (2.73)。

第二个非零解为圆极化波，在有碰撞时色散关系依然为

$$n^2 = \varepsilon_{xx} \pm \mathrm{j}\varepsilon_{xy} \tag{2.107}$$

不同之处为 ε_{xx}、ε_{xy} 由式 (2.103) 与式 (2.104) 给出。在忽略离子的作用后，这两个平行磁场传播的特征波的色散关系是

$$n_\mathrm{R,L}^2 = \varepsilon_{xx} - \mathrm{j}\varepsilon_{xy} = 1 - \frac{\omega_\mathrm{pe}^2}{\omega^2\left[\left(1-\mathrm{j}\dfrac{\nu_\mathrm{c}}{\omega}\right) \mp \dfrac{\omega_\mathrm{Le}}{\omega}\right]} \tag{2.108}$$

分母中上面的负号对应右旋极化波，下面的正号对应左旋极化波。式 (2.108) 中复介电常数的实部和虚部分别为

$$\mathrm{Re}(n_{\mathrm{R,L}}^2) = 1 - \frac{\omega_{\mathrm{pe}}^2(\omega \mp \omega_{\mathrm{Le}})}{\omega[(\omega \mp \omega_{\mathrm{Le}})^2 + \nu_{\mathrm{c}}^2]} \tag{2.109a}$$

$$\mathrm{Im}(n_{\mathrm{R,L}}^2) = -\frac{\gamma_{\mathrm{e}}\omega_{\mathrm{pe}}^2}{\omega[(\omega \mp \omega_{\mathrm{Le}})^2 + \nu_{\mathrm{c}}^2]} \tag{2.109b}$$

式 (2.109) 中分母上面的负号对应右旋极化波，下面的正号对应左旋极化波。令 $k = \beta - \mathrm{j}\alpha$，$\beta$ 称为相位常数，α 称为衰减常数，则有

$$\beta = \frac{\omega}{c}\mathrm{Re}(n_{\mathrm{R,L}}) \tag{2.110a}$$

$$\alpha = -\frac{\omega}{c}\mathrm{Im}(n_{\mathrm{R,L}}) \tag{2.110b}$$

显然，由于衰减常数 α 不为零，左、右旋圆极化波在磁化等离子体中传播时，电场能量会被衰减。具体的计算结果将在以后的章节进行讨论。

2.5 电磁波在磁化等离子体中的传播 (外加磁场垂直于波矢)

为进一步研究电磁波与磁化等离子体间的相互作用，本节给出外加磁场与入射电磁波波矢垂直时，电磁波在磁化等离子体传播中的物理特性。并且推导了在考虑等离子体碰撞和不考虑等离子体碰撞两个不同条件下的色散公式。

2.5.1 忽略等离子体碰撞频率时电磁波在磁化等离子体中的传播

设磁场沿 z 轴方向，并设磁化等离子体是无界的、无碰撞的。电磁波沿 x 轴传播，电磁波传播满足的波动方程为

$$\begin{pmatrix} -\varepsilon_{xx} & -\varepsilon_{xy} & 0 \\ \varepsilon_{xy} & n^2 - \varepsilon_{xx} & 0 \\ 0 & 0 & n^2 - \varepsilon_{zz} \end{pmatrix} \begin{pmatrix} E_x \\ E_y \\ E_z \end{pmatrix} = 0 \tag{2.111}$$

式中，ε_{xx}、ε_{xy}、ε_{zz} 满足式 (2.80)~ 式 (2.82) 的要求。

显然，式 (2.111) 的第一个非零解的色散关系为 $n^2 - \varepsilon_{zz} = 0$，即折射率可写为

$$n^2 = 1 - \frac{\omega_{\mathrm{p}}^2}{\omega^2} \tag{2.112}$$

该特征波的电场沿 z 轴，与磁场方向一致，磁场对 z 轴方向的电子运动没有任何影响，也就是说此波在等离子体中的传播与非磁化等离子体的特性完全相同，所以此特征波称为寻常波 (O 波)。

寻常波只有一个截止频率 $\omega_{\rm p}$，不存在共振频率，其传播区间为 $\omega > \omega_{\rm p}$，其色散关系曲线与图 2.2 相同。

寻常波在等离子体频率之下截止这一事实我们早已知道，无线电波的短波可以很方便地实现全球通信，就是利用了电离层的反射，其反射层就是寻常波的截止层。若等离子体的等密度面是平面，当入射电磁波正入射时，电磁波可以到达截止层所在的平面，在截止面处产生全反射。但对于斜入射的情况，电磁波在到达截止面之前就会产生偏转，最终的出射方向为径向反射方向。

第二个非零解的色散关系为 $\varepsilon_{xy}^2 - \varepsilon_{xx}(n^2 - \varepsilon_{xx}) = 0$，即折射率可写为

$$n^2 = (\varepsilon_{xy}^2 + \varepsilon_{xx}^2)/\varepsilon_{xx} \tag{2.113}$$

因为左、右旋圆极化波的折射率的平方分别为 $n_{\rm L}^2 = \varepsilon_{xx} + {\rm j}\varepsilon_{xy}$，$n_{\rm R}^2 = \varepsilon_{xx} - {\rm j}\varepsilon_{xy}$，因此式 (2.113) 可写为

$$n^2 = \frac{2n_{\rm L}^2 n_{\rm R}^2}{n_{\rm L}^2 + n_{\rm R}^2} = 1 - \frac{\omega_{\rm pe}^2(\omega^2 - \omega_{\rm pe}^2 - \omega_{\rm Le}\omega_{\rm Li})}{(\omega^2 - \omega_{\rm Le}^2)(\omega^2 - \omega_{\rm Li}^2) - \omega_{\rm pe}^2(\omega^2 - \omega_{\rm Le}\omega_{\rm Li})} \tag{2.114a}$$

实际上，式 (2.114a) 可以改写为

$$n^2 = \frac{\left[(\omega + \omega_{\rm Le})(\omega - \omega_{\rm Li}) - \omega_{\rm p}^2\right]\left[(\omega - \omega_{\rm Le})(\omega + \omega_{\rm Li}) - \omega_{\rm p}^2\right]}{(\omega^2 - \omega_{\rm Le}^2)(\omega^2 - \omega_{\rm Li}^2) - \omega_{\rm p}^2(\omega^2 - \omega_{\rm Le}\omega_{\rm Li})} \tag{2.114b}$$

式 (2.114b) 利用了 $\omega_{\rm p}^2 = \omega_{\rm pe}^2 + \omega_{\rm pi}^2$ 和 $\omega_{\rm pe}^2\omega_{\rm Li} = \omega_{\rm pi}^2\omega_{\rm Le}$ 两个关系式。该特征波的电场与磁场方向垂直，位于垂直于磁场的平面上，由纵向分量 E_x 和横向分量 E_y 组成，因此该特征波由纵波与横波组成，故称为混杂波，也称为非常波 (X 波)。

下面根据色散关系式 (2.114) 进一步分析非常波的传播性质。非常波的色散关系曲线如图 2.5 所示。

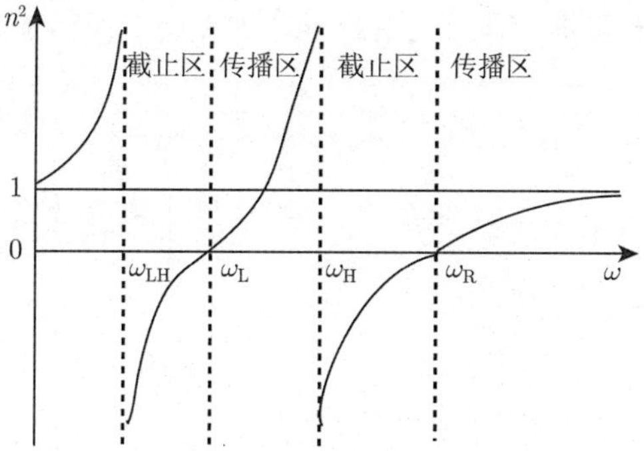

图 2.5 非常波的色散关系

当电磁波的频率较高时，忽略离子的运动，即 $\omega \sim \omega_{\rm Le} \gg \omega_{\rm Li}$ 时，非常波的色散关系可以近似地写为

$$n^2 = \frac{(\omega^2 - \omega_{\rm R}^2)(\omega^2 - \omega_{\rm L}^2)}{\omega^2(\omega^2 - \omega_{\rm H}^2)} \tag{2.115}$$

式 (2.115) 中 $\omega_{\rm R}$、$\omega_{\rm L}$ 分别为右、左旋圆极化的截止频率；$\omega_{\rm H}^2 = \omega_{\rm pe}^2 + \omega_{\rm Le}^2$ 称为上混杂频率。显然，非常波有两个截止频率 $\omega_{\rm R}$、$\omega_{\rm L}$ 和一个共振频率 $\omega_{\rm H}$。

下面对式 (2.115) 进行进一步的讨论。

(1) 当 $\omega \gg \omega_{\rm H}$ 时，$n^2 = 1$，即此时电磁波在等离子体中传播的相速度为 c，与真空中相同。这是由于电磁波的频率太高，等离子体中粒子的响应跟不上电磁场的变化。

(2) 在 $\omega > \omega_{\rm R}$ 和 $\omega_{\rm H} > \omega > \omega_{\rm L}$ 区域，$n^2 > 0$，为电磁波的通带；在 $\omega < \omega_{\rm L}$ 和 $\omega_{\rm R} > \omega > \omega_{\rm H}$ 区域，$n^2 < 0$，为电磁波的阻带。

当电磁波的频率较低时，离子的运动起重要作用。当电磁波频率满足 $\omega \ll \omega_{\rm Le}$ 时，非常波的色散关系可以近似地写为

$$n^2 = \frac{\omega_{\rm Le}^2(\omega_{\rm Li}^2 - \omega^2)(\varepsilon_{\rm L}^2 - \varepsilon_{\rm R}^2)}{\omega_{\rm H}^2\left(\omega^2 - \omega_{\rm Le}\omega_{\rm Li}\dfrac{\omega_{\rm pe}^2 + \omega_{\rm Le}\omega_{\rm Li}}{\omega_{\rm pe}^2 + \omega_{\rm Le}^2}\right)} \tag{2.116}$$

由此可见，在低频区域，非常波的共振频率为

$$\omega \approx \omega_{\rm LH} = (\omega_{\rm Le}\omega_{\rm Li})^{1/2} \tag{2.117}$$

式中，$\omega_{\rm LH}$ 称为下混杂频率。此时，电磁波只有一个通带：$\omega < \omega_{\rm LH}$ 的区域。

2.5.2　考虑等离子体碰撞频率时电磁波在磁化等离子体中的传播

本节考虑电子的碰撞，而忽略离子的碰撞。设外加磁场沿 z 轴方向，并设磁化等离子体是无界的、有碰撞的。当电磁波垂直于磁场方向传播时，电磁波的传播依然满足式 (2.111)。

$$\begin{pmatrix} -\varepsilon_{xx} & -\varepsilon_{xy} & 0 \\ \varepsilon_{xy} & n^2 - \varepsilon_{xx} & 0 \\ 0 & 0 & n^2 - \varepsilon_{zz} \end{pmatrix} \begin{pmatrix} E_x \\ E_y \\ E_z \end{pmatrix} = 0 \tag{2.118}$$

不同的是 ε_{xx}、ε_{xy}、ε_{zz} 分别满足式 (2.103)~ 式 (2.105) 的要求。

式 (2.118) 的第一个非零解的色散关系为 $n^2 - \varepsilon_{zz} = 0$，在考虑电子碰撞时，折射率可写为

$$n^2 = 1 - \frac{\omega_{\rm pe}^2}{\omega(\omega - j\nu_{\rm c})} = 1 - \frac{\omega_{\rm p}^2}{\omega^2 + \nu_{\rm c}^2} - {\rm j}\frac{\nu_{\rm c}}{\omega}\frac{\omega_{\rm p}^2}{\omega^2 + \nu_{\rm c}^2} \tag{2.119}$$

寻常波的电场沿 z 轴，磁场对 z 轴方向的电子运动没有任何影响，即寻常波在等离子体中的传播与非磁化等离子体的特性完全相同，其衰减常数和相位常数由式 (2.72) 与式 (2.73) 给出。与无碰撞等离子体相比，式 (2.119) 出现虚部。寻常波会因等离子体的碰撞而衰减，衰减的大小由衰减常数决定，也就是由式 (2.119) 的虚部决定。

第二个非零解为非常模，其色散关系依然可写为

$$n^2=(\varepsilon_{xy}^2+\varepsilon_{xx}^2)/\varepsilon_{xx} \tag{2.120}$$

式中，ε_{xx}、ε_{xy} 分别由式 (2.103) 与式 (2.104) 给出。在忽略离子的作用后，这两个垂直于磁场传播的非常波的色散关系是

$$n^2=1-\frac{\omega_{\mathrm{pe}}^2/\omega^2}{1-\mathrm{j}\dfrac{\nu_{\mathrm{c}}}{\omega}-\dfrac{\omega_{\mathrm{Le}}^2/\omega^2}{1-\omega_{\mathrm{pe}}^2/\omega^2-\mathrm{j}\nu_{\mathrm{c}}/\omega}} \tag{2.121}$$

其实部和虚部分别为

$$\mathrm{Re}(n^2)=1-\frac{\dfrac{\omega_{\mathrm{pe}}^2}{\omega^2}\left[1-\dfrac{\dfrac{\omega_{\mathrm{Le}}^2}{\omega^2}\left(1-\dfrac{\omega_{\mathrm{pe}}^2}{\omega^2}\right)}{\left(1-\dfrac{\omega_{\mathrm{pe}}^2}{\omega^2}\right)^2+\dfrac{\nu_{\mathrm{c}}^2}{\omega^2}}\right]}{\left[1-\dfrac{\dfrac{\omega_{\mathrm{Le}}^2}{\omega^2}\left(1-\dfrac{\omega_{\mathrm{pe}}^2}{\omega^2}\right)}{\left(1-\dfrac{\omega_{\mathrm{pe}}^2}{\omega^2}\right)^2+\dfrac{\nu_{\mathrm{c}}^2}{\omega^2}}\right]^2+\dfrac{\nu_{\mathrm{c}}^2}{\omega^2}\left[1+\dfrac{\dfrac{\omega_{\mathrm{Le}}^2}{\omega^2}}{\left(1-\dfrac{\omega_{\mathrm{pe}}^2}{\omega^2}\right)^2+\dfrac{\nu_{\mathrm{c}}^2}{\omega^2}}\right]^2} \tag{2.122}$$

$$\mathrm{Im}(n^2)=-\frac{\dfrac{\nu_{\mathrm{c}}}{\omega}\left[1+\dfrac{\dfrac{\omega_{\mathrm{Le}}^2}{\omega^2}}{\left(1-\dfrac{\omega_{\mathrm{pe}}^2}{\omega^2}\right)^2+\dfrac{\nu_{\mathrm{c}}^2}{\omega^2}}\right]}{\left[1-\dfrac{\dfrac{\omega_{\mathrm{Le}}^2}{\omega^2}\left(1-\dfrac{\omega_{\mathrm{pe}}^2}{\omega^2}\right)}{\left(1-\dfrac{\omega_{\mathrm{pe}}^2}{\omega^2}\right)^2+\dfrac{\nu_{\mathrm{c}}^2}{\omega^2}}\right]^2+\dfrac{\nu_{\mathrm{c}}^2}{\omega^2}\left[1+\dfrac{\dfrac{\omega_{\mathrm{Le}}^2}{\omega^2}}{\left(1-\dfrac{\omega_{\mathrm{pe}}^2}{\omega^2}\right)^2+\dfrac{\nu_{\mathrm{c}}^2}{\omega^2}}\right]^2} \tag{2.123}$$

式 (2.122) 与式 (2.123) 给出了折射率平方 (即介电常数) 的实部和虚部。

2.6 波矢和外加磁场间为任意夹角条件下电磁波与磁化等离子体的相互作用

在现实情况下，外加磁场与波矢未必仅保持平行和垂直这两种较为简单的情况，更多的时候外加磁场和波矢量的夹角为任意值。在这种情况下电磁场和波矢才具有普适性，本节将给出外加磁场与入射电磁波波矢为任意夹角时，电磁波与磁化等离子体的相互作用的关系。

为了不失去一般性，对于磁化等离子体而言，电磁波在其中传播满足麦克斯韦方程组

$$\nabla \times \boldsymbol{E} = -\mathrm{j}\mu_0\omega \boldsymbol{H} \tag{2.124a}$$

$$\nabla \times \boldsymbol{H} = \mathrm{j}\omega\varepsilon_0\boldsymbol{\varepsilon}_{\mathbf{p}}\boldsymbol{E} \tag{2.124b}$$

如果对等离子体频率、等离子体回旋频率和等离子体碰撞频率分别进行归一化，记为 $X = (\omega_{\mathrm{pe}}^2/\omega^2)$，$Y = (\omega_{\mathrm{Le}}/\omega)$ 和 $U = 1 + \mathrm{j}\nu_{\mathrm{c}}/\omega$，其中磁化等离子体的介电张量 $\boldsymbol{\varepsilon}_{\mathbf{p}}$ 可以表示为

$$\boldsymbol{\varepsilon}_{\mathbf{p}} = \begin{bmatrix} \varepsilon_{xx} & \varepsilon_{xy} & 0 \\ -\varepsilon_{xy} & \varepsilon_{xx} & 0 \\ 0 & 0 & \varepsilon_{zz} \end{bmatrix} \tag{2.125}$$

式中，$\varepsilon_{xx} = 1 - \dfrac{UX}{U^2 - Y^2}; \varepsilon_{xy} = -\dfrac{\mathrm{j}XY}{U^2 - Y^2}; \varepsilon_{zz} = 1 - \dfrac{X}{U}$。

特别地，当 $\boldsymbol{B}$=0，即外加磁场不存在时，有 $Y = 0, \varepsilon_{xy} = 0$，且 $\varepsilon_{xx} = \varepsilon_{zz}$。此时等效介电常数为标量，等离子体表现为各向同性。所以，外加磁场能使得等离子体变为各向异性的介质。

设无限均匀等离子体内平面波具有指数函数形式 $\mathrm{e}^{\mathrm{j}(\omega t - \boldsymbol{k}\cdot\boldsymbol{r})}$，$\boldsymbol{k}$ 为平面波的传播矢量，是一个复数矢量，其方向为电磁波的传播方向。在直角坐标系中，$\boldsymbol{k} = \widehat{x}k_x + \widehat{y}k_y + \widehat{z}k_z$，$\boldsymbol{r} = \widehat{x}x + \widehat{y}y + \widehat{z}z$。对式 (2.124a) 两边取旋度，利用矢量恒等式 $\nabla \times \nabla \times \boldsymbol{E} = \nabla\nabla \cdot \boldsymbol{E} - \nabla^2\boldsymbol{E}$，可得关于电场 $\boldsymbol{E}$ 的波动方程

$$(\nabla^2 - \nabla\nabla\cdot)\boldsymbol{E} + \omega^2\mu_0\varepsilon_0\boldsymbol{\varepsilon}_{\mathbf{p}} \cdot \boldsymbol{E} = 0 \tag{2.126}$$

写成分量的形式有

$$k^2 \begin{bmatrix} E_x \\ E_y \\ E_z \end{bmatrix} - \begin{bmatrix} k_x^2 & k_xk_y & k_xk_z \\ k_xk_y & k_y^2 & k_yk_z \\ k_xk_z & k_zk_y & k_z^2 \end{bmatrix} \begin{bmatrix} E_x \\ E_y \\ E_z \end{bmatrix} - k_0^2 \begin{bmatrix} \varepsilon_{xx} & \varepsilon_{xy} & 0 \\ -\varepsilon_{xy} & \varepsilon_{xx} & 0 \\ 0 & 0 & \varepsilon_{zz} \end{bmatrix} \begin{bmatrix} E_x \\ E_y \\ E_z \end{bmatrix} = 0 \tag{2.127}$$

如果定义复折射率矢量 $\boldsymbol{n}=\boldsymbol{k}/k_0$，则该矢量的大小为折射率，其方向则为波矢量的方向。因此，等离子体的折射率为 $n=k/k_0$，其中 k_0，k 分别为自由空间和等离子体中的传播常数，矢量 $\boldsymbol{n}$ 的分量分别为 $n_x=k_x/k$，$n_y=k_y/k$ 和 $n_z=k_z/k$。用折射率矢量表示，式 (2.127) 变为

$$\left[\begin{pmatrix} n^2-n_x^2 & -n_xn_y & -n_xn_z \\ -n_xn_y & n^2-n_y^2 & -n_yn_z \\ -n_xn_z & -n_zn_y & n^2-n_z^2 \end{pmatrix}-\begin{pmatrix} \varepsilon_{xx} & \varepsilon_{xy} & 0 \\ -\varepsilon_{xy} & \varepsilon_{xx} & 0 \\ 0 & 0 & \varepsilon_{zz} \end{pmatrix}\right]\begin{bmatrix} E_x \\ E_y \\ E_z \end{bmatrix}=0 \tag{2.128}$$

式 (2.128) 可以改写成

$$\left[n^2\delta_{ij}-n_in_j-\varepsilon_{ij}\right]E_j=0 \quad (i,j=x,y,z) \tag{2.129}$$

$i=j$ 时，δ_{ij}=1；$i\neq j$ 时，δ_{ij} =0。式 (2.129) 具有非零解的条件是其行列式等于零，即

$$|n^2\delta_{ij}-n_in_j-\varepsilon_{ij}|=0 \tag{2.130}$$

该公式即为磁化等离子体的色散方程。一般它有一个以上的解，每个解对应于可能存在的特征平面波，并且每个解都按自己的折射率 n 方式传播 (传播方向相同，相速度不同)。在求解这个色散方程时，如果选取外加磁场的 $\boldsymbol{B}$ 与 z 轴平行，电磁波的波矢方向 $\boldsymbol{k}$ 位于 xoz 平面，波矢 $\boldsymbol{k}$ 与 $\boldsymbol{B}$ 之间的夹角为θ，则 $n_x=n\sin\theta$，$n_y=0$，$n_z=n\cos\theta$。于是式 (2.130) 的具体形式为

$$\begin{vmatrix} n^2\cos^2\theta-\varepsilon_{xx} & -\varepsilon_{xy} & -n^2\sin\theta\cos\theta \\ \varepsilon_{xy} & n^2-\varepsilon_{xx} & 0 \\ -n^2\sin\theta\cos\theta & 0 & n^2\sin^2\theta-\varepsilon_{zz} \end{vmatrix}=0 \tag{2.131}$$

展开后可以得到方程

$$An^4-Bn^2+C=0 \tag{2.132}$$

式中，$A=\varepsilon_{xx}\sin^2\theta+\varepsilon_{zz}\cos^2\theta$；$B=\varepsilon_{xx}\varepsilon_{zz}(1+\cos^2\theta)+(\varepsilon_{xy}^2+\varepsilon_{xx}^2)\sin^2\theta$；$C=(\varepsilon_{xy}^2+\varepsilon_{xx}^2)\varepsilon_{zz}$。

最后，方程所求的解为

$$n^2=\varepsilon_{zz}\left[\frac{\varepsilon_{xx}-\varepsilon_{xy}\tau\left(\dfrac{1}{2}\sin^2\theta\pm\sqrt{\dfrac{1}{4}\sin^4\theta-\dfrac{1}{\tau^2}\cos^2\theta}\right)}{\varepsilon_{zz}+(\varepsilon_{xx}-\varepsilon_{zz})\sin^2\theta}\right] \tag{2.133}$$

其中，$\tau = [(\varepsilon_{zz} - \varepsilon_{xx})\varepsilon_{xx} - \varepsilon_{xy}^2]/\varepsilon_{xy}\varepsilon_{zz}$。这就是所谓的 Appleton-Hartree 公式。该公式比较复杂，我们在分析问题时可以作一些相应的近似。如果进一步简化式 (2.133)，可以得到

$$n^2 = 1 - \frac{(\omega_{\mathrm{pe}}/\omega)^2}{\left[1 - \mathrm{j}\dfrac{\nu_{\mathrm{c}}}{\omega} - \dfrac{(\omega_{\mathrm{Le}}/\omega)^2 \sin^2\theta}{2\left(1 - \dfrac{\nu_{\mathrm{c}}}{\omega} - \dfrac{\omega_{\mathrm{pe}}^2}{\omega^2}\right)}\right] \pm \sqrt{\dfrac{(\omega_{\mathrm{Le}}/\omega)^4 \sin^4\theta}{4\left(1 - \dfrac{\nu_{\mathrm{c}}}{\omega} - \dfrac{\omega_{\mathrm{pe}}^2}{\omega^2}\right)^2} + (\omega_{\mathrm{Le}}/\omega)^2 \cos^2\theta}} \tag{2.134}$$

特别地，当 $\theta=0$，即电磁波波矢平行于外加磁场方向时，折射率为

$$n_{\mathrm{L}}^2 = \varepsilon_{xx} + \mathrm{j}\varepsilon_{xy} = 1 - \frac{(\omega_{\mathrm{pe}}/\omega)^2}{(1 - \mathrm{j}\nu_{\mathrm{c}}/\omega) + \omega_{\mathrm{Le}}/\omega} \tag{2.135a}$$

$$n_{\mathrm{R}}^2 = \varepsilon_{xx} + \mathrm{j}\varepsilon_{xy} = 1 - \frac{(\omega_{\mathrm{pe}}/\omega)^2}{(1 - \mathrm{j}\nu_{\mathrm{c}}/\omega) - \omega_{\mathrm{Le}}/\omega} \tag{2.135b}$$

式 (2.135) 中折射率 n_{R} 的特征波是右旋圆极化的纯横波，折射率 n_{L} 的特征波是左旋圆极化的纯横波。当 $\theta=\pi/2$，即电磁波波矢垂直于外加磁场方向时，折射率为

$$n_{\mathrm{O}}^2 = \varepsilon_{zz} = 1 + \frac{(\omega_{\mathrm{pe}})^2}{(\mathrm{j}\nu_{\mathrm{c}} - \omega)\omega} \tag{2.136a}$$

$$n_{\mathrm{X}}^2 = \frac{\varepsilon_{xx}^2 + \varepsilon_{xy}^2}{\varepsilon_{xx}} = 1 - \frac{(\omega_{\mathrm{pe}}/\omega)^2\left(1 - \dfrac{\nu_{\mathrm{c}}}{\omega} - \dfrac{\omega_{\mathrm{pe}}^2}{\omega^2}\right)}{\left(1 - \dfrac{\nu_{\mathrm{c}}}{\omega}\right)\left(1 - \dfrac{\nu_{\mathrm{c}}}{\omega} - \dfrac{\omega_{\mathrm{pe}}^2}{\omega^2}\right) - (\omega_{\mathrm{Le}}/\omega)^2} \tag{2.136b}$$

式 (2.136) 中折射率 n_{O} 的特征波是一个纯横波，称为寻常波 (O 波)；折射率 n_{X} 的特征波是一个垂直于磁场的平面内的椭圆极化波，称为非常波 (X 波)。

然而在有些情况下，例如分析电离层问题，由于地磁场存在磁偏角，所以会选取 z 轴垂直于地面的方向，则磁倾斜角度为 $(\pi/2-\theta)$。令波矢方向与 z 轴的夹角为 0，外加磁场位于 yoz 平面内，与 y 轴和 z 轴的夹角分别为 $(\pi/2-\theta)$，θ，所以 $n_x=0$，$n_y=0$，$n_z=n$。因此，其色散方程变为

$$\begin{vmatrix} n^2 - \varepsilon_{xx1} & -\varepsilon_{xy1} & -\varepsilon_{xz1} \\ -\varepsilon_{xy1} & n^2 - \varepsilon_{yy1} & -\varepsilon_{yz1} \\ -\varepsilon_{zx1} & -\varepsilon_{zy1} & -\varepsilon_{zz1} \end{vmatrix} = 0 \tag{2.137}$$

其中，ε_{ij1} 为新坐标系下的相对介电常数

$$\|\varepsilon_{ij1}\| = \begin{vmatrix} \varepsilon_{xx1} & \varepsilon_{xy1} & \varepsilon_{xz1} \\ \varepsilon_{xy1} & \varepsilon_{yy1} & \varepsilon_{yz1} \\ \varepsilon_{zx1} & \varepsilon_{zy1} & \varepsilon_{zz1} \end{vmatrix} \tag{2.138}$$

借助坐标变换矩阵

$$T = \begin{vmatrix} 0 & 1 & 0 \\ -1 & 0 & 0 \\ 0 & 0 & 1 \end{vmatrix} \begin{vmatrix} \cos\theta & 0 & -\sin\theta \\ 0 & 1 & 0 \\ \sin\theta & 0 & \cos\theta \end{vmatrix} = \begin{vmatrix} 0 & 1 & 0 \\ -\cos\theta & 0 & \sin\theta \\ \sin\theta & 0 & \cos\theta \end{vmatrix} \tag{2.139}$$

以及

$$\|\varepsilon_{ij1}\| = T \cdot \boldsymbol{\varepsilon}_{\mathbf{p}} \cdot T^{-1} \tag{2.140}$$

那么，ε_{ij1} 用 (x, y, z) 坐标系下的 ε_{ij} 表示

$$\varepsilon_{xx1} = \varepsilon_{yy}, \quad \varepsilon_{xy1} = \varepsilon_{xy}\cos\theta, \quad \varepsilon_{xz1} = -\varepsilon_{xy}\sin\theta$$

$$\varepsilon_{xy1} = -\varepsilon_{xy}\cos\theta, \quad \varepsilon_{yy1} = \varepsilon_{xx}\cos^2\theta + \varepsilon_{zz}\sin^2\theta, \quad \varepsilon_{yz1} = (\varepsilon_{zz} - \varepsilon_{xx})\sin\theta\cos\theta$$

$$\varepsilon_{zx1} = \varepsilon_{xy}\sin\theta, \quad \varepsilon_{zy1} = (\varepsilon_{zz} - \varepsilon_{xx})\sin\theta\cos\theta, \quad \varepsilon_{zz1} = \varepsilon_{xx}\sin^2\theta + \varepsilon_{zz}\cos^2\theta$$

将其代入式 (2.137)，得到的解与式 (2.134) 完全相同。

第3章　等离子体的 FDTD 算法

电磁场的时域有限差分方法 (FDTD 方法) 是求 Maxwell 方程的一种直接时域方法，从 1996 年 Yee 在他的著名论文[139] 中首次提出对 Maxwell 方程中的电磁场 $\boldsymbol{E}$、$\boldsymbol{H}$ 的各个分量在空间和时间上进行离散，后来被学术界广泛接受，经过 40 多年的发展，FDTD 方法已经成为一种相当成熟的数值方法，并取得了巨大成功。随着个人计算机性能的提高和 FDTD 方法的日益成熟，该方法的应用将更加广泛。近十几年来，FDTD 方法在如等离子体等色散介质方面的应用也取得了长足的进步。1990 年，Luebbers 等[150] 将电位移矢量 D 写成电场强度的卷积，并将该卷积离散成可以迭代求和的形式，提出了一种关于色散介质 (Debye 介质) 的 FDTD 方法，称为递归卷积 FDTD 方法 (recursive convolution FDTD，RC-FDTD)。不久将 RC-FDTD 方法推广到等离子体介质[143]，随后又推广到 N 阶色散介质[144,145]。1992 年，Hunsberger 等[153] 将 RC-FDTD 方法推广到各向异性的磁化等离子体介质。1996 年，Kelley 等采用电场的分段线性 (piecewise linear) 近似改善了 RC-FDTD 方法的计算精度 (称为 PLRC-FDTD 方法)[147]。Siushansian 等 [153] 改善了 PLRC-FDTD 方法的计算精度的方法则是采用离散的梯形递归卷积 (称为 TRC-FDTD 方法)。此外，色散介质的时域有限差分方法还有很多，如辅助方程法 (ADE)[149-152]，Z 变换法[153,154]，电流密度卷积法 (JEC)[155,156]，Young 氏直接积分法[157-159]，分段线性递归卷积法 (PLRC)[160] 和分段线性电流密度递归卷积 (PLCDRC) 算法[161-163] 等。对各向异性色散介质 (如磁化等离子体)，其主要有 Hunsberger 等提出并推广的递推卷积法 (RC)[146]、Young 提出的直接积分法[157]、JEC 算法[156]，PLCDRC 算法[162] 和辅助方程 (ADE) 法[152]。这些新的 FDTD 方法给磁化和非磁化等离子体的研究带来了便利。本章主要介绍计算精度和算法效率较高的非磁化等离子体的 JEC-FDTD、PLCDRC-FDTD 算法和磁化等离子体的 PLCDRC-FDTD 算法，其他 FDTD 算法可以参照相应的参考文献。

3.1　非磁化等离子体的 FDTD 算法

JEC-FDTD 算法于 1998 年由 Chen 提出，PLCDRC-FDTD 算法由南京航空航天大学的刘少斌教授于 2005 年提出，既保证了较低的计算时间和存储空间，又有较高的计算精度。本节将给出他们算法的计算公式，并用算例对这几种算法的有效性进行验证。

3.1.1 非磁化等离子体的 JEC-FDTD 算法

在碰撞冷等离子体色散介质中，Maxwell 方程组和相关的联立方程为

$$\nabla\times\boldsymbol{H}=\varepsilon_0\frac{\partial\boldsymbol{E}}{\partial t}+\boldsymbol{J} \tag{3.1}$$

$$\nabla\times\boldsymbol{E}=-\mu_0\frac{\partial\boldsymbol{H}}{\partial t} \tag{3.2}$$

$$\frac{\partial\boldsymbol{u}_{\mathrm{e}}}{\partial t}=-\frac{e}{m}\boldsymbol{E}-\nu_{\mathrm{c}}\boldsymbol{u}_{\mathrm{e}} \tag{3.3}$$

$$\boldsymbol{J}=-en_{\mathrm{e}}\boldsymbol{u}_{\mathrm{e}} \tag{3.4}$$

式中，$\boldsymbol{E}$ 是电场强度；$\boldsymbol{H}$ 是磁场强度；$\boldsymbol{J}$ 是极化电流密度；ε_0、μ_0 分别为真空中的介电常数和磁导率；n_{e} 是电子密度；ν_{c} 是等离子体碰撞频率；e、m 分别是电子的电量和质量。

从式 (3.3) 和式 (3.4)，可以得到 $\boldsymbol{E}$ 和 $\boldsymbol{J}$ 的频域时谐关系为

$$\boldsymbol{J}(\omega)=\varepsilon_0\frac{\omega_{\mathrm{p}}^2}{\mathrm{j}\omega+\nu_{\mathrm{c}}}\boldsymbol{E}(\omega)=\sigma(\omega)\boldsymbol{E}(\omega) \tag{3.5}$$

式中

$$\omega_{\mathrm{p}}=\sqrt{n_{\mathrm{e}}e^2/m\varepsilon_0} \tag{3.6}$$

$$\sigma(\omega)=\varepsilon_0\frac{\omega_{\mathrm{p}}^2}{\mathrm{j}\omega+\nu_{\mathrm{c}}} \tag{3.7}$$

取式 (3.6) 和式 (3.7) 的逆 Fourier 变换，可得

$$\boldsymbol{J}(t)=\int_0^t\boldsymbol{E}(t-\tau)\sigma(\tau)\mathrm{d}\tau \tag{3.8}$$

$$\sigma(\tau)=\varepsilon_0\omega_{\mathrm{p}}^2\exp(-\nu_{\mathrm{c}}\tau)U(\tau) \tag{3.9}$$

式中，$U(\tau)$ 为单位阶跃函数。将式 (3.9) 代入式 (3.8)，得

$$\boldsymbol{J}(t)=\varepsilon_0\omega_{\mathrm{p}}^2\exp(-\nu_{\mathrm{c}}\tau)\int_0^t\exp(\nu_{\mathrm{c}}\tau)\boldsymbol{E}(\tau)\mathrm{d}\tau \tag{3.10}$$

使用 Yee 氏符号，令 $t=n\Delta t$，并定义电场强度 $\boldsymbol{E}$ 的各个分量在整数时间步，极化电流密度 $\boldsymbol{J}$ 和磁场 $\boldsymbol{H}$ 在半个时间步，在一维情况下，对式 (3.1)、式 (3.2)、式 (3.10) 离散得

$$E_y^{n+1}(i)=E_y^n(i)-\frac{\Delta t}{\varepsilon_0\Delta x}\left[H_z^{n+1/2}(i+1/2)-H_z^{n+1/2}(i-1/2)\right]-\frac{\Delta t}{\varepsilon_0}J_y^{n+1/2}(i) \tag{3.11}$$

$$H_z^{n+1/2}(i+1/2)=H_z^{n-1/2}(i+1/2)-\frac{\Delta t}{\mu\Delta x}\left[E_y^n(i+1)-E_y^n(i)\right] \tag{3.12}$$

$$J_y^{n+1/2}(i) = \varepsilon_0\omega_{\rm p}^2 \exp\left[-\nu_{\rm c}(n+1/2)\Delta t\right] \int_0^{(n+1/2)\Delta t} \exp(\nu_{\rm c}\tau)E_y(\tau,i){\rm d}\tau \tag{3.13}$$

式 (3.13) 可以写为

$$\begin{aligned} J_y^{n+1/2}(i) =& \varepsilon_0\omega_{\rm p}^2 \exp[-v_{\rm c}(n+1/2)\Delta t]\left[\int_0^{(n-1/2)\Delta t} \exp(v_{\rm c}\tau)E_y(\tau,i){\rm d}\tau\right. \\ &\left. + \int_{(n-1/2)\Delta t}^{(n+1/2)\Delta t} \exp(\nu_{\rm c}\tau)E_y(\tau,i){\rm d}\tau\right] \end{aligned} \tag{3.14}$$

而 $(n-1/2)$ 时刻的电流密度表达式可以写为

$$J_y^{n-1/2}(i) = \varepsilon_0\omega_{\rm p}^2 \exp\left[-\nu_{\rm c}(n-1/2)\Delta t\right] \int_0^{(n-1/2)\Delta t} \exp(\nu_{\rm c}\tau)E_y(\tau,i){\rm d}\tau \tag{3.15}$$

将式 (3.15) 代入式 (3.14)，得

$$\begin{aligned} J_y^{n+1/2}(i) =& \exp(-\nu_{\rm c}\Delta t)J_y^{n-1/2}(i) + \varepsilon_0\omega_{\rm p}^2 \exp\left[-\nu_{\rm c}(n+1/2)\Delta t\right] \\ &\cdot \int_{(n-1/2)\Delta t}^{(n+1/2)\Delta t} \exp(\nu_{\rm c}\tau)E_y(\tau,i){\rm d}\tau \end{aligned} \tag{3.16}$$

为简单起见，令

$$f(t) = \exp(\nu_{\rm c}\Delta t)E_y(t,i) \tag{3.17}$$

则式 (3.16) 中的积分变为

$$\begin{aligned} &\int_{(n-1/2)\Delta t}^{(n+1/2)\Delta t} \exp(\nu_{\rm c}\tau)E_y(\tau,i){\rm d}\tau \\ =&\int_{(n-1/2)\Delta t}^{(n+1/2)\Delta t} \left[f(n\Delta t)\ {\rm d}\tau + f(n\Delta t)(\tau - n\Delta t) + f(n\Delta t)(\tau - n\Delta t)^2/2 + O(\Delta t^3)\right]{\rm d}\tau \\ =&f(n\Delta t)\Delta t + 0 + f(n\Delta t)(\Delta t)^3/24 + O(\Delta t^4) \\ =&\exp(\nu_{\rm c}n\Delta t)E_y^n(i)\Delta t + O(\Delta t^3) \end{aligned} \tag{3.18}$$

从式 (3.18) 可得二阶精度的电流密度的迭代方程

$$J_y^{n+1/2}(i) = \exp(-\nu_{\rm c}\Delta t)J_y^{n-1/2}(i) + \varepsilon_0\omega_{\rm p}^2 \exp(-\nu_{\rm c}\Delta t/2)E_y^n(i)\Delta t \tag{3.19}$$

3.1.2　JEC-FDTD 算法的有效性和精度验证性算例

为了检验算法的正确性，在仿真时设定入射电磁波为微分高斯脉冲，计算了 1.5cm 厚等离子体平板对电磁波的反射和透射系数。将计算区域分为 800 个计算网

格，等离子体板从 300~500 占中间 200 个网格，边缘设置了 5 层 PML 吸收边界，其余为真空。计算空间步长为 $\Delta l = 75\mu m$，时间步长为 $\Delta t = 0.125ps$。等离子体频率 $\omega_p = 2\pi \times 28.7 \times 10^9 rad/s$，碰撞频率 $\nu_c = 20GHz$。

由图 3.1 与图 3.2 可知, 我们给出的 JEC-FDTD 方法的计算公式是正确的，算法精度与常见的几种 FDTD 算法相仿。

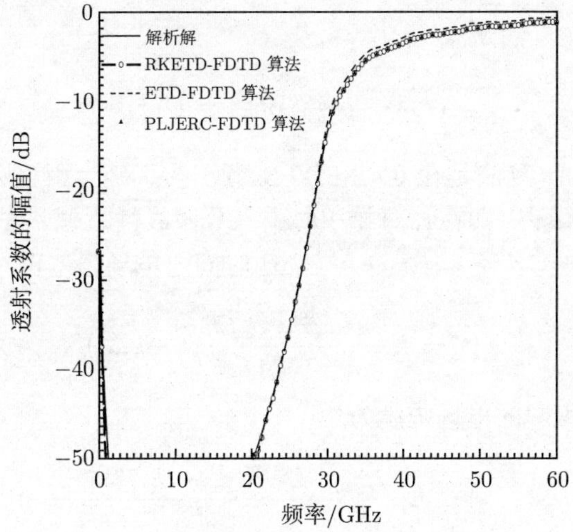

图 3.1 电磁波通过等离子体平板的透射系数

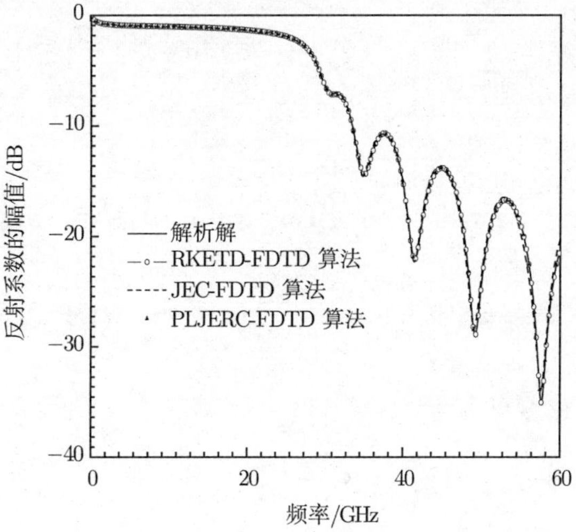

图 3.2 电磁波通过等离子体平板的反射系数

3.1.3 非磁化等离子体的 PLCDRC-FDTD 算法

使用 Yee 氏符号，令 $t = n\Delta t$，由式 (3.8)，极化电流密度 $\boldsymbol{J}$ 和电场强度 $\boldsymbol{E}$ 的各个分量可写为

$$J_i(n\Delta t) = J_i^n = \int_0^{n\Delta t} E_i(n\Delta t - \tau)\sigma(\tau)\mathrm{d}\tau \tag{3.20}$$

式中，$i = x, y, z$，$\sigma(\tau)$ 满足式 (3.9)。

$$\sigma(\tau) = \varepsilon_0\omega_\mathrm{p}^2 \exp(-\nu_\mathrm{c}\tau)U(\tau) \tag{3.21}$$

PLCDRC-FDTD 算法是在 JEC-FDTD 算法的基础上引进分段线性近似而改善计算精度的一种算法，即在计算卷积时引入分段线性近似。假设电场强度在 Δt 时间内为线性变化的，因而 $[k\Delta t, (k+1)\Delta t]$ 时间内电场强度可写为

$$E(t) = E^k + \frac{E^{k+1} - E^k}{\Delta t}(t - k\Delta t) \tag{3.22}$$

于是，式 (3.20) 卷积中的电场强度为[47]

$$E_i(n\Delta t - \tau) = E_i^{n-m} + \frac{E_i^{n-m-1} - E_i^{n-m}}{\Delta t}(\tau - m\Delta t) \tag{3.23}$$

将式 (3.23) 和式 (3.9) 代入式 (3.20)，并采用与文献 [47] 类似的处理方法，有

$$J_i^n = \sum_{m=0}^{n-1}\left[E_i^{n-m}\sigma^m + \left(E_i^{n-m-1} - E_i^{n-m}\right)\xi^m\right] \tag{3.24}$$

式中

$$\sigma^m = \int_{m\Delta t}^{(m+1)\Delta t} \sigma(\tau)\mathrm{d}\tau = \frac{\varepsilon_0\omega_\mathrm{p}^2}{\nu_\mathrm{c}}[1 - \exp(-\nu_\mathrm{c}\Delta t)]\exp(-m\nu_\mathrm{c}\Delta t) \tag{3.25}$$

$$\xi^m = \frac{1}{\Delta t}\int_{m\Delta t}^{(m+1)\Delta t} (\tau - m\Delta t)\sigma(\tau)\mathrm{d}\tau = \frac{\varepsilon_0\omega_\mathrm{p}^2}{\nu_\mathrm{c}^2\Delta t}[1-(1+\nu_\mathrm{c}\Delta t)\exp(-\nu_\mathrm{c}\Delta t)]\exp(-m\nu_\mathrm{c}\Delta t) \tag{3.26}$$

下一时间步的电流密度可写为

$$J_i^{n+1} = \sum_{m=0}^{n}\left[E_i^{n+1-m}\sigma^m + \left(E_i^{n-m} - E_i^{n+1-m}\right)\xi^m\right] \tag{3.27}$$

从式 (3.27) 和式 (3.24)，可得

$$J_i^{n+1} + J_i^n = (\sigma^0 - \xi^0)E_i^{n+1} + \xi^0 E_i^n + \sum_{m=0}^{n-1}[E_i^{n-m}(\sigma^m + \sigma^{m+1})$$

$$+\left(E_i^{n-m-1}-E_i^{n-m}\right)\left(\xi^m+\xi^{m+1}\right)] \tag{3.28}$$

式 (3.28) 中，令求和项为递归卷积 ψ_i^n，则有

$$\psi_i^n=\sum_{m=0}^{n-1}\left[E_i^{n-m}(\sigma^m+\sigma^{m+1})+\left(E_i^{n-m-1}-E_i^{n-m}\right)\left(\xi^m+\xi^{m+1}\right)\right] \tag{3.29}$$

于是，式 (3.28) 可写为

$$J_i^{n+1}+J_i^n=(\sigma^0-\xi^0)E_i^{n+1}+\xi^0E_i^n+\psi_i^n \tag{3.30}$$

显然，从式 (3.25)、式 (3.26) 可以看出

$$\sigma^m=\exp(-\nu_{\mathrm{c}}\Delta t)\sigma^{m-1} \tag{3.31}$$

$$\xi^m=\exp(-\nu_{\mathrm{c}}\Delta t)\xi^{m-1} \tag{3.32}$$

于是，可得递归卷积 ψ_i^n 的迭代式如下：

$$\psi_i^n=(\sigma^0+\sigma^1-\xi^0-\xi^1)E_i^n+(\xi^0+\xi^1)E_i^{n-1}+\exp(-\nu_{\mathrm{c}}\Delta t)\psi_i^{n-1} \tag{3.33}$$

采用中心差分近似，式 (3.1) 的 y 分量表达式为

$$(\nabla\times\boldsymbol{H})_y^{n+1/2}=\varepsilon_0\frac{E_y^{n+1}-E_y^n}{\Delta t}+\frac{J_y^{n+1}+J_y^n}{2} \tag{3.34}$$

将式 (3.28) 和式 (3.34) 联立，可求出电场强度 E_y 的差分迭代式

$$E_y^{n+1}=\frac{1}{1+\dfrac{\Delta t}{2\varepsilon_0}(\sigma^0-\xi^0)}\left[\left(1-\frac{\Delta t}{2\varepsilon_0}\xi^0\right)E_y^n+\frac{\Delta t}{\varepsilon_0}(\nabla\times\boldsymbol{H})_y^{n+1/2}-\frac{\Delta t}{2\varepsilon_0}\psi_y^n\right] \tag{3.35}$$

式 (3.35) 中，递归卷积项 ψ_i^n 的差分迭代式由式 (3.33) 给出。电场强度和电流密度的其他分量的推导类似。

3.1.4 非磁化等离子体 PLCDRC-FDTD 算法的有效性和精度

为了检验上述算法的正确性，我们计算了 9cm 厚平板等离子体对电磁波的反射和透射系数。将计算空间分为 3200 个计算网格，计算空间的两端设置了 5 个网格的完全吸收边界 (PML)，以吸收电磁波在边界处的反射。等离子体占中间 1200 个网格，其余为真空。计算空间步长为 75μm，时间步长为 0.125ps，计算进行了 10000 时间步。入射电磁波为高斯脉冲的导数，其峰值频率为 50GHz，频率为 100GHz 时振幅下降 10dB。入射电磁波垂直入射到等离子体平板上。同时，将计算结果与解析结果进行了比较。等离子体参数为：$\omega_{\mathrm{p}}=2\pi\times28.7\times10^9\mathrm{rad/s}$，$\nu_{\mathrm{c}}=20\times10^9\mathrm{rad/s}$。如图 3.3 所示，PLCDRC-FDTD 算法是有效的。

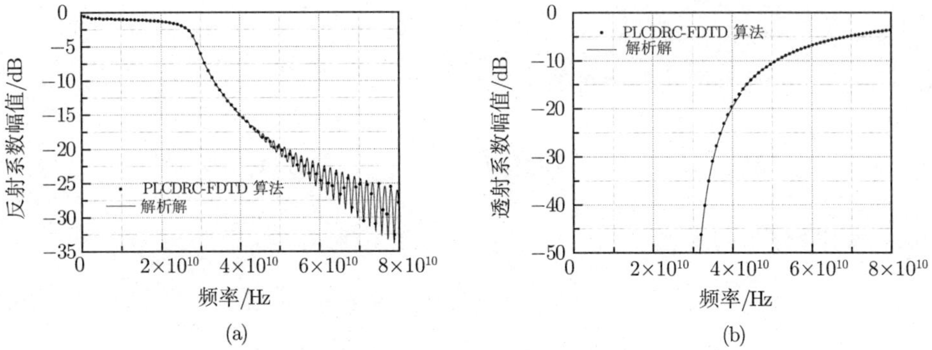

图 3.3　PLCDRC-FDTD 法与解析解的比较

(a) 反射系数；(b) 透射系数

为了给出 PLJERC-FDTD 算法的精度，本书给出了另一算例。非磁化等离子体 1.5cm 厚，入射电磁波、FDTD 参数、等离子体的参数与上例相同。计算空间为 6cm，等离子体位于 [2.25, 3.75]cm 中间。同时，本书也给出用 JEC 法、RC 法、PLRC 法的计算结果，如图 3.4 所示。

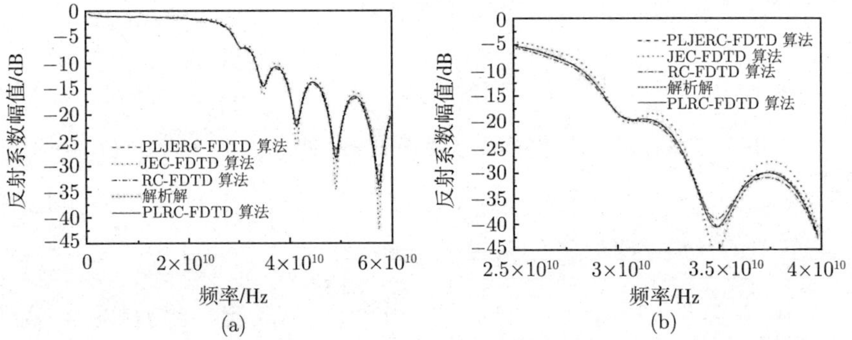

图 3.4　PLJERC 法、JEC 法、RC 法、PLRC 法的计算结果与解析解的比较

图 3.4 显示，与 JEC-FDTD 方法、RC-FDTD 方法和 PLRC-FDTD 方法相比，PLJERC-FDTD 方法是最精确的，其计算效率与 PLRC-FDTD 方法相当。

3.1.5　非磁化等离子体 PLCDRC-FDTD 算法的算例

众所周知，大气电离层 F 层中自由电子密度的分布可用抛物线分布来模拟

$$n(z) = n_0 \frac{z^2}{z_0^2} \tag{3.36}$$

这里 z_0 是等离子体的厚度；n_0 是 $z = z_0$ 处的电子峰值密度。

因此，本节对呈抛物线分布的不均匀等离子体的一维目标进行了时域仿真。平

面目标位于 2200 网格处，等离子体占据 1000 ~ 2200 网格，其余 0 ~ 1000 为真空。计算空间步长为 75μm，时间步长为 0.125ps。等离子体的厚度为 9cm，$z = z_0$ 处 (目标表面) 的等离子体密度最大，对应的等离子体频率为 $\omega_{\mathrm{p0}} = 2\pi \times 50 \times 10^9\mathrm{rad/s}$，等离子体的碰撞频率为 $\nu = 100 \times 10^9\mathrm{rad/s}$。图 3.5 给出了不同时间步的空间网格电场值。

图 3.5(a) ~ (f) 分别给出了 2400、3400、3800、4200、4800、5500 时间步时，电

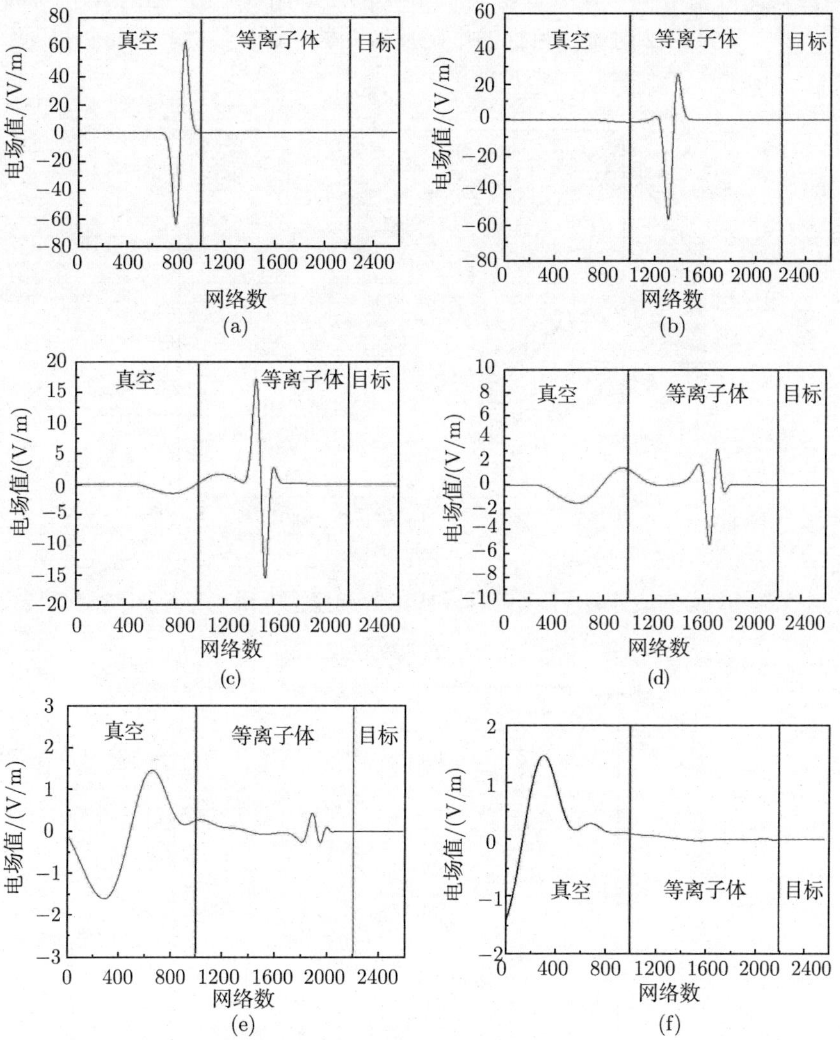

图 3.5 不同时间步的空间网格电场值

(a)2400 时间步；(b) 3400 时间步；(c) 3800 时间步；

(d) 4200 时间步；(e) 4800 时间步；(f) 5500 时间步

场值的空间网格分布。图 3.5(a) 显示的是入射的 Gauss 脉冲波形，图 3.5(b) 显示 Gauss 脉冲进入等离子体后电场值稍有改变。之所以电场值改变较小，是因为呈抛物线分布的等离子体在开始时密度较小。图 3.5(c) ~ (f) 则显示之后的电场值。由图可以看出，随着等离子体密度的增大，电场值很快地被等离子体衰减。

图 3.6 给出了呈抛物线分布的等离子体覆盖一维金属目标的电磁反射系数。等离子体的碰撞频率分别取为 $\nu = 20 \times 10^9$rad/s，50×10^9rad/s 和 100×10^9rad/s，目标表面处的峰值等离子体频率为 $f_{\mathrm{p}}^{\max} = 25$GHz。图 3.7 则给出了峰值等离子体频率为 $f_{\mathrm{p}}^{\max} = 50$GHz 时金属目标的电磁反射系数。其余参数与图 3.6 相同。

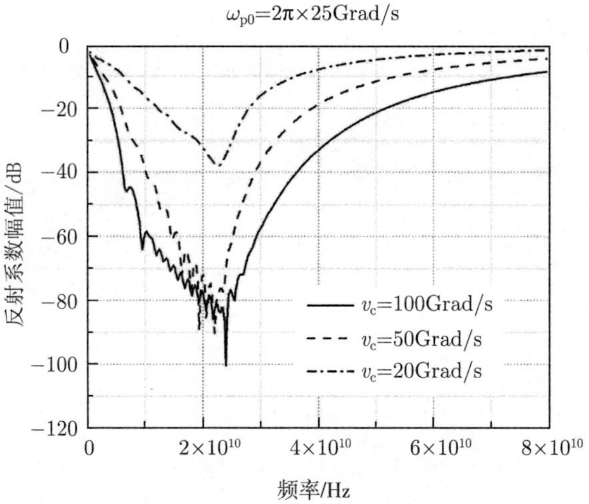

图 3.6　呈抛物线分布的等离子体覆盖目标的电磁反射系数，最大等离子体频率为 25GHz

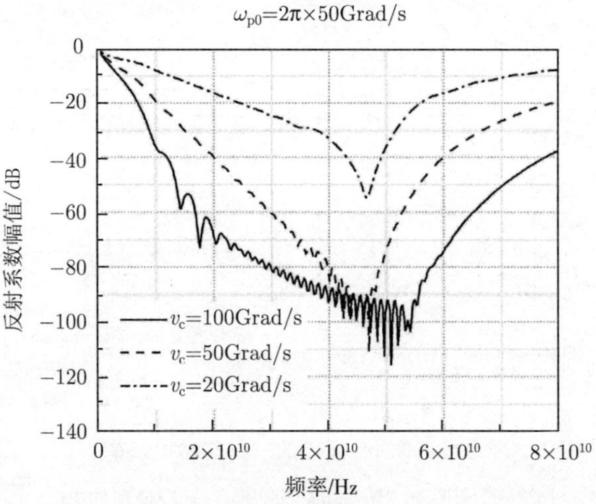

图 3.7　呈抛物线分布的等离子体覆盖目标的电磁反射系数，最大等离子体频率为 50GHz

图 3.6、图 3.7 显示，电子密度呈抛物线分布的不均匀等离子体对电磁波的吸收效果是极为可观的，其宽频特性是其他常规隐身技术所不可比拟的。同时，不难发现，等离子体电子密度和碰撞频率对其吸收电磁波的能力影响很大，一般二者的值越大，等离子体对电磁波的吸收能力越好；二者的值越大，等离子体对电磁波的吸收带宽越宽。

此外，图 3.6、图 3.7 中，等离子体对电磁波的吸收曲线变化的趋势与第 3 章的结果基本一致，但出现了等离子体特有的 "振铃" 现象。该现象在许多文献中都出现过[14,19,20]。

3.2 磁化等离子体的 PLCDRC-FDTD 算法

本节通过引入分段线性近似，将磁等离子体的 JEC-FDTD 算法推广到分段线性电流密度递归卷积 FDTD 算法，并与 JEC-FDTD 法进行比较。通过计算磁化等离子体平板对平行于磁场传播的电磁波的反射和透射系数，验证了该算法的计算精度优于 JEC 法。

3.2.1 磁化等离子体的 PLCDRC-FDTD 算法的基本原理

磁化等离子体的 PLCDRC-FDTD 算法，是南京航空航天大学刘少斌教授于 2005 年提出的，具有很高的计算精度。在各向异性色散介质碰撞磁化等离子体中，Maxwell 方程组和相关的联立方程为

$$\nabla \times \boldsymbol{H} = \varepsilon_0 \frac{\partial \boldsymbol{E}}{\partial t} + \boldsymbol{J} \tag{3.37}$$

$$\nabla \times \boldsymbol{E} = -\mu_0 \frac{\partial \boldsymbol{H}}{\partial t} \tag{3.38}$$

$$\frac{\mathrm{d}\boldsymbol{J}}{\mathrm{d}t} + \nu_\mathrm{c}\boldsymbol{J} = \varepsilon_0 \omega_\mathrm{p}^2 \boldsymbol{E} + \boldsymbol{\omega}_\mathrm{b} \times \boldsymbol{J} \tag{3.39}$$

式中，$\boldsymbol{E}$ 是电场强度；$\boldsymbol{H}$ 是磁场强度；$\boldsymbol{J}$ 是极化电流密度；ε_0、μ_0 分别为真空中的介电常数和磁导率；ν_c 是等离子体碰撞频率；ω_p^2 是等离子体角频率的平方；$\boldsymbol{\omega}_\mathrm{b} = e\boldsymbol{B}_0/m$ 是电子回旋频率，$\boldsymbol{B}_0$ 是外磁场，e、m 分别是电子的电量和质量。

设外磁场的方向为 $+z$ 轴，式 (3.39) 可写为

$$\frac{\mathrm{d}J_x}{\mathrm{d}t} + \nu_\mathrm{c} J_x = \varepsilon_0 \omega_\mathrm{p}^2 E_x - \omega_\mathrm{b} J_y \tag{3.40}$$

$$\frac{\mathrm{d}J_y}{\mathrm{d}t} + \nu_\mathrm{c} J_y = \varepsilon_0 \omega_\mathrm{p}^2 E_y + \omega_\mathrm{b} J_x \tag{3.41}$$

由式 (3.40) 和式 (3.41) 可以发现，电流密度的两个分量是相互耦合的。因此，电流密度的两个分量的 FDTD 迭代方程必须同时求解。

对时谐电磁场，将式 (3.40) 变换到频域，可以得到场量 E_x 和 J_x、J_y 的频域时谐关系

$$J_x(\omega) = \frac{\varepsilon_0\omega_\mathrm{p}^2}{\mathrm{j}\omega+\nu_\mathrm{c}}E_x(\omega) - \frac{\omega_\mathrm{b}}{\mathrm{j}\omega+\nu_\mathrm{c}}J_y(\omega) \tag{3.42}$$

令

$$\sigma(\omega) = \varepsilon_0\frac{\omega_\mathrm{p}^2}{\mathrm{j}\omega+\nu_\mathrm{c}} \tag{3.43a}$$

$$\rho(\omega) = \frac{\omega_\mathrm{b}}{\mathrm{j}\omega+\nu_\mathrm{c}} \tag{3.43b}$$

取式 (3.42)、式 (3.43) 的逆 Fourier 变换，可得

$$\sigma(t) = \varepsilon_0\omega_\mathrm{p}^2\exp(-\nu_\mathrm{c}t)U(t) \tag{3.44}$$

$$\rho(t) = \omega_\mathrm{b}\exp(-\nu_\mathrm{c}t)U(t) \tag{3.45}$$

$$J_x(t) = \int_0^t E_x(t-\tau)\sigma(\tau)\mathrm{d}\tau - \int_0^t \rho(t-\tau)J_y(\tau)\mathrm{d}\tau \tag{3.46}$$

式中，$U(t)$ 为单位阶跃函数。取 $t=n\Delta t$，可以得到 E_x 和 J_x、J_y 的关系为

$$\begin{aligned} J_x(n\Delta t) = J_x^n = &\int_0^{n\Delta t} E_x(n\Delta t-\tau)\sigma(\tau)\mathrm{d}\tau \\ &- \omega_\mathrm{b}\exp(-\nu_\mathrm{c}n\Delta t)\int_0^{n\Delta t}\exp(\nu_\mathrm{c}t)J_y(\tau)\mathrm{d}\tau \end{aligned} \tag{3.47}$$

采用分段线性近似[160]，可得

$$\begin{aligned} J_x^n = &\sum\left[E_x^{n-m}\sigma^m + (E_x^{n-m-1}-E_x^{n-m})\xi^m\right] \\ &- \omega_\mathrm{b}\exp(-\nu_\mathrm{c}n\Delta t)\int_0^{n\Delta t}\exp(\nu_\mathrm{c}t)J_y(\tau)\mathrm{d}\tau \end{aligned} \tag{3.48}$$

式中

$$\sigma^m = \int_{m\Delta t}^{(m+1)\Delta t}\sigma(\tau)\mathrm{d}\tau = \frac{\varepsilon_0\omega_\mathrm{p}^2}{\nu_\mathrm{c}}[1-\exp(-\nu_\mathrm{c}\Delta t)]\exp(-m\nu_\mathrm{c}\Delta t) \tag{3.49}$$

$$\begin{aligned} \xi^m &= \frac{1}{\Delta t}\int_{m\Delta t}^{(m+1)\Delta t}(\tau-m\Delta t)\sigma(\tau)\mathrm{d}\tau \\ &= \frac{\varepsilon_0\omega_\mathrm{p}^2}{\nu_\mathrm{c}^2\Delta t}[1-(1+\nu_\mathrm{c}\Delta t)\exp(-\nu_\mathrm{c}\Delta t)]\exp(-m\nu_\mathrm{c}\Delta t) \end{aligned} \tag{3.50}$$

从式 (3.48) 可以求出 $n+1$ 时间步的电流密度为

$$J_x^{n+1} = E_x^{n+1}(\sigma^0-\xi^0) + E_x^n\xi^0 + \exp(-\nu_\mathrm{c}\Delta t)J_x^n - \omega_\mathrm{b}\Delta t\exp(-\nu_\mathrm{c}\Delta t/2)J_y^{n+1/2} \tag{3.51}$$

同理，有

$$\begin{aligned}J_y^{n+1} =& E_y^{n+1}(\sigma^0-\xi^0)+E_y^n\xi^0+\exp(-\nu\Delta t)J_y^n \\ &+\omega_{\mathrm{b}}\Delta t\exp(-\nu_{\mathrm{c}}\Delta t/2)J_x^{n+1/2}\end{aligned} \tag{3.52}$$

式 (3.51)、式 (3.52) 同时求解得到 J_x 和 J_y 的 FDTD 迭代方程 (二阶精度)

$$\begin{aligned}J_x^{n+1} =& \frac{B}{A}J_x^n+\frac{\sigma^0-\xi^0}{A}E_x^{n+1}+\frac{\xi^0}{A}E_x^n-\frac{\Delta t\omega_{\mathrm{b}}}{2A}\exp(-\nu_{\mathrm{c}}\Delta t/2) \\ &\times\left\{(\sigma^0-\xi^0)E_y^{n+1}+\xi^0E_y^n+[1+\exp(-\nu_{\mathrm{c}}\Delta t)]J_y^n\right\}\end{aligned} \tag{3.53}$$

$$\begin{aligned}J_y^{n+1} =& \frac{B}{A}J_y^n+\frac{\sigma^0-\xi^0}{A}E_y^{n+1}+\frac{\xi^0}{A}E_y^n+\frac{\Delta t\omega_{\mathrm{b}}}{2A}\exp(-\nu_{\mathrm{c}}\Delta t/2) \\ &\times\left\{(\sigma^0-\xi^0)E_x^{n+1}+\xi^0E_x^n+[1+\exp(-\nu_{\mathrm{c}}\Delta t)]J_x^n\right\}\end{aligned} \tag{3.54}$$

式中

$$A=1+\frac{(\Delta t\omega_{\mathrm{b}})^2}{4}\exp(-\nu_{\mathrm{c}}\Delta t) \tag{3.55a}$$

$$B=\left[1-\frac{(\Delta t\omega_{\mathrm{b}})^2}{4}\right]\exp(-\nu_{\mathrm{c}}\Delta t) \tag{3.55b}$$

将式 (3.51)、式 (3.52) 代入 Maxwell 方程，可以同时求解 E_x^{n+1}、E_y^{n+1}，得到电场强度的 FDTD 的迭代方程。

$$\begin{aligned}E_x^{n+1} =& \frac{X}{Z}E_x^n+\frac{U}{Z}E_y^n-\frac{Y}{Z}J_x^n+\frac{W}{Z}J_y^n-\frac{\Delta t}{\varepsilon_0\Delta zDZ}(H_y^{n+1/2}-H_y^{n-1/2}) \\ &+\frac{V}{Z}(H_x^{n+1/2}-H_x^{n-1/2})\end{aligned} \tag{3.56}$$

$$\begin{aligned}E_y^{n+1} =& \frac{X}{Z}E_y^n-\frac{U}{Z}E_x^n-\frac{Y}{Z}J_y^n-\frac{W}{Z}J_x^n-\frac{V}{Z}(H_y^{n+1/2}-H_y^{n-1/2}) \\ &+\frac{\Delta t}{\varepsilon_0\Delta zDZ}(H_x^{n+1/2}-H_x^{n-1/2})\end{aligned} \tag{3.57}$$

式中

$$C=\frac{(\Delta t)^2\omega_{\mathrm{b}}}{4\varepsilon_0A}\exp(-\nu_{\mathrm{c}}\Delta t/2)$$

$$D=1+\frac{\Delta t(\sigma^0-\xi^0)}{2\varepsilon_0A}$$

$$E=1-\frac{\Delta t\xi^0}{2\varepsilon_0A}$$

$$F=\frac{\Delta t}{2\varepsilon_0}\left(1+\frac{B}{A}\right)$$

$$G=C[1+\exp(-\nu_{\rm c}\Delta t)]$$

$$U=\frac{C}{D}\xi^0+\frac{CE}{D^2}(\sigma^0-\xi^0)$$

$$V=\frac{C\Delta t(\sigma^0-\xi^0)}{\varepsilon_0\Delta zD^2}$$

$$W=\frac{G}{D}-\frac{CF}{D^2}(\sigma^0-\xi^0)$$

$$X=\frac{E}{D}-\frac{C^2}{D^2}\xi^0(\sigma^0-\xi^0)$$

$$Y=\frac{F}{D}+\frac{CG}{D^2}(\sigma^0-\xi^0)$$

$$Z=1+\frac{C^2}{D^2}(\sigma^0-\xi^0)^2$$

磁场 $\boldsymbol{H}$ 的迭代方程与常规的 FDTD 方程相同。

3.2.2　磁化等离子体 PLCDRC-FDTD 算法的有效性和精度

从上面的推导可以看出，磁化等离子体 PLCDRC-FDTD 算法与非磁化等离子体 PLCDRC-FDTD 算法类似，同样有两种可能的原因使上述的磁化等离子体 PLCDRC 时域有限差分法具有较高的精度。第一，RC 法中存在微分项 $\mathrm{d}\boldsymbol{D}/\mathrm{d}t$，计算时采用了差分近似，而本节则没有该项，取而代之的是电流密度的递归卷积，而且递归卷积又采用了二阶精度的分段线性递归卷积；第二，RC 法中，递归卷积采用一阶近似，本节的递归卷积为二阶近似。

为了检验上述算法的正确性，本书计算了 9mm 厚平板磁化等离子体对电磁波的反射和透射系数。将计算空间分为 520 个计算网格，并且在计算空间的两端设置了 5 个网格的完全吸收边界 (PML)，以吸收电磁波在边界处的反射。等离子体占中间 120 个网格，其余为真空。计算空间步长为 75μm，时间步长为 0.125ps，计算进行了 10000 时间步。同时，将计算结果与解析结果进行了比较。等离子体的参数为：$\omega_{\rm p}=2\pi\times50\times10^9\mathrm{rad/s}$，$\omega_{\rm b}=3.0\times10^{11}\mathrm{rad/s}$，$\nu=20\times10^9\mathrm{rad/s}$，计算运行 6500 时间步。

图 3.8~ 图 3.11 给出了用 PLJERC 法、JEC 法和解析法计算的 RCP 波、LCP 波的反射系数和透射系数。可以看出，磁化等离子体的 PLCDRC 算法是有效的，其精度大于 JEC 算法。

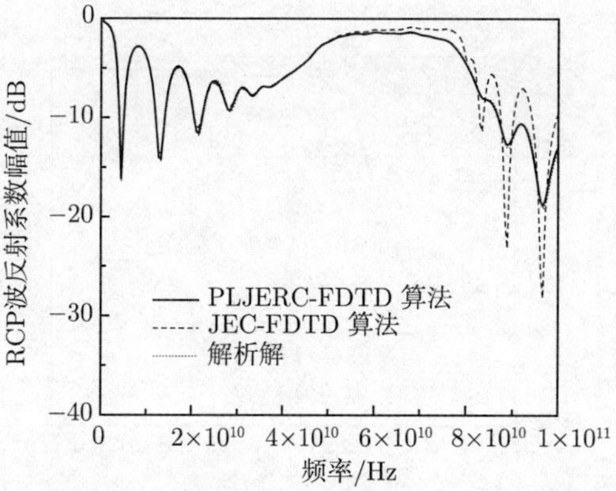

图 3.8 PLJERC 法、JEC 法和解析法计算的 RCP 波的反射系数

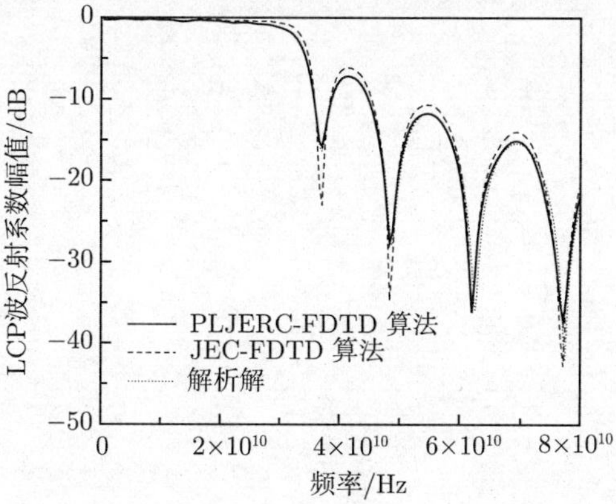

图 3.9 PLJERC 法、JEC 法和解析法计算的 LCP 波的反射系数

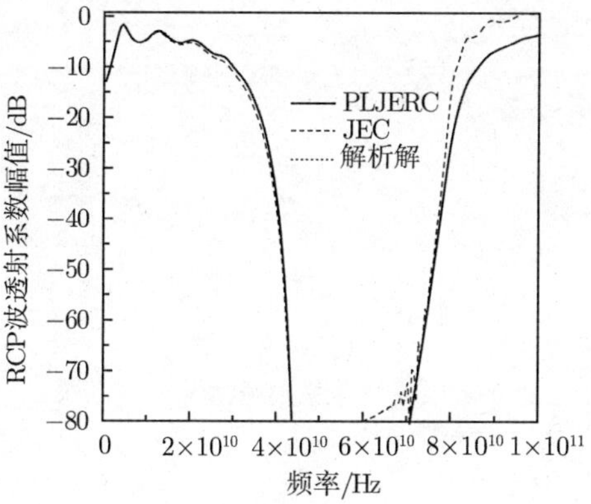

图 3.10 PLJERC 法、JEC 法和解析法计算的 RCP 波的透射系数

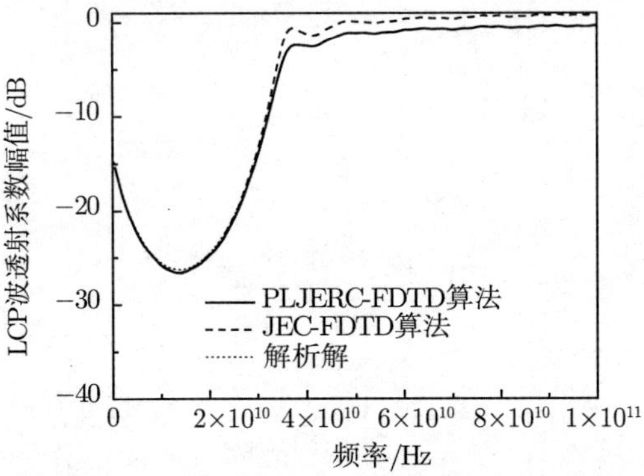

图 3.11 PLJERC 法、JEC 法和解析法计算的 LCP 波的透射系数

第 4 章　等离子体光子晶体计算方法与发展

随着信息技术的发展，在理论上对等离子体光子晶体的物理参量进行计算和仿真是实现对其电磁特性研究的首要条件。等离子体光子晶体的主要物理量包括色散关系、S 参数和场量分布等。其中色散关系是研究等离子体光子晶体最基础、也是最为重要的物理量。传统的 TMM、FDTD、PWE 和 FDFD 算法都能实现对常规介质光子晶体色散关系的求解，然而这些方法在计算等离子体光子晶体时，都需要进行一些相应的改进。本章主要对传统的 FDTD、PWE 和 FDFD 等算法在用于计算等离子体光子晶体色散关系时的一些改进技术进行介绍，其中包括对 FDTD 方法求解色散曲线的方法；给出了 PWE 算法对 TE 模式下二维等离子体光子晶体色散关系的求解公式；利用网格法和随机打靶法改进了传统的 PWE 算法，使其能够求解更为普适性的等离子体光子晶体的色散关系；还推导了 FDFD 方法用于计算等离子体光子晶体的公式。本章所涉及的技术，为将来研究和设计各类等离子体光子晶体的特性和器件提供了最基本的理论依据和算法保证。

4.1　等离子体光子晶体的计算方法

随着光子晶体的发展，相关算法也得到飞速发展。由于等离子体光子晶体中的等离子体是频变的介质，所以在计算等离子体光子晶体时要对相关的计算技术进行相应的调整。尽管能够用于计算等离子体光子晶体的计算方法很多，但是被广泛应用的是 TMM、FDTD、FDFD 和 PWE 算法。然而这些算法本身在处理等离子体光子晶体时就存在一些缺陷，需要作相应的调整。下面就对以上四种算法在计算等离子体光子晶体时的特点进行简要的说明。

4.1.1　TMM 的特点

TMM[93] 是一种解析方法，从 Maxwell 方程组出发，根据磁场和电场的连续边界条件，推导出电场和磁场的迭代方程，来实现对光子晶体传输特性和色散关系的求解。这对于求解简单的一维问题比较适合，尤其是在处理包含色散[94] 和非线性介质[95] 时，计算程序几乎不需要做太大的修改就能很好地达成计算目的。它的缺点也是十分明显的，对于求解二维和三维问题，边界条件复杂，程序实现难，而且计算不能给出时域场的信息，所以适用场合具有局限性。

4.1.2 PWE 算法的特点

尽管 PWE 方法是使用较为广泛的算法，但是传统的 PWE 方法一般只能用于计算常规介质光子晶体的色散曲线。直到 Kuzmiak[142−144] 提出了一种改进的 PWE 方法，用于解决金属 (色散介质) 光子晶体色散问题，使得 PWE 算法能够应用于对色散 (频变) 介质光子晶体的求解。它只是通过简单的数学变换，将复杂的非线性计算过程转换成相对简单的线性计算过程求取特征值问题。这使得等离子体光子晶体的求解和常规介质光子晶体一样简单、准确。虽然 PWE 方法有较多的优点，而且可以顺利地解决色散介质光子晶体的问题，但是其本身也存在着先天不足，尤其是在计算等离子体光子晶体时。主要表现在：①非线性方程线性化过程内存占用大；②平面波收敛速度慢；③不能对任意填充外形和任意晶格的等离子体光子晶体进行计算；④不能对非线性等离子体光子晶体进行直接计算；⑤不能准确地对有限尺度的等离子体光子晶体进行计算。从以上分析可知，PWE 方法的主要缺陷是在计算过程中对计算的 CPU 和内存的开销巨大。但是在计算机高速发展的今天，CPU 的工作频率和内存的大小再也不是制约 PWE 方法的瓶颈。随着并行计算和 CUDA[145] 技术的普及，将使得 PWE 方法具有更好的应用前景。然而在以上缺点中，第三点是必须解决的问题。

4.1.3 FDTD 算法的特点

FDTD 方法是另一种重要的光子晶体计算方法，它同样可以用来计算光子晶体的色散关系。该方法的基本思想是：首先，根据 Courant 稳定条件，用 Yee 网格对计算空间进行剖分，并确定空间剖分网格和时间步的大小；然后，用差分格式对 Maxwell 方程组进行差分，从而得到离散的关于电场和磁场的差分方程；最后，通过对时间步的迭代，从而得到每个时刻的电场和磁场值。当迭代步数足够大时，电磁场关于时间的变化函数就可以得到了。该方法的计算量与计算区域的大小成正比。该方法在处理光子晶体时必须要引入周期边界条件，通过模式激励的方式来获得光子晶体的本征模。近十几年来，FDTD 方法在处理等离子体等方面也取得了长足的进步，如辅助方程法[155]、Z 变换法[153]、电流密度卷积法[156]，Young 氏直接积分法[157]，分段线性递归卷积法[160] 和分段线性电流密度递归卷积 (PLCDRC) 算法[161] 等。南京航空航天大学的刘少斌[166] 和南昌大学的刘崧[153] 在这方面做了大量的工作。江苏大学的杨利霞[154]，研究了 TM 波斜入射时二维非磁化等离子体光子晶体的传播特性，并在处理方法上提出了一种新的 FDTD 算法。由于 FDTD 方法本身是基于空间和时间离散的一种算法，FDTD 方法的优势十分明显：可以处理任意形状填充物的等离子体光子晶体，研究宽频特性只需要进行一次计算，而且可以给出任意时刻的时域场值图。但是用它来求解等离子体光子晶体的色散关系，其缺点也十分明显：①当晶格周期结构复杂时，周期边界选取异常复杂；②本征模计算效率低下，本征模式容易淹没在激励信号里，在对色散曲线进行求解时容易出现"漏频"和"虚频"的现象；③计算效率取决于等离子体的 FDTD 算法，在计算大尺寸的物体时，使得计算过程不得不开销大量的内存和计算时间，FDTD 算法的计算效率受到 Courant 稳定条件[169] 的限制；④均匀网格的剖分技术使得内存占用巨大且计算效率低下。

4.1.4 FDFD 算法的特点

FDFD 方法也是一种高效求解光子晶体的方法，该方法的主要思想就是借鉴 FDTD 方法的 Yee 网格技术，将 Maxwell 方程不在时域中展开而是在频域中展开，在频域中将差分方程转换为本征模和空间网格的函数，将电场量方程和磁场量方程联立而获得关于频率的本征方程，再通过求解本征方程得到特征值。这种方法的优势很明显，不需要对电场和磁场同时进行差分求解，求解矩阵也只和剖分的网格数有关。它结合了 PWE 和 FDTD 方法的优点，可以对任何形状填充物的光子晶体进行求解，但是在具备 FDTD 和 PWE 方法优点的同时也同样具有两者的缺点：①计算效率受到周期边界条件的约束，不能便捷地处理任意晶格结构的光子晶体，编程实现难度大；②特征值求解矩阵的生成和大小直接由填充光子晶体的介电常数的数学模型决定，不能直接对等离子体光子晶体进行求解；③FDFD 算法生成的稀疏矩阵大量开销内存，使得内存消耗巨大；④计算精度和内存占用直接由均匀剖分的网格疏密决定，均匀的网格剖分技术使得计算时内存占用多且效率低下。

要使得 PWE、FDFD 和 FDTD 方法能对普适条件下的等离子体光子晶体进行计算，则这三种计算方法应当作相应的改进。除了上述提及的计算方法，等效介质理论[170,171] 也能用来分析等离子体光子晶体的电磁特性。Wu 等[158−160] 用等效介质理论对一维磁化和非磁化等离子体光子晶体的有效等离子体频率进了计算，这为研究等离子体光子晶体的电磁特性提供了一种新的思路。Guo 等[161−164] 用等效介质理论对一维和二维等离子体光子晶体的负折射现象进行了研究，并给出了等离子体光子晶体出现负折射率的条件。最近，时变等离子体[165] 和变等离子体密度梯度[166] 的一维等离子体光子晶体也成了新的研究方向。综上所述，如何进一步挖掘现有 TMM、FDTD、PWE 和 FDFD 算法的潜力，使它们能用于计算更为普适性的等离子体光子晶体问题。本章将针对以上亟待解决的几个问题给出解决方案。

4.2 等离子体光子晶体的 FDTD 算法

FDTD 方法是较为传统的计算方法，它采用基本 Yee 网格技术对 Maxwell 方程组在空间和时间域上进行差分，通过对边界条件的设置和时间步的迭代来获得某个时刻的电场和磁场分布。要使得 FDTD 方法能用于等离子体光子晶体色散关系的求解，就必须解决两个问题。首先，FDTD 方法在电场和磁场的迭代方程上能满足处理色散介质的需求。关于等离子体的 FDTD 算法和相应的技术已有大量的文献报道，在此不再赘述。其次，在求取色散关系时，必须要设置好相应的周期边界条件 (periodic boundary condition，PBC)。众所周知，光子晶体是空间上周期的介质分布，所以要用 FDTD 方法求解等离子体光子晶体的色散关系，其边界条件必须满足 Floquet-Bloch 定理。以一个求解 TE 模式下二维正方形晶格等离子体光子晶体 (等离子体圆柱填充介质) 色散关系的过程为例来阐述 FDTD 方法求解的全过程。图 4.1 给出了该二维等离子体光子晶体的结构示意图以及在 TE 模式下电场和磁场的差分示意图。由图 4.1 可知，要计算该正方形晶格的二维等离子体光子晶体的色散关系，只需要对一个周期晶格单元进行研究。其计算过程可以概括为以下几个步骤：① 对二维等离子体的光子晶体的单元格进行网格剖分，并根据 Courant 稳定条件选取时间和空间步长。② 选取合适的等离子体 FDTD 方法，如 PLCDRC-FDTD 方法，并确定激励信号源 (一般为高斯脉冲信号) 以及磁场和电场的迭代方程。③ 根据晶格条件和 Floquet-Bloch 定理来确定周期边界条件。周期边界如下：

$$\text{PBC1:}\quad E(x_0+a)=E(x_0)\exp(-\mathrm{j}k_x a) \tag{4.1}$$

$$\text{PBC2:}\quad E(y_0+a)=E(y_0)\exp(-\mathrm{j}k_y a) \tag{4.2}$$

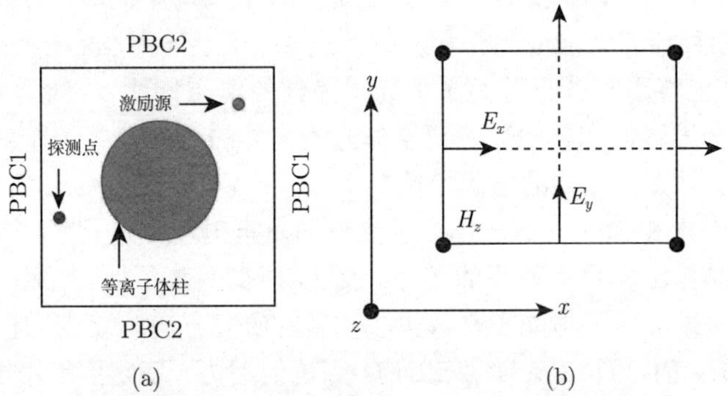

图 4.1　光子晶体的一维、二维和三维结构

(a) 晶格单元示意图；(b) FDTD 差分示意图

其离散格式可以表示为

$$\text{PBC1:}\quad \frac{\mathrm{d}E(x_0+a)}{\mathrm{d}x}=\frac{\mathrm{d}E(x_0)}{\mathrm{d}x}\exp(-\mathrm{j}k_x a) \tag{4.3}$$

$$\text{PBC2:}\quad \frac{\mathrm{d}E(y_0+a)}{\mathrm{d}x}=\frac{\mathrm{d}E(y_0)}{\mathrm{d}x}\exp(-\mathrm{j}k_y a) \tag{4.4}$$

其中，(x_0, y_0) 是周期边界上的点，a 是晶格常数，$\mathrm{d}x$ 是剖分网格的大小，k_x 和 k_y 为传播常数。因此，确定正确的周期边界条件是求解色散关系的关键。④ 在计算区域的任意位置输入激励源，并在计算区域的其他任意位置选取探测点，为了使获得的本征模式不出现“虚频”的现象，激励点和探测不应该选在对称的位置上。⑤ 根据探测点获得的时域场值，对其进行傅里叶变换，变换后所得频谱中的峰值就是传播常数 (k_x, k_y) 的本征频率，将这些本征频率用曲线连接起来就得到了该二维等离子体光子晶体的色散曲线。

以上是简单的正方形晶格的周期边界条件。然而当光子晶体晶格较为复杂时，其周期边界条件也将会变得较为复杂，这给程序实现带来了巨大的困难。如图 4.2(a) 所示，FDTD 方法在处理三角形晶格的光子晶体时，周期边界将变成 3 条。其周期边界表示如下[120]

$$\text{PBC1:}\quad \psi(x_0+\sqrt{3}a/2, y-a/2)=\psi(x,y)\exp(\mathrm{j}k_y a/2-\mathrm{j}k_x\sqrt{3}a/2) \tag{4.5}$$

$$\text{PBC2:}\quad \psi(x_0+\sqrt{3}a/2, y+a/2)=\psi(x,y)\exp(-\mathrm{j}k_y a/2-\mathrm{j}k_x\sqrt{3}a/2) \tag{4.6}$$

$$\text{PBC3:}\quad \psi(x_0, y+a)=\psi(x,y)\exp(-\mathrm{j}k_y a) \tag{4.7}$$

其中，ψ 表示晶格单元中的电场或者磁场分量。由此可知，FDTD 方法虽然能够用于求解等离子体光子晶体色散关系，但是其缺点十分明显，尤其是在计算含复杂晶格的等离子体光子晶体时，复杂的边界条件和激励源位置的选取使得程序实现过程变得几乎不可能。为了克服这些缺点，可以采用随机多点激励的方法来尽量避免“虚频”现象的出现，即在计算时随机选取激励源的位置和探测点的位置，并进行多次计算。可以采用超晶格的方法 (supercell method)，使得复杂的晶格结果转变成简单的矩形晶格条件，这样就降低了周期边界的复杂度，给程序实现带来了便利 (图 4.2(b))。这些解决方案虽然能较好地解决 FDTD 方法在计算色散关系时遇到的一些难题，但是不得不以付出更多的计算时间为代价，尤其是在计算三维等离子

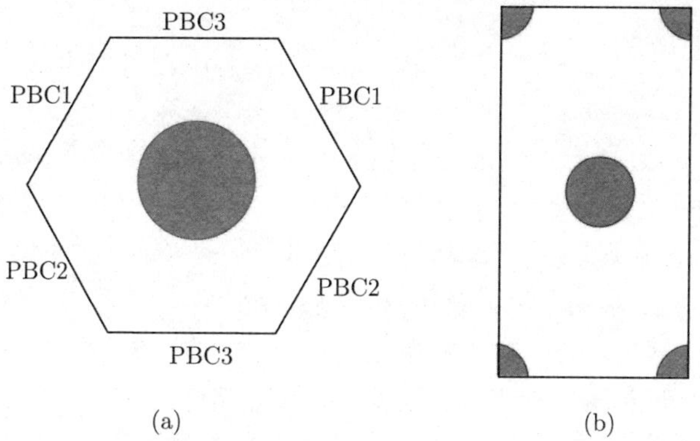

图 4.2 三角形晶格的单元示意图 (a) 和超晶格方法的晶格单元示意图 (b)

体光子晶体的色散关系时，FDTD 方法效率极为低下，所以对于求解等离子体光子晶体的色散关系，FDTD 方法不是最佳选择，它只适合处理相对简单的一维和二维问题。

4.3 等离子体光子晶体的 PWE 算法

为了使 PWE 方法能很好地对常规的光子晶体的色散关系进行求解，尽管它存在诸如收敛速度慢和平面波展开数多等缺点，但这并不妨碍其成为求解光子晶体色散关系的最有效方法之一。通过简单的非线性方程线性化的过程，使得 PWE 方法也能对含频变介质的光子晶体的色散关系进行求解。显然，PWE 方法也能用于对等离子体光子晶体求解。而在实际应用中，光子晶体中填充物的外形会是任意的，不可能仅是常见的几何外形，如圆柱、正方形和球体等。虽然有些已经发表的文章[180−183] 也给出了一些特殊填充物外形的介质的傅里叶变换式，但是这显然不具有普适性，需要利用一些技术来解决这个问题。

4.3.1 TE 模式下二维非磁化等离子体光子晶体色散关系的求解公式

PWE 方法已经被广泛地应用于计算等离子体光子晶体的色散关系。Sakai 等[77] 推导了电磁波通过二维等离子体光子晶体时的带隙计算公式，并且用 FDTD 方法对其计算结果进行了验证。在文献 [77] 的附录中 Sakai 等分别给出了在 TE 和 TM 模式下计算二维等离子体光子晶体色散关系的计算公式。虽然他们计算得到的色散曲线看上去是正确的，但是还是出现了比较明显的错误。众所周知，等离子体是一种频变介质，它的相对介电常数 ε_p 满足 Drude 模型，且可以表示为[180]

$$\varepsilon_\mathrm{p}(\omega)=1-\frac{\omega_\mathrm{p}^2}{\omega^2-\mathrm{j}(\nu_\mathrm{c}\omega)} \tag{4.8}$$

其中，ω_p、ν_c 和 ω 分别表示等离子体频率、等离子体碰撞频率和入射电磁波的频率。等离子体频率 $\omega_\mathrm{p}=(e^2n_\mathrm{e}/\varepsilon_0 m)^{1/2}$，其中 e、m 和 ε_0 是电子的电量、电子的质量和真空中的介电常数。假设计算时引入的时谐量是 $\mathrm{e}^{\mathrm{j}\omega t}$，它的形式 (或为 $\mathrm{e}^{-\mathrm{j}\omega t}$) 对最终的计算结果无影响。为了获得 TE 模式下计算二维等离子体光子晶体色散关系的正确公式，采用和 Sakai 等完全相同的物理模型，即等离子体圆柱填充在相对介电常数为 ε_d 的介质背景中，并且以正方形晶格排列。图 4.3 给出了该二维等离子体光子晶体的空间结构示意图，其中等离子体柱平行于 z 轴方向。

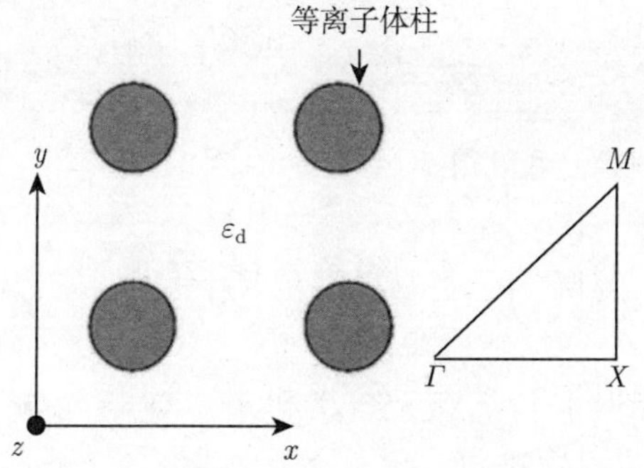

图 4.3 二维等离子体光子晶体的空间结构示意图

由图 4.3 可知，二维布拉格矢量可以表示为

$$\boldsymbol{x}_{||}(l) = l_1\boldsymbol{a}_1 + l_2\boldsymbol{a}_2 \tag{4.9}$$

其中，$\boldsymbol{a}_1$ 和 $\boldsymbol{a}_2$ 表示晶格基矢；l_1 和 l_2 是任意的整数。那么晶格单元的面积 $a_{\rm c}$ 可以表示为

$$a_{\rm c} = |\boldsymbol{a}_1 \times \boldsymbol{a}_2| \tag{4.10}$$

倒格矢可以表示为

$$\boldsymbol{G}_{||}(h) = h_1\boldsymbol{b}_1 + h_2\boldsymbol{b}_2 \tag{4.11}$$

其中，$\boldsymbol{b}_1$ 和 $\boldsymbol{b}_2$ 表示倒格基矢；h_1 和 h_2 是任意的整数。那么二维等离子体光子晶体中介质空间的函数分布可以用 $\varepsilon(\boldsymbol{x}_{||})$ 来表示，其中，$\boldsymbol{x}_{||} = \widehat{x}x + \widehat{y}y$，即表示空间中的任意一点。$\widehat{x}$ 和 $\widehat{y}$ 是 x 轴和 y 轴的单位向量。$\varepsilon(\boldsymbol{x}_{||})$ 是 $\boldsymbol{x}_{||}$ 的周期函数，两者关系满足 $\varepsilon(\boldsymbol{x}_{||}) = \varepsilon(\boldsymbol{x}_{||} + \boldsymbol{x}_{||}(l))$。

对于 TE 模式而言 (H 极化)，磁场分量平行于等离子体柱，而且存在着非零的电场分量 $\boldsymbol{E}(\boldsymbol{x}_{||};t)$ 和磁场分量 $\boldsymbol{H}(\boldsymbol{x}_{||};t)$，它们可以表示为

$$\boldsymbol{E}(\boldsymbol{x}_{||};t) = [E_x(x,y|\omega), E_y(x,y|\omega), 0]\exp(\mathrm{j}\omega t) \tag{4.12}$$

$$\boldsymbol{H}(\boldsymbol{x}_{||};t) = [0, 0, H_z(x,y|\omega)]\exp(\mathrm{j}\omega t) \tag{4.13}$$

其中，$\mathrm{j} = \sqrt{-1}$。当对 E_x 和 E_y 进行简并时，Maxwell 方程组可以化简为只包含磁场的方程，其可以表示为[120]

$$\frac{\partial}{\partial x}\left[\frac{1}{\varepsilon(\boldsymbol{x}_{||})}\frac{\partial H_z}{\partial x}\right] + \frac{\partial}{\partial y}\left[\frac{1}{\varepsilon(\boldsymbol{x}_{||})}\frac{\partial H_z}{\partial x}\right] + \frac{\omega^2}{c^2}H_z(\boldsymbol{x}_{\|}) = 0 \tag{4.14}$$

为了求解这个方程，必须对 $H_z(\boldsymbol{x}_{\|})$ 和 $1/\varepsilon(\boldsymbol{x}_{\|})$ 进行展开

$$H_z = \sum_{\boldsymbol{G}_{\|}} H_z(\boldsymbol{G}_{\|})\exp[\mathrm{j}(\boldsymbol{k}_{\|} + \boldsymbol{G}_{\|})\cdot\boldsymbol{x}_{\|}] \tag{4.15}$$

$$\frac{1}{\varepsilon(\boldsymbol{x}_{\|})}=\sum_{\boldsymbol{G}_{\|}}\kappa(\boldsymbol{G}_{\|})\exp(\mathrm{j}\boldsymbol{G}_{\|}\cdot\boldsymbol{x}_{\|}) \tag{4.16}$$

根据式 (4.14) 和式 (4.16)，可以得

$$\sum_{\boldsymbol{G}'_{\|}}\kappa(\boldsymbol{G}_{\|}-\boldsymbol{G}'_{\|})(\boldsymbol{k}_{\|}+\boldsymbol{G}_{\|})\cdot(\boldsymbol{k}_{\|}+\boldsymbol{G}'_{\|})H_z(\boldsymbol{G}'_{\|})=\frac{\omega^2}{c^2}H_z(\boldsymbol{G}_{\|}) \tag{4.17}$$

由式 (4.17) 可知，傅里叶展开系数 $\kappa(\boldsymbol{G}_{\|})$ 和 $1/\varepsilon(\boldsymbol{x}_{\|})$ 在求解光子带隙时起到了关键性的作用。$1/\varepsilon(\boldsymbol{x}_{\|})$ 可以表示为

$$\frac{1}{\varepsilon(\boldsymbol{x}_{\|})}=\frac{1}{\varepsilon_{\mathrm{d}}}+\left(\frac{1}{\varepsilon_{\mathrm{p}}}-\frac{1}{\varepsilon_{\mathrm{d}}}\right)\sum_{l}S(\boldsymbol{x}_{\|}-\boldsymbol{x}_{\|}(l)) \tag{4.18}$$

其中，$S(\boldsymbol{x}_{\|})=\begin{cases}1, & \boldsymbol{x}_{\|}\in\boldsymbol{R}\\ 0, & \boldsymbol{x}_{\|}\notin\boldsymbol{R}\end{cases}$，$R$ 表示等离子体柱的半径，$\kappa(\boldsymbol{G}_{\|})$ 可表示为

$$\kappa(\boldsymbol{G}_{\|})=\begin{cases}\dfrac{1}{\varepsilon_{\mathrm{p}}}f+\dfrac{1}{\varepsilon_{\mathrm{d}}}(1-f), & \boldsymbol{G}_{\|}=0\\ \left(\dfrac{1}{\varepsilon_{\mathrm{p}}}-\dfrac{1}{\varepsilon_{\mathrm{d}}}\right)f\dfrac{2J_1(\left|\boldsymbol{G}_{\|}\right|R)}{(\left|\boldsymbol{G}_{\|}\right|R)}, & \boldsymbol{G}_{\|}\neq 0\end{cases} \tag{4.19}$$

其中，$f=\pi R^2/a^2$ 表示填充率，$J_1(x)$ 是 1 阶 Bessel 函数，a 是晶格参数。根据式 (4.19)，该二维等离子体光子晶体介质的傅里叶展开系数可以表示为

$$\kappa(\boldsymbol{G}_{\|})=\begin{cases}\dfrac{\omega^2-\mathrm{j}\nu_{\mathrm{c}}\omega}{\omega^2-\mathrm{j}\nu_{\mathrm{c}}\omega-\omega_{\mathrm{p}}^2}f+\dfrac{1}{\varepsilon_{\mathrm{d}}}(1-f), & \boldsymbol{G}_{\|}=0\\ \dfrac{\omega^2-\mathrm{j}\nu_{\mathrm{c}}\omega}{\omega^2-\mathrm{j}\nu_{\mathrm{c}}\omega-\omega_{\mathrm{p}}^2}-\dfrac{1}{\varepsilon_{\mathrm{d}}}f\dfrac{2J_1(\left|\boldsymbol{G}_{\|}\right|R)}{(\left|\boldsymbol{G}_{\|}\right|R)}, & \boldsymbol{G}_{\|}\neq 0\end{cases} \tag{4.20}$$

将式 (4.20) 代入式 (4.17)，可以得到关于系数 $A(\boldsymbol{k}_{\|}|\boldsymbol{G}_{\|})$ 的方程

$$\begin{aligned}&\left[\frac{\omega^2-\mathrm{j}\nu_{\mathrm{c}}\omega}{\omega^2-\mathrm{j}\nu_{\mathrm{c}}\omega-\omega_{\mathrm{p}}^2}f+\frac{1}{\varepsilon_{\mathrm{d}}}(1-f)\right](\boldsymbol{k}_{\|}+\boldsymbol{G}_{\|})\cdot(\boldsymbol{k}_{\|}+\boldsymbol{G}'_{\|})A(\boldsymbol{k}_{\|}|\boldsymbol{G}_{\|})\\&+\sum_{\boldsymbol{G}'_{\|}}{}'\left[\left(\frac{\omega^2-\mathrm{j}\nu_{\mathrm{c}}\omega}{\omega^2-\mathrm{j}\nu_{\mathrm{c}}\omega-\omega_{\mathrm{p}}^2}-\frac{1}{\varepsilon_{\mathrm{d}}}\right)f\frac{2J_1(\left|\boldsymbol{G}_{\|}\right|R)}{(\left|\boldsymbol{G}_{\|}\right|R)}\right]\\&(\boldsymbol{k}_{\|}+\boldsymbol{G}_{\|})\cdot(\boldsymbol{k}_{\|}+\boldsymbol{G}'_{\|})A(\boldsymbol{k}_{\|}|\boldsymbol{G}_{\|})=\frac{\omega^2}{c^2}A(\boldsymbol{k}_{\|}|\boldsymbol{G}_{\|})\end{aligned} \tag{4.21}$$

如果定义一个复数变量 $\zeta(\zeta=\omega/c)$，式 (4.21) 将可以化简成

$$\zeta^4\boldsymbol{I}-\zeta^3\boldsymbol{P}-\zeta^2\boldsymbol{Q}-\zeta\boldsymbol{R}-\boldsymbol{S}=0 \tag{4.22}$$

其中，c 表示真空中光速，$\boldsymbol{I}$ 为单位矩阵，且

$$\boldsymbol{P}(\boldsymbol{G}_{\parallel}|\boldsymbol{G}'_{\parallel})=\mathrm{j}\frac{\nu_{\mathrm{c}}}{c}\boldsymbol{\delta}_{\boldsymbol{G}_{\parallel}\cdot\boldsymbol{G}'_{\parallel}} \tag{4.23}$$

$$\begin{aligned}\boldsymbol{Q}(\boldsymbol{G}_{\parallel}|\boldsymbol{G}'_{\parallel})=&\left\{\frac{\omega_{\mathrm{p}}^2}{c^2}+\left[\frac{1}{\varepsilon_{\mathrm{d}}}(1-f)+f\right]\cdot(\boldsymbol{k}_{\parallel}+\boldsymbol{G}_{\parallel})^2\right\}\boldsymbol{\delta}_{\boldsymbol{G}_{\parallel}\cdot\boldsymbol{G}'_{\parallel}}\\&+f\left(1-\frac{1}{\varepsilon_{\mathrm{d}}}\right)(\boldsymbol{k}_{\parallel}+\boldsymbol{G}_{\parallel})\cdot(\boldsymbol{k}_{\parallel}+\boldsymbol{G}'_{\parallel})\frac{2J_1(|\boldsymbol{G}_{\parallel}-\boldsymbol{G}'_{\parallel}|R)}{|\boldsymbol{G}_{\parallel}-\boldsymbol{G}'_{\parallel}|R}\end{aligned} \tag{4.24}$$

$$\begin{aligned}\boldsymbol{R}(\boldsymbol{G}_{\parallel}|\boldsymbol{G}'_{\parallel})=&-\mathrm{j}\frac{\nu_{\mathrm{c}}}{c}\left[\frac{1}{\varepsilon_{\mathrm{d}}}(1-f)+f\right]\cdot(\boldsymbol{k}_{\parallel}+\boldsymbol{G}_{\parallel})^2\boldsymbol{\delta}_{\boldsymbol{G}_{\parallel}\cdot\boldsymbol{G}'_{\parallel}}\\&-\mathrm{j}\frac{\nu_{\mathrm{c}}}{c}f\left(1-\frac{1}{\varepsilon_{\mathrm{d}}}\right)(\boldsymbol{k}_{\parallel}+\boldsymbol{G}_{\parallel})\cdot(\boldsymbol{k}_{\parallel}+\boldsymbol{G}'_{\parallel})\frac{2J_1(|\boldsymbol{G}_{\parallel}-\boldsymbol{G}'_{\parallel}|R)}{|\boldsymbol{G}_{\parallel}-\boldsymbol{G}'_{\parallel}|R}\end{aligned} \tag{4.25}$$

$$\begin{aligned}\boldsymbol{S}(\boldsymbol{G}_{\parallel}|\boldsymbol{G}'_{\parallel})=&-\frac{\omega_{\mathrm{p}}^2}{c^2}\frac{1}{\varepsilon_{\mathrm{d}}}(1-f)\cdot(\boldsymbol{k}_{\parallel}+\boldsymbol{G}_{\parallel})^2\boldsymbol{\delta}_{\boldsymbol{G}_{\parallel}\cdot\boldsymbol{G}'_{\parallel}}\\&+\frac{\omega_{\mathrm{p}}^2}{c^2\varepsilon_{\mathrm{d}}}f\cdot(\boldsymbol{k}_{\parallel}+\boldsymbol{G}_{\parallel})\cdot(\boldsymbol{k}_{\parallel}+\boldsymbol{G}'_{\parallel})\frac{2J_1(|\boldsymbol{G}_{\parallel}-\boldsymbol{G}'_{\parallel}|R)}{|\boldsymbol{G}_{\parallel}-\boldsymbol{G}'_{\parallel}|R}\end{aligned} \tag{4.26}$$

其中，$\boldsymbol{P}$、$\boldsymbol{Q}$、$\boldsymbol{R}$ 和 $\boldsymbol{S}$ 是 $N\times N$ 的矩阵。式 (4.22) 的求解可以转换成为一个 $4N\times4N$ 矩阵 $\boldsymbol{W}$ 特征值的求取，矩阵 $\boldsymbol{W}$ 满足

$$\boldsymbol{W}z=\zeta z,\quad \boldsymbol{W}=\begin{bmatrix}\boldsymbol{0}&\boldsymbol{I}&\boldsymbol{0}&\boldsymbol{0}\\\boldsymbol{0}&\boldsymbol{0}&\boldsymbol{I}&\boldsymbol{0}\\\boldsymbol{0}&\boldsymbol{0}&\boldsymbol{0}&\boldsymbol{I}\\\boldsymbol{S}&\boldsymbol{R}&\boldsymbol{Q}&\boldsymbol{P}\end{bmatrix} \tag{4.27}$$

求解式 (4.27) 的本征值就得到了式 (4.22) 的解。当然，所求本征值的实部就决定了该二维等离子体光子晶体的色散关系。

用上述所给出的公式，对 Sakai 等提及的二维等离子体光子晶体在 TE 模式下的色散曲线重新进行了计算，计算时展开的平面波数为 169。图 4.4 给出了晶格参数 a 为 2.5 mm，等离子体圆柱半径为 1.0 mm，且等离子体密度为 $n_{\mathrm{e}}=10^{13}\mathrm{cm}^{-3}$，在不同等离子体碰撞频率 $\nu_{\mathrm{c}}=0$，$\nu_{\mathrm{c}}=0.5\omega_{\mathrm{p}}$ 和 $\nu_{\mathrm{c}}=2.0\omega_{\mathrm{p}}$ 时的色散曲线。由图 4.4(a) 和 (b) 可知，Sakai 等计算在 TE 模式下二维等离子体光子晶体所得的色散曲线是错误的，且其附录中给出的计算公式也是错误的。显然，当 $\omega<\omega_{\mathrm{p}}$ 时，文献 [77] 中图 1 和图 2(a) 所出现的禁带是不存在的。由图 4.4(c) 可知，各个方向上的带隙结构都是变窄的，尤其在 Γ-M 方向 65GHz 附近。这也和 Sakai 等所得到的实

验结果较为吻合。图 4.5 中得到的该二维等离子体光子晶体的色散曲线的参数和图 4.4(c) 的完全相同。由图 4.5 可知，本节给出的 PWE 算法公式和 FDTD 算法得到的结果非常吻合，因此 Sakai 等所给出的 TE 模式下二维等离子体光子晶体色散关系的计算公式是错误的。

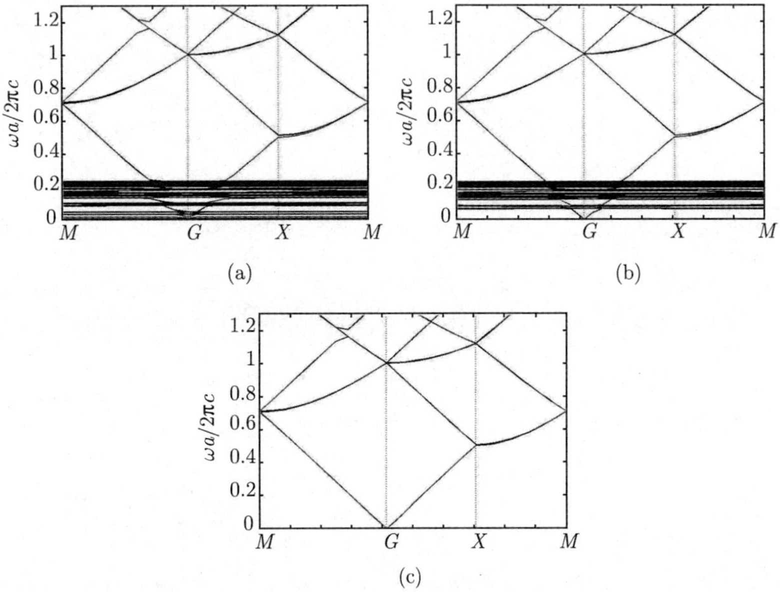

图 4.4　TE 模式下二维等离子体光子晶体的色散曲线，其中晶格常数 a=2.5 mm，等离子体半径 R=1.0 mm，等离子密度为 $n_{\rm e}=10^{13}{\rm cm}^{-3}$.

(a) $\nu_{\rm c}=0$; (b) $\nu_{\rm c}=0.5\omega_{\rm p}$; (c) $\nu_{\rm c}=2.0\omega_{\rm p}$

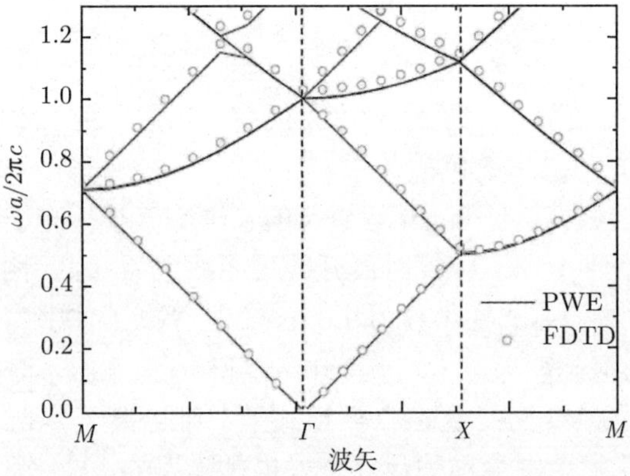

图 4.5　用 PWE 和 FDTD 算法计算该二维等离子体光子晶体的色散曲线，光子晶体的参数和图 4.4(c) 相同

4.3.2 基于网格法的 PWE 算法

由 4.3.1 节可知，$\kappa(\boldsymbol{G})$ 对于 PWE 方法的本征值的求解起到了至关重要的作用，即等离子体光子晶体介电常数的傅里叶展开系数是求解色散关系的关键。虽然填充物为圆柱、立方柱、球、立方体、椭圆和六面体等常规几何外形时，$\kappa(\boldsymbol{G})$ 的求解可以套用现成的公式[166−169]，但是对于更为一般的填充形状是否还能求解呢？答案是肯定的。为了不失一般性，将利用三维光子晶体能带结构的求解过程来详细说明这个问题。对于三维光子晶体而言，Maxwell 方程组可以化简为关于磁场的 Helmholtz 方程，可以表示为

$$\nabla \times \left[\frac{1}{\varepsilon(\boldsymbol{r})}\nabla \times \boldsymbol{H}(\boldsymbol{r})\right] = \frac{\omega^2}{c^2}\boldsymbol{H}(\boldsymbol{r}) \tag{4.28}$$

由 Bloch 定理可知，磁场 $\boldsymbol{H}$ 满足

$$\boldsymbol{H}(\boldsymbol{r}+\boldsymbol{a}) = \boldsymbol{H}(\boldsymbol{r})\cdot \mathrm{e}^{\mathrm{j}\boldsymbol{k}\cdot\boldsymbol{r}} \tag{4.29}$$

$$\boldsymbol{H}(\boldsymbol{r}) = \boldsymbol{H}(\boldsymbol{r}+\boldsymbol{a}) \tag{4.30}$$

其中，$\boldsymbol{r}$ 和 $\boldsymbol{a}$ 分别代表空间中的矢量和晶格矢量 (lattice vector)；c 和 $\boldsymbol{k}$ 分别表示真空中的光速和波矢量。显然，$\boldsymbol{H}(\boldsymbol{r})$ 可以在倒格矢空间 $\boldsymbol{G}$ 中展开，其可以表示为

$$\boldsymbol{H}(\boldsymbol{r}) = \sum_{\boldsymbol{G}} \boldsymbol{H}(\boldsymbol{G})\mathrm{e}^{\mathrm{j}(\boldsymbol{G}+\boldsymbol{k})\cdot\boldsymbol{r}} \tag{4.31}$$

类似于上述分析，三维光子晶体的介电常数由于其周期性也能展开为傅里叶系数，即

$$\frac{1}{\varepsilon(\boldsymbol{r})} = \sum_{\boldsymbol{G}} \kappa(\boldsymbol{G})\mathrm{e}^{\mathrm{j}\boldsymbol{G}\cdot\boldsymbol{r}} \tag{4.32}$$

因此，式 (4.28) 可以化简为求本征值的方程

$$-\sum_{\boldsymbol{G}'} \kappa(\boldsymbol{G}-\boldsymbol{G}')(\boldsymbol{G}+\boldsymbol{k}) \times \left[(\boldsymbol{G}'+\boldsymbol{k}) \times \boldsymbol{H}(\boldsymbol{G}')\right] = \frac{\omega^2}{c^2}\boldsymbol{H}(\boldsymbol{G}) \tag{4.33}$$

显然，$\kappa(\boldsymbol{G})$ 是求解式 (4.33) 的关键，$\kappa(\boldsymbol{G})$ 可以表示为

$$\kappa(\boldsymbol{G}) = \frac{1}{V_0}\int_{V_0} \frac{1}{\varepsilon(\boldsymbol{r})}\mathrm{e}^{-\mathrm{j}\boldsymbol{G}\cdot\boldsymbol{r}}\mathrm{d}\boldsymbol{r} \tag{4.34}$$

其中，V_0 是晶格单元的体积。如果三维光子晶体的填充物为一个球，其中

$$\frac{1}{\varepsilon(\boldsymbol{r})} = \frac{1}{\varepsilon_2} + \left(\frac{1}{\varepsilon_1} - \frac{1}{\varepsilon_2}\right) S(\boldsymbol{r}) \tag{4.35}$$

式中，ε_1 表示填充球的相对介电常数；ε_2 表示背景介质的相对介电常数；而 $S(\boldsymbol{r})$ 为功能函数，其表达式为

$$S(\boldsymbol{r})=\begin{cases}1, & \boldsymbol{r}\in\boldsymbol{R}\\ 0, & \boldsymbol{r}\notin\boldsymbol{R}\end{cases} \tag{4.36}$$

其中，R 表示填充球的半径。因此，该光子晶体介电常数的傅里叶展开式可以表示为

$$\kappa(\boldsymbol{G})=\frac{1}{\varepsilon_2}\delta_G+\frac{1}{V_0}\left(\frac{1}{\varepsilon_1}-\frac{1}{\varepsilon_2}\right)\int_{V_0}S(\boldsymbol{r})\mathrm{e}^{-\mathrm{j}\boldsymbol{G}\cdot\boldsymbol{r}}\mathrm{d}\boldsymbol{r} \tag{4.37}$$

显然，

$$\int_{V_0}S(\boldsymbol{r})\mathrm{e}^{-\mathrm{j}\boldsymbol{G}\cdot\boldsymbol{r}}\mathrm{d}\boldsymbol{r}=2\pi\iint r^2\sin\theta\mathrm{e}^{-\mathrm{j}G\cdot r\cos\theta}\mathrm{d}r\mathrm{d}\theta=\frac{4\pi}{G^3}\left[\sin(GR)-GR\cos(GR)\right]$$

而介质球的填充率又可以表示为 $f=4\pi R^3/(3V_0)$，所以 $\kappa(\boldsymbol{G})$ 可以表示为

$$\kappa(\boldsymbol{G})=3f\left(\frac{1}{\varepsilon_1}-\frac{1}{\varepsilon_2}\right)\left[\frac{\sin(GR)}{(GR)^3}-\frac{\cos(GR)}{(GR)^2}\right] \tag{4.38}$$

但是如果填充介质的形状不是球形，而是任意形状呢？显然，$\kappa(\boldsymbol{G})$ 不能用式 (4.38) 来求取，那么求解式 (4.34) 成了关键。对于任意填充物形状，该如何求 $\kappa(\boldsymbol{G})$ 的值呢？解析求解的方法显然是不可取的。为了解决这个问题，可以采用数值计算中的技术来解决[184−186]，即采用类似 FDTD 方法中的网格对整个周期单元进行剖分，如果光子晶体的单元结构由一个大小为 $a\times b\times c$ 的长方体构成，剖分网格在三个周期方向上的最小网格分别为 Δx、Δy 和 Δz，显然周期单元的相对介电常数应该是空间分布 (x,y,z) 的函数，那么式 (4.34) 就可以化简为一个简单的数值计算过程：

$$\begin{aligned}\kappa(\boldsymbol{G})&=\frac{1}{V_0}\int_{V_0}\frac{1}{\varepsilon(\boldsymbol{r})}\mathrm{e}^{-\mathrm{j}\boldsymbol{G}\cdot\boldsymbol{r}}\mathrm{d}\boldsymbol{r}\\&=\frac{1}{a\cdot b\cdot c}\iiint\frac{1}{\varepsilon(x,y,z)}\exp\left[-\mathrm{j}\left(G_x x+G_y y+G_z z\right)\right]\mathrm{d}x\mathrm{d}y\mathrm{d}z\\&=\frac{1}{a\cdot b\cdot c}\sum_{j=0}^{N_x}\sum_{k=0}^{N_y}\sum_{u=0}^{N_z}\frac{1}{\varepsilon(x_j,y_k,z_u)}\exp\left[-\mathrm{j}\left(G_x x_j+G_y y_k+G_z z_u\right)\right]\Delta x_j\Delta y_k\Delta z_u\end{aligned} \tag{4.39}$$

其中，N_x、N_y 和 N_z 分别表示 x、y 和 z 方向上剖分的网格数。同理，对于二维光子晶体而言，$\kappa(\boldsymbol{G})$ 则可以表示为

$$\kappa(\boldsymbol{G}_\parallel)=\frac{1}{S_0}\int_{S_0}\frac{1}{\varepsilon(\boldsymbol{r}_\parallel)}\mathrm{e}^{-\mathrm{j}\boldsymbol{G}_\parallel\cdot\boldsymbol{r}_\parallel}\mathrm{d}\boldsymbol{r}_\parallel=\frac{1}{a\cdot b}\iint\frac{1}{\varepsilon(x,y)}\exp\left[-\mathrm{j}\left(G_x x+G_y y\right)\right]\mathrm{d}x\mathrm{d}y$$

$$= \frac{1}{a \cdot b} \sum_{j=0}^{N_x} \sum_{k=0}^{N_y} \frac{1}{\varepsilon(x_j, y_k)} \exp\left[-\mathrm{j}\left(G_x x_j + G_y y_k\right)\right] \Delta x_j \Delta y_k \tag{4.40}$$

其中，S_0 表示周期单元的面积。式 (4.39) 和式 (4.40) 给出了填充为任意形状时三维和二维光子晶体介电常数的傅里叶展开系数求解公式。另外一个问题将随之而来：如果该光子晶体是等离子体光子晶体，是否还能用式 (4.39) 和式 (4.40) 对介电常数的傅里叶展开系数进行求解呢？答案是肯定的，因为求解式 (4.34) 本质上是函数 $\varepsilon(\boldsymbol{r})^{-1}\mathrm{e}^{-\mathrm{j}\boldsymbol{G}\cdot\boldsymbol{r}}$ 在周期单元内的体积分。而对于等离子体光子晶体而言，其介电常数 $\varepsilon(\boldsymbol{r})^{-1}$ 是关于 ω、x、y 和 z 的函数，且 ω 与 x、y、z 无关。因此，式 (4.39) 和式 (4.40) 同样能对填充物为任意形状的三维和二维等离子体光子晶体进行求解。以上方法就称为基于网格法的 PWE 方法，一般情况下 $N_x = N_y = N_z$，且 $\Delta x_j = \Delta y_k = \Delta z_u$。

但值得一提的是，基于网格法的 PWE 方法在本质上还是 PWE 方法，其求解精度不会高于解析的 PWE 方法，即求解的精度还是由展开平面波的数量决定的，而剖分的密度只能使得求解的值更接近于解析解。下面就以一个算例来说明这个问题。介质圆柱填充在等离子体背景中形成一个正方形晶格的二维等离子体光子晶体，晶格常数 a=10 mm，介质圆柱的半径 r=0.25a，ε_d=10，等离子体频率为 ω_p=6.8π×10^{9}rad/s，等离子体碰撞频率为 ν_c =3.2π×10^{9}rad/s。要计算该二维等离子体光子晶体 TM 波的色散曲线，必然要计算以下方程的特征值[120]：

$$|\boldsymbol{k}_\parallel + \boldsymbol{G}_\parallel| \cdot |\boldsymbol{k}_\parallel + \boldsymbol{G}'_\parallel| B(\boldsymbol{k}_\parallel|\boldsymbol{G}'_\parallel) = \frac{\omega^2}{c^2} \sum_{\boldsymbol{G}'_\parallel} \kappa(\boldsymbol{G}_\parallel - \boldsymbol{G}'_\parallel) B(\boldsymbol{k}_\parallel|\boldsymbol{G}_\parallel) \tag{4.41}$$

其中，$\kappa(\boldsymbol{G}_\parallel) = \left[\varepsilon\left(\omega\right) - \varepsilon_\mathrm{d}\right] \dfrac{1}{S_0} \displaystyle\int \mathrm{d}\boldsymbol{r}_\parallel S\left(\boldsymbol{r}_\parallel\right) \mathrm{e}^{-\mathrm{j}G_\parallel \cdot \boldsymbol{r}_\parallel}$。为了求解 TM 波的色散曲线，图 4.6 给出了该光子晶体的单元结构图和网格法的单元剖分图。图 4.7 给出了解析法和网格剖分法的计算结果对比图，假设此时网格法的剖分网格数 N 为 60×60，计算时展开的平面波的数量为 441。由图 4.7 可知，用基于网格法的 PWE 方法对 TM 模式下该二维等离子体光子晶体的色散曲线的求解是完全可行的，且和常规 (解析) 的 PWE 方法所得到的结果非常吻合，因此基于网格法的 PWE 方法是正确的、有效的和可行的。

从直观上讲，网格剖分的数量越多，计算结果就越接近于解析解。但是过多剖分的网格数必然会带来计算时内存占用过多和计算时间更长等问题。那么剖分网格的个数和计算精度间的关系是什么呢？即其收敛性如何呢？图 4.8 给出了网格剖分的网格数 $N_x \times N_x$ 与解析解的关系图。其中相对误差是用解析计算的值为标准值产生的，计算了色散曲线中前 3 条能带在 M 点的值。由图 4.8 可知，N_x 越大，未必有较小的相对误差，这是由于剖分的网格拟合圆柱时出现的误差造成的。当

N_x 大于 126 时，网格法计算前 3 条能带在 M 点的相对误差将小于 0.6%。因此，在实际应用时网格剖分不需要太大，取 128×128 即可满足计算的精度。

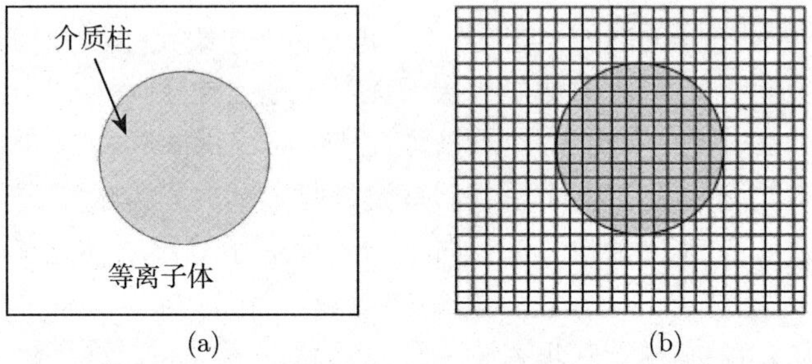

图 4.6　该光子晶体的周期结构单元 (a) 和网格法的单元剖分图 (b)

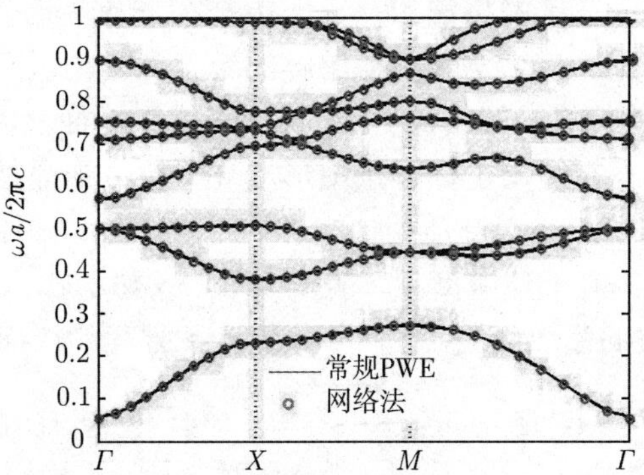

图 4.7　常规 PWE 方法和基于网格法的 PWE 方法的计算结果对比图

其中实线为常规 (解析)PWE 方法的计算结果，圆圈为基于网格法的 PWE 方法的计算结果

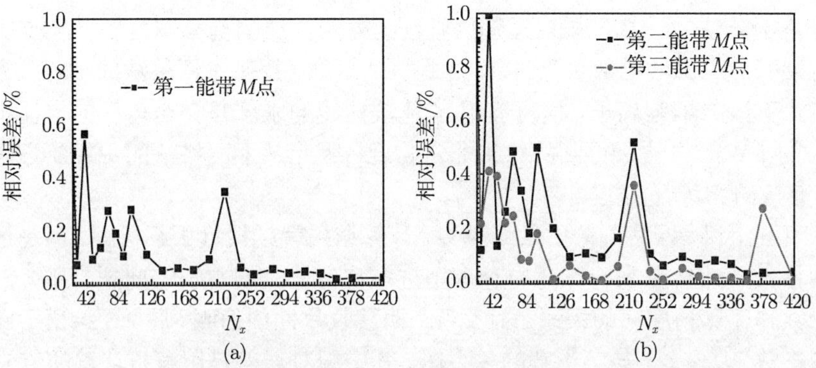

图 4.8　基于网格法的 PWE 方法与解析的 PWE 方法的比较

(a) 第一能带 M 点；(b) 第二和第三能带 M 点

4.3.3 基于打靶法的 PWE 算法

由 4.3.2 节的内容可知，用 PWE 方法求解等离子体光子晶体的色散曲线，其本质上是对介电常数的傅里叶展开系数 $\kappa(\boldsymbol{G})$ 的求取。4.3.2 节提及的网格法，其实质上是用网格剖分积分区域来求解 $\kappa(\boldsymbol{G})$ 的方法。类似的技术在数值计算中还有很多，如梯形公式法、辛普森公式法和高斯求积公式法等[187]。这些改进的技术本质上还是用固定剖分网格大小的技术来实现的，其可行性在此不作详细阐述。基于网格法的 PWE 算法实现起来相对简单，但是其计算精度还是和填充物的曲线轮廓相关的。从图 4.8 可知，网格剖分越多，未必会有更小的相对误差。那么是否有另外一种技术在数值求解 $\kappa(\boldsymbol{G})$ 时能够很好地描述复杂的曲线轮廓，而且使得计算精度能够在可接受的范围之内呢？答案是肯定的。因为对于 $\kappa(\boldsymbol{G})$ 的求解，其本质上就是求解在特定区域内的二维或者三维积分，为了使得积分函数能够更好地被数值化，可以采用概率统计中的 "浦丰" 原理来实现[188-190]，即用随机打靶的方式来求取积分的值。其原理也较为简单，以求解 4.3.2 节中二维等离子体光子晶体的 $\kappa(\boldsymbol{G}_\parallel)$ 为例。为了求得 $\kappa(\boldsymbol{G}_\parallel)$ 的值，可以在晶格单元内随机 "掷出"N 个点，如果在圆柱范围内的，其相对介电常数就取 ε_d；如果在背景范围内的，其相对介电常数就取 ε_p。当 N 的值足够大时，$\kappa(\boldsymbol{G}_\parallel)$ 的值就可以求得了。这种方法的好处是：当 N 的值足够大时，对于填充物的曲线轮廓的描述比较精确。求取 $\kappa(\boldsymbol{G}_\parallel)$ 的公式如下：

$$\kappa(\boldsymbol{G}_\parallel)=\frac{1}{S_0}\int_{S_0}\frac{1}{\varepsilon(\boldsymbol{r}_\parallel)}\mathrm{e}^{-\mathrm{j}\boldsymbol{G}_\parallel\cdot\boldsymbol{r}_\parallel}\mathrm{d}\boldsymbol{r}_\parallel=\frac{1}{N\cdot S_0}\sum_{i=1}^{N}\frac{f(x_i,y_i)}{\varepsilon(x_i,y_i)}\exp\left[-\mathrm{j}\left(G_x x_i+G_y y_i\right)\right] \tag{4.42}$$

其中，$f(x_i,y_i)$ 为打靶的概率分布函数。

图 4.9 给出了在 N 取不同值时，周期单元格的概率分布图。由图 4.9 可知，打靶次数 N 越多，其模型就越接近实际模型，对填充物曲线轮廓的描述就越精确。为了验证基于打靶法的 PWE 算法的有效性，用该方法来计算上节的算例。图 4.10

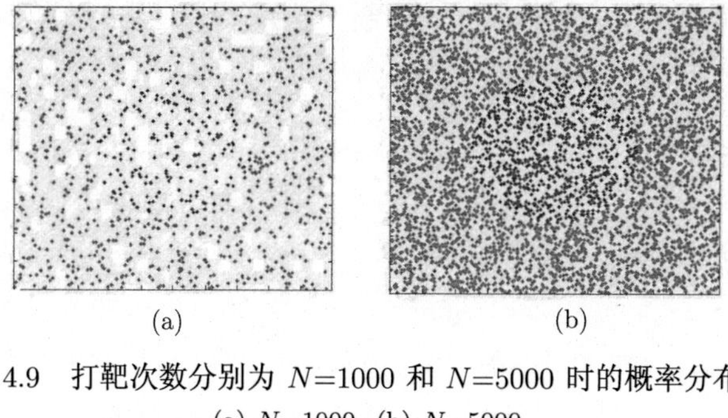

图 4.9 打靶次数分别为 N=1000 和 N=5000 时的概率分布图
(a) N=1000；(b) N=5000

给出了基于打靶法的 PWE 算法（N=5000）与常规解析 PWE 算法的计算结果对比图。由图 4.10 可知，这两种算法的计算结果能较好的吻合，所以这种计算方法是有效的。但值得一提的是，打靶法和网格法一样，其计算的精度都是由展开的平面波数量决定的，即其计算结果不可能优于解析法。为了进一步研究该算法的收敛性，图 4.11 给出了打靶数 N 与解析解的关系图，且其相对误差是关于解析解的相对误差。由图 4.11 可知，当 $N > 4300$ 时，该方法计算的结果与解析解的相对误差将小于 1%。与网格法类似，打靶数量 N 越大，未必有更小的相对误差，但是其相对误差都将小于 1%，收敛性还是较好。因此，在实际计算中选取 40000 个点足以满足计算精度。

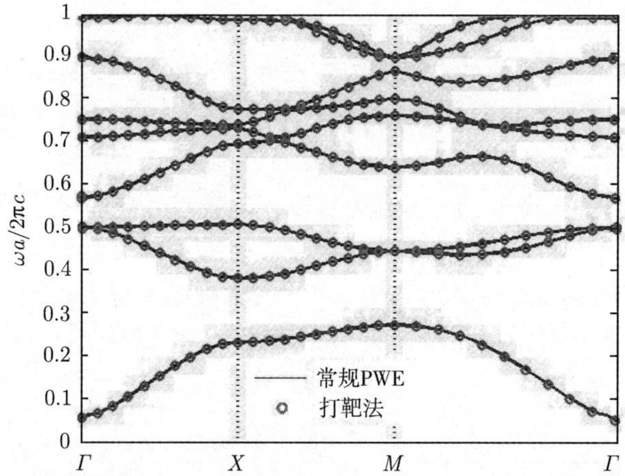

图 4.10　常规 PWE 方法和基于打靶法的 PWE 方法的计算结果对比图

其中实线为常规（解析）PWE 方法的计算结果，圆圈为基于打靶法的 PWE 方法的计算结果

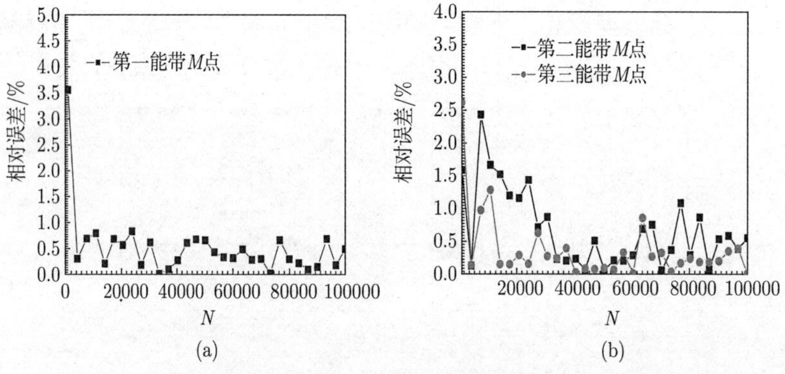

图 4.11　基于打靶法的 PWE 方法与解析的 PWE 方法的比较

(a) 第一能带 M 点；(b) 第二和第三能带 M 点

4.4 等离子体光子晶体的 FDFD 算法

由第 1 章可知，求取光子晶体带隙图谱的方法有很多，主要有 FDTD、PWE 和 FDFD 等。虽然 FDTD 方法在计算光子晶体的 S 参数上有很好的精度，但是在计算其色散关系时容易出现“虚频”现象，这使得在计算时激励源和探测点必须要设置在合理的位置上[191]。PWE 方法是主流的计算方法之一，它可以对光子晶体的色散曲线进行计算，但是其最大的问题是在对介质函数进行傅里叶展开时收敛速度缓慢[192]。对于 FDFD 方法而言，它结合了 FDTD 和 PWE 方法的特点，在空间中用 Yee 网格对光子晶体单元进行剖分，而在频域中直接对本征模式进行求解，不需要设置激励源和探测点，而且在计算光子晶体带隙时有较高的准确性和稳定性[193,194]。由于 FDFD 方法在频域内是直接进行本征值求解的，所以它和 PWE 方法一样能精确地分辨出靠得很近的本征模式。然而 FDFD 方法在计算本征值时会生成一个巨大的稀疏矩阵[195]，这使得该方法在求解过程中必须消耗大量的内存和 CPU 时间。因此，FDFD 方法的计算精度由剖分网格的精度决定，即由计算机的内存大小决定。但是随着现代计算机硬件水平的发展，这个“缺点”似乎已经不是 FDFD 方法发展的绊脚石。尤其是近几年，FDFD 方法已经可以用来计算金属[196]、频变损耗[197] 和色散介质[198] 光子晶体的带隙图。等离子体本身就是一种频变色散的介质，FDFD 方法显然可以对等离子体光子晶体的带隙图谱进行计算。为了方便，就以计算 TM 模式下二维等离子体光子晶体的色散曲线为例来说明 FDFD 方法的有效性，并推导相应的计算公式。该二维等离子体光子晶体的参数与 4.3.2 中的相同，即介质圆柱填充等离子体，且晶格结构为正方形。

图 4.12 给出了 TM 模式下 FDFD 方法的 Yee 网格和周期单元结构的周期边界条件。由图 4.12 可知，周期边界条件为 PBC1 和 PBC2。根据 FDFD 方法可知[187]，PBC2 和 PBC1 满足

$$\text{PBC2}: \quad \psi(x, y+a) = \psi(x, y)\exp(-\mathrm{j}k_y a) \tag{4.43}$$

$$\text{PBC1}: \quad \psi(x+a, y) = \psi(x, y)\exp(-\mathrm{j}k_x a) \tag{4.44}$$

式中，a 为晶格常数；k_y 和 k_x 分别为 y 和 x 方向的传播常数；ψ 表示晶格单元中的电场或者磁场分量。假设计算时引入的时谐量是 $\mathrm{e}^{\mathrm{j}\omega t}$，$\omega$ 是角频率，t 是时间，且 $\mathrm{j}=\sqrt{-1}$，那么 Maxwell 方程组在频域中的方程形式如下：

$$\nabla \times \boldsymbol{H} = \mathrm{j}\omega\varepsilon_0 \boldsymbol{\varepsilon}_{\mathbf{r}} \boldsymbol{E} \tag{4.45}$$

$$\nabla \times \boldsymbol{E} = -\mathrm{j}\omega\mu_0 \boldsymbol{\mu}_{\mathbf{r}} \boldsymbol{H} \tag{4.46}$$

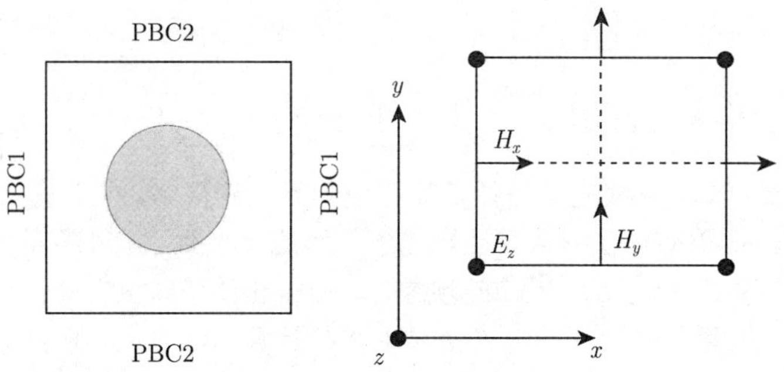

图 4.12　TM 模式下 FDFD 方法的 Yee 网格和周期单元结构的周期边界条件

对于 TM 模式而言，式 (4.45) 和式 (4.46) 可以化简为[184]

$$\mathrm{j}\omega\begin{pmatrix}\varepsilon_0\boldsymbol{\varepsilon_z} & 0 & 0\\ 0 & -\mu_0\boldsymbol{\mu_x} & 0\\ 0 & 0 & -\mu_0\boldsymbol{\mu_y}\end{pmatrix}\begin{pmatrix}\boldsymbol{E_z}\\ \boldsymbol{H_x}\\ \boldsymbol{H_y}\end{pmatrix}=\begin{pmatrix}0 & -\boldsymbol{V_y} & \boldsymbol{V_x}\\ \boldsymbol{U_y} & 0 & 0\\ -\boldsymbol{U_x} & 0 & 0\end{pmatrix}\begin{pmatrix}\boldsymbol{E_z}\\ \boldsymbol{H_x}\\ \boldsymbol{H_y}\end{pmatrix}\tag{4.47}$$

其中，$\boldsymbol{\varepsilon_z}$ 表示剖分网格处 z 轴方向的介电常数矩阵，且为对角矩阵[182]；$\boldsymbol{\mu_x}$ 和 $\boldsymbol{\mu_y}$ 分别表示剖分网格处 x 轴和 y 轴方向的磁导率矩阵，且都为对角矩阵[196]；$\boldsymbol{E_z}$、$\boldsymbol{H_x}$ 和 $\boldsymbol{H_y}$ 分别为场矢量；$\boldsymbol{U_y}$、$\boldsymbol{U_x}$、$\boldsymbol{V_y}$ 和 $\boldsymbol{V_x}$ 的定义分别参见文献 [196]。将式 (4.45) 中的 $\boldsymbol{H_x}$ 和 $\boldsymbol{H_y}$ 消去，可以得到

$$\omega^2\varepsilon_0\boldsymbol{\varepsilon_z}\boldsymbol{E_z}+\frac{1}{\mu_0}\left(\boldsymbol{V_y}\cdot\boldsymbol{\mu_x}^{-1}\cdot\boldsymbol{U_y}+\boldsymbol{V_x}\cdot\boldsymbol{\mu_y}^{-1}\cdot\boldsymbol{U_x}\right)\boldsymbol{E_z}=0\tag{4.48}$$

而对于二维等离子体光子晶体而言，式 (4.48) 可以化简为

$$(\omega\ /\ c)^2\boldsymbol{\varepsilon_{zr}}\boldsymbol{E_z}+(\boldsymbol{V_y}\cdot\boldsymbol{U_y}+\boldsymbol{V_x}\cdot\boldsymbol{U_x})\,\boldsymbol{E_z}=0\tag{4.49}$$

其中，c 为真空中的光速度。由于该二维等离子体光子晶体是介质柱填充等离子体背景，且二者都为均匀和各向同性的，所以对于该光子晶体周期单元的分布函数 $\boldsymbol{\varepsilon_{zr}}$ 为

$$\boldsymbol{\varepsilon_{zr}}=\begin{cases}\varepsilon_{\mathrm{d}}, & \boldsymbol{r}\in\boldsymbol{R}\\ 1-\dfrac{\omega_{\mathrm{p}}^2}{\omega^2-\mathrm{j}(\nu_{\mathrm{c}}\omega)}, & \boldsymbol{r}\notin\boldsymbol{R}\end{cases}\tag{4.50}$$

同理，对于等离子体背景而言，在该光子晶体周期单元中的等离子体频率分布函数 $\boldsymbol{\omega_{pz}}$ 为

$$\boldsymbol{\omega_{pz}}=\begin{cases}0, & \boldsymbol{r}\in\boldsymbol{R}\\ \omega_{\mathrm{p}}, & \boldsymbol{r}\notin\boldsymbol{R}\end{cases}\tag{4.51}$$

显然，$\boldsymbol{\omega}_{\mathbf{pz}}$ 表示剖分网格处 z 轴方向等离子体频率的矩阵，且为对角矩阵[135]。如果定义一个复数变量 $\zeta = \omega / c$，那么式 (4.49) 可以化简为以下形式：

$$\zeta^3 \boldsymbol{J} - \zeta^2 \boldsymbol{K} - \zeta \boldsymbol{L} - \boldsymbol{M} = 0 \tag{4.52}$$

且

$$\boldsymbol{J} = \boldsymbol{\varepsilon}_{\boldsymbol{z}\mathbf{r}} \tag{4.53}$$

$$\boldsymbol{K} = \mathrm{j}\frac{\nu_{\mathrm{c}}}{c} \cdot \boldsymbol{\varepsilon}_{\boldsymbol{z}\mathbf{r}} \tag{4.54}$$

$$\boldsymbol{L} = \frac{\boldsymbol{\omega}_{\mathbf{pz}}}{c^2} - (\boldsymbol{V}_{\boldsymbol{y}} \cdot \boldsymbol{U}_{\boldsymbol{y}} + \boldsymbol{V}_{\boldsymbol{x}} \cdot \boldsymbol{U}_{\boldsymbol{x}}) \tag{4.55}$$

$$\boldsymbol{M} = \mathrm{j}\frac{\nu_{\mathrm{c}}}{c} (\boldsymbol{V}_{\boldsymbol{y}} \cdot \boldsymbol{U}_{\boldsymbol{y}} + \boldsymbol{V}_{\boldsymbol{x}} \cdot \boldsymbol{U}_{\boldsymbol{x}}) \tag{4.56}$$

其中，$\boldsymbol{J}$、$\boldsymbol{K}$、$\boldsymbol{L}$ 和 $\boldsymbol{M}$ 是 $n\times n$ 的矩阵。式 (4.52) 的求解可以转换成一个 $3n\times 3n$ 矩阵 $\boldsymbol{Q}$ 特征值的求取，矩阵 $\boldsymbol{Q}$ 和 $\boldsymbol{V}$ 满足

$$\boldsymbol{Q}z = \zeta \boldsymbol{V} z, \boldsymbol{Q} = \begin{bmatrix} \mathbf{0} & \boldsymbol{I} & \mathbf{0} \\ \mathbf{0} & \mathbf{0} & \boldsymbol{I} \\ \boldsymbol{M} & \boldsymbol{L} & \boldsymbol{K} \end{bmatrix}, \quad \boldsymbol{V} = \begin{bmatrix} \boldsymbol{I} & \mathbf{0} & \mathbf{0} \\ \mathbf{0} & \boldsymbol{I} & \mathbf{0} \\ \mathbf{0} & \mathbf{0} & \boldsymbol{J} \end{bmatrix} \tag{4.57}$$

其中，$\boldsymbol{I}$ 为单位矩阵，求解式 (4.57) 的本征值就得到了式 (4.52) 的解。需要说明的是周期边界条件 PBC1 和 PBC2 中已经包含了正方形晶格的第一不可约布里渊区，所以式 (5.57) 的本征值可以直接用来画带隙图[198]。同理，TE 模式下二维等离子体光子晶体的色散曲线也可以用类似的方法获得。TE 模式下，式 (4.45) 和式 (4.46) 可以化简为[198]

$$\mathrm{j}\omega \begin{pmatrix} \mu_0 \boldsymbol{\mu}_z & 0 & 0 \\ 0 & \varepsilon_0 \boldsymbol{\varepsilon}_x & 0 \\ 0 & 0 & \varepsilon_0 \boldsymbol{\varepsilon}_y \end{pmatrix} \begin{pmatrix} \boldsymbol{H}_z \\ \boldsymbol{E}_x \\ \boldsymbol{E}_y \end{pmatrix} = \begin{pmatrix} 0 & \boldsymbol{U}_y & -\boldsymbol{U}_x \\ \boldsymbol{V}_y & 0 & 0 \\ -\boldsymbol{V}_x & 0 & 0 \end{pmatrix} \begin{pmatrix} \boldsymbol{H}_z \\ \boldsymbol{E}_x \\ \boldsymbol{E}_y \end{pmatrix} \tag{4.58}$$

其中，$\boldsymbol{\mu}_z$ 表示剖分网格处 z 轴方向的磁导率矩阵，且为对角矩阵[198]；$\boldsymbol{\varepsilon}_x$ 和 $\boldsymbol{\varepsilon}_y$ 分别表示剖分网格处 x 轴和 y 轴方向的介电常数矩阵，且都为对角矩阵[135]。同理，式 (4.58) 可以化简为

$$(\omega / c)^2 \boldsymbol{H}_z + \left(\boldsymbol{U}_y \cdot \boldsymbol{\varepsilon}_x^{-1} \cdot \boldsymbol{V}_y + \boldsymbol{U}_x \cdot \boldsymbol{\varepsilon}_y^{-1} \cdot \boldsymbol{V}_x\right) \boldsymbol{H}_z = 0 \tag{4.59}$$

显然，求解式 (4.59) 的特征值，TE 模式下的色散曲线就得到了。

为了验证式 (4.57) 的有效性，图 4.13 给出了 FDFD 算法计算 4.3.1 中算例的结果，此时 FDFD 算法采用 60×60 的网格对该光子晶体的周期单元格进行剖分。为了便于验证，用解析的 PWE 方法的计算结果与其进行比较。为了提高计算精

度，PWE 计算时展开的平面波的数量为 1089[199,200]。由图 4.13 可知，FDFD 算法的计算结果与 PWE 方法的计算结果吻合得比较好。FDFD 算法是正确的、有效的和可行的。但是需要注意的是，由于 FDFD 方法是采用类似 Yee 网格的技术对周期单元格进行剖分的，那么对于填充物曲线轮廓的描述必然存在着误差，所以 FDFD 在进行计算时剖分的网格数 N 应该取得足够大。图 4.14 给出了 FDFD 算法与解析解的关系图，且其相对误差是关于 PWE 方法解析解的相对误差。为了验证 FDFD 算法的收敛性，PWE 方法的解析解由展开 1225 个平面波后获得。由图 4.14 可知，当剖分网格数 $N > 40$ 时，FDFD 算法与 PWE 算法的计算结果的相对误差将小于 1%。剖分网格数越多，其相对误差未必最小。FDFD 算法的收敛性较好，只要剖分的网格数足够大，其相对误差将小于 1%。

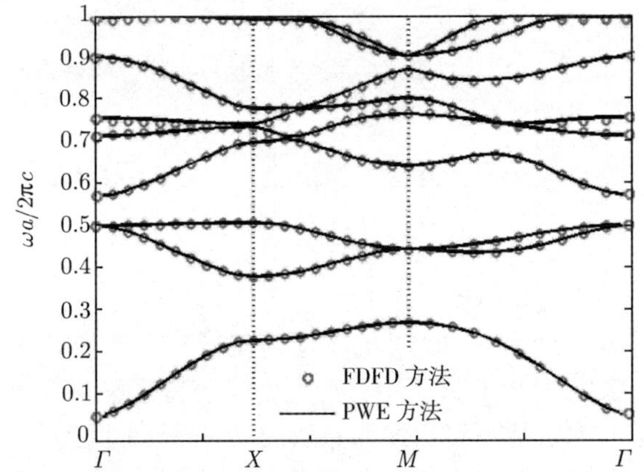

图 4.13 常规解析的 PWE 算法和 FDFD 算法的计算结果对比图

其中实线为常规（解析）PWE 算法的计算结果，圆圈为 FDFD 算法的计算结果

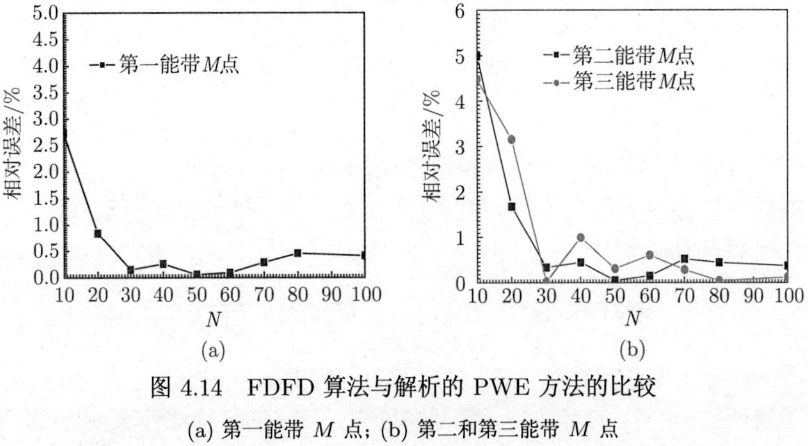

图 4.14 FDFD 算法与解析的 PWE 方法的比较

(a) 第一能带 M 点；(b) 第二和第三能带 M 点

第 5 章　一维非磁化等离子体光子晶体禁带特性

本章主要介绍了一维等离子体光子晶体在未加外磁场的情况下 (非磁化等离子体光子晶体) 的禁带特性。本章主要采用 FDTD 算法对电磁波垂直入射时一维非磁化等离子体光子晶体的全过程进行了计算，以微分高斯脉冲作为激励源，采用非磁化等离子体的时域有限差分算法对电磁波在非磁化等离子体光子晶体中的传播进行仿真计算。通过仿真计算获得的电磁波透射系数来研究非磁化等离子体光子晶体的等离子体层在分布均匀和非时变情况下的禁带周期特性及其等离子体层在非均匀分布和时变情况下的禁带特性，讨论了温度、等离子体层密度对其禁带特性的影响以及引入缺陷后其缺陷模的特性。

5.1　用于计算的物理模型和 FDTD 计算的参数

为了方便阐述，我们将首先给出本章计算应用到的主要物理模型和 FDTD 计算用的各类参数。用于仿真计算的一维非磁化等离子体光子晶体的物理模型如图 5.1 和图 5.2 所示。图 5.1 为无缺陷的非磁化等离子体光子晶体的计算模型，由 7 层介质层和 6 层等离子体层构成一维等离子体光子晶体。图 5.2 为具有单一缺陷层的非磁化等离子体光子晶体的计算模型，由 6 层介质层、6 层等离子体层和 1 层缺陷层构成。电磁波从左向右均匀垂直射入，且令该传播方向为 $+z$ 方向，入射波的频率范围为 0~15GHz。用 N 表示该非磁化等离子体光子晶体的周期常数，用 M 表示缺陷层在非磁化等离子体光子晶体中所处的位置，用 a 表示介质层的厚度，用 b 表示等离子体层的厚度，用 c 表示缺陷层的厚度，用ω_{p} 表示等离子体频率，用ν_{c}

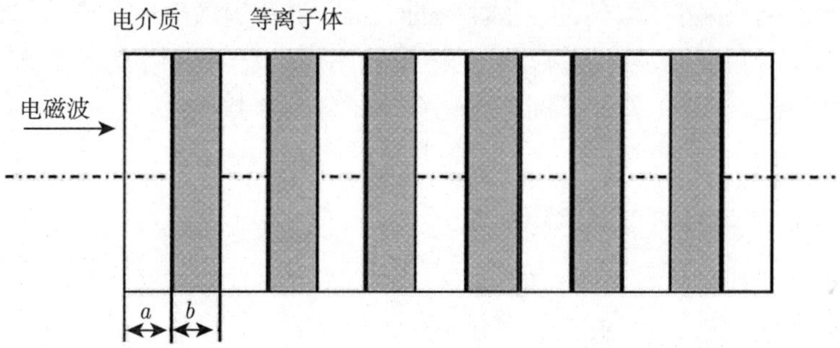

图 5.1　无缺陷的非磁化等离子体光子晶体的计算模型

表示等离子体碰撞频率。仿真计算的初始参数定为：N=6，M=7，$a = b = c$=1cm，介质层的介电常数ε_1=7，缺陷层的介电常数ε_2=4.5。

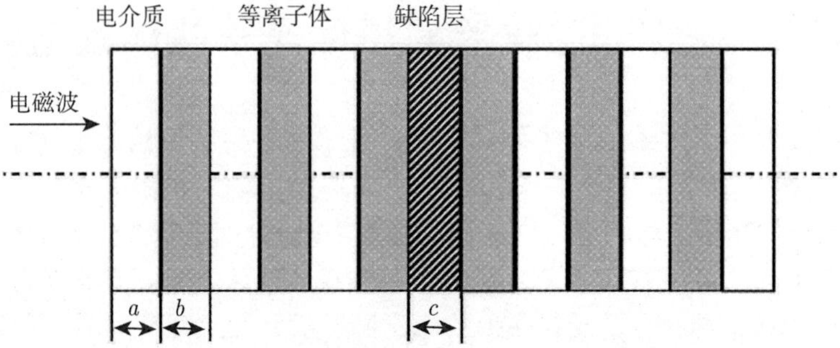

图 5.2 具有单一缺陷层的非磁化等离子体光子晶体的计算模型

取 FDTD 计算的空间步长为 1mm，根据 Courant 条件，取时间步长 Δt=2ps。将 13 cm 厚的等离子体光子晶体划分为 130 个计算网格。计算空间的两端各设两个吸收边界，用于吸收截断边界时产生的反射。吸收边界为完全匹配层 (PML)，占据 5 个网格。沿 $+z$ 轴传播的入射电磁波为高斯脉冲，该脉冲的表达式由下式给出：

$$E_i(t) = -A \cdot (t - 6\tau) \exp\left[-\frac{4\pi(t - 6\tau)^2}{30\tau^2}\right] \quad (t \leqslant 10\tau) \tag{5.1}$$

$$E_i(t) = 0 \quad (t > 10\tau) \tag{5.2}$$

式中，τ 为常量，仿真计算时 τ 取 20；A=4.67 V/m。为了获得非磁化等离子体光子晶体的禁带特性，在仿真计算 10000 步后，用在时域得到的电场分量通过傅里叶变换转换到频域，然后再在频域里求解透射系数。

5.2 一维非磁化等离子体光子晶体禁带周期特性

下面就以无缺陷的、均匀的、非时变的一维非磁化等离子体光子晶体为研究对象，以空间结构和周期常数、等离子体的碰撞频率、等离子体频率为参量来讨论光子禁带的周期特性。参与仿真计算的非磁化等离子体的参数取为：ω_{p}=10π×10^{9}rad/s，v_{c}=2×10^{9}rad/s。

5.2.1 用于仿真计算的 FDTD 算法

本节采用了非磁化等离子体的 JEC-FDTD 算法。此算法既保证了较低的计算时间和存储空间，又具有较高的计算精度。在此仅给出其电场分量和电流密度分量的迭代方程，其推导过程详见第 3 章。

$$E_x^{n+1} = E_x^n - \frac{\Delta t}{\varepsilon_0 \Delta x}(\nabla \times H)_y^{n+\frac{1}{2}} - \frac{\Delta t}{\varepsilon_0} J_x^{n+\frac{1}{2}} \tag{5.3}$$

$$J_x^{n+\frac{1}{2}} = \exp(-\nu\Delta t) J_x^{n-\frac{1}{2}} + \varepsilon_0 \omega_{\mathrm{p}}^2 \exp(-\nu\Delta t/2) E_x^n \Delta t \tag{5.4}$$

式中，E_x 为电场强度；H_y 为磁场强度；J_x 为电场密度；ε_0 为真空中的介电常数；Δt 为时间步长；Δx 为空间步长；其他物理量的定义见第 3 章。磁场的迭代公式与常规的 FDTD 公式相同。电介质部分的处理与常规的 FDTD 算法相同。

5.2.2 周期常数对光子禁带周期特性的影响

图 5.3 给出了 N=1,6,16,30 时的透射率频谱图，图 5.4 给出了 N=1~30 时透射率频谱图。由图 5.3 可知，单一的等离子体层和介质层构成的非磁化等离子体光子晶体不能形成周期性的光子禁带，光子禁带的宽度随着周期数的增加而增大，且禁带的中心频率向高频方向移动，周期特性几乎不受影响。由图 5.4 可知，当周期参数 N 增加到一定数值后，再增加周期参数 N，光子禁带的宽度不再有明显的增加，而且其透射率的峰值随 N 的增大而减小。这主要是因为等离子体是一种具有耗散特性的介质，其介电常数和折射率与入射电磁波的频率有关，其自身不仅对电磁波有滤波作用，而且当入射电磁波的频率高于等离子体频率时，由于等离子体的碰撞，入射电磁波的能量会被吸收，电磁波的能量转化为等离子体的内能。随着周期常数 N 的增加，电磁波在等离子体里的能量损耗也相应增加，所以仅增加周期参数 N 不能显著拓宽光子禁带宽度，但能保持较好的周期特性。

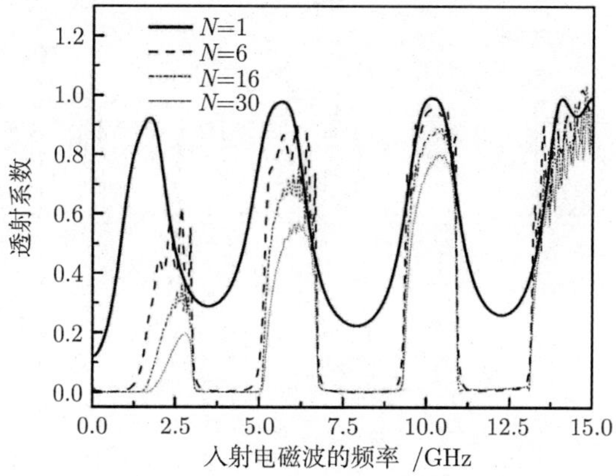

图 5.3 N=1,6,16,30 时的透射率频谱图

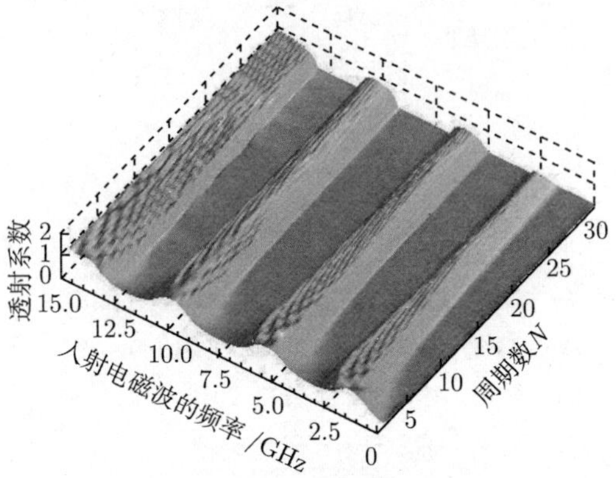

图 5.4 N=1~30 时的透射率频谱图 [68]

5.2.3 空间结构参数 b 对光子禁带周期特性的影响

图 5.5 给出了 b=10mm,26mm,40mm 时的透射率频谱图，图 5.6 给出了 b=10~40mm 的透射率频谱图。由图 5.5 可知，随着 b 的增大，光子禁带的周期性变差，但禁带的宽度却得到了很好的拓展。由图 5.6 可知，当入射波频率较低且等离子体层的厚度较大时，几乎不能产生周期性的光子禁带，只有当入射波频率高且等离子体层厚度较小时才能产生周期性的光子禁带。随着 b 的增加，等离子体的吸波能力也随之增强，入射电磁波衰减得越厉害。如图 5.6 所示，频率为 3.2GHz 的入射波在 b=40mm 时就几乎完全被反射，所以可以根据入射波的频率适当地改变等离子体厚度，从而获得最佳的禁带特性。

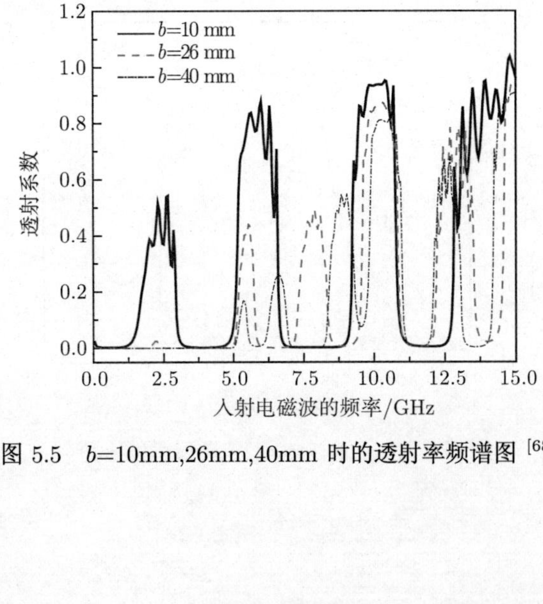

图 5.5 b=10mm,26mm,40mm 时的透射率频谱图 [68]

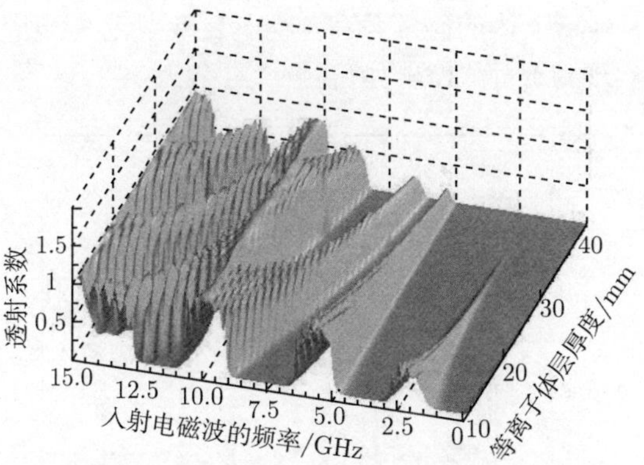

图 5.6 b=10~40mm 时的透射率频谱图 [68]

5.2.4 等离子体碰撞频率对光子禁带周期特性的影响

图 5.7 给出了 ν_{c}=0.1GHz，1GHz，10GHz，80GHz 的透射率频谱图，图 5.8 给出了 ν_{c}=0.1~80GHz 时的透射率频谱图。从图 5.7 可知，等离子体的碰撞频率对光子禁带的周期性影响不大，禁带保持较好的周期特性，而且对禁带带宽的影响也不大，且禁带的中心频率略向低频方向移动。透射率频谱图中的峰值随着等离子体碰撞频率的增加而先减小后增大。这主要是因为等离子体对入射电磁波有吸收作用，即等离子体中的电子被电磁波的电场加速，吸收电磁波的能量，同时通过碰撞把能量传给中性粒子和离子。从图 5.8 可知，当等离子体碰撞频率增加到一定值后，透射率图谱中的峰值几乎不会随着碰撞频率的增加而有明显的增大。由文献 [166] 知，电磁波在等离子体中传播的衰减系数α和入射波的频率 ω、等离子体频率 ω_{p}、等离子碰撞频率 ν_{c} 的满足以下关系：

$$\alpha=\kappa_0\left(\frac{1}{2}\left\{-\left(1-\frac{\omega_{\mathrm{p}}^2}{\omega^2+\nu_{\mathrm{c}}^2}\right)+\left[\left(1-\frac{\omega_{\mathrm{p}}^2}{\omega^2+\nu_{\mathrm{c}}^2}\right)^2+\left(\mathrm{j}\frac{\nu_{\mathrm{c}}}{\omega}\frac{\omega_{\mathrm{p}}^2}{\omega^2+\nu_{\mathrm{c}}^2}\right)^2\right]^{1/2}\right\}\right)^{1/2} \tag{5.5}$$

当 $\omega_{\mathrm{p}},\nu_{\mathrm{c}}\gg\omega$ 时，式 (5.5) 可以近似写成

$$\alpha\approx\kappa_0\left(\frac{\omega_{\mathrm{p}}^2}{2\omega\nu_{\mathrm{c}}}\right)^{1/2}\left(1+\frac{\omega}{2\nu_{\mathrm{c}}}-\frac{\omega\nu_{\mathrm{c}}}{2\omega_{\mathrm{p}}^2}\right) \tag{5.6}$$

当 $\omega_{\mathrm{p}},\nu_{\mathrm{c}}\ll\omega$ 时，式 (5.5) 可以近似写成

$$\alpha\approx\kappa_0\frac{\nu_{\mathrm{c}}\omega_{\mathrm{p}}^2}{2\omega^3}(1-\omega_{\mathrm{p}}^2/\omega^2)^{1/2} \tag{5.7}$$

由式 (5.6) 和式 (5.7) 可知，当 ν_{c} 由 0.1GHz 增加到 80GHz 时，衰减率与碰撞频率的关系是：当电磁波的频率较小时，等离子体的碰撞频率越小，衰减率越大；当电

磁波的频率较大时，等离子体的碰撞频率越大，衰减率越大。所以通过改变等离子体的碰撞频率很难实现对光子禁带的拓展。

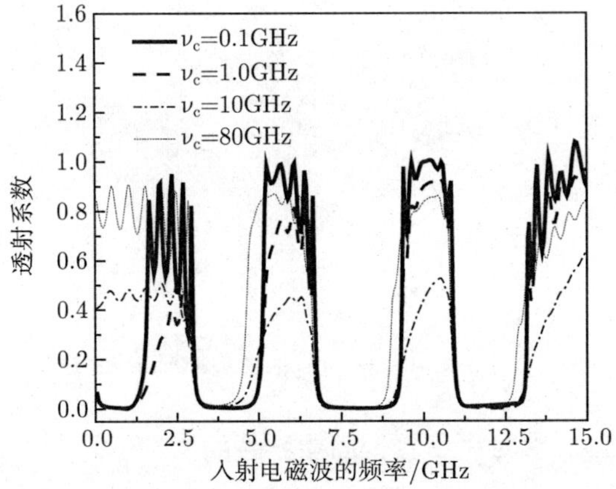

图 5.7　ν_c=0.1GHz，1GHz，10GHz，80GHz 时的透射率频谱图 [68]

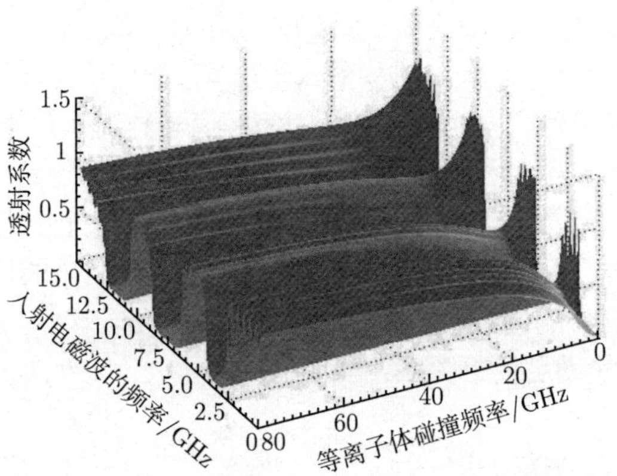

图 5.8　ν_c=0.1~80GHz 时的透射率频谱图 [68]

5.2.5　等离子体频率对光子禁带周期特性的影响

图 5.9 给出了ω_p=1GHz, 10GHz, 15GHz, 25GHz 时的透射率频谱图，图 5.10 给出了ω_p=1~26GHz 时的透射率频谱图。从图 5.9 知，等离子体频率越小，光子禁带的周期性越明显，等离子体频率越大，光子禁带的周期性越差，但是光子禁带却得到了拓展，透射系数的值也越接近 0。当ω_p=25GHz 时，0~15GHz 频率范围内的入射波几乎完全被反射。由图 5.10 知，当等离子体频率增加到一定值时，等离子体光子晶体的透射系数陡然减小至 0。这主要是因为，当入射电磁波的频率接近最大等离子体频率时，由于电磁波的频率接近截止区 [58]，等离子体对电磁波的衰减

将变得非常大，即共振衰减。当入射电磁波的频率远离最大等离子体频率时，等离子体对电磁波的衰减主要是碰撞吸收。共振衰减要比碰撞衰减大很多。由式 (5.6) 知，当入射波的频率远小于等离子体频率时，入射电磁波将完全被反射。所以通过改变等离子体频率可以很好地控制禁带的宽度、设定带通值，但禁带的周期特性将被破坏。

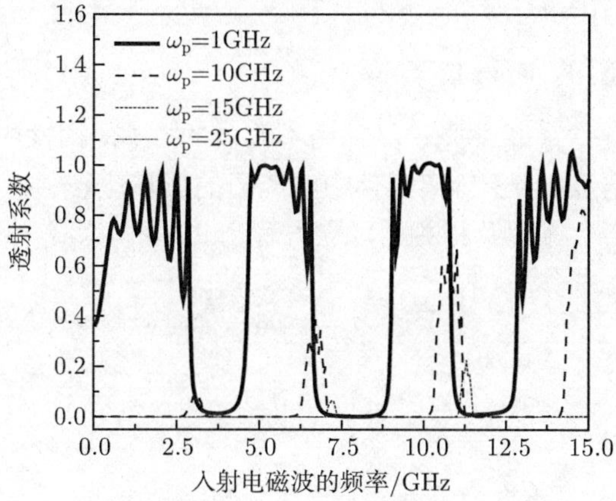

图 5.9 ω_p=1GHz，10GHz，15GHz，25GHz 时的透射率频谱图 [68]

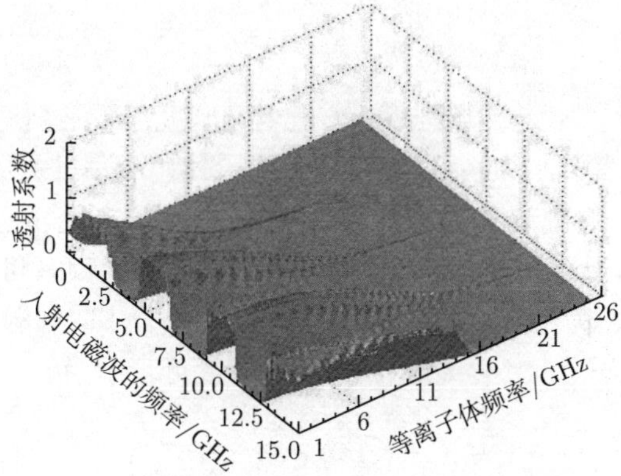

图 5.10 ω_p=0.1~26GHz 时的透射率频谱图 [68]

5.3 温度、密度对一维非磁化等离子体光子晶体禁带特性的影响

第 5.2 节对等离子体层为均匀分布的、非时变的一维非磁化等离子体光子晶体的禁带周期特性进行了讨论。然而在实际应用过程中，工作环境的温度一般不是

恒定的，等离子层的密度也存在梯度，因此研究温度和密度对一维非磁化等离子体光子晶体禁带的影响在工程应用方面具有重要的意义。本节主要针对一维非磁化等离子体光子晶体进行研究，用时域有限差分法 (FDTD) 分析非均匀的、各向同性的、热的、碰撞的、非时变的一维非磁化等离子体光子晶体的禁带特性，并讨论了温度和等离子体层密度对禁带特性的影响。参与仿真计算的非磁化等离子体的参数取为：$\omega_{\rm p}$=8π×10^9rad/s。

5.3.1 用于仿真计算的 FDTD 算法

假设一维非磁化等离子体光子晶体由不均匀的、各向同性的、热的、碰撞的等离子体层和介质层组成，由于等离子体中的离子的质量比较大而忽略其运动。电子的运动方程、麦克斯韦方程及相关的联立方程由式 (5.8)~ 式 (5.12) 给出：

$$\nabla \times \boldsymbol{E} = -\mu_0 \frac{\partial \boldsymbol{H}}{\partial t} \tag{5.8}$$

$$\nabla \times \boldsymbol{H} = \varepsilon_0 \frac{\partial \boldsymbol{E}}{\partial t} + \boldsymbol{J} \tag{5.9}$$

$$\frac{\partial \boldsymbol{J}}{\partial t} + \nu(\boldsymbol{r})\boldsymbol{J} = \varepsilon_0 \omega_{\rm p}^2(\boldsymbol{r})\boldsymbol{E} + \frac{e}{m}\nabla p \tag{5.10}$$

$$\nu(\boldsymbol{r}) = 5.2 \times 10^{11} p \tag{5.11}$$

$$p = n_{\rm e}(\boldsymbol{r})\kappa T \tag{5.12}$$

式中，$\boldsymbol{E}$ 是电场强度；$\boldsymbol{H}$ 是磁场强度；$\boldsymbol{J}$ 是电流密度；ε_0 是真空中的介电常数；μ_0 是真空中的磁导率；$\omega_{\rm p}^2 = n_{\rm e}(\boldsymbol{r})e^2/m\varepsilon_0$ 是等离子体角频率的平方；$n_{\rm e}(\boldsymbol{r})$ 是自由电子密度；$\nu(\boldsymbol{r})$ 是电子有效碰撞频率；e、m 分别是电子电量和质量；κ 是玻尔兹曼常量；T 是等离子体温度；p 是等离子体压强。电子碰撞频率与等离子体压强的关系式 (5.11) 请参考文献 [201]。式 (5.12) 已假设等离子体取等温近似。

在直角坐标下，式 (5.8)~ 式 (5.10) 的 x 分量可表示为

$$\frac{\partial H_x}{\partial t} = -\frac{1}{\mu_0}\left(\frac{\partial E_z}{\partial y} - \frac{\partial E_y}{\partial z}\right) \tag{5.13}$$

$$\frac{\partial E_x}{\partial t} = \frac{1}{\varepsilon_0}\left(\frac{\partial H_z}{\partial y} - \frac{\partial H_y}{\partial z} - J_x\right) \tag{5.14}$$

$$\frac{\partial J_x}{\partial t} + \nu J_x = \varepsilon_0 \omega_{\rm p}^2 E_x + \frac{e}{m}\frac{\partial p}{\partial x} \tag{5.15}$$

式 (5.8)~ 式 (5.10) 的其他分量与式 (5.13)~ 式 (5.15) 类似。采用 Yee 氏网格进行计算，电流密度 $\boldsymbol{J}$ 的各个分量放置于网格的中心。对式 (5.13)~ 式 (5.15) 进行离散化处理，可得 x 分量的差分方程

$$
\begin{aligned}
H_x\Big|_{i,j+1/2,k+1/2}^{n+1/2} =& H_x\Big|_{i,j+1/2,k+1/2}^{n-1/2} - \frac{1}{\mu_0}\left[\frac{\Delta t}{\Delta y}\left(E_z\Big|_{i,j+1,k+1/2}^{n} - E_z\Big|_{i,j,k+1/2}^{n}\right)\right] \\
&+ \frac{1}{\mu_0}\left[\frac{\Delta t}{\Delta z}\left(E_y\Big|_{i,j+1/2,k+1}^{n} - E_y\Big|_{i,j+1/2,k}^{n}\right)\right] \qquad (5.16)
\end{aligned}
$$

$$
\begin{aligned}
E_x\Big|_{i+1/2,j,k}^{n+1} =& E_x\Big|_{i+1/2,j,k}^{n} + \frac{1}{\varepsilon_0}\left[\frac{\Delta t}{\Delta y}\left(H_z\Big|_{i+1/2,j+1/2,k}^{n+1/2} - H_z\Big|_{i+1/2,j-1/2,k}^{n+1/2}\right)\right] \\
&- \frac{1}{\varepsilon_0}\left[\frac{\Delta t}{\Delta z}\left(H_y\Big|_{i+1/2,j,k+1/2}^{n+1/2} - H_y\Big|_{i+1/2,j,k-1/2}^{n+1/2}\right)\right] \\
&- \frac{\Delta t}{2\varepsilon_0}\left(J_x\Big|_{i+1,j,k}^{n+1/2} + J_x\Big|_{i,j,k}^{n+1/2}\right) \qquad (5.17)
\end{aligned}
$$

$$
\begin{aligned}
J_x\Big|_{i,j,k}^{n+1/2} =& \frac{1-\nu\Delta t/2}{1+\nu\Delta t/2} J_x\Big|_{i,j,k}^{n-1/2} \\
&+ \frac{\varepsilon_0\Delta t}{2+\nu\Delta t}\omega_{\mathrm{p}}^2\left(E_x\Big|_{i+1/2,j,k}^{n} + E_x\Big|_{i-1/2,j,k}^{n}\right) + \frac{e}{m}\frac{\partial p}{\partial x}\Big|_{i,j,k}^{n} \qquad (5.18)
\end{aligned}
$$

式中，Δx、Δy 和 Δz 分别是 x、y、z 方向的网格长度；$(i,\ j,\ k)$ 代表 $(i\Delta x,\ j\Delta y,\ k\Delta z)$。式 (5.18) 中，对已知的电子密度分布 $n_{\mathrm{e}}(\boldsymbol{r})$，$\partial p/\partial x$ 不需要作离散化处理。场的其他分量的离散化与上述处理相同。上述算法的有效性已被许多文献证明，在此不再证明。

5.3.2 温度对禁带特性的影响

在等离子层分布均匀的条件下，图 5.11 给出了 T=300K, 3000K, 30000K, 46400K 时的透射率频谱图，图 5.12 给出了 T=300~46400K 时的透射率频谱图。由图 5.11 可知，随着温度的升高，除光子禁带的低频部分有变化外，光子禁带的其他部分几乎没有变化，依然保持了较好的周期性，禁带宽度几乎保持不变，禁带的中心频率略微向低频方向移动。由图 5.12 可知，透射率的峰值随着温度的升高而减小，但当温度升高到一定值后其峰值不会再减小而是缓慢上升后趋于定值。这主要是因为随着温度的升高，电子和中性粒子、离子的碰撞频率增大，即等离子体的碰撞频率增大。由文献 [166] 知, 当温度较低 (碰撞频率较小) 时，入射的电磁波频率越低，衰减系数α越大；当温度较高 (碰撞频率较大) 时，入射的电磁波频率越大，衰减系数α越小。从物理上可以理解为：当温度太高时，等离子体内的电子频繁地和中性粒子和离子碰撞，等离子体内的电子被电磁波极化的数量相对减少了，即电子还未真正被电磁波加速就和其他粒子发生碰撞；当电磁波的频率太大时，电子的极化周期变短，电磁波传递给电子的能量必须靠碰撞传递给其他粒子，故电磁波频率越大，温度越高，衰减越大。当入射电磁波的频率接近最大等离子体频率时，由于电磁波的频率接近截止区 [166]，等离子体对电磁波的衰减将变得非常大，即共振衰减；当入射电磁波的频率远离最大等离子体频率时，等离子体对电磁波的衰减主要是碰撞吸收。共振衰减要比碰撞衰减大很多。如图 5.11 所示, 当 T=300K

时，在 0.45~0.7GHz 存在着光子禁带，但随着温度的升高，禁带宽度逐渐变窄，当 T=46400K 时已经完全消失。所以随着温度的升高，低频段的禁带中心频率会向低频方向移动直至消失，但是光子晶体的禁带总体变化趋势是向高频方向移动，即整体表现为高通滤波特性，而透射率的峰值表现为先减小后增大最后趋于定值。总之，仅依靠提高等离子体的温度，不能实现对禁带的拓展，仅会对低频部分禁带宽度造成影响，而且温度参量几乎不会影响禁带的周期性。

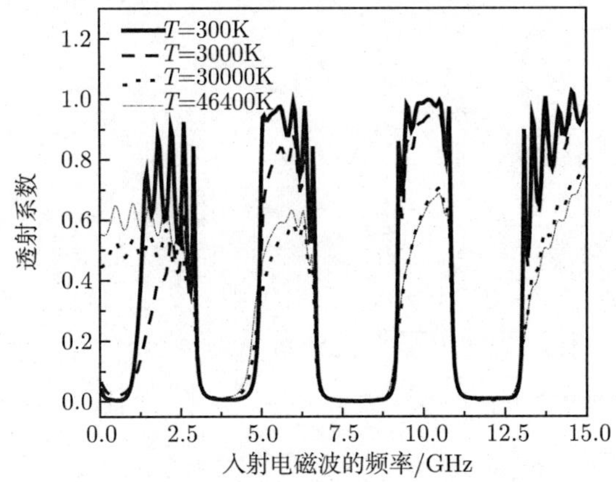

图 5.11 T=300K, 3000K, 30000K, 46400K 时的透射率频谱图

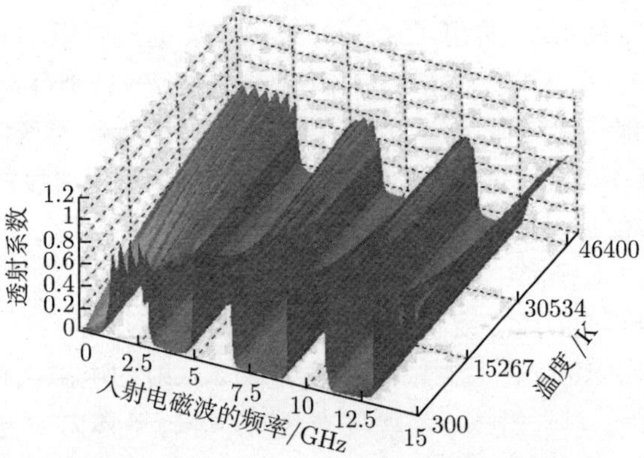

图 5.12 T=300~46400K 时的透射率频谱图

5.3.3 密度对禁带特性的影响

为了分析等离子体密度对禁带特性的影响，等离子体密度分别选取 (a) 线性，(b) 抛物线，(c)Epstein 分布，可以得到其等离子体频率的平方表达式分别为

(a) $\omega_{\rm p}^2(z)=\omega_{\rm po}^2\dfrac{z}{z_0}$； (b)$\omega_{\rm p}^2(z)=\omega_{\rm po}^2\left(\dfrac{z}{z_0}\right)^2$； (c) $\omega_{\rm p}^2(z)=\dfrac{\omega_{\rm po}^2}{1+\exp\left[-(z-z_0/2)/\sigma\right]}$

式中，z_0 是第 1 层等离子层的左边界到第 6 层等离子层的右边界的距离；σ 是 Epstein 分布的梯度因子；$\omega_{\rm po}$ 是最大等离子体频率。

图 5.13 给出了温度 T=900K 时，三种不同密度分布在最大等离子体频率分别为 4GHz、6GHz、8GHz 时的透射率频谱图。图 5.14 给出了等离子体层密度 Epstein 分布在σ=2cm，温度 T=300K、3000K 时，最大等离子体频率为 4GHz、8GHz 的透射率频谱图。由图 5.13 可知，通过改变等离子体层密度分布，在保持禁带周期性的同时可以实现对光子禁带的拓展，等离子体层的密度越高，其禁带的宽度越大，密度越低，其禁带宽度越窄。这主要是因为，当入射电磁波的频率一定时，电子的密度越低即等离子体越稀薄，被电磁波极化的电子越少，等离子体对电磁波的吸收也相应越小；相反，等离子体层的密度越大即等离子体越稠密，被电磁波极化的电子越多，等离子体对电磁波的吸收也相应越大。由图 5.14 可知，通过对温度和等离子体层密度在一定范围内的调整，在保持禁带周期性的同时，实现对禁带宽度的控制是完全可行的。在温度较低而等离子层密度较大的情况下，可以较好地实现对禁带的拓展。如图 5.14 所示，温度为 300K, 最大等离子体频率为 8GHz 时的禁带特性较温度为 3000K, 最大等离子体频率为 4GHz 时的禁带特性要好。当温度升高即等离子体碰撞频率增大时，等离子体对电磁波的吸收增大，可以实现使得光子禁带向高频方向移动；当等离子体层密度增大时，有更多的自由电子响应入射电磁波的电场作用，使得禁带宽度得到了拓展。

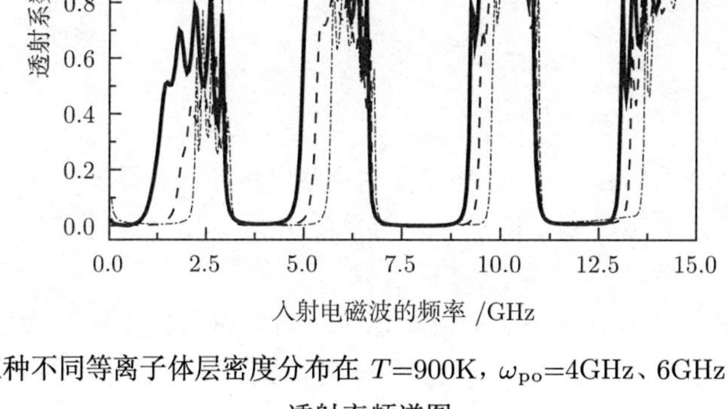

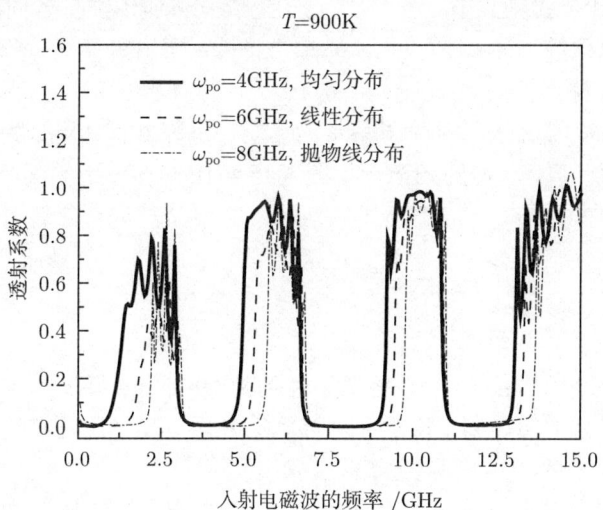

图 5.13 三种不同等离子体层密度分布在 T=900K，$\omega_{\rm po}$=4GHz、6GHz、8GHz 时的透射率频谱图

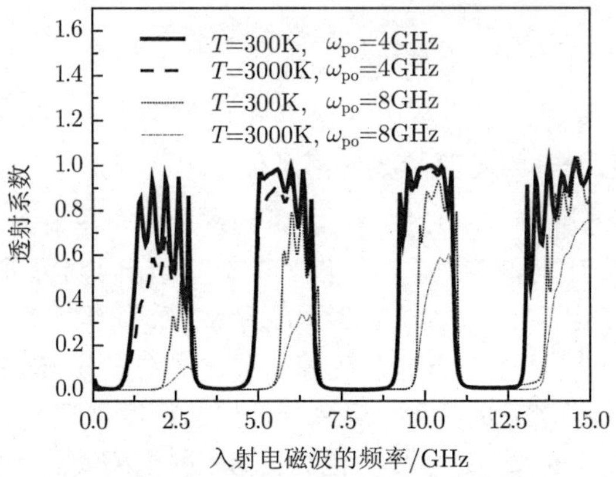

图 5.14　等离子体层密度 Epstein 分布在σ=2cm，T=300K、3000K，ω_{po} =4GHz、8GHz 时的透射率频谱图

5.4　一维时变非磁化等离子体光子晶体禁带特性

第 5.2 和 5.3 节讨论了等离子体层为均匀的、非时变时一维非磁化等离子体光子晶体的禁带特性，然而一维非磁化等离子体光子晶体在实际应用过程中，不仅工作环境的温度、等离子层的密度存在梯度，而且等离子体频率也存在着一定的弛豫时间 (上升时间)，因此研究等离子体频率的弛豫时间对一维非磁化等离子体光子晶体禁带的影响在工程应用方面具有重要的理论意义。本节主要用时域有限差分法 (FDTD) (迭代公式见式 (5.16) ~ 式 (5.18)) 来分析时变的、各向同性的、热的、碰撞的一维非磁化等离子体光子晶体的禁带特性，得出等离子体频率的弛豫时间对禁带特性的影响。

为了获得时变等离子层对光子禁带的影响，将等离子体层分为均匀分布和线性分布分别进行计算，获得的频谱图如图 5.15 和图 5.16 所示。其等离子体频率平方的表达式分别为

$$(a)\ \frac{z}{z_0}\omega_{\text{p}}^2(t) = \omega_{\text{po}}^2\frac{t}{T_{\text{r}}}$$

$$(b)\ \omega_{\text{p}}^2(z,t) = \omega_{\text{po}}^2\frac{t}{T_{\text{r}}}$$

式中，$\omega_{\text{po}} = 8\pi \times 10^9\text{rad/s}$; T_{r} 是等离子体的弛豫时间 (上升时间)；t 是仿真计算的时间步；z_0 是第 1 层等离子层的左边界到第 6 层等离子层的右边界的距离；ω_{po} 是最大等离子体频率。

图 5.15 和图 5.16 分别给出了等离子体层均匀分布和线性分布时温度 T=900K，T_{r} 分别取 4000、6000、7600、10000 时间步的频谱图。由图 5.15 和图 5.16 可知，等离子体的上升时间不同，可以获得不同的禁带特性，随着 T_{r} 的增大，其禁带的宽度会

逐渐减小，但当 T_r 增加到一定值后，带宽就不会明显减小而趋于一个定值。禁带的中心频率总体表现为向低频方向移动。但禁带的周期性不会受到 T_r 的影响，光子禁带依然具有很好的周期特性。这主要是因为，当入射电磁波的频率一定时，等离子体弛豫时间 (上升时间) 越长，即等离子体层密度达到最大值的时间也越长。等离子体层密度越小即电子的密度越小，可以被电磁波极化的电子也越少，等离子体对电磁波的吸收也相应越小；相反，等离子体密度越大即电子的密度越大，被电磁波极化的电子越多，等离子体对电磁波的吸收也相应越大。当等离子体密度减小到一定值后，其吸波能力将不会明显变化。由图 5.15 可知，透射率峰值都会随着 T_r 的增大而发生变化。关于 T_r 对透射率峰值的影响，等离子体均匀分布较线性分布更为明显。

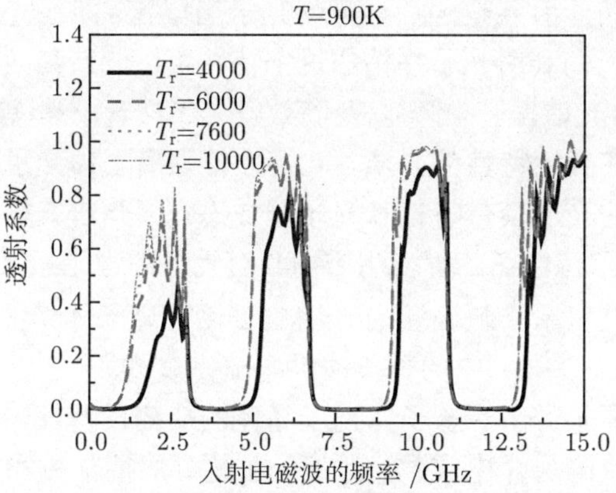

图 5.15 等离子体层均匀分布在 T=900K，T_r=4000、6000、7600、10000 时间步的透射率频谱图

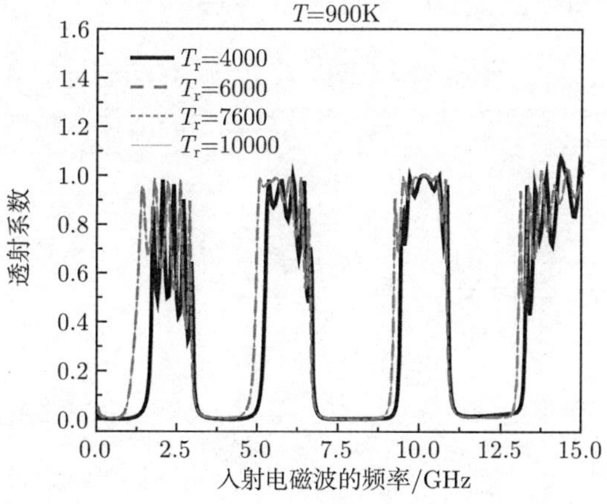

图 5.16 等离子体层线性分布在 T=900K，T_r=4000、6000、7600、10000 时间步的透射率频谱图

这主要是因为等离子体对入射电磁波有吸收作用，即等离子体中的电子被电磁波的电场加速，吸收电磁波的能量，同时，通过碰撞把能量传给中性粒子和离子。参与碰撞的电子数越多，入射电磁波的衰减就越厉害，所以无论等离子层的分布是否均匀，都可以通过改变等离子体的弛豫时间 (上升时间) 来实现对禁带的拓展，而且几乎不会对禁带的周期性造成任何影响。

5.5 一维非磁化等离子体光子晶体缺陷态的研究

光子晶体具有一定的光子带隙，落在带隙中的电磁波禁止传播, 从而产生了光子禁带。当光子晶体引入缺陷后，可使光子局域化 (即在光子禁带中出现模密度较大的局域模)。人们利用光子晶体的这个特性可以制造高效率和零阈值的激光器 [202]、高品质的激光谐振腔 [203] 以及高效发光二极管 [204] 等器件。等离子体是一种具有色散特性和耗散特性的介质，此特性使等离子体光子晶体具有常规介质光子晶体所不具有的光子禁带特性和光子局域态，因此研究等离子体光子晶体的光子局域态 (缺陷模) 特性在工程应用方面具有重要的理论意义。

本节主要针对具有单一缺陷层的一维非磁化等离子体光子晶体进行研究。采用时域有限差分法 (FDTD) 中的分段线性电流密度卷积 (PLCDRC) 算法研究均匀的、非时变的一维非磁化等离子体光子晶体的缺陷模特性，讨论一维非磁化等离子体光子晶体的缺陷层介电常数、厚度、位置、周期常数和等离子体参数对非磁化等离子体光子晶体缺陷模的影响。参与仿真计算的非磁化等离子体的参数取为：$\omega_{\rm p}=10\pi\times10^9$rad/s，$v_{\rm c}=2\times10^9$rad/s。

5.5.1 用于仿真计算的 PLCDRC-FDTD 算法

本节采用非磁化等离子体的 PLCDRC-FDTD 算法进行仿真计算。该算法不仅可以保证较低的计算时间和存储空间，而且具有较高的计算精度。该算法的电场和卷积的迭代方程如下：

$$\boldsymbol{E}^{n+1}=\frac{1}{1+\dfrac{\Delta t}{2\varepsilon_0}(\sigma^0-\xi^0)}\left[\left(1-\frac{\Delta t}{2\varepsilon_0}\xi^0\right)\boldsymbol{E}^n+\frac{\Delta t}{2\varepsilon_0}(\nabla\times\boldsymbol{H})^{n+1/2}-\frac{\Delta t}{2\varepsilon_0}\psi^n\right] \tag{5.19}$$

$$\psi^n=(\sigma^0+\sigma^1-\xi^0-\xi^1)\boldsymbol{E}^n+(\xi^1+\xi^0)\boldsymbol{E}^{n-1}+\exp(-\nu\Delta t)\psi^{n-1} \tag{5.20}$$

式中，$\boldsymbol{E}$ 为电场强度；$\boldsymbol{H}$ 为磁场强度；ε_0 为真空中的介电常数；Δt 为时间步长。式 (5.19)、式 (5.20) 中的其他参量定义见第 3 章。磁场的迭代公式与常规 FDTD 公式相同。电介质部分的处理与常规 FDTD 算法相同。

5.5.2　缺陷层的介电常数对缺陷模的影响

图 5.17 为缺陷层介电常数分别取 2.3,4.5,7,8.2 时的透射率频谱图。由图 5.17 可知，引入缺陷层后禁带宽度没有发生明显变化，周期特性保持不变，但透射率峰值变化明显，同时宽度较小的单模缺陷模会出现在禁带中。当$\varepsilon_2=\varepsilon_1$ 时，禁带不会出现缺陷模；当$\varepsilon_2 <\varepsilon_1$ 时，随ε_2 的减小，缺陷模向高频方向移动；当$\varepsilon_2 >\varepsilon_1$ 时，随ε_2 的增大，缺陷模向低频方向移动。但当ε_2 增大到一定值时，缺陷模频率就会与禁带的下带边重合，而上带边产生一个新的缺陷模。进一步改变ε_2 的数值，缺陷模将隐入下带边中，而上带边出现的缺陷模将逐渐向禁带中心靠近。图 5.18 为$\varepsilon_2=1\sim10$ 时的三维透射率频谱图。由图 5.18 可知，缺陷模的移动呈周期性变化，缺陷模频率几乎与ε_2 呈线性变化；且ε_2 即使取不同的值，缺陷模几乎有完全相同的缺陷模频率。因此，ε_2 在较小的范围内取值，就能使缺陷模的频率涵盖整个禁带。

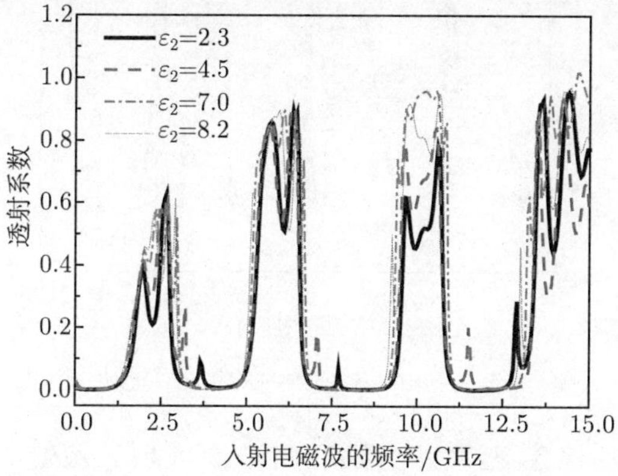

图 5.17　ε_2=2.3,4.5,7,8.2 时的透射率频谱图

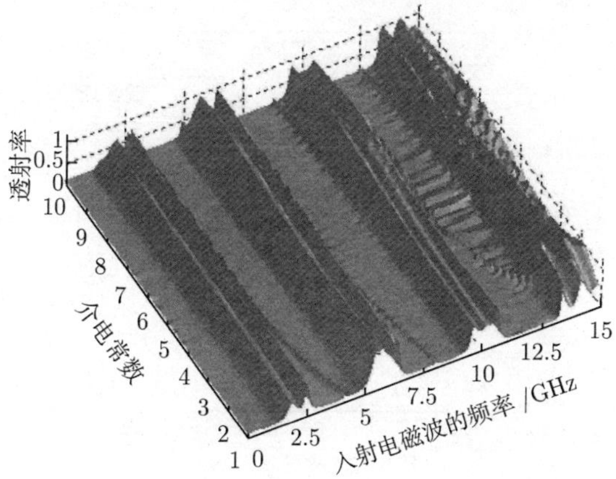

图 5.18　$\varepsilon_2=1\sim10$ 时的三维透射率频谱图

5.5.3　缺陷层的位置和周期常数对缺陷模的影响

图 5.19 为周期常数 N 分别取 2,4,6,8,12 时的透射率频谱图。由图 5.19 可知，当周期常数 N=2 时，非磁化等离子体光子晶体不形成明显的禁带结构和缺陷模；只有当 N 大于 4 时，非磁化等离子体光子晶体才能形成明显的禁带结构和缺陷模。随着 N 的增加，缺陷模的频率几乎保持不变，但缺陷模的峰值却随 N 的增大而显著减小。这主要是因为缺陷模的产生源于缺陷层反射的电磁波和行进的电磁波发生干涉相长作用，而等离子体又是一种耗散性介质，随着 N 的增加，等离子体对缺陷模的吸收能力也显著增加，缺陷模的峰值因而会显著减小。

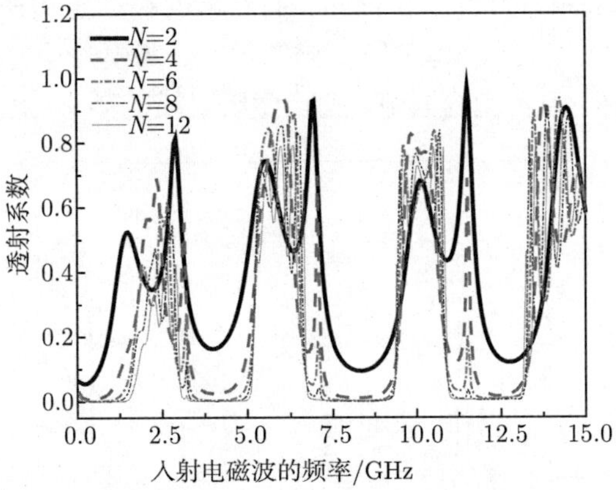

图 5.19　N=2,4,6,8,12 时的透射率频谱图

图 5.20 为缺陷层位置参数 M 分别取 3,5,7,9,11 时的透射率频谱图。由图 5.20 可知，虽然缺陷层在光子晶体中的位置不同，但是非磁化等离子体光子晶体所产生

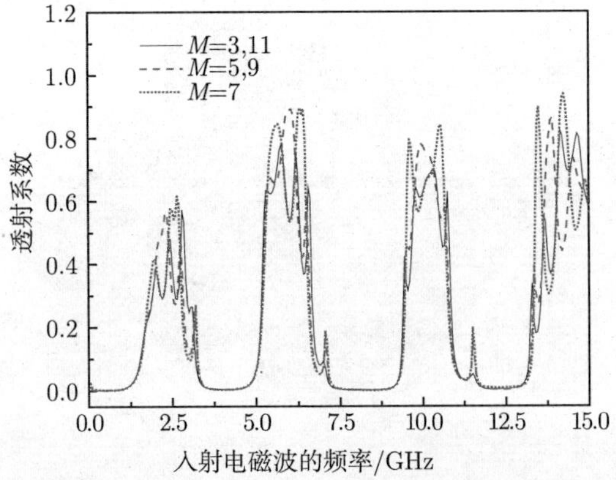

图 5.20　M=3,5,7,9,11 时的透射率频谱图

的缺陷模频率均相同，且与缺陷层处于光子晶体中央位置时所产生的缺陷模频率完全相同。当缺陷层越靠近中央位置时，其缺陷模的峰值越大，反之峰值越小。其原因在于缺陷层位于中央时对晶体的完整性破坏最大，导致共振透射率 (缺陷模峰值) 最大；而缺陷层位于较偏位置时晶体的完整性破坏不大，故共振透射率 (缺陷模峰值) 较小。所以，缺陷层的位置和周期参数不会影响缺陷模的频率，但却会影响缺陷模的峰值。

5.5.4 缺陷层的厚度对缺陷模的影响

图 5.21 为缺陷层 c 分别等于 8mm, 10mm, 11mm, 13mm 时的透射率频谱图，图 5.22 为缺陷层厚度 c 等于 10mm 和 38 mm 时的透射频率谱图。由图 5.21 可看出，缺陷模的频率随缺陷层厚度的减小向高频方向移动，随缺陷层厚度的增加向低频方向移动。当缺陷层的厚度增加到一定值时，缺陷频率就会和禁带的下边沿重合，而在禁带的上边沿产生一个新的缺陷频率。由图 5.22 可看出，当缺陷层的厚度再继续增大时，缺陷模的数目由 1 个增加到 2 个。这是因为缺陷模的产生主要源于缺陷层反射的电磁波和行进的电磁波发生的干涉相长作用。当缺陷层厚度增加时，发生干涉的波长也相应增加，相应缺陷模的频率因而减小。同理，当缺陷层的厚度减小时，缺陷模的频率就相应增大了。另外，只有当反射的电磁波和行进的电磁波在相位差为 2π 的整数倍时才会产生叠加增强的效果，而缺陷层厚度决定了二者的相位差，当缺陷层的厚度增加到一定值时必然使缺陷模的模数增加。因而可以根据入射电磁波的频率，适当改变缺陷层的厚度，可得到最佳的缺陷模。

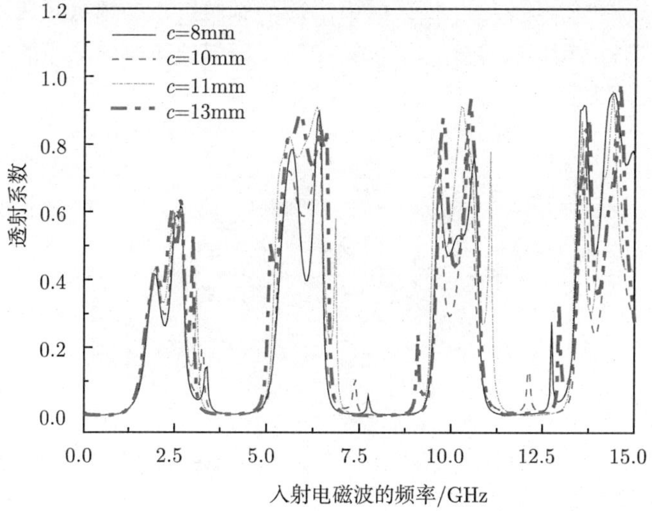

图 5.21 c=8mm, 10mm, 11mm, 13mm 时的透射率频谱图

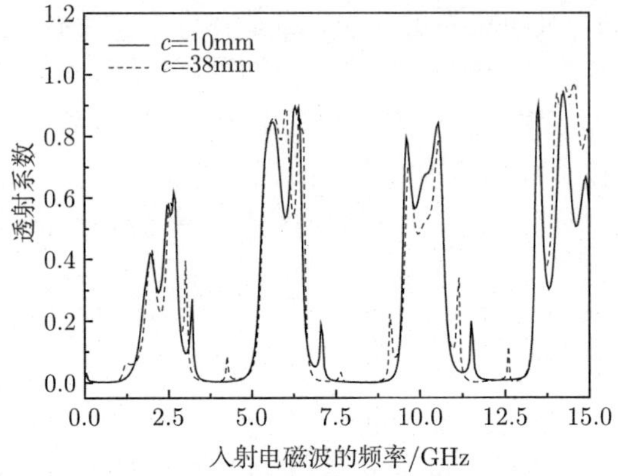

图 5.22　c=10mm 和 38mm 时的透射率频谱图

5.5.5　等离子体参数对缺陷模的影响

图 5.23 为等离子体频率$\omega_{\rm p}$ =1～25GHz 时的透射率频谱图。由图 5.23 可知，等离子体频率越小，缺陷模越明显。缺陷模会随等离子体频率的增大而向高频方向移动。缺陷模的峰值会随等离子体频率的增大而减小，当$\omega_{\rm p}$=25GHz 时，缺陷模已经完全消失。当等离子体频率增大到一定值时，缺陷模的峰值会陡然减小至 0。这主要是因为，当入射电磁波的频率接近最大等离子体频率时，由于电磁波的频率接近截止区 [166]，等离子体对电磁波的衰减将变得非常大，即共振衰减。当入射电磁波的频率远离最大等离子体频率时，等离子体对电磁波的衰减主要是碰撞吸收。共振衰减的影响比碰撞衰减大很多，当入射电磁波的频率远小于等离子体频率时，入射电磁波被完全反射。所以改变等离子体频率可以很好地控制缺陷模的频率和峰值。

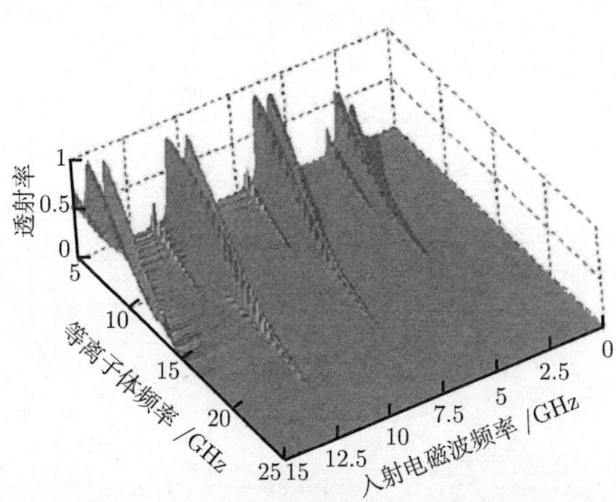

图 5.23　$\omega_{\rm p}$=1～25GHz 时的透射率频谱图

图 5.24 为等离子体碰撞频率ν_c =0.1~80GHz 时的透射率频谱图。由图 5.24 可知，等离子体的碰撞频率对缺陷模的影响不大，缺陷模频率略向高频方向移动。缺陷模的峰值随等离子体碰撞频率的增加而减少，但当等离子体碰撞频率增加到一定值时，缺陷模的峰值几乎不会随碰撞频率的进一步增加而有明显减小。这主要是因为等离子体中的电子被电磁波的电场加速，吸收电磁波的能量，同时通过碰撞把能量传给中性粒子和离子。由衰减常数与碰撞频率的关系 [166] 可得，当电磁波的频率较低时，等离子体的碰撞频率越小，衰减常数越大；当电磁波的频率较高时，等离子体的碰撞频率越大，衰减常数越小。

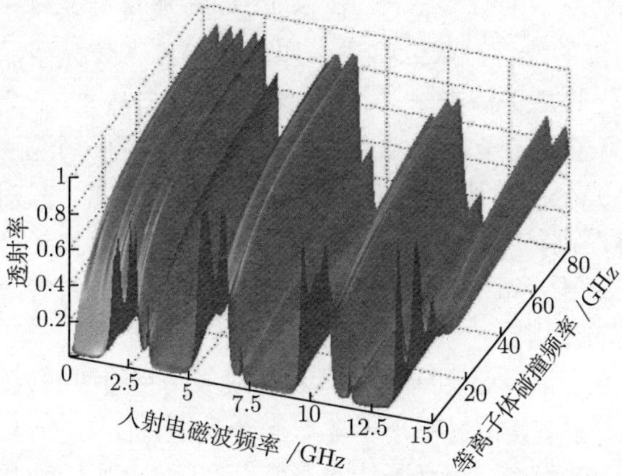

图 5.24 ν_c=0.1~80GHz 时的透射率频谱

第 6 章　一维磁化等离子体光子晶体禁带特性

第 5 章对电磁波垂直入射时一维等离子体光子晶体在未加外磁场的情况下 (非磁化等离子体光子晶体) 的禁带特性进行了讨论，主要研究了非磁化等离子体光子晶体的等离子体层在分布均匀和非时变情况下的禁带周期特性及其等离子体层在非均匀分布和时变情况下的禁带特性，讨论了温度、密度对其禁带特性的影响以及引入缺陷后其缺陷模的特性。本章将进一步研究等离子体光子晶体在外加磁场后的禁带特性，即磁化等离子体光子晶体的禁带特性。自从 Hojo 等 [62] 提出等离子体光子晶体后，等离子体光子晶体成为近年来深受关注的一个新兴的研究热点。文献 [64] 对等离子体光子晶体进行了基础理论分析；文献 [65] 只对非磁化等离子体光子晶体的传输特性进行了研究；文献 [65] 验证了磁化等离子体光子晶体的禁带的存在。因此，研究磁化等离子体光子晶体的传输特性对完善等离子体光子晶体理论起到了十分重要的作用。

磁化等离子体光子晶体是由等离子体和介质或真空组成的人工周期性结构。等离子体是一种色散介质，其折射率小于 1 甚至为负值，而且与入射电磁波的频率密切相关。对入射电磁波而言，等离子体本身就存在阻带和通带。同时等离子体也是一种耗散介质，当入射电磁波的频率高于等离子体频率时，由于等离子体的碰撞，入射电磁波的能量会被吸收。对于磁化等离子体，情况则更加复杂。磁化等离子体既具有各向异性特性，又有频率色散和耗散特性。电磁波在磁化等离子体中传播时，既有通带也有阻带。电磁波的传播特性不仅与等离子体的频率有关，而且和外加磁场的强度有关。这使得磁化等离子体光子晶体具有其独特的性质。

本章主要针对电磁波垂直入射时一维磁化等离子体光子晶体进行研究。以微分高斯脉冲作为激励源，采用 PLCDRC-FDTD 算法对电磁波在其中的传播进行仿真计算，通过仿真计算获得的电磁波的透射系数来研究磁化等离子体光子晶体的等离子体层在分布均匀和非时变情况下的禁带周期特性及其等离子体层在非均匀分布和时变情况下的禁带特性，并讨论了温度、等离子体层密度对其禁带特性的影响以及引入缺陷后其缺陷模的特性。

6.1　用于计算的物理模型和 FDTD 计算的参数

为了方便阐述，将首先给出本章计算要用到的主要物理模型和 FDTD 计算用的各类参数。用于仿真计算的磁化等离子体光子晶体的物理模型如图 6.1 和图 6.2

所示。图 6.1 为无缺陷的磁化等离子体光子晶体的计算模型，是由 7 层介质层和 6 层等离子体层组成的一维等离子体光子晶体。图 6.2 为具有单一缺陷层的磁化等离子体光子晶体的计算模型，由 6 层介质层、6 层等离子体层和 1 层缺陷层组成。电磁波从左向右均匀垂直射入，且令该传播方向为 $+z$ 方向，入射波的频率范围为 0~15GHz。外加电磁场的方向和入射电磁波的方向平行。用 N 表示该光子晶体的周期数，用 M 表示缺陷层在磁化等离子体光子晶体中所处的位置，用 a 表示介质层的厚度，用 b 表示等离子体层的厚度，用 c 表示缺陷层的厚度，用 ω_{p} 表示等离子体频率，用 ν_{c} 表示等离子体碰撞频率，ω_{b} 表示等离子体回旋频率。仿真计算的初始参数定为：N=6，M=7，$a=b=c$=1cm，介质层的介电常数ε_1=7，缺陷层的介电常数ε_2=4.5。

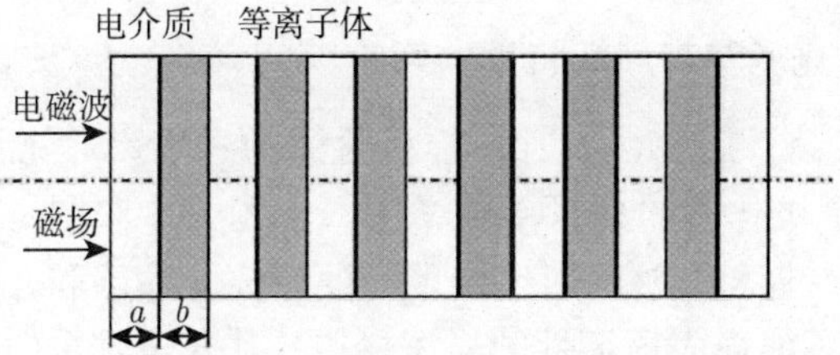

图 6.1 无缺陷的磁化等离子体光子晶体的计算模型

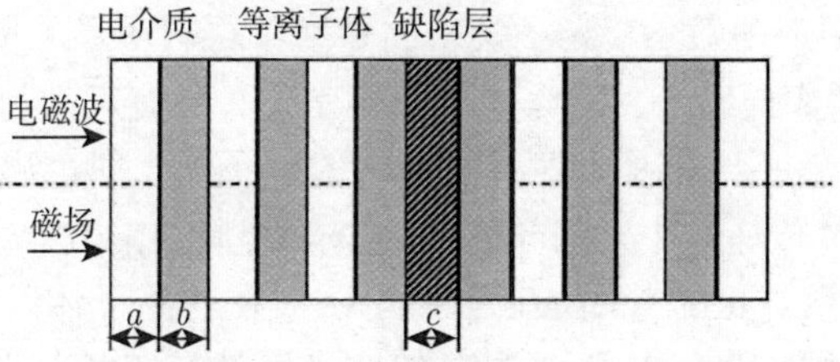

图 6.2 具有单一缺陷层的磁化等离子体光子晶体的计算模型

取 FDTD 计算的空间步长为 1mm，根据 Courant 条件，取时间步长 Δt=2ps。将 13 cm 厚的等离子体光子晶体划分为 130 个计算网格，计算空间的两端各设两个吸收边界，用于吸收截断边界时产生的反射。吸收边界为完全匹配层 (PML)，占据 5 个网格。沿 $+z$ 轴传播的入射电磁波为高斯脉冲，该脉冲的表达式由下式给出

$$E_i(t)=-A\cdot(t-6\tau)\exp\left[-\frac{4\pi(t-6\tau)^2}{30\tau^2}\right]\quad(t\leqslant 10\tau) \tag{6.1}$$

$$E_i(t)=0\quad(t>10\tau) \tag{6.2}$$

式中，τ 为常量，仿真计算时 τ 取 20；$A=4.67\mathrm{V/m}$。为了获得磁化等离子体光子晶体的禁带特性，在仿真计算 10000 步后，用在时域得到的电场分量通过傅里叶变换转换到频域，然后将频域电场分量组合成右旋圆极化 (也称右旋极化，RCP) 波

和左旋圆极化 (也称左旋极化，LCP) 波的频域透射系数，即透射系数可写为

$$T_{\mathrm{RCP}}(\omega)=\hat{E}_{xt}(\omega)+\mathrm{j}\cdot\hat{E}_{yt}(\omega) \tag{6.3}$$

$$T_{\mathrm{LCP}}(\omega)=\hat{E}_{xt}(\omega)-\mathrm{j}\cdot\hat{E}_{yt}(\omega) \tag{6.4}$$

6.2　一维磁化等离子体光子晶体禁带的周期特性

下面就以无缺陷的、均匀的、非时变的磁化等离子体光子晶体为研究对象，以空间结构和周期常数、等离子体的碰撞频率、等离子体频率、等离子体回旋频率为参量来讨论光子禁带的周期特性。参与仿真计算的磁化等离子体的参数取为：$\omega_{\mathrm{p}}=8\pi\times10^9\mathrm{rad/s}$，$\nu_{\mathrm{c}}=3\times10^9\mathrm{rad/s}$，$\omega_{\mathrm{b}}=10\times10^9\mathrm{rad/s}$。

6.2.1　周期常数对光子禁带周期特性的影响

图 6.3 给出了 N=1,6,16,22 时左旋极化波的透射率频谱图，图 6.4 给出了 N=1,6,16,22 时右旋极化波的透射率频谱图。由图 6.3 和图 6.4 可知，无论是对于左旋极化波还是右旋极化波，通过由单一的等离子体层和介质层构成的磁化等离子体光子晶体都不能形成周期性的光子禁带，其光子禁带的宽度随着周期数的增加而略有增大，且禁带的中心频率略向高频方向移动，当周期参数 N 增加到一定数值后，再增加周期参数 N，光子禁带的宽度不再有明显的增加，而且其透射系数的峰值随 N 的增大而减小。因为等离子体是一种具有耗散特性的介质，之所以能吸收电磁波的能量主要是因为等离子体中的电子被入射电磁波的电场激励，同时，通过碰撞把能量传递给中性粒子和离子。随着周期常数 N 的增加，参与吸收电磁波能量的电子数量也随着增加，因而电磁波在等离子体里的能量损耗也相应增加，所以仅增加周期参数 N 不能显著拓宽光子禁带宽度，但能保持较好的周期特性。

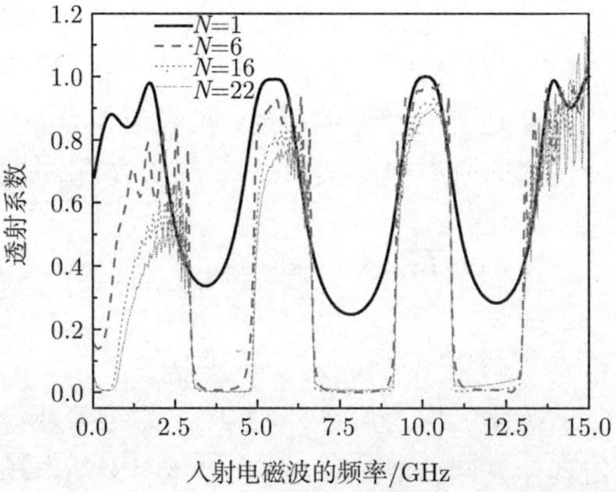

图 6.3　N=1,6,16,22 时左旋极化波的透射率频谱图 [68]

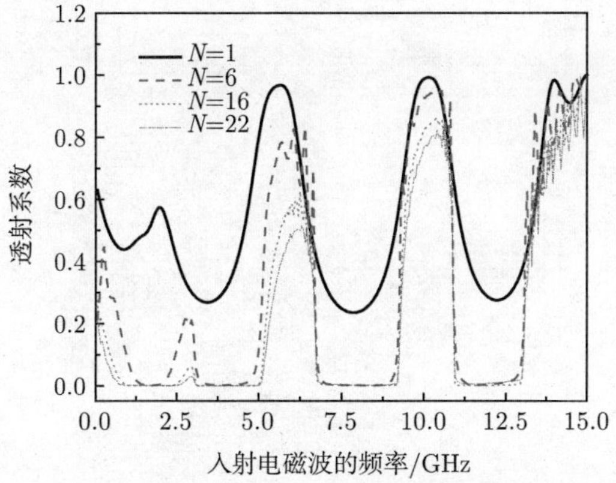

图 6.4 N=1,6,16,22 时右旋极化波的透射率频谱图 [68]

6.2.2 空间结构常数 b 对光子禁带周期特性的影响

图 6.5 给出了 b=10mm, 22mm, 32mm, 40mm 时右旋极化波的透射率频谱图，图 6.6 给出了 b=10～40mm 时右旋极化波的透射率频谱图。图 6.7 给出了 b=10mm, 22mm, 32mm, 40mm 时左旋极化波的透射率频谱图，图 6.8 给出了 b=10～40mm 时左旋极化波的透射率频谱图。由图 6.5 和图 6.7 可知，随着 b 的增大，左旋和右旋极化波产生的光子禁带的周期性变差，但禁带的宽度却得到了很好的拓展。由图 6.6 和图 6.8 可知，当入射电磁波频率较低且等离子体的厚度较大时，几乎不能产生周期性的光子禁带，只有当入射波电磁波频率高且等离子体厚度较小时才能产生周期性的光子禁带。随着 b 的增加，等离子体的吸波能力随之增强，入射波衰减得也越厉害。如图 6.5 和图 6.7 所示，频率为 3.0GHz 的左旋极化波和右旋极化波在 b=40mm 时几乎完全被反射，所以可以根据入射波的频率适当地改变等离子体厚度，从而获得最佳的禁带特性。

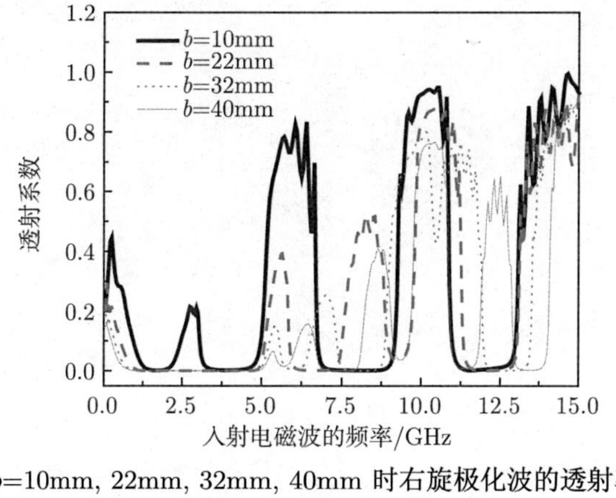

图 6.5 b=10mm, 22mm, 32mm, 40mm 时右旋极化波的透射率频谱图

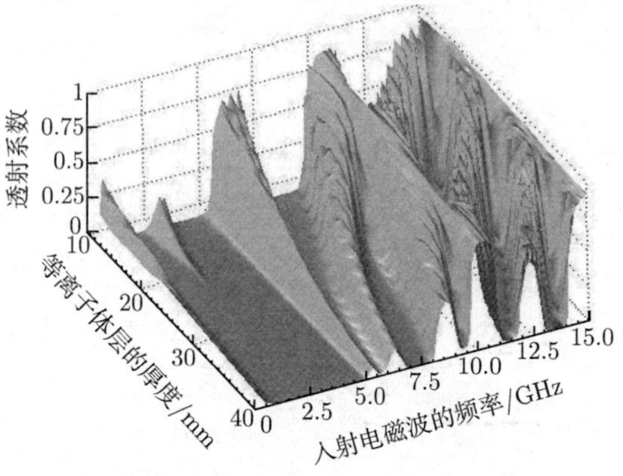

图 6.6　b=10~40mm 时右旋极化波的透射率频谱图

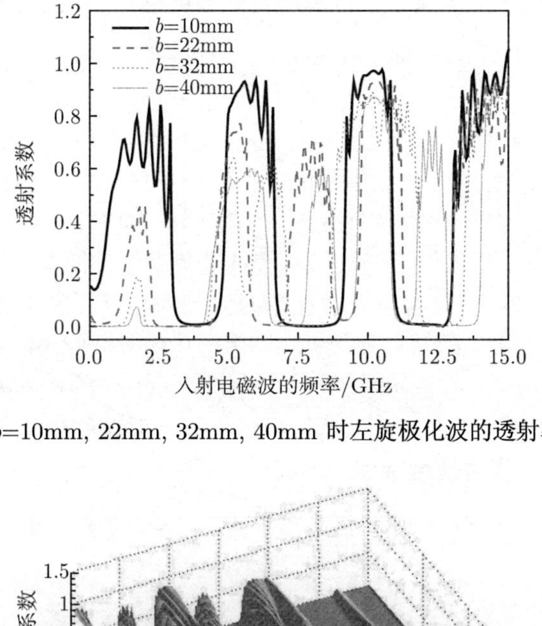

图 6.7　b=10mm, 22mm, 32mm, 40mm 时左旋极化波的透射率频谱图

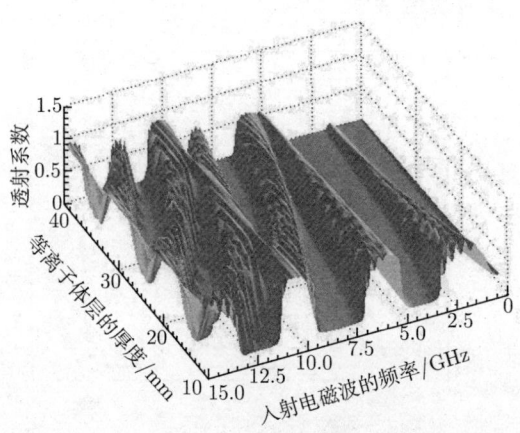

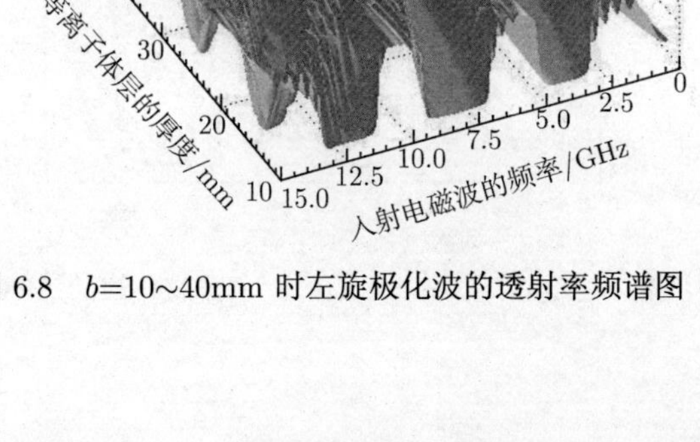

图 6.8　b=10~40mm 时左旋极化波的透射率频谱图 [68]

6.2.3 等离子体频率对光子禁带周期特性的影响

图 6.9 给出了ω_p =1GHz，6GHz，11GHz，21GHz 时右旋极化波的透射率频谱图，图 6.10 给出了ω_p=1~25GHz 时右旋极化波的透射率频谱图。图 6.11 给出了ω_p=1GHz，6GHz，11GHz，21GHz 时左旋极化波的透射率频谱图，图 6.12 给出了ω_p=1~25GHz 时左旋极化波的透射率频谱图。由图 6.9 和图 6.11 可知，等离子体频率越小，左旋和右旋极化波产生的光子禁带的周期性越明显；等离子体频率越大，其光子禁带的周期性越差，但是光子禁带却得到了拓展，透射系数的值也越接近 0；当ω_p=21GHz 时，0~15GHz 频率范围的入射波几乎完全被反射。由图 6.10 和图 6.12 可知，当等离子体频率增加到一定值时，磁化等离子体光子晶体对左旋和右旋极化波的透射系数陡然减小至 0。这主要是因为当入射电磁波的频率接近

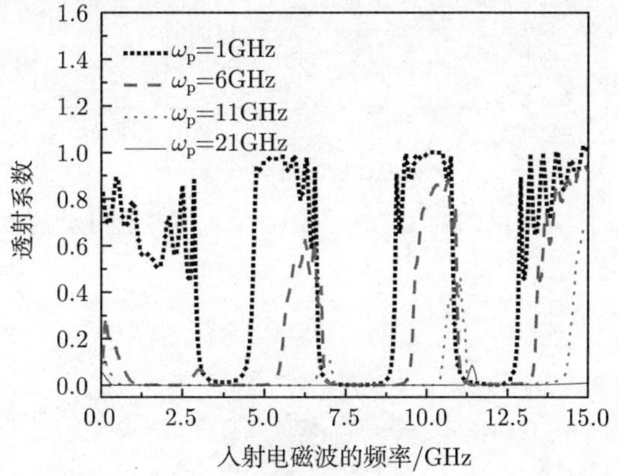

图 6.9 ω_p=1GHz，6GHz，11GHz，21GHz 时右旋极化波的透射率频谱图

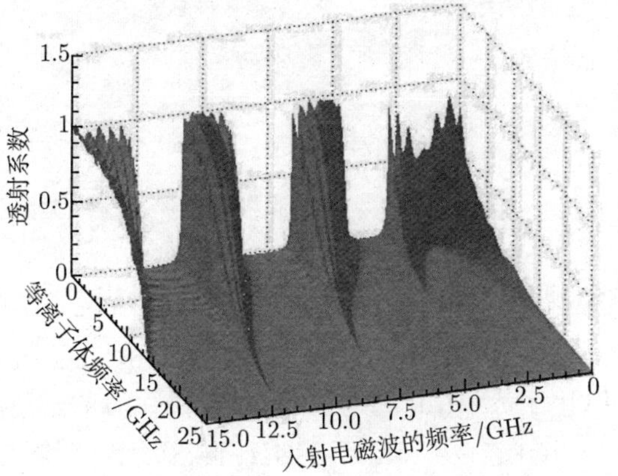

图 6.10 ω_p=1~25GHz 时右旋极化波的透射率频谱图

最大等离子体频率时，由于电磁波的频率接近截止区 [166]，等离子体对电磁波的衰减将变得非常大，即共振衰减。当入射电磁波的频率远离最大等离子体频率时，等离子体对电磁波的衰减主要是碰撞吸收。共振衰减要比碰撞衰减大很多。当入射波的频率远小于等离子体频率时，入射波将完全被反射。所以通过改变等离子体频率可以很好地控制禁带的宽度、设定带通值，但禁带的周期特性将被破坏。

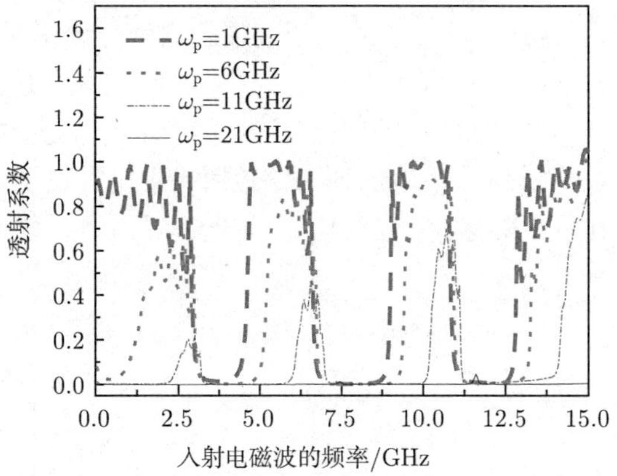

图 6.11 ω_p=1GHz，6GHz，11GHz，21GHz 时左旋极化波的透射率频谱图

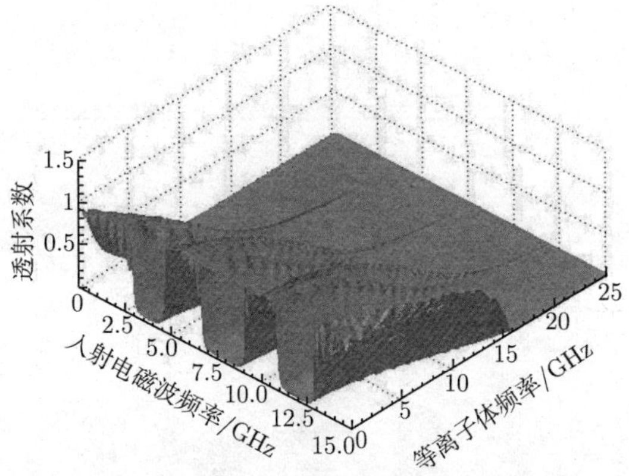

图 6.12 ω_p=1~25GHz 时左旋极化波的透射率频谱图

6.2.4 等离子体碰撞频率对光子禁带周期特性的影响

图 6.13 给出了v_c =0.1GHz，1.1GHz，10.1GHz，80GHz 时右旋极化波的透射率频谱图，图 6.14 给出了v_c =0.1~80GHz 时右旋极化波的透射率频谱图。图 6.15 给出了v_c =0.1GHz，1.1GHz，10.1GHz，80GHz 时左旋极化波的透射率频谱图，图 6.16 给出了v_c =0.1~80GHz 时左旋极化波的透射率频谱图。由图 6.13 和图 6.15 可知，等离子体的碰撞频率对左旋和右旋极化波产生的光子禁带的周期性影响不大，

其禁带保持较好的周期特性，而且对禁带带宽的影响也不大，且禁带的中心频率略向低频方向移动。当等离子体碰撞频率越小或越大时，左旋和右旋极化波的透射率峰值衰减率越小。这主要是因为，当等离子体碰撞频率很小时，等离子体内的电子与中性粒子和离子碰撞的次数很小，交换的能量也很少。显然，当等离子体碰撞频率趋于零时，等离子体变成了无耗损介质。当等离子体碰撞频率较大时，等离子体内的电子频繁地与中性粒子和离子碰撞，等离子体内的电子被电磁波极化相对减小，电子还未真正被电磁波加速就与其他粒子发生碰撞。由图 6.14 和图 6.16 可知，当等离子体碰撞频率增加到一定值后，左旋和右旋极化波的透射率峰值衰减达到最小值时，将缓慢增大。但当透射率峰值增加到一定值后，其值几乎不会随着碰撞频率的增加而有明显的增大。这可以由衰减常数与碰撞频率的关系 [166] 来解释：当入射电磁波的频率较低时，等离子体的碰撞频率越小，衰减常数越大；当入射电磁波的频率较高时，等离子体的碰撞频率越大，衰减常数越小。

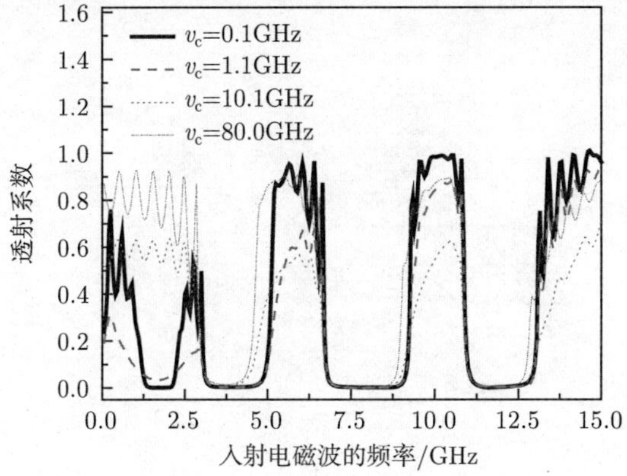

图 6.13　v_c =0.1GHz，1.1GHz，10.1GHz，80GHz 时右旋极化波的透射率频谱图

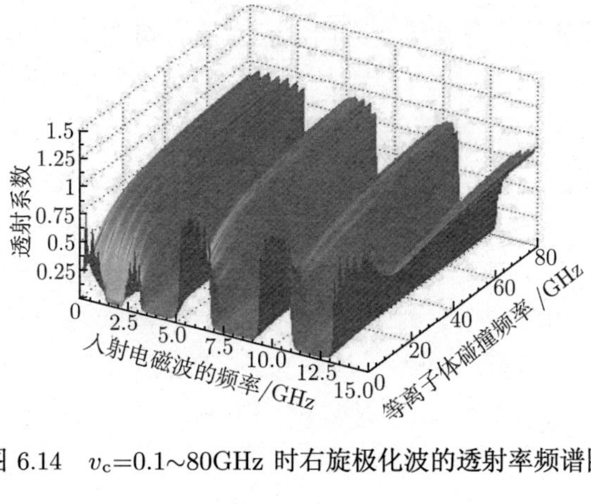

图 6.14　v_c=0.1～80GHz 时右旋极化波的透射率频谱图

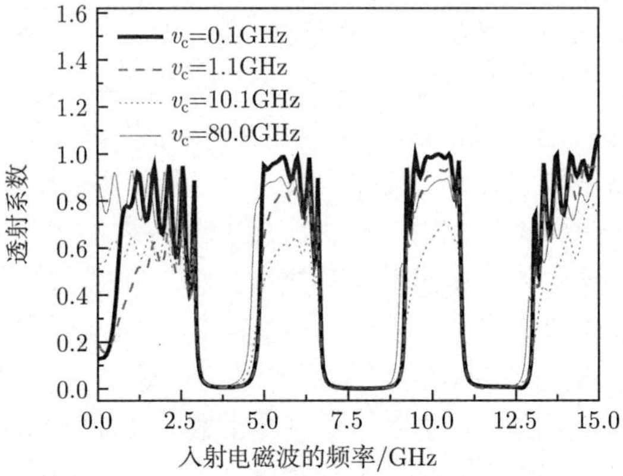

图 6.15　v_c=0.1GHz，1.1GHz，10.1GHz，80GHz 时左旋极化波的透射率频谱图

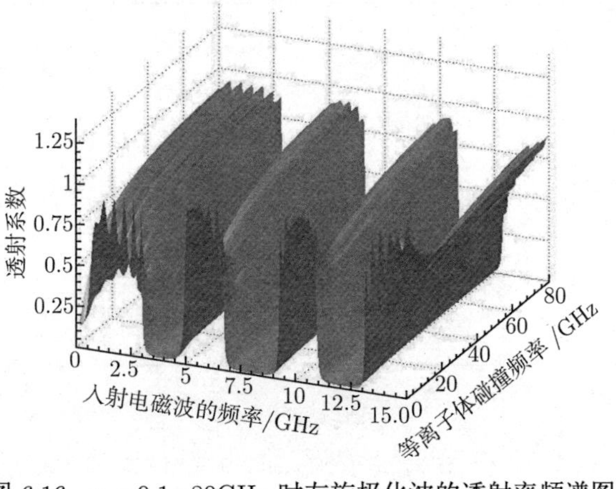

图 6.16　v_c=0.1～80GHz 时左旋极化波的透射率频谱图

6.2.5　等离子体回旋频率对光子禁带周期特性的影响

图 6.17 给出了ω_b =1GHz，11GHz，21GHz，36GHz 时右旋极化波的透射率频谱图，图 6.18 给出了ω_b=1～40GHz 时右旋极化波的透射率频谱图。图 6.19 给出了ω_b=1GHz，11GHz，21GHz，36GHz 时左旋极化波的透射率频谱图，图 6.20 给出了ω_b=1～40GHz 时左旋极化波的透射率频谱图。由图 6.17 和图 6.19 可知，等离子体回旋频率对左旋极化波产生的光子禁带周期性影响不大，禁带保持较好的周期特性，而且对禁带带宽的影响也不大，禁带的中心频率略向低频方向移动；等离子体回旋频率对右旋极化波产生的光子禁带周期性影响较大，只有在等离子体回旋频率较小或较大时，其光子禁带具有较好的周期特性，而且带宽会随着等离子体回旋频率的增大有明显改变，只有等离子体回旋频率较大时，禁带带宽才会趋于定值。由图

6.20 可知，左旋极化波的透射率峰值几乎保持不变，入射波低频段的透射系数会随着等离子体回旋频率的增大而趋于定值。由图 6.18 可知，右旋极化波的透射率频谱图中存在着一个斜向上的完全禁止带，只有等离子体回旋频率较大时，才能出现周期性的禁带，其透射率峰值趋于稳定。这主要是因为磁化等离子体对左旋和右旋极化波都有两个通带 [58] 和一个阻带 [58]。对于左旋极化波，其阻带范围为 $\omega_{\mathrm{b}} < \omega_{\mathrm{L}} < \omega_{\mathrm{c}}$，其中 $\omega_{\mathrm{c}} = \sqrt{\omega_{\mathrm{p}}^2 + \omega_{\mathrm{b}}^2/4} - \omega_{\mathrm{b}}/2$；对于右旋极化波，其阻带范围为 $\omega_{\mathrm{b}} < \omega_{\mathrm{R}} < \omega_{\mathrm{c}}^1$，其中 $\omega_{\mathrm{c}}^1 = \sqrt{\omega_{\mathrm{p}}^2 + \omega_{\mathrm{b}}^2/4} + \omega_{\mathrm{b}}/2$。因此，只有当入射电磁波的频率大于等离子体回旋频率时，磁化等离子体对入射电磁波才有明显的吸收作用，即表现为透射率峰值的减小；当入射电磁波的频率小于等离子体回旋频率时，入射电磁波落在通带中，磁化等离子体对入射电磁波的吸收作用减弱，即表现为透射率峰值几乎趋于定值

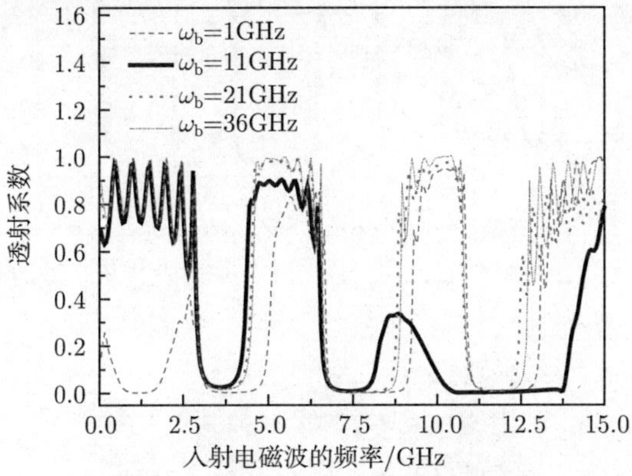

图 6.17　ω_{b}=1GHz，11GHz，21GHz，36GHz 时右旋极化波的透射率频谱图

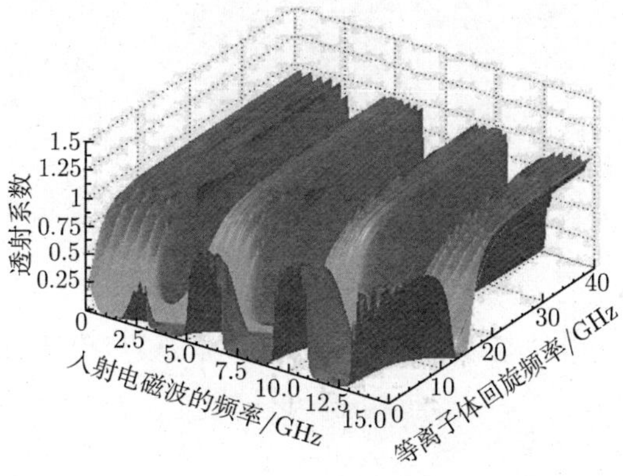

图 6.18　ω_{b}=1～40GHz 时右旋极化波的透射率频谱图

并且禁带具有较好的周期特性。左旋极化波截止频率上限的最大值不超过 3.5GHz，所以等离子体回旋频率仅对其禁带的低频部分造成影响，几乎不影响禁带的周期特性。而右旋极化波截止频率几乎是随着等离子体回旋频率的增加而呈线性增加，所以其禁带的周期性和透射率峰值受等离子体回旋频率影响很大，即禁带的周期性遭破坏，禁带带宽得到了拓展。因此，可以通过改变等离子体回旋频率实现对右旋极化波产生的禁带带宽进行控制、设定带通值，但对左旋极化波产生的禁带带宽几乎不影响。

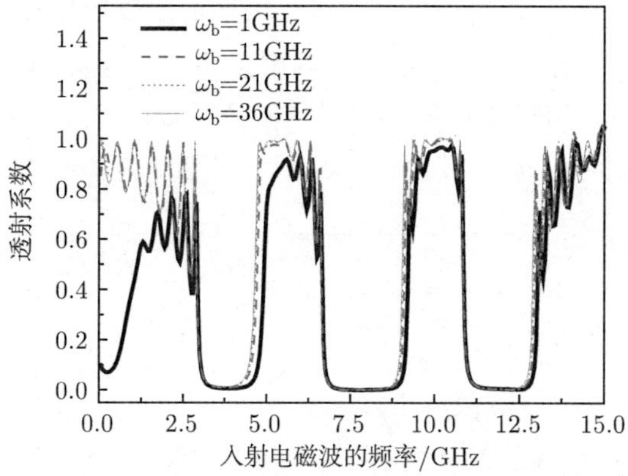

图 6.19 ω_b=1GHz，11GHz，21GHz，36GHz 时左旋极化波的透射率频谱

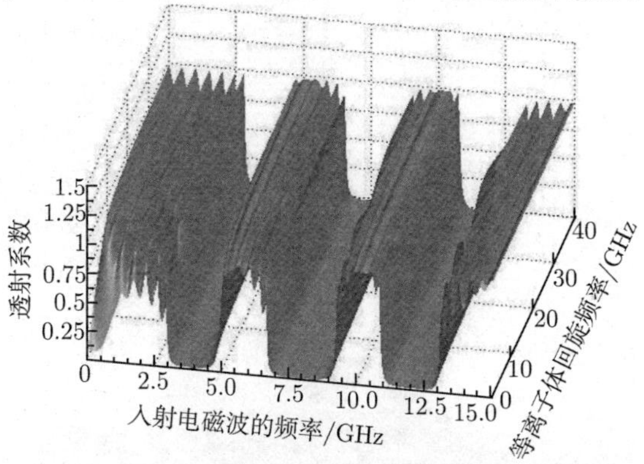

图 6.20 ω_b=1~40GHz 时左旋极化波的透射率频谱

6.3 温度、密度对一维磁化等离子体光子晶体禁带特性的影响

6.2 节对无缺陷的、均匀的、非时变的磁化等离子体光子晶体的禁带特性进行了讨论，但在实际应用过程中工作环境的温度一般不是恒定的，等离子体层的密度也

存在梯度，因此研究温度和密度对等离子体光子晶体禁带的影响在工程应用方面具有重要的意义。本节就以温度和等离子体层密度为参数研究磁化等离子体光子晶体禁带特性，参与仿真计算的磁化等离子体的参数取为：$\omega_{\mathrm{p}} = 10\pi \times 10^9\mathrm{rad} / \mathrm{s}$，$\omega_{\mathrm{b}} = 10 \times 10^9\mathrm{rad} / \mathrm{s}$。

6.3.1　温度对禁带特性的影响

假设磁化等离子体光子晶体由不均匀的、各向异性的、热的、碰撞的等离子体层和介质层组成，如果等离子体中的离子的质量较大，就可以忽略其运动。温度、密度的关系如下：

$$\nu(\boldsymbol{r}) = 5.2 \times 10^{11} p \tag{6.5}$$

$$p = n_{\mathrm{e}}(\boldsymbol{r})\kappa T \tag{6.6}$$

式中，$n_{\mathrm{e}}(\boldsymbol{r})$ 是自由电子密度；$\nu(\boldsymbol{r})$ 是电子有效碰撞频率；κ 是玻尔兹曼常量；T 是等离子体温度；p 是等离子体压强。式 (6.6) 已假设等离子体取等温近似。

在等离子体层分布均匀的条件下，图 6.21 给出了 T=300K，3000K，30000K，46000K 时右旋极化波的透射率频谱图，图 6.22 给出了 T=300～46000K 时右旋极化波的透射率频谱图。图 6.23 给出了 T=300K，3000K，30000K，46000K 时左旋极化波的透射率频谱图，图 6.24 给出了 T=300～46000K 时左旋极化波的透射率频谱图。由图 6.21 和图 6.23 可知，随着温度的升高，左旋和右旋极化波产生的光子禁带除其低频部分有变化外，其他部分几乎没有影响，依然保持了较好的周期性，禁带的宽度几乎保持不变，禁带的中心频率略微向低频方向移动。由图 6.22 和图 6.24 可知，其透射率的峰值随着温度的升高而减小，但当温度升高到一定值后，其峰值不会再减小而是缓慢上升后趋于定值。这主要是因为随着温度的

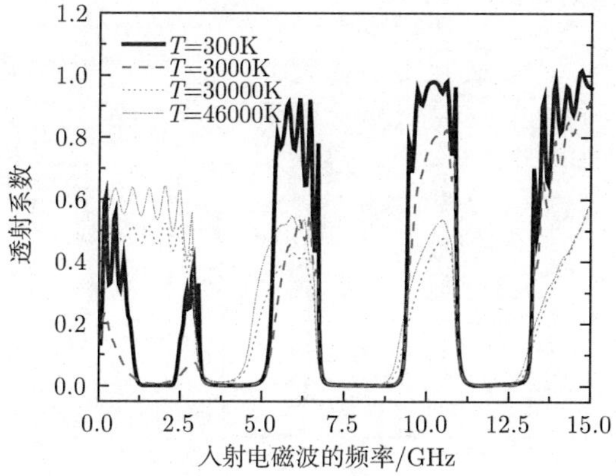

图 6.21　T=300K，3000K，30000K，46000K 时右旋极化波的透射率频谱图

升高，电子和中性粒子、离子的碰撞频率增大，即等离子体的碰撞频率增大。温度太高时，等离子体内的电子频繁地和中性粒子、离子碰撞，等离子体内的电子被电磁波极化的数量相对减少了，即电子还未真正被电磁波加速就和其他粒子发生碰撞。当电磁波的频率太大时，电子的极化周期变短，电磁波传递给电子的能量必须靠碰撞传递给其他粒子，故电磁波频率越大，温度越高，衰减越大。当入射电磁波的频率接近最大等离子体频率时，由于电磁波的频率接近截止区 [166]，等离子体对电磁波的衰减将变得非常大，即共振衰减。当入射电磁波的频率远离最大等离子体频率时，等离子体对电磁波的衰减主要是碰撞吸收。共振衰减要比碰撞衰减大很多。如图 6.21 所示, 当 T=300K 时，在 1.25~2.5GHz 存在着光子禁带，但随着温度的升高，禁带宽度逐渐变窄，当 T=46000K 时已经完全消失。所以随着温度的升高，低频部分的禁带中心频率会向低频方向移动直至消失，但是左旋和右旋极化波产

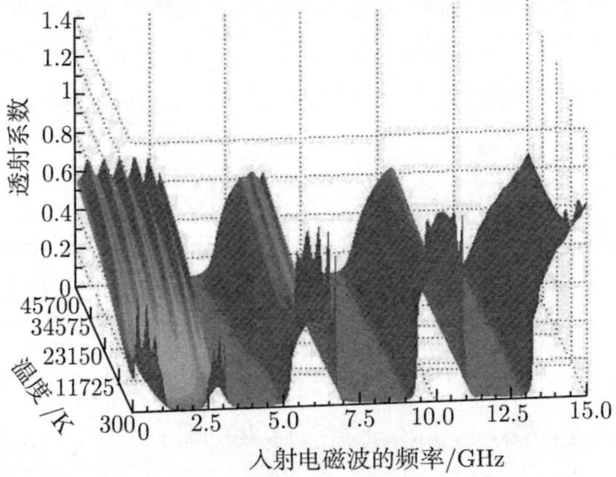

图 6.22　T=300~46000K 时右旋极化波的透射率频谱图

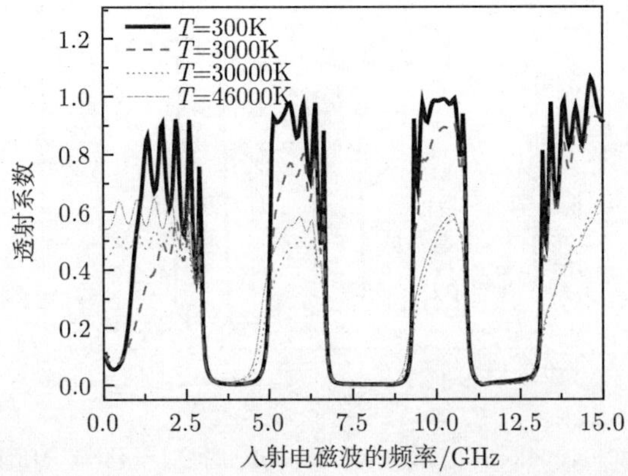

图 6.23　T=300K，3000K，30000K，46000K 时左旋极化波的透射率频谱图

生的光子禁带总体变化趋势是向高频方向移动，即整体表现为高通滤波特性；而透射率的峰值表现为先减小后增大最后趋于定值。总之，仅依靠提高等离子体的温度，不能实现对其禁带的拓展，仅会对低频部分禁带带宽造成影响，而且温度参量几乎不会影响其禁带的周期性。

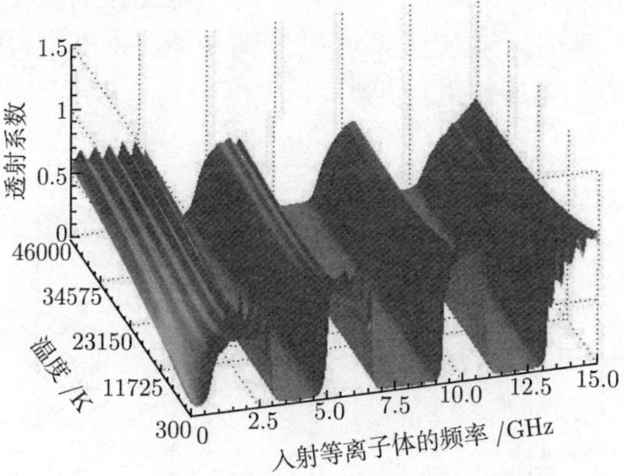

图 6.24 T=300~46000K 时左旋极化波的透射率频谱图

6.3.2 密度对禁带特性的影响

为了分析等离子体密度对禁带特性的影响，等离子体密度分别选取 (a) 线性，(b) 抛物线，(c) Epstein 分布，可以得到其等离子体频率的平方表达式分别为

$$\text{(a)}\ \omega_{\rm p}^2(z)=\omega_{\rm po}^2\frac{z}{z_0};\quad \text{(b)}\ \omega_{\rm p}^2(z)=\omega_{\rm po}^2\left(\frac{z}{z_0}\right)^2;\quad \text{(c)}\ \omega_{\rm p}^2(z)=\frac{\omega_{\rm po}^2}{1+\exp\left[-(z-z_0/2)/\sigma\right]}$$

式中，z_0 是第 1 层等离子层的左边界到第 6 层等离子层右边界的距离；σ 是 Epstein 分布的梯度因子；$\omega_{\rm po}$ 是最大等离子体频率。

图 6.25 和图 6.26 分别给出了温度 T=900K，三种不同密度分布在最大等离子体频率为 3GHz、5GHz、10GHz 时的左旋和右旋极化波的透射率频谱图。图 6.27 和图 6.28 分别给出了等离子体层密度 Epstein 分布在 σ=2cm，T=500K、5000K，最大等离子体频率为 2GHz、7GHz 时的右旋和左旋极化波的透射率频谱图。由图 6.25 和图 6.26 可知，通过改变等离子体层密度分布在保持禁带的周期性的同时可以实现对光子禁带的拓展，等离子体层密度越高其禁带宽度越大，密度越低其禁带宽度越窄。这主要是因为当入射电磁波的频率一定时，电子的密度越低即等离子体越稀薄，从而被电磁波极化的电子越少，等离子体对电磁波的吸收相应越小；相反，电子的密度越大即等离子体越稠密，被电磁波极化的电子越多，等离子体对电磁波的吸收相应越大。由图 6.27 和图 6.28 可知，通过对温度和等离子体电子密度

在一定范围内的调整，在保持禁带周期性的同时实现对禁带宽度的控制是完全可行的。在温度较低而等离子体电子密度较大的情况下，可以较好地实现对禁带的拓展。如图 6.27 所示，温度为 500K, 最大等离子体频率为 7GHz 时右旋极化波产生的禁带特性，较温度为 5000K, 最大等离子体频率为 2GHz 时的禁带特性要好。当温度升高即等离子体碰撞频率增大时，等离子体对电磁波的吸收增大，可以实现使得光子禁带的中心频率向高频方向移动。当等离子体层密度增大时，有更多的自由电子响应入射电磁波的电场作用，使得禁带宽度得到了拓展。

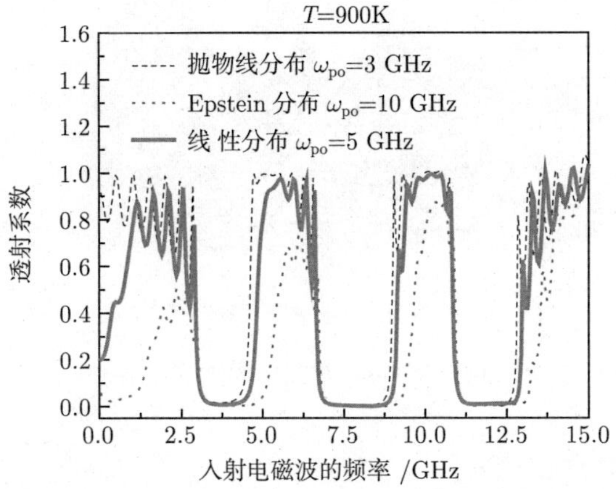

图 6.25　三种不同等离子体层密度分布在 T=900K，ω_{po}=3GHz、5GHz、10GHz 时左旋极化波的透射率频谱图

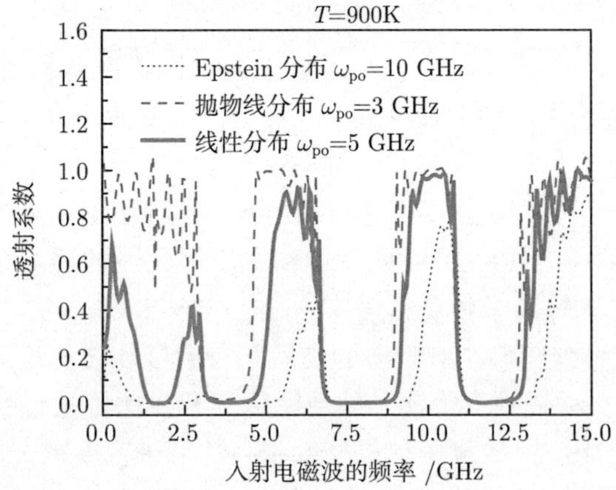

图 6.26　三种不同等离子体层密度分布在 T=900K，ω_{po} =3GHz、5GHz、10GHz 时右旋极化波的透射率频谱图

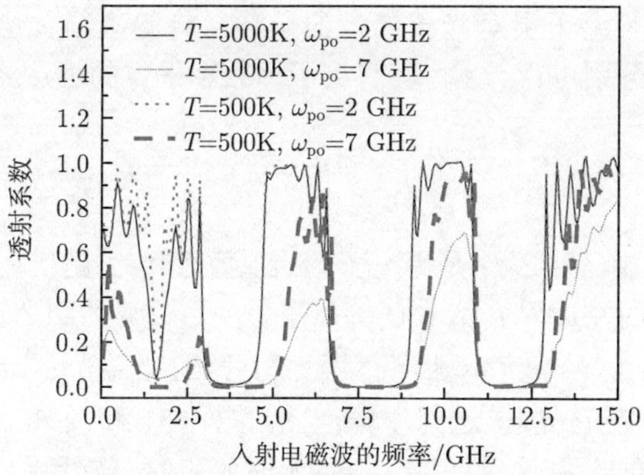

图 6.27 等离子体层密度 Epstein 分布在 σ=2cm，T=500K，5000K，ω_{po}=2GHz，7GHz 时的右旋极化波透射率频谱图

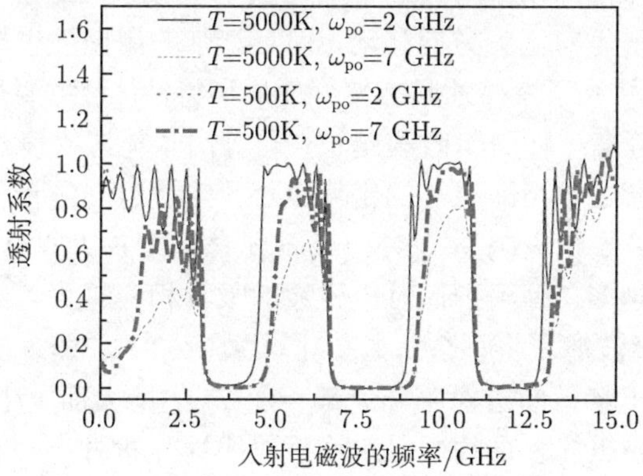

图 6.28 等离子体层密度 Epstein 分布在 σ=2cm，T=500K，5000K，ω_{po} =2GHz，7GHz 时的左旋极化波透射率频谱图

6.4 一维时变磁化等离子体光子晶体禁带特性

6.2 节和 6.3 节仅对无缺陷的、非时变的磁化等离子体光子晶体的禁带特性进行了讨论，但在实际应用过程中工作环境的温度一般不是恒定的，等离子体层的密度也存在梯度。然而在实际应用过程中，不仅工作环境的温度、等离子体层的密度存在梯度，而且等离子体频率也存在着一定的弛豫时间。因此，研究等离子体频率的弛豫时间对磁化等离子体光子晶体禁带的影响在工程应用方面具有重要的理论意义。本节就以等离子体频率的弛豫时间为参数，研究磁化等离子体光子晶体禁带特性，参与仿真计算的磁化等离子体的参数取为：$\nu_c = 3\times10^9$rad / s，$\omega_b = 10\times10^9$rad / s。

为了获得时变等离子层对光子禁带的影响，将等离子体层分为 (a) 均匀分布，(b) 线性分布，分别进行计算，其等离子体频率平方的表达式分别为

$$\text{(a) } \omega_{\mathrm{p}}^2(t)=\omega_{\mathrm{po}}^2\frac{t}{T_{\mathrm{r}}};\quad \text{(b) } \omega_{\mathrm{p}}^2(z,t)=\omega_{\mathrm{po}}^2\frac{t}{T_{\mathrm{r}}}\frac{z}{z_0}$$

式中，$\omega_{\mathrm{po}}=10\pi\times10^9\mathrm{rad/s}$；$T_{\mathrm{r}}$ 是等离子体的弛豫时间；t 是仿真计算的时间步；z_0 是第 1 层等离子层的左边界到第 6 层等离子层的右边界的距离。

图 6.29 和图 6.30 给出了等离子体层均匀分布，T_{r}=1000，3000，5000，10000 时间步时右旋和左旋极化波的透射率频谱图，图 6.31 和图 6.32 给出了等离子体层在均匀和线性分布条件下，T_{r}=3000，8000 时间步时左旋和右旋极化波的透射率频谱图。由图 6.29 和图 6.30 可知，对于左旋和右旋极化波产生的光子禁带而言，等离子体的弛豫时间不同可以获得不同的禁带特性，随着 T_{r} 的增大其禁带宽度会逐渐减小，但 T_{r} 增加到一定值后，带宽就不会明显减小而趋于一个定值；其禁带的中心频率总体表现为向低频方向移动，而且禁带的周期性也会受到 T_{r} 的影响，只有当 T_{r} 很大时，其光子禁带才具有较好的周期特性。这主要是因为当入射电磁波的频率一定时，等离子体弛豫时间越长，即等离子体层密度达到最大值的时间越长。等离子体层密度越小即电子的密度越小，能被电磁波极化的电子越少；等离子体对电磁波的吸收相应越少；相反，等离子体密度越大即电子的密度越大，被电磁波极化的电子越多，等离子体对电磁波的吸收相应越大。当等离子体密度减小到一定值后，其吸波能力将不会明显变化。由图 6.31 和图 6.32 可知，左旋和右旋极化波产生的光子禁带的透射率峰值都会随 T_{r} 的增大而发生变化，当 T_{r} 相等时，等离子体均匀分布的禁带的透射率峰值较线性分布时小。这主要是因为等离子体中的电子被电磁波的电场加速，吸收电磁波的能量，同时通过碰撞把能量传

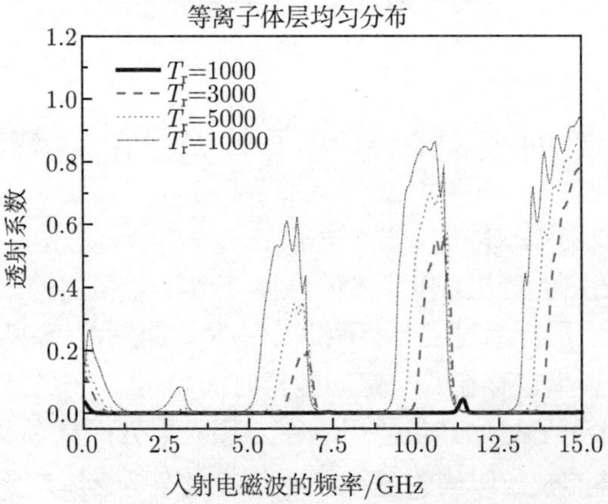

图 6.29 在 T_{r}=1000，3000，5000，10000 时间步时右旋极化波的透射率频谱图

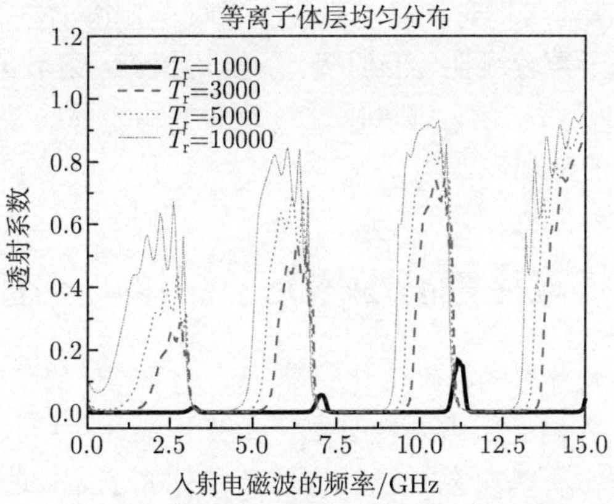

图 6.30 在 T_r=1000，3000，5000，10000 时间步时左旋极化波的透射率频谱图

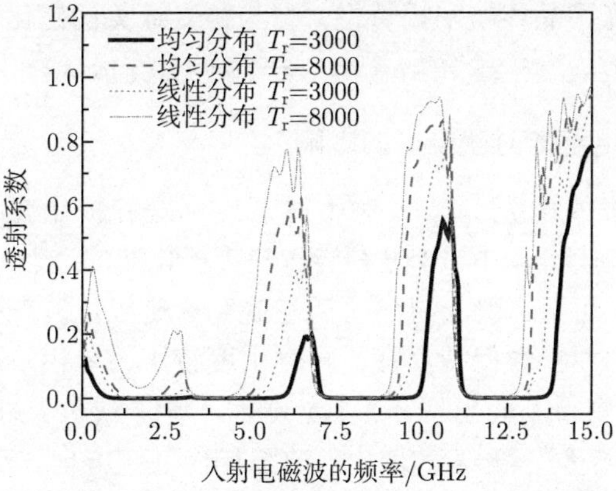

图 6.31 等离子体层在均匀和线性分布条件下，T_r=3000，8000 时间步时右旋极化波的透射率频谱图

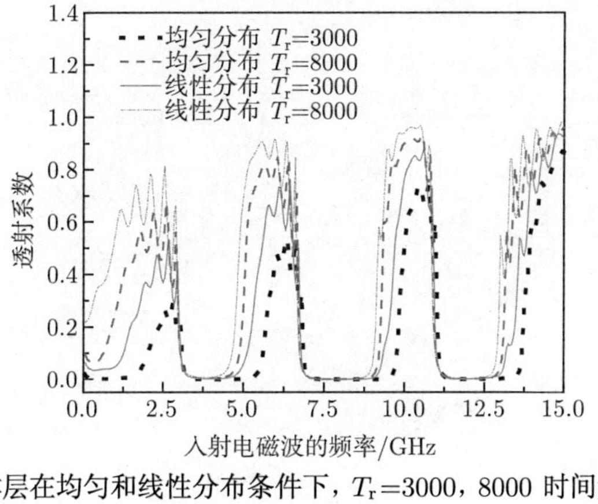

图 6.32 等离子体层在均匀和线性分布条件下，T_r=3000，8000 时间步时左旋极化波的透射率频谱图

给中性粒子和离子，从而实现对入射电磁波的吸收。在相同体积下等离子体层均匀分布时参与碰撞的电子数较线性分布时多，所以对相应入射波的衰减也越厉害。但无论等离子层的分布是否均匀，都可以通过改变等离子体的弛豫时间来实现对禁带的拓展，调节禁带的周期性。

6.5　一维磁化等离子体光子晶体缺陷态的研究

第 6.2~6.4 节对无缺态的一维磁化等离子体光子晶体的禁带特性进行了研究，但是在实际应用中，人们经常需要在等离子体光子晶体中引入缺陷，以获得特殊的缺陷模来构成器件，所以研究一维磁化等离子体光子晶体的缺陷模特性就显得十分重要。本节就以缺陷层介电常数、厚度、位置、周期常数和等离子体参数来研究磁化等离子体光子晶体缺陷模特性。参与仿真计算的磁化等离子体的参数取为：$\omega_{\rm p}=10\pi\times10^9$rad/s，$\nu_{\rm c}=2\times10^9$rad/s，$\omega_{\rm b}=10\pi\times10^9$rad/s。

6.5.1　缺陷层的介电常数对缺陷模的影响

图 6.33 和图 6.35 分别为$\varepsilon_2=1\sim10$ 时右旋和左旋极化波的透射率频谱图，图 6.34 和图 6.36 分别为$\varepsilon_2=1\sim10$ 时右旋和左旋极化波的透射率频谱图的俯视图。由图 6.33 和图 6.35 可知，引入缺陷层后左旋和右旋极化波产生的禁带宽度没有发生明显变化，其周期特性保持不变，同时宽度较小的单模缺陷模会出现在其禁带中。当$\varepsilon_2=\varepsilon_1$ 时，禁带不会出现缺陷模；当$\varepsilon_2<\varepsilon_1$ 时，随ε_2 的减小，缺陷模向高频方向移动；当$\varepsilon_2>\varepsilon_1$ 时，随ε_2 的增大，缺陷模向低频方向移动。但当 ε_2 增大到一定值时，缺陷模频率就会与禁带的下带边重合，而上带边产生一个新的缺陷模。进一步改变ε_2 的数值，缺陷模将隐入下带边中，而上带边出现的缺陷模将逐渐向

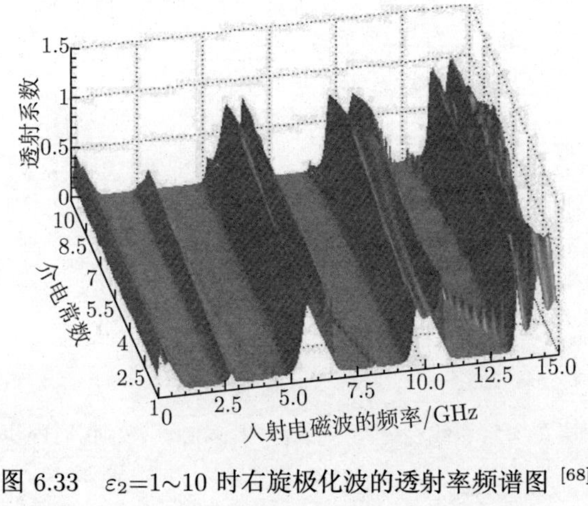

图 6.33　$\varepsilon_2=1\sim10$ 时右旋极化波的透射率频谱图 [68]

禁带中心靠近。由图 6.34 和图 6.36 可知，左旋和右旋极化波产生的缺陷模的移动

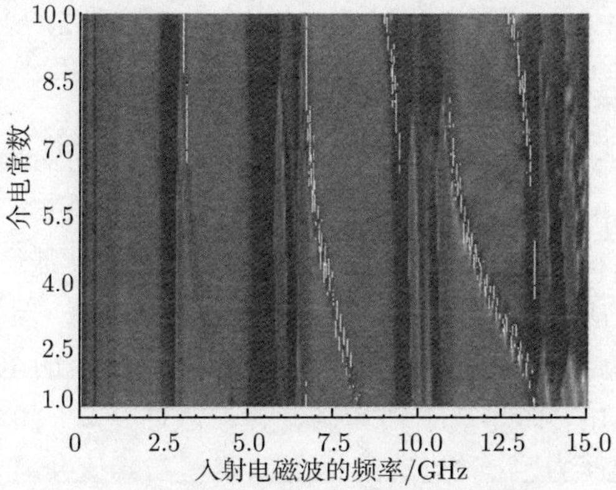

图 6.34　ε_2=1~10 时右旋极化波的透射率频谱图的俯视图

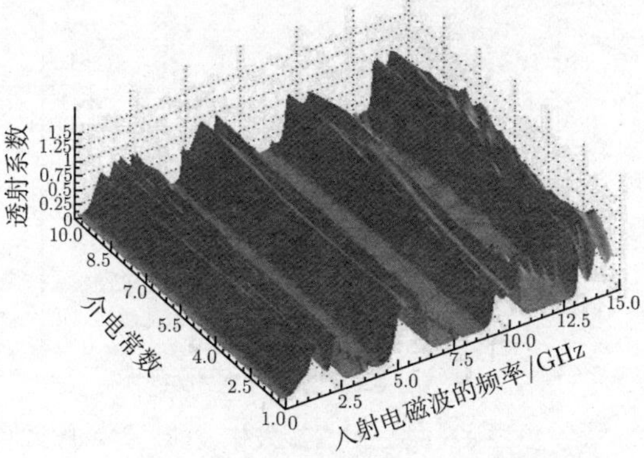

图 6.35　ε_2=1~10 时左旋极化波的透射率频谱图

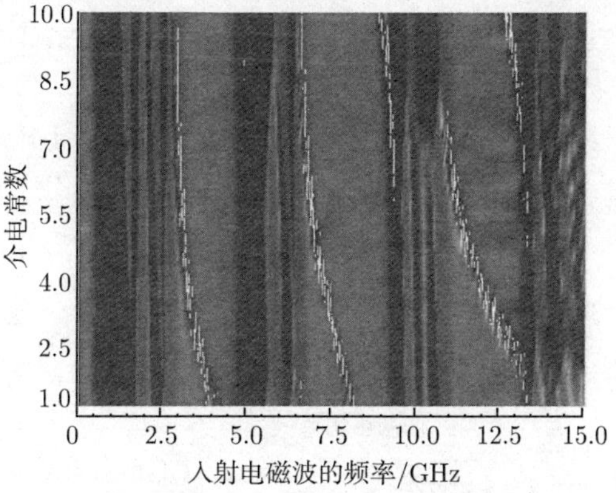

图 6.36　ε_2=1~10 时左旋极化波的透射率频谱图的俯视图

呈周期性变化，缺陷模频率几乎与ε_2 呈线性变化；且ε_2 即使取不同的值，缺陷模几乎有完全相同的缺陷模频率。因此，ε_2 在较小的范围内取值就能使缺陷模的频率涵盖其整个禁带。

6.5.2 缺陷层的位置和周期常数对缺陷模的影响

图 6.37 和图 6.38 分别为周期常数 N 取 2,4,6,8,12 时右旋和左旋极化波的透射率频谱图。由图 6.37 和图 6.38 可知，当周期常数 N=2 时，右旋和左旋极化波不产生明显的禁带结构和缺陷模；只有当 N 大于 4 时，才能产生明显的禁带结构和缺陷模。随着 N 的增加，其缺陷模的频率几乎保持不变，但峰值却随 N 的增大而显著减小。这主要是因为缺陷模的产生源于缺陷层反射的电磁波和行进的电磁波发生的干涉相长作用，而等离子体又是一种耗散性介质，随着 N 的增加，等离子体对缺陷模的吸收能力也显著增加，因而缺陷模的峰值会显著减小。

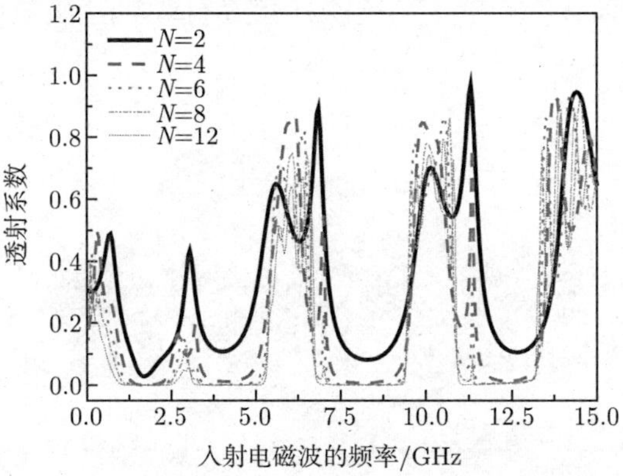

图 6.37 N=2,4,6,8,12 时右旋极化波的透射率频谱图

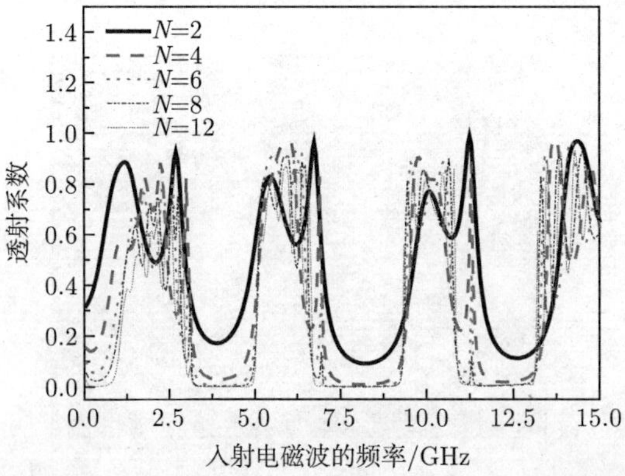

图 6.38 N=2,4,6,8,12 时左旋极化波的透射率频谱图

图 6.39 和图 6.40 分别为缺陷层位置参数 M 取 3,5,7,9,11 时右旋和左旋极化波的透射率频谱图。由图 6.39 和图 6.40 可知，虽然缺陷层在光子晶体中的位置不同，但是右旋和左旋极化波各自所产生的缺陷模频率都不会发生变化，且与缺陷层处于光子晶体中央位置时所获得的缺陷模频率完全相同。当缺陷层越靠近中央位置时，其缺陷模的峰值越大，反之峰值越小。原因在于缺陷层位于中央时对晶体的完整性破坏最大，导致共振透射率 (缺陷模峰值) 最大；而缺陷层位于较偏位置时晶体的完整性破坏不大，故共振透射率 (缺陷模峰值) 较小。所以，缺陷层的位置和周期参数不会影响缺陷模的频率，但会影响缺陷模的峰值。

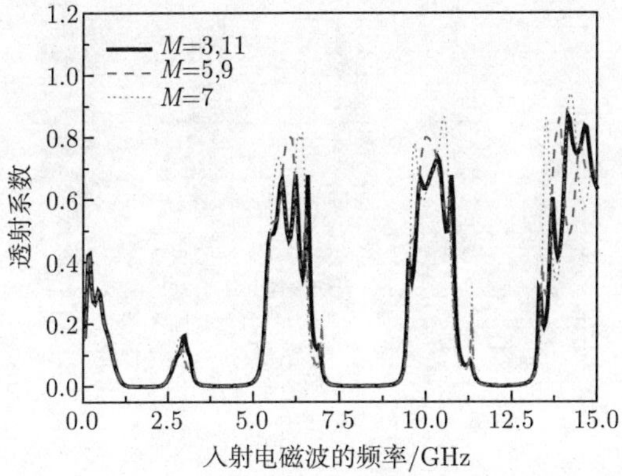

图 6.39 M=3,5,7,9,11 时右旋极化波的透射率频谱

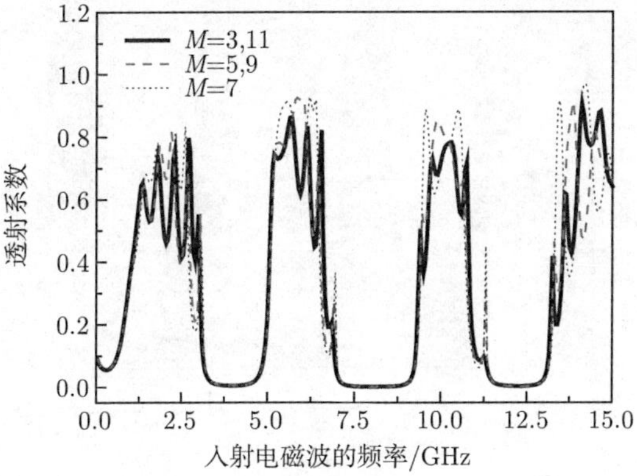

图 6.40 M=3,5,7,9,11 时左旋极化波的透射率频谱

6.5.3 缺陷层的厚度对缺陷模的影响

图 6.41 和图 6.42 分别为缺陷层 c 取 10~46mm 时右旋和左旋极化波的透射率频谱图。由图 6.41 和图 6.42 可以看出，右旋和左旋极化波通过磁化等离子体光子

晶体获得的缺陷模的频率随缺陷层厚度的增大略微增大。当缺陷层的厚度增加到一定值时，其禁带宽度略有增大，同时在其禁带的上边沿产生一个新的缺陷频率，缺陷模的数目由 1 个增加到 2 个。这是因为缺陷模的产生主要源于缺陷层反射的电磁波和行进的电磁波发生的干涉相长作用。只有当反射的电磁波和行进的电磁波在相位相差 2π 的整数倍时才会产生叠加增强的效果，而缺陷层厚度决定了二者的相位差，当缺陷层的厚度增加到一定值时，必然使缺陷模的模数增加。因此，可以根据入射电磁波的频率，适当改变缺陷层的厚度，可以改变缺陷模数。

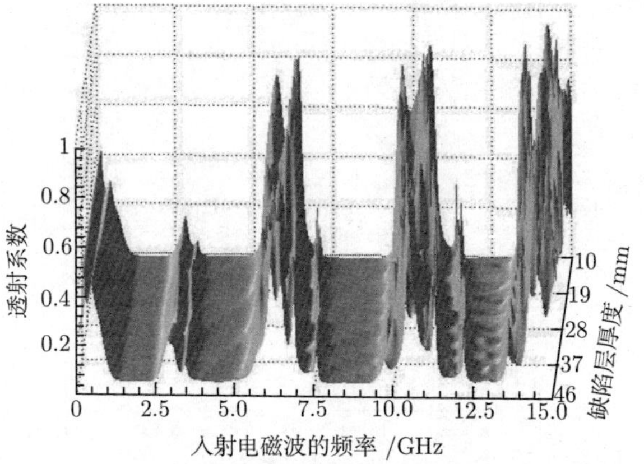

图 6.41　c=10~46 mm 时右旋极化波的透射率频谱图

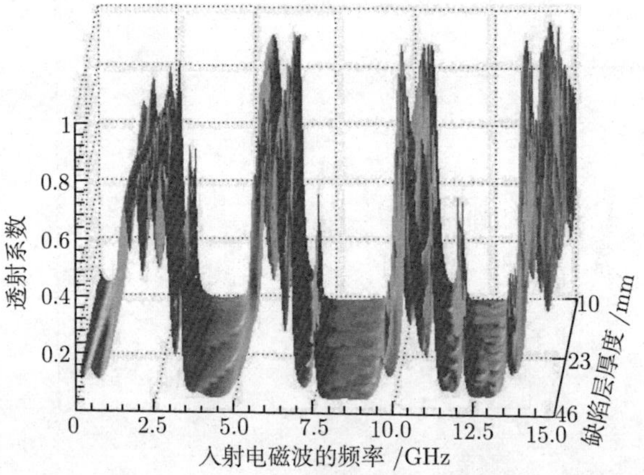

图 6.42　c=10~46 mm 时左旋极化波的透射率频谱图

6.5.4　等离子体频率对缺陷模的影响

图 6.43 和图 6.44 分别为等离子体频率ω_{p} =1~25GHz 时右旋极化波和左旋极化波的透射率频谱图。由图 6.43 和图 6.44 可知，等离子体频率越小右旋极化波和

左旋极化波通过磁化等离子体光子晶体获得的缺陷模就越明显，其缺陷模会随等离子体频率的增大而向高频方向移动。缺陷模的峰值会随等离子体频率的增大而减小，当ω_{p} =25GHz 时，缺陷模已经完全消失。当等离子体频率增大到一定值时，缺陷模的峰值会陡然减小至 0。这主要是因为当入射电磁波的频率接近最大等离子体频率时，等离子体对电磁波的衰减将变得非常大，即共振衰减。当入射电磁波的频率远离最大等离子体频率时，等离子体对电磁波的衰减主要是碰撞吸收。共振衰减的影响比碰撞衰减大很多。当入射电磁波的频率远小于等离子体频率时，入射波完全被反射，所以改变等离子体频率可以很好地控制缺陷模的频率和峰值。

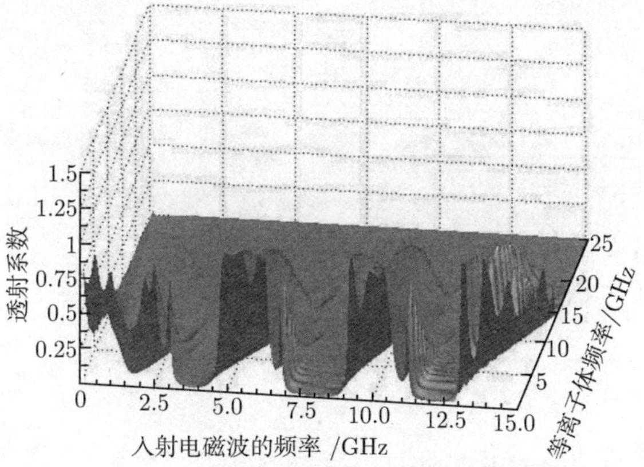

图 6.43　ω_{p}=1～25GHz 时右旋极化波的透射率频谱图

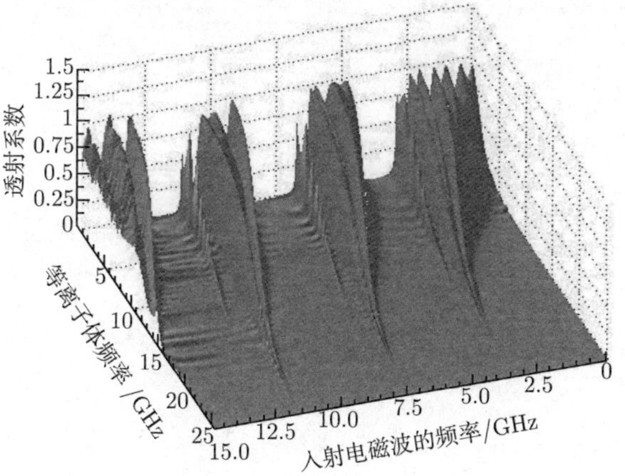

图 6.44　ω_{p}=1～25GHz 时左旋极化波的透射率频谱图

6.5.5　等离子体碰撞频率对缺陷模的影响

图 6.45 和图 6.46 分别为等离子体碰撞频率ν_{c} =0.1～80GHz 时右旋和左旋极化波的透射率频谱图。由图 6.45 和图 6.46 可知，等离子体的碰撞频率对右旋极化

波和左旋极化波通过磁化等离子体光子晶体时获得的缺陷模的影响不大，其缺陷模频率略向高频方向移动。其缺陷模的峰值随等离子体碰撞频率的增加而减少，但当等离子体碰撞频率增加到一定值时，其缺陷模的峰值不再有明显地减小，而是缓慢增加，最后趋于定值。这主要是因为等离子体中的电子被电磁波的电场加速，吸收电磁波的能量，同时，通过碰撞把能量传给中性粒子和离子。由衰减常数与碰撞频率的关系 [58] 可知，当电磁波的频率较低时，等离子体的碰撞频率越小，衰减常数越大；当电磁波的频率较高时，等离子体的碰撞频率越大，衰减常数越小。

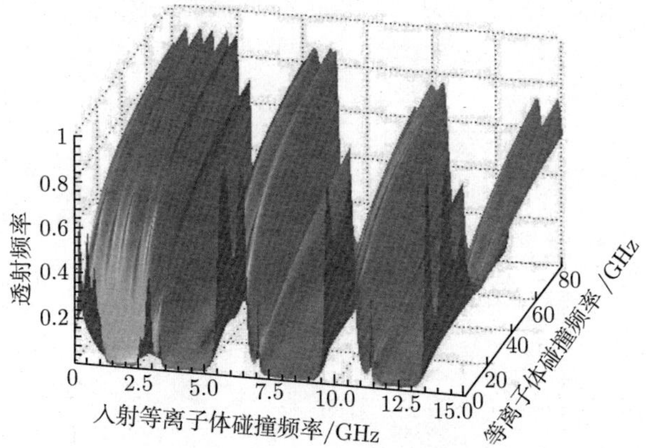

图 6.45 ν_c=0.1~80GHz 时右旋极化波的透射率频谱图 [68]

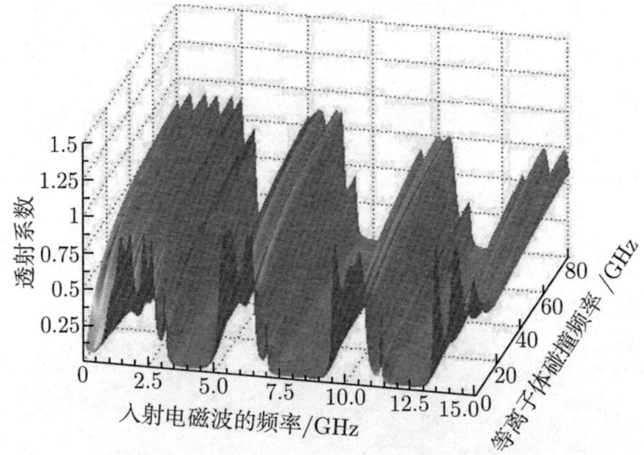

图 6.46 ν_c=0.1~80GHz 时左旋极化波的透射率频谱图 [68]

6.5.6 等离子体回旋频率对缺陷模的影响

图 6.47 和图 6.48 分别为ω_b=1~30GHz 时右旋和左旋极化波的透射率频谱图。由图 6.47 和图 6.48 可知，等离子体回旋频率对左旋极化波通过磁化等离子体光子晶体获得的缺陷模的影响不大，缺陷模频率几乎保持不变，其获得的禁带也保持了

较好的周期性；而等离子体回旋频率对右旋极化波通过磁化等离子体光子晶体获得的缺陷模影响却很大，右旋极化波的透射率频谱图中存在着一个斜向上的完全禁止带，缺陷模在此禁止带中完全消失。只有当等离子体回旋频率较大时，才能再次出现缺陷模且缺陷模频率向低频方向移动。这主要是因为磁化等离子体对左旋和右旋极化波都有两个通带和一个阻带 [166]。左旋极化波截止频率上限的最大值不超过 4.5GHz, 所以等离子体回旋频率仅对其禁带的低频部分造成影响，几乎不影响缺陷模的频率；而右旋极化波截止频率几乎是随着等离子体频率的增加而呈线性增加，所以其缺陷模受等离子体回旋频率的影响很大，只有当等离子体回旋频率大于入射电磁波频率时，即进入通带后缺陷模才会重新出现。因此，可以通过改变等离子体回旋频率实现对右旋极化波产生的缺陷模进行控制，但对左旋极化波产生的缺陷模无效。

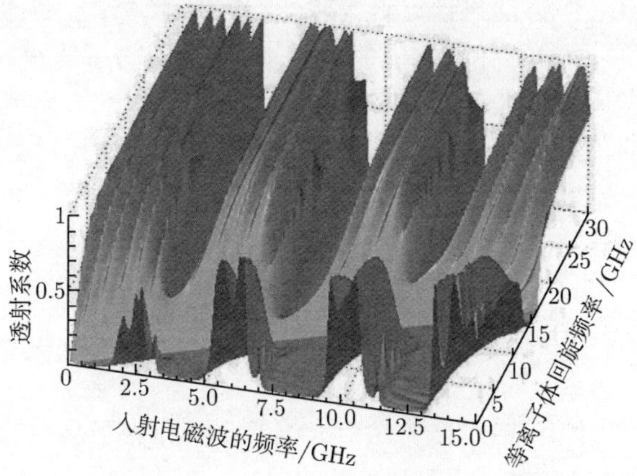

图 6.47 ω_b=1～30GHz 时右旋极化波的透射率频谱图 [68]

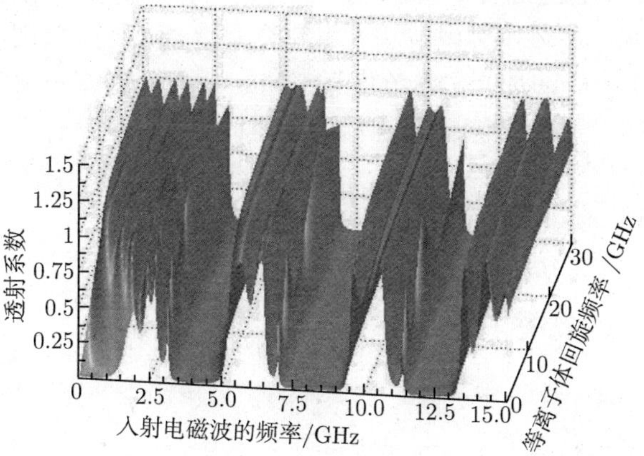

图 6.48 ω_b=1～30GHz 时左旋极化波的透射率频谱图 [68]

第 7 章　斜入射一维等离子体光子晶体的禁带特性

在第 6 章中用 FDTD 方法对一维等离子体光子晶体的基本禁带特性进行了讨论，然而仅考虑了较为简单情况，即电磁波仅是垂直入射于等离子体光子晶体，而且磁化的情况也仅考虑了电磁波平行于外加磁场的情况 (磁光 Faraday 效应)，这显然不具备普适性。因为在这种情况下 TE 和 TM 的电磁特性基本相同，这明显和实际的应用相违背，等离子体光子晶体本身在应用于现实的器件设计时，不得不面对电磁波入射角度任意、电磁波极化方式任意以及外加磁场与波矢方向任意的情况。另外，用 FDTD 方法来计算斜入射一维等离子体光子晶体的色散问题和透射特性也非常麻烦，而且存在着数值色散与计算误差。为了解决以上问题，本章将用 TMM 来分析斜入射一维等离子体光子晶体的禁带特性，研究了在外加不同形式电磁场情况下的色散和禁带特性，分析了一维等离子体光子晶体各个参数对禁带特性的影响，并分别给出了具体的 TMM 计算公式，这为下一步实现等离子体光子晶体器件奠定了基础。

7.1　一维斜入射等离子体光子晶体色散特性

在第 6 章中，我们用 FDTD 方法对一维等离子体光子晶体的传输和缺陷模特性进行了研究，但是仅考虑了相对简单的情况，即电磁波垂直入射一维等离子体光子晶体，这显然不具有普适性。如果用 FDTD 方法讨论电磁波斜入射一维等离子体光子晶体的情况，那么在实现方法上将变得非常复杂，所以用基于解析方式的 TMM 将是一个比较好的选择。本节将用 TMM 对一维等离子体光子晶体在电磁波斜入射时的色散关系和带隙情况进行分析与计算，对用于计算 TM(横磁) 波和 TE(横电) 波的计算公式进行了推导，并讨论了带隙与等离子体光子晶体各个参变量之间的关系。计算时引入的时谐量是 $\mathrm{e}^{-\mathrm{j}\omega t}$，$\omega$ 是角频率，t 是时间，且 $\mathrm{j}=\sqrt{-1}$，c 为真空中的光速。

7.1.1　理论模型和数值方法

图 7.1 给出了该一维等离子体光子晶体的物理模型示意图，由图可知该一维等离子体光子晶体周期性地沿着 $+z$ 轴正方向。其中介质层和等离子体层相对介电常数分别用ε_{b} 和ε_{p} 表示，厚度分别为 b 和 a，即一个周期单元的长度为 $\Lambda=b+a$，且整个一维等离子体光子晶体都放在了相对介电常数为ε_{b} 的介质背景中。电磁波

斜入射该光子晶体，且入射电磁波在 yoz 平面。如果假设等离子体中离子质量远大于电子，那么离子的作用就可以忽略，则对于这个等离子体光子晶体而言，其介质分布可以表示为

$$\varepsilon=\begin{cases}1-\dfrac{\omega_{\mathrm{p}}^2}{\omega(\omega+\mathrm{j}\nu_{\mathrm{c}})} & (\text{等离子体层})\\ \varepsilon_{\mathrm{b}} & (\text{介质背景})\end{cases}\tag{7.1}$$

其中，ω_{p}、ν_{c} 和ω 分别表示等离子体频率、等离子体碰撞频率和入射电磁波的频率。等离子体频率 $\omega_{\mathrm{p}}=(e^2n_{\mathrm{e}}/\varepsilon_0 m)^{1/2}$，其中 e、m 和ε_0 分别是电子的电量、电子的质量和真空中的介电常数。

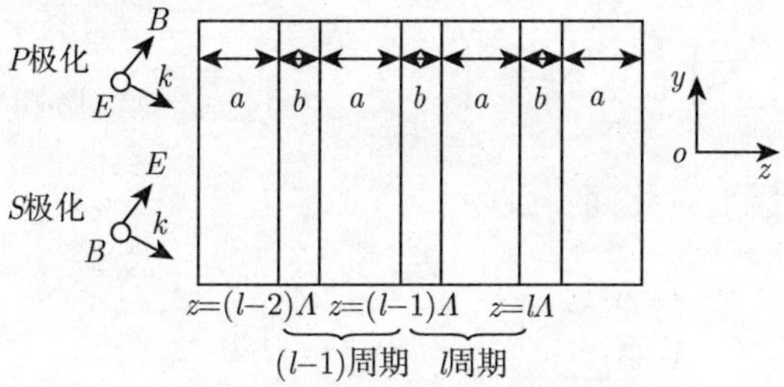

图 7.1　一维等离子体光子晶体的物理模型图 [79]

众所周知，当入射电磁波的频率小于等离子体频率 $\omega_{\mathrm{p}}=(e^2n_{\mathrm{e}}/\varepsilon_0 m)^{1/2}$ 时，入射电磁波将会被等离子体反射，只有频率大于$\omega_{\mathrm{p}}/2\pi$的电磁波能够通过。所以对于等离子体层而言，任何电磁波在经过等离子体层时可以看成是由前向波和反向波组成。色散关系也要分两种情况来考虑，即$\omega>\omega_{\mathrm{p}}$ 和$\omega<\omega_{\mathrm{p}}$。而对于任何一个周期单元而言，其中的电磁波都可以用前向波和后向波来表示，即整个一维光子晶体的透射和反射特性都可以用前向波和后向波的关系来表示，由$\omega>\omega_{\mathrm{p}}$ 和$\omega<\omega_{\mathrm{p}}$ 这两个频率范围得到该光子晶体的传输和传输特性。首先，Maxwell 方程组可以写成频域形式

$$\nabla\times(\nabla\times\boldsymbol{E})-\omega^2\mu\varepsilon(\omega,z)\boldsymbol{E}=0\tag{7.2}$$

如果假设等离子体层和介质层都是非磁性材料，即$\mu_{\mathrm{b}}=\mu_{\mathrm{p}}=1$，电磁波在 yoz 平面中传播，那么式 (7.2) 的解可以表示为

$$\boldsymbol{E}(z)\mathrm{e}^{-\mathrm{j}(\omega t-k_y y)}\tag{7.3}$$

其中，k_y 是波矢在 y 方向上的分量，其在周期单元中不发生改变。因此 $E(y,z)$ 对于第 l 个周期单元在$\omega>\omega_{\mathrm{p}}$ 和$\omega<\omega_{\mathrm{p}}$ 两个频率范围内可以表示为

$$E(y,z)=\begin{cases}\left[A_l\mathrm{e}^{\mathrm{j}k_{\mathrm{p}z}(z-l\Lambda)}+\overline{A_l}\mathrm{e}^{\mathrm{j}k_{\mathrm{p}z}(z-l\Lambda)}\right]\mathrm{e}^{\mathrm{j}k_y y}\\ \left[B_l\mathrm{e}^{\mathrm{j}k_{\mathrm{b}z}(z-l\Lambda)}+\overline{B_l}\mathrm{e}^{\mathrm{j}k_{\mathrm{b}z}(z-l\Lambda)}\right]\mathrm{e}^{\mathrm{j}k_y y}\end{cases}\tag{7.4}$$

其中，$k_{\mathrm{b}z}=\left(\dfrac{\omega^2}{c^2}\varepsilon_{\mathrm{b}}-k_y^2\right)^{1/2}$，$k_{\mathrm{p}z}=\left\{\dfrac{\omega^2}{c^2}\left[1-\dfrac{\omega_{\mathrm{p}}^2}{\omega(\omega+\mathrm{j}\nu_{\mathrm{c}})}\right]-k_y^2\right\}^{1/2}$；$A_l$，$\overline{A_l}$，$B_l$，$\overline{B_l}$ 分别表示电磁波通过周期单元时前向波和反向波分别通过等离子体层和介质层的幅值。下面分别求 TE 波和 TM 波在$\omega>\omega_{\mathrm{p}}$ 和$\omega<\omega_{\mathrm{p}}$ 两个频率范围内的色散关系。

首先求 TE 波的色散公式，在这种情况下电场垂直于 yoz 平面。根据连续性条件，E_x 和 H_y 在 $z=(l-1)\varLambda$ 和 $z=(l-1)\varLambda+b$ 的表面满足

$$\begin{pmatrix}1 & 1\\ 1 & -1\end{pmatrix}\begin{pmatrix}A_{l-1}\\ \overline{A}_{l-1}\end{pmatrix}=\begin{pmatrix}\mathrm{e}^{-\mathrm{j}k_{\mathrm{b}z}\varLambda} & \mathrm{e}^{\mathrm{j}k_{\mathrm{b}z}\varLambda}\\ \dfrac{k_{\mathrm{b}z}}{k_{\mathrm{p}z}}\mathrm{e}^{-\mathrm{j}k_{\mathrm{b}z}\varLambda} & -\dfrac{k_{\mathrm{b}z}}{k_{\mathrm{p}z}}\mathrm{e}^{\mathrm{j}k_{\mathrm{b}z}\varLambda}\end{pmatrix}\begin{pmatrix}B_l\\ \overline{B_l}\end{pmatrix} \tag{7.5}$$

$$\begin{pmatrix}\mathrm{e}^{-\mathrm{j}k_{\mathrm{b}z}\varLambda} & \mathrm{e}^{\mathrm{j}k_{\mathrm{b}z}\varLambda}\\ \mathrm{e}^{-\mathrm{j}k_{\mathrm{b}z}\varLambda} & -\mathrm{e}^{\mathrm{j}k_{\mathrm{b}z}\varLambda}\end{pmatrix}\begin{pmatrix}B_l\\ \overline{B_l}\end{pmatrix}=\begin{pmatrix}\mathrm{e}^{-\mathrm{j}k_{\mathrm{p}z}\varLambda} & \mathrm{e}^{\mathrm{j}k_{\mathrm{p}z}\varLambda}\\ \dfrac{k_{\mathrm{p}z}}{k_{\mathrm{b}z}}\mathrm{e}^{-\mathrm{j}k_{\mathrm{p}z}\varLambda} & -\dfrac{k_{\mathrm{p}z}}{k_{\mathrm{b}z}}\mathrm{e}^{\mathrm{j}k_{\mathrm{p}z}\varLambda}\end{pmatrix}\begin{pmatrix}A_l\\ \overline{A_l}\end{pmatrix} \tag{7.6}$$

将式 (7.5) 和式 (7.6) 进行化简得到

$$\begin{pmatrix}A_{l-1}\\ \overline{A}_{l-1}\end{pmatrix}=\begin{pmatrix}A & B\\ C & D\end{pmatrix}\begin{pmatrix}A_l\\ \overline{A_l}\end{pmatrix} \tag{7.7}$$

其中，$\begin{pmatrix}A & B\\ C & D\end{pmatrix}$ 为一个周期单元的传输矩阵，式 (7.7) 可以用条件 $AD-BC=1$ 获得，其中

$$A=\left[\cos k_{\mathrm{b}z}b+\frac{1}{2}\mathrm{j}\left(\frac{k_{\mathrm{b}z}}{k_{\mathrm{p}z}}+\frac{k_{\mathrm{p}z}}{k_{\mathrm{b}z}}\right)\sin k_{\mathrm{b}z}b\right]\mathrm{e}^{-\mathrm{j}k_{\mathrm{p}z}}a \tag{7.8}$$

$$B=\left[-\frac{1}{2}\mathrm{j}\left(\frac{k_{\mathrm{b}z}}{k_{\mathrm{p}z}}-\frac{k_{\mathrm{p}z}}{k_{\mathrm{b}z}}\right)\sin k_{\mathrm{b}z}b\right]\mathrm{e}^{\mathrm{j}k_{\mathrm{p}z}}a \tag{7.9}$$

$$C=\left[\frac{1}{2}\mathrm{j}\left(\frac{k_{\mathrm{b}z}}{k_{\mathrm{p}z}}-\frac{k_{\mathrm{p}z}}{k_{\mathrm{b}z}}\right)\sin k_{\mathrm{b}z}b\right]\mathrm{e}^{-\mathrm{j}k_{\mathrm{p}z}}a \tag{7.10}$$

$$D=\left[\cos k_{\mathrm{b}z}b+\frac{1}{2}\mathrm{j}\left(\frac{k_{\mathrm{b}z}}{k_{\mathrm{p}z}}+\frac{k_{\mathrm{p}z}}{k_{\mathrm{b}z}}\right)\sin k_{\mathrm{b}z}b\right]\mathrm{e}^{\mathrm{j}k_{\mathrm{p}z}}a \tag{7.11}$$

另外，由式 (7.1) 可知，$\varepsilon(\omega,z)$ 是周期性函数，根据 Bloch 定理，由介质分布可以得到 $E(\omega,z)=E(\omega,z+\varLambda)$，那么可以得到本征值方程

$$\begin{pmatrix}A-\mathrm{e}^{-\mathrm{j}K\varLambda} & B\\ C & D-\mathrm{e}^{-\mathrm{j}K\varLambda}\end{pmatrix}=0 \tag{7.12}$$

所以色散关系能够从式 (7.12) 中得到，即可以写为

$$K(k_y,\omega)=\frac{1}{\varLambda}\arccos\left[\frac{1}{2}(A+D)\right] \tag{7.13}$$

将式 (7.8)~ 式 (7.11) 代入式 (7.13)，就能够获得 TE 波在该一维等离子体光子晶体中的色散关系

$$\cos(k\Lambda)=\cos(k_{pz}a)\cos(k_{bz}b)-\frac{1}{2}\left(\frac{k_{pz}}{k_{bz}}+\frac{k_{bz}}{k_{pz}}\right)\sin(k_{pz}a)\sin(k_{bz}a) \tag{7.14}$$

同理，对于 TM 波而言 (磁场垂直于yoz平面)，它的传输矩阵单元可以写成

$$A=\left[\cos k_{bz}\mathrm{b}-\frac{1}{2}\mathrm{j}\left(\frac{n_{pz}^2k_{bz}}{n_{bz}^2k_{pz}}+\frac{n_{bz}^2k_{pz}}{n_{pz}^2k_{bz}}\right)\sin k_{bz}b\right]\mathrm{e}^{-\mathrm{j}k_{pz}}a \tag{7.15}$$

$$B=\left[-\frac{1}{2}\mathrm{j}\left(\frac{n_{pz}^2k_{bz}}{n_{bz}^2k_{pz}}-\frac{n_{bz}^2k_{pz}}{n_{pz}^2k_{bz}}\right)\sin k_{bz}b\right]\mathrm{e}^{\mathrm{j}k_{pz}}a \tag{7.16}$$

$$C=\left[\frac{1}{2}\mathrm{j}\left(\frac{n_{pz}^2k_{bz}}{n_{bz}^2k_{pz}}-\frac{n_{bz}^2k_{pz}}{n_{pz}^2k_{bz}}\right)\sin k_{bz}b\right]\mathrm{e}^{-\mathrm{j}k_{pz}}a \tag{7.17}$$

$$D=\left[\cos k_{bz}b+\frac{1}{2}\mathrm{j}\left(\frac{n_{pz}^2k_{bz}}{n_{bz}^2k_{pz}}+\frac{n_{bz}^2k_{pz}}{n_{pz}^2k_{bz}}\right)\sin k_{bz}b\right]\mathrm{e}^{\mathrm{j}k_{pz}}a \tag{7.18}$$

将式 (7.15)~ 式 (7.18) 代入式 (7.13)，就能够获得 TM 波在该一维等离子体光子晶体中的色散关系

$$\cos(K\Lambda)=\cos(k_{pz}a)\cos(k_{bz}b)-\frac{1}{2}\left(\frac{n_{pz}^2k_{bz}}{n_{bz}^2k_{pz}}+\frac{n_{bz}^2k_{pz}}{n_{pz}^2k_{bz}}\right)\sin(k_{pz}a)\sin(k_{bz}a) \tag{7.19}$$

其中，$n_{bz}=\sqrt{\varepsilon_b}$，$n_{pz}=\sqrt{1-\omega_p^2/(\omega^2+\mathrm{j}\omega\nu_c)}$ 分别代表介质层和等离子体层的折射率。

7.1.2 计算结果与分析

为了不失一般性，用$\omega\Lambda/2\pi c$对频率进行归一化，并用变量$\omega\Lambda/2\pi c=1$ 来确定等离子体频率和等离子体碰撞频率的大小。假设等离子体频率$\omega_p\Lambda/2\pi c=1$，等离子体碰撞频率$\nu_c=\gamma\omega_p$，填充率 $f=a/\Lambda$。图 7.2 中给出了该光子晶体在$\omega_p\Lambda/2\pi c=1$，$k_y\Lambda/2\pi c=0$，$\gamma=0.01$，$\varepsilon_b=1$ 并分别在 $f=0.1$ 和 $f=0.5$ 时的色散曲线。其中 $k_y\Lambda/2\pi c=0$ 表示电磁波垂直入射，$\varepsilon_b=1$ 表示背景介质为空气。由图 7.2 可知，该光子晶体仅能产生两个带隙，而且还存在 1 个截止频率。图 7.2(a) 代表了常规的 PBGs 结构，而图 7.2(b) 则代表了带隙的吸收特性 (吸收的带隙结构)。随着等离子体厚度的增加 (填充率 f 的增加)，PBGs 的带宽也会增加。在常规带隙结构和吸收带隙结构之间存在着明显地区别，对于 $f=0.1$ 情况 (实线) 第一个常规带隙覆盖 0~$0.3\omega_p$，而对于同样的吸收带隙结构而言，第一个带隙结构却出现在 0.3~$0.5\omega_p$。图 7.3 中给出了该光子晶体满足$\omega_p\Lambda/2\pi c=1$，$k_y\Lambda/2\pi c=0$，$\gamma=0.01$，$f=0.3$，分别在$\varepsilon_b=1$ 和$\varepsilon_b=2$

时的色散曲线。由图 7.3 可知，随着背景介质的增大，一般带隙结构和吸收带隙结构都会向低频方向移动。从图 7.3 中还可以看到，随着ε_{b} 的增大，一般带隙中的数量会增多 (产生新的带隙)，而且使得禁带结构更为陡峭，这意味着此时的群速度

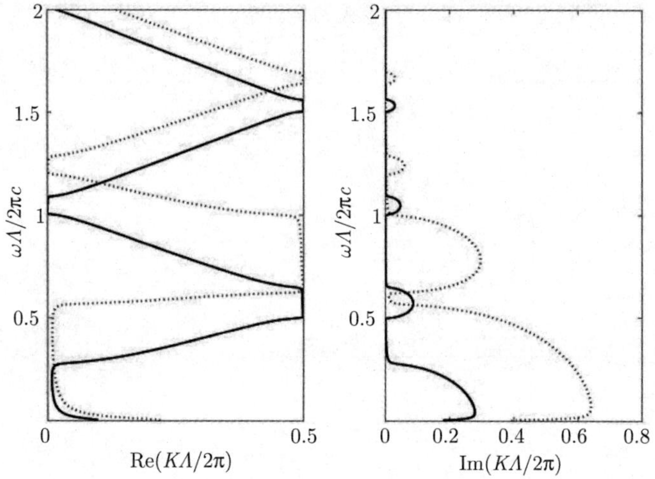

(a)　　　　　　　　(b)

图 7.2　该光子晶体满足$\omega_{\mathrm{p}}\Lambda/2\pi c$=1，$k_y\Lambda/2\pi c$=0(垂直入射)，$\gamma$=0.01，$\varepsilon_{\mathrm{b}}$=1(背景介质为空气)，分别在 f=0.1(实线) 和 f=0.5(点划线) 时的色散曲线

(a) 一般带隙结构；(b) 吸收带隙结构 [79]

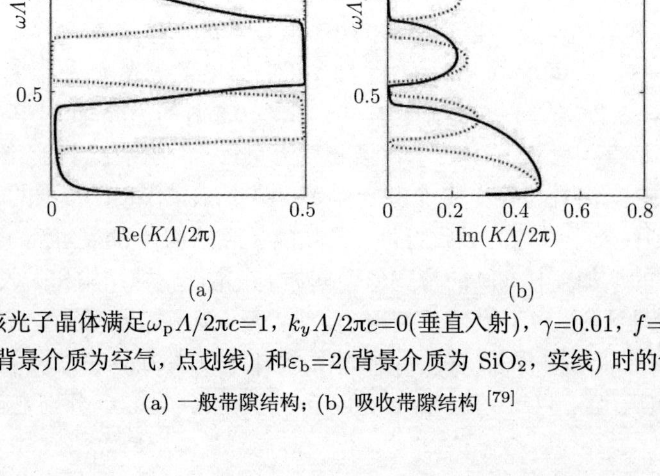

(a)　　　　　　　　(b)

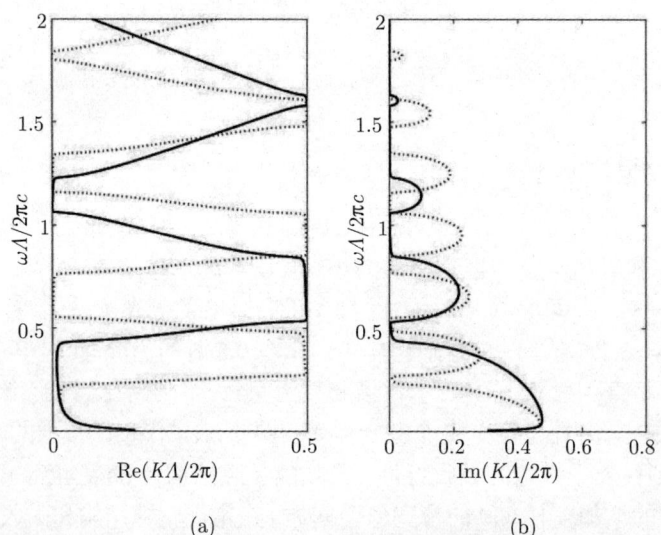

图 7.3　该光子晶体满足$\omega_{\mathrm{p}}\Lambda/2\pi c$=1，$k_y\Lambda/2\pi c$=0(垂直入射)，$\gamma$=0.01，$f$=0.3，分别在$\varepsilon_{\mathrm{b}}$=1(背景介质为空气，点划线) 和$\varepsilon_{\mathrm{b}}$=2(背景介质为 SiO_2，实线) 时的色散曲线

(a) 一般带隙结构；(b) 吸收带隙结构 [79]

减小了。图 7.4 给出了该光子晶体满足$\omega_{\mathrm{p}}\Lambda/2\pi c=1$，$k_y\Lambda/2\pi c=0$，$\varepsilon_{\mathrm{b}}=2$，$f=0.5$，分别在$\gamma=0.01$ 和$\gamma=0.05$ 时的色散曲线。由图 7.4 可知，改变γ的大小，其本质上是改变等离子体碰撞频率的大小，增加 γ 的大小对一般带隙结构和吸收带隙结构都有影响，

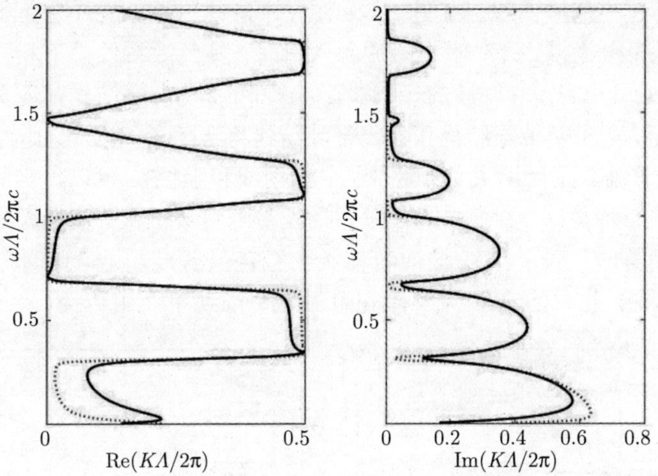

(a) (b)

图 7.4　该光子晶体满足$\omega_{\mathrm{p}}\Lambda/2\pi c=1$，$k_y\Lambda/2\pi c=0$(垂直入射)，$\varepsilon_{\mathrm{b}}=2$，$f=0.5$，分别在$\gamma=0.01$ (实线) 和$\gamma=0.05$(点划线) 时的色散曲线

(a) 一般带隙结构；(b) 吸收带隙结构 [79]

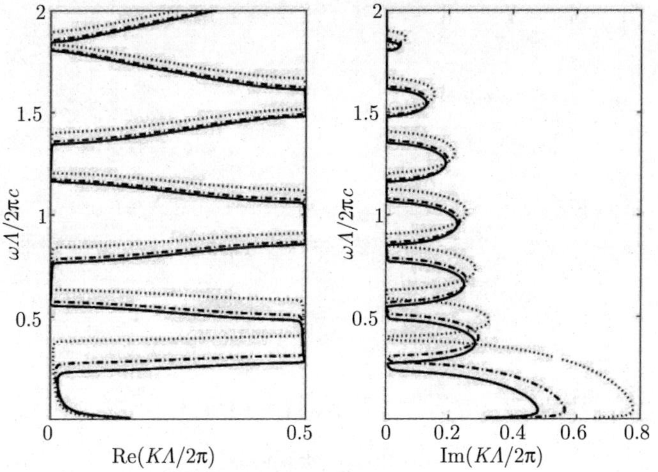

(a) (b)

图 7.5　TE 波在该光子晶体中满足$\omega_{\mathrm{p}}\Lambda/2\pi c=1$，$f=0.3$，$\gamma=0.01$，$\varepsilon_{\mathrm{b}}=2$, 分别在 $k_y\Lambda/2\pi c=0$(实线)，$k_y\Lambda/2\pi c=0.3$(虚线) 和 $k_y\Lambda/2\pi c=0.6$(点划线) 时的色散曲线

(a) 一般带隙结构；(b) 吸收带隙结构 [79]

尤其对吸收带隙结构的低频部分影响明显。不仅如此，该光子晶体的截止频率也会受到 γ 大小的影响。图 7.5 和图 7.6 分别给出了 TE 波和 TM 波在该光子晶体中满足$\omega_p\Lambda/2\pi c=1$，$f=0.3$，$\gamma=0.01$，$\varepsilon_b=2$，分别在 $k_y\Lambda/2\pi c=0$，$k_y\Lambda/2\pi c=0.3$ 和 $k_y\Lambda/2\pi c=0.6$ 时的色散曲线。由图 7.5 和图 7.6 可知，对于该一维等离子体光子晶体而言，在不同极化模式下，当电磁波斜入射时，其色散特性是不相同的。随着入射角的增大 ($k_y\Lambda/2\pi c$)，TE 波的一般带隙结构和吸收带隙结构都明显增大了。而对于 TM 波而言，一般带隙结构和吸收带隙结构将会随着入射角的增大先减小 (如图 7.6 中实线和虚线) 后增大 (如图 7.6 中点划线和虚线)。可以肯定的是，当入射角增大到布儒斯特角时，TM 波的一般和吸收带隙将会消失。这是因为当入射角和布儒斯特角相等时，对于 TM 波而言将不会存在反射波，无论此时周期单元数有多少。也就是说，此时的 TM 波不能完全在这个周期单元中传播。

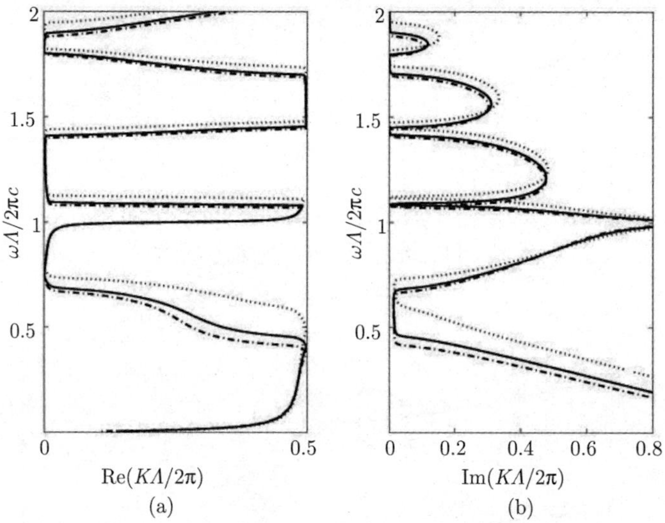

图 7.6 TM 波在该光子晶体中满足$\omega_p\Lambda/2\pi c=1$，$f=0.3$，$\gamma=0.01$，$\varepsilon_b=2$，分别在 $k_y\Lambda/2\pi c=0$(实线)，$k_y\Lambda/2\pi c=0.3$(虚线) 和 $k_y\Lambda/2\pi c=0.6$(点划线) 时的色散曲线

(a) 一般带隙结构；(b) 吸收带隙结构 [79]

7.2 可调谐一维三元磁化等离子体光子晶体禁带特性研究

从现有发表的论文看来，大量的研究主要集中在一维二元非磁化或者磁化等离子体光子晶体上，虽然它能轻松地实现可调谐滤波，但是过于简单的二元周期单元自身也存在着不足，特别是在不引入缺陷要实现多通道滤波时，透射峰值和禁

带带宽成了一对很难调谐的矛盾。为了解决这个问题，大量的研究工作表明光子晶体的三元周期单元结构可以很好地解决这个难题，因此研究一维三元磁化等离子体光子晶体的禁带特性对磁化等离子体光子晶体器件的制备有着重要的理论意义。本章将在理想情况下对一维三元磁化等离子体光子晶体的禁带特性进行研究，在理想条件下，用传输矩阵法 (TMM) 研究了 TE 波任意角度入射时一维三元磁化等离子体光子晶体的特性。以 TE 波通过一维三元磁化等离子体光子晶体的左旋和右旋极化波的透射系数，讨论了等离子体参数、填充率、入射角度和介质层相对介电常数对禁带特性的影响。本节计算时引入的时谐量是 $e^{-j\omega t}$, ω 是角频率, t 是时间, 且 $j=\sqrt{-1}$。

7.2.1　计算方法和物理模型

用于计算的物理模型如图 7.7 所示，一维三元磁化等离子体光子晶体的结构可用 $(AKB)^N$ 来表示，周期排列沿着 $+z$ 轴正方向。其中 A、B 分别表示介质层 A 和 B，它们的相对介电常数分别为ε_1 和ε_2，厚度分别为 a 和 c；K 为等离子体层，相对介电常数为ε_k，厚度为 b；N 为周期数。初始参数取值如下：等离子体频率$\omega_p=8\pi\times10^9$rad/s，等离子体碰撞频率 $\nu_c=2\pi\times10^9$rad/s，等离子体回旋频率$\omega_c=12\times10^9$rad/s，a=5mm，b=9mm，c=7mm，ε_1=13.9，ε_2=3.9，N=20，入射角θ=0°。再由图 7.7 可知，TE 波的电场分量和外加磁场垂直，而 TM 波的电场分量却和外加磁场平行，所以外加磁场只能对 TE 波有影响。当 TE 波通过磁化等离子体层时，入射波将被分成左旋极化波和右旋极化波。因此，ε_p 可以用下式表示

$$\varepsilon_k=1-\frac{\omega_p^2}{\omega\left(\omega-j\nu\pm\omega_c\right)} \tag{7.20}$$

分母中的正负号: 取正时对应左旋极化波，取负时对应右旋极化波。

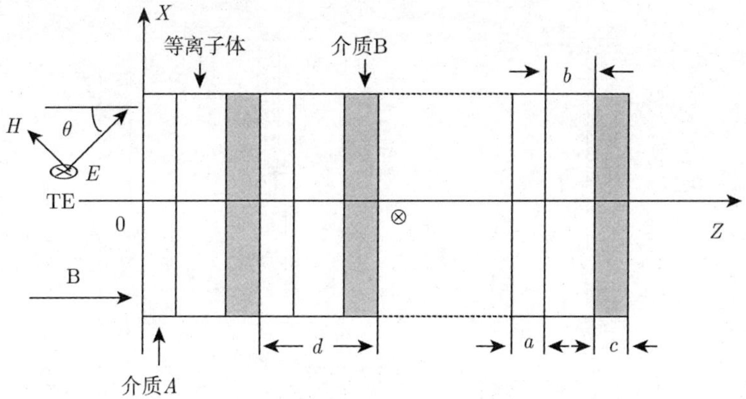

图 7.7　一维磁化等离子体光子晶体的物理模型

用于计算光子晶体带隙结构的方法有很多，主流的方法有时域有限差分方法、频域有限差分方法、平面波展开法和传输矩阵法。而传输矩阵法是一种基于解析解的方法，相比于其他数值方法，其自身不存在舍入或者截断误差，所以被广泛运用于计算一维光子晶体的禁带结构。由传输矩阵法可知，当电磁波在多层结构间传播时，可表示为

$$\boldsymbol{M}_j = \begin{bmatrix} \cos\delta_j & -\dfrac{\mathrm{i}}{p_j}\sin\delta_j \\ -\mathrm{i}p_j\sin\delta_j & \cos\delta_j \end{bmatrix} \tag{7.21}$$

其中

$$\begin{cases} \delta_j = \dfrac{2\pi}{\lambda} n_j d_j \cos\theta_j \\ p_j = n_j \cos\theta_j, \quad \text{TE 波} \end{cases} \tag{7.22}$$

式中，n_j 是第 j 层介质的折射率；d_j 是第 j 层介质的厚度；θ_j 是第 j 层介质的入射角。入射波经过 N 个周期单元结构后，电场和磁场可表示为

$$\begin{pmatrix} E_1 \\ H_1 \end{pmatrix} = (\boldsymbol{M}_A \boldsymbol{M}_k \boldsymbol{M}_B)^N \begin{pmatrix} E_{N+1} \\ H_{N+1} \end{pmatrix} = \begin{pmatrix} M_{11} & M_{12} \\ M_{21} & M_{22} \end{pmatrix} \begin{pmatrix} E_{N+1} \\ H_{N+1} \end{pmatrix} \tag{7.23}$$

则透射系数 T 为

$$T = \frac{2n_0}{(M_{11} + M_{12}n_0)\, n_0 + (M_{21} + M_{22}n_0)} \tag{7.24}$$

其中，n_0 是空气的折射率。由式 (7.23) 知，T 是入射波频率的函数，所以光子晶体的禁带特性可由 T 表示。图 7.8 给出了初始值下 LCP 波和 RCP 波的透射频谱。

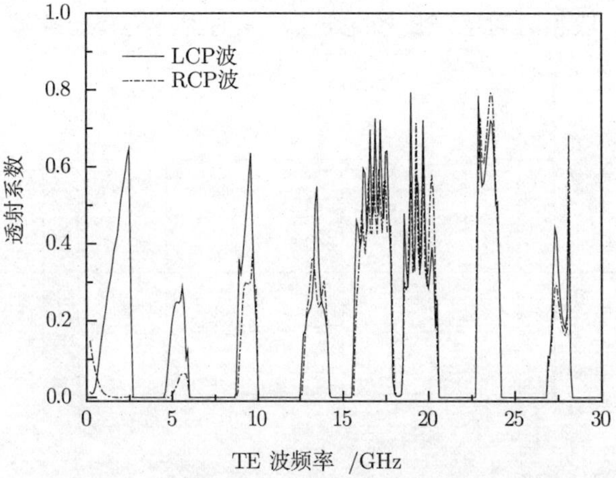

图 7.8　左旋极化波和右旋极化波的透射频谱

由图 7.8 可知，左旋极化波和右旋极化波的透射频谱中存在着明显的禁带结构，两者在高频区域禁带位置几乎完全相同，仅在低频区域存在不同。透射峰值在低频区域差异较大而在高频区域差异较小。下面就以等离子体参数、填充率、入射角度和介质层的相对介电常数为参数来研究禁带的调谐特性。

7.2.2 等离子体频率对禁带特性的影响

图 7.9 给出了ω_{p}=1～25GHz 时 LCP 波和 RCP 波的透射频谱图，由图 7.9 可知，等离子体频率对 LCP 波和 RCP 波的禁带有明显的调谐作用。LCP 波和 RCP 波的禁带带宽由等离子体频率的大小决定，等离子体频率越大，意味着等离子体的电子密度变大，即等离子体对电磁波的吸收能力越强，所以电磁波在磁化等离子体光子晶体中传播时必然损耗的能量更大，直接表现为 LCP 波和 RCP 波的禁带带宽被明显展宽了，自然禁带的中心频率也将移向高频区域，同时透射峰值也将随之有明显的减小。众所周知，等离子体对电磁能量的吸收主要包括共振吸收和碰撞吸收 [56] 两个过程，共振吸收远大于碰撞吸收，所以随着等离子体频率的增加，透射峰值在减小过程中必然存在着一个陡然下降的过程，这和图 7.9 给出的结果一致。另外，由于等离子体自身的高通低阻的特性，当等离子体频率远大于入射电磁波频率时表现为对入射电磁波的完全截止，所以当ω_{p}=25GHz，入射电磁波频率小于 10GHz 时，入射电磁波几乎被完全反射，透射峰值几乎减少至 0。综上所述，改变等离子体频率对 LCP 波和 RCP 波的禁带有明显的调谐作用。

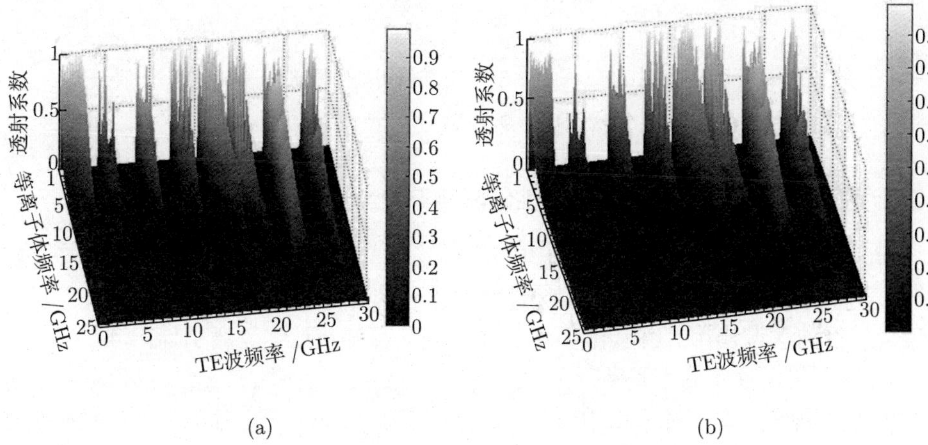

图 7.9 在 ω_{p}=1～25GHz 时的透射频谱图

(a) LCP 波；(b) RCP 波

7.2.3　等离子体碰撞频率对禁带特性的影响

图 7.10 给出了 v_c =0.1~85GHz 时 LCP 波和 RCP 波的透射频谱图。由图 7.10 可知，等离子体频率对 LCP 波和 RCP 波的禁带有明显的调谐作用。LCP 波和 RCP 波的禁带带宽不会随着等离子体碰撞频率的增加而有较明显的变化。增加等离子体碰撞频率意味着增加了等离子体中电子和中性离子的碰撞频率，这直接导致了电子还没有被完全极化就和中性离子发生碰撞 (交换能量)，这反而降低了等离子体的吸波能力，所以过大的等离子体碰撞频率不能拓展禁带的宽度。等离子体碰撞只能影响透射峰值，等离子体碰撞频率在增大的过程中，透射率峰值会先有明显的减小，然后再逐渐增大，最后将趋于一个定值。如图 7.10 所示，v_c=68GHz 和 v_c=85GHz 时 LCP 波和 RCP 波透射频谱的透射峰值几乎是相等的。综上所述，改变等离子体碰撞频率对 LCP 波和 RCP 波的禁带没有明显的调谐作用。

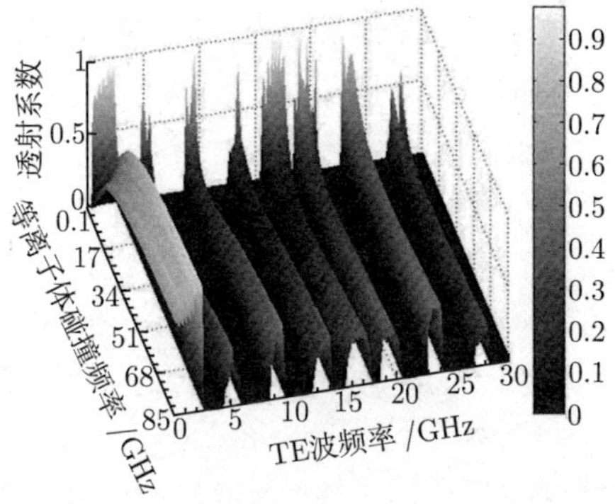

(a)

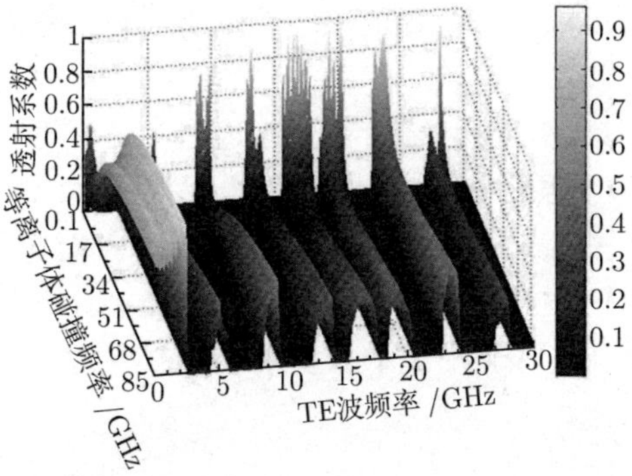

(b)

图 7.10　v_c=0.1~85GHz 时的透射频谱图

(a) LCP 波；(b) RCP 波

7.2.4　等离子体回旋频率对禁带特性的影响

图 7.11 给出了 ω_c =0.1~30GHz 时 LCP 波和 RCP 波的透射频谱图。由图 7.11 可知，等离子体回旋频率对 LCP 波的禁带没有明显的调谐作用，而对 RCP 波的禁带有明显的调谐作用。由磁化等离子体的性质可知，磁化等离子体对 LCP 波和 RCP 波的上截止频率分别是 [56,166]：$\sqrt{\omega_p^2+\omega_c^2/4}-\omega_c/2$ 和 $\sqrt{\omega_p^2+\omega_c^2/4}+\omega_c/2$。增加等离子体回旋频率，对于 LCP 的上截止而言变化不大，而对于 RCP 波的上截止而言，几乎会随着等离子体回旋频率而线性增大。当 ω_c =0.1~40GHz 时，LCP 波的上截止频率的最大值不会超过 0.7GHz，而 RCP 波的上截止频率却是呈线性增大的，所以 LCP 波的禁带带宽不会随着等离子体回旋频率的增大而有明显的增

加，而仅是小于 0.7GHz 的低频区域会受到影响，透射峰值几乎不变；相反，RCP 波的禁带带宽会随着等离子体回旋频率的增大而有明显的变化，在 RCP 波透射频谱中存在着一个明显的斜向上的完全禁止带，这个完全禁止带就是由 RCP 波的上截止频率造成的。因此，透射峰值也将随着等离子体回旋频率的增大而先减小，然后逐渐趋于零，最后增大。综上所述，仅有 LCP 波的禁带低频区域能被等离子体回旋频率影响，而高频区域不受影响，透射峰值也几乎保持不变；而等离子体回旋频率对 RCP 波的禁带有明显的调谐作用。只有等离子体回旋频率较小 (上截止频率较小) 时，RCP 波的禁带才呈现周期性。

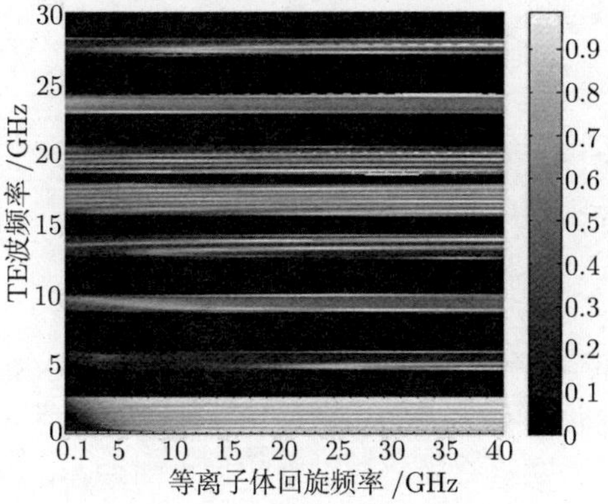

(a)

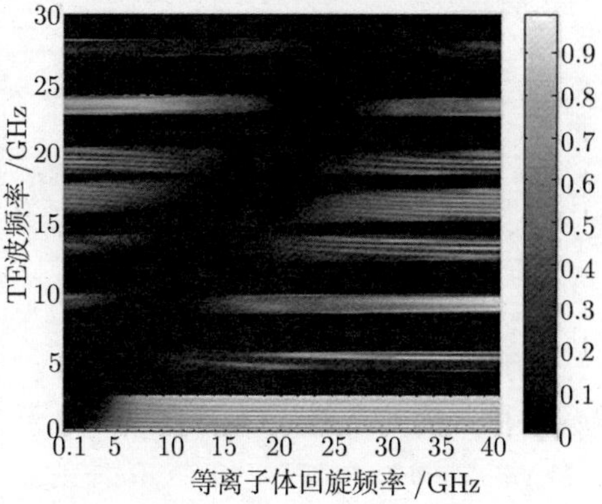

(b)

图 7.11 ω_c =0.1~30GHz 时的透射频谱图

(a) LCP 波；(b) RCP 波

7.2.5 等离子体的填充率对禁带特性的影响

要研究等离子体层和介质层的厚度对禁带特性的影响，只需要研究等离子体的填充率即可，即 $f = b/d$，其中 $d = a + b + c$。因为介质 A 的厚度和介质 B 的厚度都可以写成关于 f 的函数，图 7.12 给出了 f=0.01~0.95 时 LCP 波和 RCP 波的透射频谱图。由图 7.12 可知，改变等离子体的填充率，对 LCP 波和 RCP 波的禁带有明显的调谐作用。增加等离子体的填充率实质上是使电磁波在等离子体层中的谐振长度得到了增加，从而能使更多模式的电磁波经过反射和衍射作用后，而隧穿光子晶体形成更多的光子带隙。这直接导致了禁带的低频区域将逐渐展宽，透射峰值逐渐减小，直至完全消失；而禁带的高频区域将会有新的模式隧出，从而形成几个较窄的禁带，禁带数目增加，但是透射峰值却逐渐减小。综上所述，改变等离子体的填充率对 LCP 波和 RCP 波的禁带有明显的调谐作用。

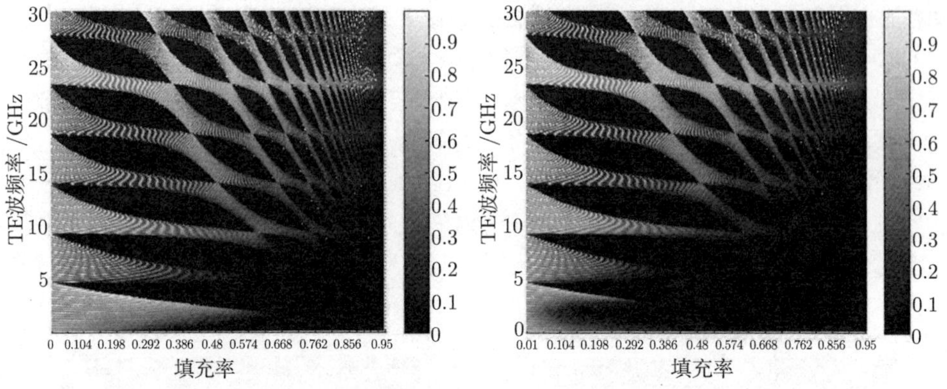

(a)　　(b)

图 7.12　f=0.01～0.95 时的透射频谱图

(a) LCP 波；(b) RCP 波

7.2.6　入射角对禁带特性的影响

图 7.13 给出了θ=0°～89° 时 LCP 波和 RCP 波的透射频谱图，由图 7.13 可知，电磁波的入射角度对 LCP 波和 RCP 波的禁带有明显的调谐作用。当入射波频率小于 15GHz 时，LCP 波和 RCP 波的禁带带宽将会随着入射角的增大而增大，透射峰值逐渐减小；当入射波频率大于 15GHz 时，LCP 波和 RCP 波的禁带带宽将随着入射角的增大而先减小后增大，透射峰值逐渐减小。这一特性使得一维三元磁化光子晶体能用于制成全反射器。总之，入射角度θ 对 LCP 波和 RCP 波的禁带有明显的调谐作用。

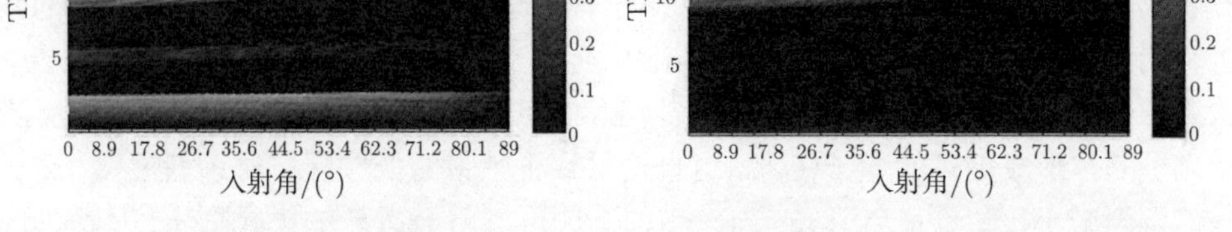

(a)　　(b)

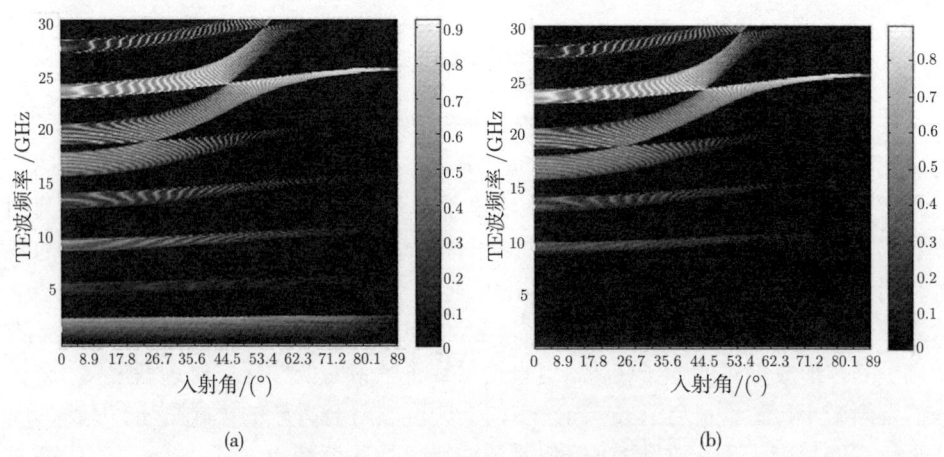

图 7.13　θ=0°～89° 时的透射频谱图

(a) LCP 波；(b) RCP 波

7.2.7 介质层的相对介电常数对禁带特性的影响

由于介质 A 和 B 都是各向同性的且分布在等离子体层的两侧，所以只需要将介质 A 的相对介电常数用介质 B 的相对介电常数进行归一化后，即可获得介质 A、B 的介电常数对禁带特性的影响，因此引入归一化常数$P=\varepsilon_1/\varepsilon_2$。图 7.14 给出了 P=0.26~6 时 LCP 波和 RCP 波的透射频谱图。由图 7.14 可知，归一化常数 P 对 LCP 波和 RCP 波的禁带有明显的调谐作用。LCP 波和 RCP 波的禁带带宽和数目可由归一化常数 P 决定，增加 P 的大小实质上使得$\varepsilon_1/\varepsilon_2$ 的大小增大了，这使得入射的电磁波在通过不同介质时能够谐振出更多的模式。所以 LCP 波和 RCP 波的禁带带宽会随着 P 增大而变宽，且禁带数目会随着 P 增大而增多，透射峰值也将逐渐减小。这使得一维三元磁化光子晶体可能在不引入缺陷的情况下就实现了多模滤波。所以，$\varepsilon_1/\varepsilon_2$ 的大小对 LCP 波和 RCP 波的禁带有明显的调谐作用。

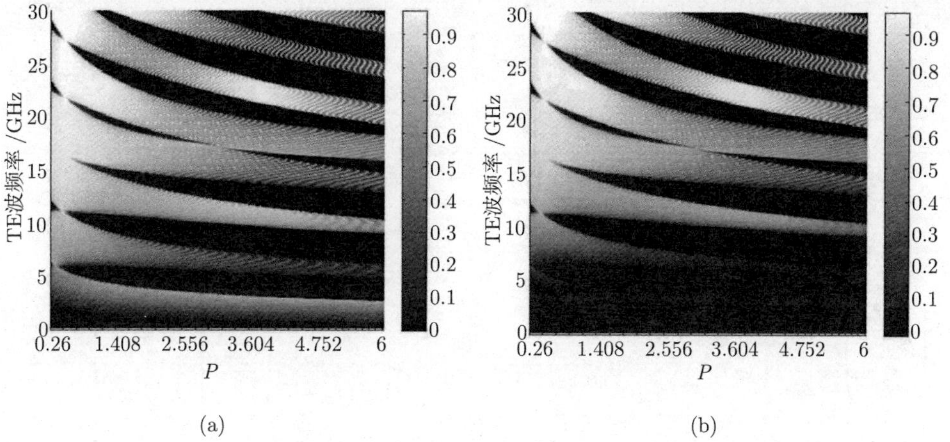

图 7.14 P=0.26~6 时的透射频谱图

(a) LCP 波；(b) RCP 波

7.3 磁光 Voigt 效应下的一维磁化等离子体光子晶体

7.2 节有关外加磁场作用下一维等离子体光子晶体特性的研究，主要考虑了电磁波垂直入射，外加磁场与波矢方向平行时的情况，此时，电磁波模式分为 LCP 波和 RCP 波。并没有考虑外加磁场与波矢方向垂直时的情况，这种情况又称为磁光 Voigt 效应。本节主要研究电磁波斜入射、外加磁场与波矢垂直时，一维磁化等离子体光子晶体的色散和传输特性，并探讨外加磁场、入射角度、碰撞频率和介质材料对其性能的影响。

7.3.1　磁化等离子体的介电函数

磁化等离子体中，Maxwell 方程及带电粒子的运动方程可写成如下形式 [122,123]：

$$\nabla \times \boldsymbol{E} = -\mu_0 \frac{\partial \boldsymbol{H}}{\partial t} \tag{7.25}$$

$$\nabla \times \boldsymbol{H} = \varepsilon_0 \frac{\partial \boldsymbol{E}}{\partial t} + \boldsymbol{J} \tag{7.26}$$

$$\frac{\mathrm{d}\boldsymbol{J}}{\mathrm{d}t} + v_\mathrm{c}\boldsymbol{J} = \varepsilon_0 \omega_\mathrm{p}^2 \boldsymbol{E} + \boldsymbol{\omega}_\mathrm{c} \times \boldsymbol{J} \tag{7.27}$$

其中，$\boldsymbol{J} = J_x\boldsymbol{e}_x + J_y\boldsymbol{e}_y + J_z\boldsymbol{e}_z$ 为极化电流密度；v_c 为等离子体碰撞频率；$\omega_\mathrm{p}=(e^2 n_\mathrm{e}/\varepsilon_0 m)^{1/2}$ 为等离子体振荡角频率,e，m 分别为电子的电量和质量，n_e 为等离子体密度；ε_0，μ_0 分别为真空中的介电常数和磁导率。假定 $\boldsymbol{E}, \boldsymbol{H}, \boldsymbol{J}$ 为 $\mathrm{e}^{-\mathrm{j}\omega t}$ 的时谐场，并且外加磁场 $\boldsymbol{B}_0 = B_0\boldsymbol{e}_y$ 沿 y 轴正向，则电子回旋频率 $\boldsymbol{\omega}_\mathrm{c} = (eB_0/m)\boldsymbol{e}_y$，将式 (7.27) 展成标量场形式为

$$\begin{cases} (-\mathrm{j}\omega + v_\mathrm{c})\, J_x = \varepsilon_0 \omega_\mathrm{p}^2 E_x + \omega_\mathrm{c} J_z \\ (-\mathrm{j}\omega + v_\mathrm{c})\, J_y = \varepsilon_0 \omega_\mathrm{p}^2 E_y \\ (-\mathrm{j}\omega + v_\mathrm{c})\, J_z = \varepsilon_0 \omega_\mathrm{p}^2 E_z - \omega_\mathrm{c} J_x \end{cases} \tag{7.28}$$

联立式 (7.28) 求出各个方向的电流密度分量，并写成矩阵形式

$$\begin{pmatrix} J_x \\ J_y \\ J_z \end{pmatrix} = \varepsilon_0 \begin{pmatrix} \dfrac{\mathrm{j}\omega_\mathrm{p}^2(\omega + \mathrm{j}v_\mathrm{c})}{(\omega + \mathrm{j}v_\mathrm{c})^2 - \omega_\mathrm{c}^2} & 0 & \dfrac{-\omega_\mathrm{p}^2\omega_\mathrm{c}}{(\omega + \mathrm{j}v_\mathrm{c})^2 - \omega_\mathrm{c}^2} \\ 0 & \dfrac{\mathrm{j}\omega_\mathrm{p}^2}{\omega + \mathrm{j}v_\mathrm{c}} & 0 \\ \dfrac{\omega_\mathrm{p}^2\omega_\mathrm{c}}{(\omega + \mathrm{j}v_\mathrm{c})^2 - \omega_\mathrm{c}^2} & 0 & \dfrac{\mathrm{j}\omega_\mathrm{p}^2(\omega + \mathrm{j}v_\mathrm{c})}{(\omega + \mathrm{j}v_\mathrm{c})^2 - \omega_\mathrm{c}^2} \end{pmatrix} \begin{pmatrix} E_x \\ E_y \\ E_z \end{pmatrix} \tag{7.29}$$

将式 (7.29) 代入式 (7.26) 并整理可得

$$\nabla \times \boldsymbol{H} = \varepsilon_0 \boldsymbol{\varepsilon}_\mathrm{p} \frac{\partial \boldsymbol{E}}{\partial t} \tag{7.30}$$

则在 y 轴方向磁场作用下，等离子体的相对介电函数为

$$\boldsymbol{\varepsilon}_\mathrm{p} = \begin{pmatrix} \varepsilon_1 & 0 & \mathrm{j}\varepsilon_2 \\ 0 & \varepsilon_3 & 0 \\ -\mathrm{j}\varepsilon_2 & 0 & \varepsilon_1 \end{pmatrix} \tag{7.31}$$

其中

$$\varepsilon_1 = 1 - \frac{\omega_\mathrm{p}^2(\omega + \mathrm{j}v_\mathrm{c})}{\omega[(\omega + \mathrm{j}v_\mathrm{c})^2 - \omega_\mathrm{c}^2]}, \quad \varepsilon_2 = \frac{-\omega_\mathrm{p}^2\omega_\mathrm{c}}{\omega[(\omega + \mathrm{j}v_\mathrm{c})^2 - \omega_\mathrm{c}^2]}, \quad \varepsilon_3 = 1 - \frac{\omega_\mathrm{p}^2}{\omega(\omega + \mathrm{j}v_\mathrm{c})} \tag{7.32}$$

同理，可得 z 轴方向磁场作用下等离子体的相对介电函数为

$$\hat{\varepsilon}_{\mathrm{p}} = \begin{pmatrix} \varepsilon_1 & \mathrm{j}\varepsilon_2 & 0 \\ -\mathrm{j}\varepsilon_2 & \varepsilon_1 & 0 \\ 0 & 0 & \varepsilon_3 \end{pmatrix} \tag{7.33}$$

7.3.2 物理模型与计算方法

由等离子体和介质沿 $+z$ 轴方向周期交替构成的一维磁化等离子体光子晶体模型如图 7.15 所示，外加磁场沿 y 轴正向，等离子体和介质的厚度分别为 a 和 b，周期 $d = a + b$。等离子体和介质的相对介电函数分别为ε_a 和ε_b。ε_0 和ε_{N+1} 分别为具有 N 个周期的一维磁化等离子体光子晶体入射面和出射面处介质的相对介电函数。界面 I 为真空和等离子体的交界面，界面 II 为等离子体和介质的交界面。电磁波在 xz 平面以θ角斜入射，入射电磁波可以分解为磁场矢量平行于 xz 面的 TM 极化波和电场矢量平行于 xz 面的 TE 极化波。

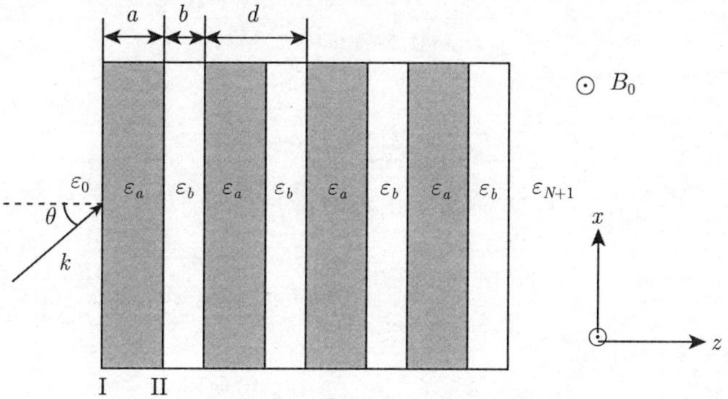

图 7.15 一维磁化等离子体光子晶体物理模型图 [81]

首先考虑 TM 极化波入射时等离子体层的介电函数。将电磁场 $\boldsymbol{E} = (0, E_y, 0)\mathrm{e}^{-\mathrm{j}\omega t}$，$\boldsymbol{H} = (H_x, 0, H_z)\mathrm{e}^{-\mathrm{j}\omega t}$ 代入式 (7.25) 和式 (7.30)，并整理得

$$\begin{cases} \dfrac{\partial E_y}{\partial z} = -\mathrm{j}\omega\mu_0 H_x \\ \dfrac{\partial E_y}{\partial x} = \mathrm{j}\omega\mu_0 H_z \\ \dfrac{\partial H_z}{\partial x} - \dfrac{\partial H_x}{\partial z} = \mathrm{j}\omega\varepsilon_0\varepsilon_3 E_y \end{cases} \tag{7.34}$$

联立式 (7.34) 并消去 H_x 和 H_z 分量可得

$$\frac{\partial^2 E_y}{\partial z^2} + \frac{\partial^2 E_y}{\partial x^2} + k^2 E_y = 0 \tag{7.35}$$

其中，$k^2=\varepsilon_3\omega^2/c^2$。

因此，当 TM 极化波入射时，电场与外加磁场方向平行，电磁波在等离子体中的传输特性不受 y 向磁场的影响，相当于非磁化的等离子体结构；当 TE 极化波入射到等离子体层时，将电磁场分量 $\boldsymbol{E}=(E_x,\ 0,\ E_z)\mathrm{e}^{-\mathrm{j}\omega t}$ 和 $\boldsymbol{H}=(0, H_y,\ 0)\mathrm{e}^{-\mathrm{j}\omega t}$ 代入式 (7.25) 和式 (7.30) 并整理得

$$\frac{\partial E_z}{\partial x}-\frac{\partial E_x}{\partial z}=-\mathrm{j}\omega\mu_0 H_y \tag{7.36}$$

$$\frac{\partial H_y}{\partial z}=\mathrm{j}\omega\varepsilon_0(\varepsilon_1 E_x+\mathrm{j}\varepsilon_2 E_z) \tag{7.37}$$

$$\frac{\partial H_y}{\partial x}=\mathrm{j}\omega\varepsilon_0(\mathrm{j}\varepsilon_2 E_x-\varepsilon_1 E_z) \tag{7.38}$$

联立式 (7.37) 和式 (7.38) 可得

$$E_x=\frac{1}{\omega\varepsilon_0\varepsilon_{\mathrm{TE}}}\left(\frac{\varepsilon_2}{\varepsilon_1}\frac{\partial H_y}{\partial x}-\mathrm{j}\frac{\partial H_y}{\partial z}\right) \tag{7.39}$$

$$E_z=\frac{1}{\omega\varepsilon_0\varepsilon_{\mathrm{TE}}}\left(\frac{\varepsilon_2}{\varepsilon_1}\frac{\partial H_y}{\partial z}+\mathrm{j}\frac{\partial H_y}{\partial x}\right) \tag{7.40}$$

将式 (7.39) 和式 (7.40) 代入式 (7.36) 并整理可得

$$\frac{\partial^2 H_y}{\partial z^2}+\frac{\partial^2 H_y}{\partial x^2}+k^2 H_y=0 \tag{7.41}$$

其中，$k^2=\varepsilon_{\mathrm{TE}}\omega^2/c^2$，

$$\varepsilon_{\mathrm{TE}}=\frac{\varepsilon_1^2-\varepsilon_2^2}{\varepsilon_1}=\frac{[\omega(\omega+\mathrm{j}v_{\mathrm{c}})-\omega_{\mathrm{p}}^2]^2-\omega^2\omega_{\mathrm{c}}^2}{\omega^2[(\omega+\mathrm{j}v_{\mathrm{c}})^2-\omega_{\mathrm{c}}^2]-\omega\omega_{\mathrm{p}}^2(\omega+\mathrm{j}v_{\mathrm{c}})} \tag{7.42}$$

可见当 TE 极化波入射时，等离子体的介电函数受外加磁场的调制。下面求解 TE 极化波以任意角度入射时一维磁化等离子体光子晶体的传输矩阵方程和色散方程。

图 7.16 给出了一维磁化等离子体光子晶体一个周期平面内，TE 极化波以任意角度入射时对应的电磁场分量的方向。由式 (7.41) 可知，图 7.16 中等离子层中的磁场分量满足

$$H_y^{\mathrm{I}}=(A_+\mathrm{e}^{\mathrm{j}k_{1z}z}+A_-\mathrm{e}^{-\mathrm{j}k_{1z}z})\mathrm{e}^{-\mathrm{j}(\omega t-k_{1x}x)} \tag{7.43}$$

其中，$k_{1x}=\dfrac{\omega}{c}\sqrt{\varepsilon_{\mathrm{TE}}}\sin\theta_1$，$k_{1z}=\dfrac{\omega}{c}\sqrt{\varepsilon_{\mathrm{TE}}}\cos\theta_1$。

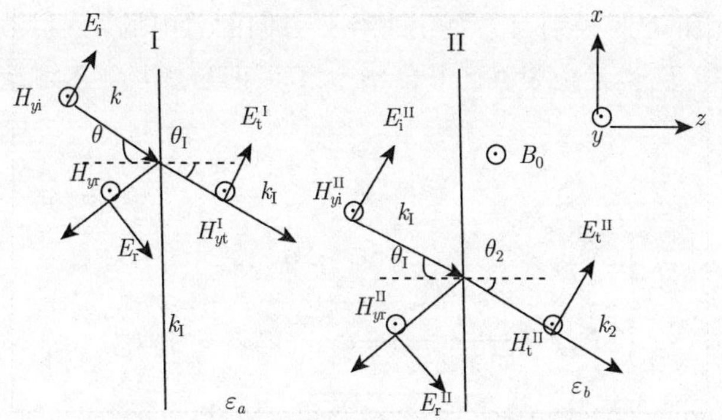

图 7.16 TE 极化波以任意角度入射时对应的电磁场分布[81]

由界面 I 处电磁场的切向分量连续可得

$$\begin{aligned} E_x^\text{I} &= E_{x\text{t}}^\text{I} + E_{x\text{r}}^{\text{II}\prime} \\ H_y^\text{I} &= H_{y\text{t}}^\text{I} + H_{y\text{r}}^{\text{II}\prime} \end{aligned} \tag{7.44}$$

其中，E_x^I 和 $E_{x\text{t}}^\text{I}$ 分别为界面 I 处沿 x 方向的总电场和透射波的电场；$E_{x\text{r}}^{\text{II}\prime}$ 表示由界面II反射到达界面 I 处 x 方向的电场；H_y^I 和 $H_{y\text{t}}^\text{I}$ 分别为界面 I 处沿 y 方向的总磁场和透射波的磁场；$H_{y\text{r}}^{\text{II}\prime}$ 表示由界面II反射到达界面 I 处 y 方向的磁场。

由式 (7.43) 可知，

$$\begin{aligned} H_{y\text{t}}^\text{I} &= A_+ \text{e}^{\text{j}k_{1z}z} \text{e}^{-\text{j}(\omega t - k_{1x}x)} \\ H_{y\text{r}}^{\text{II}\prime} &= A_- \text{e}^{-\text{j}k_{1z}z} \text{e}^{-\text{j}(\omega t - k_{1x}x)} \end{aligned} \tag{7.45}$$

将式 (7.44) 代入式 (7.39) 可求得

$$\begin{aligned} E_{x\text{t}}^\text{I} &= \frac{1}{\omega\varepsilon_0\varepsilon_\text{TE}} \left(k_{1z} + \text{j}k_{1x}\frac{\varepsilon_2}{\varepsilon_1}\right) H_{y\text{t}}^\text{I} \\ E_{x\text{r}}^{\text{II}\prime} &= \frac{1}{\omega\varepsilon_0\varepsilon_\text{TE}} \left(-k_{1z} + \text{j}k_{1x}\frac{\varepsilon_2}{\varepsilon_1}\right) H_{y\text{r}}^{\text{II}\prime} \end{aligned} \tag{7.46}$$

将式 (7.45)、式 (7.46) 代入式 (7.44) 整理为矩阵形式

$$\begin{pmatrix} E_x^\text{I} \\ H_y^\text{I} \end{pmatrix} = \begin{pmatrix} \dfrac{k_{1z} + \text{j}k_{1x}\dfrac{\varepsilon_2}{\varepsilon_1}}{\omega\varepsilon_0\varepsilon_\text{TE}} & \dfrac{-k_{1z} + \text{j}k_{1x}\dfrac{\varepsilon_2}{\varepsilon_1}}{\omega\varepsilon_0\varepsilon_\text{TE}} \\ 1 & 1 \end{pmatrix} \begin{pmatrix} H_{y\text{t}}^\text{I} \\ H_{y\text{r}}^{\text{II}\prime} \end{pmatrix} \tag{7.47}$$

同理，由界面II处电磁场的切向分量相等可得

$$\begin{cases} E_x^\text{II} = E_{x\text{i}}^\text{II} + E_{x\text{r}}^\text{II} \\ H_y^\text{II} = H_{y\text{i}}^\text{II} + H_{y\text{r}}^\text{II} \end{cases} \tag{7.48}$$

其中，E_x^{II}、$E_{x\mathrm{i}}^{\mathrm{II}}$ 和 $E_{x\mathrm{r}}^{\mathrm{II}}$ 分别为界面 II 处沿 x 方向的总电场、入射波和反射波的电场；H_y^{II}、$H_{y\mathrm{i}}^{\mathrm{II}}$ 和 $H_{y\mathrm{r}}^{\mathrm{II}}$ 分别为界面 II 处沿 y 方向的总磁场、入射波和反射波的磁场。

由式 (7.43) 可知

$$\begin{cases} E_{x\mathrm{i}}^{\mathrm{II}} = \dfrac{1}{\omega\varepsilon_0\varepsilon_{\mathrm{TE}}}\left(k_{1z} + \mathrm{j}k_{1x}\dfrac{\varepsilon_2}{\varepsilon_1}\right)H_{y\mathrm{i}}^{\mathrm{II}} \\ E_{x\mathrm{r}}^{\mathrm{II}} = \dfrac{1}{\omega\varepsilon_0\varepsilon_{\mathrm{TE}}}\left(-k_{1z} + \mathrm{j}k_{1x}\dfrac{\varepsilon_2}{\varepsilon_1}\right)H_{y\mathrm{r}}^{\mathrm{II}} \end{cases} \tag{7.49}$$

联立式 (7.47)、式 (7.48) 可得矩阵表达式

$$\begin{pmatrix} E_x^{\mathrm{II}} \\ H_y^{\mathrm{II}} \end{pmatrix} = \begin{pmatrix} \dfrac{k_{1z} + \mathrm{j}k_{1x}\dfrac{\varepsilon_2}{\varepsilon_1}}{\omega\varepsilon_0\varepsilon_{\mathrm{TE}}} & \dfrac{-k_{1z} + \mathrm{j}k_{1x}\dfrac{\varepsilon_2}{\varepsilon_1}}{\omega\varepsilon_0\varepsilon_{\mathrm{TE}}} \\ 1 & 1 \end{pmatrix} \begin{pmatrix} H_{y\mathrm{i}}^{\mathrm{II}} \\ H_{y\mathrm{r}}^{\mathrm{II}} \end{pmatrix} \tag{7.50}$$

在等离子体层中，界面 I 和 II 的磁场满足

$$\begin{pmatrix} H_{y\mathrm{i}}^{\mathrm{II}} \\ H_{y\mathrm{r}}^{\mathrm{II}} \end{pmatrix} = \begin{pmatrix} \mathrm{e}^{\mathrm{j}k_{1z}a} & 0 \\ 0 & \mathrm{e}^{-\mathrm{j}k_{1z}a} \end{pmatrix} \begin{pmatrix} H_{y\mathrm{t}}^{\mathrm{I}} \\ H_{y\mathrm{r}}^{\mathrm{II}\,\prime} \end{pmatrix} \tag{7.51}$$

联立式 (7.48)、式 (7.50) 和式 (7.51) 可得

$$\begin{pmatrix} E_x^{\mathrm{I}} \\ H_y^{\mathrm{I}} \end{pmatrix} = \boldsymbol{M}_1 \begin{pmatrix} E_x^{\mathrm{II}} \\ H_y^{\mathrm{II}} \end{pmatrix} \tag{7.52}$$

其中

$$\boldsymbol{M}_1 = \begin{pmatrix} \cos(k_{1z}a) + \dfrac{k_{1x}\varepsilon_2}{k_{1z}\varepsilon_1}\sin(k_{1z}a) & -\dfrac{\mathrm{j}}{\eta_1}\left[1 + \left(\dfrac{k_{1x}\varepsilon_2}{k_{1z}\varepsilon_1}\right)^2\right]\sin(k_{1z}a) \\ -\mathrm{j}\eta_1\sin(k_{1z}a) & \cos(k_{1z}a) - \dfrac{k_{1x}\varepsilon_2}{k_{1z}\varepsilon_1}\sin(k_{1z}a) \end{pmatrix} \tag{7.53}$$

其中，$\eta_1 = \sqrt{\varepsilon_0/\mu_0}\sqrt{\varepsilon_{\mathrm{TE}}}/\cos\theta_1$。

$\boldsymbol{M}_1$ 为 TE 极化波入射时一维等离子体光子晶体中等离子体层的传输矩阵，它把等离子体层两界面处的电磁场联系起来。同理，可得介质层的特征矩阵 $\boldsymbol{M}_2$ 为

$$\boldsymbol{M}_2 = \begin{pmatrix} \cos(k_{2z}b) & -\dfrac{\mathrm{j}}{\eta_2}\sin(k_{2z}b) \\ -\mathrm{j}\eta_2\sin(k_{2z}b) & \cos(k_{2z}b) \end{pmatrix} \tag{7.54}$$

其中，$\eta_2 = \sqrt{\varepsilon_0/\mu_0}\sqrt{\varepsilon_b}/\cos\theta_2$，$k_{2x} = \dfrac{\omega}{c}\sqrt{\varepsilon_b}\sin\theta_2$，$k_{2z} = \dfrac{\omega}{c}\sqrt{\varepsilon_b}\cos\theta_2$。

因此，由厚度分别为 a，b 的等离子体和介质层构成一个周期单元的特征矩阵

$$
\begin{aligned}
\boldsymbol{M} =& \boldsymbol{M}_1\boldsymbol{M}_2 \\
=& \begin{pmatrix}
\left[\cos(k_{1z}a)+\dfrac{k_{1x}\varepsilon_2}{k_{1z}\varepsilon_1}\sin(k_{1z}a)\right]\cos(k_{2z}b)-\dfrac{\eta_2}{\eta_1}\left[1+\left(\dfrac{k_{1x}\varepsilon_2}{k_{1z}\varepsilon_1}\right)^2\right]\sin(k_{1z}a)\sin(k_{2z}b) \\
-\mathrm{j}\eta_1\sin(k_{1z}a)\cos(k_{2z}b)-\mathrm{j}\eta_2\left[\cos(k_{1z}a)-\dfrac{k_{1x}\varepsilon_2}{k_{1z}\varepsilon_1}\sin(k_{1z}a)\right]\sin(k_{2z}b)
\end{pmatrix. \\
& \begin{matrix.
-\dfrac{\mathrm{j}}{\eta_2}\left[\cos(k_{1z}a)+\dfrac{k_{1x}\varepsilon_2}{k_{1z}\varepsilon_1}\sin(k_{1z}a)\right]\sin(k_{2z}b)-\dfrac{\mathrm{j}}{\eta_1}\left[1+\left(\dfrac{k_{1x}\varepsilon_2}{k_{1z}\varepsilon_1}\right)^2\right]\sin(k_{1z}a)\cos(k_{2z}b) \\
-\dfrac{\eta_1}{\eta_2}\sin(k_{1z}a)\sin(k_{2z}b)+\left[\cos(k_{1z}a)-\dfrac{k_{1x}\varepsilon_2}{k_{1z}\varepsilon_1}\sin(k_{1z}a)\right]\cos(k_{2z}b)
\end{pmatrix}
\end{aligned}
\tag{7.55}
$$

则由 N 个周期单元构成的一维磁化等离子体光子晶体中，入射和出射面处电磁场的切向分量 E_x^{I}，H_y^{I}，E_x^{N+1}，H_y^{N+1} 满足

$$
\begin{pmatrix} E_x^{\mathrm{I}} \\ H_y^{\mathrm{I}} \end{pmatrix} = \boldsymbol{M}^N \begin{pmatrix} E_x^{N+1} \\ H_y^{N+1} \end{pmatrix} = \begin{pmatrix} m_{11} & m_{12} \\ m_{21} & m_{22} \end{pmatrix} \begin{pmatrix} E_x^{N+1} \\ H_y^{N+1} \end{pmatrix} \tag{7.56}
$$

其中，m_{ij} 为 M^N 的相应矩阵元素。

由于出射面处不存在反射，从而有

$$
\begin{cases} H_y^{N+1} = H_{y\mathrm{t}}^{N+1} \\ E_x^{N+1} = \dfrac{1}{\eta_{N+1}} H_y^{N+1} \end{cases} \tag{7.57}
$$

其中，$\eta_{N+1} = \sqrt{\varepsilon_0/\mu_0}\sqrt{\varepsilon_{N+1}}/\cos\theta_{N+1}$。

入射面处 H_y^{I} 和 E_x^{I} 可以表示为

$$
\begin{cases} H_y^{\mathrm{I}} = H_{y\mathrm{i}}^{\mathrm{I}} + H_{y\mathrm{r}}^{\mathrm{I}} \\ E_x^{\mathrm{I}} = \dfrac{1}{\eta_0}(H_{y\mathrm{i}}^{\mathrm{I}} - H_{y\mathrm{r}}^{\mathrm{I}}) \end{cases} \tag{7.58}
$$

其中，$\eta_0 = \sqrt{\varepsilon_0/\mu_0}\Big/\cos\theta_0$。

由式 (7.58) 可得

$$
\begin{cases} H_{y\mathrm{i}}^{\mathrm{I}} = \dfrac{1}{2}(H_y^{\mathrm{I}} + \eta_0 E_x^{\mathrm{I}}) \\ H_{y\mathrm{r}}^{\mathrm{I}} = \dfrac{1}{2}(H_y^{\mathrm{I}} - \eta_0 E_x^{\mathrm{I}}) \end{cases} \tag{7.59}
$$

联立式 (7.56)、式 (7.57) 和式 (7.59)，可得一维磁化等离子体光子晶体的 TE 极化波的反射和透射系数分别为

$$
\begin{cases} r = \dfrac{H_{y\mathrm{r}}^{\mathrm{I}}}{H_{y\mathrm{i}}^{\mathrm{I}}} = \dfrac{m_{11}\eta_0 + m_{12}\eta_0\eta_{N+1} - m_{21} - m_{22}\eta_{N+1}}{m_{11}\eta_0 + m_{12}\eta_0\eta_{N+1} + m_{21} + m_{22}\eta_{N+1}} \\ t = \dfrac{H_{y\mathrm{t}}^{N+1}}{H_{y\mathrm{i}}^{\mathrm{I}}} = \dfrac{2\eta_0}{m_{11}\eta_0 + m_{12}\eta_0\eta_{N+1} + m_{21} + m_{22}\eta_{N+1}} \end{cases} \tag{7.60}
$$

相应反射率 R 和透射率 T 分别为

$$\begin{cases} R=|r|^2 \\ T=|t|^2 \end{cases} \tag{7.61}$$

由于一维磁化等离子体光子晶体为周期结构，根据 Floquet-Bloch 定理 [169] 可知，在稳态间谐状态下，相邻周期横截面的分布函数相同，只差一个复数 $\mathrm{e}^{-\mathrm{j}kd}$，$k=k_R+\mathrm{j}k_{\mathrm{I}}$，因此 TE 极化波的切向电磁场分量满足

$$\begin{pmatrix} E_x \\ H_y \end{pmatrix}=\mathrm{e}^{-\mathrm{j}kd}\begin{bmatrix} E_x(z+d) \\ H_y(z+d) \end{bmatrix} \tag{7.62}$$

又因为电磁场在一维磁化等离子体光子晶体的一个周期内满足

$$\begin{pmatrix} E_x(z) \\ H_y(z) \end{pmatrix}=\boldsymbol{M}\begin{bmatrix} E_x(z+d) \\ H_y(z+d) \end{bmatrix} \tag{7.63}$$

因此 $\mathrm{e}^{-\mathrm{j}kd}$ 是 $\boldsymbol{M}$ 的特征值，从而有

$$\cos(kd)=\frac{1}{2}\mathrm{Tr}(\boldsymbol{M}) \tag{7.64}$$

其中，$\mathrm{Tr}(\boldsymbol{M})$ 为矩阵 $\boldsymbol{M}$ 的对角线元素之和。

将式 (7.55) 中 $\boldsymbol{M}$ 表达式代入式 (7.64) 可得

$$\cos(kd)=\cos(k_{1z}a)\cos(k_{2z}b)-\frac{1}{2}\left\{\frac{\eta_1}{\eta_2}+\frac{\eta_2}{\eta_1}\left[1+\left(\frac{k_{1x}\varepsilon_2}{k_{1z}\varepsilon_1}\right)^2\right]\right\}\sin(k_{1z}a)\sin(k_{2z}b) \tag{7.65}$$

令

$$\begin{cases} n_b=\sqrt{\varepsilon_b} \\ n_{\mathrm{R}}+\mathrm{j}n_{\mathrm{I}}=\sqrt{\varepsilon_{\mathrm{TM}}} \\ \xi_{\mathrm{R}}+\mathrm{j}\xi_{\mathrm{I}}=\dfrac{\eta_1}{\eta_2}+\dfrac{\eta_2}{\eta_1}\left[1+\left(\dfrac{k_{1x}\varepsilon_2}{k_{1z}\varepsilon_1}\right)^2\right] \end{cases} \tag{7.66}$$

并代入式 (7.65) 得

$$\cos(kd)=f_1(\omega)+\mathrm{j}f_2(\omega) \tag{7.67}$$

其中，$f_1(\omega)$ 和 $f_2(\omega)$ 分别为

$$\begin{cases} f_1(\omega)=\cos\left(n_{\mathrm{b}}\cos\theta_2\dfrac{\omega}{c}b\right)\cos\left(n_{\mathrm{R}}\cos\theta_1\dfrac{\omega}{c}a\right)\cosh\left(n_{\mathrm{I}}\cos\theta_1\dfrac{\omega}{c}a\right) \\ \qquad -\dfrac{1}{2}\sin\left(n_b\cos\theta_2\dfrac{\omega}{c}b\right)\left[\xi_{\mathrm{R}}\sin\left(n_{\mathrm{R}}\cos\theta_1\dfrac{\omega}{c}a\right)\cosh\left(n_{\mathrm{I}}\cos\theta_1\dfrac{\omega}{c}a\right)\right. \\ \qquad \left.-\xi_{\mathrm{I}}\cos\left(n_{\mathrm{R}}\cos\theta_1\dfrac{\omega}{c}a\right)\sinh\left(n_{\mathrm{I}}\cos\theta_1\dfrac{\omega}{c}a\right)\right] \\ f_2(\omega)=-\cos\left(n_{\mathrm{b}}\cos\theta_2\dfrac{\omega}{c}b\right)\sin\left(n_{\mathrm{R}}\cos\theta_1\dfrac{\omega}{c}a\right)\sinh\left(n_{\mathrm{I}}\cos\theta_1\dfrac{\omega}{c}a\right) \\ \qquad -\dfrac{1}{2}\sin\left(n_{\mathrm{b}}\cos\theta_2\dfrac{\omega}{c}b\right)\left[\xi_{\mathrm{R}}\cos\left(n_{\mathrm{R}}\cos\theta_1\dfrac{\omega}{c}a\right)\sinh\left(n_{\mathrm{I}}\cos\theta_1\dfrac{\omega}{c}a\right)\right. \\ \qquad \left.+\xi_{\mathrm{I}}\sin\left(n_{\mathrm{R}}\cos\theta_1\dfrac{\omega}{c}a\right)\cosh\left(n_{\mathrm{I}}\cos\theta_1\dfrac{\omega}{c}a\right)\right] \end{cases} \tag{7.68}$$

又由于 $\cos(kd)=\cos(k_{\mathrm{R}}d)\cosh(k_{\mathrm{I}}d)-\mathrm{j}\sin(k_{\mathrm{R}}d)\sinh(k_{\mathrm{I}}d)$，则有

$$\cos(k_{\mathrm{R}}d)\cosh(k_{\mathrm{I}}d)=f_1(\omega) \tag{7.69}$$

$$\sin(k_{\mathrm{R}}d)\sinh(k_{\mathrm{I}}d)=-f_2(\omega) \tag{7.70}$$

联立式 (7.69) 和式 (7.70) 可得波矢实部 k_{R} 与ω对应的色散关系和虚部 k_{I} 与ω对应的吸收关系分别为

$$\frac{f_1^2(\omega)}{\cos^2(k_{\mathrm{R}}d)}-\frac{f_2^2(\omega)}{\sin^2(k_{\mathrm{R}}d)}=1 \quad (\text{色散}) \tag{7.71}$$

$$\frac{f_1^2(\omega)}{\cosh^2(k_{\mathrm{I}}d)}+\frac{f_2^2(\omega)}{\sinh^2(k_{\mathrm{I}}d)}=1 \quad (\text{吸收}) \tag{7.72}$$

7.3.3 外加磁场对等离子体介电函数的影响

根据以上分析可知，在一维磁化等离子体光子晶体中，对于 TM 极化波，由于电场与外加磁场方向平行，等离子体中带电粒子的运动特性不受影响，电磁波在磁化等离子体光子晶体中的传输特性与非磁化时相同。而对于 TE 极化波，电场与外加磁场方向垂直，洛伦兹力作用影响了等离子体中带电粒子的运动特性，此时，等离子体的相对介电常数表达为

$$\varepsilon_{\mathrm{TE}}=\frac{\varepsilon_1^2-\varepsilon_2^2}{\varepsilon_1}=\frac{[\omega(\omega+\mathrm{j}v_{\mathrm{c}})-\omega_{\mathrm{p}}^2]^2-\omega^2\omega_{\mathrm{c}}^2}{\omega^2[(\omega+\mathrm{j}v_{\mathrm{c}})^2-\omega_{\mathrm{c}}^2]-\omega\omega_{\mathrm{p}}^2(\omega+\mathrm{j}v_{\mathrm{c}})}$$

当 $\omega_{\mathrm{c}}=0$ 时，式 (7.42) 化简为 $\varepsilon_{\mathrm{TE}}=1-\omega_{\mathrm{p}}^2/[\omega(\omega+\mathrm{j}v_{\mathrm{c}})]$，与无外加磁场作用下等离子体的相对介电函数相同。当$\omega_{\mathrm{c}}\neq 0$ 时，$\varepsilon_{\mathrm{TE}}$ 受外加磁场的调控，下面分别分析外加磁场对$\varepsilon_{\mathrm{TE}}$ 实部 $\mathrm{Re}(\varepsilon_{\mathrm{TE}})$ 和虚部 $\mathrm{Im}(\varepsilon_{\mathrm{TE}})$ 的影响。

取等离子体角频率$\omega_{\mathrm{p}}d/2\pi c=1$，碰撞频率 $v_{\mathrm{c}}=0.05\omega_{\mathrm{p}}$，得到 $\mathrm{Re}(\varepsilon_{\mathrm{TE}})$ 和 $\mathrm{Im}(\varepsilon_{\mathrm{TE}})$ 随外加磁场的变化，如图 7.17 所示。其中实线、划线和点划线分别对应$\omega_{\mathrm{c}}/\omega_{\mathrm{p}}=0$，0.8 和 1.2 的值。可见，当$\omega_{\mathrm{c}}/\omega_{\mathrm{p}}=0$ 时，$\mathrm{Re}(\varepsilon_{\mathrm{TE}})$ 和 $\mathrm{Im}(\varepsilon_{\mathrm{TE}})$ 分别随波频率的增加而单

调增加和减小；当外加磁场ω_c/ω_p=0.8 时，Re(ε_{TE}) 在$\omega_h d/2\pi c$=1.28 处存在回旋共振现象，ω_h 为等离子体中上杂波的振荡角频率。由于 TE 极化波的电场分量垂直于外加磁场，电子在振荡过程中，受到电场力及洛伦兹力的双重作用，正是由于洛伦兹力的作用，电子与波发生了共振。在共振点，如果没有碰撞，则波的能量全部转化成电子的回旋能量，如果存在碰撞，波的部分能量被吸收而不能全部转化成电子的回旋能量。当ω_c/ω_p 增加到 1.2 时，发现回旋共振频率位于$\omega_h d/2\pi c$=1.56。图 7.18 给出了回旋共振频率$\omega_h d/2\pi c$ 随外加磁场变化的曲线，圆点表示ω_c/ω_p 从 0~4.8 每隔 0.4 变化得到的模拟结果，实线为由公式$\omega_h^2=\omega_p^2+\omega_c^2$ 得到的理论结果，可见两者吻合得很好。

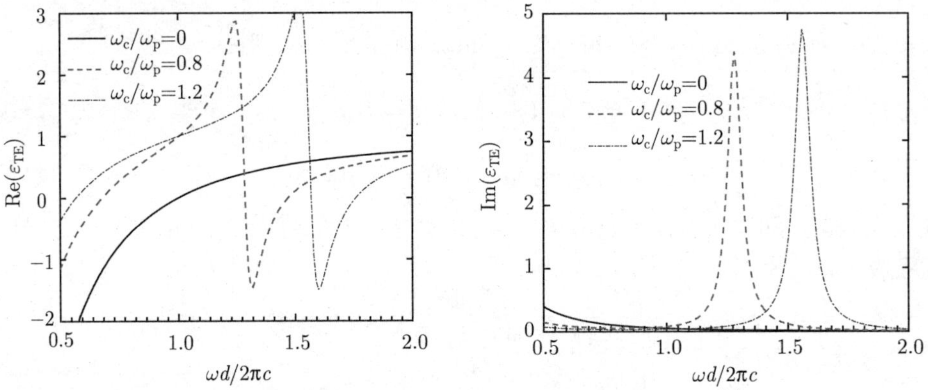

(a)　　(b)

图 7.17　外加磁场对ε_{TE} 的影响

(a) Re(ε_{TE})；(b) Im(ε_{TE})[81]

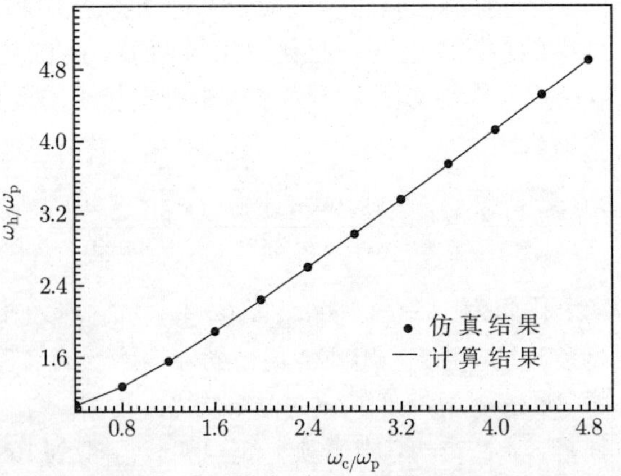

图 7.18　外加磁场对共振频率的影响 [81]

7.3.4 外加磁场对 TE 极化波电磁特性的影响

考虑介质为真空的情况，取$\omega_p d/2\pi c=1$，$v_c/\omega_p=0.05$，等离子体填充率 $f=0.1$，得到正入射时外加磁场对一维等离子体光子晶体的色散曲线和吸收曲线的影响，如图 7.19 所示。由于等离子体碰撞的存在，波矢为复数，图 7.19(a) 为波矢实部对应的通常的色散曲线，描述电磁波在一维等离子体光子晶体的传输特性；图 7.19(b) 为波矢虚部对应的吸收曲线，描述了电磁波在一维等离子体光子晶体中的衰减特性。实线和点线分别对应$\omega_c/\omega_p=0$ 和 0.8 的情况。可见，当$\omega_c/\omega_p=0$，即外加磁场不存在时，在归一化频率$\omega d/2\pi c=0\sim2$ 范围内，色散曲线中除具有一个截止频率外，分别在归一化频率$\omega d/2\pi c=0.5$，1.1 和 1.5 附近存在一个带隙，由吸收曲线可知，其带隙宽度由大变小。当$\omega_c/\omega_p=0.8$ 时，色散曲线中的截止频率往低频方向偏移，并在$\omega d/2\pi c=0.5$ 和 1.5 附近仍有带隙存在，但在$\omega d/2\pi c=1.1$ 附近的带隙基本消失。与无外加磁场相比，对于$\omega d/2\pi c=0.5$ 附近的带隙，其下边带频率基本不变，上边带频率降低，带隙宽度减小；而对于$\omega d/2\pi c=1.5$ 附近的带隙，其下边带频率基本不变，上边带频率增加，带隙宽度增大。此外，色散曲线在$\omega d/2\pi c=1.28$ 附近出现一个回旋共振，与相同参数下ε_{TE} 的共振频率$\omega_h d/2\pi c=1.28$ 一致，因此色散曲线的共振是由外加磁场作用导致等离子体共振引起的，同时在对应共振区域存在一个较大幅度的吸收。

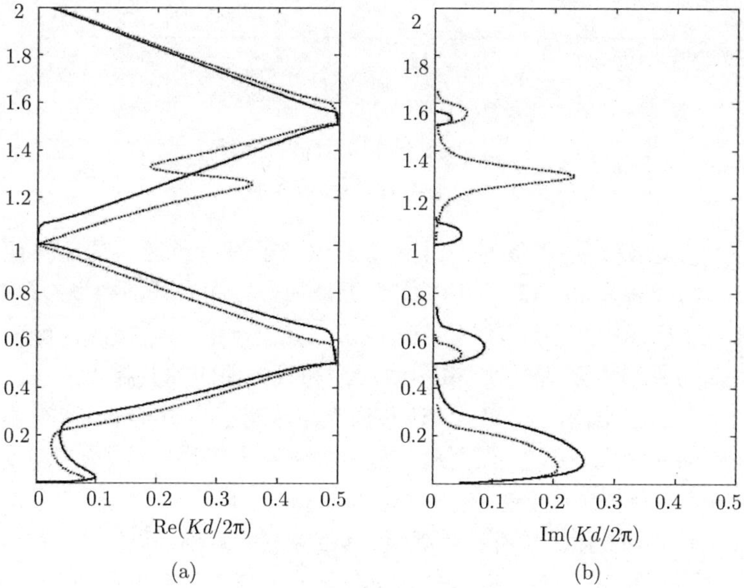

图 7.19 无外加磁场和有外加磁场对色散特性的影响

(a) 反射曲线；(b) 传输曲线 [81]

图 7.20 给出了具有 25 个周期的一维等离子体光子晶体的传输特性。实线和点线分别对应ω_c/ω_p=0 和 0.8 的结果。当ω_c/ω_p=0 时，在反射曲线中，除在$\omega d/2\pi c$=0.3 附近具有一个截止频率外，分别在$\omega d/2\pi c$=0.5，1.1 和 1.5 附近出现一个反射区域，其反射区域的宽度逐渐减小；当ω_c/ω_p=0.8 时，截止频率点往低频方向移动，在$\omega d/2\pi c$=0.5 和 1.5 附近仍存在一个反射区域，低频段的反射频带减小，而高频段的反射频带增加，并且反射曲线在共振频率$\omega d/2\pi c$=1.28 附近出现一个较小的反射，由于回旋共振吸收作用，处在共振区域的电磁波不能传输。

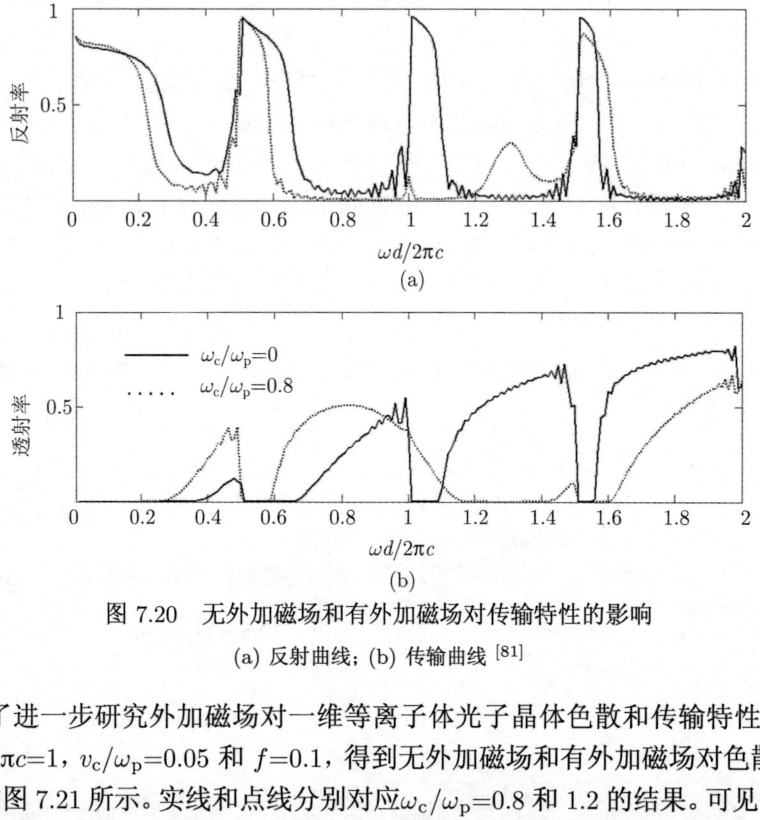

图 7.20　无外加磁场和有外加磁场对传输特性的影响

(a) 反射曲线；(b) 传输曲线 [81]

为了进一步研究外加磁场对一维等离子体光子晶体色散和传输特性的影响，取$\omega_p d/2\pi c$=1，v_c/ω_p=0.05 和 f=0.1，得到无外加磁场和有外加磁场对色散特性的影响，如图 7.21 所示。实线和点线分别对应ω_c/ω_p=0.8 和 1.2 的结果。可见，当外加磁场从ω_c/ω_p=0.8 增大到 1.2 时，其色散曲线和吸收曲线的共振点从$\omega d/2\pi c$=1.28 上移至$\omega d/2\pi c$=1.6。由图 7.17 可知，该共振点与等离子体 $\mathrm{Re}(\varepsilon_{\mathrm{TE}})$ 的共振点对应，同时，外加磁场的增大使得色散曲线的截止频率进一步减小。考虑带隙变化情况，当ω_c/ω_p=0.8 时，色散曲线分别在$\omega d/2\pi c$=0.5 和 1.5 附近存在带隙。当ω_c/ω_p=1.2 时，发现在$\omega d/2\pi c$=0.5 附近仍存在带隙，但其带隙宽度减小；同时，位于$\omega d/2\pi c$=1.5 附近的带隙消失，而在$\omega d/2\pi c$=1.45 附近出现一个新带隙，这是由于共振点出现在$\omega d/2\pi c$=1.6 附近，将$\omega d/2\pi c$=1.5 附近的带隙压低到 1.45 附近，但其带隙宽度变化不大。

图 7.21 和图 7.22 分别给出了具有 25 个周期的一维磁化等离子体光子晶体传输特性和色散曲线，光子晶体参数同图 7.20，即$\omega_p d/2\pi c=1$，$v_c/\omega_p=0.05$ 和 $f=0.1$。

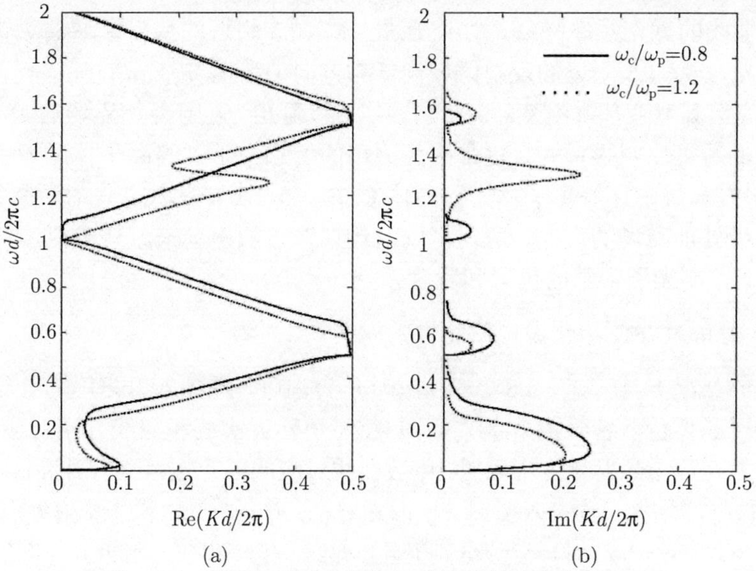

(a) (b)

图 7.21 无外加磁场和有外加磁场对色散特性的影响

(a) 反射曲线; (b) 传输曲线 [81]

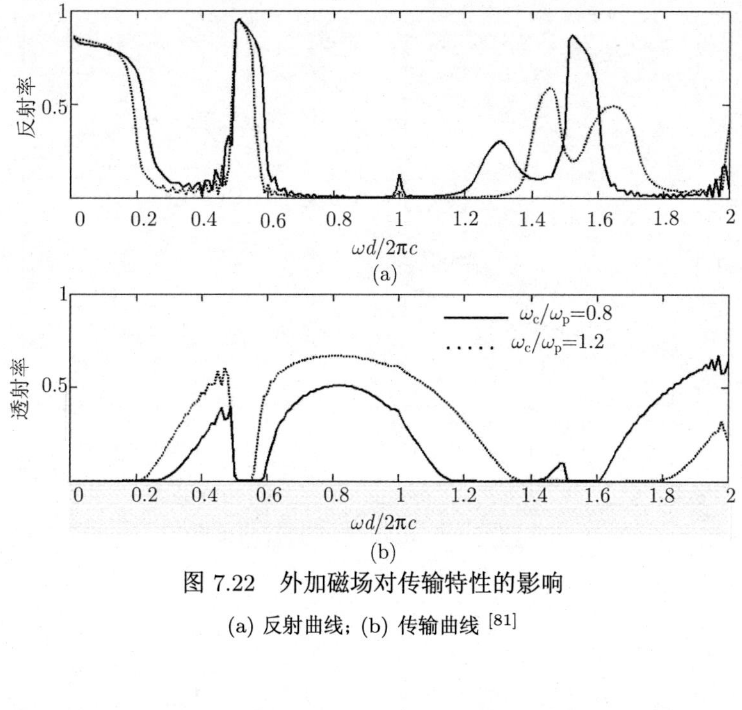

图 7.22 外加磁场对传输特性的影响

(a) 反射曲线; (b) 传输曲线 [81]

实线和点线分别为$\omega_c/\omega_p=0.8$ 和 1.2 结果。可见，两个不同磁场对应的色散曲线分别在共振频率$\omega d/2\pi c=1.28$ 和 1.6 附近存在一个反射区域，而在相应的传输区域，由于回旋共振吸收作用，不存在电磁波的反射。与$\omega_c/\omega_p=0.8$ 时相比，当$\omega_c/\omega_p=1.2$ 时，色散曲线的截止频率降低，对应于$\omega d/2\pi c=0.5$ 附近的反射区域的频带宽度减小；位于$\omega d/2\pi c=1.5$ 附近的反射区域向低频方向偏移至$\omega d/2\pi c=1.45$，反射区域的幅度降低，但其宽度基本不变。由传输曲线可以看出，随着外加磁场的增加，通带中电磁波的透过率明显增大，这是因为磁场的增加减小了等离子体碰撞引起的损耗。因此，在一维磁化等离子体光子晶体 C 中，当 TE 极化波入射时，等离子体的介电函数受外加磁场的调制，所以可以通过调节外加磁场来改变电磁波在其中的传输特性，控制光子带隙的位置和宽度。

7.3.5　入射角对 TE 极化波电磁特性的影响

取$\omega_p d/2\pi c=1$，$\omega_c/\omega_p=0.8$，$v_c/\omega_p=0.05$，$f=0.1$，得到入射角度对一维磁化等离子体光子晶体色散特性的影响，如图 7.23 所示。实线和点线分别对应$\theta=0^\circ$ 和 50° 的情况。可见，入射角度不同时，色散曲线对应的截止频率略有升高，共振点不变，但共振幅度增大。垂直入射时，色散曲线在$\omega d/2\pi c=0.5$ 和 1.5 附近出现带隙，当入射角度增加到 50° 时，带隙分别升至$\omega d/2\pi c=0.8$ 和 1.7 附近，带隙宽度明显

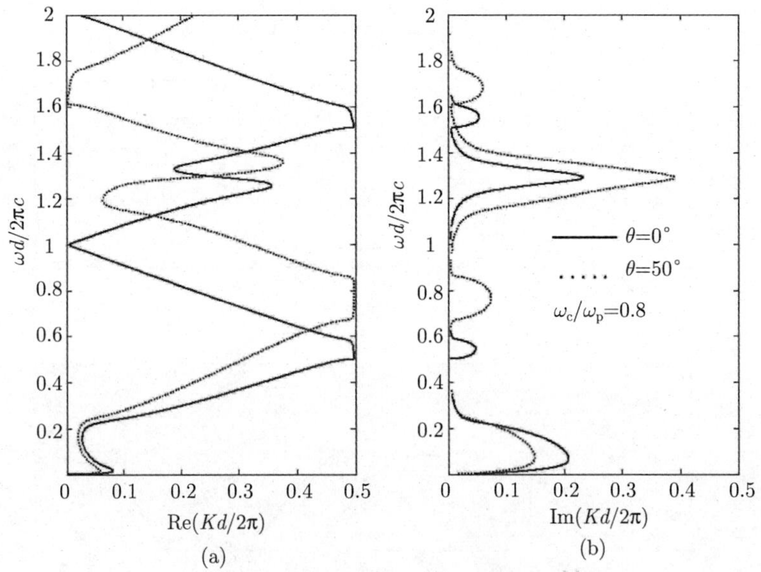

图 7.23　入射角度对色散特性的影响

(a) 反射曲线；(b) 传输曲线 [81]

增大。图 7.24 给出了具有 25 个周期的一维磁化等离子体光子晶体中入射角度对其传输特性的影响。可见，随着入射角度的增加，共振点附近的反射区域增大，对应于共振区域的电磁波不能传输；位于$\omega d/2\pi c=0.5$ 和 1.5 附近的反射区域分别升至$\omega d/2\pi c=0.8$ 和 1.7 附近。因此，入射角度越大，截止频率略有升高；共振点的频率不变，但回旋共振吸收的频率区域及吸收强度明显增大；带隙往高频方向移动，带隙宽度增大。

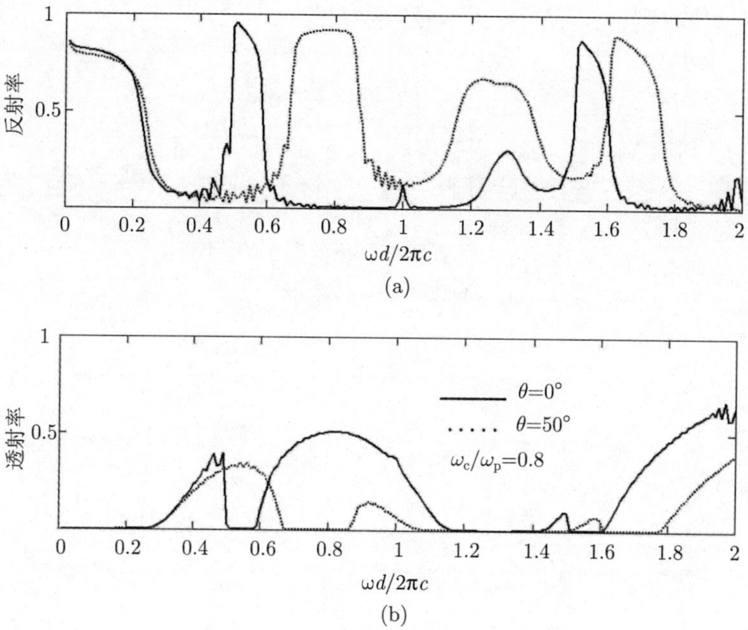

图 7.24 入射角度对传输特性的影响

(a) 反射曲线；(b) 传输曲线 [81]

7.3.6 等离子体碰撞频率对 TE 极化波电磁特性的影响

取$\omega_\mathrm{p}d/2\pi c=1$，$\omega_\mathrm{c}/\omega_\mathrm{p}=0.8$，$f=0.1$，得到垂直入射时不同碰撞频率对一维等离子体光子晶体色散特性的影响，如图 7.25 所示，实线和点线分别对应 $v_\mathrm{c}/\omega_\mathrm{p}=0.03$ 和 0.05 的结果。可见，碰撞频率增大时，截止区域和$\omega d/2\pi c=0.5$ 和 1.5 附近的带隙基本没有变化，但位于共振区域的共振幅度减小。图 7.26 给出了具有 25 个周期的一维磁化等离子体光子晶体中，碰撞频率对其传输特性的影响。可见，反射和传输曲线的频带宽度和位置基本不变，但反射区域的反射率和通带区域的传输率均降低，这是由于碰撞频率增大，电磁波通过等离子体时能量损耗变大引起的。

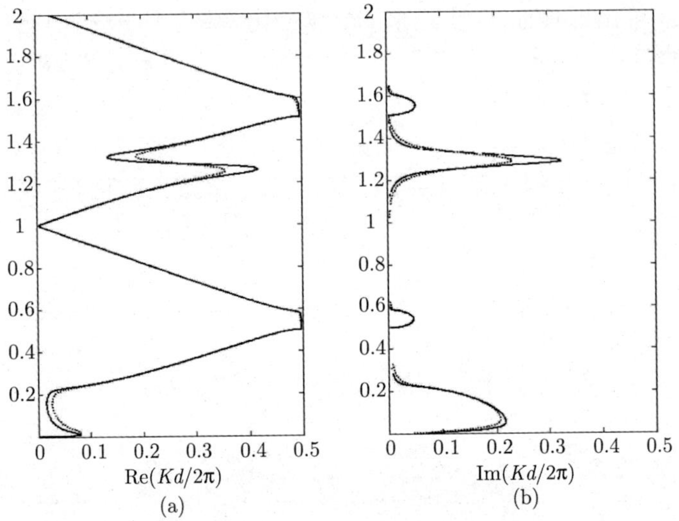

图 7.25　碰撞频率对色散特性的影响

(a) 反射曲线；(b) 传输曲线 [81]

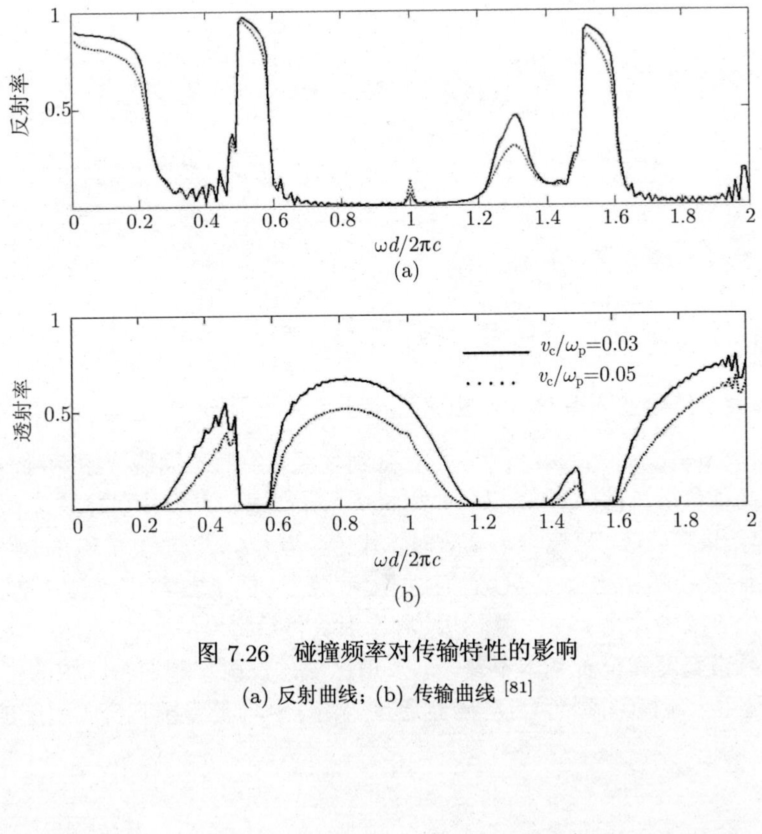

图 7.26　碰撞频率对传输特性的影响

(a) 反射曲线；(b) 传输曲线 [81]

7.3.7 介质介电常数对 TE 极化波电磁特性的影响

取$\omega_{\mathrm{p}}d/2\pi c=1$，$\omega_{\mathrm{c}}/\omega_{\mathrm{p}}=0.8$，$v_{\mathrm{c}}/\omega_{\mathrm{p}}=0.05$，$f=0.1$，得到垂直入射时介质介电常数对一维等离子体光子晶体色散特性的影响，如图 7.27 所示，实线和点线分别对应介质介电常数$\varepsilon_{\mathrm{b}}=1$ 和 3(一种橡胶材料) 的情况。显然，介质介电常数的变化并不改变回旋共振频率。但是，随着介质介电常数的增大，色散曲线变得比较平坦，在给定频率范围内的带隙数目增多。这是因为组成光子晶体的两种介电材料的折射率比值越大越容易形成带隙 [206]，随着介质介电常数的增加，等离子体与介质介电函数的差值变大，从而形成了较多带隙。图 7.28(a) 和 (b) 分别给出了具有 25 个周期的一维磁化等离子体光子晶体的反射和传输曲线。可见，当介质的介电常数增加时，反射区域变多，并且反射率也增大；同时，原来的传输区域也被划分为多个小传输区域。

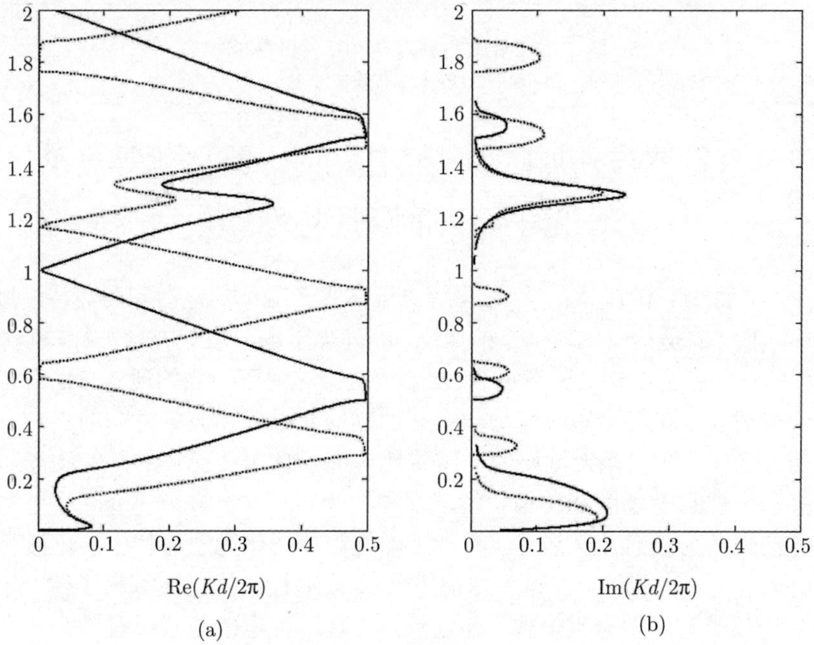

图 7.27 介质介电常数对色散特性的影响

(a) 反射曲线；(b) 传输曲线 [81]

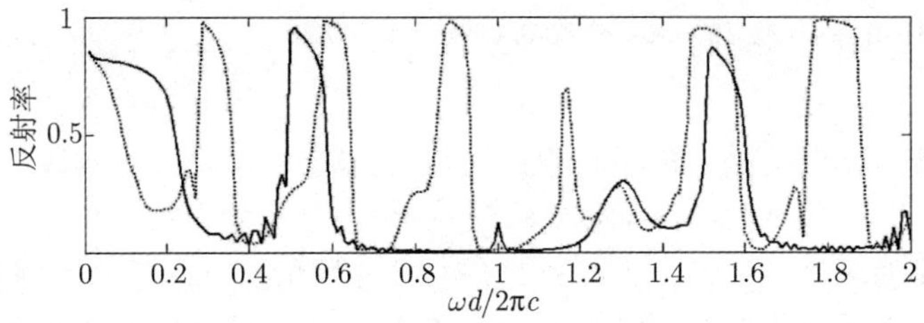

(a)

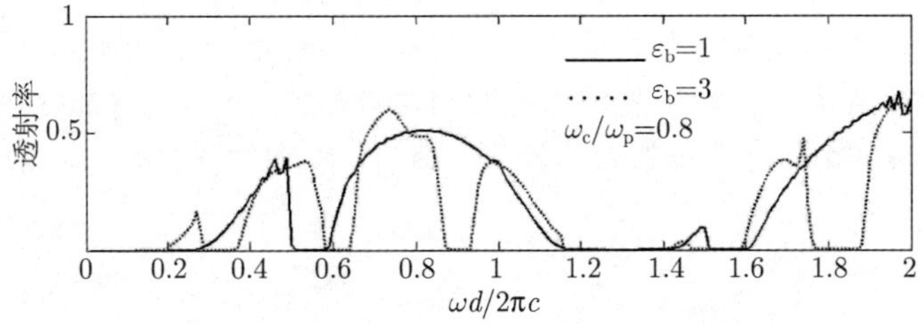

(b)

图 7.28　介质材料对传输特性的影响

(a) 反射曲线；(b) 传输曲线 [81]

7.4　入射波与外加磁场夹角任意时一维磁化等离子体光子晶体的色散特性

在 7.2 节和 7.3 节中，对一维磁化等离子体光子晶体的色散和传输特性进行了研究，但是考虑的是相对比较简单的情况，即外加磁场与波矢方向平行与垂直。这也是我们常说的磁光 Faraday 效应和 Voigt 效应。这对于一般的现实应用而言显然不具备普遍适性，在现实的应用场合中外加磁场的方向和波矢方向的夹角大多情况下将是任意的，所以系统地研究一维磁化等离子体光子晶体的外加磁场与波矢方向的夹角为任意时色散和传播特性就显得尤为重要了。本节将介绍当外加磁场与波矢方向夹角为任意时，TM 波在一维磁化等离子体光子晶体中的色散和传输特性。由于洛伦兹力影响，在这种情况下 TM 波通过一维磁化等离子体光子晶体时将会被分解成为两种电磁模式，并且推导了在这种电磁模式下有效介质函数与 TMM 的色散和传输系数计算公式，讨论了等离子体参数、填充率、入射角度、外加磁场与 $+z$ 方向的夹角和介质层相对介电常数对禁带特性的影响。本节在计算时引入的时谐量是 $e^{-j\omega t}$, ω 是角频率, t 是时间, 且 $j=\sqrt{-1}$。

7.4.1　等离子体层的有效折射率公式

图 7.29 中给出了一维磁化等离子体光子晶体的拓扑结构图。该光子晶体由均匀的介质层和等离子体层构成，且背景介质是空气。等离子体层和介质层周期性

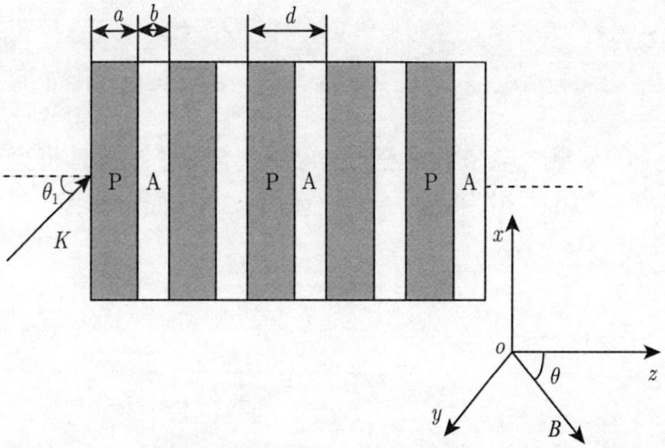

图 7.29 一维磁化等离子体光子晶体的拓扑结构示意图

地沿着 $+z$ 方向分布。用 $(\mathrm{PA})^N$ 表示该光子晶体的结构，其中，P 表示等离子体层，A 表示介质层，N 为周期常数。入射波矢 $\boldsymbol{K}$ 在 xz 平面内入射且夹角为θ_1，外加磁场的方向与 $+z$ 轴的夹角为θ。A 和 P 的相对介电常数分别为ε_p 和ε_A，厚度分别为 a 和 b，$d=a+b$ 是一个周期长度。当外加磁场 $\boldsymbol{B}$ 引入等离子体光子晶体时，波矢方向与 $+z$ 轴平行，磁化等离子体介电函数可以表示为

$$\boldsymbol{\varepsilon}_\mathrm{p}=\begin{pmatrix}\varepsilon_{xx}(\omega) & \varepsilon_{xy}(\omega) & 0\\ -\varepsilon_{yx}(\omega) & \varepsilon_{yy}(\omega) & 0\\ 0 & 0 & \varepsilon_{zz}(\omega)\end{pmatrix} \tag{7.73}$$

其中，$\varepsilon_{xx}(\omega)=\varepsilon_{yy}(\omega)=\varepsilon_0\left\{1-\dfrac{\omega_\mathrm{p}^2(\omega+\mathrm{j}\nu_\mathrm{c})}{\omega\left[(\omega+\mathrm{j}\nu_\mathrm{c})^2-\omega_\mathrm{c}^2\right]}\right\}$，$\varepsilon_{zz}(\omega)=\varepsilon_0\left[1-\dfrac{\omega_\mathrm{p}^2}{\omega(\omega+\mathrm{j}\nu_\mathrm{c})}\right]$，$\varepsilon_{xy}(\omega)=\varepsilon_{yx}(\omega)=-\dfrac{\mathrm{j}\varepsilon_0\omega_\mathrm{p}^2\omega_\mathrm{c}}{\omega\left[(\omega+\mathrm{j}\nu_\mathrm{c})^2-\omega_\mathrm{c}^2\right]}$。在这个表达式中，$\omega_\mathrm{p}$、$\nu_\mathrm{c}$ 和ω_c 分别代表等离子体频率、等离子体碰撞频率和等离子体回旋频率。$\omega_\mathrm{c}=(eB/m)$，e、m 和 B 分别表示电子的电量、电子的质量和外加磁场的强度。如图 7.30(a) 所示，如果外加磁场 $\boldsymbol{B}$ 与 $+z$ 轴的夹角为θ，则磁化等离子体的介电函数变为

$$\boldsymbol{\varepsilon}_\mathrm{p}=\begin{pmatrix}\varepsilon_{11} & \varepsilon_{12} & \varepsilon_{13}\\ \varepsilon_{21} & \varepsilon_{22} & \varepsilon_{23}\\ \varepsilon_{31} & \varepsilon_{32} & \varepsilon_{33}\end{pmatrix}=\boldsymbol{T}\begin{pmatrix}\varepsilon_{xx}(\omega) & \varepsilon_{xy}(\omega) & 0\\ -\varepsilon_{yx}(\omega) & \varepsilon_{yy}(\omega) & 0\\ 0 & 0 & \varepsilon_{zz}(\omega)\end{pmatrix}\boldsymbol{T}^{-1} \tag{7.74}$$

其中，$\boldsymbol{T}=\begin{pmatrix}0 & 1 & 0\\ -\cos\theta & 0 & \sin\theta\\ \sin\theta & 0 & \cos\theta\end{pmatrix}$，$\boldsymbol{T}^{-1}=\begin{pmatrix}0 & -\cos\theta & \sin\theta\\ 1 & 0 & 0\\ 0 & \sin\theta & \cos\theta\end{pmatrix}$，所以可以得到

$$\varepsilon_{11}=\varepsilon_{yy},\quad \varepsilon_{12}=\varepsilon_{xy}\cos\theta,\quad \varepsilon_{13}=-\varepsilon_{xy}\sin\theta,$$

$\varepsilon_{21} = -\varepsilon_{xy}\cos\alpha, \quad \varepsilon_{22} = \varepsilon_{xx}\cos^2\theta + \varepsilon_{zz}\sin^2\theta, \quad \varepsilon_{23} = (\varepsilon_{zz} - \varepsilon_{xx})\sin\theta\cos\theta,$

$\varepsilon_{31} = \varepsilon_{xy}\sin\theta, \quad \varepsilon_{32} = (\varepsilon_{zz} - \varepsilon_{xx})\sin\theta\cos\theta, \quad \varepsilon_{33} = \varepsilon_{xx}\sin^2\theta + \varepsilon_{zz}\cos^2\theta$

由于洛伦兹力的影响，电磁波在磁化等离子体层中传播时将会受到影响。为了得到此时磁化等离子体的介电函数，将从 Maxwell 方程组出发

$$\nabla \times \boldsymbol{E} = -\mu_0 \frac{\partial \boldsymbol{H}}{\partial \mathrm{t}} \tag{7.75}$$

$$\nabla \times \boldsymbol{H} = \varepsilon_0 \boldsymbol{\varepsilon}_{\mathrm{p}} \frac{\partial \boldsymbol{E}}{\partial \mathrm{t}} \tag{7.76}$$

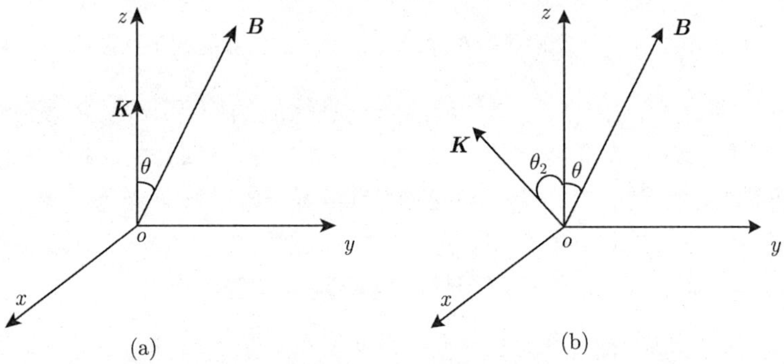

图 7.30 入射波矢量与外加磁场的关系示意图

(a) K 波矢方向与 $+z$ 轴的方向平行；(b) K 波矢方向与 $+z$ 轴的夹角为θ_2

在频域中上述 Maxwell 方程组可以变为

$$\nabla \times \boldsymbol{E} = -\mathrm{j}\omega\mu_0\boldsymbol{H} \tag{7.77}$$

$$\nabla \times \boldsymbol{H} = \mathrm{j}\omega\varepsilon_0\boldsymbol{\varepsilon}_{\mathrm{p}}\boldsymbol{E} \tag{7.78}$$

由于上述公式中包含两个参量 $\boldsymbol{E}$ 和 $\boldsymbol{H}$，则对 $\boldsymbol{E}$ 和 $\boldsymbol{H}$ 进行简并，可以得到

$$\nabla \times \nabla \times \boldsymbol{E} = -\mathrm{j}\omega\mu_0\nabla \times \boldsymbol{H} = \omega^2\mu_0\varepsilon_0\boldsymbol{\varepsilon}_{\mathrm{p}}\boldsymbol{E} \tag{7.79}$$

由于 $\nabla \times \nabla \times \boldsymbol{E} = \nabla\nabla \cdot \boldsymbol{E} - \nabla^2\boldsymbol{E}$，则式 (7.79) 可以化简为

$$(\nabla^2 - \nabla\nabla\cdot)\boldsymbol{E} + \omega^2\varepsilon_0\mu_0\boldsymbol{\varepsilon}(\boldsymbol{\omega}) \cdot \boldsymbol{E} = 0 \tag{7.80}$$

假设电磁波在磁化等离子体层中的传播形式为 $\mathrm{e}^{-\mathrm{j}\omega t - \boldsymbol{K}\cdot\boldsymbol{r}}$，其中 $\boldsymbol{K}$ 和 $\boldsymbol{r}$ 分别表示波矢和位置矢量。定义波矢的形式为 $\boldsymbol{K} = \widehat{x}k_x + \widehat{y}k_y + \widehat{z}k_z$，其中 $(\widehat{x}, \widehat{y}, \widehat{z})$ 是单位矢量，k_x, k_y 和 k_z 分别为波矢 $\boldsymbol{K}$ 在三个坐标轴上的分量。同样，位置矢量可以表示

为 $\boldsymbol{r}=\widehat{x}x+\widehat{y}y+\widehat{z}z$，那么式 (7.80) 可以表示为

$$k^2\begin{bmatrix}E_x\\E_y\\E_z\end{bmatrix}-\begin{bmatrix}k_x^2 & k_xk_y & k_xk_z\\k_yk_x & k_y^2 & k_yk_z\\k_zk_x & k_zk_y & k_z^2\end{bmatrix}\begin{bmatrix}E_x\\E_y\\E_z\end{bmatrix}-k_0^2\begin{bmatrix}\varepsilon_{11} & \varepsilon_{12} & \varepsilon_{13}\\\varepsilon_{21} & \varepsilon_{22} & \varepsilon_{23}\\\varepsilon_{31} & \varepsilon_{32} & \varepsilon_{33}\end{bmatrix}\begin{bmatrix}E_x\\E_y\\E_z\end{bmatrix}=0 \tag{7.81}$$

将磁化等离子体的有效折射率定义为 $n=k/k_0$，其中 k_0 是真空中的波矢，k 是磁化等离子体层中的传播常数。因此，磁化等离子体的有效折射率在空间中分量 n_x，n_y 和 n_z 可以定义为

$$n_x=k_x/k;\quad n_y=k_y/k;\quad n_z=k_z/k \tag{7.82}$$

如图 7.30(a) 所示，波矢 $\boldsymbol{K}$ 的方向与 $+z$ 轴平行，外加磁场 $\boldsymbol{B}$ 在 zy 平面中且与 $+z$ 轴的夹角为θ，那么式 (7.82) 将变为

$$n_x=0;\quad n_y=0;\quad n_z=n \tag{7.83}$$

将式 (7.83) 代入式 (7.81) 中，可以得到

$$\begin{vmatrix}n^2-\varepsilon_{11} & -\varepsilon_{12} & -\varepsilon_{13}\\-\varepsilon_{21} & n^2-\varepsilon_{22} & -\varepsilon_{23}\\-\varepsilon_{31} & -\varepsilon_{32} & -\varepsilon_{33}\end{vmatrix}=0 \tag{7.84}$$

因此式 (7.84) 可以简化为

$$A_1n^4-Bn^2+C=0 \tag{7.85}$$

其中

$$\begin{aligned}&B=\varepsilon_{11}\varepsilon_{33}-\varepsilon_{23}\varepsilon_{32}+\varepsilon_{22}\varepsilon_{33}-\varepsilon_{13}\varepsilon_{31}\\&C=\varepsilon_{11}\left(\varepsilon_{22}\varepsilon_{33}-\varepsilon_{23}\varepsilon_{32}\right)+\varepsilon_{12}\left(\varepsilon_{23}\varepsilon_{31}-\varepsilon_{21}\varepsilon_{33}\right)+\varepsilon_{13}(\varepsilon_{21}\varepsilon_{32}-\varepsilon_{31}\varepsilon_{22})\\&A_1=\varepsilon_{33}\end{aligned}$$

那么式 (7.85) 有解为

$$n^2=1-\frac{\left(\dfrac{\omega_{\mathrm{p}}}{\omega}\right)^2}{\left[1+\mathrm{j}\dfrac{\nu_{\mathrm{c}}}{\omega}-\dfrac{\left(\dfrac{\omega_{\mathrm{c}}}{\omega}\sin\theta\right)^2}{2\left(1+\mathrm{j}\dfrac{\nu_{\mathrm{c}}}{\omega}-\dfrac{\omega_{\mathrm{p}}^2}{\omega^2}\right)}\right]\pm\sqrt{\dfrac{\left(\dfrac{\omega_{\mathrm{c}}}{\omega}\sin\theta\right)^4}{4\left(1+\mathrm{j}\dfrac{\nu_{\mathrm{c}}}{\omega}-\dfrac{\omega_{\mathrm{p}}^2}{\omega^2}\right)^2}+\left(\dfrac{\omega_{\mathrm{c}}}{\omega}\cos\theta\right)^2}} \tag{7.86}$$

为了不失一般性，如图 7.30(b) 所示，如果假设波矢 $\boldsymbol{K}$ 在 yz 平面内，且与 $+z$ 轴方向的夹角为θ_2，与 $+z$ 轴平行，那么式 (7.83) 将变为

$$n_x = n\sin\theta_2; \quad n_y = 0; \quad n_z = n\cos\theta_2 \tag{7.87}$$

将 $\sin\theta_1 = n\sin\theta_2$ 和式 (7.87) 代入式 (7.84)，可得

$$A_1 n^4 - B_1 n^2 + C_1 = 0 \tag{7.88}$$

其中，$B_1 = (\varepsilon_{11} - \varepsilon_{33})\sin^2\theta_1 - B, C_1 = (\varepsilon_{22}\varepsilon_{33} + \varepsilon_{22}\varepsilon_{33} - \varepsilon_{23}\varepsilon_{32} - \varepsilon_{21}\varepsilon_{33})\sin\theta_1 + C$，那么式 (7.88) 的解为

$$n^2 = \left(-B_1 \pm \sqrt{B_1^2 - 4A_1C_1}\right)/2A_1 \tag{7.89}$$

式 (7.89) 的解即为该种情况下磁化等离子体的有效折射率。

7.4.2　传输矩阵与色散关系的公式

由图 7.29 可知，电磁波可以划分为 TE 波和 TM 波，所谓 TE 波是指磁场方向与 xy 平面垂直，TM 波是指电场方向与 xy 平面垂直。对于 TE 和 TM 波而言，当其通过磁化等离子体层时都会受到洛伦兹力的作用。本节中仅考虑 TM 波，那么 TM 波通过磁化等离子体层时可以分解为两种模式，即模式 I 和模式 II。定义模式 I 为电磁波通过磁化等离子体层时其有效介电函数为 $\varepsilon_{x1} = \left(-B_1 + \sqrt{B_1^2 - 4A_1C_1}\right)/2A_1$，模式 II 为电磁波通过磁化等离子体层时其有效介电函数为 $\varepsilon_{x2} = \left(-B_1 - \sqrt{B_1^2 - 4A_1C_1}\right)/2A_1$。对于 TM 波而言，Maxwell 方程中电场和磁场满足形式 $\boldsymbol{E} = (E_x, 0, E_z)\mathrm{e}^{-\mathrm{j}\omega t}$ 和 $\boldsymbol{H} = (0, H_y, 0)\mathrm{e}^{-\mathrm{j}\omega t}$。为了求解此时一维磁化等离子体光子晶体的色散和传输特性，则根据 TMM 技术，电磁波通过介质层和磁化等离子体层交界面时，可以得到相应的传输矩阵形式为

$$\boldsymbol{M}_{\mathrm{P}} = \begin{pmatrix} \cos(k_{1z}a) - \mathrm{j}\left(\dfrac{k_{1x}\varepsilon_{13}}{k_{1z}\varepsilon_{33}}\right)\sin(k_{1z}a) & \dfrac{-\mathrm{j}}{\eta}\left[1 - \left(\dfrac{k_{1x}\varepsilon_{13}}{k_{1z}\varepsilon_{33}}\right)^2\right]\sin(k_{1z}a) \\ -\mathrm{j}\eta\sin(k_{1z}a) & \cos(k_{1z}a) + \mathrm{j}\left(\dfrac{k_{1x}\varepsilon_{13}}{k_{1z}\varepsilon_{33}}\right)\sin(k_{1z}a) \end{pmatrix} \tag{7.90}$$

其中，$\eta = \sqrt{\varepsilon_0/\mu_0}\left(\dfrac{\varepsilon_{11}\varepsilon_{33} - \varepsilon_{13}\varepsilon_{31}}{\varepsilon_{33}n_{\mathrm{eff}}\cos\theta_2}\right)$，$k_{1x} = n_{\mathrm{eff}}\omega\sin\theta_2/c$，$k_{1z} = n_{\mathrm{eff}}\omega\cos\theta_2/c$。$n_{\mathrm{eff}}$，$c$ 和 μ_0 分别表示磁化等离子体层的有效折射率、真空的光速和真空的磁导率。同样地，电磁波通过介质层时同样可以得到传输矩阵

$$\boldsymbol{M}_{\mathbf{A}} = \begin{pmatrix} \cos\beta & -\dfrac{\mathrm{j}}{p}\sin\beta \\ -\mathrm{j}p\sin\beta & \cos\beta \end{pmatrix} \tag{7.91}$$

其中，$\beta=\omega/\left[c\sqrt{\varepsilon_a}b\sqrt{1-(\sin^2\theta_1/\varepsilon_a)}\right]$ 和 $p=1/\left[\sqrt{\varepsilon_a}\sqrt{1-(\sin^2\theta_1/\varepsilon_a)}\right]$。对于如图 7.29 所示的一维周期性结构而言，电磁波通过第 N 层时电场和磁场满足

$$\begin{pmatrix} E_N \\ H_N \end{pmatrix} = \boldsymbol{M}_{\mathrm{p}} \cdot \boldsymbol{M}_{\mathbf{A}} \begin{pmatrix} E_{N+1} \\ H_{N+1} \end{pmatrix} \tag{7.92}$$

那么式 (7.92) 可以写成

$$\begin{aligned}\begin{pmatrix} E_N \\ H_N \end{pmatrix} =&\boldsymbol{M}_1\boldsymbol{M}_2\cdots\boldsymbol{M}_{\boldsymbol{N}}\begin{pmatrix} E_{N+1} \\ H_{N+1} \end{pmatrix} = \boldsymbol{M}_{\mathbf{P}}\boldsymbol{M}_{\mathbf{A}}\boldsymbol{M}_{\mathbf{P}}\cdots\boldsymbol{M}_{\boldsymbol{N}}\begin{pmatrix} E_{N+1} \\ H_{N+1} \end{pmatrix} \\ =&\boldsymbol{M}\begin{pmatrix} E_{N+1} \\ H_{N+1} \end{pmatrix} = \begin{pmatrix} m_{11} & m_{12} \\ m_{21} & m_{22} \end{pmatrix}\begin{pmatrix} E_{N+1} \\ H_{N+1} \end{pmatrix}\end{aligned} \tag{7.93}$$

其中，m_{11}, m_{12}, m_{21} 和 m_{22} 是矩阵 $\boldsymbol{M}=\prod\limits_{k=1}^{N}\boldsymbol{M}_k$ 中的矩阵向量。所以反射系数 r 和透射系数 t 可以表示为

$$r=\frac{(m_{11}+m_{12}p_{\mathrm{s}})p_0-(m_{21}+m_{22}p_{\mathrm{s}})}{(m_{11}+m_{12}p_{\mathrm{s}})p_0+(m_{21}+m_{22}p_{\mathrm{s}})} \tag{7.94}$$

$$t=\frac{2p_0}{(m_{11}+m_{12}p_{\mathrm{s}})p_0+(m_{21}+m_{22}p_{\mathrm{s}})} \tag{7.95}$$

其中，$p_0=\cos\theta_0/(n_0Z_0)$，$p_{\mathrm{s}}=\cos\theta_{\mathrm{s}}/n_{\mathrm{s}}Z_0$ 和 $Z_0=\sqrt{\mu_0}/\sqrt{\varepsilon_0}$。本节中 $n_0=n_{\mathrm{s}}=1$，所以反射率 R 和透射率 T 分别为

$$R=|r|^2 \tag{7.96}$$

$$T=|t|^2 \tag{7.97}$$

根据式 (7.93) 中的 $\boldsymbol{M}$，该一维磁化等离子体光子晶体的色散关系可以描述为

$$\cos(Kd)=\cos(\delta_a a)\cos(\delta_b b)-\frac{1}{2}\left(\frac{\zeta_a}{\zeta_b}+\frac{\zeta_b}{\zeta_a}\right)\sin(\delta_a a)\sin(\delta_b b) \tag{7.98}$$

其中

$$\delta_i=(\omega/c)\sqrt{\varepsilon_i}\sqrt{\mu_i}\sqrt{1-(\sin^2\theta_1/\varepsilon_i\mu_i)}$$

$$\zeta_i=(\omega/c)\sqrt{\mu_0/\varepsilon_0}\sqrt{\mu_i/\varepsilon_i}\sqrt{1-(\sin^2\theta_1/\varepsilon_i\mu_i)}(i=A,P)$$

如果式 (7.98) 没有实根，那么满足条件 $|\cos(Kd)|>1$，就是我们所熟知的 Bragg 条件，这样色散关系就得到了。

7.4.3 θ 对磁化等离子体有效介电函数的影响

为了不失一般性，用$\omega d/2\pi c$对频率进行归一化，并用变量$\omega_{\rm p0}d/2\pi c$=1 来确定等离子体频率、等离子体回旋频率和等离子体碰撞频率的大小。假设$\omega_{\rm p}d = \omega_{\rm p0}d = 2\pi c$，$\nu_{\rm c}=\gamma=1\times10^{-5}\omega_{\rm p0}$ 且$\omega_{\rm c} = 0.8\omega_{\rm p0}$。一维磁化等离子体光子晶体的其他参数为：电磁波入射角$\theta_1=30°$，外加磁场与 $+z$ 轴的夹角为$\theta=45°$，等离子体层的厚度为 $a = 0.1d$，介质层的厚度为 $b=0.9d$，等离子体层的填充率为 $f = a/d=0.1$，介质层的相对介电常数为$\varepsilon_{\rm A}=1$。为了研究外加磁场与 $+z$ 轴的夹角θ 对磁化等离子体有效介电函数的影响，在图 7.31 中给出了ε_{x1} 实部 ${\rm Re}(\varepsilon_{x1})$ 和虚部 ${\rm Im}\ (\varepsilon_{x1})$ 与θ的关系，所有的参数都和上述提及的相同，除了$\theta_1=0°$ 和$\nu_{\rm c} = 0.05\omega_{\rm p0}$。通过图 7.31(a) 可知，当$\theta$ 发生变化时，能够观测到足够大的回旋谐振，${\rm Re}(\varepsilon_{x1})$ 的最大值与回旋谐振频率的峰值相关。这个现象是由洛伦兹力引起的 [81]，由于外加磁场和电场存在一个夹角θ。由图 7.31(b) 可知，随着θ的增大，回旋谐振频率将逐渐增大，但是 ${\rm Im}(\varepsilon_{x1})$ 的幅值将逐渐减小。这是因为θ的值是非常重要的，随着θ的增大，${\rm Re}(\varepsilon_{x1})$ 的符号将由正变成负，则直接导致相速度的方向发生变化。为了和模式 I 比较，在图 7.32 中同

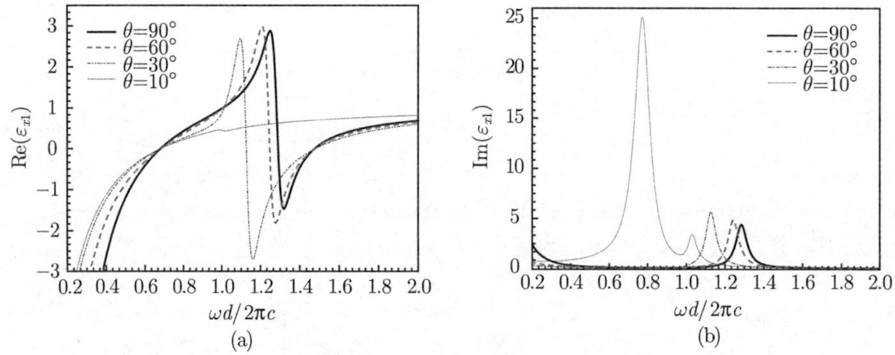

图 7.31 ε_{x1} 的实部和虚部与外加磁场和 $+z$ 轴的夹角θ 间的关系

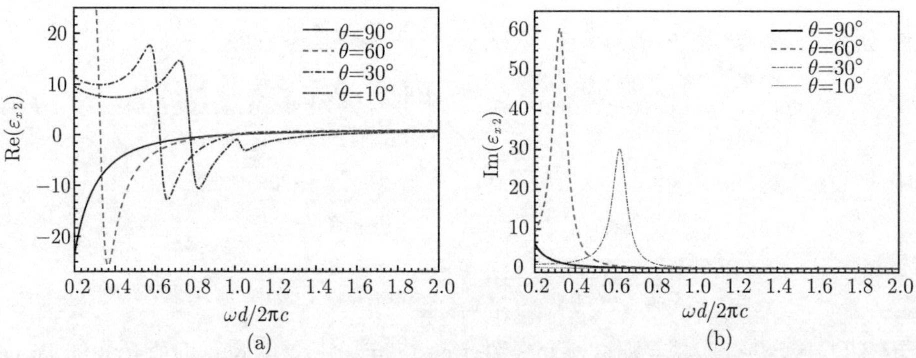

图 7.32 ε_{x2} 的实部和虚部与外加磁场和 $+z$ 轴的夹角θ间的关系

样给出了ε_{x2} 实部 $\mathrm{Re}(\varepsilon_{x2})$ 和虚部 $\mathrm{Im}(\varepsilon_{x2})$ 与θ的关系。如图 7.32 所示，随着θ的增大，$\mathrm{Re}(\varepsilon_{x2})$ 的幅值和回旋谐振频率都将减小。但是值得注意的是，当外加磁场与电场方向垂直时，即θ=90°，则 TM 波将不会分解成为两个电磁模式，而是只有一个电磁模式，其表达式仅能用ε_{x1} 来表示。

7.4.4 介质层介电常数对 PBGs 和色散关系的影响

图 7.33(a)~(d) 给出了θ_1=30°, $f=a/d$=0.1, N =25, $\omega_{\mathrm{p}}d=2\pi c$, $\nu_{\mathrm{c}}=1\times10^{-5}\omega_{\mathrm{p}}$, $\omega_{\mathrm{c}}=0.8\omega_{\mathrm{p}}$ 和θ=45°，ε_{A}=1, 2.1 和 4 时电磁模式 I 的传输和色散曲线。当ε_{A} 由 1 增加到 4 时，截止频率由$\omega d/2\pi c$= 0.059 减小到$\omega d/2\pi c$= 0.045，且 PBGs 的数量将增加。由图 7.33 (a)~(d) 可知，随着ε_{A} 的增加，PBGs 带宽将减小，且其中心频率向低频移动。这可以通过磁化等离子体介质函数和介质的关系来解释，当介质层的介电常数增加时，该光子晶体的频率模式将减小，且 PBGs 数量增加 [205]。与电磁模式 I 相比，图 7.34(a)~(d) 给出了ε_{A}=1, 2.1 和 4 时电磁模式Ⅱ的传输和色

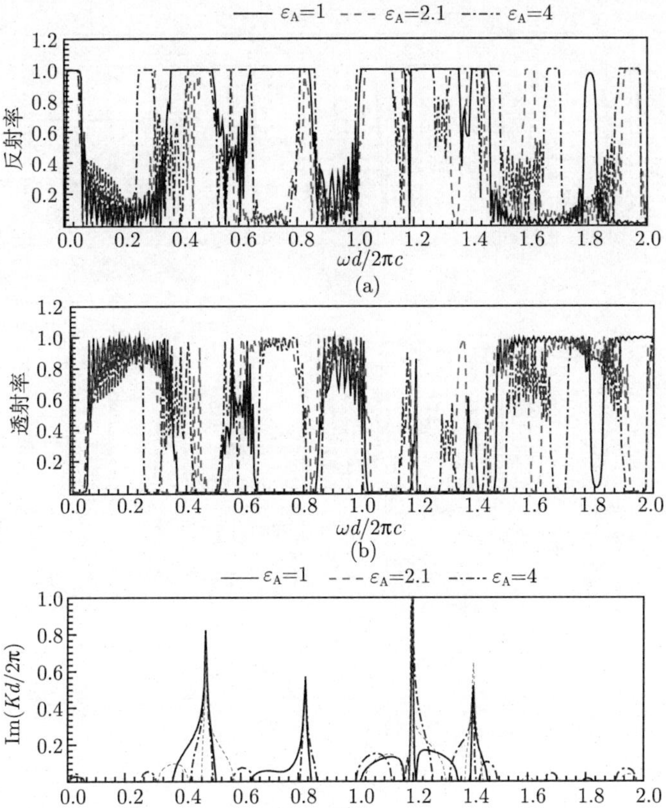

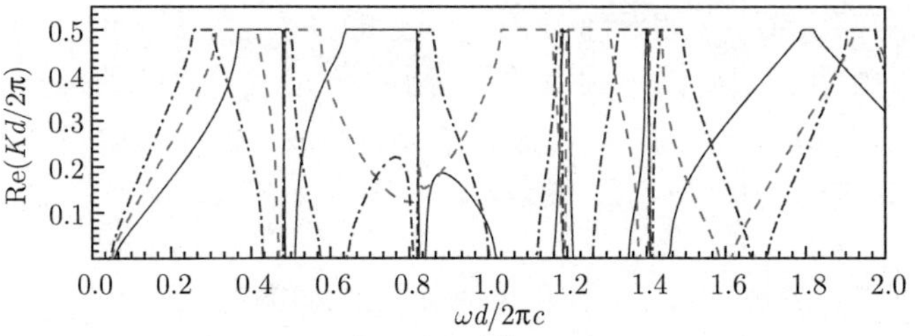

(d)

图 7.33　电磁模式 I 的传输和色散特性与ε_{A} 的关系

散曲线，其他参数值与图 7.33 中的相同。由图 7.34 可知，随着ε_{A} 的增加，PBGs 的个数将增加，且其中心频率将向低频方向移动。在这种情况下，该光子晶体不存在截止频率。由图 7.33 和图 7.34 可知，色散曲线中的 PBGs 位置与传输曲线中描述的相同，两者可以相互验证。由上述可知，电磁模式 I 和 II 的 PBGs 都能通过改变介质层的大小进行调谐。

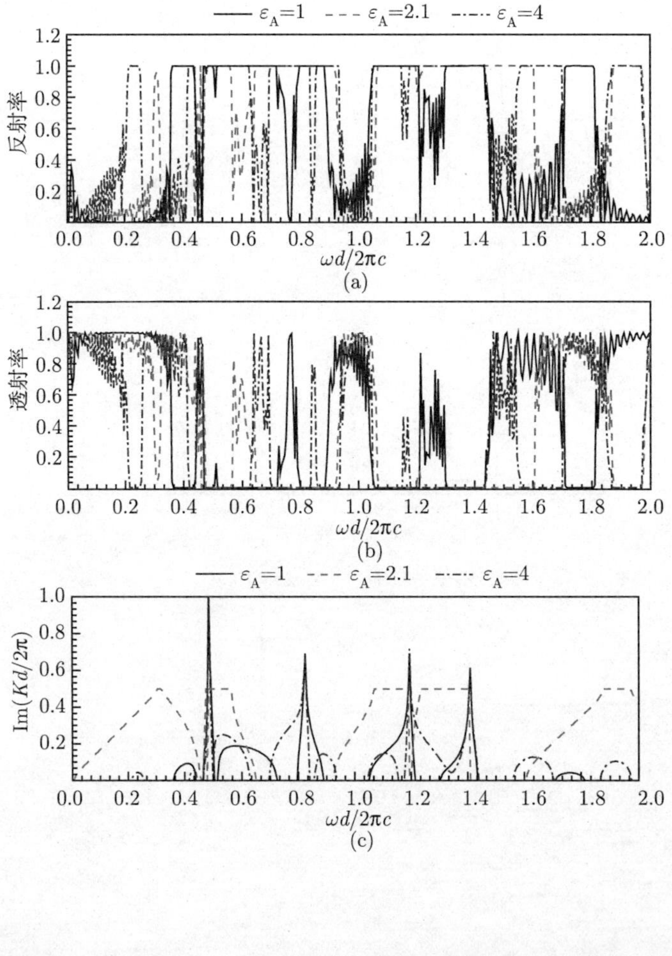

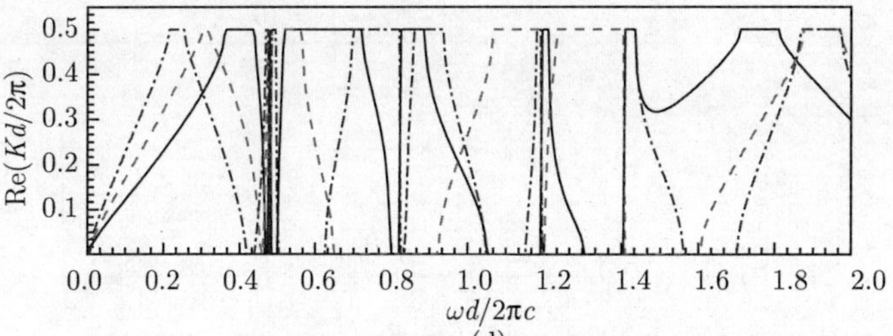

(d)

图 7.34　电磁模式Ⅱ的传输和色散特性与ε_A 的关系

7.4.5　等离子体碰撞频率对 PBGs 和色散关系的影响

图 7.35(a)~(d) 给出了θ_1=30°, $f=a/d$=0.1, N=25, $\omega_p d=2\pi c$, ε_A=1, $\omega_c=0.8\omega_p$, θ=45°, $\nu_c=\gamma$ 和$\nu_c=10\gamma$时电磁模式Ⅰ的传输和色散曲线。由图 7.35 可知，PBGs 和该光子晶体的截止频率几乎不会随着等离子体碰撞频率的变化而发生变化；PBGs 的带宽不会随着等离子体频率的增加而显著增大，但是透射率峰值会随着等离子体频率的增大而发生改变。因此，增加等离子体碰撞频率，仅会改变透射率和反射率的峰值，但是对 PBGs 的位置几乎毫无影响。为了与电磁模式Ⅰ相比，图 7.36(a)~(d) 给出了$\nu_c=\gamma$ 和$\nu_c=10\gamma$时电磁模式Ⅱ的传输和色散曲线，其他参数值与图 7.35 中的相同。由图 7.36 可知，电磁模式Ⅱ的传输和 PBGs 特性与电磁模式Ⅰ的相同，即增加等离子体频率，PBGs 的位置几乎保持不变，但是反射率和透射率的峰值将发生变化。在物理上可以解释为：由于等离子体频率是耗散项 [56,166]，

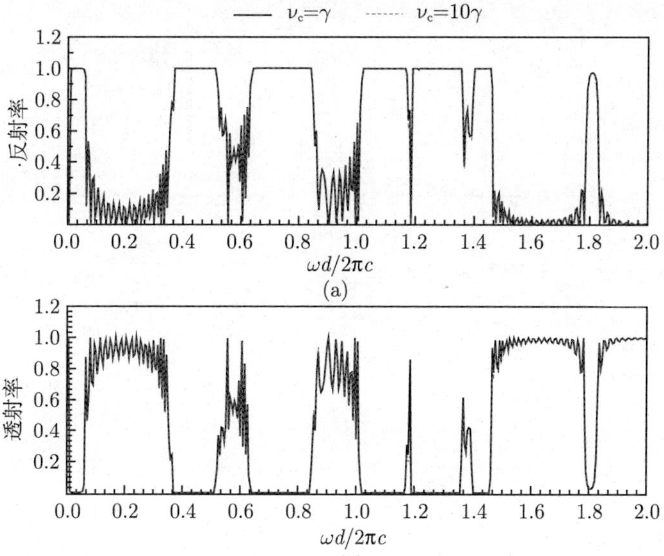

(a)

(b)

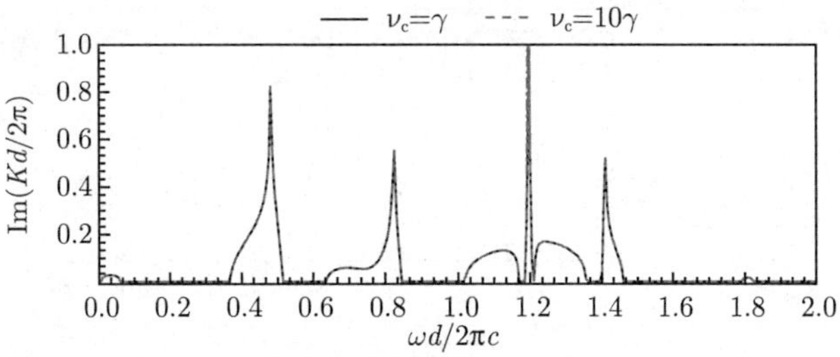

(c)

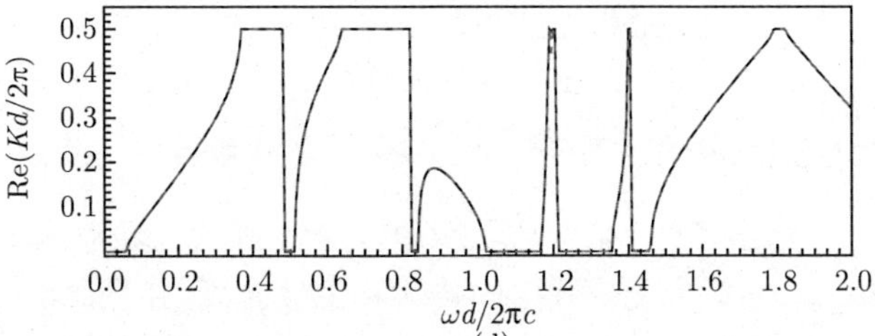

(d)

图 7.35　电磁模式 I 的传输和色散特性与 ν_c 的关系

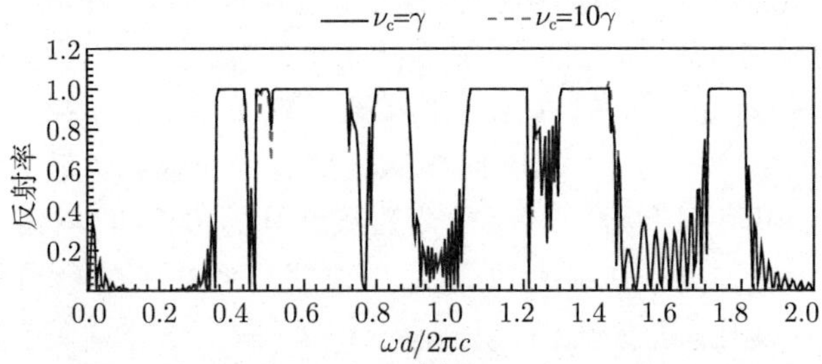

(a)

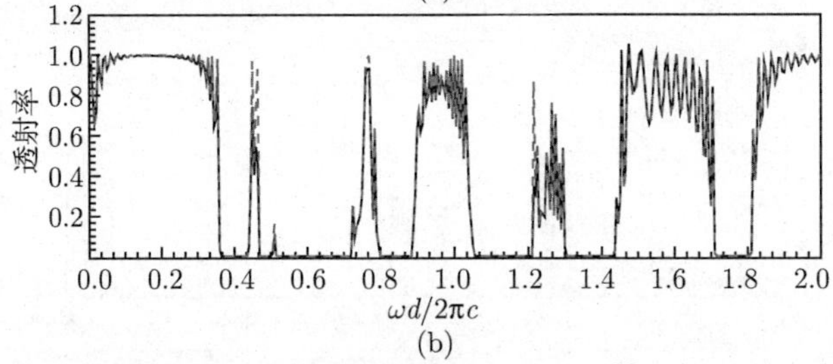

(b)

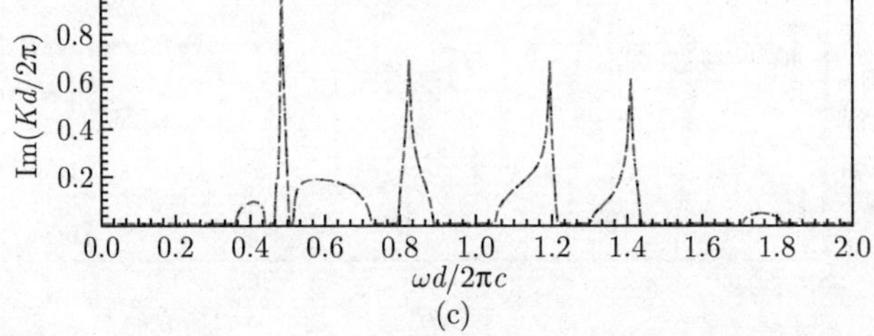

(c)

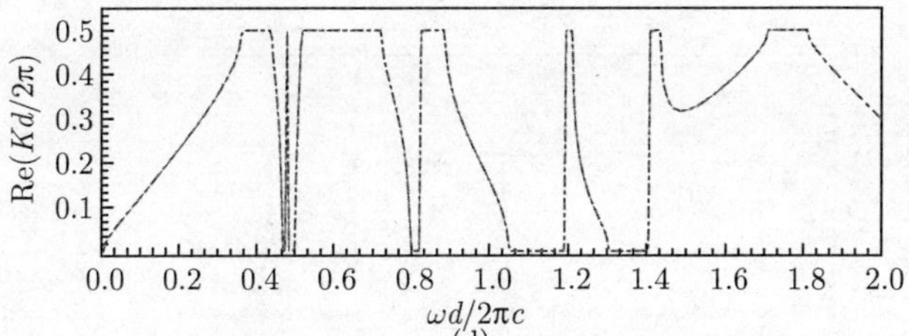

(d)

图 7.36 电磁模式 II 的传输和色散特性与 ν_c 的关系

即等离子体频率越大，能量损失越大。所以，随着等离子体频率的增大，反射率和透射率的幅值会发生变化，但是 PBGs 的位置不会发生改变。

7.4.6 θ_1 对 PBGs 和色散关系的影响

图 7.37(a)~(d) 给出了$\nu_c=1\times10^{-5}\omega_p$, $f = a/d=0.1$, $N=25$, $\omega_p d=2\pi c$, $\varepsilon_A=1$, $\omega_c=0.8\omega_p$，$\theta=45°$ 和$\theta_1=10°$，30°，55° 时电磁模式 I 的传输和色散曲线。由图 7.37 可知，随着入射角θ_1 的增大，该光子晶体的截止频率将向高频方向移动。随着θ_1的值由 10° 增加到 55°，截止频率由$\omega d/2\pi c=0.041$ 增加到$\omega d/2\pi c=0.108$，PBGs 的带宽和中心频率也将随着入射角θ_1的增大而向高频方向移动。为了与电磁模式 I 相比，图 7.38(a)~(d) 给出了$\theta_1=10°$, 30° 和 55° 时电磁模式 II 的传输和色散曲线，其他参数值与图 7.37 中的相同。由图 7.9 可知，随着θ_1的增大，PBGs 的

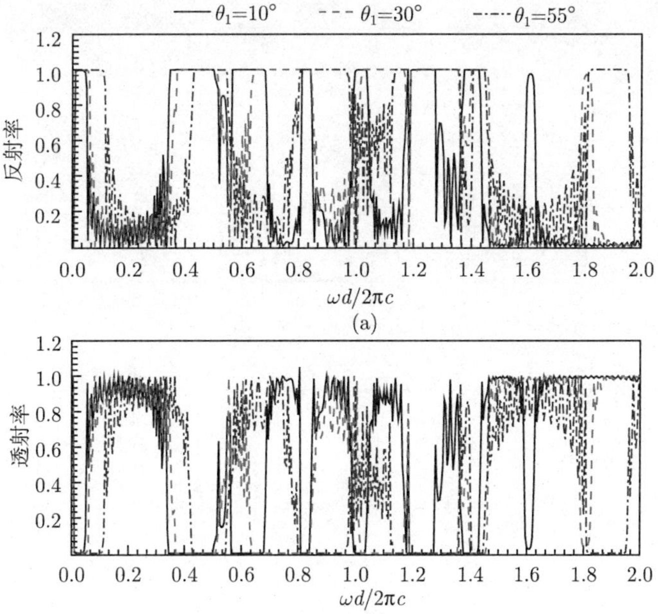

(a)

(b)

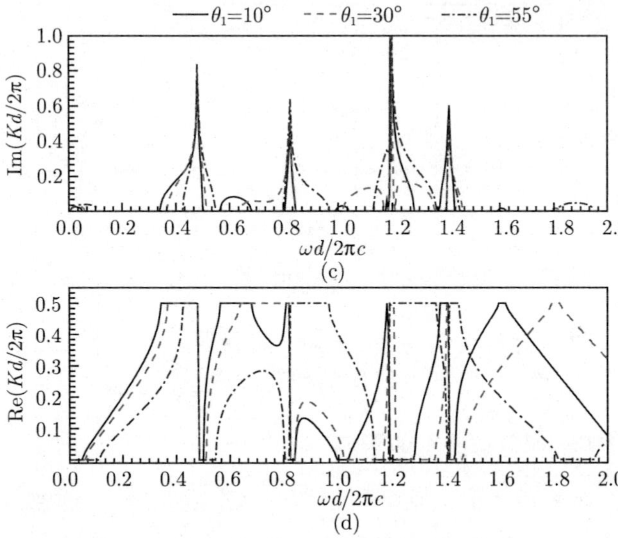

图 7.37　电磁模式 I 的传输和色散特性与θ_1的关系

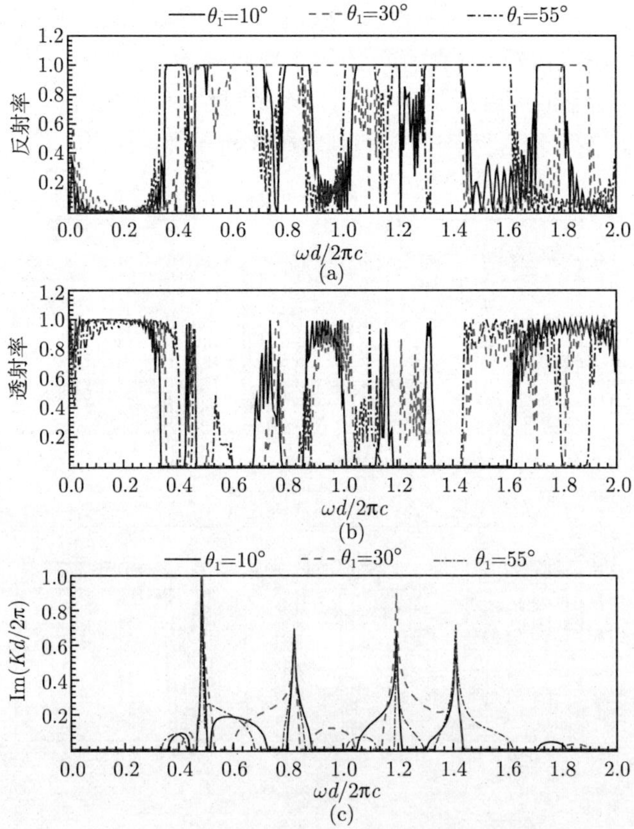

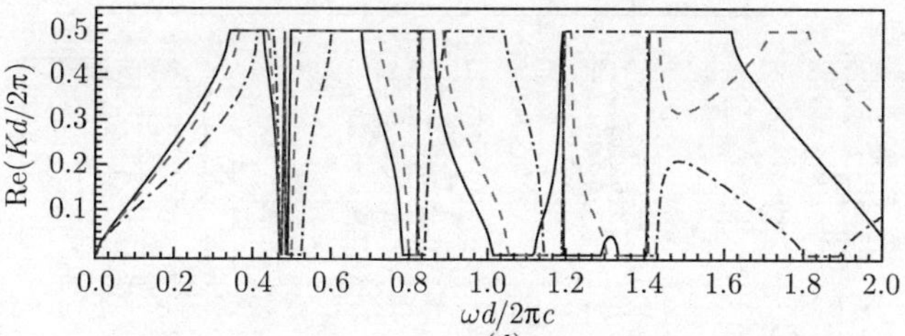

(d)

图 7.38 电磁模式Ⅱ的传输和色散特性与θ_1的关系

上下边缘将向高频方向移动，且其带宽将变小。例如，电磁模式Ⅱ的第一个 PBG 在 $\theta_1 = 10°$ 频率范围是 $\omega d/2\pi c = 0.339 \sim 0.425$，其带宽为 $\Delta\omega d/2\pi c = 0.086$。随着入射角由 $\theta_1 = 10°$ 变为 $\theta_1 = 55°$，第一个 PBG 的频率范围变为 $\omega d/2\pi c = 0.410 \sim 0.449$，带宽减小为 $\Delta\omega d/2\pi c = 0.039$。因此，改变入射角大小可以对 PBGs 的大小进行调谐。这个现象可以通过 PBGs 和入射角的关系来解释。当入射角 θ_1 增大时，介质层和磁化等离子体层的有效光学厚度将减小 [205]，因此 PBGs 向高频方向移动。

7.4.7 等离子体填充率对 PBGs 和色散关系的影响

图 7.39(a)~(d) 给出了$\nu_c=1\times10^{-5}\omega_p$，$\theta_1=30°$，$N=25$，$\omega_p d=2\pi c$，$\varepsilon_A=1$，$\omega_c=0.8\omega_p$，$\theta=45°$ 和 $f=0.1$，0.3，0.5 时电磁模式Ⅰ的传输和色散曲线。由图 7.39 可知，随着等离子体填充率的增大，该光子晶体的截止频率将向高频方向移动。随着 f 的值由 0.1 增加到 0.5，截止频率由$\omega d/2\pi c= 0.049$ 增加到$\omega d/2\pi c= 0.225$。随着填充率 f 的增大，PBGs 的带宽和中心频率也将增大，而透射率和反射率的幅值将减小。随着 f 的增大，$Kd/2\pi c$ 的虚部 $\mathrm{Im}(Kd/2\pi c)$ 也将增大。这意味着有更多的电磁波的能量被吸收了。由物理学知识可知，等离子体是一种耗散介质，且能吸收电磁波。更大的填充率也意味着等离子体中的电子数量增多。为了与电磁模式Ⅰ相比，图 7.40(a)~(d) 给出了 f=0.1，0.3，0.5 时电磁模式Ⅱ的传输和色散曲线，其

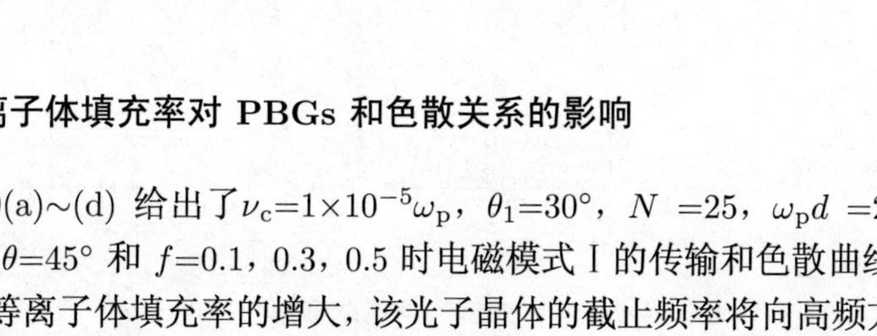

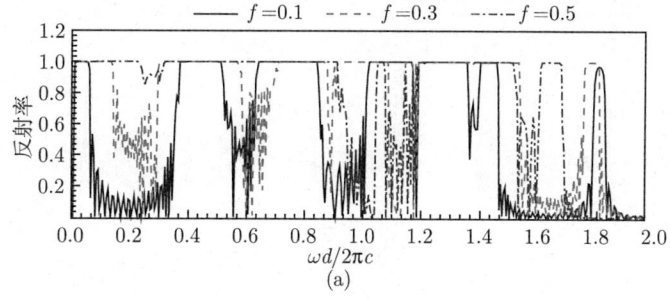

(a)

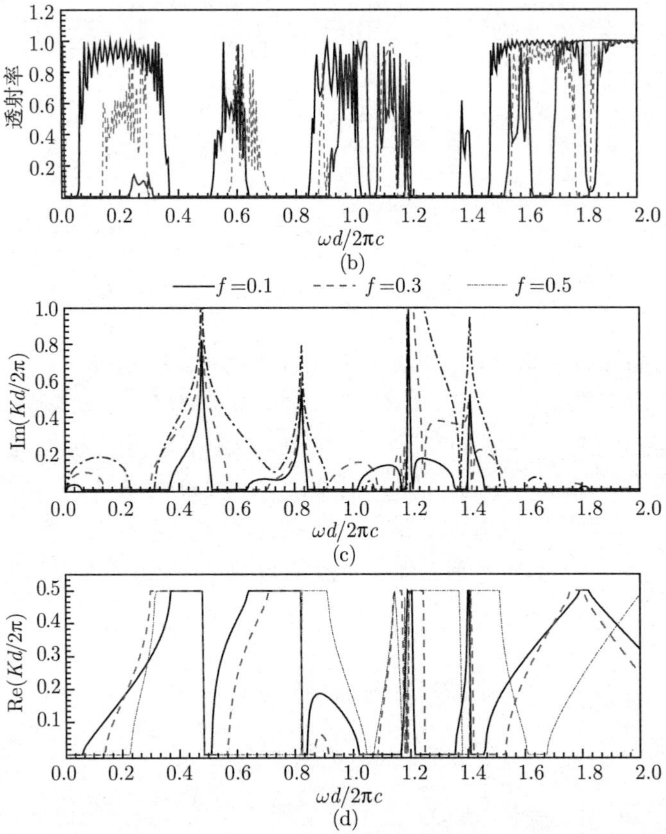

图 7.39　电磁模式 I 的传输和色散特性与 f 的关系

他参数值与图 7.39 中的相同。由图 7.40 可知，随着 f 的增大，PBGs 的位置与大小都能被 f 调谐。如果$\omega d/2\pi c\leqslant 0.5$，PBGs 的上下边缘都会向低频方向移动，且会出现更多的带隙，PBGs 的带宽也将减小；当$\omega d/2\pi c>0.5$ 时，PBGs 的上下边缘都会向高频方向移动，且其带宽也将会变大。$\mathrm{Im}(Kd/2\pi c)$ 也将随着 f 的增大而增大。因此，改变填充率 f 的大小，可以对电磁模式 I 和 II 的 PBGs 大小和传输特性进行调谐。

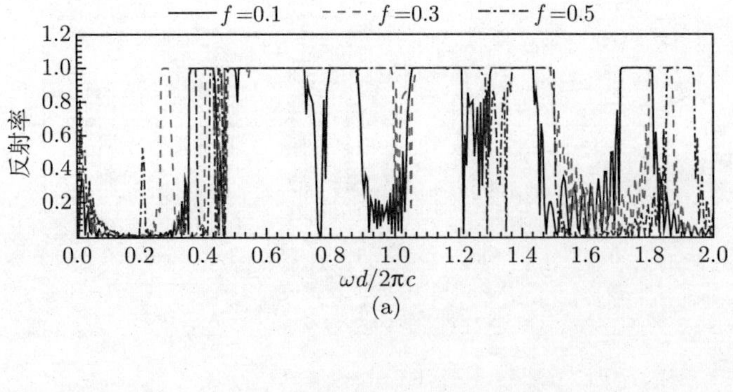

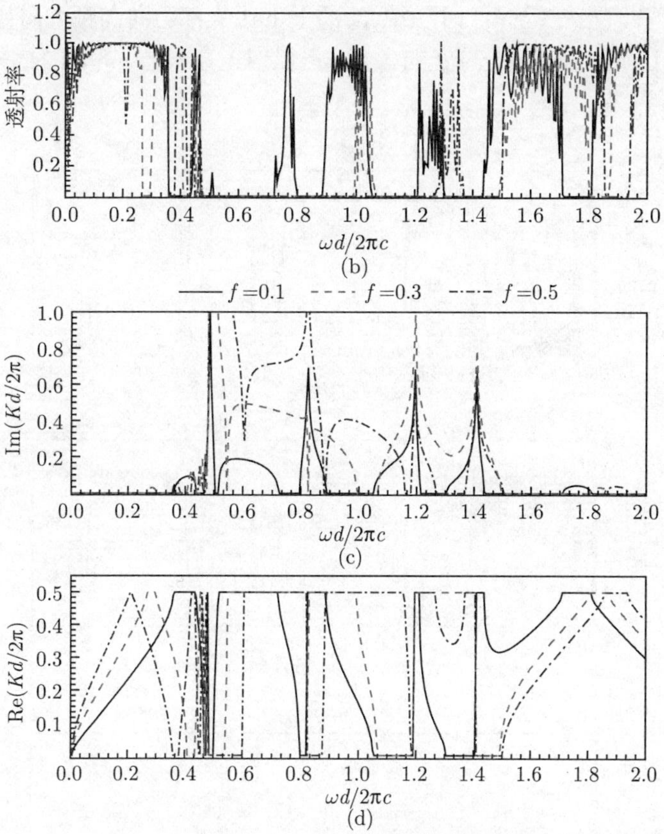

图 7.40 电磁模式 II 的传输和色散特性与 f 的关系

7.4.8 θ 对 PBGs 和色散关系的影响

图 7.41(a)~(d) 给出了ν_c=1×10$^{-5}\omega_p$，θ_1=30°，N =25，$\omega_p d$ =2πc，ε_A=1，ω_c =0.8ω_p，f=0.1 和θ=20°，45°，60° 时电磁模式 I 的传输和色散曲线。由图 7.41 可知，随着θ的增大，该光子晶体的截止频率和 PBGs 的上下边缘将向低频方向移动。随着θ的值由 20° 增加到 60°，该光子晶体的截止频率由$\omega d/2\pi c$= 0.065 减小到$\omega d/2\pi c$=0.045。随着θ的增大，PBGs 的带宽和中心频率也将减小。与θ=20° 时相比，在$\omega d/2\pi c$= 1.500 和$\omega d/2\pi c$= 1.800 附近会出现新的带隙。由图 7.41(a) 和 (b) 可知，随着θ的增大，频域中更多的透射和反射区域将会出现。因此，增加θ的值，PBGs 的数量同样会增加。为了与电磁模式 I 相比，图 7.42(a)~(d) 给出了θ=20°，40°，60° 时电磁模式 II 的传输和色散曲线，其他参数值与图 7.41 中的相同。由图 7.42 可知，随着 f 的增大，PBGs 的位置与大小都能被θ 所调谐。如果$\omega d/2\pi c$≤0.100，PBGs 的上下边缘和中心频率都会向低频方向移动，PBGs 的带

宽也将展宽；当$\omega d/2\pi c$>0.100 时，PBGs 的上下边缘都会向高频方向移动，且带宽也将能展开。因此，改变填充率θ 的大小，可以对电磁模式 I 和 II 的 PBGs 大小和传输特性进行调谐。

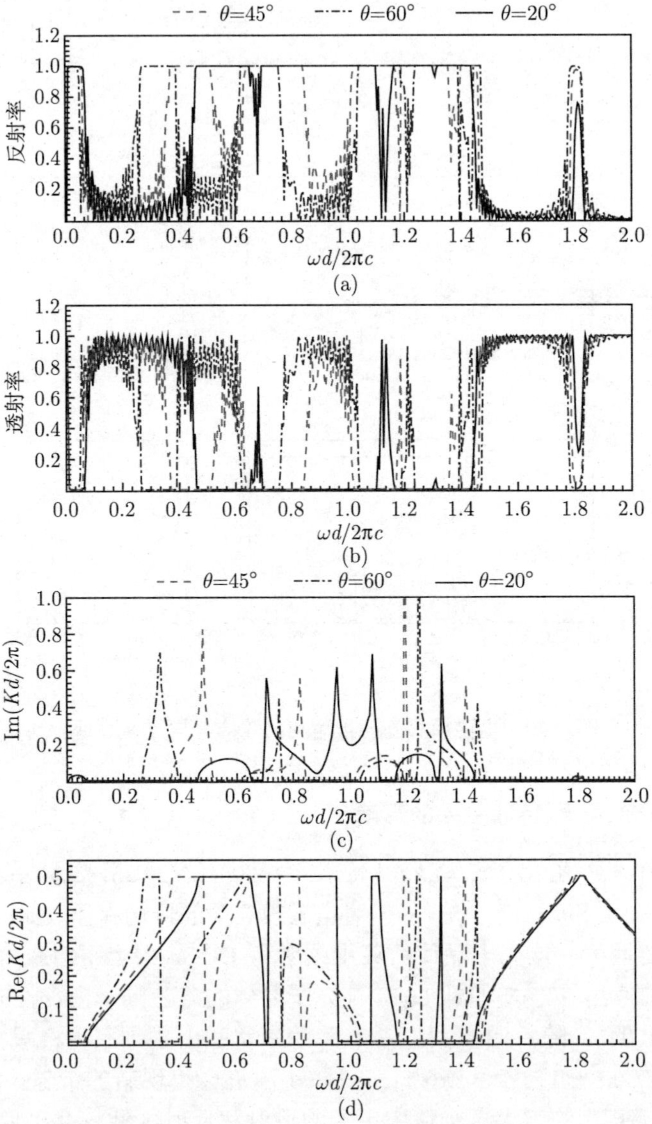

图 7.41　电磁模式 I 的传输和色散特性与θ 的关系

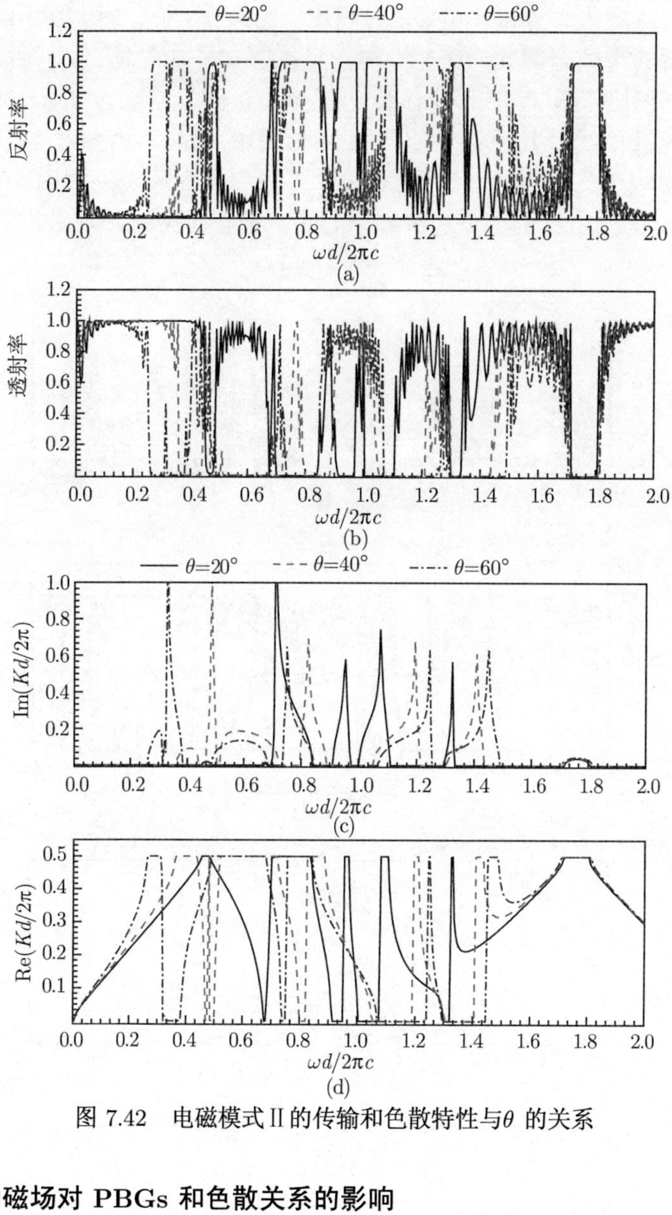

图 7.42 电磁模式Ⅱ的传输和色散特性与θ 的关系

7.4.9 外加磁场对 PBGs 和色散关系的影响

图 7.43(a)~(d) 给出了$\nu_{\mathrm{c}}=1\times10^{-5}\omega_{\mathrm{p}}$, $\theta_1=30°$, $N=25$, $\omega_{\mathrm{p}}d=2\pi c$, $\varepsilon_{\mathrm{A}}=1$, $\theta=45°$, $f=0.1$ 和$\omega_{\mathrm{c}}=0.4\omega_{\mathrm{p}}$，$0.8\omega_{\mathrm{p}}$，$1.2\omega_{\mathrm{p}}$ 时电磁模式Ⅰ的传输和色散曲线。由图 7.43 可知，随着等离子体回旋频率ω_{c} 的增大，该光子晶体的截止频率和 PBGs 的上下边缘将向高频方向移动。随着ω_{c} 的值由 $0.4\omega_{\mathrm{p}}$ 增加到 $1.5\omega_{\mathrm{p}}$，该光子晶体的截止频率由$\omega d/2\pi c=0.029$ 增加到$\omega d/2\pi c=0.059$。随着ω_{c} 的增大，PBGs 的带宽

和中心频率也将增大。与$\omega_c=0.4\omega_p$ 时相比，当$\omega_c=1.5\omega_p$ 时，在$\omega d/2\pi c=1.500$ 附近会出现新的带隙。因此，PBGs 的数目能够被外加磁场 (ω_c) 所调谐。为了与电磁模式 I 相比，图 7.44(a)~(d) 给出了$\omega_c=0.4\omega_p$，$0.8\omega_p$，$1.2\omega_p$ 时电磁模式 II 的传输和色散曲线，其他参数值与图 7.43 中的相同。由图 7.44 可知，随着等离子体回旋频率ω_c 的增大，PBGs 的位置与大小都能被外加磁场所调谐。如果$\omega d/2\pi c\leqslant 0.100$，PBGs 的上下边缘和中心频率都会向高频方向移动，PBGs 的带

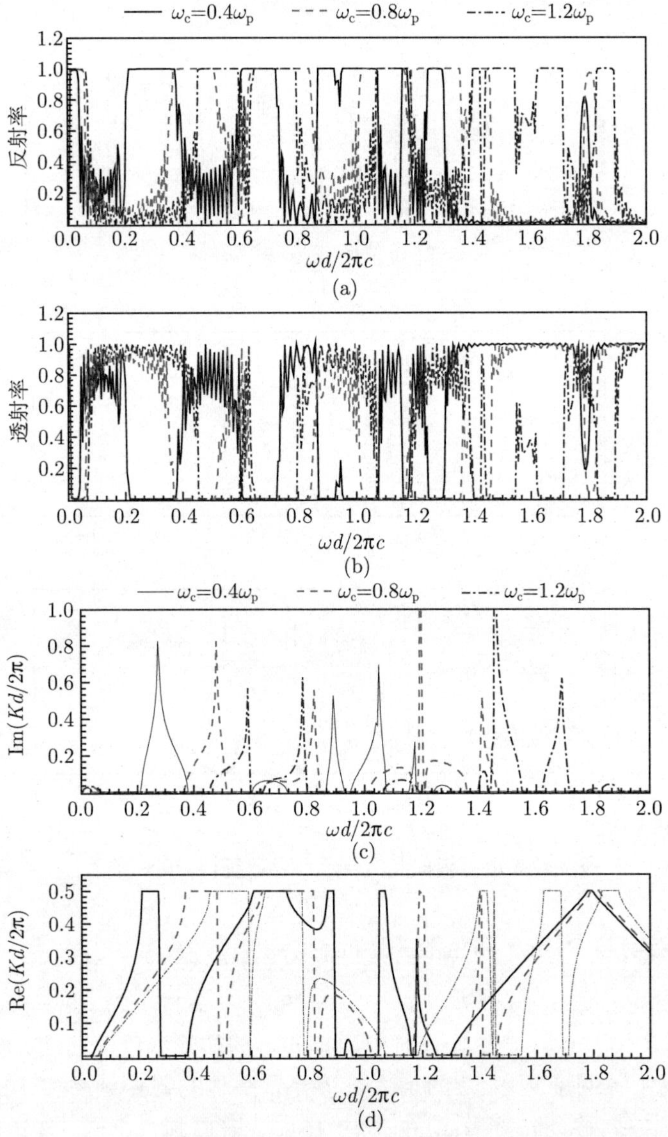

图 7.43　电磁模式 I 的传输和色散特性与ω_c 的关系

宽也将减小，随着ω_c 的增大，第一个 PBG 将会消失；当$\omega d/2\pi c>0.100$ 时，PBGs 的上下边缘都会向高频方向移动，且带宽也将能展宽。因此，改变外加磁场的大小，可以对电磁模式 I 和 II 的 PBGs 大小和传输特性进行调谐。

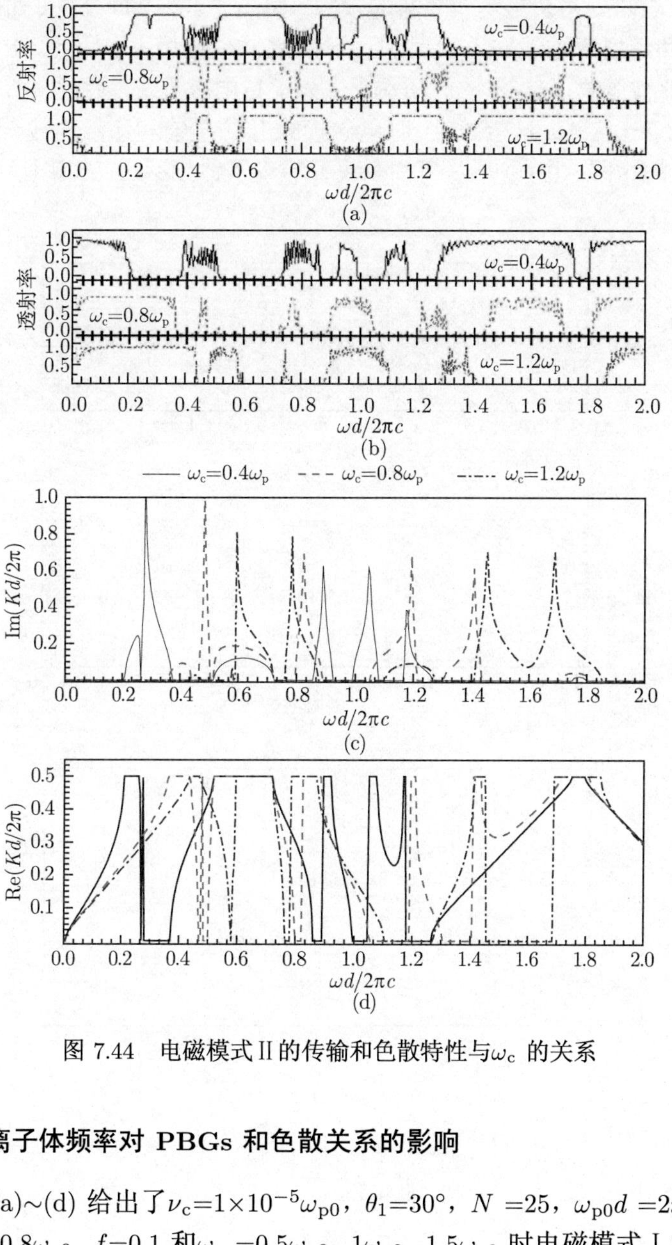

图 7.44　电磁模式 II 的传输和色散特性与ω_c 的关系

7.4.10　等离子体频率对 PBGs 和色散关系的影响

图 7.45(a)~(d) 给出了$\nu_c=1\times10^{-5}\omega_{p0}$，$\theta_1=30°$，$N=25$，$\omega_{p0}d=2\pi c$，$\varepsilon_A=1$，$\theta=45°$，$\omega_c=0.8\omega_{p0}$，$f=0.1$ 和$\omega_p=0.5\omega_{p0}$，$1\omega_{p0}$，$1.5\omega_{p0}$ 时电磁模式 I 的传输和色散曲线。由图 7.45 可知，随着等离子体频率ω_p 的增大，该光子晶体的截止频率

和 PBGs 的上下边缘将向高频方向移动。随着ω_{p} 的值由 $0.5\omega_{\mathrm{p0}}$ 增加到$\omega_{\mathrm{c}}=1.5\omega_{\mathrm{p}}$，该光子晶体的截止频率由零频增加到$\omega d/2\pi c$=0.059。如果$\omega d/2\pi c$<0.221，PBGs 的中心频率将向低频方向移动。随着等离子体频率的增加，与$\omega_{\mathrm{p}}=0.5\omega_{\mathrm{p0}}$ 时相比，在$\omega d/2\pi c$= 1.500 处将会出现一个新的带隙。由图 7.45(a) 和 (b) 可知，随着ω_{p} 的增加，反射和透射率曲线中的反射和透射的区域也将增大。因此，PBGs 的位置和数目都能够被等离子体频率ω_{p} 所调谐。为了与电磁模式 I 相比，图 7.46(a)~(d) 给出了$\omega_{\mathrm{p}}=0.5\omega_{\mathrm{p0}}$，$1\omega_{\mathrm{p0}}$，$1.5\omega_{\mathrm{p0}}$ 时电磁模式 II 的传输和色散曲线，其他参数值与图 7.45 中的相同。由图 7.46 可知，随着等离子体频率ω_{p} 的增大，电磁模式 II

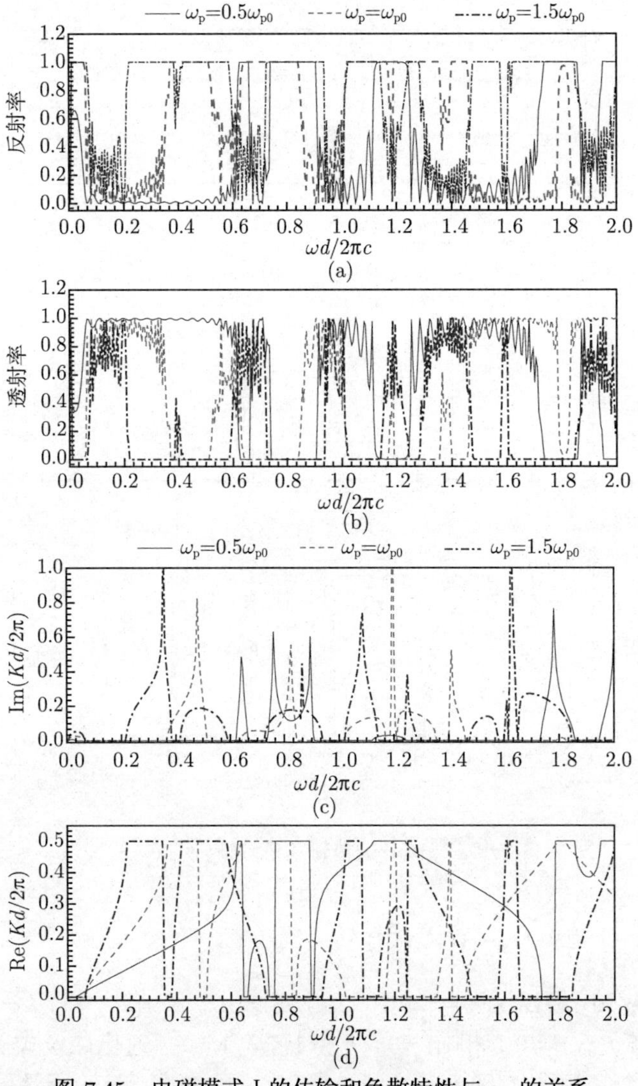

图 7.45　电磁模式 I 的传输和色散特性与ω_{p} 的关系

PBGs 的位置与大小都能被等离子体频率所调谐。如果$\omega d/2\pi c\leqslant 0.477$，PBG1 的上下边缘和中心频率都将会先向高频方向移动，然后向低频方向移动，PBGs 的带宽也将增大。如果$\omega d/2\pi c>0.477$，PBGs 的个数也能被等离子体频率$\omega_{\rm p}$ 调谐。对于$\omega_{\rm p}=0.5\omega_{\rm p0}$，$\omega d/2\pi c=0.323$，0.632，0.758，1.123 和 1.741 处分别有 5 个 PBGs。当等离子体频率变为$\omega_{\rm p}=\omega_{\rm p0}$ 时，在$\omega d/2\pi c=0.365$，0.481，0.519，0.803，1.067，1.309 和 1.713 处分别有 7 个 PBGs。由图 7.46 可知，随着等离子体频率$\omega_{\rm p}$ 的增大，$Kd/2\pi c$ 的虚部 $\mathrm{Im}(Kd/2\pi c)$ 也将增大。因此，电磁模式 II 的透射和反射率的幅值也将随着减小。因此，电磁模式 I 和 II 的 PBGs 的特性能够通过等离子体频率$\omega_{\rm p}$ 的大小进行调谐。

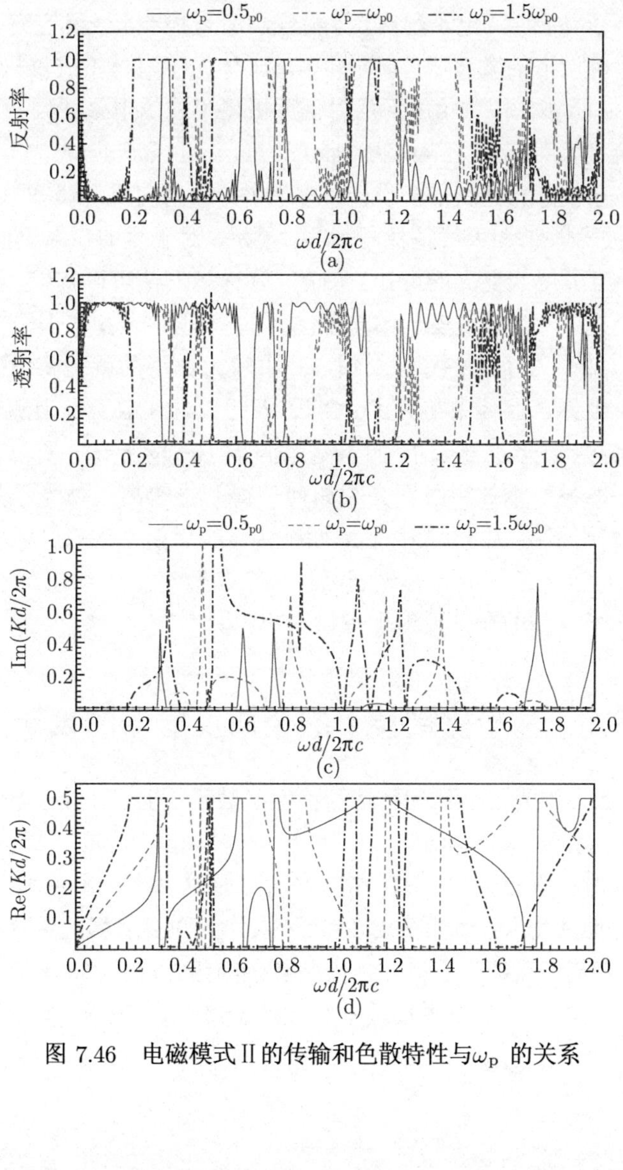

图 7.46 电磁模式 II 的传输和色散特性与$\omega_{\rm p}$ 的关系

第 8 章　基于一维等离子体光子晶体的全向反射器设计

一维光子晶体具有结构简单、易于加工等优点，使得其能够很好地用于设计滤波器、极化分离器和全向反射器。由于等离子体的物理特性可以由外磁场、等离子体密度和等离子体温度 (电子温度) 等物理学参量控制，一维等离子体光子晶体同样能用于设计可调谐的微波器件。一维等离子体光子晶体不仅仅只能得到 PBG，如果得到的 PBG 能够在任意角度下反射任意极化模式的电磁波(TE 波和 TM 波)，那么就得到了全向反射带隙 (omnidirectional photonic band gap，OBG)。OBG 具有非常广泛的应用前景，可以用于设计许多器件，如全向反射器[206]、波导[207]、光纤[208]、全向滤波器[209] 和天线基板[210] 等。显然，对于全向反射器而言，OBG 的带宽越大越好。为了得到更大的 OBG 带宽，有许多方法可以实现。这些方法大致可以分为两个类别：一类是改变一维光子晶体的空间拓扑结构[211]，另一类是在一维光子晶体的内部引入新的特异性材料。其中较为典型的就是将电磁超材料或者单负介质引入一维光子晶体中得到 OBG[212,213]，这时 OBG 是来源于零折射率带隙或者零相位带隙 (zero-Φeffgap)，而不是来源于 Bragg 带隙，所以它对加工时出现的随机误差不敏感。本章将主要介绍如何使得一维等离子体光子晶体 Bragg 带隙产生 OBG，采用拼接、匹配层、变周期结构、准周期结构等技术实现全向反射器的设计，并探讨了一维等离子体光子晶体各个参数对 OBG 的影响，为设计基于一维等离子体光子晶体的全向反射器提供了思路。

8.1　基于拼接技术的全向反射器的设计

众所周知，当一维光子晶体的结构和特性参数不同时，可以在不同的频率范围内产生 PBG。这就意味着当两个光子晶体的 PBGs 相互毗邻，且将这二者拼接成为一个光子晶体时，所得到的 PBG 带宽必将会是这两者的和[214]。显然，这种拼接技术也能很好地应用于一维等离子体光子晶体全向反射器的设计中。这种设计方法简单，而且参与拼接的光子晶体不需要复杂的拓扑结构，简单的二元结构就能很好地满足设计要求。这使得拼接技术在设计一维等离子体光子晶体全向反射器等方面具有很好的应用前景。

8.1.1 物理模型和计算方法

图 8.1 给出了混合结构的一维等离子体光子晶体的结构示意图。图中 PC1 ($[(AB)^m]$) 表示一维介质光子晶体，PC2 ($[(AP)^n]$) 表示一维等离子体光子晶体。其中 A(B) 和 P 分别表示介质和等离子体，m 和 n 表示光子晶体的周期数。PC1 由介质 A 和 B 构成，它们的相对介电常数分别为 $\varepsilon_{\rm a}$ 和 $\varepsilon_{\rm b}$，厚度分别为 $d_{\rm A}$ 和 $d_{\rm B}$。PC1 由介质 A 和等离子体构成，设等离子体的相对介电常数、厚度分别为 $\varepsilon_{\rm p}$ 和 $d_{\rm P}$，电磁波入射角为 θ，波矢 $\boldsymbol{K}(\omega)$ 在 xz 平面内。对于 TE 模式而言，电场 $\boldsymbol{E}$ 的极化方向沿着 y 轴方向。假设计算时引入的时谐量是 ${\rm e}^{-{\rm j}\omega t}$, ω 是角频率, t 是时间, 且 ${\rm j}=\sqrt{-1}$，那么等离子体的相对介电常数 $\varepsilon_{\rm p}$ 满足 Drude 模型且可以表示为

$$\varepsilon_{\rm p}(\omega)=1-\frac{\omega_{\rm p}^2}{\omega^2+{\rm j}(\nu_{\rm c}\omega)} \tag{8.1}$$

其中，$\omega_{\rm p}$ 和 $\nu_{\rm c}$ 分别表示等离子体频率和等离子体碰撞频率。

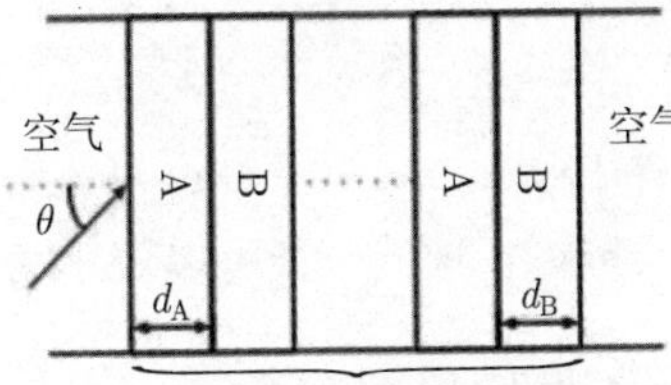

(a) PC1 (m 周期)

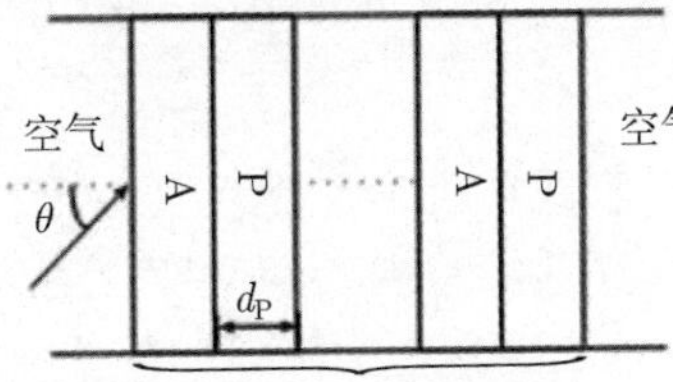

(b) PC2 (n 周期)

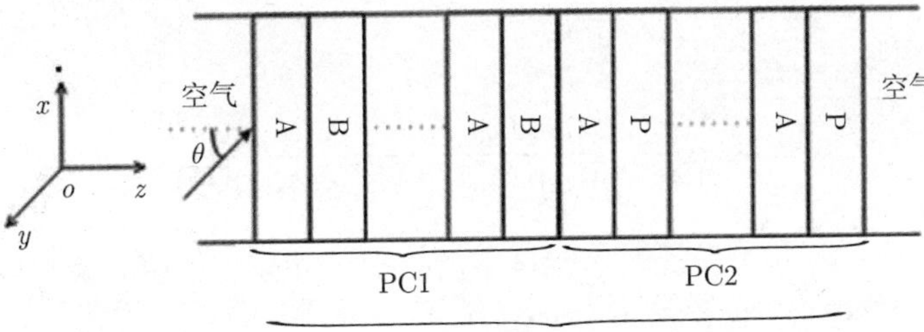

(c) 混合结构PC1/PC2

图 8.1 一维等离子体光子晶体的结构示意图

为了得到该混合结构的反射率，TMM 是较为适合的计算方法[214,215]。由 TMM 可知，反射率可由单个周期结构获得，单个周期结构 ($d=d_{\rm A}+d_{\rm B}$ 或者 $d=d_{\rm A}+d_{\rm P}$) 满足

$$\boldsymbol{m}(d)=\begin{pmatrix} m_{11} & m_{12} \\ m_{21} & m_{22} \end{pmatrix}=\prod_{l=1}^{2}\begin{pmatrix} \cos\beta_l & \dfrac{-{\rm j}}{p_l}\sin\beta_l \\ -{\rm j}p_l & \cos\beta_l \end{pmatrix} \tag{8.2}$$

其中

$$m_{11} = \cos\beta_1 \cos\beta_2 - \frac{p_2}{p_1}\sin\beta_1 \sin\beta_2$$
$$m_{12} = \frac{\mathrm{j}}{p_2}\cos\beta_1 \sin\beta_2 + \frac{\mathrm{j}}{p_1}\sin\beta_1 \cos\beta_2$$

$$m_{21} = \mathrm{j}p_1 \sin\beta_1 \cos\beta_2 + \mathrm{j}p_2 \cos\beta_1 \sin\beta_2$$
$$m_{22} = \cos\beta_1 \cos\beta_2 - \frac{p_1}{p_2}\sin\beta_1 \sin\beta_2$$

$$\beta_l = k_0 n_l d_l \cos\theta_l$$

式中，$p_l = \dfrac{n_l}{Z_0}\cos\theta_l$ (TE 模式), $p_l = \dfrac{1}{Z_0 n_l}\cos\theta_l$ (TM 模式) 且 l =A，B，P，空气的阻抗 $Z_0 = \sqrt{\mu_0}/\sqrt{\varepsilon_0}$；$d_l$ 是 PC1 和 PC2 中介质 A、B 和 P 的厚度，它们的折射率分别为 n_{A}、n_{B} 和 n_{P}。所以对于 N 个周期而言，式 (8.2) 可以表示为

$$\boldsymbol{M}(Nd) = [\boldsymbol{m}(d)]^N = \begin{pmatrix} M_{11} & M_{12} \\ M_{21} & M_{22} \end{pmatrix} \tag{8.3}$$

式中，$M_{11} = m_{11}U_{N-1} - U_{N-2}$，$M_{12} = m_{12}U_{N-1}$，$M_{21} = m_{21}U_{N-1}$，$M_{22} = m_{22}U_{N-1} - U_{N-2}$。其中，$U_N$ 是第二类 Chebyshev 多项式，且可以表示为

$$U_N = \frac{\sin[(N+1)\boldsymbol{K}(\omega)d]}{\sin[\boldsymbol{K}(\omega)d]} \tag{8.4}$$

所以反射系数可以表示为

$$r = \frac{(M_{11} + M_{12}p_{\mathrm{s}})p_0 - (M_{21} + M_{22}p_{\mathrm{s}})}{(M_{11} + M_{12}p_{\mathrm{s}})p_0 + (M_{21} + M_{22}p_{\mathrm{s}})} \tag{8.5}$$

其中，p_0 和 p_{s} 分别为光子晶体所在的背景介质，$p_0 = n_0\cos\theta_0/Z_0$，$p_{\mathrm{s}} = n_{\mathrm{s}}\cos\theta_{\mathrm{s}}/Z_0$ (TE 模式)；$p_0 = \cos\theta_0/(n_0 Z_0)$, $p_{\mathrm{s}} = \cos\theta_{\mathrm{s}}/(n_{\mathrm{s}} Z_0)$ (TM 模式)。通常背景介质都被视为空气，所以 $n_0 = n_{\mathrm{s}} = 1$。那么 PC1(PC2) 的反射率可以表示为

$$R = |r|^2 \tag{8.6}$$

同理，对于混合一维光子晶体 PC1/PC2 的透射率，也就可以这样求取了。

8.1.2　混合结构的 OBG 特性

为了使得到的 OBG 能工作在微波波段，选取 PC1 和 PC2 的参数分别如下：ε_{a}=4，d_{A}=5mm，ε_{b} =1，d_{B} =5 mm。等离子体层的参数为：d_{P}=1.5mm, $n_{\mathrm{e}} = n_1 = 1\times10^{19}\mathrm{m}^{-3}(\omega_{\mathrm{p}} = 2\pi\times28.4\times10^9\mathrm{rad/s})$ 且 $\nu_{\mathrm{c}} = 2\pi\times10^6\mathrm{rad/s}$。PC1 和 PC2 的周期常数分别为 m=20 和 n=20。PC1 和 PC2 中所有介质的相对磁导率都为

1。图 8.2 给出了 TE 波和 TM 波在不同入射角度情况下，PC1 的反射率图谱。由图 8.2 可知，由于布儒斯特角 (Brewster's angle) 的存在[216]，TM 波的反射率在 66° 附近将远小于 1。然而这并不意味着不能得到 OBG，要得到 OBG 的前提条件是入射波和前向模不耦合[217]。根据 Snell 定律[218]，$\theta_1 = \arcsin(n_0 \sin\theta_0/n_{\mathrm{A}})$，$\theta_2 = \arcsin(n_0 \sin\theta_0/n_{\mathrm{B}})$，那么最大反射角就能够定义为 $\theta_{2\max} = \arcsin(n_0/n_{\mathrm{B}})$，布儒斯特角为 $\theta_{\mathrm{B}} = \arctan(n_{\mathrm{A}} \sin\theta/n_{\mathrm{B}})$。如果 $\theta_{2\max}$ 比 θ_{B} 小，则外部入射的电磁波将不能和布儒斯特窗[199] 耦合，这样 OBG 就得到了。为了满足这个条件，可以将 PC1 中介质 B 用 1.5 mm 厚的等离子体层代替，这样新的光子晶体 PC2 就产生了。为了便于比较，图 8.3 给出了 TE 波和 TM 波在不同入射角度的情况下，PC2 的反射率图谱。由图 8.3 可知，在 PC2 中能得到 OBG。OBG 的频率范围是 12.901~17.095GHz，带宽是 4.194GHz。对于 OBG 而言，它的下边界对 TM

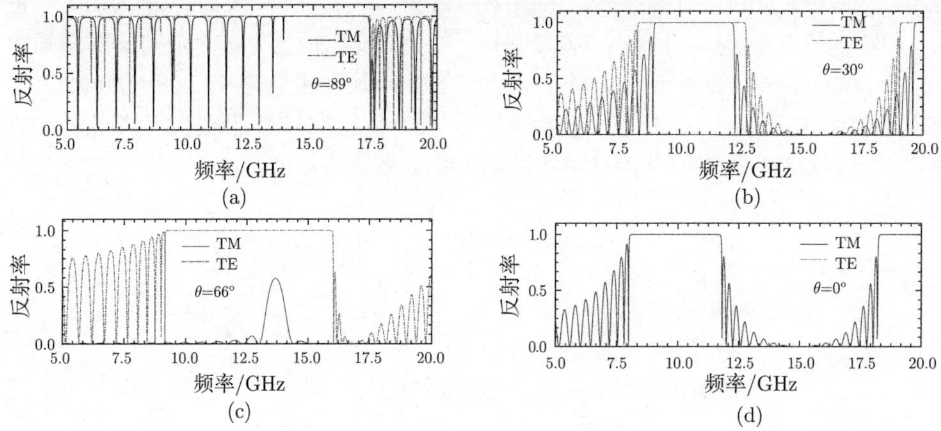

图 8.2　PC1 在不同入射角下的反射率图谱

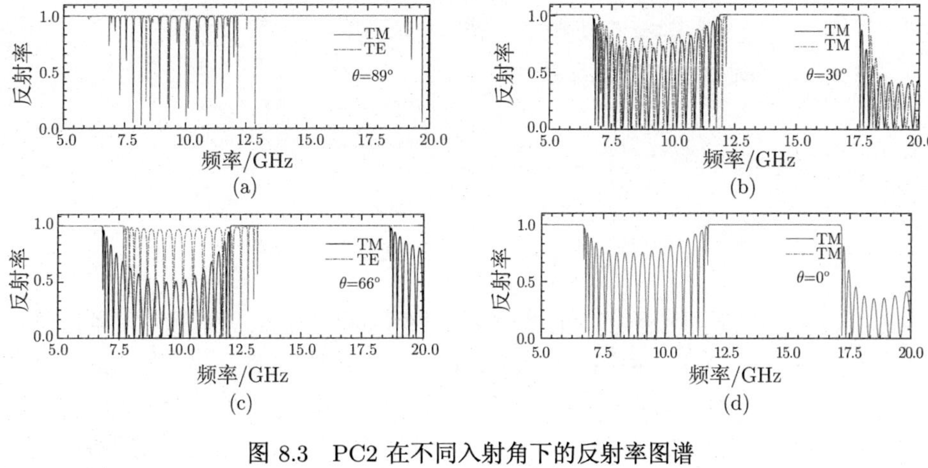

图 8.3　PC2 在不同入射角下的反射率图谱

波不敏感，但是它的上边界将要随着入射角的增加而向高频方向移动。对于 TE 波而言，它的全向反射带宽是 12.901∼17.095GHz；而对于 TM 波而言，它的全向反射带宽是 12.123∼17.095GHz。因此，OBG 的带宽由 TE 波的全向带宽决定。这个特性明显和常规的一维介质光子晶体不同。因为对于常规的一维介质光子晶体而言，除了垂直入射外，TM 波的全向反射带隙比 TE 波的要窄[198]。

为了拓展 OBG 的带宽，可以将 PC1 和 PC2 混合成为一个新的光子晶体 PC1/PC2，这样 TE 波的 Bragg 带宽就能得到展宽。图 8.4 给出了电磁波在垂直入射时 PC1、PC2 和 PC1/PC2 的反射率图谱。由图 8.4 可知，电磁波的 PBG 带宽被展宽了，这是因为 PC1 和 PC2 的 PBG 在位置上是毗邻的。所以混合结构 PC1/PC2 的 PBG 涵盖 8.029∼17.095GHz，带宽为 9.066GHz。这显然比 PC1 和 PC2 的 PBGs 要宽很多。图 8.5 给出了 TE 波和 TM 波在不同入射角度的情况下，PC1/PC2 的反射率图谱。由图 8.5 可知，混合结构 PC1/PC2 的 OBG 涵盖 12.028∼17.095GHz，带宽是 5.067GHz。对于 TE 波而言，它的全向反射带宽是 9.272∼17.095GHz；而对于 TM 波而言，它的全向反射带宽是 12.028∼17.095GHz。对于混合结构 PC1/PC2 而言，OBG 对 TE 波不敏感，OBG 带宽由 TM 波的全向带宽决定。显然，能够用拼接技术实现对 OBG 带宽的拓展。

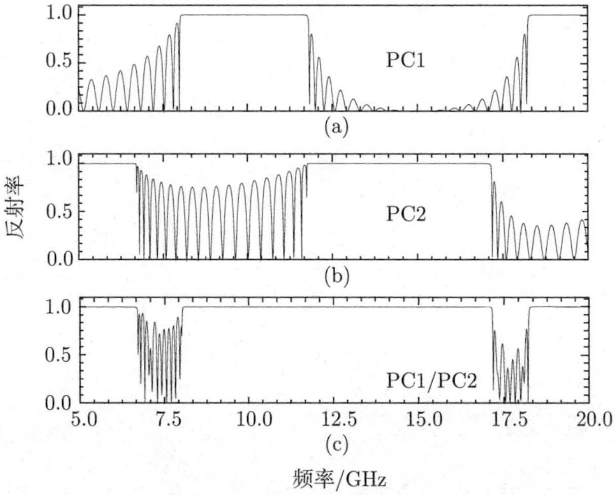

图 8.4 电磁波在垂直入射时光子晶体的反射率图谱

图 8.6 给出了不同光子晶体的透射率与频率和入射角的关系图。两条白色直线之间的区域表示 OBG。由图 8.6 可知，PC2 的 OBG 涵盖 12.901∼17.095 GHz，带宽为 4.194GHz；而混合结构 PC1/PC2 的 OBG 则覆盖 12.028 ∼17.095GHz，带宽为 5.067 GHz。从图 8.6 得到的结果可知，与 PC1 和 PC2 相比，采用拼接技术

所得 OBG 的带宽分别展宽了 5.067GHz 和 0.873GHz。显然，这种将一维常规介质光子晶体和等离子体光子晶体相拼接的方式能有效地拓展 OBG 带宽。

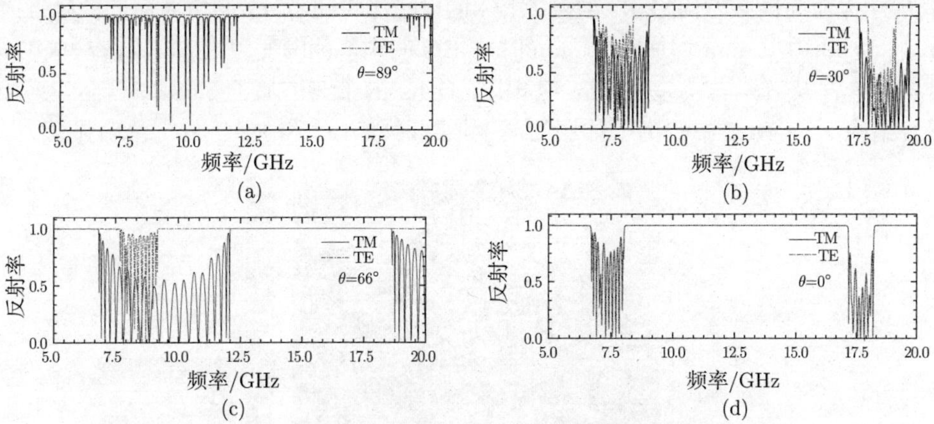

图 8.5 PC1/PC2 在不同入射角下的反射率图谱

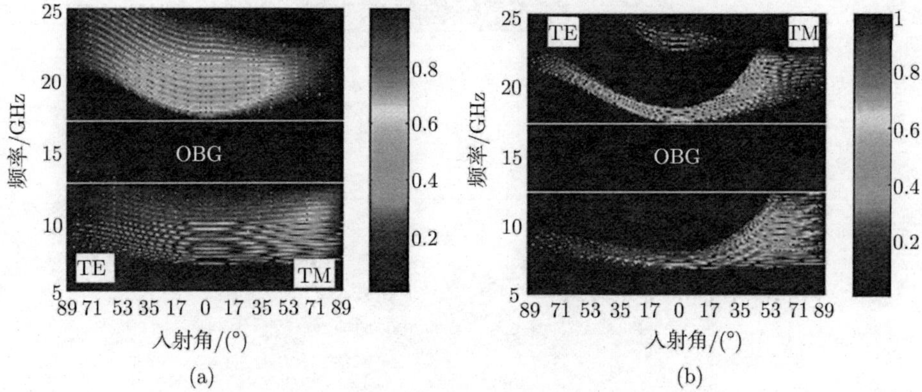

图 8.6 不同光子晶体的透射率与频率和入射角的关系图

(a) PC2; (b) 混合结构 PC1/PC2

8.1.3 等离子体层厚度对 OBG 的影响

图 8.7 给出了在电磁波垂直入射时，PC1/PC2 的透射率与频率和 $d_{\rm P}$ 的关系图。深色区域代表 PBG。由图 8.7 可知，当 $d_{\rm P}$ 小于 1.5mm 时，PBG 的上下边缘对等离子体的厚度不敏感，随着 $d_{\rm P}$ 的增大，上下边界的位置移动不十分明显；当 $d_{\rm P}$ 大于 1.5mm 而小于 3.0mm 时，PBG 的带宽能得到明显的拓展，PBG 的上边缘随着 $d_{\rm P}$ 的增大而向高频方向移动，但是 PBG 的下边缘向低频方向移动且偏移量较小；当 $d_{\rm P}$ 大于 3.0mm 时，PBG 的上下边缘将消失，PBG 将覆盖整个 5~20GHz。

图 8.8 给出了混合结构 PC1/PC2 的 OBG 与 d_P 的关系图，其中灰色区域代表 OBG。由图 8.8 可知，OBG 的带宽将随着 d_P 的增大而增大。OBG 的上边缘将随着 d_P 的增大而向高频方向移动，但是 OBG 的下边缘将随着 d_P 的增大而向低频方向移动。当 d_P 由 1.5mm 增加到 3.5mm 时，OBG 的频率范围变为 10.088~18.835GHz，带宽为 8.747GHz。与 d_P=1.5mm 时相比，OBG 的带宽增加了 3.68GHz。因此，当混合结构 PC1/PC2 中等离子体层的厚度增加时，OBG 和 PBG 带宽会明显变大。

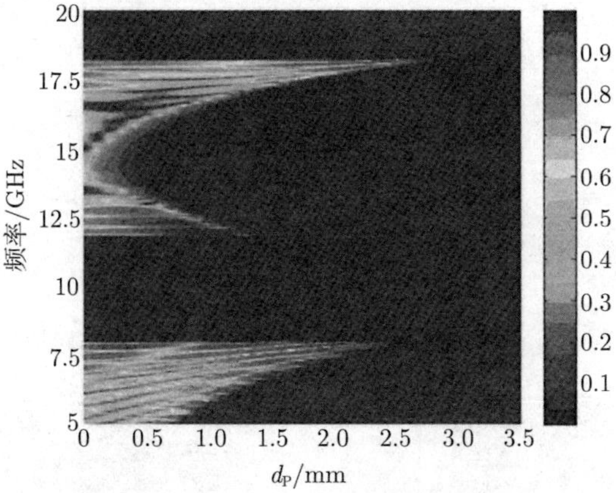

图 8.7 电磁波垂直入射时，PC1/PC2 的透射率与频率和 d_P 的关系图

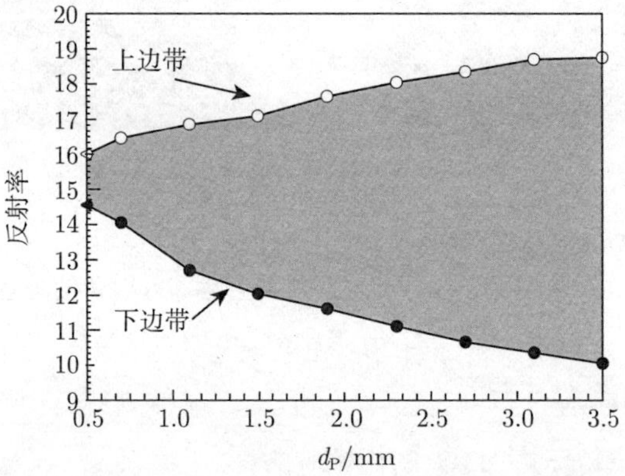

图 8.8 PC1/PC2 的 OBG 与 d_P 的关系图

8.1.4 等离子体密度对 OBG 的影响

图 8.9 给出了电磁波垂直入射和 d_P=2mm 时 (其他参数不变)，PC1/PC2 的透射率与频率和 n_e 的关系图，其中深色区域代表 PBG。由图 8.9 可知，当等离子体的密度小于 $2.4n_1$ 时，PBG 的带宽将随着 n_e 的增大而增大。随着 n_e 的增大，PBG

的上边缘将向高频方向移动，而其下边缘将向低频方向移动。如果等离子体的密度大于 $2.4n_1$，PBG 的上下边缘都将消失，PBG 将涵盖整个 5~21.89GHz。因此，提高等离子体的密度能有效地增加 PBG 的带宽。图 8.10 给出了 d_{P}=2mm 时 (其他参数不变)，PC1/PC2 的 OBG 与 n_{e} 的关系图，其中灰色区域表示 OBG。由图 8.10 可知，OBG 的带宽将随着 n_{e} 的增大而增大。增大 n_{e} 的数值，OBG 的上下边缘都将向高频方向移动。当 n_{e} 的大小由 n_1 增加到 $4n_1$ 时，OBG 的频率范围变为 12.559 ~22.645GHz，且带宽为 10.086GHz。与 $n_{\mathrm{e}} = n_1$ 时相比，OBG 的带宽增加了 5.939GHz。因此，增加等离子体密度能较为显著地拓展 PBG 和 OBG 的带宽。

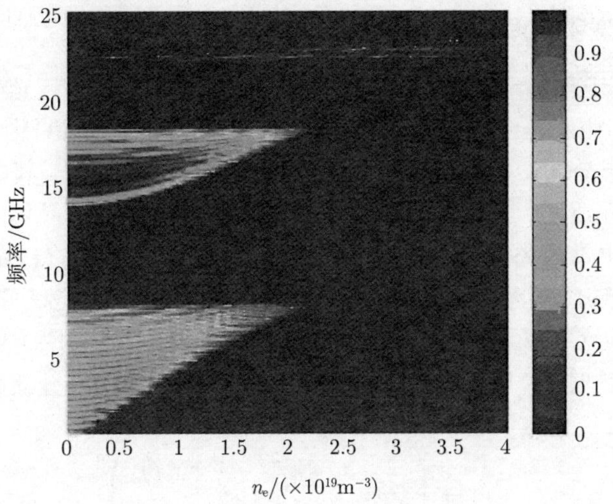

图 8.9 电磁波垂直入射和 d_{P}=2mm 时，PC1/PC2 的透射率与频率和 n_{e} 的关系图

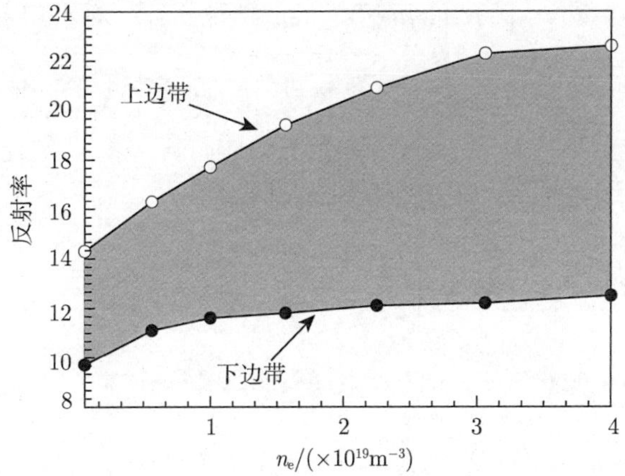

图 8.10 当 d_{P}=2mm 时，PC1/PC2 的 OBG 与 n_{e} 的关系图

8.2　基于匹配层技术的全向反射器的设计

自从等离子体光子晶体的概念被提出以来，一维磁化和非磁化等离子体光子晶体的色散特性得到了充分的研究[68,219]。不仅如此，一维等离子体光子晶体的缺陷模特性也得到了充分的研究[69,70]。研究结果表明: 改变等离子体的参数能对一维等离子体光子晶体的 PBG 和缺陷模进行调谐。Kong 等[92] 利用这一特性，设计了一款基于一维三元等离子体光子晶体的全向反射器。虽然三元结构能得到源于 Bragg 带隙的 OBG，但是所得 OBG 的相对带宽较小。因此，可以采用在拼接光子晶体的基础上增加一层匹配层的方式来实现对 OBG 特性的改善。

8.2.1　物理模型和计算方法

图 8.11 给出了该一维等离子体光子晶体的结构示意图。该光子晶体由常规介质光子晶体 PC1[$(\mathrm{AB})^m$]、等离子体光子晶体 PC2[$(\mathrm{AP})^n$] 和匹配层 C 组成。该一维等离子体光子晶体的拓扑结构可以表示为 $(\mathrm{AB})^m\mathrm{CB}(AP)^n$，其中 A、B 和 C 代表 3 种不同的介质层，P 代表等离子体层，m 和 n 表示光子晶体的周期数。A、B 和 P 的相对介电常数为 ε_a、ε_b 和 ε_p，A、B、C 和 P 的厚度为 d_A、d_B、d_C 和 d_P。ε_p 的表达式如式 (8.1) 所示。电磁波入射角为 θ，波矢 $\boldsymbol{K}(\omega)$ 在 xz 平面内。对于 TE 模式而言，电场 $\boldsymbol{E}$ 的极化方向沿着 y 轴方向。假设计算时引入的时谐量是 $\mathrm{e}^{-\mathrm{j}\omega t}$，$\omega$ 是角频率, t 是时间, 且 $\mathrm{j}=\sqrt{-1}$。根据 TMM，相邻的两层介质的电场和磁场满足以下关系[92]：

$$\mathrm{M}_l=\begin{pmatrix}\cos\beta_l & -\dfrac{\mathrm{j}}{p_l}\sin\beta_l\\ -jp_l\sin\beta_l & \cos\beta_l\end{pmatrix} \tag{8.7}$$

对于 TE 波而言，$p_l=\sqrt{\varepsilon_l}/\left[\sqrt{\mu_l}\sqrt{1-(\sin^2\theta/\varepsilon_l\mu_l)}\right]$；对于 TM 波而言，$p_l=\sqrt{\mu_l}/\left[\sqrt{\varepsilon_l}\sqrt{1-(\sin^2\theta/\varepsilon_l\mu_l)}\right]$。其中，$\beta_l=\omega/\left[c\sqrt{\varepsilon_l}\sqrt{\mu_l}d_l\sqrt{1-(\sin^2\theta/\varepsilon_l\mu_l)}\right]$ (l=A, B,C, P)。因此，对于图 8.11 给出的一维光子晶体而言，第 N 层介质的电场和磁场就可以用式 (8.2) 进行推导，其递推表达式如下：

$$\begin{aligned}\begin{pmatrix}E_N\\ H_N\end{pmatrix}&=\boldsymbol{M}_1\boldsymbol{M}_2\cdots\boldsymbol{M_N}\begin{pmatrix}E_{N+1}\\ H_{N+1}\end{pmatrix}\\ &=\boldsymbol{M_\mathrm{A}}\boldsymbol{M_\mathrm{B}}\boldsymbol{M_\mathrm{A}}\cdots\boldsymbol{M_\mathrm{B}}\boldsymbol{M_\mathrm{C}}\boldsymbol{M_\mathrm{B}}\boldsymbol{M_\mathrm{P}}\boldsymbol{M_\mathrm{B}}\boldsymbol{M_\mathrm{P}}\cdots\boldsymbol{M_N}\begin{pmatrix}E_{N+1}\\ H_{N+1}\end{pmatrix}\\ &=\boldsymbol{M}\begin{pmatrix}E_{N+1}\\ H_{N+1}\end{pmatrix}=\begin{pmatrix}m_{11} & m_{12}\\ m_{21} & m_{22}\end{pmatrix}\begin{pmatrix}E_{N+1}\\ H_{N+1}\end{pmatrix}\end{aligned} \tag{8.8}$$

其中，m_{11}、m_{12}、m_{21} 和 m_{22} 是矩阵 $\boldsymbol{M}=\prod_{k=1}^{N}\boldsymbol{M}_k$ 中的 4 个元素。显然，反射系数和反射率可以用式 (8.5) 和式 (8.6) 进行求解。

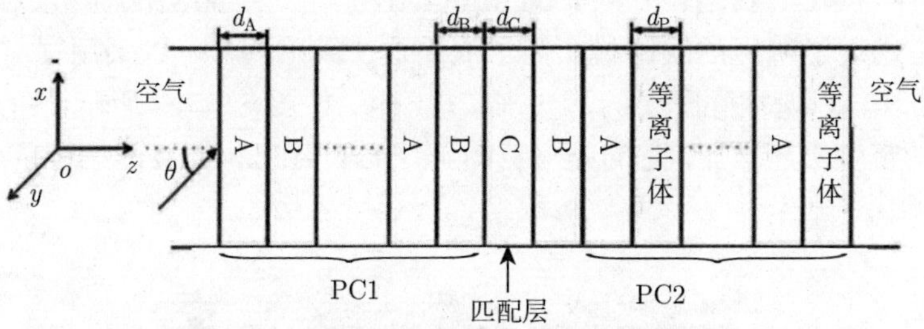

图 8.11 一维等离子体光子晶体的结构示意图

8.2.2 引入匹配层来改善 PBG 和 OBG 的特性

为了验证匹配层技术的有效性，一维等离子体光子晶体的参数采用和文献 [92] 中完全相同的参数：ε_a=4，μ_A=1，d_A=5mm，ε_b=1，μ_B=1 和 d_B=5mm。A 层和 B 层分别代表石英玻璃和空气。假设匹配层的折射率 n_c=13.9 且 d_C=3.1mm。等离子体的参数设置为：d_P=1 mm，等离子体密度 $n_e = n_1 = 1\times10^{19}\text{m}^{-3}(\omega_p = 2\pi\times28.4\times10^9\text{rad/s})$，等离子体碰撞频率 $\nu_c = 2\pi\times10^6\text{rad/s}$，周期数 m=15，n=10。图 8.12 给出了 PC1 在 TE 和 TM 模式下的透射率与频率和入射角度的关系图。图中深色区域表示 PBG 或者高反射区域。由图 8.12 可知，TE 波的 PBG 带宽将随着入射角度的增加而变大，但是 TM 波的 PBG 带宽将随着入射角的增加而减少。由于布儒斯特角的存在，当入射角在 66° 附近时，TM 波的 PBG 将消失，所以 PC1 不能产生 OBG。为了规避布儒斯特窗，可以将 PC1 和 PC2 拼接起来构成一个新的光子晶体 PC1/PC2。图 8.13 给出了 PC1/PC2 的透射率与频率和入射角度的关系图。图中两条白线间的区域表示 OBG。由图 8.13 可知，混合结构 PC1/PC2 能产生 OBG。OBG 的频率范围是 13.12~16.199GHz，且带宽为 3.079GHz。OBG 的带宽由 TM 波的全向带宽决定。这个特性明显和零折射率带隙及零相位带隙完全不同。零折射率带隙和零相位带隙的上下边缘对 TE 波和 TM 波的入射角度都不敏感[220]。只是因为这两者的产生机制是不一样的，源于 Bragg 带隙的 OBG 是由混合结构中传输模 (propagating modes) 的散射形成的，而零折射率和零相位带隙是由于消逝模 (evanescent modes) 形成的。比较图 8.12 和图 8.13 可知，将 PC1 和 PC2 拼接在一起可以得到 OBG。然而，这同样会带来一些副作用，这种拼接的过程必然会使得入射电磁波因为谐振而产生缺陷模。这使得 OBG 的带宽会显著地减小，尤其是当 $\theta<35°$ 时 (图 8.13)。为了消除破坏 OBG 带宽的缺陷模，可以通过增加一个匹配

层的方式来实现，从而构成了一个新的光子晶体结构 $(AB)^{15}CB(AP)^{10}$。图 8.14 给出了电磁波在垂直入射时不同光子晶体的反射率图谱。由图 8.14(b) 可知，混合结构 PC1/PC2 的反射谱中存在明显的缺陷模，PBG 的带宽几乎和 PC1 相同。PBG 的范围是 7.988~11.744GHz，带宽是 3.756GHz。在 12.260GHz 附近，PC1/PC2 的反射谱中出现了明显的缺陷模。为了消除这个缺陷模，可以采用文献 [221] 中所提及的方法，以增加匹配层的形式来实现[221]。如图 8.14(c) 所示，引入匹配层后，PBG 的带宽明显增加，它的频率范围是 7.988 ~16.274GHz，PBG 的带宽增加到了 8.286GHz[222]。

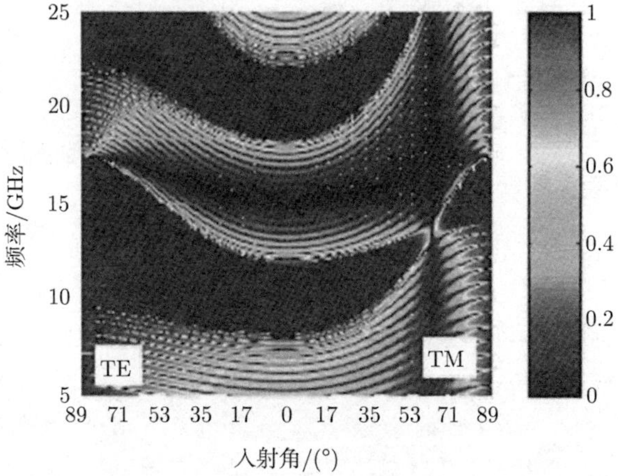

图 8.12　PC1 的透射率与频率和入射角度的关系图

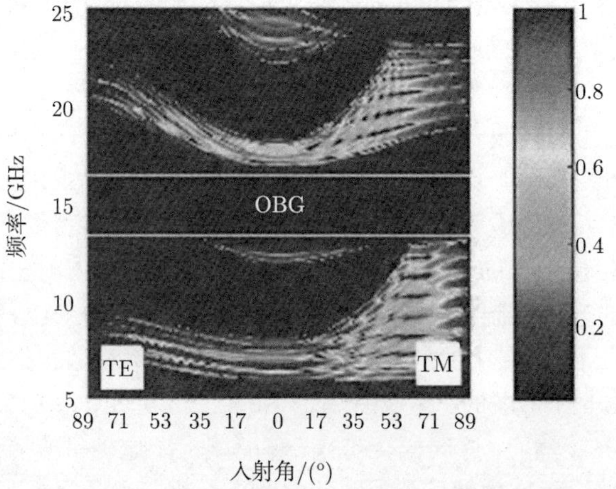

图 8.13　PC1/PC2 的透射率与频率和入射角度的关系图

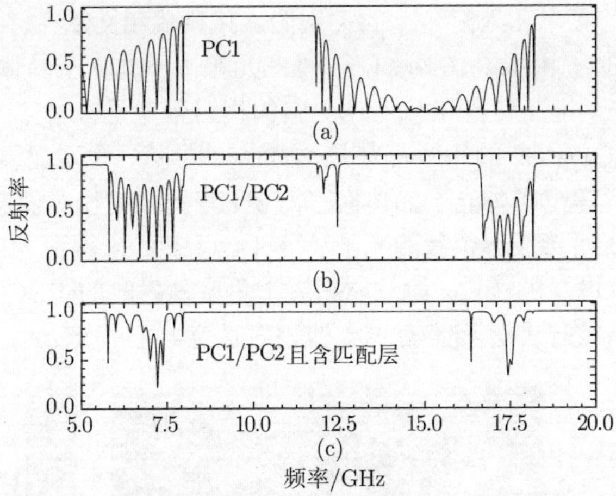

图 8.14 电磁波垂直入射时不同光子晶体的反射率图谱

图 8.15 给出了含匹配层 C 的 PC1/PC2 在不同角度和不同模式下的反射率与频率和入射角度的关系图。由图 8.15 可知，加入匹配层 C 后的 PC1/PC2 能明显地产生 OBG。它的频率范围是 13.230~16.311GHz，带宽是 3.081GHz。OBG 对 TM 波敏感，而对 TE 波不敏感。对于 TE 波而言，它的全向反射带将覆盖 7.994~16.321GHz，而对于 TM 波而言，这个值是 13.230~16.321GHz。显然，OBG 的带宽完全由 TM 波的全向反射带宽决定。与混合结构 PC1/PC2 相比，引入匹配层 C 后，OBG 带宽有略微的增加，增幅为 0.002GHz。但值得注意的是，引入匹配层 C 后，虽然在 OBG 带宽上没有显著的增大，但是在入射角度较小时 ($\theta < 35°$)，PBG 的带宽却得到了显著增加，并可以在一定的角度范围内同时实现对 TE 波和 TM 波的反射，与混合结构 PC1/PC2 相比，在性能上有了显著的提高。为了进一步研究含匹配层 C 的 PC1/PC2 的 OBG 特性，图 8.16 给出了一维三元等离子体光

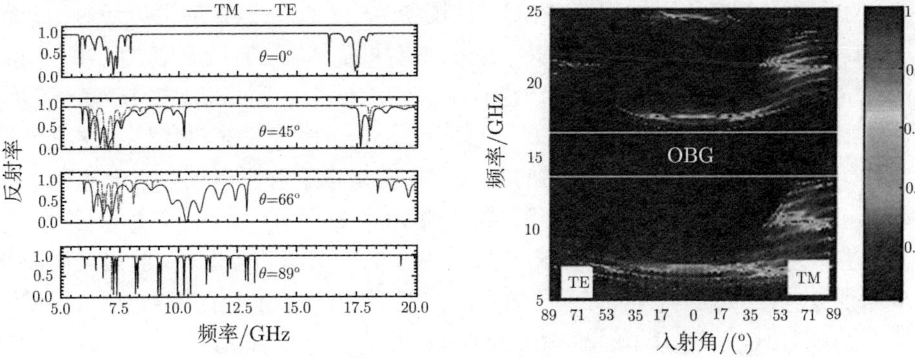

图 8.15 含匹配层 C 的 PC1/PC2 在不同角度和不同模式下的反射率与频率和入射角度的关系图

子晶体的反射率与频率和入射角度的关系图。其参数和文献 [49] 相同，两条白线间的区域表示 OBG。由图 8.16 可知，一维三元等离子体光子晶体的 OBG 范围是 12.591~13.336GHz, 其带宽是 0.745GHz，它的相对带宽是 5.75%。由图 8.15 可知，含匹配层 C 的 PC1/PC2 的相对带宽是 20.86%。显然，含匹配层 C 的 PC1/PC2 较传统的一维三元等离子体光子晶体而言 OBG 有更大的相对带宽。综上所述，可以将 PC1 和 PC2 拼接成一个新的光子晶体 PC1/PC2 来得到 OBG。引入匹配层 C 不但可以改善 OBG 的特性，而且能拓展小角度入射时的 PBG 带宽，较传统的一维三元等离子体光子晶体而言有更大的相对带宽。

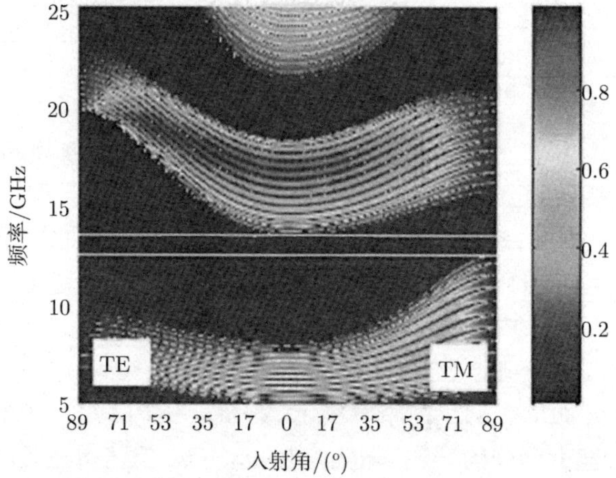

图 8.16　一维三元等离子体光子晶体的反射率与频率和入射角度的关系图

8.2.3　等离子体层厚度对 OBG 的影响

图 8.17 给出了电磁波垂直入射时, 含匹配层 C 的 PC1/PC2 的透射率与频率和 d_{P} 的关系图。深色区域代表 PBG。由图 8.17 可知，PBG 的上边缘对 d_{P} 敏感，而其下边缘对 d_{P} 不敏感。PBG 的带宽将随着 d_{P} 的增大而增大。当 d_{P} 从 0.1mm 增大到 3mm 时，PBG 的上边缘从 13.160GHz 上移到 18.071GHz，其下边缘从 7.952GHz 移动到 8.072GHz。如果 d_{P} 大于 2.5mm，那么 PBG 将消失。这主要是因为当等离子体层足够厚时，单层的等离子体就能够反射所有频率小于等离子体频率的电磁波。图 8.18 给出了含匹配层 C 的 PC1/PC2 的 OBG 与 d_{P} 的关系图。图中灰色部分表示 OBG。由图 8.18 可知，OBG 的上边缘将随着 d_{P} 的增大而向高频方向移动，其下边缘将随着 d_{P} 的增大而向低频方向移动。当 d_{P} 从 0.5mm 增大到 3mm 时，OBG 将覆盖 10.405~19.092GHz，带宽是 8.687GHz。与 d_{P}=0.5mm 时相比，OBG 的带宽增加了 6.533GHz。因此，增加等离子体层的厚度能有效地增加 OBG 带宽。

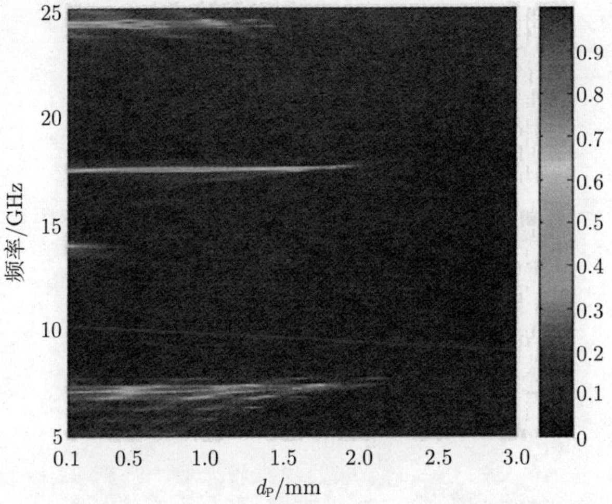

图 8.17 电磁波垂直入射时，含匹配层 C 的 PC1/PC2 的透射率与频率和 d_P 的关系图

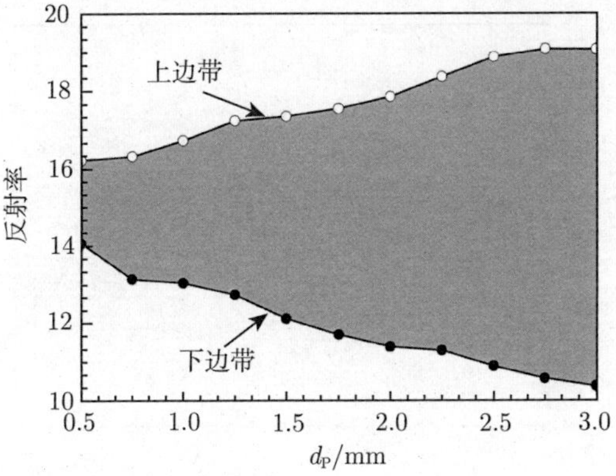

图 8.18 含匹配层 C 的 PC1/PC2 的 OBG 与 d_P 的关系图

8.2.4 等离子体密度对 OBG 的影响

图 8.19 给出了电磁波垂直入射时，含匹配层 C 的 PC1/PC2 的透射率与频率和 n_e 的关系图。图中深色区域代表 PBG。由图 8.19 可知，当 n_e 由 $0.1n_1$ 增加到 $1.4n_1$ 时，PBG 的带宽能显著增大。PBG 的频率范围将涵盖 6.413~8.954GHz。PBG 的上边缘将随着 n_e 的增大向高频方向移动，而其下边缘则几乎保持不变。因此，增加 n_e 的大小能有效地增加 PBG 的带宽。图 8.20 给出了含匹配层 C 的 PC1/PC2 的 OBG 与 n_e 的关系图。图中灰色区域表示 OBG。由图 8.20 可知，OBG 的带宽将随着 n_e 的增大而增大。OBG 的上下边缘都将随着 n_e 的增大向高频方向移动。当 n_e 由 $0.8n_1$ 增加到 $1.4n_1$ 时，OBG 的频率范围变为 2.804~3.377GHz，且带宽为 4.860GHz。与 n_e =$0.8n_1$ 时相比，OBG 的带宽增加了 0.573GHz。因此，当增加 n_e

时，PBG 和 OBG 的带宽能够被显著展宽。

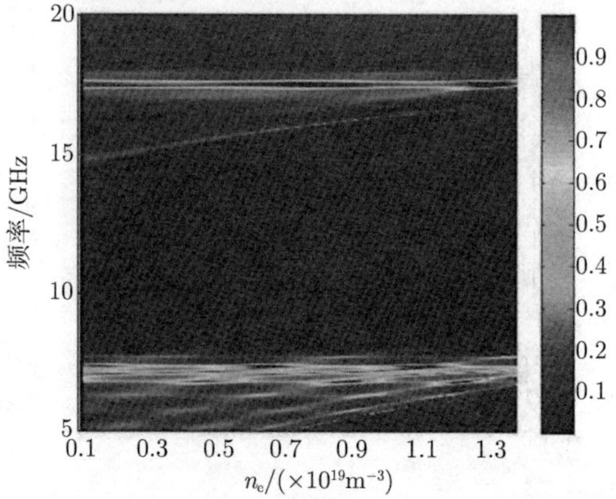

图 8.19 电磁波垂直入射时，含匹配层 C 的 PC1/PC2 的透射率与频率和 n_e 的关系图

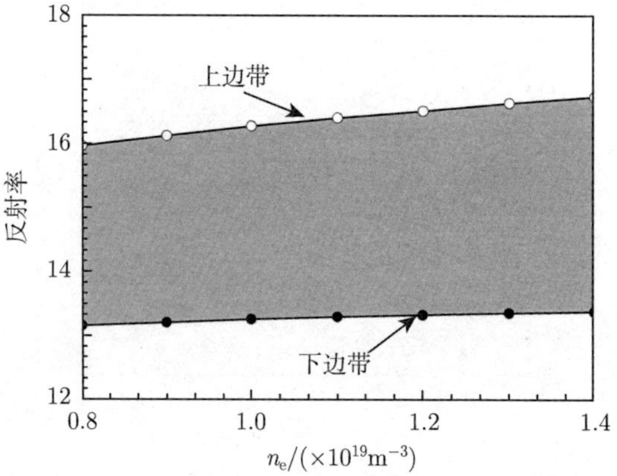

图 8.20 含匹配层 C 的 PC1/PC2 的 OBG 与 n_e 的关系图

8.3 基于变周期结构的全向反射器的设计

由 8.1 节和 8.2 节的内容可知，将一维常规介质光子晶体和等离子体光子晶体拼接，能够比较好地改善 OBG 特性，其实质上是通过引入等离子体来实现对布儒斯特窗的规避，光子晶体本身的拓扑结构并未起到太多改善 OBG 的作用。如果在引入等离子体的同时对光子晶体的空间拓扑结构也作相应的变化，那么 OBG 的特性也能得到比较好的改善。本节就是基于这种思想，采用变周期结构的方式，用简单的一维二元等离子体光子晶体结构设计了一款全向反射器。

8.3.1 基于变周期结构的全向反射器的实现

图 8.21 给出了一维变周期结构等离子体光子晶体的拓扑结构示意图，其中 A 和 P 分别代表介质和等离子体。TE 波和 TM 波的入射方式如图 8.21 所示。A 和 P 的相对介电常数和相对磁导率用 ε_i 和 $\mu_i(i$=A, P) 表示。$d_\mathrm{A}(i)$ 和 $d_\mathrm{P}(i)$ 表示第 i 个周期 A 和 P 的厚度。为了构成一个变周期结构的一维等离子体光子晶体，将该光子晶体的结构参数定义为

$$d_\mathrm{A}(i)=a(i)H_\mathrm{a},\quad d_\mathrm{P}(i)=b(i)H_\mathrm{P} \tag{8.9}$$

其中，H_a 和 H_P 分别为介质和等离子体层的平均厚度；$a(i)$ 和 $b(i)$ 为分布函数，其定义为[223]

$$a(i)=1+K_\mathrm{a}\left(2\frac{i-1}{m-1}-1\right),\quad b(i)=1+K_\mathrm{p}\left(2\frac{i-1}{m-1}-1\right) \tag{8.10}$$

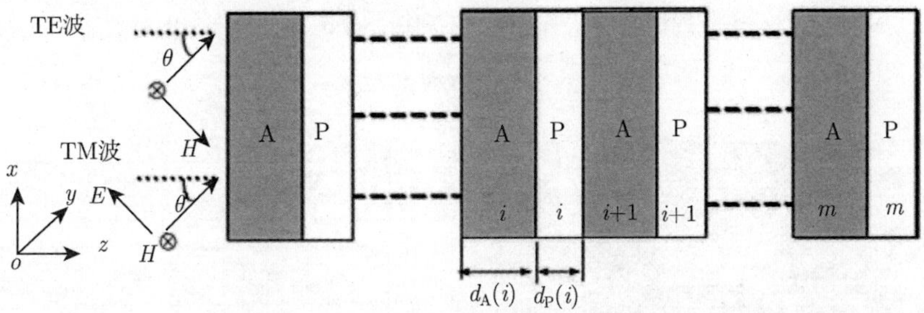

图 8.21 一维变周期结构等离子体光子晶体的拓扑结构示意图

其中，m 为周期常数；K_p 和 K_a 为渐变系数且都是小于 1 的数。显然，这种一维渐变周期结构的等离子体光子晶体的反射率也是可以通过 TMM 求解的。该一维等离子体光子晶体的初始参数设定为：ε_A=4，μ_A=1，H_a=5mm，$n_\mathrm{e}=1\times10^{19}\mathrm{m}^{-3}$ ($\omega_\mathrm{p}=\omega_\mathrm{po}=2\pi\times28.4\times10^9\mathrm{rad/s}$)，$H_\mathrm{P}$=1mm，$\nu_\mathrm{c}=2\pi\times10^6\mathrm{rad/s}$，$K_\mathrm{p}$=0.1，$K_\mathrm{a}$=0.1 和 m=20。为了验证该变周期结构的 OBG 特性，图 8.22 给出了 TM 模式下一维变周期结构光子晶体在不同填充物时的反射率与入射角和频率的关系图。图中深色区域代表 PBGs。图 8.22(a) 给出了该光子晶体中的等离子体用空气替代时的反射率图谱 (其他参数不变)。由图 8.22(a) 可知，这种变周期结构的一维介质——空气光子晶体在 TM 模式下不能产生 OBG。当入射角为 $54^\circ\sim72^\circ$ 时，由于布儒斯特窗的存在，PBG 消失了。为了规避布儒斯特窗，可以将空气层用等离子体层代替。如图 8.22(b) 所示，对于 TM 而言，存在着全向反射带隙，它能覆盖 12.50~16.80GHz。图 8.23 给出了该一维变周期结构等离子体光子晶体在不同角度和不同模式下的反射率与频率和入射角度的关系图。由图 8.23 可知，该等离子体光子晶体能产生

OBG，它的频率范围是 13.80~16.80GHz，带宽是 3.00GHz。对于 TE 波和 TM 波而言，PBG 的上下边缘都会随着入射角的增大而向高频方向移动，且其带宽也将会随着入射角增大而增大。OBG 带宽由 TE 波的全向反射带宽决定。

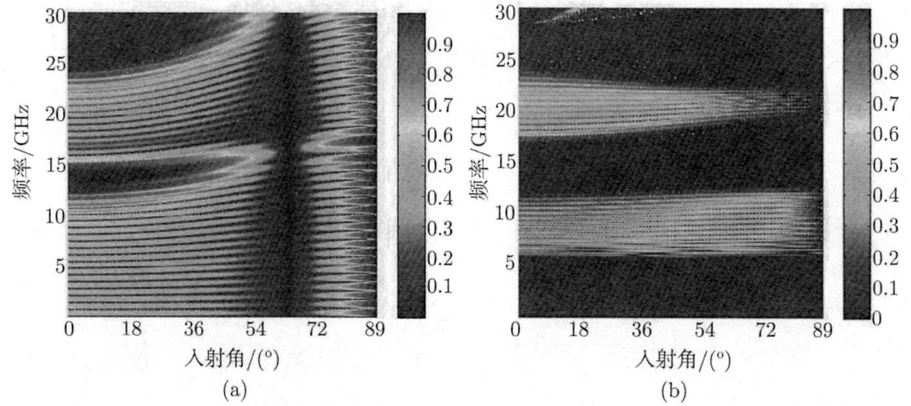

图 8.22　TM 模式下一维变周期结构光子晶体在不同填充物时的反射率与入射角和频率的关系图

(a) 空气；(b) 等离子体

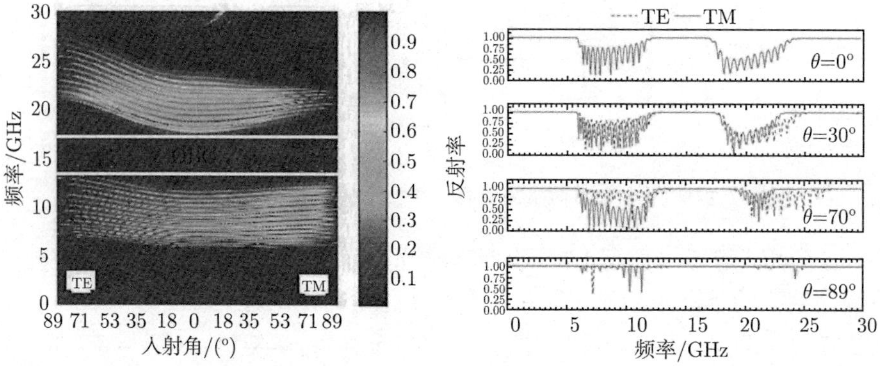

图 8.23　一维变周期结构等离子体光子晶体在不同角度和不同模式下的反射率与频率和入射角度的关系图

作为一个比较，图 8.24 中给出了一维均匀周期结构 (即 $K_{\mathrm{p}}=K_{\mathrm{a}}=0$) 等离子体光子晶体的反射率与频率和入射角度的关系图。由图 8.24 可知，OBG 的频率范围是 13.20~15.20GHz，它的带宽是 2.00GHz。通过计算可知，此时 OBG 的相对带宽是 14.08%。同理，由图 8.23 可知，一维变周期结构等离子体光子晶体的 OBG 的相对带宽是 19.61%。对比图 8.23 和图 8.24 中的结果可知，采用变周期结构所得 OBG 的相对带宽比常规二元均匀周期结构的要高出 5.53%。因此，可以用这种一维变周期结构的等离子体光子晶体来实现全向反射器的设计。这种结构不但可以得到 OBG，而且相对常规均匀的一维等离子体光子晶体而言，OBG 在相对带宽上有明显的提高。

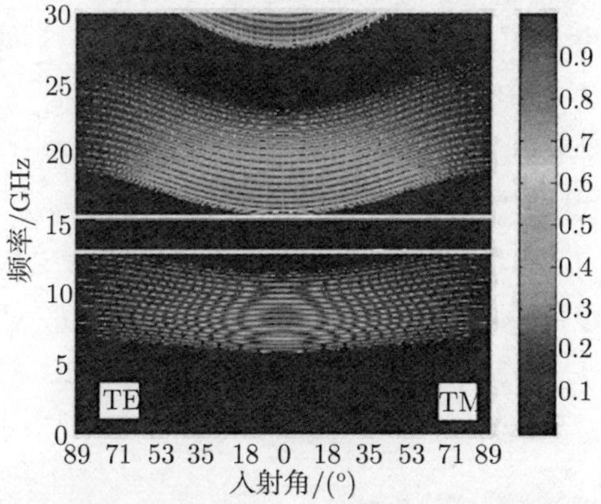

图 8.24 一维均匀周期结构的等离子体光子晶体的反射率与频率和入射角度的关系图

8.3.2 介质层的平均厚度对 OBG 的影响

图 8.25 给出了电磁波垂直入射时的 PBGs 和 OBG 与 H_a 的关系图。由图 8.25(a) 可知，当电磁波垂直入射时，PBGs 的上下边缘都会随着介质层平均厚度 H_a 的增加而向低频方向移动，而且带宽和中心频率也会随着 H_a 的增大而减小。同样，PBGs 的数目也会随着 H_a 的增加而增加。由图 8.25(b) 可知，OBG 的上下边缘也会随着 H_a 的增加而向低频方向移动，而且带宽也会显著减小。当 H_a 从 3 mm 增加到 10 mm 时，OBG 的频率范围将变为 7.54~9.06GHz，其带宽为 1.52GHz。H_a=3mm 与 H_a=10 mm 时相比，OBG 的带宽增加了 3.92GHz。因此，OBG 的带宽会随着 H_a 的增加而减小，而 PBGs 的数量也会随着 H_a 的增加而增加，所以 H_a 对 OBG 有明显的调谐作用。

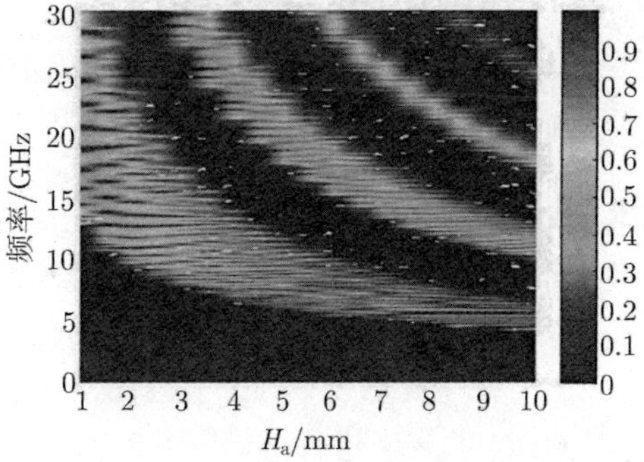

(a)

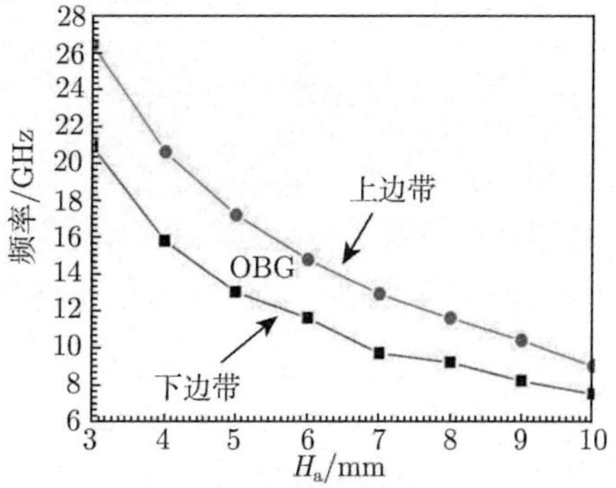

(b)

图 8.25 电磁波垂直入射时的 PBGs 和 OBG 与 H_a 的关系图

(a) 电磁波垂直入射时的 PBGs；(b) OBG

8.3.3　等离子体层的平均厚度对 OBG 的影响

图 8.26 给出了电磁波垂直入射时的 PBG 和 OBG 与等离子体层的平均厚度 H_{P} 的关系图。由图 8.26(a) 可知，当电磁波垂直入射时，改变 H_{P} 的大小，对 PBG 有明显的影响。PBG 的上边缘将会随着 H_{P} 的增大而向高频方向移动，但是其下边缘却会向低频方向移动。这使得 PBG 的带宽会随着 H_{P} 的增大而增大。由图 8.26(b) 可知，OBG 的带宽能显著地被 H_{P} 调谐。随着 H_{P} 的增大，OBG 的上边缘将向高频方向移动，但是其下边缘将向低频方向移动。当 H_{P} 从 0.5mm 增加到 3.5mm 时，OBG 将会覆盖 9.61~19.63GHz，其带宽为 10.02 GHz。对比 H_{P}=0.5mm 时，OBG 的带宽增加了 9.18GHz。由上述分析可知，OBG 和 PBG 的带宽都会随着 H_{P} 的增加而变大，H_{P} 对拓展 OBG 的带宽有显著的作用。

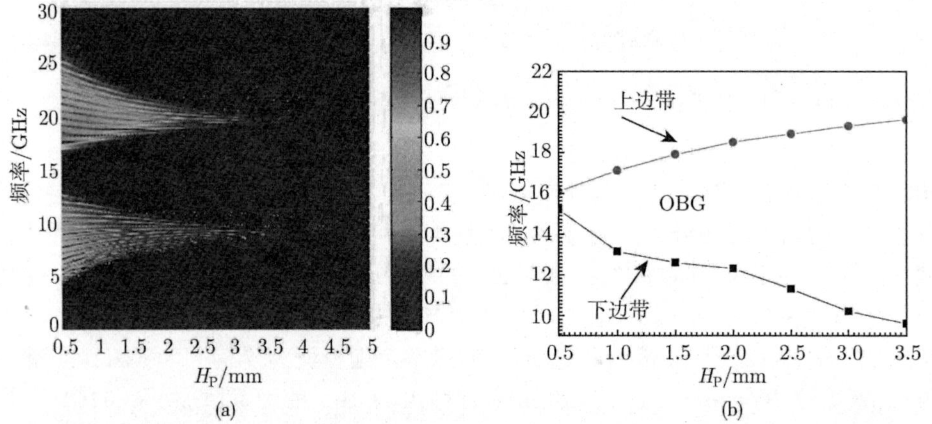

图 8.26　电磁波垂直入射时的 PBG 和 OBG 与 H_{P} 的关系图

(a) 电磁波垂直入射时的 PBG；(b) OBG

8.3.4　等离子体频率对 OBG 的影响

图 8.27 给出了电磁波垂直入射时的 PBG 和 OBG 与等离子体频率 $(\omega_{\mathrm{p}}/\omega_{\mathrm{p0}})$ 的关系图。由图 8.27(a) 可知，当电磁波垂直入射时，改变 $\omega_{\mathrm{p}}/\omega_{\mathrm{p0}}$ 的大小，对 PBG 有明显的影响。PBG 的上边缘将会随着 $\omega_{\mathrm{p}}/\omega_{\mathrm{p0}}$ 的增大而向高频方向移动，但是其下边缘却变化不太明显，缓慢地向低频方向移动。显然，PBG 的带宽会随着 $\omega_{\mathrm{p}}/\omega_{\mathrm{p0}}$ 的增大而增大。当 $\omega_{\mathrm{p}}/\omega_{\mathrm{p0}}$ 的值由 0.1 增加到 2.1 时，PBG 将覆盖 11.71~21.28GHz。由图 8.27(b) 可知，改变 $\omega_{\mathrm{p}}/\omega_{\mathrm{p0}}$ 的大小，能对 OBG 的带宽进行调谐。随着 $\omega_{\mathrm{p}}/\omega_{\mathrm{p0}}$ 的增大，OBG 的上边缘将向高频方向移动，但是其下边缘将缓慢地向低频方向移动。当 $\omega_{\mathrm{p}}/\omega_{\mathrm{p0}}$ 从 0.1 增加到 2.1 时，OBG 将会覆盖 13.45~21.46 GHz，其带宽为 8.01GHz。与 $\omega_{\mathrm{p}}/\omega_{\mathrm{p0}}$=0.1 时相比，OBG 的带宽增加了 7.29GHz。因此，PBG 和 OBG

的带宽都会随着 ω_p/ω_{p0} 的增加而展宽，增大等离子体频率对拓展 OBG 的作用显著。

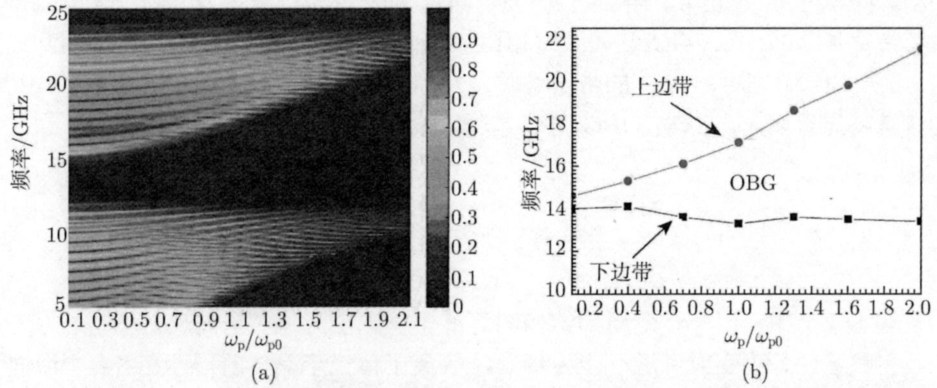

图 8.27 电磁波垂直入射时的 PBG 和 OBG 与等离子体频率的关系图

(a) 电磁波垂直入射时的 PBG；(b) OBG

8.3.5 等离子体和介质层的渐变系数对 OBG 的影响

图 8.28 给出了 OBG 与等离子体和介质层的渐变系数间的关系图。由图 8.28 可知，等离子体和介质层的渐变系数对 OBG 有明显的调谐作用。由图 8.28(a) 可知，当等离子体层渐变系数 K_p 增加时，OBG 的上边缘将向低频方向移动，而其下边缘将先向高频方向移动，然后再往低频方向移动。当 K_p 的数值由 0.1 增加到 0.6 时，OBG 的频率范围将覆盖 12.61~16.61GHz，且带宽是 4.00GHz，与 K_p=0.1 时相比，OBG 的带宽减小了 0.08GHz。由图 8.28(b) 可知，OBG 的上下边缘对 K_a

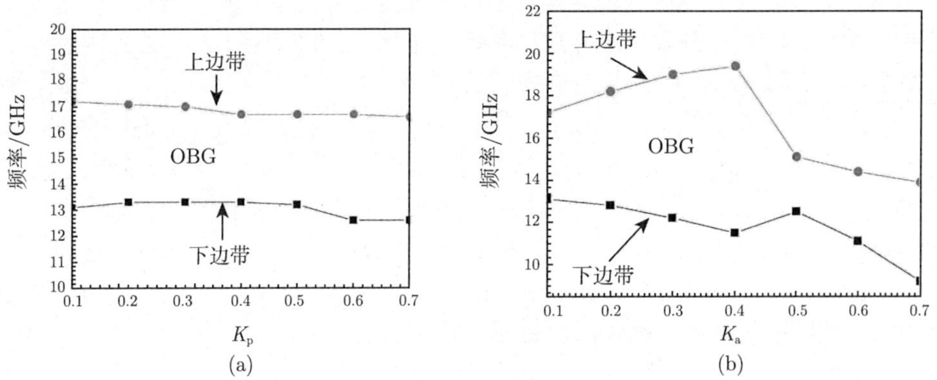

图 8.28 OBG 与渐变系数的关系图

(a) 等离子体层；(b) 介质层

十分敏感。如果 $K_{\rm a}$ ⩽0.4，OBG 的上边缘将会随着 $K_{\rm a}$ 的增大而向高频方向移动，但是其下边缘将向低频方向移动；如果 $K_{\rm a} > 0.4$, OBG 的上下边缘将向低频方向移动。当 $K_{\rm a}$ 的数值由 0.1 增加到 0.6 时，OBG 的频率范围将变为 9.24~13.87GHz，且其带宽是 4.63GHz，与 $K_{\rm a}$ =0.1 时相比，OBG 的带宽增加了 0.52GHz。因此，$K_{\rm p}$ 由 0.1 增加到 0.4 时，OBG 的带宽将缓慢减小，而 $K_{\rm a}$ 由 0.1 增加到 0.4 时，OBG 的带宽将显著增大。显然，OBG 可以显著地被 $K_{\rm p}$ 和 $K_{\rm a}$ 所调谐。

8.4 基于准周期或分形结构的全向反射器的设计

在 8.3 节中，用一维变周期结构的等离子体光子晶体对全向反射器进行了设计。实践证明，改变或者进一步破坏一维等离子体光子晶体的周期拓扑结构，能很好地展宽 OBG 带宽。本节将在此基础之上，将准周期和分形的结构引入全向反射器的设计中，使得 OBG 的带隙特性能得到进一步的改善。众所周知，空间上的准周期结构或分形结构可以有很多，如 Cantor 集[224]、Sierpinski 集[225]、Pascal 三角[226]、Koch 分形[227]、Julia 集[228] 等。但是对于一维拓扑结构而言，Thue-Morse[229] 和 Fibonacci[230] 序列是最为常见的，尤其是 Thue-Morse[231] 序列已经被用来设计光子晶体，从而得到相应的 PBG 和 OBG。因为 Thue-Morse 序列自身是递归的，或者说是分形的，其本身就具有很多有趣的特性[232]。本节将以 Thue-Morse 序列来构成一个准周期结构的一维等离子体光子晶体，以此来实现对全向反射器的设计。

8.4.1 基于 Thue-Morse 准周期结构的全向反射器的实现

图 8.29 给出了一维三阶 Thue-Morse 准周期结构等离子体光子晶体的结构示意图。其中，A 和 P 分别代表介质层和等离子体层。TE 波和 TM 波的入射方式如图 8.29 所示。A 和 P 的相对介电常数和相对磁导率用 ε_i 和 $\mu_i(i = A,P)$ 表示。A 和 P 的厚度分别用 $d_{\rm A}$ 和 $d_{\rm P}$ 表示。Thue-Morse 序列是一个递归序列，满足条件 $S_n = S_{n-1}\widetilde{S_{n-1}}$，其中 n ⩾1，且 n 表示 Thue-Morse 序列的阶数，$\widetilde{S}_{n-1}$ 是 S_{n-1} 的补集。对于图 8.29 给出的例子来说，如果 0 阶用 S_0={A}表示, 那么一阶为 S_1={AP}。以此类推，可以得到二阶和三阶 Thue-Morse 序列，它们分别为 S_2={$APPA$},S_3={$APPAPAAP$}。显然，这种基于 Thue-Morse 序列的一维准周期结构的等离子体光子晶体的反射率也是可以通过 TMM 计算的。唯一不同的是，在计算传输矩阵时，应该以 Thue-Morse 序列的阶数进行递归。如对于 S_1，S_2 和 S_3 而言，它们的传输矩阵分别表示为 $\boldsymbol{M}_1 = \boldsymbol{M}_{\mathbf{A}}\boldsymbol{M}_{\mathbf{P}}$, $\boldsymbol{M}_2 = \boldsymbol{M}_{\mathbf{A}}\boldsymbol{M}_{\mathbf{P}}\boldsymbol{M}_{\mathbf{P}}\boldsymbol{M}_{\mathbf{A}}$ 和 $\boldsymbol{M}_3 = \boldsymbol{M}_{\mathbf{A}}\boldsymbol{M}_{\mathbf{P}}\boldsymbol{M}_{\mathbf{P}}\boldsymbol{M}_{\mathbf{A}}\boldsymbol{M}_{\mathbf{P}}\boldsymbol{M}_{\mathbf{A}}\boldsymbol{M}_{\mathbf{A}}\boldsymbol{M}_{\mathbf{P}}$。所以整个 TMM 计算过程，第 N 阶

Thue-Morse 序列的传输矩阵仅需要通过以下递推公式进行求解即可：

$$\boldsymbol{M}_N = \boldsymbol{M}_{N-1}\widetilde{\boldsymbol{M}}_{N-1} \quad (N \geqslant 2) \tag{8.11}$$

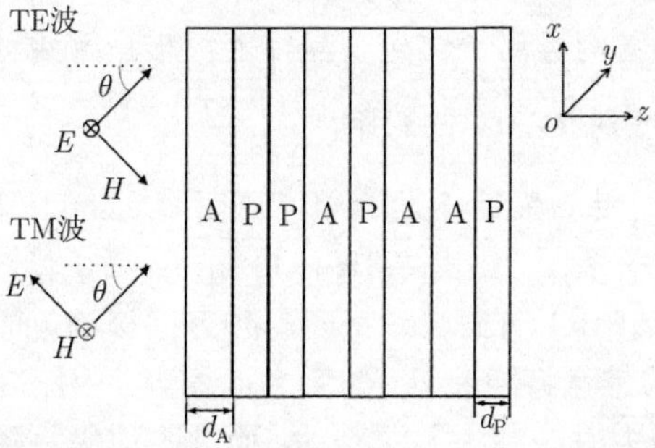

图 8.29 一维三阶 Thue-Morse 准周期结构的等离子体光子晶体的结构示意图

该一维等离子体光子晶体的参数如下：$\varepsilon_A=4$，d_A=5mm，d_P=1.0mm, $n_e = n_1 = 0.4\times10^{19}\text{m}^{-3}(\omega_p = 2\pi\times17.96\times10^9\text{rad/s})$，$\nu_c = \nu_0 = 2\pi\times10^6\text{rad/s}$ 且 Thue-Morse 序列的阶数为 6，μ_i =1(i = A, P)。图 8.30(a) 给出了 TM 模式下，介质 A 和空气 (厚度为 1mm) 以常规二元周期排列时的反射率与入射角和频率的关系图。由图 8.30(a) 可知，该光子晶体不能产生 OBG，在 66° 附近 TM 波的 PBG 将会消失，这是由于布儒斯特窗口存在所造成的。为了得到 OBG，可以将等离子体替代空气，并将等离子体和介质按照 Thue-Morse 序列排列 6 阶。图 8.30(b) 给出了该光子晶体的反射率与入射角和频率的关系图。由图 8.30(b) 可知，该准周期结构能

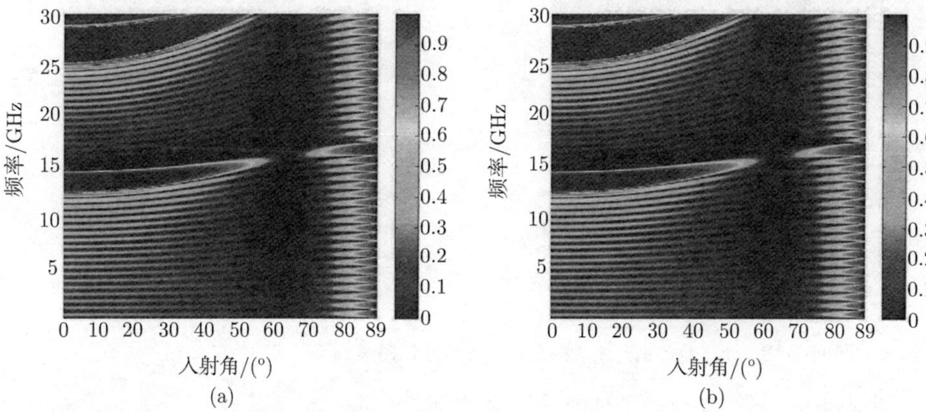

图 8.30 TM 模式下，(a) 一维常规二元介质——空气光子晶体的反射率与入射角和频率的关系图；(b) 一维 Thue-Morse 准周期结构排列的等离子体光子晶体的反射率与入射角和频率的关系图

产生 OBG。OBG 的频率范围是 13.93~15.34GHz，且带宽是 1.41GHz。OBG 的带宽对 TE 波的入射角度敏感，而对 TM 波的入射角度不敏感。对于 TM 波而言，它的全向反射带隙是 12.65~15.34GHz；而对于 TE 波而言，它的全向反射带隙是 13.93~15.34GHz。因此，TE 波的全向反射带隙决定了 OBG 的带宽。这种基于一维 Thue-Morse 准周期结构等离子体光子晶体能够被用来设计全向反射器。

8.4.2　等离子体层厚度对 OBG 的影响

图 8.31 给出了该一维等离子体光子晶体在电磁波垂直入射时的 PBG 和 OBG 与等离子体厚度 $d_{\rm P}$ 的关系图。由图 8.31(a) 可知，等离子体厚度对 PBG 的影响较为明显。当 $d_{\rm P}$ 增大时，PBG 的上边缘将向高频方向移动，而其下边缘将向低频方向移动。显然，PBG 的带宽将随着 $d_{\rm P}$ 的增大而增大。由图 8.31(b) 可知，OBG 的上边缘将随着 $d_{\rm P}$ 的增大而向高频方向移动，而其下边缘将随着 $d_{\rm P}$ 的增大而向高频方向移动。当等离子体厚度 $d_{\rm P}$ 由 1.0mm 增加到 2.5mm 时，OBG 的频率范围将覆盖 12.81~15.68GHz，且其带宽是 2.87GHz。与 $d_{\rm P}$=1.0mm 时相比，OBG 的带宽增加了 1.46GHz。由上述讨论可知，展宽 OBG 的带宽可以通过增加等离子体层的厚度来实现。

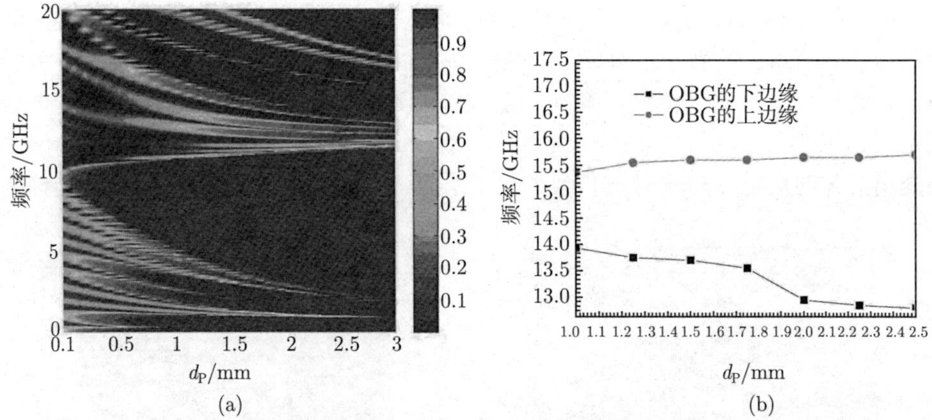

图 8.31　电磁波垂直入射时的 PBG 和 OBG 与 $d_{\rm P}$ 的关系图

(a) 电磁波垂直入射时的 PBG；(b) OBG

8.4.3　Thue-Morse 序列的阶数 N 对 OBG 的影响

图 8.32 给出了该等离子体光子晶体在不同 Thue-Morse 序列阶数时，电磁波垂直入射时的反射率图谱。由图 8.32(a) 可知，单一的光子晶体单元 (S_1) 不能产生 PBG。随着 Thue-Morse 序列阶数 N 的增加，PBG 将逐渐形成，且 PBG 的上下边缘将逐渐变得陡峭。但是 PBG 的中心频率不会随着 N 增加而变化，但是透射

带间将会有更多的透射峰出现。由图 8.32 可知，如果 N 的值由 1 增加至 5，PBG 的上边缘将向高频方向移动，但是其下边缘将向低频方向移动，PBG 的带宽将逐渐增大。如果继续增加 N 的值 (图 8.32(e)~(h))，PBG 的带宽将保持不变，频率范围是 12.82~15.34GHz，且带宽是 2.52GHz。因此，单纯地增加 Thue-Morse 序列阶数 N 并不能拓展 PBG 的带宽，即单纯地增加 Thue-Morse 序列阶数 N 不能拓展 OBG 的带宽。

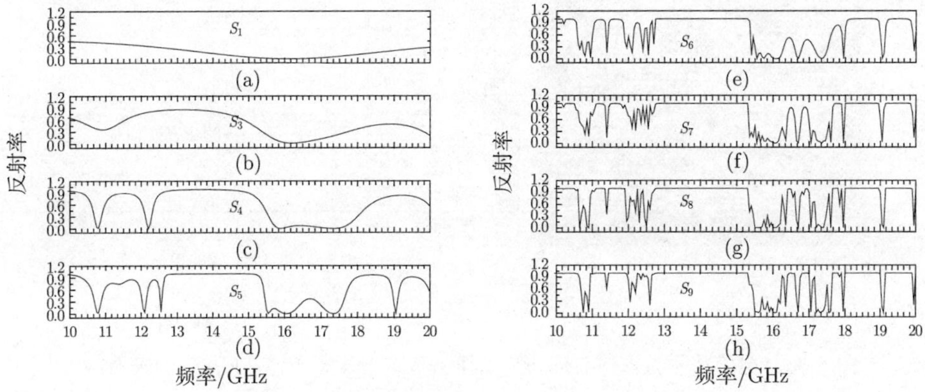

图 8.32 在不同 Thue-Morse 序列阶数时，电磁波垂直入射时的反射率图谱

(a) S_1；(b) S_3；(c) S_4；(d) S_5；(e) S_6；(f) S_7；(g) S_8；(h) S_9

8.4.4 等离子体密度对 OBG 的影响

图 8.33 给出了电磁波垂直入射时的 PBG 和 OBG 与等离子体密度 n_e 的关系图。由图 8.33(a) 可知，当等离子体密度 n_e 由 0 增加到 $3n_1$ 时，PBG 的带宽可以被显著地展宽。随着 n_e 的增加，PBG 的上下边缘都将向高频方向移动，而上边缘的移动幅度较下边缘的大。由图 8.33(b) 可知，随着等离子体密度 n_e 的增加，OBG 的上边缘向高频方向移动，而其下边缘将向低频方向移动。显然，OBG 的带宽也将随着 n_e 的增大而增大。当 n_e 的大小由 $0.5n_1$ 增加到 $3n_1$ 时，OBG 的频率范围将变为 14.40~18.68GHz，其带宽为 4.28GHz。与 $n_e=0.5n_1$ 时相比，OBG 的带宽增加了 4.28GHz。因此，PBG 和 OBG 的带宽都会随着 n_e 的增加而增加，提升等离子体密度有利于拓展 OBG 的带宽。

8.4.5 等离子体碰撞频率对 OBG 的影响

图 8.34 给出了电磁波垂直入射时的 PBG 和 OBG 与等离子体碰撞频率 ν_c 的关系图。由图 8.34(a) 可知，当电磁波垂直入射时，PBG 的带宽不会随着等离子体频率 ν_c 的变换而变化。当 $\nu_c=0.01\nu_0$ 时，PBG 的频率范围是 12.82~15.34GHz。如果将 ν_c 增加到 $\nu_c=10\nu_0$，PBG 的带宽依然保持不变。为了解 OBG 与等离子体碰

撞频率 ν_c 的关系，由图 8.34(b) 给出了 $\log_{10}^{\nu_c/\nu_0}$ 与 OBG 的关系图。由图 8.34(b) 可知，当 ν_c/ν_0 的数值由 0.01 增加到 10 时，OBG 的带宽保持不变。它的频率范围是 3.93~15.34GHz，带宽是 1.41GHz。因此，改变等离子体的碰撞频率 ν_c 不能拓展 OBG 和 PBG 的带宽，即等离子体碰撞频率对 OBG 无影响。

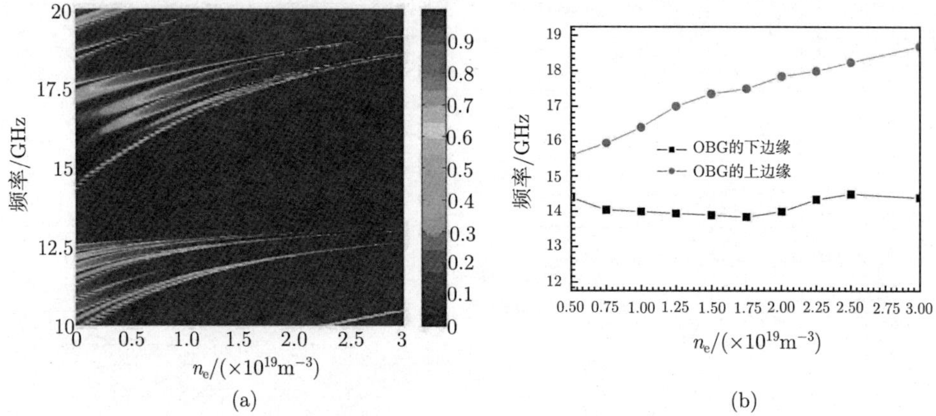

图 8.33　电磁波垂直入射时的 PBG 和 OBG 与等离子体密度 n_e 的关系图

(a) 电磁波垂直入射时的 PBG；(b) OBG

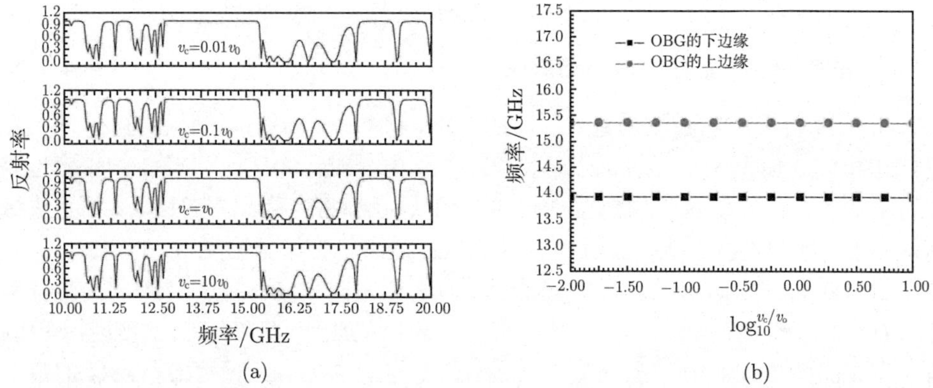

图 8.34　电磁波垂直入射时的 PBG 和 OBG 与等离子体碰撞频率 ν_c 的关系图

(a) 电磁波垂直入射时的 PBG；(b) OBG

8.5　基于三元 Fibonacci 准周期结构的全向反射器的设计

由 8.4 节可知，具有准周期结构 Thue-Morse 序列的一维介质——等离子体的多层结构能较好地实现对全向反射器的设计。作为另一个较为常见的 Fibonacci 数列，在二元结构的情况下，同样可以实现对全向反射器的设计[233]。Fibonacci 数列是间于周期结构和无序结构的拓扑结构，尽管周期结构和无序结构都能用来实现 PBG 和提高光子局域化[234−236]，但是 Fibonacci 数列也有自身的一些特性，使得其在特殊情况下也能实现全向反射器[237] 和光学微腔的设计[238]。本节的主要内容是针对常规的一维三元光子晶体结构，提出了一种新的一维三元 Fibonacci 准周期结构的拓扑方式，以此来实现基于一维等离子体光子晶体全向反射器的设计。研究结果表明，一维三元 Fibonacci 准周期结构较常规的一维三元周期结构而言，能够得到较好的 OBG 特性。

8.5.1 基于三元 Fibonacci 准周期结构的全向反射器的实现

图 8.35 给出了一维 4 阶三元 Fibonacci 准周期结构的等离子体光子晶体的结构示意图，其中背景介质是空气，A、B 和 P 分别代表石英玻璃、空气和等离子体。TE 波和 TM 波的入射方式如图 8.35 所示。A、B 和 P 的相对介电常数和相对磁导率用 ε_i 和 μ_i(i=A, B, P) 表示。A、B 和 P 的厚度别用 $d_{\rm A}$、$d_{\rm B}$ 和 $d_{\rm P}$ 表示。Fibonacci 序列也是一个递归序列，它满足条件 $S_{n+1} = S_nS_{n-1}$，其中 $n \geqslant 1$，且 n+1 表示 Fibonacci 序列的阶数。对于图 8.35 给出的示例来说，如果 0 阶和 1 阶分别用 S_0={P}和 S_1={AB}表示, 那么 N 阶可以表示为 $S_N = S_{N-1}S_{N-2}$, 以此类推，可以得到 4 阶三元 Fibonacci 序列 S_4={ABPABABP}。显然，这种基于一维三元 Fibonacci 排列的等离子体光子晶体的反射率也是可以通过 TMM 计算的。唯一不同的是，在计算传输矩阵时，应该以 Fibonacci 序列的阶数进行递归。例如，对于 S_2、S_3 和 S_4 而言，它们的传输矩阵分别表示为 $\boldsymbol{M}_2 = \boldsymbol{M}_{\rm A}\boldsymbol{M}_{\rm B}\boldsymbol{M}_{\rm P}$,$\boldsymbol{M}_3 = \boldsymbol{M}_{\rm A}\boldsymbol{M}_{\rm B}\boldsymbol{M}_{\rm P}\boldsymbol{M}_{\rm A}\boldsymbol{M}_{\rm B}$ 和 $\boldsymbol{M}_4 = \boldsymbol{M}_{\rm A}\boldsymbol{M}_{\rm B}\boldsymbol{M}_{\rm P}\boldsymbol{M}_{\rm A}\boldsymbol{M}_{\rm B}\boldsymbol{M}_{\rm A}\boldsymbol{M}_{\rm B}\boldsymbol{M}_{\rm P}$。所以用 TMM 计算第 N 阶 Fibonacci 序列传输矩阵的过程仅需要通过以下递推公式进行求解即可：

$$\boldsymbol{M}_N = \boldsymbol{M}_{N-1}\boldsymbol{M}_{N-2} \quad (N \geqslant 2) \tag{8.12}$$

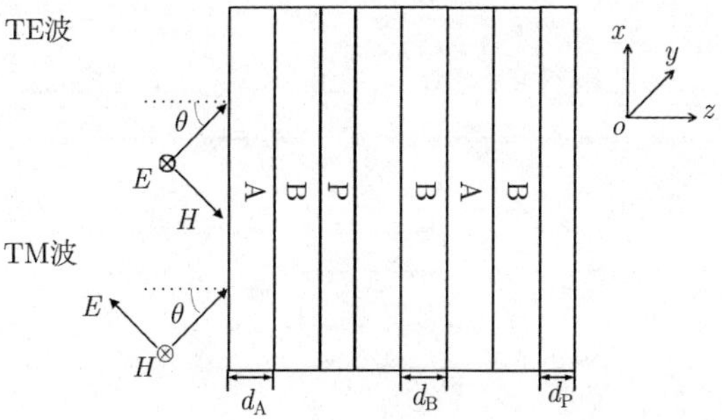

图 8.35 一维 4 阶三元 Fibonacci 准周期结构的等离子体光子晶体的结构示意图

该一维等离子体光子晶体的参数设置如下[92]：$\varepsilon_{\rm A}$=4，d_A=5mm，$d_{\rm P}$=1.0mm，

$\varepsilon_b = 1$，d_B =5mm，$n_e = n_1 = 1 \times 10^{19}\text{m}^{-3}(\omega_p = 2\pi \times 28.4 \times 10^9\text{rad/s})$，$\nu_c = 2\pi \times 10^6\text{rad/s}$，且 Fibonacci 序列的阶数为 10，$\mu_i$=1($i$=A, B, P)。图 8.36 给出了由 A 和 B 构成的一维光子晶体在不同入射角度下 TE 波和 TM 波的反射率图谱。由图 8.36(c) 可知，仅由介质 A 和 B 构成的光子晶体不能产生 OBG，由于布儒斯特窗口的存在[151]，TM 波的 PBG 在 66° 附近将会消失。为了得到 OBG，可以将等离子体、介质 A 和介质 B 按照三元 Fibonacci 序列的方式进行排列 (阶数为 10)。图 8.37 给出了一维 10 阶三元 Fibonacci 准周期结构的等离子体光子晶体在不同入射角度下 TE 波和 TM 波的反射率图谱。由图 8.37 可知，以这种基于三元 Fibonacci 序列的等离子体光子晶体能产生 OBG。OBG 的频率范围是 11.538~13.975GHz，且带宽是 2.437GHz。OBG 的带宽对 TE 波的入射角度不敏感，对 TM 波的入射角敏感。对于 TE 波而言，它的全向反射带隙是 9.130~13.975GHz；对于 TM 波而言，它的全向反射带隙是 11.538~13.975GHz。因此，TM 波的全向反射带隙决定了 OBG 的带宽。为了进一步研究该光子晶体的 OBG 特性，图 8.38 给出了一维三元 Fibonacci 结构和常规三元周期结构等离子体光子晶体的全向带隙图，两条白线间的区域表示 OBG。由图 8.38(a) 可知，三元 Fibonacci 结构得到的 OBG 的频率范围是 11.538~13.975GHz，且带宽是 2.437GHz。其结果和图 8.37 中给出的相同。而由图 8.38(b) 可知，常规一维三元结构得到的 OBG 的频率范围是 12.591~13.336GHz，且带宽是 0.745GHz。比较图 8.38(a) 和 (b) 中的结果可知，三元 Fibonacci 结构得到的 OBG 带宽较常规三元结构得到的要宽 1.692GHz。因此，可以采用一维三元 Fibonacci 的结构来构成等离子体光子晶体，从而达到获得更大 OBG 带宽的目的，相对传统的一维三元结构而言是一个更好的选择。

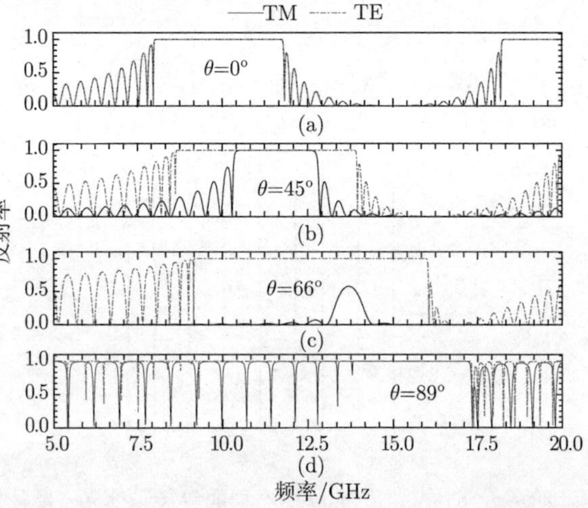

图 8.36　由 A 和 B 构成的一维光子晶体在不同入射角度下 TE 波和 TM 波的反射率图谱

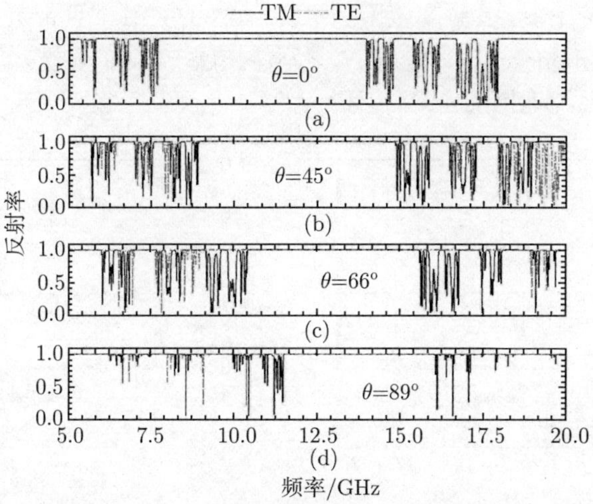

图 8.37 一维 10 阶三元 Fibonacci 准周期结构的等离子体光子晶体在不同入射角度下 TE 波和 TM 波的反射率图谱

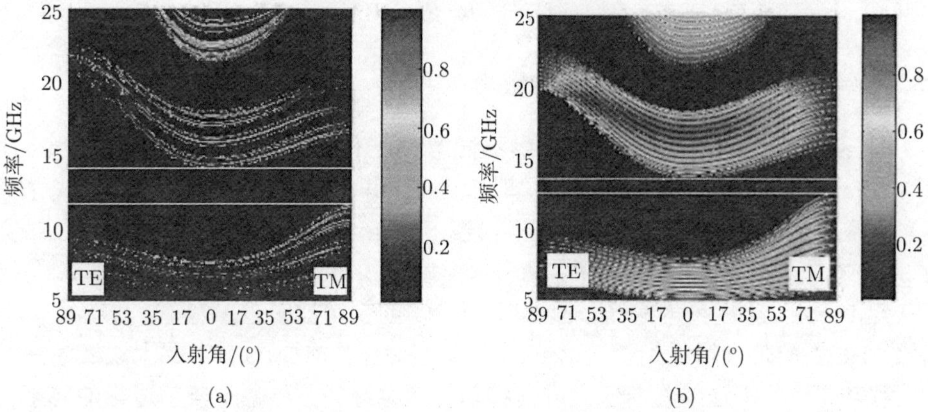

图 8.38 一维三元 Fibonacci 结构和常规三元周期结构等离子体光子晶体的全向带隙图

(a) 一维三元 Fibonacci 结构；(b) 常规一维三元结构

8.5.2 Fibonacci 序列的阶数 N 对 OBG 的影响

图 8.39 给出了该一维三元 Fibonacci 准周期结构的等离子体光子晶体在不同 Fibonacci 序列阶数时，垂直入射电磁波时的反射率图谱。由图 8.39(a)~(d) 可知，随着 Fibonacci 序列阶数 N 的增加，PBG 的中心频率 (10.868GHz) 将保持不变，但是 PBG 的上下边缘将逐渐变得陡峭。当 Fibonacci 序列阶数 N 的值由 4 增加到 7 时，PBG 的上边缘将向高频方向移动，其下边缘将向低频方向移动，且 PBG 的带宽将逐渐增大。由图 8.39(e)~(h) 可知，如果 N 的值继续由 9 增加到 12，PBG

的上下边缘将保持不变，其频率范围是 7.761~13.975GHz，且带宽是 6.124GHz。因此，单纯地增加 Fibonacci 序列阶数 N 并不能拓展 PBG 的带宽，这也意味着 OBG 的拓展不能通过单纯地增加 N 来实现。

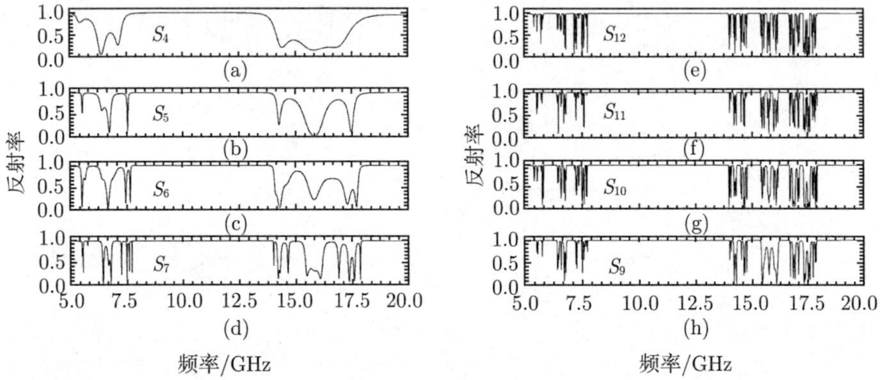

图 8.39 在不同 Fibonacci 序列阶数时，垂直入射电磁波时的反射率图谱

(a) S_4；(b) S_5；(c) S_6；(d) S_7；(e) S_{12}；(f) S_{11}；(g) S_{10}；(h) S_9

8.5.3 等离子体层厚度对 OBG 的影响

图 8.40 给出了电磁波垂直入射不同等离子体层厚度时的反射率图谱。而图 8.40(a) 给出了不存在等离子体层时，由 A 和 B 构成的常规一维二元光子晶体在电磁波垂直入射时的反射率图谱。由图 8.40(a) 可知，该光子晶体的 PBG 带宽为 3.281 GHz。如图 8.40(c) 所示，当引入厚度为 1 mm 的等离子体和介质 A 与 B 以三元 Fibonacci 序列构成光子晶体时，PBG 的带宽被明显拓宽了。与图 8.40(a) 相比，PBG 的带宽增加到了 6.124GHz。随着 d_{P} 的增加，PBG 的上边缘向高频方向移动，而其下边缘将向低频方向移动，下边缘的频移幅度较上边缘的要小。图 8.41 给出了电磁波垂直入射时的 PBG 和 OBG 与 d_{P} 的关系图。图中深色区域表示 PBGs，灰色区域表示 OBG。由图 8.41(a) 可知，等离子体层厚度对电磁波垂直入射时的 PBG 有明显的影响。当 d_{P} 由 0 增加到 3mm 时，PBG 的上边缘频率由 11.750GHz 增加到 15.410 GHz，而其下边缘频率则由 8.031GHz 减少到 7.120GHz。显然，增加 d_{P} 的值能够拓展 PBG 的带宽。由图 8.41(b) 可知，OBG 的上边缘将随着 d_{P} 的增大而向高频方向移动，而其下边缘将随着 d_{P} 的增大向低频方向移动。最终，OBG 的带宽会随着 d_{P} 的增大而增大。当等离子体厚度 d_{P} 由 0.6mm 增加到 3 mm 时，OBG 的频率范围将覆盖 9.524~15.401 GHz，且其带宽为 5.877GHz。与 d_{P}=0.6 mm 时相比，OBG 的带宽增加了 5.370 GHz。因此，增加等离子体层的厚度 d_{P} 对拓展 OBG 的带宽作用较为显著。

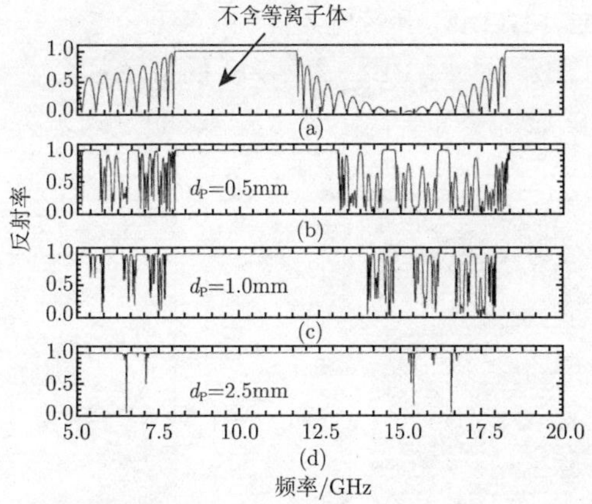

图 8.40 电磁波垂直入射不同等离子体层厚度时的反射率图谱

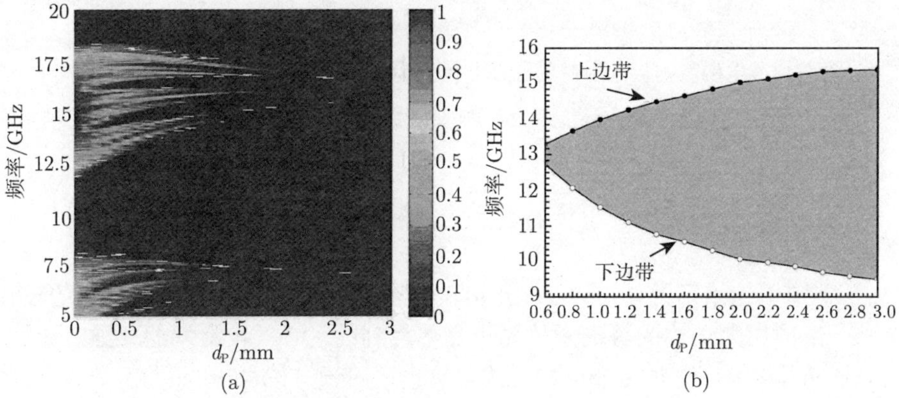

图 8.41 电磁波垂直入射时的 PBG 和 OBG 与 d_P 的关系图

(a) 电磁波垂直入射时的 PBG; (b) OBG

8.5.4 等离子体密度对 OBG 的影响

图 8.42 给出了电磁波垂直入射时的 PBG 和 OBG 与等离子体密度 n_e 的关系图。图中黑色和灰色区域分别表示 PBG 和 OBG。由图 8.42(a) 可知，当 n_e=0 时，PBG 的带宽为 3.686GHz；而当 $n_e = n_1(1\times10^{19}\text{m}^{-3})$ 时，PBG 的带宽变为 6.124 GHz。因此，当等离子体密度 n_e 由 0 增加到 $4n_1$ 时，垂直入射电磁波的 PBG 的频率范围能覆盖 8.161~17.141GHz，且随着 n_e 的增大，PBG 的带宽能被显著地拓展。随着 n_e 的增加，PBG 的上下边带都将向高频方向移动，而上边带的频率移动幅度较下边带的要大很多。由图 8.42(b) 可知，OBG 的带宽将随着 n_e 的增大而增大，中心频率将向高频方向移动。随着等离子体密度 n_e 的增加，OBG 的上下边带都将向高频方向移动。显然，当 n_e 的大小由 $0.25n_1$ 增加到 $4n_1$ 时，OBG 的频率

范围将变为 12.861~17.141GHz，其带宽为 4.860 GHz。与 n_e =0.25n_1 时相比，OBG 的带宽增加了 2.127 GHz。因此，PBG 和 OBG 的带宽都会随着 n_{e} 的增加而增加，展宽 OBG 的带宽能够通过增加等离子体密度 n_{e} 的方式来实现。

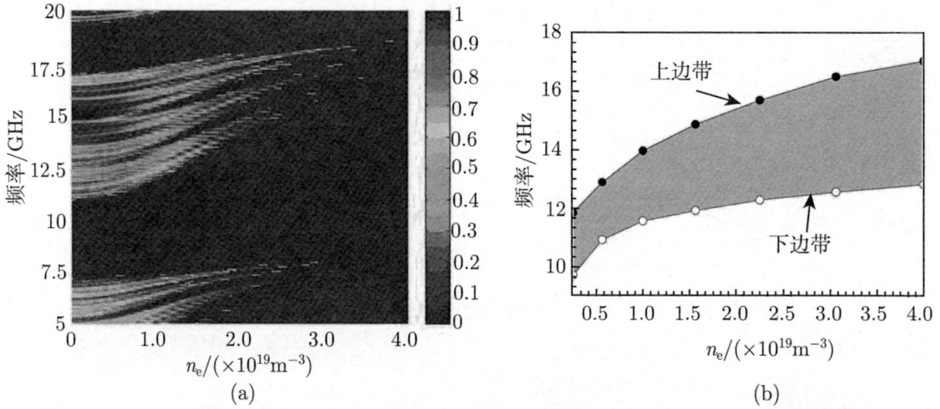

图 8.42　电磁波垂直入射时的 PBG 和 OBG 与等离子体密度 n_{e} 的关系图

(a) 电磁波垂直入射时的 PBG；(b) OBG

8.6　基于改进型 Fibonacci 序列的全向反射器的设计

8.5 节中用一维三元 Fibonacci 序列的准周期结构实现了全向反射器的设计，用这种一维准周期结构的等离子体光子晶体得到的 OBG 较常规的一维三元等离子体光子晶体要宽。这种拓扑结构方式自然也适用于 Thue-Morse 序列，具有一维三元 Thue-Morse 序列的等离子体光子晶体同样具有较好的 OBG 特性[214]。这种三元 Fibonacci 序列的准周期结构本质上是将常规的三元结构和 Fibonacci 结构进行了嵌套, 以此来提高 OBG 的特性。基于这种思想，能否进一步提高三元 Fibonacci 结构的 OBG 特性呢? 本节将围绕这个问题，提出一种改进型的 Fibonacci 准周期结构来实现对 OBG 带宽的拓展。

8.6.1　基于改进型 Fibonacci 序列的全向反射器的实现

图 8.43 给出了一维 4 阶改进型 Fibonacci 准周期结构的等离子体光子晶体的结构示意图，其中背景介质是空气，即 $n_0 = n_{\mathrm{s}}$=1。其中 A、B 和 P 分别代表石英玻璃、空气和等离子体。TE 波和 TM 波的入射方式如图 8.43 所示。A、B 和 P 的相对介电常数和相对磁导率用 ε_i 和 μ_i(i=A, B, P) 表示。A、B 和 P 的厚度分别用 d_{A}、d_{B} 和 d_{P} 表示。改进型 Fibonacci 序列也是 Fibonacci 的一个递归序列，也满足条件 $S_{n+1} = S_nS_{n-1}$，其中 $n \geqslant 1$，且 n+1 表示 Fibonacci 序

列的阶数。对于图 8.43 给出的示例来说，如果 0 阶和 1 阶分别用 S_0={P} 和 S_1={PABP}表示, 那么 N 阶则可以表示为 $G_N = S_{N+1}$, 以此类推，可以得到 4 阶改进型 Fibonacci 序列 G_4={PABPPPABPPABPP}。显然，该一维等离子体光子晶体的反射率是可以通过 TMM 计算的。唯一不同的是，在计算传输矩阵时，应该以 Fibonacci 序列的阶数进行递归。例如，对于 G_3，G_4 和 G_2 而言，它们的传输矩阵分别表示为 $\boldsymbol{M}_3 = \boldsymbol{M}_{\mathbf{P}}\boldsymbol{M}_{\mathbf{A}}\boldsymbol{M}_{\mathbf{B}}\boldsymbol{M}_{\mathbf{P}}\boldsymbol{M}_{\mathbf{P}}\boldsymbol{M}_{\mathbf{P}}\boldsymbol{M}_{\mathbf{A}}\boldsymbol{M}_{\mathbf{B}}\boldsymbol{M}_{\mathbf{P}}$, $\boldsymbol{M}_4 = \boldsymbol{M}_{\mathbf{P}}\boldsymbol{M}_{\mathbf{A}}\boldsymbol{M}_{\mathbf{B}}\boldsymbol{M}_{\mathbf{P}}\boldsymbol{M}_{\mathbf{P}}\boldsymbol{M}_{\mathbf{P}}\boldsymbol{M}_{\mathbf{A}}\boldsymbol{M}_{\mathbf{B}}\boldsymbol{M}_{\mathbf{P}}\boldsymbol{M}_{\mathbf{P}}\boldsymbol{M}_{\mathbf{A}}\boldsymbol{M}_{\mathbf{B}}\boldsymbol{M}_{\mathbf{P}}\boldsymbol{M}_{\mathbf{P}}$ 和 $\boldsymbol{M}_2 = \boldsymbol{M}_{\mathbf{P}}\boldsymbol{M}_{\mathbf{A}}\boldsymbol{M}_{\mathbf{B}}\boldsymbol{M}_{\mathbf{P}}\boldsymbol{M}_{\mathbf{P}}$。所以整个 TMM 计算过程，第 N 阶 Fibonacci 序列的传输矩阵仅需要通过类似递推式 (8.12) 进行求解即可。

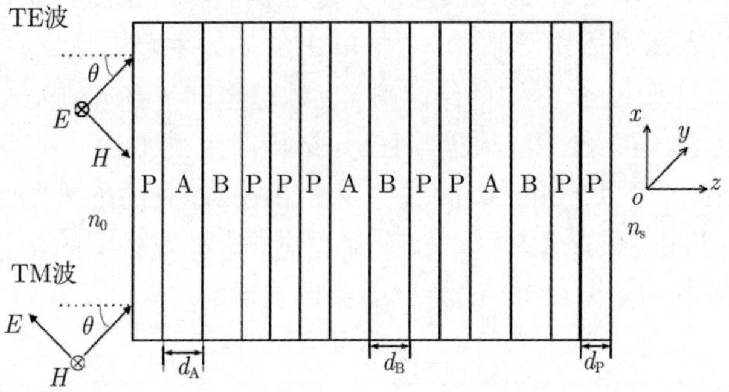

图 8.43 一维 4 阶改进型 Fibonacci 准周期结构的等离子体光子晶体的结构示意图

该一维等离子体光子晶体的初始参数设置如下[239]：ε_A=4，d_A=5mm，d_P=1.0mm，ε_b =1，d_B =5mm，$n_e = n_1 = 1 \times 10^{19}\text{m}^{-3}(\omega_p = 2\pi \times 28.4 \times 10^9\text{rad/s})$，$\nu_c = 2\pi \times 10^6\text{rad/s}$，且改进型 Fibonacci 序列的阶数为 10，μ_i=1(i=A, B, P)。由图 8.36 可知，由于布儒斯特窗的存在[151]，仅由介质 A 和 B 构成的光子晶体不能产生 OBG，TM 波的 PBG 在 66° 附近将会消失。为了得到 OBG，可以将等离子体、介质 A 和介质 B 按照改进型的 Fibonacci 序列的方式进行排列 (阶数为 10)。图 8.44 给出了该一维 10 阶改进型 Fibonacci 准周期结构的等离子体光子晶体在不同入射角度下 TE 波和 TM 波的反射率图谱。图中灰色区域表示 OBGs。由图 8.44 可知，这种改进型的 Fibonacci 序列的准周期结构的等离子体光子晶体能产生 OBG。OBG 的频率范围是 9.41~15.29GHz，且其带宽是 5.88GHz。OBG 的带宽对 TE 波的入射角度不敏感，而对 TM 波的入射角敏感。OBG 的下边缘对于 TE 波和 TM 波的入射角度较为敏感，OBG 的上边缘将随着 TE 波和 TM 波的入射角度的增大而向高频方向移动。因此，TM 波的全向反射带隙决定了 OBG 的带宽。此时获得的 OBG 和零折射率带隙有着明显的区别，因为这二者在形成机制上是不同的。该光子晶体产生的 OBG 来源于传输模式的 Bragg 散射，而零折射率带隙则来自于消逝模的隧穿。为了进一步研究该改进型 Fibonacci 结构的等离子体光子晶体的

OBG 特性，图 8.45 给出了不同的一维光子晶体在电磁波垂直入射时的反射率图谱。由图 8.45 可知，当电磁波垂直入射时，改进型 Fibonacci 结构的等离子体光子晶体有最大的 PBG 带宽，它的频率范围是 7.21～15.29GHz，且其带宽是 8.08GHz。与其他三种结构的光子晶体相比，PBG 显然被拓展了，且 PBG 带宽分别展宽了 5.30GHz、2.69GHz 和 1.86GHz。显然，这种改进的 Fibonacci 结构有助于提高一维等离子体光子晶体的 PBG 带宽。图 8.46 给出了不同的一维等离子体光子晶体的全向带隙图，两条白线间的区域表示 OBG。由图 8.46(b) 可知，一维三元 Fibonacci 结构的等离子体光子晶体产生的 OBG 的频率范围是 11.538～13.975GHz，且带宽是 2.473GHz。由 3.46(c) 可知，常规一维三元结构的等离子体光子晶体产生的 OBG 的频率范围是 12.591～13.336GHz，且带宽是 0.745GHz。图 8.46(a) 可知，改进型 Fibonacci 结构的等离子体光子晶体产生的 OBG 的频率范围是 9.41～15.29GHz，且带宽是 5.88GHz。比较图 8.46 中的结果可知，改进型的 Fibonacci 结构产生的 OBG 带宽比一维三元 Fibonacci 和一维常规三元结构产生的 OBG 分别要宽 3.407GHz 和 5.135GHz。因此，可以采用一维改进型 Fibonacci 序列的准周期结构来构成等离子体光子晶体，从而使得产生的 OBG 带宽更宽。这种改进型的拓扑结构对于三元 Fibonacci 结构来说，改善 OBG 的特性更为明显。

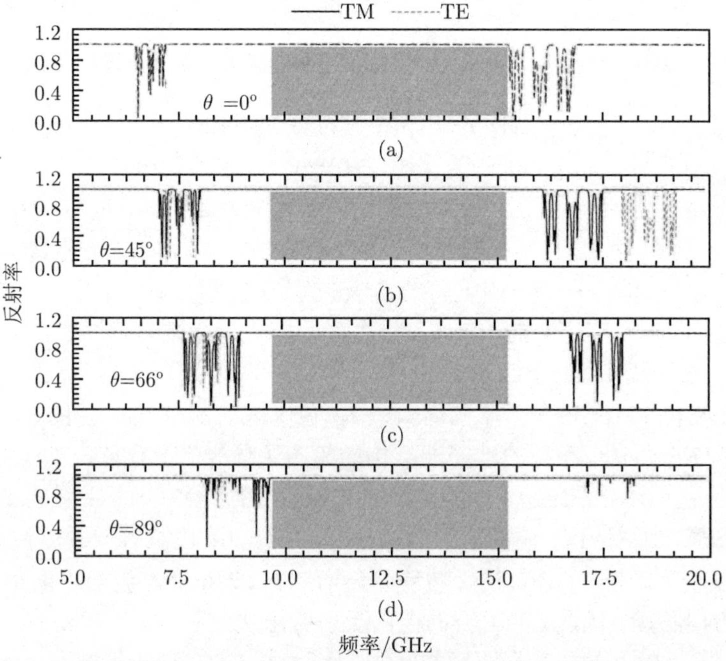

图 8.44 一维 10 阶改进型 Fibonacci 准周期结构的等离子体光子晶体在不同入射角度下 TE 波和 TM 波的反射率图谱

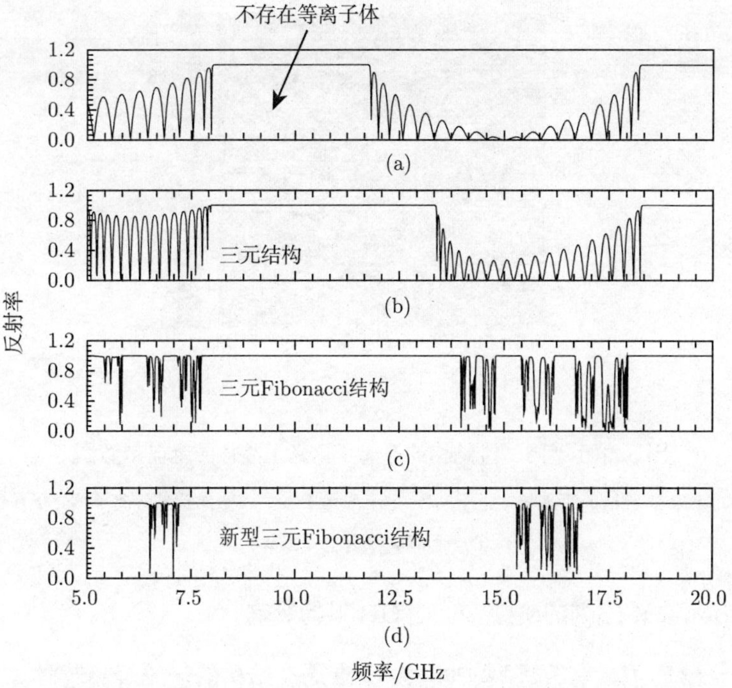

图 8.45 不同的一维光子晶体在电磁波垂直入射时的反射率图谱

(a) 由 A 和 B 组成的二元常规光子晶体; (b) 常规的三元等离子体光子晶体; (c) 三元 Fibonacci 结构的等离子体光子晶体; (d) 改进型 Fibonacci 结构的等离子体光子晶体

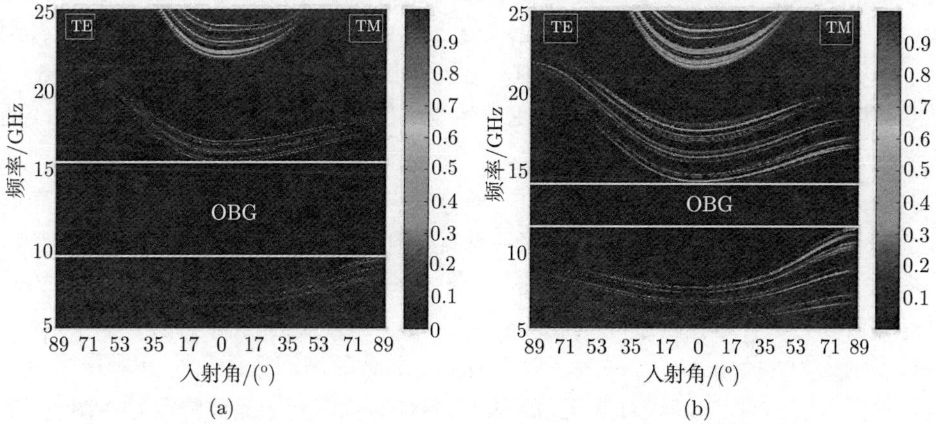

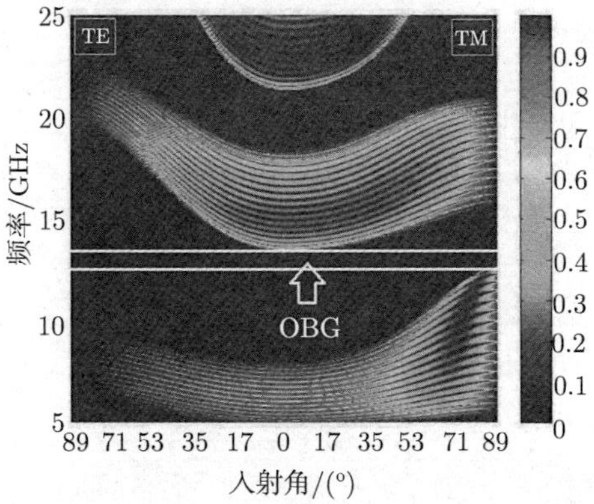

(c)

图 8.46　不同一维结构的等离子体光子晶体的全向带隙图

(a) 改进型 Fibonacci 结构的等离子体光子晶体; (b) 三元 Fibonacci 结构的等离子体光子晶体; (c) 常规的三元等离子体光子晶体

8.6.2　Fibonacci 序列的阶数 N 对 OBG 的影响

图 8.47 给出了具有改进型 Fibonacci 准周期结构的一维等离子体光子晶体在不同 Fibonacci 序列阶数时，垂直入射电磁波时的反射率图谱。由图 8.47(a)~(d) 可知，随着 Fibonacci 序列阶数 N 的增加，PBG 的中心频率 (11.25 GHz) 将保持不变，但是 PBG 的上下边缘将逐渐变得陡峭。当 Fibonacci 序列阶数 N 的值由 3 增加到 7 时，PBG 的带宽将逐渐增大，且 PBG 的上边缘将随着 N 的增大向高频方向移动，其下边缘将随着 N 的增大向低频方向移动。由图 8.47(e)~(h) 可知，如果 N 的值继续由 9 增加到 12，PBG 的上下边缘将保持不变，其频率范围是 7.21~15.29GHz，且带宽是 8.08GHz。因此，仅依靠增加 Fibonacci 序列阶数 N 是对拓展 PBG 的带宽没有帮助，这也意味着不能通过这种方式来实现对 OBG 的拓展。

如果以改进型 Fibonacci 结构的一维等离子体光子晶体为周期单元进行周期性延拓，OBG 的特性会发生什么样的变化呢？由图 8.47 可知，Fibonacci 序列阶数 N 在大于等于 7 时，PBG 的单带宽将不会发生变化。因此为了简化，将 G_7 作为光子晶体的单元进行延拓，称为 “Fibonacci 单元”。那么新构成的等离子体光子晶体可以表示为 $(G_7)^{N_2}$，其中 N_2 表示新构成光子晶体的周期数。图 8.48 给出了电磁波在不同入射角时 Fibonacci 单元和新构成的等离子体光子晶体的反射率图谱。其中灰色区域表示 OBGs。由图 8.48 可知，Fibonacci 单元和新构成的等离子体光子晶体产生的 PBG 和 OBG 带宽是相同的，唯一不同的是某些传输率峰值减小或者消失了。这是由于新构成的光子晶体中等离子体层较多，对传输率峰值损耗显著。

图 8.49 给出了电磁波垂直入射时新构成的一维等离子体光子晶体在不同周期数下的反射率图谱。由图 8.49 可知，改变周期数 N_2 对 PBG 的带宽毫无影响，PBG 的带宽不会随着 N_2 的增大而改变。由上述分析可知，用堆叠 “Fibonacci 单元” 的方式不能实现对 PBG 和 OBG 的拓展，OBG 的频率范围依然是 9.41~15.29GHz，带宽是 5.88 GHz。相反，这种堆叠 “Fibonacci 单元” 的方式反而会使得所设计出的全向反射器在尺寸上偏大。因此，改进型的 “Fibonacci 单元” 是拓展 OBG 带宽的一个较好的选择。

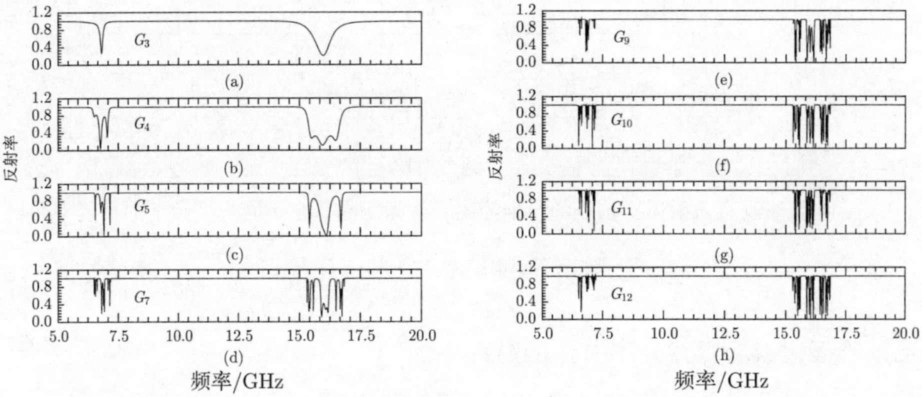

图 8.47 在不同 Fibonacci 序列阶数时，垂直入射电磁波时的反射率图谱

(a) G_3；(b) G_4；(c) G_5；(d) G_7；(e)G_9；(f)G_{10}；(g) G_{11}；(h) G_{12}

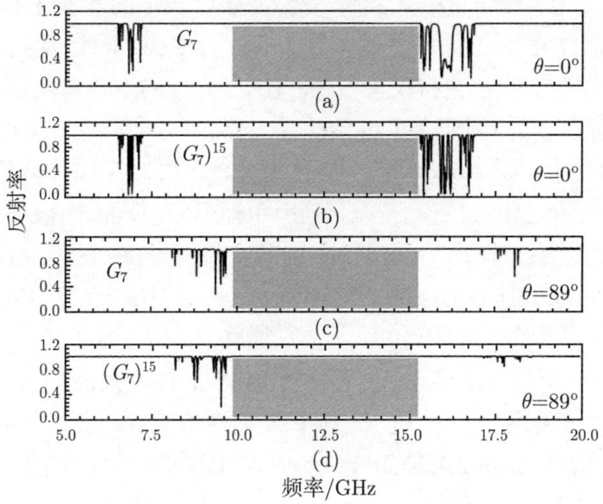

图 8.48 电磁波在不同入射角时 Fibonacci 单元和新构成的等离子体光子晶体的反射率图谱

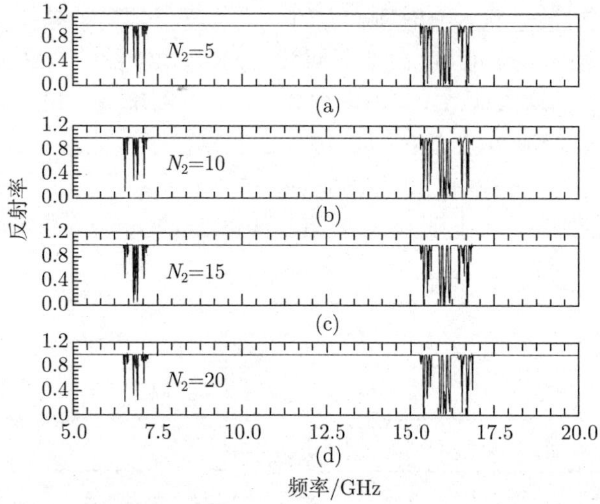

图 8.49　电磁波垂直入射时新构成的一维等离子体光子晶体在不同周期数下的反射率图谱

(a) N_2=5；(b)N_2=10；(c) N_2=15；(d) N_2=20

8.6.3　等离子体层厚度对 OBG 的影响

图 8.50 给出了电磁波垂直入射时该光子晶体在不同 $d_{\rm P}$ 时的反射率图谱。图 8.50(a) 给出了不存在等离子体层时，由 A 和 B 构成的常规一维二元光子晶体在电磁波垂直入射时的反射率图谱。由图 8.50(a) 可知，常规一维二元介质光子晶体的 PBG 带宽为 3.281 GHz。当引入厚度为 2 mm 的等离子体和介质 A 与 B 以改进型 Fibonacci 序列进行堆叠时 (图 8.50(c))，PBG 的带宽被明显拓宽了。与图 8.50(a) 相比，PBG 的带宽将变为 8.98GHz。PBG 的下边缘将随着 $d_{\rm P}$ 的增加向低频方向移动，而其上边缘则随着 $d_{\rm P}$ 的增加向高频方向移动。OBG 下边缘的频移幅度较上边缘的要小。图 8.51 给出了电磁波垂直入射时 PBG 和 OBG 与 $d_{\rm P}$ 的关系图。图 8.51(a) 中深色区域表示 PBGs。由图 8.51(a) 可知，电磁波垂直入射时，$d_{\rm P}$ 对 PBG 的上下边缘影响较为明显，PBG 的带宽将随着 $d_{\rm P}$ 的增大而增大。当 $d_{\rm P}$ 由 0.1mm 增加到 2.5 mm 时，PBG 的上边缘将由 11.80GHz 上移到 15.98GHz，而其下边缘则由 8.05GHz 下移到 6.94GHz。显然，增加 $d_{\rm P}$ 对 PBG 的带宽有明显的拓展作用。由图 8.51(b) 可知，OBG 的带宽将会随着 $d_{\rm P}$ 的增大而增大。OBG 的上边缘将随着 $d_{\rm P}$ 的增大向高频方向移动，而其下边缘将随着 $d_{\rm P}$ 的增大向低频方向移动。当等离子体厚度 $d_{\rm P}$ 由 1mm 增加到 3 mm 时，OBG 的频率范围是 8.88~16.14GHz，且其带宽是 7.26GHz。与 $d_{\rm P}$=1mm 时相比，OBG 的带宽拓宽了 1.38GHz。因此，增加等离子体层的厚度 $d_{\rm P}$ 能拓展 OBG 的带宽。

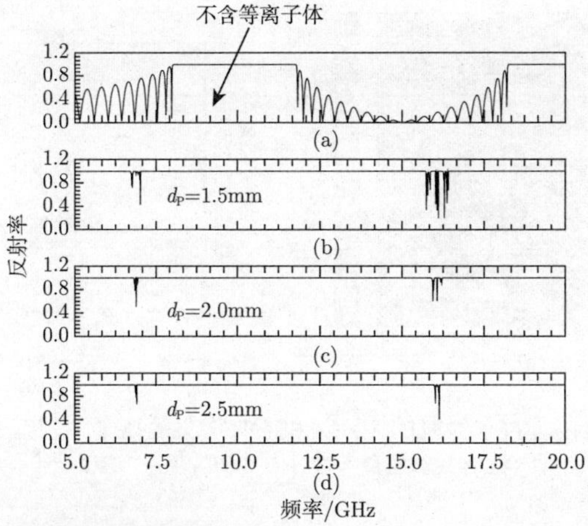

图 8.50　电磁波垂直入射时该光子晶体在不同 d_{P} 时的反射率图谱

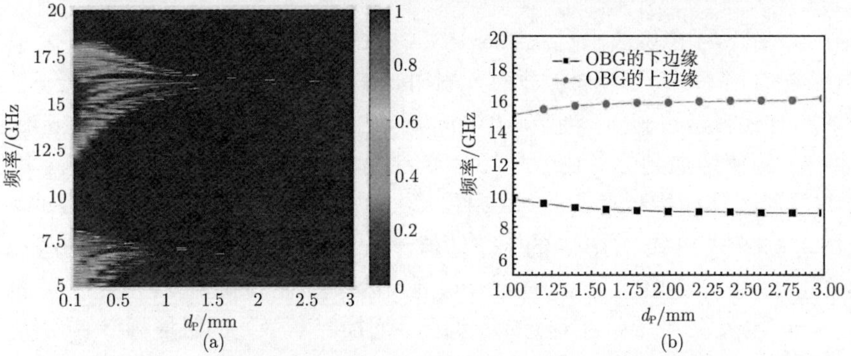

图 8.51　电磁波垂直入射时的 PBG 和 OBG 与 d_{P} 的关系图

(a) 电磁波垂直入射时的 PBG；(b) OBG

8.6.4　等离子体密度对 OBG 的影响

图 8.52 给出了电磁波垂直入射时 PBG 和 OBG 与等离子体密度 n_{e} 的关系图。图 8.52(a) 中深色区域表示 PBGs。由图 8.52(a) 可知，随着 n_{e} 的增大，PBG 的带宽能被显著地展宽。随着 n_{e} 的增加，PBG 的上下边缘都将向高频方向移动，且 PBG 上边缘的频率移动幅度较其下边缘的大很多。当 n_{e}=0 时，PBG 的带宽是 3.44GHz。而当 $n_{\mathrm{e}} = n_1(1\times10^{19}\mathrm{m}^{-3})$ 时，PBG 的带宽变为 8.08GHz。显然，增加等离子体密度能拓展 PBG 的带宽。当等离子体密度 n_{e} 由 0 增加到 $3n_1$ 时，PBG 的频率范围是 7.68~17.53GHz。由图 8.52(b) 可知，OBG 的上下边缘都将随着等离子体密度 n_{e} 的增加而向高频方向移动，OBG 的带宽也将随着 n_{e} 的增大而增大。当 n_{e} 的值由 $0.25n_1$ 增加到 $3n_1$ 时，OBG 的频率范围将变为 11.23~17.49GHz，其带宽为 6.26 GHz。与 n_{e} =$0.25n_1$ 时相比，OBG 的带宽增加了 2.14GHz。显然，增加等离子体密度 n_{e} 能拓展 OBG 的带宽，PBG 的带宽也会随着 n_{e} 的增加而展宽。

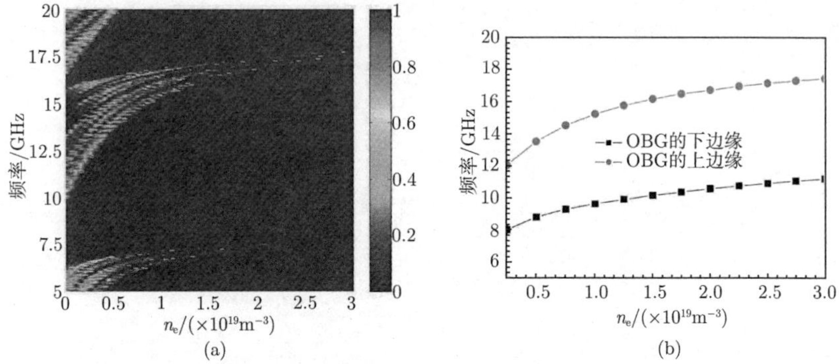

图 8.52　电磁波垂直入射时的 PBG 和 OBG 与等离子体密度 n_e 的关系图

(a) 电磁波垂直入射时的 PBG；(b) OBG

8.6.5　等离子体碰撞频率对 OBG 的影响

图 8.53 给出了电磁波垂直入射时 PBG 和 OBG 与等离子体碰撞频率 ν_c 的关系图。由图 8.53(a) 可知，当电磁波垂直入射时，PBG 的带宽将不会随着等离子体频率 ν_c 的增加而有明显的变化。当 $\nu_c=0.01\nu_0$ 时，PBG 的频率范围是 7.21~15.29GHz。如果将 ν_c 的值增加到 $\nu_c=10\nu_0$，PBG 的带宽依然没有变化。图 8.53(b) 给出了 OBG 与等离子体碰撞频率 ν_c 的关系图。图 8.53(b) 中的横坐标的以对数 log 为尺度。由图 8.53(b) 可知，OBG 的上下边缘不会随着 ν_c/ν_0 的增大而发生移动。当 ν_c/ν_0 的数值由 0.01 增加到 10 时，OBG 的频率范围将保持不变。它的频率范围是 9.41~15.29GHz，其带宽是 5.88 GHz。因此，增加等离子体的碰撞频率 ν_c 不能拓展 OBG 和 PBG 的带宽。

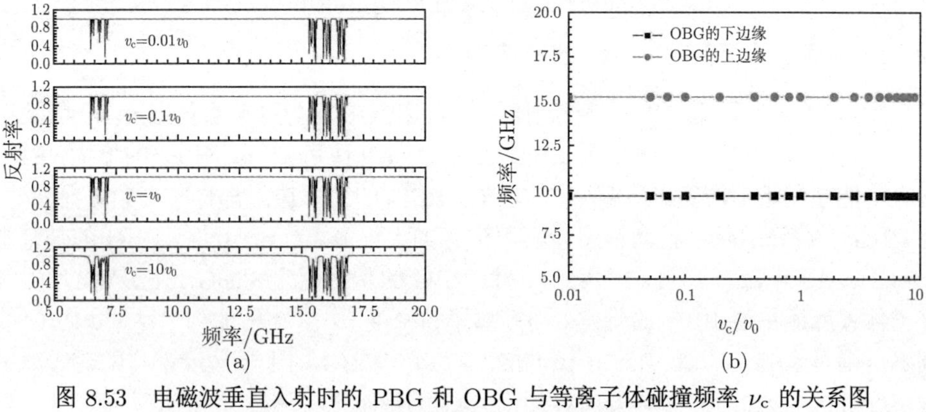

图 8.53　电磁波垂直入射时的 PBG 和 OBG 与等离子体碰撞频率 ν_c 的关系图

(a) 电磁波垂直入射时的 PBG；(b) OBG

第 9 章　二维等离子体光子晶体的电磁特性

第 8 章主要介绍了几种基于一维等离子体光子晶体的全向反射器的设计方法。而在实际应用过程中，更多的应用场合需要一个维度以上的周期结构，尤其是在光电集成电路中，简单的一维结构已经很难满足需求，更多的情况下需要二维甚至三维的光子晶体结构来实现。光子晶体本身就是一种人工介质[240]，能够展现许多有趣的特性，如超准直[241]、超棱镜[242] 和负折射率[243] 等。这使得研究光子晶体的重点不仅局限在 PBGs 上，而且对其通带特性也必须关注[244]。二维光子晶体作为间于一维和三维光子晶体的过渡结构，身兼一维和三维光子晶体的优点的同时加工实现也较为简单。因此，二维光子晶体一般既可以用来设计微谐振腔[245]、波导[246] 和高 Q 值激光[247]，也可以用来研究慢光效应[248]、折射率特性[249] 和自准直现象[250] 等。这意味着对二维光子晶体电磁特性的研究是实现真正的“全光”集成电路过程中必不可少的一环。本章将主要介绍二维等离子体光子晶体的电磁特性，内容主要涉及二维等离子体光子晶体在磁化和非磁化条件下的色散特性，并考虑更为普适情况下的二维等离子体的电磁特性，介绍了有限周期结构和新型二维等离子体光子晶体的传输和色散特性。

9.1　二维等离子体光子晶体的禁带特性

光子晶体可以控制光的反射、透射和抑制自发辐射，在光子集成电路中具有非常重要的应用价值[251]。对于集成光路而言，了解和把握二维等离子体光子晶体的基本电磁特性是必不可少的，这为设计集成光路的波导、滤波和谐振腔结构奠定了基础。本章采用改进的 PWE 方法研究了二维等离子体光子晶体的色散特性，分析了介质板一维等离子体孔构建的光子晶体结构中晶格夹角对带隙宽度的影响，讨论了有限周期结构条件下，二维等离子体光子晶体在 TM 模式下的传输特性，并采用 FDTD 模拟了 TM 波在该二维等离子体光子晶体中的传输过程。最后，分析了一种新型的二维等离子体光子晶体的色散特性。该新型等离子体光子晶体仅由等离子体构成，通过周期调制的外加磁场来实现光子晶体结构，这为研究和设计基于等离子体光子晶体的新型器件提供了思路。

9.1.1　二维菱形晶格等离子体光子晶体的理论模型与仿真计算

图 9.1 给出了二维菱形晶格等离子体光子晶体的模型图和第一不可约布里渊

区。a 为晶格常数，θ 为两晶格之间的锐角夹角，当 θ=60° 或 θ=90° 时，则为传统的三角或正方晶格光子晶体。等离子体柱和背景介质材料的相对介电常数分别为 ε_{p} 和 ε_{b}。

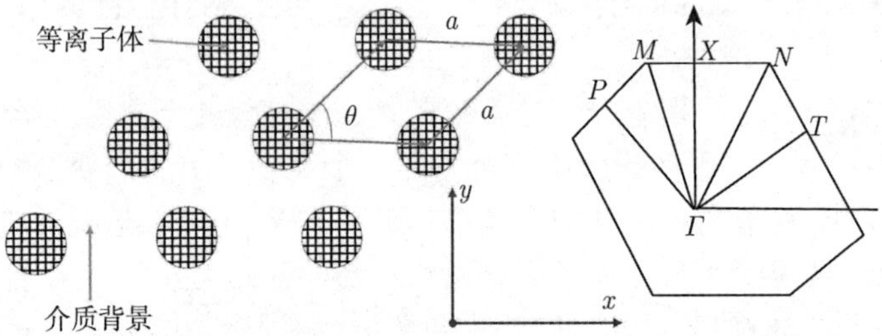

图 9.1 二维菱形晶格等离子体光子晶体的模型机第一不可约布里渊区

图 9.1 中的晶格基矢 $\boldsymbol{a}_1$ 和 $\boldsymbol{a}_2$ 分别为

$$\begin{cases} \boldsymbol{a}_1 = a\boldsymbol{e}_x \\ \boldsymbol{a}_2 = a(\cos\theta\boldsymbol{e}_x + \sin\theta\boldsymbol{e}_y) \end{cases} \tag{9.1}$$

其中，$\boldsymbol{e}_x$ 和 $\boldsymbol{e}_y$ 分别为 x 和 y 方向上的单位矢量。由光子晶体中晶格基矢 ($\boldsymbol{a}_1$, $\boldsymbol{a}_2$) 和倒格基矢 ($\boldsymbol{b}_1$, $\boldsymbol{b}_2$) 的关系[233]

$$\boldsymbol{a}_i \cdot \boldsymbol{b}_j = \begin{cases} 2\pi, & i = j \\ 0, & i \neq j \end{cases} \quad (i, j = 1, 2) \tag{9.2}$$

可得倒格基矢 $\boldsymbol{b}_1$ 和 $\boldsymbol{b}_2$ 为

$$\begin{cases} \boldsymbol{b}_1 = \dfrac{2\pi}{a}\boldsymbol{e}_x - \dfrac{2\pi}{a}\cot\theta\boldsymbol{e}_y \\ \boldsymbol{b}_2 = \dfrac{2\pi}{a\sin\theta}\boldsymbol{e}_y \end{cases} \tag{9.3}$$

则倒格矢 $\boldsymbol{G}_{\parallel}$ 为

$$\boldsymbol{G}_{\parallel} = h_1\boldsymbol{b}_1 + h_2\boldsymbol{b}_2 = \boldsymbol{G_x}\boldsymbol{e}_x + \boldsymbol{G_y}\boldsymbol{e}_y \tag{9.4}$$

其中，$\boldsymbol{G_x} = \dfrac{2\pi}{a}h_1$，$\boldsymbol{G_y} = \dfrac{2\pi}{a}\left(\dfrac{h_2}{\sin\theta} - h_1\cot\theta\right)$，$h_1$，$h_2$ 为任意整数。

由 $\boldsymbol{G}_{\parallel}$ 和周期平面波矢 $\boldsymbol{k}_{\parallel}$ 的关系式：

$$\boldsymbol{G}_{\parallel} \cdot \left(\boldsymbol{k}_{\parallel} + \frac{\boldsymbol{G}_{\parallel}}{2}\right) = 0 \tag{9.5}$$

可得图 9.1 中第一不可约布里渊区的各波矢值为

$$\Gamma = (0,0), \quad T = \frac{\pi}{a}\left(1, \frac{1-\cos\theta}{\sin\theta}\right), \quad N = \frac{\pi}{a}\left(1 - \frac{1-\cos\theta}{\sin\theta}\cot\theta, \frac{1}{\sin\theta}\right)$$

$$X=\frac{\pi}{a}\left(0,\frac{1}{\sin\theta}\right),\quad M=\frac{\pi}{a}\left(\frac{1-\cos\theta}{\sin\theta}\cot\theta-1,\frac{1}{\sin\theta}\right),\quad P=\frac{\pi}{a}(-1,\cot\theta) \tag{9.6}$$

图 9.1 中二维菱形晶格等离子体光子晶体介电函数的倒数为

$$\kappa(\boldsymbol{x}_{\|})=\frac{1}{\varepsilon(\boldsymbol{x}_{\|})}=\frac{1}{\varepsilon_{\mathrm{b}}}+\left(\frac{1}{\varepsilon_{\mathrm{p}}}-\frac{1}{\varepsilon_{\mathrm{b}}}\right)\sum_{l_1,l_2}S[\boldsymbol{x}_{\|}-\boldsymbol{t}_{\|}(l_1,l_2)] \tag{9.7}$$

其中

$$S(\boldsymbol{x}_{\|})=\begin{cases}1,\text{散射体内}\\0,\text{散射体外}\end{cases}$$

$\boldsymbol{x}_{\|}$ 为光子晶体周期平面任意矢量，$\boldsymbol{t}_{\|}=l_1\boldsymbol{a}_1+l_2\boldsymbol{a}_2$ 为单个元胞的周期性平移矢量，l_1，l_2 为任意整数。

对式 (9.7) 进行傅里叶级数展开得

$$\kappa(\boldsymbol{x}_{\|})=\sum_{\boldsymbol{G}_{\|}}\kappa(\boldsymbol{G}_{\|})\mathrm{e}^{\mathrm{j}\boldsymbol{G}_{\|}\cdot\boldsymbol{x}_{\|}} \tag{9.8}$$

其中傅里叶展开系数为

$$\kappa(\boldsymbol{G}_{\|})=\frac{1}{A_{\mathrm{c}}}\int_{A_{\mathrm{c}}}\mathrm{d}^2x_{\|}\kappa(\boldsymbol{x}_{\|})\mathrm{e}^{-\mathrm{j}\boldsymbol{G}_{\|}\cdot\boldsymbol{x}_{\|}} \tag{9.9}$$

$A_{\mathrm{c}}=|\boldsymbol{a}\times\boldsymbol{a}|=a^2\sin\theta$ 为菱形晶格等离子体光子晶体一个周期单元的面积。将式 (9.7) 代入式 (9.9) 可得

$$\begin{aligned}\kappa(\boldsymbol{G}_{\|})&=\frac{1}{A_{\mathrm{c}}}\int_{A_{\mathrm{c}}}\left\{\frac{1}{\varepsilon_{\mathrm{b}}}+\left(\frac{1}{\varepsilon_{\mathrm{p}}}-\frac{1}{\varepsilon_{\mathrm{b}}}\right)\sum_{l_1,l_2}S[\boldsymbol{x}_{\|}-\boldsymbol{t}_{\|}(l_1,l_2)]\right\}\mathrm{e}^{-\mathrm{j}\boldsymbol{G}_{\|}\cdot\boldsymbol{x}_{\|}}\mathrm{d}^2x_{\|}\\&=\frac{1}{\varepsilon_{\mathrm{b}}}\frac{1}{A_{\mathrm{c}}}\int_{A_{\mathrm{c}}}\mathrm{e}^{-\mathrm{j}\boldsymbol{G}_{\|}\cdot\boldsymbol{x}_{\|}}\mathrm{d}^2x_{\|}+\left(\frac{1}{\varepsilon_{\mathrm{p}}}-\frac{1}{\varepsilon_{\mathrm{b}}}\right)\frac{1}{A_{\mathrm{c}}}\int_{A_{\mathrm{c}}}S(\boldsymbol{x}_{\|})\mathrm{e}^{-\mathrm{j}\boldsymbol{G}_{\|}\cdot\boldsymbol{x}_{\|}}\mathrm{d}^2x_{\|}\\&=\frac{1}{\varepsilon_{\mathrm{b}}}\delta_{\boldsymbol{G}_{\|},0}+\left(\frac{1}{\varepsilon_{\mathrm{p}}}-\frac{1}{\varepsilon_{\mathrm{b}}}\right)P(\boldsymbol{G}_{\|})\end{aligned} \tag{9.10}$$

其中结构函数为

$$P(\boldsymbol{G}_{\|})=\frac{1}{A_{\mathrm{c}}}\int_{A_{\mathrm{c}}}S(\boldsymbol{x}_{\|})\mathrm{e}^{-\mathrm{j}\boldsymbol{G}_{\|}\cdot\boldsymbol{x}_{\|}}\mathrm{d}^2x_{\|}=\frac{1}{A_{\mathrm{c}}}\int_{x_{\|}\in\text{散射体内}}\mathrm{e}^{-\mathrm{j}\boldsymbol{G}_{\|}\cdot\boldsymbol{x}_{\|}}\mathrm{d}^2x_{\|} \tag{9.11}$$

$P(\boldsymbol{G}_{\|})$ 由散射体的形状决定，当散射体为圆形、方形和六边形时，可得 $P(\boldsymbol{G}_{\|})$ 分别为

$$P(\boldsymbol{G}_{\|})=2f\frac{J_1(|\boldsymbol{G}_{\|}|R)}{|\boldsymbol{G}_{\|}|R}\quad(\text{圆形}) \tag{9.12}$$

其中，R 为圆半径，$f=\pi R^2/(a^2\sin\theta)$ 为圆形散射体的填充率，J_1 为第一类贝塞尔函数。

$$P(\boldsymbol{G}_\parallel)=\begin{cases} f\dfrac{\sin(G_xL/2)}{(G_xL/2)}, & G_x\neq 0,\quad G_y=0 \\ f\dfrac{\sin(G_yL/2)}{(G_yL/2)}, & G_y\neq 0,\quad G_x=0 \\ f\dfrac{\sin(G_xL/2)\sin(G_yL/2)}{(G_xL/2)(G_yL/2)}, & G_x\neq 0,\quad G_y\neq 0 \end{cases}\quad (\text{方形}) \tag{9.13}$$

其中，L 为方形的长度，$f=L^2/(a^2\sin\theta)$ 为方形散射体的填充率。

$$P(\boldsymbol{G}_\parallel)=\begin{cases} \dfrac{2f}{3G_xb}\left[\sin(G_xb)+\dfrac{1-\cos(G_xb)}{G_xb}\right], & G_x\neq 0, G_y=0 \\ \dfrac{f}{3G_xb}\left[\sin(2G_xb)+\dfrac{1-\cos(2G_xb)}{2G_xb}\right], & |G_x|=|G_y|/\sqrt{3}, G_y\neq 0 \\ \dfrac{f}{G_yb}\left[\dfrac{\cos\left(G_yb/\sqrt{3}-G_xb\right)-\cos\left(2G_yb/\sqrt{3}\right)}{\left(G_y+G_x\sqrt{3}\right)b}\right. & \\ \left.+\dfrac{\cos\left(G_yb/\sqrt{3}+G_xb\right)-\cos\left(2G_yb/\sqrt{3}\right)}{\left(G_y-G_x\sqrt{3}\right)b}\right], & |G_x|\neq|G_y|/\sqrt{3}, G_y\neq 0 \end{cases}\quad (\text{六边形}) \tag{9.14}$$

其中，d 为六边形边长，$b=\sqrt{3}d/2$，$f=3\sqrt{3}d^2/(2a^2\sin\theta)$ 为散射体的填充率。

如果计算时引入的时谐量是 $\mathrm{e}^{-\mathrm{j}\omega t}$, ω 是角频率, t 是时间, 且 $\mathrm{j}=\sqrt{-1}$，那么等离子体的相对介电常数 ε_p 可以表示为

$$\varepsilon_\mathrm{p}(\omega)=1-\frac{\omega_\mathrm{p}^2}{\omega^2+\mathrm{j}(\nu_\mathrm{c}\omega)} \tag{9.15}$$

其中，ω_p 和 ν_c 分别表示等离子体频率和等离子体碰撞频率。

在 TE 模式下，二维菱形晶格等离子体光子晶体的波动方程满足

$$\nabla\times\kappa(\boldsymbol{x}_\parallel)\nabla\times\boldsymbol{H}(\boldsymbol{k}_\parallel,\boldsymbol{x}_\parallel)=\left(\frac{\omega}{c}\right)^2\boldsymbol{H}(\boldsymbol{k}_\parallel,\boldsymbol{x}_\parallel) \tag{9.16}$$

将 $\boldsymbol{H}(\boldsymbol{k}_\parallel,\boldsymbol{x}_\parallel)=(0,0,H_z(\boldsymbol{k}_\parallel,\boldsymbol{x}_\parallel))$ 代入式 (9.16) 得

$$\frac{\partial}{\partial x}\left[\kappa(\boldsymbol{x}_\parallel)\frac{\partial H_z}{\partial x}\right]+\frac{\partial}{\partial y}\left[\kappa(\boldsymbol{x}_\parallel)\frac{\partial H_z}{\partial y}\right]+\frac{\omega^2}{c^2}H_z=0 \tag{9.17}$$

将 H_z 进行傅里叶级数展开为

$$H_z(\boldsymbol{k}_\parallel,\boldsymbol{x}_\parallel)=\sum_{\boldsymbol{G}_\parallel}A(\boldsymbol{k}_\parallel,\boldsymbol{G}_\parallel)\mathrm{e}^{\mathrm{j}(\boldsymbol{k}_\parallel+\boldsymbol{G}_\parallel)\cdot\boldsymbol{x}_\parallel} \tag{9.18}$$

其中，$A(\boldsymbol{k}_\parallel,\boldsymbol{G}_\parallel)$ 为 H_z 的傅里叶展开系数。

将式 (9.8) 和式 (9.18) 代入式 (9.16) 整理，可得 TE 模式下的本征方程为

$$\sum_{\boldsymbol{G}'_{\parallel}}(\boldsymbol{k}_{\parallel}+\boldsymbol{G}_{\parallel})(\boldsymbol{k}_{\parallel}+\boldsymbol{G}'_{\parallel})\kappa(\boldsymbol{G}_{\parallel}-\boldsymbol{G}'_{\parallel})A(\boldsymbol{k}_{\parallel},\boldsymbol{G}'_{\parallel})=\frac{\omega^2}{c^2}A(\boldsymbol{k}_{\parallel},\boldsymbol{G}_{\parallel}) \tag{9.19}$$

通过对实对称矩阵方程 (9.19) 求解可得本征频率 ω 和本征矢量 $A(\boldsymbol{k}_{\parallel},\boldsymbol{G}_{\parallel})$，具体计算公式参见第 2 章的相关内容。将波矢 $\boldsymbol{k}_{\parallel}$ 和本征频率 ω 联立可得二维菱形晶格等离子体光子晶体在 TE 模式下的色散曲线。将本征矢量 $A(\boldsymbol{k}_{\parallel},\boldsymbol{G}_{\parallel})$ 代入式 (9.19) 可求得磁场分布，从而由 Maxwell 方程可进一步求 TE 极化波的电场分布。

TM 模式下，该二维菱形晶格等离子体光子晶体极化波的波动方程满足

$$\nabla\times\nabla\times\boldsymbol{E}(\boldsymbol{k}_{\parallel},\boldsymbol{x}_{\parallel})=\frac{\omega^2}{c^2}\hat{\varepsilon}(\boldsymbol{x}_{\parallel})\boldsymbol{E}(\boldsymbol{k}_{\parallel},\boldsymbol{x}_{\parallel}) \tag{9.20}$$

介质的傅里叶级数展开可以表示为

$$\hat{\varepsilon}(\boldsymbol{x}_{\parallel})=\begin{pmatrix}\varepsilon_{\mathrm{b}} & 0 & 0\\ 0 & \varepsilon_{\mathrm{b}} & 0\\ 0 & 0 & \varepsilon_{\mathrm{b}}\end{pmatrix}+\begin{pmatrix}\varepsilon_{\mathrm{p}}-\varepsilon_{\mathrm{b}} & 0 & 0\\ 0 & \varepsilon_{\mathrm{p}}-\varepsilon_{\mathrm{b}} & 0\\ 0 & 0 & \varepsilon_{\mathrm{p}}-\varepsilon_{\mathrm{b}}\end{pmatrix}\sum_{l_1,l_2}S[\boldsymbol{x}_{\parallel}-\boldsymbol{t}_{\parallel}(l_1,l_2)] \tag{9.21}$$

TM 模式下，电场分量表示为

$$\boldsymbol{E}(\boldsymbol{k}_{\parallel},\boldsymbol{x}_{\parallel})=(0,0,\boldsymbol{E_z}(\boldsymbol{k}_{\parallel},\boldsymbol{x}_{\parallel})) \tag{9.22}$$

将式 (9.21) 和式 (9.22) 代入式 (9.20) 得

$$\begin{aligned}&\nabla\times\nabla\times\boldsymbol{E}\\&=\nabla\times\begin{pmatrix}e_x & e_y & e_z\\ \dfrac{\partial}{\partial x} & \dfrac{\partial}{\partial y} & \dfrac{\partial}{\partial z}\\ \dfrac{\partial E_z}{\partial y} & -\dfrac{\partial E_z}{\partial x} & 0\end{pmatrix}=\begin{pmatrix}0\\0\\-\dfrac{\partial^2E_z}{\partial x^2}-\dfrac{\partial^2E_z}{\partial y^2}\end{pmatrix}e_z\\&=\frac{\omega^2}{c^2}\hat{\varepsilon}(x_{\parallel})\begin{pmatrix}0\\0\\E_z\end{pmatrix}e_z=\frac{\omega^2}{c^2}\begin{pmatrix}0\\0\\ \left\{\varepsilon_{\mathrm{b}}+(\varepsilon_{\mathrm{p}}-\varepsilon_{\mathrm{b}})\displaystyle\sum_{l_1,l_2}S[\boldsymbol{x}_{\parallel}-\boldsymbol{t}_{\parallel}(l_1,l_2)]\right\}E_ze_z\end{pmatrix}\end{aligned} \tag{9.23}$$

整理式 (9.23) 可得

$$\frac{\partial^2E_z}{\partial x^2}+\frac{\partial^2E_z}{\partial y^2}=-\frac{\omega^2}{c^2}\varepsilon(\boldsymbol{x}_{\parallel})E_z \tag{9.24}$$

其中

$$\varepsilon(\boldsymbol{x}_{\parallel})=\varepsilon_{\mathrm{b}}+(\varepsilon_{\mathrm{p}}-\varepsilon_{\mathrm{b}})\sum_{l_1,l_2}S[\boldsymbol{x}_{\parallel}-\boldsymbol{t}_{\parallel}(l_1,l_2)] \tag{9.25}$$

由式 (9.23) 可求得式 (9.25) 的傅里叶展开系数为

$$\varepsilon(\boldsymbol{G}_{\parallel})=\begin{cases}\varepsilon_{\mathrm{b}}+(\varepsilon_{\mathrm{p}}-\varepsilon_{\mathrm{b}})f, & \boldsymbol{G}_{\parallel}=0\\ (\varepsilon_{\mathrm{p}}-\varepsilon_{\mathrm{b}})f\dfrac{2J_1\left(\left|\boldsymbol{G}_{\parallel}\right|R\right)}{\left|\boldsymbol{G}_{\parallel}\right|R}, & \boldsymbol{G}_{\parallel}\neq 0\end{cases} \tag{9.26}$$

电场 $E_z(\boldsymbol{k}_{\parallel},\boldsymbol{x}_{\parallel})$ 的傅里叶级数展开为

$$E_z(\boldsymbol{k}_{\parallel},\boldsymbol{x}_{\parallel})=\sum_{\boldsymbol{G}_{\parallel}}A(\boldsymbol{k}_{\parallel},\boldsymbol{G}_{\parallel})\mathrm{e}^{\mathrm{j}(\boldsymbol{k}_{\parallel}+\boldsymbol{G}_{\parallel})\cdot\boldsymbol{x}_{\parallel}} \tag{9.27}$$

又因为

$$\begin{cases}E_z(\boldsymbol{k}_{\parallel},\boldsymbol{x}_{\parallel})=\displaystyle\sum_{\boldsymbol{G}'_{\parallel}}A(\boldsymbol{k}_{\parallel},\boldsymbol{G}'_{\parallel})\mathrm{e}^{\mathrm{j}(\boldsymbol{k}_{\parallel}+\boldsymbol{G}'_{\parallel})\cdot\boldsymbol{x}_{\parallel}}\\ \varepsilon(\boldsymbol{x}_{\parallel})=\displaystyle\sum_{\boldsymbol{G}'_{\parallel}}\varepsilon(\boldsymbol{G}''_{\parallel})\mathrm{e}^{\mathrm{j}\boldsymbol{G}''_{\parallel}\cdot\boldsymbol{x}_{\parallel}}\end{cases} \tag{9.28}$$

将式 (9.27) 和式 (9.28) 分别代入式 (9.23) 的左侧和右侧，并整理可得

$$\begin{aligned}&\sum_{\boldsymbol{G}_{\parallel}}\left|\boldsymbol{k}_{\parallel}+\boldsymbol{G}_{\parallel}\right|^2A(\boldsymbol{k}_{\parallel},\boldsymbol{G}_{\parallel})\mathrm{e}^{\mathrm{j}(\boldsymbol{k}_{\parallel}+\boldsymbol{G}_{\parallel})\cdot\boldsymbol{x}_{\parallel}}\\ =&\frac{\omega^2}{c^2}\sum_{\boldsymbol{G}'_{\parallel}}\sum_{\boldsymbol{G}''_{\parallel}}\varepsilon(\boldsymbol{G}''_{\parallel})A(\boldsymbol{k}_{\parallel},\boldsymbol{G}'_{\parallel})\mathrm{e}^{\mathrm{j}(\boldsymbol{k}_{\parallel}+\boldsymbol{G}'_{\parallel}+\boldsymbol{G}''_{\parallel})\cdot\boldsymbol{x}_{\parallel}}\end{aligned} \tag{9.29}$$

令 $\boldsymbol{G}_{\parallel}=\boldsymbol{G}'_{\parallel}+\boldsymbol{G}''_{\parallel}$ 可得

$$\begin{aligned}\left|\boldsymbol{k}_{\parallel}+\boldsymbol{G}_{\parallel}\right|^2A(\boldsymbol{k}_{\parallel},\boldsymbol{G}_{\parallel})&=\frac{\omega^2}{c^2}\sum_{G'_{\parallel}}\varepsilon(\boldsymbol{G}_{\parallel}-\boldsymbol{G}'_{\parallel})A(\boldsymbol{k}_{\parallel},\boldsymbol{G}'_{\parallel})\\ &=\frac{\omega^2}{c^2}\varepsilon(0)A(\boldsymbol{k}_{\parallel},\boldsymbol{G}_{\parallel})+\frac{\omega^2}{c^2}\sum_{\boldsymbol{G}'^{1}_{\parallel}G_{\parallel}}\varepsilon(\boldsymbol{G}_{\parallel}-\boldsymbol{G}'_{\parallel})A(\boldsymbol{k}_{\parallel},\boldsymbol{G}'_{\parallel})\end{aligned} \tag{9.30}$$

将式 (9.26) 代入式 (9.30) 并整理可得非线性本征方程为

$$(\omega^4\boldsymbol{P}-\omega^3\boldsymbol{Q}-\omega^2\boldsymbol{R}-\omega\boldsymbol{S}-\boldsymbol{T})\boldsymbol{A}=0 \tag{9.31}$$

其中各矩阵元素分别为

$$\boldsymbol{P}(\boldsymbol{G}_{\parallel}|\boldsymbol{G}'_{\parallel})=\left[(1-\varepsilon_{\mathrm{b}})f\frac{2J_1\left(\left|\boldsymbol{G}_{\parallel}-\boldsymbol{G}'_{\parallel}\right|R\right)}{\left|\boldsymbol{G}_{\parallel}-\boldsymbol{G}'_{\parallel}\right|R}+\varepsilon_{\mathrm{b}}\delta_{\boldsymbol{G}_{\parallel},\boldsymbol{G}'_{\parallel}}\right],\quad \boldsymbol{Q}(\boldsymbol{G}_{\parallel}|\boldsymbol{G}'_{\parallel})=0$$

$$\boldsymbol{R}(\boldsymbol{G}_{\|}|\boldsymbol{G}'_{\|}) = [\omega_{\rm p}^2 - v^2(\varepsilon_{\rm b}-1)]f\frac{2J_1\left(\left|\boldsymbol{G}_{\|}-\boldsymbol{G}'_{\|}\right|R\right)}{\left|\boldsymbol{G}_{\|}-\boldsymbol{G}'_{\|}\right|R}\left(c^2\left|\boldsymbol{k}_{\|}+\boldsymbol{G}_{\|}\right|^2 - v_{\rm c}^2\varepsilon_{\rm b}\right)\delta_{\boldsymbol{G}_{\|},\boldsymbol{G}'_{\|}}$$

$$\boldsymbol{S}(\boldsymbol{G}_{\|}|\boldsymbol{G}'_{\|}) = -{\rm j}v_{\rm c}\omega_{\rm p}^2 f\frac{2J_1\left(\left|\boldsymbol{G}_{\|}-\boldsymbol{G}'_{\|}\right|R\right)}{\left|\boldsymbol{G}_{\|}-\boldsymbol{G}'_{\|}\right|R},\quad \boldsymbol{T}(\boldsymbol{G}_{\|}|\boldsymbol{G}'_{\|}) = v_{\rm c}^2c^2\left|\boldsymbol{k}_{\|}+\boldsymbol{G}_{\|}\right|^2\delta_{\boldsymbol{G}_{\|},\boldsymbol{G}'_{\|}}$$

利用线性变换将非线性本征方程 (9.31) 转化成线性本征方程形式为

$$\boldsymbol{X}\boldsymbol{A} = 0 \tag{9.32}$$

其中

$$\boldsymbol{X} = \begin{bmatrix} \boldsymbol{0} & \boldsymbol{I} & \boldsymbol{0} & \boldsymbol{0} \\ \boldsymbol{0} & \boldsymbol{0} & \boldsymbol{I} & \boldsymbol{0} \\ \boldsymbol{0} & \boldsymbol{0} & \boldsymbol{0} & \boldsymbol{I} \\ \boldsymbol{P}^{-1}\boldsymbol{T} & \boldsymbol{P}^{-1}\boldsymbol{S} & \boldsymbol{P}^{-1}\boldsymbol{R} & \boldsymbol{P}^{-1}\boldsymbol{Q} \end{bmatrix} \tag{9.33}$$

对式 (9.32) 求本征值可得 $\boldsymbol{k}_{\|}$ 与 ω 的关系，从而可得该二维菱形晶格等离子体光子晶体 TM 模式下的色散曲线。将本征矢量 $\boldsymbol{A}(k_{\|}, G_{\|})$ 代入式 (9.27) 可求得电场分布，由 Maxwell 方程可进一步求其磁场分布。

9.1.2　二维菱形晶格等离子体光子晶体的色散特性

为了验证上述算法和结论的正确性，本节用三个例子来说明这个问题。对于等离子体而言，如果等离子体密度为零，即等离子体频率为零，此时等离子体可以近似等效为空气。图 9.2(a) 给出了 TM 模式下二维菱形晶格等离子体光子晶体的色散曲线，其中深色区域代表 PBG。具体参数如下：背景介质的相对介电常数为 $\varepsilon_{\rm b}$=12.96，等离子体柱的半径为 R=0.45a，取晶格夹角 $\theta = 60°$，等离子体频率为 $\omega_{\rm p} = 0.25(2\pi c/a)$=0.25$\omega_{\rm p0}$，等离子体碰撞频率为 $\nu_{\rm c} = 0.002\omega_{\rm p}$。计算所采用的平面波数为 441 个。横坐标为对应图 9.2 的波矢，方向沿 $\Gamma-T-N-\Gamma-X-M-\Gamma-P-M$，纵坐标为归一化频率 $\omega a/2\pi c$。由图 9.2(a) 可知，此时二维菱形晶格等离子体光子晶体能够产生两个 PBGs：0~0.1021 $(2\pi c/a)$ 和 0.3858~0.4388 $(2\pi c/a)$。第一个 PBG 的产生是由于等离子体光子晶体存在截止频率。显然，在 θ=60° 的情况下，菱形晶格结构就是我们常说的三角形晶格。图 9.2(b) 给出了 TM 模式下二维三角形晶格等离子体光子晶体的色散曲线，比较图 9.2(a) 和 (b) 中的结果可知，在菱形晶格布里渊区和传统 PWE 方法计算得出的色散曲线是相同的。所以，菱形晶格第一布里渊区中的计算结果是准确的，能适用于一般情况。同理，图 9.3 中给出了 TE 模式下二维等离子体光子晶体的色散曲线，其中，$\varepsilon_{\rm b}$=11.9，θ=60°，R=0.283a，$\omega_{\rm p}$=$\nu_{\rm c}$=0。类似于图 9.2，在菱形晶格和三角形晶格条件下，计算得到的结果是相同的，并且存在着两个 PBGs，分别位于：0.2066~0.2691 $(2\pi c/a)$ 和 0.5784~0.6109 $(2\pi c/a)$。

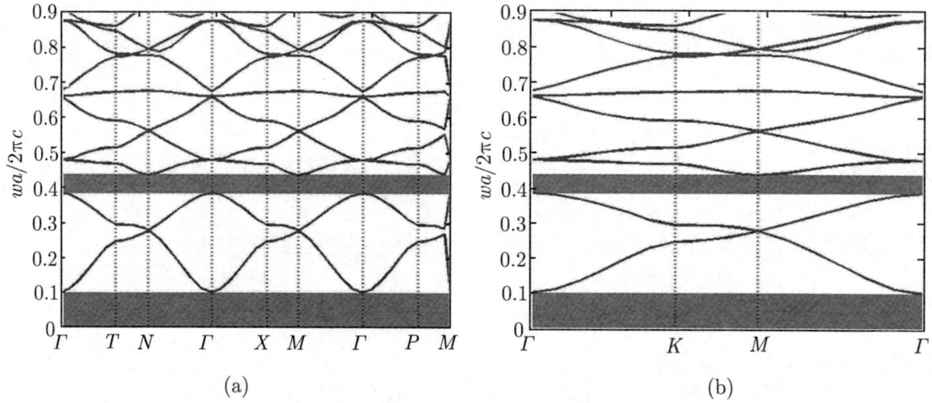

图 9.2　TM 模式下二维等离子体光子晶体的色散曲线

(a) 菱形晶格；(b) 三角形晶格

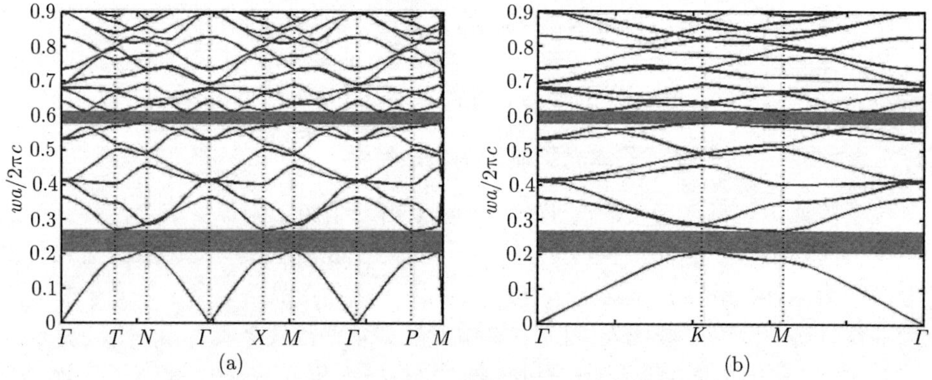

图 9.3　TE 模式下二维等离子体光子晶体的色散曲线

(a) 菱形晶格；(b) 三角形晶格

图 9.4 给出了二维等离子体光子晶体分别在两种极化模式下的色散曲线。其具体参数为：$\varepsilon_{\rm b}$=12.9，θ = 60°，R=0.44a，$\omega_{\rm p}$=0.25(2πc/a) 和 $\nu_{\rm c}$=0.002$\omega_{\rm p}$。由图 9.4(a) 可知，在 TE 模式下，当菱形晶格的夹角为 60° 时，有两个 PBGs，它们的频率范围为 0.3106~0.5332 (2πc/a) 和 0.7906~0.8276 (2πc/a)。在 $\omega \leqslant \omega_{\rm p}$ 区域，有一个水平带区域，这主要是由于表面等离子体激元模而形成的[250,254]，水平带区域的特点是群速度较低。由图 9.4(b) 可知，在 TM 模式下，该等离子体光子晶体能够产生三个 PBGs，它们分别覆盖 0~0.0957 (2πc/a)、0.3761~0.4172 (2πc/a) 和 0.6528~0.6587 (2πc/a)。它们分别在第 1 条以下，第 2、3 条和 7、8 条色散曲线之间各存在一个带隙 $\rm TM_{01}$、$\rm TM_{23}$ 和 $\rm TM_{78}$，且 $\rm TM_{01}$ 的带宽较大。

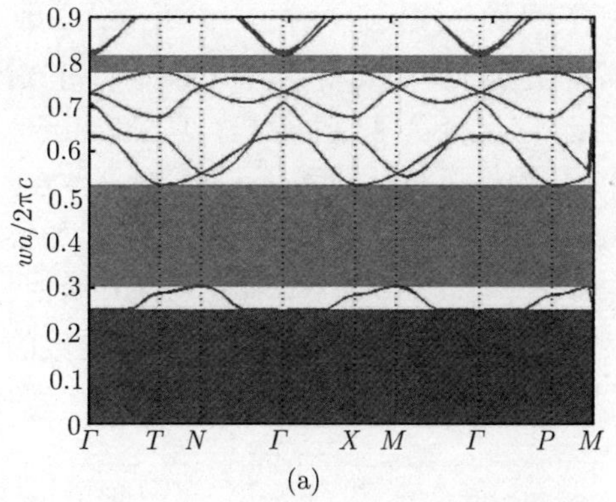

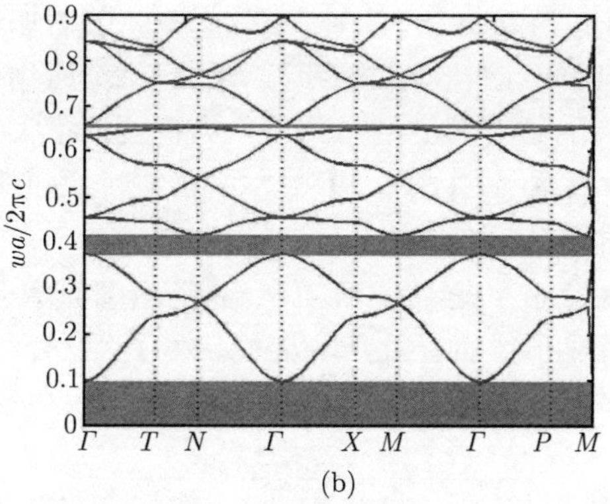

图 9.4 二维菱形晶格等离子体光子晶体的色散曲线

(a) TE 模式; (b) TM 模式

下面将主要介绍二维非磁化菱形晶格等离子体光子晶体 (等离子体柱填充介质背景) 的带隙特性，介绍菱形晶格夹角不同时，TE 极化波的第一禁带 (TE1) 和 TM 波的第二禁带 (TM2)。由于第一禁带是由截止频率造成的，所以仅考虑第二禁带的特性，即相对带隙宽度 $\omega_{\rm R}=\Delta\omega/\omega_{\rm g}$($\omega_{\rm g}$ 为带隙的中心位置，$\Delta\omega$ 为带隙的宽度) 与等离子体柱半径、等离子体频率和背景材料的变化。

9.1.3 等离子体柱半径对 PBGs 的影响

图 9.5 给出了菱形晶格夹角取不同值时，PBGs 与等离子体柱半径的关系图。其他参数保持不变，与图 9.4 中的相同，仅改变等离子体半径 R 的大小。由图 9.5(a) 可知，该二维等离子体光子晶体在 $\theta>55^\circ$ 时 TE1 存在。当 θ 固定时，方孔结构的 $\omega_{\rm R}$ 随 θ 的增加先增大后减小。但当 R/a 固定时，$\omega_{\rm R}$ 随 θ 的变化不规则，$\omega_{\rm R}$ 沿 $90^\circ-85^\circ-75^\circ-60^\circ-70^\circ$ 方向逐渐增大。当 $R/a<0.37$ 时，$\omega_{\rm R}$ 在 θ=55° 达到最大；当 $R/a\geqslant$0.37 时，$\omega_{\rm R}$ 在 60° 达到最大。由图 9.5(b) 可知，TM 模式下该二维等离子体光子晶体产生的 TM2 在 θ=60°、70°、85° 和 90° 存在。当 R/a 固定时，$\omega_{\rm R}$ 沿 $70^\circ-60^\circ-85^\circ-90^\circ$ 角度方向增大；当 θ 固定时，$\omega_{\rm R}$ 随 R/a 的增加而增大。

9.1.4 等离子体频率对 PBGs 的影响

图 9.6 给出了菱形晶格夹角取不同值时，PBGs 与等离子体频率的关系图。其他参数保持不变，与图 9.4 中的相同，仅改变等离子体频率 $\omega_{\rm p}$ 的大小。由图 9.6 可知，当菱形晶格夹角取不同值时，在 TE 和 TM 模式下，该二维等离子体光子晶体产生的 PBGs 明显与等离子体频率有关。例如 θ=90°，对于 TE 极化波而言，当 $\omega_{\rm p}/\omega_{\rm p0}<0.36$ 时 TE1 才会出现；而对于 TM 极化波而言，却不存在这种现象，$\omega_{\rm p}/\omega_{\rm p0}$ 在 0.05~1 都能产生 TM2。由图 9.6(a) 可知，仅当 $\theta>55^\circ$ 时，TE1 存

在，当 θ 固定时，$\omega_{\rm R}$ 随 $\omega_{\rm p}/\omega_{\rm p0}$ 的增加先增大后减小。当 θ=55°、60°、75°、85° 和 90° 时，$\omega_{\rm R}$ 均在 $\omega_{\rm p}/\omega_{\rm p0}$=0.25 达到最大。另外，当 $\omega_{\rm p}/\omega_{\rm p0}$ 固定时，$\omega_{\rm R}$ 沿 $90°-85°-75°-55°-60°$ 方向逐渐增大。当 $\omega_{\rm p}/\omega_{\rm p0}>0.36$ 时，只有 θ=55° 和 60° 存在着 TE1，$\omega_{\rm R}$ 沿 $65°-55°$ 方向逐渐增大。由图 9.6(b) 可知，TM2 在 $\theta>60°$ 时存在。如果固定 $\omega_{\rm p}/\omega_{\rm p0}$，$\omega_{\rm R}$ 将沿着 $70°-60°-85°-90°$ 方向逐渐增大。如果保持 θ 不变，$\omega_{\rm R}$ 随 $\omega_{\rm p}/\omega_{\rm p0}$ 的增加而增大。这是因为当等离子体碰撞频率增大时，等离子体的有效介电常数减小了，这使得背景介质与等离子体的相对介电常数的差值变大，所以 TM2 被展宽了，即 $\omega_{\rm R}$ 变大了。

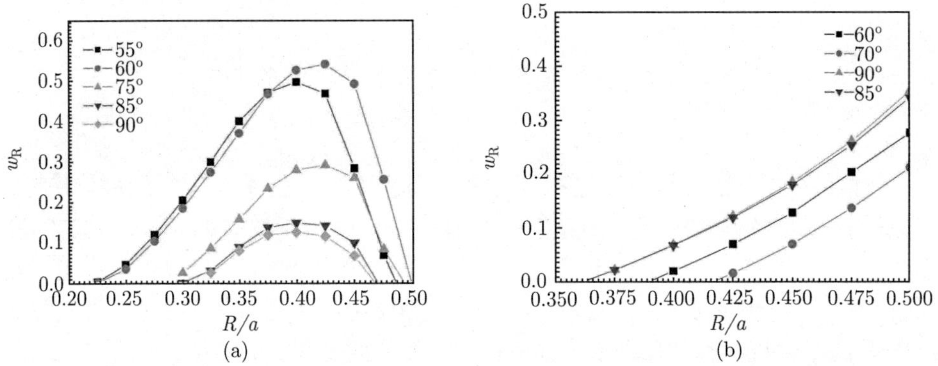

图 9.5　菱形晶格夹角取不同值时，PBGs 与等离子体柱半径的关系图

(a) TE 模式；(b) TM 模式

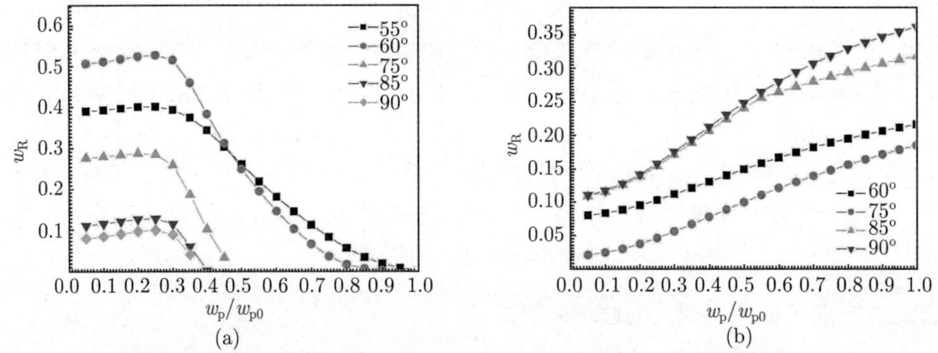

图 9.6　菱形晶格夹角取不同值时，PBGs 与等离子体频率的关系图

(a) TE 模式；(b) TM 模式

9.1.5　介质背景对 PBGs 的影响

图 9.7 给出了菱形晶格夹角取不同值时，PBGs 与介质背景的关系图。其他参

数保持不变，与图 9.4 中的相同，仅改变介质背景的相对介电常数的大小。由图 9.7 可知，当菱形晶格夹角取不同值时，在 TE 和 TM 模式下该二维等离子体光子晶体产生的 PBGs 明显与背景介质的相对介电常数有关。例如 θ=90°，对于 TE 极化波而言，只有当 $\varepsilon_{\rm b}>5$ 时 TE1 才会存在；而对于 TM 极化波而言，只有当 $\varepsilon_{\rm b}>2.5$ 时 TM2 才会出现。当 $\varepsilon_{\rm b}$ 固定时，TE1 的相对带隙宽度沿 $90°-85°-75°-55°-60°$ 方向增加，TM2 的 $\omega_{\rm R}$ 沿 $70°-60°-85°-90°$ 方向增加。当 θ 保持不变时，TE1 的 PBG 的相对带宽 $\omega_{\rm R}$ 均会随着 $\varepsilon_{\rm b}$ 的增加而先增加后减小，TM2 的 PBG 的相对带宽 $\omega_{\rm R}$ 均会随着 $\varepsilon_{\rm b}$ 的增加而增加。对于 TE1 和 TM2 的 $\omega_{\rm R}$ 而言，$\omega_{\rm R}$ 开始增加较快，后来变化较为缓慢。可见散射体和背景材料介电常数的差值越大越容易形成带隙，但是当背景材料的相对介电常数增加到一定值时，带隙宽度的增加比较平缓。

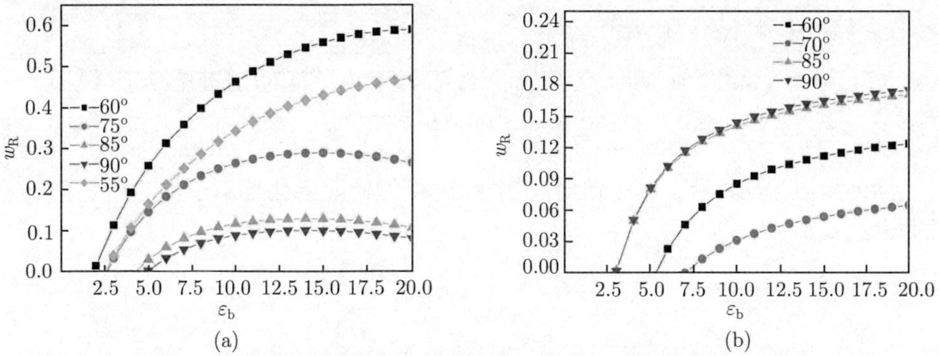

图 9.7　菱形晶格夹角取不同值时，PBGs 与介质背景的关系图

(a) TE 模式；(b) TM 模式

9.2　二维磁化等离子体光子晶体的禁带特性研究

等离子体是一种色散介质，当存在外加磁场时会产生磁光效应，此时磁化等离子体将呈现各向异性。磁化等离子体与其他介质构成的光子晶体将呈现一些新的有趣的特性，本节将介绍二维磁化等离子体光子晶体的禁带特性及 PWE 方法的计算公式，以及二维非磁化等离子体光子晶体在 TM 模式下的传输特性。

9.2.1　二维磁化等离子体光子晶体的物理模型

图 9.8(a) 和 (b) 分别给出了两种类型的二维正方形晶格磁化等离子体光子晶体的拓扑结构示意图，xy 为周期平面，外加磁场 B_0 沿 z 轴方向，三角形为正方晶格光子晶体的第一不可约布里渊区，灰色区域代表等离子体。在 type-1 中，等离子

体柱填充介质背景。在 type-2 中，介质柱填充等离子体背景。等离子体和介质的相对介电常数分别为 ε_{p} 和 ε_{b}，晶格常数和圆柱半径分别为 a 和 R。

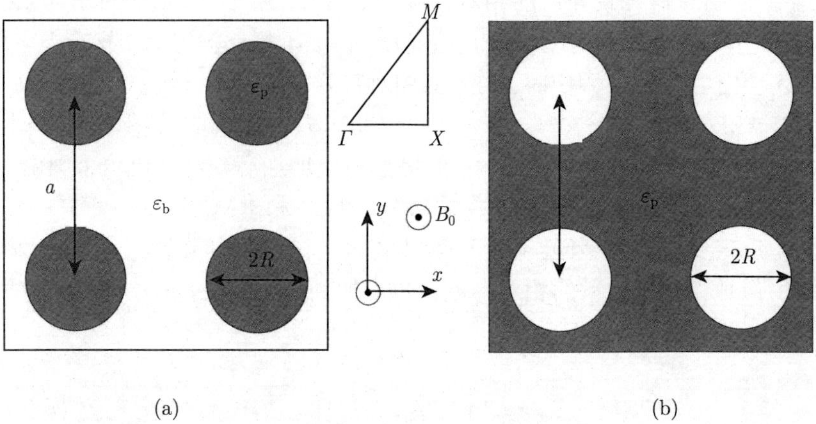

图 9.8　两种类型的二维正方形晶格磁化等离子体光子晶体的拓扑结构示意图

(a) type-1; (b) type-2[81,82]

当外加磁场 B_0 沿 z 轴方向时，由图 9.8 可知此时磁化等离子体的相对介电常数的表达式为

$$\boldsymbol{\varepsilon}_{\mathrm{p}} = \begin{pmatrix} \varepsilon_1 & \mathrm{j}\varepsilon_2 & 0 \\ -\mathrm{j}\varepsilon_2 & \varepsilon_1 & 0 \\ 0 & 0 & \varepsilon_3 \end{pmatrix} \tag{9.34}$$

式中

$$\varepsilon_1 = 1 - \frac{\omega_{\mathrm{p}}^2(\omega + \mathrm{j}v_{\mathrm{c}})}{\omega[(\omega + \mathrm{j}v_{\mathrm{c}})^2 - \omega_{\mathrm{c}}^2]}, \quad \varepsilon_2 = \frac{-\omega_{\mathrm{p}}^2\omega_{\mathrm{c}}}{\omega[(\omega + \mathrm{j}v_{\mathrm{c}})^2 - \omega_{\mathrm{c}}^2]},$$
$$\varepsilon_3 = 1 - \frac{\omega_{\mathrm{p}}^2}{\omega(\omega + \mathrm{j}v_{\mathrm{c}})}$$

其中 ω_{p}、ν_{c} 和 ω_{c} 分别代表等离子体频率、等离子体碰撞频率和等离子体回旋频率。$\omega_{\mathrm{c}} = eB/m$，$e$、$m$ 和 B 分别表示电子的电量、电子的质量和外加磁场的强度。

则磁化等离子体相对介电常数的倒数为

$$\boldsymbol{\varepsilon}_{\mathrm{p}}^{-1} = \begin{pmatrix} u_1 & \mathrm{j}u_2 & 0 \\ -\mathrm{j}u_2 & u_1 & 0 \\ 0 & 0 & u_3 \end{pmatrix} \tag{9.35}$$

其中

$$u_1 = \frac{\varepsilon_1}{\varepsilon_1^2 - \varepsilon_2^2}, \quad u_2 = \frac{-\varepsilon_2}{\varepsilon_1^2 - \varepsilon_2^2}, \quad u_3 = \frac{1}{\varepsilon_3}$$

因此，在图 9.8 的二维磁化等离子体光子晶体模型中，等离子体介电函数及其倒数均为张量形式，同时各个不为零分量为频率 ω 的函数。因此，不能按照常规的 PWM 法[62−64] 求解图 9.8 中二维磁化等离子体光子晶体的本征方程。以下给出采用改进 PWM 法推导二维磁化等离子体光子晶体本征方程的具体过程，并在外加磁场方向任意时，通过推导等离子体的 FDTD 辅助方程来进一步求解具有任意波矢方向的二维磁化等离子体光子晶体的色散曲线。

由图 9.8 可知，对于 TM 模式而言，外加磁场对其无影响。此时，磁化等离子体的介电常数与非磁化等离子体的相同。因此，TM 模式下，type-1 二维磁化等离子体光子晶体的 PWE 计算公式见 9.1 节。那么对于 type-2 二维磁化等离子体光子晶体而言，与 9.1 节的推导过程类似，则其改进的 PWE 方法计算公式可由下面的非线性本征方程给出：

$$(\omega^4 \boldsymbol{P} - \omega^3 \boldsymbol{Q} - \omega^2 \boldsymbol{R} - \omega \boldsymbol{S} - \boldsymbol{T})\boldsymbol{A} = 0 \tag{9.36}$$

各矩阵元素分别为

$$\boldsymbol{P}(\boldsymbol{G}_{\parallel}|\boldsymbol{G}'_{\parallel}) = \left[(\varepsilon_{\mathrm{b}} - 1) f \frac{2J_1\left(\left|\boldsymbol{G}_{\parallel} - \boldsymbol{G}'_{\parallel}\right| R\right)}{\left|\boldsymbol{G}_{\parallel} - \boldsymbol{G}'_{\parallel}\right| R} + \delta_{\boldsymbol{G}_{\parallel},\boldsymbol{G}'_{\parallel}}\right], \quad \boldsymbol{Q}(\boldsymbol{G}_{\parallel}|\boldsymbol{G}'_{\parallel}) = 0$$

$$\boldsymbol{R}(\boldsymbol{G}_{\parallel}|\boldsymbol{G}'_{\parallel}) = -[\omega_{\mathrm{p}}^2 + v_{\mathrm{c}}^2(\varepsilon_{\mathrm{b}} - 1)] f \frac{2J_1\left(\left|\boldsymbol{G}_{\parallel} - \boldsymbol{G}'_{\parallel}\right| R\right)}{\left|\boldsymbol{G}_{\parallel} - \boldsymbol{G}'_{\parallel}\right| R} + (\omega_{\mathrm{p}}^2 - v_{\mathrm{c}}^2 + c^2 \left|\boldsymbol{k}_{\parallel} + \boldsymbol{G}_{\parallel}\right|^2)\delta_{\boldsymbol{G}_{\parallel},\boldsymbol{G}'_{\parallel}}$$

$$\boldsymbol{S}(\boldsymbol{G}_{\parallel}|\boldsymbol{G}'_{\parallel}) = -\mathrm{j} v_{\mathrm{c}} \omega_{\mathrm{p}}^2 \left[\delta_{\boldsymbol{G}_{\parallel},\boldsymbol{G}'_{\parallel}} - f \frac{2J_1\left(\left|\boldsymbol{G}_{\parallel} - \boldsymbol{G}'_{\parallel}\right| R\right)}{\left|\boldsymbol{G}_{\parallel} - \boldsymbol{G}'_{\parallel}\right| R}\right]$$

$$\boldsymbol{T}(\boldsymbol{G}_{\parallel}|\boldsymbol{G}'_{\parallel}) = v_{\mathrm{c}}^2 c^2 \left|\boldsymbol{k}_{\parallel} + \boldsymbol{G}_{\parallel}\right|^2 \delta_{\boldsymbol{G}_{\parallel},\boldsymbol{G}'_{\parallel}}$$

将式 (9.36) 转换为线性本征方程，可得 TM 模式下 type-2 二维磁化等离子体光子晶体的色散曲线，式 (9.36) 的求解公式和参变量的定义可见 9.1 节。

在 TE 模式下，二维磁化等离子体光子晶体的波动方程可以表示为

$$\nabla \times \hat{\kappa}(\boldsymbol{x}_{\parallel}) \nabla \times H(\boldsymbol{k}_{\parallel}, \boldsymbol{x}_{\parallel}) = \left(\frac{\omega}{c}\right)^2 H(\boldsymbol{k}_{\parallel}, \boldsymbol{x}_{\parallel}) \tag{9.37}$$

由式 (9.34) 可知，type-1 二维磁化等离子体光子晶体的介电常数的分布函数可以表示为

$$\hat{\kappa}(\boldsymbol{x}_{\|})=\begin{pmatrix}\dfrac{1}{\varepsilon_{\mathrm{b}}} & 0 & 0\\ 0 & \dfrac{1}{\varepsilon_{\mathrm{b}}} & 0\\ 0 & 0 & \dfrac{1}{\varepsilon_{\mathrm{b}}}\end{pmatrix}+\begin{pmatrix}u_1-\dfrac{1}{\varepsilon_{\mathrm{b}}} & \mathrm{j}u_2 & 0\\ -\mathrm{j}u_2 & u_1-\dfrac{1}{\varepsilon_{\mathrm{b}}} & 0\\ 0 & 0 & u_3-\dfrac{1}{\varepsilon_{\mathrm{b}}}\end{pmatrix}\sum_{l_1,l_2}S[\boldsymbol{x}_{\|}-\boldsymbol{t}_{\|}(l_1,l_2)]$$

$$\times\begin{pmatrix}\begin{array}{c}\dfrac{1}{\varepsilon_{\mathrm{b}}}+\left(u_1-\dfrac{1}{\varepsilon_{\mathrm{b}}}\right)\\ \cdot\sum\limits_{l_1,l_2}S[\boldsymbol{x}_{\|}-\boldsymbol{t}_{\|}(l_1,l_2)]\end{array} & \mathrm{j}u_2\sum\limits_{l_1,l_2}S[\boldsymbol{x}_{\|}-\boldsymbol{t}_{\|}(l_1,l_2)] & 0\\ -\mathrm{j}u_2\sum\limits_{l_1,l_2}S[\boldsymbol{x}_{\|}-\boldsymbol{t}_{\|}(l_1,l_2)] & \begin{array}{c}\dfrac{1}{\varepsilon_{\mathrm{b}}}+\left(u_1-\dfrac{1}{\varepsilon_{\mathrm{b}}}\right)\\ \cdot\sum\limits_{l_1,l_2}S[\boldsymbol{x}_{\|}-\boldsymbol{t}_{\|}(l_1,l_2)]\end{array} & 0\\ 0 & 0 & \begin{array}{c}\dfrac{1}{\varepsilon_{\mathrm{b}}}+\left(u_3-\dfrac{1}{\varepsilon_{\mathrm{b}}}\right)\\ \cdot\sum\limits_{l_1,l_2}S[\boldsymbol{x}_{\|}-\boldsymbol{t}_{\|}(l_1,l_2)]\end{array}\end{pmatrix} \tag{9.38}$$

对于 type-1 而言，它的磁场分量为

$$\boldsymbol{H}(\boldsymbol{k}_{\|},\boldsymbol{x}_{\|})=(0,0,H_z(\boldsymbol{k}_{\|},\boldsymbol{x}_{\|})) \tag{9.39}$$

将式 (9.39) 和式 (9.38) 代入式 (9.36) 可得

$$\hat{\kappa}(\boldsymbol{x}_{\|})\nabla\times H(\boldsymbol{k}_{\|},\boldsymbol{x}_{\|})=\begin{pmatrix}\left(v_1\dfrac{\partial H_z}{\partial y}-\mathrm{j}v_2\dfrac{\partial H_z}{\partial x}\right)e_x\\ \left(-v_1\dfrac{\partial H_z}{\partial x}-\mathrm{j}v_2\dfrac{\partial H_z}{\partial y}\right)e_y\\ 0\end{pmatrix} \tag{9.40}$$

其中

$$\begin{aligned}v_1(\boldsymbol{x}_{\|})&=\frac{1}{\varepsilon_{\mathrm{b}}}+\left(u_1-\frac{1}{\varepsilon_{\mathrm{b}}}\right)\sum_{l_1,l_2}S[\boldsymbol{x}_{\|}-\boldsymbol{t}_{\|}(l_1,l_2)]\\ v_2(\boldsymbol{x}_{\|})&=u_2\sum_{l_1,l_2}S[\boldsymbol{x}_{\|}-\boldsymbol{t}_{\|}(l_1,l_2)]\end{aligned} \tag{9.41}$$

从而可得

$$\nabla\times\hat{\kappa}(\boldsymbol{x}_{\|})\nabla\times\boldsymbol{H}(\boldsymbol{k}_{\|},\boldsymbol{x}_{\|})=\nabla\times\begin{pmatrix}\left(v_1\dfrac{\partial H_z}{\partial y}-\mathrm{j}v_2\dfrac{\partial H_z}{\partial x}\right)e_x\\ \left(-v_1\dfrac{\partial H_z}{\partial x}-\mathrm{j}v_2\dfrac{\partial H_z}{\partial y}\right)e_y\\ 0\end{pmatrix}=\left(\frac{\omega}{c}\right)^2\begin{pmatrix}0\\0\\H_z\end{pmatrix}e_z \tag{9.42}$$

整理可得

$$
\begin{aligned}
&-v_1\left(\frac{\partial^2 H_z}{\partial x^2}+\frac{\partial^2 H_z}{\partial y^2}\right)-\left(\frac{\partial v_1}{\partial x}\frac{\partial H_z}{\partial x}+\frac{\partial v_1}{\partial y}\frac{\partial H_z}{\partial y}\right)\\
&-\mathrm{j}\left(\frac{\partial v_2}{\partial x}\frac{\partial H_z}{\partial y}-\frac{\partial v_2}{\partial y}\frac{\partial H_z}{\partial x}\right)=\left(\frac{\omega}{c}\right)^2 H_z
\end{aligned}
\tag{9.43}
$$

将

$$
\begin{aligned}
H_z(\boldsymbol{k}_\parallel,\boldsymbol{x}_\parallel)&=\sum_{G'_\parallel}B(\boldsymbol{k}_\parallel,\boldsymbol{G}'_\parallel)\mathrm{e}^{\mathrm{j}(\boldsymbol{k}_\parallel+\boldsymbol{G}'_\parallel)\cdot\boldsymbol{x}_\parallel}\\
v_1(\boldsymbol{x}_\parallel)&=\sum_{G''_\parallel}v_1(\boldsymbol{G}''_\parallel)\mathrm{e}^{\mathrm{j}\boldsymbol{G}''_\parallel\cdot\boldsymbol{x}_\parallel}\\
v_2(\boldsymbol{x}_\parallel)&=\sum_{G''_\parallel}v_2(\boldsymbol{G}''_\parallel)\mathrm{e}^{\mathrm{j}\boldsymbol{G}''_\parallel\cdot\boldsymbol{x}_\parallel}
\end{aligned}
\tag{9.44}
$$

和

$$
H_z(\boldsymbol{k}_\parallel,\boldsymbol{x}_\parallel)=\sum_{G'_\parallel}B(\boldsymbol{k}_\parallel,\boldsymbol{G}_\parallel)\mathrm{e}^{\mathrm{j}(\boldsymbol{k}_\parallel+\boldsymbol{G}_\parallel)\cdot\boldsymbol{x}_\parallel}
\tag{9.45}
$$

分别代入式 (9.43) 的左侧和右侧可得

$$
\begin{aligned}
&\sum_{G'_\parallel}\sum_{G''_\parallel}[(\boldsymbol{k}_\parallel+\boldsymbol{G}_\parallel)\cdot(\boldsymbol{k}_\parallel+\boldsymbol{G}'_\parallel+\boldsymbol{G}''_\parallel)v_1(\boldsymbol{G}''_\parallel)+\mathrm{j}(\boldsymbol{k}_\parallel+\boldsymbol{G}'_\parallel+\boldsymbol{G}''_\parallel)\\
&\times(\boldsymbol{k}_\parallel+\boldsymbol{G}'_\parallel)\cdot e_z v_2(\boldsymbol{G}''_\parallel)]B(k_\parallel,\boldsymbol{G}'_\parallel)\mathrm{e}^{\mathrm{j}(\boldsymbol{k}_\parallel+\boldsymbol{G}'_\parallel+\boldsymbol{G}''_\parallel).\boldsymbol{x}_\parallel}\\
=&\left(\frac{\omega}{c}\right)^2\sum_{G_\parallel}B(\boldsymbol{k}_\parallel,\boldsymbol{G}_\parallel)\mathrm{e}^{\mathrm{j}(\boldsymbol{k}_\parallel+\boldsymbol{G}_\parallel).\boldsymbol{x}_\parallel}
\end{aligned}
\tag{9.46}
$$

令 $\boldsymbol{G}_\parallel=\boldsymbol{G}'_\parallel+\boldsymbol{G}''_\parallel$，式 (9.46) 可化简为

$$
\begin{aligned}
&\sum_{G'_\parallel}[(\boldsymbol{k}_\parallel+\boldsymbol{G}_\parallel)\cdot(\boldsymbol{k}_\parallel+\boldsymbol{G}'_\parallel)v_1(\boldsymbol{G}_\parallel-\boldsymbol{G}'_\parallel)+\mathrm{j}(\boldsymbol{k}_\parallel+\boldsymbol{G}_\parallel)\\
&\times(\boldsymbol{k}_\parallel+\boldsymbol{G}'_\parallel)\cdot e_z v_2(\boldsymbol{G}_\parallel-\boldsymbol{G}'_\parallel)]B(\boldsymbol{k}_\parallel,\boldsymbol{G}'_\parallel)=\left(\frac{\omega}{c}\right)^2B(\boldsymbol{k}_\parallel,\boldsymbol{G}_\parallel)
\end{aligned}
\tag{9.47}
$$

即

$$
\begin{aligned}
&\sum_{G_\parallel\neq G'_\parallel}\{(\boldsymbol{k}_\parallel+\boldsymbol{G}_\parallel)\cdot(\boldsymbol{k}_\parallel+\boldsymbol{G}'_\parallel)v_1(\boldsymbol{G}_\parallel-\boldsymbol{G}'_\parallel)\\
&+\mathrm{j}[(\boldsymbol{k}_\parallel+\boldsymbol{G}_\parallel)\times(\boldsymbol{k}_\parallel+\boldsymbol{G}'_\parallel)\cdot e_z]v_2(\boldsymbol{G}_\parallel-\boldsymbol{G}'_\parallel)\}B(\boldsymbol{k}_\parallel,\boldsymbol{G}'_\parallel)\\
=&\left(\frac{\omega}{c}\right)^2B(\boldsymbol{k}_\parallel,\boldsymbol{G}_\parallel)-|\boldsymbol{k}_\parallel+\boldsymbol{G}_\parallel|^2v_1(0)B(\boldsymbol{k}_\parallel,\boldsymbol{G}_\parallel)
\end{aligned}
\tag{9.48}
$$

式 (9.48) 的傅里叶展开系数为

$$v_1(\boldsymbol{G}_\parallel) = \begin{cases} \dfrac{1}{\varepsilon_{\rm b}} + \left(u_1 - \dfrac{1}{\varepsilon_{\rm b}}\right) f, & \boldsymbol{G}_\parallel = 0 \\ \left(u_1 - \dfrac{1}{\varepsilon_{\rm b}}\right) f \dfrac{2J_1\left(\left|\boldsymbol{G}_\parallel\right| R\right)}{\left|\boldsymbol{G}_\parallel\right| R}, & \boldsymbol{G}_\parallel \neq 0 \end{cases},$$
$$v_2(\boldsymbol{G}_\parallel) = \begin{cases} u_2 f, & \boldsymbol{G}_\parallel = 0 \\ u_2 f \dfrac{2J_1\left(\left|\boldsymbol{G}_\parallel\right| R\right)}{\left|\boldsymbol{G}_\parallel\right| R}, & \boldsymbol{G}_\parallel \neq 0 \end{cases} \tag{9.49}$$

将式 (9.49) 代入式 (9.48)，整理可得关于 ω 的六阶非线性矩阵方程

$$(\omega^6 \boldsymbol{I} - \omega^5 \boldsymbol{O} - \omega^4 \boldsymbol{P} - \omega^3 \boldsymbol{Q} - \omega^2 \boldsymbol{R} - \omega \boldsymbol{S} - \boldsymbol{T})\boldsymbol{B} = 0 \tag{9.50}$$

各矩阵元素分别为

$$\boldsymbol{O}(\boldsymbol{G}_\parallel|\boldsymbol{G}'_\parallel) = -{\rm j}2v_{\rm c}\delta_{GG'}$$

$$\boldsymbol{P}(\boldsymbol{G}_\parallel|\boldsymbol{G}'_\parallel) = \left(2\omega_{\rm p}^2 + v_{\rm c}^2 + \omega_{\rm c}^2 + \frac{c^2}{\varepsilon_{\rm b}}\left|\boldsymbol{k}+\boldsymbol{G}_\parallel\right|^2\right)\delta_{GG'}$$
$$+ \frac{\varepsilon_{\rm b}-1}{\varepsilon_{\rm b}} c^2 (\boldsymbol{k}+\boldsymbol{G}_\parallel)\cdot(\boldsymbol{k}+\boldsymbol{G}'_\parallel) 2f \frac{J\left(\left|\boldsymbol{G}_\parallel - \boldsymbol{G}'_\parallel\right| R\right)}{\left|\boldsymbol{G}_\parallel - \boldsymbol{G}'_\parallel\right| R}$$

$$\boldsymbol{Q}(\boldsymbol{G}_\parallel|\boldsymbol{G}'_\parallel) = -{\rm j}2v_{\rm c}\left[-\left(\omega_{\rm p}^2 + \frac{c^2}{\varepsilon_{\rm b}}|\boldsymbol{k}+\boldsymbol{G}_\parallel|^2\right)\delta_{GG'}\right.$$
$$\left. - \frac{\varepsilon_{\rm b}-1}{\varepsilon_{\rm b}} c^2 (\boldsymbol{k}+\boldsymbol{G}_\parallel)\cdot(\boldsymbol{k}+\boldsymbol{G}'_\parallel) 2f \frac{J\left(\left|\boldsymbol{G}_\parallel - \boldsymbol{G}'_\parallel\right| R\right)}{\left|\boldsymbol{G}_\parallel - \boldsymbol{G}'_\parallel\right| R}\right]$$

$$\boldsymbol{R}(\boldsymbol{G}_\parallel|\boldsymbol{G}'_\parallel) = -\left[(2\omega_{\rm p}^2 + v_{\rm c}^2 + \omega_{\rm c}^2)\frac{c^2}{\varepsilon_{\rm b}}|\boldsymbol{k}+\boldsymbol{G}_\parallel|^2 + \omega_{\rm p}^4\right]\delta_{GG'}$$
$$- \frac{(\varepsilon_{\rm b}-1)(\omega_{\rm p}^2+v_{\rm c}^2+\omega_{\rm c}^2)-\omega_{\rm p}^2}{\varepsilon_{\rm b}} c^2 (\boldsymbol{k}+\boldsymbol{G}_\parallel)\cdot(\boldsymbol{k}+\boldsymbol{G}'_\parallel) 2f \frac{J\left(\left|\boldsymbol{G}_\parallel - \boldsymbol{G}'_\parallel\right| R\right)}{\left|\boldsymbol{G}_\parallel - \boldsymbol{G}'_\parallel\right| R}$$

$$\boldsymbol{S}(\boldsymbol{G}_\parallel|\boldsymbol{G}'_\parallel) = {\rm j}c^2\omega_{\rm p}^2\left\{\frac{-2v_{\rm c}}{\varepsilon_{\rm b}}\left|\boldsymbol{k}+\boldsymbol{G}_\parallel\right|^2\delta_{GG'} + \left[\frac{v_{\rm c}(\varepsilon_{\rm b}-2)}{\varepsilon_{\rm b}}(\boldsymbol{k}+\boldsymbol{G}_\parallel)\cdot(\boldsymbol{k}+\boldsymbol{G}'_\parallel)\right.\right.$$
$$\left.\left. - \omega_{\rm c}(\boldsymbol{k}+\boldsymbol{G}_\parallel)\times(\boldsymbol{k}+\boldsymbol{G}'_\parallel)\cdot e_z\right] 2f \frac{J(\left|\boldsymbol{G}_\parallel - \boldsymbol{G}'_\parallel\right| R)}{\left|\boldsymbol{G}_\parallel - \boldsymbol{G}'_\parallel\right| R}\right\}$$

$$\boldsymbol{T}(\boldsymbol{G}_\parallel|\boldsymbol{G}'_\parallel) = \frac{c^2\omega_{\rm p}^4}{\varepsilon_{\rm b}}\left[\left|\boldsymbol{k}+\boldsymbol{G}_\parallel\right|^2\delta_{GG'} - (\boldsymbol{k}+\boldsymbol{G}_\parallel)\cdot(\boldsymbol{k}+\boldsymbol{G}'_\parallel) 2f \frac{J\left(\left|\boldsymbol{G}_\parallel - \boldsymbol{G}'_\parallel\right| R\right)}{\boldsymbol{G}_\parallel - \boldsymbol{G}'_\parallel R}\right]$$

利用线性变换可将非线性矩阵方程 (9.50) 转化为等效线性矩阵方程

$$\boldsymbol{X}\boldsymbol{A}=0 \tag{9.51}$$

其中

$$\boldsymbol{X}=\begin{bmatrix} 0 & \boldsymbol{I} & 0 & 0 & 0 & 0 \\ 0 & 0 & \boldsymbol{I} & 0 & 0 & 0 \\ 0 & 0 & 0 & 0 & \boldsymbol{I} & 0 \\ 0 & 0 & 0 & 0 & 0 & \boldsymbol{I} \\ \boldsymbol{T} & \boldsymbol{S} & \boldsymbol{R} & \boldsymbol{Q} & \boldsymbol{P} & \boldsymbol{O} \end{bmatrix} \tag{9.52}$$

通过求 $\boldsymbol{X}$ 的特征值可得 k 与 ω 的关系，从而得到在 TE 模式下 type-1 二维等离子体光子晶体的色散曲线。同理，可得 type-2 的非线性本征方程

$$\begin{aligned}&\sum_{\boldsymbol{G}_\parallel\neq\boldsymbol{G}'_\parallel}\{(\boldsymbol{k}_\parallel+\boldsymbol{G}_\parallel)\cdot(\boldsymbol{k}_\parallel+\boldsymbol{G}'_\parallel)v_1(G_\parallel-G'_\parallel)\\&+\mathrm{j}[(\boldsymbol{k}_\parallel+\boldsymbol{G}_\parallel)\times(\boldsymbol{k}_\parallel+\boldsymbol{G}'_\parallel)\cdot e_z]v_2(\boldsymbol{G}_\parallel-\boldsymbol{G}'_\parallel)\}B(\boldsymbol{k}_\parallel,\boldsymbol{G}'_\parallel)\\=&\left(\frac{\omega}{c}\right)^2B(\boldsymbol{k}_\parallel,\mathbf{G}_\parallel)-|\boldsymbol{k}_\parallel+\boldsymbol{G}_\parallel|^2v_1(0)B(\boldsymbol{k}_\parallel,\boldsymbol{G}_\parallel)\end{aligned} \tag{9.53}$$

其中

$$\begin{aligned}&v_1(\boldsymbol{G}_\parallel)=\begin{cases}u_1+\left(\dfrac{1}{\varepsilon_\mathrm{a}}-u_1\right)f, & \boldsymbol{G}_\parallel=0\\ \left(\dfrac{1}{\varepsilon_\mathrm{a}}-u_1\right)f\dfrac{2J_1\left(\left|\boldsymbol{G}_\parallel\right|R\right)}{\left|\boldsymbol{G}_\parallel\right|R}, & \boldsymbol{G}_\parallel\neq0\end{cases}\\&v_2(\boldsymbol{G}_\parallel)=\begin{cases}u_2(1-f), & \boldsymbol{G}_\parallel=0\\ -u_2f\dfrac{2J_1\left(\left|\boldsymbol{G}_\parallel\right|R\right)}{\left|\boldsymbol{G}_\parallel\right|R}, & \boldsymbol{G}_\parallel\neq0\end{cases}\end{aligned} \tag{9.54}$$

将式 (9.54) 代入式 (9.53) 可得到 type-2 的非线性方程为

$$(\omega^6\boldsymbol{I}-\omega^5\boldsymbol{O}-\omega^4\boldsymbol{P}-\omega^3\boldsymbol{Q}-\omega^2\boldsymbol{R}-\omega\boldsymbol{S}-\boldsymbol{T})\boldsymbol{B}=0 \tag{9.55}$$

各矩阵元素分别为

$$\boldsymbol{O}(\boldsymbol{G}_\parallel|\boldsymbol{G}'_\parallel)=-\mathrm{j}2v_\mathrm{c}\delta_{GG'}$$

$$\begin{aligned}\boldsymbol{P}(\boldsymbol{G}_\parallel|\boldsymbol{G}'_\parallel)=&\left(2\omega_\mathrm{p}^2+v_\mathrm{c}^2+\omega_\mathrm{c}^2+c^2\left|\boldsymbol{k}+\boldsymbol{G}_\parallel\right|^2\right)\delta_{GG'}\\&-\frac{\varepsilon_\mathrm{b}-1}{\varepsilon_\mathrm{b}}c^2(\boldsymbol{k}+\boldsymbol{G}_\parallel)\cdot(\boldsymbol{k}+\boldsymbol{G}'_\parallel)2f\frac{J\left(\left|\boldsymbol{G}_\parallel-\boldsymbol{G}'_\parallel\right|R\right)}{\left|\boldsymbol{G}_\parallel-\boldsymbol{G}'_\parallel\right|R}\end{aligned}$$

$$
\begin{aligned}
\boldsymbol{Q}(\boldsymbol{G}_{\|}|\boldsymbol{G}_{\|}') = &-\mathrm{j}2v_{\mathrm{c}}\Bigg[-(\omega_{\mathrm{p}}^2+c^2\left|\boldsymbol{k}+\boldsymbol{G}_{\|}\right|^2)\delta_{GG'} \\
&+\frac{\varepsilon_{\mathrm{b}}-1}{\varepsilon_{\mathrm{b}}}c^2(\boldsymbol{k}+\boldsymbol{G}_{\|})\cdot(\boldsymbol{k}+\boldsymbol{G}_{\|}')2f\frac{J\left(\left|\boldsymbol{G}_{\|}-\boldsymbol{G}_{\|}'\right|R\right)}{\left|\boldsymbol{G}_{\|}-\boldsymbol{G}_{\|}'\right|R}\Bigg] \\
\boldsymbol{R}(\boldsymbol{G}_{\|}|\boldsymbol{G}_{\|}') = &-\left[(\omega_{\mathrm{p}}^2+v_{\mathrm{c}}^2+\omega_{\mathrm{c}}^2)c^2\left|\boldsymbol{k}+\boldsymbol{G}_{\|}\right|^2+\omega_{\mathrm{p}}^4\right]\delta_{GG'} \\
&+\frac{\left[(\varepsilon_{\mathrm{b}}-1)(\omega_{\mathrm{p}}^2+v_{\mathrm{c}}^2+\omega_{\mathrm{c}}^2)-\omega_{\mathrm{p}}^2\right]}{\varepsilon_{\mathrm{b}}}c^2(\boldsymbol{k}+\boldsymbol{G}_{\|})\cdot(\boldsymbol{k}+\boldsymbol{G}_{\|}')2f\frac{J\left(\left|\boldsymbol{G}_{\|}-\boldsymbol{G}_{\|}'\right|R\right)}{\left|\boldsymbol{G}_{\|}-\boldsymbol{G}_{\|}'\right|R} \\
\boldsymbol{S}(\boldsymbol{G}_{\|}|\boldsymbol{G}_{\|}') = &-\mathrm{j}v_{\mathrm{c}}c^2\omega_{\mathrm{p}}^2\Bigg\{|\boldsymbol{k}+\boldsymbol{G}_{\|}|^2\delta_{\mathrm{GG'}}-\Bigg[\frac{\varepsilon_{\mathrm{b}}-2}{\varepsilon_{\mathrm{b}}}(\boldsymbol{k}+\boldsymbol{G}_{\|})\cdot(\boldsymbol{k}+\boldsymbol{G}_{\|}') \\
&+\omega_{\mathrm{c}}(\boldsymbol{k}+\boldsymbol{G}_{\|})\times(\boldsymbol{k}+\boldsymbol{G}_{\|}')\cdot e_z\Bigg]2f\frac{J\left(\left|\boldsymbol{G}_{\|}-\boldsymbol{G}_{\|}'\right|R\right)}{\left|\boldsymbol{G}_{\|}-\boldsymbol{G}_{\|}'\right|R}\Bigg\}
\end{aligned}
$$

$$
\boldsymbol{T}(\boldsymbol{G}_{\|}|\boldsymbol{G}_{\|}') = \frac{c^2\omega_{\mathrm{p}}^4}{\varepsilon_{\mathrm{b}}}(\boldsymbol{k}+\boldsymbol{G}_{\|})\cdot(\boldsymbol{k}+\boldsymbol{G}_{\|}')2f\frac{J\left(\left|\boldsymbol{G}_{\|}-\boldsymbol{G}_{\|}'\right|R\right)}{\left|\boldsymbol{G}_{\|}-\boldsymbol{G}_{\|}'\right|R}
$$

对式 (9.55) 进行线性转换，可直接求得 type-2 二维磁化等离子体光子晶体的色散曲线。

9.2.2　磁化等离子体的 FDTD 辅助方程法

在求解二维磁化等离子体光子晶体色散曲线时，由于外加磁场的作用，不能直接从 Maxwell 方程中得到磁化等离子体的 FDTD 差分公式。下面从等离子体运动方程出发推导具有任意外加磁场的等离子体 FDTD 辅助方程，并将其应用到二维磁化等离子体光子晶体色散曲线的求解中。

众所周知，磁化碰撞等离子体的运动方程为

$$
\frac{\mathrm{d}\boldsymbol{J}}{\mathrm{d}t}+v_{\mathrm{c}}\boldsymbol{J}=\varepsilon_0\omega_{\mathrm{p}}^2\boldsymbol{E}+\omega_{\mathrm{c}}\times\boldsymbol{J} \tag{9.56}
$$

将极化电流密度 $J=J_x\boldsymbol{e}_x+J_y\boldsymbol{e}_y+J_z\boldsymbol{e}_z$ 和电子回旋频率 $\omega_{\mathrm{c}}=\omega_{\mathrm{c}x}\boldsymbol{e}_x+\omega_{\mathrm{c}y}\boldsymbol{e}_y+\omega_{\mathrm{c}z}\boldsymbol{e}_z$ 代入式 (9.56) 可得

$$
\begin{pmatrix}\dfrac{\mathrm{d}J_x}{\mathrm{d}t}\\ \dfrac{\mathrm{d}J_y}{\mathrm{d}t}\\ \dfrac{\mathrm{d}J_z}{\mathrm{d}t}\end{pmatrix}=\boldsymbol{A}\begin{pmatrix}J_x\\ J_y\\ J_z\end{pmatrix}+\varepsilon_0\omega_{\mathrm{p}}^2\begin{pmatrix}E_x\\ E_y\\ E_z\end{pmatrix} \tag{9.57}
$$

其中

$$\boldsymbol{A}=\begin{pmatrix}-v_{\rm c} & -\omega_{{\rm c}z} & \omega_{{\rm c}y}\\ \omega_{{\rm c}z} & -v_{\rm c} & -\omega_{{\rm c}x}\\ -\omega_{{\rm c}y} & \omega_{{\rm c}x} & -v_{\rm c}\end{pmatrix}$$

由于式 (9.57) 中三个电流密度分量相互耦合，所以其 FDTD 迭代方程必须同时求解。取电场 $\boldsymbol{E}$ 和电流密度 $\boldsymbol{J}$ 空间位置相同，电场 $\boldsymbol{E}$ 时间位置位于整数步，磁场 $\boldsymbol{H}$ 和电流密度 $\boldsymbol{J}$ 的时间位置位于半个步，利用中心差分和中值近似公式

$$\begin{cases}\dfrac{{\rm d}f}{{\rm d}t}\Big|_{t=n\Delta t}\approx\dfrac{f^{n+\frac{1}{2}}-f^{n-\frac{1}{2}}}{\Delta t}\\ f^{n}\approx\dfrac{f^{n+\frac{1}{2}}+f^{n-\frac{1}{2}}}{2}\end{cases}\tag{9.58}$$

将式 (9.57) 化为差分方程

$$\begin{pmatrix}J_x^{n+1/2}\\ J_y^{n+1/2}\\ J_z^{n+1/2}\end{pmatrix}=\boldsymbol{C}\begin{pmatrix}J_x^{n-1/2}\\ J_y^{n-1/2}\\ J_z^{n-1/2}\end{pmatrix}+\boldsymbol{D}\begin{pmatrix}J_x^{n+1/2}\\ J_y^{n+1/2}\\ J_z^{n+1/2}\end{pmatrix}+\frac{\varepsilon_0\omega_{\rm p}^2\Delta t}{1+\dfrac{v_{\rm c}}{2}\Delta t}\begin{pmatrix}E_x^{n}\\ E_y^{n}\\ E_z^{n}\end{pmatrix}\tag{9.59}$$

其中

$$\boldsymbol{C}=\frac{1}{2\left(1+\dfrac{v_{\rm c}}{2}\Delta t\right)}\begin{pmatrix}2-v_{\rm c}\Delta t & -\omega_{{\rm c}z}\Delta t & \omega_{{\rm c}y}\Delta t\\ \omega_{{\rm c}z}\Delta t & 2-v_{\rm c}\Delta t & -\omega_{{\rm c}x}\Delta t\\ -\omega_{{\rm c}y}\Delta t & \omega_{{\rm c}x}\Delta t & 2-v_{\rm c}\Delta t\end{pmatrix},$$

$$\boldsymbol{D}=\frac{1}{2\left(1+\dfrac{v_{\rm c}}{2}\Delta t\right)}\begin{pmatrix}0 & -\omega_{{\rm c}z}\Delta t & \omega_{{\rm c}y}\Delta t\\ \omega_{{\rm c}z}\Delta t & 0 & -\omega_{{\rm c}x}\Delta t\\ -\omega_{{\rm c}y}\Delta t & \omega_{{\rm c}x}\Delta t & 0\end{pmatrix}$$

在式 (9.59) 中，每个电流密度分量都含有其他两个电流密度分量的未来时刻值。将其第 2、3 个方程联立，可分别求出 $J_y^{n+1/2}$ 和 $J_z^{n+1/2}$ 中不包含电流密度 y 和 z 分量未来时刻的表达式为

$$\begin{pmatrix}J_y^{n+1/2}\\ J_z^{n+1/2}\end{pmatrix}=\boldsymbol{U}J_x^{n+1/2}+\boldsymbol{V}\begin{pmatrix}J_x^{n-1/2}\\ J_y^{n-1/2}\\ J_z^{n-1/2}\end{pmatrix}+\boldsymbol{W}\begin{pmatrix}E_y^{n}\\ E_z^{n}\end{pmatrix}\tag{9.60}$$

其中

$$\boldsymbol{U}=\frac{1}{L_1}\begin{pmatrix}\dfrac{\omega_{{\rm c}x}\omega_{{\rm c}y}\Delta t^2}{4}+\dfrac{\omega_{{\rm c}z}\Delta t}{2}\left(1+\dfrac{v_{\rm c}\Delta t}{2}\right)\\ \dfrac{\omega_{{\rm c}x}\omega_{{\rm c}z}\Delta t^2}{4}-\dfrac{\omega_{{\rm c}y}\Delta t}{2}\left(1+\dfrac{v_{\rm c}\Delta t}{2}\right)\end{pmatrix}$$

$$\boldsymbol{V}=\frac{1}{L_1}\begin{pmatrix}\dfrac{\omega_{cx}\omega_{cy}\Delta t^2}{4}+\dfrac{\omega_{cz}\Delta t}{2}\left(1+\dfrac{v\Delta t}{2}\right) & 1-\left(\dfrac{v\Delta t}{2}\right)^2-\left(\dfrac{\omega_{cx}\Delta t}{2}\right)^2 & -\omega_{cx}\Delta t\\ \dfrac{\omega_{cx}\omega_{cz}\Delta t^2}{4}-\dfrac{\omega_{cy}\Delta t}{2}\left(1+\dfrac{v\Delta t}{2}\right) & \omega_{cx}\Delta t & 1-\left(\dfrac{v\Delta t}{2}\right)^2-\left(\dfrac{\omega_{cx}\Delta t}{2}\right)^2\end{pmatrix}$$

$$\boldsymbol{W}=\frac{\varepsilon_0\omega_p^2\Delta t}{L_1}\begin{pmatrix}1+\dfrac{v_c}{2}\Delta t & -\dfrac{\omega_{cx}\Delta t}{2}\\ \dfrac{\omega_{cx}\Delta t}{2} & 1+\dfrac{v_c}{2}\Delta t\end{pmatrix}$$

$$L_1=\left(1+\frac{v_c\Delta t}{2}\right)^2+\left(\frac{\omega_{cx}\Delta t}{2}\right)^2$$

将式 (9.60) 代入式 (9.59) 的第一个方程，可求得不包含未来时刻电流密度分量 $J_x^{n+1/2}$ 的表达式。同理可求出 $J_y^{n+1/2}$ 和 $J_z^{n+1/2}$ 中不包含未来时刻的电流密度分量的表达式。最后整理如下

$$\begin{pmatrix}J_x^{n+1/2}\\ J_y^{n+1/2}\\ J_z^{n+1/2}\end{pmatrix}=\boldsymbol{M}\begin{pmatrix}J_x^{n-1/2}\\ J_y^{n-1/2}\\ J_z^{n-1/2}\end{pmatrix}+\boldsymbol{N}\begin{pmatrix}E_x^n\\ E_y^n\\ E_z^n\end{pmatrix} \tag{9.61}$$

$$\boldsymbol{M}=\frac{1}{L_2}\begin{pmatrix}1-\left(\dfrac{v\mathrm{d}t}{2}\right)^2-\left(\dfrac{\omega_{cy}\Delta t}{2}\right)^2-\left(\dfrac{\omega_{cz}\Delta t}{2}\right)^2+\dfrac{1-\dfrac{v\Delta t}{2}}{1+\dfrac{v\Delta t}{2}}\left(\dfrac{\omega_{cx}\Delta t}{2}\right)^2 & \dfrac{\omega_{cx}\omega_{cy}\Delta t^2}{2\left(1+\dfrac{v\Delta t}{2}\right)}-\omega_{cz}\Delta t & \dfrac{\omega_{cx}\omega_{cz}\Delta t^2}{2\left(1+\dfrac{v\Delta t}{2}\right)}+\omega_{cy}\Delta t\\ \dfrac{\omega_{cx}\omega_{cy}\Delta t^2}{2\left(1+\dfrac{v\Delta t}{2}\right)}+\omega_{cz}\Delta t & 1-\left(\dfrac{v\Delta t}{2}\right)^2-\left(\dfrac{\omega_{cx}\Delta t}{2}\right)^2-\left(\dfrac{\omega_{cz}\Delta t}{2}\right)^2+\dfrac{1-\dfrac{v\Delta t}{2}}{1+\dfrac{v\Delta t}{2}}\left(\dfrac{\omega_{cy}\Delta t}{2}\right)^2 & \dfrac{\omega_{cy}\omega_{cz}\Delta t^2}{2\left(1+\dfrac{v\Delta t}{2}\right)}-\omega_{cx}\Delta t\\ \dfrac{\omega_{cx}\omega_{cz}\Delta t^2}{2\left(1+\dfrac{v\Delta t}{2}\right)}-\omega_{cy}\Delta t & \dfrac{\omega_{cy}\omega_{cz}\Delta t^2}{2\left(1+\dfrac{v\Delta t}{2}\right)}+\omega_{cx}\Delta t & 1-\left(\dfrac{v\Delta t}{2}\right)^2-\left(\dfrac{\omega_{cy}\Delta t}{2}\right)^2-\left(\dfrac{\omega_{cx}\Delta t}{2}\right)^2+\dfrac{1-\dfrac{v\Delta t}{2}}{1+\dfrac{v\Delta t}{2}}\left(\dfrac{\omega_{cz}\Delta t}{2}\right)^2\end{pmatrix}$$

$$\boldsymbol{N}=\frac{\varepsilon_0\omega_{\mathrm{p}}^2\Delta t}{2L_2}\begin{pmatrix}\dfrac{\left(1+\dfrac{v_{\mathrm{c}}\Delta t}{2}\right)^2+\left(\dfrac{\omega_{\mathrm{c}x}\Delta t}{2}\right)^2}{\dfrac{1}{2}\left(1+\dfrac{v_{\mathrm{c}}\Delta t}{2}\right)} & \dfrac{\omega_{\mathrm{c}x}\omega_{\mathrm{c}y}\Delta t^2}{2\left(1+\dfrac{v_{\mathrm{c}}\Delta t}{2}\right)}-\omega_{\mathrm{c}z}\Delta t & \dfrac{\omega_{\mathrm{c}x}\omega_{\mathrm{c}z}\Delta t^2}{2\left(1+\dfrac{v_{\mathrm{c}}\Delta t}{2}\right)}+\omega_{\mathrm{c}y}\Delta t \\ \dfrac{\omega_{\mathrm{c}x}\omega_{\mathrm{c}y}\Delta t^2}{2\left(1+\dfrac{v_{\mathrm{c}}\Delta t}{2}\right)}+\omega_{\mathrm{c}z}\Delta t & \dfrac{\left(1+\dfrac{v_{\mathrm{c}}\Delta t}{2}\right)^2+\left(\dfrac{\omega_{\mathrm{c}y}\Delta t}{2}\right)^2}{\dfrac{1}{2}\left(1+\dfrac{v_{\mathrm{c}}\Delta t}{2}\right)} & \dfrac{\omega_{\mathrm{c}y}\omega_{\mathrm{c}z}\Delta t^2}{2\left(1+\dfrac{v_{\mathrm{c}}\Delta t}{2}\right)}-\omega_{\mathrm{c}x}\Delta t \\ \dfrac{\omega_{\mathrm{c}x}\omega_{\mathrm{c}z}\Delta t^2}{2\left(1+\dfrac{v_{\mathrm{c}}\Delta t}{2}\right)}-\omega_{\mathrm{c}y}\Delta t & \dfrac{\omega_{\mathrm{c}y}\omega_{\mathrm{c}z}\Delta t^2}{2\left(1+\dfrac{v_{\mathrm{c}}\Delta t}{2}\right)}+\omega_{\mathrm{c}x}\Delta t & \dfrac{\left(1+\dfrac{v_{\mathrm{c}}\Delta t}{2}\right)^2+\left(\dfrac{\omega_{\mathrm{c}z}\Delta t}{2}\right)^2}{\dfrac{1}{2}\left(1+\dfrac{v_{\mathrm{c}}\Delta t}{2}\right)}\end{pmatrix}$$

$$L_2=\left(1+\frac{v_{\mathrm{c}}\Delta t}{2}\right)^2+\left(\frac{\omega_{\mathrm{c}x}\Delta t}{2}\right)^2+\left(\frac{\omega_{\mathrm{c}y}\Delta t}{2}\right)^2+\left(\frac{\omega_{\mathrm{c}z}\Delta t}{2}\right)^2$$

需要注意，由于 J_x, J_y 和 J_z 分别位于不同的空间位置，对于式 (9.60) 中第一个方程来说，若 J_x 和 E_x 的空间位置为 $(i+1/2, j, k)$，则 $J_y(i+1/2, j, k)$, $J_z(i+1/2, j, k)$, $E_y(i+1/2, j, k)$ 和 $E_z(i+1/2, j, k)$, 都可以用周围的四点来表示

$$\begin{aligned}J_y\left(i+\frac{1}{2},j,k\right)=&\frac{1}{4}\left[J_y\left(i,j-\frac{1}{2},k\right)+J_y\left(i,j+\frac{1}{2},k\right)\right.\\&\left.+J_y\left(i+1,j-\frac{1}{2},k\right)+J_y\left(i+1,j+\frac{1}{2},k\right)\right]\\E_y\left(i+\frac{1}{2},j,k\right)=&\frac{1}{4}\left[E_y\left(i,j-\frac{1}{2},k\right)+E_y\left(i,j+\frac{1}{2},k\right)\right.\\&\left.+E_y\left(i+1,j-\frac{1}{2},k\right)+E_y\left(i+1,j+\frac{1}{2},k\right)\right]\\J_z\left(i+\frac{1}{2},j,k\right)=&\frac{1}{4}\left[J_z\left(i,j,k-\frac{1}{2}\right)+J_z\left(i,j,k+\frac{1}{2}\right)\right.\\&\left.+J_z\left(i+1,j,k-\frac{1}{2}\right)+J_z\left(i+1,j,k+\frac{1}{2}\right)\right]\\E_z\left(i+\frac{1}{2},j,k\right)=&\frac{1}{4}\left[E_z\left(i,j,k-\frac{1}{2}\right)+E_z\left(i,j,k+\frac{1}{2}\right)\right.\\&\left.+E_z\left(i+1,j,k-\frac{1}{2}\right)+E_z\left(i+1,j,k+\frac{1}{2}\right)\right]\end{aligned}$$

当波矢 k 不在周期平面时，光子晶体的色散曲线不能分为 TE 和 TM 极化波而变得比较复杂，利用 PWM 法可以求解波矢偏移周期平面时介质光子晶体的色散曲线[67−70]。当组成光子晶体的材料包含等离子体时，由于其介电函数与电磁波的频率有关，故很难求解。下面利用前面推导的磁化等离子体的 FDTD 公式来分析任意波矢对二维磁化等离子体光子晶体色散特性的影响。

当 z 向波矢 $k_z \neq 0$ 时，将两种类型二维磁化等离子体光子晶体的一个周期单元进行三维网格划分，如图 9.9 所示。实线代表电场网格，虚线代表磁场网格，电磁场在 x，y 和 z 方向的网格数相同且分别为 ib，jb 和 kb，但磁场网格的空间位置比电场网格的空间位置在 x，y 和 z 方向上各多半个空间步长。电流密度 $\boldsymbol{J}$ 和电场 $\boldsymbol{E}$ 空间位置相同。定义电场 $\boldsymbol{E}$ 时间位于整数步长 $t = n\Delta t$，磁场 $\boldsymbol{H}$ 和电流密度 $\boldsymbol{J}$ 的时间相同且比电场多半个时间步长，即 $t=(n+1/2)\Delta t$。

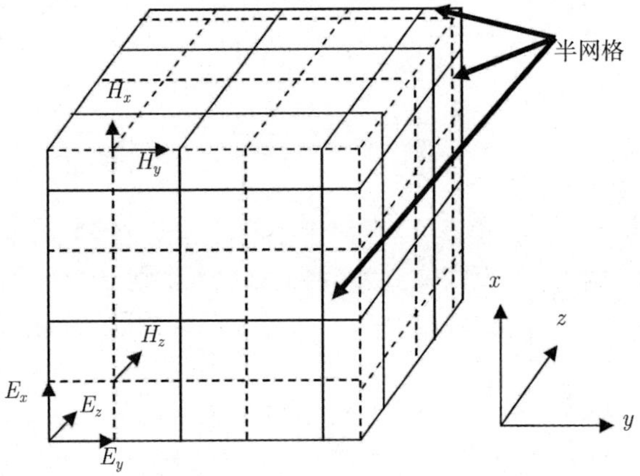

图 9.9　两种类型二维磁化等离子体光子晶体的一个周期单元的网格划分示意图

由 Bloch 定理[234] 可知，周期单元中的电磁场和电流密度满足边界条件：

$$\begin{cases} E_x(1,:,:) = E_x(ib,:,:), & H_x(1,:,:) = H_x(ib,:,:), \quad J_x(1,:,:) = J_x(ib,:,:) \\ E_y(:,1,:) = E_y(:,jb,:), & H_y(:,1,:) = H_y(:,jb,:), \quad J_y(:,1,:) = J_y(:,jb,:) \\ E_z(:,:,1) = E_z(:,:,kb), & H_z(:,:,1) = H_z(:,:,kb), \quad J_z(:,:,1) = J_z(:,:,kb) \end{cases} \tag{9.62}$$

当外加磁场沿 z 向时，图 9.8 对应的二维磁化等离子体光子晶体满足 Maxwell 方程和等离子体运动方程

$$\nabla \times \boldsymbol{E} = -\mu_0 \frac{\partial \boldsymbol{H}}{\partial t} \tag{9.63}$$

$$\nabla \times \boldsymbol{H} = \varepsilon_0 \varepsilon_{\mathrm{r}} \frac{\partial \boldsymbol{E}}{\partial t} + \boldsymbol{J} \tag{9.64}$$

$$\frac{\mathrm{d}\boldsymbol{J}}{\mathrm{d}t} + v_{\mathrm{c}} \boldsymbol{J} = \varepsilon_0 \omega_{\mathrm{p}}^2 \boldsymbol{E} + \omega_{\mathrm{c}z} \times \boldsymbol{J} \tag{9.65}$$

电流密度 $\boldsymbol{J}$ 和相对介电函数 ε_{r} 满足

$$\begin{cases} J \neq 0, \quad \varepsilon_{\mathrm{r}} = 1 \quad (\text{等离子体区域}) \\ J = 0, \quad \varepsilon_{\mathrm{r}} = \varepsilon_{\mathrm{b}} \quad (\text{介质区域}) \end{cases} \tag{9.66}$$

将 $\omega_{\mathrm{c}x}=\omega_{\mathrm{c}y}=0$ 代入式 (9.61) 并展开，可得对应式 (9.65) 电流密度的差分方程为

$$
\begin{aligned}
J_x^{n+1/2}=&\frac{1}{\left(1+\dfrac{v_{\mathrm{c}}\Delta t}{2}\right)^2+\left(\dfrac{\omega_{\mathrm{c}z}\Delta t}{2}\right)^2}\left\{\left[1-\left(\frac{v_{\mathrm{c}}\Delta t}{2}\right)^2-\left(\frac{\omega_{\mathrm{c}z}\Delta t}{2}\right)^2\right]J_x^{n-1/2}\right.\\
&\left.+\varepsilon_0\omega_{\mathrm{p}}^2\Delta t\left(1+\frac{v_{\mathrm{c}}\Delta t}{2}\right)E_x^n-\omega_{\mathrm{c}z}\Delta t J_y^{n-1/2}-\frac{\varepsilon_0\omega_{\mathrm{c}z}\omega_{\mathrm{p}}^2\Delta t^2}{2}E_y^n\right\}\\
J_y^{n+1/2}=&\frac{1}{\left(1+\dfrac{v_{\mathrm{c}}\Delta t}{2}\right)^2+\left(\dfrac{\omega_{\mathrm{c}z}\Delta t}{2}\right)^2}\left\{\left[1-\left(\frac{v_{\mathrm{c}}\Delta t}{2}\right)^2-\left(\frac{\omega_{\mathrm{c}z}\Delta t}{2}\right)^2\right]J_y^{n-1/2}\right.\\
&\left.+\varepsilon_0\omega_{\mathrm{p}}^2\Delta t\left(1+\frac{v_{\mathrm{c}}\Delta t}{2}\right)E_y^n+\omega_{\mathrm{c}z}\Delta t J_x^{n-1/2}+\frac{\varepsilon_0\omega_{\mathrm{c}z}\omega_{\mathrm{p}}^2\Delta t^2}{2}E_x^n\right\}\\
J_z^{n+1/2}=&\frac{1}{1+\dfrac{v_{\mathrm{c}}\Delta t}{2}}\left[\left(1-\frac{v_{\mathrm{c}}\Delta t}{2}\right)J_z^{n-1/2}+\varepsilon_0\omega_{\mathrm{p}}^2\Delta t E_z^n\right]
\end{aligned}
\tag{9.67}
$$

电磁场和电流密度可以表示为

$$
\begin{cases}
\boldsymbol{E}(\boldsymbol{k},\boldsymbol{x},t)=(E_x,E_y,E_z)\mathrm{e}^{-\mathrm{j}(\omega t+\boldsymbol{k}\cdot\boldsymbol{x})}\\
\boldsymbol{H}(\boldsymbol{k},\boldsymbol{x},t)=(H_x,H_y,H_z)\mathrm{e}^{-\mathrm{j}(\omega t+\boldsymbol{k}\cdot\boldsymbol{x})}\\
\boldsymbol{J}(\boldsymbol{k},\boldsymbol{x},t)=(J_x,J_y,J_z)\mathrm{e}^{-\mathrm{j}(\omega t+\boldsymbol{k}\cdot\boldsymbol{x})}
\end{cases}
\tag{9.68}
$$

其中，$\boldsymbol{k}=k_x\boldsymbol{e}_x+k_y\boldsymbol{e}_y+k_z\boldsymbol{e}_z$，$\boldsymbol{x}=x\boldsymbol{e}_x+y\boldsymbol{e}_y+z\boldsymbol{e}_z$。

将式 (9.68) 代入式 (9.63) 和式 (9.64)，可将 Maxwell 方程组化为差分方程为

$$
\begin{cases}
\mu_0\dfrac{\partial H_x}{\partial t}=\dfrac{\partial E_y}{\partial z}-\dfrac{\partial E_z}{\partial y}-\mathrm{j}k_zE_y+\mathrm{j}k_yE_z\\
\mu_0\dfrac{\partial H_y}{\partial t}=\dfrac{\partial E_z}{\partial x}-\dfrac{\partial E_x}{\partial z}-\mathrm{j}k_xE_z+\mathrm{j}k_zE_x\\
\mu_0\dfrac{\partial H_z}{\partial t}=\dfrac{\partial E_x}{\partial y}-\dfrac{\partial E_y}{\partial x}-\mathrm{j}k_yE_x+\mathrm{j}k_xE_y
\end{cases}
\tag{9.69}
$$

$$
\begin{cases}
\varepsilon_0\varepsilon_{\mathrm{r}}\dfrac{\partial E_x}{\partial t}=-J_x+\dfrac{\partial H_z}{\partial y}-\dfrac{\partial H_y}{\partial z}-\mathrm{j}k_yH_z+\mathrm{j}k_zH_y\\
\varepsilon_0\varepsilon_{\mathrm{r}}\dfrac{\partial E_y}{\partial t}=-J_y+\dfrac{\partial H_x}{\partial z}-\dfrac{\partial H_z}{\partial x}-\mathrm{j}k_zH_x+\mathrm{j}k_xH_z\\
\varepsilon_0\varepsilon_{\mathrm{r}}\dfrac{\partial E_z}{\partial t}=-J_z+\dfrac{\partial H_y}{\partial x}-\dfrac{\partial H_x}{\partial y}-\mathrm{j}k_xH_y+\mathrm{j}k_yH_x
\end{cases}
\tag{9.70}
$$

将式 (9.69) 和式 (9.70) 差分，可得二维磁化等离子体光子晶体中电磁场的 FDTD 迭代公式。限于篇幅，x 方向电磁场和电流密度在周期单元内部和边界处的 FDTD 迭代公式见参考文献 [166]。

9.2.3 TM 模式下的粒子模拟

基于 FDTD 算法的 Particle-in-cell(PIC) 粒子模拟软件 Magic[254] 能够在特定的初始和边界条件下，模拟电磁场在实际空间的不同时刻的传播过程，模拟电磁场与粒子的相互作用过程。为了进一步研究电磁波在等离子体光子晶体中的传输特性，采用 Magic 建立的物理模型如图 9.10 所示。模型图中共有 9 个周期单元，晶格常数 a=3mm，方柱长度 L=2.12mm(在此没有采用圆柱是因为 Magic 定义的二维等离子体模型必须在各个方向是均匀的)。介电常数和填充率分别为 ε_{a}=6 和 f=0.5。灰色区域为等离子体，等离子体密度 $n_{\mathrm{e}} = n_{\mathrm{i}}$=12.42×10^{13}cm^{-3}，对应的等离子体频率 f_{p} =100GHz。边界条件设置为：上下为周期边界，左右为厚度 h=0.5mm 的吸收边界。左侧靠近吸收边界的直线为激励源线，激励模式为 TM 极化波 (电场平行于方柱)；右边的观测线平行于激励源线，两者距离为 8.8mm。

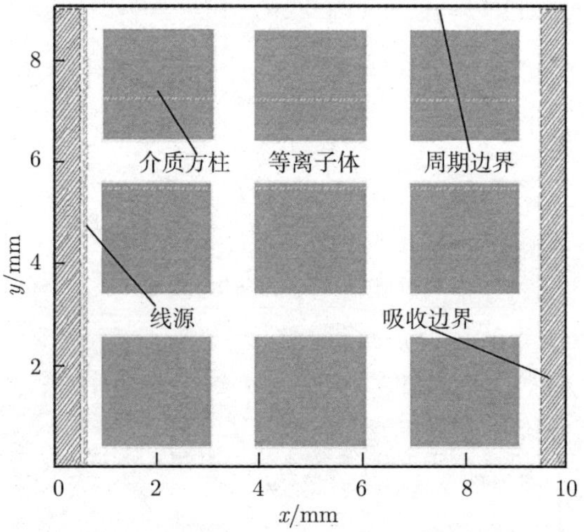

图 9.10 二维非磁化等离子体光子晶体的 Magic 模型图[81,82]

图 9.11(a) 和 (b) 分别给出了输入信号的时间和频谱图，为了清楚地显示时间信号的图形，图 9.11(a) 只给出了 100ps 时刻前的输入信号，实际输入信号时间为 2.5ns。由图 9.11(b) 可知，输入信号的频谱在 0~120GHz 范围呈高斯分布。当图 9.10 的模型图中全部为等离子体时，得到的输出频谱如图 9.11(c) 所示，可见电磁波在等离子体频率 f_{p}=100GHz 处截止。当输入信号经过图 9.10 所示模型时，得到的输出频谱如图 9.11(d) 所示，发现在低于 100GHz 范围内仍有传输，且在 0~120GHz 范围内呈一系列带通和带阻现象。

图 9.12 给出了图 9.10 所示模型中采用 PWE 得到的 TM 模式下的色散曲线 (左边) 和粒子模拟得到的传输曲线 (右边)，传输和色散曲线具有相同纵坐标，即

归一化频率，色散曲线的横坐标为沿 Γ-X 方向的波矢 k，传输曲线的横坐标为输出与输入信号频谱的比率，即传输率。表 9.1 给出了 PWE 方法得到的光子带隙和传输率小于 0.1 的传输曲线的带隙位置的比较。可见，两种算法得到的带隙位置基本一致，存在差异的原因是：用 PWE 方法求色散曲线时，假定二维非磁化等离子体光子晶体在 x 和 y 方向上均为无限的周期结构。

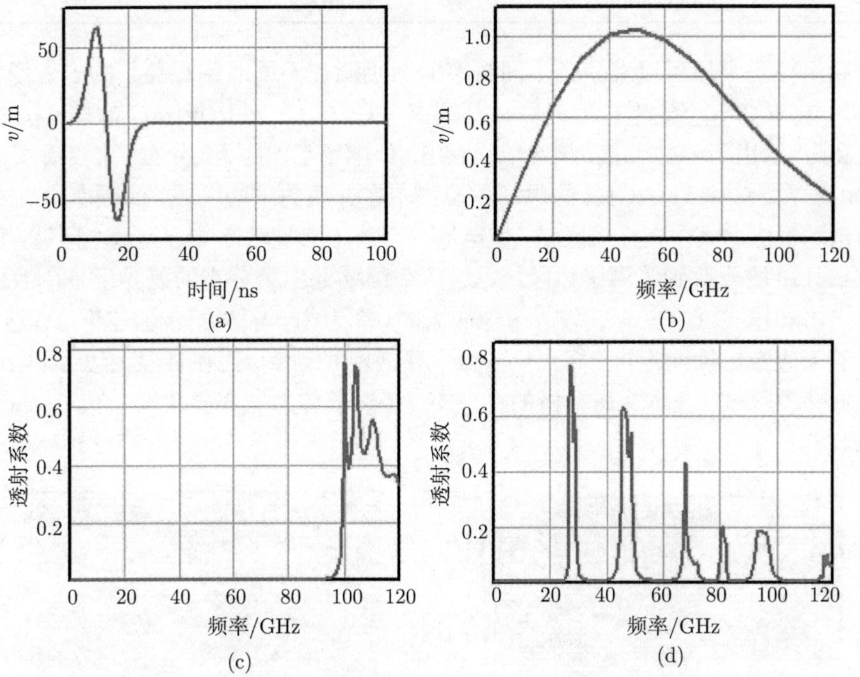

图 9.11 激励源的 (a) 时间和 (b) 频谱图，电磁波经过 (c) 等离子体和 (d) 二维 PDPC 时的输出频谱[81,82]

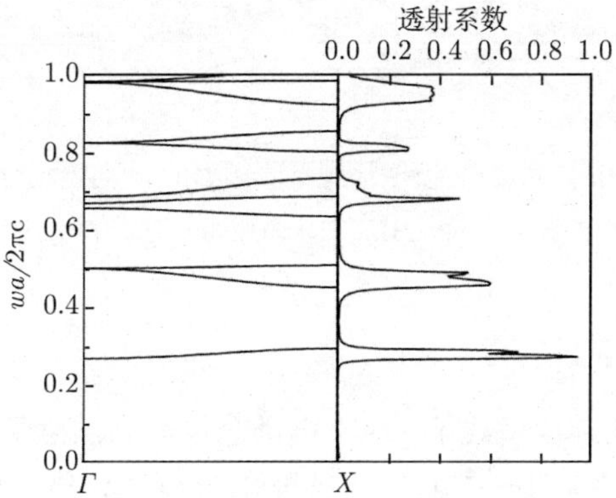

图 9.12 Γ-X 方向的色散和传输曲线[81,82]

表 9.1　Γ-X 方向的带隙位置比较

带隙位置 (色散)	带隙位置 (PIC 模拟)
0~0.270	0~0.264
0.294~0.451	0.296~0.445
0.500~0.634	0.502~0.660
0.733~0.801	0.720~0.800
0.854~0.922	0.828~0.924

利用粒子模拟可以观察到不同频率的激励源在不同时刻激励起的电磁场模式分布。图 9.13(a) 给出了 t=0.55ns，频率 f=27GHz 处电场 E_z 的模式分布。图 9.13(b) 给出了 t=1.95ns，频率 f=47GHz 处电场 E_z 的模式分布。比较图 9.13(a) 和 (b) 可知，频率为 27GHz 的电场主要集中在介质的中心区域，而频率为 47GHz 处的电场虽然也集中在介质区域，但电场在介质中心被截断并分为两个区域，从而导致部分电场分散到等离子体区域。这两个频率处电场分布的差异正是色散曲线中模式 1 和模式 2 之间存在较大带隙的原因。因为由一般光子带隙理论可知[3]，在带隙的下边带，电场集中在高介质区域来降低模式频率，而在带隙上边带，电场集中在低介质区域。在本文所分析的模型中，等离子体为低介质区域，介质为高介质区域。

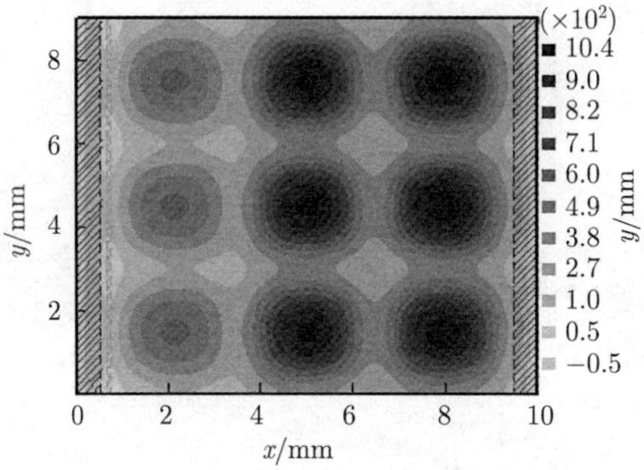

(a)

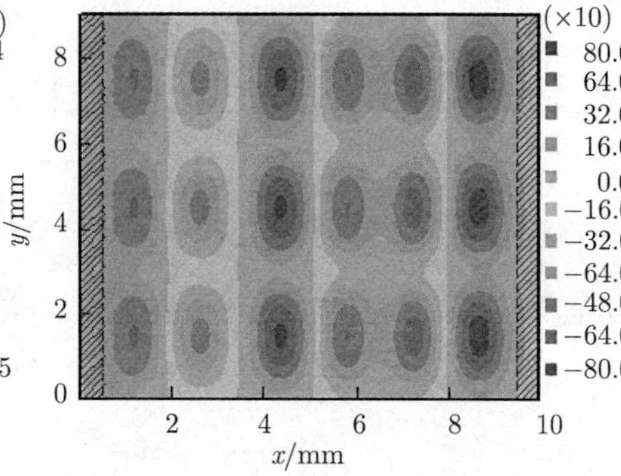

(b)

图 9.13　Magic 模拟得到不同频率的 z 向电场分布

(a) t=0.55ns，f=27GHz；(b) t=1.95ns，f=47GHz[81,82]

9.2.4　TE 模式下的色散特性

由图 9.8 可知，在 TE 模式下，由于电场分量与外加磁场垂直，等离子体中的电子受电场力的作用将切割外加磁场，改变电磁波在磁化等离子体光子晶体中的传输特性。为了便于与具有外加磁场的情况进行比较，首先研究无外加磁场时相同参数下 TE 模式下的色散特性。

对于 type-1 而言，取晶格常数 a=2.5mm，等离子体圆柱直径 d=1.75mm，等离子体碰撞频率 $v_c=0.2\omega_p$，背景相对介电常数 $\varepsilon_b=1$，等离子体回旋频率 $\omega_c=0$，等离子体密度 $n_e=10^{13}\text{cm}^{-3}$，对应 $\omega_p=2\pi\times28.376\times10^9\text{rad/s}$，得到二维非磁化等离子体光子晶体 TE 模式下的色散曲线如图 9.14 所示。横坐标波矢 k 沿 M-Γ-X-M 方向，纵坐标为归一化频率。其中实线和空心圆分别为采用改进 PWM 法和 FDTD 法得到的，可见这两种不同方法得到的结果基本一致，并都在归一化频率 $\omega a/2\pi c$=0.23 下面出现了一系列群速度接近零的色散线，即水平带 (flatbands)。水平带的位置是由等离子体的截止频率 $\omega=\omega_p$ 决定的，由于局域表面波的作用，水平带中电磁波的是可以传输的，因此通过控制等离子体密度可以有效地控制水平带中电磁波的传输特性。

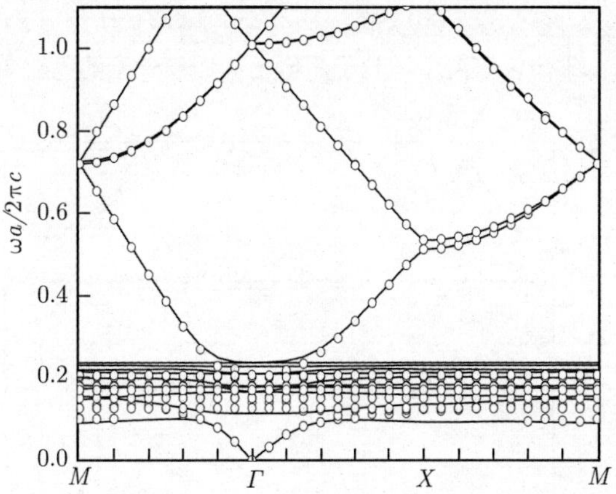

图 9.14　二维非磁化等离子体光子晶体在 TE 模式下的色散曲线[81,82]

1. 外加磁场对色散特性的影响

其他参数不变，当存在外加磁场，假定等离子体回旋频率 $\omega_c=\omega_p$ 时，得到二维磁化等离子体光子晶体在 TE 模式下的色散曲线如图 9.15 所示，实线和空心圆分别对应 PWE 和 FDTD 方法的计算结果，可见两者计算结果基本一致，并且 TE 模式下的色散曲线分别在 $\omega a/2\pi c=0.1456$ 和 0.3821 下面均出现一系列水平带。这是因为在外加磁场 B_0 的作用下，等离子体存在左旋截止 ω_l 和右旋截止 ω_r 两个截止频率点[121]。其中 $\omega_l=\left[-\omega_c+\left(\omega_c^2+4\omega_p^2\right)^{1/2}\right]/2$，$\omega_r=\left[\omega_c+\left(\omega_c^2+4\omega_p^2\right)^{1/2}\right]/2$。当 $\omega_c=\omega_p$ 时，$\omega_l a/2\pi c$ 和 $\omega_r a/2\pi c$ 的理论计算值分别为 0.1461 和 0.3826。图 9.16 给出了 $\omega_c=3\omega_p$ 时，PWE 方法计算得到的色散曲线。与图 9.15 相比，当外加磁场增大至 $\omega_c=3\omega_p$ 时，色散曲线的水平带的上边缘和水平带的下边缘分别往低频和高频方向移动，其水平带区域的最大值分别出现在 $\omega a/2\pi c$=0.071 和 0.781。这与通过左右旋截止频率公式得到的结果对应。

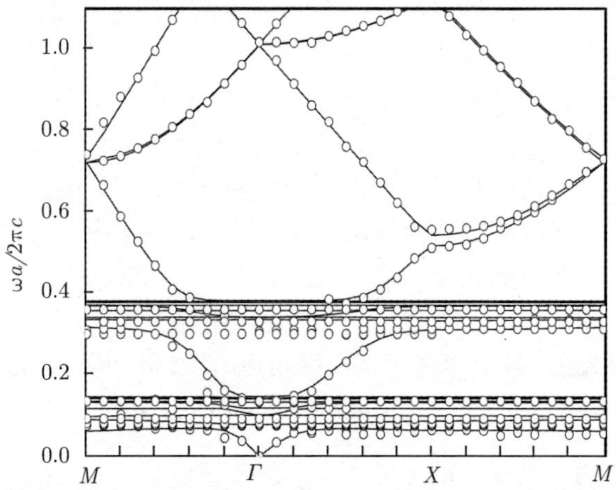

图 9.15　二维磁化等离子体光子晶体在 TE 模式下的色散曲线[81,82]

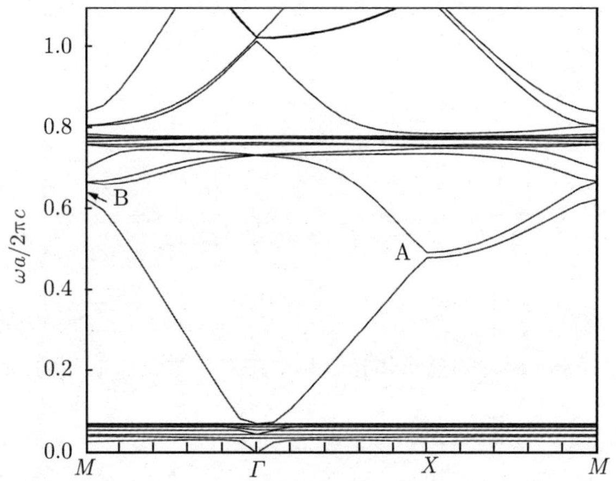

图 9.16　$\omega_c = 3\omega_p$ 时 TE 模式下色散曲线[81,82]

取光子晶体参数同图 9.14，改变外加磁场，通过左右旋截止频率公式和 PWE 方法得到的水平带如图 9.17 所示。其中实线为理论计算值，水平带上边缘的最大和最小频率点用上三角 (△) 表示，水平带下边缘的最大和最小频率点用下三角 (▽) 表示。可见，随着外加磁场的增加，水平带的上下边缘分别呈非线性增加和减小趋势，水平带上边缘的最大频率点对应右旋截止频率，水平带下边缘的最大频率点对应左旋截止频率。因此，在二维磁化等离子体光子晶体中，色散曲线中具有两个水平带区域，水平带上下边缘的上频率点分别对应等离子体的右旋和左旋截止频率，通过调节外加磁场的大小可以控制这两个水平带区域的位置。

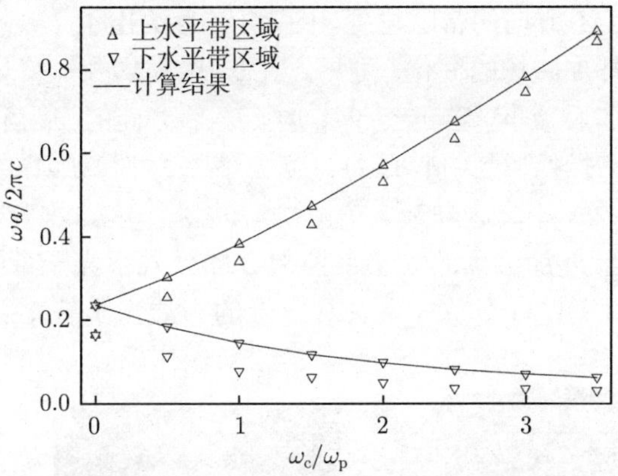

图 9.17 磁场变化对水平带上下边缘位置的影响[81,82]

进一步比较图 9.16 和图 9.17，发现随着外加磁场的增加，除了水平带位置发生变化外，色散曲线在 Γ-M 方向也出现了带隙，即在波矢 M 处 B 点有了较宽的带隙，而在 $\omega_c=\omega_p$ 时，带隙只出现在 Γ-X 方向。同时，图 9.16 中位于波矢 X 处 A 点上下边带的距离减小，从而引起 Γ-X 方向的带隙宽度减小。图 9.18 给出了图 9.16 中波矢 X 处 A 点和波矢 M 处 B 点上下边带频率对应的电场幅度分布，电场幅度由黑色到白色逐渐增大。图 9.18(a) 和 (b) 分别为 X 处 A 点下边带和上边带频率 $\omega a/2\pi c=0.481$ 和 0.493 对应的电场幅度分布。可以看出，下边带的电场主要集中在等离子体圆柱的外面，而上边带的电场则主要集中在圆柱内部。比较图 9.18(c) 和 (d) 发现，同样的现象也出现在 M 处 B 点的下边带和上边带。因此，无论对 A 或 B 点的上下边带来说，波矢值相同，但电场幅度分布变化较大。这种电场分布的差异正是二维磁化等离子体光子晶体带隙形成的原因。因为由一般光子晶体的带隙理论可知[3]，在带隙的下边带，场分量主要集中在介电常数较高的区域，而在带隙的上边带场分量则集中于介电常数较低的区域。对于上面分析的 type-1 结构的二维磁化等离子体光子晶体，磁化等离子体的相对介电常数小于 1，因而下边带电场分量集中于空气区域，上边带电场分量集中于等离子体区域，这种电场分布的差异导致了光子带隙的形成。

图 9.19 给出了 Γ-X 和 Γ-M 方向带隙位置和相对带隙宽度随外加磁场的变化。从图 9.19(a) 中可以看出，当 ω_c 从 0 到 $1.5\omega_p$ 变化时，Γ-X(–○–) 和 Γ-M(–■–) 方向的带隙位置均上移，带隙宽度有增加的趋势。当 ω_c 增加到 $2\omega_p$ 时，Γ-X 和 Γ-M 方向的带隙位置降低，且 Γ-X 比 Γ-M 方向降低得幅度要小。这是因为当 $\omega_c=2\omega_p$ 时，右旋圆截止引起的上平带区域移动到 Γ-X 和 Γ-M 所形成带隙的色散曲线上方，从而将 Γ-X 和 Γ-M 处的色散曲线压低，带隙位置下移。当 ω_c 从 $2\omega_p$ 继续增加时，Γ-X 和 Γ-M 方向的带隙位置往高频方向移动，但 Γ-X 方向的

带隙位置总低于 Γ-M 方向的带隙位置。图 9.19(b) 给出了 Γ-X 和 Γ-M 方向的相对带隙宽度 ω_{R} 随外加磁场的变化。可见，当 ω_{c} 从 0 到 $6\omega_{\mathrm{p}}$ 变化时，Γ-X 和 Γ-M 方向的 ω_{R} 都先增加后减小，当 $\omega_{\mathrm{c}} \leqslant 2\omega_{\mathrm{p}}$ 时，Γ-X 方向的 ω_{R} 都大于 Γ-M 方向的值，并在 $\omega_{\mathrm{c}} = 2\omega_{\mathrm{p}}$ 时达到最大值 0.071；当 $\omega_{\mathrm{c}} > 2\omega_{\mathrm{p}}$ 时，Γ-M 方向的 ω_{R} 比 Γ-X 的值大，并在 $\omega_{\mathrm{c}} =2.5\omega_{\mathrm{p}}$ 时达到最大值 0.074。因此，在二维磁化等离子体光子晶体中，可以通过调节外加磁场的大小来控制 TE 模式下光子带隙的位置和相对带隙宽度，这在非磁化等离子体光子晶体和一般的介质光子晶体中是不能实现的。

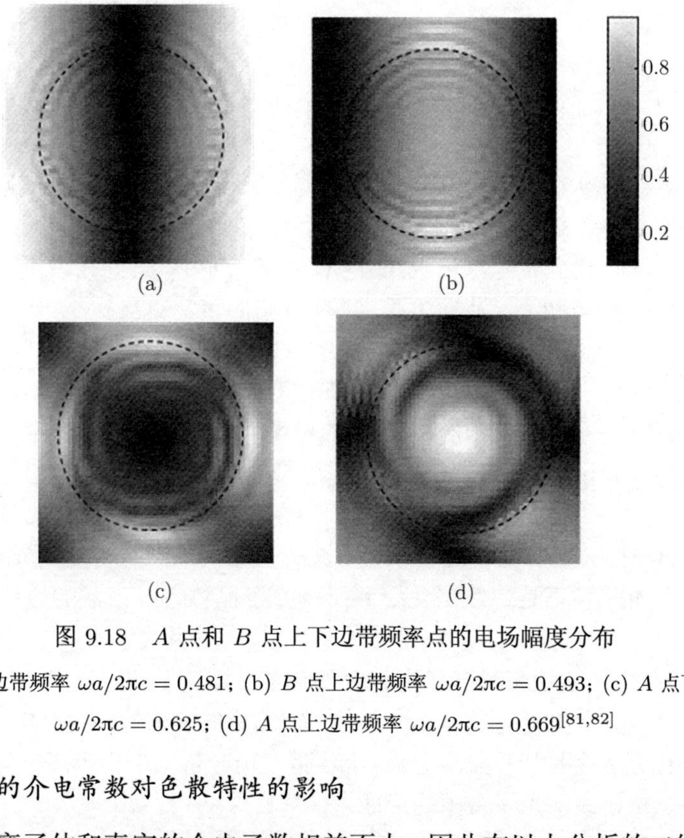

图 9.18　A 点和 B 点上下边带频率点的电场幅度分布

(a) B 点下边带频率 $\omega a/2\pi c = 0.481$；(b) B 点上边带频率 $\omega a/2\pi c = 0.493$；(c) A 点下边带频率 $\omega a/2\pi c = 0.625$；(d) A 点上边带频率 $\omega a/2\pi c = 0.669$[81,82]

2. 介质的介电常数对色散特性的影响

由于等离子体和真空的介电函数相差不大，因此在以上分析的二维磁化等离子体光子晶体的水平带区域上方没有出现全方向带隙。取 ε_{b}=8.9，其他参数同图 9.15，由 PWE 计算得到的色散曲线如图 9.20 所示，可见在水平带上方 $\omega a/2\pi c$= 0.52 和 0.72 附近均出现一个全方向带隙。图 9.21 给出了水平带上方第一条带隙的上下边带位置随 ε_{b} 变化的规律。可以看出，当背景介电常数从 6~12 变化时，带隙中心位置下降，但带隙宽度不断增加。与固体介质光子晶体类似，介质介电常数的增加使得两种材料的相对介电常数的差值增大，从而更容易形成较大带隙。

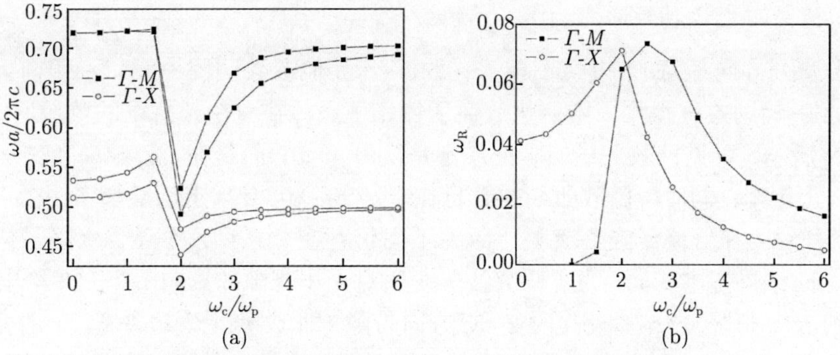

图 9.19 磁场变化对 Γ-X 和 Γ-M 方向带隙的影响

(a) 带隙位置; (b) 相对带隙宽度 [81,82]

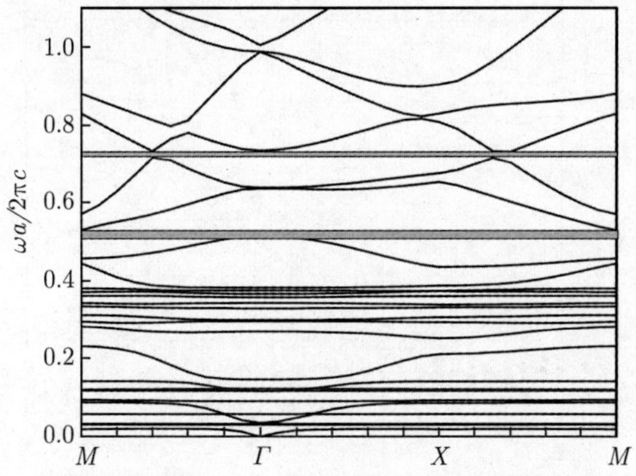

图 9.20 ε_b=8.9 时 TE 极化波的色散曲线 [81,82]

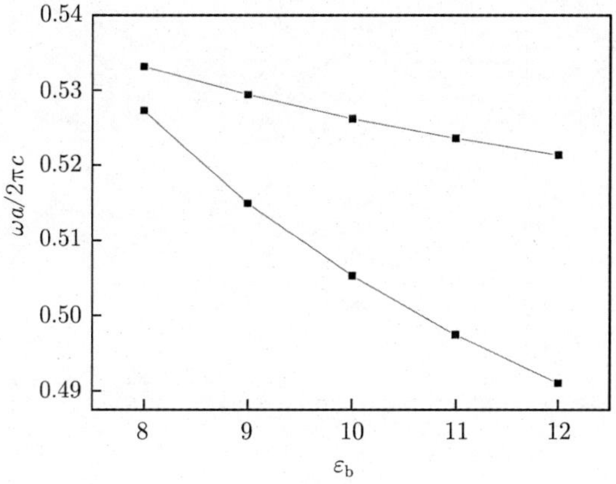

图 9.21 背景材料的介电常数对光子带隙的影响 [81,82]

3. 波矢对色散特性的影响

当波矢方向任意时，假定 $k_z = 0.5\pi/a$，其他参数同图 9.14，利用前面推导的 FDTD 辅助方程得到二维磁化等离子体光子晶体在 TE 模式下的色散曲线，如图 9.22 所示。可见色散曲线的本征模不是从 0 开始，而是在 $\omega a/2\pi c$=0.05 处存在一个截止频率；同时，色散曲线的数目在 $\omega a/2\pi c$=0.72 以上明显增多；由于外加磁场的作用，在等离子左右旋截止频率下面仍存在一系列水平带。水平带位置与图 9.14 的结果基本相同。为了研究波矢变化对光子带隙的影响，图 9.23 给出了 k_z 从 0 到 π/a 每隔 $0.1\pi/a$ 变化时 Γ-X 方向带隙 (即 C 点上下边带宽度) 的变化曲线。可见，随着 k_z 的增加，带隙的中心频率不断上移，带隙宽度呈现减小趋势。因此可以通过改变波矢来控制二维磁化等离子体光子晶体在 TE 模式下的位置及宽度。

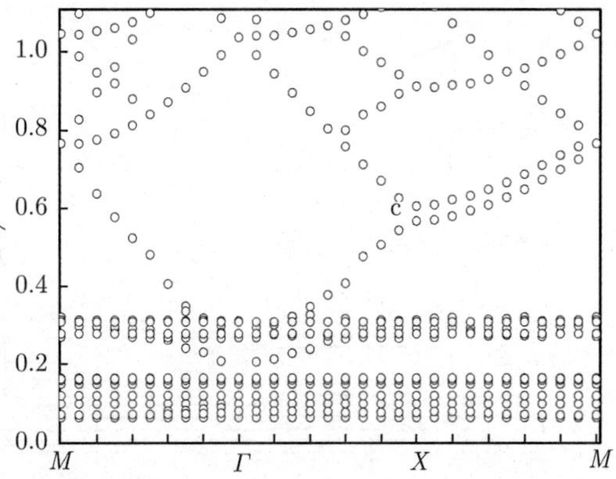

图 9.22　k_z=0.5π/a 时对应的 TE 模式下的色散曲线 [81,82]

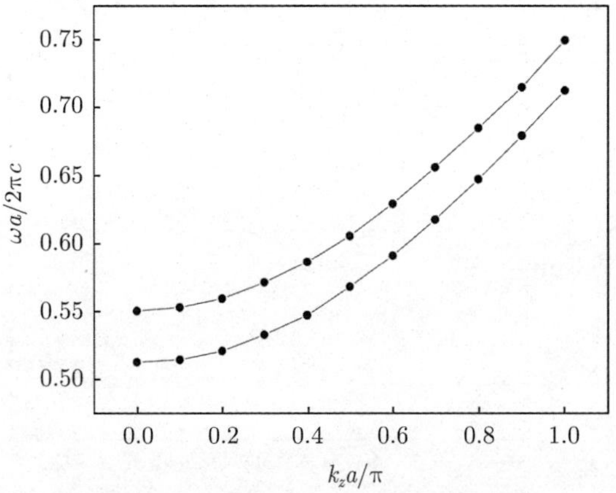

图 9.23　k_z 变化对 PBG 的影响 [81,82]

9.3 有限周期结构的二维等离子体光子晶体的传输特性

等离子体是一种具有色散特性和耗散特性的介质，此特性使等离子体光子晶体具有常规介质光子晶体所不具有的光子禁带特性。目前大量的研究工作主要集中在一维等离子体光子晶体的禁带和缺陷特性上。Hojo、Shiveshwair、李伟和刘少斌等国内外学者对此做了大量的理论研究工作。关于二维等离子体光子晶体研究工作的报道还比较罕见。另外，等离子体可以通过调节外部磁场、等离子体密度和温度等参数改变其电磁特性，工程上用此特性将二维等离子体光子晶体制成可调谐微波器件，如滤波器、全反射镜、波导和功分器等。而在实际应用中，理论上的无限结构是不存在的。在等离子体光子晶体参与实际器件设计时都是一个有限的结构，因此研究有限周期结构二维等离子体光子晶体的禁带调制特性和传输特性是设计此类微波器件的关键，在理论和工程上都具有十分重要的价值。

本小节主要介绍有限周期结构的二维非磁化等离子体光子晶体的传输特性。以微分高斯脉冲作为激励源，采用时域有限差分法 (FDTD) 中的分段线性电流密度卷积 (PLCDRC) 算法[166]，研究均匀、非时变的二维非磁化等离子体光子晶体的禁带调制特性，并对 TM 波在光子晶体中的传播进行了仿真计算。通过计算电磁波的透射系数，获得光子晶体的禁带 (将光子禁带的阈值设定为透射系数小于 −30dB) 调制特性。然后，讨论二维非磁化等离子光子晶体的介质圆柱的相对介电常数、晶格常数、介质圆柱半径，周期常数和等离子体参数对光子禁带的影响。

9.3.1 计算方法与理论模型

本节采用非磁化等离子体的 PLCDRC -FDTD 算法进行仿真计算。该算法不仅可以保证较低的计算时间和存储空间，而且具有较高的计算精度。

该算法的电场和卷积的迭代方程如下[151,236]：

$$E^{n+1}=\frac{1}{1+\dfrac{\Delta t}{2\varepsilon_0}(\sigma^0-\xi^0)}\left[\left(1-\frac{\Delta t}{2\varepsilon_0}\xi^0\right)E^n+\frac{\Delta t}{2\varepsilon_0}(\nabla\times\boldsymbol{H})^{n+1/2}-\frac{\Delta t}{2\varepsilon_0}\psi^n\right]\tag{9.71}$$

$$\psi^n=(\sigma^0+\sigma^1-\xi^0-\xi^1)E^n+(\xi^1+\xi^0)E^{n-1}+\exp(-\nu_c\Delta t)\psi^{n-1}\tag{9.72}$$

式中，E 为电场强度分量；$\boldsymbol{H}$ 为磁场强度；ε_0 为真空中的介电常数；Δt 为时间步长。式 (9.71) 和式 (9.72) 中的其他参量定义见文献 [166]，[167]。磁场的迭代公式与常规 FDTD 公式相同。电介质部分的处理与常规 FDTD 算法相同。

用于仿真计算的二维非磁化等离子体光子晶体的物理模型如图 9.24 所示。用周期排列的介质圆柱来填充非磁化等离子体构成二维非磁化等离子体光子晶体，栅格为正方形。介质圆柱在 z 方向上为无限长，TM 波沿着 x 轴正方向入射，入射波的频率范围为 0~30GHz。用 a 表示二维非磁化等离子体光子晶体的晶格常数，用 N 表示该光子晶体的周期数，R 为介质圆柱的半径。仿真计算的初始参数设定为：周期常数 N=10，介质圆柱的半径 R=2.5mm，晶体格常数 a=10mm，介质圆柱的相对介电常数 ε_1=7，等离子体频率 $\omega_{\rm p} = 4.8\pi \times 10^9$rad/s，等离子体的碰撞频率 $\nu_{\rm c} = 2.7 \times 10^9$rad/s。

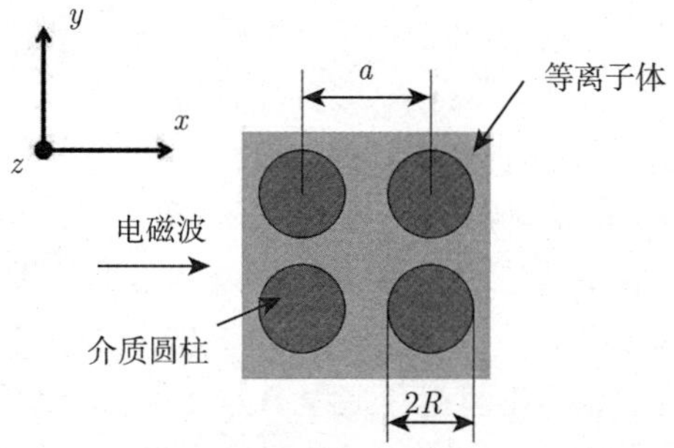

图 9.24　二维非磁化等离子体光子晶体的物理模型

FDTD 计算的空间步长取 $\Delta x = \Delta y$=0.5mm，根据 Courant 条件，取时间步长 Δt=1ps。将大小为 100mm×100 mm 的等离子体光子晶体划分为 200×200 的计算网格范围，计算空间的四周各设四个吸收边界，用于吸收截断边界时产生的反射。吸收边界为完全匹配层 (PML)，占据 5 个网格。沿 $+x$ 轴传播的入射电磁波为高斯脉冲，该脉冲的表达式由下式给出：

$$\begin{cases} E_i(t) = -A \cdot (t - 6\tau) \exp\left[-\dfrac{4\pi(t-6\tau)^2}{30\tau^2}\right] & (t \leqslant 10\tau) \\ E_i(t) = 0 & (t > 10\tau) \end{cases} \tag{9.73}$$

式中，τ 为常量。τ 的取值与入射波的频率有关, τ 值越小则高频分量越多，仿真计算时 τ 取 20，取常量 $A = 4.67$V/m。为了获得二维非磁化等离子体光子晶体的禁带特性，在计算 10000 步后，用在时域得到的电场分量通过傅里叶变换转换到频域，然后在频域里求透射系数。图 9.25 给出了介质圆柱的相对介电常数 ε_1 分别取 1,4.5,7,10 时与透射系数的关系。由图 9.25 可知，二维非磁化等离子体光子晶体和介质光子晶体一样可以实现光子带隙，但其禁带特性又与一般介质光子晶体不同。下面就以介质圆柱的相对介电常数、晶格常数、介质圆柱半径、周期常数和等离子体参数为参量来研究其禁带特性。

9.3.2　介质圆柱相对介电常数对禁带特性的影响

图 9.26 给出了 ε_1 从 1 变化到 12 时与透射系数的关系。由图 9.25 和图 9.26 可知，TM 波入射由周期排列的空气圆柱和等离子体组成二维非磁化等离子体光子

晶体时不能形成光子禁带。随着 ε_1 的增加，光子禁带将逐步出现，带宽逐渐增加，继续增加 ε_1 值，第二光子禁带将会出现。随着 ε_1 的增大，禁带的中心频率向低频方向移动，光子禁带不具有周期特性。因此，调节 ε_1 的大小不但可以实现对禁带中心频率的调节，而且可以实现对禁带宽度的拓展，同时还可以控制禁带的数目。这个特性可以用于设计宽带滤波器。

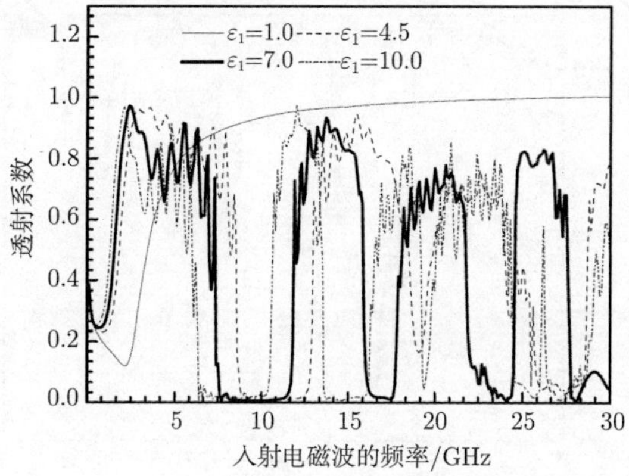

图 9.25 ε_1=1, 4.5, 7, 10 时的频域透射系数

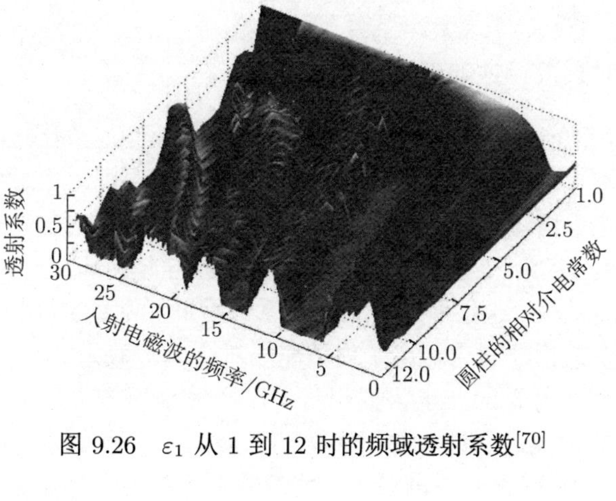

图 9.26 ε_1 从 1 到 12 时的频域透射系数[70]

9.3.3 周期常数对禁带特性的影响

图 9.27 给出了周期常数 N 分别取 9,16,20,30 时与透射系数的关系。由图 9.27 可知，随着周期常数 N 的增加，禁带的数目逐渐增加，但是单纯地增加周期常数 N 不能实现禁带宽度的拓展。如图 9.27 所示，N=9 时的光子晶体不具有第二光子禁带，而当 N=16 时，光子晶体已经具有第二光子禁带。再将 N 增大到 20 时，光

子晶体出现了第三光子禁带，但是此时第一、二光子禁带的宽度几乎保持不变。另外，随着周期常数 N 的增加，透射系数的大小将逐渐减小，禁带的截止效果也越好。这主要是因为等离子体是一种耗散性介质，电磁波在其中传播时会和等离子体发生碰撞作用，并将电磁波的一部分能量转换成为等离子体的内能。随着 N 的增加，等离子体对电磁波的吸收效果显著增加，透射系数因而会显著减小。

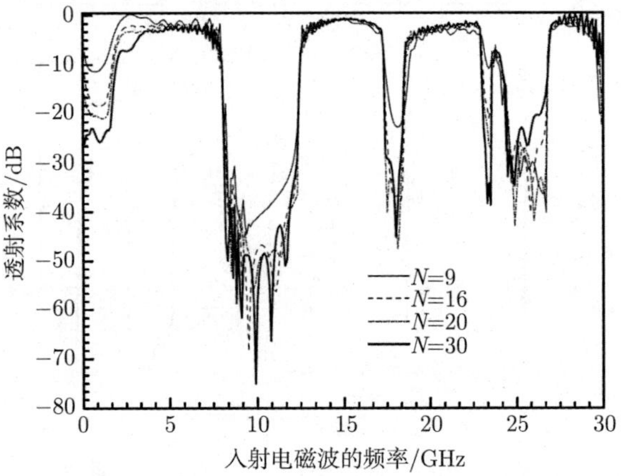

图 9.27　N=9, 16, 20, 30 时的频域透射系数

9.3.4　R 和 a 对禁带特性的影响

图 9.28 给出了介质圆柱半径 R 分别等于 2.25mm, 2.5mm, 4mm, 5mm 时与透射系数的关系，图 9.29 给出了晶格常数 a 分别等于 9mm, 10mm, 18mm, 25mm 时与透射系数的关系。由图 9.28 可知，当晶格常数 a 为定值时，光子禁带的带宽会随着 R 的增大而逐渐减小，禁带的中心频率向低频方向移动，当 R 增大到 $a/2$ 时，光子禁带几乎完全消失。这是因为当 $R = a/2$ 时彼此相邻的介质圆柱已经相切，此时的光子晶体将变成用非磁化等离子体填充相对介电常数为 ε_1 的介质构成的二维光子晶体。因为介质背景的介电常数相对等离子体来说较大，在 TM 模式下光子晶体不会有明显的带隙。由图 9.29 可知，当介质圆柱半径 R 大小一定时，光子禁带的带宽会随着 a 的增大而逐渐减小，禁带的中心频率向低频方向移动，光子禁带的数目将逐渐减少，禁带特性变差直至完全消失。改变 R 和 a 的大小，实质上是改变填充率 f $\left(f = \pi R^2/a^2\right)$ 的大小。结合图 9.28 和图 9.29 可知，当 a 一定，改变 R 时，填充率 f 的变化范围是 [0.159,0.785]；当 R 一定，改变 a 时，填充率 f 的变化范围是 [0.03,0.242]。要获得较好的禁带特性并实现对禁带的控制，填充率 f 的变化范围应该至少满足 [0.159,0.242]。综上所述，当等离子体光子晶体的填充率 f 满足 $f \in$[0.159,0.242]，且 a 一定时，减小 R 可以实现禁带宽度的拓展，中心频

率向高频方向移动。当 R 一定时，减小 a 可以实现禁带宽度的拓展，中心频率向高频方向移动。在填充率一定的情况下，改变介质圆柱半径 R 和晶格常数 a 的大小，可以对禁带的宽度进行调节，以获得较好的禁带特性。

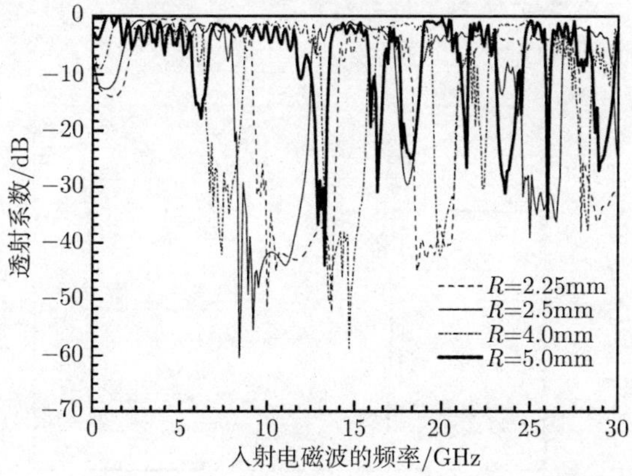

图 9.28 R=2.25mm, 2.5mm, 4mm, 5mm 时的频域透射系数

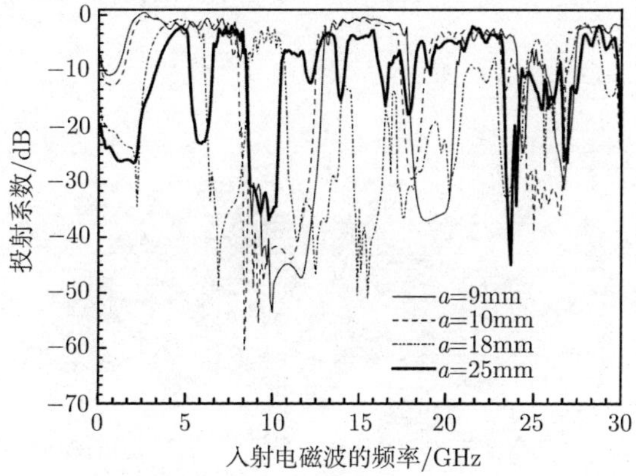

图 9.29 a=9mm, 10mm, 18mm, 25mm 时的频域透射系数

9.3.5 等离子体参数对禁带特性的影响

图 9.30 给出了等离子体频率 ω_p =2GHz, 10GHz, 15GHz, 20GHz 时与透射系数的关系。图 9.31 给出了等离子体频率 ω_p =1~25GHz 时与透射系数的关系。由图 9.30 和图 9.31 可知，等离子体频率越小，禁带特性越明显。禁带的中心频率会随着等离子体频率的增大而向高频方向移动。透射系数的峰值会随等离子体频率的增大而先减小后增大，当 ω_p =25GHz 时，禁带已经完全消失。当等离子体频率增大到一定值时，透射系数峰值会陡然减小。这主要是因为当入射电磁波的频率接

近最大等离子体频率时，由于电磁波的频率接近截止区[15]，等离子体对电磁波的衰减将变得非常大，即共振衰减。当入射电磁波的频率远离最大等离子体频率时，等离子体对电磁波的衰减主要是碰撞吸收。共振衰减的影响比碰撞衰减大很多。当入射波的频率远小于等离子体频率时，入射波完全被反射，所以改变等离子体频率可以很好地控制对禁带的宽度的拓展。

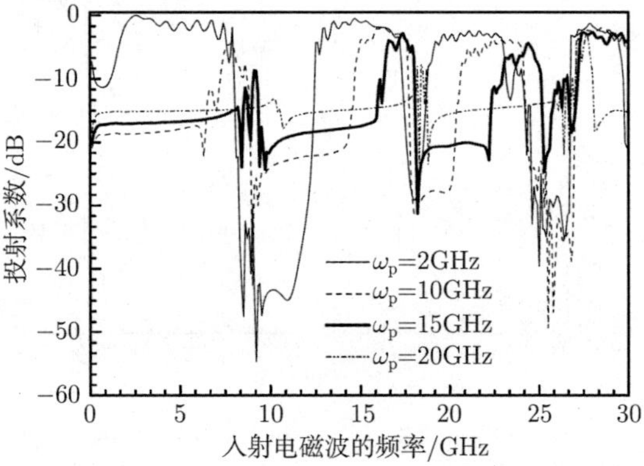

图 9.30　ω_{p}=2GHz, 10GHz, 15GHz, 20GHz 时的频域透射系数

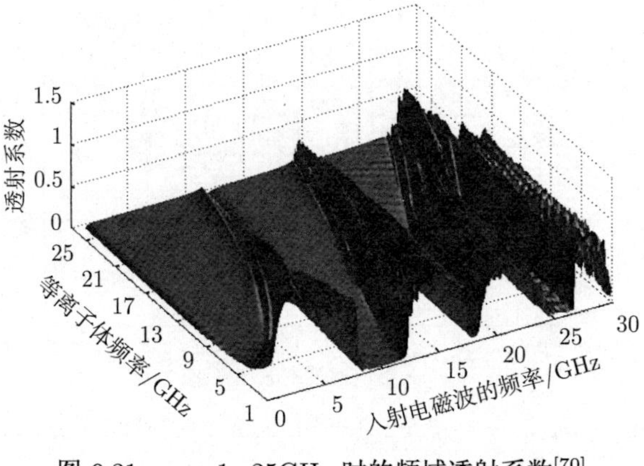

图 9.31　ω_{p}=1～25GHz 时的频域透射系数[70]

图 9.32 给出了等离子体碰撞频率 ν_{c}=1GHz,10GHz,30GHz,50GHz 时与透射系数的关系。图 9.33 给出了等离子体碰撞频率 ν_{c}=1～52GHz 时与透射系数的关系。由图 9.32 和图 9.33 可知，等离子体的碰撞频率对禁带特性影响不大，中心频率和禁带宽度几乎保持不变。透射系数峰值先是随等离子体碰撞频率的增加而减少，但是当等离子体碰撞频率增加到一定值时，透射系数峰值几乎不会随碰撞频率的进一步增加而有明显的减小。这主要是因为等离子体中的电子被电磁波的电场加速，吸收电磁波的能量，同时通过碰撞把能量传递给中性粒子和离子。由衰减常数与碰

撞频率的关系[166] 可得，当电磁波的频率较低时，等离子体的碰撞频率越小，衰减常数越大；当电磁波的频率较高时，等离子体的碰撞频率越大，衰减常数越小。

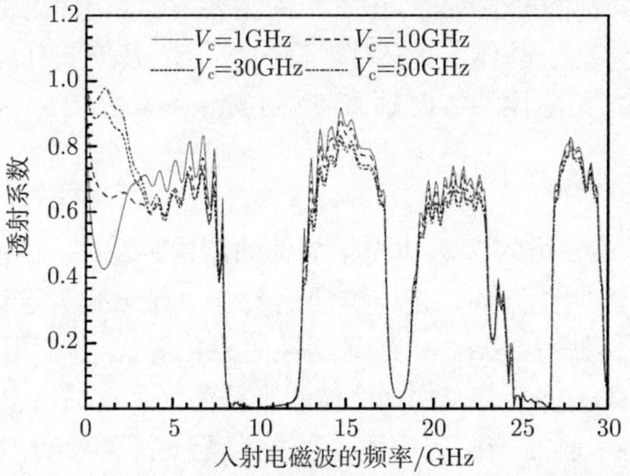

图 9.32 v_c =1GHz, 10GHz, 30GHz, 50GHz 时的频域透射系数

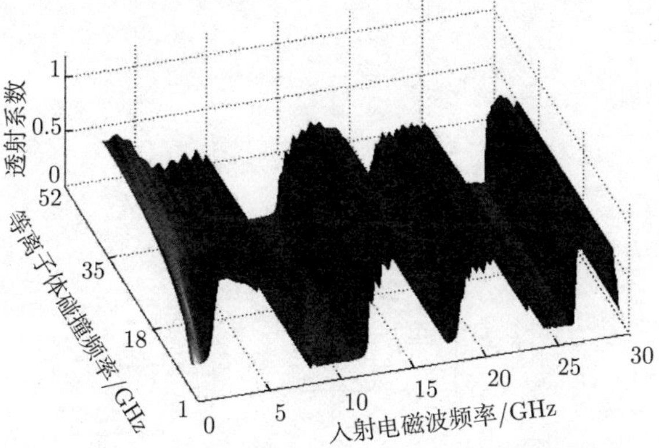

图 9.33 v_c=1~52 GHz 时的频域透射系数[70]

9.4 新型二维等离子体光子晶体的禁带特性

对于一般的等离子体光子晶体而言，无论是磁化等离子体光子晶体还是非磁化等离子体光子晶体，光子晶体本身一般由周期性的介质和等离子体组成。尤其是对于磁化等离子体光子晶体而言，外加磁场一般是在一个方向上对等离子体光子晶体中的某种电磁模式进行调谐，而 Yan 等[247] 和 Qi 等[85] 提出了一种更为特殊的构成等离子体光子晶体的方法，他们构造等离子体光子晶体的方法分别是在某一方向上周期性地排列密度不同的等离子体层和外加磁场。这种等离子体光子晶

体最大的特点是光子晶体仅由单一的等离子体组成，而且不包含其他的介质，这为在工程上实现等离子体光子晶体提供了新思路。他们的研究结果表明，这种特殊的等离子体光子晶体同样能产生 PBGs。本节的主要内容是用相似的原理构建了两类特殊的二维等离子体光子晶体，不仅对它们的水平带隙和 PBGs 特性进行了研究，而且探讨了这两类光子晶体的方向禁带 (stop band gap，SBG) 特性。

9.4.1　理论模型与计算方法

图 9.34 给出了该二维等离子体光子晶体的结构示意图。由图 9.34 可知，外加磁场以正方形晶格周期性排列，磁场方向沿着 $+z$ 轴方向。这两类特殊的二维等离子体光子晶体定义如下：type-1 是周期性的磁化等离子体柱以正方形晶格的形式填充在非磁化等离子体的背景中，柱体的半径为 R，且晶格参数为 a。它的互补结构为 type-2。在 $+z$ 轴方向磁化等离子体柱为无限长。一般电磁波都可以分解为 TM 波 (电场和 xy 平面垂直) 和 TE 波 (磁场和 xy 平面垂直)。由图 9.34 可知，当 TM 波通过时，外加磁场对其无影响。所以本节只考虑 TE 波通过时这两类等离子体光子晶体的色散特性。对于 type-1 等离子体光子晶体而言，外加磁场的分布满足

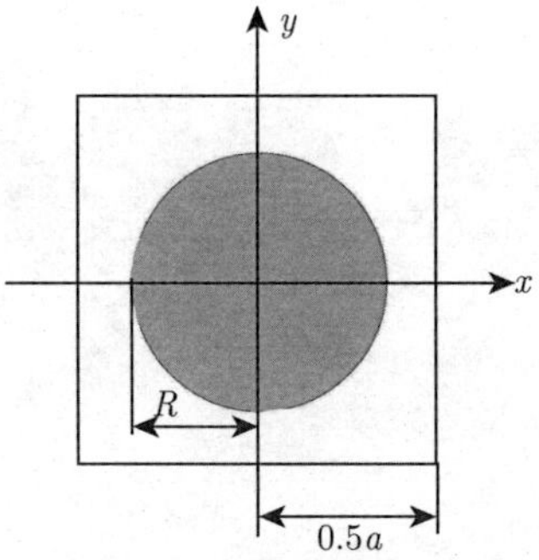

(a)

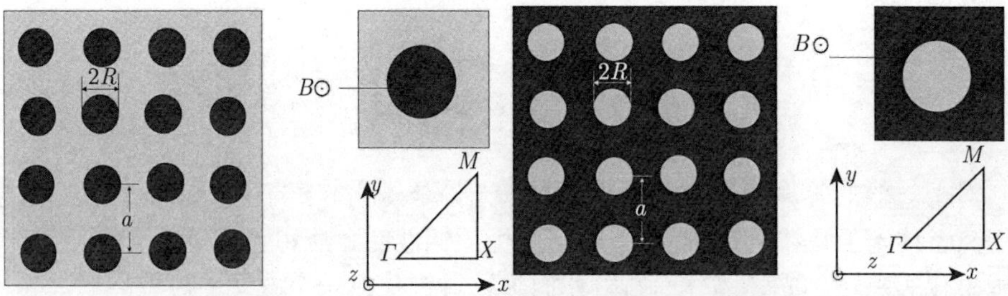

(b)　　(c)

图 9.34　二维等离子体光子晶体的结构示意图

(a) 单元结构示意图；(b) type-1 二维等离子体光子晶体；(c) type-2 二维等离子体光子晶体

$$B(x,y)=\begin{cases}B_0 & (x^2+y^2\leqslant R^2)\\ 0 & (x^2+y^2>R^2)\end{cases}\tag{9.74}$$

对于 type-2 等离子体光子晶体而言，外加磁场的分布满足

$$B(x,y)=\begin{cases}B_0 & (x^2+y^2>R^2)\\ 0 & (x^2+y^2\leqslant R^2)\end{cases}\tag{9.75}$$

假设计算时引入的时谐量是 $\mathrm{e}^{\mathrm{j}\omega t}$, ω 是角频率, t 是时间, 且 $\mathrm{j}=\sqrt{-1}$，那么等离子体的相对介电常数 ε_{p} 满足 Drude 模型且可以表示为

$$\varepsilon_{\mathrm{p}}(\omega)=1-\frac{\omega_{\mathrm{p}}^2}{\omega^2-\mathrm{j}(\nu_{\mathrm{c}}\omega)}\tag{9.76}$$

其中，ω_{p} 和 ν_{c} 分别表示等离子体频率和等离子体碰撞频率。由于 TE 波的电场和外加磁场垂直，所以此时磁化等离子体的相对介电常数可以表示为[85]

$$\varepsilon_{\mathrm{p}}(\omega)=\frac{\left[\omega(\omega-\mathrm{j}v_{\mathrm{c}})-\omega_{\mathrm{p}}^2\right]^2-\omega^2\omega_{\mathrm{c}}^2}{\omega^2\left[(\omega-\mathrm{j}v_{\mathrm{c}})^2-\omega_{\mathrm{c}}^2\right]-\omega\omega_{\mathrm{p}}^2(\omega-\mathrm{j}v_{\mathrm{c}})}\tag{9.77}$$

其中，$\omega_{\mathrm{c}}=eB/m$ 是等离子体回旋频率，B 是外加磁场。用 PWE 方法来计算这两类磁化等离子体光子晶体的色散曲线，对于 type-1 而言，在 TE 模式下，Maxwell 方程组可以化简为关于平面波展开系数 $A(\boldsymbol{k}_{\|}|\boldsymbol{G}_{\|})$ 的方程:

$$\sum_{\boldsymbol{G}'_{\|}}\kappa(\boldsymbol{G}_{\|}-\boldsymbol{G}'_{\|})(\boldsymbol{k}_{\|}+\boldsymbol{G}_{\|})\cdot(\boldsymbol{k}_{\|}+\boldsymbol{G}'_{\|})A(\boldsymbol{k}_{\|}|\boldsymbol{G}_{\|})=\frac{\omega^2}{c^2}A(\boldsymbol{k}_{\|}|\boldsymbol{G}_{\|})\tag{9.78}$$

其中，$\boldsymbol{G}$ 为倒格矢，$\kappa(\boldsymbol{G}_{\|})$ 为傅里叶展开系数。$\kappa(\boldsymbol{G}_{\|})$ 可以表示为

$$\kappa(\boldsymbol{G}_{\|})=\begin{cases}\dfrac{\omega^2-\mathrm{j}\nu_{\mathrm{c}}\omega}{\omega^2-\mathrm{j}\nu_{\mathrm{c}}\omega-\omega_{\mathrm{p}}^2}(1-f)\\ \quad+\left\{\dfrac{\omega^2\left[(\omega-\mathrm{j}v_{\mathrm{c}})^2-\omega_{\mathrm{c}}^2\right]-\omega\omega_{\mathrm{p}}^2(\omega-\mathrm{j}v_{\mathrm{c}})}{\left[\omega(\omega-\mathrm{j}v_{\mathrm{c}})-\omega_{\mathrm{p}}^2\right]^2-\omega^2\omega_{\mathrm{c}}^2}\right\}f, & \boldsymbol{G}_{\|}=0\\ \left\{\dfrac{\omega^2\left[(\omega-\mathrm{j}v_{\mathrm{c}})^2-\omega_{\mathrm{c}}^2\right]-\omega\omega_{\mathrm{p}}^2(\omega-\mathrm{j}v_{\mathrm{c}})}{\left[\omega(\omega-\mathrm{j}v_{\mathrm{c}})-\omega_{\mathrm{p}}^2\right]^2-\omega^2\omega_{\mathrm{c}}^2}\right.\\ \left.\quad-\dfrac{\omega^2-\mathrm{j}\nu_{\mathrm{c}}\omega}{\omega^2-\mathrm{j}\nu_{\mathrm{c}}\omega-\omega_{\mathrm{p}}^2}\right\}f\dfrac{2J_1\left(\left|\boldsymbol{G}_{\|}\right|R\right)}{\left(\left|\boldsymbol{G}_{\|}\right|R\right)}, & \boldsymbol{G}_{\|}\neq 0\end{cases}\tag{9.79}$$

其中，$f=\pi R^2/a^2$ 表示填充率，$J_1(x)$ 表示 1 阶 Bessel 函数。因此，式 (9.78) 可以表示为

$$\left\{\frac{\omega^2-\mathrm{j}\nu_{\mathrm{c}}\omega}{\omega^2-\mathrm{j}\nu_{\mathrm{c}}\omega-\omega_{\mathrm{p}}^2}(1-f)+\frac{\omega^2\left[(\omega-\mathrm{j}v_{\mathrm{c}})^2-\omega_{\mathrm{c}}^2\right]-\omega\omega_{\mathrm{p}}^2(\omega-\mathrm{j}v_{\mathrm{c}})}{\left[\omega(\omega-\mathrm{j}v_{\mathrm{c}})-\omega_{\mathrm{p}}^2\right]^2-\omega^2\omega_{\mathrm{c}}^2}f\right\}$$

$$(\boldsymbol{k}_\parallel+\boldsymbol{G}_\parallel)\cdot(\boldsymbol{k}_\parallel+\boldsymbol{G}'_\parallel)A(\boldsymbol{k}_\parallel|\boldsymbol{G}_\parallel)$$
$$+\sum_{\boldsymbol{G}'_\parallel}\left(\left\{\frac{\omega^2\left[(\omega-\mathrm{j}v_\mathrm{c})^2-\omega_\mathrm{c}^2\right]-\omega\omega_\mathrm{p}^2(\omega-\mathrm{j}v_\mathrm{c})}{\left[\omega(\omega-\mathrm{j}v_\mathrm{c})-\omega_\mathrm{p}^2\right]^2-\omega^2\omega_\mathrm{c}^2}-\frac{\omega^2-\mathrm{j}\nu_\mathrm{c}\omega}{\omega^2-\mathrm{j}\nu_\mathrm{c}\omega-\omega_\mathrm{p}^2}\right\}f\frac{2J_1\left(\left|\boldsymbol{G}_\parallel\right|R\right)}{\left(\left|\boldsymbol{G}_\parallel\right|R\right)}\right)$$
$$(\boldsymbol{k}_\parallel+\boldsymbol{G}_\parallel)\cdot(\boldsymbol{k}_\parallel+\boldsymbol{G}'_\parallel)A(\boldsymbol{k}_\parallel|\boldsymbol{G}_\parallel)=\frac{\omega^2}{c^2}A(\boldsymbol{k}_\parallel|\boldsymbol{G}_\parallel) \tag{9.80}$$

如果定义一个复数变量 $\zeta(\zeta=\omega/c)$，并且假设 $F_1=1-f$，$A=v_\mathrm{c}^2+\omega_\mathrm{c}^2+2\omega_\mathrm{p}^2$，$B=v_\mathrm{c}^2+\omega_\mathrm{c}^2+\omega_\mathrm{p}^2$，式 (9.80) 可以化简成

$$\zeta^7\boldsymbol{I}-\zeta^6\boldsymbol{L}-\zeta^5\boldsymbol{R}-\zeta^4\boldsymbol{S}-\zeta^3\boldsymbol{T}-\zeta^2\boldsymbol{U}-\zeta\boldsymbol{V}-\boldsymbol{W}=0 \tag{9.81}$$

其中，c 为真空中光速，$\boldsymbol{I}$ 为单位矩阵，且

$$\boldsymbol{L}(\boldsymbol{G}_\parallel|\boldsymbol{G}'_\parallel)=3\mathrm{j}\frac{\nu_\mathrm{c}}{c}\boldsymbol{\delta}_{\boldsymbol{G}_\parallel\cdot\boldsymbol{G}'_\parallel} \tag{9.82}$$

$$\boldsymbol{R}(\boldsymbol{G}_\parallel|\boldsymbol{G}'_\parallel)=\left[2\frac{v_\mathrm{c}^2}{c^2}+\frac{A}{c^2}+\frac{\omega_\mathrm{p}^2}{c^2}+\boldsymbol{I}\cdot(\boldsymbol{k}_\parallel+\boldsymbol{G}_\parallel)^2\right]\boldsymbol{\delta}_{\boldsymbol{G}_\parallel\cdot\boldsymbol{G}'_\parallel} \tag{9.83}$$

$$\boldsymbol{S}(\boldsymbol{G}_\parallel|\boldsymbol{G}'_\parallel)=\left[-\frac{\mathrm{j}v_\mathrm{c}A}{c^3}-\frac{4\omega_\mathrm{p}^2\mathrm{j}v_\mathrm{c}}{c^3}-3\frac{\mathrm{j}v_\mathrm{c}}{c}\cdot(\boldsymbol{k}_\parallel+\boldsymbol{G}_\parallel)^2\right]\boldsymbol{\delta}_{\boldsymbol{G}_\parallel\cdot\boldsymbol{G}'_\parallel} \tag{9.84}$$

$$\begin{aligned}\boldsymbol{T}(\boldsymbol{G}_\parallel|\boldsymbol{G}'_\parallel)=&\left[-\left(\frac{\mathrm{j}\omega_\mathrm{p}^2A}{c^4}+\frac{\omega_\mathrm{p}^4}{c^4}+\frac{2v_\mathrm{c}^2\omega_\mathrm{p}^2}{c^4}\right)-\left(\frac{2v_\mathrm{c}^2+\omega_\mathrm{p}^2+B}{c^2}f-\frac{2v_\mathrm{c}^2+A}{c^2}F_1\right)\right.\\&\left.\cdot(\boldsymbol{k}_\parallel+\boldsymbol{G}_\parallel)^2\right]\boldsymbol{\delta}_{\boldsymbol{G}_\parallel\cdot\boldsymbol{G}'_\parallel}+\frac{A-B-\omega_\mathrm{p}^2}{c^2}\boldsymbol{M}\end{aligned} \tag{9.85}$$

$$\begin{aligned}\boldsymbol{U}(\boldsymbol{G}_\parallel|\boldsymbol{G}'_\parallel)=&\left\{\frac{3\mathrm{j}v_\mathrm{c}\omega_\mathrm{p}^4}{c^5}+\left[\left(3\frac{\mathrm{j}\omega_\mathrm{p}^2v_\mathrm{c}}{c^3}+\frac{\mathrm{j}v_\mathrm{c}B}{c^3}\right)f+\left(\frac{\mathrm{j}v_\mathrm{c}A}{c^3}+\frac{2\mathrm{j}\omega_\mathrm{p}^2v_\mathrm{c}}{c^3}\right)F_1\right]\right.\\&\left.\cdot(\boldsymbol{k}_\parallel+\boldsymbol{G}_\parallel)^2\right\}\boldsymbol{\delta}_{\boldsymbol{G}_\parallel\cdot\boldsymbol{G}'_\parallel}+\frac{-\mathrm{j}v_\mathrm{c}A+\mathrm{j}v_\mathrm{c}B+\mathrm{j}v\omega_\mathrm{p}^2}{c^3}\boldsymbol{M}\end{aligned} \tag{9.86}$$

$$\begin{aligned}\boldsymbol{V}(\boldsymbol{G}_\parallel|\boldsymbol{G}'_\parallel)=&\left\{\frac{\omega_\mathrm{p}^6}{c^6}+\left[\left(\frac{\omega_\mathrm{p}^2v_\mathrm{c}}{c^4}+\frac{\omega_\mathrm{p}^2B}{c^4}\right)f+\left(\frac{2v_\mathrm{c}^2\omega_\mathrm{p}^2}{c^4}+\frac{\omega_\mathrm{p}^4}{c^4}\right)F_1\right]\cdot(\boldsymbol{k}_\parallel+\boldsymbol{G}_\parallel)^2\right\}\\&\boldsymbol{\delta}_{\boldsymbol{G}_\parallel\cdot\boldsymbol{G}'_\parallel}+\frac{\omega_\mathrm{p}^2B-v_\mathrm{c}^2\omega_\mathrm{p}^2-\omega_\mathrm{p}^4}{c^4}\boldsymbol{M}\end{aligned} \tag{9.87}$$

$$\boldsymbol{W}(\boldsymbol{G}_\parallel|\boldsymbol{G}'_\parallel)=\left[-\frac{\mathrm{j}\nu_\mathrm{c}\omega_\mathrm{p}^4}{c^5}\cdot(\boldsymbol{k}_\parallel+\boldsymbol{G}_\parallel)^2\right]\boldsymbol{\delta}_{\boldsymbol{G}_\parallel\cdot\boldsymbol{G}'_\parallel} \tag{9.88}$$

其中，$\boldsymbol{M}=(\boldsymbol{k}_{\|}+\boldsymbol{G}_{\|})\cdot(\boldsymbol{k}_{\|}+\boldsymbol{G}'_{\|})f\dfrac{2J_1(|\boldsymbol{G}_{\|}-\boldsymbol{G}'_{\|}|R)}{|\boldsymbol{G}_{\|}-\boldsymbol{G}'_{\|}|R}$、$\boldsymbol{L}$、$\boldsymbol{R}$、$\boldsymbol{S}$、$\boldsymbol{T}$、$\boldsymbol{U}$、$\boldsymbol{V}$ 和 $\boldsymbol{W}$ 是 $N\times N$ 的矩阵。式 (9.81) 的求解可以转换成为一个 $7N\times7N$ 矩阵 $\boldsymbol{Q}$ 特征值的求取，矩阵 $\boldsymbol{Q}$ 满足

$$\boldsymbol{Q}z=\zeta z,\quad \boldsymbol{Q}=\begin{bmatrix}\mathbf{0}&\boldsymbol{I}&\mathbf{0}&\mathbf{0}&\mathbf{0}&\mathbf{0}&\mathbf{0}\\\mathbf{0}&\mathbf{0}&\boldsymbol{I}&\mathbf{0}&\mathbf{0}&\mathbf{0}&\mathbf{0}\\\mathbf{0}&\mathbf{0}&\mathbf{0}&\boldsymbol{I}&\mathbf{0}&\mathbf{0}&\mathbf{0}\\\mathbf{0}&\mathbf{0}&\mathbf{0}&\mathbf{0}&\boldsymbol{I}&\mathbf{0}&\mathbf{0}\\\mathbf{0}&\mathbf{0}&\mathbf{0}&\mathbf{0}&\mathbf{0}&\boldsymbol{I}&\mathbf{0}\\\mathbf{0}&\mathbf{0}&\mathbf{0}&\mathbf{0}&\mathbf{0}&\mathbf{0}&\boldsymbol{I}\\\boldsymbol{W}&\boldsymbol{V}&\boldsymbol{U}&\boldsymbol{T}&\boldsymbol{S}&\boldsymbol{R}&\boldsymbol{L}\end{bmatrix}. \tag{9.89}$$

求解式 (9.89) 的本征值就得到了式 (9.81) 的解。当然，所求本征值的实部就决定了 type-1 二维等离子体光子晶体的色散关系。显然，type-2 的色散曲线也能通过这种方法求得，在此不再赘述。

9.4.2 type-1 和 type-2 等离子体光子晶体的色散特性

色散曲线根据式 (9.89) 在第一不可约布里渊区 $\Gamma(0,0)$-$X(\pi/a,0)$-$M(\pi/a,\pi/a)$ 中进行计算，用于计算展开的平面波数是 441。为了不失一般性，用 $\omega a/2\pi c$ 对频率进行归一化。假设等离子体频率 $\omega_{\rm p}=\omega_0=0.473\pi c/a$，等离子体碰撞频率 $\nu_{\rm c}$=0.1$\omega_{\rm p}$，等离子体回旋频率 $\omega_{\rm c}$=$\omega_{\rm p}$。图 9.35 给出了这两类二维等离子体光子晶体的色散曲线，其参数分别为：f=0.01，$\omega_{\rm p}=\omega_0$，$\nu_{\rm c}$=0.1$\omega_{\rm p}$ 和 $\omega_{\rm c}$=$\omega_{\rm p}$。深色区域表示水平带区域。由图 9.35(a) 可知，当填充率较小时，在色散曲线中能发现两个 PBGs。它们分别位于 0 到截止频率之间和 0.2159~0.2368，其中截止频率为 0.1487。除此之外，色散曲线中还存在着两个水平带区域 (flatbands region)，它们分别覆盖 0.1487~0.2159 和 0.3472~0.3826。产生水平带的主要原因是表面等离子体波将被局域在等离子体柱的表面，此点和金属光子晶体中的表面等离子体激元相似[257]。当 TE 波通过磁化等离子体柱时，磁化等离子体对 TE 波存在两个截止频率[258]：$f_{\rm L}$=0.1461 $\left(\omega_{\rm L}=-\omega_{\rm c}/2+\sqrt{\omega_{\rm c}^2/4+\omega_{\rm p}^2}\right)$ 和 $f_{\rm R}$=0.3826 $\left(\omega_{\rm R}=\omega_{\rm c}/2+\sqrt{\omega_{\rm c}^2/4+\omega_{\rm p}^2}\right)$。$f_{\rm L}$ 和 $f_{\rm R}$ 分别与截止频率和第一水平带区域的上边缘相对应，这意味着 type-1 产生的 PBGs 和水平带是由等离子体本身产生的，因此 type-1 可以被称为等离子体光子晶体。与 type-1 不同，type-2 将产生一个 PBG 和两个水平带区域。由图 9.35(b) 可知，截止频率为 0.1457，而水平带区域分别覆盖 0.1616~0.2360 和 0.3239~0.3756。图 9.36 给出了 TE 模式下 type-1 分别在 f=0.4，$\nu_{\rm c}$=0.1$\omega_{\rm p}$，$\omega_{\rm p}$=ω_0，$\omega_{\rm c}$=0 和 $\omega_{\rm c}$=$\omega_{\rm p}$ 时的色散曲线。图中深色区域表示水平

带区域。由于图 9.36(a) 可知，当外加磁场不存在时 ($\omega_c=0$)，type-1 等离子体光子晶体可以视为一个等离子体块，因此它的截止频率为 0.2365。这和图 9.36(a) 中结果吻合，而且水平带和 PBG 将不存在，这说明外加磁场是形成这种类型等离子体光子晶体的关键。当 $\omega_c=\omega_p$ 时，type-1 的色散曲线如图 9.36(b) 所示。由图 9.36(b) 可知，当填充率增加到 0.4 时，此时 PBG 的数目变成了一个。由图 9.36(c) 和 (d) 可知，在水平带区域上方存在着 Γ-X 和 Γ-M 方向的 SBGs。

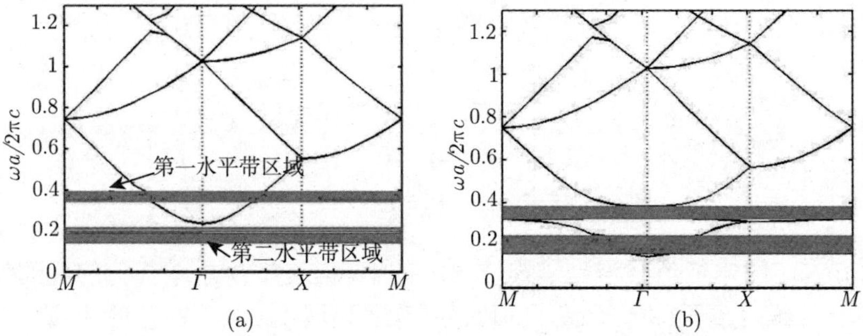

图 9.35　TE 模式下两类等离子体光子晶体的色散曲线

(a) type-1; (b) type-2

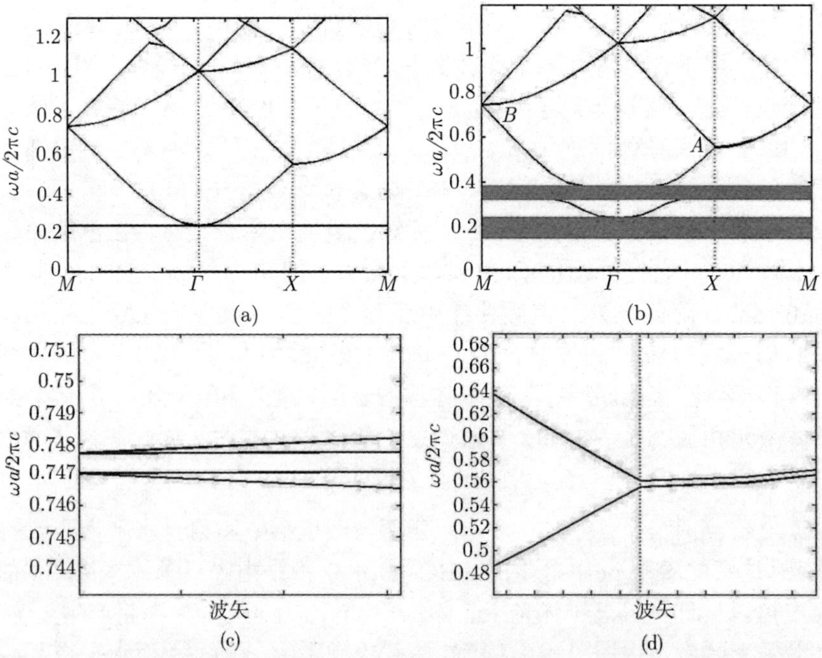

图 9.36　在 TE 模式下 type-1 的色散曲线，参数为 $f=0.4$，$v_c=0.1\omega_p$，$\omega_p=\omega_0$

(a) $\omega_c=0$; (b) $\omega_c=\omega_p$; (c) A 点的放大图; (d) B 点的放大图

9.4.3 外加磁场对等离子体光子晶体色散特性的影响

图 9.37 和图 9.38 给出了外加磁场 (ω_c) 和 PBG、水平带区域以及 Γ-X 和 Γ-M 方向的 SBGs 之间的关系图，此时 f=0.7854，ν_c=0.1ω_p 和 ω_p=ω_0。由图 9.37(a) 可知，第一水平带区域的上下边缘的位置和截止频率能够明显地被外加磁场所调谐，但是第二水平带区域的上边缘对 ω_c/ω_p 的增加不敏感。当等离子体回旋频率 ω_c 由 0.1ω_p 增加到 3ω_p 时，第一水平带区域的上下边缘分别增加了 0.5144 和 0.5322。然而，截止频率却减小了 0.1541。由图 9.37(a) 还可知，随着 ω_c/ω_p 数值的增加，第一水平带区域的宽度将先增大后减小，但是第二水平带区域的宽度将会随着 ω_c/ω_p 的增大而增大。这种现象可以通过 f_L 和 f_R 与外加磁场的关系来解释。作为比较，图 9.37(b) 给出了 type-2 的截止频率和水平带区域的特性图。由图 9.37(b) 可知，随着 ω_c/ω_p 的增加，第一水平带区域的上下边缘频率将分别增加 0.5312 和 0.5125，而截止频率将减小 0.160。由图 9.38(a) 可知，当 $\omega_c/\omega_p \leqslant 1.5$ 时，Γ-X 的 SBG 的上下边缘频率将随着 ω_c/ω_p 的增大先增加后减小；当 $\omega_c/\omega_p > 1.5$ 时，Γ-X 的 SBG 的上下边缘频率将随着 ω_c/ω_p 的增大而增大。Γ-M 方向的 SBG 的特性与 Γ-X 方向的 SBG 的特性相似。当 $\omega_c/\omega_p \leqslant 1.8$ 时，Γ-M 方向的 SBG 的上下边缘频率将随着 ω_c/ω_p 的增大而先增加后减小。当 $\omega_c/\omega_p > 1.8$ 时，Γ-M 方向的 SBG 的上下边缘频率将随着 ω_c/ω_p 的增大而增大。Γ-M 方向的 SBG 的相对带宽较 Γ-X 方向的要大。由图 9.38(b) 可知，与 type-1 不同，对于 type-2 而言，当 $\omega_c/\omega_p \leqslant 2.7$ 时，Γ-M 方向的 SBG 的上下边缘频率会随着 ω_c/ω_p 的增大而稳步增大；当 $\omega_c/\omega_p > 2.7$ 时，Γ-M 方向的 SBG 的上下边缘频率将会随着 ω_c/ω_p 的增大而减少。而 type-2 的 Γ-M 方向的 SBG 和 type-1 的相同，但是拐点不同，拐点变为 ω_c=1.8ω_p。

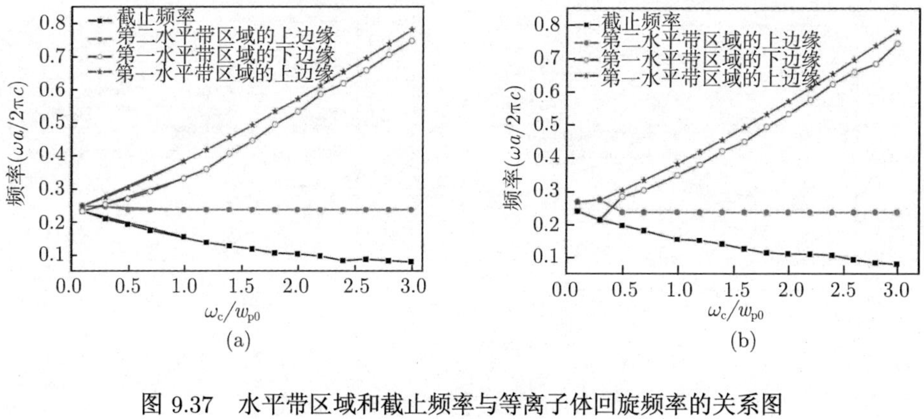

图 9.37 水平带区域和截止频率与等离子体回旋频率的关系图

(a) type-1; (b) type-2

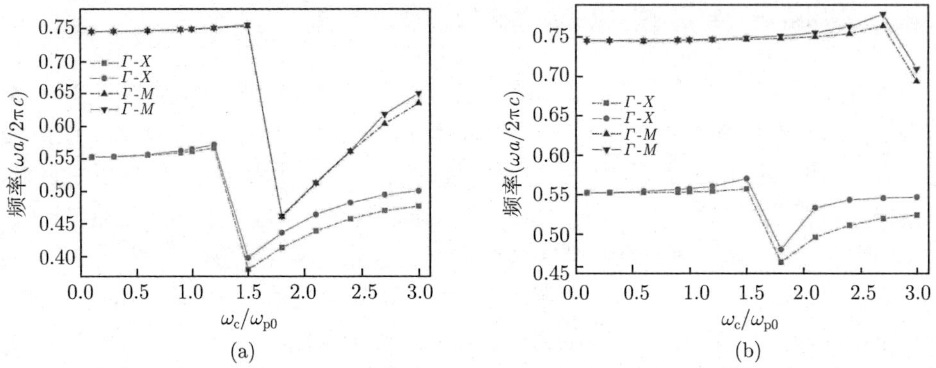

图 9.38　Γ-X 和 Γ-M 方向的 SBGs 与等离子体回旋频率的关系图

(a) type-1; (b) type-2

9.4.4　等离子体碰撞频率对等离子体光子晶体色散特性的影响

图 9.39 和图 9.40 给出了等离子体碰撞频率 ν_c 和 PBG、水平带区域以及 Γ-X 和 Γ-M 的 SBGs 之间的关系图，此时 f=0.7854，ω_c=ω_p 和 ω_p=ω_0。由图 9.39(a) 可知，这两个水平带区域的上下边缘的频率能够明显地被 ν_c 所调谐。随着 ν_c/ω_p 的增大，水平带区域的上下边缘都将向低频方向移动。当 ν_c/ω_p 由 0.1 增加到 3 时，第一水平带区域的上下边缘频率分别由 0.3419 下降到 0.2477，由 0.3821 下降到 0.2648。截止频率和第二水平带区域的上边缘频率分别由 0.1661 下降到 0，由 0.2360 下降到 0.0316。与 type-1 相比，图 9.39(b) 给出了 type-2 的截止频率和水平带区域的特性图。由图 9.39(b) 可知，随着 ν_c/ω_p 的增大，第一水平带区域的上下

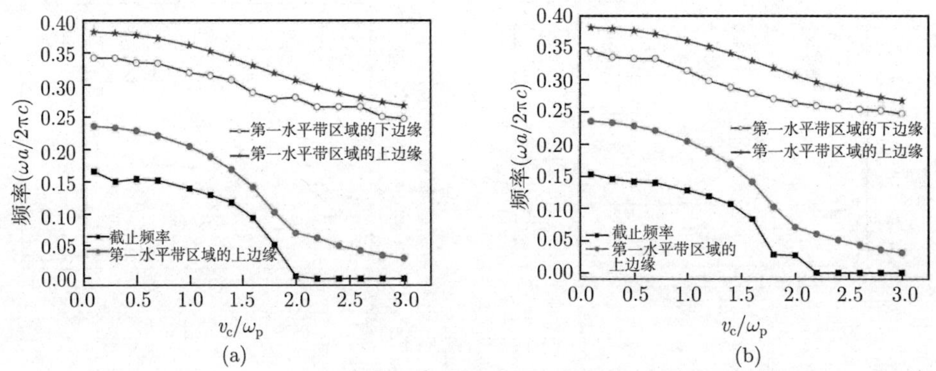

图 9.39　水平带区域和截止频率与等离子体碰撞频率的关系图

(a) type-1; (b) type-2

边缘频率分别由 0.3454 下降到 0.2477，由 0.3821 下降到 0.2678。当 ν_c/ω_p 由 0.1 增加到 3 时，第一水平带区域的频率范围是 0.0316~0.2360。与 ν_c/ω_p =0.1 时相比，频率范围减少了 0.1537。如果 $\nu_c/\omega_p > 2.1$，截止频率将与零频重合。由图 9.40(a) 可知，Γ-X 方向的 SBG 的上下边缘频率将会随着 ν_c/ω_p 的增大而向低频方向移动，其相对带宽是先减小后增大。Γ-M 方向的 SBG 的变化规律和 Γ-X 方向的相似，且 Γ-X 方向的 SBG 的相对带宽比 Γ-M 方向的大。由图 9.40(b) 可知，与 type-1 相似，随着 ν_c/ω_p 的增大，Γ-X 和 Γ-M 方向上 SBGs 的上下边缘频率将会向低频方向移动，其相对带宽将先增大后减小。

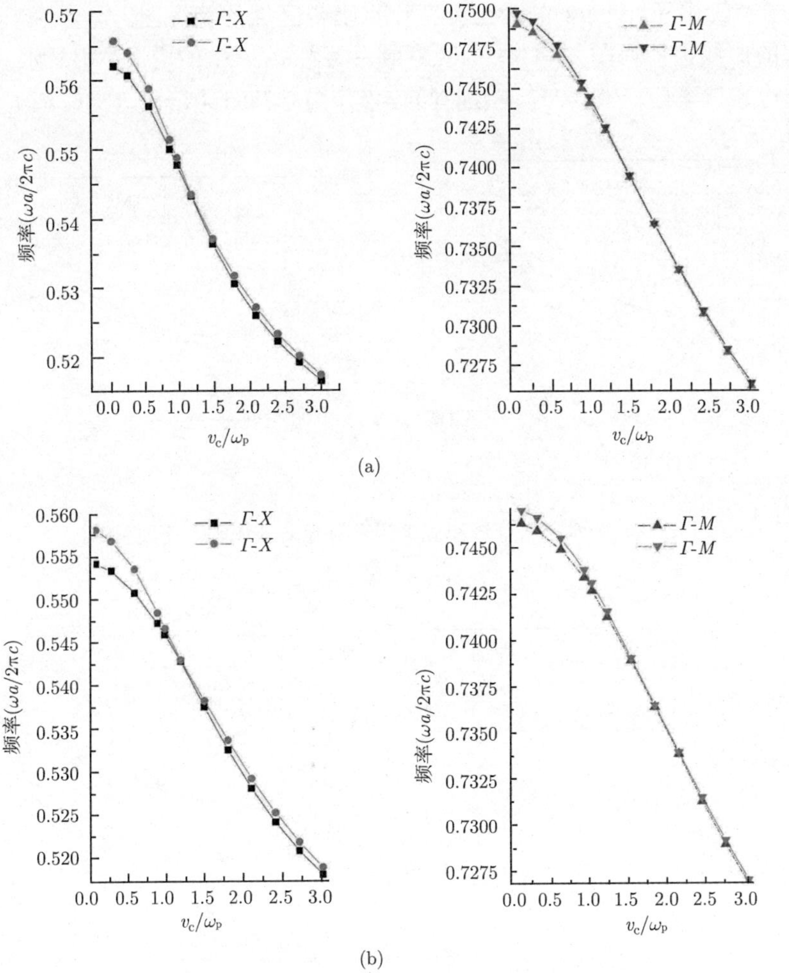

图 9.40 Γ-X 和 Γ-M 方向的 SBGs 与等离子体碰撞频率的关系图

(a) type-1; (b) type-2

9.4.5　等离子体频率对等离子体光子晶体色散特性的影响

图 9.41 和图 9.42 给出了等离子体频率 $\omega_{\rm p}$ 和 PBG、水平带区域以及 Γ-X 和 Γ-M 的 SBGs 之间的关系图，此时 f=0.7854，$\omega_{\rm c}=\omega_0$ 和 $\nu_{\rm c}=0.1\omega_0$。由图 9.41(a) 可知，这两个水平带区域的上下边缘的频率能够通过 $\omega_{\rm p}$ 进行调谐。随着 $\omega_{\rm p}/\omega_0$ 的增大，水平带区域的上下边缘都将向高频方向移动。当 $\omega_{\rm p}/\omega_0$ 的大小由 0.1 增加到 3 时，第一水平带区域的上下边缘的频率分别由 0.2380 增加到 0.7416，由 0.2386 增加到 0.8367。截止频率和第二水平带区域的上边缘频率分别由零频增加到 0.646，由 0.014 增加到 0.712。这两个水平带区域的宽度将会随着 $\omega_{\rm p}/\omega_0$ 的增大而增大。图 9.41(b) 给出了 type-2 的截止频率和水平带区域的特性图。与 type-1 变化规律相似的曲线也能在图 9.41(b) 中观察到。随着 $\omega_{\rm p}/\omega_0$ 的增大，第一水平带区域的上下边缘频率分别由 0.2375 增加到 0.7425，由 0.2386 下降到 0.8367。截止频率和

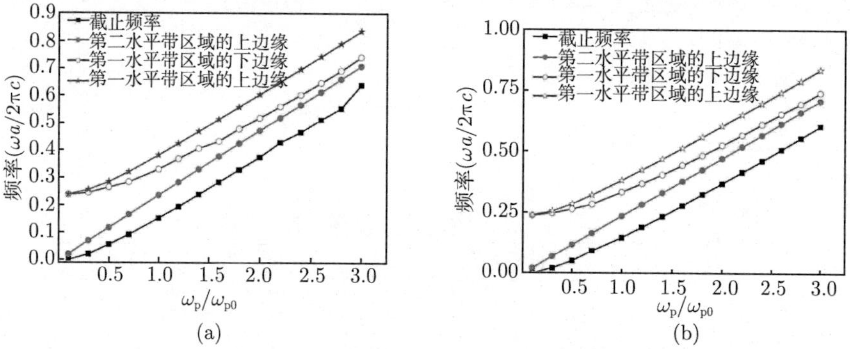

图 9.41　水平带区域和截止频率与等离子体频率的关系图

(a) type-1; (b) type-2

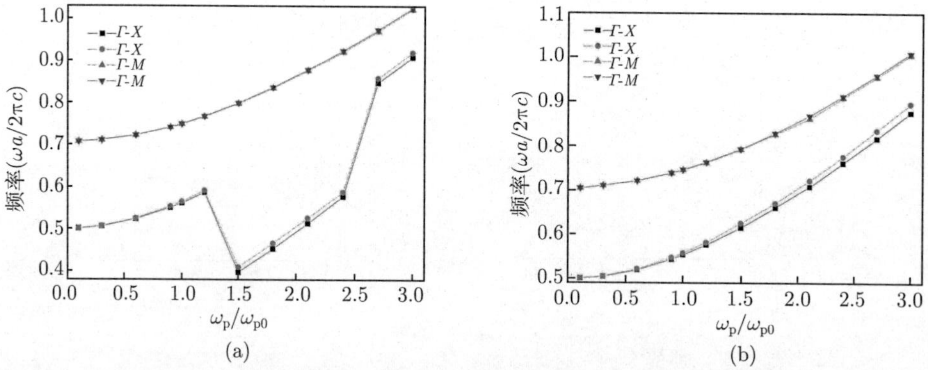

图 9.42　Γ-X 和 Γ-M 方向的 SBGs 与等离子体频率的关系图

(a) type-1; (b) type-2

第二水平带区域的上边缘频率分别由零频增加到 0.6040，由 0.0205 增加到 0.7086。显然对于 type-2 而言，截止频率和水平带区域的宽度会随着 ω_p/ω_0 的增大而增大。由图 9.42(a) 可知，Γ-M 方向的 SBG 的上下边缘频率将会随着 ω_p/ω_0 的增大而向高频方向移动。如果 $\omega_p/\omega_0 \leqslant 1.5$，$\Gamma$-$X$ 方向的 SBG 的上下边缘频率将先增大后减小。如果 $\omega_p/\omega_0 > 1.5$，Γ-X 方向的 SBG 的上下边缘频率将增大。对于 type-2 而言 (图 9.42(b))，Γ-M 方向的 SBG 的上下边缘的变化规律和 type-1 的类似。而 Γ-X 方向的 SBG 的变化规律则完全不同，Γ-X 方向的 SBG 的上下边缘频率将会随着 ω_p/ω_0 的增大而向高频方向移动。Γ-X 方向的 SBG 的相对带宽较 Γ-M 方向的 SBG 的大些。

9.4.6　填充率对等离子体光子晶体色散特性的影响

图 9.43 和图 9.44 分别给出了填充率 f 和 PBG、水平带区域以及 Γ-X 和 Γ-M 的 SBGs 之间的关系图，此时 ω_p=ω_0，ω_c=ω_0 和 ν_c=0.1ω_0。由图 9.43 和图 9.35(a) 可知，对于 type-1 而言，改变填充率 f 会改变 PBG 的数目，而改变 f 的大小不会改变 type-2 型 PBG 的数目。由图 9.35(a) 可知，当 f=0.01 时，type-1 能产生一个 PBG，它的频率范围是 0.2159~0.2368。然而随着 f 的增加，这个 PBG 将消失 (图 9.36(b))。由图 9.43 可知，对于这两种类型的等离子体光子晶体而言，两个水平带区域的上边缘频率和截止频率都几乎不会随着 f 的增大而发生明显的变化。type-1 第一水平带区域的上边缘频率将随着 f 的增大而向低频方向移动，但是 type-2 第一水平带区域的上边缘频率将随着 f 的增大而向高频方向移动。因此，type-1 第一水平带区域的宽度将随着 f 的增大而增大，但是 type-2 第一水平带区域的宽度将会随着 f 的增大而减小。由图 9.44(a) 可知，type-1 Γ-X 方向的 SBG 的上下边缘将随着 f 的增大而向高频方向移动，Γ-M 方向的 SBG 的上下边缘也将随着 f 的增大而向高频方向移动，但是其带宽将随着 f 的增大先减小后增大。对于 type-2

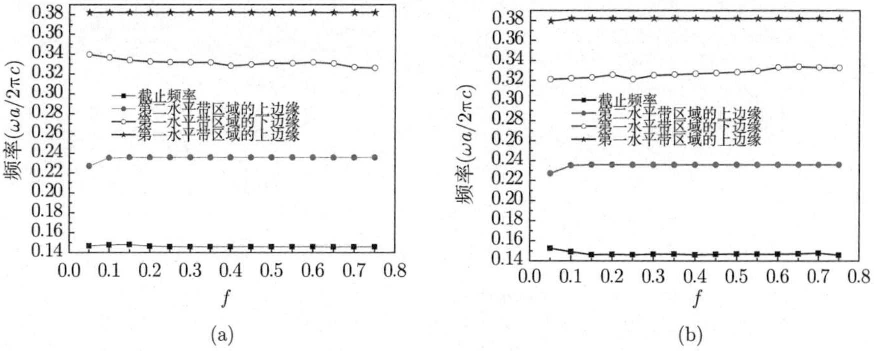

图 9.43　水平带区域和截止频率与填充率的关系图

(a) type-1; (b) type-2

而言 (图 9.44(b))，Γ-X 方向的 SBG 与 f 的关系曲线上存在着拐点。当 $f \leqslant 0.4$ 时，Γ-X 方向的 SBG 的上下边缘的频率将会先减小后增大；当 $f > 0.4$ 时，Γ-X 方向的 SBG 的上下边缘的频率将会向低频方向移动，而 Γ-M 方向的 SBG 的上下边缘的频率将随着 f 的增大而向低频方向移动，而且其带宽也将随着 f 的增大先增大后减小。

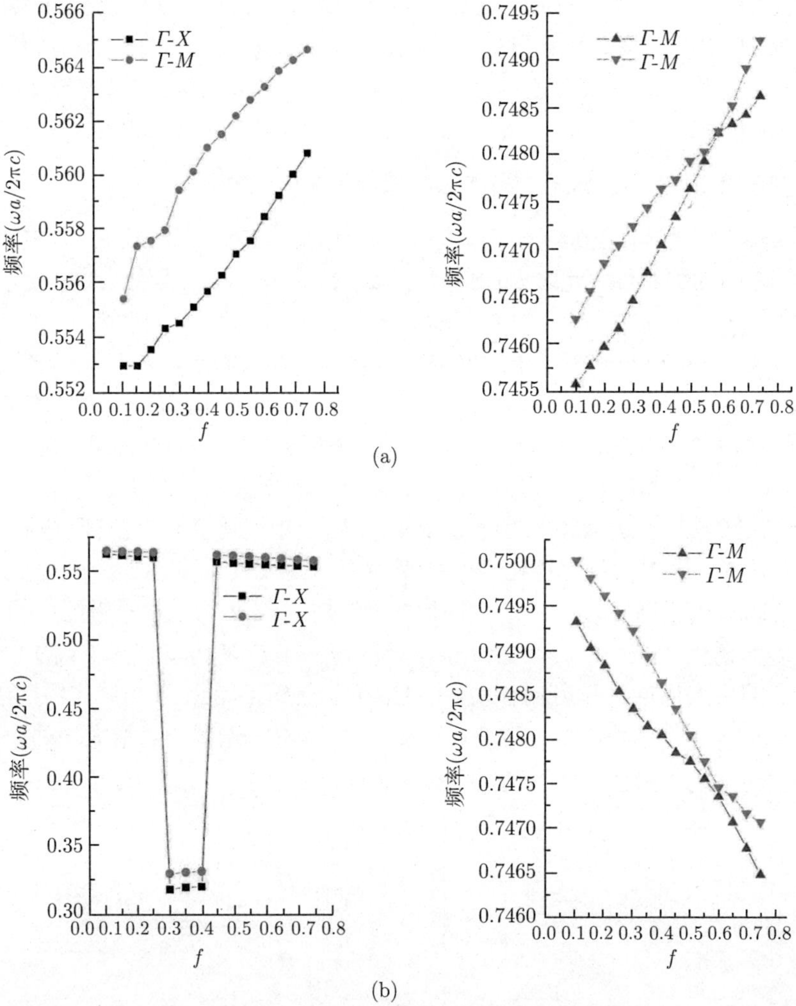

图 9.44　Γ-X 和 Γ-M 方向的 SBGs 与填充率的关系图

(a) type-1; (b) type-2

第 10 章　二维等离子体光子晶体应用设计基础

第 9 章对二维等离子体光子晶体的基本电磁特性进行了介绍，尤其探讨了二维等离子体光子晶体在磁化非磁化、晶格拓扑结构和新的构成形式等条件下的电磁特性。为了使二维等离子体光子晶体能够更便捷地应用于器件设计，仅掌握其基本电磁特性是远不够的，还需要对其他特性有进一步了解，如缺陷模特性、禁带展宽特性和全角负折射特性等。本章的主要内容是介绍二维等离子体光子晶体引入线缺陷和点缺陷后的电磁特性，并进一步研究了二维等离子体光子具有阿基米德晶格时的带隙和全角负折射特性。本文设计了一种新的填充外形，使得二维等离子体光子晶体能产生带宽更大的 CPBG，并在此基础上设计了一款基于二维等离子体光子晶体的全向反射器。

10.1　二维等离子体光子晶体的线缺陷与点缺陷

等离子体是一种具有色散特性和耗散特性的介质，此特性使等离子体光子晶体具有常规介质光子晶体所不具有的 PBGs 特性。另外，等离子体的物理特性可以通过外磁场、等离子体密度和电子温度等参数控制，这给 PBGs 的调制带来了便利。因此等离子体光子晶体已经成为国内外学者研究的热点。对二维等离子体光子晶体主要集中在色散特性的研究和实验验证上 [34]，而关于二维等离子体光子晶体缺陷模在理论上的研究还不够深入，所见报道还比较少。在工程上人们可以将含线缺陷的二维非磁化等离子体光子晶体制成可调谐滤波器、功分器、耦合腔体和波导等微波器件，因此研究二维非磁化等离子体光子晶体的缺陷模特性是很有必要的。本节主要针对含单一线缺陷的二维非磁化等离子体光子晶体进行研究，以微分高斯脉冲作为激励源，以 FDTD 方法中的分段线性电流密度卷积 (PLCDRC-FDTD) 算法 [166] 研究均匀的、非时变的、有限周期结构的二维非磁化等离子体光子晶体的缺陷模特性，并对 TM 波在该光子晶体中的传播进行了仿真计算。通过计算电磁波的透射系数 T(transmittance coefficient) 来获得该光子晶体的缺陷模。

10.1.1　二维线缺陷等离子体光子晶体的理论模型与仿真计算

本节采用非磁化等离子体的 PLCDRC-FDTD 算法进行仿真计算。该算法不仅可以保证较低的计算时间和存储空间，而且具有较高的计算精度。该算法的电场和卷积的迭代方程如下 [166]：

$$E^{n+1}=\frac{1}{1+\dfrac{\Delta t}{2\varepsilon_0}(\sigma^0-\xi^0)}\left[\left(1-\frac{\Delta t}{2\varepsilon_0}\xi^0\right)E^n+\frac{\Delta t}{2\varepsilon_0}(\nabla\times\boldsymbol{H})^{n+1/2}-\frac{\Delta t}{2\varepsilon_0}\psi^n\right]\tag{10.1}$$

$$\psi^n=(\sigma^0+\sigma^1-\xi^0-\xi^1)E^n+(\xi^1+\xi^0)E^{n-1}+\exp(-\nu_c\Delta t)\psi^{n-1}\tag{10.2}$$

式中，E 为电场强度分量；$\boldsymbol{H}$ 为磁场强度；ε_0 为真空中的介电常数；Δt 为时间步长。式 (10.1) 和式 (10.2) 中的其他参量定义见文献 [166]。磁场的迭代公式与常规 FDTD 公式相同。用于仿真计算的二维非磁化等离子体光子晶体的物理模型如图 10.1 所示。用周期排列的介质圆柱填充非磁化等离子体构成含单一线缺陷的二维非磁化等离子体光子晶体，晶格为正方形。线缺陷层沿 y 轴正方向填充介质圆柱。所有的介质圆柱在 z 轴方向上为无限长，TM 波沿着 x 轴正方向入射，入射波的频率范围为 0～30GHz。用 a 表示二维非磁化等离子体光子晶体的晶格常数，用 b 表示缺陷层到介质层的中心距离，用 N 表示该光子晶体的周期数，用 M 表示缺陷层在二维非磁化光子晶体中的位置，R 为介质圆柱的半径，r 为缺陷层介质圆柱的半径。仿真计算的初始参数设定为：周期常数 N=10，缺陷层位置参数 M=6，介质圆柱的半径 R=2.5 mm，晶格常数 a=10 mm，介质圆柱的相对介电常数 ε_1=7。缺陷层介质圆柱的半径 r=2.5 mm，常数 b=10 mm，缺陷层介质圆柱的相对介电常数 ε_2=4.5。等离子体频率 $\omega_p=4.8\pi\times10^9$rad/s，等离子体的碰撞频率 $\nu_c=2.7\times10^9$rad/s。

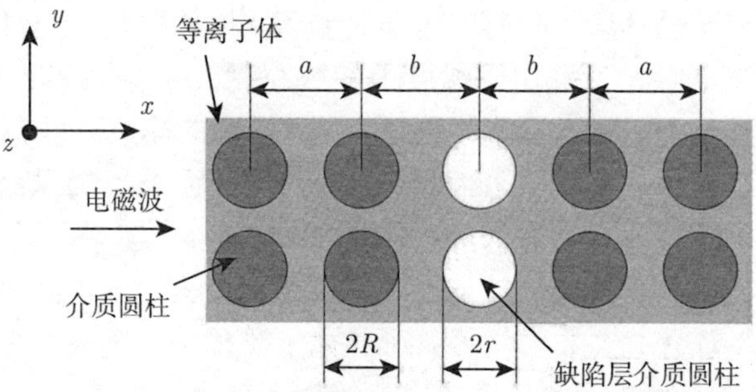

图 10.1　二维非磁化等离子体光子晶体的物理模型

FDTD 计算的空间步长取 $\Delta x=\Delta y$=0.5 mm，根据 Courant 条件，取时间步长 Δt=1 ps。将大小为 110 mm×110 mm 的等离子体光子晶体划分为 220×220 的计算网格范围。计算空间的四周各设 4 个吸收边界，用于吸收截断边界时产生的反射。吸收边界为完全匹配层 (perfectly matched layer)，占据 5 个网格。沿 $+x$ 轴传播的入射电磁波为高斯脉冲，该脉冲的表达式由下式给出

$$\begin{cases}E_i(t)=-A\cdot(t-6\tau)\exp\left[-\dfrac{4\pi(t-6\tau)^2}{30\tau^2}\right] & (t\leqslant 10\tau)\\ E_i(t)=0 & (t>10\tau)\end{cases}\tag{10.3}$$

式中，取常量 $A = 4.67\text{V/m}$，τ=20。入射波的高频分量越多，τ 值越小。整个计算时间进行 10000 步。通过傅里叶变换将得到的电场分量由时域转换到频域来求透射系数，再用透射系数的频谱表征缺陷模。图 10.2 给出了缺陷层介质圆柱的相对介电常数 ε_2 分别取 2,4.5,7,11 时与透射系数的关系。由图 10.2 可知，二维非磁化等离子体光子晶体含有单一线缺陷时禁带中存在着明显的缺陷模。

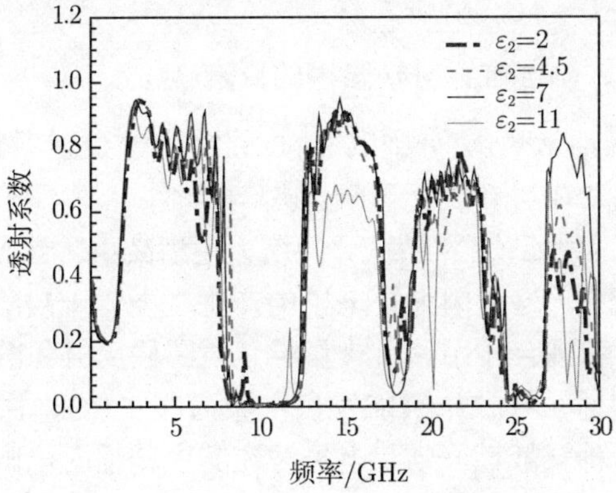

图 10.2 $\varepsilon_2 = 2, 4.5, 7, 11$ 时的频域透射系数

10.1.2 ε_2 对缺陷模的影响

图 10.3 给出了 $\varepsilon_2 = 1 \sim 14$ 时与透射系数的关系。由图 10.2 和图 10.3 可知，二维非磁化等离子体光子晶体引入线缺陷后，PBGs 中将出现较为明显的单模缺陷。PBGs 的宽度不会发生明显变化，但是透射系数峰值将会发生较为明显的变化。缺陷层介质圆柱的相对介电常数 ε_2 由 1 变化到 14 的过程中，缺陷模频率先向低频方向移动，缺陷模透射峰值逐渐增大，当其增加到 7 时，缺陷模将会和 PBGs 的下边带重合，此时缺陷模消失。再继续增加 ε_2 的大小，在 PBGs 的上边带将产

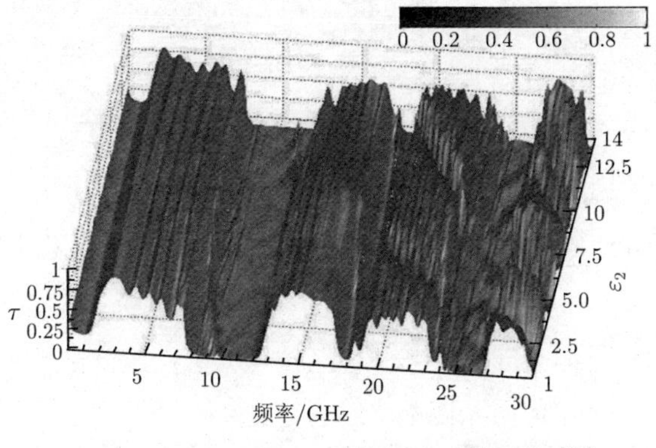

图 10.3 $\varepsilon_2 = 1 \sim 14$ 时的频域透射系数 [69]

生一个新的缺陷，进一步增大 ε_2 的值，缺陷模将向低频方向移动，逐渐靠近 PBGs 中心，缺陷模透射峰值也将随之逐渐减小。缺陷模的移动呈现周期性变化，因此可以通过改变 ε_2 的大小使缺陷模频率涵盖 PBGs 所有频率，给设计带通滤波器带来了便利。另外，缺陷模频率几乎和 ε_2 的大小呈线性变化，所以可以通过这一性质实现对缺陷层介质的相对介电常数的测量，使得含线缺陷的二维非磁化光子晶体有了更广阔的应用前景。

10.1.3 周期常数和缺陷层位置对缺陷模的影响

图 10.4 给出了周期常数 N 分别取 9,11,15,20 时与透射系数的关系。由图 10.4 可知，周期常数 N 对 PBGs 带宽无影响。缺陷模频率几乎不会随着 N 的增大而发生改变，但是缺陷模透射峰值会随着 N 的增大逐渐减小。当 N 等于 20 时，PBGs 中的缺陷模已完全消失。这是因为缺陷模的产生主要源于缺陷层介质圆柱对入射电磁波的反射、散射和耦合作用，当缺陷层介质圆柱反射和散射的电磁波和行进中的电磁波发生干涉时，导致电磁能发生汇聚而在 PBGs 中出现缺陷模。另外，等离子体本身又是一种耗散性介质，电磁波在其中传播时电磁波的一部分能量将转换成为等离子体的内能。周期常数 N 越大，意味着对缺陷模的衰减作用越强，因此缺陷模透射峰会随着 N 的增大而减小。图 10.5 为缺陷层位置参数 M 分别取 2,3,4,5,6,7,8,9,10 时与透射系数的关系。由图 10.5 可知，缺陷模频率大小与参数 M 无关，参数 M 只会影响缺陷模透射峰值的大小。线缺陷对周期性和对称性破坏越大，入射波在缺陷层中谐振和耦合作用就越强，缺陷模透射峰值就越大。因此，M=6 时缺陷透射峰值最大。综上所述，增加周期常数 N 和改变缺陷层位置 M，只会影响缺陷模峰值的大小而不能改变缺陷模频率。

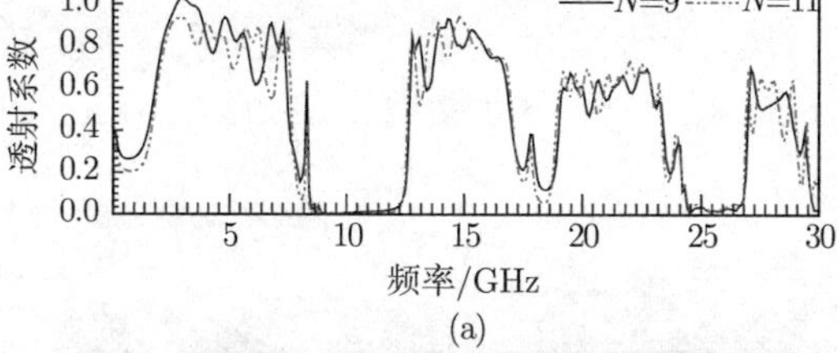

(a)

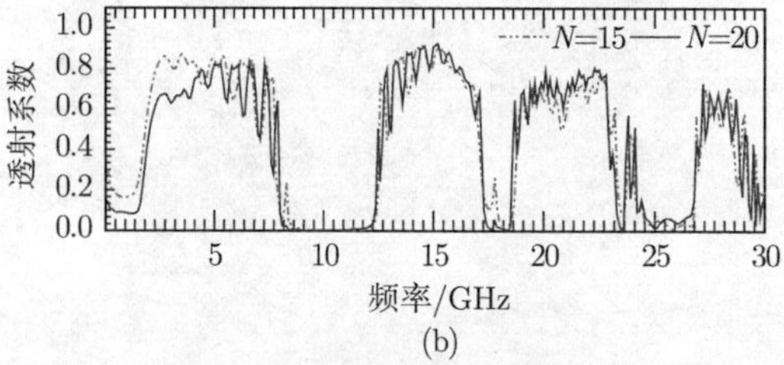

(b)

图 10.4 频域透射系数

(a) $N = 9, 11$; (b) $N = 15, 20$

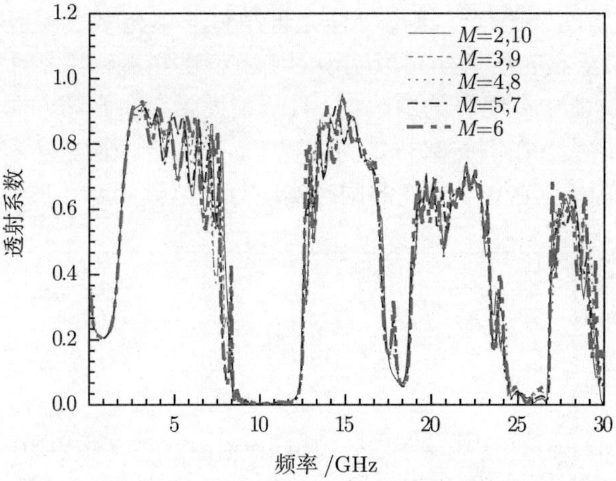

图 10.5 $M = 2,3,4,5,6,7,8,9,10$ 时的频域透射系数

10.1.4 R 和 a 对缺陷模的影响

图 10.6 给出了介质圆柱半径 R 分别等于 1mm, 2.5mm, 3.5mm, 5mm 时与透射系数的关系，图 10.7(a) 给出了介质圆柱半径 $R = 0.5 \sim 5$ mm 时与透射系数的关系。由图 10.6 和图 10.7(a) 可知，PBGs 的带宽会随着 R 的增大而逐渐减小，PBGs 的中心频率向低频方向移动; 同时缺陷模频率也将向低频方向移动，缺陷模透射峰值逐渐减小。当 R 增大到 $a/2$ 时，已不存在 PBGs 和缺陷模。这是因为当 $R = a/2$ 时彼此相邻的介质圆柱已经相切，此时的光子晶体已变成用非磁化等离子体填充相对介电常数为 ε_1 的介质构成的二维光子晶体。介质背景的介电常数相对等离子体来说较大，此时在 TM 模式下等离子体光子晶体不会有明显的禁带，自然缺陷模也不存在。图 10.8 给出了晶格常数 a 分别等于 9mm,10mm, 14mm, 15mm 时与透射系数的关系，图 10.7(b) 给出了晶格常数 $a = 5 \sim 15$ mm 时与透射系数的关系。由图 10.8 和图 10.7(b) 可知，PBGs 的带宽会随着 a 的增大而逐渐减小，禁带的中心频率向低频方向移动，PBGs 的数目将逐渐减少; 缺陷模将会随着 a 的增大而向低频方向移动，缺陷模透射峰值逐渐减小，直至完全消失。改变 R 和 a 的大小实质上是改变填充率 $f(f=\pi R^2/a^2)$ 的大小。改变 R 时，填充率 f 的变化范围是 [0.009, 0.785], 改变 a 时，填充率 f 的变化范围是 [0.087, 0.785]。如果填充率取值较大，如 $f \geqslant 0.785$ 时，等离子体光子晶体的性质将发生变化，此时在 TM 模式下不能产生光子禁带和缺陷模; 如果填充率取值较小，如 $f \in [0.009, 0.089]$ 时，等离子体光子晶体产生的 PBGs 中不存在缺陷模，因为此时填充的介质圆柱对入射电磁波的反射、散射和耦合作用较弱，入射电磁波的能量大部分已经被等离子体吸收，很难在缺陷层中谐振出较为明显的缺陷模。综上

所述，要产生明显的缺陷模，等离子体光子晶体的填充率最少应满足 $f \in[0.158, 0.240]$，此时减小 R 和 a 的大小可以实现对 PBGs 的拓展，禁带的中心频率向高频方向移动。在 PBGs 中有明显的缺陷模，且缺陷模频率向高频方向移动，缺陷模透射峰值也将同时增大。在填充率一定的情况下，改变介质圆柱半径 R 和晶格常数 a 的大小，可以在拓展 PBGs 带宽的同时实现对缺陷模频率和透射峰值的调整。

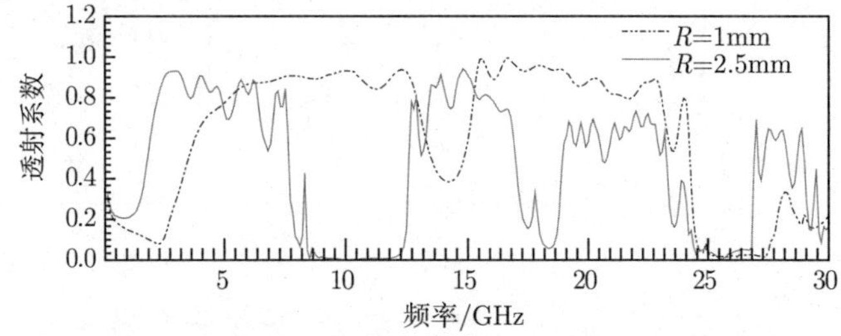

(a)

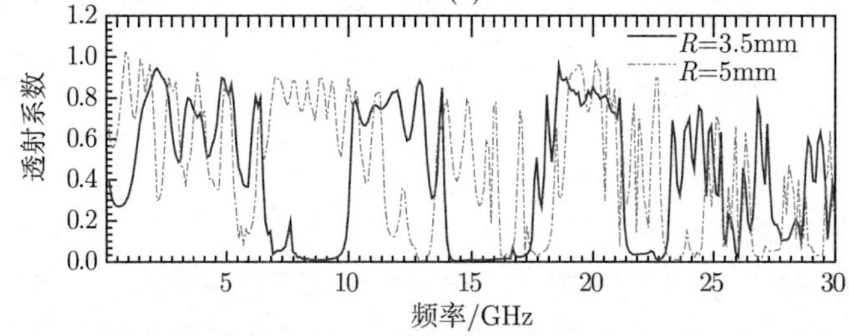

(b)

图 10.6　频域透射系数

(a)$R = 1$mm, 2.5mm; (b)$R =$3.5mm, 5mm

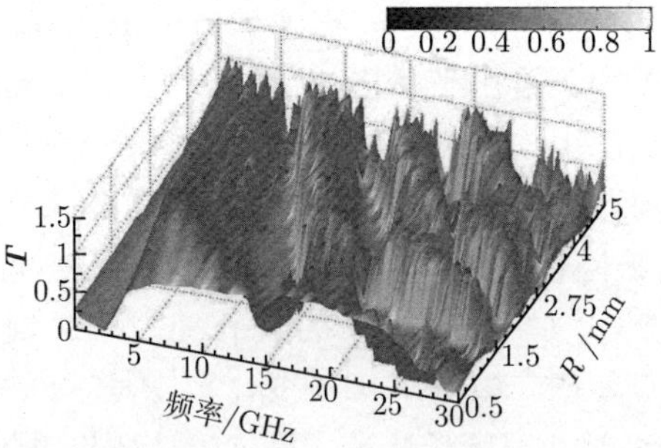

(a)

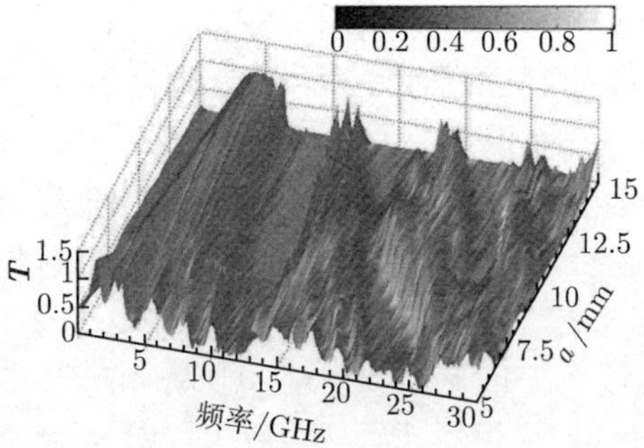

(b)

图 10.7　R 与 a 变化时的透射系数频谱图 [69]

(a) $R = 0.5 \sim 5$mm; (b) $a = 5 \sim 15$mm

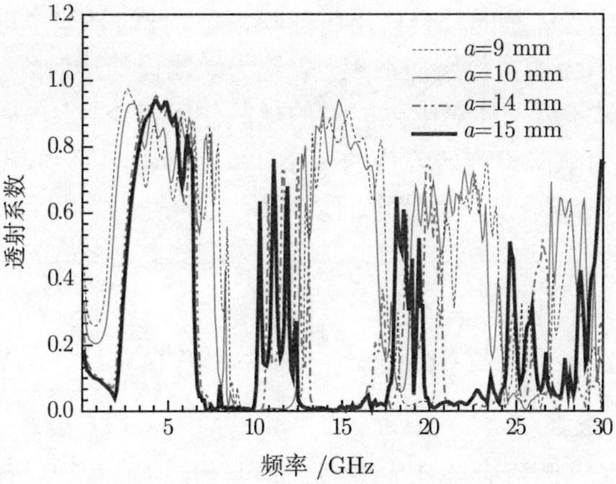

图 10.8 a =9mm, 10mm, 14mm, 15mm 时的频域透射系数

10.1.5 r 和 b 对缺陷模的影响

图 10.9 给出了缺陷层介质圆柱半径 r 分别等于 2mm, 2.5mm, 3.5mm, 4mm 时与透射系数的关系，图 10.10(a) 给出了缺陷层介质圆柱半径 $r = 1 \sim 5$ mm 时与透射系数的关系。由图 10.9 和图 10.10(a) 可知，改变 r 的大小，对 PBGs 带宽几乎没有影响，只对透射系数峰值有影响，PBG 中会出现较为明显的缺陷模。缺陷模频率将随着 r 的增大，先向低频方向移动，当 r 增加到一定值时，缺陷模将和 PBGs 下边带重合，此时缺陷模消失。再继续增加 r 值，在 PBGs 的上边带将出现一个新的缺陷模，同时随着 r 的增大而向低频方向移动。缺陷模透射峰值大小是随着 r 的增大先增大后减小。这是因为电磁波通过缺陷层时受到介质圆柱反射和散射作用而发生谐振，而这种电磁波的谐振作用将汇聚很高的电磁能，因此会隧穿出缺陷而透过光子晶体。r 的增大意味着缺陷层介质圆柱和介质层介质圆柱间的相干路径的增大，发生干涉的波长也随之增大，因而缺陷模的频率减小。图 10.11 给出了 b 分别为 5mm, 7.5mm, 10mm, 12mm, 15mm 时与透射系数的关系，图 10.10(b) 给出了 $b = 5 \sim 15$ mm 时与透射系数的关系。由图 10.11 和图 10.10(b) 可知，改变 b 的大小几乎不会影响 PBGs 的宽度，PBGs 中存在着明显的缺陷模，缺陷模频率随着 b 的增大而向低频方向移动。当 b 增大到一定值时，缺陷模将隐入禁带的下边带，并且在 PBG 上边带产生一个新的缺陷模，再继续增加 b 值，缺陷模频率将向低频方向移动。透射峰值随着 b 的增大先逐渐减小然后逐渐增大，最后再逐渐减小。这主要是因为缺陷层的介质圆柱对电磁能量的耦合作用。当 b 较小，如 $b = 5$ mm 时，缺陷层和介质层的圆柱相切，电磁能量主要以耦合的形式通过缺陷层，但是随着 b 的增大，缺陷层对能量的耦合作用将逐渐减小，所以缺陷模透射峰值表现为逐渐减小，但是当 b 增大到一定值时，电磁波将会在缺陷层圆柱的反射和散射作用下发

生谐振，缺陷层对电磁能量的耦合作用将变得很小。此时缺陷层可等效为一个谐振腔，而电磁能量会因为谐振作用而汇聚，表现为缺陷模的透射峰值逐渐增大。如果再继续增加 b，此时等离子体对电磁能量的耗散作用将变大，电磁能量转化为等离子体的内能，表现为缺陷模透射峰值的减小。综上所述，可以根据入射电磁波的频率选择合适的 r 和 b 值，来获得特定的缺陷模。

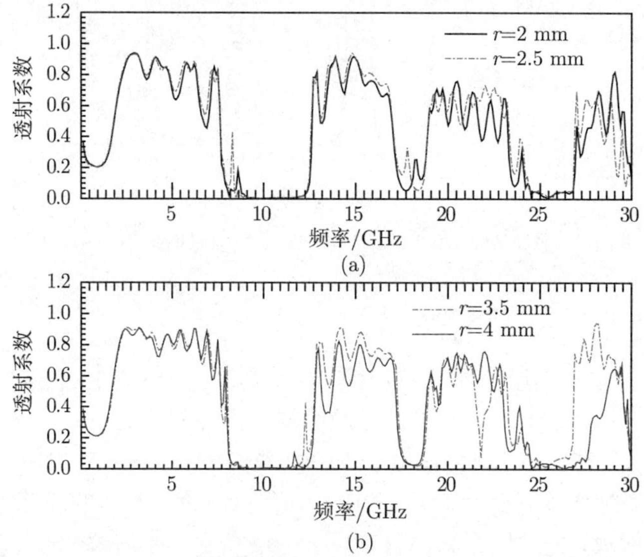

图 10.9 频域透射系数

(a) r =2mm，2.5mm；(b) r =3.5mm，4mm

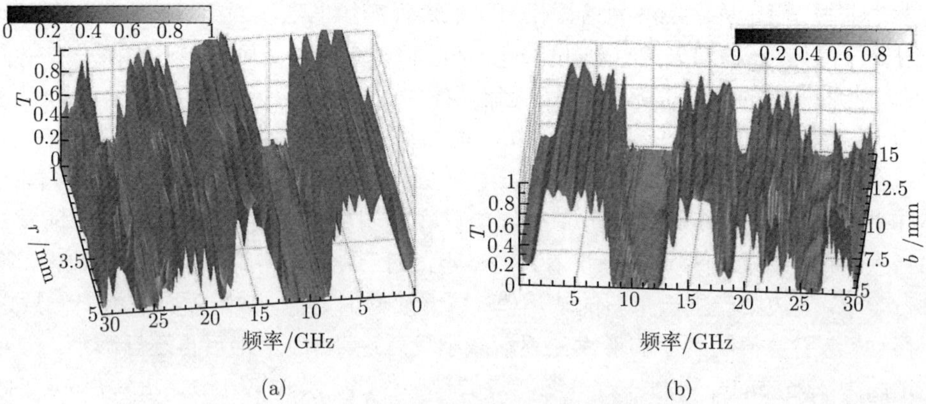

图 10.10 r 与 b 变化时的透射系数频谱图 [69]

(a) $r = 1 \sim 5$mm; (b) $b = 5 \sim 15$mm

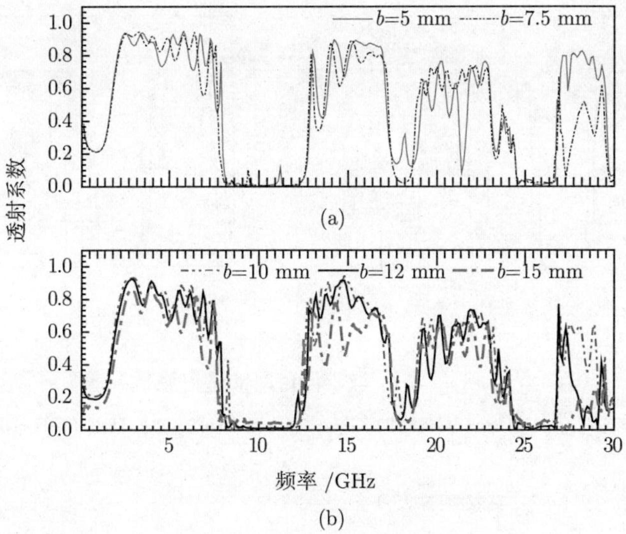

图 10.11 频域透射系数

(a) b =5mm，7.5mm；(b) b=10mm，12mm，15 mm

10.1.6 等离子体频率和等离子体碰撞频率对缺陷模的影响

图 10.12(a) 给出了等离子体频率 $\omega_{\rm p} = 2{\rm GHz}, 11{\rm GHz}, 16{\rm GHz}, 21{\rm GHz}$ 时与透射系数的关系。图 10.13(a) 给出了等离子体频率 $\omega_{\rm p} = 1 \sim 35{\rm GHz}$ 时与透射系数的关系。由图 10.12(a) 和图 10.13(a) 可知，等离子体频率对 PBG 和缺陷模有明显的调节作用，可以在改变 PBGs 的同时实现对缺陷模的移动。等离子体频率越大，缺陷模频率越高，缺陷模透射峰值越小，PBGs 带宽越宽。如 $\omega_{\rm p} = 35{\rm GHz}$ 时，PBGs 中已经不存在缺陷模。当缺陷模频率接近截止区 [106,186] 时，等离子体对缺陷模的衰减主要是共振衰减，这使得缺陷模透射峰值会有一个突然减小的过程。图 10.12(b) 给出了等离子体碰撞频率 $\nu_{\rm c}$=2GHz, 30GHz, 50GHz, 62 GHz 时与透射系数的关系。图 10.13(b) 给出了等离子体碰撞频率 $\nu_{\rm c} = 1 \sim 80$ GHz 时与透射系数的关系。由图 10.12(b) 和图 10.13(b) 可知，缺陷模频率不会随着等离子体碰撞频率的增加而改变。等离子体碰撞频率的改变只能调节缺陷模透射峰值的大小，即随着等离子体碰撞频率的增加，缺陷模透射峰值先减少然后增加最后趋于一个定值，这一点完全符合衰减常数与等离子体碰撞频率的关系 [259]。综上所述，改变等离子体频率不仅可以调节缺陷模频率和透射峰值的大小，同时也可以实现对 PBGs 拓展。调节等离子体碰撞频率的大小不能改变缺陷模频率的大小，仅能改变缺陷模透射峰值的大小。

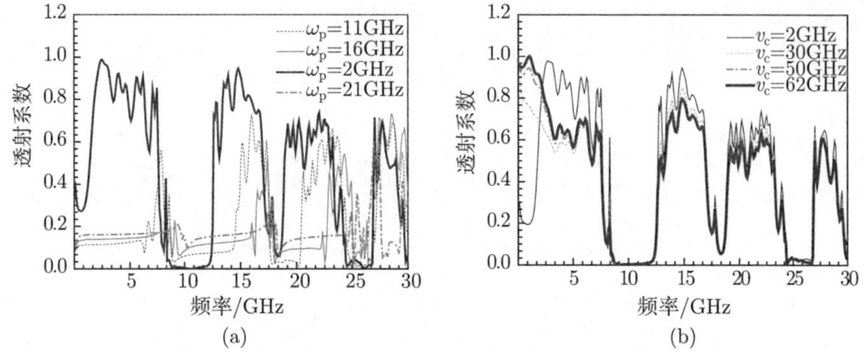

(a)　　(b)

图 10.12　ω_p 与 ν_c 取不同值时的透射系数频谱图

(a) ω_p=2GHz, 11GHz, 16GHz, 21 GHz; (b) ν_c=2GHz, 30GHz, 50GHz, 62 GHz

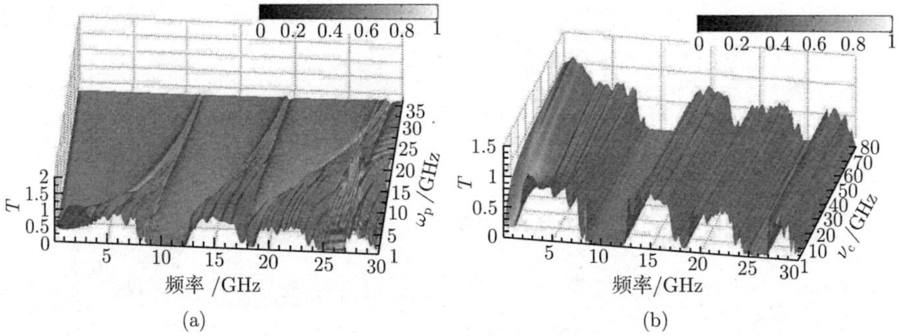

(a)　　(b)

图 10.13　ω_p 与 ν_c 变化时的透射系数频谱图

(a) $\omega_p = 1 \sim 35$ GHz; (b)$\nu_c = 1 \sim 80$GHz[69]

10.1.7　含点缺陷二维等离子体光子晶体的物理模型与计算方法

当二维光子晶体引入缺陷时会产生光子局域现象，即会产生缺陷模。引入缺陷模的方式有很多种，主流的方法有线缺陷 [260] 和点缺陷 [261] 等。由于引入缺陷的方式不同，二维等离子体光子晶体可以用于设计波导 [262]、滤波器 [263] 和微腔 [264]。点缺陷的引入一般包含以下几种方式：引入新的介质填充物 [265]，引入新的外形填充物 [266]，引入腔体结构 [267](在光子晶体中移除一个或者多个填充物)，这些引入缺陷的方式都能实现对光子的局域化，并在禁带中产生缺陷模。本节将主要对 TM 模式下二维等离子体光子晶体点缺陷模的特性进行研究，该二维等离子体光子晶体是由介质圆柱填充等离子体背景，并进一步探讨了该等离子体光子晶体的参数对缺陷模的影响。

图 10.14 给出了含点缺陷的二维等离子体光子晶体的物理模型。由图 10.14 可知，引入点缺陷的方式是在 5×5 个周期结构的排列中心移除一个介质柱，从而在

中心位置形成了一个微腔结构。假设该二维等离子体光子晶体的晶格常数和介质柱半径分别为 a 和 R，且其晶格分布为正方形晶格。正方形晶格第一不可约布里渊区上的高对称点为 $\Gamma(0, 0)$、$M=(\pi/5a, 0)$ 和 $X=(\pi/5a, \pi/5a)$。介质背景的相对介电常数为 $\varepsilon_{\rm b}$。为了简化，本小节将不考虑外在磁场，所以等离子体的相对介电常数可以采用 Drude 模型来表示 (式 (3.1))，并假设等离子体频率和碰撞频率分别用 $\omega_{\rm p}$ 和 $\nu_{\rm c}$ 表示。显然，采用超晶格技术能较为方便地得到该二维等离子体光子晶体的色散关系，因为对于其物理模型 (图 10.14) 而言，它的上下和左右边界都满足周期边界条件 (满足 Bloch 定理)，所以 FDFD 算法能够较为方便地计算其色散关系。为了便于计算且不失一般性，用 $\omega_{\rm p0}=1\times2\pi c/a$ 对频域进行归一化处理，并将等离子体频率和碰撞频率分别定义为 $\omega_{\rm p}=0.2\omega_{\rm p0}$ 和 $\nu_{\rm c}=0.02\omega_{\rm p}$，并且假设其他结构参数的初始值的大小分别为 $R=0.2a$ 和 $\varepsilon_{\rm b}=9$。为了使得用于计算的 FDFD 方法在计算结果上具有足够的精度，将整个计算区域剖分为 250×250 个网格，具体计算过程见第 2 章的相关内容，在此不再复述。

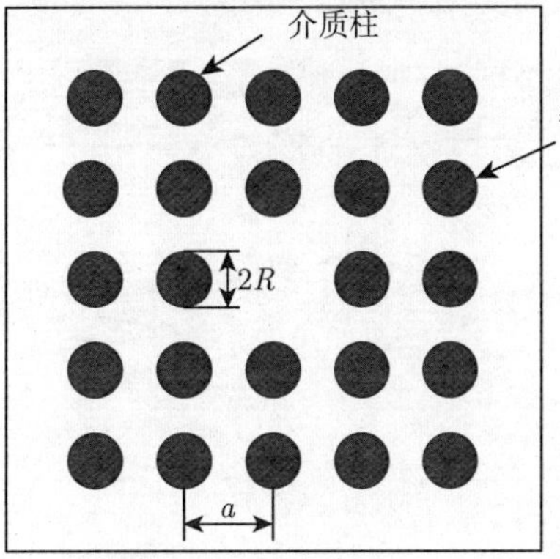

图 10.14　含点缺陷的二维等离子体光子晶体的物理模型

10.1.8　二维等离子体光子晶体的点缺陷特性

图 10.15 给出了 TM 模式下该二维等离子体光子晶体在不同情况下的色散曲线。对于等离子体而言，当 $\omega_{\rm p}=\nu_{\rm c}=0$ 时，等离子体本身可以视为空气。如图 10.15(a) 所示，当 $\omega_{\rm p}=0$ 且无点缺陷时，该二维等离子体光子晶体可以视为常规的二维介质——空气光子晶体。显然，此时存在着一个 PBG，且其频率范围是 0.3229～0.4476 $(2\pi c/a)$。虽然图 10.15(a) 中能带的密度比较高，但是这不会影响 PBG 大小的计算 [196]。这种高密集的能带图是由相同倒格矢空间中能带折叠 (the band folding) 所造成的 [196]。当 $\omega_{\rm p}=0.2\omega_{\rm p0}$ 且无点缺陷时，即等离子体引入该二维介质光子晶体 (图 10.15(b))，禁带的个数将变成 2 个。由于入射电磁波为 TM 波，所以对于该二维等离子体光子晶体而言，必然存在着一个截止频率 (cutoff frequency)，如图 10.15(b) 中虚线所示，其大小为 0.1289 $(2\pi c/a)$。而第 2 个 PBG 的频率范围是

0.3281~0.4781 ($2\pi c/a$)。比较图 10.15(a) 和 (b) 中的结果可知，当等离子体引入常规二维介质 —— 空气光子晶体时，不仅 PBG 的个数会增大，而且 PBG 的带宽也能得到拓展。此时，PBG 的上下边缘频率将向高频方向移动。由图 10.15(c) 可知，当 ω_p=0 且包含点缺陷时 (即在常规二维介质 —— 空气光子晶体中引入点缺陷)，在 PBG 中存在着缺陷模, 如图 10.15(c) 中实线所示，此时 PBG 的频率范围变为 0.3195~0.4488 ($2\pi c/a$)，缺陷模将在 0.3942~0.3978 ($2\pi c/a$) 范围内变化。显然，缺陷模几乎为水平能带，在 Γ =(0, 0) 处缺陷模的频率为 0.3942 ($2\pi c/a$)。如图 10.15(d) 所示，当点缺陷引入二维等离子体光子晶体时，在 PBG 中同样有缺陷存在，且缺陷模频率在 0.4293~0.4314 ($2\pi c/a$) 范围内，在 Γ =(0, 0) 处缺陷模的频率为 0.4293 ($2\pi c/a$)。此时截止频率变为 0.1302 ($2\pi c/a$)，且 PBG 的频率范围变为 0.3256~0.4794($2\pi c/a$)。比较图 10.15(b) 和 (d) 中的结果可知，当引入点缺陷后，该等离子体光子晶体的截止频率将略有增大，且 PBG 的带宽也略有增大。比较图 10.15(c) 和 (d) 中的结果可知，二维等离子体光子晶体中的缺陷模频率要高于常规二维介质 —— 空气光子晶体的缺陷模频率。

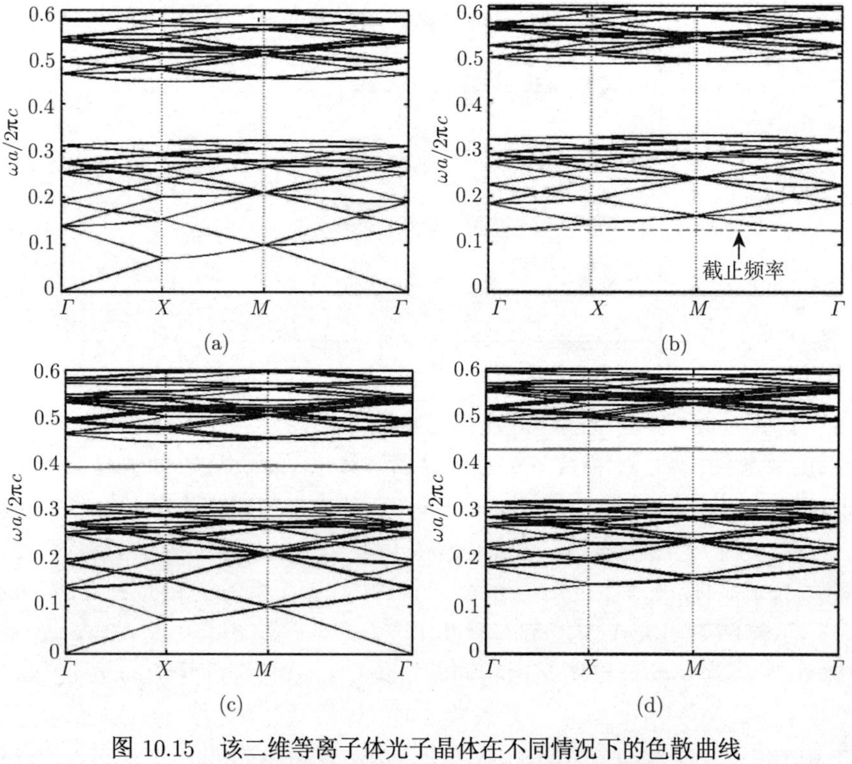

图 10.15 该二维等离子体光子晶体在不同情况下的色散曲线

(a) ω_p=0 且无点缺陷; (b) $\omega_p=0.2\omega_{p0}$ 且无点缺陷;

(c) ω_p=0 且包含点缺陷; (d) $\omega_p=0.2\omega_{p0}$ 且包含点缺陷

10.1.9 光子晶体参数对缺陷模的影响

图 10.16 给出了等离子体频率 $\omega_{\rm p}$ 与缺陷模的关系图。由图 10.16 可知，随着 $\omega_{\rm p}$ 的增大，缺陷模频率将向高频方向移动，且缺陷模将逐渐向 PBG 的上边缘靠拢。当 $\omega_{\rm p}/\omega_{\rm p0}$=0.7 时，缺陷模将几乎隐入 PBG 的上边缘 (图 10.16(b))。由图 10.16(b) 可知，随着 $\omega_{\rm p}$ 的增大，PBG 的上下边缘频率将向高频方向移动，且其带宽将逐渐增大。由图 10.16(a) 可知，当波矢 $\boldsymbol{k}$ 沿着正方形晶格的第一不可约布里渊区边沿移动 $(\Gamma-X-M-\Gamma)$ 时，缺陷模频率将先增大后减小，且在 M 点缺陷模的频率最大。

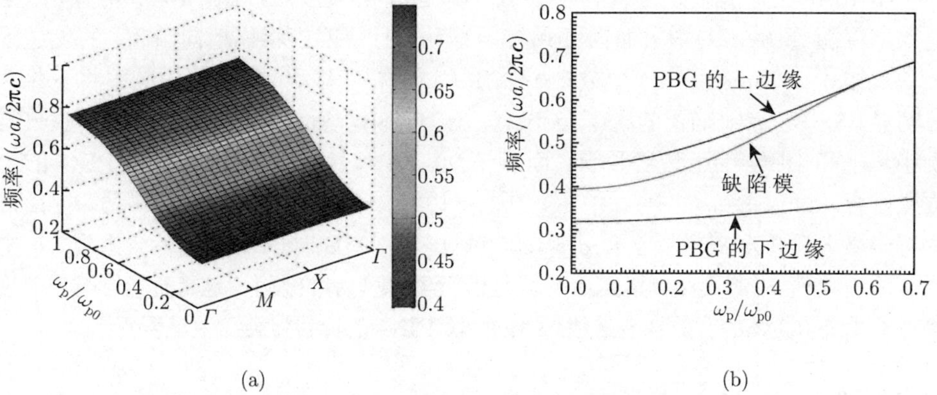

图 10.16 等离子体频率 $\omega_{\rm p}$ 与缺陷模的关系图

(a) $\Gamma-X-M-\Gamma$; (b) Γ 点

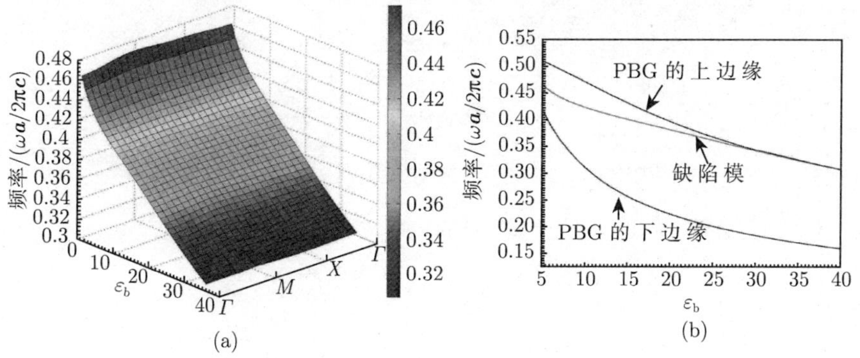

图 10.17 填充介质圆柱的相对介电常数 $\varepsilon_{\rm b}$ 与缺陷模的关系图

(a)$\Gamma-X-M-\Gamma$; (b)Γ 点

图 10.17 给出了填充介质圆柱的相对介电常数 ε_b 与缺陷模的关系图。由图 10.17 可知，缺陷模频率将随着 ε_b 的增大而向低频方向移动，且缺陷模将逐渐向 PBG 的上边缘移动。由图 10.17(a) 可知，当波矢 $\boldsymbol{k}$ 沿着 $\Gamma-X-M-\Gamma$ 移动时，缺陷模频率将先增大后减小，且在 M 点缺陷模的频率最大。如图 10.17(b) 所示，当 ε_b=40 时，缺陷模将几乎和 PBG 的上边缘重合。随着 ε_b 的增大，PBG 的上下边缘频率也将向低频方向移动，且其带宽将先增大后逐渐减小。这主要是因为增加填充介质的相对介电常数实质上是使得该光子晶体的平均折射率增大了 [205]，因此 PBG 的上下边缘将向低频方向移动。

图 10.18 为填充介质圆柱的半径 R 与缺陷模的关系图。由图 10.18 可知，缺陷模频率将随着 R/a 的增大而向低频方向移动，且缺陷模将逐渐向 PBG 的上边缘移动。由图 10.18(a) 可知，当波矢 $\boldsymbol{k}$ 沿着 Γ-X-M-Γ 移动时，缺陷模频率将变化非常明显，在 M 点缺陷模的频率最小。如图 10.18(b) 所示，当 R/a=0.08 时，缺陷模将几乎和 PBG 的下边缘重合；而当 R/a=0.31 时，缺陷模将几乎和 PBG 的上边缘重合。随着 R/a 的增大，PBG 的上下边缘频率都将向低频方向移动，且其带宽将先增大后逐渐减小。当 $R/a > 0.45$ 或 $R/a < 0.08$ 时，PBG 将不会出现。这主要是因为改变 R 的大小，其实质上就是改变其填充率的大小，这将直接影响该二维等离子体光子晶体的有效介电常数 [205]，所以 PBG 的位置将会发生显著变化。

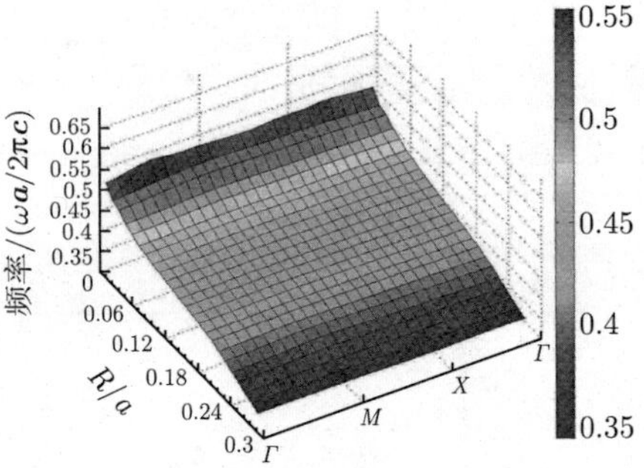

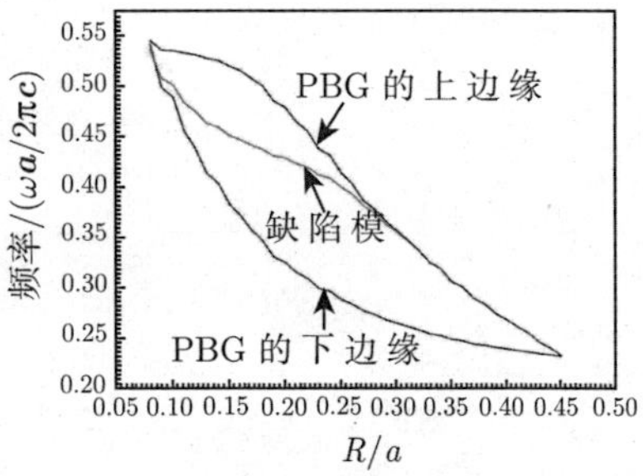

图 10.18　填充介质圆柱的半径 R 与缺陷模的关系图

(a)$\Gamma-X-M-\Gamma$; (b)Γ 点

10.2　二维等离子体光子晶体全向禁带的拓展技术

光子晶体最大的特点是通过 PBGs 实现对电磁波传播的控制，与普通的金属反射面相比，其损耗更小。光子晶体能够应用在许多器件的设计上，如波导极化器 [267]、激光器 [268]、缺陷微腔 (defect cavities)[269]、缺陷模谐振器 [270] 和基于光子晶体的生物传感器 [271] 等。一般情况下，PBGs 的带宽越大，对提升光子晶体器件的性能帮助越大。而对于电磁波而言，无论其波矢方向如何，都可以分解成 TE 波和 TM 波。对于光子晶体而言，在一定频率范围内，如果无论是 TE 波还是 TM 波都不能通过，那么这个频率区间被称为完全带隙 (complete photonic band gaps，CPBGs)，即 CPBGs 对于 TE 波和 TM 波都是禁带 [272]。另外，在实际应用中引入三维光子晶体结构的代价是非常大的，由于在制造和加工上的局限性，所以三维光子晶体还不能广泛应用于器件设计之中。取而代之的是二维光子晶体结构，它不仅在加工上较为简单也容易进行光路集成，因此受到了广泛关注。尤其是对二维光子晶体 CPBGs 特性的研究，受到了广泛关注，因为这个特性使得二维光子晶体在特性上和三维光子晶体在本质上毫无差别，并且在器件设计上可以完全取代三维光子晶体。而当等离子体引入常规介质光子晶体时，可以实现对 CPBGs 的调谐。而从现有发表的论文来看，涉及这部分内容的还比较少。本节主要内容就是对二维等离子体光子晶体的 CPBGs 进行研究，设计了一种新的结构来实现对 CPBGs 的拓展，并探讨了该二维等离子体光子晶体各参数对 CPBGs 的影响。

10.2.1 理论模型与二维等离子体光子晶体的 CPBGs

为了得到 CPBGs，本节采用基于网格法的 PWE 算法。这样做的好处是可以对填充外形为任意结构的二维等离子体光子晶体的色散关系进行求解。该算法的具体步骤和内容见第 2 章，在此不再复述。为了使得计算结果具有足够的精度，采用 140×140 网格对晶格单元进行剖分，这使得计算的收敛精度能够小于 1%。由于要同时对 TE 波和 TM 波的 PBGs 进行求取，所以 PWE 方法展开的平面波数为 961。众所周知，要拓展 CPBGs 带宽一般会采用三种方式：光子晶体采用对称性较差的晶格结构；光子晶体采用特殊的填充物外形；将各向异性介质引入光子晶体中。而本节将主要关注第二种方法。由于正方形晶格的对称性较强，二维正方形晶格光子晶体比较难获得 CPBGs，尤其是该光子晶体为介质填充空气时 [273](图 10.19(a))。为了克服这个缺点，Qiu[255] 等提出了一种改进的方式，即在二维光子晶体填充的介质柱间用“十”字形框架进行连接 (图 10.19(b))，这使得 CPBGs 的特性得到了显著改善。为了进一步提升 CPBGs 的带宽，Chau[256] 等提出了填充介质为介质柱加“米”字形框架的设计思路 (图 10.19(c))，这使得 CPBGs 的带宽较 Qiu[255] 等获得的高出了近 40%。Ho[257] 等用填充镂空的矩形柱加“米”字形框架来实现对 CPBGs 的拓展，计算结果表明该结构能得到带宽为 0.22521 ($2\pi c/a$)。而对于二维等离子体光子晶体 (介质填充等离子体) 而言，当在等离子体频率较小且填充率较大时，很难获得相对带宽较大的 CPBGs[278]。为了解决这个问题，我们设计了一种新的填充结构来展宽 CPBGs 的带宽 (图 10.19(d))，即在半径为 R 的圆柱上开一个半径为 r 的小圆孔，且圆柱间用宽度为 d 的“十”字形介质框架进行连接。圆孔圆心的方位角为 θ，且圆孔与圆柱圆心间的距离为 $R-r-\mathrm{d}x$。如果 $\mathrm{d}x=0$，这时圆孔与圆心相切。

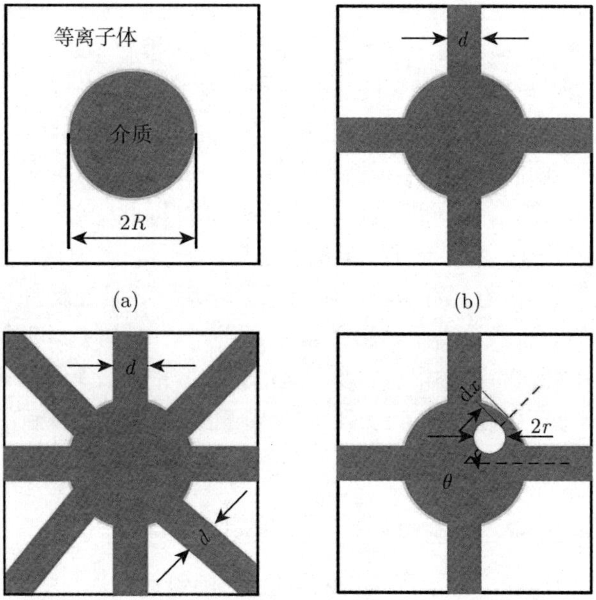

图 10.19　四种二维正方形晶格等离子体光子晶体在不同填充结构时的拓扑结构示意图

(a) 填充物为常规的介质柱；(b) 填充物为常规的介质柱加“十”字形框架；

(c) 填充物为常规的介质柱加“米”字形框架；(d) 新型填充物外形

为了便于比较，图 10.19 给出了四种二维正方形晶格等离子体光子晶体在不同填充结构时的拓扑结构示意图，图 10.20 则给出了这四种二维正方形晶格等离子体光子晶体的色散曲线，图中绿色区域表示 CPBGs。为了便于计算且不失一般性，用 $\omega_{\mathrm{p0}}=2\pi c/a$ 对频域进行归一化处理，并将等离子体频率和碰撞频率分别定义为 $\omega_{\mathrm{p}}=0.05\omega_{\mathrm{p0}}$ 和 $\nu_{\mathrm{c}}=0.02\omega_{\mathrm{p}}$(等离子体的相对介电常数为 ε_{p})。填充介质的相对介电常数为 ε_{a}，且 $\varepsilon_{\mathrm{a}}=12.96$。该二维等离子体光子晶体的初始结构参数分别为：$R=0.36a$，$r=0.1a$，$d=0.06a$，$\mathrm{d}x=0.04a$ 和 $\theta=45°$，其中 a 为晶格常数。由图 10.20(a) 可知，当填充物为常规介质柱时，该二维等离子体光子晶体存在一个 CPBG，且位于 TM 波的第 6 能带与 TE 的第 5 能带 (水平带区域上方) 间，其频率范围为 0.5316~0.5404 ($2\pi c/a$)，其相对带宽为 1.64%。当该填充介质用“十”字形框架进行连接时 (图 10.20(b))，该 CPBG 的频率范围将变为 0.5259~0.5393 ($2\pi c/a$)，且在 TM 波的第 4 能带与 TE 的第二能带 (水平带区域上方) 间会出现一个新的 CPBG，其频率范围为 0.3741~0.3987 ($2\pi c/a$)。这两个 CPBGs 的相对带宽分别为 2.52% 和

6.37%。当该填充介质用“米”字形框架进行连接时 (图 10.20(c))，该二维等离子体光子晶体将不会产生 CPBG。由图 10.20(d) 所示，当介质用新型外形填充二维等离子体光子晶体时，CPBGs 的频率范围将分别变为 0.3861~0.4014 ($2\pi c/a$) 和 0.5344~0.5657 ($2\pi c/a$)，且相对带宽分别为 3.89%和 5.69%。由图 10.20 中的结果可知，当介质采用新型填充外形时，位于 TM 波的第 6 能带与 TE 的第 5 能带间的 CPBG (为了便于比较，将更为关注这个 CPBG) 具有最大的相对带宽，其 CPBG 特性明显优于常规的介质柱、介质柱加“十”字形框架和介质柱加“米”字形框架等填充外形。为了对介质采用新型填充外形时的 CPBG 特性进行讨论，本节将主要对该二维等离子体光子晶体的前两个 CPBGs 的特性进行研究，即第一 CPBG (1st CPBG) 和第二 CPBG (2nd CPBG)。相对带宽定义为 $\Delta\omega/\omega_i$，其中 $\Delta\omega$ 表示 CPBG 的带宽，ω_i 表示 CPBG 的中心频率。

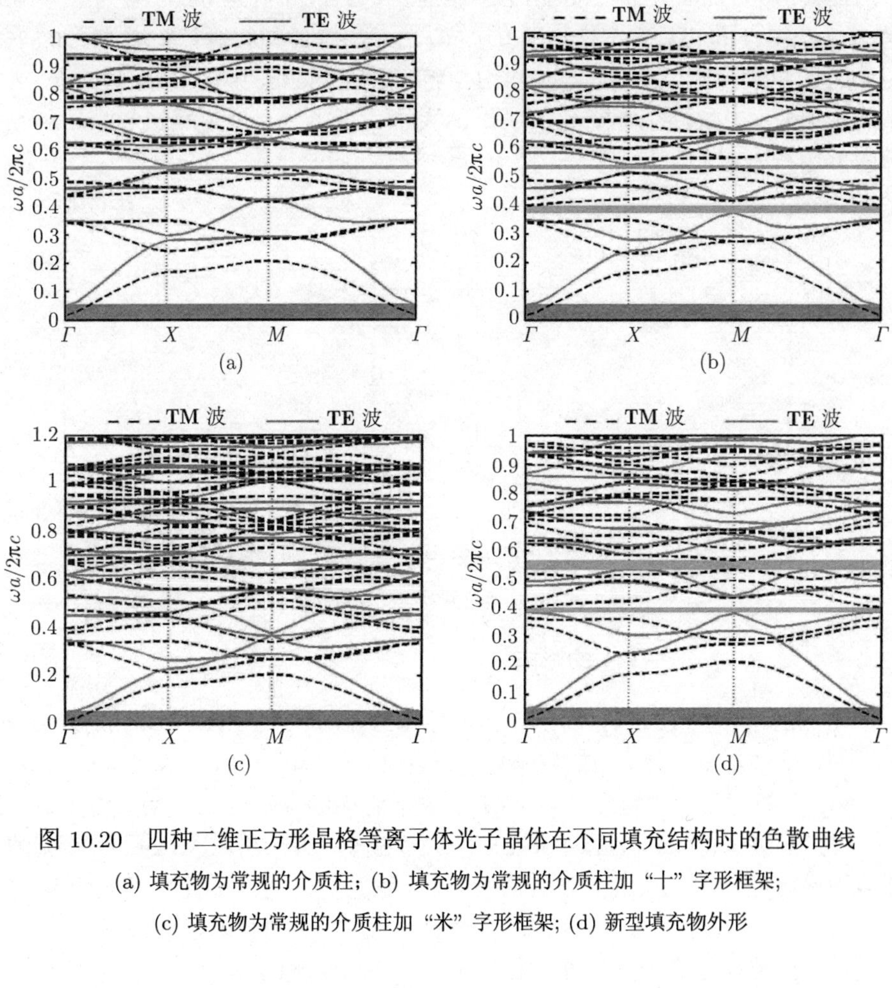

图 10.20 四种二维正方形晶格等离子体光子晶体在不同填充结构时的色散曲线

(a) 填充物为常规的介质柱; (b) 填充物为常规的介质柱加“十”字形框架;

(c) 填充物为常规的介质柱加“米”字形框架; (d) 新型填充物外形

10.2.2　填充介质 ε_a 对 CPBGs 的影响

图 10.21 给出了该二维等离子体光子晶体的前两个 CPBGs 及其相对带宽与 ε_a 的关系图，此时 $\omega_p=0.05\omega_{p0}$, $\nu_c=0.02\omega_p$, $R=0.36a$, $r=0.1a$, $d=0.06a$, $dx=0.04a$ 和 $\theta=45°$。彩色区域表示 CPBGs。由图 10.21(a) 可知，1st 和 2nd CPBGs 的上下边缘频率将随着 ε_a 的增大而向低频方向移动。2nd CPBG 的带宽将随着 ε_a 的增大而先增大后减小，而 1st CPBG 的带宽将随着 ε_a 的增大而减小。当 $\varepsilon_a>17$ 时，1st CPBG 将消失；当 $\varepsilon_a>22$ 时，2nd CPBG 将不存在。1st CPBG 带宽的最大值为 0.0337 $(2\pi c/a)$，此时 $\varepsilon_a=12$; 2nd CPBG 带宽的最大值为 0.0196 $(2\pi c/a)$，此时 $\varepsilon_a=10$。由图 10.21(b) 可知，1st CPBG 的相对带宽将随着 ε_a 的增大而减小，但是 2nd CPBG 的相对带宽将随着 ε_a 的增大而先增大后减小。1st CPBGs 相对带宽的最大值为 0.0443，而 2nd CPBG 相对带宽的最大值为 0.0592。与 $\varepsilon_a=16$ 时相比，1st CPBG 的相对带宽增加了 0.0356，2nd CPBG 的相对带宽增加了 0.0268。由图 10.21 中的结果可知，较大的 CPBG 将出现在 low-ε_a 区域。因此，改变 ε_a 的大小能实现对 CPBG 的调谐，改变 ε_a 的大小本质上就是改变了该等离子体光子晶体的平均折射率[213]。

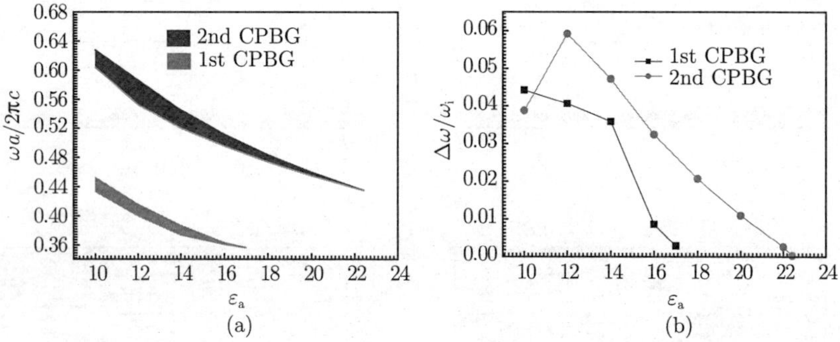

图 10.21　前两个 CPBGs 及其相对带宽与 ε_a 的关系图

(a) CPBGs; (b) CPBGs 的相对带宽

10.2.3　参数 θ 对 CPBGs 的影响

图 10.22 给出了该二维等离子体光子晶体的前两个 CPBGs 及其相对带宽与 θ 的关系图，此时 $\omega_p=0.05\omega_{p0}$, $\nu_c=0.02\omega_p$, $R=0.36a$, $r=0.1a$, $d=0.06a$, $dx=0.04a$ 和 $\varepsilon_a=12.96$。由图 10.22(a) 可知，1st CPBG 的下边缘频率随着 θ 的增大而先减小后增大，而其上边缘将随着 θ 的增大而先增大后减小，最后再增大; 2nd CPBG 的上边缘频率将随着 θ 的增大而先增大后减小，再增大然后再减小, 而且下边缘频率则几乎不会随着 θ 的增大而发生变化。显然，1st CPBG 的变化规律是关于 $\theta=45°$ 对称的，且其带宽的最小值是 $\theta=45°$。1st CPBG 带宽的最大值是 0.032 $(2\pi c/a)$，

此时 $\theta = 8^\circ$ 和 82°; 2nd CPBG 带宽的最大值为 0.0365 ($2\pi c/a$)，此时 $\theta = 16^\circ$。由图 10.22 (b) 可知，1st CPBG 的相对带宽也是关于 $\theta = 45^\circ$ 对称的，且其值是先增大后减小的。1st CPBG 相对带宽的最大值是 0.0794，此时 $\theta = 8^\circ$ 和 82°; 而 2nd CPBG 相对带宽的最大值为 0.0661，此时 $\theta = 16^\circ$。与 $\theta = 45^\circ$ 时相比，1st CPBG 的相对带宽增加了 0.0401，2nd CPBG 的相对带宽增加了 0.0091。由图 10.22 中的结果可知，方位角 θ 对 1st 和 2nd CPBG 有调谐作用，且较大的 CPBG 将出现在 low-θ 区域，且 1st CPBG 将会关于 $\theta = 45^\circ$ 对称的。这主要是因为方位角 θ 对填充物的对称性影响比较明显。

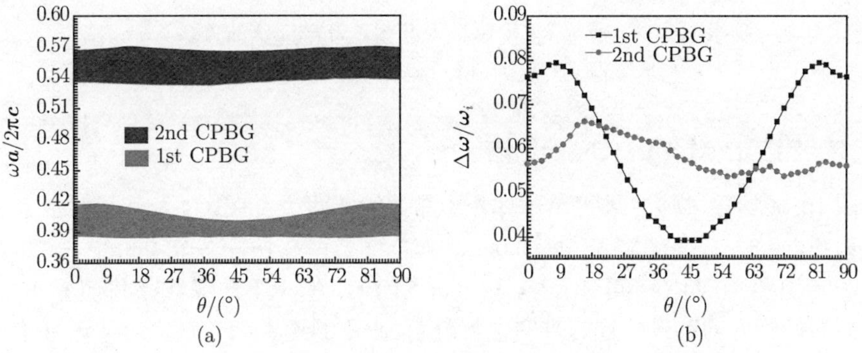

图 10.22 前两个 CPBGs 及其相对带宽与 θ 的关系图

(a) CPBGs; (b) CPBGs 的相对带宽

10.2.4 参数 d 对 CPBGs 的影响

图 10.23 给出了该二维等离子体光子晶体的前两个 CPBGs 及其相对带宽与 d 的关系图，此时 ω_{p}=0.05ω_{p0}, ν_{c}=0.02ω_{p}, R=0.36a, r=0.1a, ε_{a}=12.96, $\mathrm{d}x = 0.04a$ 和 $\theta = 45^\circ$。由图 10.23(a) 可知，1st 和 2nd CPBGs 的上下边缘频率将随着 d 的增大而向低频方向移动。1st CPBG 带宽将随着 d 的增大而逐渐减小，但是 2nd CPBG 带宽将随着 d 的增大而先增大后减小。当 $d > 0.11a$ 时，2nd CPBG 将消失；当 $d > 0.2a$ 或 $d < 0.057a$ 时，1st CPBG 将不会出现。1st CPBG 带宽的最大值为 0.0154 ($2\pi c/a$)，此时 $d \in$[0.06a, 0.07a]; 2nd CPBGs 带宽的最大值为 0.0452 ($2\pi c/a$)，此时 $d \in$[0.03a, 0.04a]。由图 10.23(a) 还可知，参数 d 对 1st CPBG 的影响更为明显。由图 10.23 (b) 可知，1st 和 2nd CPBGs 的相对带宽都将随着 d 的增大而先增大后减小，其相对带宽的最大值分别为 0.0389 和 0.08，此时 d 分别满足 $d \in$[0.06a, 0.07a] 和 $d \in$[0.03a, 0.04a]。显然，带宽较大的 CPBG 将出现在 low-d 区域。

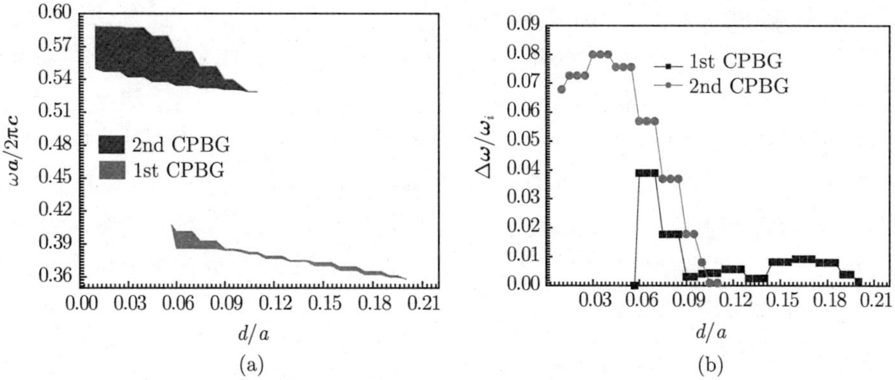

图 10.23　前两个 CPBGs 及其相对带宽与 d 的关系图

(a) CPBGs；(b) CPBGs 的相对带宽

10.2.5　参数 R 对 CPBGs 的影响

图 10.24 给出了该二维等离子体光子晶体的前两个 CPBGs 及其相对带宽与 R 的关系图，此时 $\omega_{\rm p}=0.05\omega_{\rm p0}$, $\nu_{\rm c}=0.02\omega_{\rm p}$, $d=0.06a$, $r=0.1a$, $\varepsilon_{\rm a}=12.96$, ${\rm d}x=0.04a$ 和 $\theta=45°$。由图 10.24 (a) 可知，1st 和 2nd CPBGs 的上下边缘频率将随着 R/a 的增大而向低频方向移动，且其带宽也将随着 R/a 的增大而先增大后逐渐减小。当 $R>0.445a$ 或 $R<0.3a$ 时，1st CPBG 将会消失。而当 R 满足 $0.3a<R<0.445a$ 时，该二维等离子体光子晶体才能产生 2nd CPBG。1st 和 2nd CPBGs 带宽的最大值分别为 0.0154 和 0.0338 $(2\pi c/a)$，且此时 R 的大小分别满足 R=0.36a 和 0.37a。由图 10.24 (b) 可知，1st 和 2nd CPBGs 的相对带宽都将随着 R/a 的增大而先增大后减小，其相对带宽的最大值分别为 0.0394 和 0.065，且此时 R/a =0.395 和 0.365。与 R/a =0.4 时相比，1st 和 2nd CPBGs 的相对带宽分别增加了 0.0017 和 0.006。显然，带宽较小的 CPBGs 将出现在 high-R 区域。

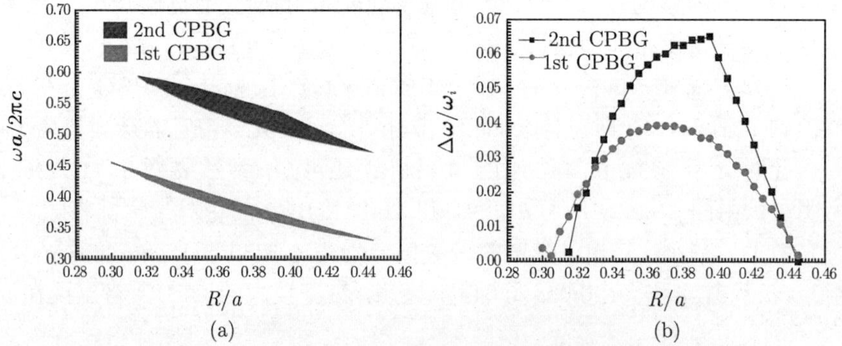

图 10.24　前两个 CPBGs 及其相对带宽与 R 的关系图

(a) CPBGs；(b) CPBGs 的相对带宽

10.2.6 参数 r 对 CPBGs 的影响

图 10.25 给出了该二维等离子体光子晶体的前两个 CPBGs 及其相对带宽与 r 的关系图，此时 $\omega_{\rm p}$=0.05$\omega_{\rm p0}$, $\nu_{\rm c}$=0.02$\omega_{\rm p}$, d=0.06a, R=0.36a, $\varepsilon_{\rm a}$=12.96, dx = 0.04a 和 $\theta = 45°$。由图 10.25(a) 可知，1st 和 2nd CPBGs 的上下边缘频率都将随着 r 的增大而向高频方向移动。1st CPBG 的带宽将随着 r 的增大而逐渐减小，2nd CPBG 的带宽将随着 r 的增大而先增大后逐渐减小。当 r 的值分别满足 $r/a > 0.145$ 和 $r/a > 0.175$ 时，1st 和 2nd CPBGs 将会消失。2nd 和 1st CPBGs 带宽的最大值分别为 0.0333 和 0.02478 (2πc/a)，且此时 r 分别满足 r/a=0 和 0.08。由图 10.25 (b) 可知，1st CPBG 相对带宽的总体变化趋势是随着 r/a 的增大而逐渐减小，其相对带宽的最大值为 0.0637，此时 r/a=0; 而 2nd CPBG 的相对带宽将随着 r/a 的增大先增大后逐渐减小，其相对带宽的最大值为 0.061，此时 r/a=0.08。与 r/a=0.1 时相比，1st 和 2nd CPBGs 的相对带宽分别增加了 0.0247 和 0.0041。显然，通过改变 r/a 的值能够拓展 2nd CPBG 的带宽，但不能展宽 1st CPBG 的带宽。

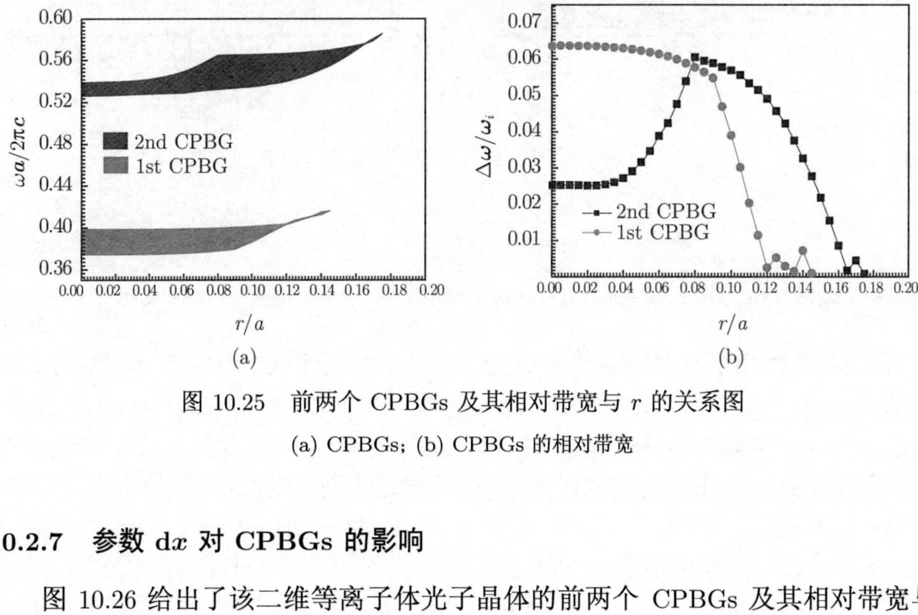

图 10.25 前两个 CPBGs 及其相对带宽与 r 的关系图

(a) CPBGs; (b) CPBGs 的相对带宽

10.2.7 参数 dx 对 CPBGs 的影响

图 10.26 给出了该二维等离子体光子晶体的前两个 CPBGs 及其相对带宽与 dx 的关系图，此时 $\omega_{\rm p}$=0.05$\omega_{\rm p0}$, $\nu_{\rm c}$=0.02$\omega_{\rm p}$, d=0.06a, r=0.1a, $\theta = 45°$, $\varepsilon_{\rm a}$=12.96 和 $\theta = 45°$。由图 10.26(a) 可知，改变 dx 的大小对 2nd CPBG 的作用较为明显，而对调谐 1st CPBGs 的大小作用不太明显。随着 dx 的增大，1st CPBG 上边缘频率将向高频方向移动，而其下边缘频率将先减小后增大；而增加 dx 的大小几乎对 2nd CPBG 上边缘频率无影响，而其下边缘频率将先减小后增大。当 dx>0.21a 时，2nd CPBG 将消失。2nd CPBG 带宽的最大值为 0.0328 (2πc/a)，且

此时 $dx = 0.05a$; 1st CPBG 带宽的最大值为 0.0247 ($2\pi c/a$)，且此时 $dx = 0.275a$。由图 10.26(b) 可知，1st CPBGs 的相对带宽将随着 dx/a 的增大而先减小后逐渐增大，而 2nd CPBG 的相对带宽的总体变化趋势是随着 dx/a 的增大先增大后逐渐减小。1st CPBG 相对带宽的最大值是 0.0588，此时 $dx/a=0.275$; 2nd CPBG 相对带宽的最大值是 0.0598，此时 $dx/a=0.05$。与 $dx/a=0$ 时相比，1st 和 2nd CPBGs 的相对带宽分别增加了 0.0043 和 0.0342。显然，相对于 1st CPBG 而言，参数 dx 对 2nd CPBG 有更为明显的调谐作用。带宽较大的 2nd CPBG 将出现在 low-dx 区域。

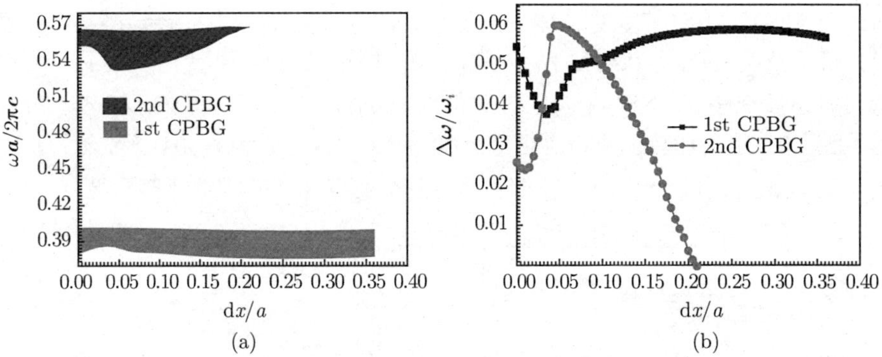

图 10.26　前两个 CPBGs 及其相对带宽与 dx 的关系图

(a) CPBGs; (b) CPBGs 的相对带宽

10.2.8　等离子体频率 ω_p 对 CPBGs 的影响

图 10.27 给出了该二维等离子体光子晶体的前两个 CPBGs 及其相对带宽与 ω_p 的关系图，此时 $\nu_c=0.02\omega_p$, $d=0.06a$, $r=0.1a$, $\varepsilon_a=12.96$, $dx = 0.04a$ 和 $\theta = 45°$。由图 10.27 (a) 可知，1st 和 2nd CPBGs 的上下边缘频率将随着 ω_p/ω_{p0} 的增大而向高频方向移动，且其带宽也将随着 ω_p/ω_{p0} 的增大而逐渐减小。当 $\omega_p/\omega_{p0} > 0.19$ 时，1st CPBG 将会消失; 当 $\omega_p/\omega_{p0} > 0.38$ 时，2nd CPBG 也将不存在。1st 和 2nd CPBGs 带宽的最大值分别为 0.0155 和 0.0319 ($2\pi c/a$)，且此时 $\omega_p/\omega_{p0}=0$。由图 10.27 (b) 可知，1st 和 2nd CPBGs 的相对带宽都将随着 ω_p/ω_{p0} 的增大而逐渐减小，其相对带宽的最大值分别为 0.0394 和 0.058，且此时 $\omega_p/\omega_{p0}=0$。与 $\omega_p/\omega_{p0}=0.05$ 时相比，1st 和 2nd CPBGs 的相对带宽分别增加了 0.0004 和 0.001。因此，改变 ω_p 的大小能实现对 CPBGs 的调谐，这是由于改变等离子体频率 ω_p 的大小的本质是改变了 ε_p 的实部，即该二维等离子体光子晶体的有效折射率和平均折射率发生了变化[213]。显然，带宽较大的 CPBGs 将出现在 low-ω_p 区域。

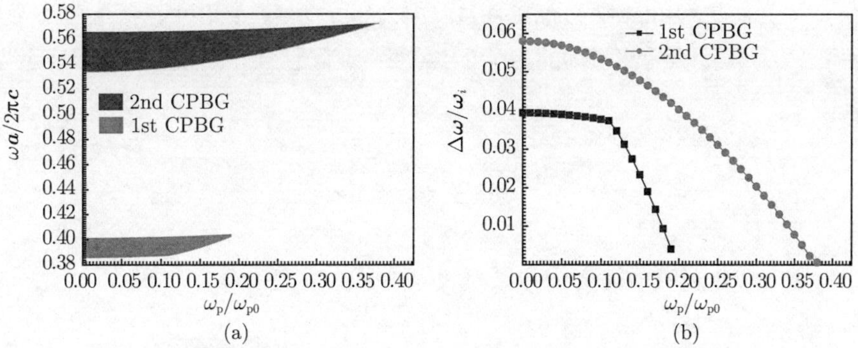

图 10.27 前两个 CPBGs 及其相对带宽与 ω_p 的关系图

(a) CPBGs; (b) CPBGs 的相对带宽

10.3 二维等离子体光子晶体的全角负折射特性

虽然三维光子晶体的物理模型更符合实际应用，但是制作三维光子晶体的代价是很大的，所以用二维光子晶体替代三维光子晶体就成为一个较好的选择。要获得更大的 PBG 带宽，光子晶体晶格的对称性应当降低。和常规的正方形晶格相比，阿基米德 (Archimedean) 晶格是获得较大 PBG 的一个较好的选择。本节的主要内容是对二维阿基米德晶格等离子体光子晶体在 TM 模式下的 PBGs 和全角负折射 (all-angle negative refraction，AANR) 特性进行了研究。阿基米德晶格结构最早由 Johannes Kepler[258] 在 1619 年提出。在所有的 11 种阿基米德晶格结构中[277, 279]，较为典型的是 “ladybug” 晶格 $(3^2, 4, 3, 4)$ 和 “bathroom” 晶格 $(4, 8^2)$。正如 Ueda[259] 等和 Jovanović[260] 等所报道的那样，阿基米德晶格对光子晶体的 PBGs 特性有明显的改善。等离子体可以看作一种 metamaterial。因此，等离子体光子晶体在特定的频段内能表现出一些特殊的特性，如 AANR。Gajic[261] 等给出了含左手介质的光子晶体产生负折射的条件 $\boldsymbol{V}_\mathbf{p}\cdot\boldsymbol{V}_\mathbf{g}<0$. Luo[262] 等给出了仅含右手介质的光子晶体产生负折射的条件 $\boldsymbol{V}_\mathbf{p}\cdot\boldsymbol{V}_\mathbf{g}>0$。变量 $\boldsymbol{V}_\mathbf{p}$ 和 $\boldsymbol{V}_\mathbf{g}$ 分别代表相速度和群速度。如果发生负折射时只存在单一的波束，这种现象就称为 AANR[281]。本节将就二维阿基米德晶格等离子体光子晶体的 AANR 特性进行讨论，为了方便，将该光子晶体定义为两个类型：type-1 是介质圆柱 (GaAs) 填充在等离子体背景中，而 type-2 是它的互补结构，即等离子体柱填充在介质背景中。

10.3.1 理论模型与计算方法

图 10.28 给出了 type-2 二维阿基米德晶格等离子体光子晶体的结构和单元示意图。假设填充的等离子体柱的半径和晶格常数分别为 R 和 a, 介质背景和等离子体的相对介电常数分别为 ε_a 和 ε_p。bathroom 和 ladybug 晶格的第一不可约布

里渊区和正方形晶格相同[279]。如果计算时引入的时谐量是 $\mathrm{e}^{-\mathrm{j}\omega t}$, ω 是角频率, t 是时间, 且 $\mathrm{j}=\sqrt{-1}$, 那么等离子体的相对介电常数 ε_{p} 满足 Drude 模型且可以表示为

$$\varepsilon_{\mathrm{p}}(\omega)=1-\frac{\omega_{\mathrm{p}}^{2}}{\omega^{2}+\mathrm{j}(\nu_{\mathrm{c}}\omega)} \tag{10.4}$$

其中, ω_{p} 和 ν_{c} 分别表示等离子体频率和等离子体碰撞频率。

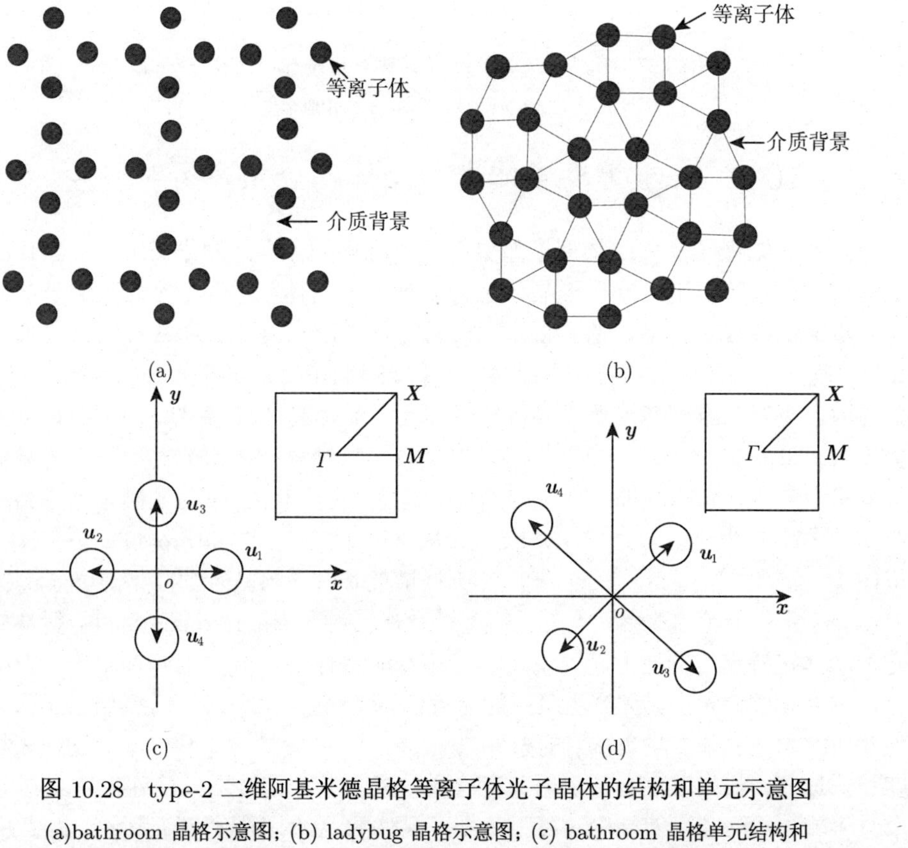

图 10.28　type-2 二维阿基米德晶格等离子体光子晶体的结构和单元示意图

(a)bathroom 晶格示意图; (b) ladybug 晶格示意图; (c) bathroom 晶格单元结构和第一不可约布里渊区的示意图; (d) ladybug 晶格单元结构和第一不可约布里渊区的示意图

用 PWE 方法来求取该光子晶体的色散曲线。由图 10.28(c) 和 (d) 可知，对于 bathroom 和 ladybug 晶格而言，每个晶格单元中都包含 4 个介质柱，位置分别位于 $\boldsymbol{u}_1$、$\boldsymbol{u}_2$、$\boldsymbol{u}_3$ 和 $\boldsymbol{u}_4$。对于 bathroom 晶格而言，$\boldsymbol{u}_1=-\boldsymbol{u}_2=(\sqrt{2}a/2,\ 0)$ 且 $\boldsymbol{u}_3=-\boldsymbol{u}_4=(0,\sqrt{2}a/2)$; 而对于 ladybug 晶格而言，$\boldsymbol{u}_1=-\boldsymbol{u}_2=(\sqrt{2}a/4,\ \sqrt{2}a/4)$ 且 $\boldsymbol{u}_4=-\boldsymbol{u}_3=(-\sqrt{6}a/4,\sqrt{6}a/4)$。因此，根据 PWE 方法，type-2 的傅里叶展开系

数 $\kappa(\boldsymbol{G}_{\|})$ 可以表示为

$$\widehat{\kappa}(\boldsymbol{G}_{\|})=\begin{cases}\left[1-\dfrac{\omega_{\mathrm{p}}^2}{\omega(\omega+\mathrm{j}\nu_{\mathrm{c}})}\right]\cdot(1-4f)+4f\cdot\varepsilon_{\mathrm{a}}, & \boldsymbol{G}_{\|}=0\\ \left\{\varepsilon_{\mathrm{a}}-\left[1-\dfrac{\omega_{\mathrm{p}}^2}{\omega(\omega+\mathrm{j}\nu_{\mathrm{c}})}\right]\right\}\cdot\displaystyle\sum_{i=1}^{4}\mathrm{e}^{-(\boldsymbol{G}\cdot\boldsymbol{u}_{\boldsymbol{i}})}\cdot 2f\frac{J_1\left(\left|\boldsymbol{G}_{\|}\right|R\right)}{\left|\boldsymbol{G}_{\|}\right|R}, & \boldsymbol{G}_{\|}\neq 0\end{cases} \tag{10.5}$$

其中, $f=\pi R^2/S_{\mathrm{m}}$ 是等离子体柱的填充率; $J_1(x)$ 表示 1 阶 Bessel 函数; S_{m} 是晶格单元的面积; $\boldsymbol{G}_{\|}$ 是倒格矢。对于 type-2 而言, 在 TM 模式下，Maxwell 方程组可以化简为关于平面波展开系数 $A(\boldsymbol{k}_{\|}|\boldsymbol{G}_{\|})$ 的方程

$$(\boldsymbol{k}_{\|}+\boldsymbol{G}_{\|})^2\cdot A(\boldsymbol{k}_{\|}|\boldsymbol{G}_{\|})=\frac{\omega^2}{c^2}\kappa(0)A(\boldsymbol{k}_{\|}|\boldsymbol{G}_{\|})+\frac{\omega^2}{c^2}\sum_{\boldsymbol{G}'}\kappa(\boldsymbol{G}_{\|}-\boldsymbol{G}'_{\|})A(\boldsymbol{k}_{\|}|\boldsymbol{G}_{\|}) \tag{10.6}$$

如果定义一个复数变量 $\zeta(\zeta=\omega/c)$，式 (10.6) 将可以化简成

$$\zeta^3\boldsymbol{X}_3-\zeta^2\boldsymbol{X}_0-\zeta\boldsymbol{X}_1-\boldsymbol{X}_2=0 \tag{10.7}$$

其中, c 表示真空中光速，且

$$\boldsymbol{X}_3(\boldsymbol{G}_{\|}|\boldsymbol{G}'_{\|})=[1+4f(\varepsilon_{\mathrm{a}}-1)]\,\boldsymbol{\delta}_{\boldsymbol{G}_{\|}\cdot\boldsymbol{G}'_{\|}}+(\varepsilon_{\mathrm{a}}-1)\cdot\sum_{i=1}^{4}\mathrm{e}^{-(\boldsymbol{G}\cdot\boldsymbol{u}_{\boldsymbol{i}})}\cdot 2f\frac{J_1(|\boldsymbol{G}_{\|}-\boldsymbol{G}'_{\|}|R)}{(|\boldsymbol{G}_{\|}-\boldsymbol{G}'_{\|}|R)} \tag{10.8}$$

$$\boldsymbol{X}_2(\boldsymbol{G}_{\|}|\boldsymbol{G}'_{\|})=\mathrm{j}\frac{\nu_{\mathrm{c}}}{c}\left(\boldsymbol{k}_{\|}+\boldsymbol{G}_{\|}\right)^2\boldsymbol{\delta}_{\boldsymbol{G}_{\|}\cdot\boldsymbol{G}'_{\|}} \tag{10.9}$$

$$\begin{aligned}\boldsymbol{X}_1(\boldsymbol{G}_{\|}|\boldsymbol{G}'_{\|})=&\left[\left(\boldsymbol{k}_{\|}+\boldsymbol{G}_{\|}\right)^2+\frac{\omega_{\mathrm{p}}^2}{c^2}\cdot(1-4f)\right]\boldsymbol{\delta}_{\boldsymbol{G}_{\|}\cdot\boldsymbol{G}'_{\|}}\\&+\frac{\omega_{\mathrm{p}}^2}{c^2}\cdot\sum_{i=1}^{4}\mathrm{e}^{-(\boldsymbol{G}\cdot\boldsymbol{u}_{\boldsymbol{i}})}\cdot 2f\frac{J_1(|\boldsymbol{G}_{\|}-\boldsymbol{G}'_{\|}|R)}{|\boldsymbol{G}_{\|}-\boldsymbol{G}'_{\|}|R}\end{aligned} \tag{10.10}$$

$$\begin{aligned}\boldsymbol{X}_0(\boldsymbol{G}_{\|}|\boldsymbol{G}'_{\|})=&-\mathrm{j}\frac{\nu_{\mathrm{c}}}{c}\left\{[1+4f(\varepsilon_{\mathrm{a}}-1)]\,\boldsymbol{\delta}_{\boldsymbol{G}_{\|}\cdot\boldsymbol{G}'_{\|}}\right.\\&\left.+(\varepsilon_{\mathrm{a}}-1)\cdot\sum_{i=1}^{4}\mathrm{e}^{-(\boldsymbol{G}\cdot\boldsymbol{u}_{\boldsymbol{i}})}\cdot 2f\frac{J_1(|\boldsymbol{G}_{\|}-\boldsymbol{G}'_{\|}|R)}{|\boldsymbol{G}_{\|}-\boldsymbol{G}'_{\|}|R}\right\}\end{aligned} \tag{10.11}$$

其中, $\boldsymbol{X}_0$、$\boldsymbol{X}_1$、$\boldsymbol{X}_2$ 和 $\boldsymbol{X}_3$ 是 $N\times N$ 的矩阵。式 (10.7) 的求解可以转换成为一个 $3N\times 3N$ 矩阵 $\boldsymbol{Q}$ 特征值的求取，矩阵 $\boldsymbol{Q}$ 和 $\boldsymbol{V}$ 满足

$$\boldsymbol{Q}z=\zeta\boldsymbol{V}z,\boldsymbol{Q}=\begin{bmatrix}\boldsymbol{0}&\boldsymbol{I}&\boldsymbol{0}\\\boldsymbol{0}&\boldsymbol{0}&\boldsymbol{I}\\\boldsymbol{X}_2&\boldsymbol{X}_1&\boldsymbol{X}_0\end{bmatrix},\quad \boldsymbol{V}=\begin{bmatrix}\boldsymbol{I}&\boldsymbol{0}&\boldsymbol{0}\\\boldsymbol{0}&\boldsymbol{I}&\boldsymbol{0}\\\boldsymbol{0}&\boldsymbol{0}&\boldsymbol{X}_3\end{bmatrix} \tag{10.12}$$

其中, $\boldsymbol{I}$ 为单位矩阵，求解式 (10.12) 的本征值就得到了式 (10.7) 的解。当然，所求本征值的实部就决定了 type-2 二维阿基米德晶格等离子体光子晶体的色散关系。显然，type-1 的色散曲线也能通过这种方法求得，在此不再复述。

10.3.2 两类二维阿基米德晶格等离子体光子晶体的 PBGs 特性

用于计算展开的平面波数是 441。为了不失一般性，用 $\omega a/2\pi c$ 对频率进行归一化，并用变量 $\omega_{\rm p0}=2\pi c/a$ 来定义等离子体频率和等离子体碰撞频率。假设等离子体频率 $\omega_{\rm p}$=0.5$\omega_{\rm p0}$，等离子体碰撞频率 $\nu_{\rm c}$=0.02$\omega_{\rm p}$。图 10.29 给出了 type-1 等离子体光子晶体在不同晶格条件下的色散曲线，等离子体光子晶体的参数分别为：R=0.45a，$\omega_{\rm p}$=0.5$\omega_{\rm p0}$，$\nu_{\rm c}$=0.02$\omega_{\rm p}$ 和 $\varepsilon_{\rm a}$=12.96。灰色区域表示 PBGs。由图 10.29 可知，在 TM 模式下这三种晶格的等离子体光子晶体都能产生 PBGs。ladybug 晶格能产生 3 个 PBGs，它们分别位于 0~0.0768 (2πc/a)，0.1891~0.2143 (2πc/a) 和 0.3293~0.3460 (2πc/a), 其中较大的是 $\rm TM_{0-1}$(零频和截止频率之间的区域)。对于 bathroom 晶格而言，色散曲线中也能观察到三个较大的 PBGs 和三个较小的 PBGs。三个较大的 PBGs 分别位于 0~0.1096 (2πc/a)、0.1913~0.2246 (2πc/a) 和 0.3177~0.3532 (2πc/a)，分别是 $\rm TM_{0-1}$、$\rm TM_{4-5}$ 和 $\rm TM_{12-13}$。比较图 10.29 中的结果可知，type-1 bathroom 晶格的二维等离子体光子晶体具有较大截止频率。相对于常规的正方形晶格而言，ladybug 和 bathroom 晶格能产生较大的 PBGs。类似地，图 10.30 给出了 type-2 等离子体光子晶体在不同晶格条件下的色散曲线，其参数与图 10.29 中的相同。由图 10.30 可知，当 type-2 等离子体光子晶体分别以 ladybug 和 bathroom 晶格排列时，它们能产生许多 PBGs。而对于传统的正方形晶格而言，只能产生三个 PBGs。ladybug 晶格能产生的前三个 PBGs 分别位于 0~0.1741 (2πc/a)、0.1917~0.2149 (2πc/a) 和 0.2242~0.2748 (2πc/a)，它们分别是 $\rm TM_{0-1}$、$\rm TM_{1-2}$ 和 $\rm TM_{2-3}$。对于 bathroom 晶格而言，产生的前三个 PBGs 分别为 0~0.0810 (2πc/a)、0.0910~0.1337 (2πc/a) 和 0.1478~0.1749 (2πc/a)，它们分别是

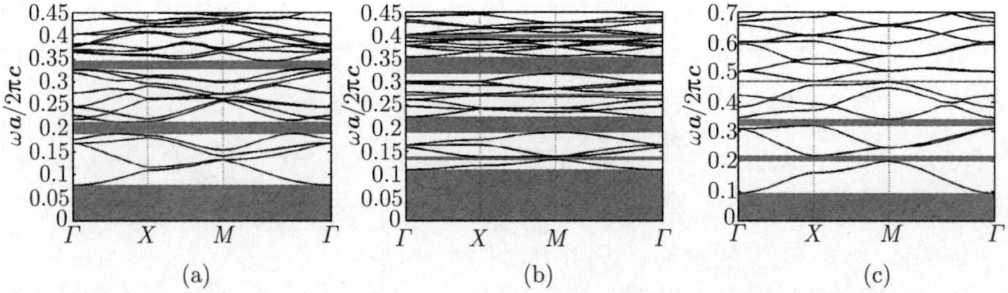

图 10.29 type-1 等离子体光子晶体在不同晶格条件下的色散曲线

(a) ladybug 晶格；(b) bathroom 晶格；(c) 正方形晶格

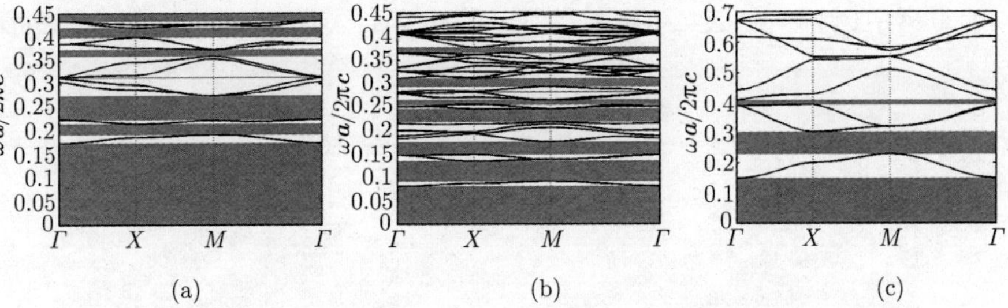

图 10.30 type-2 等离子体光子晶体在不同晶格条件下的色散曲线

(a) ladybug 晶格；(b) bathroom 晶格；(c) 正方形晶格

TM_{0-1}、TM_{1-2} 和 TM_{3-4}。而常规正方形晶格产生的前三个 PBGs 为 0~0.1491 $(2\pi c/a)$、0.2296~0.3029 $(2\pi c/a)$ 和 0.3919~0.4063 $(2\pi c/a)$。比较图 10.30 中的结果可知，type-2 ladybug 晶格的等离子体光子晶体拥有更大的截止频率，ladybug 和 bathroom 晶格能产生更多和更大的 PBGs，除了 TM_{1-2} 外。由上述可知，和常规的正方形晶格相比，具有 ladybug 和 bathroom 晶格的二维等离子体光子晶体更适合用来设计滤波器和光开关。

10.3.3 光子晶体参数对 PBGs 的影响

1. R 对 PBGs 的影响

图 10.31 给出了 type-1 等离子体光子晶体在不同晶格条件下 R 与 PBGs 的关系图，此时参数为：$\nu_c=0.02\omega_p$，$\omega_p=0.5\omega_{p0}$ 和 $\varepsilon_a=12.96$。由图 10.31(a) 和 (b) 可知，当 type-1 二维等离子体光子晶体具有 ladybug 和 bathroom 晶格分布时，PBGs 的上下边缘和截止频率都将随着 R/a 的增大而向低频方向移动; PBGs 的相对带宽将随着 R/a 的增大而先增大后减小。对于 ladybug 晶格而言，TM_{4-5} 和 TM_{12-13} 的带宽最大值分别是 0.2977 和 0.1718 $(2\pi c/a)$，它们分别出现在 R/a =0.134 和 0.241。对于 bathroom 晶格而言，TM_{4-5} 和 TM_{12-13} 的带宽最大值分别是 0.2335 和 0.144 $(2\pi c/a)$，它们分别出现在 R/a =0.17 和 0.29。type-1 二维 ladybug 晶格的等离子体光子晶体有更大的 PBGs。值得注意的是，当 R/a 的值足够小时 (接近于 0)，此时 type-1 的等离子体光子晶体能被看成等离子体块。因此，此时的截止频率等于等离子体频率 $(0.5\omega_{p0})$。由图 10.31(c) 和 (d) 可知，type-1 二维 ladybug 和 bathroom 晶格等离子体光子晶体的 PBGs 相对带宽 $(\Delta\omega/\omega_i)$ 将会随着 R/a 的增大而先增大后减小。ladybug 晶格产生的 TM_{4-5} 和 TM_{12-13} 的最大相对带宽分别是 0.582 和 0.583，分别位于 R/a =0.151 和 R/a =0.1956。当 type-1 具有 bathroom 晶格时，TM_{4-5} 和 TM_{12-13} 的最大相对带宽分别是 0.548 和 0.303，分别位于 R/a =0.191 和 R/a =0.304。综合图 10.31 中的结果可知，type-1 二维 ladybug

晶格的等离子体光子晶体在 low-R/a 区域能产生较大的 PBG 并得到较大的相对带宽。

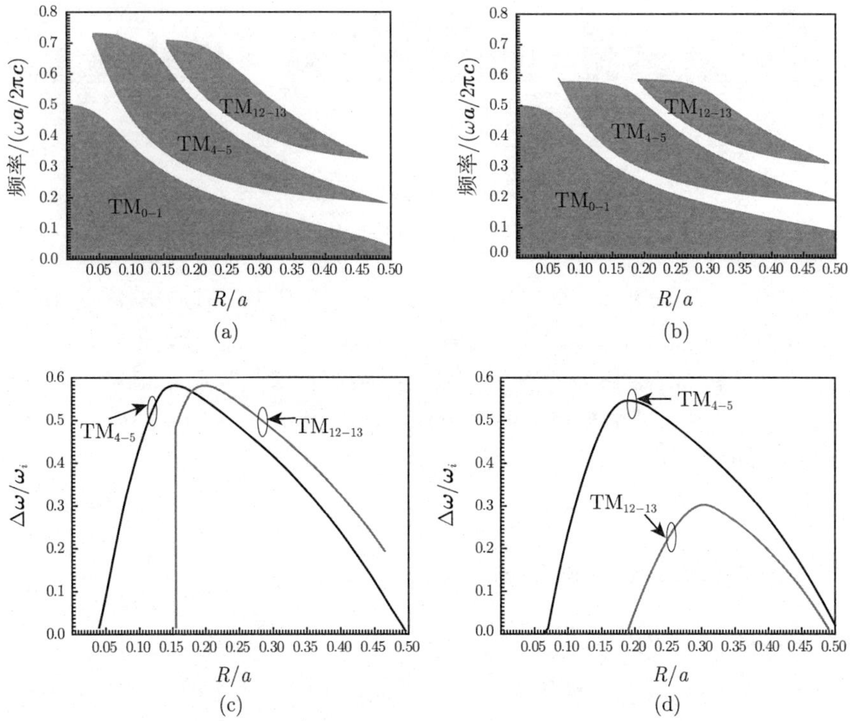

图 10.31　type-1 等离子体光子晶体在不同晶格条件下 R 与 PBGs 的关系图

(a) ladybug 晶格的 PBGs; (b) bathroom 晶格的 PBGs;

(c) 晶格为 ladybug 时 PBGs 的相对带宽; (d) 晶格为 bathroom 时 PBGs 的相对带宽

图 10.32 给出了 type-2 等离子体光子晶体在不同晶格条件下 R 与 PBGs 的关系图，此时参数为：$\nu_c=0.02\omega_p$，$\omega_p=0.5\omega_{p0}$ 和 $\varepsilon_a=12.96$。由图 10.32(a) 和 (b) 可知，当 type-2 二维等离子体光子晶体为这两种晶格分布时，PBGs 的上下边缘和截止频率都将随着 R/a 的增大而向高频方向移动。除了 TM_{6-7}，PBGs 的带宽将随着 R/a 的增大而逐渐增大。对于 ladybug 晶格而言，截止频率的最大值是 0.225 $(2\pi c/a)$，TM_{4-5} 与 TM_{12-13} 带宽的最大值分别是 0.05 和 0.1344 $(2\pi c/a)$，都出现在 R/a =0.5。除了 TM_{7-8}，相似的变化趋势也能在图 10.32(b) 中看到。对于 bathroom 晶格而言，截止频率的最大值是 0.088 $(2\pi c/a)$，TM_{1-2} 与 TM_{3-4} 带宽的最大值分别是 0.05 和 0.0481 $(2\pi c/a)$, 都出现在 R/a =0.5。比较图 10.32(a) 和 (b) 可知，ladybug 晶格能产生较大截止频率和 PBG。由图 10.32(c) 可知，当

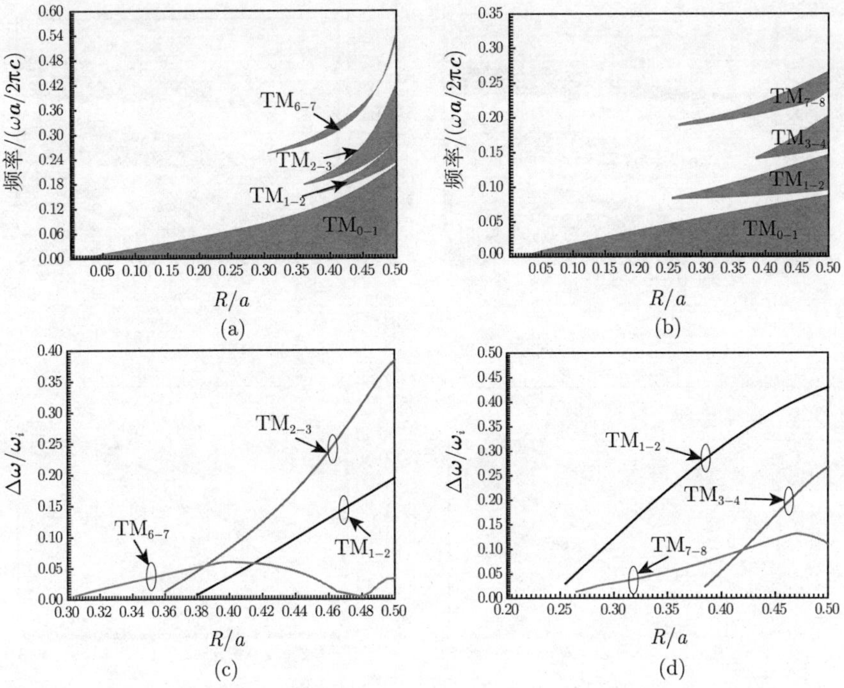

图 10.32 type-2 等离子体光子晶体在不同晶格条件下 R 与 PBGs 的关系图

(a)ladybug 晶格的 PBGs; (b) bathroom 晶格的 PBGs; (c) 晶格为 ladybug 时 PBGs 的相对带宽; (d) 晶格为 bathroom 时 PBGs 的相对带宽

R/a 分别小于 0.38 和 0.36 时，ladybug 晶格产生的 TM_{1-2} 和 TM_{2-3} 将不会出现。这两个 PBGs 的相对带宽将会随着 R/a 的增大而增大。当 R/a =0.5 时，TM_{1-2} 和 TM_{2-3} 的相对带宽将增至最大，分别为 0.194 和 0.384。然而 TM_{6-7} 的相对带宽将随着 R/a 的增大而先增大后减小，其最大值出现在 R/a =0.4, 大小为 0.0613。相似的变化趋势也能从图 10.32(d) 中得到。当 R/a 分别小于 0.254 和 0.384 时，bathroom 晶格产生的 TM_{1-2} 和 TM_{3-4} 将不会存在。TM_{1-2}、TM_{3-4} 和 TM_{7-8} 的最大相对带宽分别为 0.43、0.266 和 0.132，分别出现在 R/a =0.5、0.5 和 0.47。由图 10.32 可知，当 R/a 取较大值时，type-2 二维 ladybug 和 bathroom 晶格等离子体光子晶体能产生 PBGs 且它们具有较大的带宽和相对带宽。

2. ω_p 对 PBGs 的影响

图 10.33 给出了 type-1 等离子体光子晶体在不同晶格条件下 ω_p 与 PBGs 的关系图，此时参数为：ν_c=0.02ω_p，R=0.45a 和 ε_a=12.96。由图 10.33(a) 和 (b) 可

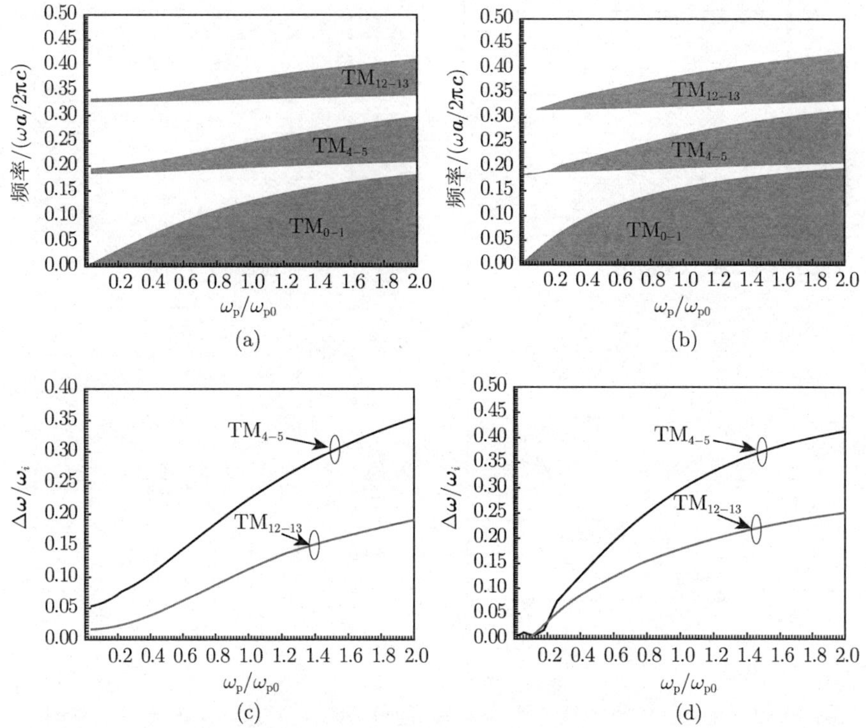

图 10.33　type-1 等离子体光子晶体在不同晶格条件下 ω_p 与 PBGs 的关系图

(a) ladybug 晶格的 PBGs；(b) bathroom 晶格的 PBGs；

(c) 晶格为 ladybug 时 PBGs 的相对带宽；(d) 晶格为 bathroom 时 PBGs 的相对带宽

知，type-1 二维 ladybug 和 bathroom 晶格等离子体光子晶体能产生 PBGs，其上下边缘和截止频率都将随着 ω_p/ω_{p0} 的增大而向高频方向移动, PBGs 的带宽也将随着 ω_p/ω_{p0} 的增大而增大。对于 ladybug 和 bathroom 晶格而言，截止频率的最大值分别为 0.183 和 0.195 ($2\pi c/a$)，它们都出现在 $\omega_p/\omega_{p0}=2$。对于 ladybug 晶格而言，TM_{4-5} 和 TM_{12-13} 的最大值分别为 0.088 和 0.0706 ($2\pi c/a$)。对于 bathroom 晶格而言，TM_{4-5} 和 TM_{12-13} 的最大值分别为 0.1064 和 0.0942 ($2\pi c/a$)。显然，当 type-1 二维等离子体光子晶体具有 bathroom 晶格时，能获得更大的 PBGs，且 PBGs 的相对带宽也更大。由图 10.33(c) 和 (d) 可知，对于 ladybug 和 bathroom 晶格产生的 TM_{4-5} 和 TM_{12-13} 而言，其相对带宽将会随着 ω_p/ω_{p0} 的增大而增大。对于 ladybug 晶格而言，TM_{4-5} 和 TM_{12-13} 的最大相对带宽分别为 0.353 和 0.19; 对于 bathroom 晶格而言，这个值分别为 0.413 和 0.25。显然，type-1 二维 bathroom 晶格等离子体光子晶体在 high-ω_p 区域能产生较大的 PBGs 和截止频率，这与图 10.30 中所得到的结果相符合。

图 10.34 给出了 type-2 等离子体光子晶体在不同晶格条件下 ω_p 与 PBGs 的关系图，此时参数为：ν_c=0.02ω_p，R=0.45a 和 ε_a=12.96。由图 10.34(a) 和 (b) 可知，type-2 二维 ladybug 和 bathroom 晶格等离子体光子晶体也能产生 PBGs，其上下边缘和截止频率都将随着 $\omega_\mathrm{p}/\omega_\mathrm{p0}$ 的增大而向高频方向移动。对于 ladybug 晶格而言，截止频率的最大值是 0.283 (2πc/a)，它出现在 $\omega_\mathrm{p}/\omega_\mathrm{p0}$ =2。TM_{1-2} 和 TM_{2-3} 的最大值分别为 0.05 和 0.114 (2πc/a)，它们同样出现在 $\omega_\mathrm{p}/\omega_\mathrm{p0}$ =2。但值得注意的是：当 $\omega_\mathrm{p}/\omega_\mathrm{p0}$ 大于 1.4 时，TM_{0-1}、TM_{1-2} 和 TM_{2-3} 将相互重叠并合并成为一个 PBGs; 当 $\omega_\mathrm{p}/\omega_\mathrm{p0}$ =2 时，它的频率将覆盖 0~0.447 (2πc/a)。而 TM_{6-7} 的带宽将随着 $\omega_\mathrm{p}/\omega_\mathrm{p0}$ 的增大而减小，当 $\omega_\mathrm{p}/\omega_\mathrm{p0}$ 大于 0.88 时，TM_{6-7} 将消失。相似的变化趋势也能在图 10.34(b) 中观察到。截止频率的最大值是 0.1072 (2πc/a)，它出现在 $\omega_\mathrm{p}/\omega_\mathrm{p0}$ =2。TM_{1-2} 和 TM_{3-4} 的最大值分别为 0.0636 和 0.0577 (2πc/a)，同样出现在 $\omega_\mathrm{p}/\omega_\mathrm{p0}$ =2。如果 $\omega_\mathrm{p}/\omega_\mathrm{p0}$ 大于 1.9，TM_{0-1}、TM_{1-2} 和 TM_{3-4} 也将相互重叠并合并成为一个 PBGs。当 $\omega_\mathrm{p}/\omega_\mathrm{p0}$ =2 时，它涵盖 0~0.23 (2πc/a)。由上述可知，ladybug 晶格能产生较大的截止频率。由图 10.34(c) 可知，对于 ladybug 而言，当 $\omega_\mathrm{p}/\omega_\mathrm{p0}$ 小于 0.38 时，TM_{1-2} 将不存在; 当 $\omega_\mathrm{p}/\omega_\mathrm{p0}$ 小于 0.88 时，TM_{6-7} 将不会出现。TM_{1-2}、TM_{2-3} 和 TM_{6-7} 相对带宽的最大值分别是 0.16、0.3 和 0.05，它们分别出现在 $\omega_\mathrm{p}/\omega_\mathrm{p0}$ =2、1.4 和 0.02。由图 10.34(d) 可知，对于 bathroom 而言，TM_{1-2} 和 TM_{3-4} 的相对带宽将随着 $\omega_\mathrm{p}/\omega_\mathrm{p0}$ 的增大而增大。TM_{1-2} 和 TM_{3-4} 相对带宽的最大值分别是 0.458 和 0.288，它们分别出现在 $\omega_\mathrm{p}/\omega_\mathrm{p0}$ =2。然而 TM_{7-8} 相对带宽的变化趋势却不同，TM_{7-8} 相对带宽将随着 $\omega_\mathrm{p}/\omega_\mathrm{p0}$ 的增大而先增大后减小。TM_{7-8} 相对带宽的最大值是 0.128，它出现在 $\omega_\mathrm{p}/\omega_\mathrm{p0}$ =0.68。由上述可知，type-2 二维 ladybug 晶格等离子体光子晶体在 high-ω_p 区域能产生较大的 PBGs 和截止频率。

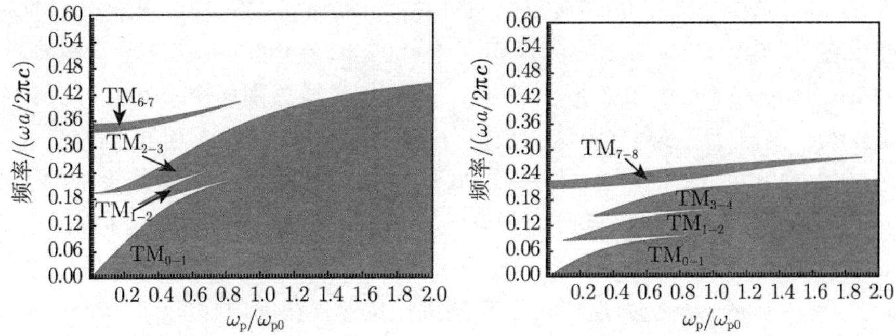

(a) (b)

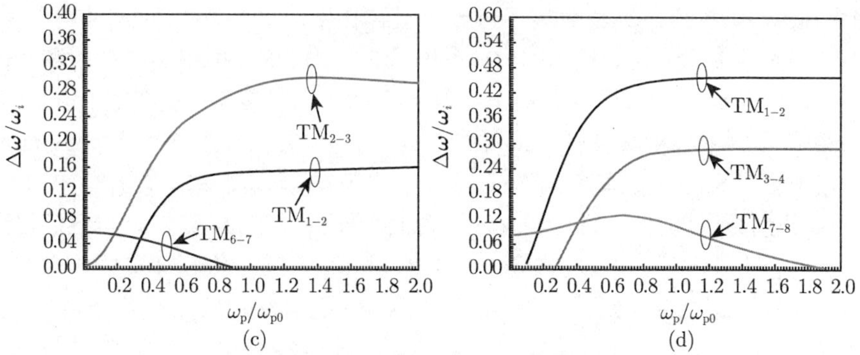

图 10.34　type-2 等离子体光子晶体在不同晶格条件下 $\omega_{\rm p}$ 与 PBGs 的关系图

(a) ladybug 晶格的 PBGs；(b) bathroom 晶格的 PBGs；

(c) 晶格为 ladybug 时 PBGs 的相对带宽；(d) 晶格为 bathroom 时 PBGs 的相对带宽

10.3.4　二维阿基米德晶格等离子体光子晶体的可调谐 AANR 特性

图 10.35 给出了 type-1 二维等离子体光子晶体在不同晶格条件下的色散曲线，其中黑色曲线表示光线 (light line)，且光子晶体参数为：$\nu_{\rm c}$=0.02$\omega_{\rm p}$，R=0.45a，$\omega_{\rm p}$=0.15$\omega_{\rm p0}$ 和 $\varepsilon_{\rm a}$=12.96。图 10.36 给出了此时前三个 TM 能带的等频轮廓线 (equifrequency contours，EFCs)。众所周知 [280]，对于 ladybug 晶格而言，为了避免出现高阶的 Bragg 衍射，当电磁波沿 $\Gamma-M$ 方向入射时，频率应满足 $\omega<0.18\ (2\pi c/a)$；当电磁波沿 $\Gamma-M$ 方向入射时，频率应满足 $\omega<0.26\ (2\pi c/a)$。这是因为如果电磁波要在光子晶体中进行单束传播，就必须满足 $\omega\leqslant0.5\ (2\pi c/a_{\rm s})$ [281]，其中 $a_{\rm s}$ 是表面晶格常数 (the surface-parallel period)。同理，对于 bathroom 晶格而言，当电磁波沿 $\Gamma-M$ 方向入射时，频率应满足 $\omega<0.15\ (2\pi c/a)$; 当电磁波沿 $\Gamma-M$ 方向入射时，频率应满足 $\omega<0.27\ (2\pi c/a)$。如图 10.35(a) 所示，前三个 TM 能带在 $\Gamma-M$ 方向与光线分别相交于 0.0269、0.1377 和 0.1464 $(2\pi c/a)$。相似地，前三个 TM 能带在 $\Gamma-M$ 方向与光线分别相交于 0.0269、0.1305 和 0.1688 $(2\pi c/a)$。如图 10.35(b) 所示，前三个 TM 带在 $\Gamma-M$ 方向与光线分别相交于 0.0471、1233 和 0.1351 $(2\pi c/a)$; 而 $\Gamma-M$ 方向这三个值分别为 0.0269、0.1305 和 0.1688 $(2\pi c/a)$。根据形成 AANR 的条件 [201]，从图 10.36 中可知，前两个 TM 带能形成 AANR。如图 10.36(a) 所示，在 M 点可以观察到凸的、存在向内梯度的 EFCs, 此时会得到右手负折射 [281](the right-handed negative refraction)。类似的现象也能从图 10.36(b) 中看到，在 $\Gamma-M$ 点也可以观察到凸的、存在向内梯度的 EFCs, 此时会得到左手负折射 [280,281](the left -handed negative refraction)。但图 10.36(c) 却给出了完全不同的结果，在 M 点可以观察到星形的、存在向外梯度的 EFCs, 此时会得到左手正折射 [280,281](the left-handed positive refraction)。表 10.1 给出了 type-1

二维等离子体光子晶体在不同晶格条件下前三个 TM 带 AANR 的详细情况。因此，ladybug 和 bathroom 晶格的前两个 TM 带能产生 AANR。图 10.37 和图 10.38 给出了 type-2 二维等离子体光子晶体在不同晶格条件下的色散曲线和前三个 TM 带的 EFCs。

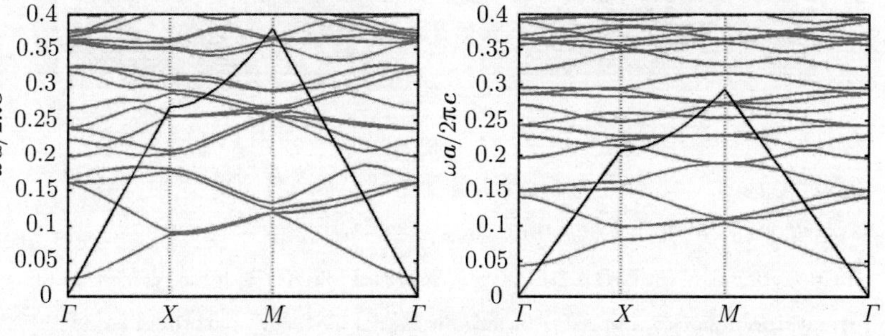

图 10.35 type-1 二维等离子体光子晶体在不同晶格条件下的色散曲线

黑色曲线代表光线，且 $\nu_{\rm c}=0.02\omega_{\rm p}$，$R=0.45a$，$\omega_{\rm p}=0.15\omega_{\rm p0}$ 和 $\varepsilon_{\rm a}=12.96$

(a) ladybug 晶格；(b) bathroom 晶格

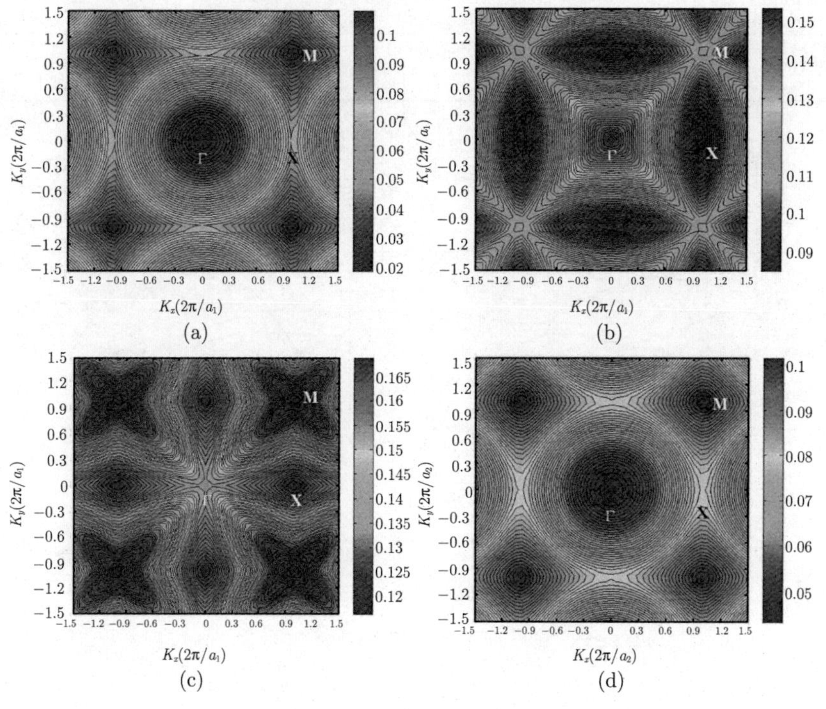

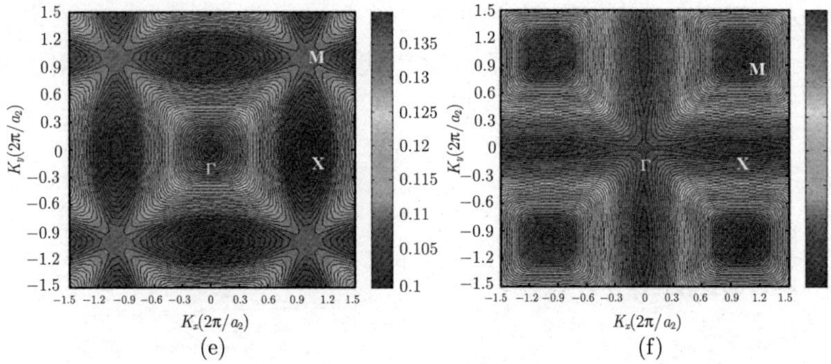

图 10.36　type-1 二维等离子体光子晶体在不同晶格条件下前 3 个 TM 带的 EFCs

其中 $\nu_{\mathrm{c}}=0.02\omega_{\mathrm{p}}$，$R=0.45a$，$\omega_{\mathrm{p}}=0.15\omega_{\mathrm{p0}}$，$\varepsilon_{\mathrm{a}}=12.96$，$a_1=a+a\sqrt{3}/2$ 和 $a_2=a+a\sqrt{2}$

(a) ladybug 晶格的 TM1；(b) ladybug 晶格的 TM2；(c) ladybug 晶格的 TM3；

(d) bathroom 晶格的 TM1；(e) bathroom 晶格的 TM2；(f) bathroom 晶格的 TM3

表 10.1　type-1 二维等离子体光子晶体在不同晶格条件下前三个 TM 带的 AANR

晶格类型	界面	全角负反射区域/$(2\pi c/a)$		
		TM1 带	TM2 带	TM3 带
ladybug	$\Gamma-M$	0.0807~0.0956	0.1116~0.1264	—
	$\Gamma-X$	—	0.1116~0.1264	—
bathroom	$\Gamma-M$	0.081~0.0889	0.111~0.123	—
	$\Gamma-X$	—	0.111~0.123	—

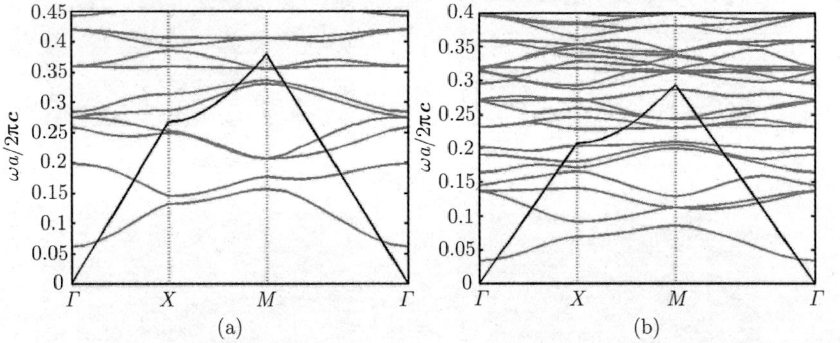

图 10.37　type-2 二维等离子体光子晶体在不同晶格条件下的色散曲线

黑色曲线代表光锥，且 $\nu_{\mathrm{c}}=0.02\omega_{\mathrm{p}}$，$R=0.45a$，$\omega_{\mathrm{p}}=0.15\omega_{\mathrm{p0}}$ 和 $\varepsilon_{\mathrm{a}}=12.96$

(a) ladybug 晶格；(b) bathroom 晶格

如图 10.37(a) 所示，前三个 TM 带在 $\Gamma-M$ 方向与光线分别相交于 0.07、0.1807 和 0.2203 $(2\pi c/a)$，而 $\Gamma-M$ 方向这三个值则变为 0.069、0.1715 和 0.2496 $(2\pi c/a)$。而由图 10.37(b) 可知，前三个 TM 带在 $\Gamma-M$ 和 $\Gamma-X$ 方向与光线相交的点分别为 0.0369、0.1188、0.1249、0.0363、0.1127 和 0.1249 $(2\pi c/a)$。由图 10.38 可知，ladybug 和 bathroom 晶格产生的 TM3 不能形成 AANR。AANR 仅能由 TM1 和 TM2 产生。对于 TM1 而言，在 M 点能观察到右手负折射；对于 TM2 而言，在 Γ 点能观察到左手负折射。表 10.2 给出了 type-2 二维等离子体光子晶体在不同晶格条件下前三个 TM 带 AANR 的详细情况。通过比较表 10.1 和表 10.2 中的数据可知，type-2 二维 ladybug 晶格等离子体光子晶体产生的 AANR 较 type-1 有一个更高的频率范围，而对于这两类等离子体光子晶体而言，TM3 都不能产生 AANR。

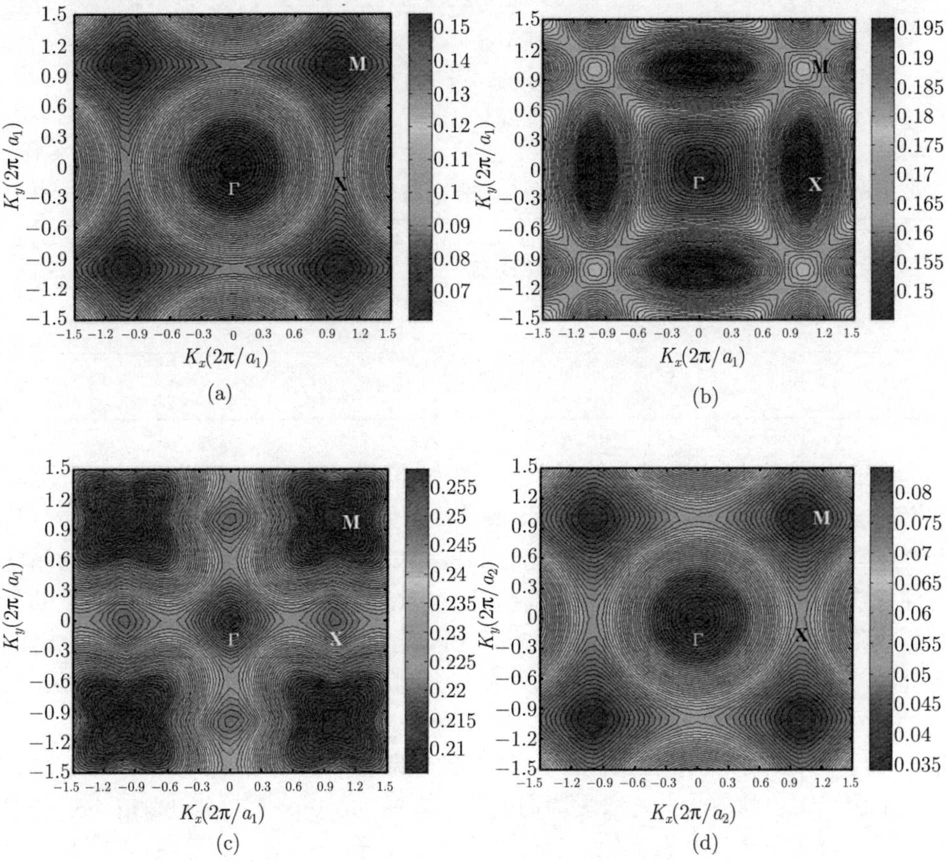

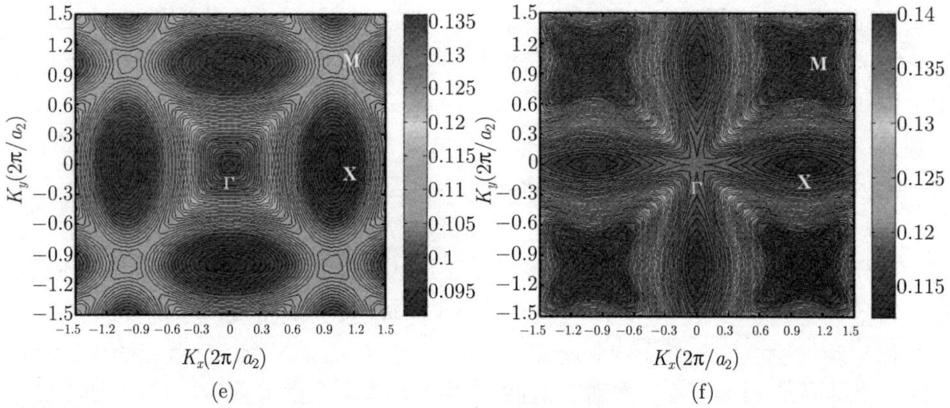

图 10.38　type-2 二维等离子体光子晶体在不同晶格条件下前三个 TM 带的 EFCs
其中 $\nu_c=0.02\omega_p$，$R=0.45a$，$\omega_p=0.15\omega_{p0}$，$\varepsilon_a=12.96$，$a_1=a+a\sqrt{3}/2$ 和 $a_2=a+a\sqrt{2}$
(a) ladybug 晶格的 TM1；(b) ladybug 晶格的 TM2；(c) ladybug 晶格的 TM3；
(d) bathroom 晶格的 TM1；(e) bathroom 晶格的 TM2；(f) bathroom 晶格的 TM3

表 10.2　type-2 二维等离子体光子晶体在不同晶格条件下前三个 TM 带的 AANR

晶格类型	界面	全角负反射区域/$(2\pi c/a)$		
		TM1 带	TM2 带	TM3 带
ladybug	$\Gamma-M$	0.1319~0.1455	0.1726~0.18	—
	$\Gamma-X$	—	0.1726~0.185	—
bathroom	$\Gamma-M$	0.0705~0.0754	0.1107~0.1248	—
	$\Gamma-X$	—	0.1107~0.1248	—

如果其他参数不变，仅将等离子体频率变为 $\omega_p=0.35\omega_{p0}$，图 10.39 和图 10.40 给出了 type-1 和 type-2 二维等离子体光子晶体在不同晶格条件的色散曲线和前两个 TM 带的 EFCs。表 10.3 给出了此时 type-1 二维等离子体光子晶体在不同晶格条件下前两个 TM 带 AANR 的详细情况。由图 10.39(a)~ (c) 可知，type-1 的色散曲线和前两个 TM 带的 EFCs 能被 ω_p 所调谐。当 ω_p 增加到 $0.35\omega_{p0}$ 时，前两个 TM 带在 $\Gamma-M$ 和 $\Gamma-X$ 方向与光线分别相交于 0.0595、0.1433、0.0586 和 0.1345 $(2\pi c/a)$。和图 10.35(a) 相比，交点的频率向高频发生了移动。比较表 10.1 和表 10.3 可知，TM1 和 TM2 的 AANR 的频率范围也能被 ω_p 调谐，且 AANR 的上下边缘都将随着 ω_p 的增大而向高频方向移动。type-1 二维 bathroom 晶格的等离子体光子晶体也有类似的特性。因此，对于 type-1 二维阿基米德晶格等离子体光子晶体而言，可以通过改变 ω_p 的大小来实现可调谐 AANR，这个特性可以被用于设计光开关或传感器。对于 type-2 而言，类似的结果可以从图 10.40

中观察到。如图 10.40 所示，type-2 二维等离子体光子晶体在不同晶格条件下，前两个 TM 带与光线的交点将会随着 ω_{p} 的增大而向高频方向移动。对于 ladybug 晶格而言，前两个 TM 带在 $\Gamma-M$ 和 $\Gamma-X$ 方向与光线的交点频率上移到 0.1468、0.1992、0.1459 和 0.1929 $(2\pi c/a)$。比较表 10.2 和表 10.4 可知，TM1 和 TM2 AANR 的频率范围能被 ω_{p} 调谐。TM1 在 $\Gamma-M$ 方向 AANR 的频率范围是 0.1632~0.1691 $(2\pi c/a)$。然而对 TM2 而言，当 ω_{p} 增加到 $0.35\omega_{\mathrm{p0}}$ 时，TM2 在 $\Gamma-M$ 方向已经不能产生 AANR，因为此时已经不满足单束 AANR 的形成条件[200,201]。对于 bathroom 晶格而言，前两个 TM 带在 M 和 X 方向与光线的交点频率变为 0.7、0.134、0.7 和 0.1253 $(2\pi c/a)$。TM1 在 $\Gamma-M$ 方向产生 AANR 的频率范围是 0.0804~0.0832 $(2\pi c/a)$。TM2 在 $\Gamma-M$ 和 $\Gamma-X$ 方向 AANR 的频率范围都变为 0.1268~0.1359 $(2\pi c/a)$。综上所述，可调谐 AANR 能够通过这两类二维阿基米德晶格等离子体光子晶体来实现。这主要是因为在不同频段下，等离子体既能被

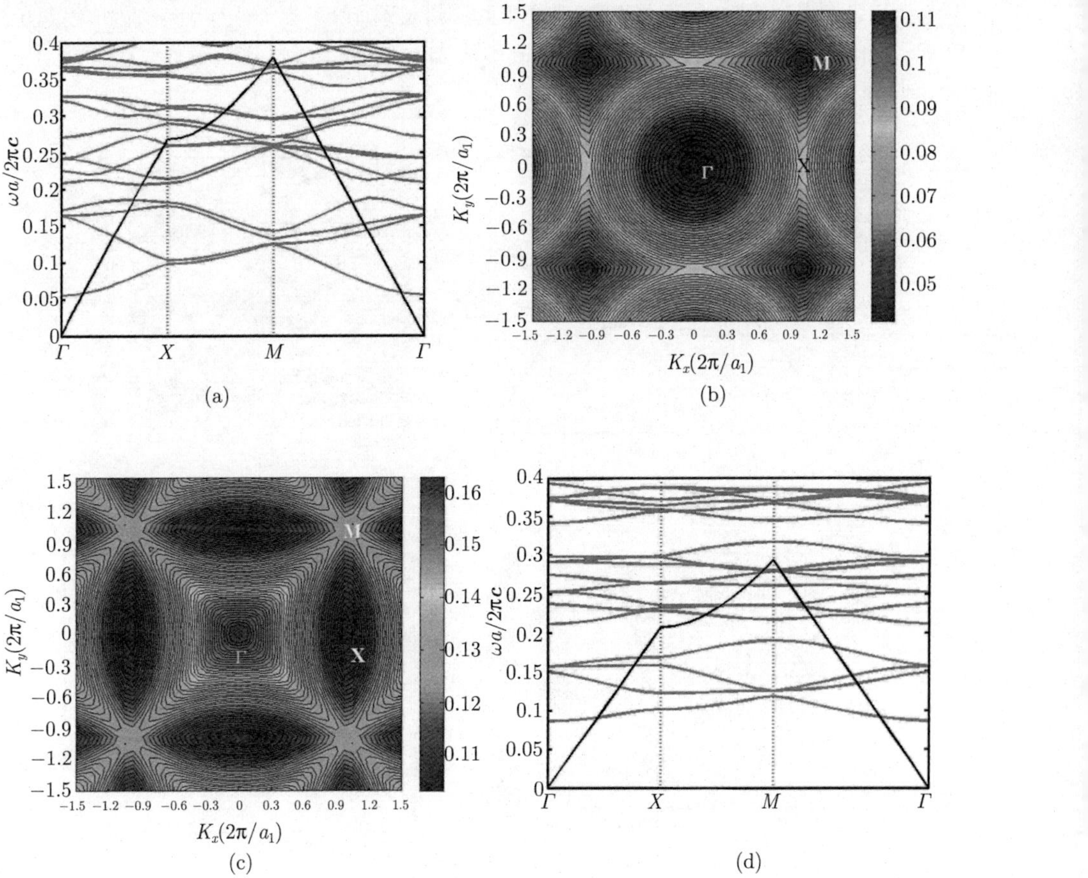

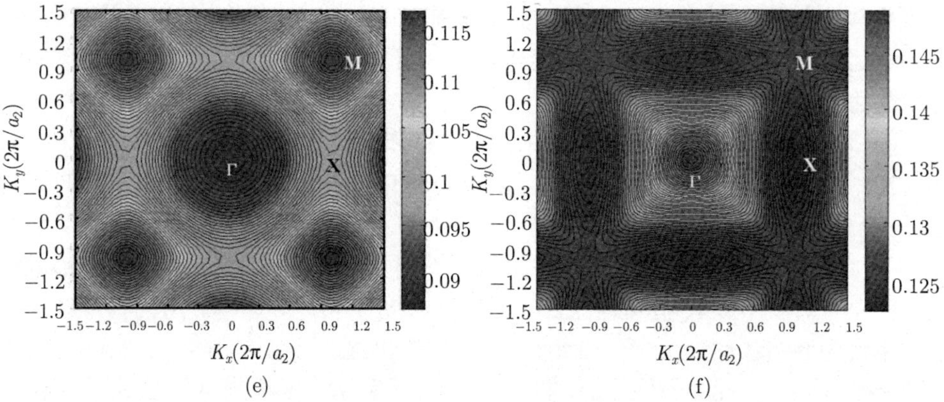

图 10.39　type-1 二维等离子体光子晶体在不同晶格条件下的色散曲线和前两个 TM 带的 EFCs

黑色曲线代表光线，且 $\nu_{\rm c}=0.02\omega_{\rm p}$，$R=0.45a$，$\omega_{\rm p}=0.35\omega_{\rm p0}$，$\varepsilon_{\rm a}=12.96$，$a_1=a+a\sqrt{3}/2$ 和 $a_2=a+a\sqrt{2}$; (a) ladybug 晶格的色散曲线; (b) ladybug 晶格的 TM1; (c) ladybug 晶格的 TM2; (d) bathroom 晶格的色散曲线; (e) bathroom 晶格的 TM1; (f) bathroom 晶格的 TM2

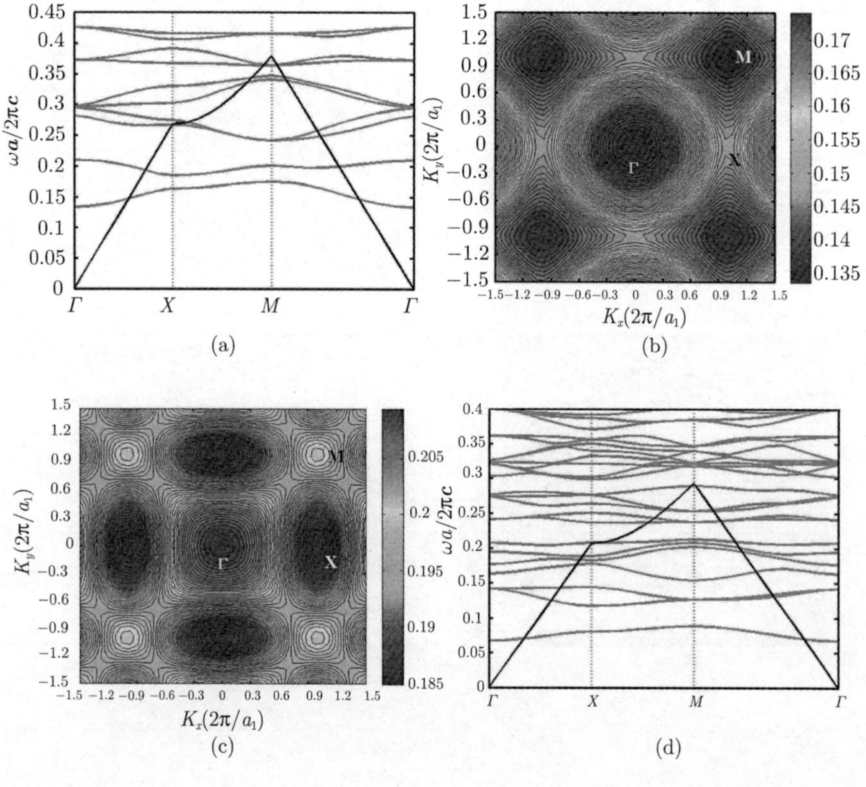

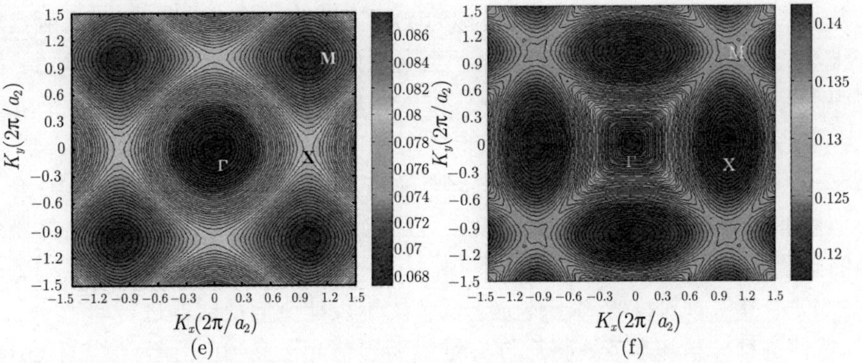

图 10.40　type-2 二维等离子体光子晶体在不同晶格条件下的色散曲线和前两个 TM 带的 EFCs

黑色曲线代表光线，且 ν_c=0.02ω_p，R=0.45a，ω_p=0.35ω_{p0}，ε_a=12.96，$a_1 = a + a\sqrt{3}/2$ 和 $a_2 = a + a\sqrt{2}$，(a) ladybug 晶格的色散曲线；(b) ladybug 晶格的 TM1；(c) ladybug 晶格的 TM2；(d) bathroom 晶格的色散曲线；(e) bathroom 晶格的 TM1；(f) bathroom 晶格的 TM2

表 10.3　type-1 二维等离子体光子晶体在不同晶格条件下前两个 TM 带的 AANR

晶格类型	界面	全角负反射区域/ $(2\pi c/a)$	
		TM1 带	TM2 带
ladybug	$\Gamma - M$	0.087~0.101	0.1295~0.1491
	$\Gamma - X$	—	0.1295~0.1491
bathroom	$\Gamma - M$	0.1014~0.1088	0.1254~0.1341
	$\Gamma - X$	—	0.1254~0.1341

表 10.4　type-2 二维等离子体光子晶体在不同晶格条件下前两个 TM 带的 AANR

晶格类型	界面	全角负反射区域/ $(2\pi c/a)$	
		TM1 带	TM2 带
ladybug	$\Gamma - M$	0.1632~0.1691	—
	$\Gamma - X$	—	0.1974~0.201
bathroom	$\Gamma - M$	0.0804~0.0832	0.1268~0.1359
	$\Gamma - X$	—	0.1268~0.1359

视为左手介质又能被视为右手介质，所以这两类二维阿基米德晶格等离子体光子晶体在 Γ 和 M 点能够观察到左手和右手负折射。

10.4　二维等离子体光子晶体的全向反射器的设计

由 10.3 节可知，二维等离子体光子晶体可以产生 CPBGs，即该禁带同时可以阻止 TE 波和 TM 波的传播。如果该二维等离子体光子晶体对于极化波在任何方向上都是禁带的，那么这种禁带就被称为 OBG。如第 3 章所述，全向反射器能够用一维等离子体光子晶体实现。那么，全向反射器能够用二维等离子体光子晶体实现吗？答案是肯定的。在理论上，三维结构较一维和二维结构更接近于现实应用，然而三维结构本身在加工制造上十分困难，技术难点多。因此，“2.5 维” 光子晶体是一个比较好的选择。正如 Haas[263] 和 Li[264] 等所提及的，“2.5 维” 光子晶体不但能够降低在制造过程中的难度，而且能够解决在加工一维全向反射器中所出现的问题。当电磁波斜入射时 [284]，用所谓 “2.5 维”[263] 光子晶体的结构就能得到 OBG。本节将对二维等离子体光子晶体用于设计全向反射器进行研究，并对其 OBG 特性进行分析。本节还将对该二维等离子体光子晶体的互补结构的 OBG 特性进行分析，并讨论各向异性介质对 OBG 特性的影响。为了便于分析，计算时引入的时谐量是 $\mathrm{e}^{-\mathrm{j}\omega t}$, ω 是角频率, t 是时间, 且 $\mathrm{j}=\sqrt{-1}$。

10.4.1　理论模型与计算方法

图 10.41 给出了该二维等离子体光子晶体的结构单元和第一不可约布里渊区的示意图。如图 10.41 所示，该二维等离子体光子晶体采用三角形晶格 (这样更容易得到 CPBGs[265])，且等离子体柱填充在介质背景中。假设该光子晶体的晶格常数和等离子体柱的半径分别为 a 和 R。等离子体和介质的相对介电常数分别为 ε_p 和 ε_b。由图 10.41 还可知，三角形晶格第一不可约布里渊区上的高对称点为 $\Gamma(0, 0)$、$J=(2\sqrt{3}\pi/3a, 0)$ 和 $X=(2\sqrt{3}\pi/3a, 2\pi/3a)$[285]。电磁波以角度 θ 斜入射，波矢 $\boldsymbol{k}$ 在 z 方向上的分量为 $k_z=\omega\sin\theta/c$(c 为真空中的光速)。为了便于分析，假设此时不存在外加磁场，那么 ε_p 可以表示为

$$\varepsilon_\mathrm{p}(\omega)=1-\frac{\omega_\mathrm{p}^2}{\omega^2+\mathrm{j}(\nu_\mathrm{c}\omega)} \tag{10.13}$$

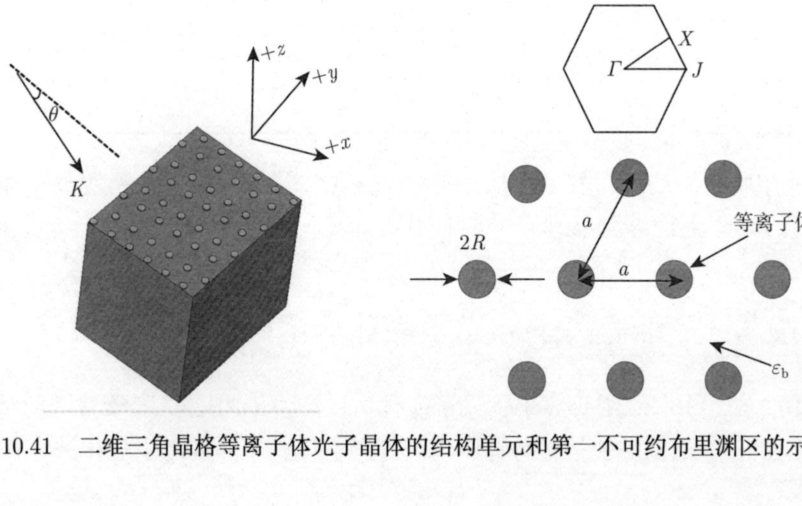

图 10.41　二维三角晶格等离子体光子晶体的结构单元和第一不可约布里渊区的示意图

其中, ω_{p} 和 ν_{c} 分别表示等离子体频率和等离子体碰撞频率。

为了研究该光子晶体的 OBGs 特性，用 PWE 方法计算其能带。由 PWE 方法可知，该光子晶体介质的傅里叶展开系数可以表示为

$$\widehat{\kappa}(\boldsymbol{G})=\begin{cases}\dfrac{1}{\varepsilon_{\mathrm{p}}}\cdot(1-f)+f\cdot\dfrac{1}{\varepsilon_{\mathrm{b}}}, & \boldsymbol{G}=0\\ \left(\dfrac{1}{\varepsilon_{\mathrm{b}}}-\dfrac{1}{\varepsilon_{\mathrm{p}}}\right)\cdot 2f\dfrac{J_1(|\boldsymbol{G}|\,R)}{|\boldsymbol{G}|\,R}, & \boldsymbol{G}\neq 0\end{cases}\tag{10.14}$$

其中, $\boldsymbol{G}$ 是倒格矢; f 是等离子体柱的填充率; $J_1(x)$ 是 1 阶 Bessel 函数。因此，Maxwell 方程组可以表示为 [286]

$$\sum_{\boldsymbol{G}}\widehat{\kappa}(\boldsymbol{G})\begin{bmatrix}(G_y+k_y)^2+k_z^2 & -(G_y+k_y)(G_x+k_x) & -k_z(G_x+k_x)\\ -(G_y+k_y)(G_x+k_x) & (G_y+k_y)^2+k_z^2 & -k_z(G_y+k_y)\\ -k_z(G_x+k_x) & -k_z(G_y+k_y) & (G_y+k_y)^2+(G_x+k_x)^2\end{bmatrix}h_{\boldsymbol{G}}$$

$$=\frac{\omega^2}{c^2}h_{\boldsymbol{G}}\tag{10.15}$$

如果定义一个变量 $\zeta=\omega/c$，根据 PWE 方法的原理，式 (10.15) 可以化简为

$$\zeta^5\boldsymbol{P}_5-\zeta^4\boldsymbol{P}_4-\zeta^3\boldsymbol{P}_3-\zeta^2\boldsymbol{P}_2-\zeta\boldsymbol{P}_1-\boldsymbol{P}_0=0\tag{10.16}$$

其中, $\boldsymbol{I}$ 为单位矩阵，且

$$\boldsymbol{P}_5(\boldsymbol{G}|\boldsymbol{G}')=\boldsymbol{I}-\boldsymbol{A}_1\tag{10.17}$$

$$\boldsymbol{P}_4(\boldsymbol{G}|\boldsymbol{G}')\boldsymbol{A}_2=+\frac{\mathrm{j}\nu_{\mathrm{c}}}{c}(\boldsymbol{A}_1-\boldsymbol{I})\tag{10.18}$$

$$\boldsymbol{P}_3(\boldsymbol{G}|\boldsymbol{G}')=\boldsymbol{A}_3+(\boldsymbol{I}+\boldsymbol{B}_1-\boldsymbol{A}_1)\frac{\omega_{\mathrm{p}}^2}{c^2}+\frac{\mathrm{j}\nu_{\mathrm{c}}}{c}\boldsymbol{A}_2\tag{10.19}$$

$$\boldsymbol{P}_2(\boldsymbol{G}|\boldsymbol{G}')=(\boldsymbol{B}_2-\boldsymbol{A}_2)\frac{\omega_{\mathrm{p}}^2}{c^2}+\frac{\mathrm{j}\nu_{\mathrm{c}}}{c}\boldsymbol{A}_3\tag{10.20}$$

$$\boldsymbol{P}_1(\boldsymbol{G}|\boldsymbol{G}')=(\boldsymbol{B}_3-\boldsymbol{A}_3)\cdot\frac{\omega_{\mathrm{p}}^2}{c^2}+\frac{\mathrm{j}\nu_{\mathrm{c}}\omega_{\mathrm{p}}^2}{c^3}(\boldsymbol{B}_2-\boldsymbol{A}_2)\tag{10.21}$$

$$\boldsymbol{P}_1(\boldsymbol{G}|\boldsymbol{G}')=\frac{\mathrm{j}\nu_{\mathrm{c}}\omega_{\mathrm{p}}^2}{c^3}(\boldsymbol{B}_3-\boldsymbol{A}_3)\tag{10.22}$$

其中

$$\boldsymbol{A}_1=\begin{bmatrix}\sin^2\theta\cdot\widehat{\kappa}(\boldsymbol{G}) & \mathbf{0} & \mathbf{0}\\ \mathbf{0} & \sin^2\theta\cdot\widehat{\kappa}(\boldsymbol{G}) & \mathbf{0}\\ \mathbf{0} & \mathbf{0} & \mathbf{0}\end{bmatrix}$$

$$\boldsymbol{B}_1=\sin^2\theta\cdot\left[f\cdot\boldsymbol{\delta}_{\boldsymbol{G}\cdot\boldsymbol{G}'}-2f\frac{J_1(|\boldsymbol{G}|\,R)}{|\boldsymbol{G}|\,R}\right]\cdot\begin{bmatrix}\boldsymbol{I} & \mathbf{0} & \mathbf{0}\\ \mathbf{0} & \boldsymbol{I} & \mathbf{0}\\ \mathbf{0} & \mathbf{0} & \mathbf{0}\end{bmatrix}$$

$$\boldsymbol{A}_2=\begin{bmatrix} \boldsymbol{0} & \boldsymbol{0} & -\sin\theta(G_x+k_x)\widehat{\kappa}(\boldsymbol{G}) \\ \boldsymbol{0} & \boldsymbol{0} & -\sin\theta(G_y+k_y)\widehat{\kappa}(\boldsymbol{G}) \\ -\sin\theta(G_x+k_x)\widehat{\kappa}(\boldsymbol{G}) & -\sin\theta(G_y+k_y)\widehat{\kappa}(\boldsymbol{G}) & \boldsymbol{0} \end{bmatrix}$$

$$\boldsymbol{B}_2=\sin\theta\cdot\left[f\cdot\boldsymbol{\delta}_{\boldsymbol{G}\cdot\boldsymbol{G}'}-2f\frac{J_1(|\boldsymbol{G}|\,R)}{|\boldsymbol{G}|\,R}\right]\cdot\begin{bmatrix} \boldsymbol{0} & \boldsymbol{0} & -(G_x+k_x)\boldsymbol{I} \\ \boldsymbol{0} & \boldsymbol{0} & -(G_y+k_y)\boldsymbol{I} \\ -(G_x+k_x)\boldsymbol{I} & -(G_y+k_y)\boldsymbol{I} & \boldsymbol{0} \end{bmatrix}$$

$$\boldsymbol{A}_3=\begin{bmatrix} (G_y+k_y)^2\widehat{\kappa}(\boldsymbol{G}) & -(G_y+k_y)(G_x+k_x)\widehat{\kappa}(\boldsymbol{G}) & \boldsymbol{0} \\ -(G_y+k_y)(G_x+k_x)\widehat{\kappa}(\boldsymbol{G}) & (G_y+k_y)^2\widehat{\kappa}(\boldsymbol{G}) & \boldsymbol{0} \\ \boldsymbol{0} & \boldsymbol{0} & [(G_y+k_y)^2+(G_x+k_x)^2]\widehat{\kappa}(\boldsymbol{G}) \end{bmatrix}$$

$$\boldsymbol{B}_3=\left[f\cdot\boldsymbol{\delta}_{\boldsymbol{G}\cdot\boldsymbol{G}'}-2f\frac{J_1(|\boldsymbol{G}|\,R)}{|\boldsymbol{G}|\,R}\right]\cdot\begin{bmatrix} (G_y+k_y)^2\boldsymbol{I} & -(G_y+k_y)(G_x+k_x)\boldsymbol{I} & \boldsymbol{0} \\ -(G_y+k_y)(G_x+k_x)\boldsymbol{I} & (G_y+k_y)^2\boldsymbol{I} & \boldsymbol{0} \\ \boldsymbol{0} & \boldsymbol{0} & [(G_y+k_y)^2+(G_x+k_x)^2]\boldsymbol{I} \end{bmatrix}$$

$\boldsymbol{P}_5$、$\boldsymbol{P}_4$、$\boldsymbol{P}_3$、$\boldsymbol{P}_2$、$\boldsymbol{P}_1$ 和 $\boldsymbol{P}_0$ 分别为 $3N\times 3N$ 的矩阵。为了求解式 (10.16) 可以将其转化为求解 $15N\times 15N$ 矩阵的本征值问题，矩阵 $\boldsymbol{Q}$ 和 $\boldsymbol{V}$ 满足 $\boldsymbol{Q}z=\zeta\boldsymbol{V}z$，其中

$$\boldsymbol{Q}=\begin{bmatrix} \boldsymbol{0} & \boldsymbol{I} & \boldsymbol{0} & \boldsymbol{0} & \boldsymbol{0} \\ \boldsymbol{0} & \boldsymbol{0} & \boldsymbol{I} & \boldsymbol{0} & \boldsymbol{0} \\ \boldsymbol{0} & \boldsymbol{0} & \boldsymbol{0} & \boldsymbol{I} & \boldsymbol{0} \\ \boldsymbol{0} & \boldsymbol{0} & \boldsymbol{0} & \boldsymbol{0} & \boldsymbol{I} \\ \boldsymbol{P}_0 & \boldsymbol{P}_1 & \boldsymbol{P}_2 & \boldsymbol{P}_3 & \boldsymbol{P}_4 \end{bmatrix},\quad \boldsymbol{\nabla}=\begin{bmatrix} \boldsymbol{I} & \boldsymbol{0} & \boldsymbol{0} & \boldsymbol{0} & \boldsymbol{0} \\ \boldsymbol{0} & \boldsymbol{I} & \boldsymbol{0} & \boldsymbol{0} & \boldsymbol{0} \\ \boldsymbol{0} & \boldsymbol{0} & \boldsymbol{I} & \boldsymbol{0} & \boldsymbol{0} \\ \boldsymbol{0} & \boldsymbol{0} & \boldsymbol{0} & \boldsymbol{I} & \boldsymbol{0} \\ \boldsymbol{0} & \boldsymbol{0} & \boldsymbol{0} & \boldsymbol{0} & \boldsymbol{P}_5 \end{bmatrix} \tag{10.23}$$

其中式 (10.23) 所得本征值的实部就决定了该二维等离子体光子晶体在不同入射角 θ 下的色散关系。

10.4.2 二维三角晶格等离子体光子晶体的 OBG 特性

图 10.42 给出了入射波在不同 θ 时，该二维等离子体的色散关系，此时 $n_{\rm b}$=3.6, R=0.45a, $\omega_{\rm p}$=0.25$\omega_{\rm p0}$ 和 $\nu_{\rm c}$=0.002$\omega_{\rm p}$。图中灰色区域表示 CPBGs。由图 10.42 可知，该光子晶体不但能产生 OBG, 而且还能得到一个水平带区域。OBG 的频率范围是 0.4447~0.4621 ($2\pi c/a$)，且位于水平区域上方的第 3 和第 4 能带间。水平带区域由于表面等离子体激元产生 [287]，且覆盖 0~0.25 ($2\pi c/a$)。这种类似的现象同样可以从金属光子晶体 [288]、半导体光子晶体 [289] 和超导体光子晶体 [290] 中观察

到。由图 10.42 还可知，当 $\theta = 0°$ 时，CPBGs 的范围是 0.3973~0.4621 ($2\pi c/a$)。当 $\theta = 89°$ 时，CPBG 将覆盖 0.4447~0.4963 ($2\pi c/a$)。显然，该二维等离子体光子晶体能产生 OBG。由上述可知，OBG 的频率范围由 $\theta = 0°$ 时 CPBG 的上边缘和 $\theta = 89°$ 时 CPBG 的下边缘决定。作为比较，图 10.43 给出了 ω_p 取不同值时 (其他参数不变) 的色散曲线。由图 10.43 可知，当 ω_p=0 时，等离子体可以视为空气，此时 OBG(两条深色虚线间的区域) 的范围是 0.444~0.4528 ($2\pi c/a$)。当 ω_p=0.25ω_p0 时，OBG(两条灰色虚线间的区域) 的上下边缘将向高频方向移动，且其频率范围变为 0.4447~0.4621 ($2\pi c/a$)。由图 10.44 中的结果可知，与常规的二维介质 —— 空气光子晶体相比，引入等离子体能够有效地展宽 OBG 的带宽。为了进一步说明这个问题，图 10.44 给出了不同填充介质柱时该光子晶体的能带曲线，此时 n_b=3.4 和 R=0.45a。由图 10.44(a) 可知，当填充空气柱时，该光子晶体不能产生 OBG，且 CPBG 将在 $\theta = 17°$ 时闭合。由图 10.44(b) 可知，当填充等离子体柱时 (其参数和图 10.44 中相同)，该光子晶体能产生 OBG 且频率范围是 0.4834~0.4916 ($2\pi c/a$)。由上述可知，该二维等离子体光子晶体能够产生 OBG。与常规的二维介质 —— 空气光子晶体相比，二维等离子体光子晶体不仅可以拓展 OBG 的带宽，而且也更容易产生 OBG。因此，全向反射器可以用该二维等离子体光子晶体来实现。

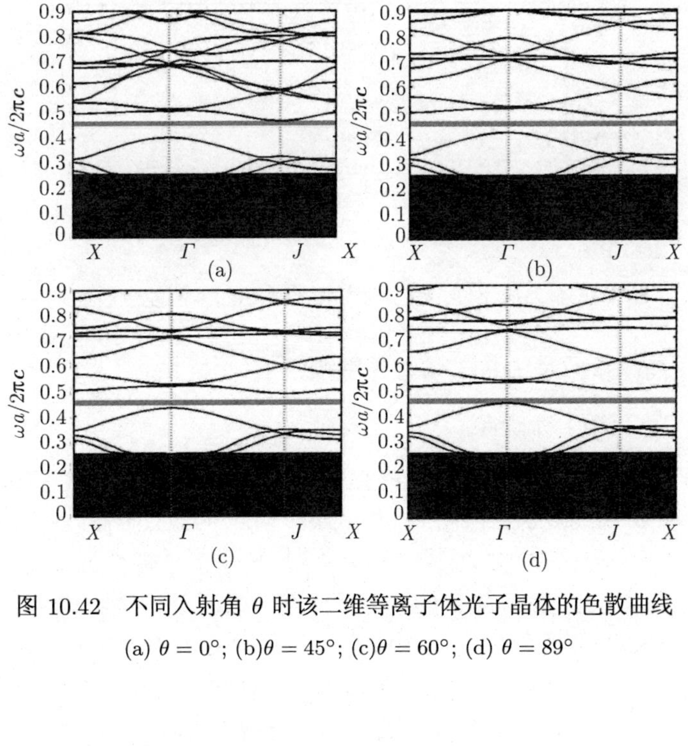

图 10.42 不同入射角 θ 时该二维等离子体光子晶体的色散曲线

(a) $\theta = 0°$; (b)$\theta = 45°$; (c)$\theta = 60°$; (d) $\theta = 89°$

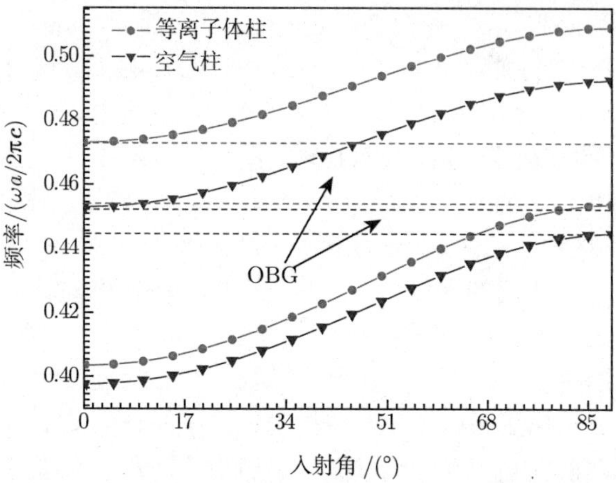

图 10.43　ω_p 取不同值时该二维等离子体光子晶体的色散曲线

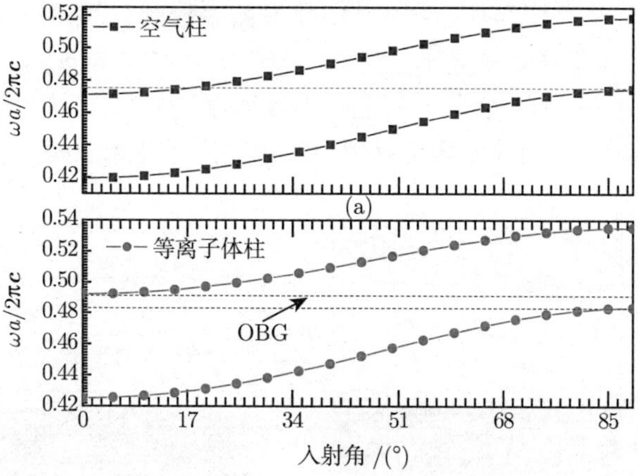

(b)

图 10.44　取不同填充介质柱时该光子晶体的能带曲线

10.4.3　光子晶体参数对 OBG 特性的影响

1. R 对 OBG 特性的影响

图 10.45 给出了该二维等离子体光子晶体的 OBG 与 R 的关系图，此时 n_b=3.6, ω_p=0.25ω_{p0} 和 ν_c=0.002ω_p。由图 10.45 可知，对于 OBG 而言，R 是一个十分重要的参数。当 $\theta = 0°$ 和 89° 时，CPBGs 的上下边缘将随着 R 的增大而向高频方向移动，且带宽也将随着 R/a 的增大而先增大后减小。如果 $R/a \leqslant 0.416$ 或者 $R/a \geqslant 0.474$，OBG 将不会存在。OBG 上下边缘的变化趋势与 $\theta = 89°$ 时 CPBG 的相似。OBG 带宽的最大值为 0.0242 (2πc/a)，此时 R/a=0.46。由图 10.45 还可知，OBG 的相对带宽也将随着 R/a 的增大而先增大后减小。OBG 相对带宽的最

大值为 0.0482，且此时 R/a=0.46。因此，较大的 OBG 将出现在 high-R/a 区域。

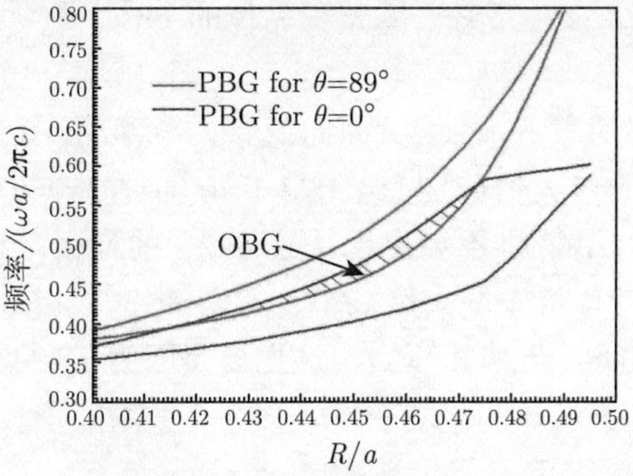

图 10.45 该二维等离子体光子晶体的 OBG 与 R 的关系图

2. ω_p 对 OBG 特性的影响

图 10.46 给出了该二维等离子体光子晶体的 OBG 与 ω_p 的关系图，此时 n_b=3.6、R=0.45a 和 ν_c=0.002ω_p。由图 10.46 可知，随着 ω_p/ω_{p0} 的增大，$\theta = 0°$ 和 89° 时 CPBGs 的上下边缘将向高频方向移动，其带宽将先增大后减小；$\theta = 0°$ 和 89° 时 CPBGs 带宽的最大值分别为 0.0835、0.0598 (2πc/a)，且此时 ω_p/ω_{p0}=0.4，0.38。由图 10.46 还能看出，OBG 的上下边缘也将随着 ω_p/ω_{p0} 的增大而向高频方向移动，其带宽也将先增大后减小。如果 $\omega_p/\omega_{p0} \geqslant 0.58$，OBG 将会消失。OBG 的最大带宽是 0.0292 (2πc/a)，且此时 ω_p/ω_{p0}=0.4。OBG 相对带宽的变化趋势与其带宽的相似，OBG 相对带宽的最大值为 0.0594，此时 ω_p/ω_{p0}=0.4。因此，OBG 较容易在 low-ω_p 区域中获得。

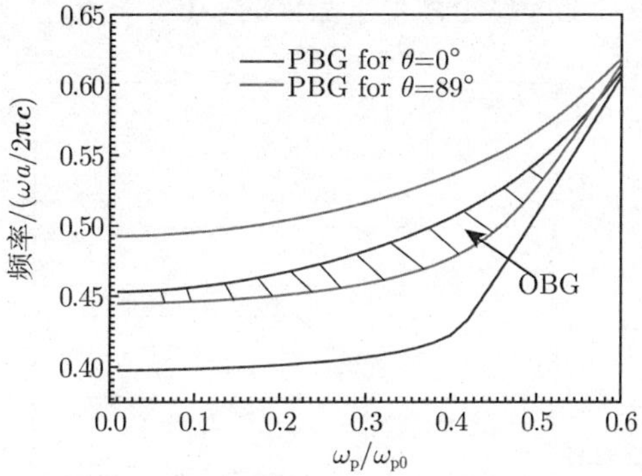

图 10.46 该二维等离子体光子晶体的 OBG 与 ω_p 的关系图

3. n_b 对 OBG 特性的影响

图 10.47 给出了该二维等离子体光子晶体的 OBG 与背景介质 n_b 的关系图，此时 R=0.45a, ω_p=0.25ω_{p0} 和 ν_c=0.002ω_p。由图 10.47 可知，$\theta=0°$ 和 89° 时 CPBGs 的上下边缘将随着 n_b 的增大而向低频方向移动，其带宽将先增大后减小。这两个 CPBGs 带宽的最大值分别为 0.073 和 0.0617($2\pi c/a$)，且此时 n_b=4.7。如果 n_b 的值小于 3.2，OBG 将不会出现。随着 n_b 的增大，OBG 的上下边缘将向低频方向移动，且其带宽将先增大后减小。OBG 带宽和相对带宽的最大值分别为 0.0512 ($2\pi c/a$) 和 0.1628，此时 n_b=5.5。这主要是因为 ε_p 的实部可能小于 1，增加 n_b 的值就意味着该光子晶体的平均折射率发生了变化，所以 OBG 的大小将发生变化[291]。因此，较大的 OBG 将出现在 high-n_b 区域。

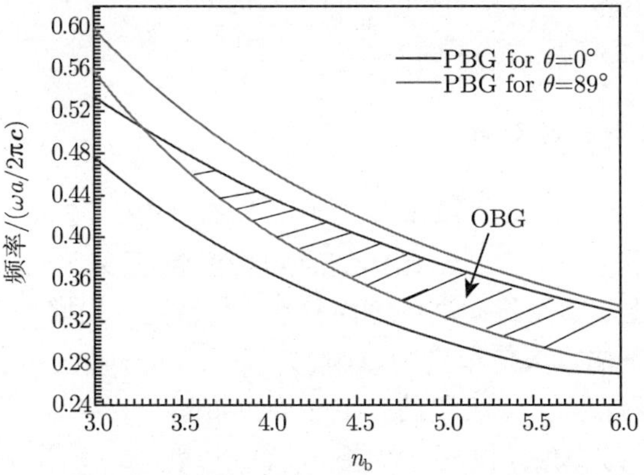

图 10.47　该二维等离子体光子晶体的 OBG 与背景介质 n_b 的关系图

4. ν_c 对 OBG 特性的影响

图 10.48 给出了该二维等离子体光子晶体的 OBG 与 ν_c 的关系图，此时 n_b=3.6、

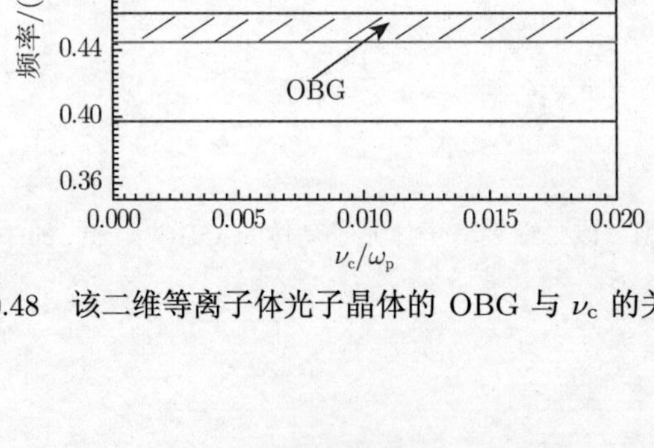

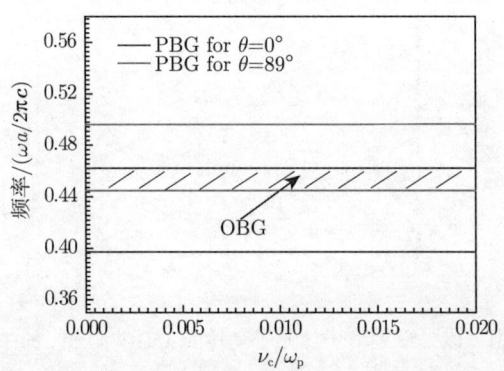

图 10.48　该二维等离子体光子晶体的 OBG 与 ν_c 的关系图

R=0.45a 和 $\omega_{\rm p}$=0.25$\omega_{\rm p0}$。由图 10.48 可知，$\theta = 0°$ 和 89° 时 CPBGs 的上下边缘将不会随着 $\nu_{\rm c}/\omega_{\rm p}$ 的增大而发生任何变化。这两个 CPBGs 分别位于 0.3973~0.4621 (2πc/a) 和 0.4447~0.4963 (2πc/a)。显然，CPBGs 的带宽也不会随着 $\nu_{\rm c}$ 的增大而发生变化。OBG 的频率范围为 0.4447~0.4621 (2πc/a)，且其带宽将保持不变。这可以由 $\nu_{\rm c}$ 和 $\varepsilon_{\rm p}$ 间的关系来解释，$\nu_{\rm c}$ 仅仅是耗散项，且 $\omega_{\rm p}$ 的值远大于 $\nu_{\rm c}$。换句话说，$\nu_{\rm c}$ 对 $\varepsilon_{\rm p}$ 的实部几乎没有影响。因此，OBG 的大小不能通过改变 $\nu_{\rm c}$ 的大小来进行调谐。

10.4.4 各向异性介质对大角度 CPBG 的影响

虽然所给出的二维等离子体光子晶体能够比较容易地产生 OBG，但是它的互补结构 (介质柱填充等离子体背景) 却很难得到 CPBG。由文献 [291] 可知，以三角形晶格分布，介质柱填充空气的光子晶体很难产生 PBG，且带宽较大的 OBG 也很难在此类光子晶体中获得。为了解决这个问题，可以在该光子晶体 (空气——介质光子晶体) 中引入各向异性介质来得到 CPBG，并实现大角度范围内的 CPBG。在自然界，单轴材料是各向异性的，如 Te 和 Tl_3AsSe_3[291]，这都可以用来拓展 CPBG 的带宽。单轴材料有两个主要的折射率，分别称寻常折射率 (ordinary-refractive index)$n_{\rm o}$ 和非寻常折射率 (extraordinary-refractive index)$n_{\rm e}$。为了简化，本节仅考虑两种情况: 第一种情况是单轴材料的非寻常轴平行于填充的介质柱，即 $n_{{\rm b}x} = n_{\rm o}$，$n_{{\rm b}z} = n_{\rm e}$; 第二种情况则为 $n_{{\rm b}x} = n_{\rm o}$，$n_{{\rm b}y} = n_{\rm e}$。图 10.49 给出了在 $\theta = 0°$ 且填充的介质不同时该二维等离子体光子晶体互补结构的色散曲线，且此时 R=0.36a, $\omega_{\rm p}$=0.15$\omega_{\rm p0}$ 和 $\nu_{\rm c}$=0.002$\omega_{\rm p}$。由图 10.49(a) 可知，当填充介质柱为各向同性的介质时，将不会获得 CPBG。由图 10.49(b) 和 (c) 中的结果可知，当单轴材料引入该二维等离子体光子晶体的互补结构时，可以产生 CPBGs，且 CPBGs 的频率范围分别为 0.2324~0.2767 (2πc/a) 和 0.1806~0.2046 (2πc/a)。比较图 10.49(b) 与 (c) 中的结果可知，当单轴材料的非寻常轴平行于填充的介质柱时，CPBG 有更大的带宽。

图 10.50 给出了当填充介质为 Te 且其非寻常轴平行于 Te 柱时，该二维等离子体光子晶体互补结构的带隙图。由图 10.50 可知，随着入射角 θ 的增大，CPBG 的上下边缘将向高频方向移动，且其带宽将逐渐减小。当 θ 的值大于 60° 时，CPBG 将消失。显然，入射角在较大的变化范围内都能产生 CPBG。如果 θ 的值大于 55°，将不存在大角度范围内的 CPBG(在连续的大角度范围内 CPBG 都存在)。由图 10.50 和图 10.49 中结果可知，当单轴材料 (非寻常轴平行于填充介质) 引入该二维等离子体光子晶体的互补结构时，不但可以改善 CPBG 的特性，还可以在大角度范围内实现 CPBG(类似 OBG，只不过角度范围不是全向的，仅是局限在一定角度范围内)。

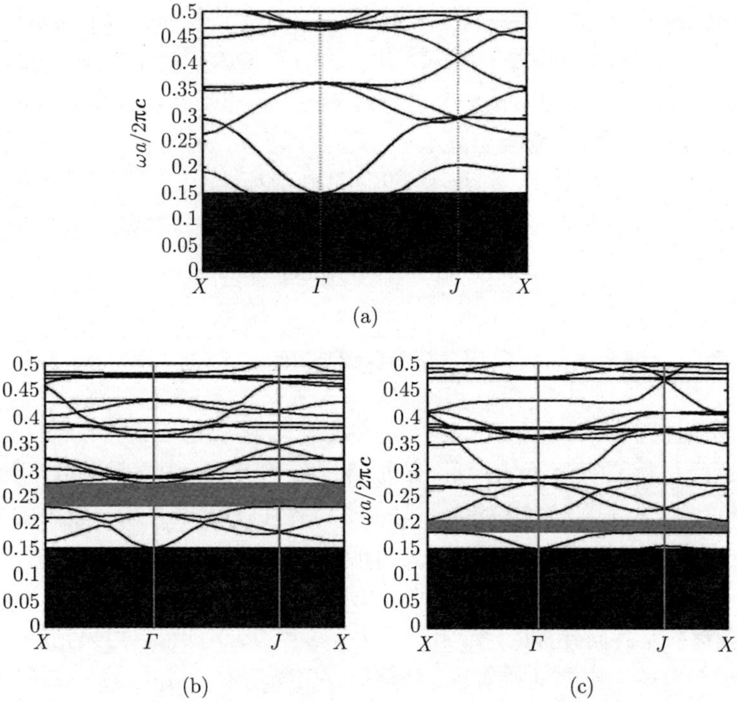

图 10.49　在 $\theta = 0°$ 且填充的介质不同时该二维等离子体光子晶体互补结构的色散曲线

(a) n_{b}=3.6; (b)$n_{\mathrm{b}x}$= 4.8，$n_{\mathrm{b}z}$=6.2; (c) $n_{\mathrm{b}x}$= 4.8, $n_{\mathrm{b}y}$=6.2

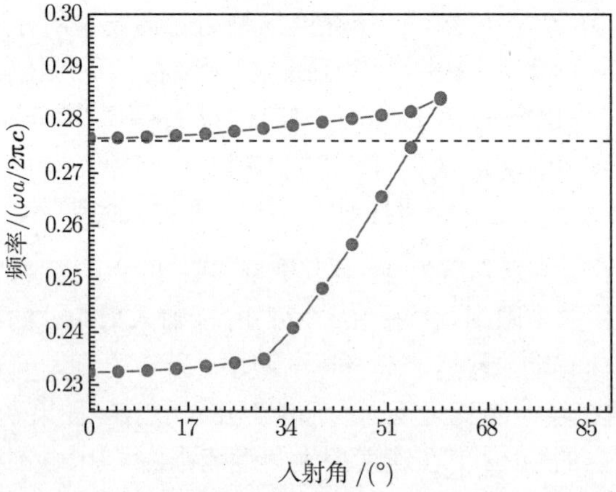

图 10.50　当填充介质为 Te 且其非寻常轴平行于 Te 柱时，该二维等离子体光子晶体互补结构的带隙图

为了研究 n_{e} 对大角度 CPBG 的影响，图 10.51 给出了当填充不同各向异性介

质且其非寻常轴平行于介质柱时，该二维等离子体光子晶体互补结构的带隙图，此时 $R=0.36a$, $\omega_{\rm p}$=$0.15\omega_{\rm p0}$ 和 $\nu_{\rm c}$ =$0.002\omega_{\rm p}$。由图 10.51 可知，当填充的各向异性介质具有相同的 n_0 但是 $n_{\rm e}$ 不相同时，CPBG 存在的角度范围是不同的。如果填充介质柱的 $n_{\rm e}$ 分别为 5、7、8 和 9，CPBG 最大的角度范围分别是 23°、54°、64° 和 49°。由图 0.62 中的结果可知，$n_{\rm e}$ 存在着一个最优值，使得 CPBG 存在的角度范围取值最大。这意味着要使得该二维等离子体光子晶体的互补结构能在大角度范围内产生 CPBG，那么可以通过选择合适的各向异性材料来实现。当然，这个大角度 CPBG 也是可调谐的，因为可以通过改变等离子体的参数来实现对它的调谐。

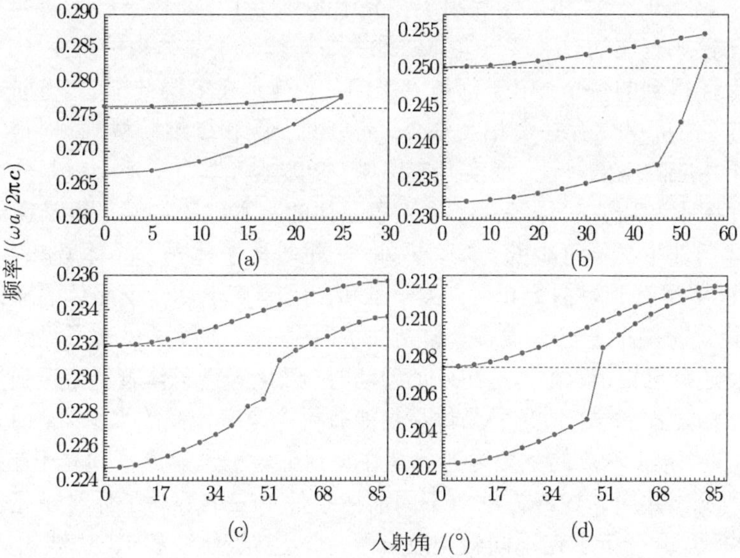

图 10.51 当填充不同各向异性介质且其非寻常轴平行于介质柱时，该二维等离子体光子晶体互补结构的带隙图

(a)$n_{\rm b\it x}$= 4.8，$n_{\rm b\it z}$=5; (b)$n_{\rm b\it x}$= 4.8，$n_{\rm b\it z}$=7; (c) $n_{\rm b\it x}$= 4.8，$n_{\rm b\it z}$=8; (d) $n_{\rm b\it x}$= 4.8, $n_{\rm b\it z}$=9

第 11 章　三维等离子体光子晶体的基本电磁特性

前面几章对一维和二维等离子体光子晶体的电磁特性进行了介绍，并对其潜在的应用进行了讨论。虽然一维和二维等离子体光子晶体在大多数情况下能够满足实际应用的需求，也可以用来设计多种有价值的微波器件，但是它们本身也存在着一些缺陷。例如，一维和二维等离子体光子晶体产生的 PBGs 一般都是与入射电磁波的极化模式有关的。尽管一维和二维等离子体光子晶体也能产生 CPBGs，但这却不能保证得到的每个 PBG 都是 CPBG。尤其是在多层结构的“全光”集成电路中，层与层之间必然存在着相互耦合。简单的一维和二维模型，此时很难完美地诠释和分析相应的电磁特性。而实际应用中，微波器件本身实质上就是一个三维的结构，因此探索和研究三维等离子体光子晶体的基本电磁特性是设计微波等离子体光子晶体器件中必不可少的一环。另外，三维等离子体光子晶体所产生的 PBGs 都是 CPBGs。尽管到目前为止，有关一维和二维等离子体光子晶体的理论研究性论文和实验验证性报道已有很多，但是关于研究三维等离子体光子晶体电磁特性的学术论文还鲜见报道。尤其是在外加磁场时，磁化等离子体表现为很强的各向异性，此时三维磁化等离子体光子晶体不仅能获得群速度较低的水平带，而且还能实现对 PBG 的拓展。本章的主要内容就是在理论上对三维等离子体光子晶体的电磁特性进行研究，并用 PWE 方法对不同晶格条件下三维等离子体光子晶体的色散特性进行探讨，并分析了在不同磁光效应下，非寻常极化波和 RCP 波的色散特性，并对用于上述计算的公式进行了相应的推导。

11.1　三维立方体晶格等离子体光子晶体的禁带特性

立方体晶格 (simple-cubic lattice，sc lattice)[292] 的结构简单而且有较好的对称性，已广泛应用于微波器件的设计中。正是由于立方体晶格的这个特点，三维立方体晶格光子晶体易于加工，更重要的是其他复杂的晶格也可以通过不同晶格常数的立方体晶格来组合实现。本节主要对三维立方体晶格等离子体光子晶体的 PBGs 特性进行了研究，并探讨了三维等离子体光子晶体各个参数对 PBGs 的影响。为了方便，将该三维等离子体光子晶体定义为两种类型：type-1 是介质球填充在等离子体背景中，而 type-2 是它的互补结构，即等离子体球填充在介质背景中。

11.1.1　理论模型和计算方法

图 11.1 给出了 type-1 和 type-2 三维立方体晶格等离子体光子晶体的结构示

意图。图 11.2 给出了立方体晶格的第一不可约布里渊区和三维立方体晶格等离子体光子晶体的单元结构示意图。假设填充球的半径和晶格常数分别为 R 和 a，介质和等离子体的相对介电常数分别为 $\varepsilon_{\rm a}$ 和 $\varepsilon_{\rm p}$。由图 11.2 可知，立方体晶格的第一不可约布里渊区为 $\varGamma(0,0,0)$-$X(\pi/a,0,0)$-$M(\pi/a,\pi/a,0)-R(\pi/a,\pi/a,\pi/a)$[293]。假设计算时引入的时谐量是 $\mathrm{e}^{-\mathrm{j}\omega t}$, ω 是角频率, t 是时间, 且 $\mathrm{j}=\sqrt{-1}$。那么等离子体的相对介电常数 $\varepsilon_{\rm p}$ 满足 Drude 模型，且可以表示为

$$\varepsilon_{\rm p}(\omega)=1-\frac{\omega_{\rm p}^2}{\omega^2+\mathrm{j}(\nu_{\rm c}\omega)} \tag{11.1}$$

其中, $\omega_{\rm p}$ 和 $\nu_{\rm c}$ 分别表示等离子体频率和等离子体碰撞频率。

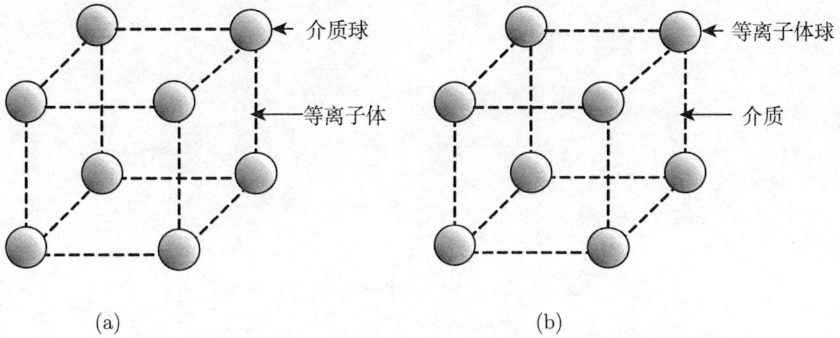

图 11.1 三维立方体晶格等离子体光子晶体的结构示意图

(a)type-1；(b) type-2

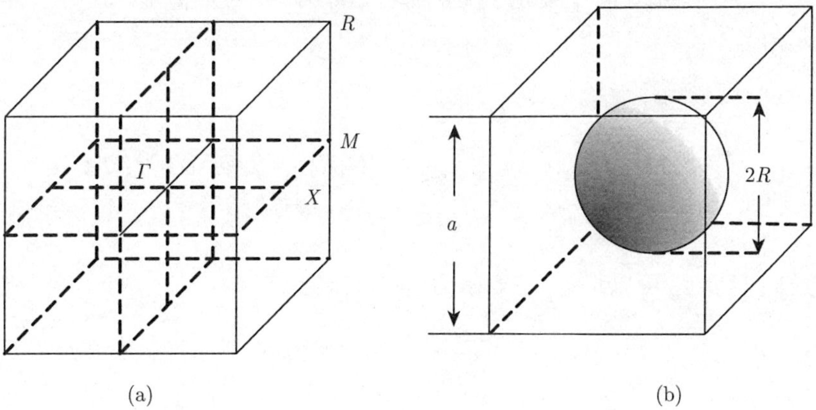

图 11.2 立方体晶格的第一不可约布里渊区 (a) 和三维立方体晶格等离子体光子晶体的单元结构示意图 (b)

对于 type-1 而言，三维立方体晶格等离子体光子晶体的 PBGs 用 PWE 方法求解。根据 PWE 方法的原理可知，Maxwell 方程组可以化简成关于磁场 $\boldsymbol{H}$ 的等

式

$$\nabla\times\left[\frac{1}{\varepsilon(\boldsymbol{r})}\nabla\times\boldsymbol{H}(\boldsymbol{r})\right]=\frac{\omega^2}{c^2}\boldsymbol{H}(\boldsymbol{r}) \tag{11.2}$$

其中, $\varepsilon(\boldsymbol{r})=\varepsilon(\boldsymbol{r}+\boldsymbol{R})$, 是与实空间晶格矢量 $\boldsymbol{R}$ 相关的函数。根据 Bloch 定理，$\boldsymbol{H}(\boldsymbol{r})$ 可以展开为 [274]

$$\boldsymbol{H}(\boldsymbol{r})=\sum_{\boldsymbol{G}}\sum_{\lambda=1}^{2}h_{\boldsymbol{G},\lambda}\boldsymbol{e}_\lambda\mathrm{e}^{[\mathrm{j}(\boldsymbol{k}+\boldsymbol{G})\cdot\boldsymbol{r}]} \tag{11.3}$$

其中, $\boldsymbol{k}$ 是波矢，$\boldsymbol{G}$ 是倒格矢, $\widehat{\boldsymbol{e}}_1$ 和 $\widehat{\boldsymbol{e}}_2$ 是垂直于波矢 $\boldsymbol{k}+\boldsymbol{G}$ 的正交单位矢量。$\boldsymbol{\varepsilon}^{-1}(\boldsymbol{r})$ 是 $\boldsymbol{\varepsilon}(\boldsymbol{r})$ 的逆，可以表示为

$$\boldsymbol{\varepsilon}^{-1}(\boldsymbol{r})=\sum_{\boldsymbol{G}}\boldsymbol{\varepsilon}^{-1}(G)\mathrm{e}^{\mathrm{j}\boldsymbol{G}\cdot\boldsymbol{r}}=\sum_{\boldsymbol{G}}\widehat{\kappa}(\boldsymbol{G})\mathrm{e}^{\mathrm{j}\boldsymbol{G}\cdot\boldsymbol{r}} \tag{11.4}$$

其中, $\widehat{\kappa}(\boldsymbol{G})=\dfrac{1}{V_{\mathrm{cell}}}\displaystyle\int_{\mathrm{cell}}\frac{1}{\varepsilon(\boldsymbol{r})}\exp(-\mathrm{j}\boldsymbol{G}\cdot\boldsymbol{r})\mathrm{d}\boldsymbol{r}$，$V_{\mathrm{cell}}$ 为结构单元的体积。将式 (11.4)和式 (11.3) 代入式 (11.2) 可得

$$\sum_{\boldsymbol{G}',\lambda'}|\boldsymbol{k}+\boldsymbol{G}|\left|\boldsymbol{k}+\boldsymbol{G}'\right|\begin{pmatrix}\widehat{\boldsymbol{e}}_2\cdot\boldsymbol{\varepsilon}^{-1}_{\boldsymbol{G},\boldsymbol{G}'}\cdot\widehat{\boldsymbol{e}}_{2'} & -\widehat{\boldsymbol{e}}_2\cdot\boldsymbol{\varepsilon}^{-1}_{\boldsymbol{G},\boldsymbol{G}'}\cdot\widehat{\boldsymbol{e}}_{1'}\\ -\widehat{\boldsymbol{e}}_1\cdot\boldsymbol{\varepsilon}^{-1}_{\boldsymbol{G},\boldsymbol{G}'}\cdot\widehat{\boldsymbol{e}}_{2'} & \widehat{\boldsymbol{e}}_1\cdot\boldsymbol{\varepsilon}^{-1}_{\boldsymbol{G},\boldsymbol{G}'}\cdot\widehat{\boldsymbol{e}}_{1'}\end{pmatrix}h_{\boldsymbol{G}',\lambda'}=\frac{\omega^2}{c^2}h_{\boldsymbol{G},\lambda} \tag{11.5}$$

假设三维等离子体光子晶体的介质球 (等离子体球) 的填充率 $f=(4\pi R^3)/(3V_{\mathrm{cell}})$。那么对于 type-1 三维等离子体光子晶体而言，其介电常数的傅里叶展开系数 $\widehat{\kappa}(\boldsymbol{G})$ 可以表示为 [293, 294]

$$\widehat{\kappa}(\boldsymbol{G})=\begin{cases}\dfrac{\omega^2+\mathrm{j}\nu_{\mathrm{c}}\omega}{\omega^2+\mathrm{j}\nu_{\mathrm{c}}\omega-\omega_{\mathrm{p}}^2}(1-f)+\dfrac{1}{\varepsilon_{\mathrm{a}}}f, & \boldsymbol{G}=0\\ \left(\dfrac{1}{\varepsilon_{\mathrm{a}}}-\dfrac{\omega^2+\mathrm{j}\nu_{\mathrm{c}}\omega}{\omega^2+\mathrm{j}\nu_{\mathrm{c}}\omega-\omega_{\mathrm{p}}^2}\right)\cdot 3f\dfrac{\sin(|\boldsymbol{G}|R)-(|\boldsymbol{G}|R)\cos(|\boldsymbol{G}|R)}{(|\boldsymbol{G}|R)^3)}, & \boldsymbol{G}\neq 0\end{cases} \tag{11.6}$$

为了求解式 (11.5)，可以将 $h_{\boldsymbol{G},\lambda}$ 表示为

$$h_{\boldsymbol{G},\lambda}=\sum_{\boldsymbol{G}}A(\boldsymbol{k}|\boldsymbol{G})\mathrm{e}^{\mathrm{j}(\boldsymbol{K}+\boldsymbol{G})\cdot\boldsymbol{r}} \tag{11.7}$$

将式 (11.6) 代入式 (11.5) 时，可以得到关于平面波展开系数 $A(\boldsymbol{k}|\boldsymbol{G})$ 的方程：

$$\widehat{\kappa}(0)\cdot|\boldsymbol{k}+\boldsymbol{G}||\boldsymbol{k}+\boldsymbol{G}'|\cdot\boldsymbol{F}\cdot A(\boldsymbol{k}|\boldsymbol{G})+\sum_{\boldsymbol{G}'}{}'\widehat{\kappa}(\boldsymbol{G}-\boldsymbol{G}')\cdot|\boldsymbol{k}+\boldsymbol{G}||\boldsymbol{k}+\boldsymbol{G}'|\cdot\boldsymbol{F}\cdot A(\boldsymbol{k}|\boldsymbol{G})=\frac{\omega^2}{c^2}A(\boldsymbol{k}|\boldsymbol{G}) \tag{11.8}$$

其中 $\boldsymbol{F}=\begin{bmatrix}\widehat{\boldsymbol{e}}_2\cdot\widehat{\boldsymbol{e}}_{2'} & -\widehat{\boldsymbol{e}}_2\cdot\widehat{\boldsymbol{e}}_{1'}\\ -\widehat{\boldsymbol{e}}_1\cdot\widehat{\boldsymbol{e}}_{2'} & \widehat{\boldsymbol{e}}_1\cdot\widehat{\boldsymbol{e}}_{1'}\end{bmatrix}$，如果定义一个复数变量 $\zeta=\omega/c$，那么式 (11.8) 可以表示为

$$\zeta^4\boldsymbol{I}-\zeta^3\boldsymbol{T}-\zeta^2\boldsymbol{U}-\zeta\boldsymbol{V}-\boldsymbol{W}=0 \tag{11.9}$$

其中 $\boldsymbol{I}$ 表示单位矩阵，且

$$\boldsymbol{T}(\boldsymbol{G}|\boldsymbol{G}')=-\mathrm{j}\frac{\nu_{\mathrm{c}}}{c}\boldsymbol{\delta}_{\boldsymbol{G}\cdot\boldsymbol{G}'} \tag{11.10}$$

$$\boldsymbol{U}(\boldsymbol{G}|\boldsymbol{G}')=\left\{\frac{\omega_{\mathrm{p}}^2}{c^2}+\left[\frac{1}{\varepsilon_{\mathrm{a}}}f+(1-f)\right]\cdot|\boldsymbol{k}+\boldsymbol{G}||\boldsymbol{k}+\boldsymbol{G}'|\cdot\boldsymbol{F}\right\}\boldsymbol{\delta}_{\boldsymbol{G}\cdot\boldsymbol{G}'}+\left(\frac{1}{\varepsilon_{\mathrm{a}}}-1\right)\boldsymbol{M} \tag{11.11}$$

$$\boldsymbol{V}(\boldsymbol{G}|\boldsymbol{G}')=\left\{\mathrm{j}\frac{\nu_{\mathrm{c}}}{c}\left[\frac{1}{\varepsilon_{\mathrm{a}}}f+(1-f)\right]\cdot|\boldsymbol{k}+\boldsymbol{G}||\boldsymbol{k}+\boldsymbol{G}'|\cdot\boldsymbol{F}\right\}\boldsymbol{\delta}_{\boldsymbol{G}\cdot\boldsymbol{G}'}+\mathrm{j}\frac{\nu_{\mathrm{c}}}{c}\left(\frac{1}{\varepsilon_{\mathrm{a}}}-1\right)\boldsymbol{M} \tag{11.12}$$

$$\boldsymbol{W}(\boldsymbol{G}|\boldsymbol{G}')=\left[-\frac{\omega_{\mathrm{p}}^2}{c^2}\frac{f}{\varepsilon_{\mathrm{a}}}\cdot|\boldsymbol{k}+\boldsymbol{G}||\boldsymbol{k}+\boldsymbol{G}'|\cdot\boldsymbol{F}\right]\boldsymbol{\delta}_{\boldsymbol{G}\cdot\boldsymbol{G}'}+\frac{\omega_{\mathrm{p}}^2}{c^2}\frac{1}{\varepsilon_{\mathrm{a}}}\boldsymbol{M} \tag{11.13}$$

其中

$$\boldsymbol{M}=|\boldsymbol{k}+\boldsymbol{G}||\boldsymbol{k}+\boldsymbol{G}'|\cdot\boldsymbol{F}\cdot 3f\frac{\sin(|\boldsymbol{G}|R)-(|\boldsymbol{G}|R)\cos(|\boldsymbol{G}|R)}{(|\boldsymbol{G}|R)^3}$$

$\boldsymbol{T}$、$\boldsymbol{U}$、$\boldsymbol{V}$ 和 $\boldsymbol{W}$ 是$N\times N$的矩阵。多项式 (11.9) 的求解可以转换为对一个大小为 $4N\times 4N$ 矩阵 $\boldsymbol{Q}$ 特征值的求取，矩阵 $\boldsymbol{Q}$ 满足

$$\boldsymbol{Q}z=\zeta z,\quad \boldsymbol{Q}=\begin{bmatrix}\boldsymbol{0}&\boldsymbol{I}&\boldsymbol{0}&\boldsymbol{0}\\ \boldsymbol{0}&\boldsymbol{0}&\boldsymbol{I}&\boldsymbol{0}\\ \boldsymbol{0}&\boldsymbol{0}&\boldsymbol{0}&\boldsymbol{I}\\ \boldsymbol{W}&\boldsymbol{V}&\boldsymbol{U}&\boldsymbol{T}\end{bmatrix} \tag{11.14}$$

求解式 (11.14) 的本征值就得到了式 (11.9) 的解。当然，所求本征值的实部就决定了该三维等离子体光子晶体的色散关系。

对于 type-2 三维等离子体光子晶体而言，其介电常数的傅里叶展开系数 $\widehat{\kappa}(\boldsymbol{G})$ 可表示为 [228]

$$\widehat{\kappa}(\boldsymbol{G})=\begin{cases}\dfrac{\omega^2+\mathrm{j}\nu_{\mathrm{c}}\omega}{\omega^2+\mathrm{j}\nu_{\mathrm{c}}\omega-\omega_{\mathrm{p}}^2}f+\dfrac{1}{\varepsilon_{\mathrm{a}}}(1-f), & \boldsymbol{G}=0\\ \left(\dfrac{\omega^2+\mathrm{j}\nu_{\mathrm{c}}\omega}{\omega^2+\mathrm{j}\nu_{\mathrm{c}}\omega-\omega_{\mathrm{p}}^2}-\dfrac{1}{\varepsilon_{\mathrm{a}}}\right)\cdot 3f\dfrac{\sin(|\boldsymbol{G}|R)-(|\boldsymbol{G}|R)\cos(|\boldsymbol{G}|R)}{(|\boldsymbol{G}|R)^3}, & \boldsymbol{G}\neq 0\end{cases} \tag{11.15}$$

将式 (11.15) 代入式 (11.8)，令复数变量 $\zeta=\omega/c$，那么式 (11.8) 可以表示为

$$\zeta^4\boldsymbol{I}-\zeta^3\boldsymbol{T}-\zeta^2\boldsymbol{U}-\zeta\boldsymbol{V}-\boldsymbol{W}=0 \tag{11.16}$$

其中, $\boldsymbol{I}$ 表示单位矩阵，且

$$\boldsymbol{W}(\boldsymbol{G}|\boldsymbol{G}') = \left[-\frac{\omega_{\mathrm{p}}^2}{c^2}\frac{1}{\varepsilon_{\mathrm{a}}}(1-f)\cdot|\boldsymbol{k}+\boldsymbol{G}||\boldsymbol{k}+\boldsymbol{G}'|\cdot\boldsymbol{F}\right]\boldsymbol{\delta}_{\boldsymbol{G}\cdot\boldsymbol{G}'} + \frac{\omega_{\mathrm{p}}^2}{c^2}\frac{1}{\varepsilon_{\mathrm{a}}}\boldsymbol{M} \tag{11.17}$$

$$\boldsymbol{V}(\boldsymbol{G}|\boldsymbol{G}')=\left\{\mathrm{j}\frac{\nu_{\mathrm{c}}}{c}\left[f+\frac{1}{\varepsilon_{\mathrm{a}}}(1-f)\right]\cdot|\boldsymbol{k}+\boldsymbol{G}||\boldsymbol{k}+\boldsymbol{G}'|\cdot\boldsymbol{F}\right\}\boldsymbol{\delta}_{\boldsymbol{G}\cdot\boldsymbol{G}'}+\mathrm{j}\frac{\nu_{\mathrm{c}}}{c}\left(1-\frac{1}{\varepsilon_{\mathrm{a}}}\right)\boldsymbol{M} \tag{11.18}$$

$$\boldsymbol{U}(\boldsymbol{G}|\boldsymbol{G}')=\left\{\frac{\omega_{\mathrm{p}}^2}{c^2}+\left[f+\frac{1}{\varepsilon_{\mathrm{a}}}(1-f)\right]\cdot|\boldsymbol{k}+\boldsymbol{G}||\boldsymbol{k}+\boldsymbol{G}'|\cdot\boldsymbol{F}\right\}\boldsymbol{\delta}_{\boldsymbol{G}\cdot\boldsymbol{G}'}+\left(1-\frac{1}{\varepsilon_{\mathrm{a}}}\right)\boldsymbol{M} \tag{11.19}$$

$$\boldsymbol{T}(\boldsymbol{G}|\boldsymbol{G}') = -\mathrm{j}\frac{\nu_{\mathrm{c}}}{c}\boldsymbol{\delta}_{\boldsymbol{G}\cdot\boldsymbol{G}'} \tag{11.20}$$

式 (11.16) 的解也可以通过求解式 (11.14) 获得，因此 type-2 三维等离子体光子晶体的色散关系就被求解了出来。

11.1.2　三维立方体晶格等离子体光子晶体的 PBGs 特性

用于计算展开的平面波数是 729，这可以使得计算的收敛精度好于 1%[276,277]。为了不失一般性，用$\omega a/2\pi c$对频率进行归一化，并用变量$\omega_{\mathrm{p0}}=2\pi c/a$来定义等离子体频率和等离子体碰撞频率。假设等离子体频率ω_{p}=0.15ω_{p0}=0.3$\pi c/a$，等离子体碰撞频率ν_{c}=0.02ω_{p}。对于 type-1 而言，介质球的相对介电常数必须足够大，这样才能产生 PBG[278]。因此，被填充介质的参数设定为：ε_{a}=45, μ_{a}=1，f=0.5。图 11.3 和图 11.4 给出了在不同ω_{p} 和ν_{c} 条件下 type-1 和 type-2 三维立方体晶格等离子体光子晶体的色散曲线。图中浅灰色区域表示 PBGs。由图 11.3(a) 可知，当$\omega_{\mathrm{p}}=\nu_{\mathrm{c}}$=0 时，等离子体可以视为空气，此时 type-1 三维等离子体光子晶体可以视为常规的三维介质 —— 空气光子晶体，且能产生四个 PBGs。它们分别位于：0.2113~0.2127 (2πc/a), 0.3715~0.3759 (2πc/a), 0.4304~0.4393 (2πc/a) 和 0.4952~0.5030 (2πc/a)。如图 11.3(b) 所示，当用等离子体代替空气时 (ω_{p}=0.15ω_{p0}，ν_{c}=0.02ω_{p})，色散曲线将发生明显的变化。此时 PBGs 的个数减小到 3 个，并且会产生一个新的水平带区域。3 个 PBGs 分别位于 0.3727~ 0.3801 (2πc/a), 0.4321~0.4964 (2πc/a) 和 0.3801~0.5085 (2πc/a)。水平带区域将覆盖 0~0.15 (2πc/a)，水平能带形成的主要原因是表面等离子体波将被局域在介质球的表面，这和金属光子晶体中的表面等离子体激元类似。由图 1.3(b) 还能看出, PBGs 的上下边缘都向高频方向移动了，而且它们的带宽也得到了展宽。由图 11.4(a) 可知，当$\omega_{\mathrm{p}}=\nu_{\mathrm{c}}$=0 时，type-2 三维等离子体光子晶体也可以视为常规的三维介质 —— 空气光子晶体，且能产生 3 个 PBGs，它们的频率范围是：0.1649~0.1650 (2πc/a), 0.2939~0.2948 (2πc/a) 和 0.2066~0.2246 (2πc/a)。由图 11.4(b) 可知，当ω_{p}=0.15ω_{p0} 且ν_{c}=0.02ω_{p} 时，3 个 PBGs 的上下边缘将向高频方向移动，而且同样也能产生一个水平带区域。水平带

区域同样能覆盖 0~0.15 $(2\pi c/a)$。随着等离子体的引入，type-2 PBGs 的带宽明显被展宽了。值得注意的是，相对 type-1 而言，type-2 能够产生较大的 PBG。由上述讨论可知，把等离子体引入常规的三维介质 —— 空气光子晶体中，能有效地拓展 PBGs 带宽，而且 PBGs 的中心频率也将向高频方向移动。为了获得三维立方体晶格等离子体光子晶体的 PBGs 特性，将主要对频率范围 $(0, 2\pi c/a)$ 中出现的前两个 PBG 的特性进行研究，即第一个 PBG (1st PBG) 和第二个 PBG (2nd PBG)。相对带宽 $(\Delta\omega/\omega_i)$ 定义为

$$\frac{\Delta\omega}{\omega_i}=\frac{\omega_{\rm up}-\omega_{\rm low}}{(\omega_{\rm up}+\omega_{\rm low})/2} \tag{11.21}$$

其中, $\omega_{\rm up}$ 和 $\omega_{\rm low}$ 分别表示 PBG 上下边缘的频率。

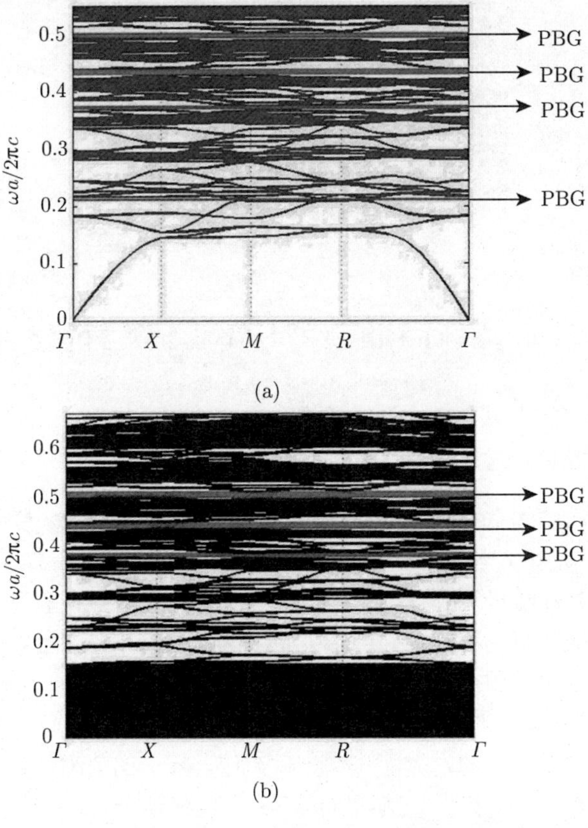

图 11.3　在不同$\omega_{\rm p}$ 和$\nu_{\rm c}$ 条件下 type-1 三维立方体晶格等离子体光子晶体的色散曲线

(a) $\omega_{\rm p}=0$，$\nu_{\rm c}=0$；(b) $\omega_{\rm p}=0.15\omega_{\rm p0}$，$\nu_{\rm c}=0.02\omega_{\rm p}$

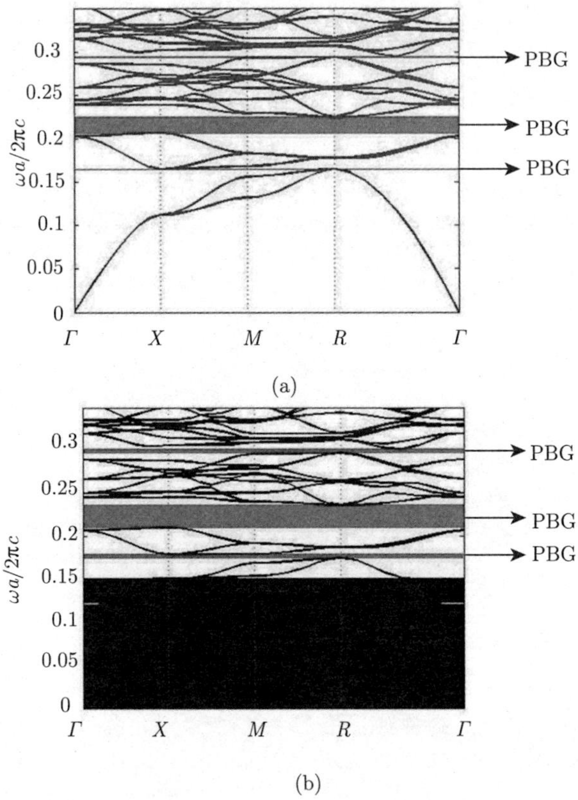

图 11.4　在不同ω_{p} 和ν_{c} 条件下 type-2 三维立方体晶格等离子体光子晶体的色散曲线

(a) $\omega_{\mathrm{p}}=0$，$\nu_{\mathrm{c}}=0$；(b) $\omega_{\mathrm{p}}=0.15\omega_{\mathrm{p0}}$，$\nu_{\mathrm{c}}=0.02\omega_{\mathrm{p}}$

11.1.3　介质的相对介电常数对 PBGs 的影响

图 11.5 给出了三维立方体晶格等离子体光子晶体的 PBGs 与ε_{a} 的关系图，且 $f=0.5$, $\omega_{\mathrm{p}}=0.15\omega_{\mathrm{p0}}$ 和$\nu_{\mathrm{c}}=0.02\omega_{\mathrm{p}}$。阴影部分代表 PBGs。由图 11.5(a) 可知，type-1 的前两个 PBGs 的上下边缘将随着ε_{a} 的增大而向低频方向移动。当ε_{a} 小于 30 时，type-1 的 PBGs 将不存在, 2nd PBG 的带宽将随着ε_{a} 的增大而展宽。当ε_{a} 由 10 增加到 70 时，2nd PBG 的频率范围将变为 0.3591~0.3794 $(2\pi c/a)$, 且带宽是 0.0203 $(2\pi c/a)$, 与$\varepsilon_{\mathrm{a}}=35$ 时相比，2nd PBG 的频率范围增加了 0.0153 $(2\pi c/a)$; 而 1st PBG 的带宽将随着ε_{a} 的增大而先增大后减小，当ε_{a} 的值增加到 45 时，1st PBG 将会消失。类似的变化趋势也能从图 11.5(b) 中观察到，type-2 的前两个 PBGs 的上下边缘也将随着ε_{a} 的增大而向低频方向移动。当ε_{a} 小于 17 时，type-2 的 PBGs 将会消失。2nd PBG 的带宽也将随着ε_{a} 的增大而增大。当ε_{a} 的值增加到 60 时，2nd PBG 的频率范围是 0.1819~0.2055 $(2\pi c/a)$, 且带宽是 0.0236 $(2\pi c/a)$。与$\varepsilon_{\mathrm{a}}=17$ 时

相比，2nd PBG 的带宽增加了 0.0236 $(2\pi c/a)$。type-2 的 1st PBG 的带宽也将随着ε_a 的增大而先增大后减小。图 11.6 给出了 type-1 和 type-2 前两个 PBGs 的相对带宽与ε_a 的关系图。由图 11.6 可知，type-1 和 type-2 的 1st PBGs 的相对带宽都会随着ε_a 的增大而先增大后减小。对于 type-1 而言，1st PBG 相对带宽的最大值是 0.0185，此时ε_a=40。对于 type-2 而言，1st PBG 相对带宽的最大值是 0.0215，此时ε_a=50。当ε_a 由 10 增加到 70 时，type-1 2nd PBG 的相对带宽将会随着ε_a 的增大而增大，type-2 2nd PBG 的相对带宽将随着ε_a 的增大而先增大后减小，2nd PBG 的相对带宽最大值为 0.1209，此时ε_a=60。由图 11.6 中的结果可知，与 type-1 相比，type-2 PBG 的相对带宽的最大值更大。因此，改变ε_a 能对这两类三维等离子体光子晶体的 PBGs 进行调谐。

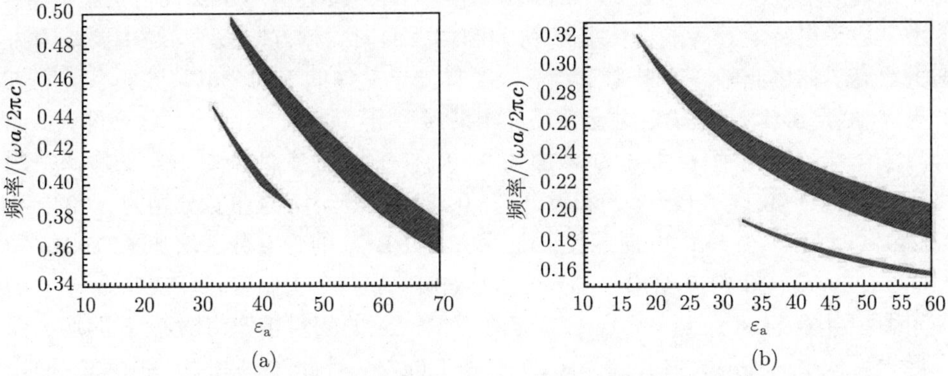

图 11.5 三维立方体晶格等离子体光子晶体的 PBGs 与ε_b 的关系图

(a) type-1；(b) type-2

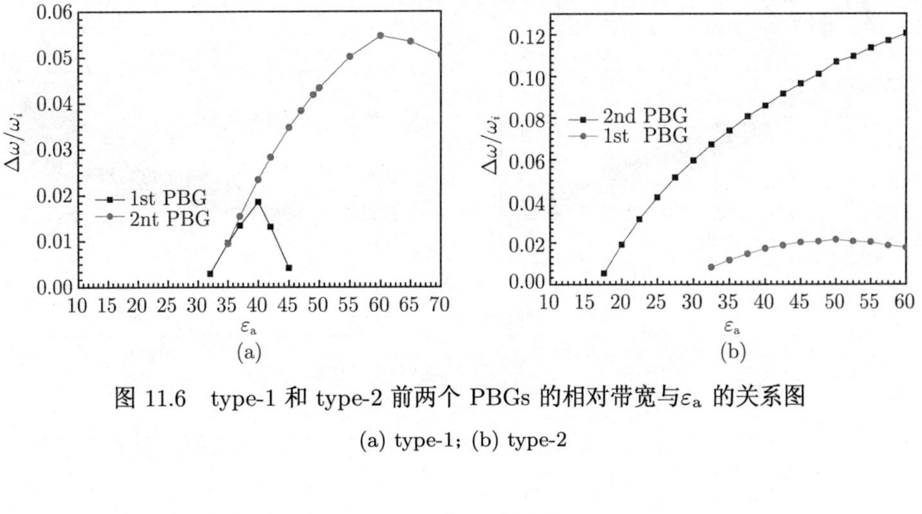

图 11.6 type-1 和 type-2 前两个 PBGs 的相对带宽与ε_a 的关系图

(a) type-1；(b) type-2

11.1.4　填充率对 PBGs 的影响

图 11.7 给出了三维立方体晶格等离子体光子晶体的PBGs 与 f 的关系图，且ε_a =45, ω_p=0.15ω_{p0} 和ν_c=0.02ω_p。阴影部分代表 PBGs。由图 11.7(a) 可知，type-1 的前两个 PBGs 的上下边缘将随着介质填充率 f 的增大向低频方向移动。随着介质填充率 f 的增大，type-1 的前两个 PBGs 的带宽将先增加后减小，PBGs 的中心频率将向低频方向移动。如果 f 小于 0.5，1st PBG 将不会出现；如果 f 小于 0.32，2nd PBG 将会消失。当介质的填充率 f 由 0.32 增加到 0.52 时，type-1 前两个 PBGs 的频率范围将分别变为 0.3737~0.3811 ($2\pi c/a$) 和 0.4326~0.4451($2\pi c/a$)，且带宽分别为 0.0074 和 0.0125 ($2\pi c/a$)。与 f=0.3 时相比，1st 和 2nd PBGs 的带宽分别增加了 0.0074 和 0.0125 ($2\pi c/a$)。由图 11.7(b) 可知，type-2 的前两个 PBGs 的上下边缘也将随着等离子体填充率 f 的增大而向高频方向移动，这主要是因为增大等离子体填充率 f 意味着三维等离子体光子晶体的平均介电常数变小了[213]。如果 f 大于 0.4，2nd PBG 才会出现；如果 f 小于 0.445，1st PBG 将会消失。当等离子体球的填充率 f 由 0.39 增加到 0.52 时，type-2 前两个 PBGs 的频率范围将变为 0.1741~0.1786 ($2\pi c/a$) 和 0.2097~0.2346 ($2\pi c/a$)，且带宽分别为 0.0045 和 0.0249 ($2\pi c/a$)。与 f=0.39 时相比，1st 和 2nd PBGs 的带宽分别增加了 0.0045 和 0.0249 ($2\pi c/a$)。图 11.8 给出了 type-1 和 type-2 前两个 PBGs 的相对带宽与 f 的关系图。由图 11.8(a) 可知，type-1 前两个 PBGs 的相对带宽将随着 f 的增大而先增大后减小，其最大值分别为 0.0228 和 0.0471，且此时 f=0.50 和 0.42。而由图 11.8(b) 可知，type-2 前两个 PBGs 的相对带宽将随着 f 的增大而线性增大。1st 和 2nd PBGs 的相对带宽的最大值分别为 0.0239 和 0.1122，且此时 f=0.52。值得注意的是，type-2 PBGs 相对带宽的最大值更大。显然，三维立方体晶格等离子体光子晶体的 PBGs 能被 f 所调谐。

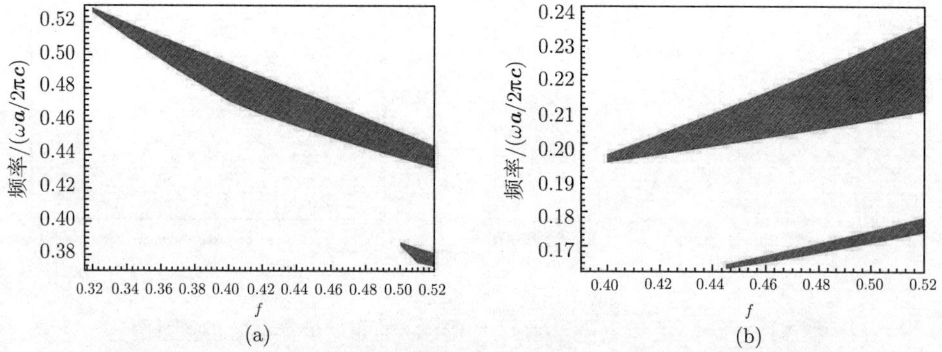

图 11.7　三维立方体晶格等离子体光子晶体的 PBGs 与 f 的关系图

(a)type-1；(b) type-2

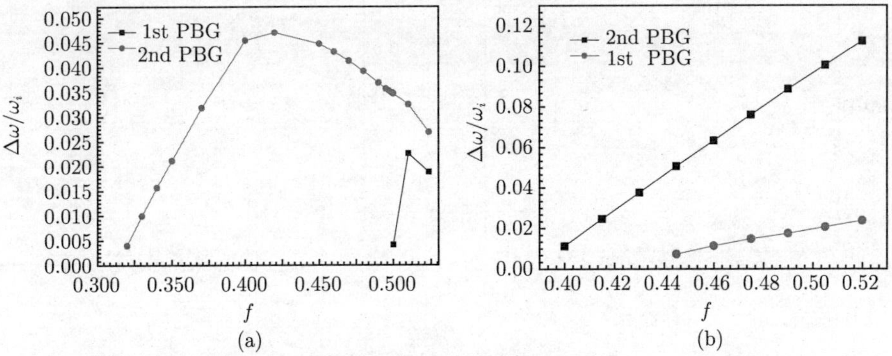

图 11.8 type-1 和 type-2 前两个 PBGs 的相对带宽与 f 的关系图

(a) type-1; (b) type-2

11.1.5 等离子体频率对 PBGs 的影响

图 11.9 给出了三维立方体晶格等离子体光子晶体的 PBGs 与ω_p 的关系图，且ε_a=45, f=0.5 和ν_c=0.02ω_p。由图 11.9(a) 可知，type-1 的前两个 PBGs 的上下边缘都将随着ω_p 的增大而向高频方向移动，且它们的带宽也将先增大后减小。1st 和 2nd PBGs 将分别在ω_p/ω_{p0}=0.14 和 0.39 时消失。如果$\omega_p/\omega_{p0} > 0.4$，那么这两个 PBGs 将不存在。当$\omega_p/\omega_{p0}$ 的值为 0.01 时，1st 和 2nd PBGs 的频率范围分别为 0.3769~0.3834 ($2\pi c/a$) 和 0.4370~0.4485 ($2\pi c/a$)，且带宽分别为 0.0065 和 0.0115 ($2\pi c/a$)。当ω_p/ω_{p0} 的值增加到 0.39 时，1st 和 2nd PBGs 的带宽分别减少了 0.0065 和 0.0115 ($2\pi c/a$)。由图 11.9(b) 可知，type-2 的 1st 和 2nd PBGs 的上下边缘将随着ω_p 的增大而向高频方向移动，且它们的带宽也将先增大后减小。这点与 type-1 类似。随着ω_p/ω_{p0} 的增大，1st 和 2nd PBGs 将分别在ω_p/ω_{p0}=0.19 和 0.29 时闭合。图 11.10 给出了 type-1 和 type-2 前两个 PBGs 的相对带宽与ω_p 的关系图。由

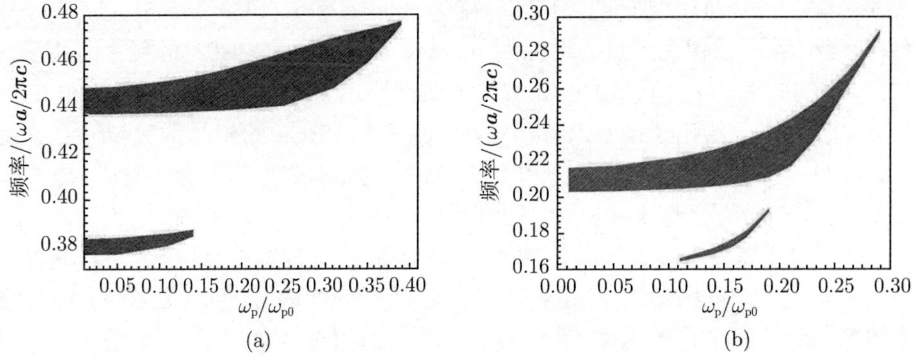

图 11.9 三维立方体晶格等离子体光子晶体的 PBGs 与ω_p 的关系图

(a) type-1; (b) type-2

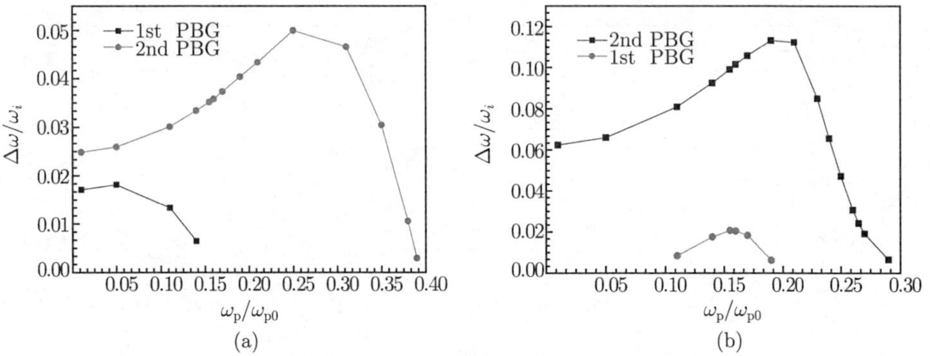

图 11.10　type-1 和 type-2 前两个 PBGs 的相对带宽与ω_p 的关系图

(a) type-1；(b) type-2

图 11.10(a) 可知，type-1 1st 和 2nd PBGs 的相对带宽将随着ω_p/ω_{p0} 的增大而先增大后减小，其最大值分别为 0.0182 和 0.05，且位于ω_p/ω_{p0}=0.0499 和 0.2499。由图 11.10(b) 可知，type-2 前两个 PBGs 的相对带宽也有类似的变化规律，1st 和 2nd PBGs 的最大相对带宽分别为 0.0207 和 0.1136，且位于ω_p/ω_{p0}=0.1541 和 0.1898。由图 11.10 中的结果可知，type-2 得到的 PBG 较 type-1 有更大的相对带宽。因此，三维立方体晶格等离子体光子晶体的 PBGs 能被ω_p 所调谐。

11.1.6　等离子体碰撞频率对 PBGs 的影响

图 11.11 给出了三维立方体晶格等离子体光子晶体的 PBGs 与ν_c 的关系图，且ε_a=45, f=0.5 和ω_p=0.15ω_{p0}。阴影部分代表 PBGs。由图 11.11 可知，type-1 和 type-2 的前两个 PBGs 的上下边缘将不会随着ν_c/ω_p 的增大而发生移动，且它们的带宽也不会随着ν_c/ω_p 的改变而改变。对于 type-1 而言，当ν_c/ω_p 的值由 0.002 增加到 0.2 时，1st 和 2nd PBGs 的频率范围将变为 0.3861~0.3877 ($2\pi c/a$) 和 0.4385~0.4540($2\pi c/a$)，且它们的带宽分别为 0.0016 和 0.0055 ($2\pi c/a$)。对于 type-2 而言，当ν_c/ω_p 的值由 0.002 增加到 0.2 时，1st 和 2nd PBGs 的频率范围变为 0.1711~0.1746 ($2\pi c/a$) 和 0.2070~0.2280 ($2\pi c/a$)，且其带宽分别为 0.0035 和 0.021 ($2\pi c/a$)。图 11.12 给出了 type-1 和 type-2 前两个 PBGs 的相对带宽与ν_c 的关系图。由图 11.12(a) 可知，type-1 1st 和 2nd PBGs 的相对带宽将不会随着ν_c/ω_p 的增大而变化，其值分别保持 0.0041 和 0.0347 不变。由图 11.12(b) 可知，type-2 前两个 PBGs 的相对带宽也有类似的变化规律，PBGs 的相对带宽不会随着ν_c/ω_p 增加而有所变化。1st 和 2nd PBGs 的相对带宽分别为 0.0203 和 0.0966。由图 11.12 中的结果可知，type-2 得到的 PBG 较 type-1 有更大的相对带宽，所以三维立方体晶格等离子体光子晶体的 PBGs 不能被ν_c 所调谐。这可以由ε_p 和ν_c 的关系来解释。由式 (11.1) 可知, 对于等离子体来说, ν_c 仅是耗散项, 而且ω_p 的值远大于ν_c。因此，ν_c

对ε_p 的实部几乎没有影响。另外，从数学的角度来说，ν_c 对求解式 (11.14) 的本征值影响不大。

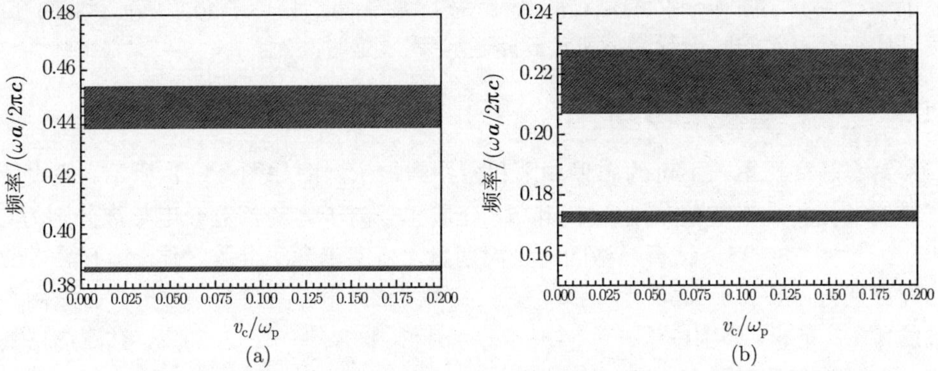

图 11.11 三维立方体晶格等离子体光子晶体的 PBGs 与ν_c 的关系图

(a) type-1; (b) type-2

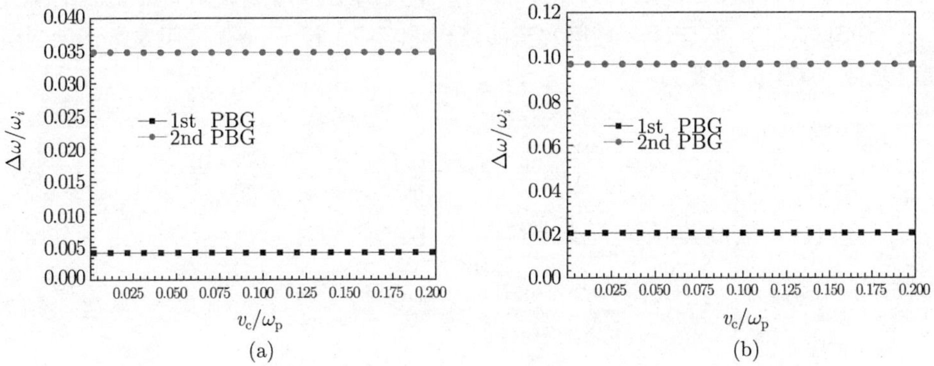

图 11.12 type-1 和 type-2 前两个 PBGs 的相对带宽与ν_c 的关系图

(a) type-1; (b) type-2

11.2 三维钻石晶格等离子体光子晶体的色散特性

由 11.1 节可知，当三维等离子体光子晶体以立方体晶格排列且填充介质球 (介质背景) 的相对介电常数较大时，它才能产生 PBGs。但是得到的 PBGs 的绝对和相对带宽都比较小。这是由于立方体晶格有很强的对称性。显然，要在自然界找到相对介电常数足够大的介质来构成三维等离子体光子晶体并且获得带宽较大的 PBG 是非常困难的。为了摆脱这个困境，可以选择对称性较弱的拓扑结构来构成三维等离子体光子晶体，钻石晶格 (diamond lattice)[298] 就是其中之一。本节的主要内容是对三维钻石晶格等离子体的色散特性进行研究，讨论了三维等离子体各参数对 PBGs 的影响，并对水平带区域的变化规律进行了分析。与 11.1 节类似，依然将三维钻石晶格等离子体光子晶体划分为两个类型：type-1 是介质球填充在等离子体背景中，而 type-2 则是它的互补结构，即等离子体球填充介质背景。同样，假设计算时引入的时谐量是 $\mathrm{e}^{-\mathrm{j}\omega t}$, ω 是角频率, t 是时间, 且 $\mathrm{j}=\sqrt{-1}$。

11.2.1 物理模型和数值计算

钻石晶格的第一不可约布里渊区和拓扑结构示意图如图 11.13 所示。假设填充球的半径和晶格常数分别为 R 和 a。介质和等离子体的相对介电常数分别为ε_a和ε_p。众所周知[299]，钻石晶格的每个周期单元格中包含两个散射体。钻石晶格的基矢分别为：$\boldsymbol{a}_1$=(0, 0.5a, 0.5a), $\boldsymbol{a}_2$=(0.5a, 0, 0.5a) 和$\boldsymbol{a}_3$=(0.5a, 0.5a, 0)。这两个散射体 (填充球) 分别位于$\boldsymbol{R}_0$=($-a$, $-a$, $-a$)/8 和 $\boldsymbol{R}_1$ = (a, a, a)/8。钻石晶格的第一不可约布里渊区上的点分别为：Γ(0, 0, 0), X=(2π/a, 0, 0), W=(2π/a,π/a, 0), K=(1.5π/a, 1.5π/a, 0), L=(π/a, π/a,π/a) 和 U=(2π/a, 0.5π/a, 0.5π/a)。用 PWE 方法求解色散曲线的过程与 11.1 节相同，不同的是填充球在钻石晶格中的填充 $f=(8\pi R^3)/(3V_\mathrm{m})$，其中 V_m 是单元格的体积。type-1 和 type-2 介电常数的傅里叶展开系数 $\widehat{\kappa}(\boldsymbol{G})$ 分别变为[300]

$$\widehat{\kappa}(\boldsymbol{G})=\begin{cases}\dfrac{\omega^2+\mathrm{j}\nu_\mathrm{c}\omega}{\omega^2+\mathrm{j}\nu_\mathrm{c}\omega-\omega_\mathrm{p}^2}(1-f)+\dfrac{1}{\varepsilon_\mathrm{a}}f, & \boldsymbol{G}=0\\ \left(\dfrac{1}{\varepsilon_\mathrm{a}}-\dfrac{\omega^2+\mathrm{j}\nu_\mathrm{c}\omega}{\omega^2+\mathrm{j}\nu_\mathrm{c}\omega-\omega_\mathrm{p}^2}\right)\cdot\cos(\boldsymbol{G}\cdot\boldsymbol{R_0}) & \\ \cdot 3f\dfrac{\sin(|\boldsymbol{G}|R)-(|\boldsymbol{G}|R)\cos(|\boldsymbol{G}|R)}{(|\boldsymbol{G}|R)^3}, & \boldsymbol{G}\neq 0\end{cases}\tag{11.22}$$

$$\widehat{\kappa}(\boldsymbol{G})=\begin{cases}\dfrac{\omega^2+\mathrm{j}\nu_\mathrm{c}\omega}{\omega^2+\mathrm{j}\nu_\mathrm{c}\omega-\omega_\mathrm{p}^2}f+\dfrac{1}{\varepsilon_\mathrm{a}}(1-f), & \boldsymbol{G}=0\\ \left(\dfrac{\omega^2+\mathrm{j}\nu_\mathrm{c}\omega}{\omega^2+\mathrm{j}\nu_\mathrm{c}\omega-\omega_\mathrm{p}^2}-\dfrac{1}{\varepsilon_\mathrm{a}}\right)\cdot\cos(\boldsymbol{G}\cdot\boldsymbol{R_0}) & \\ \cdot 3f\dfrac{\sin(|\boldsymbol{G}|R)-(|\boldsymbol{G}|R)\cos(|\boldsymbol{G}|R)}{(|\boldsymbol{G}|R)^3}, & \boldsymbol{G}\neq 0\end{cases}\tag{11.23}$$

对于钻石晶格而言, 求解色散曲线的本征方程也为式 (11.15), 唯一不同的是式 (11.11) ~ 式 (11.13) 和式 (11.17)~ 式 (11.19) 中的 $\boldsymbol{M}$ 变为

$$\boldsymbol{M}=\cos(\boldsymbol{G}\cdot\boldsymbol{R_0})\cdot|\boldsymbol{k}+\boldsymbol{G}|\left|\boldsymbol{k}+\boldsymbol{G}'\right|\cdot\boldsymbol{F}\cdot 3f\frac{\sin(|\boldsymbol{G}|R)-(|\boldsymbol{G}|R)\cos(|\boldsymbol{G}|R)}{(|\boldsymbol{G}|R)^3}$$

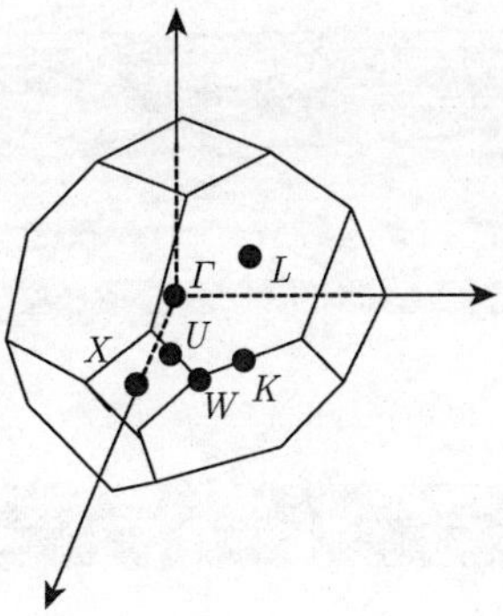

(a)

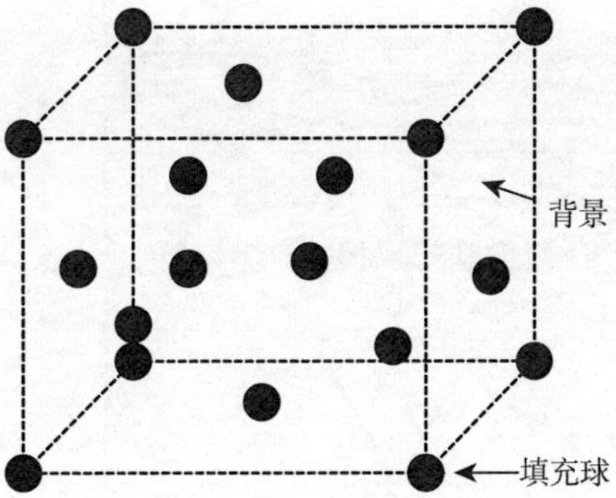

(b)

图 11.13 钻石晶格的第一不可约布里渊区 (a) 和拓扑结构示意图 (b)

11.2.2 两类三维钻石晶格等离子体光子晶体的色散特性

用 PWE 方法进行计算时，展开的平面波数是 729，这样可以使得计算的收敛精度好于 1%[248]。为了不失一般性，用$\omega a/2\pi c$对频率进行归一化，并用变量$\omega_{\mathrm{p0}}=2\pi c/a$来定义等离子体频率和等离子体碰撞频率。假设等离子体频率$\omega_{\mathrm{p}}=0.15\omega_{\mathrm{p0}}$，等离子体碰撞频率$\nu_{\mathrm{c}}=0.02\omega_{\mathrm{p}}$。显然$\omega_{\mathrm{p0}}$ 仅是一个变量，没有任何物理意义。并且设定填充的介质球 (介质背景) 的参数满足：$\varepsilon_{\mathrm{a}}=13.9$, $\mu_{\mathrm{a}}=1$，其填充率 $f=0.3$。本小节主要对三维钻石晶格等离子体光子晶体的 1st PBG 特性进行研究。图 11.14 和图 11.15 分别给出了在不同ω_{p} 和ν_{c} 条件下，这两类三维钻石晶格等离子体光子晶体的色散曲线。图中灰色区域表示 PBGs。由图 11.14(a) 可知，当$\omega_{\mathrm{p}}=\nu_{\mathrm{c}}=0$ 时，type-1 三维等离子体光子晶体可以视为常规的三维介质 —— 空气光子晶体，且能产生三个 PBGs。它们的频率范围分别为：0.4640~0.5261 ($2\pi c/a$)、0.7165~0.7181 ($2\pi c/a$) 和 0.9477~0.9687 ($2\pi c/a$)。当ω_{p} 和ν_{c} 分别增加到$\omega_{\mathrm{p}}=0.15\omega_{\mathrm{p0}}$ 和$\nu_{\mathrm{c}}=0.02\omega_{\mathrm{p}}$ 时 (等离子体代替空气)，如图 11.14(b) 所示，不但三个 PBGs 的上下边缘都向高频方向移动了，而且会产生一个新的水平带区域。三个 PBGs 的频率范围变为：0.4761~0.5369($2\pi c/a$)、0.7194~0.7259 ($2\pi c/a$) 和 0.9507~0.9731 ($2\pi c/a$)。水平带区域的范围是 0 ~ 0.15 ($2\pi c/a$)，水平带形成的主要原因是表面等离子体波将被局域在介质球的表面[250, 254]。类似的情况也能从图 11.15 中观察到。与$\omega_{\mathrm{p}}=\nu_{\mathrm{c}}=0$ 时相比，type-2 三维钻石晶格等离子体光子晶体产生的 1st PBG 的频率范围由 0.3293~0.3369 ($2\pi c/a$) 变为 0.3306~0.3426 ($2\pi c/a$)。对于 type-2 而言，水平带区域频率范围也将覆盖 0~0.15 ($2\pi c/a$)。由上述讨论可知，在常规三维介质 —— 空气光子晶体中引入等离子体 (用等离子体代替空气) 时，不但会产生一个新的水平带区域，而且 PBGs 上下边缘也将向高频方向移动，甚至 PBG 的带宽也能够得到拓展。

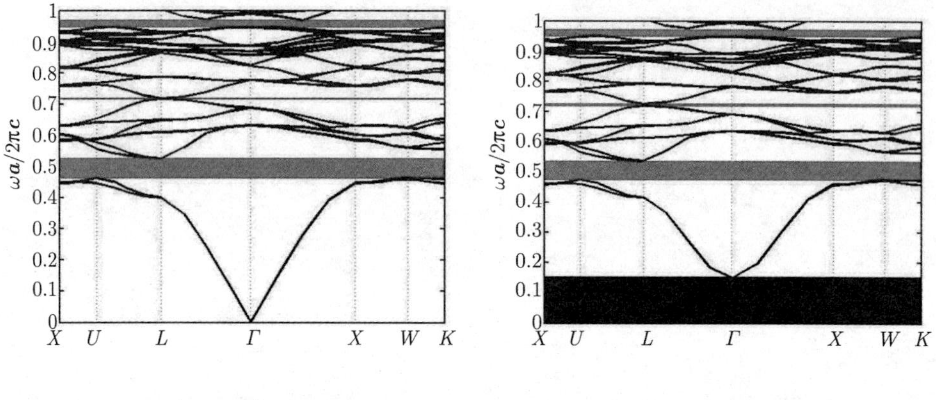

(a) (b)

图 11.14 在不同ω_{p} 和ν_{c} 条件下 type-1 三维钻石晶格等离子体光子晶体的色散曲线

(a) $\omega_{\mathrm{p}}=0$，$\nu_{\mathrm{c}}=0$；(b) $\omega_{\mathrm{p}}=0.15\omega_{\mathrm{p0}}$，$\nu_{\mathrm{c}}=0.02\omega_{\mathrm{p}}$

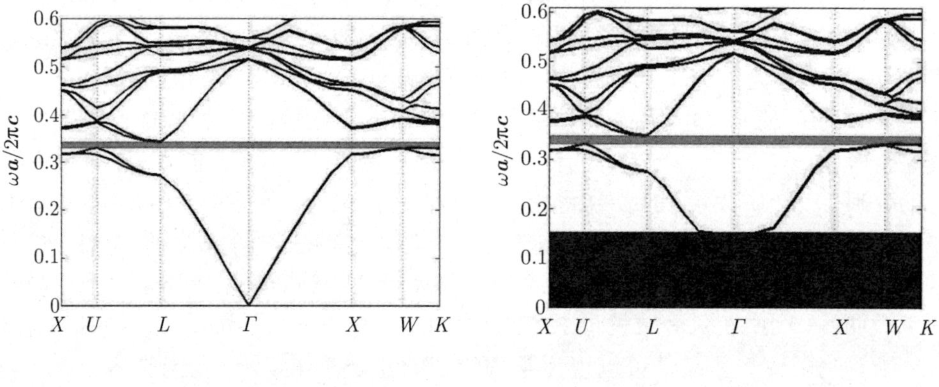

(a) (b)

图 11.15 在不同ω_{p} 和ν_{c} 条件下 type-2 三维钻石晶格等离子体光子晶体的色散曲线

(a) $\omega_{\mathrm{p}}=0$，$\nu_{\mathrm{c}}=0$；(b) $\omega_{\mathrm{p}}=0.15\omega_{\mathrm{p0}}$，$\nu_{\mathrm{c}}=0.02\omega_{\mathrm{p}}$

11.2.3 光子晶体参数对色散特性的影响

图 11.16 和图 11.17 给出了在ε_{a} 取不同时, type-1 和 type-2 三维钻石晶格等离子体光子晶体的色散曲线，此时其他参数分别为：$f=0.3$, $\omega_{\mathrm{p}}=0.15\omega_{\mathrm{p0}}$ 和$\nu_{\mathrm{c}}=0.02\omega_{\mathrm{p}}$。灰色区域表示 PBGs。由图 11.16 和图 11.17 可知，type-1 和 type-2 三维钻石晶格等离子体光子晶体产生的 PBGs 能被ε_{a} 所调谐。随着ε_{a} 的增大，PBGs 的上下边缘将向低频方向移动。由图 11.16 和图 11.17 给出的 8 幅色散图可以看出, type-1 和 type-2 都能产生水平带区域，而且水平带区域的上边缘频率在ω_{p} 附近。这主要由

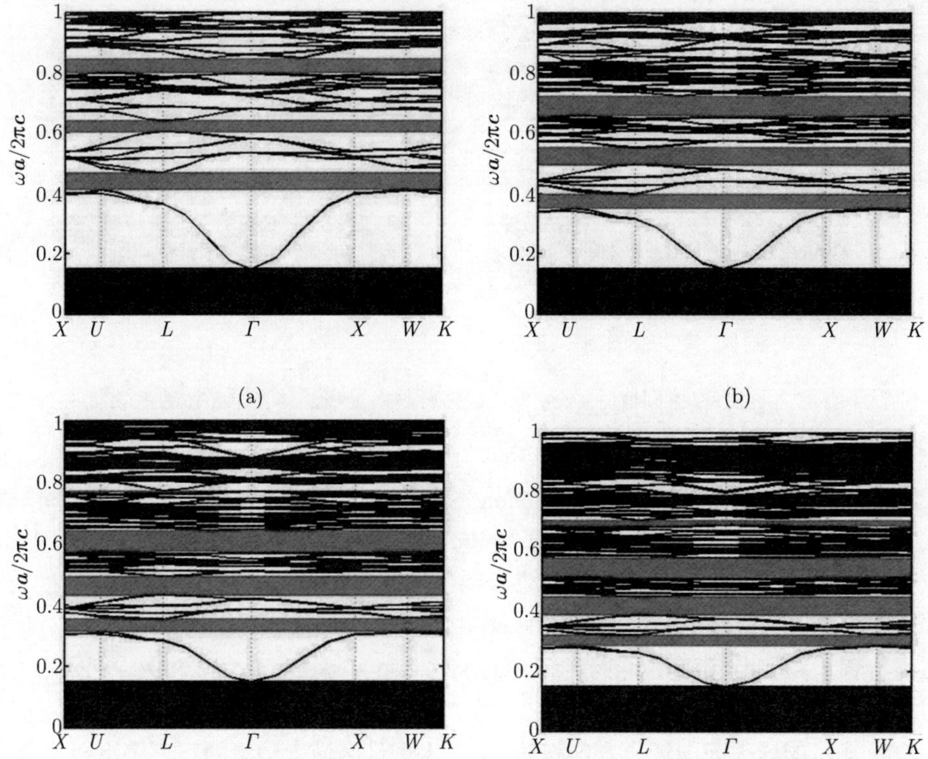

(a) (b)

(c) (d)

图 11.16 在ε_{a} 取不同值时 type-1 三维钻石晶格等离子体光子晶体的色散曲线

(a) ε_{a}=20；(b) ε_{a}=30；(c)ε_{a}=40；(d) ε_{a}=50

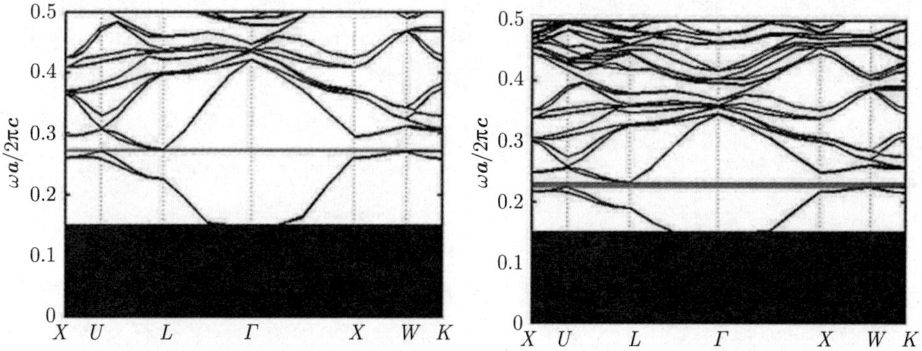

(a) (b)

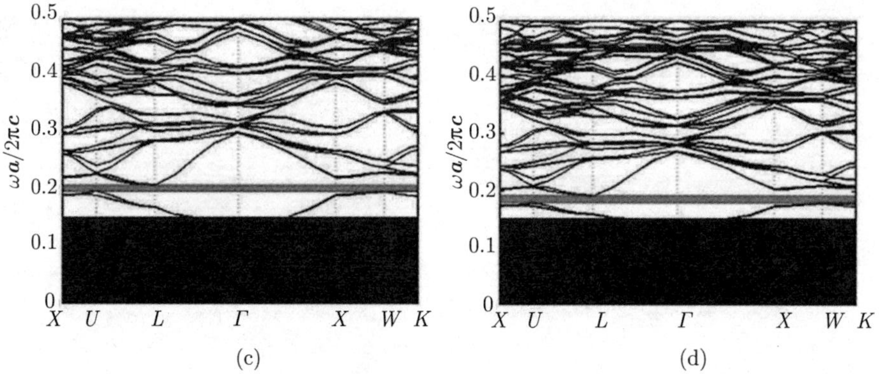

图 11.17　在$\varepsilon_{\rm a}$ 取不同值时 type-2 三维钻石晶格等离子体光子晶体的色散曲线

(a) $\varepsilon_{\rm a}$=20; (b) $\varepsilon_{\rm a}$=30; (c)$\varepsilon_{\rm a}$=40; (d) $\varepsilon_{\rm a}$=50

于表面等离子体激元模 (surface plasmon modes) 的存在。当$\varepsilon_{\rm a}$ 增加时，等离子体的截止频率不会发生变化，而且等离子体和介质之间的耦合也不会发生变化。因此，改变$\varepsilon_{\rm a}$ 的大小，对水平带区域的上边缘频率毫无影响。

图 11.18 给出了三维钻石晶格等离子体光子晶体的 PBGs 和水平带区域的上边缘位置与$\varepsilon_{\rm a}$ 的关系图，此时其他参数为：f=0.3, $\omega_{\rm p}=0.15\omega_{\rm p0}$ 和$\nu_{\rm c}=0.02\omega_{\rm p}$。由图 11.18 可知，对于这两个类型的三维等离子体光子晶体而言，PBGs 的上下边缘都将随着$\varepsilon_{\rm a}$ 的增大而向低频方向移动，但是水平带区域上边缘的频率将不会随着$\varepsilon_{\rm a}$ 的增大而发生变化。type-1 PBG 的带宽将随着$\varepsilon_{\rm a}$ 的增大而先增大后减小；而对于 type-2 而言，PBG 的带宽将随着$\varepsilon_{\rm a}$ 的增大而增大。图 11.19 给出了在 f 取不同值时，这两类三维钻石晶格等离子体光子晶体 PBG 的相对带宽 ($\Delta\omega/\omega_i$) 与$\varepsilon_{\rm a}$ 的关系图，其中相对带宽的定义见式 (11.21)。由图 11.19(a) 可知，type-1 PBGs 的相对带宽将随着$\varepsilon_{\rm a}$ 的增大而先增大后减小。介质球填充率 f=0.35 时，PBG 的相对带宽能取最大值，其值为 17.2%，此时$\varepsilon_{\rm a}$=27.5。当 f=0.3、0.25 和 0.15 时，$\Delta\omega/\omega_i$ 的最大值分别为 13.01%、5.33%和 2.21%。由图 11.19(b) 可知，type-2 PBGs 的相对带宽将随着$\varepsilon_{\rm a}$ 的增大而增大。等离子体球填充率 f=0.34 时，PBG 的相对带宽能取得最大值，其值为 16.89%，此时$\varepsilon_{\rm a}$=60。当 f=0.32、0.3 和 0.28 时，$\Delta\omega/\omega_i$ 的最大值分别为 15.4%、13.9%和 12.27%。因此，当 f 减小时，$\Delta\omega/\omega_i$ 的最大值也将随之减小。

图 11.20 和图 11.21 给出了在$\omega_{\rm p}$ 取不同值时 type-1 和 type-2 三维钻石晶格等离子体光子晶体的色散曲线，此时其他参数为：f=0.3，$\varepsilon_{\rm a}$=13.9 和$\nu_{\rm c}=0.02\omega_{\rm p}$。灰色区域表示 PBGs。由图 11.20 和图 11.21 可知，这两种类型三维钻石晶格等离子体光子晶体产生的 PBGs 能明显地被$\omega_{\rm p}$ 所调谐。随着$\omega_{\rm p}$ 的增大，PBGs 的上下边缘将向高频方向移动，而且产生的水平带区域的上边缘频率也将随着$\omega_{\rm p}$ 的增大而

线性增加。如果增大ω_{p} 的值，ε_{p} 的实部将减少。这使得电磁波在三维等离子体光子晶体中发生 Bragg 散射时干涉波长减小了。另外，当ω_{p} 的值增大时 (图 11.20 和图 11.21)，这使得更高次的表面等离子体激元模能通过介质和等离子体的交界面。

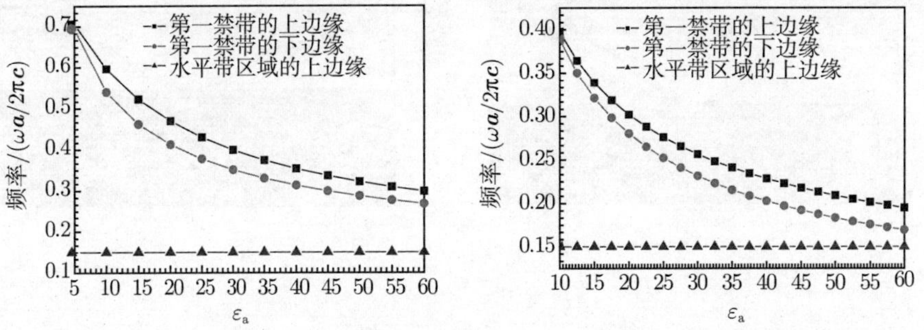

(a) (b)

图 11.18 三维钻石晶格等离子体光子晶体的 PBGs 和水平带区域的上边缘位置与ε_{a} 的关系图

(a) type-1；(b) type-2

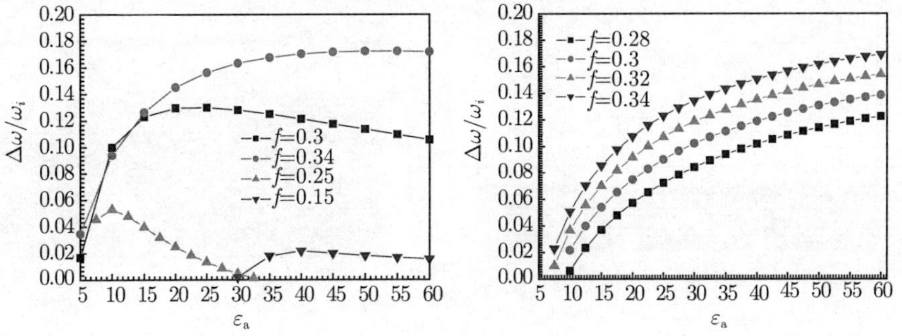

(a) (b)

图 11.19 在 f 取不同值时两类三维钻石晶格等离子体光子晶体 PBGs 的相对带宽与ε_{a} 的关系图

(a) type-1；(b) type-2

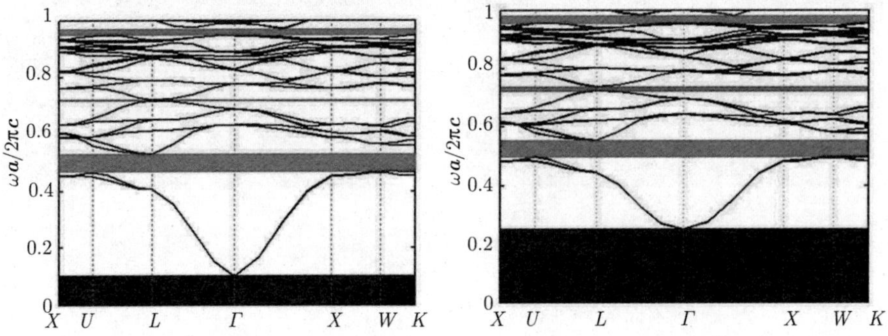

(a) (b)

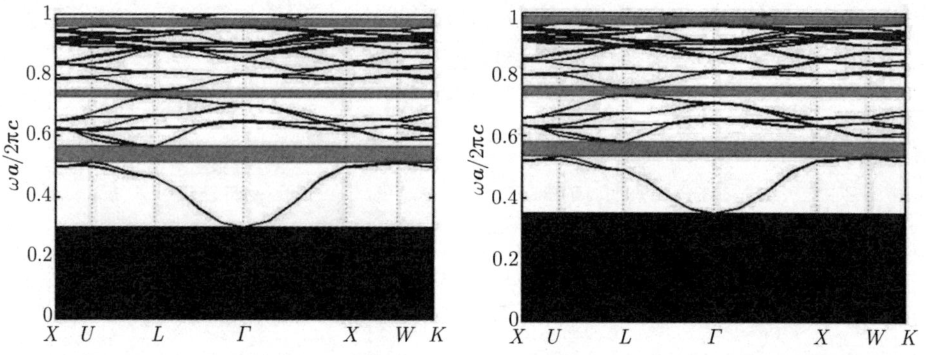

(c)　　　　　　　　　　　　(d)

图 11.20　在ω_p 取不同值时 type-1 三维钻石晶格等离子体光子晶体的色散曲线

(a)$\omega_p=0.1\omega_{p0}$；(b) $\omega_p=0.2\omega_{p0}$；(c)$\omega_p=0.3\omega_{p0}$；(d) $\omega_p=0.35\omega_{p0}$

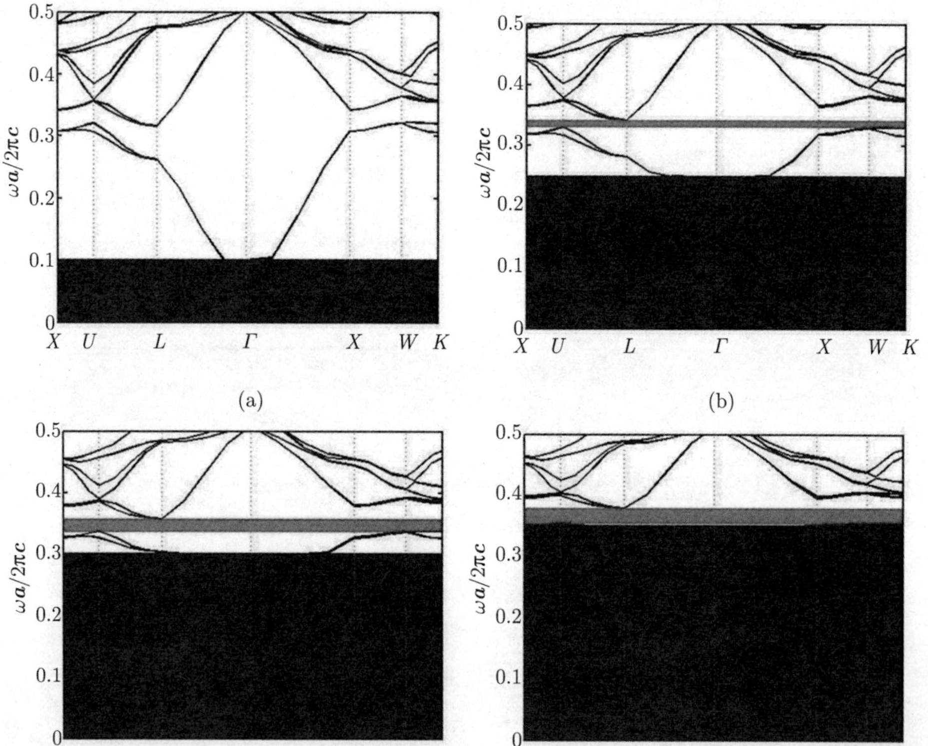

(c)　　　　　　　　　　　　(d)

图 11.21　在ω_p 取不同值时 type-2 三维钻石晶格等离子体光子晶体的色散曲线

(a)$\omega_p=0.1\omega_{p0}$；(b) $\omega_p=0.2\omega_{p0}$；(c)$\omega_p=0.3\omega_{p0}$；(d) $\omega_p=0.35\omega_{p0}$

图 11.22 给出了三维钻石晶格等离子体光子晶体的 PBGs 和水平带区域的上边缘位置与$\omega_{\rm p}$ 的关系图，此时其他参数为：f=0.3, $\varepsilon_{\rm a}$=13.9 和$\nu_{\rm c}$=0.02$\omega_{\rm p}$。由图 11.22 可知，type-1 和 type-2 的 1st PBGs 的上下边缘都将随着$\omega_{\rm p}$ 的增大而向高频方向移动，而且水平带区域上边缘频率将会随着$\omega_{\rm p}$ 的增大而线性增大。type-1 PBG 的带宽将随着$\omega_{\rm p}$ 的增大而减小; 而对于 type-2 而言，PBG 的带宽将随着$\omega_{\rm p}$ 的增大而先增大后减小。图 11.23 给出了在 f 取不同值时两类三维钻石晶格等离子体光子晶体 PBG 的相对带宽 ($\Delta\omega/\omega_i$) 与$\omega_{\rm p}$ 的关系图。由图 11.23(a) 可知，当 $f>0.15$ 时，type-1 PBG 的相对带宽将随着$\omega_{\rm p}$ 的增大而减小。当$\omega_{\rm p}/\omega_{\rm p0}<0.42$，介质球填充率 f=0.35 时，PBG 的相对带宽能取得最大值, 其值为 15.47，此时$\omega_{\rm p}/\omega_{\rm p0}$ =0.01。当 f=0.3、0.25 和 0.15 时，$\Delta\omega/\omega_i$ 的最大值分别为 12.57%、5.82%和 10.29%。而当$\omega_{\rm p}/\omega_{\rm p0}>0.42$ 时，f=0.15 具有 $\Delta\omega/\omega_i$ 的最大值，其值为 10.74%。因此，当$\omega_{\rm p}/\omega_{\rm p0}$ 取较大值时，$\Delta\omega/\omega_i$ 的最大值出现在 low-f 区域。由图 11.23(b) 可知，type-2 PBGs 的相对带宽将随着$\omega_{\rm p}$ 的增大而先增大后减小。$\Delta\omega/\omega_i$ 的最大值出现在 high-f 区域。等离子体球填充率 f=0.34 时，PBG 的相对带宽能取得最大值，其值为 11.84%。当 f=0.32、0.3 和 0.28 时，$\Delta\omega/\omega_i$ 的最大值分别为 10.66%、9.39%和 8.11%。因此，当等离子体球的填充率较大时，$\Delta\omega/\omega_i$ 的值也较大。

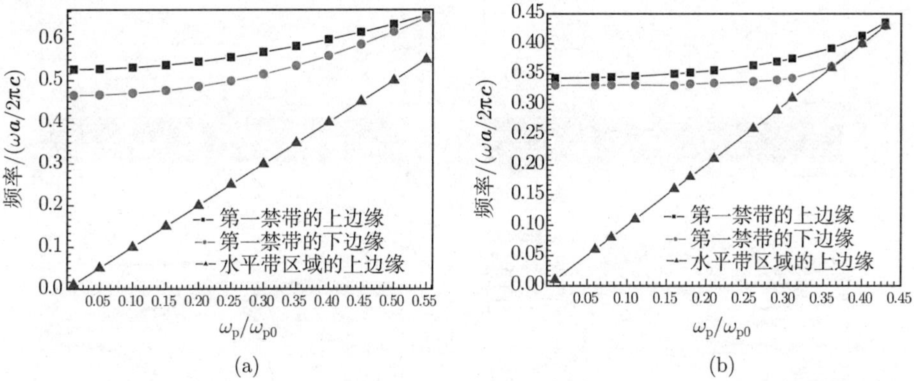

图 11.22 三维钻石晶格等离子体光子晶体的 PBGs 和水平带区域的上边缘位置与$\omega_{\rm p}$ 的关系图

(a) type-1；(b) type-2

图 11.24 和图 11.25 给出了在 f 取不同时 type-1 和 type-2 三维钻石晶格等离子体光子晶体的色散曲线，此时其他参数为：$\omega_{\rm p}$=0.15$\omega_{\rm p0}$, $\varepsilon_{\rm a}$=13.9 和$\nu_{\rm c}$=0.02$\omega_{\rm p}$。灰色区域表示 PBGs。由图 11.24 和图 11.25 可知，type-1 和 type-2 的 1st PBGs 能明显地被 f 所调谐。对于 type-1 而言，1st PBG 的上下边缘将会随着 f 的变化

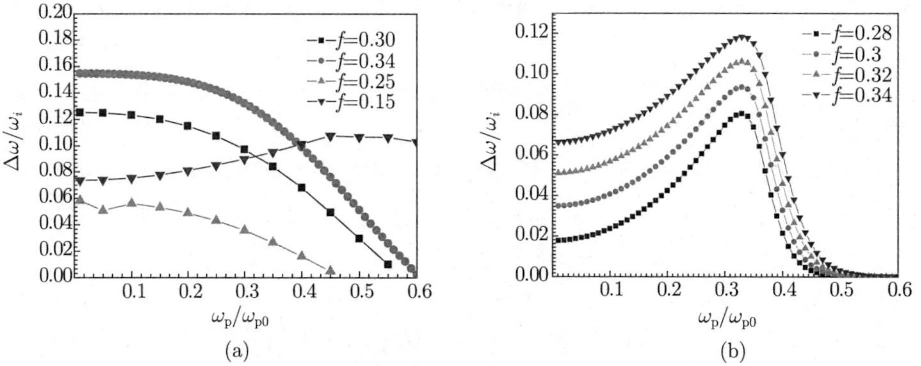

图 11.23　在 f 取不同值时两类三维钻石晶格等离子体光子晶体 PBGs 的相对带宽与 ω_p 的关系图

(a) type-1；(b) type-2

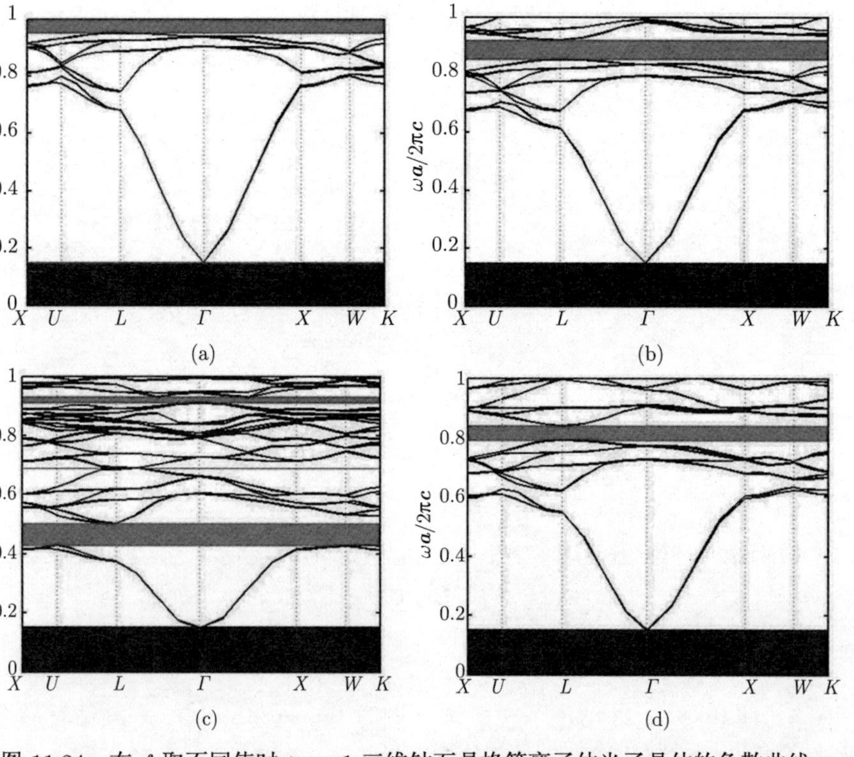

图 11.24　在 f 取不同值时 type-1 三维钻石晶格等离子体光子晶体的色散曲线

(a) f=0.1；(b) f=0.15；(c) f=0.2；(d) f=0.34

而变化。对于 type-2 而言，如果 f 小于 0.2，1st PBG 将不会存在。因此，对于三维钻石晶格等离子体光子晶体而言，f 是一个非常重要的参数。另外，从图 11.24 和图 11.25 可知，对这两类等离子体光子晶体而言，水平带区域的上边缘的频率将不会随着 f 的变化而变化。这主要是因为改变 f 的大小不会影响等离子体的截止频率和介质与等离子体之间的耦合强度。显然，表面等离子体激元模也不会有所改变。图 11.26 给出了这两类等离子体光子晶体水平带区域的上边缘位置与 f 的关系图，且ω_p=0.15ω_{p0}, ε_a=13.9 和ν_c=0.02ω_p。

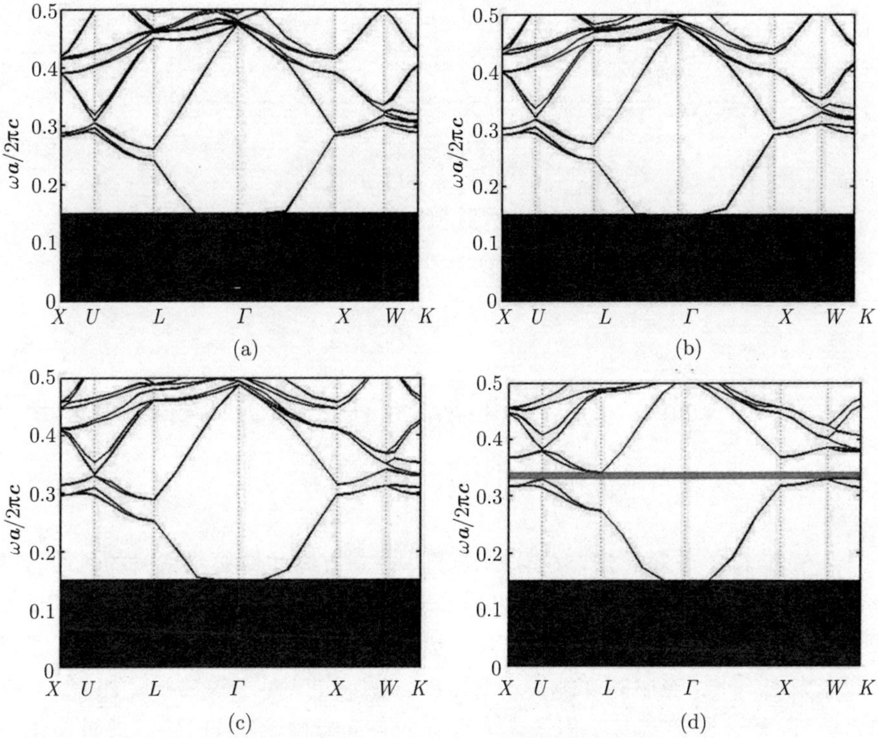

图 11.25 在 f 取不同值时 type-2 三维钻石晶格等离子体光子晶体的色散曲线

(a) f=0.1; (b) f=0.15; (c) f=0.2; (d) f=0.34

由图 11.26 可知，对于 type-1 和 type-2 而言，当 $f > 0.1$ 时，水平带区域的上边缘位置将不会随着 f 的增大而发生改变。然而值得注意的是，对于 type-1 而言，如果 f 的值足够小且趋近于零时，该三维等离子体光子晶体可以被近似看作等离子体块，那么水平带区域将会消失。

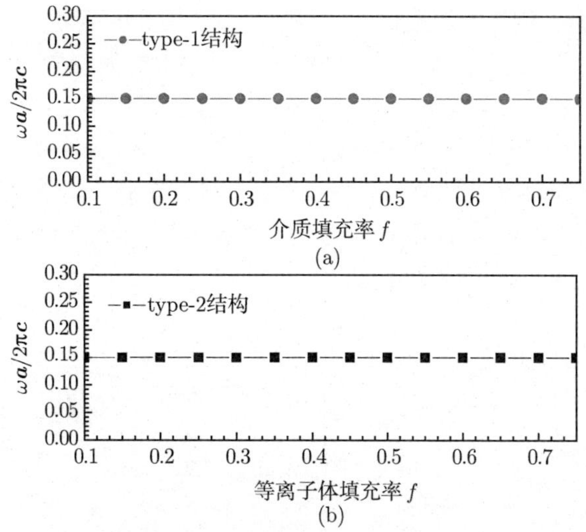

图 11.26　type-1 和 type-2 水平带区域的上边缘位置与 f 的关系图

(a) type-1；(b) type-2

11.3　磁光 Voigt 效应下非寻常波在三维磁化等离子体光子晶体中的色散特性

11.1 节和 11.2 节对三维非磁化等离子体在立方体和钻石晶格时的色散特性进行了讨论，计算结果表明三维非磁化等离子体的 PBGs 不仅可以由等离子体参数来调谐，而且还与晶格的拓扑结构有关。然而要实现对 PBGs 的调谐，不只是局限在这两个方面，外加磁场同样能实现对 PBGs 的调谐。对于等离子体而言，当存在外加磁场时，等离子体本身不但表现为很强的各向异性，而且电磁波通过磁化等离子体时，磁化等离子体中电磁波的模式也非常复杂。与非磁化等离子体光子晶体相比，磁化等离子体光子晶体具有一些更好的特性，因此磁化等离子体光子晶体可以用来设计滤波器 [301] 和极化分离器 [302]。当外加磁场作用于等离子体时，可以产生两种磁光效应。当外加磁场与波矢垂直时，磁化等离子体中会出现磁光 Voigt 效应。此时，电磁波能被分解为非寻常波和寻常波。当外加磁场与波矢平行时，磁化等离子体中将存在磁光 Faraday 效应。此时，电磁波能被分解为 LCP 波和 RCP 波。本节主要是在理论上讨论在磁光 Voigt 效应下，非寻常波在三维磁化等离子体光子晶体中的色散特性，并引入面心晶格 (face-centered-cubic lattice，fcc lattices) 结构 [248,257]，探讨该三维磁化等离子体光子晶体各参数对其色散特性的影响。

11.3.1 理论模型和计算方法

图 11.27 给出了三维面心晶格磁化等离子体光子晶体的拓扑结构与面心晶格的第一不可约布里渊区的示意图。如图 11.27(a) 所示，三维面心晶格磁化等离子体光子晶体是由磁化等离子体球填充介质背景，并假设在任何情况下外加磁场 $\boldsymbol{B}$ 和波矢 $\boldsymbol{k}$ 都保持垂直。假设填充的等离子体球的半径和晶格常数分别为 R 和 a。众所周知[303]，面心晶格的每个单元格中仅包含 1 个散射体。面心晶格的基矢与钻石晶格的相同，分别为：$\boldsymbol{a}_1$=(0, 0.5a, 0.5a)、$\boldsymbol{a}_2$=(0.5a, 0, 0.5a) 和 $\boldsymbol{a}_3$=(0.5a, 0.5a, 0)。面心晶格的第一不可约布里渊区上的点也和钻石晶格的相同，即：$\Gamma(0, 0, 0)$、$X=(2\pi/a, 0, 0)$、$W=(2\pi/a, \pi/a, 0)$、$K=(1.5\pi/a, 1.5\pi/a, 0)$、$L=(\pi/a, \pi/a, \pi/a)$ 和 $U=(2\pi/a, 0.5\pi/a, 0.5\pi/a)$。假设介质和磁化等离子体的相对介电常数分别为$\varepsilon_{\mathrm{a}}$ 和ε_{p}。如果计算时引入的时谐量是 $\mathrm{e}^{-\mathrm{j}\omega t}$, ω 是角频率, t 是时间, 且 $j=\sqrt{-1}$。当外加磁场 $\boldsymbol{B}$ 和波矢 $\boldsymbol{k}$ 垂直时，磁化等离子体中非寻常波和寻常波的相对介电常数分别为[285]：

$$\varepsilon_{\mathrm{p}}(\omega)=\frac{\left[\omega(\omega+\mathrm{j}\nu_{\mathrm{c}})-\omega_{\mathrm{p}}^2\right]^2-\omega^2\omega_{\mathrm{c}}^2}{\omega^2\left\{\left[(\omega+\mathrm{j}\nu_{\mathrm{c}})^2-\omega_{\mathrm{c}}^2\right]\right\}-\omega\omega_{\mathrm{p}}^2(\omega+\mathrm{j}\nu_{\mathrm{c}})} \tag{11.24}$$

$$\varepsilon_{\mathrm{p}}(\omega)=1-\frac{\omega_{\mathrm{p}}^2}{\omega^2+\mathrm{j}(\nu_{\mathrm{c}}\omega)} \tag{11.25}$$

其中, ω_{p}、ν_{c} 和ω_{c} 分别代表等离子体频率、等离子体碰撞频率和等离子体回旋频率。$\omega_{\mathrm{c}}=eB/m$，e、m 和 B 分别表示电子的电量、电子的质量和外加磁场的强度。由式 (11.24) 和式 (11.25) 可知，对于寻常波而言 (式 (11.25))，其色散关系将与外加磁场无关。因此，本节将着重介绍非寻常波在三维面心晶格磁化等离子体光子晶体中的色散特性。

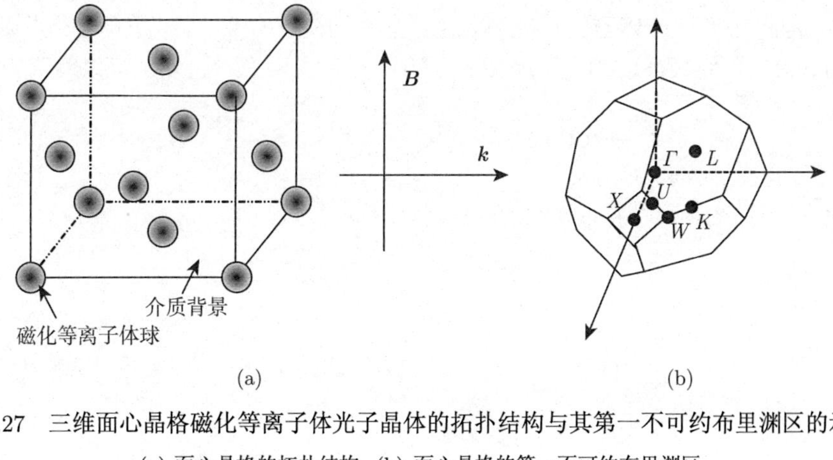

图 11.27 三维面心晶格磁化等离子体光子晶体的拓扑结构与其第一不可约布里渊区的示意图

(a) 面心晶格的拓扑结构；(b) 面心晶格的第一不可约布里渊区

与 11.2 节相似，用 PWE 方法来求取非寻常波的色散曲线。由 Bloch 定理可知，Maxwell 方程组可以展开成关于磁场 $\boldsymbol{H}$ 的等式:

$$\boldsymbol{H}(\boldsymbol{r})=\sum_{\boldsymbol{G}}\sum_{\lambda=1}^{2}h_{\boldsymbol{G},\lambda}\widehat{\boldsymbol{e}}_{\boldsymbol{\lambda}}\mathrm{e}^{[\mathrm{j}(\boldsymbol{k}+\boldsymbol{G})\cdot\boldsymbol{r}]} \tag{11.26}$$

$$\boldsymbol{\varepsilon}^{-1}(r)=\sum_{\boldsymbol{G}}\boldsymbol{\varepsilon}^{-1}(G)\mathrm{e}^{\mathrm{j}\boldsymbol{G}\cdot\boldsymbol{r}}=\sum_{\boldsymbol{G}}\widehat{\kappa}(G)\mathrm{e}^{\mathrm{j}\boldsymbol{G}\cdot\boldsymbol{r}} \tag{11.27}$$

其中, $\boldsymbol{k}$ 是在第一不可约布里渊区中的波矢; $\boldsymbol{G}$ 是倒格矢; $\boldsymbol{\varepsilon}^{-1}(\boldsymbol{r})$ 是 $\boldsymbol{\varepsilon}(\boldsymbol{r})$ 的逆; $\widehat{\kappa}(\boldsymbol{G})$ 是介质的傅里叶展开系数。将式 (11.26) 和式 (11.27) 代入 Maxwell 方程组可以得到

$$\sum_{\boldsymbol{G}',\lambda'}|\boldsymbol{k}+\boldsymbol{G}||\boldsymbol{k}+\boldsymbol{G}'|\begin{pmatrix}\widehat{\boldsymbol{e}}_{\boldsymbol{2}}\cdot\boldsymbol{\varepsilon}_{\boldsymbol{G},\boldsymbol{G}'}^{-1}\cdot\widehat{\boldsymbol{e}}_{\boldsymbol{2}'} & -\widehat{\boldsymbol{e}}_{\boldsymbol{2}}\cdot\boldsymbol{\varepsilon}_{\boldsymbol{G},\boldsymbol{G}'}^{-1}\cdot\widehat{\boldsymbol{e}}_{\boldsymbol{1}'}\\ -\widehat{\boldsymbol{e}}_{\boldsymbol{1}}\cdot\boldsymbol{\varepsilon}_{\boldsymbol{G},\boldsymbol{G}'}^{-1}\cdot\widehat{\boldsymbol{e}}_{\boldsymbol{2}'} & \widehat{\boldsymbol{e}}_{\boldsymbol{1}}\cdot\boldsymbol{\varepsilon}_{\boldsymbol{G},\boldsymbol{G}'}^{-1}\cdot\widehat{\boldsymbol{e}}_{\boldsymbol{1}'}\end{pmatrix}h_{\boldsymbol{G}',\lambda'}=\frac{\omega^2}{c^2}h_{\boldsymbol{G},\lambda} \tag{11.28}$$

其中, $\widehat{\boldsymbol{e}}_{\boldsymbol{1}}$ 和 $\widehat{\boldsymbol{e}}_2$ 是垂直于波矢 $\boldsymbol{k}+\boldsymbol{G}$ 的正交单位矢量。介质的傅里叶展开系数 $\widehat{\kappa}(\boldsymbol{G})$ 为 [257]

$$\widehat{\kappa}(\boldsymbol{G})=\begin{cases}\dfrac{\omega^2[(\omega+\mathrm{j}v_{\mathrm{c}})^2-\omega_{\mathrm{c}}^2]-\omega\omega_{\mathrm{p}}^2(\omega+\mathrm{j}v_{\mathrm{c}})}{[\omega(\omega+\mathrm{j}v_{\mathrm{c}})-\omega_{\mathrm{p}}^2]^2-\omega^2\omega_{\mathrm{c}}^2}f+\dfrac{1}{\varepsilon_{\mathrm{a}}}(1-f), & \boldsymbol{G}=0\\ \left\{\dfrac{\omega^2[(\omega+\mathrm{j}v_{\mathrm{c}})^2-\omega_{\mathrm{c}}^2]-\omega\omega_{\mathrm{p}}^2(\omega+\mathrm{j}v_{\mathrm{c}})}{[\omega(\omega+\mathrm{j}v_{\mathrm{c}})-\omega_{\mathrm{p}}^2]^2-\omega^2\omega_{\mathrm{c}}^2}-\dfrac{1}{\varepsilon_{\mathrm{a}}}\right\} & \\ \cdot 3f\dfrac{\sin(|\boldsymbol{G}|R)-(|\boldsymbol{G}|R)\cos(|\boldsymbol{G}|R)}{(|\boldsymbol{G}|R)^3}, & \boldsymbol{G}\neq 0\end{cases} \tag{11.29}$$

其中，f 是磁化等离子体球的填充率，且 $f=(4\pi R^3)/(3V_{\mathrm{m}})$，$V_{\mathrm{m}}$ 是单元格的体积。将式 (11.29) 代入式 (11.28)，且定义复数变量 $\xi=\omega/c$，式 (11.28) 可以表示为

$$\xi^6\boldsymbol{I}-\xi^5\boldsymbol{O}-\xi^4\boldsymbol{P}-\xi^3\boldsymbol{Q}-\xi^2\boldsymbol{R}-\xi\boldsymbol{S}-\boldsymbol{T}=0 \tag{11.30}$$

其中, $\boldsymbol{I}$ 为单位矩阵，且有

$$\boldsymbol{O}(\boldsymbol{G}|\boldsymbol{G}')=-\mathrm{j}\frac{2\nu_{\mathrm{c}}}{c}\boldsymbol{\delta}_{\boldsymbol{G}\cdot\boldsymbol{G}'} \tag{11.31}$$

$$\boldsymbol{P}(\boldsymbol{G}|\boldsymbol{G}')=\left\{\frac{A}{c^2}+\left[\frac{1}{\varepsilon_{\mathrm{a}}}(1-f)+f\right]\cdot|\boldsymbol{k}+\boldsymbol{G}|^2\cdot\boldsymbol{F}\right\}\boldsymbol{\delta}_{\boldsymbol{G}\cdot\boldsymbol{G}'}+\left(1-\frac{1}{\varepsilon_{\mathrm{a}}}\right)\boldsymbol{M} \tag{11.32}$$

$$\boldsymbol{Q}(\boldsymbol{G}|\boldsymbol{G}')=\left\{\mathrm{j}\frac{2\nu_{\mathrm{c}}\omega_{\mathrm{p}}^2}{c^3}+\mathrm{j}\frac{2\nu_{\mathrm{c}}}{c}\left[f+\frac{1}{\varepsilon_{\mathrm{a}}}(1-f)\right]\cdot|\boldsymbol{k}+\boldsymbol{G}|^2\cdot\boldsymbol{F}\right\}\boldsymbol{\delta}_{\boldsymbol{G}\cdot\boldsymbol{G}'}$$

$$+\mathrm{j}\frac{2\nu_{\mathrm{c}}}{c}\left(1-\frac{1}{\varepsilon_a}\right)\boldsymbol{M} \tag{11.33}$$

$$\begin{aligned}\boldsymbol{R}(\boldsymbol{G}|\boldsymbol{G}')=&\left(-\frac{\omega_{\mathrm{p}}^4}{c^4}\left\{-\frac{A}{c^2}\left[f+\frac{1}{\varepsilon_{\mathrm{a}}}(1-f)\right]+\frac{\omega_{\mathrm{p}}^2}{c^2}f\right\}\cdot|\boldsymbol{k}+\boldsymbol{G}|^2\cdot\boldsymbol{F}\right)\boldsymbol{\delta}_{\boldsymbol{G}\cdot\boldsymbol{G}'}\\&+\left[-\frac{A}{c^2}\left(1-\frac{1}{\varepsilon_{\mathrm{a}}}\right)+\frac{\omega_{\mathrm{p}}^2}{c^2}\right]\boldsymbol{M}\end{aligned} \tag{11.34}$$

$$\begin{aligned}\boldsymbol{S}(\boldsymbol{G}|\boldsymbol{G}')=&\left\{\left[-\mathrm{j}\frac{2\nu_{\mathrm{c}}\omega_{\mathrm{p}}^2}{c^3\varepsilon_{\mathrm{a}}}(1-f)-\mathrm{j}\frac{\nu_{\mathrm{c}}\omega_{\mathrm{p}}^2}{c^3}f\right]\cdot|\boldsymbol{k}+\boldsymbol{G}|^2\cdot\boldsymbol{F}\right\}\boldsymbol{\delta}_{\boldsymbol{G}\cdot\boldsymbol{G}'}\\&+\left[-\mathrm{j}\frac{2\nu_{\mathrm{c}}\omega_{\mathrm{p}}^2}{c^3}\left(\frac{1}{\varepsilon_{\mathrm{a}}}-1\right)+\mathrm{j}\frac{\nu_{\mathrm{c}}\omega_{\mathrm{p}}^2}{c^3}\right]\boldsymbol{M}\end{aligned} \tag{11.35}$$

$$\boldsymbol{T}(\boldsymbol{G}|\boldsymbol{G}')=\left[\frac{\omega_{\mathrm{p}}^4}{c^4}\frac{1}{\varepsilon_{\mathrm{a}}}(1-f)\cdot|\boldsymbol{k}+\boldsymbol{G}|^2\cdot\boldsymbol{F}\right]\boldsymbol{\delta}_{\boldsymbol{G}\cdot\boldsymbol{G}'}-\frac{\omega_{\mathrm{p}}^4}{c^4}\frac{1}{\varepsilon_{\mathrm{a}}}\boldsymbol{M} \tag{11.36}$$

其中

$$\boldsymbol{M}=|\boldsymbol{k}+\boldsymbol{G}||\boldsymbol{k}+\boldsymbol{G}'|\cdot\boldsymbol{F}\cdot 3f\frac{\sin(|\boldsymbol{G}|R)-(|\boldsymbol{G}|R)\cos(|\boldsymbol{G}|R)}{(|\boldsymbol{G}|R)^3}$$

$$\boldsymbol{F}=\begin{bmatrix}\widehat{\boldsymbol{e}}_{\boldsymbol{2}}\cdot\widehat{\boldsymbol{e}}_{\boldsymbol{2}'} & -\widehat{\boldsymbol{e}}_{\boldsymbol{2}}\cdot\widehat{\boldsymbol{e}}_{\boldsymbol{1}'}\\ -\widehat{\boldsymbol{e}}_{\boldsymbol{1}}\cdot\widehat{\boldsymbol{e}}_{\boldsymbol{2}'} & \widehat{\boldsymbol{e}}_{\boldsymbol{1}}\cdot\widehat{\boldsymbol{e}}_{\boldsymbol{1}'}\end{bmatrix}$$

且 $A=\nu_{\mathrm{c}}^2+2\omega_{\mathrm{p}}^2+\omega_{\mathrm{c}}^2$。$\boldsymbol{O}$、$\boldsymbol{P}$、$\boldsymbol{Q}$、$\boldsymbol{R}$、$\boldsymbol{S}$ 和 $\boldsymbol{T}$ 是 $N\times N$ 的矩阵。多项式 (11.30) 的求解可以转换成为对一个大小为 $6N\times 6N$ 的矩阵 $\boldsymbol{Y}$ 特征值的求取，矩阵 $\boldsymbol{Y}$ 满足

$$\boldsymbol{Y}z=\xi z,\quad \boldsymbol{Y}=\begin{bmatrix}\mathbf{0}&\boldsymbol{I}&\mathbf{0}&\mathbf{0}&\mathbf{0}&\mathbf{0}\\ \mathbf{0}&\mathbf{0}&\boldsymbol{I}&\mathbf{0}&\mathbf{0}&\mathbf{0}\\ \mathbf{0}&\mathbf{0}&\mathbf{0}&\boldsymbol{I}&\mathbf{0}&\mathbf{0}\\ \mathbf{0}&\mathbf{0}&\mathbf{0}&\mathbf{0}&\boldsymbol{I}&\mathbf{0}\\ \mathbf{0}&\mathbf{0}&\mathbf{0}&\mathbf{0}&\mathbf{0}&\boldsymbol{I}\\ \boldsymbol{T}&\boldsymbol{S}&\boldsymbol{R}&\boldsymbol{Q}&\boldsymbol{P}&\boldsymbol{O}\end{bmatrix} \tag{11.37}$$

求解式 (11.37) 的本征值就得到了式 (11.30) 的解。当然，所求本征值的实部就决定了非寻常波在该三维磁化等离子体光子晶体中的色散关系。

11.3.2 三维面心晶格磁化等离子体光子晶体的色散特性

用 PWE 方法计算色散关系时展开的平面波为 729。为了不失一般性，用 $\omega a/2\pi c$ 对频率进行归一化，并用变量 $\omega_{\mathrm{p0}}a/2\pi c=1$ 来确定等离子体频率、等离子

体回旋频率和等离子体碰撞频率的大小。假设等离子体频率 $\omega_{\text{p}} = \omega_{\text{pl}} = 0.7\pi c/a = 0.35\omega_{\text{p0}}$，等离子体碰撞频率 $\nu_{\text{c}} = 0.02\omega_{\text{pl}}$，等离子体回旋频率 $\omega_{\text{c}} = 0.8\omega_{\text{pl}}$。显然，$\omega_{\text{p0}}$ 和 ω_{pl} 是定义的变量，它们没有任何物理意义。并且假定介质背景的参数满足：$\varepsilon_{\text{a}} = 13.9, \mu_{\text{a}} = 1$。磁化等离子体球的填充率 $f = 0.6$。本小节主要对三维面心晶格磁化等离子体光子晶体在频率范围 $0 \sim 2\pi c/a$ 内的 1st PBG 和水平带区域的特性进行讨论。

图 11.28 给出了在不同 ω_{p} 、ω_{c} 和 ν_{c} 条件下非寻常波的色散曲线，且 $\varepsilon_{\text{a}} = 13.9$，$f = 0.6$。图中灰色区域表示 PBGs。由图 11.28(a) 可知，当 $\omega_{\text{p}} = \omega_{\text{c}} = \nu_{\text{c}} = 0$ 时，三维面心晶格磁化等离子体光子晶体可以视为常规的三维空气 —— 介质光子晶体，且能产生 1 个 PBG。它的频率范围为：$0.6308 \sim 0.6321\ (2\pi c/a)$。PBG 带宽较窄的原因是面心晶格有很强的对称性。当等离子体引入该三维光子晶体时 (用等离子体代替空气)，如图 11.28(b) 所示，此时 $\omega_{\text{p}} = 0.35\omega_{\text{p0}}$, $\nu_{\text{c}} = 0.02\omega_{\text{pl}}$ 且 ω_{c}=0。由图可知, PBG 明显地被调谐了。PBG 的上下边缘向高频方向移动，且产生了一个水平带区域。水平带的产生是源于表面等离子体激元模 [231,235]，且水平

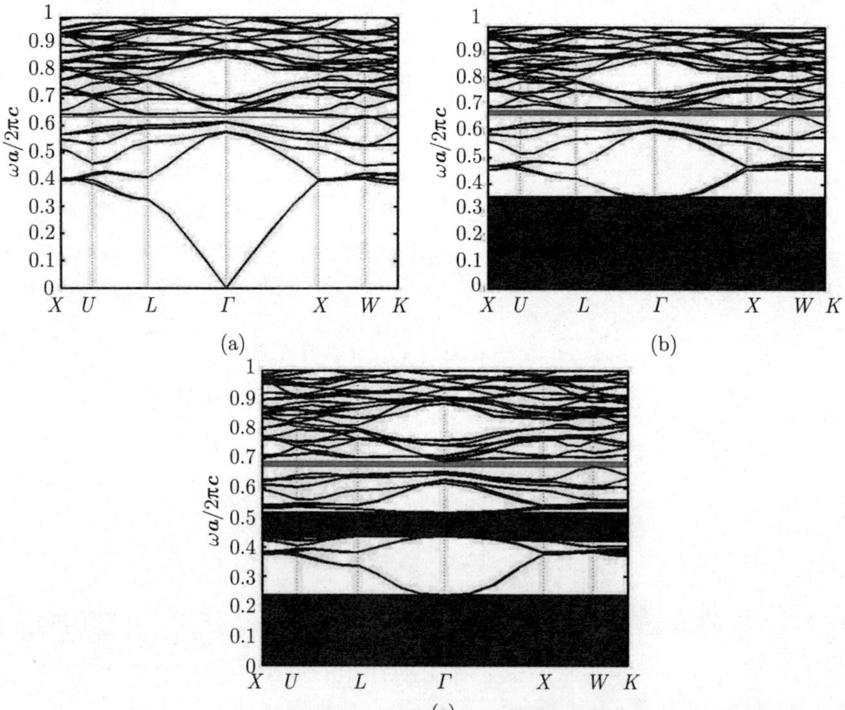

图 11.28　在不同条件下非寻常波的色散曲线

(a) $\omega_{\text{p}} = 0, \nu_{\text{c}} = 0, \omega_{\text{c}} = 0$; (b) $\omega_{\text{p}} = 0.35\ \omega_{\text{p0}}, \nu_{\text{c}} = 0.02\ \omega_{\text{pl}}, \omega_{\text{c}} = 0$; (c) $\omega_{\text{p}} = 0.35\ \omega_{\text{p0}}, \nu_{\text{c}} = 0.02\ \omega_{\text{pl}}, \omega_{\text{c}} = 0.8\ \omega_{\text{pl}}$

带区域中的群速度较慢。水平带区域覆盖的频率范围是 $0 \sim 0.35\ (2\pi c/a)$。此时 PBG 的频率范围变为 $0.6631 \sim 0.6804\ (2\pi c/a)$，显然 PBG 的带宽变大了。如图 11.28(c) 所示，当外加磁场和波矢垂直时，非寻常波的 PBG 将覆盖 $0.6724 \sim 0.6907\ (2\ \pi c/a)$，且水平带区域将变为两个。它们的频率范围分别为 $0 \sim 0.2369\ (2\ \pi c/a)$ 和 $0.4482 \sim 0.5169\ (2\ \pi c/a)$。这主要是因为非寻常波的色散关系 [248]，非寻常波存在着左右两个截止频率 f_L 和 f_R，其中 $f_L = 0.2369\ (2\ \pi c/a)$ $(f_L = -\omega_c/2 + \sqrt{\omega_c^2/4+\omega_p^2})$，$f_R = 0.5169\ (2\ \pi c/a)$ $(f_L = \omega_c/2 + \sqrt{\omega_c^2/4+\omega_p^2})$[245]。当外加磁场后，表面等离子体激元模的频率将发生变化，表面等离子体激元将会在 f_L 和 f_R 附近产生谐振，从而产生新的水平带区域。因此，f_L 和 f_R 分别对应于两个水平带区域的上边缘频率。这意味着水平带区域是由磁化等离子体自身形成的。

11.3.3 ε_a 对色散特性的影响

图 11.29 给出了在 ε_a 取不同值时非寻常波的色散曲线，此时 $f = 0.6$，$\omega_p = 0.35\omega_{p0}$，$\omega_c = 0.8\ \omega_{pl}$ 和 $\nu_c = 0.02\ \omega_{pl}$。灰色区域代表 PBGs。由图 11.29 可知，非寻常波的 1st PBG 能够被 ε_a 所调谐，PBG 的上下边缘将会随着 ε_a 的增大而向低频方向移动。由于表面等离子体激元模的存在，两个水平带区域的上边缘频率分别在 f_L 和 f_R 附近。当 ε_a 增大时，磁化等离子体球和介质背景间的耦合不会发生变化，这是因为 f_L 和 f_R 的大小与 ε_a 无关。因此，ε_a 对这两个水平带区域的位置无影响。图 11.30 给出了非寻常波的 1st PBG 及其相对带宽与 ε_a 的关系图，此时 $f = 0.6$，$\omega_p = 0.35\ \omega_{p0}$，$\omega_c = 0.8\ \omega_{pl}$ 和 $\nu_c = 0.02\ \omega_{pl}$。深色区域代表 PBG。由图 11.30(a) 可知，PBG 的上下边缘将会随着 ε_a 的增大而向低频方向移动，且其带宽会先增大后减小。如果 $\varepsilon_a < 7$，PBG 将不会存在。当 $\varepsilon_a = 40$ 时，PBG 将闭合。PBG 的最大带宽为 $0.0243\ (2\ \pi c/a)$，且此时 $\varepsilon_a = 17$。与 $\varepsilon_a = 40$ 时相比，带宽增加了 $0.0229\ (2\ \pi c/a)$。由图 11.30(b) 可知，PBG 的相对带宽 $(\Delta\omega/\omega_i)$ 将随着 ε_a 的增大而先增大后减小。当 ε_a 由 7 增加到 40 时，$\Delta\omega/\omega_i$ 的最大值为 0.0382

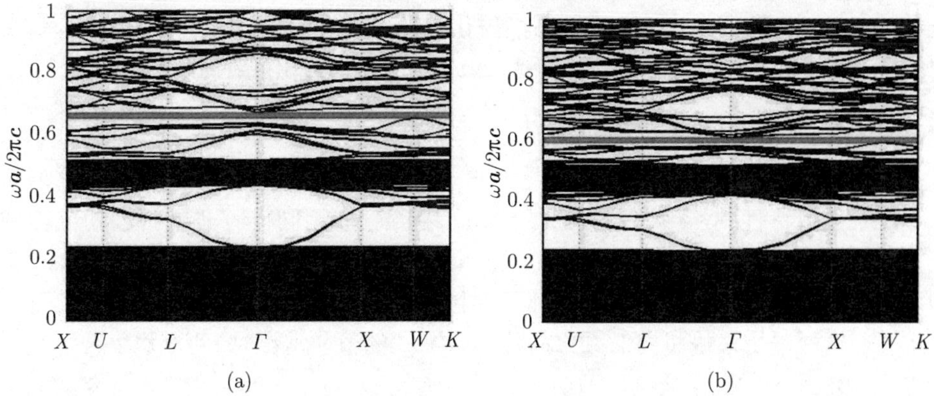

(a) (b)

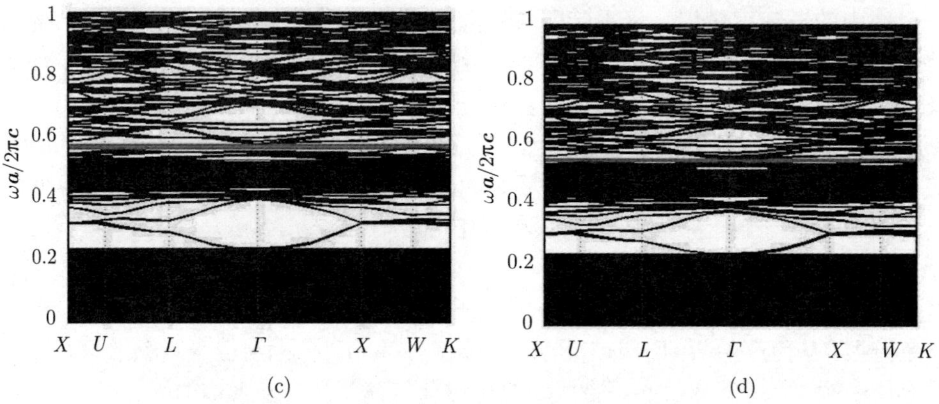

图 11.29 在 ε_a 取不同值时非寻常波的色散曲线

(a) $\varepsilon_a = 15$; (b) $\varepsilon_a = 20$; (c) $\varepsilon_a = 25$; (d) $\varepsilon_a = 30$

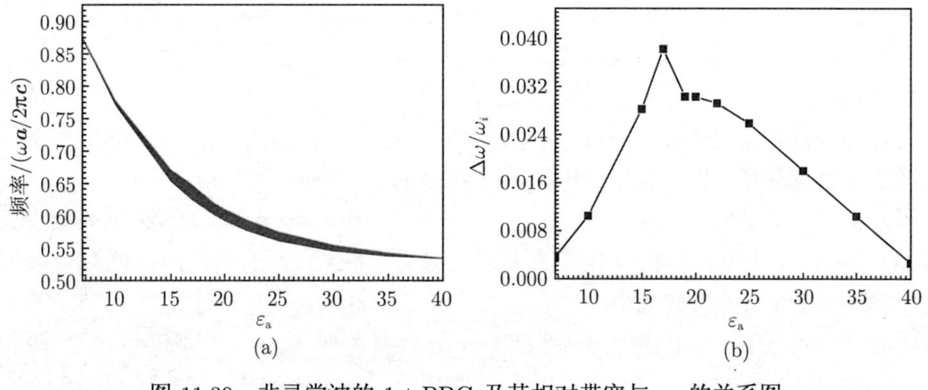

图 11.30 非寻常波的 1st PBG 及其相对带宽与 ε_a 的关系图

(a) 1st PBG; (b) 1st PBG 的相对带宽

且 $\varepsilon_a = 17$。因此，对于三维面心晶格磁化等离子体光子晶体中的非寻常波而言，它的 PBG 能够通过改变 ε_a 进行调谐，$\Delta\omega/\omega_i$ 的最大值出现在 low-ε_a 区域。

11.3.4 外加磁场对色散特性的影响

由于外加磁场和 ω_c 成正比，要了解外加磁场对色散特性的影响，仅需要讨论 ω_c 对色散特性的影响。图 11.31 给出了在 ω_c 取不同值时非寻常波的色散曲线，此时 $f=0.6$, $\omega_p=0.35\omega_{p0}$，$\varepsilon_a=13.9$ 和 $\nu_c=0.02\omega_{pl}$。灰色区域代表 PBGs。由图 11.31 可知，随着 ω_c 的增大，第二水平带区域的上下边缘将向高频方向移动，而第一水平带区域的上边缘将向低频方向移动。当 ω_c 的值非常小时，两个水平带区域将会重合，如 $\omega_c=0.01\omega_{pl}$(图 11.31(a))。这可以通过 ω_c 与 f_L 和 f_R 的关系来解释，f_R

将随着 ω_c 的增大而增大，但是 f_L 则随着 ω_c 的增大而减小。图 11.32 给出了非寻常波的 1st PBG 及其相对带宽与 ω_c 的关系图，此时 $f=0.6$，$\omega_p=0.35\omega_{p0}$，$\varepsilon_a=13.9$ 和 $\nu_c=0.02\omega_{pl}$。深色区域代表 PBGs。由图 11.32(a) 可知，PBG 的上下边缘将会随着 ω_c 的增大而向高频方向移动，且其带宽会先增大后减小。这主要是因为非寻常波在该三维磁化等离子体中发生 Bragg 散射时干涉波长减小了。当 ω_c/ω_{pl} 由 0.01 增加到 2 时，最大的 PBG 带宽是 0.0186 $(2\pi c/a)$，其频率范围是 $0.686\sim0.7046$ $(2\pi c/a)$，即 $\omega_c/\omega_{pl}=1.1$。与 $\omega_c/\omega_{pl}=2$ 时相比，PBG 带宽增加了 0.0154 $(2\pi c/a)$。由图 11.32(b) 可知，PBG 的相对带宽将随着 ω_c 的增大而先增大后减小，$\Delta\omega/\omega_i$ 的最大值为 0.0268 且 $\omega_c/\omega_{pl}=1.1$。与 $\omega_c/\omega_{pl}=2$ 相比，$\Delta\omega/\omega_i$ 的值增加了 0.0231。因此，PBG 和水平带区域能够被 ω_c 调谐，且 PBG 的带宽也能通过增加外磁场的强度 (ω_c) 来实现。

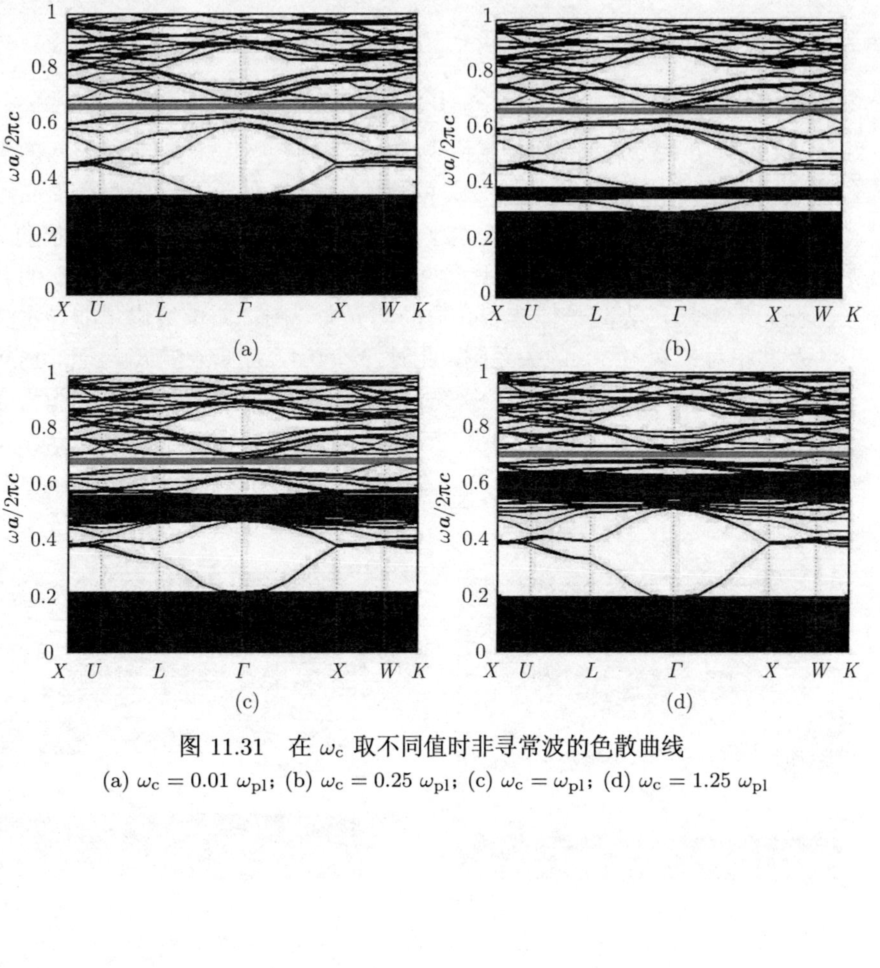

图 11.31 在 ω_c 取不同值时非寻常波的色散曲线

(a) $\omega_c=0.01\,\omega_{pl}$；(b) $\omega_c=0.25\,\omega_{pl}$；(c) $\omega_c=\omega_{pl}$；(d) $\omega_c=1.25\,\omega_{pl}$

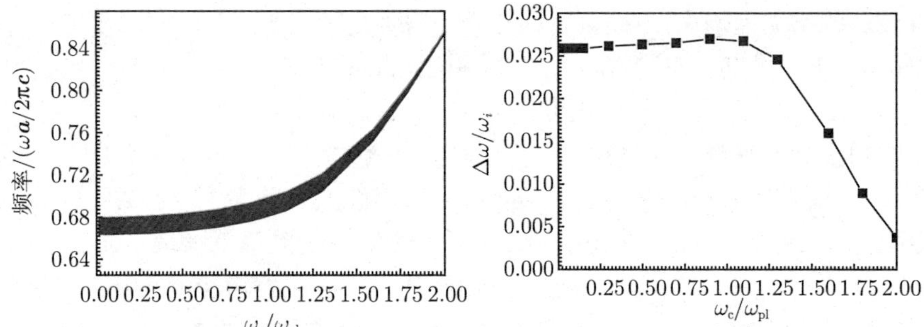

(a)　　(b)

图 11.32　非寻常波的 1st PBG 及其相对带宽与 ω_{c} 的关系图

(a) 1st PBG；(b) 1st PBG 的相对带宽

11.3.5　ω_{p} 对色散特性的影响

图 11.33 给出了在 ω_{p} 取不同值时非寻常波的色散曲线，此时 $f=0.6, \omega_{\mathrm{c}}=0.8\omega_{\mathrm{pl}}$，$\varepsilon_{\mathrm{a}}=13.9$ 和 $\nu_{\mathrm{c}}=0.02\ \omega_{\mathrm{pl}}$。灰色区域代表 PBGs。由图 11.33 可知，PBG 的大小能通过改变 ω_{p} 的大小来实现。随着 ω_{p} 的增大，PBG 的上下边缘将会向高频方向移动。当 $\omega_{\mathrm{p}}/\omega_{\mathrm{p0}}$ 的值增大时，两个水平带区域的上边缘将向高频方向移动。这主要是因为 f_{L} 和 f_{R} 将会随着 ω_{p} 的增大而增大。当 ω_{p} 增大时，更高次的表面等离子体激元模能通过等离子体球和介质的交界面。图 11.34 给出了非寻常波的 1st PBG 及其相对带宽与 ω_{p} 的关系图，此时 $f=0.6$，$\omega_{\mathrm{c}}=0.8\ \omega_{\mathrm{pl}}$，$\varepsilon_{\mathrm{a}}=13.9$ 和 $\nu_{\mathrm{c}}=0.02\ \omega_{\mathrm{pl}}$。深色区域表示 PBG。由图 11.34(a) 可知，PBG 的上下边缘将会随着 ω_{p} 的增大而向高频方向移动，且其带宽也将会先增大后减小。当 $\omega_{\mathrm{p}}/\ \omega_{\mathrm{p0}}$ 由 0.01 增加到 0.6 时，PBG 的最大带宽是 0.0257 ($2\ \pi c/a$)，其覆盖 0.704 ~ 0.7251 ($2\ \pi c/a$)，即 $\omega_{\mathrm{p}}/\omega_{\mathrm{p0}}=0.45$。与 $\omega_{\mathrm{p}}/\omega_{\mathrm{p0}}=0.01$ 相比，PBG 的频率范围增加了 0.0013

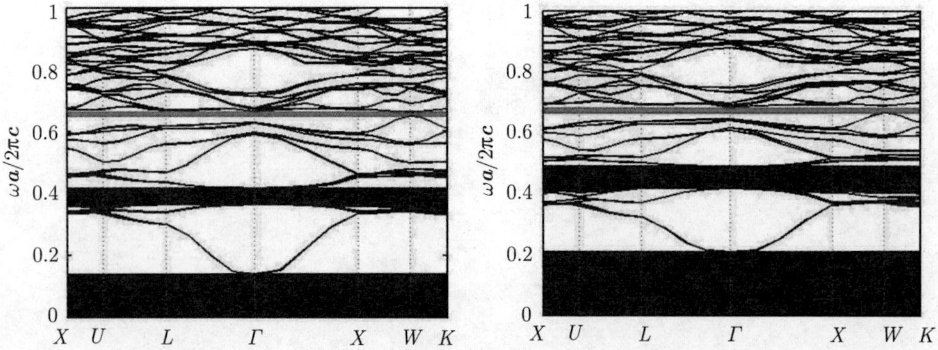

(a)　　(b)

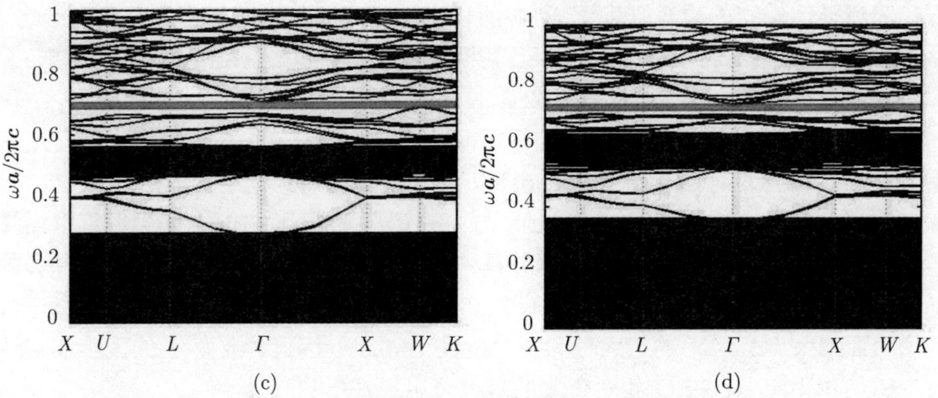

图 11.33 在 $\omega_{\rm p}$ 取不同值时非寻常波的色散曲线

(a) $\omega_{\rm p}=0.24\ \omega_{\rm p0}$; (b) $\omega_{\rm p}=0.32\ \omega_{\rm p0}$; (c) $\omega_{\rm p}=0.4\ \omega_{\rm p0}$; (d) $\omega_{\rm p}=0.48\ \omega_{\rm p0}$

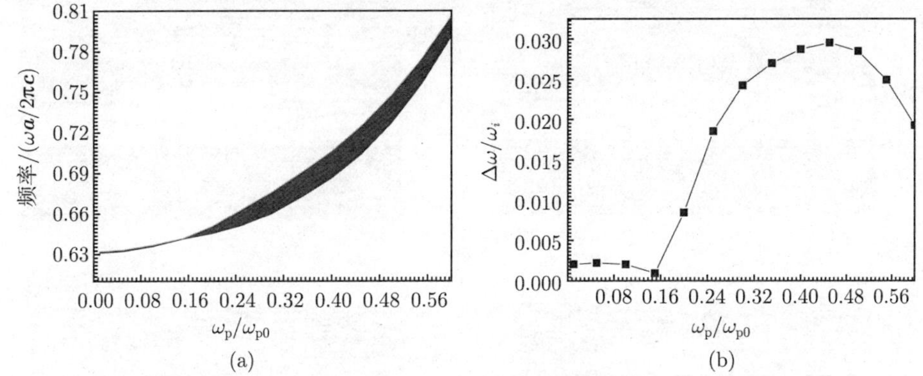

图 11.34 非寻常波的 1st PBG 及其相对带宽与 $\omega_{\rm p}$ 的关系图

(a) 1st PBG; (b) 1st PBG 的相对带宽

$(2\ \pi c/a)$。由图 11.34(b) 可知，当 $\omega_{\rm p}/\omega_{\rm p0}$ 由 0.01 增加到 0.6 时，PBG 的相对带宽将先增大后减小。$\Delta\omega/\omega_i$ 的最大值为 0.0295，且此时 $\omega_{\rm p}/\omega_{\rm p0}=0.45$。因此，改变 $\omega_{\rm p}$ 的大小能对 PBG 和水平带区域的位置进行调谐，且 PBG 相对带宽的最大值出现在 high- $\omega_{\rm p}$ 区域。

11.3.6 磁化等离子体球的填充率对色散特性的影响

图 11.35 给出了在 f 取不同值时非寻常波的色散曲线，此时 $\omega_{\rm p}=0.35\omega_{\rm p0}$, $\omega_{\rm c}=0.8\omega_{\rm pl}$, $\varepsilon_{\rm a}=13.9$ 和 $\nu_{\rm c}=0.02\omega_{\rm pl}$。灰色区域代表 PBGs。由图 11.35 可知，改变 f 的大小能实现对 PBG 的调谐。当 $f<0.54$ 时，PBG 的带宽可能会很窄甚至消失。f 是一个非常重要的参数。另外，两个水平带区域的上边缘频率不会随着 f 的改变而发生变化。这主要是因为 f 对 $f_{\rm L}$ 和 $f_{\rm R}$ 的大小无影响，也对

磁化等离子体球间的耦合强度无影响, 所以表面等离子体激元模也不会受到影响。图 11.36 给出了非寻常波的 1st PBG 及其相对带宽与 f 的关系图, 此时 $\omega_{\rm p}=0.35\omega_{\rm p0}$, $\omega_{\rm c}=0.8\omega_{\rm pl}$, $\varepsilon_{\rm a}=13.9$ 和 $\nu_{\rm c}=0.02\ \omega_{\rm pl}$。深色区域代表 PBG。由图 11.36(a) 可知, PBG 的上下边缘将会随着 f 的增大而向高频方向移动, 且其带宽也将会逐渐增大。当 $f<0.45$ 时, PBG 将不会出现。当 f 由 0.45 增加到 0.65 时, PBG 的频率范围变为 $0.7025\sim0.7348\ (2\ \pi c/a)$。与 $f=0.45$ 时相比, PBG 的频率范围增加了 $0.031\ (2\ \pi c/a)$, 这可从物理上解释是: f 增大意味着三维等离子体光子晶体的平均相对介电常数减小了 [222]。由图 11.36(b) 可知, PBG 的相对带宽将会随着 f 的增大而增大。$\Delta\omega/\omega_i$ 的最大值为 0.045 且 f=0.65。因此, 改变 f 的大小能实现对 PBG 的调谐, 且 PBG 相对带宽的最大值出现在 high-f 区域。

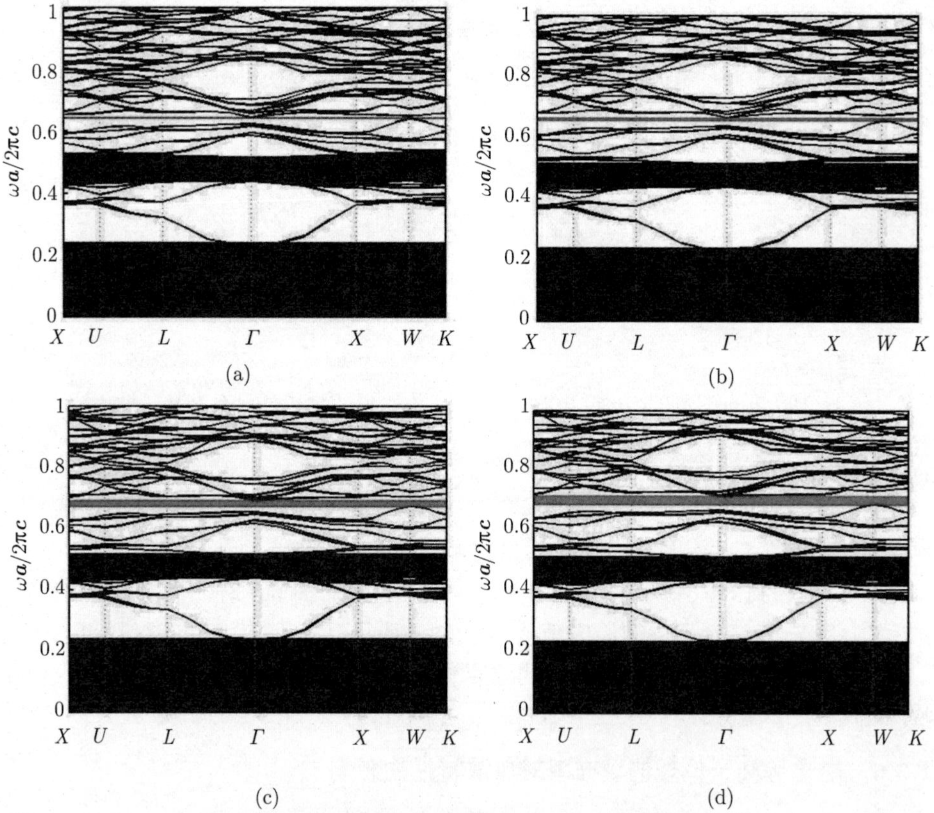

图 11.35　在 f 取不同值时非寻常波的色散曲线

(a) $f=0.54$; (b) $f=0.57$; (c) $f=0.60$; (d) $f=0.63$

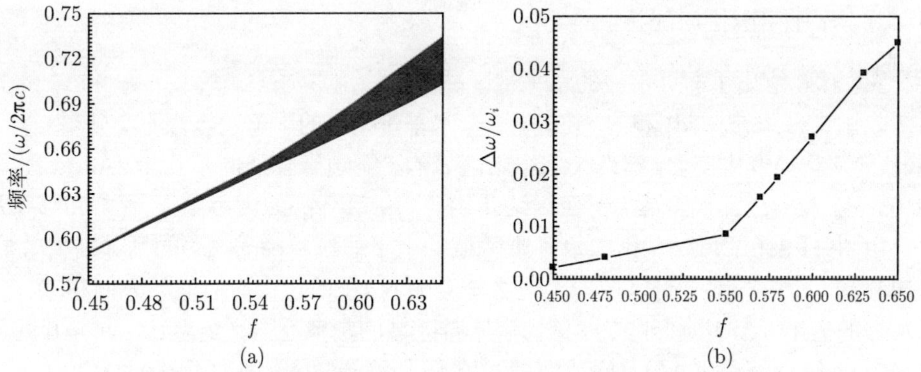

图 11.36 非寻常波的 1st PBG 及其相对带宽与 f 的关系图

(a) 1st PBG; (b) 1st PBG 的相对带宽

11.3.7 等离子体碰撞频率对 PBG 的影响

图 11.37 给出了非寻常波的 1st PBG 及其相对带宽与 ν_c 的关系图，此时 $\omega_p = 0.35\omega_{p0}$，$\omega_c = 0.8\omega_{pl}$，$\varepsilon_a = 13.9$ 和 $f = 0.6$。深色区域代表 PBG。由图 11.37(a) 可知，PBG 的上下边缘将不会随着 ν_c 的增大而发生移动，其带宽也不会发生任何变化。当 ν_c/ω_{pl} 由 0.002 增加到 0.2 时，PBG 的频率范围将保持 $0.6724 \sim 0.6907$ $(2\,\pi c/a)$ 不变，且带宽为 0.0183 $(2\,\pi c/a)$。由图 11.37(b) 可知，PBG 的相对带宽也不会随着 ν_c 的增大而发生改变，且 $\Delta\omega/\omega_i = 0.0295$。这可以通过 ν_c 和 ε_p 的关系来解释。ν_c 仅是等离子体的耗散项，且对求解式 (11.37) 的本征值无影响。因此，改变 ν_c 的大小不能实现对 PBG 的调谐。

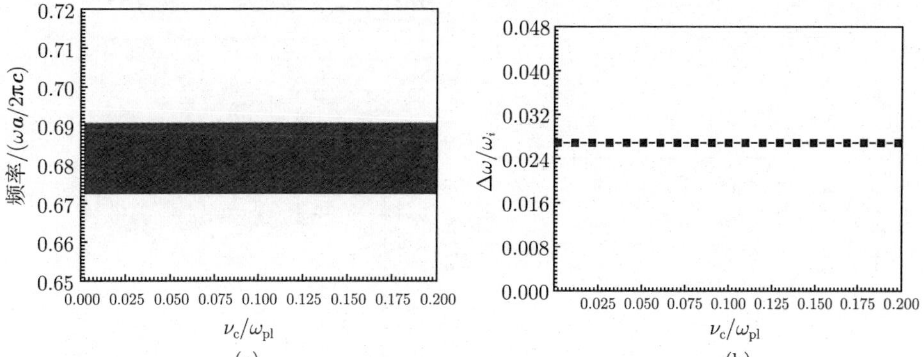

图 11.37 非寻常波的 1st PBG 及其相对带宽与 ν_c 的关系图

(a) 1st PBG; (b) 1st PBG 的相对带宽

11.3.8　水平带隙区域的特性

图 11.38 给出了非寻常波的水平带区域的边缘位置与 $\varepsilon_{\rm a}$、f、$\omega_{\rm p}$、$\omega_{\rm c}$ 和 $\nu_{\rm c}$ 的关系图。由图 11.38(c)、(d) 和 (e) 可知，两个水平带区域的上下边缘都不会随着 $\varepsilon_{\rm a}$、f 和 $\nu_{\rm c}$ 的变化而发生变化。这两个水平带区域的上下边缘分别位于 0、0.2369、0.4443 和 0.5169 (2 πc/a)，且保持不变。这是由于 $f_{\rm R}$ 和 $f_{\rm L}$ 的大小与 $\varepsilon_{\rm a}$、f 和 $\nu_{\rm c}$ 无关。由图 11.38(a) 可知，第二水平带区域的上下边缘将随着 $\omega_{\rm c}$ 的增大而向高频方向移动，而第一水平带区域的上边缘却会随着 $\omega_{\rm c}$ 的增大而向低频方向移动。当 $\omega_{\rm c}/\omega_{\rm pl}$ 的值由 0.01 增加到 2 时，第二水平带区域的频率范围将变为 0.7826 ~ 0.8513 (2 πc/a)。与 $\omega_{\rm c}/\omega_{\rm pl} = 0.01$ 时相比，第二水平带区域的宽度增加了 0.0671 (2 πc/a)。而对于第一水平带而言，此时该区域的宽度减小了 0.2031 (2 πc/a)。这主要是因为 $f_{\rm R}$ 将要随着 $\omega_{\rm c}$ 的增大而增大，但 $f_{\rm L}$ 却要随着 $\omega_{\rm c}$ 的增大而减小。另外，第二水平带的下边缘频率和非寻常波的上杂化频率 $f_{\rm H}\left(f_{\rm H} = \sqrt{\omega_{\rm c}^2 + \omega_{\rm p}^2}\right)$ 相等。因此，$f_{\rm H}$ 的值也将会随着 $\omega_{\rm c}$ 的增大而增大。由图 11.38(b) 可知，第二水平带区域的上下边缘和第一水平带区域的上边缘频率随着 $\omega_{\rm p}$ 的增大而增大。当 $\omega_{\rm p}/\omega_{\rm p0}$ 的值由 0.01 增加到 0.35 时，第二水平带区域的范围是 0.4482 ~ 0.5169 (2 πc/a)。与 $\omega_{\rm p}/\omega_{\rm p0} = 0.01$

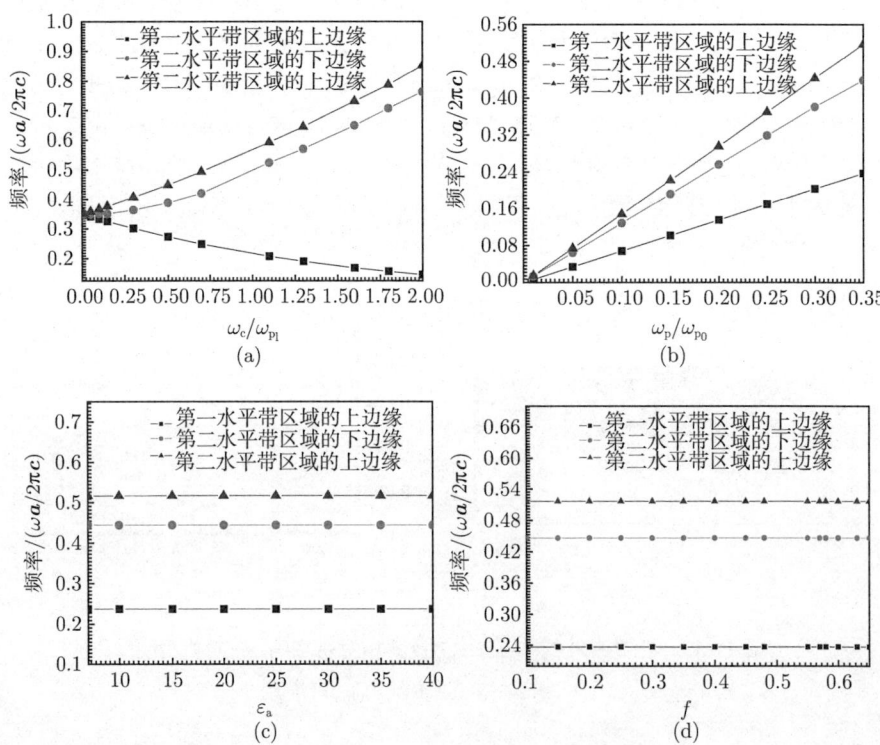

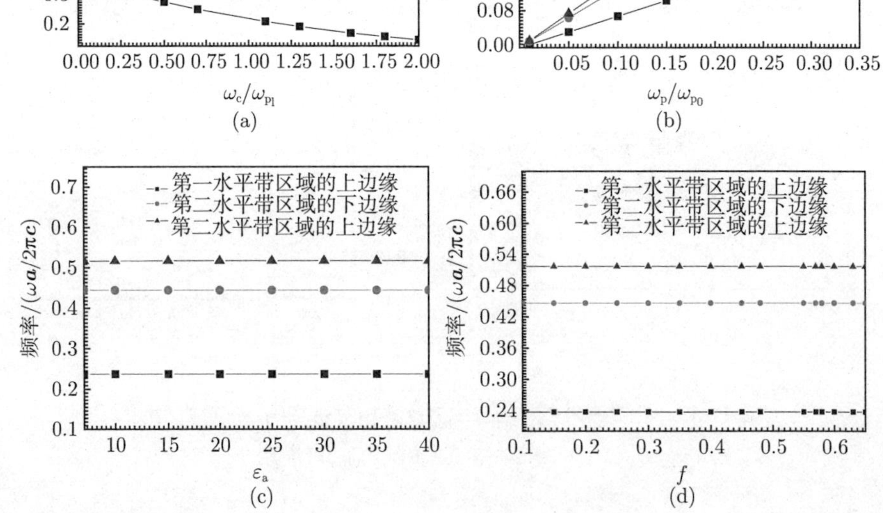

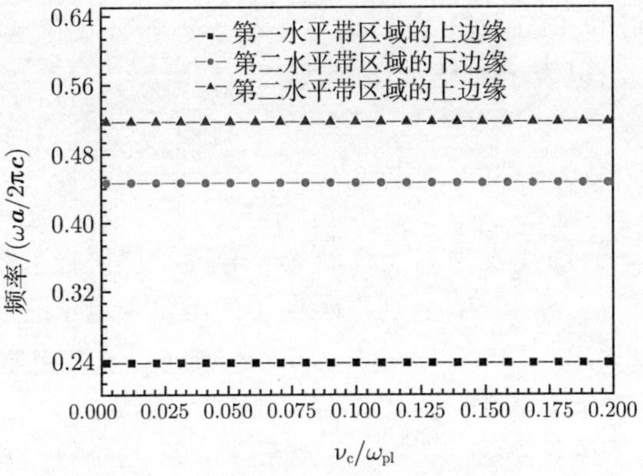

(e)

图 11.38 非寻常波的水平带区域的边缘位置与 ε_a、f、ω_p、ω_c 和 ν_c 的关系图

(a) ω_c; (b) ω_p; (c) ε_a; (d) f; (e) ν_c

时相比，第二水平带区域的范围增加了 0.0766 (2 $\pi c/a$)。当 ω_p/ω_{p0} 增加到 0.6 时，第一水平带区域的范围增加了 0.2302 (2 $\pi c/a$)。这也可以通过 ω_p 与 f_L、f_R 和 f_H 的关系来说明，当 ω_p 大于 ω_c 时，f_L、f_R 和 f_H 将要随着的 ω_p 增大而近似线性增大。

11.4 磁光 Faraday 效应下 RCP 波在三维磁化等离子体光子晶体中的色散特性

11.3 节对磁光 Voigt 效应下非寻常波在三维面心晶格磁化等离子体光子晶体中的色散特性进行了讨论。对于磁化等离子体而言，除了磁光 Voigt 效应，还存在着磁光 Faraday 效应，此时外加磁场和波矢平行。在磁光 Faraday 效应下，电磁波能被分解为 LCP 波和 RCP 波。本节将主要对磁光 Faraday 效应下，RCP 波在三维磁化立方体晶格等离子体光子晶体中的色散特性进行研究，并讨论光子晶体参数对色散特性的影响。为了方便，将该三维磁化立方体晶格等离子体光子晶体划分为两个类型：type-1 是介质球填充在磁化等离子体背景中，而 type-2 是它的互补结构，即磁化等离子体球填充在介质背景中。在计算时引入的时谐量是 $e^{j\omega t}$, ω 是角频率, t 是时间, 且 $j=\sqrt{-1}$。

11.4.1 ω_c 对 RCP 波和 LCP 波有效介电常数的影响

假设介质和磁化等离子体的相对介电常数分别为 ε_a 和 ε_p。外加磁场在任何时候都和波矢方向平行，这意味着磁化等离子体中存在磁光 Faraday 效应，且电磁波能分解为 LCP 波和 RCP 波。此时磁化等离子体的有效介电常数 (the effective dielectric constant) 可以表示为[239]

$$\varepsilon_{\mathrm{p}}(\omega)=1-\frac{\omega_{\mathrm{p}}^{2}}{\omega^{2}-\mathrm{j}\nu_{\mathrm{c}}\omega\pm\omega\omega_{\mathrm{c}}} \tag{11.38}$$

其中, ω_{p}、ν_{c} 和 ω_{c} 分别代表等离子体频率、等离子体碰撞频率和等离子体回旋频率。$\omega_{\mathrm{c}}=eB/m$，e、m 和 B 分别表示电子的电量、电子的质量和外加磁场的强度。其中式 (11.38) 中取 "+" 时，表示 LCP 波的有效介电常数，而取 "−" 时表示 RCP 波的有效介电常数。为了不失一般性，用 $\omega_{\mathrm{p0}}a/2\pi c=1$ 对频域进行归一化，假设等离子体频率 $\omega_{\mathrm{p}}=\omega_{\mathrm{pl}}=0.3\pi c/a=0.15\omega_{\mathrm{p0}}$，等离子体碰撞频率 $\nu_{\mathrm{c}}=0.02\omega_{\mathrm{pl}}$。

图 11.39 和图 11.40 中给出了 RCP 波和 LCP 波有效介电常数的实部 $\mathrm{Re}(\varepsilon_{\mathrm{p}})$ 与虚部 $\mathrm{Im}\,(\varepsilon_{\mathrm{p}})$ 和 ω_{c} 的关系图。由图 11.39 可知, RCP 波的有效介电常数可以等效为一种耗散性介质。当 $\mathrm{Im}\,(\varepsilon_{\mathrm{p}})$ 的幅值取最大值时，在图 11.39(a) 中可以观察到一个回旋共振 (cyclotron resonance)。在回旋共振频率的附近，$\mathrm{Re}(\varepsilon_{\mathrm{p}})$ 也将达到峰值。这种现象是由洛伦兹力引起的[286]。由图 11.39(a) 可知，当 ω_{c} 增加时，回旋共振也会随之增加，但是 $\mathrm{Re}(\varepsilon_{\mathrm{p}})$ 的峰值将会减小。当改变 ω_{c} 时，有可能是由正值变成负值，这导致了相速度方向的改变。由图 11.40 可知，当 ω_{c} 增加时，回旋共振不会出现，且 $\mathrm{Re}(\varepsilon_{\mathrm{p}})$ 和 $\mathrm{Im}\,(\varepsilon_{\mathrm{p}})$ 也会随之增大。值得注意的是, 回旋共振只能出现在 RCP 波中。因此，本节只关注 RCP 波的色散特性。

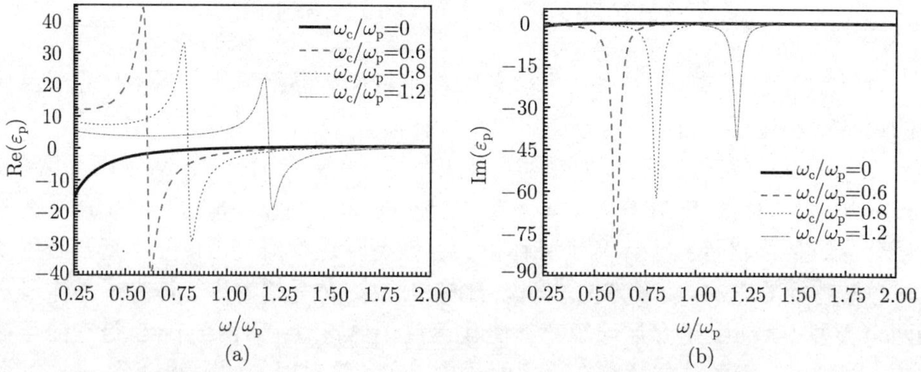

图 11.39　不同 ω_{c} 时，RCP 波的有效介电常数的实部与虚部

(a) 实部；(b) 虚部

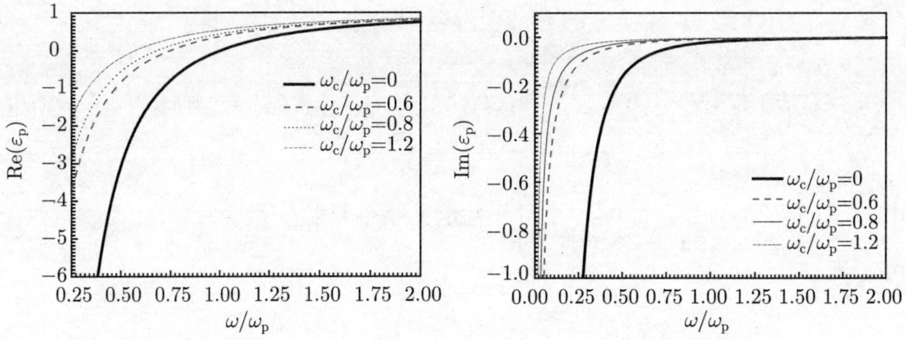

(a) (b)

图 11.40 不同 ω_c 时，LCP 波的有效介电常数的实部与虚部

(a) 实部; (b) 虚部

11.4.2 物理模型与计算方法

图 11.41 给出了 type-1 和 type-2 三维立方体晶格磁化等离子体光子晶体的单元结构示意图。为了获得 RCP 波的色散特性，采用 PWE 方法进行计算。为了使计算的收敛精度好于 1%，采用 729 个平面波进行展开。假设填充球的半径和晶格参数分别为 R 和 a。球体的填充率为 f, 光子晶体的初始参数设定为: $\omega_p = \omega_{pl} = 0.3\pi c/a = 0.15\omega_{p0}$, $\varepsilon_a = 40$, $\mu_a = 1$, $f = 0.5$, $\nu_c = 0.02\ \omega_{pl}$ 和 $\omega_c = 0.8\omega_p$。

根据 PWE 方法，对于 type-1 而言，介质 $\boldsymbol{\varepsilon}^{-1}(\boldsymbol{r})$ 的傅里叶展开系数 $\widehat{\kappa}(\boldsymbol{G})$ 可以表示为

$$\widehat{\kappa}(\boldsymbol{G}) = \begin{cases} \dfrac{\omega^2 - (\mathrm{j}\nu_c + \omega_c)\omega}{\omega^2 - (\mathrm{j}\nu_c + \omega_c)\omega - \omega_p^2}(1-f) + \dfrac{1}{\varepsilon_a}f, & \boldsymbol{G} = 0 \\ \left[\dfrac{1}{\varepsilon_a} - \dfrac{\omega^2 - (\mathrm{j}\nu_c + \omega_c)\omega}{\omega^2 - (\mathrm{j}\nu_c + \omega_c)\omega - \omega_p^2}\right] & \\ \cdot 3f\dfrac{\sin(|\boldsymbol{G}|R) - (|\boldsymbol{G}|R)\cos(|\boldsymbol{G}|R)}{(|\boldsymbol{G}|R)^3}, & \boldsymbol{G} \neq 0 \end{cases} \tag{11.39}$$

其中, $\boldsymbol{G}$ 是倒格矢，$\boldsymbol{\varepsilon}^{-1}(\boldsymbol{r})$ 是 $\boldsymbol{\varepsilon}(\boldsymbol{r})$ 的逆，$f = (4\pi R^3)/(3a^3)$。Maxwell 方程组可以化简为 [306]

$$\sum_{\boldsymbol{G}',\lambda'} |\boldsymbol{k}+\boldsymbol{G}||\boldsymbol{k}+\boldsymbol{G}'| \begin{pmatrix} \widehat{\boldsymbol{e}}_2 \cdot \boldsymbol{\varepsilon}^{-1}_{\boldsymbol{G},\boldsymbol{G}'} \cdot \widehat{\boldsymbol{e}}_{2'} & -\widehat{\boldsymbol{e}}_2 \cdot \boldsymbol{\varepsilon}^{-1}_{\boldsymbol{G},\boldsymbol{G}'} \cdot \widehat{\boldsymbol{e}}_{1'} \\ -\widehat{\boldsymbol{e}}_1 \cdot \boldsymbol{\varepsilon}^{-1}_{\boldsymbol{G},\boldsymbol{G}'} \cdot \widehat{\boldsymbol{e}}_{2'} & \widehat{\boldsymbol{e}}_1 \cdot \boldsymbol{\varepsilon}^{-1}_{\boldsymbol{G},\boldsymbol{G}'} \cdot \widehat{\boldsymbol{e}}_{1'} \end{pmatrix} h_{\boldsymbol{G}',\lambda'} = \frac{\omega^2}{c^2} h_{\boldsymbol{G},\lambda} \tag{11.40}$$

其中, $\boldsymbol{k}$ 是在第一不可约布里渊区中的波矢; $\widehat{\boldsymbol{e}}_1$ 和 $\widehat{e}_2$ 是垂直于波矢 $\boldsymbol{k}+\boldsymbol{G}$ 的正交单位矢量，且

$$h_{\boldsymbol{G},\lambda} = \sum_{\boldsymbol{G}} A(\boldsymbol{k}|\boldsymbol{G})\mathrm{e}^{\mathrm{j}(\boldsymbol{K}+\boldsymbol{G})\cdot\boldsymbol{r}} \tag{11.41}$$

结合式 (11.39)~ 式 (11.41)，式 (11.40) 可以表示为

$$\widehat{\kappa}(0)\cdot|\boldsymbol{k}+\boldsymbol{G}|\left|\boldsymbol{k}+\boldsymbol{G}'\right|\cdot\boldsymbol{F}\cdot A(\boldsymbol{k}|\boldsymbol{G})+\sum_{\boldsymbol{G}'}\widehat{\kappa}(\boldsymbol{G}-\boldsymbol{G}')\cdot|\boldsymbol{k}+\boldsymbol{G}|\left|\boldsymbol{k}+\boldsymbol{G}'\right|\cdot\boldsymbol{F}\cdot A(\boldsymbol{k}|\boldsymbol{G})=\frac{\omega^2}{c^2}A(\boldsymbol{k}|\boldsymbol{G}) \tag{11.42}$$

其中, $\boldsymbol{F}=\begin{bmatrix}\widehat{\boldsymbol{e}}_{\boldsymbol{2}}\cdot\widehat{\boldsymbol{e}}_{\boldsymbol{2'}} & -\widehat{\boldsymbol{e}}_{\boldsymbol{2}}\cdot\widehat{\boldsymbol{e}}_{\boldsymbol{1'}}\\ -\widehat{\boldsymbol{e}}_{\boldsymbol{1}}\cdot\widehat{\boldsymbol{e}}_{\boldsymbol{2'}} & \widehat{\boldsymbol{e}}_{\boldsymbol{1}}\cdot\widehat{\boldsymbol{e}}_{\boldsymbol{1'}}\end{bmatrix}$，且定义一个复数变量 $\xi=\omega/c$，则式 (11.42) 可以写作

$$\xi^4\boldsymbol{I}-\xi^3\boldsymbol{T}-\xi^2\boldsymbol{U}-\xi\boldsymbol{V}-\boldsymbol{W}=0 \tag{11.43}$$

其中, $\boldsymbol{I}$ 为单位矩阵，且有

$$\boldsymbol{I}(\boldsymbol{G}|\boldsymbol{G}')=\left(\mathrm{j}\frac{\nu_{\mathrm{c}}}{c}+\frac{\omega_{\mathrm{c}}}{c}\right)\boldsymbol{\delta}_{\boldsymbol{G}\cdot\boldsymbol{G}'} \tag{11.44}$$

$$\boldsymbol{U}(\boldsymbol{G}|\boldsymbol{G}')=\left\{\frac{\omega_{\mathrm{p}}^2}{c^2}+\left[\frac{1}{\varepsilon_{\mathrm{a}}}f+(1-f)\right]\cdot|\boldsymbol{k}+\boldsymbol{G}|^2\cdot\boldsymbol{F}\right\}\boldsymbol{\delta}_{\boldsymbol{G}\cdot\boldsymbol{G}'}+\left(\frac{1}{\varepsilon_{\mathrm{a}}}-1\right)\boldsymbol{M} \tag{11.45}$$

$$\begin{aligned}\boldsymbol{V}(\boldsymbol{G}|\boldsymbol{G}')=&\left\{-\left(\mathrm{j}\frac{\nu_{\mathrm{c}}}{c}+\frac{\omega_{\mathrm{c}}}{c}\right)\left[\frac{1}{\varepsilon_{\mathrm{a}}}f+(1-f)\right]\cdot|\boldsymbol{k}+\boldsymbol{G}|^2\cdot\overline{\boldsymbol{F}}\right\}\boldsymbol{\delta}_{\boldsymbol{G}\cdot\boldsymbol{G}'}\\&-\left(\mathrm{j}\frac{\nu_{\mathrm{c}}}{c}+\frac{\omega_{\mathrm{c}}}{c}\right)\left(\frac{1}{\varepsilon_{\mathrm{a}}}-1\right)\boldsymbol{M}\end{aligned} \tag{11.46}$$

$$\boldsymbol{W}(\boldsymbol{G}|\boldsymbol{G}')=\left(-\frac{\omega_{\mathrm{p}}^2}{c^2}\frac{f}{\varepsilon_{\mathrm{a}}}\cdot|\boldsymbol{k}+\boldsymbol{G}|^2\cdot\overline{\boldsymbol{F}}\right)\boldsymbol{\delta}_{\boldsymbol{G}\cdot\boldsymbol{G}'}+\frac{\omega_{\mathrm{p}}^2}{c^2}\left(\frac{1}{\varepsilon_{\mathrm{a}}}\right)\boldsymbol{M} \tag{11.47}$$

其中, $\boldsymbol{M}=|\boldsymbol{k}+\boldsymbol{G}|\left|\boldsymbol{k}+\boldsymbol{G}'\right|\cdot\boldsymbol{F}\cdot 3f\dfrac{\sin(|\boldsymbol{G}|R)-(|\boldsymbol{G}|R)\cos(|\boldsymbol{G}|R)}{(|\boldsymbol{G}|R)^3}$。$\boldsymbol{T}$、$\boldsymbol{U}$、$\boldsymbol{W}$ 和$\boldsymbol{T}$ 是 $N\times N$ 的矩阵。多项式 (11.43) 的求解可以转换成为一个 $4\,N\times 4N$ 矩阵 $\boldsymbol{Q}$ 特征值的求取，矩阵 $\boldsymbol{Q}$ 满足

$$\boldsymbol{Q}z=\xi z,\quad \boldsymbol{Q}=\begin{bmatrix}\boldsymbol{0}&\boldsymbol{I}&\boldsymbol{0}&\boldsymbol{0}\\\boldsymbol{0}&\boldsymbol{0}&\boldsymbol{I}&\boldsymbol{0}\\\boldsymbol{0}&\boldsymbol{0}&\boldsymbol{0}&\boldsymbol{I}\\\boldsymbol{W}&\boldsymbol{V}&\boldsymbol{U}&\boldsymbol{T}\end{bmatrix} \tag{11.48}$$

求解式 (11.48) 的本征值就得到了式 (11.43) 的解。当然，所求本征值的实部就决定了 RCP 波在该三维磁化等离子体光子晶体中的色散关系。

对于 type-2 而言，介质 $\boldsymbol{\varepsilon}^{-1}(\boldsymbol{r})$ 的傅里叶展开系数 $\widehat{\kappa}(\boldsymbol{G})$ 可以表示为 [241]

$$\widehat{\kappa}(\boldsymbol{G})=\begin{cases}\dfrac{\omega^2-(\mathrm{j}\nu_\mathrm{c}+\omega_\mathrm{c})\omega}{\omega^2-(\mathrm{j}\nu_\mathrm{c}+\omega_\mathrm{c})\omega-\omega_\mathrm{p}^2}f+\dfrac{1}{\varepsilon_\mathrm{a}}(1-f), & \boldsymbol{G}=0\\ \left[\dfrac{\omega^2-(\mathrm{j}\nu_\mathrm{c}+\omega_\mathrm{c})\omega}{\omega^2-(\mathrm{j}\nu_\mathrm{c}+\omega_\mathrm{c})\omega-\omega_\mathrm{p}^2}-\dfrac{1}{\varepsilon_\mathrm{a}}\right] & \\ \cdot 3f\dfrac{\sin(|\boldsymbol{G}|R)-(|\boldsymbol{G}|R)\cos(|\boldsymbol{G}|R)}{(|\boldsymbol{G}|R)^3}, & \boldsymbol{G}\neq 0\end{cases} \tag{11.49}$$

同理可以得到求本征值的等式

$$\xi^4\boldsymbol{I}-\xi^3\boldsymbol{T}-\xi^2\boldsymbol{U}-\xi\boldsymbol{V}-\boldsymbol{W}=0 \tag{11.50}$$

其中, $\boldsymbol{I}$ 为单位矩阵，$\xi=\omega/c$ 且有

$$\boldsymbol{T}(\boldsymbol{G}|\boldsymbol{G}')=\left(\mathrm{j}\frac{\nu_\mathrm{c}}{c}+\frac{\omega_\mathrm{c}}{c}\right)\boldsymbol{\delta}_{\boldsymbol{G}\cdot\boldsymbol{G}'} \tag{11.51}$$

$$\boldsymbol{U}(\boldsymbol{G}|\boldsymbol{G}')=\left\{\frac{\omega_\mathrm{p}^2}{c^2}+\left[f+\frac{1}{\varepsilon_\mathrm{a}}(1-f)\right]\cdot|\boldsymbol{k}+\boldsymbol{G}|^2\cdot\boldsymbol{F}\right\}\boldsymbol{\delta}_{\boldsymbol{G}\cdot\boldsymbol{G}'}+\left(1-\frac{1}{\varepsilon_\mathrm{a}}\right)\boldsymbol{M} \tag{11.52}$$

$$\begin{aligned}\boldsymbol{V}(\boldsymbol{G}|\boldsymbol{G}')=&\left\{-\left(\mathrm{j}\frac{\nu_\mathrm{c}}{c}+\frac{\omega_\mathrm{c}}{c}\right)\left[f+\frac{1}{\varepsilon_\mathrm{a}}(1-f)\right]\cdot|\boldsymbol{k}+\boldsymbol{G}|^2\cdot\overline{\boldsymbol{F}}\right\}\boldsymbol{\delta}_{\boldsymbol{G}\cdot\boldsymbol{G}'}\\&-\left(\mathrm{j}\frac{\nu_\mathrm{c}}{c}+\frac{\omega_\mathrm{c}}{c}\right)\left(1-\frac{1}{\varepsilon_\mathrm{a}}\right)\boldsymbol{M}\end{aligned} \tag{11.53}$$

$$\boldsymbol{W}(\boldsymbol{G}|\boldsymbol{G}')=\left[-\frac{\omega_\mathrm{p}^2}{c^2}\frac{(1-f)}{\varepsilon_\mathrm{a}}\cdot|\boldsymbol{k}+\boldsymbol{G}|^2\cdot\boldsymbol{F}\right]\boldsymbol{\delta}_{\boldsymbol{G}\cdot\boldsymbol{G}'}+\frac{\omega_\mathrm{p}^2}{c^2}\frac{1}{\varepsilon_\mathrm{a}}\boldsymbol{M} \tag{11.54}$$

将 $\boldsymbol{T}$、$\boldsymbol{U}$、$\boldsymbol{W}$ 和 $\boldsymbol{T}$ 代入式 (11.48) 中，即可以求出 RCP 波在 type-2 中的色散关系。

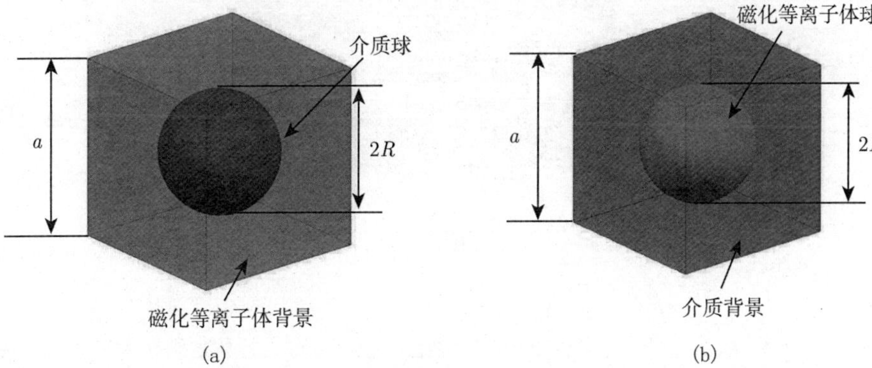

图 11.41 三维立方体晶格磁化等离子体光子晶体的单元结构示意图

(a) type-1; (b) type-2

11.4.3　RCP 波在两类三维磁化等离子体光子晶体中的色散特性

图 11.42 给出了在不同 ω_c、ω_p 和 ν_c 条件下 RCP 波在 type-1 三维立方体磁化等离子体光子晶体中的色散曲线，此时 $\varepsilon_\mathrm{a}=40$, $f=0.5$, $\omega_\mathrm{p}=0.15\omega_\mathrm{p0}$, $\nu_\mathrm{c}=0.02\omega_\mathrm{pl}$ 和 $\omega_\mathrm{c}=0.8\omega_\mathrm{p}$。灰色区域代表 PBGs。如果 $\omega_\mathrm{p}=0$, $\omega_\mathrm{c}=0$ 和 $\nu_\mathrm{c}=0$ (图 11.42(a))，此时三维磁化等离子体光子晶体可以被看成三维常规的介质 —— 空气光子晶体，而且前三个 PBGs 分别位于 0.2288 ~ 0.2308 $(2\ \pi c/a)$, 0.3988 ~ 0.4027 $(2\ \pi c/a)$ 和 0.4629 ~ 0.4692 $(2\ \pi c/a)$。当 ω_p 和 ν_c 不为零时 ($\omega_\mathrm{p}=0.15\ \omega_\mathrm{p0}$ 且 $\nu_\mathrm{c}=0.02\omega_\mathrm{pl}$)，带隙结构将发生明显的变化 (图 11.42(b))，PBGs 的上边缘都向高频方向移动了且会产生一个水平带区域，此时前三个 PBGs 将分别位于 0.4046 ~ 0.4092 $(2\ \pi c/a)$, 0.4643 ~ 0.4769 $(2\ \pi c/a)$ 和 0.5349 ~ 0.5421 $(2\ \pi c/a)$。尤其第一

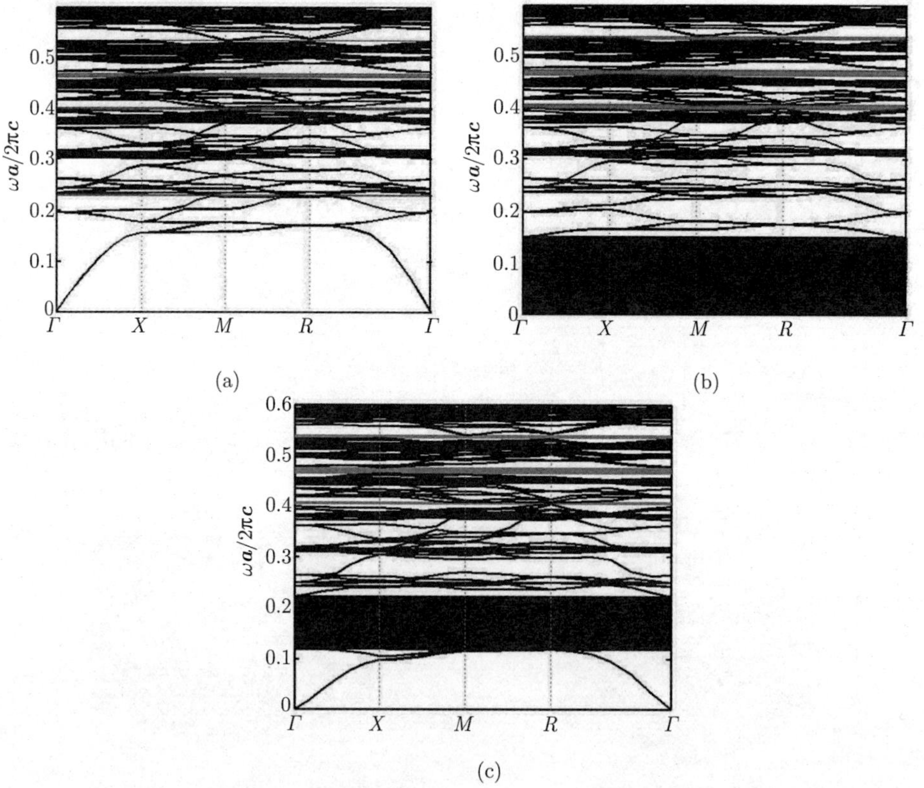

图 11.42　在不同 ω_c、ω_p 和 ν_c 条件下 RCP 波在 type-1 三维立方体磁化等离子体光子晶体中的色散曲线

(a) $\omega_\mathrm{p}=0$, $\nu_\mathrm{c}=0$, $\omega_\mathrm{c}=0$; (b) $\omega_\mathrm{p}=0.15\ \omega_\mathrm{p0}$, $\nu_\mathrm{c}=0.02\ \omega_\mathrm{pl}$, $\omega_\mathrm{c}=0$; (c) $\omega_\mathrm{p}=0.15\ \omega_\mathrm{p0}$, $\nu_\mathrm{c}=0.02\ \omega_\mathrm{pl}$, $\omega_\mathrm{c}=0.8\ \omega_\mathrm{pl}$

(1st) 和第二 (2nd)PBGs 的带宽被展宽了，且水平带区域的频率范围是 $0 \sim 0.15$ $(2\,\pi c/a)$。当外加磁场和波矢量方向平行时，RCP 波的色散曲线如图 11.42(c) 所示。由图 11.42(c) 可知，前三个 PBGs 的上下边缘将向高频方向移动，水平带区域的位置也发生了变化。此时，前三个 PBGs 的频率范围分别为：$0.3998 \sim 0.4073$ $(2\,\pi c/a)$、$0.4639 \sim 0.4749$ $(2\pi c/a)$ 和 $0.5346 \sim 0.5402$ $(2\pi c/a)$。水平带区域的频率范围变为：$0.1196 \sim 0.2215$ $(2\pi c/a)$。这可以通过 RCP 波的截止频率来解释。RCP 波分别有两个截止频率, 即 $f_{\rm L} = 0.1196$ $(2\pi c/a)$ $(f_{\rm L} = \omega_{\rm c})$ 和 $f_{\rm R} = 0.2215$ $(2\pi c/a)$ $(f_{\rm R} = \omega_{\rm c}/2 + \sqrt{\omega_{\rm c}^2/4 + \omega_{\rm p}^2})$[196,226]。$f_{\rm R}$ 和 $f_{\rm L}$ 分别和水平带区域的上下边缘的频率相等。这说明水平带区域是由磁化等离子体本身产生的。由上述讨论可知，当考虑磁光 Faraday 效应时，RCP 波的 PBGs 能被外加磁场所调谐。

图 11.43 给出了在不同 $\omega_{\rm c}$、$\omega_{\rm p}$ 和 $\nu_{\rm c}$ 条件下 RCP 波在 type-2 三维立方体磁化等离子体光子晶体中的色散曲线，此时 $\varepsilon_{\rm a} = 40$, $f = 0.5$, $\omega_{\rm p} = 0.15\omega_{\rm p0}$, $\nu_{\rm c} = 0.02\omega_{\rm pl}$ 和 $\omega_{\rm c} = 0.8\omega_{\rm p}$。灰色区域代表 PBGs。如果 $\omega_{\rm p} = 0$, $\omega_{\rm c} = 0$ 和 $\nu_{\rm c} = 0$(图 11.43(a))，有一个 PBG 位于 $0.2151 \sim 0.2270$ $(2\,\pi c/a)$。当引入等离子体时 ($\omega_{\rm p} = 0.15\omega_{\rm p0}$ 且 $\nu_{\rm c} = 0.02\omega_{\rm pl}$)，PBG 的上边缘都向高频方向移动了且会产生一个水平带区域 (图 11.43(b))，此时前两个 PBGs 分别位于 $0.1787 \sim 0.1818$ $(2\,\pi c/a)$ 和 $0.2184 \sim 0.2380$ $(2\,\pi c/a)$，水平带区域的范围是 $0 \sim 0.15(2\pi c/a)$。显然对于 type-2 而言，在常规的三维空气 —— 介质光子晶体中引入等离子体可以拓展 PBG 的带宽。由图 11.43(c) 可知，当考虑磁光 Faraday 效应时，水平带区域的上下边缘频率将向高频方向移动，它的范围覆盖 $0.1196 \sim 0.2215$ $(2\,\pi c/a)$。此时 RCP 波的前两个 PBGs 将变为 $0.2282 \sim 0.2513$ $(2\,\pi c/a)$ 和 $0.3097 \sim 0.3111$ $(2\,\pi c/a)$。与图 11.43(a) 相比，1st PBG 被明显拓展了。值得注意的是, 此时 type-2 的 PBG 带宽较 type-1 的要大，且外加磁场对 PBGs 和水平带都有明显的调谐作用。为了方便，下面仅对 type-1 的前两个 PBGs 和 type-2 的 1st PBG 的特性进行探讨。

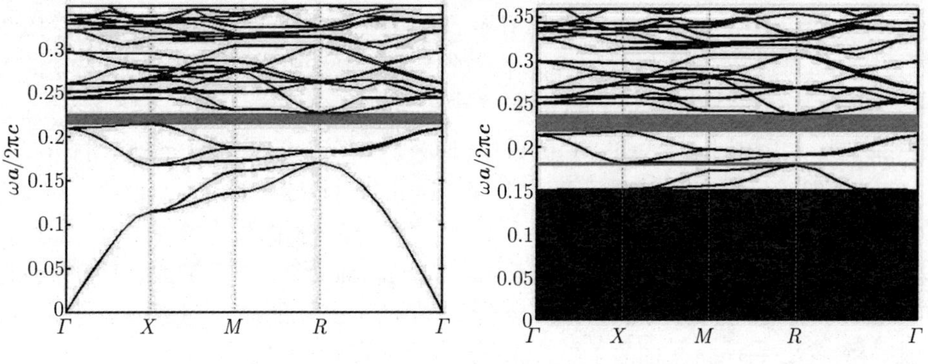

(a) (b)

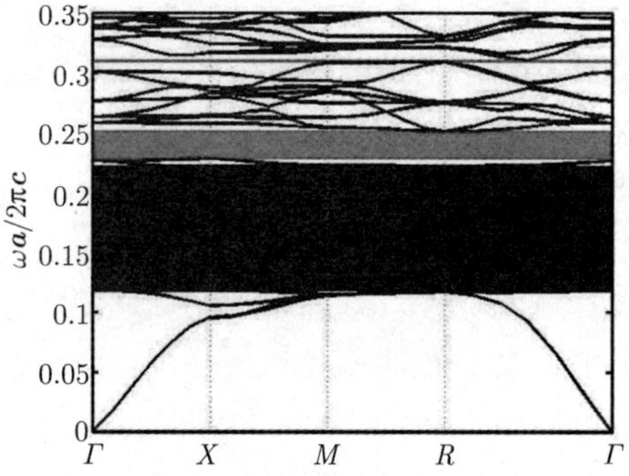

(c)

图 11.43 在不同 $\omega_{\rm c}$、$\omega_{\rm p}$ 和 $\nu_{\rm c}$ 条件下 RCP 波在 type-2 三维立方体磁化等离子体光子晶体中的色散曲线

(a) $\omega_{\rm p}$=0, $\nu_{\rm c}=0$, $\omega_{\rm c}=0$；(b) $\omega_{\rm p}=0.15\omega_{\rm p0}$, $\nu_{\rm c}=0.02\ \omega_{\rm pl}$, $\omega_{\rm c}=0$；(c) $\omega_{\rm p}=0.15\omega_{\rm p0}$, $\nu_{\rm c}=0.02\omega_{\rm pl}$, $\omega_{\rm c}=0.8\ \omega_{\rm pl}$

11.4.4 $\varepsilon_{\rm a}$ 对 PBG 特性的影响

图 11.44 给出了 RCP 波在这两类三维磁化等离子体光子晶体中的 PBGs 与 $\varepsilon_{\rm a}$ 的关系图，且 $f=0.5$, $\omega_{\rm c}=0.8\ \omega_{\rm pl}$, $\omega_{\rm p}=0.15\omega_{\rm p0}$ 和 $\nu_{\rm c}=0.02\omega_{\rm pl}$。阴影区域代表 PBGs。由图 11.44(a) 可知，type-1 前两个 PBGs 的上下边缘将随着 $\varepsilon_{\rm a}$ 的增大而向低频方向移动，且它们的带宽也将先增大后减小。当 $\varepsilon_{\rm a}$ 的值由 35 增加到 70 时，2nd PBG 的频率范围变为 $0.3626\sim0.3787\ (2\ \pi c/a)$，且带宽为 $0.0161\ (2\ \pi c/a)$。与 $\varepsilon_{\rm a}=35$ 时相比，2nd PBG 的带宽增加了 $0.0098\ (2\ \pi c/a)$。对于 type-1 的 1st PBG 而言，PBG 将在 $\varepsilon_{\rm a}=44$ 时闭合。与图 11.44(a) 相比，相似的规律也可以在图 11.44(b) 中看到。随着 $\varepsilon_{\rm a}$ 的增大，type-2 PBG 的上下边缘将会向低频方向移动，且其带宽将会先增大后减小。1st PBG 的最大值是 $0.0231\ (2\ \pi c/a)$，此时 $\varepsilon_{\rm a}=40$。与 $\varepsilon_{\rm a}=60$ 时相比，1st PBG 的带宽增加了 $0.0154\ (2\ \pi c/a)$。图 11.45 给出了 RCP 波在 type-1 和 type-2 三维磁化等离子体光子晶体中 PBGs 的相对带宽与 $\varepsilon_{\rm a}$ 的关系图。由图 11.45(a) 可知，type-1 前两个 PBGs 的相对带宽 $(\Delta\omega/\omega_i)$ 将随着 $\varepsilon_{\rm a}$ 的增大而先增大后减小。type-1 1st 和 2nd PBGs 相对带宽的最大值分别为 0.0166 和 0.0528，此时 $\varepsilon_{\rm a}$ 的取值分别为 $\varepsilon_{\rm a}=37$ 和 55。由图 11.45(b) 可知，type-2 1st PBG 的相对带宽随着 $\varepsilon_{\rm a}$ 的增大而先增大后减小，其相对带宽的最大值为 0.0964，此时 $\varepsilon_{\rm a}=40$。这可以通过变分原理 (variational principle)[307] 来解释。由上述讨论可知，RCP 波在这两类三维等离子体光子晶体中的 PBGs 能被 $\varepsilon_{\rm a}$ 所调谐。与 type-1 相比，RCP 波在 type-2 中的 PBG 有较大的最大相对带宽。

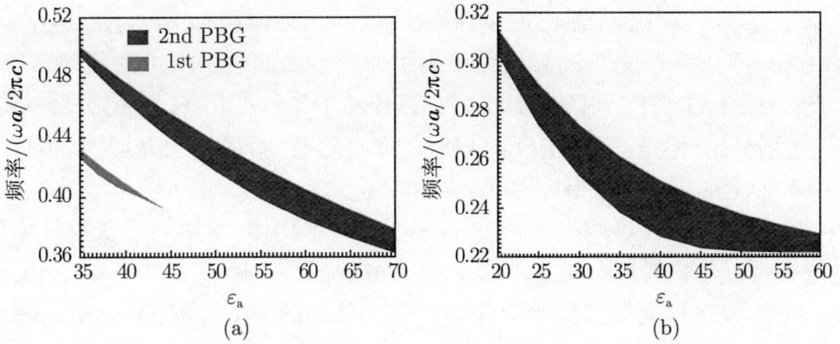

图 11.44　RCP 波在两类三维磁化等离子体光子晶体中的 PBGs 与 $\varepsilon_{\rm a}$ 的关系图

(a) type-1；(b) type-2

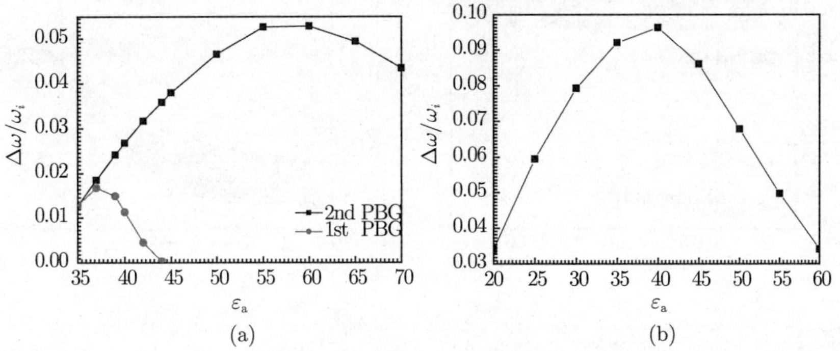

图 11.45　RCP 波在 type-1 和 type-2 三维磁化等离子体光子晶体中 PBGs 的相对带宽与 $\varepsilon_{\rm a}$ 的关系图

(a) type-1；(b) type-2

11.4.5　外加磁场对 PBG 特性的影响

图 11.46 给出了 RCP 波在两类三维磁化等离子体光子晶体中的 PBGs 与 $\varepsilon_{\rm a}$ 的关系图，且 $f=0.5$, $\omega_{\rm p}=0.15\omega_{\rm p0}$, $\nu_{\rm c}=0.02\omega_{\rm pl}$ 和 $\varepsilon_{\rm a}=40$。阴影区域表示 PBGs。由图 11.46(a) 可知，type-1 的 2nd PBG 的上下边缘将随着 $\omega_{\rm c}$ 的增大而向高频方向移动，且它的带宽也将随之增大。当 $\omega_{\rm c}/\omega_{\rm pl}$ 的值由 0.01 增加到 2 时，2nd PBG 的频率范围变为 0.466~0.4842 $(2\,\pi c/a)$，且带宽为 0.0182 $(2\,\pi c/a)$。与 $\omega_{\rm c}/\omega_{\rm pl}=0.01$ 时相比，2nd PBG 的带宽增加了 0.0071 $(2\,\pi c/a)$。而 1st PBG 的上下边缘将随着 $\omega_{\rm c}$ 的增大而向高频方向移动，但是其带宽将逐渐减小，且 1st PBG 将在 $\omega_{\rm c}/\omega_{\rm pl}=1.3$ 附近闭合。此时，与 $\omega_{\rm c}/\omega_{\rm pl}=0.01$ 时相比，1st PBG 的带宽减小了 0.0064 $(2\,\pi c/a)$。由图 11.46(b) 可知，type-2 1st PBG 的上下边缘将随着 $\omega_{\rm c}$ 的增大而向高频方向移动，它的带宽也将先增大后减小，且 1st PBG 将在 $\omega_{\rm c}/\omega_{\rm pl}=1.6$ 附近闭合。随着 $\omega_{\rm c}/\omega_{\rm pl}$ 的增大，type-2 1st PBG 的最大值是 0.0236 $(2\,\pi c/a)$，此时满足 $\omega_{\rm c}/\omega_{\rm pl}=0.7$。

与 $\omega_c/\omega_{pl}=0.01$ 时相比，1st PBG 的带宽增加了 0.0039 $(2\pi c/a)$。图 11.47 给出了 RCP 波在 type-1 和 type-2 三维磁化等离子体光子晶体中 PBGs 的相对带宽与 ω_c 的关系图。由图 11.47(a) 可知，RCP 波在 type-1 中 1st PBG 的相对带宽将随着 ω_c 的增大而减小，但是 2nd PBG 的相对带宽将随着 ω_c 的增大而增大。1st 和 2nd PBGs 相对带宽的最大值分别为 0.0187 和 0.0387，且 ω_c 分别满足 $\omega_c/\omega_{pl}=0.01$ 和 2。由图 11.47(b) 可知，RCP 波在 type-2 中 1st PBG 的相对带宽随着 ω_c 的增大而先增大后减小，其相对带宽的最大值为 0.0097，此时 $\omega_c/\omega_{pl}=0.7$。由上述讨论可知，RCP 波在这两类三维等离子体光子晶体中的 PBGs 能被 ω_c 所调谐。且与 type-1 相比，RCP 波在 type-2 中的 PBG 有较大的最大相对带宽。

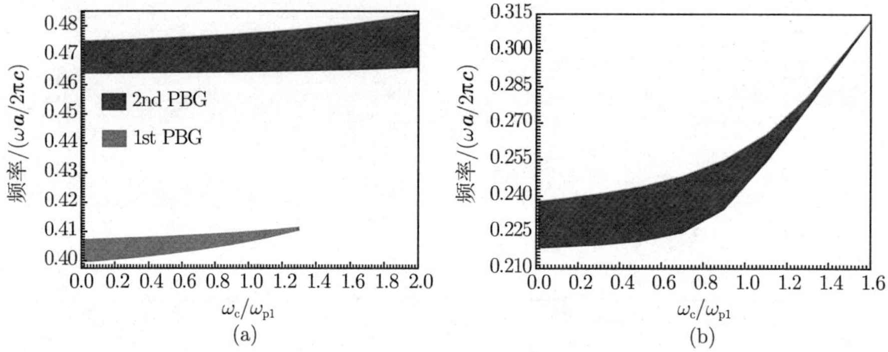

图 11.46 RCP 波在两类三维磁化等离子体光子晶体中的 PBGs 与 ω_c 的关系图

(a) type-1；(b) type-2

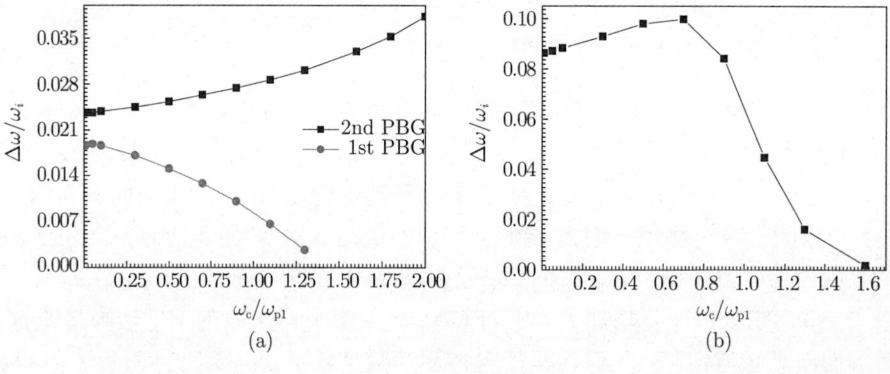

图 11.47 RCP 波在 type-1 和 type-2 三维磁化等离子体光子晶体中 PBGs 的相对带宽与 ε_a 的关系图

(a) type-1；(b) type-2

11.4.6 填充率对 PBG 特性的影响

图 11.48 给出了 RCP 波在两类三维磁化等离子体光子晶体中的 PBGs 与 f 的关系图，且 $\omega_{\mathrm{p}} = 0.15\omega_{\mathrm{p0}}$, $\omega_{\mathrm{c}} = 0.8\omega_{\mathrm{pl}}$, $\nu_{\mathrm{c}} = 0.02\omega_{\mathrm{pl}}$ 和 $\varepsilon_{\mathrm{a}} = 40$。阴影部分代表 PBGs。由图 11.48(a) 可知，RCP 波在 type-1 中的前两个 PBGs 的上下边缘将随着介质填充率 f 的增大而向低频方向移动。随着介质填充率 f 的增大，它们的带宽将先增大后减小。如果 f 小于 0.49，1st PBG 将不会存在。如果 f 小于 0.36，2nd PBG 将会消失。当介质的填充率 f 由 0.36 增加到 0.52 时，1st 和 2nd PBGs 的频率范围分别变为 0.396 ~ 0.4026 ($2\pi c/a$) 和 0.4583 ~ 0.4691 ($2\pi c/a$)，且其带宽分别为 0.0066 和 0.0108 ($2\pi c/a$)。由图 11.48(b) 可知，RCP 波在 type-2 中 1st PBG 的上下边缘将随着等离子体填充率 f 的增大而向高频方向移动，且其带宽也将随之变大。当等离子体的填充率 f 由 0.36 增加到 0.52 时，RCP 波在 type-2 中 1st PBG 的频率范围变为 0.2304 ~ 0.2571 ($2\pi c/a$)，且带宽为 0.0267 ($2\pi c/a$)。与 f=0.36 时相比，1st PBG 的带宽增加了 0.0223 ($2\pi c/a$)。图 11.49 给出了 RCP 波在 type-1 和 type-2 三维磁化等离子体光子晶体中 PBGs 的相对带宽与 f 的关系图。由图 11.49(a) 可知，RCP 波在 type-1 中 1st 和 2nd PBGs 的相对带宽将随着 f 的增大而先增大后减小，其最大值分别为 0.0192 和 0.0362，此时分别满足 $f = 0.51$ 和 0.42。由图 11.49(b) 可知，RCP 波在 type-2 中 1st PBG 的相对带宽将随着 f 的增大而近似线性增大，其相对带宽的最大值为 0.1095，且此时 $f = 0.52$。显然，RCP 波在 type-2 中的 PBG 有较大的最大相对带宽，且其 PBG 能被 f 所调谐。同样值得注意的是，当介质球的填充率很小且接近于零时，三维磁化等离子体光子晶体可以近似看作等离子体块，此时水平带区域将会消失。

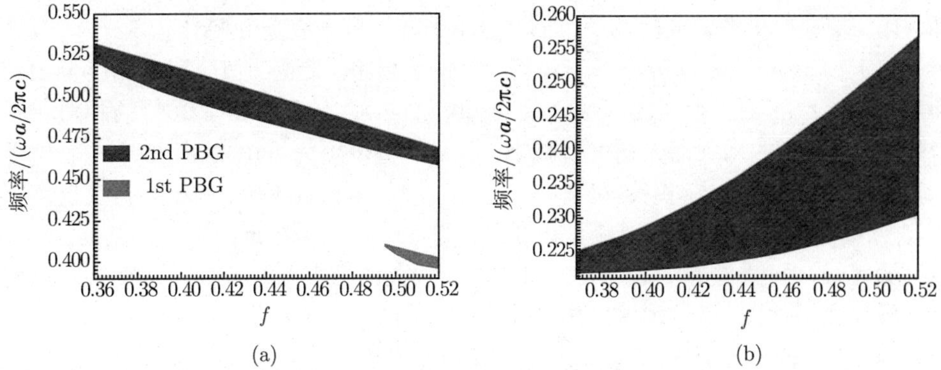

图 11.48 RCP 波在两类三维磁化等离子体光子晶体中的 PBGs 与 f 的关系图

(a) type-1；(b) type-2

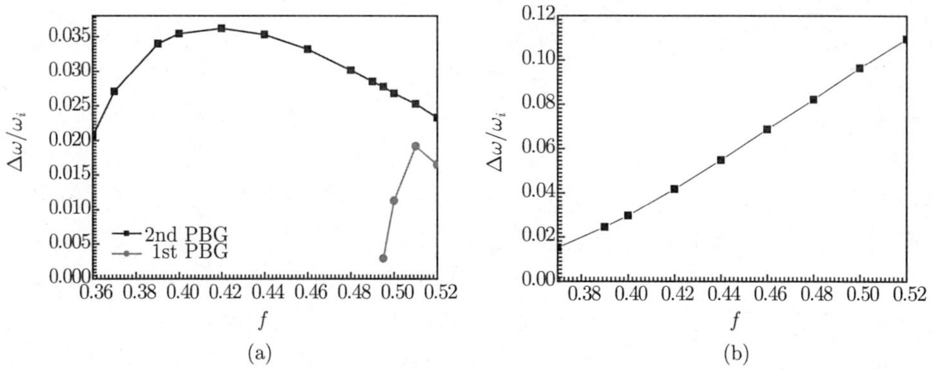

图 11.49 RCP 波在 type-1 和 type-2 三维磁化等离子体光子晶体中 PBGs 的相对带宽与 f 的关系图

(a) type-1；(b) type-2

11.4.7 等离子体参数对 PBG 特性的影响

图 11.50 给出了 RCP 波在两类三维磁化等离子体光子晶体中的 PBGs 与 $\omega_{\rm p}$ 的关系图，且 $f = 0.5$, $\omega_{\rm c} = 0.8\omega_{\rm pl}$, $\nu_{\rm c} = 0.02\omega_{\rm pl}$ 和 $\varepsilon_{\rm a} = 40$。由图 11.50(a) 可知，RCP 波在 type-1 中前两个 PBGs 的上下边缘将随着 $\omega_{\rm p}$ 的增大而向高频方向移动，且其带宽也将先增大后减小。1st 和 2nd PBGs 将分别在大于 $\omega_{\rm p}/\omega_{\rm p0} = 0.17$ 和 0.36 时消失。当 $\omega_{\rm p}/\omega_{\rm p0}$ 的值由 0.01 增加到 0.35 时，1st 和 2nd PBGs 带宽的最大值分别为 0.0072 和 0.0244 $(2\ \pi c/a)$，且 $\omega_{\rm p}/\omega_{\rm p0}$ 的值分别为 0.12 和 0.27。与 $\omega_{\rm p}/\omega_{\rm p0} = 0.01$ 时相比，带宽分别增加了 0.0032 和 0.0181 $(2\ \pi c/a)$。由图 11.50(b) 可知，RCP 波在 type-2 中 1st PBG 的上下边缘将随着 $\omega_{\rm p}$ 的增大而向高频方向移动，且其带宽也将先增大后减小。1st PBG 带宽的最大值是 0.0231 $(2\ \pi c/a)$，且此时 $\omega_{\rm p}/\omega_{\rm p0} = 0.15$。与 $\omega_{\rm p}/\omega_{\rm p0} = 0.01$ 和 0.25 时相比，带宽的值分别增加了 0.0112 和 0.0231 $(2\ \pi c/a)$。由图 11.50(a) 还可知，type-1 1st 和 2nd PBGs 的相对带宽将随着 $\omega_{\rm p}/\omega_{\rm p0}$ 的增大而先增大后减小，其最大值分别为 0.0179 和 0.0508 且位于 $\omega_{\rm p}/\omega_{\rm p0} = 0.12$ 和 0.27。由图 11.50(b) 还可知，type-2 1st PBG 的相对带宽也将随着 $\omega_{\rm p}/\omega_{\rm p0}$ 增大而先增大后减小，其最大值为 0.0964，且位于 $\omega_{\rm p}/\omega_{\rm p0} = 0.15$。由上述讨论可知，RCP 波在 type-2 中的 PBG 有较大的最大相对带宽。RCP 波在这两类三维等离子体光子晶体中的 PBGs 能被 $\omega_{\rm p}$ 所调谐。

图 11.51 给出了 RCP 波在这两类三维磁化等离子体光子晶体中的 PBGs 与 $\nu_{\rm c}$ 的关系图，且 $f = 0.5$, $\omega_{\rm c} = 0.8\omega_{\rm pl}$, $\omega_{\rm p} = 0.15\omega_{\rm p0}$ 和 $\varepsilon_{\rm a} = 40$。由图 11.5 可知，RCP 波在 type-1 和 type-2 中 PBGs 的上下边缘将不会随着 $\nu_{\rm c}$ 的增大而发生移动，且它们的带宽也不会发生变化。对于 type-1 而言，当 $\nu_{\rm c}/\omega_{\rm p}$ 的值由 0.002 增加到

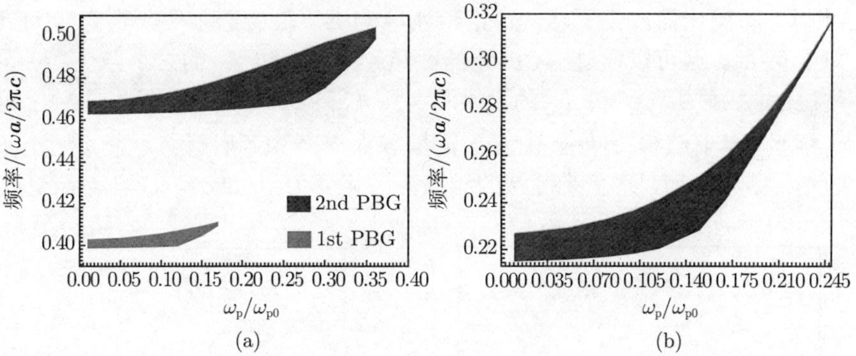

图 11.50 RCP 波在两类三维磁化等离子体光子晶体中的 PBGs 与 $\omega_{\rm p}$ 的关系图

(a) type-1；(b) type-2

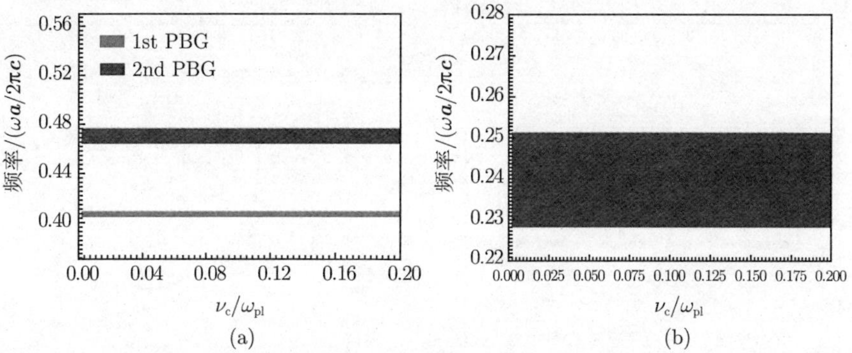

图 11.51 RCP 波在两类三维磁化等离子体光子晶体中的 PBGs 与 $\nu_{\rm c}$ 的关系图

(a) type-1；(b) type-2

0.2 时，RCP 波的 1st 和 2nd PBGs 的频率范围分别为 0.4046 ~ 0.4092 ($2\,\pi c/a$) 和 0.4643 ~ 0.4769 ($2\,\pi c/a$)，其带宽分别为 0.0046 和 0.0126 ($2\,\pi c/a$)。类似于 type-1，当 $\nu_{\rm c}/\omega_{\rm p}$ 的值由 0.002 增加到 0.2 时，RCP 波在 type-2 中 1st PBG 的频率范围是 0.2282 ~ 0.2513($2\,\pi c/a$)，且带宽为 0.0231。显然，RCP 波在 type-1 和 type-2 中 PBGs 的相对带宽都不会随着的 $\nu_{\rm c}/\omega_{\rm p}$ 增大而变化，其值分别为 0.0113、0.0268 和 0.0964。由上述讨论可知，RCP 波在 type-2 中的 PBG 有较大的最大相对带宽。RCP 波在这两类三维等离子体光子晶体中的 PBGs 不能被 $\nu_{\rm c}$ 所调谐。

11.4.8 水平带隙区域的特性

图 11.52 给出了水平带隙区域的上下边缘位置与 $\varepsilon_{\rm a}$、f、$\omega_{\rm p}$、$\omega_{\rm c}$ 和 $\nu_{\rm c}$ 的关系图。由图 11.52(a)、(c) 和 (e) 可知，水平带区域的上下边缘位置都不会随着

ε_a、f 和 ν_c 的变化而发生变化。水平带区域的上下边缘的频率分别为 0.1196 和 0.2215 ($2\pi c/a$)。这可以通过 RCP 波的截止频率 f_R 和 f_L 的大小与 ε_a、f 和 ν_c 的关系来确定。显然 f_R 和 f_L 的大小与 ε_a、f 和 ν_c 无关。由图 11.52(b) 可知，水平带区域的上下边缘将随着 ω_c/ω_{pl} 的增大而向高频方向移动。当 ω_c/ω_{pl} 的值由 0.05 增加到 1.6 时，水平带区域的频率范围将变为 $0.2388 \sim 0.315$ ($2\pi c/a$)。与

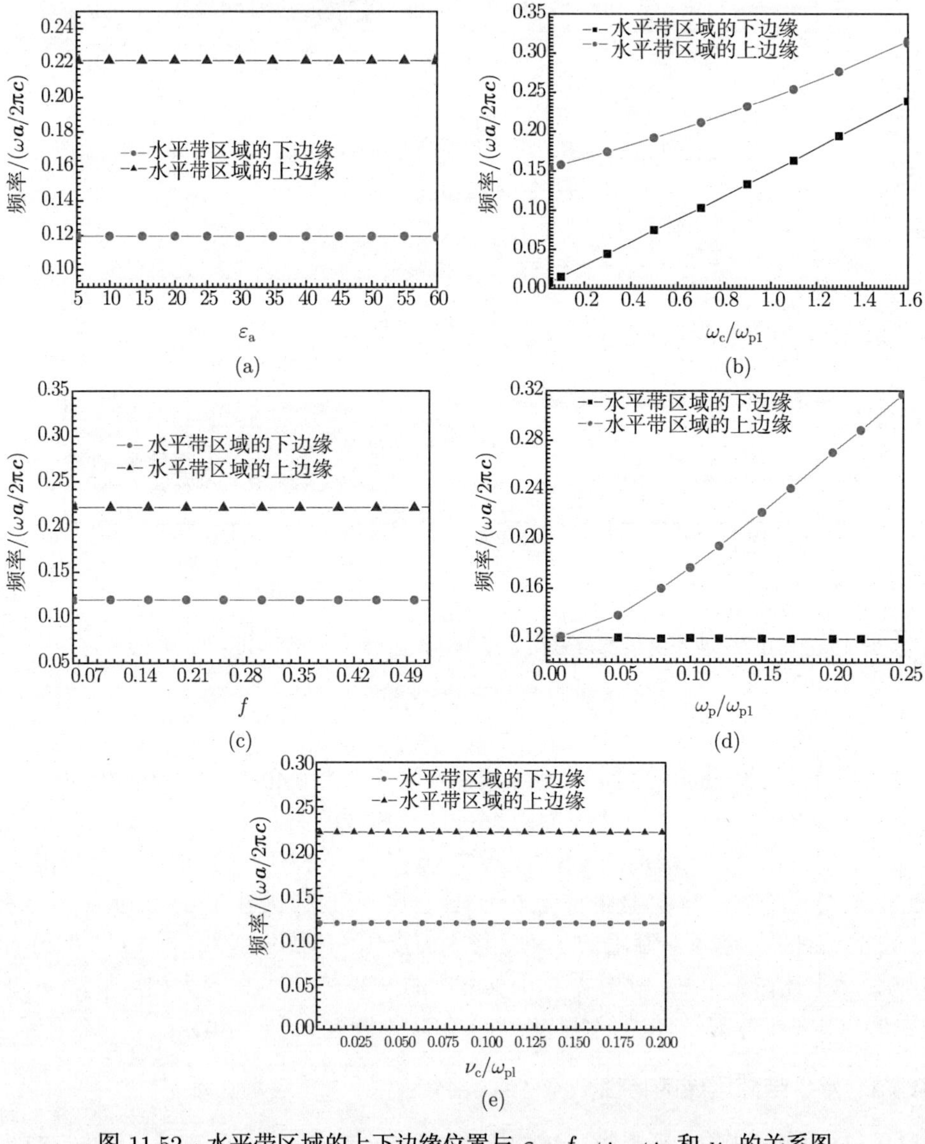

图 11.52 水平带区域的上下边缘位置与 ε_a、f、ω_p、ω_c 和 ν_c 的关系图

(a) ε_a；(b) ω_c；(c) f；(d) ω_p；(e) ν_c

$\omega_c/\omega_{pl} = 0.05$ 时相比，水平带区域的宽度减少了 0.07 $(2\,\pi c/a)$。由图 11.52(d) 可知，水平带区域的上边缘将随着 ω_p 的增大而向高频方向移动，但是其下边缘却保持不变。当 ω_p/ω_{p0} 的值由 0.01 增加到 0.25 时，水平带区域的范围是 $0.1196 \sim 0.3171$ $(2\,\pi c/a)$。与 $\omega_p/\omega_{p0} = 0.01$ 时相比，水平带区域的范围增加了 0.1975 $(2\,\pi c/a)$。这也可以通过 ω_p 与 f_L 和 f_R 的关系来解释，f_R 将要随着的 ω_p 增大而近似线性增大，而 f_L 却与 ω_p 的大小无关。

第 12 章　三维等离子体光子晶体的禁带拓展技术

在第 11 章中对三维等离子体光子晶体的基本电磁特性进行了介绍，研究结果表明：对于 type-1 三维等离子体光子晶体而言 (介质球填充等离子体背景)，要得到带宽较大的 PBGs 是非常困难的，尤其是其晶格对称性较强时，如立方体晶格。要产生 PBGs，介质背景的相对介电常数不得不取较大的数值，这样才能够使得电磁波的共振散射足以打开一个光子带隙，从而形成 PBG。另外，对于三维等离子体光子晶体而言，如果要获得带宽较大的 PBGs，就不得不以增加等离子体密度为代价。然而在工程实践中，要制造和实现这类三维等离子体光子晶体显然是十分困难的。为了解决这个问题，有几种方案可供选择，如破坏填充物的对称性 [308]、引入各向异性的介质 [309] 和采用新的、对称性较弱的晶格结构 [310] 等。本章将在理论上对拓展 PBGs 带宽的技术进行介绍，内容主要包括新的晶格拓扑结构和各向异性介质的引入对 PBGs 特性的改善，研究了三维等离子体光子晶体在烧绿石晶格 (pyrochlore lattices) 下的 PBGs 特性，并对不同晶格条件下包含各向异性介质的三维等离子体光子晶体的 PBGs 特性进研究。本章还将对磁光 Faraday 效应下的 RCP 波的 PBGs 特性进行阐述，详细地给出了磁化 Voigt 效应下非寻常波的色散特性，并对以上涉及的 PWE 方法的计算公式进行了推导，最后分析了三维等离子体光子晶体各个参数对 PBGs 和色散特性的影响。

12.1　改变晶格结构实现对三维等离子体光子晶体禁带的拓展

由第 11 章可知，以常规立方体、面心和钻石晶格结构排列的三维等离子体光子晶体要产生较大带宽的 PBGs，就不得不选取相对介电常数较大的介质或密度较高的等离子体。尤其是对 type-1 的三维等离子体光子晶体而言，要产生较大带宽的 PBGs，往往不得不同时兼顾这两个条件。这在工程实践中是十分困难的。为了克服这个困难，使三维等离子体光子晶体能在等离子体密度较低和介质相对介电常数较小的条件下得到较大的 PBGs，可以采用新的拓扑结构，如 Si-34[311,312] 和烧绿石晶格 [313,314] 等。其中烧绿石晶格是一个较好的选择。烧绿石晶格的基矢构成菱形的晶格单元，并且在每个晶格单元含 4 个散射体 (填充物)，其拓扑结构如图 12.1(a) 所示。烧绿石晶格的基矢和钻石晶格的相同，即 $\boldsymbol{a}_1=(0.5,0.5,0),\boldsymbol{a}_2=(0.5,0,0.5),\boldsymbol{a}_3=(0,0.5,0.5)$。4 个散射体的位置在单元格中分别位于 (图 12.1(b))[296] $\boldsymbol{v}_1=(0,0,0),\boldsymbol{v}_2=\boldsymbol{a}_2/2,\boldsymbol{v}_3=\boldsymbol{a}_3/2,\boldsymbol{v}_4=\boldsymbol{a}_1/2$, 其第一不可约布里渊区上的点也和钻石晶格的相同 (图 12.1(c))，分别为 $\Gamma=(0,0,0)$，$X=(2\pi/a,0,0)$，$W=(2\pi/a,\pi/a,0)$，$K=(1.5\pi/a,1.5\pi/a,0)$，$L=(\pi/a,\pi/a,\pi/a)$ 和 $U=(2\pi/a,0.5\pi/a,0.5\pi/a)$. 显然，烧绿石晶格的对称性较传统的立方体晶格、面心晶格和钻石晶格要弱，这将对拓展 PBGs 的带宽有帮助。本节将对三维烧绿石晶格非磁化等离子体光子晶体的 PBGs 特性进行研究，其填充方式为 type-1，即介质球填充非磁化等离子体，完成对 PWE 方法计算公式的推导，并探讨该非磁化等离子体光子晶体各个参数对 PBG 特性的影响。

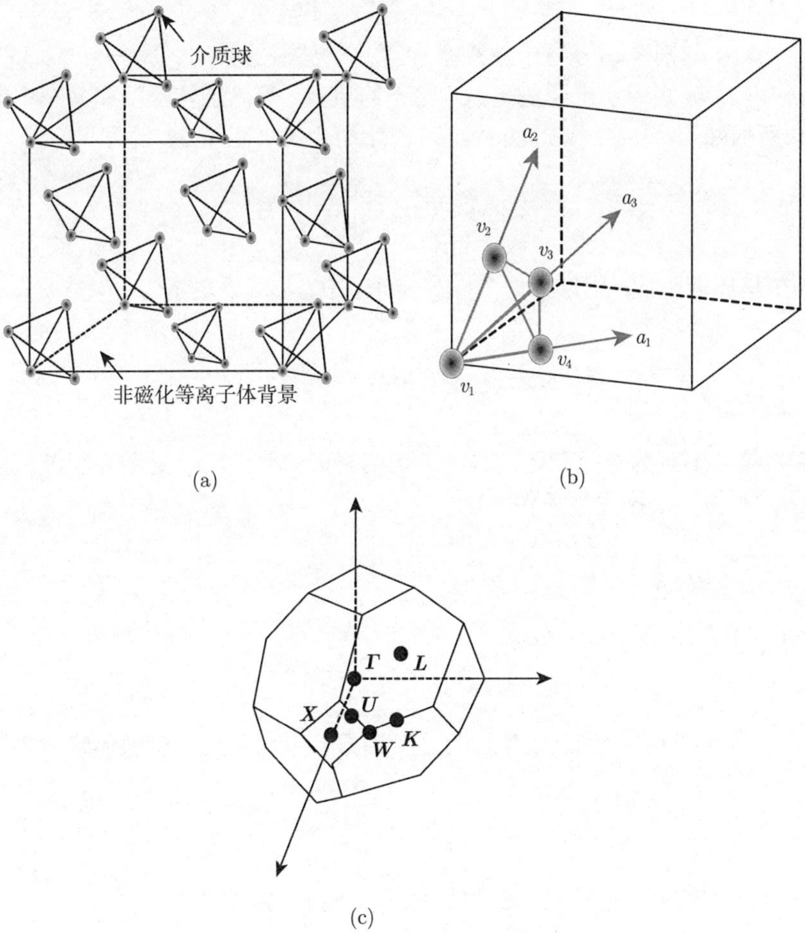

图 12.1 三维烧绿石非磁化等离子体光子晶体的结构、单元结构与第一不可约布里渊区的示意图

(a) 拓扑结构示意图；(b) 晶格单元示意图；(c) 第一不可约布里渊区

12.1.1　理论和数值方法

为了使 PWE 方法计算时展开的平面波数为 729，假设填充的介质球和等离子体背景都是各向同性的且都是均匀的，介质球的半径和晶格常数分别为 R 和 a。介质球和等离子体背景的相对介电常数分别为 ε_a 和 ε_p。如果计算时引入的时谐量是 $\mathrm{e}^{-\mathrm{j}\omega t}$, ω 是角频率, t 是时间, 且 $\mathrm{j}=\sqrt{-1}$。当不存在外加磁场时，等离子体的相对介电常数可表示为

$$\varepsilon_\mathrm{p}(\omega)=1-\frac{\omega_\mathrm{p}^2}{\omega(\omega+\mathrm{j}\nu_\mathrm{c})} \tag{12.1}$$

其中, ω_p 和 ν_c 分别表示等离子体频率和等离子体碰撞频率。$\omega_\mathrm{p}=(e^2n_\mathrm{e}/\varepsilon_0 m)^{1/2}$, e、m、n_e 和 ε_0 分别表示电子的电量、电子的质量、等离子体密度和真空中的介电常数。众所周知 [297]，Maxwell 方程组可以化简为关于磁场 $\boldsymbol{H}$ 的方程:

$$\nabla\times\left[\frac{1}{\varepsilon(\boldsymbol{r})}\nabla\times\boldsymbol{H}\right]=\frac{\omega^2}{c^2}\boldsymbol{H} \tag{12.2}$$

因为 $\varepsilon(\boldsymbol{r})$ 是周期函数，所以根据 Bloch 定理，$\boldsymbol{H}(\boldsymbol{r})$ 可以表示为

$$\boldsymbol{H}(\boldsymbol{r})=\sum_{\boldsymbol{G}}\sum_{\lambda=1}^{2}h_{\boldsymbol{G},\lambda}\widehat{\boldsymbol{e}}_{\boldsymbol{\lambda}}\mathrm{e}^{[\mathrm{j}(\boldsymbol{k}+\boldsymbol{G})\cdot\boldsymbol{r}]} \tag{12.3}$$

其中, $\boldsymbol{k}$ 是第一不可约布里渊区波矢; $\boldsymbol{G}$ 是倒格矢；$\widehat{e}_1$ 和 $\widehat{e}_2$ 是垂直于波矢 $\boldsymbol{k}+\boldsymbol{G}$ 的正交单位矢量。根据边界条件

$$\varepsilon(\boldsymbol{r}+\boldsymbol{a}_i)=\varepsilon(\boldsymbol{r}) \tag{12.4}$$

倒格矢可以定义为

$$\boldsymbol{a}_i\cdot\boldsymbol{b}_j=2\pi\delta_{ij} \tag{12.5}$$

其中 δ_{ij} 是狄拉克函数。因此，介质的分布函数可以用傅里叶变换形式来表示:

$$\varepsilon^{-1}(\boldsymbol{r})=\varepsilon_{\boldsymbol{G},\boldsymbol{G}'}^{-1}=\sum_{\boldsymbol{G}}\eta(\boldsymbol{G})\boldsymbol{e}^{\mathrm{j}\boldsymbol{G}\cdot\boldsymbol{r}} \tag{12.6}$$

$\eta(\boldsymbol{G})$ 是 $\varepsilon(\boldsymbol{r})$ 逆的傅里叶变换，$\boldsymbol{G}$ 可以用 $\boldsymbol{b}_1$、$\boldsymbol{b}_2$ 和 $\boldsymbol{b}_3$ 来表示:

$$\boldsymbol{G}=l_1\boldsymbol{b}_1+l_2\boldsymbol{b}_2+l_3\boldsymbol{b}_3 \tag{12.7}$$

其中 l_1、l_2 和 l_3 是整数，那么 $\eta(\boldsymbol{G})$ 可以表示为

$$\eta(\boldsymbol{G})=\frac{1}{V_\mathrm{cell}}\int_\mathrm{cell}\frac{1}{\varepsilon(\boldsymbol{r})}\exp(-\mathrm{j}\boldsymbol{G}\cdot\boldsymbol{r})\mathrm{d}\boldsymbol{r} \tag{12.8}$$

其中 $V_{\rm cell}$ 为单元结构的体积。如果单元结构中包含有 $n_{\rm s}$ 个散射体，那么 $\eta(\boldsymbol{G})$ 可以表示为

$$\eta(\boldsymbol{G})=\boldsymbol{\varepsilon}_{\boldsymbol{a}}^{-1}\delta_{G,0}+\sum_{i=1}^{n_{\rm s}}\eta^{(i)}(\boldsymbol{G})\mathrm{e}^{-\mathrm{j}\boldsymbol{G}\cdot\boldsymbol{r}_i} \tag{12.9}$$

$\eta^{(i)}(\boldsymbol{G})$ 表示第 i 个散射体在位置 $\boldsymbol{r}_i$ 处的介电常数的傅里叶变换。将式 (12.3) 和式 (12.6) 代入式 (12.2) 中可以得到

$$\sum_{\boldsymbol{G}',\lambda'}|\boldsymbol{k}+\boldsymbol{G}|\left|\boldsymbol{k}+\boldsymbol{G}'\right|\begin{pmatrix}\widehat{\boldsymbol{e}}_2\cdot\boldsymbol{\varepsilon}_{\boldsymbol{G},\boldsymbol{G}'}^{-1}\cdot\widehat{\boldsymbol{e}}_{2'} & -\widehat{\boldsymbol{e}}_2\cdot\boldsymbol{\varepsilon}_{\boldsymbol{G},\boldsymbol{G}'}^{-1}\cdot\widehat{\boldsymbol{e}}_{1'}\\ -\widehat{\boldsymbol{e}}_1\cdot\boldsymbol{\varepsilon}_{\boldsymbol{G},\boldsymbol{G}'}^{-1}\cdot\widehat{\boldsymbol{e}}_{2'} & \widehat{\boldsymbol{e}}_1\cdot\boldsymbol{\varepsilon}_{\boldsymbol{G},\boldsymbol{G}'}^{-1}\cdot\widehat{\boldsymbol{e}}_{1'}\end{pmatrix}h_{\boldsymbol{G}',\lambda'}=\frac{\omega^2}{c^2}h_{\boldsymbol{G},\lambda} \tag{12.10}$$

其中 $\boldsymbol{\varepsilon}_{\boldsymbol{G},\boldsymbol{G}'}^{-1}=\eta(\boldsymbol{G}-\boldsymbol{G}')$，为了求解式 (12.10)，介质的傅里叶展开系数可以表示为

$$\eta(\boldsymbol{G})=\begin{cases}\dfrac{\omega^2+\mathrm{j}\nu_{\rm c}\omega}{\omega^2+\mathrm{j}\nu_{\rm c}\omega-\omega_{\rm p}^2}4f+\dfrac{1}{\varepsilon_{\rm a}}(1-4f), & \boldsymbol{G}=0\\ \left(\dfrac{\omega^2+\mathrm{j}\nu_{\rm c}\omega}{\omega^2+\mathrm{j}\nu_{\rm c}\omega-\omega_{\rm p}^2}-\dfrac{1}{\varepsilon_{\rm a}}\right)\cdot\displaystyle\sum_{i=1}^{4}\mathrm{e}^{-\boldsymbol{G}\cdot\boldsymbol{v}_{\boldsymbol{i}}} & \\ \cdot 3f\dfrac{\sin(|\boldsymbol{G}|R)-(|\boldsymbol{G}|R)\cos(|\boldsymbol{G}|R)}{(|\boldsymbol{G}|R)^3}, & \boldsymbol{G}\neq 0\end{cases} \tag{12.11}$$

可以将 $h_{\boldsymbol{G},\lambda}$ 表示为

$$h_{\boldsymbol{G},\lambda}=\sum_{\boldsymbol{G}}A(\boldsymbol{k}|\boldsymbol{G})\mathrm{e}^{\mathrm{j}(\boldsymbol{K}+\boldsymbol{G})\cdot\boldsymbol{r}} \tag{12.12}$$

所以式 (12.10) 可以表示为关于傅里叶变换系数 $A(\boldsymbol{k}|\boldsymbol{G})$ 的方程

$$\begin{aligned}&\left[\frac{\omega^2+\mathrm{j}\nu_{\rm c}\omega}{\omega^2+\mathrm{j}\nu_{\rm c}\omega-\omega_{\rm p}^2}4f+\frac{1}{\varepsilon_{\rm a}}(1-4f)\right]\cdot|\boldsymbol{k}+\boldsymbol{G}|\left|\boldsymbol{k}+\boldsymbol{G}'\right|\cdot\boldsymbol{F}\cdot A(\boldsymbol{k}|\boldsymbol{G})\\&+\sum_{\boldsymbol{G}'}\left(\frac{\omega^2+\mathrm{j}\nu_{\rm c}\omega}{\omega^2+\mathrm{j}\nu_{\rm c}\omega-\omega_{\rm p}^2}-\frac{1}{\varepsilon_{\rm a}}\right)\cdot\sum_{i=1}^{4}\mathrm{e}^{-\boldsymbol{G}\cdot\boldsymbol{v}_{\boldsymbol{i}}}\cdot 3f\frac{\sin(|\boldsymbol{G}|R)-(|\boldsymbol{G}|R)\cos(|\boldsymbol{G}|R)}{(|\boldsymbol{G}|R)^3}\\&\cdot|\boldsymbol{k}+\boldsymbol{G}|\left|\boldsymbol{k}+\boldsymbol{G}'\right|\cdot\boldsymbol{F}\cdot A(\boldsymbol{k}|\boldsymbol{G})=\frac{\omega^2}{c^2}A(\boldsymbol{k}|\boldsymbol{G})\end{aligned} \tag{12.13}$$

其中 $\boldsymbol{F}=\begin{bmatrix}\widehat{\boldsymbol{e}}_2\cdot\widehat{\boldsymbol{e}}_{2'} & -\widehat{\boldsymbol{e}}_2\cdot\widehat{\boldsymbol{e}}_{1'}\\ -\widehat{\boldsymbol{e}}_1\cdot\widehat{\boldsymbol{e}}_{2'} & \widehat{\boldsymbol{e}}_1\cdot\widehat{\boldsymbol{e}}_{1'}\end{bmatrix}$，如果定义一个复数变量 $\zeta=\omega/c$，式 (12.13) 可以表示为

$$\zeta^4\boldsymbol{I}-\zeta^3\boldsymbol{T}-\zeta^2\boldsymbol{U}-\zeta\boldsymbol{V}-\boldsymbol{W}=0 \tag{12.14}$$

其中 $\boldsymbol{I}$ 表示单位矩阵，且

$$\boldsymbol{T}(\boldsymbol{G}|\boldsymbol{G}')=-\mathrm{j}\frac{\nu_{\rm c}}{c}\boldsymbol{\delta}_{\boldsymbol{G}\cdot\boldsymbol{G}'} \tag{12.15}$$

$$\boldsymbol{U}(\boldsymbol{G}|\boldsymbol{G}')=\left\{\frac{\omega_{\rm p}^2}{c^2}+\left[\frac{1}{\varepsilon_{\rm a}}4f+(1-4f)\right]\cdot|\boldsymbol{k}+\boldsymbol{G}|\left|\boldsymbol{k}+\boldsymbol{G}'\right|\cdot\boldsymbol{F}\right\}\boldsymbol{\delta}_{\boldsymbol{G}\cdot\boldsymbol{G}'}+\left(\frac{1}{\varepsilon_{\rm a}}-1\right)\boldsymbol{M} \tag{12.16}$$

$$\boldsymbol{V}(\boldsymbol{G}|\boldsymbol{G}')=\left(\left\{{\rm j}\frac{\nu_{\rm c}}{c}\left[\frac{1}{\varepsilon_{\rm a}}4f+(1-4f)\right]\right\}\cdot|\boldsymbol{k}+\boldsymbol{G}|\left|\boldsymbol{k}+\boldsymbol{G}'\right|\cdot\boldsymbol{F}\right)\boldsymbol{\delta}_{\boldsymbol{G}\cdot\boldsymbol{G}'}+{\rm j}\frac{\nu_{\rm c}}{c}\left(\frac{1}{\varepsilon_{\boldsymbol{a}}}-1\right)\boldsymbol{M} \tag{12.17}$$

$$\boldsymbol{W}(\boldsymbol{G}|\boldsymbol{G}')=\left(-\frac{\omega_{\rm p}^2}{c^2}\frac{1}{\varepsilon_{\rm a}}4f\cdot|\boldsymbol{k}+\boldsymbol{G}|\left|\boldsymbol{k}+\boldsymbol{G}'\right|\cdot\boldsymbol{F}\right)\boldsymbol{\delta}_{\boldsymbol{G}\cdot\boldsymbol{G}'}+\frac{\omega_{\rm p}^2}{c^2}\frac{1}{\varepsilon_{\rm a}}\boldsymbol{M} \tag{12.18}$$

其中

$$\boldsymbol{M}=|\boldsymbol{k}+\boldsymbol{G}|\left|\boldsymbol{k}+\boldsymbol{G}'\right|\cdot\boldsymbol{F}\cdot\sum_{i=1}^{4}{\rm e}^{-\boldsymbol{G}\cdot\boldsymbol{v_i}}\cdot 3f\frac{\sin(|\boldsymbol{G}|R)-(|\boldsymbol{G}|R)\cos(|\boldsymbol{G}|R)}{(|\boldsymbol{G}|R)^3}$$

$\boldsymbol{T}$、$\boldsymbol{U}$、$\boldsymbol{V}$ 和 $\boldsymbol{W}$ 是 $N\times N$ 的矩阵。多项式 (12.14) 的求解可以转换成为一个 $4N\times 4N$ 矩阵 $\boldsymbol{Q}$ 特征值的求取，矩阵 $\boldsymbol{Q}$ 满足

$$\boldsymbol{Q}z=\zeta z,\quad \boldsymbol{Q}=\begin{bmatrix}0&\boldsymbol{I}&0&0\\0&0&\boldsymbol{I}&0\\0&0&0&\boldsymbol{I}\\\boldsymbol{W}&\boldsymbol{V}&\boldsymbol{U}&\boldsymbol{T}\end{bmatrix} \tag{12.19}$$

求解等式 (12.19) 的本征值就得到了式 (12.14) 的解。很明显，所求本征值的实部就决定了该三维非磁化等离子体光子晶体的色散关系.

12.1.2　三维烧绿石晶格非磁化等离子体光子晶体的 PBG 特性

为了便于计算，用 $\omega a/2\pi c$ 对频域进行归一化处理，并用变量 $\omega_{\rm p0}a/2\pi c=1$ 来定义等离子体频率和等离子体碰撞频率。假设等离子体频率 $\omega_{\rm p}=\omega_{\rm pl}=0.1\pi c/a=0.05\omega_{\rm p0}$, 等离子体碰撞频率 $\nu_{\rm c}=0.02\omega_{\rm pl}$。显然 $\omega_{\rm p0}$ 和 $\omega_{\rm pl}$ 仅是定义的变量，它们没有任何物理意义。并且假设介质背景的参数满足：$\varepsilon_{\rm a}=12,\mu_{\rm a}=1$, 且 R=0.17a。本节主要对三维烧绿石晶格非磁化等离子体光子晶体在频率范围 $0\sim 2\pi c/a$ 内的第一 (1st) PBG 的特性进行研究。

图 12.2 给出了在不同 $\omega_{\rm p}$ 和 $\nu_{\rm c}$ 条件下三维烧绿石晶格非磁化等离子体光子晶体的色散曲线，此时 $\varepsilon_{\rm a}$=12 且 R=0.17a。图中灰色区域表示 PBGs。由图 12.2(a) 可知，当 $\omega_{\rm p}=\nu_{\rm c}$=0 时，等离子体可以被看成空气，且此时该光子晶体可以看作常规的介质 —— 空气光子晶体。在 $0\sim 2\pi c/a$ 的频率范围内，存在着 1 个 PBG，其频

率范围是 0.4711~0.5349 ($2\pi c/a$)。由图 12.2(b) 可知，当 $\omega_p = 0.05\omega_{p0}, \nu_c = 0.02\omega_{pl}$ 时 (等离子体引入该三维介质 —— 空气光子晶体)，在 $0 \sim 2\pi c/a$ 的频率范围内，不仅存在 1 个 PBG 而且还能产生 1 个水平带区域。PBG 的频率范围是 0.4724~0.5364 ($2\pi c/a$)。水平带的产生是由于表面等离子体激元模造成的 [250,254] 的，且在等离子体截止频率附近会产生激元谐振带 (plasmon resonance bands)。当入射电磁波频率落在水平带区域时，等离子体相对介电常数的实部为负数，而填充的介质的相对介电常数为正数，因此能产生表面等离子体激元模。比较图 12.2(b) 和图 12.2(a) 中结果可以知道，当常规的三维介质 —— 空气光子晶体引入等离子体后，PBG 的上下边缘将会沿着高频方向移动，不但会产生一个水平带，而且 PBG 的带宽也增大了 0.0002($2\pi c/a$)。众所周知，当三维非磁化等离子体光子晶体具有立方体、面心、钻石和体心等晶格时，也能产生 PBGs。作为比较，图 12.3 给出了不同晶格条件下的三维非磁化等离子体光子晶体的色散曲线，且各个参数为: $\varepsilon_a = 12, \omega_p = 0.05\omega_{p0}$，$\nu_c = 0.02\omega_{pl}$ 和 R=0.17a。其中面心晶格、钻石晶格和烧绿石晶格的第一不可约布里渊区相同。而体心晶格的第一不可约布里渊区上的点为 $\Gamma(0,0,0)$，$H = (0,0,2\pi/a)$，$N = (0,\pi/a,\pi/a)$ 和 $P = (\pi/a,\pi/a,\pi/a)$[298]。立方体晶格的第一不可约布里渊区上的点为 $\Gamma(0,0,0)$，$X = (\pi/a,0,0)$，$M = (\pi/a,\pi/a,0)$ 和 $R = (\pi/a,\pi/a,\pi/a)$。由图 12.3(a) 和 (c) 可知，在频率范围 0~$2\pi c/a$ 内没有 PBGs。对于体心晶格而言 (图 12.3(c))，光子能带在高对称点 H 和 P 处出现能带简并 (band degeneracy)。对于立方体晶格而言，能带简并将出现在 M 和 R 点。这是因为体心和立方体晶格有很好的对称性，填充介质的介电常数还不够大，不足以打开一个带隙 [238]。而由图 12.3(b) 和 (d) 可知，当三维等离子体光子晶体具有钻石和面心晶格排列时，能获得 PBGs。1st PBGs 的频率范围分别为 0.8884~0.9293

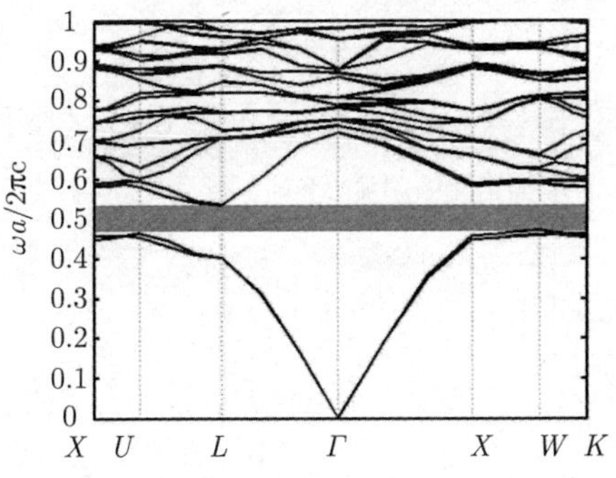

(a)

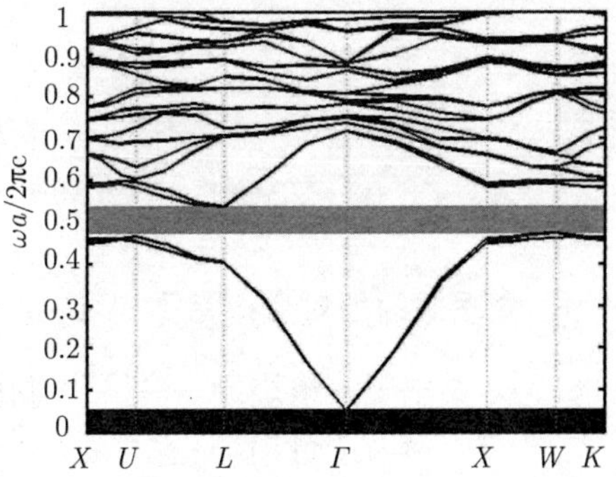

(b)

图 12.2 在不同 ω_p 和 ν_c 条件下三维烧绿石晶格非磁化等离子体光子晶体的色散曲线

(a) $\omega_p = 0, \nu_c = 0$; (b) $\omega_p = 0.05\omega_{p0}, \nu_c = 0.02\omega_{pl}$

($2\pi c/a$) 和 0.8633~0.8666 ($2\pi c/a$)。与这 4 种常规的晶格结构相比，烧绿石晶格显然能产生更大的 PBG。由上述可知，将等离子体引入常规的三维介质 —— 空气光子晶体时能实现对 PBG 的拓展。与常规的晶格结构相比，三维等离子体光子晶体采用烧绿石晶格排列能够产生更大的 PBG。

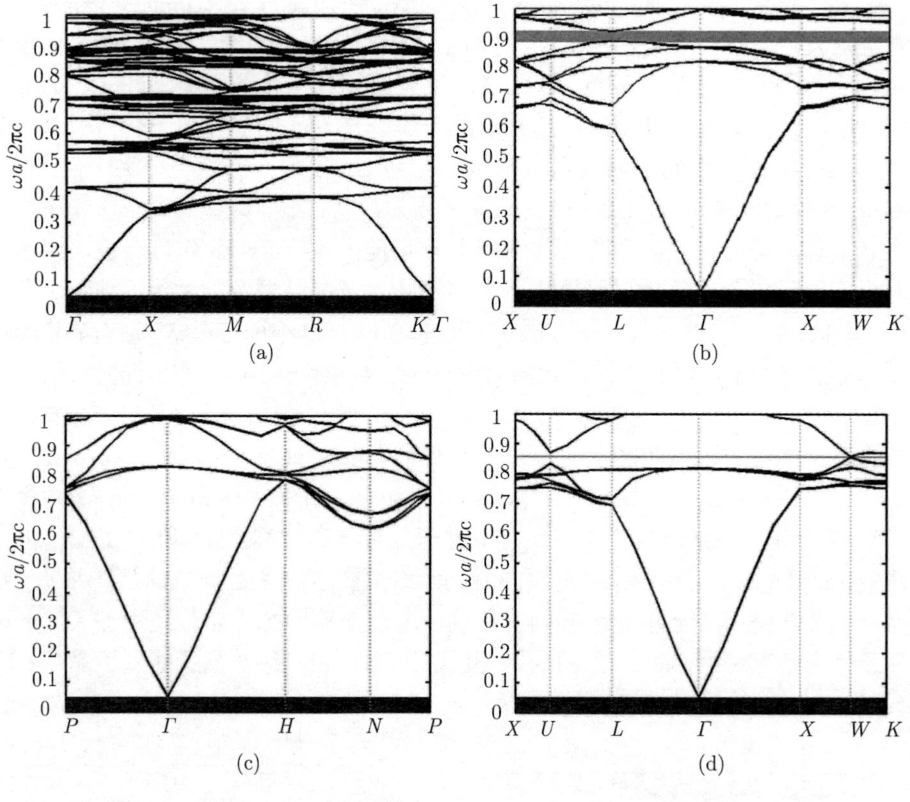

图 12.3　不同晶格条件下三维非磁化等离子体光子晶体的色散曲线

(a) 立方体晶格；(b) 钻石晶格；(c) 体心晶格；(d) 面心晶格

12.1.3　介质球的相对介电常数对 PBG 的影响

图 12.4 给出了三维烧绿石晶格非磁化等离子体光子晶体的 1st PBG 及其相对带宽与 ε_a 的关系图，此时 $\omega_p = 0.05\omega_{p0}$、$\nu_c = 0.02\omega_{pl}$ 和 R=0.17a。深色区域代表 PBG。由图 12.4(a) 可知，PBG 的上下边缘将随着 ε_a 的增大而向低频方向移动，且其带宽也会先增大后减小。如果 $\varepsilon_a < 5$，PBG 将不会出现。当 ε_a=21 时，PBG 的带宽最大，它等于 0.07267 ($2\pi c/a$)，此时频率范围是 0.37003~0.4427 ($2\pi c/a$)。与 ε_a=49 时相比，带宽增加了 0.01 ($2\pi c/a$)。由图 12.4(b) 可知，PBG 的相对带宽

$(\Delta\omega/\omega_i)$ 将随着 ε_{a} 的增大而增大。当 ε_{a} 的值由 5 增加到 49 时，$\Delta\omega/\omega_i$ 的最大值为 0.222 且 ε_{a}=49。与 ε_{a}=13 时相比，相对带宽增加了 0.0862。因此，改变 ε_{a} 能对 PBG 进行调谐，$\Delta\omega$ / ω_i 的最大值出现在 low-ε_{a} 区域。

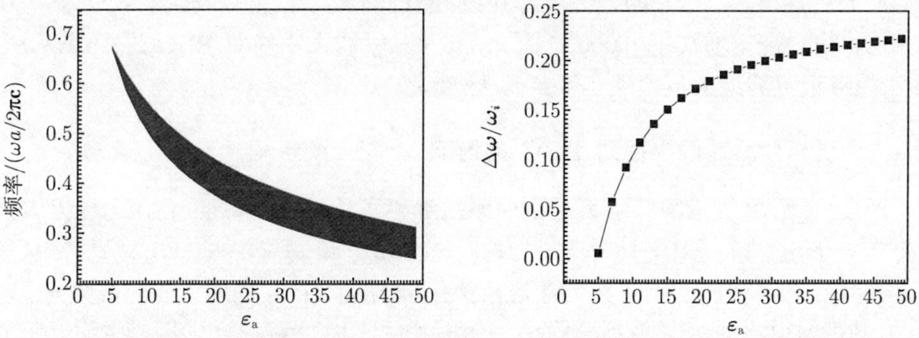

(a) (b)

图 12.4 三维烧绿石晶格非磁化等离子体光子晶体的 1st PBG 及其相对带宽与 ε_{a} 的关系图

(a) 1st PBG; (b) 1st PBG 的相对带宽

12.1.4 等离子体频率对 PBG 的影响

图 12.5 给出了三维烧绿石晶格非磁化等离子体光子晶体的 1st PBG 及其相对带宽与 ω_{p} 的关系图，此时 $\varepsilon_{\mathrm{a}}=12$、$\nu_{\mathrm{c}}=0.02\omega_{\mathrm{pl}}$ 和 R=0.17a。深色区域代表 PBG。由图 12.5 (a) 可知，PBG 的上下边缘将会随着 ω_{p} 的增大而向高频方向移动，且其带宽也将会先增大后减小。这是因为当 $\omega_{\mathrm{p}}/\omega_{\mathrm{p0}}$ 增大时，该三维等离子体光子晶体的平均折射率发生变化 [213]。当 $\omega_{\mathrm{p}}/\omega_{\mathrm{p0}}>1$ 时，1st PBG 将会闭合。当 $\omega_{\mathrm{p}}/\omega_{\mathrm{p0}}$

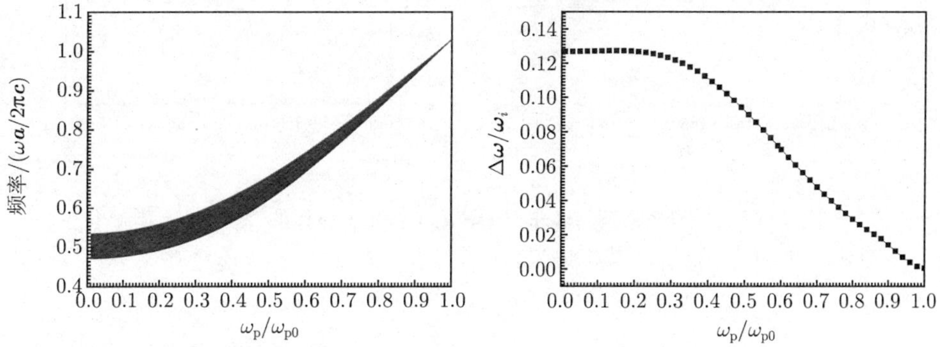

(a) (b)

图 12.5 三维烧绿石晶格非磁化等离子体光子晶体的 1st PBG 及其相对带宽与 ω_{p} 的关系图

(a) 1st PBG; (b) 1st PBG 的相对带宽

由 0.01 增加到 1.0 时，PBG 的最大带宽是 0.0681($2\pi c/a$)，此时 ω_p/ω_{p0}=0.31，其频率范围是 0.52448~0.59256 ($2\pi c/a$)。与 ω_p/ω_{p0}=0.01 相比，PBG 的带宽增加了 0.0035 ($2\pi c/a$)。由图 12.5(b) 可知，当 ω_p/ω_{p0} 由 0.01 增加到 1.0 时，PBG 的相对带宽将先增大后减小。$\Delta\omega/\omega_i$ 的最大值为 0.1273 且此时 ω_p/ω_{p0}=0.15。与 ω_p/ω_{p0}=0.05 时相比，相对带宽增加了 0.0003。因此，改变 ω_p 的大小能对 PBG 进行调谐，且 PBG 相对带宽的最大值出现在 low-ω_p 区域。

12.1.5 填充介质球的半径对 PBG 的影响

图 12.6 给出了三维烧绿石晶格非磁化等离子体光子晶体的 1st PBG 及其相对带宽与 R/a 的关系图，此时 ε_a=12、ω_p=0.05ω_{p0} 和 ν_c= 0.02ω_{pl}。深色区域代表 PBG。由图 12.6 (a) 可知，PBG 的上下边缘将会随着 R/a 的增大而向低频方向移动，且其带宽也将会逐渐增大。当 $R/a < 0.145$ 时，PBG 将不会出现。当 R/a 由 0.14 增加到 0.175 时，PBG 的最大值为 0.0674 ($2\pi c/a$)，其频率范围变为 0.4463~0.5137 ($2\pi c/a$)。与 R/a=0.15 时相比，PBG 的带宽增加了 0.0526 ($2\pi c/a$)。这可以解释为：当 R/a 增大时，该三维等离子体光子晶体的平均折射率增大了 [205]。由图 12.6 (b) 可知，PBG 的相对带宽将会随着 f 的增大而增大。$\Delta\omega/\omega_i$ 的最大值为 0.14，且 R/a=0.175。因此，改变 R/a 的大小能实现对 PBG 的调谐，且 PBG 相对带宽的最大值出现在 high-f 区域。

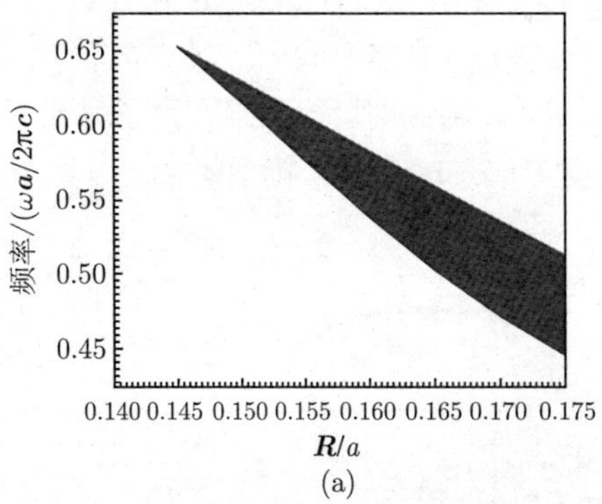

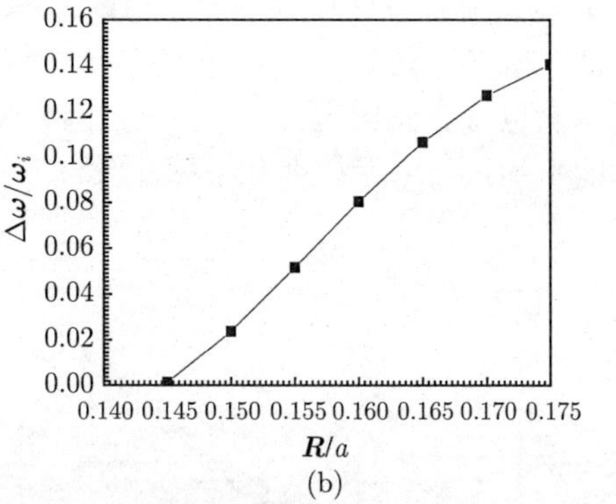

图 12.6 三维烧绿石晶格非磁化等离子体光子晶体的 1st PBG 及其相对带宽与 R/a 的关系图

(a) 1st PBG; (b) 1st PBG 的相对带宽

12.1.6 等离子体碰撞频率对 PBG 的影响

图 12.7 给出了三维烧绿石晶格非磁化等离子体光子晶体的 1st PBG 及其相对带宽与 ν_c 的关系图，此时 ε_a=12，$\omega_p = 0.05\omega_{p0}$ 和 R=0.17a。深色区域代表 PBG。

由图 12.7(a) 可知，PBG 的上下边缘的频率将不会随着 ν_c 的增大而发生移动，其带宽也不会发生变化。当 ν_c/ω_{pl} 由 0.002 增加到 0.2 时，1st PBG 的频率范围保持 0.4724~0.5364 $(2\pi c/a)$ 不变，且带宽为 0.064 $(2\pi c/a)$。由图 12.7(b) 可知，PBG 的 $\Delta\omega/\omega_i$ 也不会随着 ν_c/ω_{pl} 的增大而发生改变，且一直保持 $\Delta\omega/\omega_i$=0.1269。因此，改变 ν_c 的大小不能实现对 PBG 的调谐。

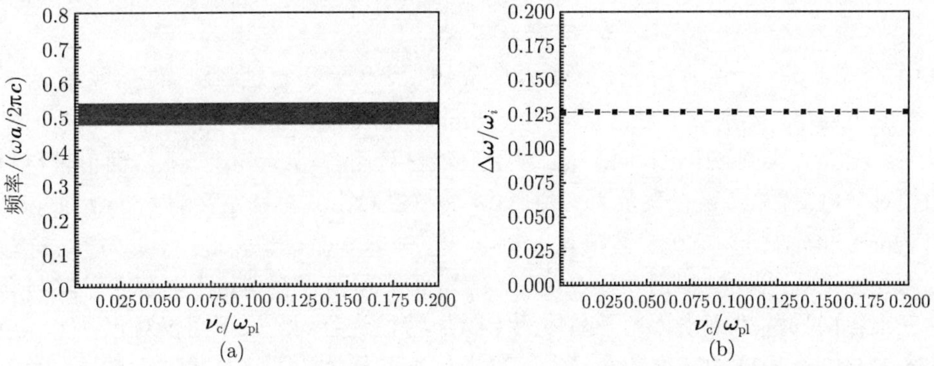

图 12.7 三维烧绿石晶格非磁化等离子体光子晶体的 1st PBG 及其相对带宽与 ν_c 的关系图

(a) 1st PBG; (b) 1st PBG 的相对带宽

12.2 三维各向异性等离子体光子晶体的禁带特性

在 12.1 节中用烧绿石晶格实现了对 PBG 的拓展，然而这种晶格结构相对于传统的晶格结构在制作和加工上更为复杂。而传统的晶格结构 (如面心晶格、立方体晶格和体心晶格) 相对烧绿石晶格而言易于加工，但是由于其具有有较强的对称性，较难产生 PBGs[318]。那么是否有一种方法既能实现对 PBG 带宽的拓展，又便于加工呢？显然这是可以实现的，将各向异性介质作为填充物和等离子体构成三维各向异性非磁化等离子体光子晶体。本节主要是在理论上对不同晶格条件下三维各向异性非磁化等离子体光子晶体的 PBGs 特性进行研究，并推导计算了各向异性 PBGs 的公式，最后对该三维各向异性非磁化等离子体光子晶体的各个参数对 PBGs 的影响进行了分析和讨论。

12.2.1 PWE 方法的计算公式

为了便于计算，将填充的介质球和等离子体的相对介电常数分别定义为 ε_a 和 ε_p，介质球的半径和晶格参数分别设定为 R 和 a。如果计算时引入的时谐量是 $e^{j\omega t}$, ω 是角频率, t 是时间, 且 $j=\sqrt{-1}$。当不存在不外加磁场时，等离子体的相对介电常数可表示为 [239]

$$\varepsilon_p(\omega)=1-\frac{\omega_p^2}{\omega(\omega-j\nu_c)} \tag{12.20}$$

其中, ω_{p} 和 ν_{c} 分别表示等离子体频率和等离子体碰撞频率。另外，介质球是各向异性的，各向异性的介质可以分为单轴材料 (uniaxial material) 和双轴材料 (biaxial material)。而对于一般的各向异性，其相对介电常数 $\boldsymbol{\varepsilon}_{\mathrm{a}}$ 可以表示为

$$\boldsymbol{\varepsilon}_{\mathrm{a}} = \begin{pmatrix} \varepsilon_x & 0 & 0 \\ 0 & \varepsilon_y & 0 \\ 0 & 0 & \varepsilon_z \end{pmatrix} \tag{12.21}$$

其中，$\varepsilon_x = n_x^2, \varepsilon_y = n_y^2, \varepsilon_z = n_z^2$。众所周知 [319]，对于单轴材料而言，它有两个主要的折射率，分别称为寻常折射率 (ordinary-refractive index)n_{o} 和非寻常折射率 (extraordinary-refractive index) n_{e}。对于双轴材料而言，$n_x \neq n_z \neq n_y$，而单轴材料的相对介电常数 $\boldsymbol{\varepsilon}_{\mathrm{a}}$ 可以表示为三种形式，将这三种形式分别定义为 type-1、type-2 和 type-3 单轴材料。它们分别满足 type-1：$n_x = n_{\mathrm{e}}, n_y = n_z = n_{\mathrm{o}}$；type-2：$n_y = n_{\mathrm{e}}, n_x = n_z = n_{\mathrm{o}}$；type-3：$n_z = n_{\mathrm{e}}, n_x = n_y = n_{\mathrm{o}}$。本节仅在理论上对包含单轴材料的三维各向异性等离子体光子晶体的 PBGs 特性进行讨论。下面仅对包含 type-1 的各向异性介质球的三维各向异性等离子体光子晶体的计算公式进行推导。对于 type-1 而言，$\boldsymbol{\varepsilon}_{\mathrm{a}}$ 的逆矩阵 $\boldsymbol{\varepsilon}_{\mathrm{a}}^{-1}$ 可以表示为

$$\boldsymbol{\varepsilon}_{\mathrm{a}}^{-1} = \begin{pmatrix} \varepsilon_x^{-1} & 0 & 0 \\ 0 & \varepsilon_y^{-1} & 0 \\ 0 & 0 & \varepsilon_y^{-1} \end{pmatrix} \tag{12.22}$$

而由 PWE 方法可知，Maxwell 方程组可以化简为下式

$$\sum_{\boldsymbol{G}',\lambda'} H_{\boldsymbol{G},\boldsymbol{G}'}^{\lambda,\lambda'} h_{\boldsymbol{G}',\lambda'} = \frac{\omega^2}{c^2} h_{\boldsymbol{G},\lambda} \tag{12.23}$$

其中

$$H_{\boldsymbol{G},\boldsymbol{G}'}^{\lambda,\lambda'} = |\boldsymbol{k}+\boldsymbol{G}|\,|\boldsymbol{k}+\boldsymbol{G}'| \begin{pmatrix} \widehat{\boldsymbol{e}}_2 \cdot \boldsymbol{\varepsilon}_{\boldsymbol{G},\boldsymbol{G}'}^{-1} \cdot \widehat{\boldsymbol{e}}_{2'} & -\widehat{\boldsymbol{e}}_2 \cdot \boldsymbol{\varepsilon}_{\boldsymbol{G},\boldsymbol{G}'}^{-1} \cdot \widehat{\boldsymbol{e}}_{1'} \\ -\widehat{\boldsymbol{e}}_1 \cdot \boldsymbol{\varepsilon}_{\boldsymbol{G},\boldsymbol{G}'}^{-1} \cdot \widehat{\boldsymbol{e}}_{2'} & \widehat{\boldsymbol{e}}_1 \cdot \boldsymbol{\varepsilon}_{\boldsymbol{G},\boldsymbol{G}'}^{-1} \cdot \widehat{\boldsymbol{e}}_{1'} \end{pmatrix}$$

式 (12.23) 中各个变量的定义见 12.1 节。为了求解式 (12.23)，可以将式 (12.22) 表示为

$$\begin{aligned} \boldsymbol{\varepsilon}_{\mathrm{a}}^{-1} &= \begin{pmatrix} \varepsilon_x^{-1} & 0 & 0 \\ 0 & \varepsilon_y^{-1} & 0 \\ 0 & 0 & \varepsilon_y^{-1} \end{pmatrix} = \varepsilon_x^{-1} \begin{pmatrix} 1 & 0 & 0 \\ 0 & 0 & 0 \\ 0 & 0 & 0 \end{pmatrix} \\ &\quad + \varepsilon_y^{-1} \begin{pmatrix} 0 & 0 & 0 \\ 0 & 1 & 0 \\ 0 & 0 & 1 \end{pmatrix} = \varepsilon_x^{-1} \boldsymbol{I} + \varepsilon_y^{-1} \boldsymbol{I} \end{aligned} \tag{12.24}$$

其中 $\boldsymbol{I}_x = \begin{pmatrix} 1 & 0 & 0 \\ 0 & 0 & 0 \\ 0 & 0 & 0 \end{pmatrix}, \boldsymbol{I}_y = \begin{pmatrix} 0 & 0 & 0 \\ 0 & 1 & 0 \\ 0 & 0 & 1 \end{pmatrix}$。那么 $H^{\lambda,\lambda'}_{\boldsymbol{G},\boldsymbol{G}'}$ 可以重写为

$$H^{\lambda,\lambda'}_{\boldsymbol{G},\boldsymbol{G}'} = |\boldsymbol{k}+\boldsymbol{G}|\,|\boldsymbol{k}+\boldsymbol{G}'| \sum_{i=x,y} \begin{pmatrix} \widehat{\boldsymbol{e}}_2 \cdot \boldsymbol{I}_i \cdot \widehat{\boldsymbol{e}}_{2'} & -\widehat{\boldsymbol{e}}_2 \cdot \boldsymbol{I}_i \cdot \widehat{\boldsymbol{e}}_{1'} \\ -\widehat{\boldsymbol{e}}_1 \cdot \boldsymbol{I}_i \cdot \widehat{\boldsymbol{e}}_{2'} & \widehat{\boldsymbol{e}}_1 \cdot \boldsymbol{I}_i \cdot \widehat{\boldsymbol{e}}_{1'} \end{pmatrix} \cdot \boldsymbol{\varepsilon}^{-1}_{\boldsymbol{G},\boldsymbol{G}'}(i) \quad (12.25)$$

其中 $\boldsymbol{\varepsilon}^{-1}_{\boldsymbol{G},\boldsymbol{G}'}(i)$ 是 ε_x^{-1} 和 ε_y^{-1} 的傅里叶变换系数。设各向异性介质球的填充率为 f，且 $f=(4\pi R^3)/(3V_{\mathrm{m}})$，$V_{\mathrm{m}}$ 表示晶格单元的体积。$\boldsymbol{\varepsilon}^{-1}_{\boldsymbol{G},\boldsymbol{G}'}(i)$ 可以表示为 [321]

$$\boldsymbol{\varepsilon}^{-1}_{\boldsymbol{G},\boldsymbol{G}'}(i) = \begin{cases} \dfrac{\omega^2 - \mathrm{j}\nu_{\mathrm{c}}\omega}{\omega^2 - \mathrm{j}\nu_{\mathrm{c}}\omega - \omega_{\mathrm{p}}^2}(1-f) + \dfrac{1}{\varepsilon_i} f, & \boldsymbol{G}=0 \\ \left(\dfrac{1}{\varepsilon_i} - \dfrac{\omega^2 - \mathrm{j}\nu_{\mathrm{c}}\omega}{\omega^2 - \mathrm{j}\nu_{\mathrm{c}}\omega - \omega_{\mathrm{p}}^2}\right) & \\ \cdot 3f \dfrac{\sin(|\boldsymbol{G}|R) - (|\boldsymbol{G}|R)\cos(|\boldsymbol{G}|R)}{(|\boldsymbol{G}|R)^3}, & \boldsymbol{G} \neq 0 \end{cases} \quad (i=x,y) \quad (12.26)$$

值得注意的是，当为钻石晶格时，$f=(8\pi R^3)/(3V_{\mathrm{m}})$。由于 $h_{\boldsymbol{G},\lambda}$ 可以表示为

$$h_{\boldsymbol{G},\lambda} = \sum_{\boldsymbol{G}} A(\boldsymbol{k}|\boldsymbol{G})\mathrm{e}^{\mathrm{j}(\boldsymbol{K}+\mathrm{G})\cdot \boldsymbol{r}} \quad (12.27)$$

那么式 (12.23) 可以表示为 $A(\boldsymbol{k}|\boldsymbol{G})$ 的等式：

$$(\boldsymbol{\varepsilon}_{\mathrm{a}}^{-1})\cdot|\boldsymbol{k}+\boldsymbol{G}|\,|\boldsymbol{k}+\boldsymbol{G}'|\cdot\boldsymbol{F}\cdot A(\boldsymbol{k}|\boldsymbol{G}) + \sum_{\boldsymbol{G}'} \boldsymbol{\varepsilon}_{\mathrm{a}}^{-1}\cdot|\boldsymbol{k}+\boldsymbol{G}|\,|\boldsymbol{k}+\boldsymbol{G}'|\cdot\boldsymbol{F}\cdot A(\boldsymbol{k}|\boldsymbol{G}) = \frac{\omega^2}{c^2}A(\boldsymbol{k}|\boldsymbol{G}) \quad (12.28)$$

其中 $\boldsymbol{F}=\boldsymbol{F}_x+\boldsymbol{F}_y$，

$$\boldsymbol{F}_x = \begin{pmatrix} \widehat{\boldsymbol{e}}_2 \cdot \boldsymbol{I}_x \cdot \widehat{\boldsymbol{e}}_{2'} & -\widehat{\boldsymbol{e}}_2 \cdot \boldsymbol{I}_y \cdot \widehat{\boldsymbol{e}}_{1'} \\ -\widehat{\boldsymbol{e}}_1 \cdot \boldsymbol{I}_x \cdot \widehat{\boldsymbol{e}}_{2'} & \widehat{\boldsymbol{e}}_1 \cdot \boldsymbol{I}_x \cdot \widehat{\boldsymbol{e}}_{1'} \end{pmatrix}$$

$$\boldsymbol{F}_y = \begin{pmatrix} \widehat{\boldsymbol{e}}_2 \cdot \boldsymbol{I}_y \cdot \widehat{\boldsymbol{e}}_{2'} & -\widehat{\boldsymbol{e}}_2 \cdot \boldsymbol{I}_y \cdot \widehat{\boldsymbol{e}}_{1'} \\ -\widehat{\boldsymbol{e}}_1 \cdot \boldsymbol{I}_y \cdot \widehat{\boldsymbol{e}}_{2'} & \widehat{\boldsymbol{e}}_1 \cdot \boldsymbol{I}_y \cdot \widehat{\boldsymbol{e}}_{1'} \end{pmatrix}.$$

如果定义一个复数变量 $\zeta=\omega/c$，式 (12.28) 可以表示为

$$\zeta^4\boldsymbol{I} - \zeta^3\boldsymbol{T} - \zeta^2\boldsymbol{U} - \zeta\boldsymbol{V} - \boldsymbol{W} = 0 \quad (12.29)$$

其中 $\boldsymbol{I}$ 表示单位矩阵，且

$$\boldsymbol{T}(\boldsymbol{G}|\boldsymbol{G}') = \mathrm{j}\frac{\nu_{\mathrm{c}}}{c}\boldsymbol{\delta}_{\boldsymbol{G}\cdot\boldsymbol{G}'} \quad (12.30)$$

$$\boldsymbol{U}(\boldsymbol{G}|\boldsymbol{G}') = \left(\sum_{i=x,y}\left\{\frac{\omega_{\mathrm{p}}^2}{c^2} + \left[\frac{1}{\varepsilon_i}f + (1-f)\right]\cdot|\boldsymbol{k}+\boldsymbol{G}|^2\cdot\boldsymbol{F}_i\right\}\right)\boldsymbol{\delta}_{\boldsymbol{G}\cdot\boldsymbol{G}'} + \sum_{i=x,y}\left(\frac{1}{\varepsilon_i}-1\right)\boldsymbol{M}_i \tag{12.31}$$

$$\boldsymbol{V}(\boldsymbol{G}|\boldsymbol{G}') = \left(\sum_{i=x,y}\left\{-\mathrm{j}\frac{\nu_{\mathrm{c}}}{c}\left[\frac{1}{\varepsilon_i}f + (1-f)\right]\cdot|\boldsymbol{k}+\boldsymbol{G}|^2\cdot\boldsymbol{F}_i\right\}\right)\boldsymbol{\delta}_{\boldsymbol{G}\cdot\boldsymbol{G}'} + \sum_{i=x,y}-\mathrm{j}\frac{\nu_{\mathrm{c}}}{c}\left(\frac{1}{\varepsilon_i}-1\right)\boldsymbol{M}_i \tag{12.32}$$

$$\boldsymbol{W}(\boldsymbol{G}|\boldsymbol{G}') = \left[\sum_{i=x,y}\left(-\frac{\omega_{\mathrm{p}}^2}{c^2}\frac{f}{\varepsilon_i}\cdot|\boldsymbol{k}+\boldsymbol{G}|^2\cdot\boldsymbol{F}_i\right)\right]\boldsymbol{\delta}_{\boldsymbol{G}\cdot\boldsymbol{G}'} + \sum_{i=x,y}\frac{\omega_{\mathrm{p}}^2}{c^2}\frac{1}{\varepsilon_i}\boldsymbol{M}_i \tag{12.33}$$

其中

$$\boldsymbol{M}_i = |\boldsymbol{k}+\boldsymbol{G}|^2\cdot\boldsymbol{F}\cdot 3f\frac{\sin(|\boldsymbol{G}|R)-(|\boldsymbol{G}|R)\cos(|\boldsymbol{G}|R)}{(|\boldsymbol{G}|R)^3}\quad (i=x,y)$$

$\boldsymbol{T}$、$\boldsymbol{U}$、$\boldsymbol{V}$ 和 $\boldsymbol{W}$ 是 $N\times N$ 的矩阵。多项式 (12.29) 的本征值的求解，可以转换成一个 $4N\times 4N$ 矩阵 $\boldsymbol{Q}$ 特征值的求取，矩阵 $\boldsymbol{Q}$ 满足

$$\boldsymbol{Q}z=\zeta z,\quad \boldsymbol{Q}=\begin{bmatrix}0 & \boldsymbol{I} & 0 & 0\\ 0 & 0 & \boldsymbol{I} & 0\\ 0 & 0 & 0 & \boldsymbol{I}\\ \boldsymbol{W} & \boldsymbol{V} & \boldsymbol{U} & \boldsymbol{T}\end{bmatrix} \tag{12.34}$$

求解式 (12.34) 的本征值就得到了式 (12.29) 的解。显然，所求本征值的实部就决定了该三维各向异性等离子体光子晶体的色散关系。同理，当填充的各向异性介质为 type-2 或 type-3 单轴材料时，PWE 方法的计算公式也可以通过上述类似的推导过程得到。

12.2.2　不同晶格条件下三维各向异性等离子体光子晶体的 PBGs

与 12.2.1 小节相同，用 PWE 方法进行计算时，采用 729 个平面波进行展开。为了不失一般性，用 $\omega a/2\pi c$ 对频率进行归一化，并用变量 $\omega_{\mathrm{p0}}a/2\pi c=1$ 来定义等离子体频率和等离子体碰撞频率。假设等离子体频率 $\omega_{\mathrm{p}}=\omega_{\mathrm{pl}}=0.3\pi c/a=0.15\omega_{\mathrm{p0}}$，等离子体碰撞频率 $\nu_{\mathrm{c}}=0.02\omega_{\mathrm{pl}}$，并假设各向异性的介质球的填充率 f=0.25。为了

便于对三维各向异性等离子体光子晶体的 PBGs 特性进行讨论，仅对 1st PBG 的特性进行讨论，并将其相对带宽定义为 $\Delta\omega/\omega_i$[322]。

图 12.8 给出了在填充不同介质时，三维钻石晶格等离子体光子晶体的色散曲线，此时 f=0.25，ω_{p}=0.15ω_{p0} 和 ν_{c}=0.02ω_{pl}。灰色区域表示 PBGs。对于钻石晶格而言，第一不可约布里渊区上的高对称点分别为：$\Gamma(0,0,0)$，$X=(2\pi/a,0,0)$，$W=(2\pi/a,\pi/a,0)$，$K=(1.5\pi/a,1.5\pi/a,0)$，$L=(\pi/a,\pi/a,\pi/a)$ 和 $U=(2\pi/a,0.5\pi/a,0.5\pi/a)$。由图 12.8(a)~(c) 可知，当填充的介质为不同类型的单轴材料时，该三维各向异性等离子体光子晶体都能产生 PBGs，1st PBGs 的频率范围分别是 0.5134~0.5235 ($2\pi c/a$)，0.4198~0.4334 ($2\pi c/a$) 和 0.5115~0.5179 ($2\pi c/a$)。它们的相对带宽分别为：0.0195，0.0319 和 0.0124。显然，当填充的介质球为 type-2 单轴材料时，1st PBG 有较大的相对带宽。作为比较，图 12.8(d) 给出了填充球为各向

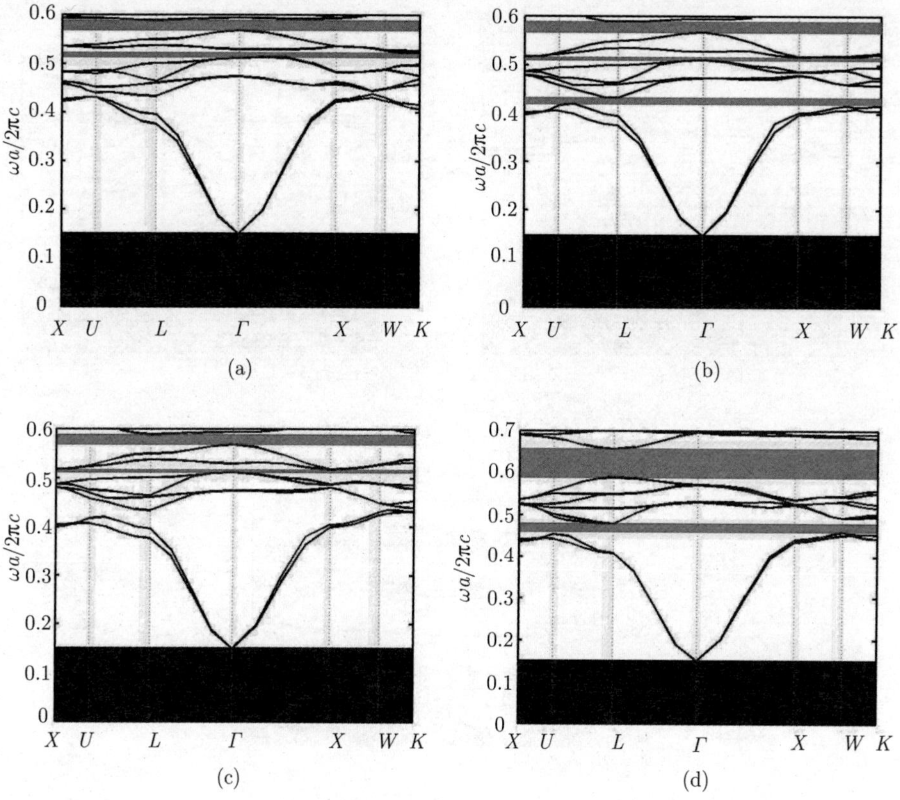

图 12.8 在填充不同介质时，三维钻石晶格等离子体光子晶体的色散曲线

(a) $n_x=n_{\mathrm{e}}$=6.2, $n_y=n_z=n_{\mathrm{o}}$=4.8; (b) $n_y=n_{\mathrm{e}}$=6.2, $n_x=n_z=n_{\mathrm{o}}$=4.8; (c) $n_z=n_{\mathrm{e}}$=6.2, $n_x=n_y=n_{\mathrm{o}}$=4.8; (d) $n_z=n_{\mathrm{e}}$=4.8, $n_x=n_y=n_{\mathrm{o}}$=4.8

同性介质时的色散曲线。由图 12.8(d) 可知，1st PBG 的频率范围是 0.4586~0.4787 ($2\pi c/a$)，它的相对带宽是 0.0429。比较图 12.8 中的结果可知，填充介质球为各向同性介质时得到的相对带宽较填充单轴材料时大。这是因为钻石结构在拓扑结构不是高对称性的，通过引入各向异性介质的方式对拓展 PBG 的带宽帮助不大。因此，当三维等离子体光子晶体具有较弱的对称性时，引入各向异性介质来拓展 PBG 的带宽并不是一个最好的选择，因为晶格的不对称性对拓展 PBG 的带宽更有利。而对于其他常规的高对称性晶格而言，引入各向异性的介质对改善 PBG 的特性是有帮助的。

图 12.9 给出了在不同晶格条件下填充介质球为各向同性介质时 ($n_z = n_x = n_y$=4.8)，该三维等离子体光子晶体的色散曲线，此时 ω_p=0.15ω_{p0}，ν_c=0.02ω_{pl} 和 f=0.25。众所周知，面心晶格的第一不可约布里渊区上的高对称点和钻石晶格的

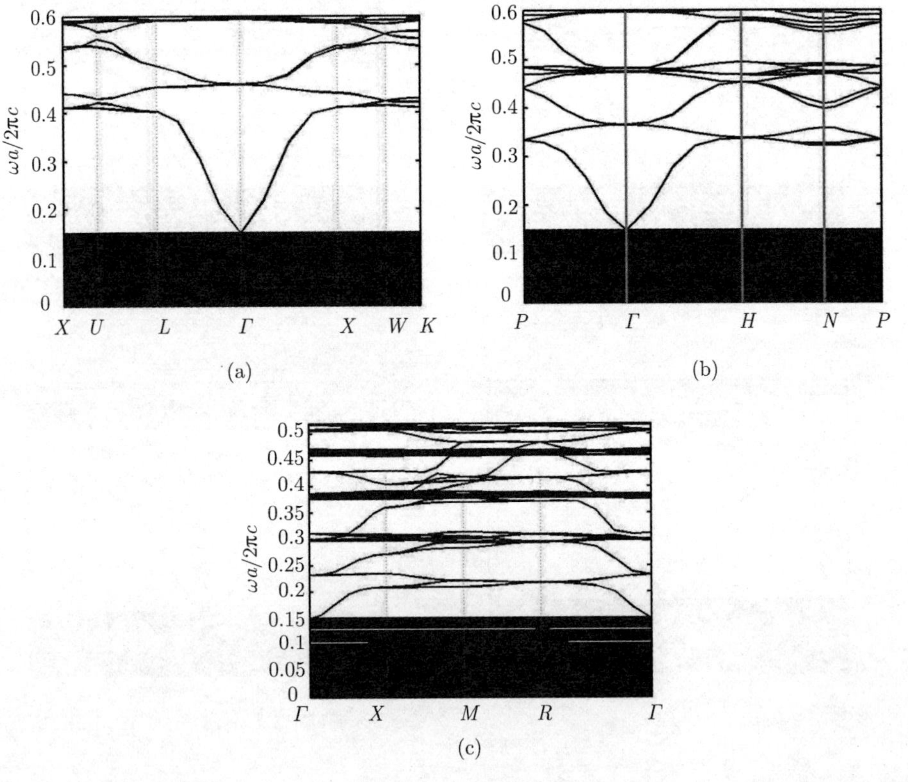

图 12.9　在不同晶格条件下填充介质球为各向同性介质 ($n_z = n_x = n_y$=4.8) 时，该三维等离子体光子晶体的色散曲线

(a) 面心晶格; (b) 体心晶格; (c) 立方体晶格

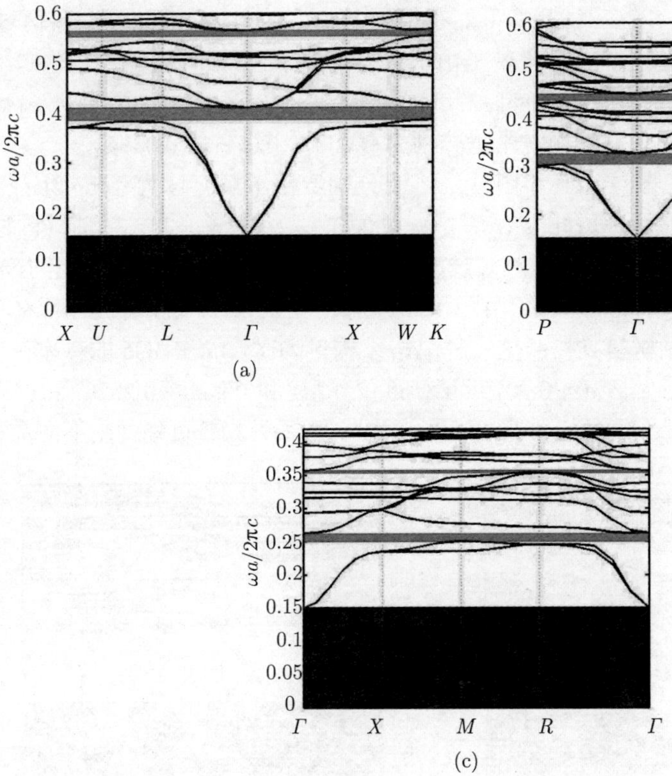

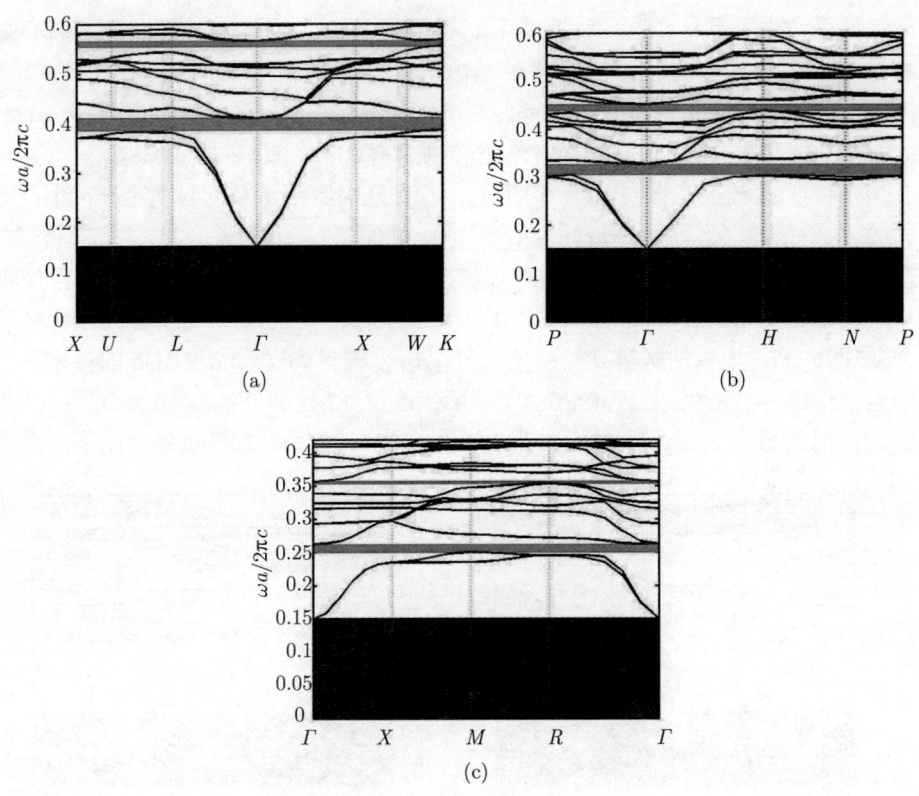

图 12.10　在不同晶格条件下填充介质球为 Te($n_x = n_e$=6.2, $n_y = n_z = n_o$=4.8) 时，该三维等离子体光子晶体的色散曲线

(a) 面心晶格; (b) 体心晶格; (c) 立方体晶格

相同。对于体心晶格 (body-centered-cubic lattices，bcc lattices) 而言，第一不可约布里渊区上的高对称点分别为：$\Gamma(0, 0, 0)$，H=(0, 0, 2π/a)，N=(0,π/a, π/a) 和 P=(π/a, π/a, π/a)。对于立方体晶格而言，第一不可约布里渊区上的高对称点分别为：$\Gamma(0, 0, 0)$，X=(π/a, 0, 0)，M=(π/a, π/a, 0) 和 R=(π/a, π/a, π/a)。由图 12.9 可知，当填充球为各向同性介质时，在这三种晶格条件下不能产生 PBG，因为在该对称点上能带会发生简并，如面心晶格的 W 和 U 点，体心晶格的 H 和 P 点，立方体晶格的 M 和 R 点。这主要是因为对于这些高对称性的晶格结构而言，填充球的相对介电常数不够大，使得该光子晶体不能产生 PBG。为了获得 PBG，可以在这些光子晶体中引入各向异性介质，如碲 (tellurium，Te)。Te 是 type-1 单轴材料，它满足 n_e =6.2 和 n_o=4.8。图 12.10 给出了在不同晶格条件下填充介质球为 Te 时 ($n_x = n_e$=6.2, $n_y = n_z = n_o$=4.8)，该三维等离子体光子晶体的色散曲线，此时 f=0.25、ω_p=0.15ω_{p0} 和 ν_c=0.02ω_{pl}。由图 12.10 可知，当填充球为 Te 时，

三维等离子体光子晶体在这三种晶格下能在得到 PBGs 的同时产生水平禁带区域，这和第 11 章提及的内容相同。水平带是由于表面等离子体激元模产生的 [250]。而 1st PBGs 的频率范围分别为：0.3855~0.4106 ($2\pi c/a$)，0.3053~0.3281 ($2\pi c/a$) 和 0.2502~0.2626 ($2\pi c/a$)，它们的相对带宽分别为 0.0631、0.072 和 0.0484。

为了便于比较，在图 12.11 和图 12.12 中分别给出了填充球为 type-2($n_y = n_e$=6.2, $n_x = n_z = n_o$=4.8) 和 type-3($n_z = n_e$=6.2, $n_x = n_y = n_o$=4.8) 单轴材料时，这三种三维等离子体光子晶体的色散曲线，其他参数与图 12.10 中给出的相同，即 ω_p=0.15ω_{p0}、ν_c=0.02ω_{pl} 和 f=0.25。由图 12.11 可知，当三维等离子体光子晶体中的介质球为 type-2 单轴材料且按照这三种晶格结构排列时，1st PBGs 的频率范围分别是：0.3969~0.3992 ($2\pi c/a$)、0.3079~0.3166 ($2\pi c/a$) 和 0.2586~0.2626 ($2\pi c/a$)，它们的相对带宽分别为：0.0058、0.0279 和 0.0154。由图 12.12 可知，在不同晶格

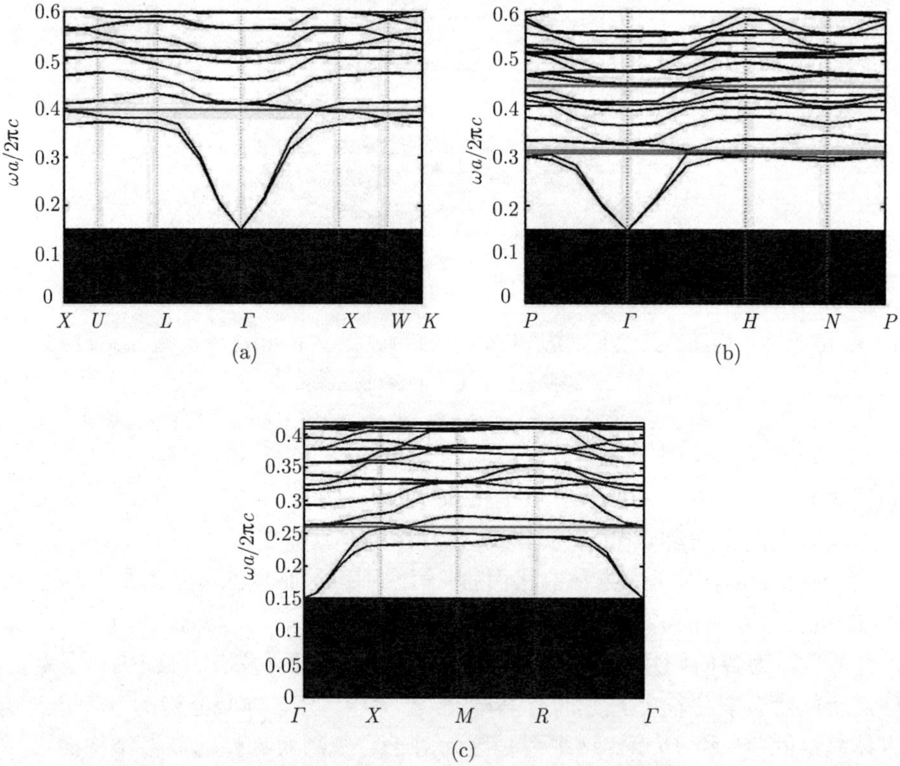

图 12.11 在不同晶格条件下填充介质球为 type-2 单轴材料 ($n_y = n_e$=6.2, $n_x = n_z = n_o$=4.8) 时，该三维等离子体光子晶体的色散曲线

(a) 面心晶格; (b) 体心晶格; (c) 立方体晶格

条件下填充介质球为 type-3 单轴材料时，晶格结构为立方体和体心晶格时，不能产生 PBG。而当晶格结构为面心晶格时，1st PBG 的频率范围是 0.3969~0.3992 $(2\pi c/a)$。比较图 12.9~ 图 12.12 的结果可知，当 type-1 单轴材料引入三维等离子体光子晶体时，在这三种晶格的第一不可约布里渊区上的高对称点上发生的能带简并将不会发生，且会产生新的 PBGs 结构。和其他两种单轴材料相比，引入 type-1 单轴材料能获得相对带宽最大的 PBGs。综上所述，对于晶格结构对称性较强的三维等离子体光子晶体而言，可以通过引入各向异性介质来实现对 PBGs 带宽的拓展，而且相对 type-2 和 type-3 单轴材料而言，引入 type-1 单轴材料能获得带宽更大的 PBG。

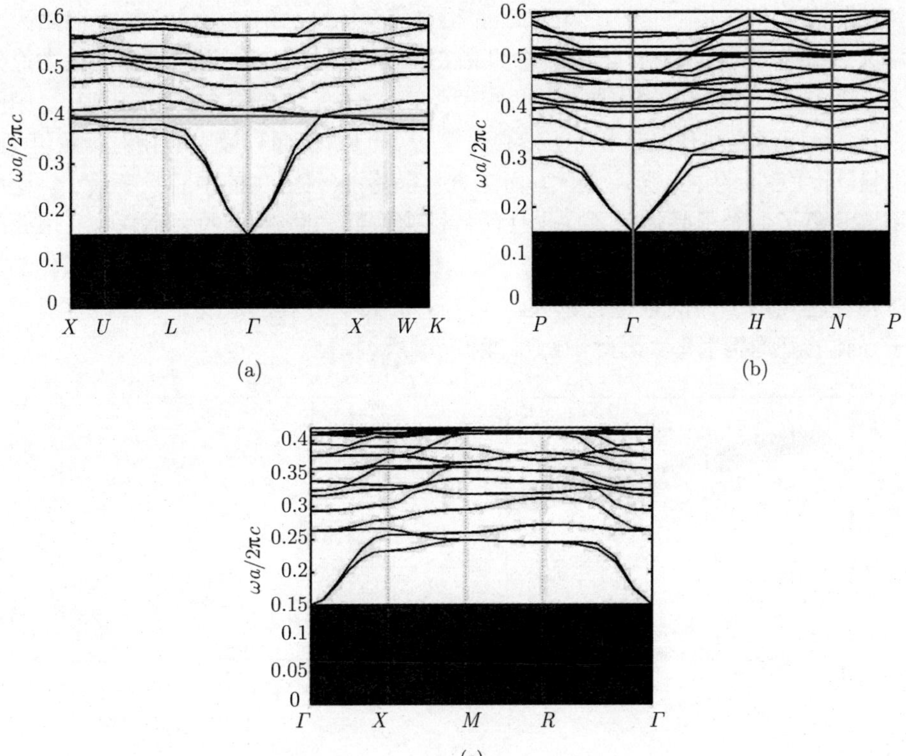

图 12.12 在不同晶格条件下填充介质球为 type-3 单轴材料 ($n_z = n_e$=6.2, $n_x = n_y = n_o$=4.8) 时，该三维等离子体光子晶体的色散曲线

(a) 面心晶格; (b) 体心晶格; (c) 立方体晶格

12.2.3 n_e 对各向异性 PBGs 的影响

图 12.13 给出了在不同晶格条件下填充介质球为 type-1 单轴材料 ($n_x = n_e$,

$n_y = n_z = n_o$=4.8) 时，该三维各向异性等离子体光子晶体的 1st PBGs 及其相对带宽与 n_e 的关系图，此时 f=0.25、ω_p=0.15ω_{p0}、ν_c=0.02ω_{pl} 和 n_o=4.8。阴影区域表示 PBGs。由图 12.13(a) 可知，1st PBGs 的上下边缘都将随着 n_e 的增大而向低频方向移动，且其带宽先增大后减小。对于面心、体心和立方体晶格而言，如果 n_e 的值分别小于 5.3、5.5 和 5，那么它们的 1st PBGs 将不会出现。当 n_e 由 5 增加到 9 时，它们的 1st PBGs 分别位于 0.3434~0.3605 ($2\pi c/a$)，0.2858~0.2983 ($2\pi c/a$) 和 0.2235~0.2321 ($2\pi c/a$)。与 n_e=5.3 和 n_e=5.5 时相比，面心晶格和体心晶格的 1st PBGs 的带宽分别增加了 0.0108 和 0.0086 ($2\pi c/a$)。与 n_e=5 时相比，立方体晶格的 1st PBG 的带宽却减小了 0.0002 ($2\pi c/a$)。显然，对于这 3 种晶格结构而言，n_e 分别存在一个最优值，使得 1st PBGs 的带宽取得最大值。由图 12.13(b) 可知，对于这 3 种晶格而言，1st PBGs 的相对带宽 ($\Delta\omega/\omega_i$) 都将随着 n_e 的增大而先增大后减少。面心晶格、体心晶格和立方体晶格 1st PBGs 相对带宽的最大值分别为 0.0627、0.0634 和 0.0489，且分别出现在 n_e=6.3、5.9 和 6.1。由图 12.13 中的结果可知，和其他两种晶格相比，体心晶格的 1st PBG 拥有最大的相对带宽值。面心晶格 1st PBG 的中心频率最大，而立方体晶格 1st PBG 的中心频率最小。这可以用该等离子体光子晶体的各向异性的特性来解释。改变 n_e 的大小意味着填充的单元介质球的各向异性已经满足了产生 PBG 的条件。三维等离子体光子晶体晶格的对称性越强，PBG 的带宽就越大。改变 n_e 的大小实质上是改变了三维等离子体光子晶体的平均折射率，因此 PBGs 能被 n_e 所调谐。

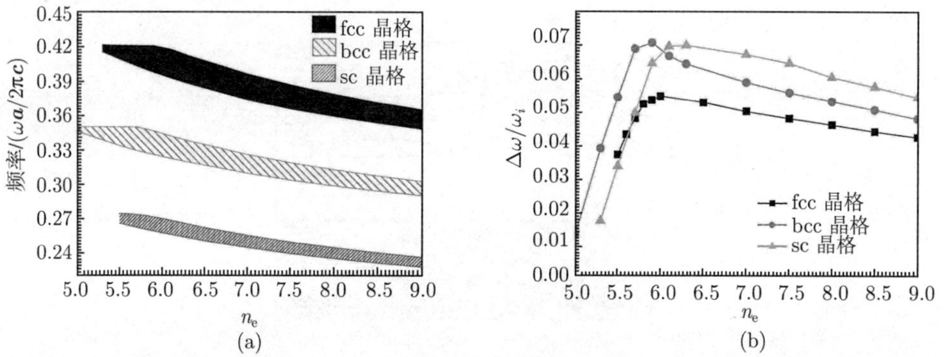

图 12.13　在不同晶格条件下填充介质球为 type-1 单轴材料 ($n_x = n_e$, $n_y = n_z = n_o$=4.8) 时，该三维各向异性等离子体光子晶体的 1st PBGs 及其相对带宽与 n_e 的关系图

(a) 1st PBGs; (b) 1st PBGs 的相对带宽

12.2.4　n_o 对各向异性 PBGs 的影响

图 12.14 给出了在不同晶格条件下填充介质球为 type-1 单轴材料 ($n_x = n_e$=6.2,

$n_y = n_z = n_o$) 时，该三维各向异性等离子体光子晶体的 1st PBGs 及其相对带宽与 n_o 的关系图，此时 f=0.25、ω_p=0.15ω_{p0}、ν_c=0.02ω_{pl} 和 n_e=6.2。阴影区域表示 PBGs。由图 12.14(a) 可知，1st PBGs 的上下边缘都将随着 n_o 的增大而向低频方向移动，且其带宽都将先增大后减小。对于体心和立方体晶格而言，如果 n_o 小于 2.8；1st PBGs 将不会出现；如果 n_o 大于 3.2，则面心晶格的 1st PBG 才会出现。当 n_o 由 2.8 增加到 5.5 时，这三种晶格的 1st PBGs 将涵盖 0.3589~0.3679 (2πc/a)、0.2837~0.297 (2πc/a) 和 0.2335~0.2402 (2πc/a)。与其他两种晶格相比，面心晶格 1st PBG 的中心频率具有最大值，而立方体晶格 1st PBG 的中心频率具有最小值。与 n_o=2.8 时相比，体心晶格和立方体晶格 1st PBGs 的带宽分别增加了 0.0005 和 0.0038 (2πc/a)。与 n_o=3.2 时相比，面心晶格 1st PBG 的带宽减小了 0.0032 (2πc/a)。由图 12.14(b) 可知，这三种晶格 1st PBGs 的相对带宽的变化趋势都是随着 n_o 的增大而先增大后减少。面心晶格、体心晶格和立方体晶格 1st PBGs 的相对带宽最大值分别为 0.064、0.073 和 0.0434，且分别出现在 n_o=4.3、5 和 4。与 n_o =5.5 时相比，这三种晶格 1st PBGs 的相对带宽分别增加了 0.0387、0.0272 和 0.0203。和其他两种晶格相比，体心晶格的 PBG 具有最大的相对带宽。与改变 n_e 类似，改变 n_o 的大小在实质上就是改变该三维等离子体光子晶体的平均折射率，因此 PBG 也能被 n_o 所调谐。

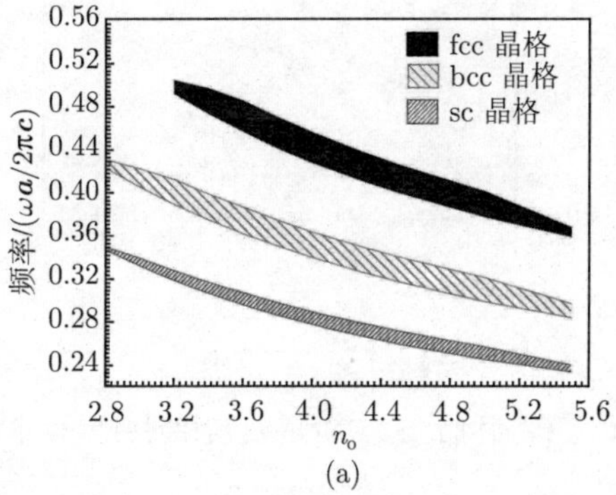

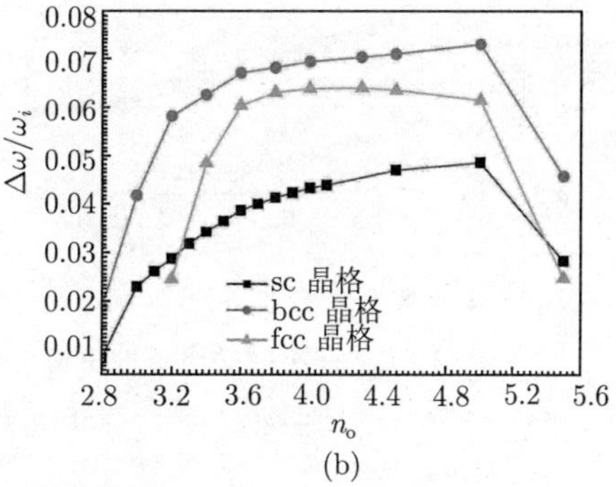

图 12.14 在不同晶格条件下填充介质球为 type-1 单轴材料 ($n_x = n_e$=6.2, $n_y = n_z = n_o$) 时，该三维各向异性等离子体光子晶体的 1st PBGs 及其相对带宽与 n_o 的关系图

(a) 1st PBGs；(b) 1st PBGs 的相对带宽

12.2.5 填充率对各向异性 PBGs 的影响

图 12.15 给出了在不同晶格条件下填充介质球为 type-1 单轴材料 ($n_x = n_e$=6.2, $n_y = n_z = n_o$=4.8) 时，该三维各向异性等离子体光子晶体的 1st PBGs 及其相对带宽与 f 的关系图，此时 n_o=4.8、ω_p=0.15ω_{p0}、ν_c=0.02ω_{pl} 和 n_e=6.2。阴影区域

表示 PBGs。由图 12.15(a) 可知，1st PBGs 的上下边缘都将随着 f 的增大而向低频方向移动，它们的带宽也将先增大后减小。对于面心和体心晶格而言，如果 f 小于 0.05，1st PBGs 将不会出现。然而，如果 f 大于 0.4 或者 f 小于 0.15，立方体晶格的 1st PBG 则会消失。当 f 由 0.05 增加到 0.52 时，面心、体心和立方体晶格 1st PBGs 的最大带宽分别为：0.0272、0.0261 和 0.0132 $(2\pi c/a)$，且分别出现在 f=0.3、0.35 和 0.3。显然，这三种晶格的 PBGs 能被 f 所调谐，这是因为提高介质球的填充率本质上是提高该三维等离子体光子晶体的平均折射率 [213]。由图 12.15(b) 可知，面心晶格、体心晶格和立方体晶格 1st PBGs 的相对带宽的变化趋势也都是随着 f 的增大而先增大后减少。这三种晶格 1st PBGs 相对带宽的最大值分别为 0.072、0.091 和 0.0541，且分别出现在 f=0.3、0.35 和 0.3。与 f=0.15 时相比，这三种晶格 1st PBGs 的相对带宽分别增加了 0.0319、0.0458 和 0.0241，且体心晶格的 PBG 具有最大的相对带宽。值得注意的是，当填充率 f 较小且趋近于零时，该三维等离子体光子晶体能够近似地看成等离子体块，此时水平能带将会消失。综上所述，PBGs 也能被 f 所调谐。

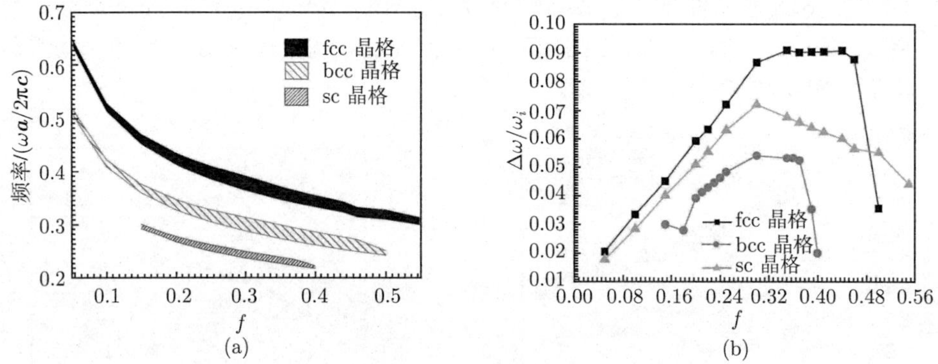

图 12.15　在不同晶格条件下填充介质球为 type-1 单轴材料 ($n_x = n_e$=6.2, $n_y = n_z = n_o$=4.8) 时，该三维各向异性等离子体光子晶体的 1st PBGs 及其相对带宽与 f 的关系图

(a) 1st PBGs; (b) 1st PBGs 的相对带宽

12.2.6　等离子体频率对各向异性 PBGs 的影响

图 12.16 给出了在不同晶格条件下填充介质球为 type-1 单轴材料 ($n_x = n_e$=6.2, $n_y = n_z = n_o$=4.8) 时，该三维各向异性等离子体光子晶体的 1st PBGs 及其相对带宽与 ω_p 的关系图，此时 n_o=4.8、f=0.25、$\nu_c=0.02\omega_p$ 和 n_e=6.2。阴影区域表示 PBGs。由图 12.16(a) 可知，1st PBGs 的上下边缘都将随着 ω_p/ω_{p0} 的增大而向低频方向移动，它们的带宽也将减小。当 ω_p/ω_{p0} 的值分别大于 0.46、0.33 和

0.29 时，面心、体心和立方体晶格的 1st PBGs 都将消失。当 ω_p/ω_{p0} 的值等于 0.46 时，面心晶格的 1st PBG 的频率范围是 0.4683~0.4733 ($2\pi c/a$)；当 ω_p/ω_{p0} 的值等于 0.33 时，体心晶格的 1st PBG 的频率范围是 0.3488~0.3582 ($2\pi c/a$)；当 ω_p/ω_{p0} 的值等于 0.29 时，面心晶格的 1st PBG 的频率范围是 0.293~0.2954 ($2\pi c/a$)。与 $\omega_p/\omega_{p0}=0.01$ 时相比，这三种晶格 1st PBGs 的带宽分别减小了 0.059、0.0575 和 0.0417 ($2\pi c/a$)，其带宽的最大值分别为 0.0273、0.026 和 0.0123 ($2\pi c/a$), 此时 ω_p/ω_{p0}=0.01。面心晶格 PBG 的中心频率最大，而立方体晶格 PBG 的中心频率最小。由图 12.16(b) 可知，面心晶格、体心晶格和立方体晶格 1st PBGs 的相对带宽都将随着 ω_p/ω_{p0} 的增大而减少。这三种晶格 1st PBGs 的相对带宽最大值分别为 0.0696、0.0841 和 0.0506，此时 ω_p/ω_{p0}= 0.01。显然，面心晶格相对其他两种晶格而言有最大的相对带宽。综上所述，不同晶格的 PBGs 都能被 ω_p 所调谐。这主要是因为改变等离子体频率就意味着改变等离子体的相对介电常数，这显然将改变三维各向异性等离子体光子晶体的平均折射率，所以 PBGs 的频率范围也会发生改变。但值得注意的是: 等离子体碰撞频率不会对 PBGs 和水平带区域的频率范围造成任何影响，等离子体碰撞频率是耗散项，因此只会对传输系数的幅值造成影响。

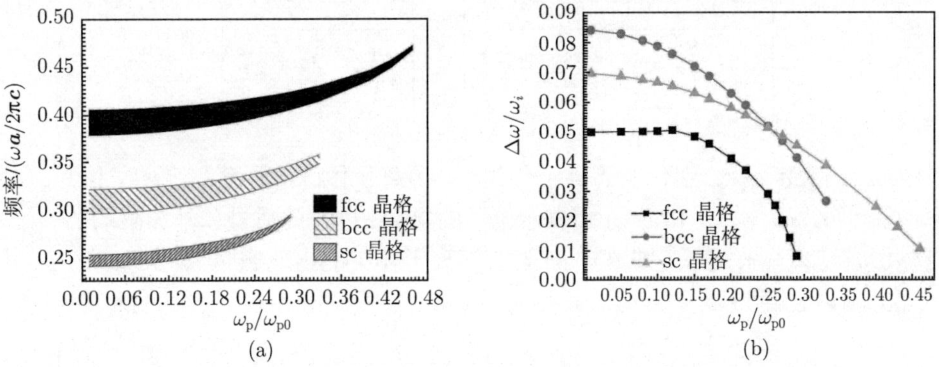

图 12.16 在不同晶格条件下填充介质球为 type-1 单轴材料 ($n_x=n_e$=6.2, $n_y=n_z=n_o$=4.8) 时，该三维各向异性等离子体光子晶体的 1st PBGs 及其相对带宽与 ω_p 的关系图

(a) 1st PBGs；(b) 1st PBGs 的相对带宽

12.3 RCP 波在三维各向异性磁化等离子体光子晶体中的禁带特性

在 12.2 节中对不同晶格条件下三维各向异性等离子体光子晶体的 PBGs 特性进行了研究，其中等离子体是均匀各向同性的。然而在外加磁场的条件下，磁化等

离子体将呈现各向异性。本节将在理论上讨论在磁光 Faraday 效应下，RCP 波在三维各向异性磁化等离子体光子晶体中的 PBGs 特性。该三维各向异性磁化等离子体光子晶体是由各向异性的介质球填充磁化等离子体背景，分析了该光子晶体的各个参数对 PBGs 的影响，并对不同晶格 [248](面心晶格、体心晶格和立方体晶格) 条件下的 PBGs 特性进行了比较。

12.3.1 理论和计算方法

用 PWE 方法计算该光子晶体的带隙结构，并用 729 个平面波进行展开。在计算时引入的时谐量是 $e^{j\omega t}$, ω 是角频率, t 是时间, 且 $j=\sqrt{-1}$。假设填充的介质球的半径和晶格常数的大小分别为 R 和 a，介质球的相对介电常数为 ε_a。由等离子体理论可知，磁化等离子体的有效介电常数 ε_p 将由波矢和外加磁场的角度 θ 决定，ε_p 可以表示为

$$\varepsilon_p(\omega)=1-\frac{\left(\dfrac{\omega_p}{\omega}\right)^2}{\left[1-j\dfrac{\nu_c}{\omega}-\dfrac{\left(\dfrac{\omega_c}{\omega}\sin\theta\right)^2}{2\left(1-j\dfrac{\nu_c}{\omega}-\dfrac{\omega_p^2}{\omega^2}\right)}\right]\pm\sqrt{\dfrac{\left(\dfrac{\omega_c}{\omega}\sin\theta\right)^4}{4\left(1-j\dfrac{\nu_c}{\omega}-\dfrac{\omega_p^2}{\omega^2}\right)^2}+\left(\dfrac{\omega_c}{\omega}\cos\theta\right)^2}} \tag{12.35}$$

其中, ω_p、ν_c 和 ω_c 分别代表等离子体频率、等离子体碰撞频率和等离子体回旋频率。$\omega_c=eB/m$，e、m 和 B 分别表示电子的电量、电子的质量和外加磁场的强度。当外加磁场和波矢平行，即 $\theta=0°$ 时，等离子体中能出现磁光 Faraday 效应，式 (12.35) 可以化简为

$$\varepsilon_p(\omega)=1-\frac{\omega_p^2}{\omega^2-j\nu_c\omega\pm\omega\omega_c} \tag{12.36}$$

其中式 (12.36) 中取 “+” 时，表示 LCP 波的有效介电常数，而取 “−” 时表示 RCP 波的有效介电常数。由第 11 章相关内容可知，回旋共振只能出现在 RCP 波中，本节也只讨论 RCP 波的 PBGs 特性。

为了计算 RCP 波的色散关系，根据 PWE 方法，Maxwell 方程组可以化简为

$$\sum_{\boldsymbol{G}',\lambda'}|\boldsymbol{k}+\boldsymbol{G}|\,|\boldsymbol{k}+\boldsymbol{G}'|\sum_{i=x,y}\begin{pmatrix}\widehat{\boldsymbol{e}}_2\cdot\boldsymbol{I}_i\cdot\widehat{\boldsymbol{e}}_{2'} & -\widehat{\boldsymbol{e}}_2\cdot\boldsymbol{I}_i\cdot\widehat{\boldsymbol{e}}_{1'}\\ -\widehat{\boldsymbol{e}}_1\cdot\boldsymbol{I}_i\cdot\widehat{\boldsymbol{e}}_{2'} & \widehat{\boldsymbol{e}}_1\cdot\boldsymbol{I}_i\cdot\widehat{\boldsymbol{e}}_{1'}\end{pmatrix}\cdot\boldsymbol{\varepsilon}_{\boldsymbol{G},\boldsymbol{G}'}^{-1}(i)h_{\boldsymbol{G}',\lambda'}=\frac{\omega^2}{c^2}h_{\boldsymbol{G},\lambda} \tag{12.37}$$

式 (12.37) 中的各个参变量的定义见 12.2 节，其中 $\boldsymbol{\varepsilon}_{\boldsymbol{G},\boldsymbol{G}'}^{-1}(i)$ 是 ε_x^{-1} 和 ε_y^{-1} 的傅里叶变换系数。设各向异性介质球的填充率为 f，且 $f=(4\pi R^3)/(3V_m)$，V_m 表示晶

格单元的体积。$\boldsymbol{\varepsilon}_{\boldsymbol{G},\boldsymbol{G}'}^{-1}(i)$ 可以表示为 [277]

$$\boldsymbol{\varepsilon}_{\boldsymbol{G},\boldsymbol{G}'}^{-1}(i)=\begin{cases}\dfrac{\omega^2-(\mathrm{j}\nu_\mathrm{c}+\omega_\mathrm{c})\omega}{\omega^2-(\mathrm{j}\nu_\mathrm{c}+\omega_\mathrm{c})\omega-\omega_\mathrm{p}^2}+\dfrac{1}{\varepsilon_i}(1-f), & \boldsymbol{G}-\boldsymbol{G}'=0\\ \left[\dfrac{\omega^2-(\mathrm{j}\nu_\mathrm{c}+\omega_\mathrm{c})\omega}{\omega^2-(\mathrm{j}\nu_\mathrm{c}+\omega_\mathrm{c})\omega-\omega_\mathrm{p}^2}-\dfrac{1}{\varepsilon_i}\right] & (i=x,y)\\ \cdot 3f\dfrac{\sin(|\boldsymbol{G}-\boldsymbol{G}'|R)-(|\boldsymbol{G}-\boldsymbol{G}'|R)\cos(|\boldsymbol{G}-\boldsymbol{G}'|R)}{(|\boldsymbol{G}-\boldsymbol{G}'|R)^3}, & \boldsymbol{G}-\boldsymbol{G}'\neq 0\end{cases} \tag{12.38}$$

因此，式 (12.37) 可以化简为系数 $A(\boldsymbol{k}|\boldsymbol{G})$ 的方程：

$$\begin{aligned}&\frac{\omega^2-(\mathrm{j}\nu_\mathrm{c}+\omega_\mathrm{c})\omega}{\omega^2-(\mathrm{j}\nu_\mathrm{c}+\omega_\mathrm{c})\omega-\omega_\mathrm{p}^2}+\frac{1}{\varepsilon_i}(1-f)\cdot|\boldsymbol{k}+\boldsymbol{G}|\left|\boldsymbol{k}+\boldsymbol{G}'\right|\cdot\boldsymbol{F}\cdot A(\boldsymbol{k}|\boldsymbol{G})\\&+\sum_{\boldsymbol{G}'}\left[\frac{\omega^2-(\mathrm{j}\nu_\mathrm{c}+\omega_\mathrm{c})\omega}{\omega^2-(\mathrm{j}\nu_\mathrm{c}+\omega_\mathrm{c})\omega-\omega_\mathrm{p}^2}-\frac{1}{\varepsilon_i}\right]\\&\cdot 3f\frac{\sin(|\boldsymbol{G}-\boldsymbol{G}'|R)-(|\boldsymbol{G}-\boldsymbol{G}'|R)\cos(|\boldsymbol{G}-\boldsymbol{G}'|R)}{(|\boldsymbol{G}-\boldsymbol{G}'|R)^3}\\&\cdot|\boldsymbol{k}+\boldsymbol{G}|\left|\boldsymbol{k}+\boldsymbol{G}'\right|\cdot\boldsymbol{F}\cdot A(\boldsymbol{k}|\boldsymbol{G})=\frac{\omega^2}{c^2}A(\boldsymbol{k}|\boldsymbol{G})\end{aligned} \tag{12.39}$$

其中，$\boldsymbol{F}=\boldsymbol{F}_x+\boldsymbol{F}_y$，

$$\boldsymbol{F}_y=\begin{pmatrix}\widehat{\boldsymbol{e}}_2\cdot\boldsymbol{I}_x\cdot\widehat{\boldsymbol{e}}_{2'} & -\widehat{\boldsymbol{e}}_2\cdot\boldsymbol{I}_x\cdot\widehat{\boldsymbol{e}}_{1'}\\ -\widehat{\boldsymbol{e}}_1\cdot\boldsymbol{I}_x\cdot\widehat{\boldsymbol{e}}_{2'} & \widehat{\boldsymbol{e}}_1\cdot\boldsymbol{I}_x\cdot\widehat{\boldsymbol{e}}_{1'}\end{pmatrix}$$

$$\boldsymbol{I}_y=\begin{pmatrix}\widehat{\boldsymbol{e}}_2\cdot\boldsymbol{I}_y\cdot\widehat{\boldsymbol{e}}_{2'} & -\widehat{\boldsymbol{e}}_2\cdot\boldsymbol{I}_y\cdot\widehat{\boldsymbol{e}}_{1'}\\ -\widehat{\boldsymbol{e}}_1\cdot\boldsymbol{I}_y\cdot\widehat{\boldsymbol{e}}_{2'} & \widehat{\boldsymbol{e}}_1\cdot\boldsymbol{I}_y\cdot\widehat{\boldsymbol{e}}_{1'}\end{pmatrix}$$

如果定义一个复数变量 $\zeta=\omega/c$，式 (12.39) 可以表示为

$$\zeta^4\boldsymbol{I}-\zeta^3\boldsymbol{T}-\zeta^2\boldsymbol{U}-\zeta\boldsymbol{V}-\boldsymbol{W}=0 \tag{12.40}$$

其中 $\boldsymbol{I}$ 表示单位矩阵，且

$$\boldsymbol{T}(\boldsymbol{G}|\boldsymbol{G}')=\left(\mathrm{j}\frac{\nu_\mathrm{c}}{c}+\frac{\omega_\mathrm{c}}{c}\right)\boldsymbol{\delta}_{\boldsymbol{G}\cdot\boldsymbol{G}'} \tag{12.41}$$

$$\begin{aligned}\boldsymbol{U}(\boldsymbol{G}|\boldsymbol{G}')=&\left(\sum_{i=x,y}\left\{\frac{\omega_\mathrm{p}^2}{c^2}+\left[\frac{1}{\varepsilon_i}f+(1-f)\right]\cdot|\boldsymbol{k}+\boldsymbol{G}|^2\cdot\boldsymbol{F}_i\right\}\right)\boldsymbol{\delta}_{\boldsymbol{G}\cdot\boldsymbol{G}'}\\&+\sum_{i=x,y}\left(\frac{1}{\varepsilon_i}-1\right)\boldsymbol{M}_i\end{aligned} \tag{12.42}$$

$$\boldsymbol{V}_i(\boldsymbol{G}|\boldsymbol{G}') = \left(\sum_{i=x,y}\left\{-\left(\mathrm{j}\frac{\nu_\mathrm{c}}{c}+\frac{\omega_\mathrm{c}}{c}\right)\left[\frac{1}{\varepsilon_i}f+(1-f)\right]\cdot|\boldsymbol{k}+\boldsymbol{G}|^2\cdot\boldsymbol{F}_i\right\}\right)\boldsymbol{\delta}_{\boldsymbol{G}\cdot\boldsymbol{G}'}$$
$$+\sum_{i=x,y}-\left(\mathrm{j}\frac{\nu_\mathrm{c}}{c}+\frac{\omega_\mathrm{c}}{c}\right)\left(\frac{1}{\varepsilon_i}-1\right)\boldsymbol{M}_i, \tag{12.43}$$

$$\boldsymbol{W}_i(\boldsymbol{G}|\boldsymbol{G}') = \left[\sum_{i=x,y}\left(-\frac{\omega_\mathrm{p}^2}{c^2}\frac{f}{\varepsilon_i}\cdot|\boldsymbol{k}+\boldsymbol{G}|^2\cdot\boldsymbol{F}_i\right)\right]\boldsymbol{\delta}_{\boldsymbol{G}\cdot\boldsymbol{G}'}+\sum_{i=x,y}\frac{\omega_\mathrm{p}^2}{c^2}\frac{1}{\varepsilon_i}\boldsymbol{M}_i \tag{12.44}$$

其中

$$\boldsymbol{M}_i = |\boldsymbol{k}+\boldsymbol{G}|^2\cdot\boldsymbol{M}_i\cdot 3f\frac{\sin(|\boldsymbol{G}|R)-(|\boldsymbol{G}|R)\cos(|\boldsymbol{G}|R)}{(|\boldsymbol{G}|R)^3}\quad (i=x,y)$$

$\boldsymbol{T}$、$\boldsymbol{U}$、$\boldsymbol{V}$ 和 $\boldsymbol{W}$ 是 $N\times N$ 的矩阵。多项式 (12.40) 的本征值的求解，可以转换成为对一个 $4N\times 4N$ 矩阵 $\boldsymbol{P}$ 特征值的求取，矩阵 $\boldsymbol{P}$ 满足

$$\boldsymbol{P}z=\zeta z,\quad \boldsymbol{P}=\begin{bmatrix}0 & \boldsymbol{I} & 0 & 0\\ 0 & 0 & \boldsymbol{I} & 0\\ 0 & 0 & 0 & \boldsymbol{I}\\ \boldsymbol{W} & \boldsymbol{V} & \boldsymbol{U} & \boldsymbol{T}\end{bmatrix} \tag{12.45}$$

求解式 (12.45) 的本征值就得到了式 (12.39) 的解。显然，所求本征值的实部就决定了 RCP 波在该三维各向异性磁化等离子体光子晶体中的色散关系。

为了不失一般性，采用 $\omega a/2\pi c$ 对频域进行归一化，并用变量 $\omega_{\mathrm{p}0}a/2\pi c=1$ 来定义等离子体频率 ω_p、等离子体回旋频率 ω_c 和等离子体碰撞频率 ν_c。假设等离子体频率 $\omega_\mathrm{p}=\omega_{\mathrm{pl}}=0.3\pi c/a=0.15\omega_{\mathrm{p}0}$，等离子体碰撞频率和回旋频率分别为 $\nu_\mathrm{c}=0.02\omega_{\mathrm{pl}},\omega_\mathrm{c}=0.8\omega_{\mathrm{pl}}$。并假设各向异性介质球的填充率 f=0.25。本节将仅关注 RCP 波的 1st PBG，并将其相对带宽定义为 $\Delta\omega/\omega_i$。

12.3.2　磁光 Faraday 效应对 RCP 波 PBGs 的影响

图 12.17～图 12.19 给出了三维磁化等离子体光子晶体在不同晶格条件下填充介质球为各向同性介质 ($n_z=n_x=n_y$=4.8) 且 ω_p、ν_c 和 ω_c 取不同值时的色散曲线，此时介质球的填充率为 f=0.3。由图 12.17 可知，当 $\omega_\mathrm{p}=\nu_\mathrm{c}=\omega_\mathrm{c}$=0 时，磁化等离子体可以视为空气，且磁光 Faraday 效应不存在，该光子晶体可视为常规的三维介质 —— 空气光子晶体。该三维光子晶体以面心、体心和立方体晶格排列时不能产生 PBGs。由图 12.18 可知，当 $\omega_\mathrm{p}=0.15\omega_{\mathrm{p}0},\nu_\mathrm{c}=0.02\omega_{\mathrm{pl}},\omega_\mathrm{c}$=0 时，此时该光子晶体退化为三维各向异性等离子体光子晶体，不同晶格排列时得到的色散曲线中也没有产生 PBGs，但是都会额外产生一个水平带区域。水平带的产生是由表

面等离子体激元模形成的。由图 12.19 可知，当考虑等离子体的磁光 Faraday 效应时，RCP 波在该三维各向异性磁化等离子体光子晶体中也不能形成 PBGs 结构。高对称性的晶格结构对产生 PBGs 不利，但是水平带区域的上下边缘的位置却向高频方向移动了。由上述讨论可知，当三维各向同性磁化等离子体光子的晶格具有较高对称性时，RCP 波在该三维磁化等离子体光子晶体中不能产生 PBG。

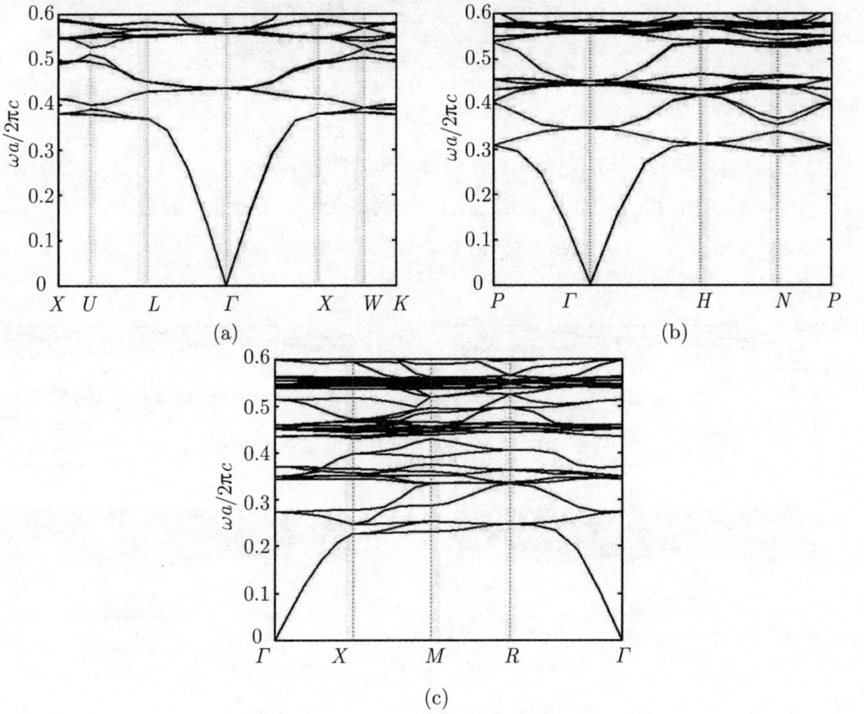

图 12.17　在不同晶格条件下填充介质球为各向同性介质 ($n_z= n_x = n_y$=4.8) 且 $\omega_{\rm p} = \nu_{\rm c} = \omega_{\rm p} = 0$ 时，该光子晶体的色散曲线

(a) 面心晶格; (b) 体心晶格; (c) 立方体晶格

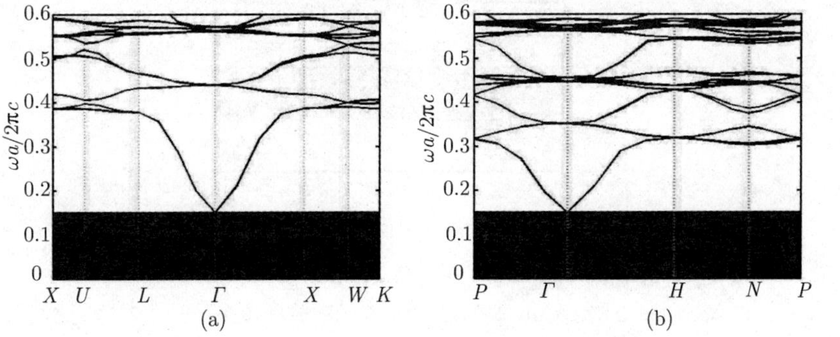

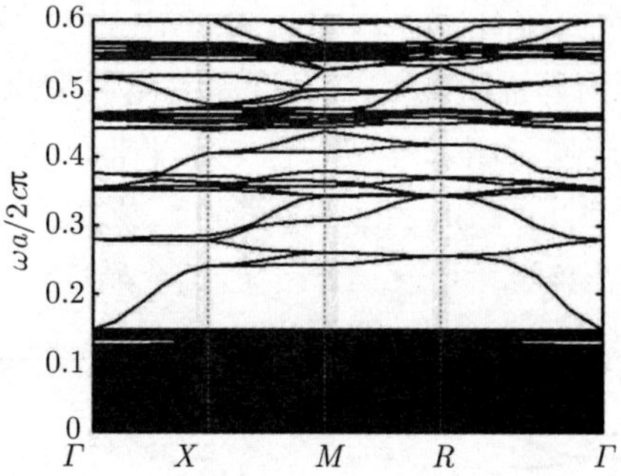

(c)

图 12.18　在不同晶格条件下填充介质球为各向同性介质 ($n_z = n_x = n_y$=4.8) 且 $\omega_{\rm p} = 0.15\omega_{\rm p0}, \nu_{\rm c} = 0.02\omega_{\rm pl}, \omega_{\rm c}$=0 时，该光子晶体的色散曲线

(a) 面心晶格; (b) 体心晶格; (c) 立方体晶格

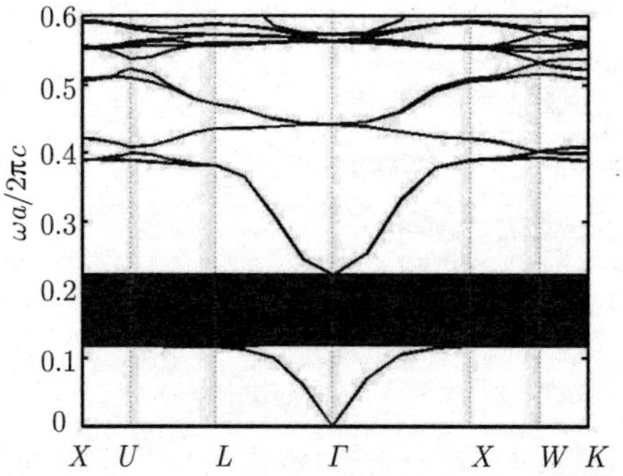

(a)

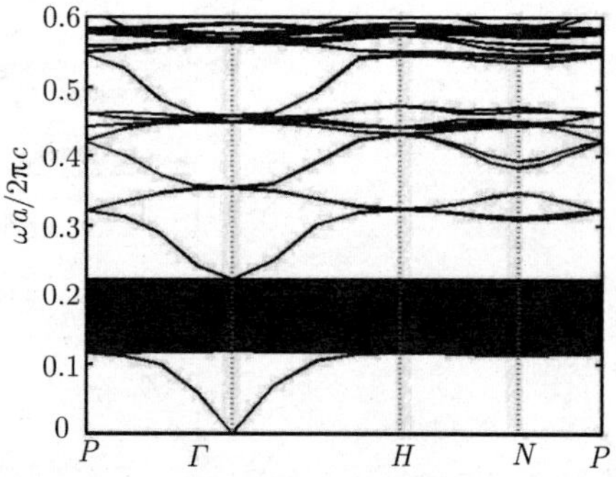

(b)

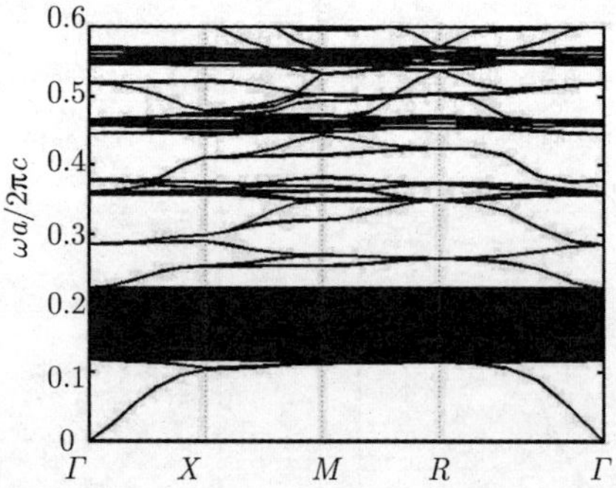

(c)

图 12.19　在不同晶格条件下填充介质球为各向同性介质 ($n_z = n_x = n_y$=4.8) 且 $\omega_{\rm p} = 0.15\omega_{\rm p0}, \nu_{\rm c} = 0.02\omega_{\rm pl}, \omega_{\rm c} = 0.8\omega_{\rm pl}$ 时，RCP 波在该光子晶体中的色散曲线

(a) 面心晶格; (b) 体心晶格; (c) 立方体晶格

为了使 RCP 波能产生 PBGs，同样可以在该光子晶体中引入各向异性材料，如 Te($n_x = n_{\mathrm{e}}$=6.2, $n_y = n_z = n_{\mathrm{o}}$=4.8)。图 12.20~ 图 12.22 给出了三维磁化等离子体光子晶体在不同晶格条件下填充介质球为各向异性介质 Te，且 ω_{p}、ν_{c} 和 ω_{c} 取不同值时，RCP 波的色散曲线，此时介质球的填充率为 f=0.3。灰色区域代表 PBGs。由图 12.20 可知，当 $\omega_{\mathrm{p}} = \nu_{\mathrm{c}} = \omega_{\mathrm{c}}$=0 且将 type-1 单轴材料 (定义见 12.3.1 节)Te 为填充介质时，该光子晶体为三维各向异性介质 —— 空气光子晶体。该光子晶体分别以面心、体心和立方体晶格排列时，它们都能产生 PBGs。它们的 1st PBGs 分别位于 0.3577~0.3849 ($2\pi c/a$)、0.2785~0.3076 ($2\pi c/a$) 和 0.2278~0.2397 ($2\pi c/a$)，且带宽分别为 0.0272、0.0291 和 0.0119 ($2\pi c/a$)。由图 12.21 可知，当等离子体引入该光子晶体时，这三种晶格的 PBGs 明显发生了变化，1st PBGs 上下边缘的频率将会向高频方向移动。此时 1st PBGs 的频率范围分别变为 0.3643~0.3915($2\pi c/a$)、0.2881~0.3142 ($2\pi c/a$) 和 0.2372~0.2505 ($2\pi c/a$)。当外加磁场和波矢方向平行时 (磁光 Faraday 效应)，RCP 波的色散曲线可以在图 12.22 中观察到。由图 12.22 可知，RCP 波在这三种晶格中的 PBGs 和水平带区域发生了明显的变化。PBGs 和水平带区域的上下边缘都将向高频方向移动。RCP 波在面心、体心和立方体晶格中的 1st PBGs 变化为：0.3677~0.3945($2\pi c/a$)、0.2947~0.3179($2\pi c/a$) 和 0.2475~0.2582($2\pi c/a$)，相对带宽分别变为：0.0703、0.0757 和 0.0423。与面心和立方体晶格相比，RCP 波在体心晶格中产生的 PBG 具有最大的相对带宽。水平带区域的范围为：0.12~0.2068 ($2\pi c/a$)。水平带区域的上下边缘的频率由磁光 Faraday 效应下磁化等离子体的截止频率 f_{L} 和 f_{R} 决定，且 f_{R}=0.2068 ($2\pi c/a$) ($f_{\mathrm{R}} = \omega_{\mathrm{c}}/2 + \sqrt{\omega_{\mathrm{c}}^2/4 + \omega_{\mathrm{p}}^2}$) 和 f_{L}=0.12 ($2\pi c/a$) ($f_{\mathrm{L}} = \omega_{\mathrm{c}}$)。因此，水平带是由磁化等离子体自身造成的。比较图 12.20~ 图 12.22 中的结果可知，引入 type-1 单轴材料能，使得 RCP 波能在高对称性晶格的三维磁化等离子体光子晶体中产生 PBGs。

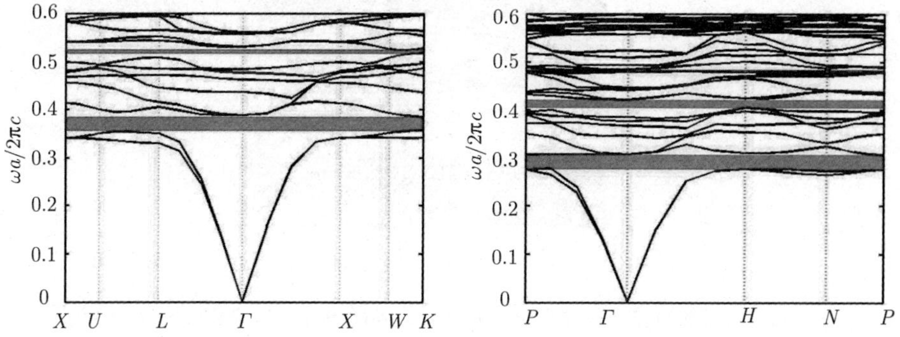

(a) (b)

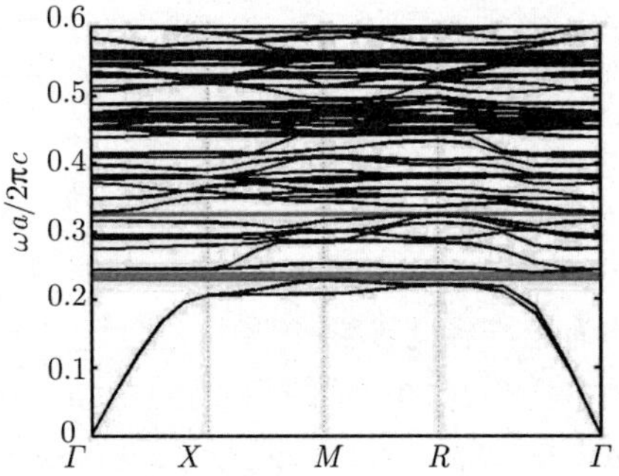

(c)

图 12.20　在不同晶格条件下填充介质球为各向异性介质 Te($n_x = n_{\rm e}$=6.2, $n_y = n_z = n_{\rm o}$=4.8) 且 $\omega_{\rm p} = \nu_{\rm c} = \omega_{\rm c}$=0 时，RCP 波在该光子晶体中的色散曲线

(a) 面心晶格; (b) 体心晶格; (c) 立方体晶格

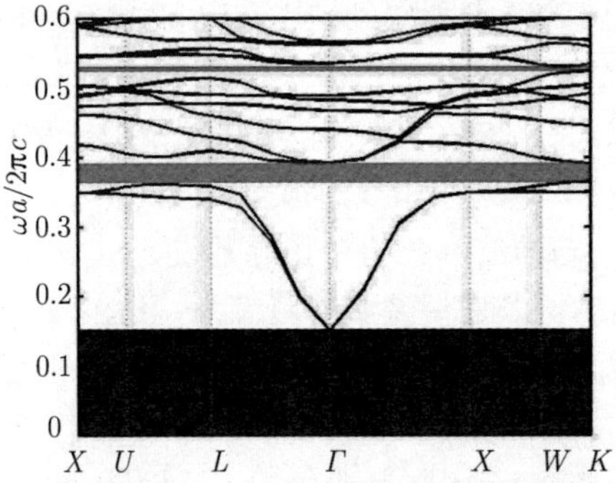

(a)

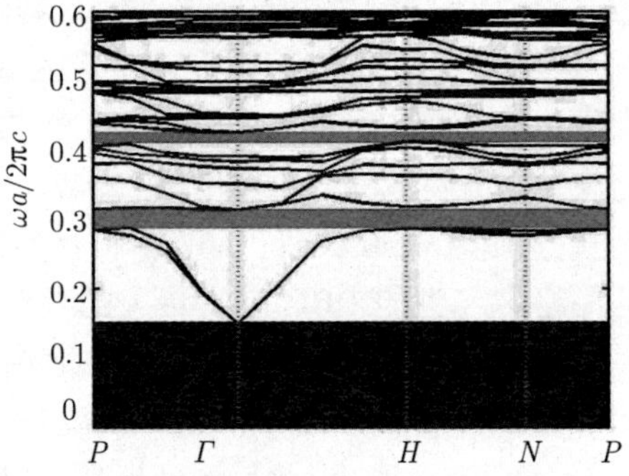

(b)

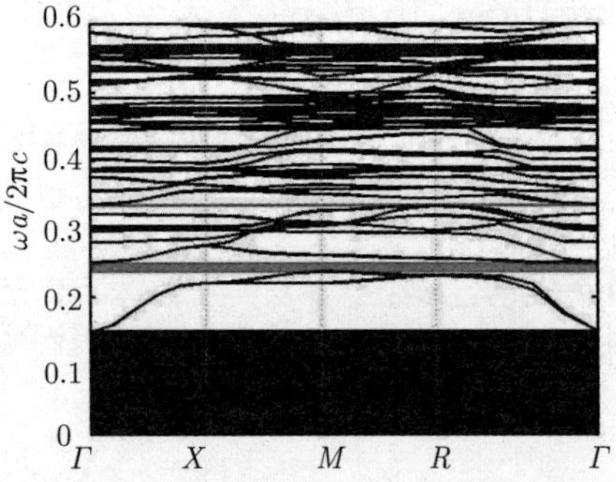

(c)

图 12.21　在不同晶格条件下填充介质球为各向异性介质 Te($n_x = n_{\rm e}$=6.2, $n_y = n_z = n_{\rm o}$=4.8) 且 $\omega_{\rm p}$=0.15$\omega_{\rm p0}$，$\nu_{\rm c}$=0.02$\omega_{\rm pl}$，$\omega_{\rm c}$=0 时，RCP 波在该光子晶体中的色散曲线

(a) 面心晶格; (b) 体心晶格; (c) 立方体晶格

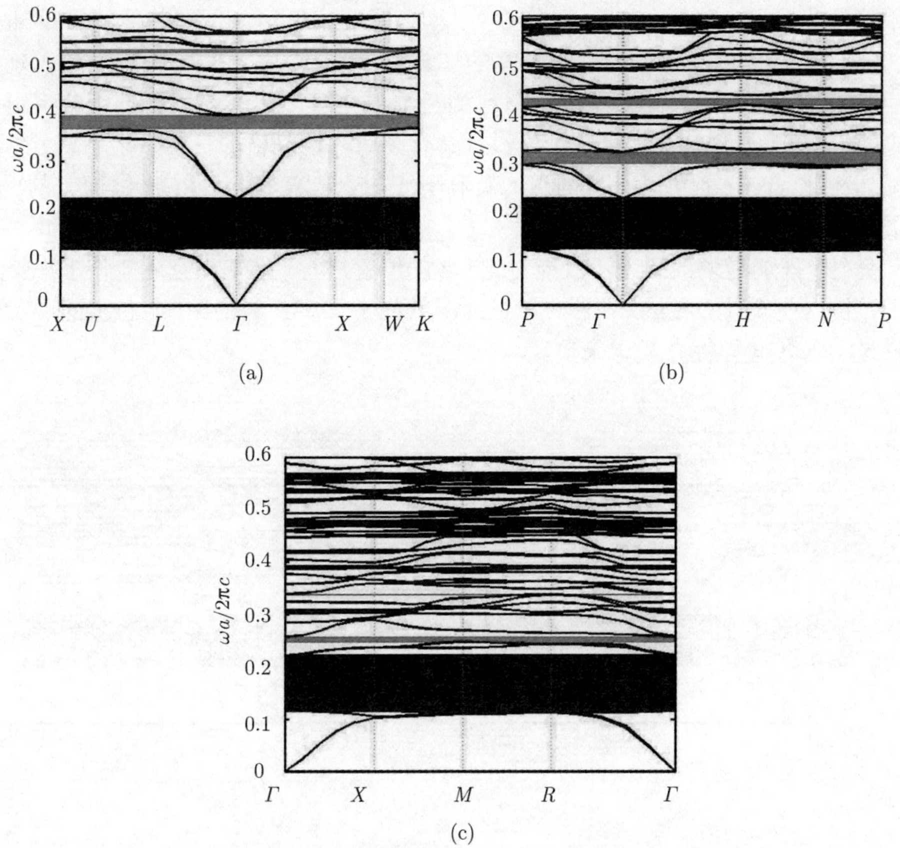

图 12.22 在不同晶格条件下填充介质球为各向异性介质 Te($n_x = n_e$=6.2, $n_y = n_z = n_o$=4.8) 且 ω_p=0.15ω_{p0}，ν_c=0.02 ω_{pl}，ω_c=0.8 ω_{pl} 时，RCP 波在该光子晶体中的色散曲线

(a) 面心晶格; (b) 体心晶格; (c) 立方体晶格

图 12.23 和图 12.24 给出了在不同晶格条件下填充介质球为 type-1 和 type-2 单轴材料且 f =0.3，$\omega_p = 0.15\omega_{p0}, \nu_c = 0.02\omega_{pl}, \omega_c = 0.8\omega_{pl}$ 时，RCP 波在该光子晶体中的色散曲线。如图 12.23(a) 所示，当 type-2 单轴材料 ($n_y = n_e$=6.2, $n_x = n_z = n_o$=4.8) 引入三维面心晶格各向异性磁化等离子体光子晶体时，填充介质球的各向性不足以产生带隙，相反在 $X-W$ 方向上能带会发生简并，显然 PBGs 不存在。由图 12.23(b) 和 (c) 可知，RCP 波在三维体心和立方体晶格各向异性磁化等离子体光子晶体中 1st PBGs 的频率范围分别为 0.3007~0.3056 ($2\pi c/a$) 和 0.2550~ 0.2582($2\pi c/a$)。由图 12.24 可知，当 type-3 单轴材料引入该类型三维各向异性磁化等离子体光子晶体且以面心、体心和立方体晶格排列时，

都不能产生 RCP 波的 PBGs。由图 12.22~ 图 12.24 可知，与其他两类单轴材料相比，type-1 单轴材料能获得更宽的 PBG。综上所述，在磁光 Faraday 效应下，RCP 波能在含 type-1 的单轴材料的三维磁化等离子体光子晶体中获得更大的 PBG 带宽。与含其他两类单轴材料且具有高对称性晶格的三维磁化等离子体光子晶体相比，type-1 单轴介质的引入有利于 PBG 带宽 (对于 RCP 波而言的) 的拓展。

另外，外加磁场的引入不仅能对 PBG 的位置进行调谐，而且还能使水平带区域的范围发生变化。显然，在磁光 Faraday 效应下，RCP 波的 PBG 带宽的展宽可以通过引入各向异性介质球来实现。

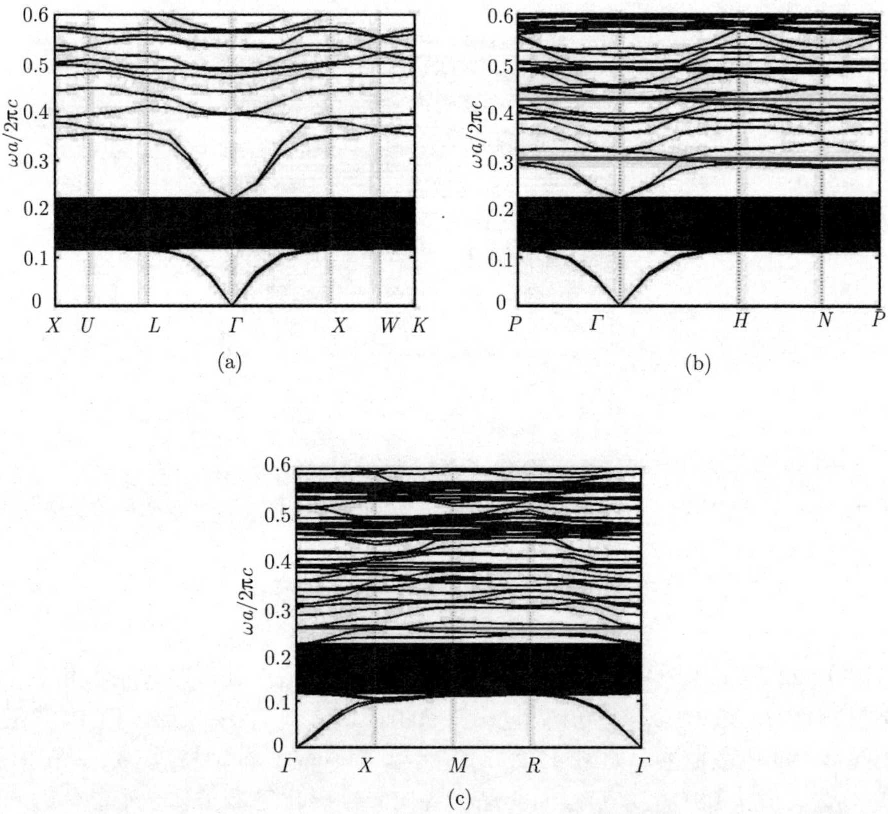

图 12.23　在不同晶格条件下填充介质球为 type-2 单轴材料 ($n_y = n_e$=6.2, $n_x = n_z = n_o$=4.8) 且 f=0.3，ω_p=0.15ω_{p0}，ν_c=0.02 ω_{pl}，ω_c=0.8ω_{pl} 时，RCP 波在该光子晶体中的色散曲线

(a) 面心晶格; (b) 体心晶格; (c) 立方体晶格

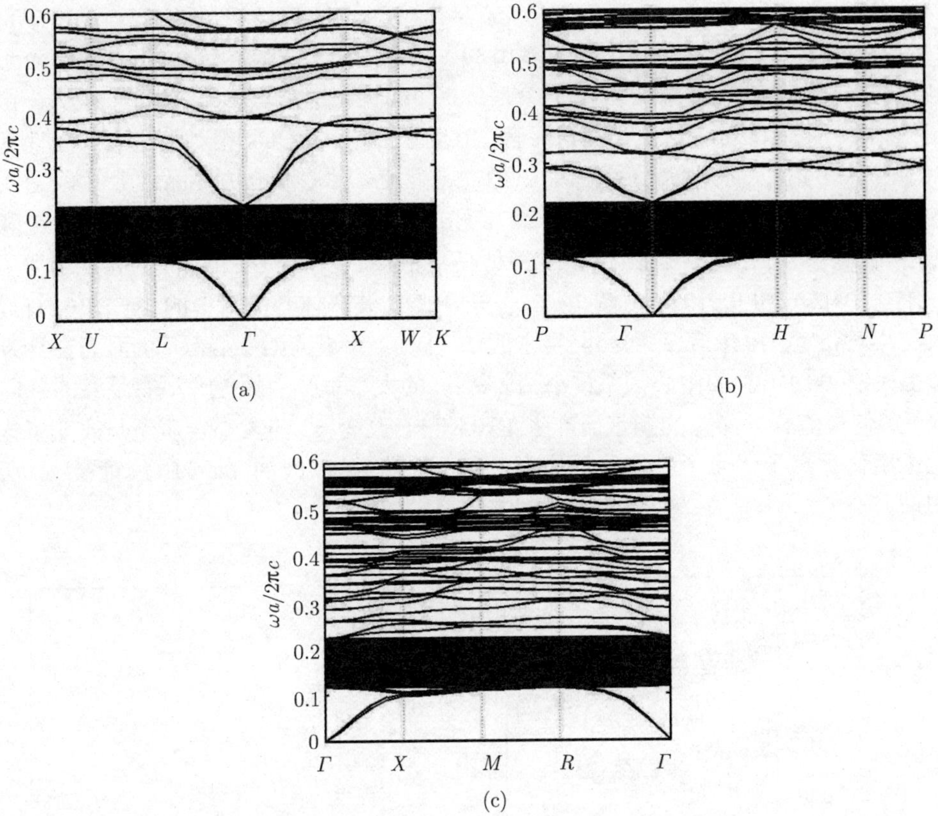

图 12.24 在不同晶格条件下填充介质球为 type-3 单轴材料 ($n_z = n_{\rm e}$=6.2, $n_x = n_y = n_{\rm o}$=4.8) 且 f=0.3，$\omega_{\rm p}$=0.15$\omega_{\rm p0}$，$\nu_{\rm c}$=0.02 $\omega_{\rm pl}$，$\omega_{\rm c}$=0.8 $\omega_{\rm pl}$ 时，RCP 波在该光子晶体中的色散曲线

(a) 面心晶格; (b) 体心晶格; (c) 立方体晶格

12.3.3 $n_{\rm e}$ 对 RCP 波的各向异性 PBGs 的影响

图 12.25 给出了在不同晶格条件下填充介质球为 type-1 单轴材料 ($n_x = n_{\rm e}$, $n_y = n_z = n_{\rm o}$=4.8) 时，RCP 波在该三维各向异性磁化等离子体光子晶体中的 1st PBGs 及其相对带宽与 $n_{\rm e}$ 的关系图，此时 f=0.3、$\omega_{\rm p}$=0.15$\omega_{\rm p0}$、$\omega_{\rm c}$=0.8$\omega_{\rm pl}$、$\nu_{\rm c}$=0.02$\omega_{\rm pl}$ 和 $n_{\rm o}$=4.8。其中阴影区域表示 RCP 波的 PBGs。由图 12.25(a) 可知，对于面心、体心和立方体晶格而言，1st PBGs 的上下边缘都将随着 $n_{\rm e}$ 的增大而向低频方向移动，且其带宽先增大后减小。如果 $n_{\rm e}$ 的值分别小于 5.3、5 和 5.3，那么 RCP 波的 1st PBGs 都将不会出现。当 $n_{\rm e}$ 由 5 增加到 9 时，RCP 波在这三种晶格中的 1st PBGs 频率范围分别 0.3291~0.3476 (2πc/a)、0.2672~0.2816 (2πc/a) 和 0.2286

$\sim$0.2343 ($2\pi c/a$)。与 $n_{\rm e}$=5.3、5 和 $n_{\rm e}$=5.5 相比，在体心、面心和立方体晶格中得到的 1st PBGs 的带宽分别增加了 0.0139、0.0107 和 0.0015 ($2\pi c/a$)。显然，对于这三种晶格结构而言，都存在着一个最优的 $n_{\rm e}$，能使 1st PBGs 带宽值最大。由图 12.25(b) 可知，对于这三种晶格而言，RCP 波的 1st PBGs 相对带宽 ($\Delta\omega/\omega_i$) 都将随着 $n_{\rm e}$ 的增大而先增大后减少。RCP 波在面心、体心和立方体晶格中 1st PBGs 的相对带宽最大值分别为 0.0718、0.077 和 0.0444，且分别出现在 $n_{\rm e}$=6.3、6.1 和 5.9。与 $n_{\rm e}$=9 时相比，RCP 波在这三种晶格中 1st PBGs 的相对带宽分别增加了 0.0171、0.0245 和 0.0198。由图 12.25 可知，RCP 波在体心晶格中的 1st PBG 有最大的相对带宽。RCP 波在面心晶格中的 1st PBG 有最大的中心频率，而其在立方体晶格中 1st PBG 的中心频率最小。改变 $n_{\rm e}$ 的大小意味着填充介质有足够的各向异性，使得能打开简并的能带而产生 PBG[229]。改变 $n_{\rm e}$ 的大小实质上是改变了该三维磁化等离子体光子晶体的平均折射率，所以 RCP 波的 1st PBGs 能被 $n_{\rm e}$ 所调谐。

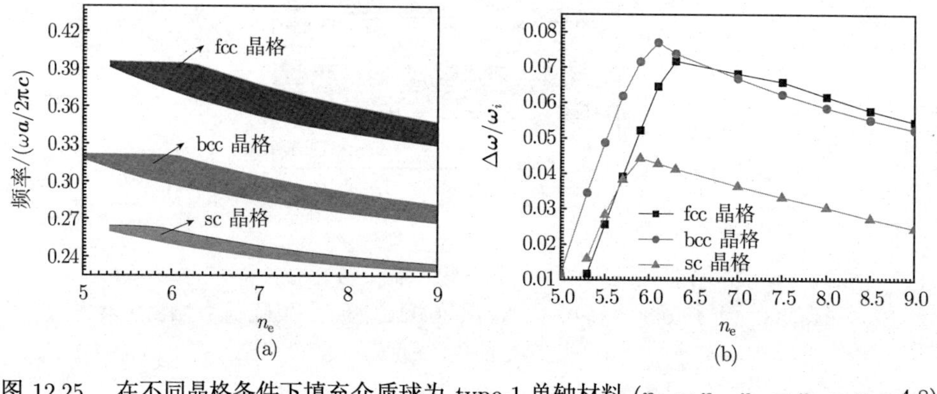

图 12.25 在不同晶格条件下填充介质球为 type-1 单轴材料 ($n_x = n_{\rm e}$, $n_y = n_z = n_{\rm o}$=4.8) 时，RCP 波在该三维各向异性磁化等离子体光子晶体中的 1st PBGs 及其相对带宽与 $n_{\rm e}$ 的关系图

(a) 1st PBGs; (b) 1st PBGs 的相对带宽

12.3.4 $n_{\rm o}$ 对 RCP 波的各向异性 PBGs 的影响

图 12.26 给出了在不同晶格条件下填充介质球为 type-1 单轴材料 ($n_x = n_{\rm e}$=6.2, $n_y = n_z = n_{\rm o}$) 时，RCP 波在该三维各向异性磁化等离子体光子晶体中的 1st PBGs 及其相对带宽与 $n_{\rm o}$ 的关系图，此时 f=0.3、$\omega_{\rm p}$=0.15$\omega_{\rm p0}$、$\omega_{\rm c}$=0.8 $\omega_{\rm pl}$、$\nu_{\rm c}$=0.02 $\omega_{\rm pl}$ 和 $n_{\rm e}$=6.2。阴影区域表示 RCP 波的 1st PBGs。由图 12.26(a) 可知，RCP 波的 1st PBGs 的上下边缘将随着 $n_{\rm o}$ 的增大而向低频方向移动，且其带宽先增大后减小。如果 $n_{\rm o}$ 大于 5.5，RCP 波在立方体晶格中的 1st PBG 将不会出现。只有当

n_o 小于 3.2 且大于 5.5 时，RCP 波在面心晶格中的 1st PBG 将会消失。当 n_o 由 2.8 增加到 5.5 时，RCP 波在面心、体心和立方体晶格中 1st PBGs 的频率范围分别为：0.3589~0.3679 ($2\pi c/a$)、0.2837~0.297 ($2\pi c/a$) 和 0.2335~0.2402 ($2\pi c/a$)。与 n_o=3.2 和 2.8 时相比, RCP 波在面心和体心晶格中 1st PBGs 的带宽分别减小了 0.0038 和 0.008 ($2\pi c/a$)，但是其在立方体晶格中 1st PBG 的带宽增加了 0.0021 ($2\pi c/a$)。由图 12.26(b) 可知，RCP 波在这三种晶格中 1st PBGs 的相对带宽将随着 n_o 的增大而先增大后减少，其最大值分别为 0.0735、0.0757 和 0.0447，且此时 n_o=4.3。与 n_o =5.5 时相比，1st PBGs 的相对带宽分别增加了 0.0533、0.0349 和 0.0245。与 12.3.3 小节相似，RCP 波在体心晶格中的 1st PBG 有最大的相对带宽，且 RCP 波在该三维各向异性磁化等离子体光子晶体中的 PBGs 能被 n_o 所调谐。

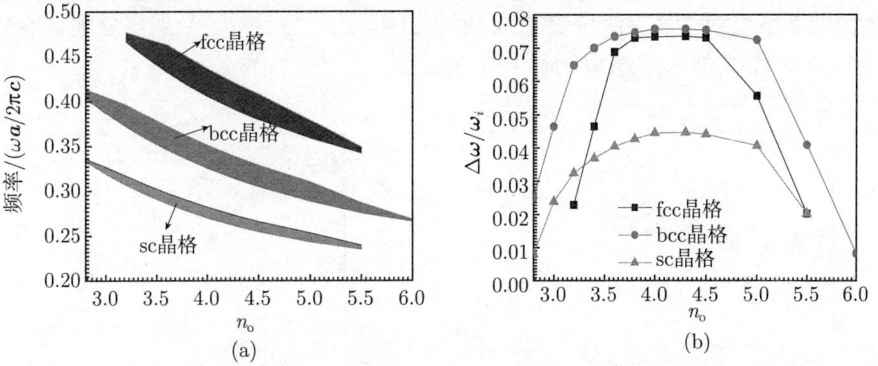

图 12.26　在不同晶格条件下填充介质球为 type-1 单轴材料 ($n_x = n_e$=6.2, $n_y = n_z = n_o$) 时，RCP 波在该三维各向异性磁化等离子体光子晶体中的 1st PBGs 及其相对带宽与 n_o 的关系图

(a) 1st PBGs; (b) 1st PBGs 的相对带宽

12.3.5　等离子体频率对 RCP 波的各向异性 PBGs 的影响

图 12.27 给出了在不同晶格条件下填充介质球为 Te($n_x = n_e$=6.2, $n_y = n_z = n_o$=4.8) 时，RCP 波在该三维各向异性磁化等离子体光子晶体中的 1st PBGs 及其相对带宽与 ω_p 的关系图，此时 f=0.3、ν_c=0.02ω_p、ω_c=0.8 ω_{pl}、n_o=4.8 和 n_e=6.2。阴影区域表示 RCP 波的 1st PBGs。由图 12.27(a) 可知，RCP 波的 1st PBG 的上下边缘都将随着 ω_p 的增大而向高频方向移动，且其带宽也将逐渐减小。当 ω_p/ω_{p0} 的值分别大于 0.4、0.22 和 0.2 时，RCP 波在面心、体心和立方体晶格中的 1st PBGs 将会消失。当 ω_p/ω_{p0} 的值由 0.01 增加到 0.4 时，RCP 波在面心、体心和立方体晶格中 1st PBGs 将分别涵盖：0.4656~0.4667($\pi c/a$)、0.2949~0.301 ($2\pi c/a$) 和 0.2708~0.2746

$(2\pi c/a)$。与 ω_p/ω_{p0}=0.01 时相比, RCP 波在这三种晶格中 1st PBGs 的带宽分别减小了 0.0261、0.0138 和 0.0081 $(2\pi c/a)$，其最大值分别为：0.0272、0.0199 和 0.0129 $(2\pi c/a)$，且此时 ω_p/ω_{p0} 满足 ω_p/ω_{p0}=0.01、0.01 和 0.1。RCP 波 1st PBG 中心频率的最大值将出现在面心晶格中，而其最小值将出现在立方体晶格中。由图 12.27(b) 可知，当 ω_p/ω_{p0} 的值由 0.01 增加到 0.4 时，RCP 波在面心和体心晶格中 1st PBGs 的相对带宽将随着 ω_p 的增大而减小，但是立方体晶格中 PBG 的相对带宽将先增大后减小。RCP 波在这三种晶格结构中 1st PBGs 的相对带宽的最大值将分别为 0.0733、0.0768 和 0.0531，且 ω_p/ω_{p0} 的值将分别为 0.01、0.01 和 0.1。RCP 在体心晶格中 1st PBG 的最大相对带宽是最大的。综上所述，RCP 波在三维各向异性磁化等离子体光子晶体中的 PBG 能被 ω_p 所调谐。这是因为改变 ω_p 的大小就意味着 RCP 波的有效介电常数发生了变化，直接导致了该光子晶体的平均折射率发生了变化，因此 PBG 的位置也会发生变化。但是值得一提的是：等离子体碰撞频率几乎不会对 PBG 的位置造成任何影响，这是因为 ν_c 仅是耗散项，不会对式 (12.45) 的本征值求解造成明显的影响。

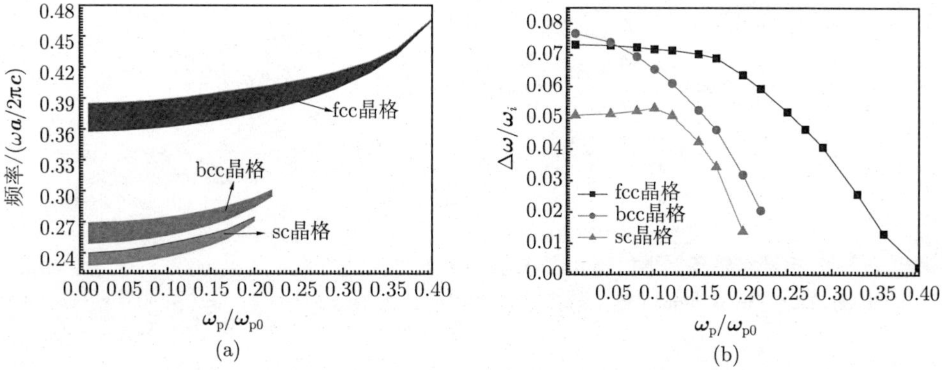

图 12.27 在不同晶格条件下填充介质球为 Te 时，RCP 波在该三维各向异性磁化等离子体光子晶体中的 1st PBGs 及其相对带宽与 ω_p 的关系图

(a) 1st PBGs; (b) 1st PBGs 的相对带宽

12.3.6 填充率对 RCP 波的各向异性 PBGs 的影响

图 12.28 给出了在不同晶格条件下填充介质球为 Te 时，RCP 波在该三维各向异性磁化等离子体光子晶体中的 1st PBGs 及其相对带宽与 f 的关系图，此时 ω_p=0.15ω_{p0}、ν_c=0.02ω_{pl}、ω_c=0.8 ω_{pl}、n_o=4.8 和 n_e=6.2。阴影区域表示 RCP 波的 1st PBGs。由图 12.28(a) 可知，随着填充率 f 的增大，RCP 波的 1st PBGs 的上下边缘都将向低频方向移动，且其带宽也都将先增大后逐渐减小。当 f 的值分别小

于 0.05 时，RCP 波在面心、体心和立方体晶格中将不会出现 1st PBGs。当 f 的值分别大于 0.52 和 0.6 时，RCP 波在面心和体心晶格中的 1st PBGs 将会消失。当 f 的值由 0.05 增加到 0.68 时，RCP 波在这三种晶格中 1st PBGs 的最大带宽值分别为 0.0268、0.0242 和 0.0109 $(2\pi c/a)$，且此时 f 分别满足 f=0.3、0.35 和 0.4。因此，RCP 波的 PBGs 能够被 f 所调谐。这是因为改变填充率 f 意味着该光子晶体平均折射率增大了，所以 PBGs 的位置发生了变化 [213]。由图 12.28(b) 可知，当 f 的值由 0.05 增加到 0.68 时，RCP 波在这三种晶格中 1st PBGs 的相对带宽将随着 f 的增大而先增大后减小，其最大值将分别为 0.0703、0.0825 和 0.0465，且此时 f 的取值将分别为 f=0.3、0.35 和 0.4。与 f=0.15 时相比，RCP 波 1st PBGs 的相对带宽分别增大了 0.0315、0.0413 和 0.0262。显然，$\Delta\omega/\omega_i$ 的最大值将出现在体心晶格中。需要注意的是，f 的取值如果太小且趋近于零，那么 PBG 和水平带区域将会消失。综上所述，RCP 波的 PBG 能被 f 所调谐，这是一个非常重要的参数。

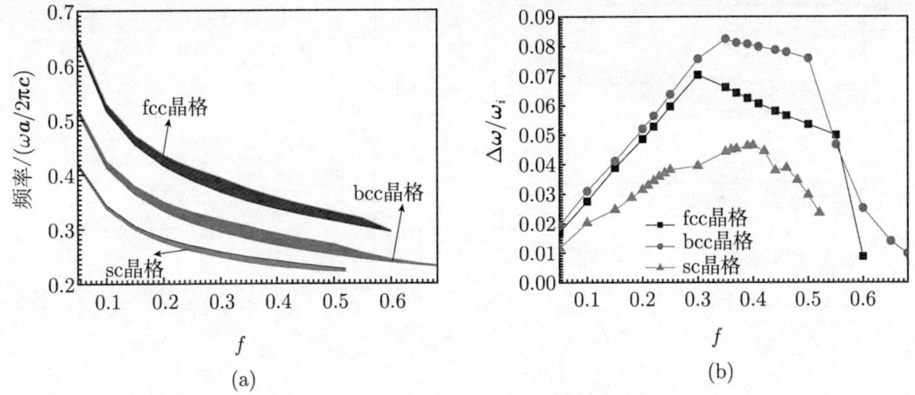

图 12.28 在不同晶格条件下填充介质球为 Te 时，RCP 波在该三维各向异性磁化等离子体光子晶体中的 1st PBG 及其相对带宽与 f 的关系图

(a) 1st PBGs; (b) 1st PBGs 的相对带宽

12.3.7 等离子体回旋频率对 RCP 波的各向异性 PBGs 的影响

图 12.29 给出了在不同晶格条件下填充介质球为 Te 时，RCP 波在该三维各向异性磁化等离子体光子晶体中的 1st PBGs 及其相对带宽与 ω_c 的关系图，此时 f=0.3、$\nu_c=0.02\,\omega_{pl}$、$\omega_p=0.15\omega_{p0}$、n_o=4.8 和 n_e=6.2。阴影区域表示 RCP 波的 1st PBGs。由图 12.29(a) 可知，RCP 波的 1st PBGs 的上下边缘也将随着 ω_c 的增大而向高频方向移动，且其带宽也将逐渐减小。当 ω_c/ω_{pl} 的值分别大于 1.3、1.8 和 2.6 时，RCP 波在面心、体心和立方体晶格中的 1st PBGs 将会消失。当 ω_c/ω_{pl} 的值由 0.01 增加到 2.6 时，RCP 波在面心、体心和立方体晶格中 1st PBGs 的频率范围将

分别变为：0.442~0.4433 ($2\pi c/a$)、0.3388~0.3428 ($2\pi c/a$) 和 0.277~0.2785 ($2\pi c/a$)，且它们的带宽分别为 0.0259、0.0221 和 0.0118 ($2\pi c/a$)。RCP 波在这三种晶格中 1st PBGs 带宽的最大值分别为：0.0272、0.0261 和 0.0133 ($2\pi c/a$)，且此时 ω_c/ω_{pl} 的值满足 ω_c/ω_{pl}=0.01。显然，改变 ω_c 的大小就意味着 RCP 波的有效介电常数将发生变化，这直接导致了该光子晶体的平均折射率发生了变化，所以 PBGs 可以通过改变 ω_c 的大小来调谐。由图 12.29(b) 可知，RCP 波在面心、体心和立方体晶格中 1st PBGs 的相对带宽将随着 ω_c 的增大而减小。当 ω_c/ω_{pl} =0.01 时，RCP 波在这三种晶格中 1st PBGs 的相对带宽将取最大值，它们的值分别为 0.072、0.0867 和 0.0545。与 ω_c/ω_{pl} =0.7 时相比，RCP 在这三种晶格中 PBG 的相对带宽分别增大了 0.0013、0.0152 和 0.009。RCP 波在体心晶格中的 1st PBG 有最大的相对带宽。由于 ω_c 和外加磁场满足线性的函数关系，所以改变 ω_c 的大小本质上就是改变外加磁场的大小，即 RCP 波的 PBGs 能被外加磁场所调谐。

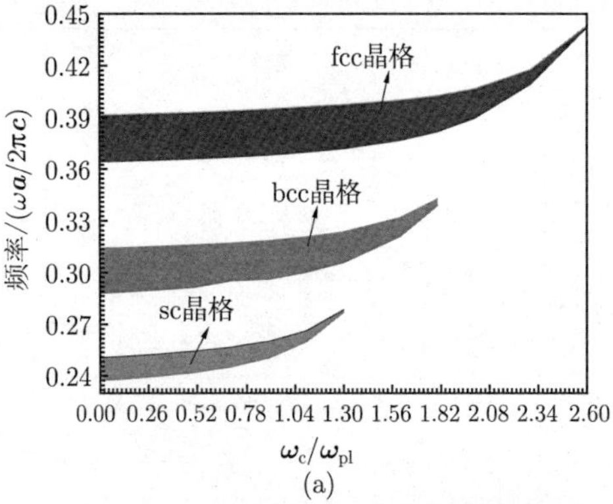

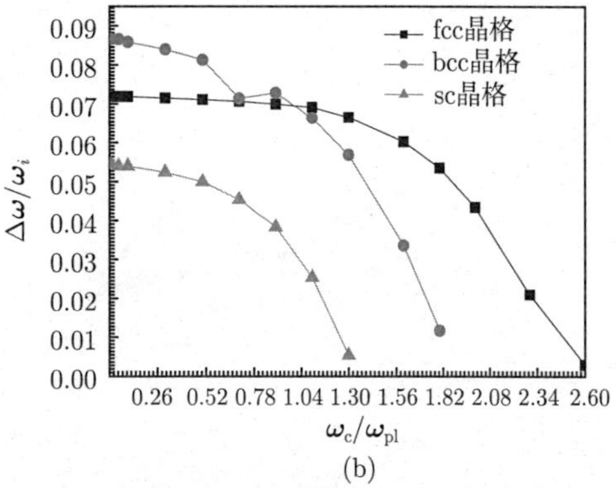

图 12.29 在不同晶格条件下填充介质球为 Te 时，RCP 波在该三维各向异性磁化等离子体光子晶体中的 1st PBGs 及其相对带宽与 ω_c 的关系图

(a) 1st PBGs; (b) 1st PBGs 的相对带宽

12.4 非寻常波在三维各向异性磁化等离子体光子晶体中的色散特性

12.3 节对磁光 Faraday 效应下，RCP 波在不同晶格条件下的三维各向异性磁化等离子体光子晶体中的 PBGs 特性进行了研究，并比较了在体心、面心和立方体晶格条件下 PBGs 的特性。研究结果表明，在三维磁化等离子体光子晶体中引入各向异性的介质，有利于消除能带简并且拓展 PBGs 带宽，其中 RCP 波在面心晶格中 PBG 的带宽更宽。那么在另外一种磁光效应 (Voigt 效应) 下，非寻常波在三

维各向异性磁化等离子体光子晶体中是否有类似的特性？引入各向异性介质能否实现对非寻常波 PBG 的拓展？它的色散特性又如何呢？本节就针对以上问题，在理论上分析和讨论非寻常波在磁光 Voigt 效应下的色散特性，不仅推导了非寻常波在三维面心晶格各向异性磁化等离子体光子晶体中的计算公式，而且讨论了在磁光 Voigt 效应下该光子晶体的各个参数对非寻常波 PBG 的影响，最后分析了水平带区域与各个参数之间的关系。

12.4.1　理论模型与数值方法

为了便于分析，该三维磁化等离子体光子晶体以面心晶格排列，其空间拓扑结构如图 12.30(a) 所示，且介质球填充磁化等离子体背景。假设波矢 $\boldsymbol{k}$ 和外加磁场 $\boldsymbol{B}$ 在任何时候都保持垂直。非寻常波的 PBG 用 PWE 方法来计算。为了使 PWE 方法的计算精度能满足要求，将用 729 个平面波进行展开。在计算时引入的时谐量是 $\mathrm{e}^{-\mathrm{j}\omega t}$, ω 是角频率, t 是时间, 且 $\mathrm{j}=\sqrt{-1}$。假设填充的介质球的半径和晶格常数的大小分别为 R 和 a，介质球的相对介电常数为 ε_{a}。由等离子体理论可知，当考虑磁光 Voigt 效应时，磁化等离子体的有效介电常数 ε_{p} 可以表示为

$$\boldsymbol{\varepsilon}_{\mathbf{p}}(\boldsymbol{\omega})=\begin{pmatrix}1-\dfrac{\omega_{\mathrm{p}}^2(\omega+\mathrm{j}\nu_{\mathrm{c}})}{\omega\left[(\omega+\mathrm{j}\nu_{\mathrm{c}})^2-\omega_{\mathrm{c}}^2\right]} & 0 & \dfrac{-\mathrm{j}\omega_{\mathrm{p}}^2\omega_{\mathrm{c}}}{\omega\left[(\omega+\mathrm{j}\nu_{\mathrm{c}})^2-\omega_{\mathrm{c}}^2\right]}\\ 0 & 1-\dfrac{\omega_{\mathrm{p}}^2}{\omega(\omega+\mathrm{j}\nu_{\mathrm{c}})} & 0\\ \dfrac{\mathrm{j}\omega_{\mathrm{p}}^2\omega_{\mathrm{c}}}{\omega\left[(\omega+\mathrm{j}\nu_{\mathrm{c}})^2-\omega_{\mathrm{c}}^2\right]} & 0 & 1-\dfrac{\omega_{\mathrm{p}}^2(\omega+\mathrm{j}\nu_{\mathrm{c}})}{\omega\left[(\omega+\mathrm{j}\nu_{\mathrm{c}})^2-\omega_{\mathrm{c}}^2\right]}\end{pmatrix}\tag{12.46}$$

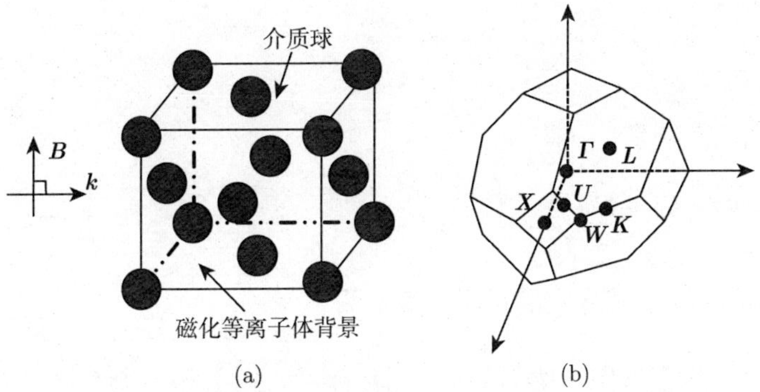

图 12.30　三维面心晶格磁化等离子体光子晶体的拓扑结构与其第一不可约布里渊区的示意图

(a) 面心晶格的拓扑结构示意图；(b) 面心晶格的第一不可约布里渊区

其中 ω_{p}、ν_{c} 和 ω_{c} 分别代表等离子体频率、等离子体碰撞频率和等离子体回旋频率。$\omega_{\mathrm{c}}=eB/m$，e、m 和 B 分别表示电子的电量、电子的质量和外加磁场的强度。另外，在 Voigt 效应下，电磁波通过磁化等离子体可以分解为两种基本的模式，即寻常波和非寻常波 [196]。非寻常波的有效介电常数可以表示为

$$\varepsilon_{\mathrm{p}}(\omega)=\frac{\left[\omega(\omega+\mathrm{j}\nu_{\mathrm{c}})-\omega_{\mathrm{p}}^2\right]^2-\omega^2\omega_{\mathrm{c}}^2}{\omega^2\left[(\omega+\mathrm{j}\nu_{\mathrm{c}})^2-\omega_{\mathrm{c}}^2\right]-\omega\omega_{\mathrm{p}}^2(\omega+\mathrm{j}\nu_{\mathrm{c}})} \tag{12.47}$$

如果填充介质球的相对介电常数为 ε_{a}，且满足

$$\boldsymbol{\varepsilon}_{\mathrm{a}}=\begin{pmatrix}\varepsilon_x & 0 & 0\\ 0 & \varepsilon_y & 0\\ 0 & 0 & \varepsilon_z\end{pmatrix} \tag{12.48}$$

其中 $\varepsilon_x=n_x^2$, $\varepsilon_y=n_y^2$, $\varepsilon_z=n_z^2$。那么式 (12.48) 可以用来表示三种不同类型的单轴材料，即 type-1、type-2 和 type-3，其定义见 12.2 节。为了计算非寻常波的 PBG，仅以填充球为 type-1 单轴材料为例来推导计算公式。根据 PWE 方法，Maxwell 方程组可以化简为关于磁场 $\boldsymbol{H}$ 的方程，其表达式如下：

$$\nabla\times\left[\frac{1}{\varepsilon(\boldsymbol{r})}\nabla\times\boldsymbol{H}\right]=\frac{\omega^2}{c^2}\boldsymbol{H} \tag{12.49}$$

其中

$$\boldsymbol{H}(\boldsymbol{r})=\sum_{\boldsymbol{G}}\sum_{\lambda=1}^{2}h_{\boldsymbol{G},\lambda}\widehat{\boldsymbol{e}}_{\boldsymbol{\lambda}}\mathrm{e}^{[\mathrm{j}(\boldsymbol{k}+\boldsymbol{G})\cdot\boldsymbol{r}]} \tag{12.50}$$

式 (12.50) 中的参量定义见 12.2 节，所以式 (12.49) 可以表示为

$$\sum_{\boldsymbol{G}',\lambda'}H_{\boldsymbol{G},\boldsymbol{G}'}^{\lambda,\lambda'}h_{\boldsymbol{G}',\lambda'}=\frac{\omega^2}{c^2}h_{\boldsymbol{G},\lambda} \tag{12.51}$$

其中

$$H_{\boldsymbol{G},\boldsymbol{G}'}^{\lambda,\lambda'}=|\boldsymbol{k}+\boldsymbol{G}|\left|\boldsymbol{k}+\boldsymbol{G}'\right|\sum_{i=x,y}\begin{pmatrix}\widehat{\boldsymbol{e}}_2\cdot\boldsymbol{I}_i\cdot\widehat{\boldsymbol{e}}_{2'} & -\widehat{\boldsymbol{e}}_2\cdot\boldsymbol{I}_i\cdot\widehat{\boldsymbol{e}}_{1'}\\ -\widehat{\boldsymbol{e}}_1\cdot\boldsymbol{I}_i\cdot\widehat{\boldsymbol{e}}_{2'} & \widehat{\boldsymbol{e}}_1\cdot\boldsymbol{I}_i\cdot\widehat{\boldsymbol{e}}_{1'}\end{pmatrix}\cdot\boldsymbol{\varepsilon}_{\boldsymbol{G},\boldsymbol{G}'}^{-1}(i) \tag{12.52}$$

因为 ε_{a} 是对角矩阵，那么它的逆可以表示为

$$\begin{aligned}\boldsymbol{\varepsilon}_{\mathrm{a}}^{-1}=&\begin{pmatrix}\varepsilon_x^{-1} & 0 & 0\\ 0 & \varepsilon_y^{-1} & 0\\ 0 & 0 & \varepsilon_y^{-1}\end{pmatrix}=\varepsilon_x^{-1}\begin{pmatrix}1&0&0\\0&0&0\\0&0&0\end{pmatrix}+\varepsilon_y^{-1}\begin{pmatrix}0&0&0\\0&1&0\\0&0&1\end{pmatrix}\\ =&\varepsilon_x^{-1}\boldsymbol{I}_x+\varepsilon_y^{-1}\boldsymbol{I}_y\end{aligned} \tag{12.53}$$

其中 $\boldsymbol{I}_x=\begin{pmatrix}1&0&0\\0&0&0\\0&0&0\end{pmatrix}$，$\boldsymbol{I}_y=\begin{pmatrix}0&0&0\\0&1&0\\0&0&1\end{pmatrix}$。那么式 (12.52) 中的 $\boldsymbol{\varepsilon}_{\boldsymbol{G},\boldsymbol{G}'}^{-1}(i)$ 表示 ε_x^{-1} 和 ε_y^{-1} 的傅里叶展开系数。如果介质球的填充率为 f，且 $f=(4\pi R^3)/(3V_{\mathrm{m}})$，$V_{\mathrm{m}}$ 表示晶格单元的体积，那么 $\boldsymbol{\varepsilon}_{\boldsymbol{G},\boldsymbol{G}'}^{-1}(i)$ 可以表示为 [278]

$$\boldsymbol{\varepsilon}_{\boldsymbol{G},\boldsymbol{G}'}^{-1}(i)=\begin{cases}\dfrac{\omega^2\left[(\omega+\mathrm{j}v_{\mathrm{c}})^2-\omega_{\mathrm{c}}^2\right]-\omega\omega_{\mathrm{p}}^2(\omega+\mathrm{j}v_{\mathrm{c}})}{\left[\omega(\omega+\mathrm{j}v_{\mathrm{c}})-\omega_{\mathrm{p}}^2\right]^2-\omega^2\omega_{\mathrm{c}}^2}f+\dfrac{1}{\varepsilon_i}(1-f), & \boldsymbol{G}-\boldsymbol{G}'=0\\ \left\{\dfrac{\omega^2\left[(\omega+\mathrm{j}v_{\mathrm{c}})^2-\omega_{\mathrm{c}}^2\right]-\omega\omega_{\mathrm{p}}^2(\omega+\mathrm{j}v_{\mathrm{c}})}{\left[\omega(\omega+\mathrm{j}v_{\mathrm{c}})-\omega_{\mathrm{p}}^2\right]^2-\omega^2\omega_{\mathrm{c}}^2}-\dfrac{1}{\varepsilon_i}\right\} & (i=x,y)\\ \cdot 3f\dfrac{\sin(|\boldsymbol{G}-\boldsymbol{G}'|R)-(|\boldsymbol{G}-\boldsymbol{G}'|R)\cos(|\boldsymbol{G}-\boldsymbol{G}'|R)}{(|\boldsymbol{G}-\boldsymbol{G}'|R)^3}, & \boldsymbol{G}-\boldsymbol{G}'\neq 0\end{cases}\tag{12.54}$$

如果将 $\boldsymbol{H}(r)$ 的 $h_{\boldsymbol{G},\lambda}$ 定义为

$$h_{\boldsymbol{G},\lambda}=\sum_{\boldsymbol{G}}B(\boldsymbol{k}|\boldsymbol{G})\mathrm{e}^{\mathrm{j}(\boldsymbol{k}+\boldsymbol{G})\cdot\boldsymbol{r}}\tag{12.55}$$

那么式 (12.52) 可以化简为展开系数 $B(\boldsymbol{k}|\boldsymbol{G})$ 的方程，其表达式如下：

$$\begin{aligned}&\left\{\frac{\omega^2\left[(\omega+\mathrm{j}v_{\mathrm{c}})^2-\omega_{\mathrm{c}}^2\right]-\omega\omega_{\mathrm{p}}^2(\omega+\mathrm{j}v_{\mathrm{c}})}{\left[\omega(\omega+\mathrm{j}v_{\mathrm{c}})-\omega_{\mathrm{p}}^2\right]^2-\omega^2\omega_{\mathrm{c}}^2}f+\frac{1}{\varepsilon_i}(1-f)\right\}\\&\cdot|\boldsymbol{k}+\boldsymbol{G}|\left|\boldsymbol{k}+\boldsymbol{G}'\right|\cdot\boldsymbol{F}\cdot B(\boldsymbol{k}|\boldsymbol{G})\\&+\sum_{\boldsymbol{G}'}\left[\frac{\omega^2\left[(\omega+\mathrm{j}v_{\mathrm{c}})^2-\omega_{\mathrm{c}}^2\right]-\omega\omega_{\mathrm{p}}^2(\omega+\mathrm{j}v_{\mathrm{c}})}{\left[\omega(\omega+\mathrm{j}v_{\mathrm{c}})-\omega_{\mathrm{p}}^2\right]^2-\omega^2\omega_{\mathrm{c}}^2}-\frac{1}{\varepsilon_i}\right]\\&\cdot 3f\frac{\sin(|\boldsymbol{G}-\boldsymbol{G}'|R)-(|\boldsymbol{G}-\boldsymbol{G}'|R)\cos(|\boldsymbol{G}-\boldsymbol{G}'|R)}{(|\boldsymbol{G}-\boldsymbol{G}'|R)^3}\\&\cdot|\boldsymbol{k}+\boldsymbol{G}|\left|\boldsymbol{k}+\boldsymbol{G}'\right|\cdot\boldsymbol{F}\cdot B(\boldsymbol{k}|\boldsymbol{G}')=\frac{\omega^2}{c^2}B(\boldsymbol{k}|\boldsymbol{G})\quad(i=x,y)\end{aligned}\tag{12.56}$$

其中 $\boldsymbol{F}=\boldsymbol{F}_x+\boldsymbol{F}_y$，

$$\boldsymbol{F}_x=\begin{pmatrix}\widehat{\boldsymbol{e}}_2\cdot\boldsymbol{I}_x\cdot\widehat{\boldsymbol{e}}_{2'} & -\widehat{\boldsymbol{e}}_2\cdot\boldsymbol{I}_x\cdot\widehat{\boldsymbol{e}}_{1'}\\ -\widehat{\boldsymbol{e}}_1\cdot\boldsymbol{I}_x\cdot\widehat{\boldsymbol{e}}_{2'} & \widehat{\boldsymbol{e}}_1\cdot\boldsymbol{I}_x\cdot\widehat{\boldsymbol{e}}_{1'}\end{pmatrix}$$

$$\boldsymbol{F}_y=\begin{pmatrix}\widehat{\boldsymbol{e}}_2\cdot\boldsymbol{I}_y\cdot\widehat{\boldsymbol{e}}_{2'} & -\widehat{\boldsymbol{e}}_2\cdot\boldsymbol{I}_y\cdot\widehat{\boldsymbol{e}}_{1'}\\ -\widehat{\boldsymbol{e}}_1\cdot\boldsymbol{I}_y\cdot\widehat{\boldsymbol{e}}_{2'} & \widehat{\boldsymbol{e}}_1\cdot\boldsymbol{I}_y\cdot\widehat{\boldsymbol{e}}_{1'}\end{pmatrix}$$

如果定义一个复数变量 $\zeta=\omega/c$，式 (12.56) 可以表示为

$$\zeta^6\boldsymbol{I}-\zeta^5\boldsymbol{O}-\zeta^4\boldsymbol{P}-\zeta^3\boldsymbol{Q}-\zeta^2\boldsymbol{R}-\zeta\boldsymbol{S}-\boldsymbol{T}=0 \tag{12.57}$$

其中 $\boldsymbol{I}$ 表示单位矩阵，且

$$\boldsymbol{O}(\boldsymbol{G}|\boldsymbol{G}')=-\mathrm{j}\frac{2\nu_{\mathrm{c}}}{c}\boldsymbol{\delta}_{\boldsymbol{G}\cdot\boldsymbol{G}'} \tag{12.58}$$

$$\begin{aligned}\boldsymbol{P}(\boldsymbol{G}|\boldsymbol{G}')=&\left(\sum_{i=x,y}\left\{\frac{A}{c^2}+\left[\frac{1}{\varepsilon_i}f+(1-f)\right]\cdot|\boldsymbol{k}+\boldsymbol{G}|\left|\boldsymbol{k}+\boldsymbol{G}'\right|\cdot\boldsymbol{F}_i\right\}\right)\boldsymbol{\delta}_{\boldsymbol{G}\cdot\boldsymbol{G}'}\\&+\sum_{i=x,y}\left(\frac{1}{\varepsilon_i}-1\right)\boldsymbol{M}_i\end{aligned} \tag{12.59}$$

$$\begin{aligned}\boldsymbol{Q}(\boldsymbol{G}|\boldsymbol{G}')=&\left(\sum_{i=x,y}\left\{\mathrm{j}\frac{2\nu_{\mathrm{c}}\omega_{\mathrm{p}}^2}{c^3}+\mathrm{j}\frac{2\nu_{\mathrm{c}}}{c}\left[\frac{1}{\varepsilon_i}f+(1-f)\right]\cdot|\boldsymbol{k}+\boldsymbol{G}|\left|\boldsymbol{k}+\boldsymbol{G}'\right|\cdot\boldsymbol{F}_i\right\}\right)\boldsymbol{\delta}_{\boldsymbol{G}\cdot\boldsymbol{G}'}\\&+\sum_{i=x,y}\mathrm{j}\frac{2\nu_{\mathrm{c}}}{c}\left(\frac{1}{\varepsilon_i}-1\right)\boldsymbol{M}_i\end{aligned} \tag{12.60}$$

$$\begin{aligned}\boldsymbol{R}(\boldsymbol{G}|\boldsymbol{G}')=&\left[\sum_{i=x,y}\left(-\frac{\omega_{\mathrm{p}}^4}{c^4}+\left\{-\frac{A}{c^2}\left[\frac{1}{\varepsilon_i}f+(1-f)\right]+\frac{\omega_{\mathrm{p}}^2}{c^2}(1-f)\right\}\right.\right.\\&\left.\left.\cdot|\boldsymbol{k}+\boldsymbol{G}|\left|\boldsymbol{k}+\boldsymbol{G}'\right|\cdot\boldsymbol{F}_i\right)\right]\boldsymbol{\delta}_{\boldsymbol{G}\cdot\boldsymbol{G}'}+\sum_{i=x,y}-\frac{A}{c^2}\left(\frac{1}{\varepsilon_i}-1\right)\boldsymbol{M}_i\end{aligned} \tag{12.61}$$

$$\begin{aligned}\boldsymbol{S}(\boldsymbol{G}|\boldsymbol{G}')=&\left(\sum_{i=x,y}\left[-\mathrm{j}\frac{\nu_{\mathrm{c}}\omega_{\mathrm{p}}^2}{c^3}(1-f)-\mathrm{j}\frac{2\nu_{\mathrm{c}}\omega_{\mathrm{p}}^2}{c^3\varepsilon_i}f\right]\cdot|\boldsymbol{k}+\boldsymbol{G}|\left|\boldsymbol{k}+\boldsymbol{G}'\right|\cdot\boldsymbol{F}_i\right)\boldsymbol{\delta}_{\boldsymbol{G}\cdot\boldsymbol{G}'}\\&+\sum_{i=x,y}-\mathrm{j}\frac{2\nu_{\mathrm{c}}\omega_{\mathrm{p}}^2}{c^3}\left(\frac{1}{\varepsilon_i}-1\right)\boldsymbol{M}_i\end{aligned} \tag{12.62}$$

$$\boldsymbol{T}(\boldsymbol{G}|\boldsymbol{G}')=\left(\sum_{i=x,y}\frac{\omega_{\mathrm{p}}^4}{c^4}\frac{f}{\varepsilon_i}\cdot|\boldsymbol{k}+\boldsymbol{G}|\left|\boldsymbol{k}+\boldsymbol{G}'\right|\cdot\boldsymbol{F}_i\right)\boldsymbol{\delta}_{\boldsymbol{G}\cdot\boldsymbol{G}'}+\sum_{i=x,y}\frac{\omega_{\mathrm{p}}^4}{c^4}\left(\frac{1}{\varepsilon_i}-1\right)\boldsymbol{M}_i \tag{12.63}$$

其中

$$\boldsymbol{M}_i=|\boldsymbol{k}+\boldsymbol{G}|\left|\boldsymbol{k}+\boldsymbol{G}'\right|\cdot\boldsymbol{F}_i\cdot 3f\frac{\sin(|\boldsymbol{G}-\boldsymbol{G}'|R)-(|\boldsymbol{G}-\boldsymbol{G}'|R)\cos(|\boldsymbol{G}-\boldsymbol{G}'|R)}{(|\boldsymbol{G}-\boldsymbol{G}'|R)^3}\quad(i=x,y)$$

$A=\nu_{\mathrm{c}}^2+2\omega_{\mathrm{p}}^2+\omega_{\mathrm{c}}^2$。$\boldsymbol{O}_i$、$\boldsymbol{P}$、$\boldsymbol{Q}$、$\boldsymbol{R}$、$\boldsymbol{S}$ 和 $\boldsymbol{T}$ 是 $N\times N$ 的矩阵。多项式 (12.57) 的本征值的求解，可以转换成为对一个 $6N\times 6N$ 矩阵 $\boldsymbol{W}$ 特征值的求取，且矩阵 $\boldsymbol{W}$

满足

$$\boldsymbol{W}_z = \zeta z, \quad \boldsymbol{W} = \begin{bmatrix} \boldsymbol{0} & \boldsymbol{I} & \boldsymbol{0} & \boldsymbol{0} & \boldsymbol{0} & \boldsymbol{0} \\ \boldsymbol{0} & \boldsymbol{0} & \boldsymbol{I} & \boldsymbol{0} & \boldsymbol{0} & \boldsymbol{0} \\ \boldsymbol{0} & \boldsymbol{0} & \boldsymbol{0} & \boldsymbol{I} & \boldsymbol{0} & \boldsymbol{0} \\ \boldsymbol{0} & \boldsymbol{0} & \boldsymbol{0} & \boldsymbol{0} & \boldsymbol{I} & \boldsymbol{0} \\ \boldsymbol{0} & \boldsymbol{0} & \boldsymbol{0} & \boldsymbol{0} & \boldsymbol{0} & \boldsymbol{I} \\ \boldsymbol{T} & \boldsymbol{S} & \boldsymbol{R} & \boldsymbol{Q} & \boldsymbol{P} & \boldsymbol{O} \end{bmatrix} \tag{12.64}$$

求解式 (12.64) 的本征值就得到了式 (12.57) 的解。显然，所求本征值的实部就决定了非寻常波在该三维各向异性磁化等离子体光子晶体中的色散关系。同理，当填充的介质球为 type-2 和 type-3 单轴材料时，非寻常波的色散关系也能用类似的方法求取。

12.4.2 磁光 Voigt 效应下非寻常波的 PBGs 特性

由图 12.30(b) 可知，面心晶格的基矢为 $\boldsymbol{a}_1$=(0.5a, 0.5a, 0)、$\boldsymbol{a}_2$=(0, 0.5a, 0.5a) 和 $\boldsymbol{a}_3$=(0.5a, 0, 0.5a)，其倒格矢分别为 $\boldsymbol{b}_1 = (2\pi/a, 2\pi/a, -2\pi/a)$、$\boldsymbol{b}_2 = (-2\pi/a, 2\pi/a, 2\pi/a)$ 和 $\boldsymbol{b}_3=(2\pi/a, -2\pi/a, 2\pi/a)$。因此，面心晶格第一不可约布里渊区中的高对称点分别为 Γ=(0, 0, 0)、$X=(2\pi/a, 0, 0)$、$W=(2\pi/a, \pi/a, 0)$、$K=(1.5\pi/a, 1.5\pi/a, 0)$、$L=(\pi/a, \pi/a, \pi/a)$ 和 $U=(2\pi/a, 0.5\pi/a, 0.5\pi/a)$。为了不失一般性，频域用 $\omega_{\rm p0}a/2\pi c = 1$ 来进行归一化。显然，$\omega_{\rm p}$、$\nu_{\rm c}$ 和 $\omega_{\rm c}$ 也可以用 $\omega_{\rm p0}$ 来定义。假设 $\omega_{\rm p}$、$\nu_{\rm c}$ 和 $\omega_{\rm c}$ 初始值分别定义为 $\omega_{\rm p} = \omega_{\rm pl}=0.3\pi c/a$、$\nu_{\rm c}=0.02\omega_{\rm pl}$ 和 $\omega_{\rm c}=0.6\omega_{\rm pl}$，其中 $\omega_{\rm p0}$ 和 $\omega_{\rm pl}$ 仅是参变量，没有任何物理意义。

图 12.31 给出了 $\omega_{\rm p}$、$\nu_{\rm c}$ 和 $\omega_{\rm c}$ 在取不同值且填充介质球为各向同性 ($n_z= n_x = n_y$=4.8) 时，非寻常波在该光子晶体中的色散曲线，且 f=0.35。由图 12.31(a) 可知，当 $\omega_{\rm p}$=0, $\nu_{\rm c}$=0, $\omega_{\rm c}$=0 时，磁化等离子体可以等效地看成空气，此时该光子晶体仅仅只是常规的三维介质 —— 空气光子晶体，它不能产生 PBG。图 12.31(b) 和 (c) 分别给出了三维等离子体和磁化等离子体光子晶体的色散曲线。相类似的结论也可以从图 12.31(b) 和 (c) 中获得 (即不能产生 PBGs)，但是在某些对称方向上能产生 SBGs。这是由面心晶格的高对称性造成的，各向同性的介质球其相对介电常数还不够大，所以不能产生 PBGs[229]。为了能得到非寻常波的 PBGs，可以采用各向异性的介质来替代各向同性的介质球，如 Te(单轴材料)。对于 Te 而言，满足 $n_x = n_{\rm e}$=6.2, $n_y = n_z = n_{\rm o}$=4.8。图 12.32 给出了填充介质球为不同的各向异性介质时，非寻常波在该三维磁化等离子体光子晶体中的色散曲线，此时 f=0.35、$\omega_{\rm p}=0.15\omega_{\rm p0}$、$\nu_{\rm c}=0.02\omega_{\rm pl}$ 和 $\omega_{\rm c}=0.6\omega_{\rm pl}$。图中灰色区域表示 PBGs。由图 12.32(a) 可知，当填充的介质球为 type-1 单轴材料 ($n_x = n_{\rm e}$=6.2, $n_y = n_z =$

n_o=4.8) 时，能产生两个非寻常波的 PBGs 和两个水平带区域。这两个 PBGs 的频率范围分别是: 0.3479~0.3721 ($2\pi c/a$) 和 0.4989~0.5011 ($2\pi c/a$)。两个水平带区域分别覆盖: 0~0.1116 ($2\pi c/a$) 和 0.1749~0.2016 ($2\pi c/a$)。与图 12.31(c) 相比，非寻常波的 PBGs 是能得到的。因此，当 type-1 单轴材料的介质球引入该三维磁化等离子体光子晶体中时，第二水平带区域上方的能带在 W 和 U 点由于填充介质的各向异性打开了带隙。色散曲线中的水平带是由表面等离子体激元模形成的。如果入射电磁波的频率落在了水平带区域中，使得表面等离子体波能被局域在介质球的表面 [326]，那么水平带就产生了。在磁光 Voigt 效应下，非寻常波在磁化等离子体中存在三个截止频率，它们分别是 f_L=0.1116 ($2\pi c/a$) ($f_L = -\omega_c/2 + \sqrt{\omega_c^2/4 + \omega_p^2}$)，$f_R$=0.2016 ($2\pi c/a$) ($f_R = \omega_c/2 + \sqrt{\omega_c^2/4 + \omega_p^2}$) 和 f_U =0.1749 ($2\pi c/a$) ($f_U = \sqrt{\omega_c^2 + \omega_p^2}$)。$f_L$、$f_R$

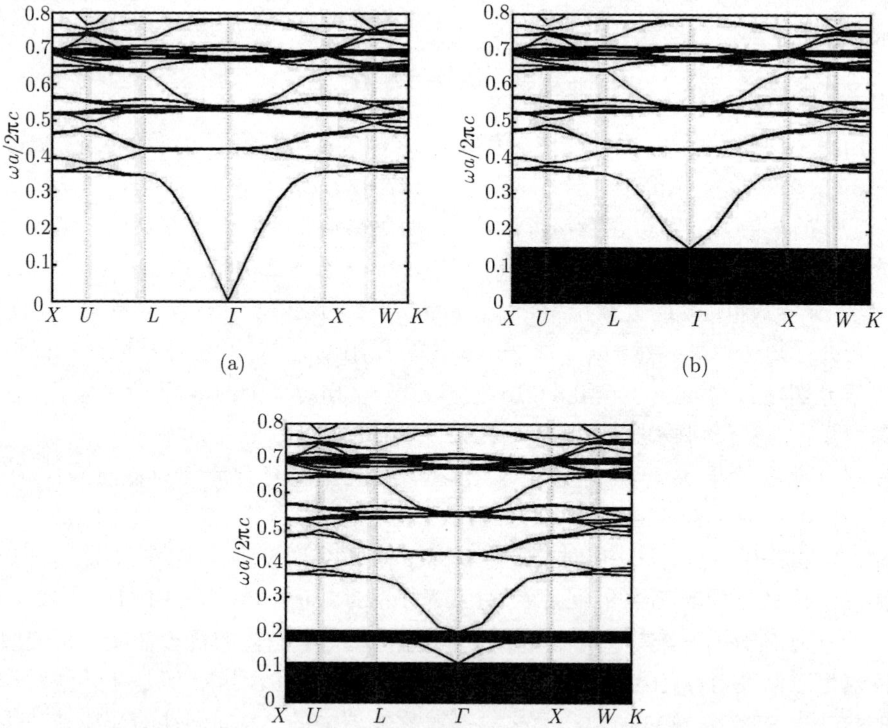

(a)　　　　(b)　　　　(c)

图 12.31　在不同条件下填充介质球为各向同性 ($n_z= n_x = n_y$=4.8) 时，非寻常波在该光子晶体中的色散曲线

(a) ω_p=0, ν_c=0, ω_c=0; (b)ω_p=0.15ω_{p0}, ν_c=0.02ω_{pl} , ω_c=0; (c) ω_p=0.15ω_{p0}, ν_c=0.02ω_{pl}, ω_c=0.6ω_{pl}

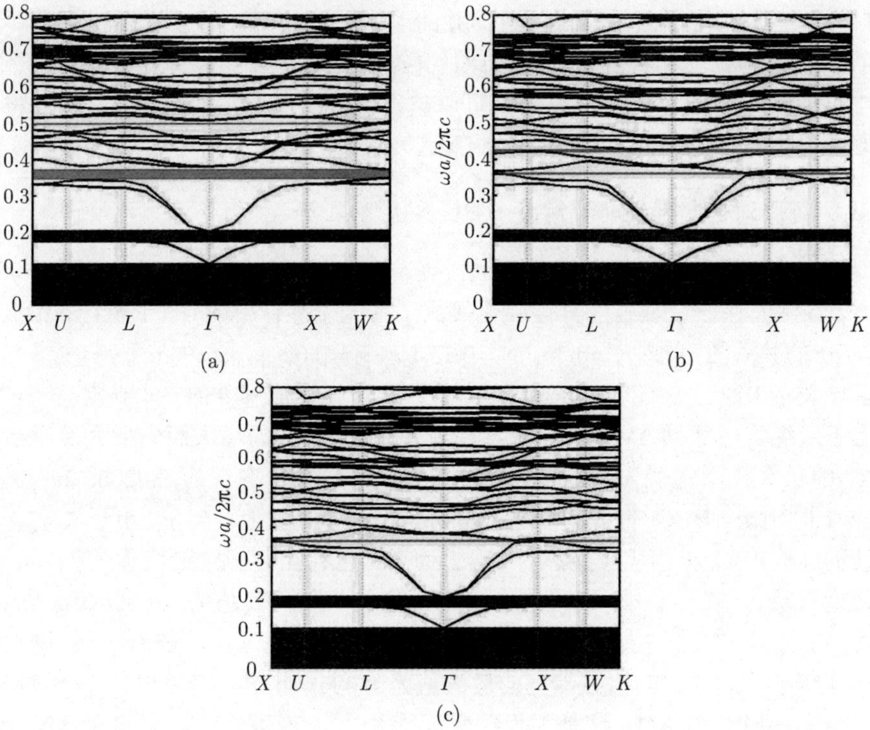

图 12.32 填充介质球为不同的各向异性介质时，非寻常波在该三维磁化等离子体光子晶体中的色散曲线

(a)$n_x = n_\mathrm{e}$=6.2, $n_y = n_z = n_\mathrm{o}$=4.8；(b)$n_y = n_\mathrm{e}$=6.2, $n_x = n_z = n_\mathrm{o}$=4.8；(c) $n_z = n_\mathrm{e}$=6.2, $n_x = n_y = n_\mathrm{o}$=4.8

和 f_U 分别对应这两个水平带区域的上边缘和两水平带区域的下边缘。这意味着水平带的产生是由磁化等离子体本身造成的。作为比较，图 12.32(b) 和 (c) 分别给出了填充介质球为 type-2($n_y = n_\mathrm{e}$=6.2, $n_x = n_z = n_\mathrm{o}$=4.8) 和 type-3($n_z = n_\mathrm{e}$=6.2, $n_x = n_y = n_\mathrm{o}$=4.8) 单轴材料时，非寻常波的色散曲线。由图 12.32(b) 和 (c) 可知，当 type-2 和 type-3 引入该光子晶体中时，在第二水平带上方简并的能带被打开了，并形成了 PBGs 结构。当引入 type-2 单轴材料时，非寻常波的两个 PBGs 将分别位于 0.3598~0.3624 ($2\pi c/a$) 和 0.4224~0.4265 ($2\pi c/a$)。而当引入 type-3 单轴材料时，仅有一个非寻常波的 PBG，其频率范围是 0.3598~ 0.3624 ($2\pi c/a$)。比较图 12.32 中的结果可知，当 type-1 单轴材料引入时，非寻常波在该三维磁化等离子体中能有较大的 PBG。综上所述，在磁光 Voigt 效应下，用各向异性材料 (单轴材料) 代替具有高对称性晶格结构的常规三维磁化等离子体光子晶体中的各向同

性材料，不但能使得高对称点附近简并的能带得以打开，而且能得到非寻常波的 PBGs。而且与其他两种单轴材料相比，引入 type-1 单轴材料时，得到的非寻常波的 PBG 带宽更大。显然，该 PBG 可以被磁化等离子体参数所调谐，本节将着重对非寻常波的 1st PBG 的特性进行讨论。

12.4.3　$n_{\rm e}$ 对各向异性非寻常波 PBG 的影响

图 12.33 给出了填充介质球为 type-1 单轴材料 ($n_x = n_{\rm e}$, $n_y = n_z = n_{\rm o}$=4.8) 时，非寻常波在该三维各向异性磁化等离子体光子晶体中的 1st PBG 及其相对带宽与 $n_{\rm e}$ 的关系图，此时 f=0.35、$\omega_{\rm p}$=0.15$\omega_{\rm p0}$、$\nu_{\rm c}$=0.02$\omega_{\rm pl}$、$\omega_{\rm c}$=0.6$\omega_{\rm pl}$ 和 $n_{\rm o}$=4.8。阴影区域表示 PBG。由图 12.33(a) 可知，当 $n_{\rm e}$ 由 5 增加到 9 时，非寻常波 1st PBG 的上下边缘将向低频方向移动，且其带宽也将随着 $n_{\rm e}$ 的增大而先增大后变小。1st PBG 的频率范围将变为 0.3103~0.3328 (2πc/a)，且带宽变为 0.0225 (2πc/a)。与 $n_{\rm e}$=5.2 时相比，PBG 的带宽增加了 0.021 (2πc/a)。然而，当 $n_{\rm e}$ 小于 5 时，非寻常波的 1st PBG 将消失。显然对于 $n_{\rm e}$ 而言，它存在着一个最优值使得 1st PBG 的带宽取最大值。当 $n_{\rm e}$=7 时，1st PBG 取最大值，其值为 0.0296 (2πc/a)。由图 12.33(b) 可知，非寻常波 1st PBG 的相对带宽 ($\Delta\omega$ / ω_i) 将随着 $n_{\rm e}$ 的增大而先增大而减小。1st PBG 相对带宽的最大值为 0.085，此时 $n_{\rm e}$=7。与 $n_{\rm e}$=5 时相比，相对带宽增加了 0.0811。这是因为改变 $n_{\rm e}$ 的大小，就意味着填充的介质球有足够的各向异性使得能打开简并的能带，从而改变 PBG 的大小。另外，改变 $n_{\rm e}$ 的大小也使得该光子晶体的平均折射率发生了变化，使得 PBG 的位置发生了移动 [213]。因此，非寻常波的 1st PBG 能被 $n_{\rm e}$ 所调谐，即使 $n_{\rm o}$ 的值不发生变化，改变 $n_{\rm e}$ 依然能对 PBG 进行调谐。

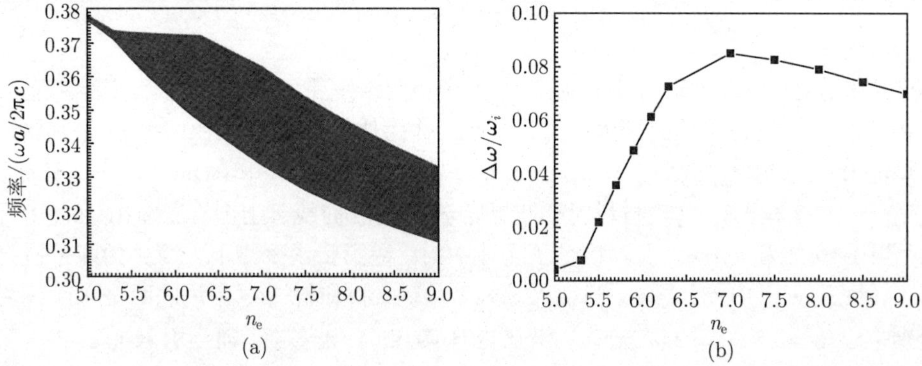

图 12.33　填充介质球为 type-1 单轴材料 ($n_x = n_{\rm e}$, $n_y = n_z = n_{\rm o}$=4.8) 时，非寻常波在该三维各向异性磁化等离子体光子晶体中的 1st PBG 及其相对带宽与 $n_{\rm e}$ 的关系图

(a) 1st PBG；(b) 1st PBG 的相对带宽

12.4.4 n_o 对各向异性非寻常波 PBG 的影响

图 12.34 给出了填充介质球为 type-1 单轴材料 ($n_x = n_e$=6.2, $n_y = n_z = n_o$) 时，非寻常波在该三维各向异性磁化等离子体光子晶体中的 1st PBG 及其相对带宽与 n_o 的关系图，此时 f=0.35、ω_p=0.15ω_{p0}、ν_c=0.02ω_{pl}、ω_c=0.6ω_{pl} 和 n_e=6.2。由图 12.34(a) 可知，非寻常波 1st PBG 的上下边缘频率将随着 n_o 的增大而向低频方向移动，且其带宽将先增大后减小。当 n_o 的值大于 5.5 或者小于 3.2 时，1st PBG 将不会存在。当 n_o 由 3.2 增加到 5.5 时，1st PBG 的频率范围将变为 0.3241~0.3296 ($2\pi c/a$)，且其带宽变为 0.0055 ($2\pi c/a$)。与 n_o=4.8 时相比，1st PBG 的带宽将减小 0.0187 ($2\pi c/a$)。1st PBG 带宽的最大值将会出现在 n_o=4.5，它将位于 0.3041~0.3605 ($2\pi c/a$)。由图 12.34(b) 可知，非寻常波 1st PBG 的相对带宽将随着 n_o 的增大而先增大后减小。1st PBG 相对带宽的最大值是 0.0891，且此时 n_o=4.5。与 n_o=3.2 相比，1st PBG 的相对带宽增加了 0.0828。这主要是因为改变 n_o 的大小就意味着介质球的各向异性和该光子晶体的平均折射率同时发生了变化。因此，PBG 的位置也将发生变化，这与改变 n_e 的大小类似。由上述可知，非寻常波的 1st PBG 能够通过改变 n_o 的大小来实现调谐。当 n_e 的大小不变时，1st PBG 的最大相对带宽将会出现在 low-n_o 区域。

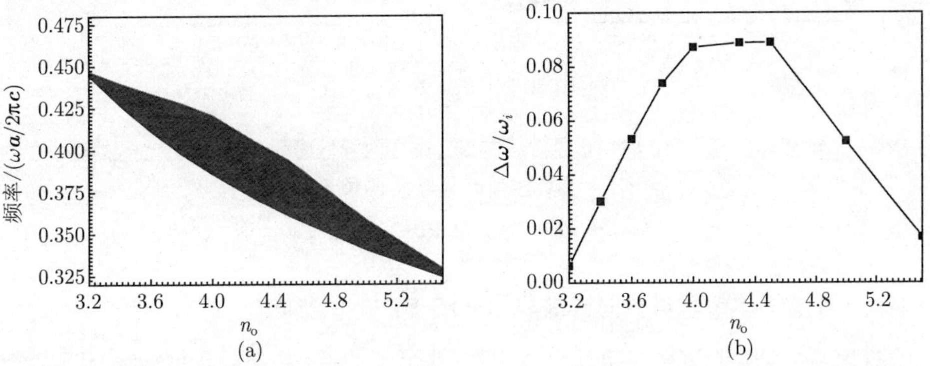

图 12.34 填充介质球为 type-1 单轴材料 ($n_x = n_e$=6.2, $n_y = n_z = n_o$) 时，非寻常波在该三维各向异性磁化等离子体光子晶体中的 1st PBG 及其相对带宽与 n_o 的关系图

(a) 1st PBG; (b) 1stPBG 的相对带宽

12.4.5 填充率对各向异性非寻常波 PBG 的影响

图 12.35 给出了填充介质球为 Te($n_x = n_e$=6.2, $n_y = n_z = n_o$=4.8) 时，非寻常波在该三维各向异性磁化等离子体光子晶体中的 1st PBG 及其相对带宽与 f 的关系图，此时 ω_p=0.15ω_{p0}、ν_c=0.02ω_{pl}、ω_c=0.6ω_p、n_o=4.8 和 n_e=6.2。阴影区域表示 PBG。由图 12.35(a) 可知，非寻常波 1st PBG 的上下边缘将随着介质球填充率 f

的增大而向低频方向移动，且其带宽也将随着 f 的增大而先增大后减小。非寻常波的 1st PBG 只有在 f 大于 0.05 时才会出现。当 f 由 0.05 增加到 0.52 时，1st PBG 带宽的最大值为 0.0271，且此时 f=0.3。与 f=0.05 时相比，1st PBG 相对带宽增加了 0.0156 ($2\pi c/a$)。显然，非寻常波的 1st PBG 能被 f 所调谐。这是因为 f 增大意味着该光子晶体的平均折射率在增大。由图 12.35(b) 可知，非寻常波 1st PBG 的相对带宽将随着 f 的增大而先增大后减小。1st PBG 相对带宽的最大值是 0.0716，且此时 f=0.3。与 f=0.05 时相比，1st PBG 的相对带宽增加了 0.0538。当然，如果 f 的值很小且趋近于零时，该光子晶体可以近似地看成磁化等离子体块，所以水平带区域将消失。由上述可知，对于非寻常波的 1st PBG 而言，f 是一个非常重要的参数。

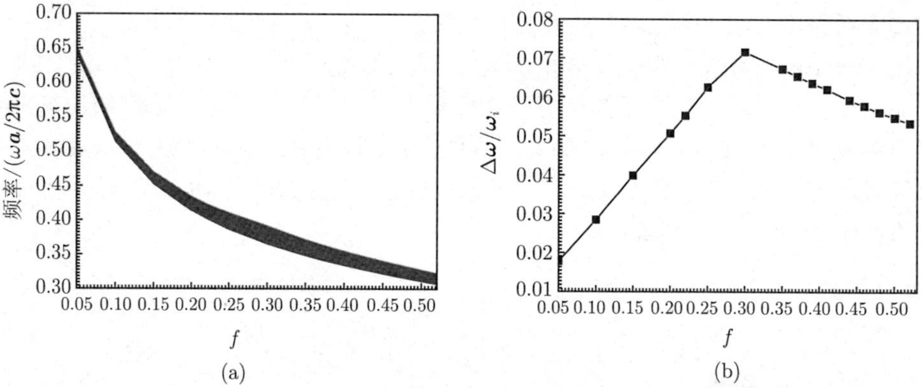

图 12.35　填充介质球为 Te 时，非寻常波在该三维各向异性磁化等离子体光子晶体中的 1st PBG 及其相对带宽与 f 的关系图

(a) 1st PBG; (b) 1st PBG 的相对带宽

12.4.6　等离子体频率对各向异性非寻常波 PBG 的影响

图 12.36 给出了填充介质球为 Te 时，非寻常波在该三维各向异性磁化等离子体光子晶体中的 1st PBG 及其相对带宽与 ω_p 的关系图，此时 f=0.35、$\omega_p=0.15\omega_{p0}$、$\nu_c=0.02\omega_p$、$\omega_c=0.6\omega_{pl}$、n_o=4.8 和 n_e=6.2。由图 12.36(a) 可知，非寻常波 1st PBG 的上下边缘将随着 ω_p/ω_{p0} 的增大而向高频方向移动，但是其带宽将随着 ω_p/ω_{p0} 的增大而减小。当 ω_p/ω_{p0} 的值由 0.01 增加到 0.35 时，1st PBG 带宽的最大值为 0.0242 ($2\pi c/a$)，此时 ω_p/ω_{p0}=0.01。与 ω_p/ω_{p0}=0.35 时相比，1st PBG 的带宽减小了 0.0158 ($2\pi c/a$)。由图 12.36(b) 可知，非寻常波 1st PBG 相对带宽的变化趋势是随着 ω_p/ω_{p0} 的增大而减小。显然，1st PBG 相对带宽的最大值是 0.0686，此时 ω_p/ω_{p0}= 0.01。与 ω_p/ω_{p0}=0.35 时相比，1st PBG 的相对带宽减小了 0.0479。因此，非寻常波的 1st PBG 能被 ω_p 所调谐，带宽较大的 PBG 出现在 low-ω_p 区域。改变

ω_p 意味着非寻常波在磁化等离子体中的有效介电常数发生了变化，所以该三维磁化等离子体光子晶体的平均折射率发生了变化，PBG 的位置也将发生变化。

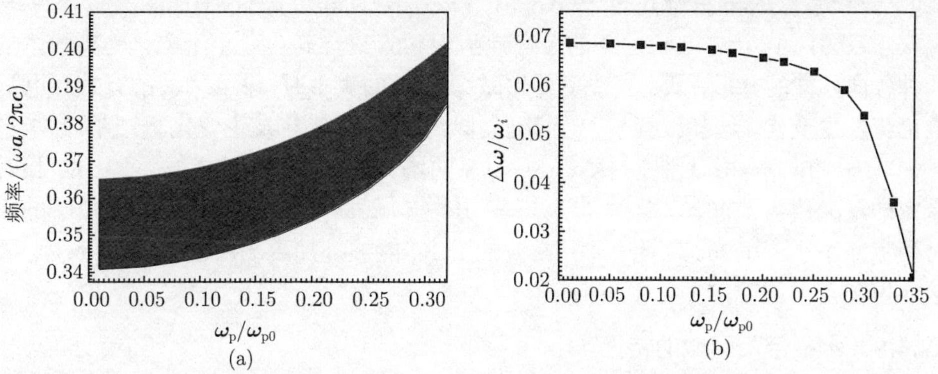

图 12.36 填充介质球为 Te 时，非寻常波在该三维各向异性磁化等离子体光子晶体中的 1st PBG 及其相对带宽与 ω_p 的关系图

(a) 1st PBG；(b) 1st PBG 的相对带宽

12.4.7 外加磁场对各向异性非寻常波 PBG 的影响

由于外加磁场和等离子体回旋频率满足关系式 $\omega_c = (eB/m)$，因此 ω_c 与 PBG 的关系就直接表征了外加磁场和 PBG 的关系。图 12.37 给出了填充介质球为 Te 时，非寻常波在该三维各向异性磁化等离子体光子晶体中的 1st PBG 及其相对带宽与 ω_c 的关系图，此时 f=0.35、ν_c=0.02ω_{pl}、ω_p=0.15ω_{p0}、n_o=4.8 和 n_e=6.2。阴影区域表示 PBG。由图 12.37(a) 可知，随着 ω_c/ω_{p0} 的增大，非寻常

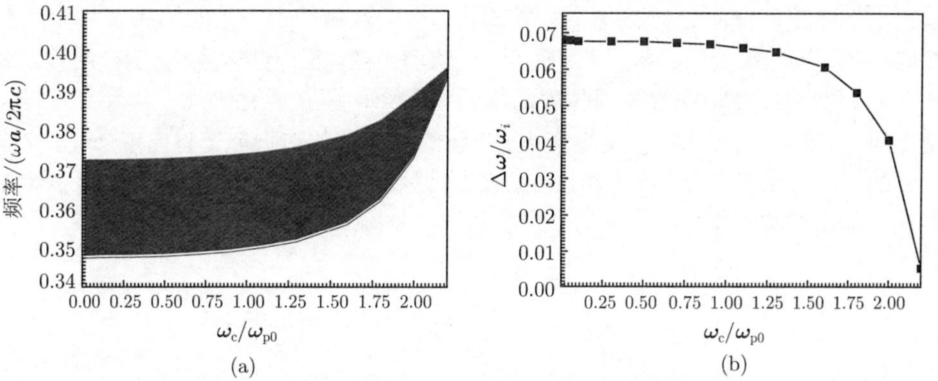

图 12.37 填充介质球为 Te 时，非寻常波在该三维各向异性磁化等离子体光子晶体中的 1st PBG 及其相对带宽与 ω_c 的关系图

(a) 1st PBG；(b) 1st PBG 的相对带宽

波 1st PBG 的上下边缘将向高频方向移动，且其带宽将逐渐减小。当 ω_c/ω_{p0} 的值大于 2.2 时，寻常波的 1st PBG 将会消失。当 ω_c/ω_{p0} 的值由 0.01 增加到 2.2 时，1st PBG 的频率范围将变为 0.3931~0.3951 $(2\pi c/a)$，且其带宽变为 0.002 $(2\pi c/a)$。与 ω_c/ω_{p0}=0.01 时相比，1st PBG 的带宽减小了 0.0223 $(2\pi c/a)$。由于磁化等离子体是一种各向异性的介质 [169]，当改变外加磁场 (ω_c) 的大小时，非寻常波的有效介电常数也将发生变化，这和改变 ω_p 的情况类似，所以 PBG 将发生变化。由图 12.37(b) 可知，1st PBG 的相对带宽将随着 ω_c/ω_{p0} 的增大而减小。非寻常波 1st PBG 相对带宽的最大值为 0.0676，此时 ω_c/ω_{p0}=0.01。与 ω_c/ω_{p0}=2.2 时相比，1st PBG 的相对带宽减小了 0.0625。因此，非寻常波的 PBG 能被外加磁场所调谐，且 low-ω_c 区域能得到较大的 PBG。

12.4.8 水平带隙区域的特性

图 12.38 给出了水平带区域上下边缘与 ε_a、f、ω_p、ω_c、ν_c、n_e 和 n_o 的关系图。由图 12.38(c)~(f) 可知，水平带区域的上下边缘的位置不会受 f、n_e、n_o 和 ν_c 的影响。这可以通过 f、n_e、n_o 和 ν_c 与 f_L、f_R 和 f_U 的关系来说明。显然，f_L、f_R 和 f_U 的大小完全与 f、n_e、n_o 和 ν_c 无关。当然，需要指出的是 ν_c 也不会对 PBG 造成影响，因为 ν_c 不会对求解非寻常波的色散关系有任何影响 (式 (12.64))，它仅会对透射系数的幅值造成影响。由图 12.38(a) 可知，水平带区域的上下边缘将会随着 ω_p/ω_{p0} 的增大而近似呈线性地增大。当 ω_p/ω_{p0} 的值由 0.01 增加到 0.35 时，非寻常波色散曲线中两个水平带区域的范围分别为 0~0.3079 $(2\pi c/a)$ 和 0.384~0.4 $(2\pi c/a)$。与 ω_p/ω_{p0}=0.01 时相比，水平带的边缘频率分别增加了 0.3068、0.2934 和 0.309 $(2\pi c/a)$。这是由于 f_L、f_R 和 f_U 分别对应这两个水平带区域的上边缘和第二水平带区域的下边缘。由图 12.38(b) 可知，随着 ω_c/ω_{p0} 的增大，第一个水平带区域的上边缘将向低频方向移动，而第二个水平带区域的上下边缘的频率将向高频方向移动。这是因为 f_R 和 f_U 是关于 ω_c 的增函数，而 f_L 却是 ω_c 的减函数。因此，ω_c 越大，更高阶的等离子体表面激元模将会出现在磁化等离子体和介质球的交界面上。当 f_L、f_R 和 f_U 发生变化时，新的等离子体谐振能带将出现，即水平带区域的范围发生了变化。由上述可知，水平带区域的位置只能通过改变等离子体频率和外加磁场来实现。

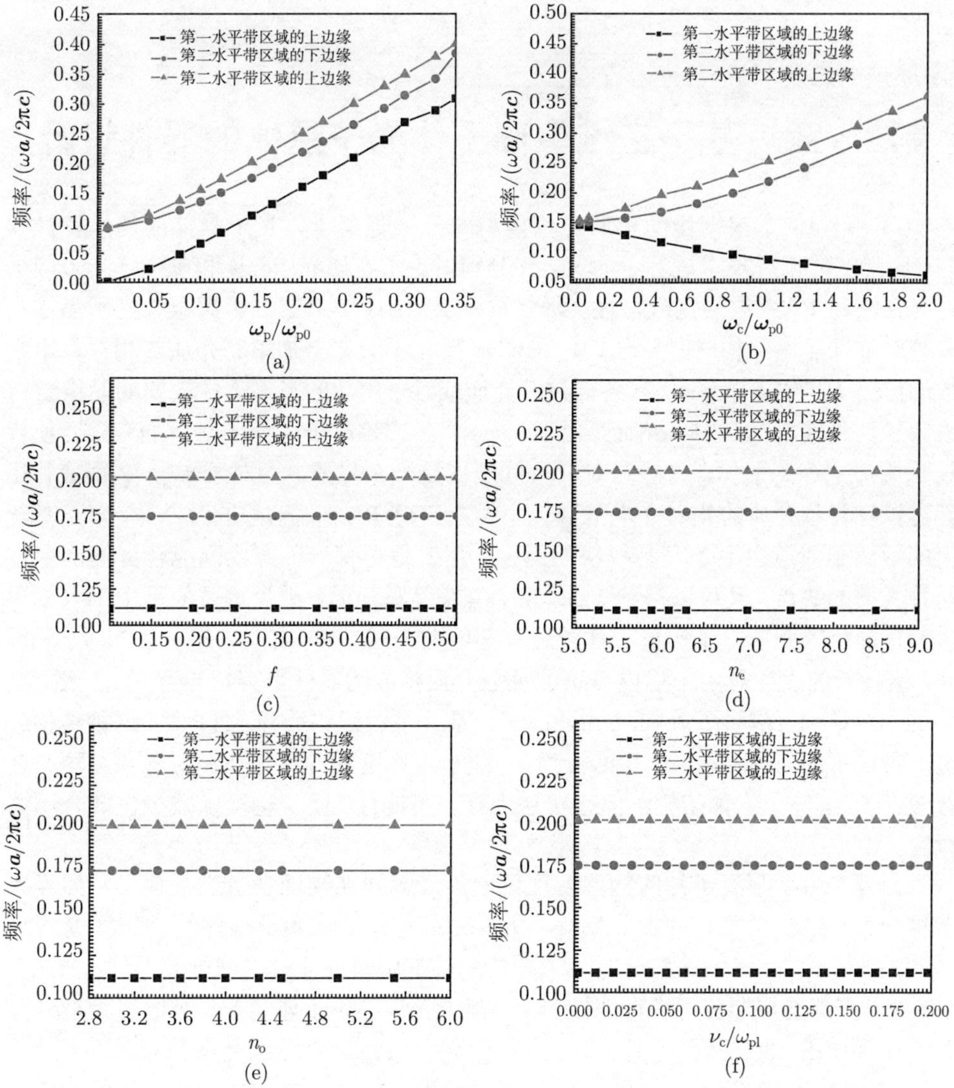

图 12.38 水平带区域的上下边缘位置与 f、ω_p、ω_c、ν_c、n_e 和 n_o 的关系图

(a) ω_p; (b) ω_c; (c) f; (d) n_e; (e) n_o; (f) ν_c

第 13 章　基于三维等离子体光子晶体的器件设计

第 11，12 章根据最简单的理论模型对三维等离子体光子晶体的色散特性和 PBGs 带宽的拓展技术进行了研究，并分别讨论了在磁光 Voigt 和 Faraday 效应下非寻常波和 RCP 波的色散特性。研究结果表明：type-1 三维等离子体光子晶体具有高对称性晶格结构时，很难产生 PBGs。要在不大幅增加填充介质的相对介电常数的前提下产生 PBGs，引入各向异性介质或者采用新的且对称性较弱的晶格结构成为了两种较好的选择。然而，对于 type-1 三维等离子体光子晶体而言，要使背景介质都是等离子体，显然这对其实际应用是一个障碍。而对于 type-2 而言，尽管可以在背景介质的相对介电常数较小时能获得 PBG，但是要生成一个填充率较大的等离子体球也不是容易解决的问题。那么是否有一种方式既能较好地回避这两种类型的缺点，又可以得到 PBG 呢？答案是肯定的。更为重要的是由于电单负 ($\varepsilon <0$) 的色散介质除了等离子体外还有其他的介质，如半导体、超导体和金属。因此，这种新的设计对由上述电单负的色散介质构成的器件都有指导意义。显然，鞘层结构或核–壳结构 (core-shell structure) 是一个较好的选择 [308,309]。这种结构就是一种简单的三元结构，即核心介质 ε_{a} 被一定厚度的等离子体鞘层覆盖且填充在背景介质 ε_{b} 中。这种结构不但在实现上存在可能性，而且也可以减少色散介质的材料。

另外，由于等离子体的物理特性可通过许多外在物理参量进行调谐，如等离子体密度、电子温度和外加磁场等，所以三维等离子体光子晶体的 PBGs 是可调谐的。换句话说，三维等离子体光子晶体能够被用来设计成多种微波器件，如光开关、波分多路复用器和可调谐滤波器等。基于三维等离子体光子晶体的可调谐光开关的原理如图 13.1 所示。

如图 13.1(a) 所示，如果等离子体频率为ω_{p1}，ω_1 在 PBG 外，显然频率等于ω_1 的电磁波是可以通过的，此时开关状态为 “开”。如果等离子频率变成ω_{p2}(图 13.1(b))，此时ω_1 在 PBG 内，显然频率等于ω_1 的电磁波是不可以通过，开关的状态将变为 “关”。显然，光开关的功能就实现了。同理，这种 “开关带隙”(switching band gap，SWBG) 也可以用来设计可调谐滤波器或波分多路复用器 [329]。

本章主要内容是对于基于三元鞘层结构的三维非磁化等离子体光子晶体的色散特性进行介绍，并给出其 SWBG 的特性，还分别讨论在磁光 Faraday 和 Voigt 效应下 RCP 波和非寻常波的 SWBG 和水平带区域的特性，并分析等离子体光子晶体各个参数对 SWBG 的影响。计算结果表明，该三元鞘层结构能使三维等离子体光子晶体较好地应用于光开关、波分多路复用器或可调谐滤波器等器件的设计中。

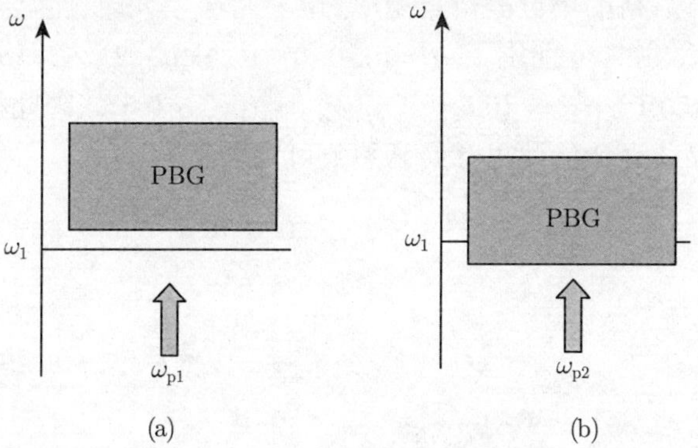

图 13.1　可调谐光开关的原理图

13.1　基于三维等离子体光子晶体的光开关设计技术

由 12 章可知，烧绿石晶格的对称特性较低，三维等离子体光子晶体按照这种晶格结构排列时能在等离子体密度较低时产生较大的 PBG。而鞘层结构引入该光子晶体中其色散特性又会如何呢？本节主要针对这个问题，对基于鞘层结构的三维烧绿石晶格非磁化等离子体光子晶体中的 SWBG 和表面等离子体激元模特性进行了研究，并推导了 PWE 方法的计算公式，讨论了该光子晶体各参数对 SWBG 和表面等离子体激元模的影响。研究结果表明：该光子晶体鞘层结构能很好地替代纯粹的等离子体球结构，并在实现光开关等器件时达到减少等离子体的目的。

13.1.1　理论模型和数值方法

假设该光子晶体是以烧绿石晶格分布的，其拓扑结构如图 13.2(a) 所示。由于采用的是鞘层结构，填充单元的核心是由相对介电常数ε_a 的介质球和外面包裹的等离子体鞘层组成，整个单元填充在空气背景中。为了便于推导普适的 PWE 方法的计算公式，将等离子体和背景介质的相对介电常数分别定义为ε_p 和ε_b。本节中初始设定$\varepsilon_b=1$。如图 13.2(a) 所示，假设核心介质球的半径、等离子体鞘层半径和晶格常数分别为 R_1、R_2 和 a。如图 13.2(c) 所示，烧绿石晶格的第一不可约布里渊区上的高对称点分别为：$\Gamma=(0, 0, 0)$，$X=(2\pi/a, 0, 0)$，$W=(2\pi/a,\pi/a, 0)$，$K=(1.5\pi/a, 1.5\pi/a, 0)$，$L=(\pi/a, \pi/a, \pi/a)$ 和 $U=(2\pi/a, 0.5\pi/a, 0.5\pi/a)$。在计算时引入的时谐量是 $e^{-j\omega t}$, ω 是角频率, t 是时间, 且 $j=\sqrt{-1}$。当不存在外加磁场时，ε_p 可以表示为

$$\varepsilon_p(\omega)=1-\frac{\omega_p^2}{\omega(\omega+j\nu_c)} \tag{13.1}$$

其中, $\nu_{\rm c}$ 和$\omega_{\rm p}$ 分别表示等离子体碰撞频率和等离子体频率。$\omega_{\rm p}=(e^2n_{\rm e}/\varepsilon_0 m)^{1/2}$, e、m、$n_{\rm e}$ 和ε_0 分别表示电子的电量、电子的质量、等离子体密度和真空中的介电常数。由于烧绿石晶格的单位晶格是菱形的, 且每个单元格中包含 4 个散射体 (图 13.2(b))。这 4 个散射体分别位于 $\boldsymbol{\nu}_1=(0,\,0,\,0)$, $\boldsymbol{\nu}_2=\boldsymbol{a}_2/2$, $\boldsymbol{\nu}_3=\boldsymbol{a}_3/2$, $\boldsymbol{\nu}_4=\boldsymbol{a}_1/2$, 其中 $\boldsymbol{a}_1=(0.5,0.5,0)$, $\boldsymbol{a}_2=(0.5,0,0.5)$, $\boldsymbol{a}_3=(0,0.5,0.5)$。因此根据 PWE 方法 [311,312], 该光子晶体介质的傅里叶展开系数可以表示为

$$\boldsymbol{K}_G=\begin{cases} H_1, & G=0 \\ H_2, & G\neq 0 \end{cases} \tag{13.2}$$

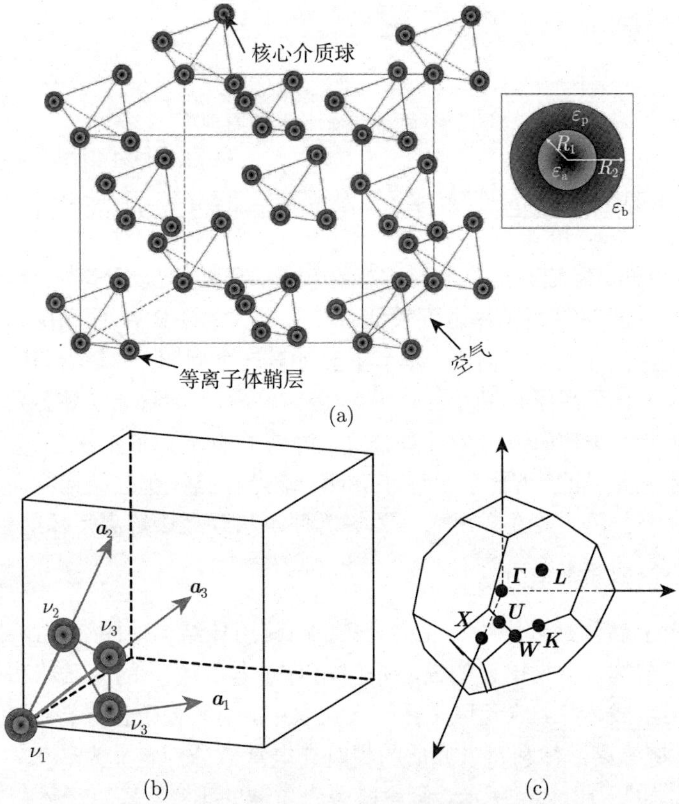

图 13.2　基于鞘套层结构的三维烧绿石晶格非磁化等离子体光子晶体的结构、单元结构与第一不可约布里渊区的示意图

(a) 拓扑结构示意图; (b) 晶格单元示意图; (c) 第一不可约布里渊区

其中

$$H_1=\left(\frac{\omega^2+{\rm j}\nu_{\rm c}\omega}{\omega^2+{\rm j}\nu_{\rm c}\omega-\omega_{\rm p}^2}-\frac{1}{\varepsilon_{\rm b}}\right)4f_2+\left(\frac{1}{\varepsilon_{\rm a}}-\frac{\omega^2+{\rm j}\nu_{\rm c}\omega}{\omega^2+{\rm j}\nu_{\rm c}\omega-\omega_{\rm p}^2}\right)4f_1+\frac{1}{\varepsilon_{\rm b}}$$

$$H_2 = \left(\frac{\omega^2 + \mathrm{j}\nu_{\mathrm{c}}\omega}{\omega^2 + \mathrm{j}\nu_{\mathrm{c}}\omega - \omega_{\mathrm{p}}^2} - \frac{1}{\varepsilon_{\mathrm{b}}}\right) \cdot \sum_{i=1}^{4} \mathrm{e}^{-(\boldsymbol{G}\cdot\boldsymbol{v}_i)} \cdot 3f_2 \frac{\sin(|\boldsymbol{G}|R_2) - (|\boldsymbol{G}|R_2)\cos(|\boldsymbol{G}|R_2)}{(|\boldsymbol{G}|R_2)^3}$$
$$+ \left(\frac{1}{\varepsilon_{\mathrm{a}}} - \frac{\omega^2 + \mathrm{j}\nu_{\mathrm{c}}\omega}{\omega^2 + \mathrm{j}\nu_{\mathrm{c}}\omega - \omega_{\mathrm{p}}^2}\right) \cdot \sum_{i=1}^{4} \mathrm{e}^{-(\boldsymbol{G}\cdot\boldsymbol{v}_i)} \cdot 3f_1 \frac{\sin(|\boldsymbol{G}|R_1) - (|\boldsymbol{G}|R_1)\cos(|\boldsymbol{G}|R_1)}{(|\boldsymbol{G}|R_1)^3}$$

$f_1 = (4\pi R_1^3)/(3V_{\mathrm{m}})$ 表示核心介质球的填充率，而 $f_2 = (4\pi R_2^3)/(3V_{\mathrm{m}})$ 是介质——等离子体球的填充率。其中 V_{m} 是晶格单元的体积，$\boldsymbol{G}$ 是倒格矢。根据 Bloch 定理 [332]，磁场 $\boldsymbol{H}(\boldsymbol{r})$ 可以表示为

$$\boldsymbol{H}(\boldsymbol{r}) = \sum_{\boldsymbol{G}} \sum_{\lambda=1}^{2} h_{\boldsymbol{G},\lambda} \widehat{\boldsymbol{e}}_{\boldsymbol{\lambda}} \mathrm{e}^{[\mathrm{j}(\boldsymbol{k}+\boldsymbol{G})\cdot\boldsymbol{r}]} \tag{13.3}$$

Maxwell 方程组可以表示为 (假设 c 表示光速)

$$\sum_{\boldsymbol{G}',\lambda'} |\boldsymbol{k}+\boldsymbol{G}|\,|\boldsymbol{k}+\boldsymbol{G}'| \begin{pmatrix} \widehat{\boldsymbol{e}}_2 \cdot \boldsymbol{\varepsilon}_{\boldsymbol{G},\boldsymbol{G}'}^{-1} \cdot \widehat{\boldsymbol{e}}_{2'} & -\widehat{\boldsymbol{e}}_2 \cdot \boldsymbol{\varepsilon}_{\boldsymbol{G},\boldsymbol{G}'}^{-1} \cdot \widehat{\boldsymbol{e}}_{1'} \\ -\widehat{\boldsymbol{e}}_1 \cdot \boldsymbol{\varepsilon}_{\boldsymbol{G},\boldsymbol{G}'}^{-1} \cdot \widehat{\boldsymbol{e}}_{2'} & \widehat{\boldsymbol{e}}_1 \cdot \boldsymbol{\varepsilon}_{\boldsymbol{G},\boldsymbol{G}'}^{-1} \cdot \widehat{\boldsymbol{e}}_{1'} \end{pmatrix} h_{\boldsymbol{G}',\lambda'} = \frac{\omega^2}{c^2} h_{\boldsymbol{G},\lambda} \tag{13.4}$$

且 $\boldsymbol{\varepsilon}_{\boldsymbol{G},\boldsymbol{G}'}^{-1} = \boldsymbol{\kappa}_{\boldsymbol{G},\boldsymbol{G}'}$。其中 $\boldsymbol{k}$ 是在第一不可约布里渊区的波矢，$\widehat{\boldsymbol{e}}_1$ 和 $\widehat{\boldsymbol{e}}_2$ 是垂直于波矢 $\boldsymbol{k}+\boldsymbol{G}$ 的正交单位矢量。其他参数的定义与第 11 章中的相同。如果定义一个复数变量 $\zeta = \omega/c$，式 (13.4) 可以表示为

$$\zeta^4 \boldsymbol{I} - \zeta^3 \boldsymbol{T} - \zeta^2 \boldsymbol{U} - \zeta \boldsymbol{V} - \boldsymbol{W} = 0 \tag{13.5}$$

其中 $\boldsymbol{I}$ 表示单位矩阵，且

$$\boldsymbol{T}(\boldsymbol{G}|\boldsymbol{G}') = -\mathrm{j}\frac{\nu_{\mathrm{c}}}{c} \boldsymbol{\delta}_{\boldsymbol{G}\cdot\boldsymbol{G}'} \tag{13.6}$$

$$\boldsymbol{U}(\boldsymbol{G}|\boldsymbol{G}') = \left\{\frac{\omega_{\mathrm{p}}^2}{c^2} + \left[\frac{1}{\varepsilon_{\mathrm{b}}} + \left(1 - \frac{1}{\varepsilon_{\mathrm{b}}}\right) 4f_2 + \left(\frac{1}{\varepsilon_{\mathrm{a}}} - 1\right) 4f_1\right] \cdot \boldsymbol{M}\right\} \boldsymbol{\delta}_{\boldsymbol{G}\cdot\boldsymbol{G}'}$$
$$+ \left\{\begin{array}{l} \left(1 - \dfrac{1}{\varepsilon_{\mathrm{b}}}\right) \displaystyle\sum_{i=1}^{4} \mathrm{e}^{(\boldsymbol{G}\cdot\boldsymbol{v}_{\boldsymbol{i}})} \\ \quad \cdot 3f_2 \dfrac{\sin(|\boldsymbol{G}-\boldsymbol{G}'|R_2) - (|\boldsymbol{G}-\boldsymbol{G}'|R_2)\cos(|\boldsymbol{G}-\boldsymbol{G}'|R_2)}{(|\boldsymbol{G}-\boldsymbol{G}'|R_2)^3} \\ + \left(\dfrac{1}{\varepsilon_{\mathrm{a}}} - 1\right) \displaystyle\sum_{i=1}^{4} \mathrm{e}^{-(\boldsymbol{G}\cdot\boldsymbol{v}_{\boldsymbol{i}})} \\ \quad \cdot 3f_1 \dfrac{\sin(|\boldsymbol{G}-\boldsymbol{G}'|R_1) - (|\boldsymbol{G}-\boldsymbol{G}'|R_1)\cos(|\boldsymbol{G}-\boldsymbol{G}'|R_1)}{(|\boldsymbol{G}-\boldsymbol{G}'|R_1)^3} \end{array}\right\} \cdot \boldsymbol{M} \tag{13.7}$$

$$\boldsymbol{V}(\boldsymbol{G}|\boldsymbol{G}') = \left\{\mathrm{j}\frac{\nu_{\mathrm{c}}}{c}\left[\frac{1}{\varepsilon_{\mathrm{b}}} + \left(1 - \frac{1}{\varepsilon_{\mathrm{b}}}\right) 4f_2 + \left(\frac{1}{\varepsilon_{\mathrm{a}}} - 1\right) 4f_1\right] \cdot \boldsymbol{M}\right\} \boldsymbol{\delta}_{\boldsymbol{G}\cdot\boldsymbol{G}'}$$

$$+\mathrm{j}\frac{\nu_{\mathrm{c}}}{c}\left\{\begin{aligned}&\left(1-\frac{1}{\varepsilon_{\mathrm{b}}}\right)\sum_{i=1}^{4}\mathrm{e}^{-(\boldsymbol{G}\cdot\boldsymbol{v_i})}\\&\quad\cdot 3f_2\frac{\sin(|\boldsymbol{G}-\boldsymbol{G}'|R_2)-(|\boldsymbol{G}-\boldsymbol{G}'|R_2)\cos(|\boldsymbol{G}-\boldsymbol{G}'|R_2)}{(|\boldsymbol{G}-\boldsymbol{G}'|R_2)^3}\\&+\left(\frac{1}{\varepsilon_{\mathrm{a}}}-1\right)\sum_{i=1}^{4}\mathrm{e}^{-(\boldsymbol{G}\cdot\boldsymbol{v_i})}\\&\quad\cdot 3f_1\frac{\sin(|\boldsymbol{G}-\boldsymbol{G}'|R_1)-(|\boldsymbol{G}-\boldsymbol{G}'|R_1)\cos(|\boldsymbol{G}-\boldsymbol{G}'|R_1)}{(|\boldsymbol{G}-\boldsymbol{G}'|R_1)^3}\end{aligned}\right\}\cdot\boldsymbol{M}\tag{13.8}$$

$$\begin{aligned}\boldsymbol{W}(\boldsymbol{G}|\boldsymbol{G}')=&\left\{\left(-\frac{\omega_{\mathrm{p}}^2}{\varepsilon_{\mathrm{b}}c^2}-\frac{\omega_{\mathrm{p}}^2}{\varepsilon_{\mathrm{a}}c^2}4f_1+\frac{\omega_{\mathrm{p}}^2}{\varepsilon_{\mathrm{a}}c^2}4f_2\right)\cdot\boldsymbol{M}\right\}\boldsymbol{\delta}_{\boldsymbol{G}\cdot\boldsymbol{G}'}\\&-\frac{\omega_{\mathrm{p}}^2}{\varepsilon_{\mathrm{a}}c^2}\sum_{i=1}^{4}\mathrm{e}^{-(\boldsymbol{G}\cdot\boldsymbol{v_i})}\\&\cdot 3f_1\frac{\sin(|\boldsymbol{G}-\boldsymbol{G}'|R_1)-(|\boldsymbol{G}-\boldsymbol{G}'|R_1)\cos(|\boldsymbol{G}-\boldsymbol{G}'|R_1)}{(|\boldsymbol{G}-\boldsymbol{G}'|R_1)^3}\cdot\boldsymbol{M}\\&+\frac{\omega_{\mathrm{p}}^2}{\varepsilon_{\mathrm{a}}c^2}\sum_{i=1}^{4}\mathrm{e}^{-(\boldsymbol{G}\cdot\boldsymbol{v_i})}\\&\cdot 3f_2\frac{\sin(|\boldsymbol{G}-\boldsymbol{G}'|R_2)-(|\boldsymbol{G}-\boldsymbol{G}'|R_2)\cos(|\boldsymbol{G}-\boldsymbol{G}'|R_2)}{(|\boldsymbol{G}-\boldsymbol{G}'|R_2)^3}\cdot\boldsymbol{M}\end{aligned}\tag{13.9}$$

其中，$\boldsymbol{M}=|\boldsymbol{k}+\boldsymbol{G}|\left|\boldsymbol{k}+\boldsymbol{G}'\right|\cdot\boldsymbol{F},\boldsymbol{F}=\begin{bmatrix}\widehat{\boldsymbol{e}}_2\cdot\widehat{\boldsymbol{e}}_{2'} & -\widehat{\boldsymbol{e}}_2\cdot\widehat{\boldsymbol{e}}_{1'}\\-\widehat{\boldsymbol{e}}_1\cdot\widehat{\boldsymbol{e}}_{2'} & \widehat{\boldsymbol{e}}_1\cdot\widehat{\boldsymbol{e}}_{1'}\end{bmatrix}$。$\boldsymbol{T}$、$\boldsymbol{U}$、$\boldsymbol{V}$ 和 $\boldsymbol{W}$ 是 $N\times N$ 的矩阵。多项式 (13.5) 的求解可以转换成一个 $4N\times4N$ 矩阵 $\boldsymbol{Q}$ 特征值的求取，矩阵 $\boldsymbol{Q}$ 满足

$$\boldsymbol{Q}z=\zeta z,\quad \boldsymbol{Q}=\begin{bmatrix}\boldsymbol{0}&\boldsymbol{I}&\boldsymbol{0}&\boldsymbol{0}\\\boldsymbol{0}&\boldsymbol{0}&\boldsymbol{I}&\boldsymbol{0}\\\boldsymbol{0}&\boldsymbol{0}&\boldsymbol{0}&\boldsymbol{I}\\\boldsymbol{W}&\boldsymbol{V}&\boldsymbol{U}&\boldsymbol{T}\end{bmatrix}\tag{13.10}$$

求解式 (13.10) 的本征值就得到了式 (13.5) 的解。很明显，所求本征值的实部就决定了该三维非磁化等离子体光子晶体的色散关系。

为了使 PWE 方法的计算精度能满足要求，将用 1331 个平面波进行展开。为了不失一般性和便于分析，频域用 $\omega_{\mathrm{p0}}a/2\pi c=1$ 来进行归一化。因此，ω_{p} 和 ν_{c} 也可以用 ω_{p0} 来定义。假设 ω_{p} 和 ν_{c} 初始值分别定义为 $\omega_{\mathrm{p}}=\omega_{\mathrm{pl}}=0.15\omega_{\mathrm{p0}}$ 和

$\nu_c = 0.02\omega_{pl}$。显然，ω_{p0} 和 ω_{pl} 仅是参变量，没有任何物理意义，且这三种介质的相对磁导率分别定义为 $\mu_a = 1$，$\mu_b = 1$ 和 $\mu_p = 1$。如果假设核心介质的折射率为 n_a，且 $\varepsilon_a = n_a^2$。本节将主要针对 1st SWBG 的特性进行讨论。

13.1.2 表面等离子体激元模的特性

图 13.3 给出了 ω_p 和 ν_c 取不同值时，该三维非磁化等离子体光子晶体的色散曲线，此时 $n_a = 6.2$，$\varepsilon_b = 1$，$R_1 = 0.1a$ 和 $R_2 = 0.1756a$。图中灰色区域表示 PBGs。由图 13.3(a) 可知，当 $\omega_p = 0$ 和 $\nu_c = 0$ 时，等离子体鞘层可以视为空气，该光子晶体也就变成了常规的三维介质 —— 空气光子晶体，其前两个 PBGs 的频率范围分别为：$0.8772 \sim 0.9292(2\pi c/a)$ 和 $1.1088 \sim 1.1108(2\pi c/a)$。由图 13.3(b) 可知，当 $\omega_p = 0.15\omega_{p0}$ 和 $\nu_c = 0.02\omega_{pl}$ 时，该三维非磁化等离子体光子晶体不仅能产生 PBGs，而且能产生一个水平带区域。前两个 PBGs 频率范围分别变为 $0.8836 \sim 0.9335(2\pi c/a)$ 和 $1.1132 \sim 1.1145(2\pi c/a)$。水平带区域的范围为 $0.0246 \sim 0.15(2\pi c/a)$。水平带产生的原因是表面等离子体激元模的存在。当电磁波的频率位于水平带区域中时，ε_p 的实部为负数，而 ε_b 和 ε_a 的实部为正数。因此，表面等离子体激元模就形成了。与图 13.3(a) 中的结果相比，PBGs 的上下边缘频率将向高频方向移动。显然，该光子晶体产生的 PBGs 是 SWBGs。且通过改变等离子体的参数，该光子晶体就可以设计成为光开关、可调谐滤波器或波分多路复用器等器件。换句话说，该光子晶体的开关状态可以通过等离子体鞘层来调谐。在不同的频率范围内，SWBG 的“开”和“关”的状态可以通过改变等离子体参数来获得。

众所周知 [333]，如果等离子体引入三维介质 —— 空气光子晶体时，该光子晶

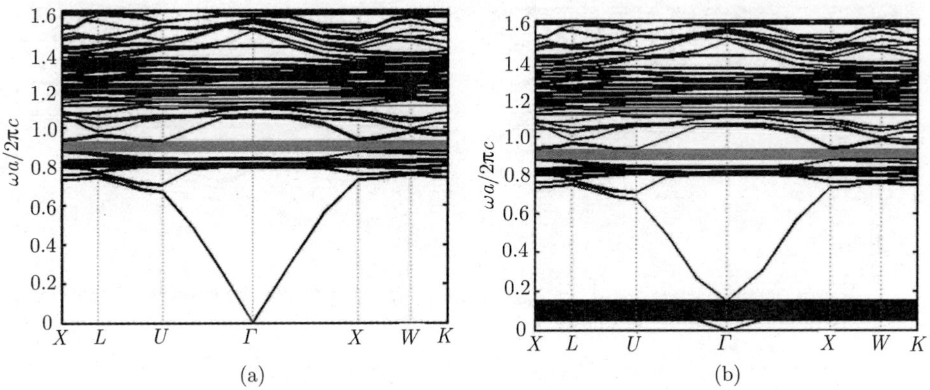

图 13.3 ω_p 和 ν_c 取不同值时，该三维非磁化等离子体光子晶体的色散曲线

(a) $\omega_p = 0, \nu_c = 0$；(b) $\omega_p = 0.05\omega_{p0}, \nu_c = 0.02\omega_{pl}$

体在产生 PBGs 的同时也会形成水平带区域。当 $\omega < \omega_p$ 时，水平带会出现在水平带区域中。因此，水平带本身就反映了表面等离子体激元模的特性。图 13.4 给出了基于鞘层结构的，不同晶格条件下的三维非磁化等离子体光子晶体的色散曲线，此时 $R_1 = 0.1a$，$n_a = 6.2$，$\varepsilon_b=1$，$\omega_p = 0.15\omega_{p0}$，$\nu_c = 0.02\omega_{pl}$ 和 $R_2 = 0.1756a$。其中 fcc、bcc 和 sc 分别代表面心、体心和立方体晶格。由图 13.4 可知，对于这 4 种晶格结构的三维非磁化等离子体光子晶体而言，它们都能产生一个水平带区域，且水平带区域的范围分别为 $0.0614 \sim 0.15(2\pi c/a)$，$0.0635 \sim 0.15(2\pi c/a)$，$0.0776 \sim 0.15(2\pi c/a)$ 和 $0.1001 \sim 0.15(2\pi c/a)$。由图 13.4 中的结果可知，水平带区域的上边缘频率与光子晶体的拓扑结构无关，这是因为上边缘的位置是由满足 $\omega < \omega_p$ 的条件决定的。水平带区域的下边缘频率却与晶格的拓扑结构有关且大小不相同，这是由于填充球在不同晶格条件下填充的介质球之间的距离不同所导致的。这也可以用 Maxwell-Garnett 型有效介质理论 [334] 来解释，如果 $\omega < \omega_p$，则该光子晶体的有效介电常数 ε_{eff} 可以表示为 [334]

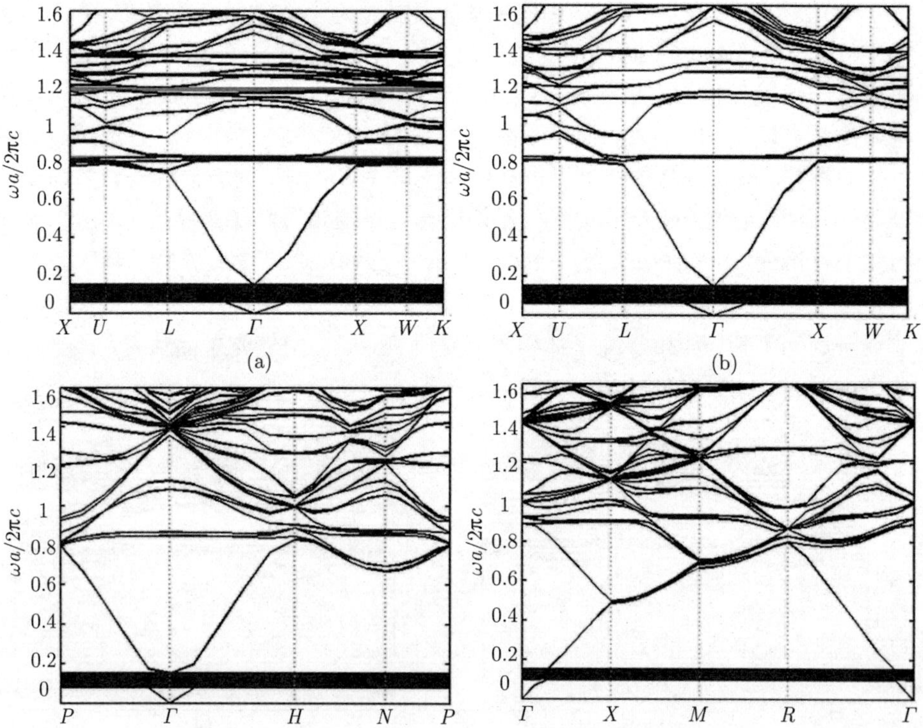

图 13.4　基于鞘层结构的，不同晶格条件下的三维非磁化等离子体光子晶体的色散曲线

(a) 钻石晶格; (b) 面心晶格; (c) 体心晶格; (d) 立方体晶格

$$\varepsilon_{\text{eff}} = \frac{\varepsilon_{\text{b}}(1+2f_1\alpha_{\text{c}})}{1-f_1\alpha_{\text{c}}} \tag{13.11}$$

其中，$\alpha_{\text{c}} = \dfrac{\alpha_0+(R_1/R_2)^3\alpha_1(\varepsilon_{\text{b}}+2\varepsilon_{\text{p}})/(\varepsilon_{\text{p}}+2\varepsilon_{\text{b}})}{1+2(R_1/R_2)^3\alpha_1\alpha_0}$，$\alpha_0 = \dfrac{\varepsilon_{\text{p}}-\varepsilon_{\text{b}}}{\varepsilon_{\text{p}}+2\varepsilon_{\text{b}}}$，$\alpha_1 = \dfrac{\varepsilon_{\text{a}}-\varepsilon_{\text{p}}}{\varepsilon_{\text{a}}+2\varepsilon_{\text{p}}}$

且 $k = k_0\sqrt{\varepsilon_{\text{eff}}}$，$k_0 = \omega/c$。$f_1$ 的定义见文献 [334]。显然，色散关系与等离子体和介质球的填充率以及这两者的相对介电常数有关，改变光子晶体的拓扑结构对水平带区域的下边缘有影响。

为了进一步研究晶格拓扑结构与水平带区域的关系，图 13.5 给出了不同晶格条件下，水平带区域的上下边缘的位置与 R_1 的关系图，此时 $n_{\text{a}} = 6.2$，$\varepsilon_{\text{b}} = 1$，$\omega_{\text{p}} = 0.15\omega_{\text{p0}}$，$\nu_{\text{c}} = 0.02\omega_{\text{pl}}$ 和 $R_2 = 0.1756a$。由图 13.5 可知，这 5 种晶格的水平带区域的上边缘频率都不会随着 R_1 的增大而发生变化，它们的值都等于 $0.15(2\pi c/a)$。这意味着核心介质存在与不存在都不会影响水平带区域的上边缘频率。这主要是因为水平带区域上边缘频率由表面等离子体激元模的频率决定。只要等离子体与介质交界面的相对介电常数不发生变化，表面等离子体激元模也将维持不变。然而，水平带区域的下边缘频率将会随着 R_1 的增大而向高频方向移动。当 $R_1/a \leqslant 0.02$ 时，这 5 种晶格产生水平带区域的下边缘频率都将趋近于零。随着 R_1 的增大，立方体晶格的水平带区域的下边缘频率将增大。当 $R_1/a = 0.17$ 时，这 5 种晶格产生水平带区域的下边缘频率都将趋近于一个定值，即 $0.11\ (2\pi c/a)$。图 13.6 给出了 R_1 取不同值时，该三维非磁化等离子体光子晶体的色散曲线，此时 $n_{\text{a}} = 6.2$，$R_2 = 0.1756a$，$\varepsilon_{\text{b}} = 1$，$\omega_{\text{p}} = 0.15\omega_{\text{p0}}$ 和 $\nu_{\text{c}} = 0.02\omega_{\text{pl}}$。由图 13.6 可知，该光子晶体的色散曲线几乎不会发生变化，且等离子体鞘层的厚度 $(R_2 - R_1)$ 存在

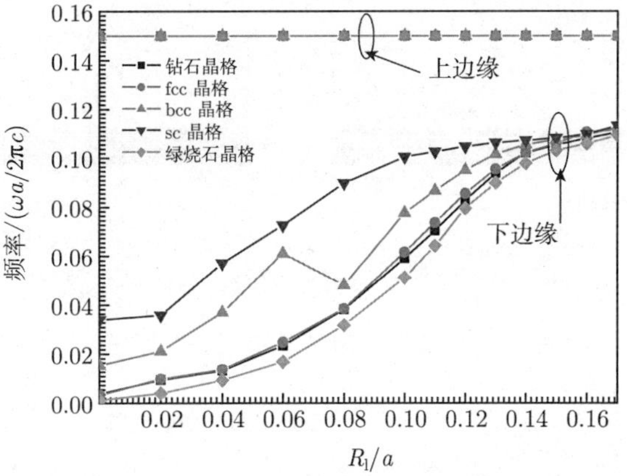

图 13.5　不同晶格条件下，水平带区域的上下边缘的位置与 R_1 的关系图

一个阈值使得 R_1 对带隙结构无影响。这意味着这种鞘层结构可以等效为一个纯粹的等离子体球。这使得加工制成等离子体球变成了可能，而且节省了材料 (等离子体)。在图 13.7 给出了 ε_a 取不同值时该三维非磁化等离子体光子晶体的色散曲线，此时 $R_1=0.03a$，$\varepsilon_b=1$，$R_2=0.1756a$，$\omega_p=0.15\omega_{p0}$ 和 $\nu_c=0.02\omega_{pl}$。由图 13.7 可知，当 $R_1=0.03a$ 且核心介质球分别为 Te ($n_o=4.8, n_e=6.2$)、Tl_3AsSe_3 ($n_o=3.35, n_e=3.16$)[252]、$\varepsilon_a=12.4$ 和 $n_a=6.2(\varepsilon_a=38.44)$ 时，该光子晶体的色散曲线几乎是相同的。这意味着 R_2-R_1 也存在着一个阈值，使得 ε_a 对带隙结构无影响。

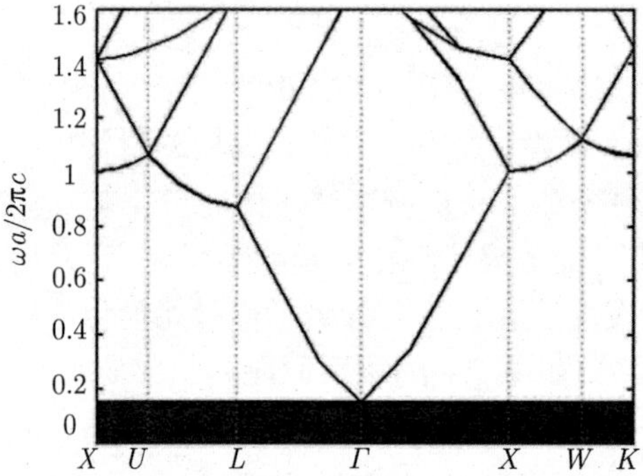

(a)

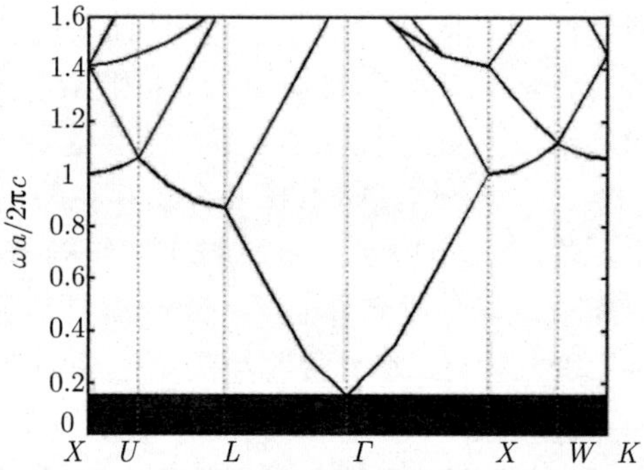

(b)

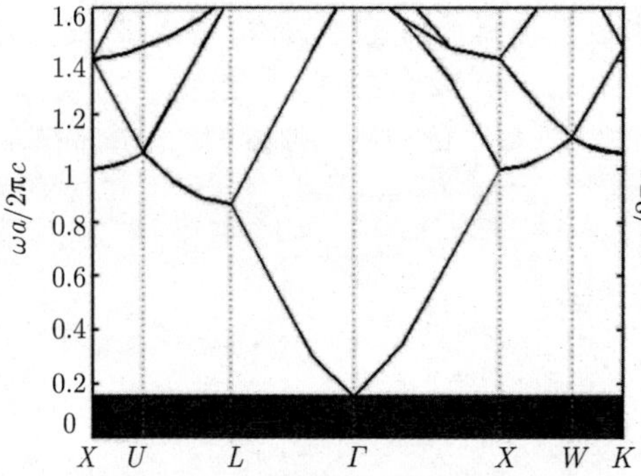

(c)

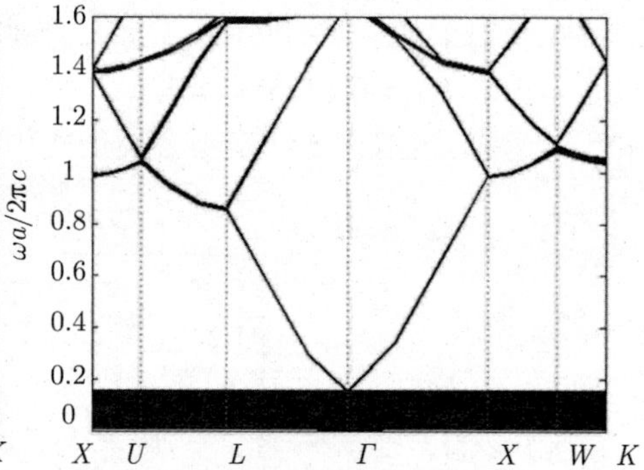

(d)

图 13.6 R_1 取不同值时该三维非磁化等离子体光子晶体的色散曲线

(a)$R_1=0$; (b) $R_1=0.01a$; (c) $R_1=0.02a$; (d) $R_1=0.04a$

图 13.8 给出了 $\varepsilon_b=38.44$ 且 ε_a 取不同值时该三维非磁化等离子体光子晶体的色散曲线，此时 $R_1=0.03a$，$\varepsilon_b=1$，$R_2=0.1756a$，$\omega_p=0.15\omega_{p0}$ 和 $\nu_c=0.02\omega_{pl}$。图中灰色区域为 PBGs。由图 13.8 可知，当背景介质为 $\varepsilon_b=38.44$ 且 $R_1=0.03a$ 时，核心球的相对介电常数对色散曲线也几乎没有影响。在这 4 种

填充介质的情况下，PBGs 的频率范围分别为 $0.2099 \sim 0.2295(2\pi c/a)$，$0.2093 \sim 0.228(2\pi c/a)$，$0.2112 \sim 0.2303(2\pi c/a)$ 和 $0.2091 \sim 0.2289(2\pi c/a)$。由图 13.8 中的结果可知，当等离子体鞘层的厚度足够大时，ε_a 也几乎对 PBGs 无影响。另外，值得注意的是水平带区域也不会随着 ε_a 的变化而变化。表面等离子体激元模特性可以从图 13.6～ 图 13.8 中的结果得出。当等离子体鞘层的厚度大于某一个阈值时，表面等离子体激元模将不会随着 ε_a 和 R_1 的变化而变化。这主要是因为当等离子体鞘层的厚度足够大时，电磁波将会被反射且不能穿透该等离子体鞘层。因此，在这种情况下 SWBG 的开关状态是不会发生变化的。但值得注意的是，当等离子体鞘层的厚度大于表面等离子体激元模的趋肤深度 [195] 时，等离子体激元模将会被局域在空气和等离子体鞘层间的界面上。当等离子体鞘层的厚度小于表面等离子体激元模的趋肤深度 [257] 时，等离子体激元模能被局域在介质球和等离子体鞘层间的界面上。

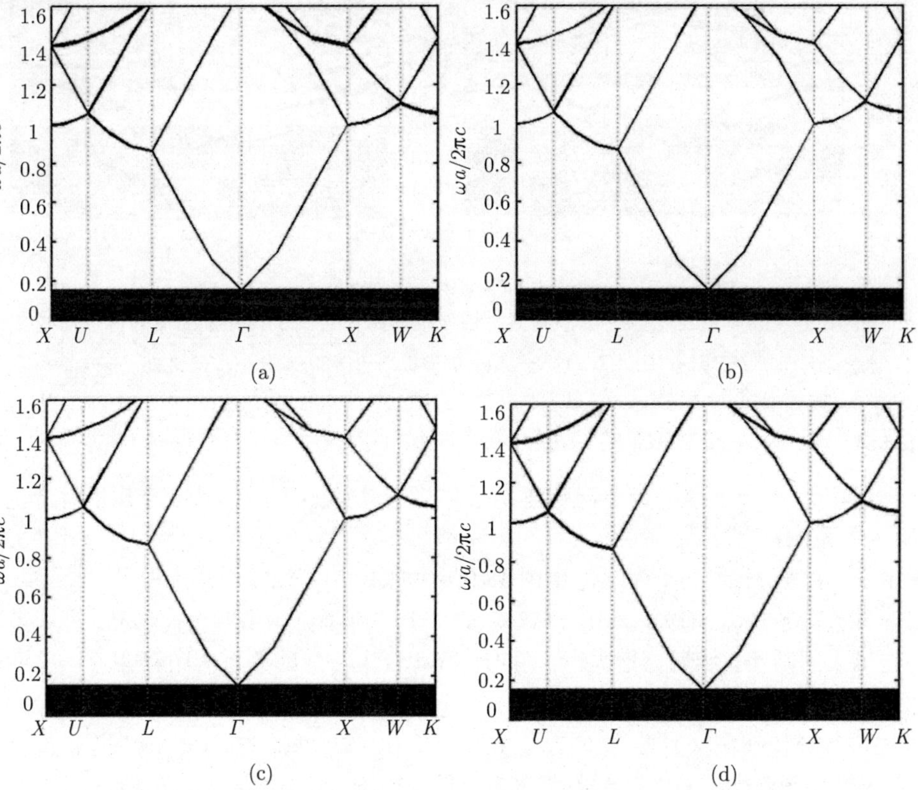

图 13.7　ε_a 取不同值时该三维非磁化等离子体光子晶体的色散曲线

(a) $\varepsilon_a = 12.4$; (b) $n_a = 6.2$; (c) Te ($n_o = 4.8, n_e = 6.2$); (d) Tl_3AsSe_3($n_o = 3.35, n_e = 3.16$)

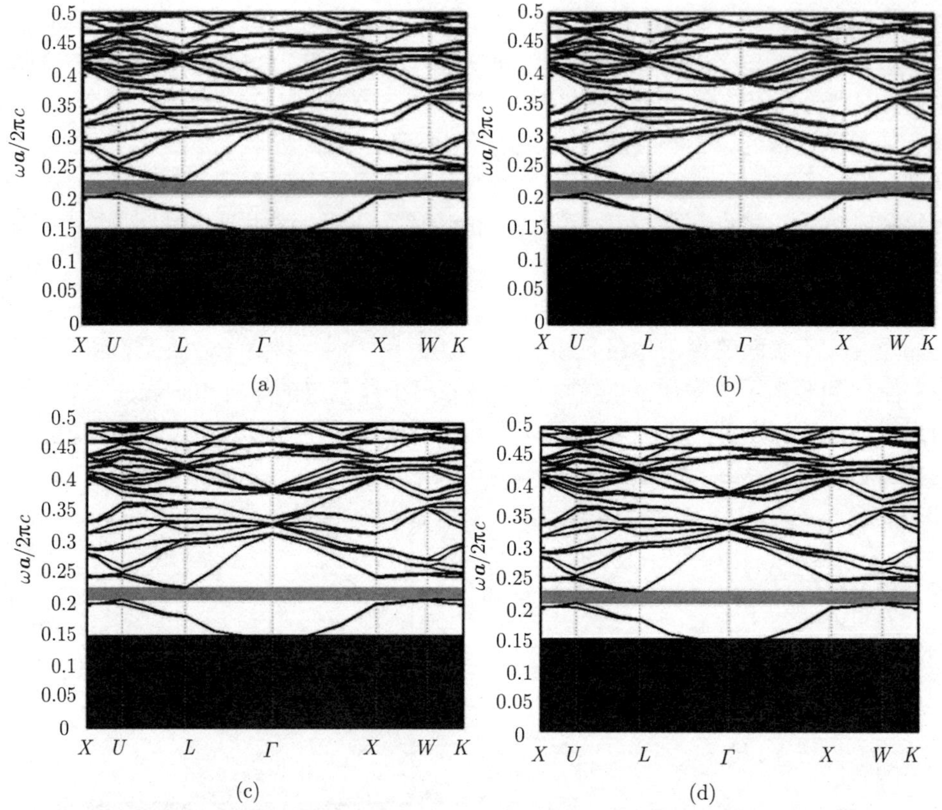

图 13.8　$\varepsilon_{\mathrm{b}} = 38.44$ 且 ε_{a} 取不同值时该三维非磁化等离子体光子晶体的色散曲线

(a)$\varepsilon_{\mathrm{a}} = 12.4$; (b) $\varepsilon_{\mathrm{a}} = 4$; (c) Te ($n_{\mathrm{o}} = 4.8, n_{\mathrm{e}} = 6.2$); (d) Tl_3AsSe_3($n_{\mathrm{o}} = 3.35, n_{\mathrm{e}} = 3.16$)

13.1.3　可调谐 SWBG 的特性

图 13.9 给出了该三维非磁化等离子体光子晶体的 1st SWBG 及其相对带宽与 R_1 的关系图，此时 $n_{\mathrm{a}} = 6.2$，$\varepsilon_{\mathrm{b}} = 1$，$\omega_{\mathrm{p}} = 0.15\omega_{\mathrm{p0}}$，$\nu_{\mathrm{c}} = 0.02\omega_{\mathrm{pl}}$ 和 $R_2 = 0.1756a$。图中阴影部分表示 1st SWBG。由图 13.9(a) 可知，R_1 对 SWBG 来说是一个非常重要的参数。当 R_1/a 增大时，1st SWBG 的上下边缘都会向低频方向移动，且其带宽将先增大后减小，然后再增大。然而 1st SWBG 与 R_1 的关系图中存在着一些间断点，当 R_1/a 的值介于 0.148~0.149 时，1st SWBG 将会消失。1st SWBG 的最大带宽为 0.0874 ($2\pi c/a$)，且此时 $R_1/a = 0.13$。当 $R_1/a < 0.08$ 时，1st SWBG 也不会存在。这意味着该光子晶体的开关状态为 “开”。由图 13.9(b) 可知，1st SWBG 相对带宽 ($\Delta\omega/\omega_i$) 的变化趋势是随着 R_1/a 的增大而先增大后减小，然后再增大 (除了间断点外 $\Delta\omega/\omega_i$ 的值都存在)，并且 R_1/a 的大小存在一个最优值，使得 $\Delta\omega/\omega_i$ 的值最大。1st SWBG 相对带宽的最大值为 0.1985，且此时 $R_1/a = 0.17$。当 $R_1/a < 0.08$

时，$\Delta\omega/\omega_i$ 的值为零，该光子晶体的开关状态为“开”。但是如果 R_1/a 的值介于 0.08~0.17(除间断点外) 时，该光子晶体开关的状态为“关”。综上所述，当 R_2 的值确定时，该光子晶体的开关状态能通过改变 R_1 的大小来进行调谐。

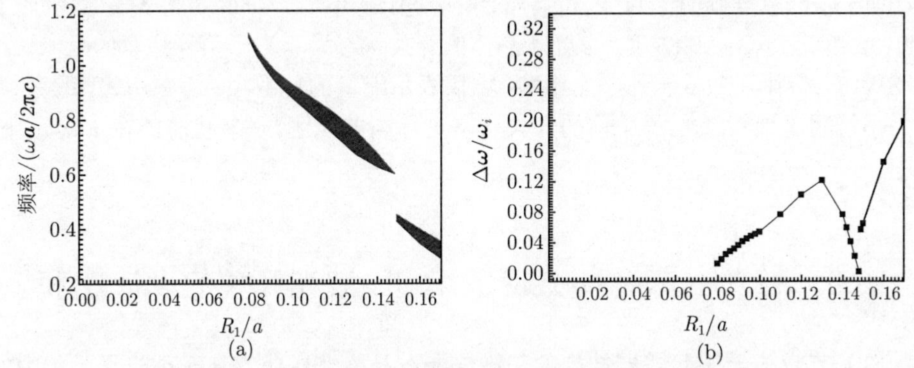

图 13.9 该三维非磁化等离子体光子晶体的 1st SWBG 及其相对带宽与 R_1 的关系图

(a) 1st SWBG; (b) 1st SWBG 的相对带宽

图 13.10 给出了该三维非磁化等离子体光子晶体的 1st SWBG 及其相对带宽与 ω_p 的关系图，此时 $n_a = 6.2$，$\varepsilon_b = 1$，$R_1 = 0.1a$，$\nu_c = 0.02\omega_p$ 和 $R_2 = 0.1756a$。图中阴影部分表示 1st SWBG。由图 13.10(a) 可知，随着 ω_p/ω_{p0} 的增大，1st SWBG 的上下边缘都会向着高频方向移动，且其带宽将逐渐减小。当 $\omega_p/\omega_{p0} > 0.85$ 时，1st SWBG 将会消失。该光子晶体的开关状态将由“关”变成“开”。显然，1st SWBG 带宽的最大值在 low-ω_p 区域，且其大小为 0.1731 ($2\pi c/a$)，此时 ω_p/ω_{p0}=0.01。这

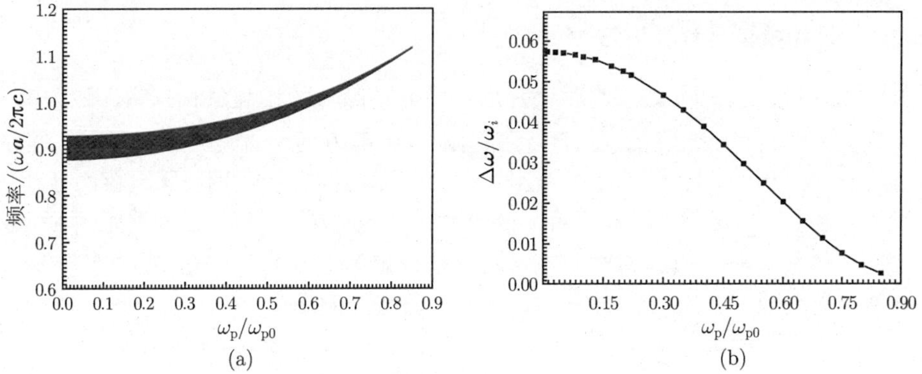

图 13.10 该三维非磁化等离子体光子晶体的 1st SWBG 及其相对带宽与 ω_p 的关系图

(a) 1st SWBG; (b) 1st SWBG 的相对带宽

意味着该光子晶体的开关状态在 high-ω_p 区域更容易改变。这是因为当 ω_p/ω_{p0} 的

值足够大时，等离子体的有效介电常数可能会小于 1。换句话说，该光子晶体的平均折射率发生了变化。因此，1st SWBG 和开关状态能被 ω_{p} 所调谐。由图 13.10(b) 可知，1st SWBG 相对带宽将随着 ω_{p} 的增大而减小。$\Delta\omega/\omega_i$ 的最大值为 0.0572，且此时 $\omega_{\mathrm{p}}/\omega_{\mathrm{p0}} = 0.01$。与 $\omega_{\mathrm{p}}/\omega_{\mathrm{p0}}$=0.13 时相比，1st SWBG 的相对带宽增加了 0.0019。当 $\omega_{\mathrm{p}}/\omega_{\mathrm{p0}} < 0.85$ 时，该光子晶体的开关状态为 “关”。值得注意的是，ν_{c} 对 1st SWBG 和其开关状态几乎无影响，它仅表示能量的耗散项。综上所述，改变 ω_{p} 的大小能明显地对该光子晶体的开关状态进行调谐，且 “关” 状态能在 low-ω_{p} 区域中。

13.2　磁光 Faraday 效应下 RCP 波光开关的设计技术

13.1 节对基于三元鞘层结构的三维烧绿石晶格非磁化等离子体光子晶体中的 SWBG 和表面等离子体激元模的特性进行了研究。研究结果表明：这种三元鞘层结构可以替代纯粹的等离子体球，使得制造该三维等离子体光子晶体变成了可能，而且减少了等离子体的体积。本节将在理论上讨论在磁光 Faraday 效应下，RCP 波在三维各向异性磁化等离子体光子晶体中的 SWBG 和表面等离子体激元模的特性。该三维各向异性磁化等离子体光子晶体的填充物也是采用三元鞘层结构，即核心介质球外覆盖磁化等离子体鞘层且背景介质是空气。核心介质球是由 type-1 单轴材料 (Te) 构成的。该光子晶体的拓扑结构是面心晶格。并在该理论模型的基础上推导了计算 RCP 波色散曲线的公式，且给出了磁光 Faraday 效应下表面等离子体激元模的特性，最后分析了等离子体参数对 RCP 波的 1st SWBG 的影响。

13.2.1　理论模型与计算方法

图 13.11(a) 给出了该三维磁化等离子体光子晶体的拓扑结构示意图。在磁光 Faraday 效应下，外加磁场 $\boldsymbol{B}$ 的方向和波矢 $\boldsymbol{k}$ 的方向平行 (图 13.11(a))，即 $\boldsymbol{B}$ 和 $\boldsymbol{k}$ 的夹角为 0°。图 13.11(b) 给出了填充单元结构的示意图，假设核心介质球的半径、磁化等离子体鞘层半径和晶格常数分别为 R_1、R_2 和 a。将核心介质、磁化等离子体和填充介质的相对介电常数分别设定为 ε_{a}、ε_{p} 和 ε_{b}。在本节计算中，假设整个单元填充在空气背景中，即 ε_{b}=1，核心介质球由 Te 构成。如图 13.11(c) 所示，面心晶格的第一不可约布里渊区上的高对称点分别为：$\Gamma = (0,0,0)$，$X = (2\pi/a,0,0)$，$W = (2\pi/a,\pi/a,0)$，$K = (1.5\pi/a,1.5\pi/a,0)$，$L = (\pi/a,\pi/a,\pi/a)$ 和 $U = (2\pi/a,0.5\pi/a,0.5\pi/a)$。在计算时引入的时谐量是 $\mathrm{e}^{\mathrm{j}\omega t}$，$\omega$ 是角频率，t 是时间，且 $j = \sqrt{-1}$，并假设 c 表示光速。由于 $\boldsymbol{B}$ 和 $\boldsymbol{k}$ 平行，所以在磁光 Faraday 效应下仅需要考虑 RCP 波，则 ε_{p} 可以表示为

$$\varepsilon_{\mathrm{p}}(\omega)=1-\frac{\omega_{\mathrm{p}}^2}{\omega^2-(\mathrm{j}\nu_{\mathrm{c}}\omega+\omega\omega_{\mathrm{c}})} \tag{13.12}$$

其中 ω_{p}、ν_{c} 和 ω_{c} 分别代表等离子体频率、等离子体碰撞频率和等离子体回旋频率。$\omega_{\mathrm{c}}=eB/m$，其中 e、m 和 B 分别表示电子的电量、电子的质量和外加磁场的强度。由于核心介质球由 Te 构成，且 Te 是一种 type-1 单轴材料，因此 $\boldsymbol{\varepsilon}_{\mathrm{a}}$ 是一个对角矩阵，且可以表示为

$$\boldsymbol{\varepsilon}_{\mathrm{a}}=\begin{pmatrix}\varepsilon_x & 0 & 0\\ 0 & \varepsilon_y & 0\\ 0 & 0 & \varepsilon_z\end{pmatrix} \tag{13.13}$$

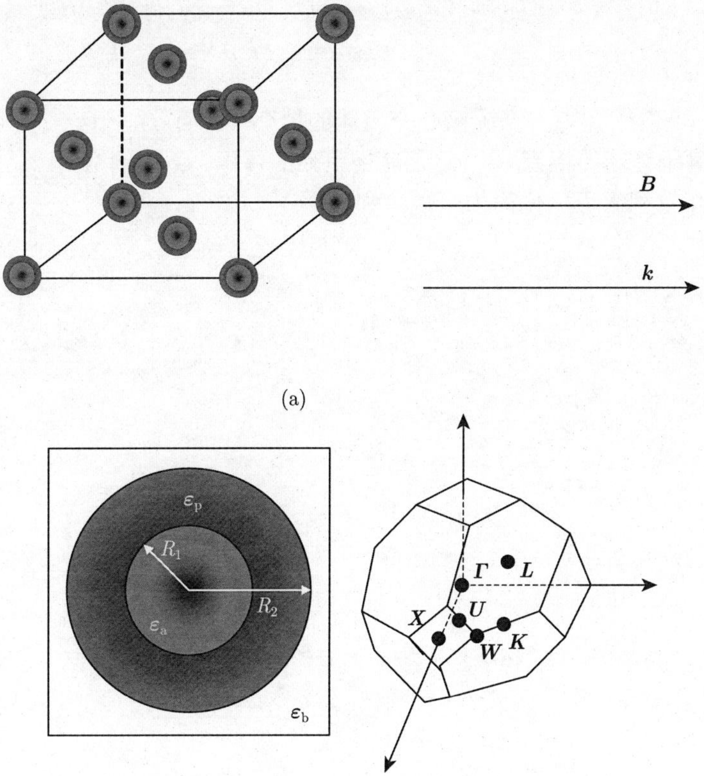

图 13.11 基于鞘套层结构的三维面心晶格磁化等离子体光子晶体的结构、单元结构与第一不可约布里渊区的示意图

(a) 拓扑结构示意图；(b) 晶格单元示意图；(c) 第一不可约布里渊区

其中 $\varepsilon_x = 6.2^2$, $\varepsilon_y = 4.8^2$, $\varepsilon_z = 4.8^2$。因此根据 PWE 方法，该光子晶体介质的傅里叶展开系数可以表示为

$$K_{\boldsymbol{G}}(i)=\begin{cases}\left[\dfrac{\omega^2-(\mathrm{j}\nu_{\mathrm{c}}\omega+\omega\omega_{\mathrm{c}})}{\omega^2-(\mathrm{j}\nu_{\mathrm{c}}\omega+\omega\omega_{\mathrm{c}})-\omega_{\mathrm{p}}^2}-\dfrac{1}{\varepsilon_{\mathrm{b}}}\right]f_2 \\ \quad+\left[\dfrac{1}{\varepsilon_i}-\dfrac{\omega^2-(\mathrm{j}\nu_{\mathrm{c}}\omega+\omega\omega_{\mathrm{c}})}{\omega^2-(\mathrm{j}\nu_{\mathrm{c}}\omega+\omega\omega_{\mathrm{c}})-\omega_{\mathrm{p}}^2}\right]f_1+\dfrac{1}{\varepsilon_{\mathrm{b}}}, \quad \boldsymbol{G}=0 \\ \left[\dfrac{\omega^2-(\mathrm{j}\nu_{\mathrm{c}}\omega+\omega\omega_{\mathrm{c}})}{\omega^2-(\mathrm{j}\nu_{\mathrm{c}}\omega+\omega\omega_{\mathrm{c}})-\omega_{\mathrm{p}}^2}-\dfrac{1}{\varepsilon_{\mathrm{b}}}\right]3f_2\dfrac{\sin(|\boldsymbol{G}|R_2)-(|\boldsymbol{G}|R_2)\cos(|\boldsymbol{G}|R_2)}{(|\boldsymbol{G}|R_2)^3} \\ \quad+\left[\dfrac{1}{\varepsilon_i}-\dfrac{\omega^2-(\mathrm{j}\nu_{\mathrm{c}}\omega+\omega\omega_{\mathrm{c}})}{\omega^2-(\mathrm{j}\nu_{\mathrm{c}}\omega+\omega\omega_{\mathrm{c}})-\omega_{\mathrm{p}}^2}\right]3f_1\dfrac{\sin(|\boldsymbol{G}|R_1)-(|\boldsymbol{G}|R_1)\cos(|\boldsymbol{G}|R_1)}{(|\boldsymbol{G}|R_1)^3}, \\ \qquad \boldsymbol{G}\neq 0 \quad (i=x,y)\end{cases} \tag{13.14}$$

其中，$f_1 = (4\pi R_1^3)/(3V_{\mathrm{m}})$ 表示核心介质球的填充率，而 $f_2 = (4\pi R_2^3)/(3V_{\mathrm{m}})$ 是介质 —— 等离子体球的填充率。V_{m} 是晶格单元的体积，$\boldsymbol{G}$ 是倒格矢。根据 PWE 方法，Maxwell 方程组可以化简为

$$\sum_{\boldsymbol{G}',\lambda'}|\boldsymbol{k}+\boldsymbol{G}|\,|\boldsymbol{k}+\boldsymbol{G}'|\sum_{i=x,y}\begin{pmatrix}\widehat{\boldsymbol{e}}_2\cdot\boldsymbol{I}_i\cdot\widehat{\boldsymbol{e}}_2' & -\widehat{\boldsymbol{e}}_2\cdot\boldsymbol{I}_i\cdot\widehat{\boldsymbol{e}}_1' \\ -\widehat{\boldsymbol{e}}_1\cdot\boldsymbol{I}_i\cdot\widehat{\boldsymbol{e}}_2' & \widehat{\boldsymbol{e}}_1\cdot\boldsymbol{I}_i\cdot\widehat{\boldsymbol{e}}_{1'}\end{pmatrix}$$

$$\cdot\varepsilon_{\boldsymbol{G},\boldsymbol{G}'}^{-1}(i)h_{\boldsymbol{G}',\lambda'}=\frac{\omega^2}{c^2}h_{\boldsymbol{G},\lambda} \tag{13.15}$$

其中，$\varepsilon_{\boldsymbol{G},\boldsymbol{G}'}^{-1}(i)=K_{\boldsymbol{G}}(i)$，$\boldsymbol{I}_x=\begin{pmatrix}1&0&0\\0&0&0\\0&0&0\end{pmatrix}$，$\boldsymbol{I}_y=\begin{pmatrix}0&0&0\\0&1&0\\0&0&1\end{pmatrix}$，$\boldsymbol{k}$ 是在第一不可约布里渊区的波矢，$\widehat{\boldsymbol{e}}_1$ 和 $\widehat{\boldsymbol{e}}_2$ 是垂直于波矢 $\boldsymbol{k}+\boldsymbol{G}$ 的正交单位矢量。其他变量的定义参见第 6 章。如果定义一个复数变量 $\zeta=\omega/c$，则式 (13.15) 可以表示为

$$\zeta^4\boldsymbol{I}-\zeta^3\boldsymbol{T}-\zeta^2\boldsymbol{U}-\zeta\boldsymbol{V}-\boldsymbol{W}=0 \tag{13.16}$$

其中 $\boldsymbol{I}$ 表示单位矩阵，且

$$\boldsymbol{T}(\boldsymbol{G}|\boldsymbol{G}')=\frac{\mathrm{j}\nu_{\mathrm{c}}+\omega_{\mathrm{c}}}{c}\boldsymbol{\delta}_{\boldsymbol{G}\cdot\boldsymbol{G}'} \tag{13.17}$$

$$\boldsymbol{U}(\boldsymbol{G}|\boldsymbol{G}') = \left(\sum_{i=x,y}\left\{\frac{\omega_{\rm p}^2}{c^2} + \left[\frac{1}{\varepsilon_{\rm b} + \left(1-\dfrac{1}{\varepsilon_{\rm b}}\right)f_2 + \left(\dfrac{1}{\varepsilon_{\rm i}}-1\right)f_1}\right]\cdot \boldsymbol{M}\right\}\right)\boldsymbol{\delta}_{\boldsymbol{G}\cdot\boldsymbol{G}'}$$

$$+\sum_{i=x,y}\left\{\begin{array}{l}\left(1-\dfrac{1}{\varepsilon_{\rm b}}\right)\\ 3f_2\dfrac{\sin(|\boldsymbol{G}-\boldsymbol{G}'|R_2)-(|\boldsymbol{G}-\boldsymbol{G}'|R_2)\cos(|\boldsymbol{G}-\boldsymbol{G}'|R_2)}{(|\boldsymbol{G}-\boldsymbol{G}'|R_2)^3}\\ +\left(\dfrac{1}{\varepsilon_i}-1\right)\\ 3f_1\dfrac{\sin(|\boldsymbol{G}-\boldsymbol{G}'|R_1)-(|\boldsymbol{G}-\boldsymbol{G}'|R_1)\cos(|\boldsymbol{G}-\boldsymbol{G}'|R_1)}{(|\boldsymbol{G}-\boldsymbol{G}'|R_1)^3}\end{array}\right\}\boldsymbol{M}_i \tag{13.18}$$

$$\boldsymbol{V}(\boldsymbol{G}|\boldsymbol{G}') = \left(\sum_{i=x,y}\left\{-{\rm j}\frac{\nu_{\rm c}+\omega_{\rm c}}{c}\left[\frac{1}{\varepsilon_{\rm b}}+\left(1-\frac{1}{\varepsilon_{\rm b}}\right)f_2+\left(\frac{1}{\varepsilon_{\rm i}}-1\right)f_1\right]\cdot\boldsymbol{M}_i\right\}\right)\boldsymbol{\delta}_{\boldsymbol{G}\cdot\boldsymbol{G}'}$$

$$+\sum_{i=x,y}\left\{\begin{array}{l}-\dfrac{{\rm j}\nu_{\rm c}+\omega_{\rm c}}{c}\left[\left(1-\dfrac{1}{\varepsilon_{\rm b}}\right)\right.\\ \cdot 3f_2\dfrac{\sin(|\boldsymbol{G}-\boldsymbol{G}'|R_2)-(|\boldsymbol{G}-\boldsymbol{G}'|R_2)\cos(|\boldsymbol{G}-\boldsymbol{G}'|R_2)}{(|\boldsymbol{G}-\boldsymbol{G}'|R_2)^3}\\ +\left(\dfrac{1}{\varepsilon_i}-1\right)\\ \left.\cdot 3f_1\dfrac{\sin(|\boldsymbol{G}-\boldsymbol{G}'|R_1)-(|\boldsymbol{G}-\boldsymbol{G}'|R_1)\cos(|\boldsymbol{G}-\boldsymbol{G}'|R_1)}{(|\boldsymbol{G}-\boldsymbol{G}'|R_1)^3}\right]\cdot\boldsymbol{M}_i\end{array}\right\} \tag{13.19}$$

$$\boldsymbol{W}(\boldsymbol{G}|\boldsymbol{G}') = \left[\sum_{i=x,y}\left(-\frac{\omega_{\rm p}^2}{\varepsilon_{\rm b}c^2}-\frac{\omega_{\rm p}^2}{\varepsilon_i c^2}f_1+\frac{\omega_{\rm p}^2}{\varepsilon_i c^2}f_2\right)\cdot\boldsymbol{M}_i\right]\boldsymbol{\delta}_{\boldsymbol{G}\cdot\boldsymbol{G}'}$$

$$+\sum_{i=x,y}\left[\frac{\omega_{\rm p}^2}{\varepsilon_i c^2}\cdot 3f_1\frac{\sin(|\boldsymbol{G}-\boldsymbol{G}'|R_1)-(|\boldsymbol{G}-\boldsymbol{G}'|R_1)\cos(|\boldsymbol{G}-\boldsymbol{G}'|R_1)}{(|\boldsymbol{G}-\boldsymbol{G}'|R_1)^3}\right.$$

$$\left.+\frac{\omega_{\rm p}^2}{\varepsilon_i c^2}\cdot 3f_2\frac{\sin(|\boldsymbol{G}-\boldsymbol{G}'|R_2)-(|\boldsymbol{G}-\boldsymbol{G}'|R_2)\cos(|\boldsymbol{G}-\boldsymbol{G}'|R_2)}{(|\boldsymbol{G}-\boldsymbol{G}'|R_2)^3}\right]\cdot\boldsymbol{M}_i \tag{13.20}$$

其中, $\boldsymbol{M}_i = |\boldsymbol{k}+\boldsymbol{G}|\,|\boldsymbol{k}+\boldsymbol{G}'| \cdot \boldsymbol{F}_i (i = x, y)$, 且 $\boldsymbol{F}_x = \begin{pmatrix} \widehat{\boldsymbol{e}}_2 \cdot \boldsymbol{I}_x \cdot \widehat{\boldsymbol{e}}_{2'} & -\widehat{\boldsymbol{e}}_2 \cdot \boldsymbol{I}_x \cdot \widehat{\boldsymbol{e}}_{1'} \\ -\widehat{\boldsymbol{e}}_1 \cdot \boldsymbol{I}_x \cdot \widehat{\boldsymbol{e}}_{2'} & \widehat{\boldsymbol{e}}_1 \cdot \boldsymbol{I}_x \cdot \widehat{\boldsymbol{e}}_{1'} \end{pmatrix}$,

$\boldsymbol{F}_y = \begin{pmatrix} \widehat{\boldsymbol{e}}_2 \cdot \boldsymbol{I}_y \cdot \widehat{\boldsymbol{e}}_{2'} & \widehat{\boldsymbol{e}}_2 \cdot \boldsymbol{I}_y \cdot \widehat{\boldsymbol{e}}_{1'} \\ \widehat{\boldsymbol{e}}_1 \cdot \boldsymbol{I}_y \cdot \widehat{\boldsymbol{e}}_{2'} & \widehat{\boldsymbol{e}}_1 \cdot \boldsymbol{I}_y \cdot \widehat{\boldsymbol{e}}_{1'} \end{pmatrix}$。$\boldsymbol{T}$ 、$\boldsymbol{U}$、$\boldsymbol{V}$ 和 $\boldsymbol{W}$ 是 $N \times N$ 的矩阵。多项式 (13.16) 的求解可以转换成为对一个 $4N\times4N$ 矩阵 $\boldsymbol{Q}$ 特征值的求取。矩阵 $\boldsymbol{Q}$ 满足

$$\boldsymbol{Q}z = \zeta z, \quad \boldsymbol{Q} = \begin{bmatrix} \boldsymbol{0} & \boldsymbol{I} & \boldsymbol{0} & \boldsymbol{0} \\ \boldsymbol{0} & \boldsymbol{0} & \boldsymbol{I} & \boldsymbol{0} \\ \boldsymbol{0} & \boldsymbol{0} & \boldsymbol{0} & \boldsymbol{I} \\ \boldsymbol{W} & \boldsymbol{V} & \boldsymbol{U} & \boldsymbol{T} \end{bmatrix} \tag{13.21}$$

求解式 (13.21) 的本征值就得到了式 (13.16) 的解。明显，所求本征值的实部就决定了 RCP 波在该三维各向异性磁化等离子体光子晶体中的色散关系。

13.2.2 磁光 Faraday 效应下 RCP 波的色散特性

为了不失一般性并便于分析，频域用 $\omega a/2\pi c$ 来进行归一化。因此，用一个变量 $\omega_{\mathrm{p0}} = 2\pi c/a$ 来定义 ω_{c}、ω_{p} 和 ν_{c}。假设 ω_{p} 和 ν_{c} 初始值分别定义为 $\omega_{\mathrm{p}} = \omega_{\mathrm{pl}} = 0.12\omega_{\mathrm{p0}}$ 和 $\nu_{\mathrm{c}} = 0.02\omega_{\mathrm{pl}}$，且 ω_{c} 定义为 $\omega_{\mathrm{c}} = 0.8\omega_{\mathrm{pl}}$。显然，$\omega_{\mathrm{p0}}$ 和 ω_{pl} 没有任何物理意义，仅是参变量。假设这三种填充介质的相对磁导率分别为 $\mu_{\mathrm{a}} = 1$，$\mu_{\mathrm{b}} = 1$ 和 $\mu_{\mathrm{p}}=1$。在以下计算中展开的平面波数为 729。图 13.12 中给出了在不同 ω_{c}、ω_{p} 和 ν_{c} 条件下，RCP 波在该三维磁化等离子体光子晶体中的色散曲线，此时 $\varepsilon_{\mathrm{b}}=1$，$R_1 = 0.24a$ 和 $R_2 = 0.35a$。灰色区域代表 PBGs。由图 13.12 可知，当 $\omega_{\mathrm{p}} = \omega_{\mathrm{c}} = \nu_{\mathrm{c}}=0$ 时，磁化等离子体鞘层可以看作空气，此时该磁化等离子体光子晶体可视为常规的三维介质 —— 空气光子晶体，且能产生 PBGs。前两个 PBGs 分别位于 0.388~0.4136 ($2\pi c/a$) 和 0.5626~0.5763 ($2\pi c/a$)。当 $\omega_{\mathrm{p}} = 0.12\omega_{\mathrm{p0}}, \omega_{\mathrm{c}} = 0, \nu_{\mathrm{c}} = 0.02\omega_{\mathrm{pl}}$ 时，核心 Te 球被等离子体鞘层覆盖，此时该光子晶体能产生 PBGs 和 1 个水平带区域。水平带区域覆盖 0.0159~0.12 ($2\pi c/a$)。前两个 PBGs 的上下边缘将向高频方向移动，且此时它们分别位于 0.3921~0.4171 ($2\pi c/a$) 和 0.5667~0.5796 ($2\pi c/a$)。如图 13.12(c) 所示，当引入外加磁场后 (任何时候 $\boldsymbol{B}$ 与 $\boldsymbol{k}$ 都平行)，水平带区域和 PBGs 的上下边缘都将向高频方向移动。水平带区域的范围将变为 0.0959~0.1772 ($2\pi c/a$)，前两个 PBGs 的范围将变为 0.3936~0.4182 ($2\pi c/a$) 和 0.5675~0.5802 ($2\pi c/a$)。众所周知 [316]，水平带区域中包含多个水平能带，其是由表面等离子体激元模形成的。由上述可知，RCP 波在该光子晶体中的开关状态和表面等离子体激元模都能被外加磁场所调谐。换句话说，RCP 波在该光子晶体中的 PBG 可以看作 SWBG，且该光子晶体也可以被用来设计成 RCP 波的波分多路复用器、光开关或可调谐滤波器等器件。本节将主要研究 1st SWBG 的特性。

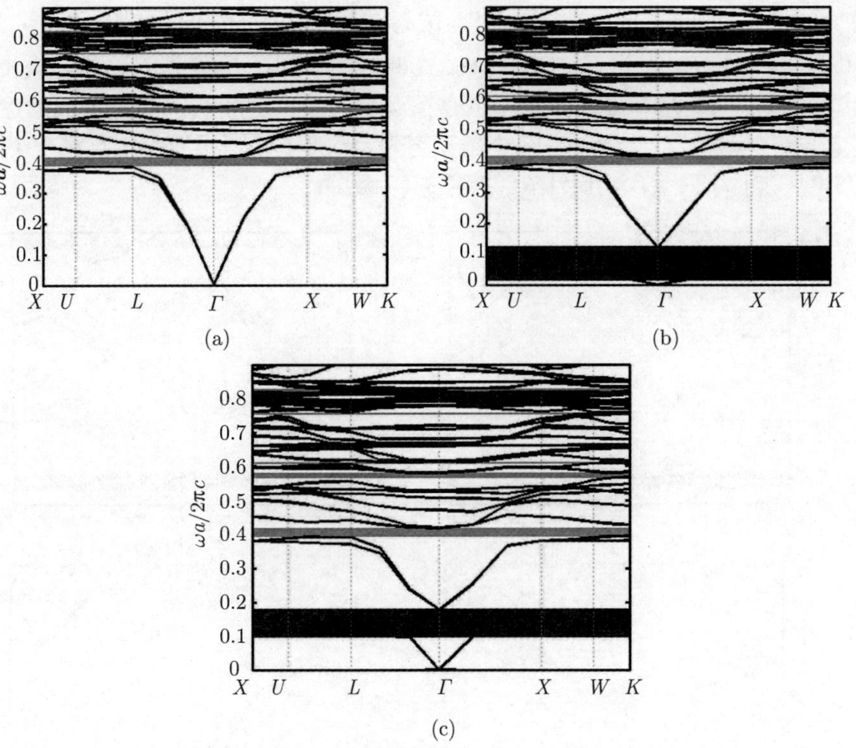

图 13.12 在不同 ω_c、ω_p 和 ν_c 条件下，RCP 波在该三维磁化等离子体光子晶体中的色散曲线

(a) $\omega_p=0,\nu_c=0,\ \omega_c=0$；(b) $\omega_p=0.12\omega_{p0},\ \nu_c=0.02\omega_{pl},\ \omega_c=0$；(c) $\omega_p=0.12\omega_{p0},\ \nu_c=0.02\omega_{pl},\ \omega_c=0.8\omega_{pl}$

13.2.3 磁光 Faraday 效应下表面等离子体激元模的特性

当电磁波的频率落于水平带区域中 [317] 时，ε_p 的实部是负数，而 ε_a 和 ε_b 是正数。这意味着介电常数在核心、磁化等离子体和背景介质的交界面上的符号发生了变化，因此会形成表面等离子体激元模，它将被局域在介质的交界面处。为了研究表面等离子体激元模的特性，图 13.13 给出了 R_1 取不同值时 RCP 波在该三维磁化等离子体光子晶体中的色散曲线，此时 $\varepsilon_b=1$，$\omega_p=0.12\omega_{p0}$，$\omega_c=0.8\omega_{pl}$，$\nu_c=0.02\omega_{pl}$ 和 $R_2=0.35a$。由图 13.13 可知，RCP 波的色散曲线几乎不会随着 R_1 的变化而变化。由计算结果可知，磁化等离子体鞘层的厚度 (R_2-R_1) 存在着一个阈值，使得该结构可以等效为一个磁化等离子体球。换句话说，这不仅使实现该三维磁化等离子体光子晶体成为可能，而且减少了等离子体的体积。图 13.14 给出了 ε_a 取不同值时 RCP 在该三维磁化等离子体光子晶体中的色散曲线，此时 $R_1=0.03a$，$\varepsilon_b=1$，$\omega_p=0.12\omega_{p0}$，$\omega_c=0.8\omega_{pl}$，$\nu_c=0.02\omega_{pl}$ 和 $R_2=0.35a$。

由图 13.14 可知，当 $R_1 = 0.03a$ 时，核心介质球为 SiO_2 ($\varepsilon_a = 4$)、Te (n_o=4.8, n_e=6.2)、Si (ε_a=12.4) 和 Tl_3AsSe_3 (n_o=3.35, n_e=3.16)，所得到的色散曲线几乎完全相同。这说明磁化等离子体鞘层也存在一个阈值，使得 ε_a 对 RCP 波的色散曲线无影响。由图 13.13 和图 13.14 中结果可知，等离子体鞘层的厚度存在一个阈值，可以使 R_1 和 ε_a 对 RCP 波的色散曲线无影响。

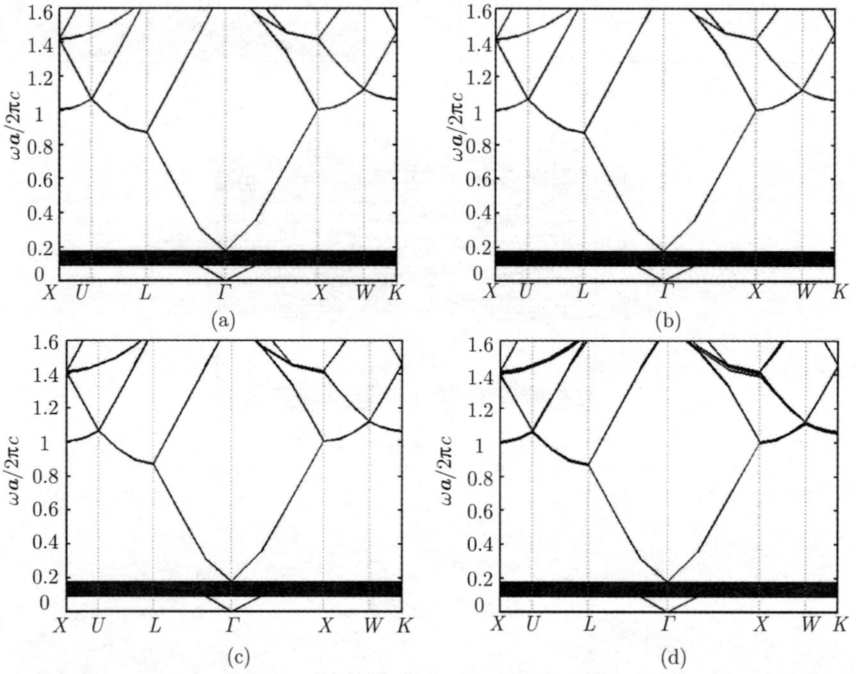

图 13.13　R_1 取不同值时 RCP 波在该三维磁化等离子体光子晶体中的色散曲线

(a) R_1=0; (b) $R_1 = 0.01a$; (c) $R_1 = 0.02a$; (d) $R_1 = 0.04a$

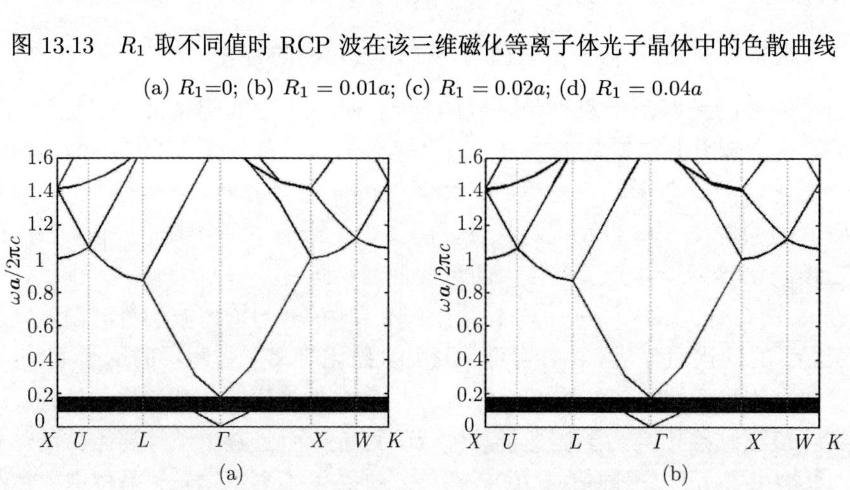

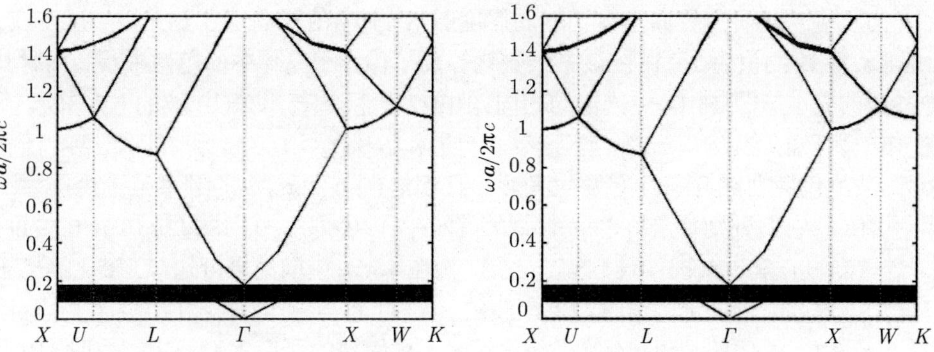

(c) (d)

图 13.14 ε_a 取不同值时 RCP 在该三维磁化等离子体光子晶体中的色散曲线

(a) SiO_2 (ε_a=4); (b) Si (ε_a=12.4); (c) Tl_3AsSe_3 (n_o=3.35, n_e=3.16); (d) Te (n_o=4.8, n_e=6.2)

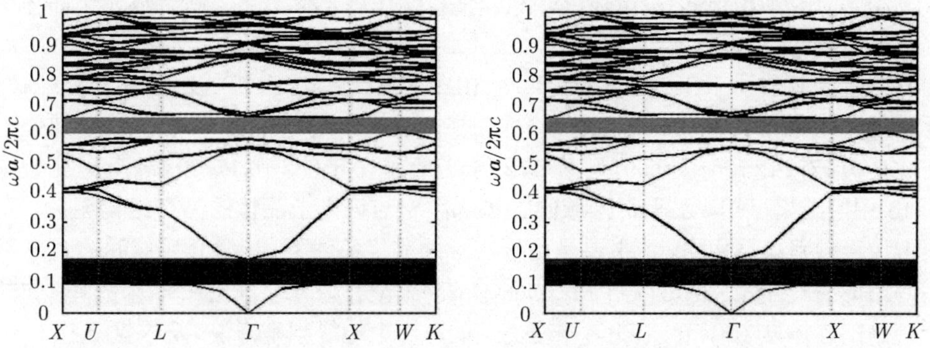

(a) (b)

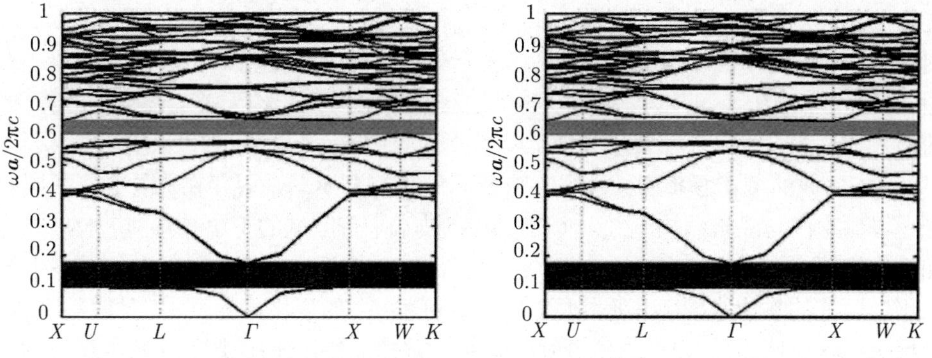

(c) (d)

图 13.15 $\varepsilon_b = 20$ 且 ε_a 取不同值时 RCP 在该三维磁化等离子体光子晶体中的色散曲线

(a) SiO_2 (ε_a=4); (b) Si (ε_a=12.4); (c) Tl_3AsSe_3 (n_o=3.35, n_e=3.16); (d) Te (n_o=4.8, n_e=6.2)

为了进一步研究等离子体鞘层的厚度对 SWBG 的影响，图 13.15 给出了 ε_{b}=20 且 ε_{a} 取不同值时 RCP 在该三维磁化等离子体光子晶体中的色散曲线，此时其他参数的大小与图 13.14 中给出的相同。图中灰色区域表示 RCP 波的 SWBGs。由图 13.15 可知，当 R_1=0.03a 时，核心介质球为 SiO_2、Te、Si 和 Tl_3AsSe_3，所得 RCP 波的色散曲线几乎没有发生变化，且都能在 0~$2\pi c/a$ 的频率范围内产生一个 SWBG。它们分别位于 0.5994~0.6484 ($2\pi c/a$)，0.6001~0.6488 ($2\pi c/a$)，0.5999~0.6488 ($2\pi c/a$) 和 0.6004~0.6488 ($2\pi c/a$)。由图 13.15 中的结果可知，当磁化等离子体鞘层的厚度大于一定阈值时，RCP 波的 SWBG 将与 ε_{a} 的大小和类型无关。由图 13.13~ 图 13.15 中的结果可知，当磁化等离子体鞘层的厚度大于一定阈值时，RCP 波的色散曲线将与 R_1 和 ε_{a} 无关，且 RCP 在该三维磁化等离子体光子晶体中的开关状态也不会发生变化。值得注意的是，RCP 波的水平带区域也不会随着 R_1 和 ε_{a} 的变化而变化。这主要是因为当磁化等离子体鞘层的厚度足够大时，RCP 波将不能穿透该鞘层而直接被反射。

图 13.16 给出了在不同晶格条件下 RCP 波在该三维磁化等离子体光子晶体中的色散曲线，此时 R_1=0.2a，ε_{b}=1，$\omega_{\mathrm{p}}=0.12\omega_{\mathrm{p0}}$，$\omega_{\mathrm{c}}=0.8\omega_{\mathrm{pl}}$，$\nu_{\mathrm{c}}=0.02\omega_{\mathrm{pl}}$ 和 R_2=0.35a。图中灰色区域表示 RCP 波的 SWBGs。由图 13.16 可知，RCP 波在不同晶格条件下都能产生水平带区域。对于这 3 种晶格而言，RCP 波的水平带区域分别位于 0.0959~0.1772 ($2\pi c/a$)，0.0979~0.1772 ($2\pi c/a$) 和 0.01082~0.1772 ($2\pi c/a$)。比较图 13.16 中的结果可知，水平带区域的上边缘频率与该光子晶体的晶格结构无关，而其下边缘频率却不相同。这主要是由于在不同晶格条件下，核心介质球间的距离不相同造成的。当然这也可以用 Maxwell-Garnett 型有效介质理论 [315] 来解释 (如式 (13.11))，具体见 13.1 节，在此不作复述。而对于上边缘频率来说，是根据 $\varepsilon_{\mathrm{p}} \leqslant 0$ 条件来决定的。图 13.17 给出了不同晶格条件下，RCP 波水平带区域的上下边缘的位置与 R_1 的关系图，此时 ε_{b}=1，$\omega_{\mathrm{p}}=0.12\omega_{\mathrm{p0}}$，$\omega_{\mathrm{c}}=0.8\omega_{\mathrm{pl}}$，$\nu_{\mathrm{c}}=0.02\omega_{\mathrm{pl}}$ 和 R_2=0.35a。图中 fcc 晶格表示面心晶格，bcc 晶格表示体心晶格，sc 晶格表示立方体晶格。由图 13.17 可知，RCP 波水平带区域的上边缘频率与晶格结构无关，它不会随着 R_1 的增加而发生变化，且都等于 0.1772 ($2\pi c/a$)。这是因为水平带区域的上边缘频率仅和 RCP 波的截止频率有关。这意味着无论核心介质球是否存在，水平带区域的上边缘频率都与晶格结构无关。然而，RCP 波水平带区域的下边缘将随着 R_1 的增加而向高频方向移动。当 $R_1/a \leqslant 0.05$ 时，RCP 波在面心、体心和立方体晶格中的水平带区域的下边缘频率几乎相同，且不会随着 R_1 的变化而变化。但是随着 R_1/a 的增大，与其他两种晶格相比，RCP 波在立方体晶格中水平带区域下边缘的频率更大。当 R_1/a =0.345 时，RCP 波在这三种晶格结构中水平带区域下边缘的频率将趋于一个定值，即 0.14 ($2\pi c/a$)。

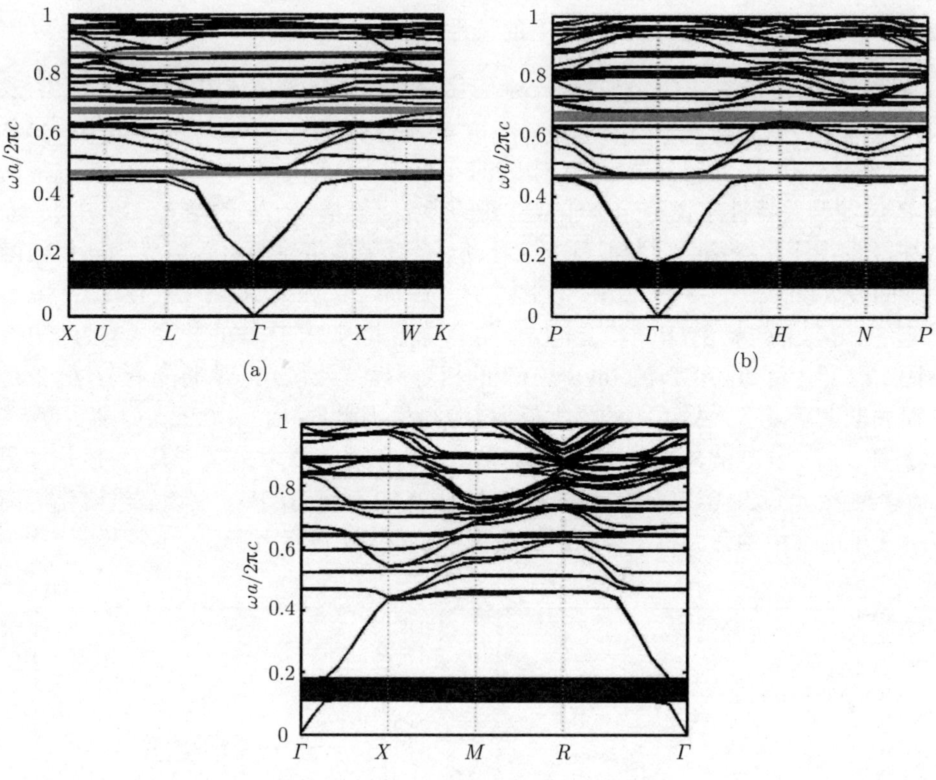

图 13.16 不同晶格条件下，RCP 波在该三维磁化等离子体光子晶体中的色散曲线

(a) 面心晶格; (b) 体心晶格; (c) 立方体晶格

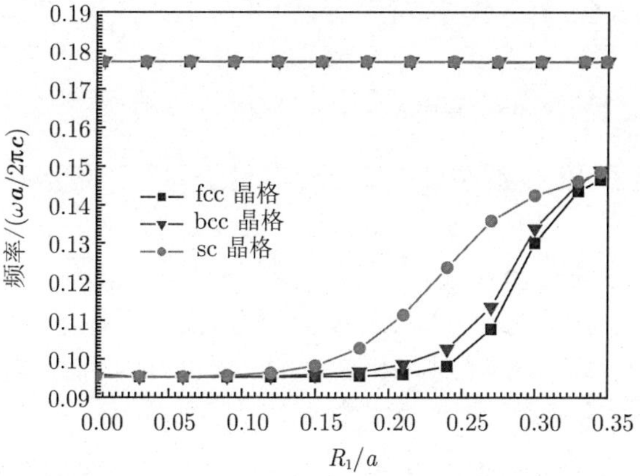

图 13.17 不同晶格条件下，RCP 波水平带区域的上下边缘的位置与 R_1 的关系图

13.2.4 RCP 波的可调谐 SWBG 的特性

图 13.18 给出了 RCP 波在该三维磁化等离子体光子晶体中的 1st SWBG 及其相对带宽与 R_1 的关系图，此时 $\varepsilon_b=1$，$\omega_p=0.15\omega_{p0}$，$\omega_c=0.8\omega_{pl}$，$\nu_c=0.02\omega_{pl}$ 和 $R_2=0.35a$。图中阴影部分表示 RCP 波的 1st SWBG。由图 13.18(a) 可知，R_1 对 RCP 波的开关特性来说是一个非常重要的参数。随着 R_1/a 的增大，RCP 波 1st SWBG 的上下边缘都会向着低频方向移动，且其带宽将先增大后减小。1st SWBG 带宽的最大值为 0.0288 $(2\pi c/a)$，且此时 $R_1/a=0.26$。如果 $R_1/a<0.12$ 且 $R_1/a>0.32$，RCP 波的 1st SWBG 将会消失。这意味着此时 RCP 波的开关状态为“开”。由图 13.18(b) 可知，RCP 波 1st SWBG 的相对带宽 $(\Delta\omega/\omega_i)$[316] 将随着 R_1/a 的增大而先增大后减小。$\Delta\omega/\omega_i$ 的最大值为 0.0757，且此时 R_1/a=0.26。如果 $R_1/a<0.12$ 且 $R_1/a>0.32$，$\Delta\omega/\omega_i$ 的值为零，RCP 波的开关状态为“开”。但是如果 $0.12\leqslant R_1/a\leqslant 0.32$，RCP 波的开关状态为“关”。因此，RCP 波在该三维磁化等离子体光子晶体中的开关状态可以通过改变 R_1 的大小进行调谐。

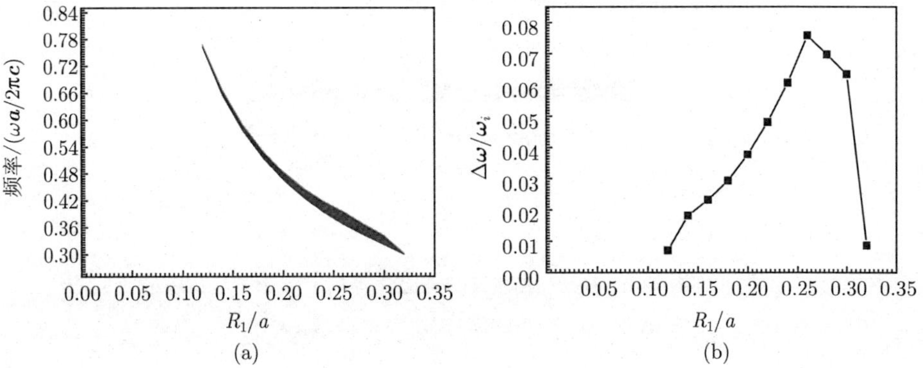

图 13.18 RCP 波在该三维磁化等离子体光子晶体中的 1st SWBG 及其相对带宽与 R_1 的关系图

(a) 1st SWBG; (b) 1st SWBG 的相对带宽

图 13.19 给出了 RCP 波在该三维磁化等离子体光子晶体中的 1st SWBG 及其相对带宽与 ω_p 的关系图，此时 $R_2=0.35a$，$\varepsilon_b=1$，$\omega_c=0.8\omega_{pl}$，$\nu_c=0.02\omega_p$ 和 $R_1=0.24a$。图中阴影部分表示 RCP 波的 1st SWBG。由图 13.19(a) 可知，RCP 波 1st SWBG 的上下边缘将会随着ω_p/ω_{p0} 的增大而向高频方向移动，但是其带宽将逐渐减小。当 $\omega_p/\omega_{p0}>0.44$ 时，RCP 波的 1st SWBG 将会消失，且 RCP 波在该光子晶体中的开关状态将会由“关”变为“开”。RCP 波 1st SWBG 的带宽最大值将出现在 low-ω_p 区域，其值为 0.0258 $(2\pi c/a)$，且此时 ω_p/ω_{p0}=0.01。这意味着 RCP 波在该光子晶体中的开关状态在 high-ω_p 区域更容易被改变。这是因为改变

ω_p 的大小，其本质上就是改变该光子晶体的平均折射率。对于 SWBG 的上下边缘来说，区别它们的主要方法是看其能量模式集中在什么区域。对于低频模式而言，它们的能量主要集中在光子晶体的 high-ε 区域；对于高频模式而言，它们的能量主要集中在光子晶体的 low-ε 区域。因此，如果 ω_p 的大小变化了，SWBG 的位置也会发生变化。由图 13.19(b) 可知，RCP 波 1st SWBG 的相对带宽将随着 ω_p 的增大而减小，其最大值为 0.0646，且此时ω_p/ω_{p0}=0.01。与 $\omega_p\omega_{p0}$=0.13 时相比，RCP 波 1st SWBG 的 $\Delta\omega/\omega_i$ 增加了 0.0042。如果 $\omega_p/\omega_{p0} < 0.44$，RCP 波的开关状态为 “关”。由上述可知，改变ω_p 的大小能对 RCP 波在该三维磁化等离子体光子晶体中的开关状态进行调谐，且 “开” 状态较易在 high-ω_p 区域中得到。

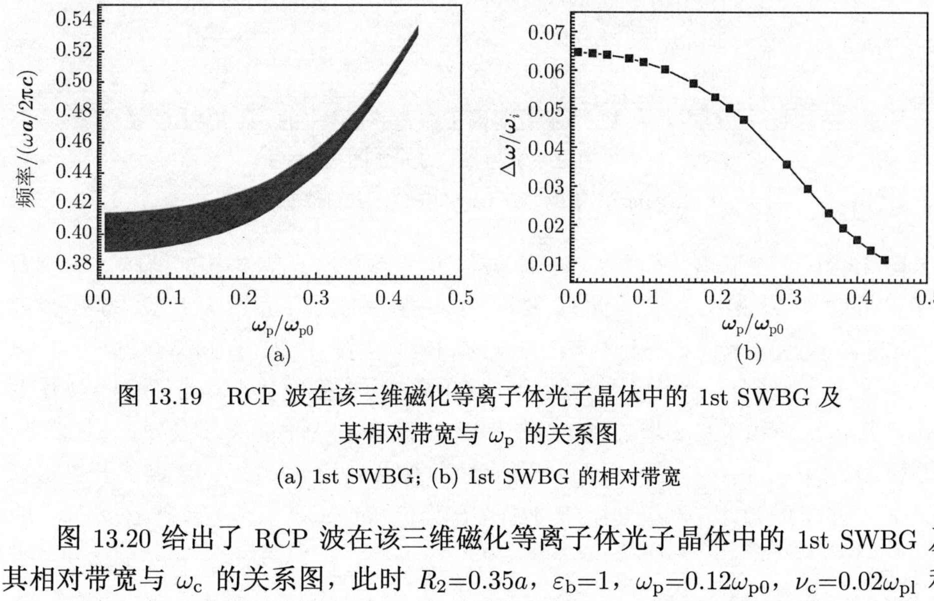

图 13.19 RCP 波在该三维磁化等离子体光子晶体中的 1st SWBG 及其相对带宽与 ω_p 的关系图

(a) 1st SWBG; (b) 1st SWBG 的相对带宽

图 13.20 给出了 RCP 波在该三维磁化等离子体光子晶体中的 1st SWBG 及其相对带宽与 ω_c 的关系图，此时 R_2=0.35a，ε_b=1，ω_p=0.12ω_{p0}，ν_c=0.02ω_{pl} 和 R_1=0.24a。图中阴影部分表示 RCP 波的 1st SWBG。由图 13.20(a) 可知，随着 ω_c/ω_{pl} 的增大，RCP 波 1st SWBG 的上下边缘将会向着高频方向移动，而其带宽将逐渐减小。当 $\omega_c/\omega_{pl} > 4$，RCP 波的 1st SWBG 将不会存在，且 RCP 波的开关状态将变为 “开”。RCP 波 1st SWBG 带宽的最大值将会出现在 low-ω_c 区域，其大小为 0.0251 ($2\pi c/a$)，且满足 ω_c/ω_{pl}=0.01。与 ω_c/ω_{pl}=0.4 时相比，1st SWBG 的带宽增加了 0.0236 ($2\pi c/a$)。这表示 RCP 波在该光子晶体中的开关状态在 high-ω_c 区域中更容易被改变。这是因为改变 ω_c 的大小就是改变外加磁场的大小，其本质上也是改变该光子晶体的平均折射率 [213]。因此，RCP 波的开关状态能够通过改变 ω_c 进行调谐。由图 13.20(b) 可知，RCP 波 1st SWBG 的 $\Delta\omega/\omega_i$ 将随着 ω_c 的增大而减小，其最大值为 0.0618，且此时 ω_c/ω_{pl}=0.01。与 ω_c/ω_{pl}=0.9 时相比，RCP 波 1st SWBG 的相对带宽增加了 0.0013。如果 $\omega_c/\omega_{pl} > 4$，RCP 波的开关状态将

会由 “关” 变为 “开”。由上述讨论可知，ω_c(外加磁场) 是调谐 RCP 波开关状态的一个重要参数。较大的 RCP 波 1st SWBG 和 “关” 状态能出现在 low-ω_c 区域。

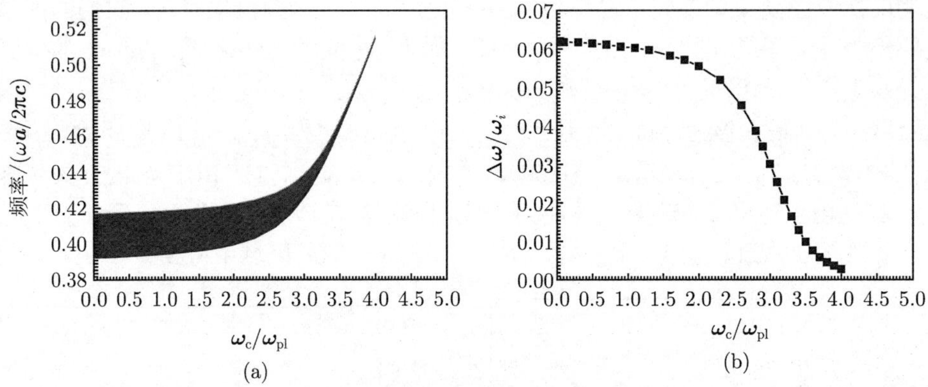

图 13.20 RCP 波在该三维磁化等离子体光子晶体中的 1st SWBG 及其相对带宽与 ω_c 的关系图

(a) 1st SWBG; (b) 1st SWBG 的相对带宽

图 13.21 给出了 RCP 波在该三维磁化等离子体光子晶体中的 1st SWBG 及其相对带宽与 ν_c 的关系图，此时 R_2=0.35a，ε_b=1，ω_p=0.12ω_{p0}，ω_c=0.8ω_{pl} 和 R_1=0.24a。灰色区域代表 RCP 波的 1st SWBG。由图 13.21(a) 可知，RCP 波 1st SWBG 的上下边缘的频率将不会随着 ν_c 的增大而发生变化，其带宽也不会发生变化。当 ν_c/ω_{pl} 由 0.002 增加到 0.2 时，RCP 波 1st SWBG 将不会发生变化，其频率范围是 0.3936~0.4182 (2πc/a)，且带宽为 0.0246 (2πc/a)。RCP 波的开关状态为 “关”。由图 13.21(b) 可知，RCP 波 1st SWBG 的 $\Delta\omega/\omega_i$ 也不会随着 ν_c/ω_{pl} 的

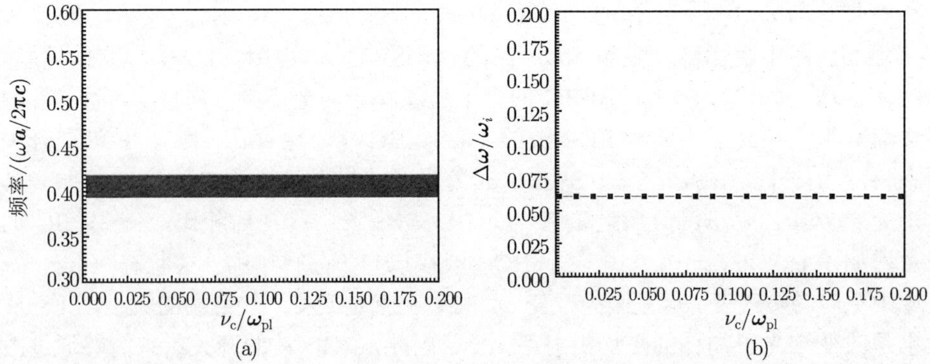

图 13.21 RCP 波在该三维磁化等离子体光子晶体中的 1st SWBG 及其相对带宽与 ν_c 的关系图

(a) 1st SWBG; (b) 1st SWBG 的相对带宽

增大而发生变化，且 $\Delta\omega/\omega_i$=0.0606。因此，改变 ν_c 的大小几乎不能实现对 RCP 波在该三维磁化等离子体光子晶体中的开关状态的调谐。这是因为 ν_c 仅表示能量的损耗项 [316]。

13.3 磁光 Voigt 效应下非寻常波光开关的设计技术

本节将在理论上讨论磁光 Voigt 效应下, 非寻常波在三维各向异性磁化等离子体光子晶体中的 SWBG 和表面等离子体激元模的特性。该光子晶体在空间上以体心晶格排列，且填充物采用三元鞘层结构来实现，即核心 Te 球的外面包裹着磁化等离子体鞘层。本节首先推导了用于计算非寻常波在该光子晶体中色散曲线的 PWE 算法公式, 然后对该情况下等离子体激元模的特性进行了分析，最后讨论了该光子晶体的各个参数对非寻常波的 SWBG 和开关状态的影响。研究结果表明：该光子晶体可以设计成为一个非寻常波的 "光开关"。本节中仅考虑了非寻常波在该光子晶体中的色散特性, 并没有讨论寻常波和混合模式。在计算时引入的时谐量是 $e^{-j\omega t}$, ω 是角频率, t 是时间, 且 $j=\sqrt{-1}$。

13.3.1 理论模型和计算方法

图 13.22(a) 给出了该三维各向异性磁化等离子体光子晶体的拓扑结构示意图。假设在任何情况下都使得外加磁场 $\boldsymbol{B}$ 的方向和波矢 $\boldsymbol{k}$ 的方向垂直, 即 $\boldsymbol{B}$ 和 $\boldsymbol{k}$ 的夹角为 90 °。因此, 使得等离子体满足磁光 Voigt 效应的条件。如图 13.22(a) 所示, 假设核心 Te 球的半径、磁化等离子体鞘层半径和晶格常数分别为 R_1、R_2 和 a, 且将它们的相对介电常数分别用 ε_a、ε_p 和 ε_b 表示。如图 13.22(b) 所示，体心晶格的第一不

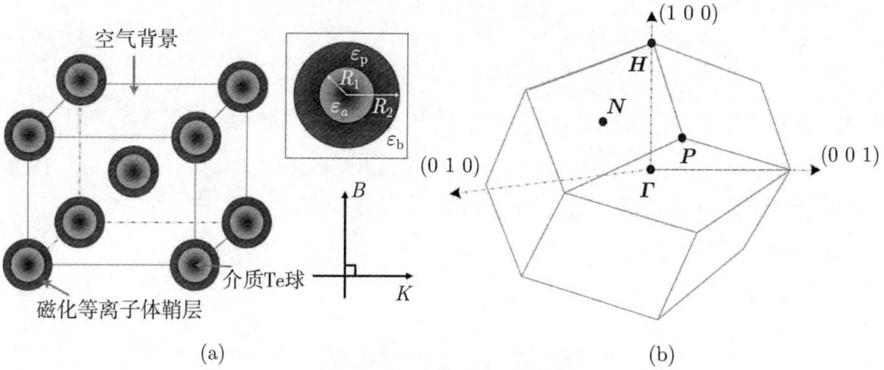

图 13.22 基于鞘套层结构的三维体心晶格各向异性磁化等离子体光子晶体的拓扑结构和第一不可约布里渊区的示意图

(a) 拓扑结构示意图; (b) 第一不可约布里渊区

可约布里渊区上的高对称点分别为：$\Gamma=(0,0,0)$，$H=(0,0,2\pi/a)$，$N=(0,\pi/a,\pi/a)$ 和 $P=(\pi/a,\pi/a,\pi/a)$。假设本节的计算中取 $\varepsilon_{\mathrm{b}}=1$。由式 (6.46) 可知，在磁光 Voigt 效应下，非寻常波的有效相对介电常数可以表示为

$$\varepsilon_{\mathrm{p}}=\frac{\left[\omega(\omega+\mathrm{j}\nu_{\mathrm{c}})-\omega_{\mathrm{p}}^2\right]^2-\omega^2\omega_{\mathrm{c}}^2}{\omega^2\left\{\left[(\omega+\mathrm{j}\nu_{\mathrm{c}})^2-\omega_{\mathrm{c}}^2\right]\right\}-\omega\omega_{\mathrm{p}}^2(\omega+\mathrm{j}\nu_{\mathrm{c}})} \tag{13.22}$$

其中，$\omega_{\mathrm{p}}=(e^2n_{\mathrm{e}}/\varepsilon_0 m)^{1/2}$ 是等离子体频率，e、m、n_{e} 和 ε_0 分别表示电子的电量、电子的质量、等离子体密度和真空中的介电常数；$\omega_{\mathrm{c}}=eB/m$ 是等离子体回旋频率，B 是外加磁场的大小；ν_{c} 是等离子体碰撞频率。由于本节采用 PWE 方法计算，而 Te 又是一种 type-1 单轴材料，因此该光子晶体介电常数的傅里叶展开系数为

$$\varepsilon_{\boldsymbol{G},\boldsymbol{G}'}^{-1}(i)=\begin{cases}\left\{\dfrac{\omega^2[(\omega+\mathrm{j}v_{\mathrm{c}})^2-\omega_{\mathrm{c}}^2]-\omega\omega_{\mathrm{p}}^2(\omega+\mathrm{j}v_{\mathrm{c}})}{[\omega(\omega+\mathrm{j}v_{\mathrm{c}})-\omega_{\mathrm{p}}^2]^2-\omega^2\omega_{\mathrm{c}}^2}-\dfrac{1}{\varepsilon_{\mathrm{b}}}\right\}f_2 \\ \quad+\left\{\dfrac{1}{\varepsilon_i}-\dfrac{\omega^2[(\omega+\mathrm{j}v_{\mathrm{c}})^2-\omega_{\mathrm{c}}^2]-\omega\omega_{\mathrm{p}}^2(\omega+\mathrm{j}v_{\mathrm{c}})}{\left[\omega(\omega+\mathrm{j}v_{\mathrm{c}})-\omega_{\mathrm{p}}^2\right]^2-\omega^2\omega_{\mathrm{c}}^2}\right\}f_1+\dfrac{1}{\varepsilon_{\mathrm{b}}}, \quad \boldsymbol{G}-\boldsymbol{G}'=0 \\ \left(\left\{\dfrac{\omega^2\left[(\omega+\mathrm{j}v_{\mathrm{c}})^2-\omega_{\mathrm{c}}^2\right]-\omega\omega_{\mathrm{p}}^2(\omega+\mathrm{j}v_{\mathrm{c}})}{\left[\omega(\omega+\mathrm{j}v_{\mathrm{c}})-\omega_{\mathrm{p}}^2\right]^2-\omega^2\omega_{\mathrm{c}}^2}\right\}-\dfrac{1}{\varepsilon_{\mathrm{b}}}\right) \\ \cdot 3f_2\dfrac{\sin(|\boldsymbol{G}-\boldsymbol{G}'|R_2)-(|\boldsymbol{G}-\boldsymbol{G}'|R_2)\cos(|\boldsymbol{G}-\boldsymbol{G}'|R_2)}{(|\boldsymbol{G}-\boldsymbol{G}'|R_2)^3} \\ \quad+\left(\dfrac{1}{\varepsilon_i}-\left\{\dfrac{\omega^2\left[(\omega+\mathrm{j}v_{\mathrm{c}})^2-\omega_{\mathrm{c}}^2\right]-\omega\omega_{\mathrm{p}}^2(\omega+\mathrm{j}v_{\mathrm{c}})}{\left[\omega(\omega+\mathrm{j}v_{\mathrm{c}})-\omega_{\mathrm{p}}^2\right]^2-\omega^2\omega_{\mathrm{c}}^2}\right\}\right) \\ \cdot 3f_1\dfrac{\sin(|\boldsymbol{G}-\boldsymbol{G}'|R_1)-(|\boldsymbol{G}-\boldsymbol{G}'|R_1)\cos(|\boldsymbol{G}-\boldsymbol{G}'|R_1)}{(|\boldsymbol{G}-\boldsymbol{G}'|R_1)^3}, \quad \boldsymbol{G}-\boldsymbol{G}'\neq 0 \\ \qquad (i=x,y)\end{cases} \tag{13.23}$$

其中，$f_1=(4\pi R_1^3)/(3V_{\mathrm{m}})$ 表示核心介质球的填充率，而 $f_2=(4\pi R_2^3)/(3V_{\mathrm{m}})$ 是介质 —— 等离子体球的填充率。V_{m} 是晶格单元的体积，$\boldsymbol{G}$ 是倒格矢。与 13.2 节类似，根据 PWE 方法，Maxwell 方程组可以最终化简为 [337,338]

$$\zeta^6\boldsymbol{I}-\zeta^5\boldsymbol{O}-\zeta^4\boldsymbol{P}-\zeta^3\boldsymbol{Q}-\zeta^2\boldsymbol{R}-\zeta\mu\boldsymbol{S}-\boldsymbol{T}=0 \tag{13.24}$$

其中 $\boldsymbol{I}$ 表示单位矩阵，$\zeta=\omega/c$ 且

$$\boldsymbol{O}(\boldsymbol{G}|\boldsymbol{G}')=-\mathrm{j}\frac{2\nu_{\mathrm{c}}}{c}\boldsymbol{\delta}_{\boldsymbol{G}\cdot\boldsymbol{G}'} \tag{13.25}$$

$$\boldsymbol{P}(\boldsymbol{G}|\boldsymbol{G}')=\left(\sum_{i=x,y}\left\{\frac{A}{c^2}+\left[\frac{1}{\varepsilon_i}f_1+\frac{1-f_2}{\varepsilon_{\mathrm{b}}}+(f_2-f_1)\right]\cdot|\boldsymbol{k}+\boldsymbol{G}|\left|\boldsymbol{k}+\boldsymbol{G}'\right|\cdot\boldsymbol{F}_i\right\}\right)\boldsymbol{\delta}_{\boldsymbol{G}\cdot\boldsymbol{G}'}$$

$$+\sum_{i=x,y}\left(1-\frac{1}{\varepsilon_{\mathrm{b}}}\right)\boldsymbol{M}_{i2}+\left(\frac{1}{\varepsilon_i}-1\right)\boldsymbol{M}_{i1} \tag{13.26}$$

$$\begin{aligned}\boldsymbol{Q}(\boldsymbol{G}|\boldsymbol{G}')=&\left(\sum_{i=x,y}\left\{\mathrm{j}\frac{2\nu_{\mathrm{c}}\omega_{\mathrm{p}}^2}{c^3}+\mathrm{j}\frac{2\nu_{\mathrm{c}}}{c}\left[\frac{1}{\varepsilon_i}f_1+\frac{1-f_2}{\varepsilon_{\mathrm{b}}}+(f_2-f_1)\right]\right.\right.\\&\left.\left.\cdot|\boldsymbol{k}+\boldsymbol{G}|\left|\boldsymbol{k}+\boldsymbol{G}'\right|\cdot\boldsymbol{F}_i\right\}\right)\boldsymbol{\delta}_{\boldsymbol{G}\cdot\boldsymbol{G}'}\\&+\sum_{i=x,y}\mathrm{j}\frac{2\nu_{\mathrm{c}}}{c}\left[\left(1-\frac{1}{\varepsilon_{\mathrm{b}}}\right)\boldsymbol{M}_{i2}+\left(\frac{1}{\varepsilon_i}-1\right)\boldsymbol{M}_{i1}\right]\end{aligned} \tag{13.27}$$

$$\begin{aligned}\boldsymbol{R}(\boldsymbol{G}|\boldsymbol{G}')=&\left(\sum_{i=x,y}\left\{-\frac{\omega_{\mathrm{p}}^4}{c^4}+\left[-\frac{A}{c^2}\left(\frac{1}{\varepsilon_i}f_1+\frac{1-f_1}{\varepsilon_{\mathrm{b}}}\right)+\frac{\omega_{\mathrm{p}}^2-A}{c^2}(f_2-f_1)\right]\right.\right.\\&\left.\left.\cdot|\boldsymbol{k}+\boldsymbol{G}|\left|\boldsymbol{k}+\boldsymbol{G}'\right|\cdot\boldsymbol{F}_i\right\}\right)\boldsymbol{\delta}_{\boldsymbol{G}\cdot\boldsymbol{G}'}\\&+\sum_{i=x,y}-\frac{A}{c^2}\left(1-\frac{1}{\varepsilon_{\mathrm{b}}}\right)\boldsymbol{M}_{i2}+\frac{\omega_{\mathrm{p}}^2-A}{c^2}\left(\frac{1}{\varepsilon_i}-1\right)\boldsymbol{M}_{i1}\end{aligned} \tag{13.28}$$

$$\begin{aligned}\boldsymbol{S}(\boldsymbol{G}|\boldsymbol{G}')=&\left(\sum_{i=x,y}\left\{-\mathrm{j}\frac{\nu_{\mathrm{c}}\omega_{\mathrm{p}}^2}{c^3}\left[\frac{1}{\varepsilon_i}f_1+\frac{1-f_2}{\varepsilon_{\mathrm{b}}}+(f_2-f_1)\right]\right\}\cdot|\boldsymbol{k}+\boldsymbol{G}|\left|\boldsymbol{k}+\boldsymbol{G}'\right|\cdot\boldsymbol{F}\right)\boldsymbol{\delta}_{\boldsymbol{G}\cdot\boldsymbol{G}'}\\&+\sum_{i=x,y}-\mathrm{j}\frac{2\nu_{\mathrm{c}}\omega_{\mathrm{p}}^2}{c^3}\left[\left(1-\frac{1}{\varepsilon_{\mathrm{b}}}\right)\boldsymbol{M}_{i2}+\frac{1}{2}\left(\frac{1}{\varepsilon_i}-1\right)\boldsymbol{M}_{i1}\right]\end{aligned} \tag{13.29}$$

$$\begin{aligned}\boldsymbol{T}(\boldsymbol{G}|\boldsymbol{G}')=&\left[\sum_{i=x,y}\frac{\omega_{\mathrm{p}}^4}{c^4}\left(\frac{f_1}{\varepsilon_i}+\frac{1-f_2}{\varepsilon_{\mathrm{b}}}\right)\cdot|\boldsymbol{k}+\boldsymbol{G}|\left|\boldsymbol{k}+\boldsymbol{G}'\right|\cdot\boldsymbol{F}_i\right]\boldsymbol{\delta}_{\boldsymbol{G}\cdot\boldsymbol{G}'}\\&+\sum_{i=x,y}\frac{\omega_{\mathrm{p}}^4}{c^4}\left(\frac{1}{\varepsilon_i}\boldsymbol{M}_{i1}-\frac{1}{\varepsilon_{\mathrm{b}}}\boldsymbol{M}_{i2}\right)\end{aligned} \tag{13.30}$$

其中

$$\begin{aligned}\boldsymbol{M}_{i1}=&|\boldsymbol{k}+\boldsymbol{G}|\left|\boldsymbol{k}+\boldsymbol{G}'\right|\cdot\boldsymbol{F}_i\\&\cdot 3f_1\frac{\sin(|\boldsymbol{G}-\boldsymbol{G}'|R_1)-(|\boldsymbol{G}-\boldsymbol{G}'|R_1)\cos(|\boldsymbol{G}-\boldsymbol{G}'|R_1)}{(|\boldsymbol{G}-\boldsymbol{G}'|R_1)^3}\quad(i=x,y)\\\boldsymbol{M}_{i2}=&|\boldsymbol{k}+\boldsymbol{G}|\left|\boldsymbol{k}+\boldsymbol{G}'\right|\cdot\boldsymbol{F}_i\\&\cdot 3f_2\frac{\sin(|\boldsymbol{G}-\boldsymbol{G}'|R_2)-(|\boldsymbol{G}-\boldsymbol{G}'|R_2)\cos(|\boldsymbol{G}-\boldsymbol{G}'|R_2)}{(|\boldsymbol{G}-\boldsymbol{G}'|R_2)^3}\quad(i=x,y)\end{aligned}$$

且 $A=\nu_c^2+2\omega_p^2+\omega_c^2$。$\boldsymbol{O}$、$\boldsymbol{P}$、$\boldsymbol{Q}$、$\boldsymbol{R}$、$\boldsymbol{S}$ 和 $\boldsymbol{T}$ 是 $N\times N$ 的矩阵。其他变量的定义参见 12 章。多项式 (13.24) 的求解可以转换成为一个 $6N\times 6N$ 矩阵 $\boldsymbol{W}$ 特征值的求取，且矩阵 $\boldsymbol{W}$ 满足

$$\boldsymbol{W}z=\zeta z,\quad \boldsymbol{W}=\begin{bmatrix} \mathbf{0} & \boldsymbol{I} & \mathbf{0} & \mathbf{0} & \mathbf{0} & \mathbf{0} \\ \mathbf{0} & \mathbf{0} & \boldsymbol{I} & \mathbf{0} & \mathbf{0} & \mathbf{0} \\ \mathbf{0} & \mathbf{0} & \mathbf{0} & \boldsymbol{I} & \mathbf{0} & \mathbf{0} \\ \mathbf{0} & \mathbf{0} & \mathbf{0} & \mathbf{0} & \boldsymbol{I} & \mathbf{0} \\ \mathbf{0} & \mathbf{0} & \mathbf{0} & \mathbf{0} & \mathbf{0} & \boldsymbol{I} \\ \boldsymbol{T} & \boldsymbol{S} & \boldsymbol{R} & \boldsymbol{Q} & \boldsymbol{P} & \boldsymbol{O} \end{bmatrix} \tag{13.31}$$

求解等式 (13.31) 的本征值就得到了式 (13.24) 的解。明显，所求本征值的实部就决定了非寻常波在该三维各向异性磁化等离子体光子晶体中的色散关系。

为了不失一般性并便于分析，频域同样用 $\omega a/2\pi c$ 来进行归一化。因此，用一个变量 $\omega_{p0}=2\pi c/a$ 来定义 ω_c、ω_p 和 ν_c，且初始分别定义为：$\omega_p=\omega_{pl}=0.12\omega_{p0}$，$\nu_c=0.02\omega_{pl}$ 和 $\omega_c=0.8\omega_{pl}$。显然，ω_{p0} 和 ω_{pl} 没有任何物理意义，仅是参变量。假设这三种填充介质的相对磁导率分别为 $\mu_a=1$，$\mu_b=1$ 和 $\mu_p=1$。在下面的计算中展开的平面波数为 1331。

13.3.2　表面等离子体激元模的特性

图 13.23 给出了在不同 ω_c、ω_p 和 ν_c 条件下，非寻常波在该三维磁化等离子体光子晶体中的色散曲线, 此时 $R_1=0.24a$ 和 $R_2=0.35a$。图中灰色区域表示 PBGs。

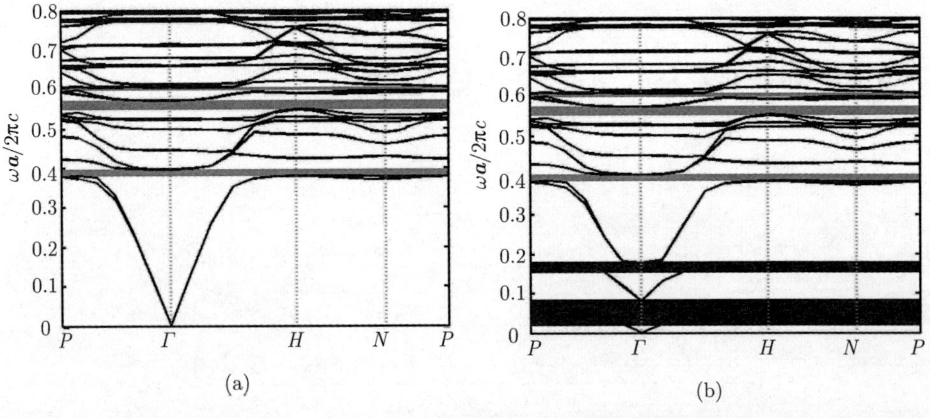

图 13.23　在不同 ω_c、ω_p 和 ν_c 条件下，非寻常波在该三维磁化等离子体光子晶体中的色散曲线

(a) $\omega_p=\omega_c=\nu_c=0$; (b) $\omega_p=0.12\omega_{p0},\nu_c=0.02\omega_{pl},\omega_c=0.8\omega_{pl}$

由图 13.23 可知，当 $\omega_{\rm p} = \omega_{\rm c} = \nu_{\rm c}$=0 时，磁化等离子体鞘层可视为空气，该磁化等离子体光子晶体也将退化成常规的三维介质 —— 等离子体光子晶体。显然，在 0~0.8 $(2\pi c/a)$ 的频率范围内有两个 PBGs，它们分别位于 0.3804~0.3968 $(2\pi c/a)$ 和 0.5497~0.571 $(2\pi c/a)$。当 $\omega_{\rm p}$=0.12$\omega_{\rm p0}$，$\omega_{\rm c}$=0.8$\omega_{\rm pl}$ 和 $\nu_{\rm c}$= 0.02$\omega_{\rm pl}$ 时，非寻常波在该磁化等离子体光子晶体中不但能产生两个 PBGs，而且能产生两个水平带区域。这两个 PBGs 的频率范围分别变为 0.3856~0.4013 $(2\pi c/a)$ 和 0.5539~0.5746 $(2\pi c/a)$，而两个水平带区域将分别覆盖 0.0207~0.0812 $(2\pi c/a)$ 和 0.1545~0.1772 $(2\pi c/a)$。与图 13.23(a) 中的结果相比，PBGs 的上下边缘都向高频方向移动了，且其中心频率也将向高频方向移动。换句话说，非寻常波在该三维磁化等离子体光子晶体中的开关状态是可以被调谐的。这意味着对于非寻常波而言，在不同的频率范围内可以有不同的 “开” 与 “关” 的状态。因此，该光子晶体可以用来设计成为非寻常波的 “光开关”。本节将主要讨论在频域 0~$2\pi c/a$ 中非寻常波 1st SWBG 的特性。

由前几章的研究结果可知，磁化等离子体引入光子晶体后，非寻常波可以产生水平带区域。当非寻常波的频率位于水平带区域时，$\varepsilon_{\rm p}$ 的实部是负数，而 Te 和空气的相对介电常数是正数。因此，表面等离子体激元模将被局域在不同介质的交界面处。为了研究表面等离子体激元模的特性，图 13.24 给出了不同晶格条件下，非寻常波在该三维磁化等离子体光子晶体中的色散曲线，此时 R_1=0.16a，$\omega_{\rm p}$=0.12$\omega_{\rm p0}$，$\omega_{\rm c}$=0.8$\omega_{\rm p}$，$\nu_{\rm c}$= 0.02$\omega_{\rm pl}$ 和 R_2=0.26a。图中灰色区域表示 PBGs。由图 13.22 可知，非寻常波在体心、面心、立方体和钻石晶格中都能产生两个水平带区域。对于这四种晶格而言，第一水平带区域将分别位于 0.0281~0.0812 $(2\pi c/a)$，0.0191~0.0812 $(2\pi c/a)$，0.0482~0.0812 $(2\pi c/a)$ 和 0.005~0.0812 $(2\pi c/a)$。第二水平带区域将分别位于 0.1554~0.1772 $(2\pi c/a)$，0.1544~0.1772 $(2\pi c/a)$，0.1593~0.1772 $(2\pi c/a)$ 和 0.1453~0.1772 $(2\pi c/a)$。由此可知，表面等离子体激元的最明显的特性是：两个水平带区域的上边缘频率不会随着晶格类型的变化而发生变化，其下边缘频率却随

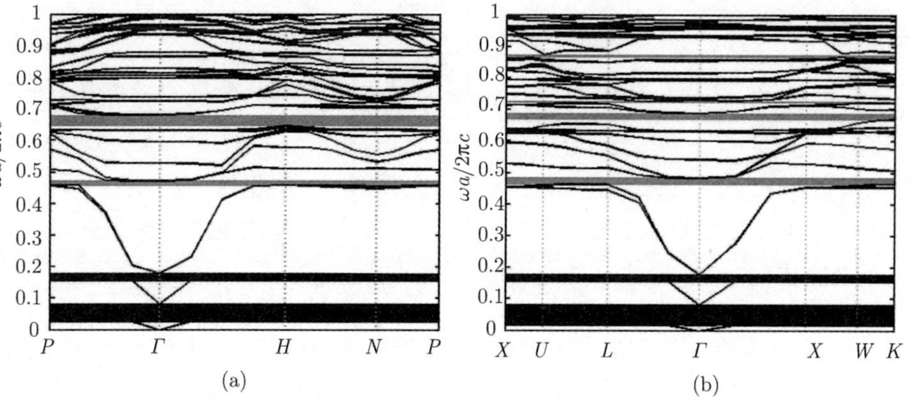

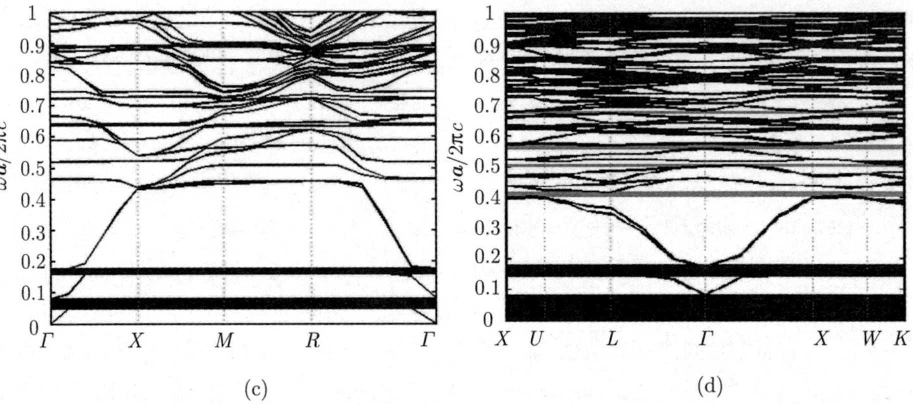

图 13.24　不同晶格条件下，非寻常波在该三维磁化等离子体光子晶体中的色散曲线

(a) 体心晶格; (b) 面心晶格; (c) 立方体晶格; (d) 钻石晶格

着晶格类型的变换而不同。这显然也可以用 Maxwell-Garnett 型有效介质理论 [315] 来解释 (如式 (13.11))，具体见 13.1 节，在此也不作复述。

为了进一步研究表面等离子体激元的特性，图 13.25 中给出了不同晶格条件下，非寻常波的两个水平带区域的上下边缘的位置与 R_1 的关系图，此时 $\omega_{\mathrm{p}}=0.12\omega_{\mathrm{p0}}$，$\omega_{\mathrm{c}}=0.8\omega_{\mathrm{pl}}$，$\nu_{\mathrm{c}}=0.02\omega_{\mathrm{pl}}$ 和 $R_2=0.26a$。图中 fcc 晶格表示面心晶格，bcc 晶格表示体心晶格，sc 晶格表示立方体晶格。由图 13.25 可知，该两个水平带区域的上边缘频率不会随着 R_1 的增加而变化，其值分别为 0.0812 和 0.1772 $(2\pi c/a)$。换句话说，无论核心介质球存在与否，对这两个水平带区域的上边缘频率都没有影响，主要是因为这两个水平带的上边缘频率仅由非寻常波的截止频率决定 [169,226]。然而，这两个水平带的下边缘将会随着 R_1 的增大而向高频方向移动。与其他三种晶格相比，非寻常波在立方体晶格中水平带区域的下边缘频率更大。如果 R_1/a =0.25，非寻

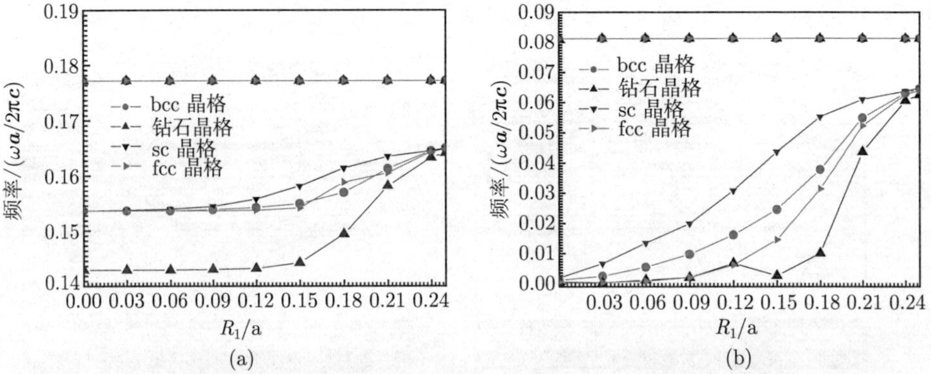

图 13.25　不同晶格条件下，非寻常波的两个水平带区域的上下边缘的位置与 R_1 的关系图

(a) 第一水平带区域的上下边缘位置；(b) 第二水平带区域的上下边缘位置

常波在这四种晶格结构中的两个水平带区域的下边缘将分别趋近于一个定值，即 0.164 和 0.064 $(2\pi c/a)$。综上所述，非寻常波水平带区域的上边缘频率与晶格拓扑结构和 R_1 的大小无关，但是当磁化等离子体鞘层厚度趋近于零时，其下边缘频将趋近于一个定值。

图 13.26 中给出了 R_1 取不同值时非寻常波在该三维磁化等离子体光子晶体中的色散曲线，此时 R_2=0.35a，$\omega_{\rm p}$=0.12$\omega_{\rm p0}$，$\omega_{\rm c}$=0.8$\omega_{\rm pl}$ 和 $\nu_{\rm c} = 0.02\omega_{\rm pl}$。由图 13.26 可知，非寻常波的色散曲线几乎不会随着 R_1 的变化而变化。这说明磁化等离子体鞘层的厚度 (R_2-R_1) 存在一个阈值，使得 R_1 对非寻常波的色散曲线毫无影响，此时这两个水平带区域分别位于 0.0002~0.0811 $(2\pi c/a)$ 和 0.1537~0.1772 $(2\pi c/a)$。这意味着在这种情况下鞘层结构可以看作磁化等离子体球，从而使得加工实现该三维各向异性磁化等离子体球变成了可能，并可以减少磁化等离子体的体积。图 13.27 给出了 $\varepsilon_{\rm b}$=38.44 且 $\varepsilon_{\rm a}$ 取不同值时非寻常波在该三维磁化等离子体光子晶体中的

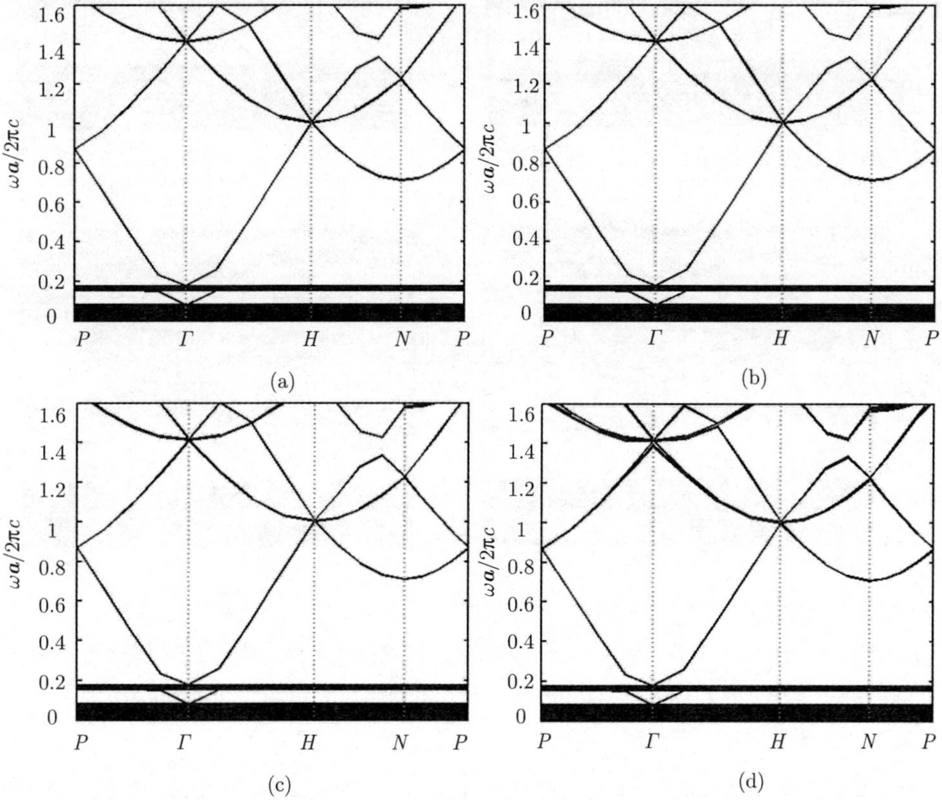

图 13.26　R_1 取不同值时非寻常波在该三维磁化等离子体光子晶体中的色散曲线

(a)R_1=0; (b) R_1=0.01a; (c) R_1=0.02a; (d) R_1=0.04a

色散曲线，此时 R_1=0.03a，R_2=0.35a，$\omega_{\rm p}$=0.15$\omega_{\rm p0}$，$\omega_{\rm c}$=0.8$\omega_{\rm pl}$ 和 $\nu_{\rm c}$ =0.02$\omega_{\rm pl}$。由图 13.27 可知，当核心介质球分别为 $\varepsilon_{\rm a}$=12.4、$\varepsilon_{\rm a}$=4、Te ($n_{\rm o}$=4.8,$n_{\rm e}$=6.2) 和 $\rm Tl_3AsSe_3$ ($n_{\rm o}$=3.35, $n_{\rm e}$=3.16) 时，非寻常波的色散曲线几乎完全相同。此时这两个水平带区域分别位于 0.0005~0.0812 (2πc/a) 和 0.1535~0.1772(2πc/a)，且此时水平带区域上下边缘的位置也不会发生变化。由图 13.27 中的结果可知，当 R_2-R_1 的值足够大时，非寻常波的色散曲线与 $\varepsilon_{\rm a}$ 无关。综上所述，当 R_2-R_1 大于一定阈值时，非寻常波的色散曲线与 R_1 和 $\varepsilon_{\rm a}$ 的大小无关。这主要是因为当 R_2-R_1 足够大时，非寻常波不能穿过只能被反射。在这种情况下，非寻常波的开关状态也不会发生变化。

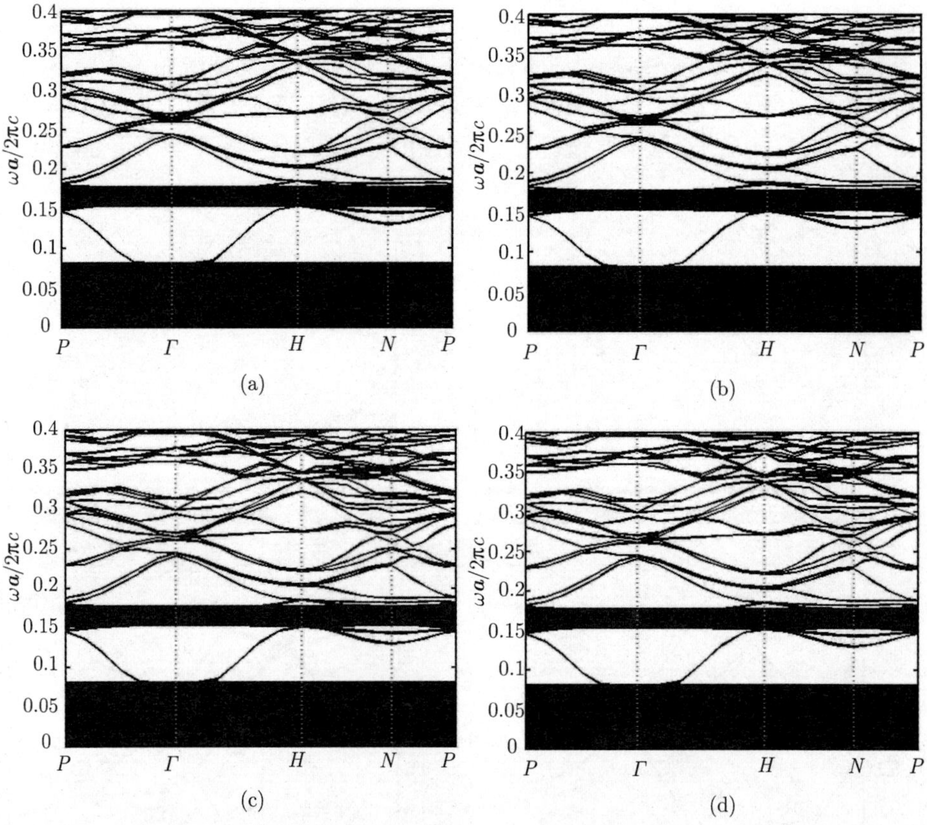

图 13.27　ε_b=38.44 且 ε_a 取不同值时非寻常波在该三维磁化等离子体光子晶体中的色散曲线

(a)$\varepsilon_{\rm a}$=12.4; (b) $\varepsilon_{\rm a}$=4; (c) $\rm Tl_3AsSe_3$ ($n_{\rm o}$=3.35, $n_{\rm e}$=3.16); (d) Te ($n_{\rm o}$=4.8, $n_{\rm e}$=6.2)

13.3.3　非寻常波的 SWBG 特性

由于非寻常波的开关状态可以通过 SWBG 的特性来了解，下面就对非寻常波 1st SWBG 的特性进行讨论。图 13.28 给出了非寻常波在该三维磁化等离子体光子晶体中的 1st SWBG 与 R_1 的关系图，此时 $\varepsilon_{\rm b}$=1，$\omega_{\rm p}$=0.12$\omega_{\rm p0}$，$\omega_{\rm c}$=0.8$\omega_{\rm pl}$，$\nu_{\rm c}$=

$0.02\omega_{\text{pl}}$ 和 $R_2=0.35a$。由图 13.28 可知，非寻常波 1st SWBG 的上下边缘将会随着 R_1 的增大而向低频方向移动，且其带宽先增大后减小。该 1st SWBG 带宽的最大值为 0.0287 $(2\pi c/a)$，且出现在 $R_1/a=0.34$。然而，当 $R_1/a<0.16$ 时，该 1st SWBG 将会消失。这意味着非寻常波的开关状态变为了 "开"。由图 13.28 中的结果可知，非寻常波 1st SWBG 相对带宽的变化趋势是随着 R_1 的增大而先增大后减小，且 R_1 存在最优值，使得 1st SWBG 的相对带宽取最大值。该最大值为 0.0997，此时 $R_1/a=0.35$。如果 R_1/a 位于 0.16~0.35，则非寻常波的开关状态为 "关"。因此，非寻常波的开关状态能被 R_1 所调谐。

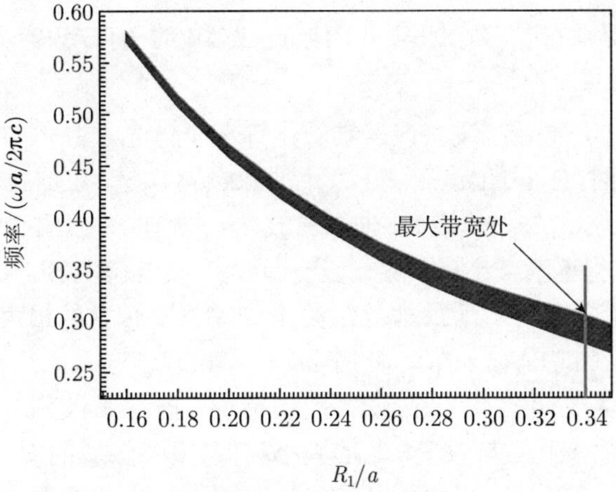

图 13.28 非寻常波在该三维磁化等离子体光子晶体中的 1st SWBG 与 R_1 的关系图

图 13.29 给出了非寻常波在该三维磁化等离子体光子晶体中的 1st SWBG 与 ω_{p} 的关系图，此时 $R_2=0.35a$，$\varepsilon_{\text{b}}=1$，$\omega_{\text{c}}=0.8\omega_{\text{pl}}$，$\nu_{\text{c}}=0.02\omega_{\text{p}}$ 和 $R_1=0.24a$。由图 13.29 可知，随着 $\omega_{\text{p}}/\omega_{\text{p0}}$ 的增大，非寻常波 1st SWBG 的上下边缘将向高频方向移动，且其带宽将逐渐减小。非寻常波的开关状态可以由 "关" 变成 "开"。如果 $\omega_{\text{p}}/\omega_{\text{p0}}>0.38$，该 1st SWBG 将消失，且此时非寻常波的开关状态为 "开"。该 1st SWBG 带宽的最大值出现在 low-ω_{p} 区域，其值为 0.0176 $(2\pi c/a)$，且此时 $\omega_{\text{p}}/\omega_{\text{p0}}=0.01$。因此，由于非寻常波 SWBG 的存在，该三维磁化等离子体光子晶体能够设计成为光开关或者波分多路复用器。由于改变 ω_{p} 的大小本质上是改变该光子晶体的平均折射率，因此非寻常波的开关状态能被 ω_{p} 所调谐 [213]。由图 13.29 还可知，非寻常波 1st SWBG 的相对带宽将随着 $\omega_{\text{p}}/\omega_{\text{p0}}$ 的增大而减小。该 1st SWBG 的相对带宽最大值是 0.047，此时 $\omega_{\text{p}}/\omega_{\text{p0}}=0.01$。与 $\omega_{\text{p}}/\omega_{\text{p0}}=0.13$ 时相比，相对带宽的值将增加 0.0023。值得注意的是，ν_{c} 的大小将不会影响非寻常波的开关状态，这是因为 ν_{c} 仅是磁化等离子体的耗散项，只代表能量损耗。

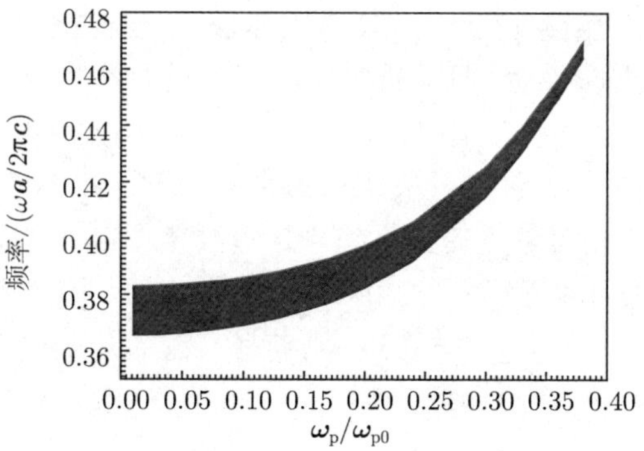

图 13.29　非寻常波在该三维磁化等离子体光子晶体中的 1st SWBG 与 ω_p 的关系图

图 13.30 给出了非寻常波在该三维磁化等离子体光子晶体中的 1st SWBG 与 ω_c 的关系图，此时 R_2=0.35a，ε_b=1，ω_p=0.12ω_p0，ν_c=0.02ω_pl 和 R_1=0.25a。由图 13.30 可知，随着 $\omega_\mathrm{c}/\omega_\mathrm{pl}$ 的增大，非寻常波 1st SWBG 的上下边缘将向高频方向移动，且其带宽也将逐渐减小。如果 $\omega_\mathrm{c}/\omega_\mathrm{pl} > 3.3$，该 1st SWBG 将不会出现，此时非寻常波的开关状态变为 "开"。非寻常波 1st SWBG 带宽的最大值出现在 low-ω_c 区域，该最大值为 0.017 (2πc/a)，此时 $\omega_\mathrm{c}/\omega_\mathrm{pl}$=0.01。与 $\omega_\mathrm{c}/\omega_\mathrm{pl}$=3.3 时相比，1st SWBG 的带宽增大了 0.0148 (2πc/a)。换句话说，非寻常波的开关状态更容易在 high-ω_c 区域内发生变化。与改变 ω_p 的大小类似，改变 ω_c 的大小 (改变外加磁场的大小) 意味着非寻常波的有效介电常数的实部也发生了变化，即改变了该三维磁化等离子体光子晶体的平均折射率。因此，非寻常波的开关状态可以被 ω_c 所调谐。由图 13.30 还可知，非寻常波 1st SWBG 的相对带宽将随着 $\omega_\mathrm{c}/\omega_\mathrm{pl}$ 的增大而减小，且其最大值为 0.0449，此时 $\omega_\mathrm{c}/\omega_\mathrm{pl}$ =0.01。与 $\omega_\mathrm{c}/\omega_\mathrm{pl}$=3 时相比，1st SWBG 的

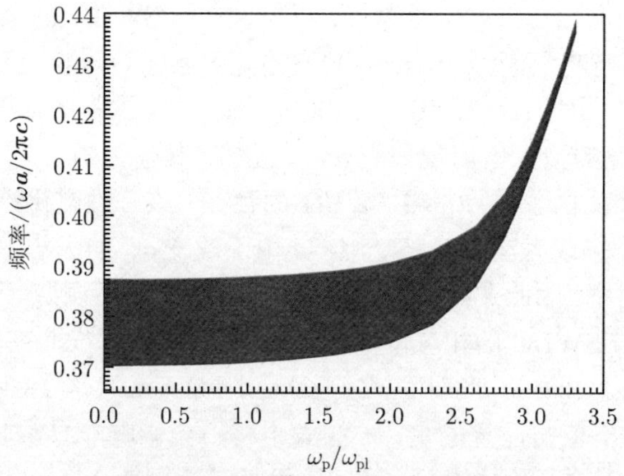

图 13.30　非寻常波在该三维磁化等离子体光子晶体中的 1st SWBG 与 ω_c 的关系图

相对带宽的值将增加 0.032。如果 $\omega_c/\omega_{pl} > 3.3$，非寻常波的开关状态可以由“关”变为“开”。因此，外加磁场 (ω_c) 对调谐非寻常波的开关状态是一个非常重要的参数，较大的 RCP 波 1st SWBG 和“关”状态将出现在 low-ω_c 区域。

第 14 章　三维磁化等离子体光子晶体中的磁光效应

在前面几章中，我们对三维磁化等离子体光子晶体分别在 Faraday 和 Voigt 效应下的基本电磁特性、禁带展宽技术和相关应用进行了介绍。然而值得注意的是，这几章关注的是较为简单的问题，显然不具有普适性。众所周知，电磁波通过磁化等离子体时，在不同的磁光效应下将以不同的电磁模式进行传播，物理机制复杂。在前面几章中仅讨论了磁光 Faraday 效应下的右旋极化波在通过三维磁化等离子体光子晶体的电磁特性或磁光 Voigt 效应下的非寻常波在三维磁化等离子体光子晶体的色散特性，显然没有考虑其他的电磁模式和其他电磁模式的混合模式，这不具有普适性。换句话说，在不同磁光效应下得到的 PBGs 仅是对应特定电磁模式 (磁光 Faraday 效应下的右旋极化波或 Voigt 效应下的非寻常波) 的，不一定适用于其他电磁模式，特定电磁模式的 PBGs 不能看成是整个三维磁化等离子体光子晶体的 PBGs。本章将主要给出这个问题的答案，研究在磁光 Faraday 和 Voigt 效应下普适性三维磁化等离子体光子晶体的色散特性，探讨各个参数对其色散特性的影响，并对以上涉及的 PWE 方法的计算公式进行推导，最后给出考虑电磁混合极化模式 (the mixed polarized waves) 后的电磁特性。类似地，本章在最后部分给出了三维各向异性磁化等离子体光子晶体分别在 Faraday 和 Voigt 效应下的基本电磁特性。

14.1　三维磁化等离子体的磁光 Faraday 效应

由等离子体理论可知 [239]，当外加磁场和电磁波波矢方向平行时，在磁化等离子中会产生所谓的磁光 Faraday 效应。电磁波不仅会被分解成右旋极化波和左旋极化波，这两种极化波也会因为耦合作用而生成混合极化波，或者是这三种波之间再次耦合而成的电磁波模式。前几章我们仅将目光关注于右旋极化波的电磁特性，这显然不具有普适性。本节的目标是在考虑混合极化波的情况下，研究三维磁化等离子体中的磁光 Faraday 效应，即在该普适性条件下所得到的 PBGs 不仅适用于左旋和右旋极化波，而且适用于所有的混合极化电磁模式。本节计算时引入的时谐量是 $e^{-j\omega t}$, ω 是角频率, t 是时间, 且 $j=\sqrt{-1}$，并定义 c 为真空中的光速。

14.1.1　理论模型和数值方法

图 14.1(a) 给出了三维面心晶格磁化等离子体光子晶体的结构示意图，在任

何情况下外加磁场都将与波矢方向保持平行，且该三维磁化等离子体光子晶体的结构是由均匀的磁化等离子体球填充介质背景。图 14.1 (b) 给出了面心晶格的第一不可约布里渊区示意图。假设填充球的半径和晶格常数分别为 R 和 a，介质和磁化等离子体的相对介电常数分别为 ε_a 和 ε_p。由图 14.1 (b) 知，面心晶格的第一不可约布里渊区为 $\Gamma=(0,0,0)$，$X=(2\pi/a,0,0)$，$W=(2\pi/a,\pi/a,0)$，$K=(1.5\pi/a,1.5\pi/a,0)$，$L=(\pi/a,\pi/a,\pi/a)$ 和 $U=(2\pi/a,0.5\pi/a,0.5\pi/a)$[339]。由等离子体理论可知，$\varepsilon_\mathrm{p}$ 的表达式是由电磁波波矢与外加磁场的夹角 θ 所决定的。如果假设等离子体中离子质量远大于电子，则离子的作用可以忽略，那么 ε_p 的表达式可以写为

$$\boldsymbol{\varepsilon}_\mathrm{p}(\boldsymbol{\omega})=\begin{pmatrix}\varepsilon_{yy} & \varepsilon_{xy}\cos\theta & -\varepsilon_{xy}\sin\theta\\ -\varepsilon_{xy}\cos\theta & \varepsilon_{xx}\cos^2\theta+\varepsilon_{zz}\sin^2\theta & (\varepsilon_{zz}-\varepsilon_{xx})\sin\theta\cos\theta\\ \varepsilon_{xy}\sin\theta & (\varepsilon_{zz}-\varepsilon_{xx})\sin\theta\cos\theta & \varepsilon_{xx}\sin^2\theta+\varepsilon_{zz}\cos^2\theta\end{pmatrix} \tag{14.1}$$

其中

$$\varepsilon_{xx}=\varepsilon_{yy}=1-\frac{\omega_\mathrm{p}^2(\omega+\mathrm{j}\nu_\mathrm{c})}{\omega\left[(\omega+\mathrm{j}\nu_\mathrm{c})^2-\omega_\mathrm{c}^2\right]},\quad \varepsilon_{xy}=-\frac{\mathrm{j}\omega_\mathrm{p}^2\omega_\mathrm{c}}{\omega\left[(\omega+\mathrm{j}\nu_\mathrm{c})^2-\omega_\mathrm{c}^2\right]},\quad \varepsilon_{zz}=1-\frac{\omega_\mathrm{p}^2}{\omega(\omega+\mathrm{j}\nu_\mathrm{c})}$$

ω_p、ν_c 和 ω_c 分别代表等离子体频率、等离子体碰撞频率和等离子体回旋频率。$\omega_\mathrm{c}=eB/m$，e、m 和 B 分别表示电子的电量、电子的质量和外加磁场的强度。如图 14.1(a) 所示，外加磁场 $\boldsymbol{B}$ 与波矢方向 $\boldsymbol{K}$ 平行，即 $\theta=0°$，此时磁化等离子体中能产生磁光 Faraday 效应。ε_p 的表达式可以化简为

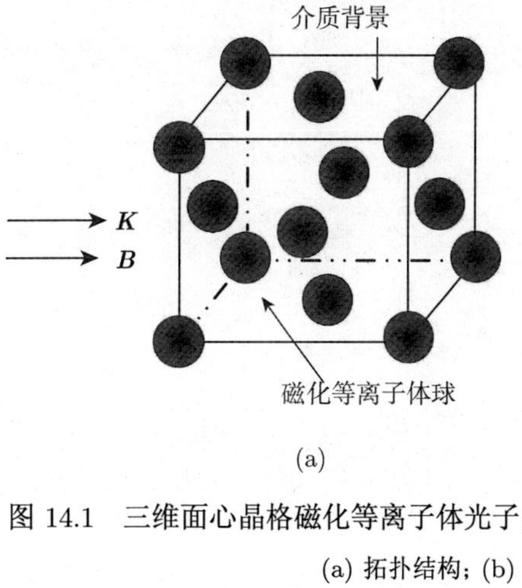

(a)

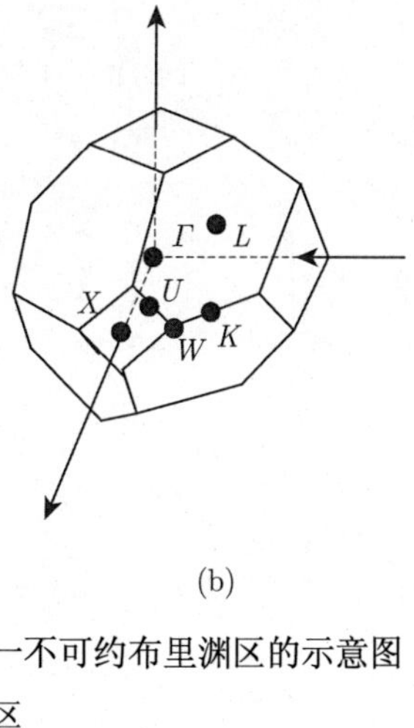

(b)

图 14.1 三维面心晶格磁化等离子体光子晶体的结构与第一不可约布里渊区的示意图

(a) 拓扑结构；(b) 第一不可约布里渊区

$$\boldsymbol{\varepsilon}_{\mathrm{p}}(\boldsymbol{\omega})=\begin{pmatrix}1-\dfrac{\omega_{\mathrm{p}}^2(\omega+\mathrm{j}\nu_{\mathrm{c}})}{\omega\left[(\omega+\mathrm{j}\nu_{\mathrm{c}})^2-\omega_{\mathrm{c}}^2\right]} & -\dfrac{\mathrm{j}\omega_{\mathrm{p}}^2\omega_{\mathrm{c}}}{\omega\left[(\omega+\mathrm{j}\nu_{\mathrm{c}})^2-\omega_{\mathrm{c}}^2\right]} & 0\\ \dfrac{\mathrm{j}\omega_{\mathrm{p}}^2\omega_{\mathrm{c}}}{\omega\left[(\omega+\mathrm{j}\nu_{\mathrm{c}})^2-\omega_{\mathrm{c}}^2\right]} & 1-\dfrac{\omega_{\mathrm{p}}^2(\omega+\mathrm{j}\nu_{\mathrm{c}})}{\omega\left[(\omega+\mathrm{j}\nu_{\mathrm{c}})^2-\omega_{\mathrm{c}}^2\right]} & 0\\ 0 & 0 & 1-\dfrac{\omega_{\mathrm{p}}^2}{\omega(\omega+\mathrm{j}\nu_{\mathrm{c}})}\end{pmatrix} \tag{14.2}$$

由于在磁光 Faraday 效应下，电磁波通过三维磁化等离子体光子晶体不仅能分解成左旋和右旋极化波，而且能生成混合极化波。由于带隙结构是用 PWE 方法计算的，所以要得到该三维磁化光子晶体所有电磁模式的色散曲线，不得不先计算 $\boldsymbol{\varepsilon}_{\mathrm{p}}(\boldsymbol{\omega})$ 的逆矩阵 $\boldsymbol{\varepsilon}_{\mathrm{p}}^{-1}(\boldsymbol{\omega})$，其具体表达式为

$$\begin{aligned}\varepsilon_{\boldsymbol{p}}^{-1}=&\frac{\omega^4+2\mathrm{j}\nu_{\mathrm{c}}\omega^3-B\omega^2-\mathrm{j}\nu_{\mathrm{c}}\omega_{\mathrm{p}}^2\omega}{\omega^4+2\mathrm{j}\nu_{\mathrm{c}}\omega^3-A\omega^2-\mathrm{j}\nu_{\mathrm{c}}\omega_{\mathrm{p}}^2\omega+\omega_{\mathrm{p}}^4}\boldsymbol{I}_1+\frac{\omega^2+\mathrm{j}\nu_{\mathrm{c}}\omega}{\omega^2+\mathrm{j}\nu_{\mathrm{c}}\omega-\omega_{\mathrm{p}}^2}\boldsymbol{I}_2\\&+\frac{\mathrm{j}\omega_{\mathrm{c}}\omega_{\mathrm{p}}^2\omega}{\omega^4+2\mathrm{j}\nu_{\mathrm{c}}\omega^3-A\omega^2-\mathrm{j}\nu_{\mathrm{c}}\omega_{\mathrm{p}}^2\omega+\omega_{\mathrm{p}}^4}\boldsymbol{I}_3\end{aligned} \tag{14.3}$$

其中，$A=\nu_{\mathrm{c}}^2+\omega_{\mathrm{c}}^2+2\omega_{\mathrm{p}}^2$，$B=\nu_{\mathrm{c}}^2+\omega_{\mathrm{c}}^2+\omega_{\mathrm{p}}^2$，$\boldsymbol{I}_1=\begin{pmatrix}1&0&0\\0&1&0\\0&0&0\end{pmatrix}$，$\boldsymbol{I}_2=\begin{pmatrix}0&0&0\\0&0&0\\0&0&1\end{pmatrix}$和 $\boldsymbol{I}_3=\begin{pmatrix}0&-1&0\\1&0&0\\0&0&0\end{pmatrix}$。类似地，对于介质背景而言，$\boldsymbol{\varepsilon}_{\mathrm{a}}$ 的逆矩阵 $\boldsymbol{\varepsilon}_{\mathrm{a}}^{-1}$ 可以表示为

$$\boldsymbol{\varepsilon}_{\mathrm{a}}^{-1}=\begin{pmatrix}\varepsilon_{\mathrm{a}}^{-1}&0&0\\0&\varepsilon_{\mathrm{a}}^{-1}&0\\0&0&\varepsilon_{\mathrm{a}}^{-1}\end{pmatrix}=\varepsilon_{\mathrm{a}}^{-1}\begin{pmatrix}1&0&0\\0&1&0\\0&0&1\end{pmatrix}=\varepsilon_{\mathrm{a}}^{-1}\boldsymbol{I} \tag{14.4}$$

其中 $\boldsymbol{I}=\begin{pmatrix}1&0&0\\0&1&0\\0&0&1\end{pmatrix}$。根据 PWE 算法可知，介质傅里叶变换系数 $\boldsymbol{\varepsilon}_{\boldsymbol{G},\boldsymbol{G}'}^{-1}$ 可以写成 [339]

$$\boldsymbol{\varepsilon}_{\boldsymbol{G},\boldsymbol{G}'}^{-1}=\begin{cases}\boldsymbol{\varepsilon}_{\mathrm{p}}^{-1}\cdot f+\boldsymbol{\varepsilon}_{\mathrm{a}}^{-1}\cdot(1-f), & \boldsymbol{G}-\boldsymbol{G}'=0\\ (\boldsymbol{\varepsilon}_{\mathrm{p}}^{-1}-\varepsilon_{\mathbf{a}}^{-1})\cdot 3f\left[\dfrac{\sin(|\boldsymbol{G}-\boldsymbol{G}'|R)-(|\boldsymbol{G}-\boldsymbol{G}'|R)\cos(|\boldsymbol{G}-\boldsymbol{G}'|R)}{(|\boldsymbol{G}-\boldsymbol{G}'|R)^3}\right], & \boldsymbol{G}-\boldsymbol{G}'\neq 0\end{cases} \tag{14.5}$$

其中，$\boldsymbol{K}$ 为在第一不可约布里渊区中的波矢；$\boldsymbol{G}$为倒格矢；f 为磁化等离子体球的填充率，$f=(4\pi R^3)/(3V_{\mathrm{m}})$, V_{m} 为晶格单元的体积。由 Bloch 定理可知，Maxwell 方程组可以展开成关于磁场 $\boldsymbol{H}$ 的等式：

$$\boldsymbol{H}(\boldsymbol{r})=\sum_{\boldsymbol{G}}\sum_{\lambda=1}^{2}h_{\boldsymbol{G},\lambda}\widehat{\boldsymbol{e}}_{\lambda}\mathrm{e}^{[\mathrm{i}(\boldsymbol{K}+\boldsymbol{G})\cdot\boldsymbol{r}]} \tag{14.6}$$

将式 (14.6) 代入 Maxwell 方程组，可以得到展开系数$\{A(\boldsymbol{k}|\boldsymbol{G})\}$的等式：

$$\begin{aligned}&\left[\boldsymbol{\varepsilon}_{\boldsymbol{p}}^{-1}\cdot\boldsymbol{F}\cdot f+\boldsymbol{\varepsilon}_{\mathrm{a}}^{-1}\cdot\boldsymbol{F}\cdot(1-f)\right]\cdot|\boldsymbol{k}+\boldsymbol{G}||\boldsymbol{k}+\boldsymbol{G}'|\cdot A(\boldsymbol{k}|\boldsymbol{G})\\&+\sum_{\boldsymbol{G}'}(\boldsymbol{\varepsilon}_{\boldsymbol{p}}^{-1}-\boldsymbol{\varepsilon}_{\boldsymbol{a}}^{-1})\cdot\boldsymbol{F}\cdot 3f\left[\frac{\sin(|\boldsymbol{G}-\boldsymbol{G}'|R)-(|\boldsymbol{G}-\boldsymbol{G}'|R)\cos(|\boldsymbol{G}-\boldsymbol{G}'|R)}{(|\boldsymbol{G}-\boldsymbol{G}'|R)^3}\right]\\&\cdot|\boldsymbol{k}+\boldsymbol{G}||\boldsymbol{k}+\boldsymbol{G}'|\cdot A(\boldsymbol{k}|\boldsymbol{G})=\frac{\omega^2}{c^2}A(\boldsymbol{k}|\boldsymbol{G})\end{aligned} \tag{14.7}$$

其中, $\boldsymbol{F}=\begin{bmatrix}\widehat{\boldsymbol{e}}_2\cdot-\widehat{\boldsymbol{e}}_{2'} & -\widehat{\boldsymbol{e}}_2\cdot\widehat{\boldsymbol{e}}_{1'}\\-\widehat{\boldsymbol{e}}_1\cdot\widehat{\boldsymbol{e}}_{2'} & \widehat{\boldsymbol{e}}_1\cdot\widehat{\boldsymbol{e}}_{1'}\end{bmatrix}$; $\boldsymbol{k}$ 是在第一不可约布里渊区中的波矢; $\widehat{\boldsymbol{e}}_1$ 和 $\widehat{\boldsymbol{e}}_2$ 是垂直于波矢 $\boldsymbol{k}+\boldsymbol{G}$ 的正交单位矢量。如果定义 $\zeta=\omega/c$, 式 (14.7) 可以表示为

$$\zeta^8\boldsymbol{I}-\zeta^7\boldsymbol{S}_7-\zeta^6\boldsymbol{S}_6-\zeta^5\boldsymbol{S}_5-\zeta^4\boldsymbol{S}_4-\zeta^3\boldsymbol{S}_3-\zeta^2\boldsymbol{S}_2-\zeta\boldsymbol{S}_1-\boldsymbol{S}_0 \tag{14.8}$$

$$\boldsymbol{S}_7(\boldsymbol{G}|\boldsymbol{G}')=-3\mathrm{j}\frac{\nu_{\mathrm{c}}}{c}\boldsymbol{\delta}_{\boldsymbol{G}\cdot\boldsymbol{G}'} \tag{14.9a}$$

$$\boldsymbol{S}_6(\boldsymbol{G}|\boldsymbol{G}')=\frac{2\nu_{\mathrm{c}}^2+\omega_{\mathrm{p}}^2+A}{c^2}\boldsymbol{\delta}_{\boldsymbol{G}\cdot\boldsymbol{G}}{}'\boldsymbol{M}_1\boldsymbol{M}_2\boldsymbol{M}_3\boldsymbol{M}_4 \tag{14.9b}$$

$$\boldsymbol{S}_5(\boldsymbol{G}|\boldsymbol{G}')=\frac{\mathrm{j}(4\nu_{\mathrm{c}}\omega_{\mathrm{p}}+A\cdot\nu_{\mathrm{c}})}{c^3}\boldsymbol{\delta}_{\boldsymbol{G}\cdot\boldsymbol{G}'}+3\mathrm{j}\frac{\nu_{\mathrm{c}}}{c}\cdot(\boldsymbol{M}_1+\boldsymbol{M}_2+\boldsymbol{M}_3) \tag{14.9c}$$

$$\begin{aligned}\boldsymbol{S}_4(\boldsymbol{G}|\boldsymbol{G}')=&\frac{-(2\nu_{\mathrm{c}}^2\omega_{\mathrm{p}}^2+\omega_{\mathrm{p}}^4+A\cdot\omega_{\mathrm{p}}^2)}{c^4}\boldsymbol{\delta}_{\boldsymbol{G}\cdot\boldsymbol{G}'}-\frac{2\nu_{\mathrm{c}}^2+\omega_{\mathrm{p}}^2+A}{c^2}\cdot\boldsymbol{M}_1\\&-\frac{2\nu_{\mathrm{c}}^2+\omega_{\mathrm{p}}^2+B}{c^2}\boldsymbol{M}_2-\frac{2\nu_{\mathrm{c}}^2+A}{c^2}\boldsymbol{M}_3\end{aligned} \tag{14.9d}$$

$$\begin{aligned}\boldsymbol{S}_3(\boldsymbol{G}|\boldsymbol{G}')=&\frac{-3\mathrm{j}\nu_{\mathrm{c}}^2\omega_{\mathrm{p}}^4}{c^5}\boldsymbol{\delta}_{\boldsymbol{G}\cdot\boldsymbol{G}'}-\mathrm{j}\frac{4\nu_{\mathrm{c}}\omega_{\mathrm{p}}^2+A\cdot\nu_{\mathrm{c}}}{c^3}\cdot\boldsymbol{M}_1-\mathrm{j}\frac{3\nu_{\mathrm{c}}\omega_{\mathrm{p}}^2+B\cdot\nu_{\mathrm{c}}}{c^3}\boldsymbol{M}_2\\&-\mathrm{j}\frac{2\nu_{\mathrm{c}}\omega_{\mathrm{p}}^2+A\cdot\nu_{\mathrm{c}}}{c^3}\boldsymbol{M}_3+\mathrm{j}\frac{\omega_{\mathrm{c}}\omega_{\mathrm{p}}^2}{c^3}\boldsymbol{M}_4\end{aligned} \tag{14.9e}$$

$$\boldsymbol{S}_2(\boldsymbol{G}|\boldsymbol{G}')=\frac{\omega_{\mathrm{p}}^6}{c^6}\boldsymbol{\delta}_{\boldsymbol{G}\cdot\boldsymbol{G}'}+\frac{2\nu_{\mathrm{c}}^2\omega_{\mathrm{p}}^2+\omega_{\mathrm{p}}^4+A\cdot\omega_{\mathrm{p}}^2}{c^4}\cdot\boldsymbol{M}_1+\frac{\nu_{\mathrm{c}}^2\omega_{\mathrm{p}}^2+B\cdot\omega_{\mathrm{p}}^2}{c^4}\boldsymbol{M}_2$$

$$+\mathrm{j}\frac{2\nu_{\mathrm{c}}^2\omega_{\mathrm{p}}^2+\omega_{\mathrm{p}}^4}{c^4}\boldsymbol{M}_3-\frac{\nu_{\mathrm{c}}\omega_{\mathrm{c}}\omega_{\mathrm{p}}^2}{c^4}\boldsymbol{M}_4 \tag{14.9f}$$

$$\boldsymbol{S}_1(\boldsymbol{G}|\boldsymbol{G}')=\mathrm{j}\frac{3\nu_{\mathrm{c}}\omega_{\mathrm{p}^4}}{c^5}\cdot\boldsymbol{M}_1+\mathrm{j}\frac{\nu_{\mathrm{c}}\omega_{\mathrm{p}}^4}{c^5}\boldsymbol{M}_2+\mathrm{j}\frac{\nu_{\mathrm{c}}\omega_{\mathrm{p}}^4}{c^5}\boldsymbol{M}_3-\mathrm{j}\frac{\omega_{\mathrm{c}}\omega_{\mathrm{p}}^4}{c^5}\boldsymbol{M}_4 \tag{14.9g}$$

$$\boldsymbol{S}_0(\boldsymbol{G}|\boldsymbol{G}')=-\frac{\omega_{\mathrm{p}}^6}{c^6}\boldsymbol{M}_1 \tag{14.9h}$$

其中

$$\begin{aligned}\boldsymbol{M}_1=&\frac{f}{\varepsilon_{\mathrm{a}}}\boldsymbol{\delta}_{\boldsymbol{G}\cdot\boldsymbol{G}'}-\frac{1}{\varepsilon_{\mathrm{a}}}|\boldsymbol{k}+\boldsymbol{G}||\boldsymbol{k}+\boldsymbol{G}'|\cdot\boldsymbol{F}\\&\cdot 3f\frac{\sin(|\boldsymbol{G}-\boldsymbol{G}'|R)-(|\boldsymbol{G}-\boldsymbol{G}'|R)\cos(|\boldsymbol{G}-\boldsymbol{G}'|R)}{(|\boldsymbol{G}-\boldsymbol{G}'|R)^3}\\ \boldsymbol{M}_2=&(1-f)\cdot\boldsymbol{\delta}_{\boldsymbol{G}\cdot\boldsymbol{G}'}-|\boldsymbol{k}+\boldsymbol{G}||\boldsymbol{k}+\boldsymbol{G}'|\cdot\begin{pmatrix}\widehat{e}_2\cdot\boldsymbol{I}_1\cdot\widehat{e}_{2'} & -\widehat{e}_2\cdot\boldsymbol{I}_1\cdot\widehat{e}_{1'}\\ -\widehat{e}_1\cdot\boldsymbol{I}_1\cdot\widehat{e}_{2'} & \widehat{e}_1\cdot\boldsymbol{I}_1\cdot\widehat{e}_{1'}\end{pmatrix}\\&\cdot 3f\frac{\sin(|\boldsymbol{G}-\boldsymbol{G}'|R)-(|\boldsymbol{G}-\boldsymbol{G}'|R)\cos(|\boldsymbol{G}-\boldsymbol{G}'|R)}{(|\boldsymbol{G}-\boldsymbol{G}'|R)^3}\end{aligned}$$

$$\begin{aligned}\boldsymbol{M}_3=&(1-f)\cdot\boldsymbol{\delta}_{\boldsymbol{G}\cdot\boldsymbol{G}'}-|\boldsymbol{k}+\boldsymbol{G}|\left|\boldsymbol{k}+\boldsymbol{G}'\right|\cdot\begin{pmatrix}\widehat{\boldsymbol{e}}_2\cdot\boldsymbol{I}_2\cdot\widehat{\boldsymbol{e}}_{2'} & -\widehat{\boldsymbol{e}}_2\cdot\boldsymbol{I}_2\cdot\widehat{\boldsymbol{e}}_{1'}\\ -\widehat{\boldsymbol{e}}_1\cdot\boldsymbol{I}_2\cdot\widehat{\boldsymbol{e}}_{2'} & \widehat{\boldsymbol{e}}_1\cdot\boldsymbol{I}_2\cdot\widehat{\boldsymbol{e}}_{1'}\end{pmatrix}\\&\cdot 3f\frac{\sin(|\boldsymbol{G}-\boldsymbol{G}'|R)-(|\boldsymbol{G}-\boldsymbol{G}'|R)\cos(|\boldsymbol{G}-\boldsymbol{G}'|R)}{(|\boldsymbol{G}-\boldsymbol{G}'|R)^3}\\ \boldsymbol{M}_4=&(1-f)\cdot\boldsymbol{\delta}_{\boldsymbol{G}\cdot\boldsymbol{G}'}-|\boldsymbol{k}+\boldsymbol{G}|\left|\boldsymbol{k}+\boldsymbol{G}'\right|\cdot\begin{pmatrix}\widehat{\boldsymbol{e}}_2\cdot\boldsymbol{I}_3\cdot\widehat{\boldsymbol{e}}_{2'} & -\widehat{\boldsymbol{e}}_2\cdot\boldsymbol{I}_3\cdot\widehat{\boldsymbol{e}}_{1'}\\ -\widehat{\boldsymbol{e}}_1\cdot\boldsymbol{I}_3\cdot\widehat{\boldsymbol{e}}_{2'} & \widehat{\boldsymbol{e}}_1\cdot\boldsymbol{I}_3\cdot\widehat{\boldsymbol{e}}_{1'}\end{pmatrix}\\&\cdot 3f\frac{\sin(|\boldsymbol{G}-\boldsymbol{G}'|R)-(|\boldsymbol{G}-\boldsymbol{G}'|R)\cos(|\boldsymbol{G}-\boldsymbol{G}'|R)}{(|\boldsymbol{G}-\boldsymbol{G}'|R)^3}\end{aligned}$$

$\boldsymbol{S}_0,\boldsymbol{S}_1,\boldsymbol{S}_2,\boldsymbol{S}_3,\boldsymbol{S}_4,\boldsymbol{S}_5,\boldsymbol{S}_6$ 和 $\boldsymbol{S}_7$ 是 $N\times N$ 的矩阵。多项式 (14.8) 的求解可以转换成对一个大小为 $8N\times 8N$ 矩阵 $\boldsymbol{Q}$ 特征值的求取。矩阵 $\boldsymbol{Q}$ 满足

$$\boldsymbol{Q}_z=\zeta z,\quad \boldsymbol{Q}=\begin{bmatrix}\boldsymbol{0}&\boldsymbol{I}&\boldsymbol{0}&\boldsymbol{0}&\boldsymbol{0}&\boldsymbol{0}&\boldsymbol{0}&\boldsymbol{0}\\ \boldsymbol{0}&\boldsymbol{0}&\boldsymbol{I}&\boldsymbol{0}&\boldsymbol{0}&\boldsymbol{0}&\boldsymbol{0}&\boldsymbol{0}\\ \boldsymbol{0}&\boldsymbol{0}&\boldsymbol{0}&\boldsymbol{I}&\boldsymbol{0}&\boldsymbol{0}&\boldsymbol{0}&\boldsymbol{0}\\ \boldsymbol{0}&\boldsymbol{0}&\boldsymbol{0}&\boldsymbol{0}&\boldsymbol{I}&\boldsymbol{0}&\boldsymbol{0}&\boldsymbol{0}\\ \boldsymbol{0}&\boldsymbol{0}&\boldsymbol{0}&\boldsymbol{0}&\boldsymbol{0}&\boldsymbol{I}&\boldsymbol{0}&\boldsymbol{0}\\ \boldsymbol{0}&\boldsymbol{0}&\boldsymbol{0}&\boldsymbol{0}&\boldsymbol{0}&\boldsymbol{0}&\boldsymbol{I}&\boldsymbol{0}\\ \boldsymbol{0}&\boldsymbol{0}&\boldsymbol{0}&\boldsymbol{0}&\boldsymbol{0}&\boldsymbol{0}&\boldsymbol{0}&\boldsymbol{I}\\ \boldsymbol{S}_0&\boldsymbol{S}_1&\boldsymbol{S}_2&\boldsymbol{S}_3&\boldsymbol{S}_4&\boldsymbol{S}_5&\boldsymbol{S}_6&\boldsymbol{S}_7\end{bmatrix} \tag{14.10}$$

求解式 (14.10) 的本征值就得到了式 (14.8) 的解。当然，所求本征值的实部就决定

了在磁光 Faraday 效应下所有电磁模式在该三维磁化等离子体光子晶体中的色散关系。

14.1.2 考虑混合极化波时三维磁化等离子体的带隙结构

本节用 PWE 方法计算色散关系时展开的平面波为 729。为了不失一般性，用 $\omega a/2\pi c$ 对频率进行归一化，并用变量 $\omega_{p0}a/2\pi c$=1 来确定等离子体频率、等离子体回旋频率和等离子体碰撞频率的大小。假设等离子体频率 $\omega_p=\omega_{pl}=0.7\ \pi c/a=0.35\ \omega_{p0}$，等离子体碰撞频率 $\nu_c=0.02\ \omega_{pl}$，等离子体回旋频率 $\omega_c=0.6\ \omega_{pl}$。显然 ω_{p0} 和 ω_{pl} 是定义的变量，它们没有任何物理意义。本节主要对该三维磁化等离子体光子晶体在频率范围 0~2 $\pi c/a$ 内的第一 (1st)PBG 和水平带区域的特性进行讨论。

图 14.2 给出了在不同 ω_p, ω_c 和 ν_c 条件下三维面心晶格磁化等离子体光子晶体的色散曲线，此时 ε_a=13.9 且 f = 0.63。图中灰色区域表示 PBGs。由图 14.2(a) 可知，当 $\omega_p = \omega_c = \nu_c$=0 时，可以将等离子体直接视为空气，该光子晶体可以看作常规的介质——空气光子晶体。在 0~2 $\pi c/a$ 的频率范围内，存在着 1 个 PBG，其频率范围是 0.6515~0.6611 (2 $\pi c/a$)。由于是空气球填充介质背景，所以在 W 点能形成打开的带隙结构，而形成 PBG。由图 14.2(b) 可知，当 $\omega_p=0.35\ \omega_{p0}$, $\nu_c=0.02\ \omega_{pl}$, ω_c=0 时，该光子晶体能够看作非磁化等离子体晶体 (等离子体引入该三维介质——空气光子晶体)，在 0~2 $\pi c/a$ 的频率范围内，不仅存在着 1 个 PBG 而且还能产生 1 个水平带区域。PBG 的频率范围是 0.6808~0.7074 ($2\pi c/a$)。水平带区域的范围是 0~0.35 ($2\pi c/a$)，在该区域中电磁波的群速度将比较低，等离子体激元的存在导致了该水平带区域的形成。与图 14.2(a) 中的结果比较可知，PBG 的上下边缘都将向高频方向移动。由图 14.2(c) 可知，如果 $\omega_p=0.35\ \omega_{p0}$, $\nu_c=0.02\ \omega_{pl}$, $\omega_c=0.6\ \omega_{pl}$，此时外加磁场被引入，在磁光 Faraday 效应下，不仅能产生 1 个 PBG，而且水平带隙区域明显由 1 个变成了 2 个。PBG 的频率范围是 0.6812~0.7067 ($2\pi c/a$)，且 PBG 的上下边缘再次向高频方向移动，而这两个水平带区域的范围则涵盖 0~0.3625 ($2\pi c/a$) 和 0.3698~0.4497 ($2\pi c/a$)。与图 14.2(a) 中的结果相比，PBG 的带宽被展宽了，且带宽增大了 0.0255 ($2\pi c/a$)，该 PBG 是能够禁止此时三维磁化等离子体光子晶体中所有电磁模式的传播。作为比较，在图 14.3 中给出了在 Faraday 效应下右旋极化波通过该三维磁化等离子体光子晶体的色散曲线，其参数与图 14.2(c) 中的相同。由图 14.3 可知，在色散曲线中存在 1 个 PBG 和 1 个水平带区域。PBG 的频率范围是 0.6856~0.7127 ($2\pi c/a$)，而水平带区域的范围是 0.09~0.3971 ($2\pi c/a$)。由前面的内容可知，水平带区域的上下边缘由 $f_R = \omega_c/2+\sqrt{\omega_c^2/4+\omega_p^2}$ 和 $f_L=\omega_c$ 所决定，其中 f_R=0.3971(2 $\pi c/a$)，f_L=0.09

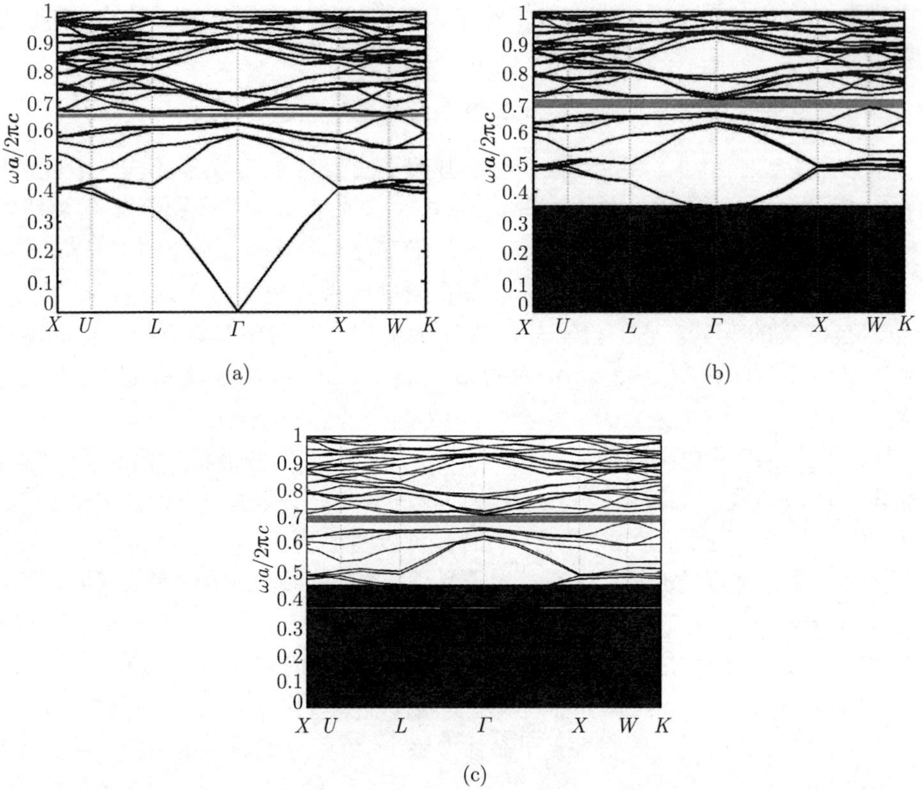

图 14.2　在不同 $\omega_{\rm p},\omega_{\rm c}$ 和 $\nu_{\rm c}$ 条件下三维面心晶格磁化等离子体光子晶体的色散曲线

(a) $\omega_{\rm p}=\omega_{\rm c}=\nu_{\rm c}=0$; (b) $\omega_{\rm p}=0.35\omega_{\rm p0}$, $\nu_{\rm c}=0.02\omega_{\rm pl},\omega_{\rm c}=0$; (c) $\omega_{\rm p}=0.35\omega_{\rm p0}$, $\nu_{\rm c}=0.02\omega_{\rm pl}$, $\omega_{\rm c}=0.6\omega_{\rm pl}$

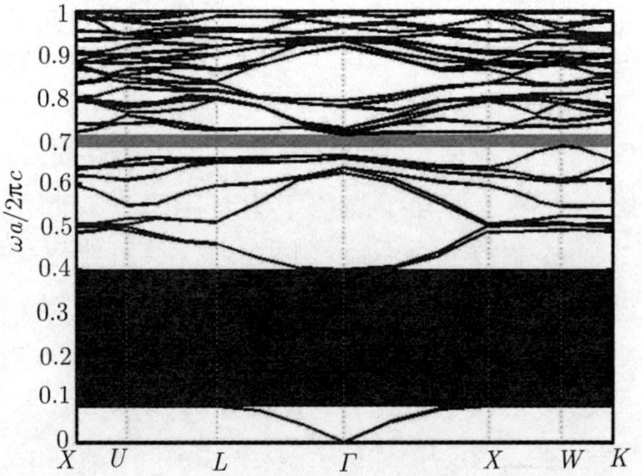

图 14.3　在 Faraday 效应下右旋极化波通过该三维磁化等离子体光子晶体的色散曲线

$(2\pi c/a)$。与图 14.2(c) 中的结果比较可知，对于普适性情况而言, 得到的 PBG 较右旋极化波的要小，而水平带区域的上边缘将向高频方向移动。由上述讨论可知，当考虑混合极化模式时 (普适性情况)，得到的 PBG 将小于右旋极化波的，但与常规的介质 —— 空气光子晶体相比却能得到一个较大的 PBG，此时对于所有电磁模式而言都是禁带。

14.1.3　水平带区域的特性

众所周知，水平带隙的产生是由于表面等离子体激元的存在。在特定的频率范围内，相对介电常数的大小在介质背景与等离子体球的交界面处将发生变化，此时电磁波将被局域在该交界面处。因此，当等离子体参数被调谐时，图 14.4(c) 中的两个水平带区域将会相互重叠。图 14.4 给出了第二水平带区域的上边缘位置与 ε_a、f、ω_p 和 ω_c 的关系图，其参数与图 14.2 中的相同。由图 14.4(c) 和 (d) 可知，该水平带区域的上边缘不能被 f 和 ε_a 所调谐。这个结果可以用磁光 Faraday 效应下的左旋和右旋极化波的特性来解释。我们知道，右旋极化波的上边缘由

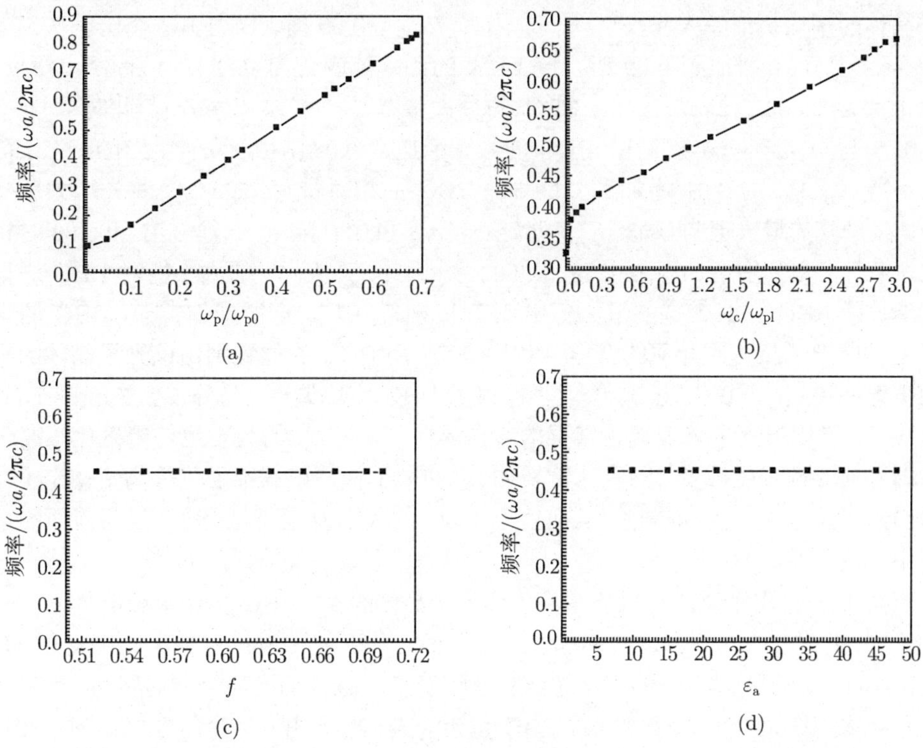

图 14.4　第二水平带区域的上边缘位置与 ε_a、f、ω_p 和 ω_c 的关系图

(a) ω_p；(b) ω_c；(c) f；(d) ε_a

$f_{\rm R}=\omega_{\rm c}/2+\sqrt{\omega_{\rm c}^2/4+\omega_{\rm p}^2}$ 决定，而左旋极化波的上边缘由 $f_{\rm K}=-\omega_{\rm c}/2+\sqrt{\omega_{\rm c}^2/4+\omega_{\rm p}^2}$ 确定。因此对于所有电磁模式而言，得到的水平带区域的上边缘由 $f_{\rm R}$ 和 $f_{\rm K}$ 决定。显然，$f_{\rm R}$ 和 $f_{\rm K}$ 的大小不依赖于 f 和 $\varepsilon_{\rm a}$ 的大小，即水平带区域的上边缘不能被 f 和 $\varepsilon_{\rm a}$ 所调谐。由图 14.4(a) 可知，水平带区域的上边缘将几乎随着 $\omega_{\rm p}/\omega_{\rm p0}$ 的增大而线性增大。类似的情况也能在图 14.4(b) 中看到，在 high- $\omega_{\rm c}$ 区域，水平带区域的上边缘将随着 $\omega_{\rm c}/\omega_{\rm pl}$ 的增大而线性增大。但是在 low-$\omega_{\rm c}$ 区域，曲线的变化趋势却不是线性的，而是一个凸函数。这是因为在 high-$\omega_{\rm c}$ 和 high-$\omega_{\rm p}$ 区域，$f_{\rm R}$ 和 $f_{\rm K}$ 的大小将几乎随着 $\omega_{\rm c}$ 和 $\omega_{\rm p}$ 的增大而线性增大。而对于我们的算例而言，$\omega_{\rm p}$ 的值远大于 $\omega_{\rm c}$，因此在 low-$\omega_{\rm c}$ 区域能够看到一个类似凸函数的曲线。

14.1.4 三维磁化等离子体光子晶体的 PBG 特性

图 14.5 给出了该三维磁化等离子体光子晶体的 1st PBG 及其相对带宽与 $\omega_{\rm p}$ 的关系图，此时 f=0.63, $\nu_{\rm c}$=0.02 $\omega_{\rm pl}$, $\omega_{\rm c}$=0.6$\omega_{\rm pl}$ 和 $\varepsilon_{\rm a}$=13.9。深色区域代表 PBG。由图 14.5 (a) 可知，PBG 的上下边缘将会随着 $\omega_{\rm p}/\omega_{\rm p0}$ 的增大而向高频方向移动，且其带宽也将先增大后减小。这是因为当 $\omega_{\rm p}/\omega_{\rm p0}$ 增大时，该三维磁化等离子体光子晶体的平均折射率发生变化 [205]。当 $\omega_{\rm p}/\omega_{\rm p0}$ >0.69 时，1st PBG 将会消失。当 $\omega_{\rm p}/\omega_{\rm p0}$ 由 0.01 增加到 0.69 时，该 PBG 的频率范围变为 0.8331~0.8362 (2πc/a)，且带宽为 0.0031 (2πc/a)。1st PBG 的最大带宽是 0.0278 (2πc/a)，此时 $\omega_{\rm p}/\omega_{\rm p0}$ = 0.5。与 $\omega_{\rm p}/\omega_{\rm p0}$=0.69 相比，PBG 的带宽增加了 0.0247 (2πc/a)。由图 14.5(b) 可知，当 $\omega_{\rm p}/\omega_{\rm p0}$ 由 0.01 增加到 0.69 时，PBG 的相对带宽 ($\Delta\omega/\omega_i$) 将先增大后减小。$\Delta\omega/\omega_i$ 的最大值为 0.0385，且此时 $\omega_{\rm p}/\omega_{\rm p0}$=0.01。与 $\omega_{\rm p}/\omega_{\rm p0}$=0.01 和 0.68 时相比，相对带宽分别增加了 0.0239 和 0.0348。因此，改变 $\omega_{\rm p}$ 的大小能对 PBG 进行调谐，且 PBG 相对带宽的最大值出现在 low-$\omega_{\rm p}$ 区域。众所周知 [205]，PBG 的带宽由组成光子晶体的介质的介电常数比决定，而 PBG 的位置则由该光子晶体的平均折射率决定，所以改变 $\omega_{\rm p}$ 的大小能够对 PBG 实现调谐。另外，在磁光 Faraday 效应下，磁化等离子体表现为很强的各向异性，改变 $\omega_{\rm p}$ 的大小也使得磁化等离子体的各向异性发生改变，则意味着增加 $\omega_{\rm p}$ 的大小使得该三维磁化等离子体光子晶体引入了足够大的各向异性，从而使得 PBG 的大小发生变化 [205]。这与前面的章节中结论相符。

图 14.6 给出了该三维磁化等离子体光子晶体的 1st PBG 及其相对带宽与 f 的关系图，此时 $\omega_{\rm p}$=0.35 $\omega_{\rm p0}$, $\nu_{\rm c}$=0.02$\omega_{\rm pl}$, $\omega_{\rm c}$=0.6$\omega_{\rm pl}$ 和 $\varepsilon_{\rm a}$=13.9。深色区域代表 PBG。由图 14.6 (a) 可知，PBG 的上下边缘将会随着 f 的增大而向高频方向移动，且其带宽将会逐渐增大。当 f <0.52 时，PBG 将会消失。当 f 由 0.52 增加到 0.7 时，PBG 的频率范围将变为 0.7291~0.7709 (2πc/a)，其带宽变为 0.0418 (2πc/a)；PBG 的最大值为 0.0418 (2πc/a)，且位于 f=0.7，其频率范围变为 0.4463~0.5137 (2πc/a)。与

f=0.52 时相比，PBG 的带宽增加了 0.0417 ($2\pi c/a$)。显然，PBG 也能够被 f 所调谐。这在物理上可以解释为：当 f 增大时，该三维等离子体光子晶体的平均折射率减小了。由图 14.6 (b) 可知，PBG 的相对带宽将会随着 f 的增大而几乎呈线性增大。$\Delta\omega/\omega_i$ 的最大值为 0.0557，且位于 f=0.7。与 f=0.63 时相比, PBG 的相对带宽将增加 0.0189，当 f 从 0.52 增加到 0.7 时，1st PBG 的相对带宽将随着 f 增大而增大。但值得一提的是，当 f 取极小值时，该三维磁化等离子体光子晶体能够看作介质块，所以此时水平能带也将消失。因此，改变 f 的大小能实现对 PBG 的调谐，且 PBG 相对带宽的最大值出现在 high-f 区域。

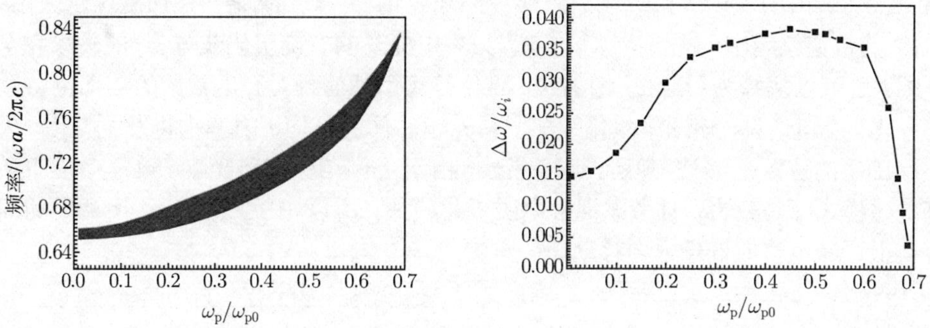

(a) (b)

图 14.5 该三维磁化等离子体光子晶体的 1st PBG 及其相对带宽与 ω_p 的关系图

(a) 1st PBG; (b) 1st PBG 的相对带宽

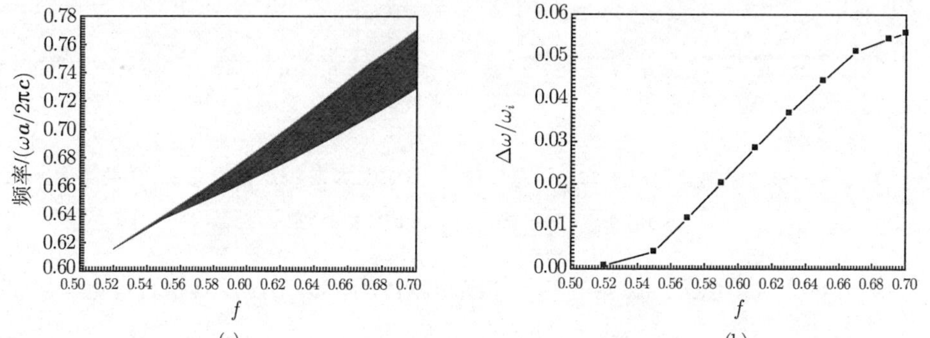

(a) (b)

图 14.6 该三维磁化等离子体光子晶体的 1st PBG 及其相对带宽与 f 的关系图

(a) 1st PBG; (b) 1st PBG 的相对带宽

图 14.7 给出了该三维磁化等离子体光子晶体的 1st PBG 及其相对带宽与 ω_c 的关系图，此时 f=0.63, $\nu_c=0.02\omega_{pl}$,$\omega_p=0.35\omega_{p0}$ 和 ε_a=13.9。灰色区域代表 PBG。由图 14.7(a) 可知，1st PBG 的上边缘将随着 ω_c 的增大而向低频方向移动，但是

它的下边缘将随着 ω_c 的增大而向高频方向移动，且它的带宽也将随之减小。如果 $\omega_c/\ \omega_{pl}$ 的值大于 3，那么 PBG 的带宽将会闭合。当 $\omega_c/\ \omega_{pl}$ 的值由 0.01 增加到 3 时，1st PBG 的频率范围变为 0.7016~0.7055 ($2\pi c/a$)，且带宽为 0.0039 ($2\pi c/a$)。此时 1st PBG 的最大带宽是 0.0266 ($2\pi c/a$)，且 ω_c/ω_{pl}=0.5。与 $\omega_p/\ \omega_{pl}$=0.69 相比，PBG 的带宽增加了 0.0247 ($2\pi c/a$)。与ω_c/ω_{pl}=3 时相比，1st PBG 的带宽增加了 0.0227 ($2\pi c/a$)。由图 14.7(b) 可知，1st PBG 的相对带宽将随着 ω_c/ω_{pl} 的增大而减小。当 ω_p/ω_{pl} 的值由 0.01 增加到 3 时，1st PBG 相对带宽的最大值为 0.0383，且此时 ω_c/ω_{pl}=0.01。与 ω_c/ω_{pl} =1.1 和 3 时相比，$\Delta\omega/\omega_i$ 的值分别增加了 0.0038 和 0.0328。由图 14.7 可知，1st 能够被外加磁场 (ω_c) 所调谐，外加磁场越大,1st PBG 的带宽就越窄。这个特性和文献 [333] 中提及的右旋极化波与 ω_c 的关系完全不同。这可以解释为：当 ω_c 增加时，磁化等离子体的相对介电常数的实部也将发生变化，换句话说，该三维磁化等离子体光子晶体的平均折射率也将发生变化。因此，PBG 的位置能够被 ω_c 所调谐。另外，由于 1st PBG 对磁光 Faraday 效应下所有电磁模式都是禁带，且考虑混合电磁极化模式，所以 PBG 在被 ω_c 所调谐的同时其上边缘也将向低频方向移动。

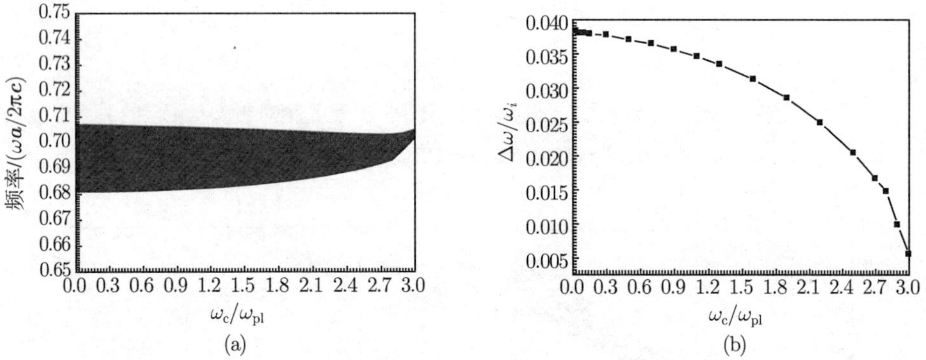

图 14.7　该三维磁化等离子体光子晶体的 1st PBG 及其相对带宽与 ω_c 的关系图

(a) 1st PBG；(b) 1st PBG 的相对带宽

图 14.8 给出了该三维磁化等离子体光子晶体的 1st PBG 及其相对带宽与 ε_a 的关系图，此时 f=0.63, ω_p=0.35ω_{p0}, ν_c=0.02ω_{pl} 和 ω_c=0.6ω_{pl}。深色区域代表 PBG。由图 14.8(a) 可知，PBG 的上下边缘将会随着 ε_a 的增大而向低频方向移动，且其带宽也会先增大后减小。如果 ε_a >48 或 ε_a <7，PBG 将不会出现。当 ε_a 由 1 增加到 48 时, 1st PBG 的频率范围是 0.4513~0.4582 ($2\pi c/a$), 且其带宽为 0.0069 ($2\pi c/a$)。1st PBG 带宽的最大值是 0.0256 ($2\pi c/a$), 且其频率范围是 0.6596 ~ 0.6852 ($2\ \pi c/a$)，且此时 ε_a=15。与 ε_a =7 和 48 时相比, 1st 的带宽将分别增加 0.0242 和 0.0187 ($2\pi c/a$)。由图 14.8(b) 可知，PBG 的相对带宽的变化趋势是随着 ε_a 的增大

而先增大后减少，其最大值是 0.0412，此时 $\varepsilon_a=22$。与 $\varepsilon_a=7$ 和 48 时相比，相对带宽分别增加了 0.0394 和 0.036。这是因为增加 ε_a 的值意味着该三维磁化等离子体光子晶体的平均折射率增大了，因此，改变 ε_a 能对 1st PBG 进行调谐，且 $\Delta\omega/\omega_i$ 的最大值出现在 low- ε_a 区域。

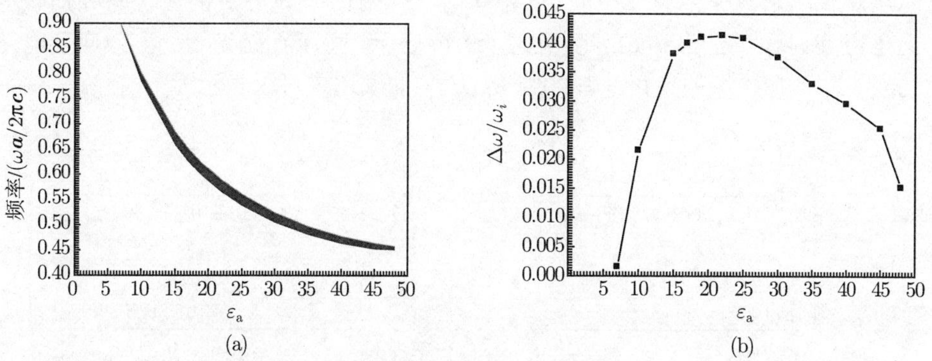

图 14.8 该三维磁化等离子体光子晶体的 1st PBG 及其相对带宽与 ε_a 的关系图

(a) 1st PBG；(b) 1st PBG 的相对带宽

但是值得注意的是，本节提及的三维磁化等离子体光子晶体在现实中是很难实现的，等离子体球显然是一个理论模型，因为在用 PWE 方法进行计算时会带来方便。如果要在实验中进行验证，显然需要采用新型的拓扑结果。例如, 比较经典的堆柴 (layer-by-layer) 结构就是一种比较好的选择。等离子体柱可以考虑采用实验室电离氦气的方式实现，类似的实验过程可以参照 Sakai 等的论文。

14.2 三维磁化等离子体的磁光 Voigt 效应

与 14.1 节类似 [239]，当外加磁场和电磁波波矢方向垂直时，在磁化等离子中会产生所谓的磁光 Voigt 效应。电磁波不仅会被分解成寻常和非寻常波，而且会因为耦合作用而形成混合极化波。本节的目标是在考虑混合极化波的情况下 (普适性条件下)，研究三维磁化等离子体中的磁光 Voigt 效应，讨论三维磁化等离子体光子晶体的各个参数与 PBG 和水平带区域间的关系。显然，对于 PBG 和水平带区域而言，是针对于该三维磁化等离子体光子晶体中所有电磁波模式的。本节中计算时引入的时谐量同样是 $e^{-j\omega t}$, ω 是角频率, t 是时间, 且 $j=\sqrt{-1}$, 并定义 c 为真空中的光速。

14.2.1 理论模型和数值方法

图 14.9(a) 给出了三维面心晶格磁化等离子体光子晶体的结构示意图，在任意时刻外加磁场都将与波矢方向垂直，且该三维磁化等离子体光子晶体的结构是由

均匀的磁化等离子体球填充介质背景。图 14.9(b) 给出了面心晶格的第一不可约布里渊区示意图，面心晶格的第一不可约布里渊区为 Γ=(0, 0, 0)，X=(2π/a, 0, 0)，W=(2π/a,π/a, 0)，K=(1.5π/a, 1.5π/a, 0)，L = (π/a, π/a,π/a) 和 U=(2π/a, 0.5π/a, 0.5π/a)。假设填充球的半径和晶格常数分别为 R 和 a，介质和磁化等离子体的相对介电常数分别为 $\varepsilon_{\rm a}$ 和 $\varepsilon_{\rm p}$。由 14.1 节可知，当电磁波的波矢与外加磁场的夹角为 θ 时，$\varepsilon_{\rm p}$ 的表达式可以用式 (14.1) 表示，由于在磁光 Voigt 效应下电磁波的波矢与外加磁场的夹角 $\theta=90^\circ$，所以 $\varepsilon_{\rm p}$ 的表达式可以表示为

$$\boldsymbol{\varepsilon}_{\rm p}(\boldsymbol{\omega})=\begin{pmatrix} 1-\dfrac{\omega_{\rm p}^2(\omega+{\rm j}\nu_{\rm c})}{\omega[(\omega+{\rm j}\nu_{\rm c})^2-\omega_{\rm c}^2]} & 0 & \dfrac{-{\rm j}\omega_{\rm p}^2\omega_{\rm c}}{\omega[(\omega+{\rm j}\nu_{\rm c})^2-\omega_{\rm c}^2]} \\ 0 & 1-\dfrac{\omega_{\rm p}^2}{\omega(\omega+{\rm j}\nu_{\rm c})} & 0 \\ \dfrac{{\rm j}\omega_{\rm p}^2\omega_{\rm c}}{\omega\left[(\omega+{\rm j}\nu_{\rm c})^2-\omega_{\rm c}^2\right]} & 0 & 1-\dfrac{\omega_{\rm p}^2(\omega+{\rm j}\nu_{\rm c})}{\omega\left[(\omega+{\rm j}\nu_{\rm c})^2-\omega_{\rm c}^2\right]} \end{pmatrix} \tag{14.11}$$

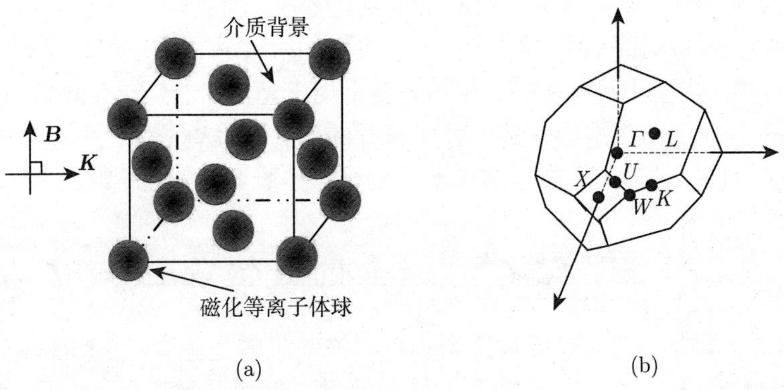

图 14.9　三维面心晶格磁化等离子体光子晶体的结构与第一不可约布里渊区的示意图
(a) 拓扑结构；(b) 第一不可约布里渊区

与 14.1 节类似，要用 PWE 方法得到该三维磁化等离子体光子晶体所有电磁模式的色散曲线，就要得到 $\boldsymbol{\varepsilon}_{\rm p}(\boldsymbol{\omega})$ 的逆矩阵 $\boldsymbol{\varepsilon}_{\rm p}^{-1}(\boldsymbol{\omega})$，其表达式为

$$\begin{aligned}\boldsymbol{\varepsilon}_{\rm p}^{-1}=&\frac{\omega^4+2{\rm j}\nu_{\rm c}\omega^3-B\omega^2-{\rm j}\nu_{\rm c}\omega_{\rm p}^2\omega}{\omega^4+2{\rm j}\nu_{\rm c}\omega^3-A\omega^2-{\rm j}\nu_{\rm c}\omega_{\rm p}^2\omega+\omega_{\rm p}^4}\boldsymbol{I}_1+\frac{\omega^2+{\rm j}\nu_{\rm c}\omega}{\omega^2+{\rm j}\nu_{\rm c}\omega\omega-\omega_{\rm p}^2}\boldsymbol{I}_2\\&+\frac{{\rm j}\omega_{\rm c}\omega_{\rm p}^2\omega}{\omega^4+2{\rm j}\nu_{\rm c}\omega^3-A\omega^2-{\rm j}\nu_{\rm c}\omega_{\rm p}^2\omega+\omega_{\rm p}^4}\boldsymbol{I}_3\end{aligned} \tag{14.12}$$

其中, $A=\nu_{\rm c}^2+\omega_{\rm c}^2+2\omega_{\rm p}^2$, $B=\nu_{\rm c}^2+\omega_{\rm c}^2+\omega_{\rm p}^2$,$\boldsymbol{I}_1=\begin{pmatrix}1&0&0\\0&0&0\\0&0&1\end{pmatrix}$,$\boldsymbol{I}_2=\begin{pmatrix}0&0&0\\0&1&0\\0&0&0\end{pmatrix}$

和 $\boldsymbol{I}_3=\begin{pmatrix}0&0&1\\0&0&0\\-1&0&0\end{pmatrix}$。同理，根据 PWE 算法的原理，$\boldsymbol{\varepsilon}_{\rm a}$ 的逆矩阵 $\boldsymbol{\varepsilon}_{\rm a}^{-1}$ 可以表示为

$$\boldsymbol{\varepsilon}_{\rm a}^{-1}=\begin{pmatrix}\varepsilon_{\rm a}^{-1}&0&0\\0&\varepsilon_{\rm a}^{-1}&0\\0&0&\varepsilon_{\rm a}^{-1}\end{pmatrix}=\varepsilon_{\rm a}^{-1}\begin{pmatrix}1&0&0\\0&1&0\\0&0&1\end{pmatrix}=\varepsilon_{\rm a}^{-1}\boldsymbol{I} \tag{14.13}$$

其中 $\boldsymbol{I}=\begin{pmatrix}1&0&0\\0&1&0\\0&0&1\end{pmatrix}$。由 PWE 算法可知，Maxwell 方程组可以化简成关于磁场$\boldsymbol{H}$的等式:

$$\nabla\times\left[\frac{1}{\varepsilon(\boldsymbol{r})}\nabla\times\boldsymbol{H}(\boldsymbol{r})\right]=\frac{\omega^2}{c^2}\boldsymbol{H}(\boldsymbol{r}) \tag{14.14}$$

其中, $\varepsilon(\boldsymbol{r})$ 是与实空间晶格矢量$\boldsymbol{r}$相关的周期函数。根据 Bloch 定理，$\boldsymbol{H}(\boldsymbol{r})$ 可以写成

$$\boldsymbol{H}(\boldsymbol{r})=\sum_{\boldsymbol{G}}\sum_{\lambda=1}^{2}h_{\boldsymbol{G},\lambda}\widehat{e}_{\boldsymbol{\lambda}}\mathrm{e}^{[\mathrm{j}(\boldsymbol{k}+\boldsymbol{G})\cdot\boldsymbol{r}]} \tag{14.15}$$

其中, $\boldsymbol{k}$ 是在第一不可约布里渊区中的波矢; $\boldsymbol{G}$ 是倒格矢;$\widehat{e}_1$ 和 $\widehat{e}_2$ 是垂直于波矢$\boldsymbol{k}$+$\boldsymbol{G}$的正交单位矢量。如果三维 Bravais 晶格可以用空间矢量 $\boldsymbol{a}_1$,$\boldsymbol{a}_2$ 和 $\boldsymbol{a}_3$ 表示，根据周期性边界条件有

$$\boldsymbol{\varepsilon}(\boldsymbol{r}+\boldsymbol{a}_i)=\boldsymbol{\varepsilon}(\boldsymbol{r}) \tag{14.16}$$

倒格子矢量 $\boldsymbol{b}_1$,$\boldsymbol{b}_2$ 和 $\boldsymbol{b}_3$ 可以定义为

$$\boldsymbol{a}_i\cdot\boldsymbol{b}_j=2\pi\delta_{ij} \tag{14.17}$$

其中 δ_{ij} 是狄拉克函数。所以该光子晶体介质的傅里叶展开形式可以表示为

$$\varepsilon^{-1}(\boldsymbol{r})=\varepsilon_{\boldsymbol{G},\boldsymbol{G}'}^{-1}=\sum_{\boldsymbol{G}}\eta(\boldsymbol{G})\boldsymbol{e}^{\mathrm{j}\boldsymbol{G}\cdot\boldsymbol{r}} \tag{14.18}$$

其中 $\eta(\boldsymbol{G})$ 是 $\boldsymbol{\varepsilon}(\boldsymbol{r})$ 逆矩阵的傅里叶展开形式，求和过程是在整个倒格矢空间 $\boldsymbol{G}$ 中进行的，其表达式为

$$\boldsymbol{G}=l_1\boldsymbol{b}_1+l_2\boldsymbol{b}_2+l_3\boldsymbol{b}_3 \tag{14.19}$$

其中, l_1, l_2 和 l_3 都是整数，那么 $\eta(\boldsymbol{G})$ 的表达式为

$$\eta(\boldsymbol{G})=\frac{1}{V_1}\int_{s_1}\mathrm{d}\boldsymbol{r}\frac{1}{\boldsymbol{\varepsilon}(\boldsymbol{r})}\mathrm{e}^{-\mathrm{j}\boldsymbol{G}\cdot\boldsymbol{r}} \tag{14.20}$$

其中, V_1 表示该晶格单元结构的体积。那么对于包含 n_{s} 个散射体晶格单元结构而言，$\eta(\boldsymbol{G})$ 的表达式为

$$\eta(\boldsymbol{G})=\boldsymbol{\varepsilon}_a^{-1}\delta_{G,0}+\sum_{i=1}^{n_{\mathrm{s}}}\eta^{(i)}(\boldsymbol{G})\mathrm{e}^{-\mathrm{j}\boldsymbol{G}\cdot\boldsymbol{r}_i} \tag{14.21}$$

其中, $\eta^{(i)}(\boldsymbol{G})$ 是在晶格单元中位于 $\boldsymbol{r}_i$ 处的散射体的傅里叶变换式；n_{s} 就是面心晶格单元结构中的散射体的个数。将式 (14.15)，式 (14.18) 和式 (14.21) 代入式 (14.14) 可得

$$\begin{aligned}&\sum_{\boldsymbol{G}',\lambda'}|\boldsymbol{k}+\boldsymbol{G}||\boldsymbol{k}+\boldsymbol{G}'|\begin{pmatrix}\widehat{\boldsymbol{e}}_2\cdot\boldsymbol{\varepsilon}_{\boldsymbol{G},\boldsymbol{G}'}^{-1}\cdot\widehat{\boldsymbol{e}}_{2'} & -\widehat{\boldsymbol{e}}_2\cdot\boldsymbol{\varepsilon}_{\boldsymbol{G},\boldsymbol{G}'}^{-1}\cdot\widehat{\boldsymbol{e}}_{1'}\\ -\widehat{\boldsymbol{e}}_1\cdot\boldsymbol{\varepsilon}_{\boldsymbol{G},\boldsymbol{G}'}^{-1}\cdot\widehat{\boldsymbol{e}}_{2'} & \widehat{\boldsymbol{e}}_1\cdot\boldsymbol{\varepsilon}_{\boldsymbol{G},\boldsymbol{G}'}^{-1}\cdot\widehat{\boldsymbol{e}}_{1'}\end{pmatrix}h_{\boldsymbol{G}',\lambda'}\\&=\frac{\omega^2}{c^2}h_{\boldsymbol{G},\lambda}\end{aligned} \tag{14.22}$$

其中 $\boldsymbol{\varepsilon}_{\boldsymbol{G},\boldsymbol{G}'}^{-1}=\eta(G-\boldsymbol{G}')$，所以傅里叶变换系数 $\boldsymbol{\varepsilon}_{\boldsymbol{G},\boldsymbol{G}'}^{-1}$ 可以写成

$$\boldsymbol{\varepsilon}_{\boldsymbol{G},G'}^{-1}=\begin{cases}\varepsilon_{\mathrm{p}}^{-1}\cdot f+\varepsilon_{\mathrm{a}}^{-1}\cdot(1-f), & \boldsymbol{G}-\boldsymbol{G}'=0\\ (\varepsilon_{\mathrm{p}}^{-1}-\varepsilon_{\mathrm{a}}^{-1})\cdot 3f\left(\dfrac{\sin(|\boldsymbol{G}-\boldsymbol{G}'|R)-(|\boldsymbol{G}-\boldsymbol{G}'|R)\cos(|\boldsymbol{G}-\boldsymbol{G}'|R)}{(|\boldsymbol{G}-\boldsymbol{G}'|R)^3}\right), & \boldsymbol{G}-\boldsymbol{G}'\neq 0\end{cases} \tag{14.23}$$

其中，f 为磁化等离子体球的填充率，$f=(4\pi R^3)/(3V_1)$。那么 $h_{\boldsymbol{G},\lambda}$ 可以表示为

$$h_{\boldsymbol{G},\lambda}=\sum_{\boldsymbol{G}}A(\boldsymbol{k}|\boldsymbol{G})\mathrm{e}^{\mathrm{j}(\boldsymbol{k}+G)\cdot\boldsymbol{r}} \tag{14.24}$$

将式 (14.24) 代入式 (14.22)，可以得到展开系数 $\{A(\boldsymbol{k}|\boldsymbol{G})\}$ 的等式:

$$\begin{aligned}&\left[\varepsilon_{\mathrm{p}}^{-1}\cdot\boldsymbol{F}\cdot f+\varepsilon_{\mathrm{a}}^{-1}\cdot\boldsymbol{F}\cdot(1-f)\right]\cdot|\boldsymbol{k}+\boldsymbol{G}|\left|\boldsymbol{k}+\boldsymbol{G}'\right|\cdot A(\boldsymbol{k}|\boldsymbol{G})\\&+\sum_{\boldsymbol{G}'}(\varepsilon_{\mathrm{p}}^{-1}-\varepsilon_{\mathrm{a}}^{-1})\cdot\boldsymbol{F}\cdot 3f\frac{\sin(|\boldsymbol{G}-\boldsymbol{G}'|R)-(|\boldsymbol{G}-\boldsymbol{G}'|R)\cos(|\boldsymbol{G}-\boldsymbol{G}'|R)}{(|\boldsymbol{G}-\boldsymbol{G}'|R)^3}\\&\cdot|\boldsymbol{k}+\boldsymbol{G}|\left|\boldsymbol{k}+\boldsymbol{G}'\right|\cdot A(\boldsymbol{k}|\boldsymbol{G})=\frac{\omega^2}{c^2}A(\boldsymbol{k}|\boldsymbol{G})\end{aligned} \tag{14.25}$$

其中，$\boldsymbol{F}=\begin{bmatrix}\widehat{\boldsymbol{e}}_2\cdot\widehat{\boldsymbol{e}}_{2'} & -\widehat{\boldsymbol{e}}_2\cdot\widehat{\boldsymbol{e}}_{1'}\\ -\widehat{\boldsymbol{e}}_1\cdot\widehat{\boldsymbol{e}}_{2'} & \widehat{\boldsymbol{e}}_1\cdot\widehat{\boldsymbol{e}}_{1'}\end{bmatrix}$，如果定义 $\zeta=\omega/c$，式 (12.25) 可以表示为

$$\zeta^8\boldsymbol{I}-\zeta^7\boldsymbol{X}_7-\zeta^6\boldsymbol{X}_6-\zeta^5\boldsymbol{X}_5-\zeta^4\boldsymbol{X}_4-\zeta^3\boldsymbol{X}_3-\zeta^2\boldsymbol{X}_2-\zeta\boldsymbol{X}_1-\boldsymbol{X}_0=0 \tag{14.26}$$

$$\boldsymbol{X}_7(\boldsymbol{G}|\boldsymbol{G}') = -3\mathrm{j}\frac{\nu_\mathrm{c}}{c}\boldsymbol{\delta}_{\boldsymbol{G}\cdot\boldsymbol{G}'} \tag{14.27a}$$

$$\boldsymbol{X}_6(\boldsymbol{G}|\boldsymbol{G}') = \frac{2\nu_\mathrm{c}^2+\omega_\mathrm{p}^2+A}{c^2}\boldsymbol{\delta}_{\boldsymbol{G}\cdot\boldsymbol{G}'} + \boldsymbol{M}_1+\boldsymbol{M}_2+\boldsymbol{M}_3+\boldsymbol{M}_4 \tag{14.27b}$$

$$\boldsymbol{X}_5(\boldsymbol{G}|\boldsymbol{G}') = \frac{\mathrm{j}(4\nu_\mathrm{c}\omega_\mathrm{p}^2+A\cdot\nu_\mathrm{c})}{c^3}\boldsymbol{\delta}_{\boldsymbol{G}\cdot\boldsymbol{G}'} + 3\mathrm{j}\frac{\nu_\mathrm{c}}{c}\cdot(\boldsymbol{M}_1+\boldsymbol{M}_2+\boldsymbol{M}_3) \tag{14.27c}$$

$$\begin{aligned}\boldsymbol{X}_4(\boldsymbol{G}|\boldsymbol{G}') =& \frac{-(2\nu_\mathrm{c}^2\omega_\mathrm{p}^2+\omega_\mathrm{p}^4+A\cdot\omega_\mathrm{p}^2)}{c^4}\boldsymbol{\delta}_{\boldsymbol{G}\cdot\boldsymbol{G}'} - \frac{2\nu_\mathrm{c}^2+\omega_\mathrm{p}^2+A}{c^2}\\ &\cdot\boldsymbol{M}_1 - \frac{2\nu_\mathrm{c}^2+\omega_\mathrm{p}^2+B}{c^2}\boldsymbol{M}_2 - \frac{2\nu_\mathrm{c}^2+A}{c^2}\boldsymbol{M}_3\end{aligned} \tag{14.27d}$$

$$\begin{aligned}\boldsymbol{X}_3(\boldsymbol{G}|\boldsymbol{G}') =& \frac{-3\mathrm{j}\nu_\mathrm{c}^2\omega_\mathrm{p}^4}{c^5}\boldsymbol{\delta}_{\boldsymbol{G}\cdot\boldsymbol{G}'} - \mathrm{j}\frac{4\nu_\mathrm{c}\omega_\mathrm{p}^2+A\cdot\nu_\mathrm{c}}{c^3}\cdot\boldsymbol{M}_1 - \mathrm{j}\frac{3\nu_\mathrm{c}\omega_\mathrm{p}^2+B\cdot\nu_\mathrm{c}}{c^3}\boldsymbol{M}_2\\ &-\mathrm{j}\frac{2\nu_\mathrm{c}\omega_\mathrm{p}^2+A\cdot\nu_\mathrm{c}}{c^3}\boldsymbol{M}_3 + \mathrm{j}\frac{\omega_\mathrm{c}\omega_\mathrm{p}^2}{c^3}\boldsymbol{M}_4\end{aligned} \tag{4.27e}$$

$$\begin{aligned}\boldsymbol{X}_2(\boldsymbol{G}|\boldsymbol{G}') =& \frac{\omega_\mathrm{p}^6}{c^6}\boldsymbol{\delta}_{\boldsymbol{G}\cdot\boldsymbol{G}'} + \frac{2\nu_\mathrm{c}^2\omega_\mathrm{p}^2+\omega_\mathrm{p}^4+A\cdot\omega_\mathrm{p}^2}{c^4}\cdot\boldsymbol{M}_1 + \frac{\nu_\mathrm{c}^2\omega_\mathrm{p}^2+B\cdot\omega_\mathrm{p}^2}{c^4}\boldsymbol{M}_2\\ &+\mathrm{j}\frac{2\nu_\mathrm{c}^2\omega_\mathrm{p}^2+\omega_\mathrm{p}^4}{c^4}\boldsymbol{M}_3 - \frac{\nu_\mathrm{c}\omega_\mathrm{c}\omega_\mathrm{p}^2}{c^4}\boldsymbol{X}_4\end{aligned} \tag{14.27f}$$

$$\boldsymbol{X}_1(\boldsymbol{G}|\boldsymbol{G}') = \mathrm{j}\frac{3\nu_\mathrm{c}\omega_\mathrm{p}^4}{c^5}\cdot\boldsymbol{M}_1 + \mathrm{j}\frac{\nu_\mathrm{c}\omega_\mathrm{p}^4}{c^5}\boldsymbol{M}_2 + \mathrm{j}\frac{\nu_\mathrm{c}\omega_\mathrm{p}^4}{c^5}\boldsymbol{M}_3 - \mathrm{j}\frac{\omega_\mathrm{c}\omega_\mathrm{p}^4}{c^5}\boldsymbol{M}_4 \tag{14.27g}$$

$$\boldsymbol{X}_0(\boldsymbol{G}|\boldsymbol{G}') = -\frac{\omega_\mathrm{p}^6}{c^6}\boldsymbol{M}_1 \tag{14.27h}$$

其中

$$\begin{aligned}\boldsymbol{M}_1 =& \frac{1}{\varepsilon_\mathrm{a}}(1-f)\boldsymbol{\delta}_{\boldsymbol{G}\cdot\boldsymbol{G}'} - \frac{1}{\varepsilon_\mathrm{a}}|\boldsymbol{k}+G|\left|\boldsymbol{k}+\boldsymbol{G}'\right|\cdot\boldsymbol{F}\\ &\cdot 3f\frac{\sin(|\boldsymbol{G}-\boldsymbol{G}'|R)-(|\boldsymbol{G}-\boldsymbol{G}'|R)\cos(|\boldsymbol{G}-\boldsymbol{G}'|R)}{(|\boldsymbol{G}-\boldsymbol{G}'|R)^3}\end{aligned}$$

$$\begin{aligned}\boldsymbol{M}_2 =& f\cdot\boldsymbol{\delta}_{\boldsymbol{G}\cdot\boldsymbol{G}'} - |\boldsymbol{k}+\boldsymbol{G}|\left|\boldsymbol{k}+\boldsymbol{G}'\right|\cdot\begin{pmatrix}\widehat{\boldsymbol{e}}_2\cdot\boldsymbol{I}_1\cdot\widehat{\boldsymbol{e}}_{2'} & -\widehat{\boldsymbol{e}}_2\cdot\boldsymbol{I}_1\cdot\widehat{\boldsymbol{e}}_{1'}\\ -\widehat{\boldsymbol{e}}_1\cdot\boldsymbol{I}_1\cdot\widehat{\boldsymbol{e}}_{2'} & \widehat{\boldsymbol{e}}_1\cdot\boldsymbol{I}_1\cdot\widehat{\boldsymbol{e}}_{1'}\end{pmatrix}\\ &\cdot 3f\frac{\sin(|\boldsymbol{G}-\boldsymbol{G}'|R)-(|\boldsymbol{G}-\boldsymbol{G}'|R)\cos(|\boldsymbol{G}-\boldsymbol{G}'|R)}{(|\boldsymbol{G}-\boldsymbol{G}'|R)^3}\end{aligned}$$

$$\begin{aligned}\boldsymbol{M}_3 =& f\cdot\boldsymbol{\delta}_{\boldsymbol{G}\cdot\boldsymbol{G}'} - |\boldsymbol{k}+G|\left|\boldsymbol{k}+G'\right|\cdot\begin{pmatrix}\widehat{\boldsymbol{e}}_2\cdot\boldsymbol{I}_2\cdot\widehat{\boldsymbol{e}}_{2'} & -\widehat{\boldsymbol{e}}_2\cdot\boldsymbol{I}_2\cdot\widehat{\boldsymbol{e}}_{1'}\\ -\widehat{\boldsymbol{e}}_1\cdot\boldsymbol{I}_2\cdot\widehat{\boldsymbol{e}}_{2'} & \widehat{\boldsymbol{e}}_1\cdot\boldsymbol{I}_2\cdot\widehat{\boldsymbol{e}}_{1'}\end{pmatrix}\\ &\cdot 3f\frac{\sin(|\boldsymbol{G}-\boldsymbol{G}'|R)-(|\boldsymbol{G}-\boldsymbol{G}'|R)\cos(|\boldsymbol{G}-\boldsymbol{G}'|R)}{(|\boldsymbol{G}-\boldsymbol{G}'|R)^3}\end{aligned}$$

$$\boldsymbol{M}_4 = f\cdot\boldsymbol{\delta}_{\boldsymbol{G}\cdot\boldsymbol{G}'} - |\boldsymbol{k}+\boldsymbol{G}|\left|\boldsymbol{k}+\boldsymbol{G}'\right|\cdot\begin{pmatrix}\widehat{\boldsymbol{e}}_2\cdot\boldsymbol{I}_3\cdot\widehat{\boldsymbol{e}}_{2'} & -\widehat{\boldsymbol{e}}_2\cdot\boldsymbol{I}_3\cdot\widehat{\boldsymbol{e}}_{1'}\\ -\widehat{\boldsymbol{e}}_1\cdot\boldsymbol{I}_3\cdot\widehat{\boldsymbol{e}}_{2'} & \widehat{\boldsymbol{e}}_1\cdot\boldsymbol{I}_3\cdot\widehat{\boldsymbol{e}}_{1'}\end{pmatrix}$$

$$\cdot 3f\frac{\sin(|\boldsymbol{G}-\boldsymbol{G}'|R)-(|\boldsymbol{G}-\boldsymbol{G}'|R)\cos(|\boldsymbol{G}-\boldsymbol{G}'|R)}{(|\boldsymbol{G}-\boldsymbol{G}'|R)^3}$$

$\boldsymbol{X}_0,\boldsymbol{X}_1,\boldsymbol{X}_2,\boldsymbol{X}_3,\boldsymbol{X}_4,\boldsymbol{X}_5,\boldsymbol{X}_6$ 和 $\boldsymbol{X}_7$ 是 $N\times N$ 的矩阵。多项式 (14.26) 的求解可以转换成对一个大小为 $8N\times 8N$ 矩阵 $\boldsymbol{Q}$ 特征值的求取，矩阵 $\boldsymbol{Q}$ 满足

$$\boldsymbol{Q}z=\zeta z,\quad \boldsymbol{Q}=\begin{bmatrix}\boldsymbol{0}&\boldsymbol{I}&\boldsymbol{0}&\boldsymbol{0}&\boldsymbol{0}&\boldsymbol{0}&\boldsymbol{0}&\boldsymbol{0}\\ \boldsymbol{0}&\boldsymbol{0}&\boldsymbol{I}&\boldsymbol{0}&\boldsymbol{0}&\boldsymbol{0}&\boldsymbol{0}&\boldsymbol{0}\\ \boldsymbol{0}&\boldsymbol{0}&\boldsymbol{0}&\boldsymbol{I}&\boldsymbol{0}&\boldsymbol{0}&\boldsymbol{0}&\boldsymbol{0}\\ \boldsymbol{0}&\boldsymbol{0}&\boldsymbol{0}&\boldsymbol{0}&\boldsymbol{I}&\boldsymbol{0}&\boldsymbol{0}&\boldsymbol{0}\\ \boldsymbol{0}&\boldsymbol{0}&\boldsymbol{0}&\boldsymbol{0}&\boldsymbol{0}&\boldsymbol{I}&\boldsymbol{0}&\boldsymbol{0}\\ \boldsymbol{0}&\boldsymbol{0}&\boldsymbol{0}&\boldsymbol{0}&\boldsymbol{0}&\boldsymbol{0}&\boldsymbol{I}&\boldsymbol{0}\\ \boldsymbol{0}&\boldsymbol{0}&\boldsymbol{0}&\boldsymbol{0}&\boldsymbol{0}&\boldsymbol{0}&\boldsymbol{0}&\boldsymbol{I}\\ \boldsymbol{X}_0&\boldsymbol{X}_1&\boldsymbol{X}_2&\boldsymbol{X}_3&\boldsymbol{X}_4&\boldsymbol{X}_5&\boldsymbol{X}_6&\boldsymbol{X}_7\end{bmatrix} \tag{14.28}$$

求解式 (14.28) 的本征值就得到了式 (14.25) 的解。当然，所求本征值的实部就决定了在磁光 Vogit 效应下所有电磁模式在该三维磁化等离子体光子晶体中的色散关系。

14.2.2 三维磁化等离子体中电磁模式的带隙结构

为了不失一般性，用 $\omega a/2\pi c$ 对频率进行归一化，并用变量 $\omega_{\rm p0}a/2\pi c=1$ 来确定等离子体频率、等离子体回旋频率和等离子体碰撞频率的大小。初始参数为 $\omega_{\rm p}=0.35\omega_{\rm p0}$, $\omega_{\rm pl}=0.15\omega_{\rm p0},\nu_{\rm c}=0.02\omega_{\rm pl}$ 和 $\omega_{\rm c}=0.6\omega_{\rm pl}$，且 $\mu_{\rm a}=1,\mu_{\rm p}=1$。显然，$\omega_{\rm p0}$ 和 $\omega_{\rm pl}$ 是定义的变量，它们没有任何物理意义。计算时展开的平面波为 729，且本节主要对该三维磁化等离子体光子晶体在频率范围 $0\sim 2\pi c/a$ 内的第一 (1st)PBG 和水平带区域的特性进行讨论。

图 14.10 给出了在不同 $\omega_{\rm p}$，$\omega_{\rm c}$ 和 $\nu_{\rm c}$ 条件下该三维磁化等离子体光子晶体的色散曲线，此时 $\varepsilon_{\rm a}=13.9$ 且 $f=0.63$。图中灰色区域表示 PBGs。由图 14.10(a) 可知，当 $\omega_{\rm p}=\omega_{\rm c}=\nu_{\rm c}=0$ 时，模型中的磁化等离子体可以直接视为空气。因此，在 $0\sim 2\pi c/a$ 的频率范围内仅存在 1 个 PBG，其频率范围是 $0.6515\sim 0.6611(2\pi c/a)$。由图 14.10(b) 可知，当 $\omega_{\rm p}=0.35\omega_{\rm p0}$, $\nu_{\rm c}=0.02\omega_{\rm pl}$, $\omega_{\rm c}=0$ 时，该光子晶体的物理模型退化成为非磁化等离子体晶体，也可以等效为等离子体引入三维常规介质 —— 空气光子晶体中，所以在 $0\sim 2\pi c/a$ 的频率范围内，不仅存在着 1 个 PBG 而且还能产生 1 个水平带区域。PBG 的频率范围是 $0.6808\sim 0.7074(2\pi c/a)$。水平带区域的范围是 $0\sim 0.35(2\pi c/a)$。与图 14.10(a) 中的结果比较可知，PBG 的上下边缘都将向高频方向移动，且其带宽明显被展宽了。由图 14.10(c) 可知，如果 $\omega_{\rm p}=0.35\omega_{\rm p0}$, $\nu_{\rm c}=0.02\omega_{\rm pl},\omega_{\rm c}=0.6\omega_{\rm pl}$，即引入外加磁场，在磁光 Voigt 效应

下，不仅能产生 1 个 PBG，而且还能产生 1 个水平带隙区域，其覆盖范围发生了明显的变化。PBG 的上下边缘再次向高频方向移动，且 PBG 的频率范围变为 $0.6814 \sim 0.7067(2\pi c/a)$。水平带区域的上边缘同样将向高频方向移动，且此时水平带区域的覆盖范围变为 0~0.4499 $(2\pi c/a)$。与图 14.10(a) 中的结果相比，PBG 的带宽被明显展宽了，且带宽增大了 $0.0253(2\pi c/a)$，显然该 PBG 同样能够禁止三维磁化等离子体光子晶体中所有电磁模式的传播。作为比较，图 14.11 中给出了在 Voigt 效应下非寻常波通过该三维磁化等离子体光子晶体的色散曲线，其参数与图 14.10(c) 中的相同。由图 14.11 可知，在色散曲线中存在 1 个 PBG 和 2 个水平带区域。PBG 的频率范围是 0.6819~0.7082 $(2\pi c/a)$，而两个水平带区域的范围分别是 $0 \sim 0.3072(2\pi c/a)$ 和 $0.361 \sim 0.3971(2\pi c/a)$。由等离子体理论可知 [239]，

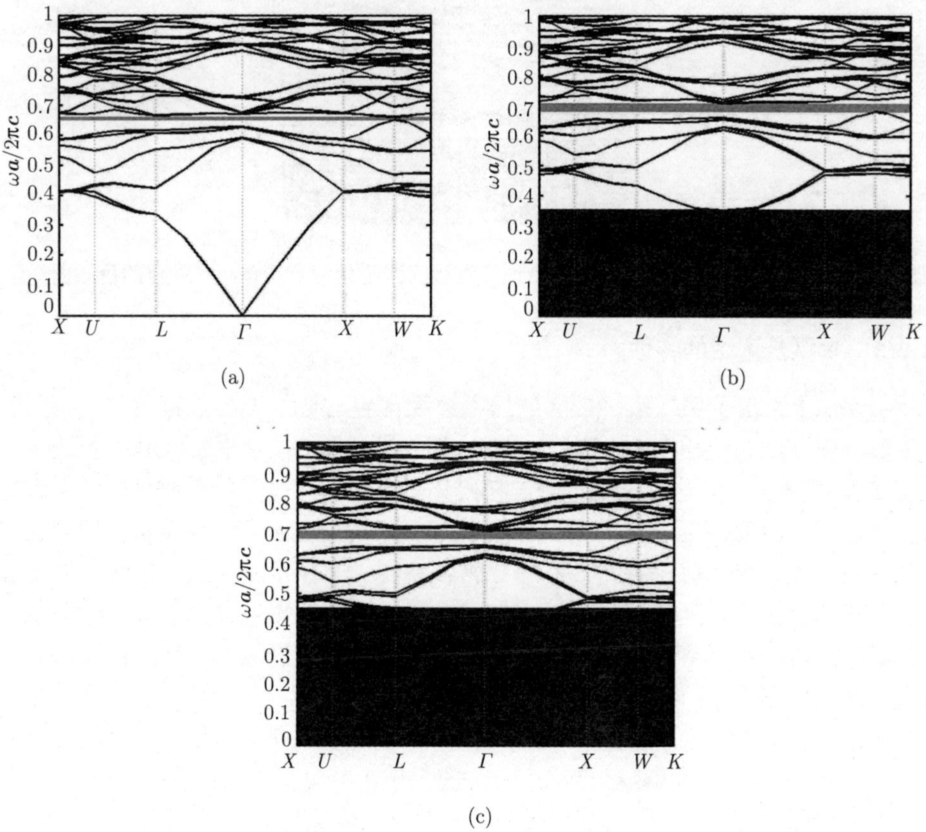

图 14.10　在不同 ω_p, ω_c 和 ν_c 条件下三维面心晶格磁化等离子体光子晶体的色散曲线

(a) $\omega_p = \omega_c = \nu_c = 0$; (b)$\omega_p = 0.35\omega_{p0}$, $\nu_c = 0.02\omega_{pl}$, $\omega_c = 0$; (c) $\omega_p = 0.35\omega_{p0}$, $\nu_c = 0.02\omega_{pl}$, $\omega_c = 0.6\omega_{pl}$

这两个水平区域的上边缘频率和第二水平带区域下边缘频率分别由此时磁化等离子体的左右圆极化和上杂化截止频率所决定。与图 14.10(c) 中的结果比较可知，对于普适性情况而言，得到的 PBG 较右非寻常波的要小，而水平带区域的上边缘将向高频方向移动。值得注意的是，图 14.10(b) 中给出的是在磁光 Voigt 效应下寻常波的色散曲线。与图 14.10(c) 比较可知，其得到的 PBG 带宽要大于非寻常波的。综上所述，在磁光 Voigt 效应下，该三维磁化等离子体光子晶体能够得到对于所有电磁模式的 PBG。与常规的三维介质-空气光子晶体相比，有更大的 PBG 带宽。与寻常波和非寻常波的 PBG 相比，其带宽较小，但是得到的水平带区域的频率范围将变大。

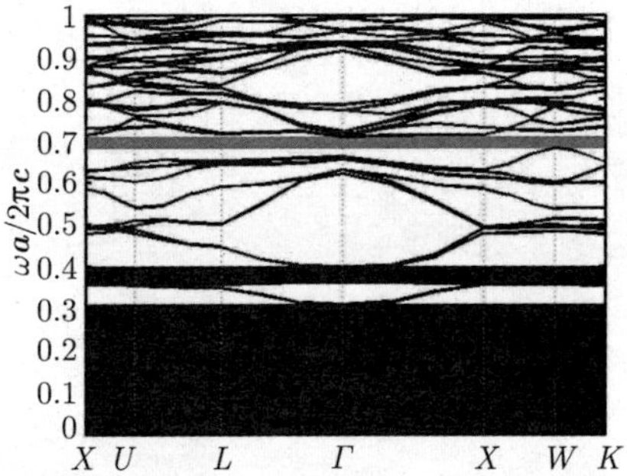

图 14.11　在磁光 Voigt 效应下非寻常波通过该三维磁化等离子体光子晶体的色散曲线

14.2.3　水平带区域的特性

图 14.12 给出了第二水平带区域的上边缘位置与 ε_{a}、f、ω_{p} 和 ω_{c} 的关系图，其参数与图 14.11 中相同。由图 14.12(a) 和 (b) 可知，该水平带区域的上边缘不能被 f 和ε_{a} 所调谐。这可以用电磁波在磁化等离子体中传播特性来解释。在磁光 Voigt 效应下，电磁波通过磁化等离子体能够分解成寻常波和非寻常波，所以水平带区域的上边缘频率将由寻常波和非寻常波决定。非寻常波的水平带区域的上边缘由右旋圆极化的截止频率 f_{R} 决定 ($f_{\mathrm{R}}=\omega_{\mathrm{c}}/2+\sqrt{\omega_{\mathrm{c}}^2/4+\omega_{\mathrm{p}}^2}$)，而寻常波的水平带区域的上边缘由等离子体频率 ω_{p} 决定。因此，水平带区域的上边缘由 f_{R} 和 ω_{p} 的大小决定。由于 f_{R} 和 ω_{p} 的大小与 f 和 ε_{a} 的大小无关，显然，水平带区域的上边缘不能被 f 和 ε_{a} 所调谐。由图 14.12(c) 可知，水平带区域的上边缘将几乎随着 $\omega_{\mathrm{p}}/\omega_{\mathrm{p0}}$ 的增大而线性增大。当 $\omega_{\mathrm{p}}/\omega_{\mathrm{p0}}$ 的大小由 0.01 增加到 0.35 时，水平带区域的上边缘频率为 $0.091\sim0.8214(2\pi c/a)$。类似的情况也能在图 14.12(d) 中看到，在 high-ω_{c} 区域，水平带区域的上边缘将随着 $\omega_{\mathrm{c}}/\omega_{\mathrm{pl}}$ 的增大而线性增大。但是在 low-ω_{c} 区域，曲线的变化趋势却不是线性的，而是一个凸函数。这是因为在 high-ω_{c} 和 high-ω_{p} 区域，f_R 的大小将几乎随着 ω_{c} 和 ω_{p} 的增大而线性增大。对于我们的算例而言，ω_{p} 的值远大于 ω_{c}，因此在 low-ω_{c} 区域能够看到一个类似凸函数的曲线。

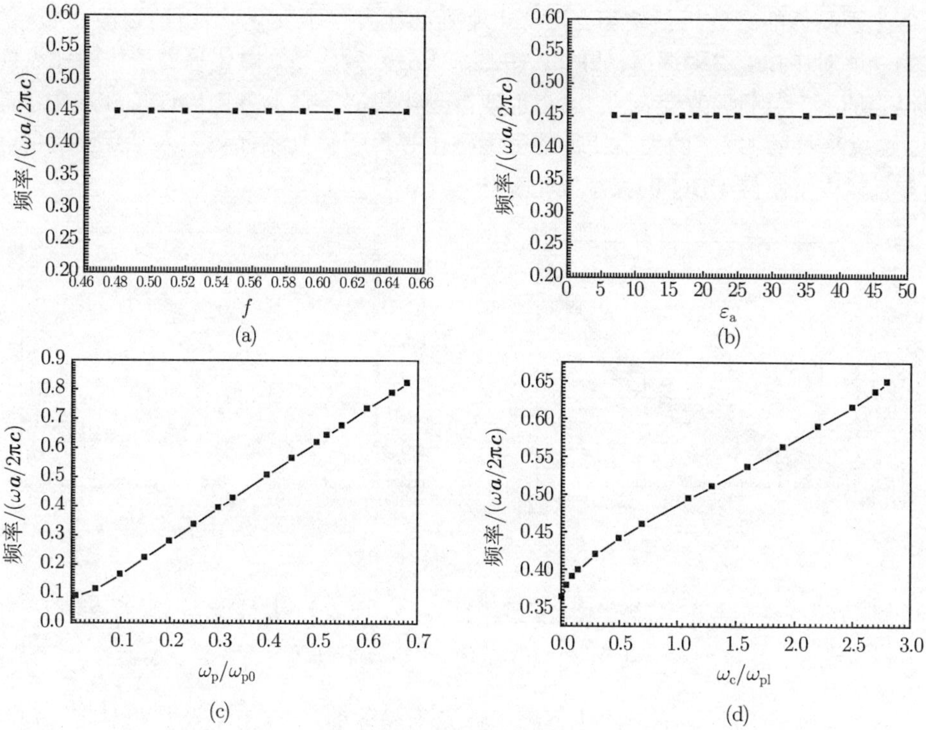

图 14.12 第二水平带区域的上边缘位置与 ε_a、f、ω_p 和 ω_c 的关系图

(a) f；(b) ε_a；(c) ω_p；(d) ω_c

14.2.4 三维磁化等离子体光子晶体参数对 PBG 的影响

图 14.13 给出了该三维磁化等离子体光子晶体的 1st PBG 及其相对带宽与 ω_p 的关系图，此时 $f=0.63, \nu_c=0.02\omega_{pl}$, $\omega_c=0.6\omega_{pl}$ 和 $\varepsilon_a=13.9$。阴影部分代表 PBG。由图 14.13 (a) 可知，PBG 的上下边缘将会随着 ω_p/ω_{p0} 的增大而向高频方向移动，且其带宽也将会先增大后减小。当 $\omega_p/\omega_{p0}>0.69$ 时，1st PBG 将会消失。当 ω_p/ω_{p0} 由 0.01 增加到 0.68 时，1st PBG 的频率范围变为 0.8219~0.8293 ($2\pi c/a$), 且带宽为 0.0074 ($2\pi c/a$)。1st PBG 的最大带宽是 0.0275 ($2\pi c/a$)，此时 $\omega_p/\omega_{p0}=0.5$。与 $\omega_p/\omega_{p0}=0.01$ 相比，1st PBG 的带宽增加了 0.0179 ($2\pi c/a$)。图 14.13(b) 给出了相对带宽与 ω_p 的关系图。由图 14.13(b) 可知，当 ω_p/ω_{p0} 由 0.01 增加 0.68 时，PBG 的相对带宽 ($\Delta\omega/\omega_i$) 将先增大后减小。$\Delta\omega/\omega_i$ 的最大值为 0.0381，且此时 $\omega_p/\omega_{p0}=0.45$。与 $\omega_p/\omega_{p0}=0.01$ 时相比，相对带宽分别增加了 0.0235。因此，由图 14.13 可知，1st PBG 不仅能被 ω_p 所调谐，而且更大的 PBG 不能在 lower-ω_p 区域中得到。这个特性显然与三维磁化等离子体光子晶体中非寻常波的 PBG 有所不同 [337]。这可以解释为：当 ω_p/ω_{p0} 增大时，该三维磁化等离

子体光子晶体的平均折射率和介质介电常数的比发生了变化 [205]，所以改变 ω_p 的大小能够对 PBG 实现调谐。另外，在磁光 Vogit 效应下，磁化等离子体同样表现为很强的各向异性，改变 ω_p 的大小也使得磁化等离子体的各向异性特性发生了改变。这意味着增加 ω_p 的大小使得该三维磁化等离子体光子晶体引入了足够大的各向异性，从而使得 PBG 的大小发生变化。

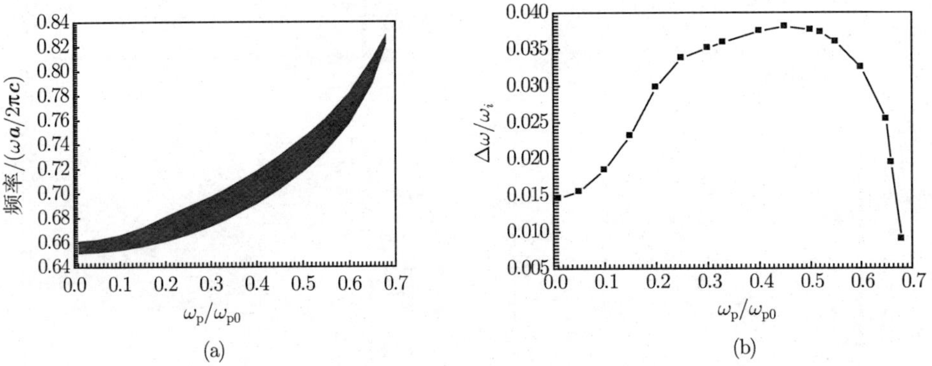

图 14.13　该三维磁化等离子体光子晶体的 1st PBG 及其相对带宽与 ω_p 的关系图

(a) 1st PBG; (b) 1st PBG 的相对带宽

图 14.14 给出了该三维磁化等离子体光子晶体的 1st PBG 及其相对带宽与 f 的关系图，此时 $\omega_p = 0.35\omega_{p0}$, $\nu_c = 0.02\omega_{pl}$,$\omega_c = 0.6\omega_{pl}$ 和 $\varepsilon_a = 13.9$。阴影部分代表 PBG。由图 14.14 (a) 可知，1st PBG 的上下边缘将随着 f 的增大而向高频方向移动，且其带宽也将会逐渐增大。当 $f < 0.48$ 时，1st PBG 将不会存在。当 f 由 0.48 增加到 0.65 时，PBG 的最大值为 0.0313 ($2\pi c/a$)，且出现在 $f = 0.65$。与 $f = 0.48$ 时相比，PBG 的带宽增加了 0.0207 ($2\pi c/a$)。显然，PBG 也能够被 f 所调谐。这可以解释为：增大磁化等离子体的填充率 f 就意味着该三维等离子体光子晶体的平均折射率减小了 [205]。由图 14.14 (b) 可知，PBG 的相对带宽将随着 f 的增大而几乎呈线性增大。$\Delta\omega/\omega_i$ 的最大值为 0.0441，且位于 $f = 0.65$。与 $f = 0.48$ 时相比，当 f 从 0.48 增加到 0.65 时，1st PBG 的相对带宽将增加 0.0441。值得一提的是，当 f 取极小值时或接近于零时，该三维磁化等离子体光子晶体同样能够看作介质块，所以此时水平能带也将消失。因此，改变 f 的大小能实现对 1st PBG 的调谐，且 1st PBG 相对带宽的最大值出现在 high-f 区域。

图 14.15 给出了该三维磁化等离子体光子晶体的 1st PBG 及其相对带宽与 ω_c 的关系图，此时 $f = 0.63$，$\nu_c = 0.02\omega_{pl}$，$\omega_p = 0.35\omega_{p0}$ 和 $\varepsilon_a = 13.9$。阴影部分代表 PBG。由图 14.15(a) 可知，1st PBG 的上边缘将随着 ω_c/ω_{pl} 的增大而向低频方向移动，但是它的下边缘将随着 ω_c 的增大而向高频方向移动，且它的带宽也将

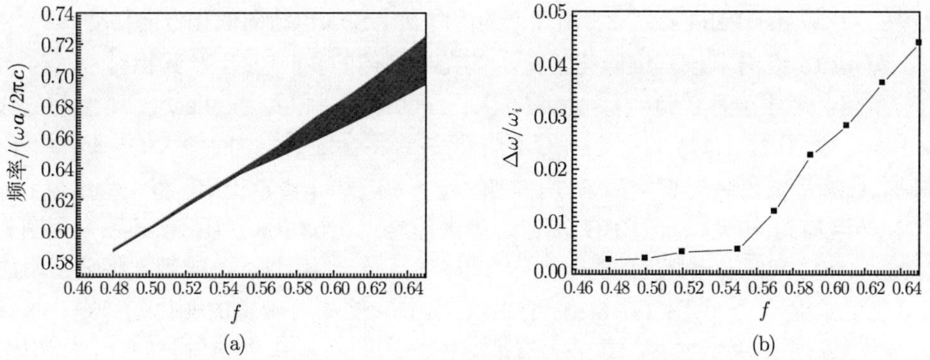

图 14.14 该三维磁化等离子体光子晶体的 1st PBG 及其相对带宽与 f 的关系图

(a) 1st PBG；(b) 1st PBG 的相对带宽

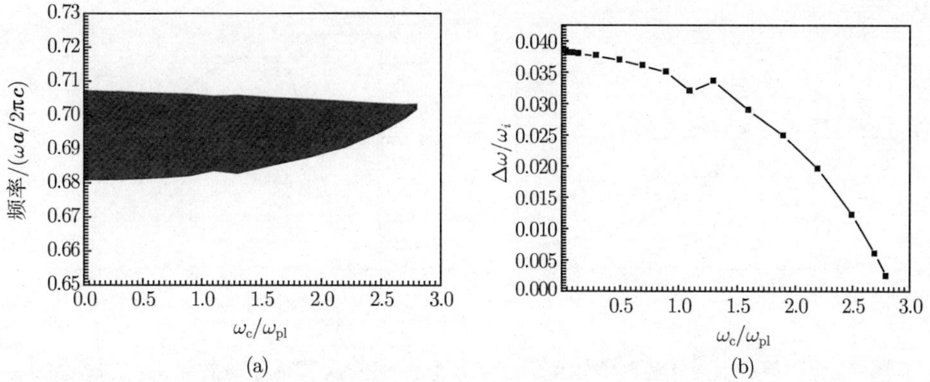

图 14.15 该三维磁化等离子体光子晶体的 1st PBG 及其相对带宽与 ω_c 的关系图

(a) 1st PBG；(b) 1st PBG 的相对带宽

随之减小。如果 ω_c/ω_{pl} 的值大于 2.8，那么 1st PBG 将会消失。当 ω_c/ω_{pl} 的值由 0.01 增加到 2.8 时，1st PBG 的频率范围变为 0.7018~0.7035 ($2\pi c/a$)，且带宽为 0.0017 ($2\pi c/a$)。此时 1st PBG 的最大带宽是 0.0266 ($2\pi c/a$)，且 $\omega_c/\omega_{pl} = 0.01$。由图 14.15(b) 可知，1st PBG 的相对带宽将随着 ω_c/ω_{pl} 的增大而减小。当 ω_p/ω_{p0} 的值由 0.01 增加到 2.8 时，1st PBG 相对带宽的最大值为 0.0383，且此时 $\omega_c/\omega_{pl} = 0.01$。与 $\omega_c/\omega_{pl} = 2.8$ 时相比，$\Delta\omega/\omega_i$ 的值增加了 0.0359。由图 14.15 可知，1st 能够被外加磁场 (ω_c) 所调谐，外加磁场越大，1st PBG 的带宽就越窄。这个特性和文献 [337] 中提及的非寻常波与 ω_c 的关系完全不同。这可以解释为：当 ω_c 的值增加时，磁化等离子体的相对介电常数的实部也将发生变化，换句话说，该三维磁化等离子体光子晶体的平均折射率也将发生变化。因此，PBG 的位置能够被 ω_c 所调谐。另外，由于 1st PBG 对磁光 Vogit 效应下所有电磁模式都是禁带，且考虑混合电磁极

化模式，所以 1st PBG 在被 ω_{c} 所调谐的同时其上边缘也将向低频方向移动。

图 14.16 给出了该三维磁化等离子体光子晶体的 1st PBG 及其相对带宽与 ε_{a} 的关系图，此时 $f = 0.63$，$\omega_{\mathrm{p}} = 0.35\omega_{\mathrm{p0}}$，$\nu_{\mathrm{c}} = 0.02\omega_{\mathrm{pl}}$ 和 $\omega_{\mathrm{c}} = 0.6\omega_{\mathrm{pl}}$。阴影部分代表 PBG。由图 14.16(a) 可知，PBG 的上下边缘将会随着 ε_a 的增大而向低频方向移动，且其带宽也会先增大后减小。如果 $\varepsilon_{\mathrm{a}} > 48$ 或 $\varepsilon_{\mathrm{a}} < 7$，PBG 将不会出现。当 ε_{a} 由 1 增加到 50 时, 1st PBG 带宽的最大值是 0.0252 $(2\pi c/a)$，且其频率范围是 0.6265~0.6517 $(2\pi c/a)$，且此时 $\varepsilon_{\mathrm{a}} = 15$。与 $\varepsilon_{\mathrm{a}} = 7$ 时相比, 1st 的带宽将分别增加了 0.0236 $(2\pi c/a)$。由图 14.16(b) 可知，1st PBG 的相对带宽的变化趋势是：随着 ε_{a} 的增大而先增大后减少，其最大值是 0.0405，此时 $\varepsilon_{\mathrm{a}} = 22$。与 $\varepsilon_{\mathrm{a}} = 15$ 时相比，相对带宽分别增加了 0.0029。这是因为增加 ε_{a} 的值意味着该三维磁化等离子体光子晶体的平均折射率增大了，因此，改变 ε_{a} 能对 1st PBG 进行调谐，且 $\Delta\omega/\omega_i$ 的最大值出现在 low-ε_{a} 区域。

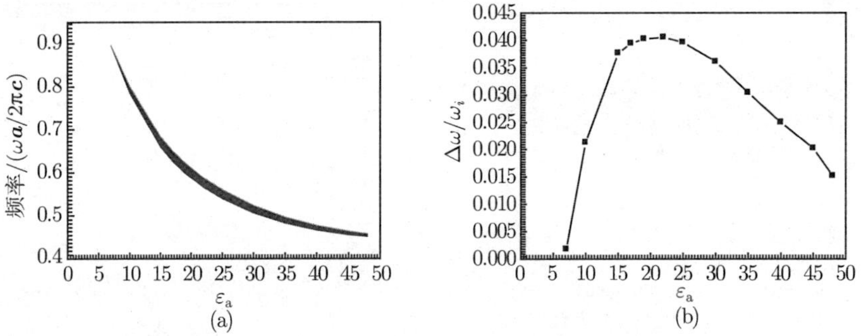

图 14.16　该三维磁化等离子体光子晶体的 1st PBG 及其相对带宽与 ε_{a} 的关系图

(a) 1st PBG; (b) 1st PBG 的相对带宽

14.3　三维各向异性磁化等离子体光子晶体中的 Faraday 效应

在 14.1 和 14.2 节中对三维磁化等离子体光子晶体中的磁光 Faraday 和 Voigt 效应进行了研究，其中介质背景是各向同性的。尽管磁化等离子体光子在这两种磁光效应下也呈现各向异性，但是引入外加磁场造成的各向异性对 PBGs 的拓展不是很明显，更为重要的是当外加磁场较大时，PBGs 带宽会减小。为了使得在外加磁场的情况下，等离子体光子晶体能够有较好的 PBGs 特性，可以将各向异性介质引入其中，以实现对 PBGs 特性的改善。本节将在理论上讨论在磁光 Faraday 效应下，三维各向异性体心晶格磁化等离子体光子晶体中的 PBGs 和表面等离子体激元模特性。该三维各向异性磁化等离子体光子晶体是由各向异性的介质球 Te 填充磁化等离子体背景，并分析了该光子晶体的各个参数对 PBGs 与表面等离子体激元模的影响。

14.3.1 理论模型和计算方法

图 14.17(a) 给出了三维体心晶格各向异性磁化等离子体光子晶体的结构示意图，在任意时刻外加磁场都将与波矢方向平行，且该三维磁化等离子体光子晶体的结构是由均匀的各向异性介质 Te 球填充磁化等离子体背景。图 14.17(b) 给出了面心晶格的第一不可约布里渊区示意图，面心晶格的第一不可约布里渊区为 $\Gamma=(0,0,0)$，$H=(2\pi/a,0,0)$，$N=(\pi/a,\pi/a,0)$ 和 $P=(\pi/a,\pi/a,\pi/a)$。用 PWE 方法计算该光子晶体的带隙结构，并用 729 个平面波进行展开。在计算时引入的时谐量是 $\mathrm{e}^{-\mathrm{j}\omega t}$, ω 是角频率, t 是时间, 且 $\mathrm{j}=\sqrt{-1}$。与 14.2 节相似，假设填充的介质球的半径和晶格常数的大小分别为 R 和 a，介质球的相对介电常数为 ε_{a}。由等离子体理论可知，磁化等离子体的有效介电常数 ε_{p} 将由波矢和外加磁场的角度 θ 决定，ε_{p} 可以表示为式 (14.1)。在磁光 Faraday 效应下，ε_{p} 可以表示为式 (14.2)。与 14.1 节中描述的内容相似，根据 PWE 方法，$\boldsymbol{\varepsilon}_{\mathrm{p}}(\boldsymbol{\omega})$ 的逆矩阵可以用 $\boldsymbol{\varepsilon}_{\mathrm{p}}^{-1}(\boldsymbol{\omega})$ 来表示，其表达式为式 (14.3)。我们知道，Te 是一种单轴材料，它有两个主要的折射率，分别称为寻常折射率 n_{o} 和非寻常折射率 n_{e}。因此，$\boldsymbol{\varepsilon}_{\mathrm{a}}$ 的逆矩阵 $\boldsymbol{\varepsilon}_{\mathrm{a}}^{-1}$ 可以表示为

$$
\begin{aligned}
\boldsymbol{\varepsilon}_{\mathrm{a}}^{-1} &= \begin{pmatrix} \varepsilon_x^{-1} & 0 & 0 \\ 0 & \varepsilon_y^{-1} & 0 \\ 0 & 0 & \varepsilon_y^{-1} \end{pmatrix} = \boldsymbol{\varepsilon}_x^{-1} + \boldsymbol{\varepsilon}_y^{-1} \\
&= \varepsilon_x^{-1} \begin{pmatrix} 1 & 0 & 0 \\ 0 & 0 & 0 \\ 0 & 0 & 0 \end{pmatrix} + \varepsilon_y^{-1} \begin{pmatrix} 0 & 0 & 0 \\ 0 & 1 & 0 \\ 0 & 0 & 1 \end{pmatrix} = \varepsilon_x^{-1}\boldsymbol{I}_x + \varepsilon_y^{-1}\boldsymbol{I}_y
\end{aligned} \tag{14.29}
$$

其中，$\boldsymbol{I}_x = \begin{pmatrix} 1 & 0 & 0 \\ 0 & 0 & 0 \\ 0 & 0 & 0 \end{pmatrix}$，$\boldsymbol{I}_y = \begin{pmatrix} 0 & 0 & 0 \\ 0 & 1 & 0 \\ 0 & 0 & 1 \end{pmatrix}$. $\varepsilon_x^{-1} = n_x^{-2} = n_{\mathrm{e}}^{-2}$ 和 $\varepsilon_y^{-1} = n_y^{-2} = n_{\mathrm{o}}^{-2}$。因此，该光子晶体的傅里叶展开系数变为

$$
\begin{aligned}
&\boldsymbol{\varepsilon}_{\boldsymbol{G},\boldsymbol{G}'}^{-1}(i) \\
&= \begin{cases} \boldsymbol{\varepsilon}_{\mathrm{p}}^{-1}\cdot(1-f) + \boldsymbol{\varepsilon}_{\boldsymbol{i}}^{-1}\cdot f, & \boldsymbol{G}-\boldsymbol{G}'=0 \\ (\boldsymbol{\varepsilon}_{\mathrm{i}}^{-1} - \boldsymbol{\varepsilon}_{\mathrm{p}}^{-1}) \\ \quad \cdot 3f\dfrac{\sin(|\boldsymbol{G}-\boldsymbol{G}'|R) - (|\boldsymbol{G}-\boldsymbol{G}'|R)\cos(|\boldsymbol{G}-\boldsymbol{G}'|R)}{(|\boldsymbol{G}-\boldsymbol{G}'|R)^3}, & \boldsymbol{G}-\boldsymbol{G}'\neq 0 \end{cases} \quad (i=x,y)
\end{aligned} \tag{14.30}
$$

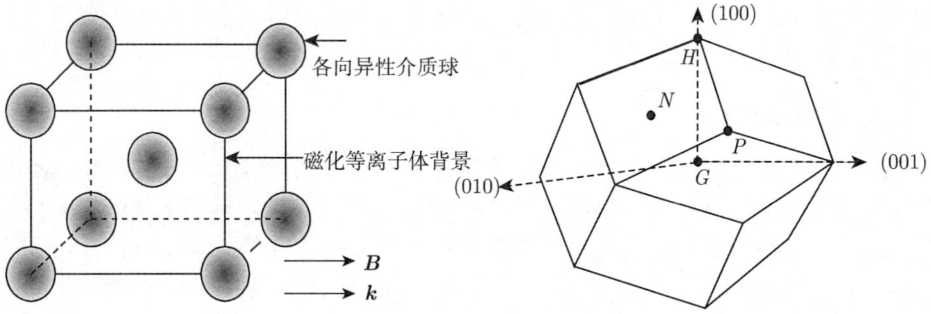

(a) (b)

图 14.17 三维体心晶格各向异性磁化等离子体光子晶体的结构与第一不可约布里渊区的示意图

(a) 拓扑结构；(b) 第一不可约布里渊区

式 (14.30) 中的各个参变量的定义见 14.2 节，其中 $\boldsymbol{\varepsilon}^{-1}_{\boldsymbol{G},G'}(i)$ 是 ε_x^{-1} 和 ε_y^{-1} 的傅里叶变换系数，f 为各向异性介质球的填充率，且 $f=(4\pi R^3)/(3V_{\rm m})$，$V_{\rm m}$ 表示晶格单元的体积。由式 (14.22) 和式 (14.24) 可知，Maxwell 方程组可以化简为系数 $A(\boldsymbol{k}|\boldsymbol{G})$ 的方程：

$$\begin{aligned}&\left[\boldsymbol{\varepsilon}_{\boldsymbol{i}}^{-1}\cdot\boldsymbol{F}\cdot f+\boldsymbol{\varepsilon}_{\rm p}^{-1}\cdot\boldsymbol{F}\cdot(1-f)\right]\cdot|\boldsymbol{k}+\boldsymbol{G}|\left|\boldsymbol{k}+\boldsymbol{G}'\right|\cdot A(\boldsymbol{k}|\boldsymbol{G})\\&+\sum_{\boldsymbol{G}'}(\boldsymbol{\varepsilon}_i^{-1}-\boldsymbol{\varepsilon}_{\rm p}^{-1})\cdot\boldsymbol{F}\cdot 3f\frac{\sin(|\boldsymbol{G}-\boldsymbol{G}'|R)-(|\boldsymbol{G}-\boldsymbol{G}'|R)\cos(|\boldsymbol{G}-\boldsymbol{G}'|R)}{(|\boldsymbol{G}-\boldsymbol{G}'|R)^3}\\&\cdot|\boldsymbol{k}+\boldsymbol{G}|\left|\boldsymbol{k}+\boldsymbol{G}'\right|\cdot A(\boldsymbol{k}|\boldsymbol{G})=\frac{\omega^2}{c^2}A(\boldsymbol{k}|\boldsymbol{G})\quad(i=x,y)\end{aligned}\tag{14.31}$$

其中，$\boldsymbol{F}=\boldsymbol{F}_x+\boldsymbol{F}_y$，

$$\boldsymbol{F}_x=\begin{pmatrix}\widehat{\boldsymbol{e}}_2\cdot\boldsymbol{I}_x\cdot\widehat{\boldsymbol{e}}_{\boldsymbol{2}'} & -\widehat{\boldsymbol{e}}_2\cdot\boldsymbol{I}_x\cdot\widehat{\boldsymbol{e}}_{1'}\\-\widehat{\boldsymbol{e}}_1\cdot\boldsymbol{I}_x\cdot\widehat{\boldsymbol{e}}_{\boldsymbol{2}'} & \widehat{\boldsymbol{e}}_1\cdot\boldsymbol{I}_x\cdot\widehat{\boldsymbol{e}}_{1'}\end{pmatrix}$$

$$\boldsymbol{F}_y=\begin{pmatrix}\widehat{\boldsymbol{e}}_2\cdot\boldsymbol{I}_y\cdot\widehat{\boldsymbol{e}}_{2'} & -\widehat{\boldsymbol{e}}_2\cdot\boldsymbol{I}_y\cdot\widehat{\boldsymbol{e}}_{1'}\\-\widehat{\boldsymbol{e}}_1\cdot\boldsymbol{I}_y\cdot\widehat{\boldsymbol{e}}_{2'} & \widehat{\boldsymbol{e}}_1\cdot\boldsymbol{I}_y\cdot\widehat{\boldsymbol{e}}_{1'}\end{pmatrix}.$$

如果定义一个复数变量 $\zeta=\omega/c$，式 (14.31) 可以表示为

$$\zeta^8\boldsymbol{I}-\zeta^7\boldsymbol{P}_7-\zeta^6\boldsymbol{P}_6-\zeta^5\boldsymbol{P}_5-\zeta^4\boldsymbol{P}_4-\zeta^3\boldsymbol{P}_3-\zeta^2\boldsymbol{P}_2-\zeta\boldsymbol{P}_1-\boldsymbol{P}_0=0\tag{14.32}$$

其中 $\boldsymbol{I}$ 表示单位矩阵，且

$$\boldsymbol{P}_7(\boldsymbol{G}|\boldsymbol{G}')=-3{\rm j}\frac{\nu_{\rm c}}{c}\boldsymbol{\delta}_{\boldsymbol{G}\cdot\boldsymbol{G}'}\tag{14.33a}$$

$$\boldsymbol{P}_6(\boldsymbol{G}|\boldsymbol{G}') = \frac{2\nu_{\mathrm{c}}^2+\omega_{\mathrm{p}}^2+A}{c^2}\boldsymbol{\delta}_{\boldsymbol{G}\cdot\boldsymbol{G}'}+\boldsymbol{M}_1+\boldsymbol{M}_2+\boldsymbol{M}_3+\boldsymbol{M}_4 \tag{14.33b}$$

$$\boldsymbol{P}_5(\boldsymbol{G}|\boldsymbol{G}') = \frac{\mathrm{j}(4\nu_{\mathrm{c}}\omega_{\mathrm{p}}^2+A\cdot\nu_{\mathrm{c}})}{c^3}\boldsymbol{\delta}_{\boldsymbol{G}\cdot\boldsymbol{G}'}+3\mathrm{j}\frac{\nu_{\mathrm{c}}}{c}\cdot(\boldsymbol{M}_1+\boldsymbol{M}_2+\boldsymbol{M}_3) \tag{14.33c}$$

$$\begin{aligned}\boldsymbol{P}_4(\boldsymbol{G}|\boldsymbol{G}') =& \frac{-(2\nu_{\mathrm{c}}^2\omega_{\mathrm{p}}^2+\omega_{\mathrm{p}}^4+A\cdot\omega_{\mathrm{p}}^2)}{c^4}\boldsymbol{\delta}_{\boldsymbol{G}\cdot\boldsymbol{G}'}-\frac{2\nu_{\mathrm{c}}^2+\omega_{\mathrm{p}}^2+A}{c^2}\\ &\cdot\boldsymbol{M}_1-\frac{2\nu_{\mathrm{c}}^2+\omega_{\mathrm{p}}^2+B}{c^2}\boldsymbol{M}_2-\frac{2\nu_{\mathrm{c}}^2+A}{c^2}\boldsymbol{M}_3\end{aligned} \tag{14.33d}$$

$$\begin{aligned}\boldsymbol{P}_3(\boldsymbol{G}|\boldsymbol{G}') =& \frac{-3\mathrm{j}\nu_{\mathrm{c}}^2\omega_{\mathrm{p}}^4}{c^5}\boldsymbol{\delta}_{\boldsymbol{G}\cdot\boldsymbol{G}'}-\mathrm{j}\frac{4\nu_{\mathrm{c}}\omega_{\mathrm{p}}^2+A\cdot\nu_{\mathrm{c}}}{c^3}\cdot\boldsymbol{M}_1-\mathrm{j}\frac{3\nu_{\mathrm{c}}\omega_{\mathrm{p}}^2+B\cdot\nu_{\mathrm{c}}}{c^3}\boldsymbol{M}_2\\ &-\mathrm{j}\frac{2\nu_{\mathrm{c}}\omega_{\mathrm{p}}^2+A\cdot\nu_{\mathrm{c}}}{c^3}\boldsymbol{M}_3+\mathrm{j}\frac{\omega_{\mathrm{c}}\omega_{\mathrm{p}}^2}{c^3}\boldsymbol{M}_4\end{aligned} \tag{14.33e}$$

$$\begin{aligned}\boldsymbol{P}_2(\boldsymbol{G}|\boldsymbol{G}') =& \frac{\omega_p^6}{c^6}\boldsymbol{\delta}_{\boldsymbol{G}\cdot\boldsymbol{G}'}+\frac{2\nu_{\mathrm{c}}^2\omega_{\mathrm{p}}^2+\omega_{\mathrm{p}}^4+A\cdot\omega_{\mathrm{p}}^2}{c^4}\cdot\boldsymbol{M}_1+\frac{\nu_{\mathrm{c}}^2\omega_{\mathrm{p}}^2+B\cdot\omega_{\mathrm{p}}^2}{c^4}\boldsymbol{M}_2\\ &+\mathrm{j}\frac{2\nu_{\mathrm{c}}^2\omega_{\mathrm{p}}^2+\omega_{\mathrm{p}}^4}{c^4}\boldsymbol{M}_3-\frac{\nu_{\mathrm{c}}\omega_{\mathrm{c}}\omega_{\mathrm{p}}^2}{c^4}\boldsymbol{M}_4\end{aligned} \tag{14.33f}$$

$$\boldsymbol{P}_1(\boldsymbol{G}|\boldsymbol{G}') = \mathrm{j}\frac{3\nu_{\mathrm{c}}\omega_{\mathrm{p}}^4}{c^5}\cdot\boldsymbol{M}_1+\mathrm{j}\frac{\nu_{\mathrm{c}}\omega_{\mathrm{p}}^4}{c^5}\boldsymbol{M}_2+\mathrm{j}\frac{\nu_{\mathrm{c}}\omega_{\mathrm{p}}^4}{c^5}\boldsymbol{M}_3-\mathrm{j}\frac{\omega_{\mathrm{c}}\omega_{\mathrm{p}}^4}{c^5}\boldsymbol{M}_4 \tag{14.33g}$$

$$\boldsymbol{P}_0(\boldsymbol{G}|\boldsymbol{G}') = -\frac{\omega_{\mathrm{p}}^6}{c^6}\boldsymbol{M}_1 \tag{14.33h}$$

其中

$$\begin{aligned}\boldsymbol{M}_1 =& \sum_{i=x,y}\frac{1}{\varepsilon_i}f\cdot\boldsymbol{\delta}_{\boldsymbol{G}\cdot\boldsymbol{G}'}-\sum_{i=x,y}\frac{1}{\varepsilon_i}|\boldsymbol{k}+\boldsymbol{G}|\left|\boldsymbol{k}+\boldsymbol{G}'\right|\cdot\boldsymbol{F}_1\\ &\cdot 3f\frac{\sin(|\boldsymbol{G}-\boldsymbol{G}'|R)-(|\boldsymbol{G}-\boldsymbol{G}'|R)\cos(|\boldsymbol{G}-\boldsymbol{G}'|R)}{(|\boldsymbol{G}-\boldsymbol{G}'|R)^3}\end{aligned}$$

$$\begin{aligned}\boldsymbol{M}_2 =& (1-f)\cdot\boldsymbol{\delta}_{\boldsymbol{G}\cdot\boldsymbol{G}'}-|\boldsymbol{k}+\boldsymbol{G}|\left|\boldsymbol{k}+\boldsymbol{G}'\right|\cdot\begin{pmatrix}\widehat{\boldsymbol{e}}_2\cdot\boldsymbol{I}_1\cdot\widehat{\boldsymbol{e}}_{2'} & -\widehat{\boldsymbol{e}}_2\cdot\boldsymbol{I}_1\cdot\widehat{\boldsymbol{e}}_{1'}\\ -\widehat{\boldsymbol{e}}_1\cdot\boldsymbol{I}_1\cdot\widehat{\boldsymbol{e}}_{2'} & \widehat{\boldsymbol{e}}_1\cdot\boldsymbol{I}_1\cdot\widehat{\boldsymbol{e}}_{1'}\end{pmatrix}\\ &\cdot 3f\frac{\sin(|\boldsymbol{G}-\boldsymbol{G}'|R)-(|\boldsymbol{G}-\boldsymbol{G}'|R)\cos(|\boldsymbol{G}-\boldsymbol{G}'|R)}{(|\boldsymbol{G}-\boldsymbol{G}'|R)^3}\end{aligned}$$

$$\begin{aligned}\boldsymbol{M}_3 =& (1-f)\cdot\boldsymbol{\delta}_{\boldsymbol{G}\cdot\boldsymbol{G}'}-|\boldsymbol{k}+\boldsymbol{G}|\left|\boldsymbol{k}+\boldsymbol{G}'\right|\cdot\begin{pmatrix}\widehat{\boldsymbol{e}}_2\cdot\boldsymbol{I}_2\cdot\widehat{\boldsymbol{e}}_{2'} & -\widehat{\boldsymbol{e}}_2\cdot\boldsymbol{I}_2\cdot\widehat{\boldsymbol{e}}_{1'}\\ -\widehat{\boldsymbol{e}}_1\cdot\boldsymbol{I}_2\cdot\widehat{\boldsymbol{e}}_{2'} & \widehat{\boldsymbol{e}}_1\cdot\boldsymbol{I}_2\cdot\widehat{\boldsymbol{e}}_{1'}\end{pmatrix}\\ &\cdot 3f\frac{\sin(|\boldsymbol{G}-\boldsymbol{G}'|R)-(|\boldsymbol{G}-\boldsymbol{G}'|R)\cos(|\boldsymbol{G}-\boldsymbol{G}'|R)}{(|\boldsymbol{G}-\boldsymbol{G}'|R)^3}\end{aligned}$$

$$\begin{aligned}\boldsymbol{M}_4 =& (1-f)\cdot\boldsymbol{\delta}_{\boldsymbol{G}\cdot G'}-|\boldsymbol{k}+\boldsymbol{G}|\left|\boldsymbol{k}+\boldsymbol{G}'\right|\cdot\begin{pmatrix}\widehat{\boldsymbol{e}}_2\cdot\boldsymbol{I}_3\cdot\widehat{\boldsymbol{e}}_{2'} & -\widehat{\boldsymbol{e}}_2\cdot\boldsymbol{I}_3\cdot\widehat{\boldsymbol{e}}_{1'}\\ -\widehat{\boldsymbol{e}}_1\cdot\boldsymbol{I}_3\cdot\widehat{\boldsymbol{e}}_{2'} & \widehat{\boldsymbol{e}}_1\cdot\boldsymbol{I}_3\cdot\widehat{\boldsymbol{e}}_{1'}\end{pmatrix}\\ &\cdot 3f\frac{\sin(|\boldsymbol{G}-\boldsymbol{G}'|R)-(|\boldsymbol{G}-\boldsymbol{G}'|R)\cos(|\boldsymbol{G}-\boldsymbol{G}'|R)}{(|\boldsymbol{G}-\boldsymbol{G}'|R)^3}\end{aligned}$$

$\boldsymbol{P}_0$，$\boldsymbol{P}_1$，$\boldsymbol{P}_2$，$\boldsymbol{P}_3$，$\boldsymbol{P}_4$，$\boldsymbol{P}_4$，$\boldsymbol{P}_5$，$\boldsymbol{P}_6$ 和 $\boldsymbol{P}_7$ 是 $N \times N$ 的矩阵。多项式 (14.32) 的求解可以转换成对一个大小为 $8N \times 8N$ 矩阵 $\boldsymbol{Q}$ 特征值的求取，矩阵 $\boldsymbol{Q}$ 满足

$$\boldsymbol{Q}z = \zeta z, \quad \boldsymbol{Q} = \begin{bmatrix} \mathbf{0} & \boldsymbol{I} & \mathbf{0} & \mathbf{0} & \mathbf{0} & \mathbf{0} & \mathbf{0} & \mathbf{0} \\ \mathbf{0} & \mathbf{0} & \boldsymbol{I} & \mathbf{0} & \mathbf{0} & \mathbf{0} & \mathbf{0} & \mathbf{0} \\ \mathbf{0} & \mathbf{0} & \mathbf{0} & \boldsymbol{I} & \mathbf{0} & \mathbf{0} & \mathbf{0} & \mathbf{0} \\ \mathbf{0} & \mathbf{0} & \mathbf{0} & \mathbf{0} & \boldsymbol{I} & \mathbf{0} & \mathbf{0} & \mathbf{0} \\ \mathbf{0} & \mathbf{0} & \mathbf{0} & \mathbf{0} & \mathbf{0} & \boldsymbol{I} & \mathbf{0} & \mathbf{0} \\ \mathbf{0} & \mathbf{0} & \mathbf{0} & \mathbf{0} & \mathbf{0} & \mathbf{0} & \boldsymbol{I} & \mathbf{0} \\ \mathbf{0} & \mathbf{0} & \mathbf{0} & \mathbf{0} & \mathbf{0} & \mathbf{0} & \mathbf{0} & \boldsymbol{I} \\ \boldsymbol{P}_0 & \boldsymbol{P}_1 & \boldsymbol{P}_2 & \boldsymbol{P}_3 & \boldsymbol{P}_4 & \boldsymbol{P}_5 & \boldsymbol{P}_6 & \boldsymbol{P}_7 \end{bmatrix} \tag{14.34}$$

求解式 (14.34) 的本征值就得到了式 (14.32) 的解。显然，所求本征值的实部就决定了所有电磁波模式在该三维各向异性磁化等离子体光子晶体中的色散关系。

为了不失一般性，采用 $\omega a/2\pi c$ 对频域进行归一化，并用变量 $\omega_{\mathrm{p0}}a/2\pi c = 1$ 来定义等离子体频率 ω_{p}、等离子体回旋频率 ω_{c} 和等离子体碰撞频率 ν_{c}。假设等离子体频率 $\omega_{\mathrm{p}} = \omega_{\mathrm{pl}} = 0.3\pi c/a = 0.15\omega_{\mathrm{p0}}$，等离子体碰撞频率和回旋频率分别为 $\nu_{\mathrm{c}} = 0.02\omega_{\mathrm{pl}}$，$\omega_{\mathrm{c}} = 0.6\omega_{\mathrm{pl}}$。在用 PWE 方法进行计算时展开的平面波的数量为 729。本节将仅关注该三维磁化等离子体光子晶体的第一 (1st) 和第二 (2nd)PBGs 的特性，并将其相对带宽定义为 $\Delta\omega/\omega_i$。

14.3.2　磁光 Faraday 效应对各向异性 PBGs 的影响

图 14.18 给出了在不同 ω_{p}，ω_{c} 和 ν_{c} 条件下三维各向异性体心晶格磁化等离子体光子晶体的色散曲线，此时填充的介质为 Te 球，且 $f = 0.25$。图中灰色区域表示 PBGs。由图 14.18(a) 可知，当 $\omega_{\mathrm{p}} = \omega_{\mathrm{c}} = \nu_{\mathrm{c}} = 0$ 时，该三维磁化各向异性等离子体光子晶体可以看作常规的三维空气 —— 介质光子晶体。在 0~2 $\pi c/a$ 的频率范围内，存在着两个 PBG，其频率范围分别是 0.2963~0.3221 ($2\pi c/a$) 和 0.4309~0.4466 ($2\pi c/a$)，带宽分别为 0.0258 和 0.0157 ($2\pi c/a$)。由图 14.18(b) 可知，当 $\omega_{\mathrm{p}} = 0.15\omega_{\mathrm{p0}}$, $\nu_{\mathrm{c}} = 0.02\omega_{\mathrm{pl}}$ 和 $\omega_{\mathrm{c}} = 0$ 时，该光子晶体又能够看作非磁化等离子体晶体。在 0~1.2 $\pi c/a$ 的频率范围内，不仅存在着两个 PBG，而且还能产生 1 个水平带区域。PBGs 的频率范围是 0.3056~0.3281 ($2\pi c/a$) 和 0.4386~0.4523 ($2\pi c/a$)，水平带区域的范围是 0~0.15 ($2\pi c/a$)。这个结果与 14.1 节和 14.2 节的结论相似。与图 14.18(a) 中的结果比较可知，这两个 PBGs 的上下边缘都将向高频方向移动。由图 14.18(c) 可知，如果 $\omega_{\mathrm{p}} = 0.15\omega_{\mathrm{p0}}$, $\nu_{\mathrm{c}} = 0.02\omega_{\mathrm{pl}}$, $\omega_{\mathrm{c}} = 0.6\omega_{\mathrm{pl}}$(引入外加磁场)，在磁光 Faraday 效应下，不仅能产生两个 PBGs，而且水平带隙区域的范围也明显增大了。与图 14.18(b) 中的结果比较可知，两个 PBGs 和水平带隙区域的上边

缘都将向高频方向移动，它们将分别覆盖 0.3060~0.3283 $(2\pi c/a)$，0.4389~0.4523 $(2\pi c/a)$ 和 0~0.2222 $(2\pi c/a)$。显然，PBGs 的带宽缩减了，但是水平带区域的范围变大了。这个结论明显和图 14.18(c) 中的结果不同，这是因为在图 14.18(c) 参数条件下，图 14.18(c) 中的两个水平带区域发生了重叠。作为比较，在图 14.19 中，给出了在 Faraday 效应下右旋极化波通过该三维各向异性磁化等离子体光子晶体的色散曲线，其参数与图 14.18(c) 中的相同。由图 14.19 可知，在色散曲线中存在 2 个 PBGs 和 1 个水平带区域。这两个 PBGs 的频率范围分别是 0.3091~0.3305 $(2\pi c/a)$ 和 0.4405~0.4537 $(2\pi c/a)$，此时水平带区域的范围是 0.09~0.2016 $(2\pi c/a)$。由于在这种情况下水平带区域的上下边缘由 $f_{\rm R} = \omega_{\rm c}/2 + \sqrt{\omega_{\rm c}^2/4 + \omega_{\rm p}^2}$ 和 $f_{\rm L} = \omega_{\rm c}$ 所决定，其中 $f_{\rm R} = 0.2016(2\pi c/a)$，$f_{\rm L} = 0.09(2\pi c/a)$。由上述讨论可知，当考虑混合极化模式时 (普适性情况)，得到的 PBGs 将小于右旋极化波的，但是水平带区域的范围将增大。

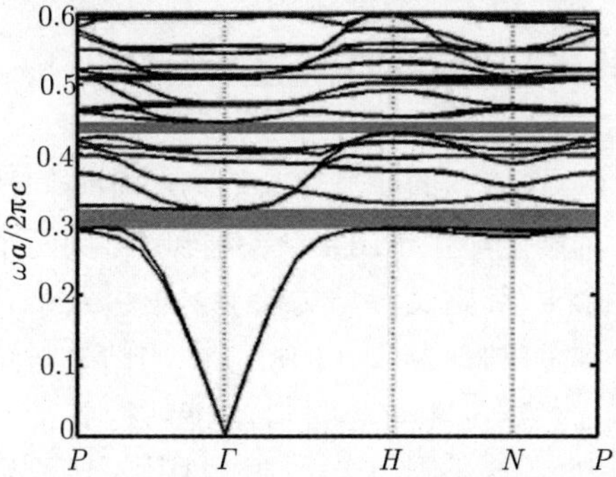

(a)

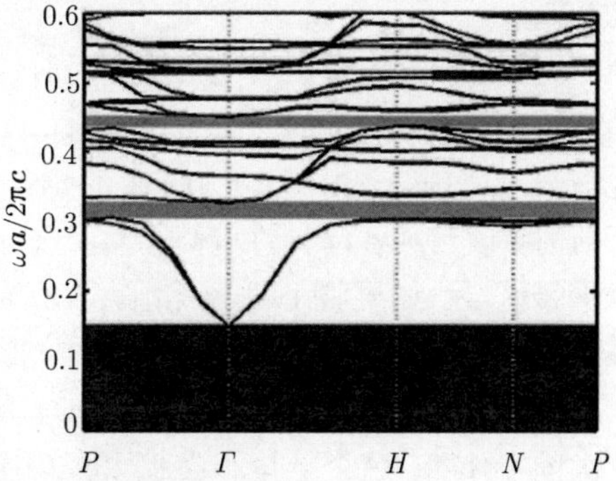

(b)

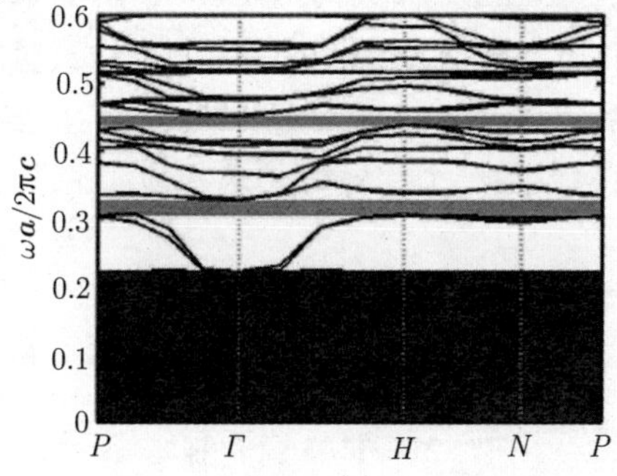

(c)

图 14.18 在不同 $\omega_{\rm p}$，$\omega_{\rm c}$ 和 $\nu_{\rm c}$ 条件下三维各向异性体心晶格磁化等离子体光子晶体的色散曲线

(a) $\omega_{\rm p} = \omega_{\rm c} = \nu_{\rm c} = 0$; (b) $\omega_{\rm p} = 0.15\omega_{\rm p0}$; $\nu_{\rm c} = 0.02\omega_{\rm pl}$, $\omega_{\rm c} = 0$; (c) $\omega_{\rm p} = 0.15\omega_{\rm p0}$, $\nu_{\rm c} = 0.02\omega_{\rm pl}$, $\omega_{\rm c} = 0.6\omega_{\rm pl}$

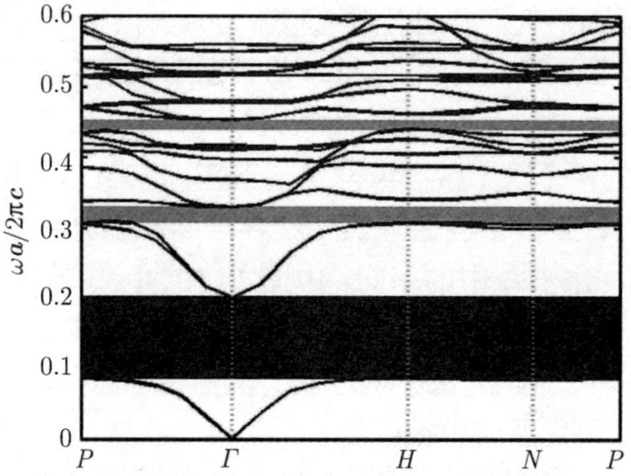

图 14.19　在 Faraday 效应下右旋极化波通过该三维各向异性磁化等离子体光子晶体的色散曲线

图 14.20 给出了在填充不同介质时，三维体心晶格各向异性磁化等离子体光子晶体的色散曲线，此时 $f = 0.25$，$\omega_{\mathrm{p}} = 0.15\omega_{\mathrm{p0}}$，$\nu_{\mathrm{c}} = 0.02\omega_{\mathrm{pl}}$ 和 $\omega_{\mathrm{c}} = 0.6\omega_{\mathrm{pl}}$。灰色区域表示 PBGs。由图 14.20 (a) 和 (b) 可知，当填充的介质球为均匀的各向同性介质时，该三维各向异性等离子体光子晶体都不能产生 PBGs，但是能够得到两个水平带区域。如果将 type-2 和 type-3 单轴材料 (其定义参见文献 [324]) 引入该三维磁化各向异性等离子体光子晶体，能够得到 PBGs。将图 14.18(c) 中的结果与图 14.20 中的结果相比较可知，当介质球为 Te 时 (type-1 单轴材料)，能够得到带宽更大的 PBGs。这个结论和文献 [324] 中的相同。这是因为当单轴材料引入光子晶体时，要得到最大的 PBGs，其非寻常轴必须与 $\Gamma - H$ 对称方向平行。还应该值得注意的是，无论填充的介质是什么，水平带区域的上边缘频率是保持不变的。所以要得到尽可能大的对所有电磁波模式都有效的 PBGs，在三维磁化等离子体光子晶体中引入 type-1 的单轴材料是一个比较好的选择。

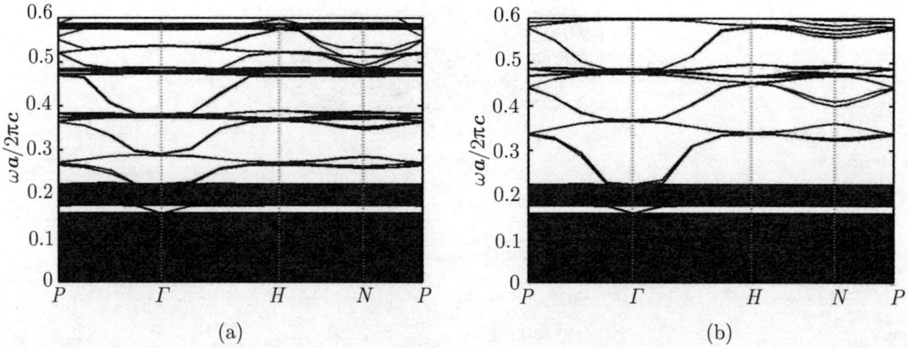

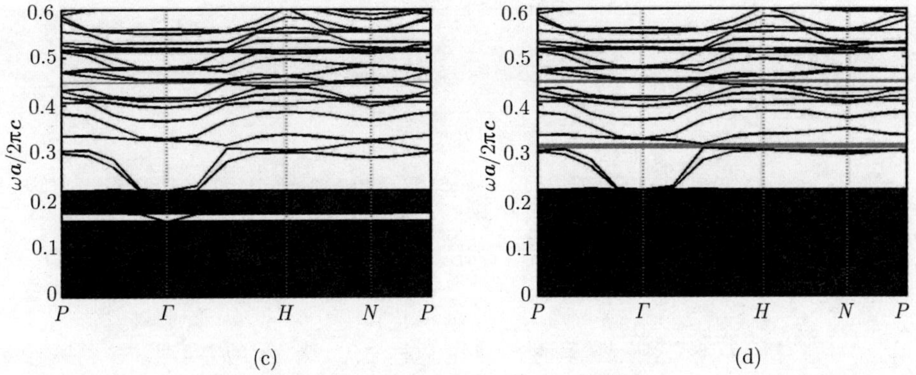

图 14.20 在填充不同介质球时，三维体心晶格各向异性磁化等离子体光子晶体的色散曲线

(a) $n_x = n_e = n_y = n_o = 6.2$; (b) $n_x = n_e = n_y = n_o = 4.8$; (c) type-2 单轴材料 ($n_e = 6.2, n_o = 4.8$); (d) type-3 单轴材料 ($n_e = 4.8, n_o = 4.2$)

14.3.3 表面等离子激元模的特性

水平带区域中有大量的水平能带，它们之所以存在是因为当电磁波穿过磁化等离子体和介质球表面时，如果介电常数的符号发生了变化，那么电磁波将被局域在磁化等离子体球表面。随意入射波频率落在水平带区域中时等离子体激元模就会产生。图 14.21 给出了水平带的上边缘位置与 f、ω_p 和 ω_c 的关系图，其参数与图 14.18 中相同。由图 14.21(a) 可知，该水平带区域的上边缘不能被 f 所调谐。这是因为磁光 Faraday 效应下，电磁波通过磁化等离子体能够被分解为左旋和右旋极化波。我们知道，右旋极化波下边缘由截止频率 f_L ($f_L = \omega_c$) 和 f_R ($f_R = \omega_c/2 + \sqrt{\omega_c^2/4 + \omega_p^2}$) 决定，而左旋极化波的上边缘与 $f_L(f_L = \omega_c)$ 和 $f_K(f_K = -\omega_c/2 + \sqrt{\omega_c^2/4 + \omega_p^2}$) 确定。因此对于所有电磁模式而言，得到的水平带区域的上边缘与 f_R，f_L 和 f_K 有关，却和 f 无关。显然，f_R，f_L 和 f_K 的大小不依

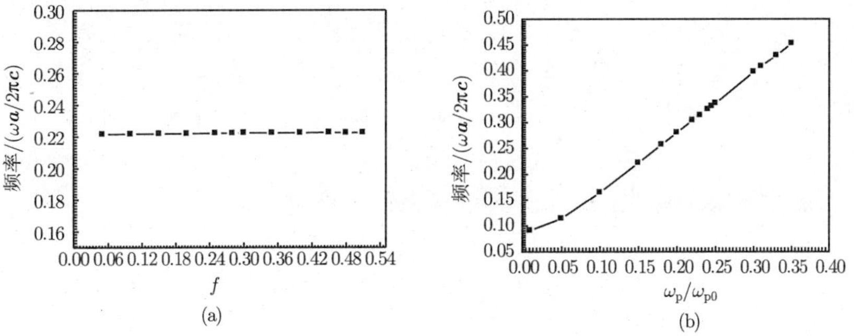

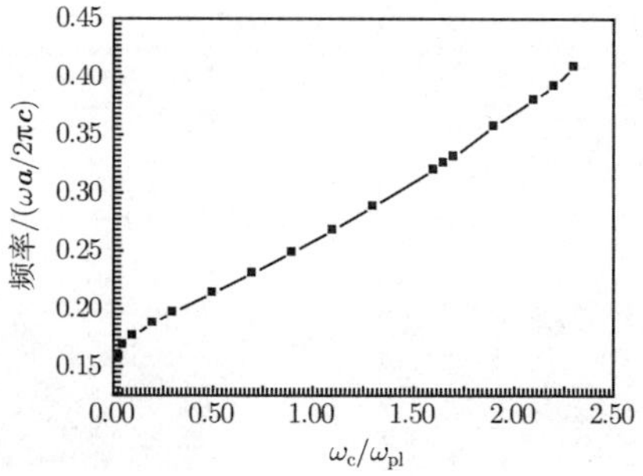

(c)

图 14.21　水平带区域的上边缘位置与 f、ω_p 和 ω_c 的关系图

(a) f；(b) ω_p；(c) ω_c

赖于 f 的大小，即水平带区域的上边缘不能被 f 所调谐。由图 14.21(b) 和 (d) 可知，水平带区域的上边缘几乎随着 ω_p/ω_{p0} 和 ω_c/ω_{pl} 的增大而线性增大。在 low-ω_c 区域，曲线的变化趋势却不是线性的，而是一个凸函数。这是因为 f_R 和 f_K 的大小几乎随着 ω_c 和 ω_p 的增大而线性增大。而对于我们的算例而言，ω_p 的值远大于 ω_c，因此在 low-ω_c 区域能够看到一个类似凸函数的曲线。

14.3.4　填充率对各向异性 PBGs 的影响

图 14.22 给出了该三维磁化等离子体光子晶体的各向异性 PBGs 及其相对带宽与 f 的关系图，此时 $\omega_p = 0.15\omega_{p0}$, $\nu_c = 0.02\omega_{pl}$ 和 $\omega_c = 0.6\omega_{pl}$。阴影部分代表 PBGs。由图 14.22 (a) 可知，1st 和 2nd PBGs 的上下边缘将会随着 f 的增大而向低频方向移动，且 1st PBG 的带宽也将随着 f 的增大而先逐渐增大然后减小，而 2nd PBG 的带宽将逐渐增大。如果 $f < 0.05$，PBGs 将消失。如果 $f > 0.51$，1st 和 2nd PBGs 将会消失。当 f 由 0.05 增加到 0.51 时，1st 和 2nd PBGs 的最大值分别为 0.0257 和 0.0291 ($2\pi c/a$)，且分别出现在 $f = 0.35$ 和 0.05。与 $f = 0.25$ 时相比，PBGs 的带宽减小了 0.0157 和 0.0034 ($2\pi c/a$)。显然，PBGs 也能够被 f 所调谐。这同样可以解释为：增大介质球的填充率 f 就意味着该三维磁化等离子体光子晶体的平均折射率增大了。由图 14.22 (b) 可知，1st PBG 的相对带宽将随着 f 的增大而先增大后减小，1st PBG 的相对带宽将先减小后增大，然后再减小，整体趋势是减小的。$\Delta\omega/\omega_i$ 的最大值分别为 0.0398 和 0.0893，且分别位于 f=0.05 和 0.35。与 f=0.26 时相比, 1st 和 2nd PBGs 的相对带宽将分别减小 0.0097 和 0.019。但值注意的是，当 f 取极小值或接近于零时，该三维磁化等离子体光子晶体同样能够看作磁化等离子体块，所以此时水平能带也将消失。

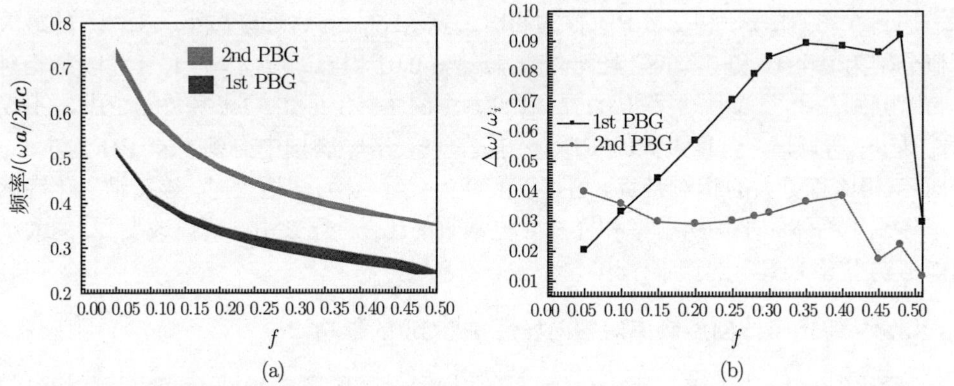

图 14.22 该三维磁化等离子体光子晶体的各向异性 PBGs 及其相对带宽与 f 的关系图

(a) 1st 和 2nd PBGs; (b) 1st 和 2nd PBGs 的相对带宽

14.3.5 等离子体频率对各向异性 PBGs 的影响

图 14.23 给出了该三维磁化等离子体光子晶体的各向异性 PBGs 及其相对带宽与 ω_p 的关系图，此时 $f = 0.25$，$\nu_c = 0.02\omega_{pl}$ 和 $\omega_c = 0.6\omega_{pl}$。阴影部分代表 PBGs。由图 14.23 (a) 可知，1st 和 2nd PBGs 的上下边缘将随着 ω_p/ω_{p0} 的增大而向高频方向移动，且其带宽也会逐渐减小。当 ω_p/ω_{p0} 分别大于 0.245 和 0.35 时，1st 和 2nd PBGs 将会消失。当 ω_p/ω_{p0} 由 0.01 增加 0.35 时，1st 和 2nd PBGs 的频率范围分别变为 0.3346~0.3396 $(2\pi c/a)$ 和 0.4765~0.4793 $(2\pi c/a)$。与 $\omega_p/\omega_{p0} = 0.15$ 相比，1st 和 2nd PBGs 的带宽分别减少了 0.0218 和 0.0106 $(2\pi c/a)$。1st 和 2nd PBGs 带宽的最大值分别是 0.026 和 0.0157 $(2\pi c/a)$，此时 $\omega_p/\omega_{p0} = 0.01$。图 14.23(b) 给出了相对带宽与 ω_p 的关系图。由图 14.23(b) 可知，当 ω_p/ω_{p0} 由 0.01

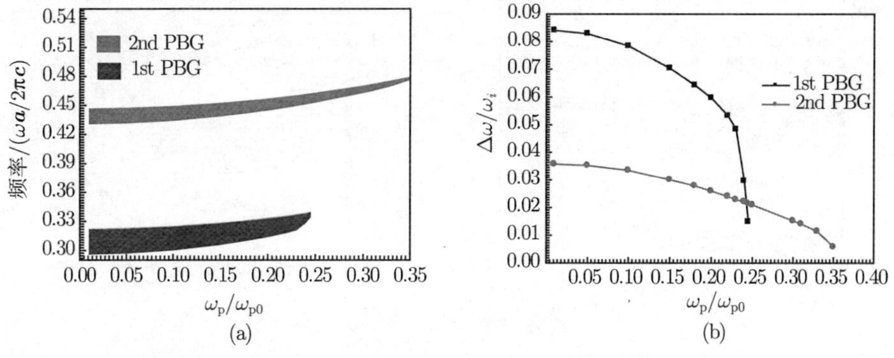

图 14.23 该三维磁化等离子体光子晶体的各向异性 PBGs 及其相对带宽与 ω_p 的关系图

(a) 1st 和 2nd PBGs; (b) 1st 和 2nd PBGs 的相对带宽

增加到 0.35 时，1st 和 2nd PBGs 的相对带宽 ($\Delta\omega/\omega_i$) 将逐渐减小。$\Delta\omega/\omega_i$ 的最大值分别为 0.0841 和 0.0358，且此时 $\omega_p/\omega_{p0}=0.01$。与 $\omega_p/\omega_{p0}=0.15$ 时相比，相对带宽分别减小了 0.0138 和 0.0057。因此，由图 14.23 可知，1st 和 2nd PBGs 不仅能被 ω_p 所调谐，而且更大的 PBG 不能在 lower-ω_p 区域中得到。1st PBG 与 2nd PBG 相比有更大的相对带宽。这可以解释为：当 ω_p/ω_{p0} 增大时，该三维磁化等离子体光子晶体的平均折射率和介质介电常数的比发生了变化，所以改变 ω_p 的大小能够实现对 PBGs 的调谐。

14.3.6　等离子体回旋频率对各向异性 PBGs 的影响

图 14.24 给出了该三维磁化等离子体光子晶体的各向异性 PBGs 及其相对带宽与 ω_c 的关系图，此时 $f=0.25$, $\nu_c=0.02\omega_{pl}$ 和 $\omega_p=0.15\omega_{p0}$。阴影部分代表 PBGs。由图 14.24(a) 可知，1st 和 2nd PBGs 的上下边缘将随着 ω_c/ω_{pl} 的增大而向高频方向移动，且其带宽也将会逐渐减小。当 ω_c/ω_{pl} 大于 1.65 时，1st PBG 将会消失；当 ω_c/ω_{pl} 大于 2.3 时，2nd PBG 也会消失。当 ω_c/ω_{pl} 由 0.01 增加到 2.3 时，1st PBG 的频率范围变为 0.4513~0.454 ($2\pi c/a$)，带宽是 0.0031 ($2\pi c/a$)。与 $\omega_c/\omega_{pl}=0.5$ 相比，1st PBG 的带宽减少了 0.0194 ($2\pi c/a$)。类似地，2nd PBG 的频率范围变为 0.4513~0.454 ($2\pi c/a$)，带宽是 0.0027 ($2\pi c/a$)。与 $\omega_c/\omega_{pl}=0.5$ 相比，2nd PBG 的带宽减少了 0.0032 ($2\pi c/a$)。1st 和 2nd PBGs 带宽的最大值分别是 0.0228 和 0.0137 ($2\pi c/a$)，此时 $\omega_c/\omega_{pl}=0.01$。图 14.24(b) 给出了相对带宽与 ω_c 的关系图。由图 14.24(b) 可知，当 ω_c/ω_{pl} 由 0.01 增加到 0.25 时，1st 和 2nd PBGs 的相对带宽将逐渐减小。相对带宽的最大值分别为 0.072 和 0.0308，且此时 $\omega_p/\omega_{p0}=0.01$。与 $\omega_c/\omega_{pl}=1.65$ 时相比，相对带宽分别减小了 0.0626 和 0.0071。因此，由图 14.24 可知，1st 和 2nd PBGs 不仅能被 ω_c 所调谐，而且更大的 PBG 不能在 lower-ω_c 区域中得到。1st PBG 与 2nd PBG 相比有更大的相对带宽。

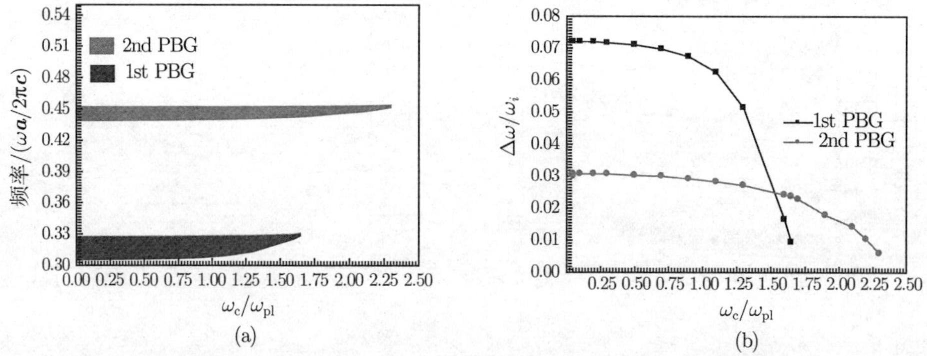

图 14.24　该三维磁化等离子体光子晶体的各向异性 PBGs 及其相对带宽与 ω_c 的关系图

(a) 1st 和 2nd PBGs; (b) 1st 和 2nd PBGs 的相对带宽

14.4 三维各向异性磁化等离子体光子晶体中的 Voigt 效应

与 14.3 节类似，磁光 Voigt 效应下各向同性的三维磁化等离子体光子晶体的 PBGs 特性不是很好。为了改善 PBGs 的特性，可以将各向异性介质引入其中加以实现。本节将在理论上讨论在磁光 Voigt 效应下，三维各向异性面心晶格磁化等离子体光子晶体中的 PBGs 和表面等离子体激元模特性。该三维各向异性磁化等离子体光子晶体的组成同样是由各向异性的介质球 Te 填充磁化等离子体背景。在考虑混合极化电磁模式下，讨论了该光子晶体的各个参数对 PBGs 与表面等离子体激元模的影响。在计算时引入的时谐量是 $e^{-j\omega t}$，ω 是角频率，t 是时间，且 $j=\sqrt{-1}$。

14.4.1 理论模型与数值方法

图 14.25(a) 给出了该三维面心晶格各向异性磁化等离子体光子晶体的空间拓扑图，且介质球 Te 填充磁化等离子体背景。图 14.25(b) 给出了面心晶格的第一不可约布里渊区示意图。面心晶格的第一不可约布里渊区为 $\Gamma=(0,0,0)$，$X=(2\pi/a,0,0)$，$W=(2\pi/a,\pi/a,0)$，$K=(1.5\pi/a,1.5\pi/a,0)$，$L=(\pi/a,\pi/a,\pi/a)$ 和 $U=(2\pi/a,0.5\pi/a,0.5\pi/a)$。假设波矢 $\boldsymbol{k}$ 和外加磁场 $\boldsymbol{B}$ 在任何时候都保持垂直。该光子晶体的各向异性 PBGs 用 PWE 方法来计算。为了使得 PWE 方法的计算精度能满足要求，将用 729 个平面波进行展开。假设填充的介质 Te 球的半径和晶格常数的大小分别为 R 和 a，介质球 Te 的相对介电常数为 ε_a。由等离子体理论可知，当考虑磁光 Voigt 效应时，磁化等离子体的有效介电常数 $\boldsymbol{\varepsilon}_p(\boldsymbol{\omega})$ 可以用式 (14.11) 表示，那么 $\boldsymbol{\varepsilon}_p(\boldsymbol{\omega})$ 的逆矩阵 $\boldsymbol{\varepsilon}_{\boldsymbol{p}}^{-1}(\boldsymbol{\omega})$ 可以用式 (14.12) 表示。由于 Te 是一种单轴材料，那么 ε_a 的逆矩阵 $\boldsymbol{\varepsilon}_a^{-1}$ 可以表示为

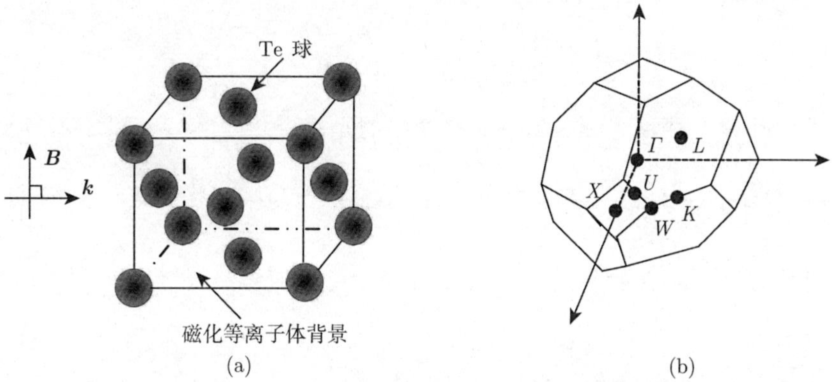

图 14.25 三维面心晶格各向异性磁化等离子体光子晶体的拓扑结构与第一不可约布里渊区的示意图

(a) 面心晶格的拓扑结构；(b) 面心晶格的第一不可约布里渊区

$$
\begin{aligned}
\boldsymbol{\varepsilon}_{\mathrm{a}}^{-1} &= \begin{pmatrix} \varepsilon_x^{-1} & 0 & 0 \\ 0 & \varepsilon_y^{-1} & 0 \\ 0 & 0 & \varepsilon_y^{-1} \end{pmatrix} = \boldsymbol{\varepsilon}_x^{-1} + \boldsymbol{\varepsilon}_y^{-1} \\
&= \varepsilon_x^{-1} \begin{pmatrix} 1 & 0 & 0 \\ 0 & 0 & 0 \\ 0 & 0 & 0 \end{pmatrix} + \varepsilon_y^{-1} \begin{pmatrix} 0 & 0 & 0 \\ 0 & 1 & 0 \\ 0 & 0 & 1 \end{pmatrix} = \varepsilon_x^{-1}\boldsymbol{I}_x + \varepsilon_y^{-1}\boldsymbol{I}_y \qquad (14.35)
\end{aligned}
$$

其中，$\boldsymbol{I}_x = \begin{pmatrix} 1 & 0 & 0 \\ 0 & 0 & 0 \\ 0 & 0 & 0 \end{pmatrix}$，$\boldsymbol{I}_y = \begin{pmatrix} 0 & 0 & 0 \\ 0 & 1 & 0 \\ 0 & 0 & 1 \end{pmatrix}$，$\varepsilon_x^{-1} = n_x^{-2} = n_{\mathrm{e}}^{-2}$ 和 $\varepsilon_y^{-1} = n_y^{-2} = n_{\mathrm{o}}^{-2}$。因此，该光子晶体的傅里叶展开系数同样可以表示为式 (14.30)。如 14.3 节所述，Maxwell 方程组同样可以化简为系数 $A(\boldsymbol{k}|\boldsymbol{G})$ 的方程：

$$
\begin{aligned}
&\left[\boldsymbol{\varepsilon}_{\boldsymbol{i}}^{-1} \cdot \boldsymbol{F} \cdot f + \boldsymbol{\varepsilon}_{\mathrm{p}}^{-1} \cdot \boldsymbol{F} \cdot (1-f)\right] \cdot |\boldsymbol{k}+\boldsymbol{G}| \left|\boldsymbol{k}+\boldsymbol{G}'\right| \cdot A(\boldsymbol{k}|\boldsymbol{G}) \\
&+ \sum_{\boldsymbol{G}'} (\varepsilon_i^{-1} - \varepsilon_{\mathrm{p}}^{-1}) \cdot \boldsymbol{F} \cdot 3f \frac{\sin(|\boldsymbol{G}-\boldsymbol{G}'|R) - (|\boldsymbol{G}-\boldsymbol{G}'|R)\cos(|\boldsymbol{G}-\boldsymbol{G}'|R)}{(|\boldsymbol{G}-\boldsymbol{G}'|R)^3} \\
&\cdot |\boldsymbol{k}+\boldsymbol{G}| \left|\boldsymbol{k}+\boldsymbol{G}'\right| \cdot A(\boldsymbol{k}|\boldsymbol{G}) = \frac{\omega^2}{c^2} A(\boldsymbol{k}|\boldsymbol{G}) \quad (i = x, y) \qquad (14.36)
\end{aligned}
$$

其中 $\boldsymbol{F} = \boldsymbol{F}_x + \boldsymbol{F}_y$，

$$
\boldsymbol{F}_x = \begin{pmatrix} \widehat{\boldsymbol{e}}_2 \cdot \boldsymbol{I}_x \cdot \widehat{\boldsymbol{e}}_{2'} & -\widehat{\boldsymbol{e}}_2 \cdot \boldsymbol{I}_x \cdot \widehat{\boldsymbol{e}}_{1'} \\ -\widehat{\boldsymbol{e}}_1 \cdot \boldsymbol{I}_x \cdot \widehat{\boldsymbol{e}}_{2'} & \widehat{\boldsymbol{e}}_1 \cdot \boldsymbol{I}_x \cdot \widehat{\boldsymbol{e}}_{1'} \end{pmatrix}
$$

$$
\boldsymbol{I}_y = \begin{pmatrix} \widehat{\boldsymbol{e}}_2 \cdot \boldsymbol{I}_y \cdot \widehat{\boldsymbol{e}}_{2'} & -\widehat{\boldsymbol{e}}_2 \cdot \boldsymbol{I}_y \cdot \widehat{\boldsymbol{e}}_{1'} \\ -\widehat{\boldsymbol{e}}_1 \cdot \boldsymbol{I}_y \cdot \widehat{\boldsymbol{e}}_{2'} & \widehat{\boldsymbol{e}}_1 \cdot \boldsymbol{I}_y \cdot \widehat{\boldsymbol{e}}_{1'} \end{pmatrix}。
$$

如果定义一个复数变量 $\zeta = \omega/c$，c 为真空中的光速。式 (14.36) 可以表示为

$$
\zeta^8\boldsymbol{I} - \zeta^7\boldsymbol{U}_7 - \zeta^6\boldsymbol{U}_6 - \zeta^5\boldsymbol{U}_5 - \zeta^4\boldsymbol{U}_4 - \zeta^3\boldsymbol{U}_3 - \zeta^2\boldsymbol{U}_2 - \zeta\boldsymbol{U}_1 - \boldsymbol{U}_0 = 0 \qquad (14.37)
$$

其中 $\boldsymbol{I}$ 表示单位矩阵，且

$$
\boldsymbol{U}_7(\boldsymbol{G}|\boldsymbol{G}') = -3\mathrm{j}\frac{\nu_{\mathrm{c}}}{c}\boldsymbol{\delta}_{\boldsymbol{G}\cdot\boldsymbol{G}'} \qquad (14.38\mathrm{a})
$$

$$
\boldsymbol{U}_6(\boldsymbol{G}|\boldsymbol{G}') = \frac{2\nu_{\mathrm{c}}^2 + \omega_{\mathrm{p}}^2 + A}{c^2}\boldsymbol{\delta}_{\boldsymbol{G}\cdot\boldsymbol{G}'} + \boldsymbol{M}_1 + \boldsymbol{M}_2 + \boldsymbol{M}_3 + \boldsymbol{M}_4 \qquad (14.38\mathrm{b})
$$

$$
\boldsymbol{U}_5(\boldsymbol{G}|\boldsymbol{G}') = \frac{\mathrm{j}(4\nu_{\mathrm{c}}\omega_{\mathrm{p}}^2 + A \cdot \nu_c)}{c^3}\boldsymbol{\delta}_{\boldsymbol{G}\cdot\boldsymbol{G}'} + 3\mathrm{j}\frac{\nu_{\mathrm{c}}}{c} \cdot (\boldsymbol{M}_1 + \boldsymbol{M}_2 + \boldsymbol{M}_3) \qquad (14.38\mathrm{c})
$$

$$\boldsymbol{U}_4(\boldsymbol{G}|\boldsymbol{G}') = \frac{-(2\nu_{\mathrm{c}}^2\omega_{\mathrm{p}}^2 + \omega_{\mathrm{p}}^4 + A\cdot\omega_{\mathrm{p}}^2)}{c^4}\boldsymbol{\delta}_{\boldsymbol{G}\cdot\boldsymbol{G}'} - \frac{2\nu_{\mathrm{c}}^2 + \omega_{\mathrm{p}}^2 + A}{c^2}\cdot\boldsymbol{M}_1 - \frac{2\nu_{\mathrm{c}}^2 + \omega_{\mathrm{p}}^2 + B}{c^2}\boldsymbol{M}_2 - \frac{2\nu_{\mathrm{c}}^2 + A}{c^2}\boldsymbol{M}_3 \tag{14.38d}$$

$$\boldsymbol{U}_3(\boldsymbol{G}|\boldsymbol{G}') = \frac{-3\mathrm{j}\nu_{\mathrm{c}}^2\omega_{\mathrm{p}}^4}{c^5}\boldsymbol{\delta}_{\boldsymbol{G}\cdot\boldsymbol{G}'} - \mathrm{j}\frac{4\nu_{\mathrm{c}}\omega_{\mathrm{p}}^2 + A\cdot\nu_{\mathrm{c}}}{c^3}\cdot\boldsymbol{M}_1 - \mathrm{j}\frac{3\nu_{\mathrm{c}}\omega_{\mathrm{p}}^2 + B\cdot\nu_{\mathrm{c}}}{c^3}\boldsymbol{M}_2 - \mathrm{j}\frac{2\nu_{\mathrm{c}}\omega_{\mathrm{p}}^2 + A\cdot\nu_{\mathrm{c}}}{c^3}\boldsymbol{M}_3 + \mathrm{j}\frac{\omega_{\mathrm{c}}\omega_{\mathrm{p}}^2}{c^3}\boldsymbol{M}_4 \tag{14.38e}$$

$$\boldsymbol{U}_2(\boldsymbol{G}|\boldsymbol{G}') = \frac{\omega_{\mathrm{p}}^6}{c^6}\boldsymbol{\delta}_{\boldsymbol{G}\cdot\boldsymbol{G}'} + \frac{2\nu_{\mathrm{c}}^2\omega_{\mathrm{p}}^2 + \omega_{\mathrm{p}}^4 + A\cdot\omega_{\mathrm{p}}^2}{c^4}\cdot\boldsymbol{M}_1 + \frac{\nu_{\mathrm{c}}^2\omega_{\mathrm{p}}^2 + B\cdot\omega_{\mathrm{p}}^2}{c^4}\boldsymbol{M}_2 + \mathrm{j}\frac{2\nu_{\mathrm{c}}^2\omega_{\mathrm{p}}^2 + \omega_{\mathrm{p}}^4}{c^4}\boldsymbol{M}_3 - \frac{\nu_{\mathrm{c}}\omega_{\mathrm{c}}\omega_{\mathrm{p}}^2}{c^4}\boldsymbol{M}_4 \tag{14.38f}$$

$$\boldsymbol{U}_1(\boldsymbol{G}|\boldsymbol{G}') = \mathrm{j}\frac{3\nu_{\mathrm{c}}\omega_{\mathrm{p}}^4}{c^5}\cdot\boldsymbol{M}_1 + \mathrm{j}\frac{\nu_{\mathrm{c}}\omega_{\mathrm{p}}^4}{c^5}\boldsymbol{M}_2 + \mathrm{j}\frac{\nu_{\mathrm{c}}\omega_{\mathrm{p}}^4}{c^5}\boldsymbol{M}_3 - \mathrm{j}\frac{\omega_{\mathrm{c}}\omega_{\mathrm{p}}^4}{c^5}\boldsymbol{M}_4 \tag{14.38g}$$

$$\boldsymbol{U}_0(\boldsymbol{G}|\boldsymbol{G}') = -\frac{\omega_{\mathrm{p}}^6}{c^6}\boldsymbol{M}_1 \tag{14.38h}$$

其中

$$\boldsymbol{M}_1 = \sum_{i=x,y}\frac{1}{\varepsilon_i}f\cdot\boldsymbol{\delta}_{\boldsymbol{G}\cdot\boldsymbol{G}'} - \sum_{i=x,y}\frac{1}{\varepsilon_i}|\boldsymbol{k}+\boldsymbol{G}|\left|\boldsymbol{k}+\boldsymbol{G}'\right|\cdot\boldsymbol{F}_1 \cdot 3f\frac{\sin(|\boldsymbol{G}-\boldsymbol{G}'|R) - (|\boldsymbol{G}-\boldsymbol{G}'|R)\cos(|\boldsymbol{G}-\boldsymbol{G}'|R)}{(|\boldsymbol{G}-\boldsymbol{G}'|R)^3}$$

$$\boldsymbol{M}_2 = (1-f)\cdot\boldsymbol{\delta}_{\boldsymbol{G}\cdot\boldsymbol{G}'} - |\boldsymbol{k}+\boldsymbol{G}|\left|\boldsymbol{k}+\boldsymbol{G}'\right|\cdot\begin{pmatrix}\widehat{\boldsymbol{e}}_2\cdot\boldsymbol{I}_1\cdot\widehat{\boldsymbol{e}}_{2'} & -\widehat{\boldsymbol{e}}_2\cdot\boldsymbol{I}_1\cdot\widehat{\boldsymbol{e}}_{1'}\\ -\widehat{\boldsymbol{e}}_1\cdot\boldsymbol{I}_1\cdot\widehat{\boldsymbol{e}}_{2'} & \widehat{\boldsymbol{e}}_1\cdot\boldsymbol{I}_1\cdot\widehat{\boldsymbol{e}}_{1'}\end{pmatrix} \cdot 3f\frac{\sin(|\boldsymbol{G}-\boldsymbol{G}'|R) - (|\boldsymbol{G}-\boldsymbol{G}'|R)\cos(|\boldsymbol{G}-\boldsymbol{G}'|R)}{(|\boldsymbol{G}-\boldsymbol{G}'|R)^3}$$

$$\boldsymbol{M}_3 = (1-f)\cdot\boldsymbol{\delta}_{\boldsymbol{G}\cdot\boldsymbol{G}'} - |\boldsymbol{k}+\boldsymbol{G}|\left|\boldsymbol{k}+\boldsymbol{G}'\right|\cdot\begin{pmatrix}\widehat{\boldsymbol{e}}_2\cdot\boldsymbol{I}_2\cdot\widehat{\boldsymbol{e}}_{2'} & -\widehat{\boldsymbol{e}}_2\cdot\boldsymbol{I}_2\cdot\widehat{\boldsymbol{e}}_{1'}\\ -\widehat{\boldsymbol{e}}_1\cdot\boldsymbol{I}_2\cdot\widehat{\boldsymbol{e}}_{2'} & \widehat{\boldsymbol{e}}_1\cdot\boldsymbol{I}_2\cdot\widehat{\boldsymbol{e}}_{1'}\end{pmatrix} \cdot 3f\frac{\sin(|\boldsymbol{G}-\boldsymbol{G}'|R) - (|\boldsymbol{G}-\boldsymbol{G}'|R)\cos(|\boldsymbol{G}-\boldsymbol{G}'|R)}{(|\boldsymbol{G}-\boldsymbol{G}'|R)^3}$$

$$\boldsymbol{M}_4 = (1-f)\cdot\boldsymbol{\delta}_{\boldsymbol{G}\cdot\boldsymbol{G}'} - |\boldsymbol{k}+\boldsymbol{G}|\left|\boldsymbol{k}+\boldsymbol{G}'\right|\cdot\begin{pmatrix}\widehat{\boldsymbol{e}}_2\cdot\boldsymbol{I}_3\cdot\widehat{\boldsymbol{e}}_{2'} & -\widehat{\boldsymbol{e}}_2\cdot\boldsymbol{I}_3\cdot\widehat{\boldsymbol{e}}_{1'}\\ -\widehat{\boldsymbol{e}}_1\cdot\boldsymbol{I}_3\cdot\widehat{\boldsymbol{e}}_{2'} & \widehat{\boldsymbol{e}}_1\cdot\boldsymbol{I}_3\cdot\widehat{\boldsymbol{e}}_{1'}\end{pmatrix} \cdot 3f\frac{\sin(|\boldsymbol{G}-\boldsymbol{G}'|R) - (|\boldsymbol{G}-\boldsymbol{G}'|R)\cos(|\boldsymbol{G}-\boldsymbol{G}'|R)}{(|\boldsymbol{G}-\boldsymbol{G}'|R)^3}$$

$\boldsymbol{U}_0$，$\boldsymbol{U}_1$，$\boldsymbol{U}_2$，$\boldsymbol{U}_3$，$\boldsymbol{U}_4$，$\boldsymbol{U}_5$，$\boldsymbol{U}_6$ 和 $\boldsymbol{U}_7$ 都是 $N\times N$ 的矩阵。多项式 (14.37) 的求

解可以转换成对一个大小为 $8N \times 8N$ 矩阵 $\boldsymbol{Q}$ 特征值的求取，矩阵 $\boldsymbol{Q}$ 满足

$$\boldsymbol{Q}z = \zeta z, \quad \boldsymbol{Q} = \begin{bmatrix} \mathbf{0} & \boldsymbol{I} & \mathbf{0} & \mathbf{0} & \mathbf{0} & \mathbf{0} & \mathbf{0} & \mathbf{0} \\ \mathbf{0} & \mathbf{0} & \boldsymbol{I} & \mathbf{0} & \mathbf{0} & \mathbf{0} & \mathbf{0} & \mathbf{0} \\ \mathbf{0} & \mathbf{0} & \mathbf{0} & \boldsymbol{I} & \mathbf{0} & \mathbf{0} & \mathbf{0} & \mathbf{0} \\ \mathbf{0} & \mathbf{0} & \mathbf{0} & \mathbf{0} & \boldsymbol{I} & \mathbf{0} & \mathbf{0} & \mathbf{0} \\ \mathbf{0} & \mathbf{0} & \mathbf{0} & \mathbf{0} & \mathbf{0} & \boldsymbol{I} & \mathbf{0} & \mathbf{0} \\ \mathbf{0} & \mathbf{0} & \mathbf{0} & \mathbf{0} & \mathbf{0} & \mathbf{0} & \boldsymbol{I} & \mathbf{0} \\ \mathbf{0} & \mathbf{0} & \mathbf{0} & \mathbf{0} & \mathbf{0} & \mathbf{0} & \mathbf{0} & \boldsymbol{I} \\ \boldsymbol{U}_0 & \boldsymbol{U}_1 & \boldsymbol{U}_2 & \boldsymbol{U}_3 & \boldsymbol{U}_4 & \boldsymbol{U}_5 & \boldsymbol{U}_6 & \boldsymbol{U}_7 \end{bmatrix} \tag{14.39}$$

求解式 (14.39) 的本征值就得到了式 (14.37) 的解。显然，所求本征值的实部就决定了在磁光 Voigt 效应下所有电磁波模式在该三维各向异性磁化等离子体光子晶体中的色散关系。

为了便于计算，采用 $\omega a/2\pi c$ 对频率进行归一化，并用变量 $\omega_{\mathrm{p0}}a/2\pi c = 1$ 来定义等离子体频率 ω_{p}、等离子体回旋频率 ω_{c} 和等离子体碰撞频率 ν_{c}。假设等离子体频率 ω_{p}=$\omega_{\mathrm{pl}} = 0.3\pi c/a = 0.15\omega_{\mathrm{p0}}$，等离子体碰撞频率和回旋频率分别为 $\nu_{\mathrm{c}} = 0.02\omega_{\mathrm{pl}}$，$\omega_{\mathrm{c}} = 0.6\omega_{\mathrm{pl}}$。本节将同样关注该三维磁化等离子体光子晶体的第一 (1st) 和第二 (2nd)PBGs 的特性，并将其相对带宽定义为 $\Delta\omega/\omega_i$。

14.4.2 磁光 Voigt 效应下的各向异性 PBGs 特性

图 14.26 给出了在不同 ω_{p}，ω_{c} 和 ν_{c} 条件下三维各向异性面心晶格磁化等离子体光子晶体的色散曲线，此时填充的介质为 Te 球，且 $f = 0.3$。图中灰色区域表示 PBGs。由图 14.26(a) 可知，当 $\omega_{\mathrm{p}} = \omega_{\mathrm{c}} = \nu_{\mathrm{c}} = 0$ 时，磁化等离子体背景可以看作常规的空气，该光子晶体也变成了常规的介质光子晶体。在 $0 \sim 1.2\pi c/a$ 的频率范围内，存在着两个 PBG，其频率范围分别是 0.3577~0.3849 ($2\pi c/a$) 和 0.5179~0.5242 ($2\pi c/a$)，带宽分别为 0.0272 和 0.0063 ($2\pi c/a$)。由图 14.26(b) 可知，当 $\omega_{\mathrm{p}} = 0.15\omega_{\mathrm{p0}}$, $\nu_{\mathrm{c}} = 0.02\omega_{\mathrm{pl}}$ 和 $\omega_{\mathrm{c}} = 0$ 时，该光子晶体退化为非磁化等离子体晶体。此时，不仅存在着两个 PBG，而且还能产生 1 个水平带区域。PBGs 的频率范围是 0.3643~0.3915 ($2\pi c/a$) 和 0.5245~0.5309 ($2\pi c/a$)，水平带区域的范围是 0~0.15 ($2\pi c/a$)。与图 14.26(a) 中的结果比较可知，得到的两个 PBGs 的上下边缘都将向高频方向移动。由图 14.26(c) 可知，当引入外加磁场后，即 $\omega_{\mathrm{p}} = 0.15\omega_{\mathrm{p0}}$, $\nu_{\mathrm{c}} = 0.02\omega_{\mathrm{pl}}, \omega_{\mathrm{c}} = 0.6\omega_{\mathrm{pl}}$，在磁光 Voigt 效应下，不仅能产生两个 PBGs，而且水平带隙区域的上边缘也将向高频方向移动。与图 14.26(b) 比较可知，两个 PBGs 和水平带隙区域的上边缘都将向高频方向移动，它们将分别覆盖 0.3060~0.3283 ($2\pi c/a$) 和 0.4389~0.4523 ($2\pi c/a$)。显然，这两个 PBGs 的带宽减小了，但是水平带区域的范围

变大了，变为 0~0.2222 ($2\pi c/a$)。作为比较，在图 14.27 中给出了在 Voigt 效应下非寻常波通过该三维各向异性磁化等离子体光子晶体的色散曲线，其参数与图 14.26(c) 中的相同。由图 14.27 可知，在色散曲线中存在两个 PBGs 和两个水平带区域。这两个 PBGs 的频率范围分别是 0.3649~0.392 ($2\pi c/a$) 和 0.5179~0.5242 ($2\pi c/a$)，此时两个水平带区域的频率范围是 0~0.1116($2\pi c/a$) 和 0.174~0.2016 ($2\pi c/a$)。由于在这种情况下这两个水平带区域的上边缘频率分别由 $f_{\mathrm{L}} = 0.1116(2\pi c/a)$ ($f_{\mathrm{L}} = -\omega_{\mathrm{c}}/2+\sqrt{\omega_{\mathrm{c}}^2/4+\omega_{\mathrm{p}}^2}$) 和 $f_{\mathrm{R}} = 0.2016(2\pi c/a)(f_{\mathrm{R}} = \omega_{\mathrm{c}}/2+\sqrt{\omega_{\mathrm{c}}^2/4+\omega_{\mathrm{p}}^2}$) 所决定。比较图 14.26(c) 与图 14.27 的结果可知，PBGs 的带宽不但减小了，而且仅存在 1 个水平带区域，且其上边缘频率向高频方向移动。值得注意的是，图 14.26(b) 是磁光 Voigt 效应下寻常波通过该三维各向异性磁化等离子体光子晶体的色散曲线。比较图 14.26(b) 与 (c) 可知，寻常波有 1 个更小的水平带区域。综上所述，在考虑磁光 Voigt 效应下，当考虑混合极化模式时 (普适性情况)，得到的 PBGs 将小于非寻常

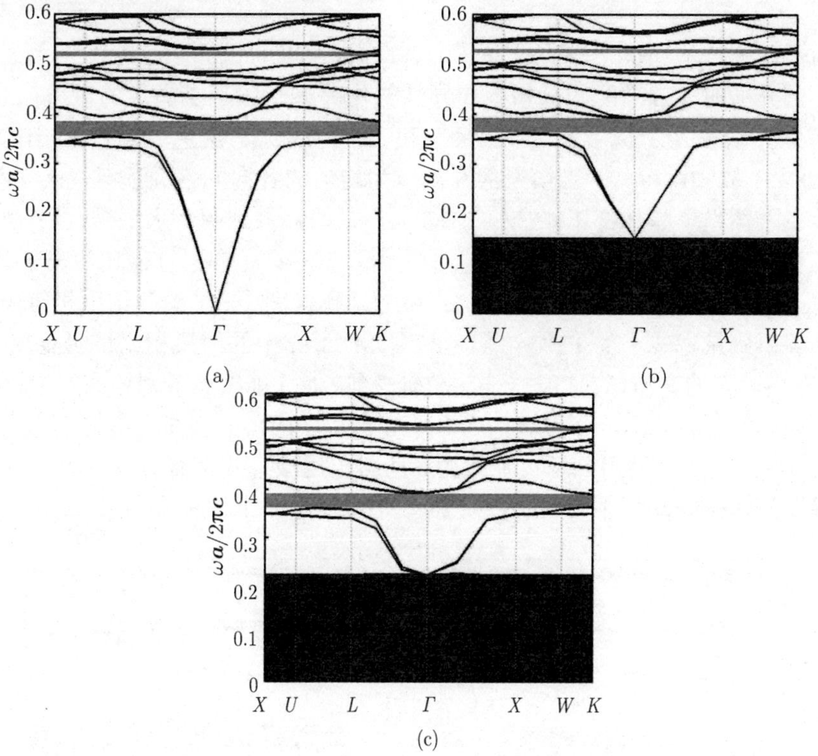

图 14.26 在不同 ω_{p}, ω_{c} 和 ν_{c} 条件下三维面心晶格磁化等离子体光子晶体的色散曲线

(a) $\omega_{\mathrm{p}} = \omega_{\mathrm{c}} = \nu_{\mathrm{c}} = 0$; (b) $\omega_{\mathrm{p}} = 0.15\omega_{\mathrm{p0}}$, $\nu_{\mathrm{c}} = 0.02\omega_{\mathrm{pl}}$, $\omega_{\mathrm{c}} = 0$; (c) $\omega_{\mathrm{p}} = 0.15\omega_{\mathrm{p0}}$, $\nu_{\mathrm{c}} = 0.02\omega_{\mathrm{pl}}$, $\omega_{\mathrm{c}} = 0.6\omega_{\mathrm{pl}}$

波的，但是水平带区域的范围大于寻常波和非寻常波的水平带区域。

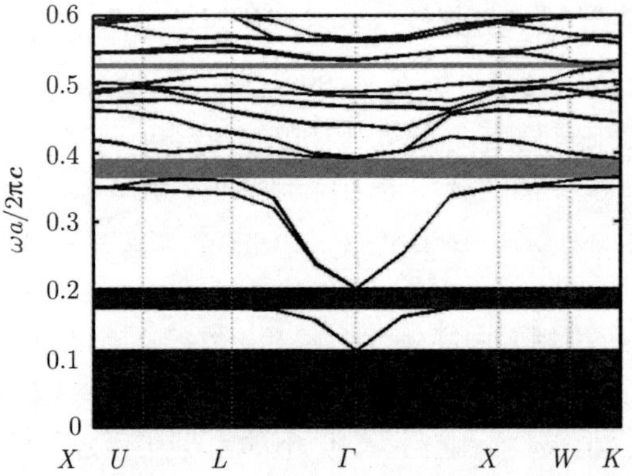

图 14.27 在 Voigt 效应下非寻常波通过该三维各向异性磁化等离子体光子晶体的色散曲线

为了研究普适情况下该光子晶体的各向异性 PBGs 特性，图 14.28 给出了在填充不同介质时，三维面心晶格各向异性磁化等离子体光子晶体的色散曲线，此时 $f=0.3$, $\omega_{\rm p}=0.15\omega_{\rm p0}$, $\nu_{\rm c}=0.02\omega_{\rm pl}$ 和 $\omega_{\rm c}=0.6\omega_{\rm pl}$。灰色区域表示 PBGs。由图 14.28 (a) 和 (b) 可知，当填充的介质球为均匀的各向同性介质时，该三维各向异性等离子体光子晶体都不能产生 PBGs，但是能够得到两个水平带区域。如果将 type-2 和 type-3 单轴材料 [324](各向异性) 引入该三维各向异性磁化等离子体光子晶体时，能够得到 PBGs。将图 14.28(c) 中的结果与图 14.27 中的结果相比较可知，虽然能够得到带宽较小的 PBGs，但是与图 14.26(c) 中的结果相比将明显减小。因此，只有当填充的介质球为 Te(type-1 单轴材料) 时才能得到带宽较大的 PBGs。这是因为当单轴材料引入光子晶体时，要得到最大的 PBGs，其非寻常轴必须与 Γ-H 对称方向平行。所以要得到尽可能大的对所有电磁波模式都有效的 PBGs，在三维磁化等离子体光子晶体中引入 type-1 的单轴材料是一个比较好的选择。

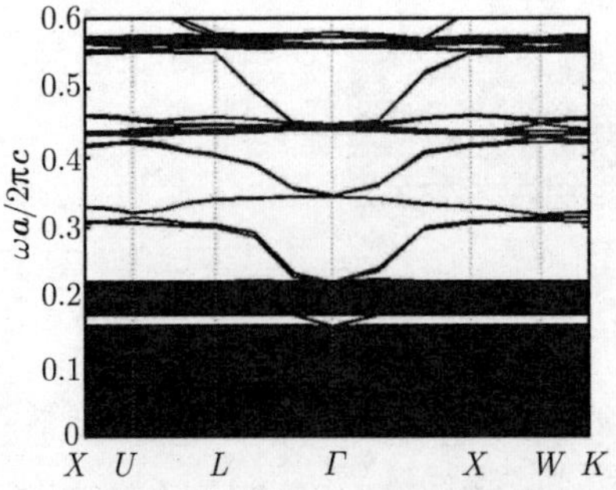

(a)

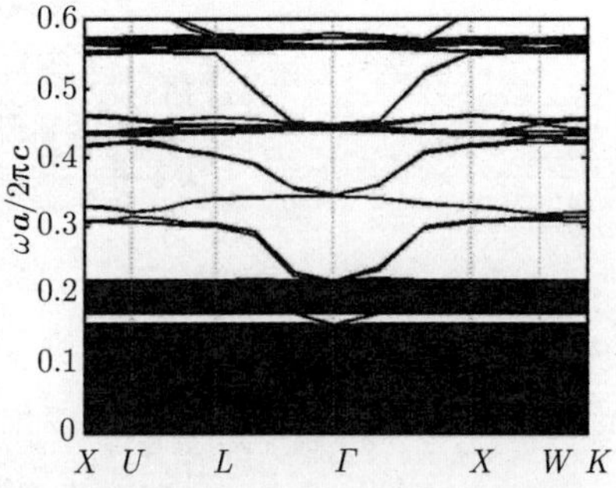

(b)

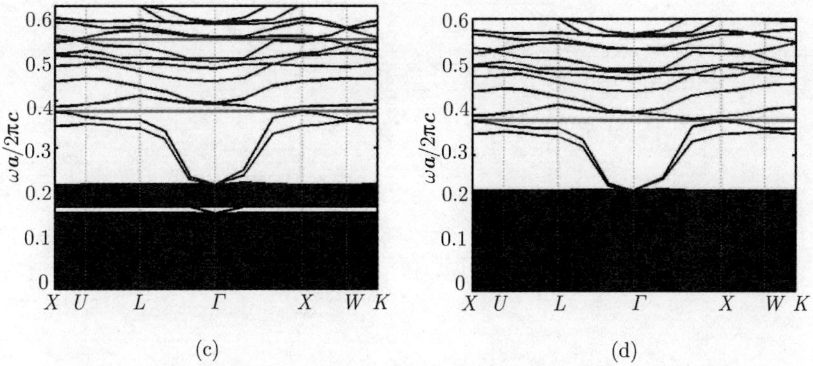

图 14.28 在填充不同介质球时，三维面心晶格各向异性磁化等离子体光子晶体的色散曲线

(a)$n_x = n_e = n_y = n_o = 6.2$; (b)$n_x = n_e = n_y = n_o = 4.8$; (c) type-2 单轴材料 ($n_e = 6.2, n_o = 4.8$); (d) type-3 单轴材料 ($n_e = 4.8, n_o = 4.2$)

14.4.3 表面等离子激元模的特性

由于电磁波在穿过磁化等离子体和介质球表面时，介电常数的符号发生了变化，所以电磁波将被局域在磁化等离子体球表面，因此表面等离子体激元的特性能够用水平带区域来表示。图 14.29 给出了水平带区域的上边缘位置与 f、ω_p 和 ω_c 的关系图，其参数与图 14.26 中相同。由图 14.29(a) 可知，该水平带区域的上边缘不能被 f 所调谐。这是因为磁光 Voigt 效应下，电磁波通过磁化等离子体能够被分解成寻常波和非寻常波。众所周知，非寻常波的上下边缘由截止频率 $f_L(f_L = -\omega_c/2 + \sqrt{\omega_c^2/4 + \omega_p^2})$ 和 $f_R(f_R = \omega_c/2 + \sqrt{\omega_c^2/4 + \omega_p^2})$ 决定。类似地，寻常波的上边缘与 $f_K(f_K = \omega_p)$ 确定。因此，对于所有电磁波的模式而言，得到的水平带区域的上边缘与 f_R，f_L 和 f_K 有关，但是 f_R，f_L 和 f_K 显然和 f 无关，即水平带区域的上边缘不能被 f 所调谐。由图 14.29(b) 和 (d) 可知，水平带区域的上边缘几乎随着 ω_p/ω_{p0} 和 ω_c/ω_{pl} 的增大而线性增大。在 low-ω_c 区域，曲线的变化趋

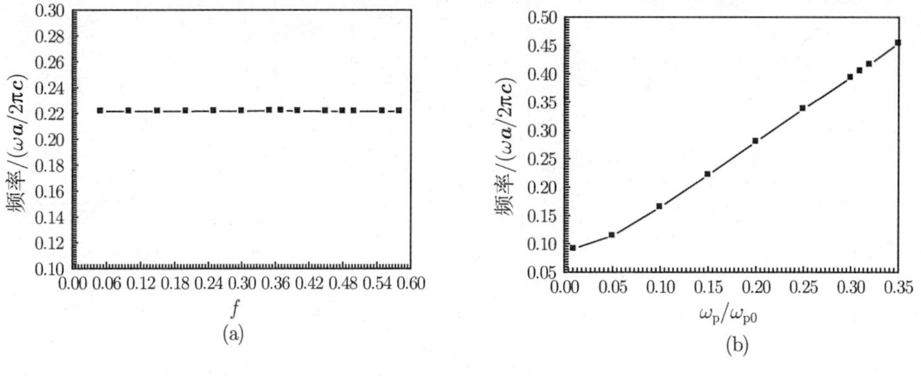

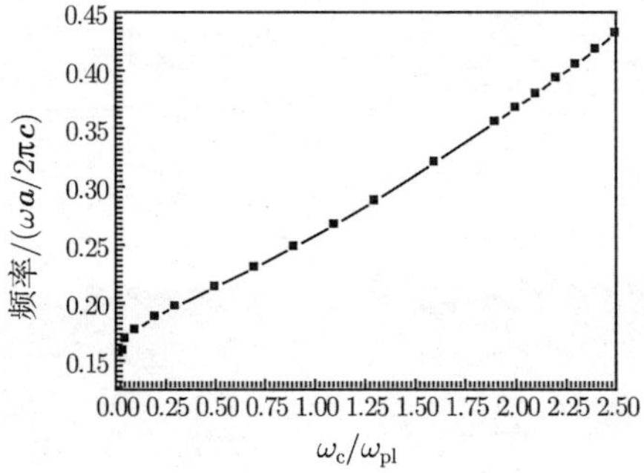

(c)

图 14.29 水平带区域的上边缘位置与 f、ω_p 和 ω_c 的关系图

(a) f; (b) ω_p; (c) ω_c

势却不是线性的，而是一个凸函数。这是因为 f_R 和 f_L 的大小几乎随着 ω_c 和 ω_p 的增大而线性增大。而对于我们的算例而言，ω_p 的值远大于 ω_c，因此在 low-ω_c 区域能够看到一个类似凸函数的曲线。

14.4.4 填充率对各向异性 PBGs 的影响

图 14.30 给出了该三维磁化等离子体光子晶体的各向异性 PBGs 及其相对带宽与 f 的关系图，此时 $\omega_p = 0.15\omega_{p0}$, $\nu_c = 0.02\omega_{pl}$ 和 $\omega_c = 0.6\omega_{pl}$。阴影部分代表各向异性 PBGs。由图 14.30 (a) 可知，1st 和 2nd PBGs 的上下边缘将随着 f 的增大而向低频方向移动，且 1st PBG 的带宽也将随着 f 的增大而先逐渐增大然后减小，而 2nd PBG 的带宽将逐渐增大。如果 f <0.05，1st 和 2nd PBGs 将消失。当 f 分别大于 0.35 和 0.58 时，1st 和 2nd PBGs 将分别消失。当 f 由 0.05 增加到 0.58 时，1st 和 2nd PBGs 的最大值分别为 0.0272 和 0.0246 $(2\pi c/a)$，且分别出现在 $f = 0.30$ 和 0.1。与 $f = 0.35$ 时相比，PBGs 的带宽减小了 0.0029 和

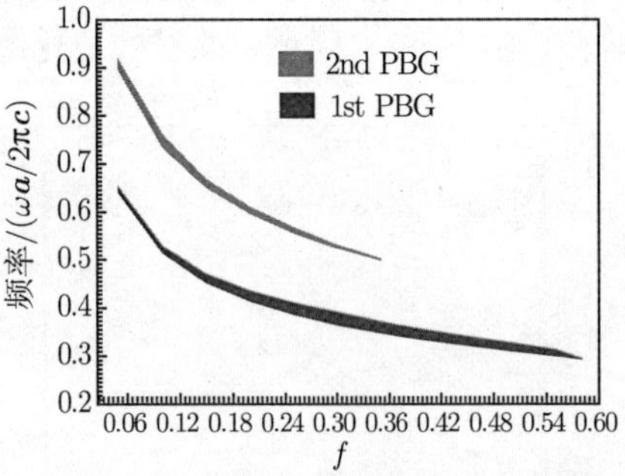

(a)

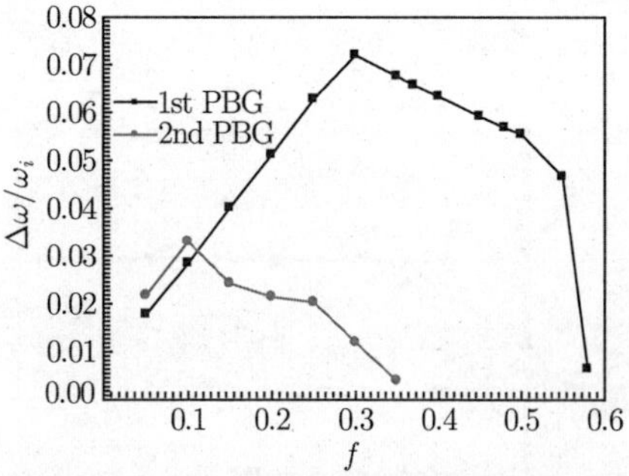

(b)

图 14.30 该三维磁化等离子体光子晶体的各向异性 PBGs 及其相对带宽与 f 的关系图

(a) 1st 和 2nd PBGs; (b) 1st 和 2nd PBGs 的相对带宽

0.0226 ($2\pi c/a$)。显然，1st 和 2nd PBGs 都能够被 f 所调谐，即增大介质球 Te 的填充率 f 就意味着该三维磁化等离子体光子晶体的平均折射率增大了。由图 14.30(b) 可知，1st 和 2nd PBGs 的相对带宽都会随着 f 的增大而先增大后减小。$\Delta\omega/\omega_i$ 的最大值分别为 0.0719 和 0.0329，且分别位于 f=0.1 和 0.30。与 f=0.35 时相比，1st 和 2nd PBGs 的相对带宽将分别减小 0.0043 和 0.0289。但值得注意的是，当 f 取极小值时或接近于零时，该三维磁化等离子体光子晶体同样能够看作磁化等离子体块，所以此时水平能带将不会出现。因此，f 是一个非常重要的参数，需要谨慎选择。

14.4.5 等离子体频率对各向异性 PBGs 的影响

图 14.31 给出了该三维磁化等离子体光子晶体的各向异性 PBGs 及其相对带宽与 ω_p 的关系图，此时 $f=0.3$, $\nu_c=0.02\omega_{pl}$ 和 $\omega_c=0.6\omega_{pl}$。阴影部分代表各向异性 PBGs。由图 14.31(a) 可知，1st 和 2nd PBGs 的上下边缘将会随着 ω_p/ω_{p0} 的增大而向高频方向移动，且其带宽也会逐渐减小。当 ω_p/ω_{p0} 分别大于 0.3 和 0.35 时，1st 和 2nd PBGs 将会消失。当 ω_p/ω_{p0} 由 0.01 增加到 0.35 时，1st 和 2nd PBGs 的频率范围分别变为 0.3987~0.4081 ($2\pi c/a$) 和 0.5536~0.5559 ($2\pi c/a$)。与 $\omega_p/\omega_{p0}=0.15$ 相比，1st 和 2nd PBGs 的带宽分别减少了 0.0289 和 0.0043 ($2\pi c/a$)。1st 和 2nd PBGs 带宽的最大值分别是 0.0272 和 0.0066 ($2\pi c/a$)，此时 $\omega_p/\omega_{p0}=0.01$。图 14.31(b) 给出了 1st 和 2nd PBGs 的相对带宽与 ω_p/ω_{p0} 的关系图。由图 14.31(b) 可知，当 ω_p/ω_{p0} 由 0.01 增加到 0.35 时，1st 和 2nd PBGs 的相对带宽将逐渐减小。$\Delta\omega/\omega_i$ 的最大值分别为 0.0734 和 0.0122，且分别位于 ω_p/ω_{p0}=0.01 和 0.25。与 $\omega_p/\omega_{p0}=0.25$ 时相比，相对带宽分别减小了 0.0015 和 0.0003。因此，由图 14.31 可知，1st 和 2nd PBGs 不仅能被 ω_p 所调谐，而且更大的 PBG 不能在 lower-ω_p 区域中得到。1st PBG 较 2nd PBG 有更大的相对带宽，所以改变 ω_p 的大小能够实现对各向异性 PBGs 的调谐。

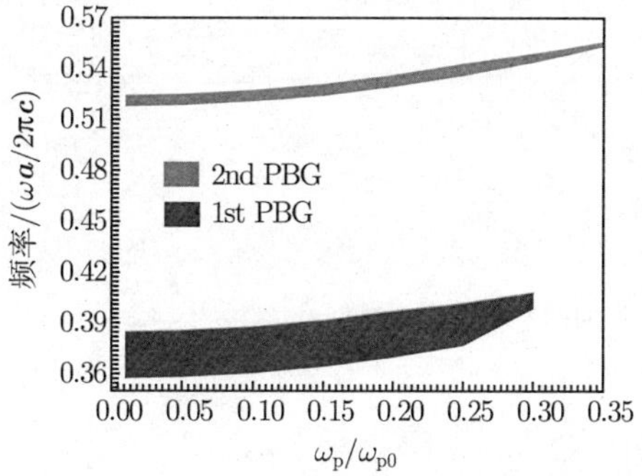

(a)

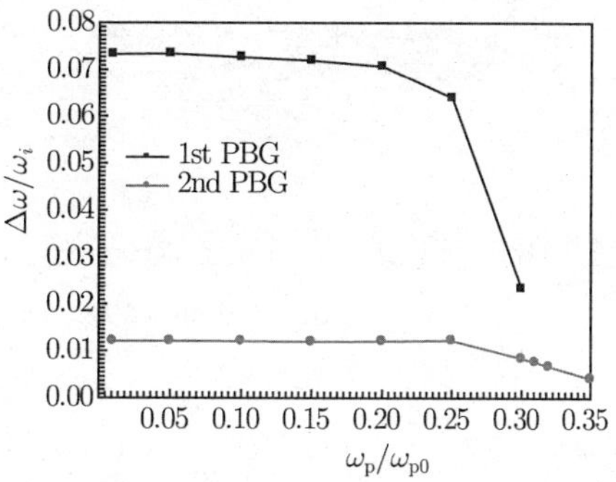

(b)

图 14.31 该三维磁化等离子体光子晶体的各向异性 PBGs 及其相对带宽与 ω_p 的关系图

(a) 1st 和 2nd PBGs; (b) 1st 和 2nd PBGs 的相对带宽

14.4.6　等离子体回旋频率对各向异性 PBGs 的影响

图 14.32 给出了该三维磁化等离子体光子晶体的各向异性 PBGs 及其相对带宽与 ω_c 的关系图，此时 $f = 0.3$，$\nu_c = 0.02\omega_{pl}$ 和 $\omega_p = 0.15\omega_{p0}$。阴影部分代表各向异性 PBGs。由图 14.32(a) 可知，1st 和 2nd PBGs 的上下边缘将随着 ω_c/ω_{pl} 的增大而向高频方向移动。对于 1st PBG，其带宽的变化趋势是先增大后减小，2nd PBG 的变化趋势是逐渐减小。当 ω_c/ω_{pl} 大于 2.2 时，1st PBG 将会消失；当 ω_c/ω_{pl} 大于 2.5 时，2nd PBG 将会不存在。当 ω_c/ω_{pl} 由 0.01 增加到 2.5 时，1st PBG 的频率范围变为 0.3944~0.3975 $(2\pi c/a)$，带宽是 0.0031 $(2\pi c/a)$。与 $\omega_c/\omega_{pl} = 0.7$ 相比，1stPBG 的带宽减少了 0.0241 $(2\pi c/a)$。类似地，2nd PBG 的频率范围变为 0.5305~0.5331 $(2\pi c/a)$，带宽是 0.0026 $(2\pi c/a)$。与 $\omega_c/\omega_{pl} = 0.7$ 相比，2nd PBG 的带宽减少了 0.0037 $(2\pi c/a)$。1st 和 2nd PBGs 带宽的最大值分别是 0.0275 和 0.0064 $(2\pi c/a)$，此时 ω_c/ω_{pl} 大小分别为 $\omega_c/\omega_{pl} = 1.6$ 和 0.01。图 14.32(b) 给出了相对带宽与 ω_c 的关系图。由图 14.32(b) 可知，当 ω_c/ω_{pl} 由 0.01 增加到 0.25 时，2nd PBG 的相对带宽将逐渐减小，但是 1st PBG 的相对带宽将先增大后减小。1st 和 2nd PBGs 的相对带宽的最大值分别为 0.0724 和 0.0121，且分别出现在 $\omega_c/\omega_{pl} = 1.6$ 和 0.01。与 $\omega_c/\omega_{pl} = 0.7$ 时相比，1st 和 2nd PBGs 相对带宽分别减小了 0.0005 和 0.0003。与 2nd PBG 相比，1st PBG 有较大的相对带宽。因此，由图 14.32 可知，1st 和 2nd PBGs 不仅能被 ω_c 所调控，而且更大的 PBGs 出现在 low-ω_c 区域。

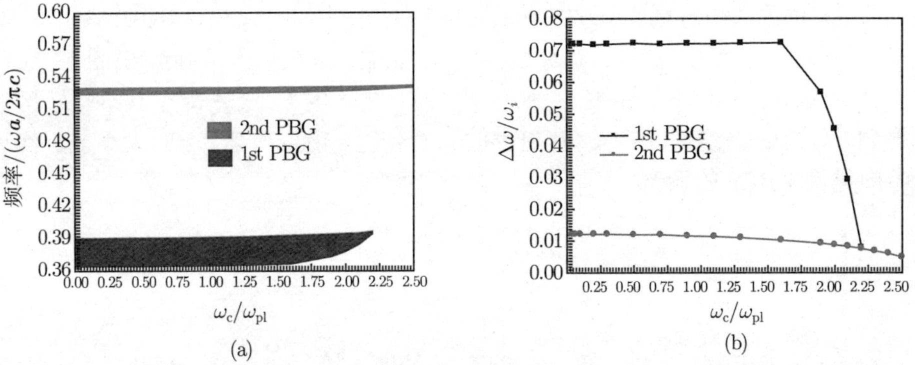

图 14.32　该三维磁化等离子体光子晶体的各向异性 PBGs 及其相对带宽与 ω_c 的关系图

(a) 1st 和 2nd PBGs; (b) 1st 和 2nd PBGs 的相对带宽

14.5　写 在 最 后

本书虽然主要是围绕等离子体光子晶体的电磁特性进行阐述，而由于在数学上对等离子体光子晶体的相对介电常数采用的是 Drude 模型，这意味着本书得到的最后的研究结果也可以应用于其他频变的色散介质，如半导体、金属、等离子体和石墨烯等。尽管这些材料的应用场合不同、工作频率不同，但是如果用它们来构成光子晶体器件，本书的结论在理论上依然有指导意义。这是因为它们的电学参量在数学表达上都有相同或相近的形式。正是因为数学上的通用性，在复杂等离子体模型上都是使用较为通用的电学参量表达式，所以对等离子体的非线性表达式没有进行讨论。这毕竟不是关键性问题，我们是想从最基础的理论层面和方法学层面对等离子体光子晶体这个门类进行介绍，并从一维、二维和三维问题出发，来全方位展现等离子体光子晶体的基本问题和概况。

在 metamaterial 非常流行的今天，还研究十几年前的东西，是否有价值的。对于这个问题，我们的观点是“后人评述”，我们所做的工作是对光子晶体理论的完善性。索然，不是“主流”，但是“非主流”的工作始终要有人去做。虽然看似简单，但是我们努力在实现手段上超越“前人”。这种点滴的工作，将来也许会汇集成为“巨浪”。这也是作者所在课题组一直在努力从事的工作，或许不久的将来国外的研究机构或者公司会开发出相应的仿真软件，点击一下鼠标就可以解决一切问题，但是细节代码和算法的实现也是基础研究工作不可欠缺的一环，追赶学术研究的最前沿固然重要，但是阶梯铺垫的工作也同样重要，这也是我们撰写本书的初衷。由于篇幅所限，我们不可能穷尽全部与等离子体光子晶体相关的内容，当然还有大量的工作需要进行深入研究，我们希望本书能起到抛砖引玉的作用，并希望国内外同行能做出更优秀的工作。现在较为流行的研究方向，如频率选择表面、EIT、吸波器、超表面和 metamaterial，其本质上都是不同介质在空间的周期性分布，如果用光子晶体的概念来定义也是恰当的。当然，现在业界对这些问题统一的定义尚存争议，但是用人工介质来定义是最合适的。对于等离子体光子晶体而言，我们觉得以下工作还需要开展：

(1) 需要建立和完善普适性的等离子体光子晶体的计算方法，对传统的 FDTD、PWE 和 FDFD 算法还需要进一步改进。例如，当外加磁场和波矢的夹角为任意值时，磁化等离子体光子晶体相对介电常数包含 $\sqrt{\omega}$ 项，所以常用的非线性方程线性化技术将不再适用。第 1 章中提及的关于这三种算法的问题还需要解决。

(2) 研究在磁偏角任意、等离子体的非线性以及引入新型特异性材料 (如非线性、电色散、磁色散介质) 等情况下三维等离子体光子晶体的新特性，开发和设计新型的微波器件。

(3) 将光子晶体理论与转换光学理论相结合，设计和实现纯粹的以光子晶体为基础的集成“光路”，开发和设计相应的“光路”器件，并与量子理论相结合，研究光子晶体的光量子特性，以最终实现对“光子”计算机的设计。

(4) 在实验上对三维等离子体光子晶体的相关特性进行验证，解决实验室条件下，均匀等离子体柱的激励、周期性排列和测试中的关键技术问题。

本书在撰写过程中得到许多帮助，首先要感谢南京航空航天大学电子信息工程学院对本书的支持，也要感谢合作单位南京炮兵学院和南昌大学的帮助。本课题组的孔祥鲲博士、李海明博士和李炳祥博士对本书提出了中肯的意见，丁国文、俞劭杰和刘季煊硕士在本书的排版工作中也贡献了力量。特别是曲阜师范大学的亓丽梅老师和武汉理工大学的郭斌老师给本书的编写工作提供了大量的第一手材料，并给予及时的帮助，对此表示感谢。国家自然科学青年基金 (项目编号：61307052)、江苏省博士后科研资助计划 (项目编号：1501016A) 和第 58 批中国博士后面上项目 (项目编号：2015M581790) 给予的支持，在此表示感谢。

由于作者水平有限，书中不妥之处在所难免，请各位同行、老师和专家批评指正。也希望和全国的同行们进行交流，并希望能得到各位前辈的指点。

通信作者的联系方式是：邮箱 lsb@nuaa.edu.cn(刘少斌)，hanlor@163.com(章海锋)，期待您的斧正。

参考文献

[1] Yablonovitch E. Inhibited spontaneous emission in solid-state physics and electronics. Physical Review Letters, 1987, 58(20): 2059, 2060.

[2] John S. Strong localization of photons in certain disordered dielectric superlattices. Physical Review Letters, 1987, 58(23): 2486-2489.

[3] Joannopoulos J J, Villeneuve P R, Fan S, et al. Photonic crystals: putting a new twist on light. Nature, 1997, 386 (6621): 143-149.

[4] Leung K M, Liu Y F. Full vector wave calculation of photonic band structures in face-centered-cubic dielectric media. Physical Review Letters, 1990, 65(21): 2646-2649.

[5] Yablonovitch E, Gmitter T J, Meade R D, et al. Donor and acceptor modes in photonic band structure. Physical Review Letters, 1991, 67(24): 3380.

[6] Zhang H F, Liu S B, Kong X K, et al. Omnidirectional photonic band gap enlarged by one-dimensional ternary unmagnetized plasma photonic crystals based on a new Fibonacci quasiperiodic structure. Physics of Plasmas, 2012, 19(11): 112102.

[7] Akahane Y, Asano T, Song B S, et al. High-Q photonic nanocavity in a two-dimensional photonic crystal. Nature, 2003, 425(6961): 944-947.

[8] Painter O, Lee R K, Scherer A, et al. Two-dimensional photonic band-gap defect mode laser. Science, 1999, 284 (5421): 1819-1821.

[9] Yanik M F, Fan S, Soljačic Ḿ. High-contrast all-optical bistable switching in photonic crystal microcavities. Applied Physics Letters, 2003, 83(14): 2739.

[10] John S, Florescu M. Photonic bandgap materials: towards an all-optical micro-transistor. Journal of Optics A: Pure and Applied Optics, 2001, 3(6): S103.

[11] Rayleigh L.On the maintenance of vibrations by forces of double frequency, and on the propagation of waves through a medium endowed with a periodic structure. Philosophical Magazine, 1887, 24(147): 145-159.

[12] Bykov V P. Spontaneous emission in a periodic structure. Journal of Experimetal & Theoretical Physics, 1972, 35: 269.

[13] Ho K M, Chan C T, Soukoulis C M, et al. Existence of a photonic gap in periodic dielectric structures. Physical Review Letters, 1990, 65(25): 3152-3155.

[14] Sozuer H S, Haus J W, Inguva R, et al. Photonic bands: Convergence problems with the plane-wave method. Physical Review B, 1992, 45: 13962-13972.

[15] Wijnhoven J E G J, Willem L V. Preparation of photonic crystals made of air spheres in Titania. Science, 1998, 281(5378): 802-804.

[16] Blanco A, Chomski E, Grabtchak S, et al. Large-scale synthesis of a silicon photonic crystal with a complete three-dimensional bandgap near 1.5 micrometres. Nature, 2000, 405(6785): 437-440.

[17] Lepeshkin N, Schweinsberg A, Piredda G, et al. Enhanced nonlinear optical response of one-dimensional metal-dielectric photonic crystals. Physical Review Letters, 2004, 93(12): 123902.

[18] Zhang H F, Ma L, Liu S B, et al. Study of periodic band gap structure of the magnetized plasma photonic crystals. Optoelectronics Letters, 2009, 5(2): 112-116.

[19] Feng L, Liu X P, Ren J, et al. Tunable negative refractions in two-dimensional photonic crystals with superconductor constituents. Journal of Applied Physics, 2005, 97(7): 073104.

[20] Euser T G, Vos W L. Spatial homogeneity of optically switched semiconductor photonic crystals and of bulk semiconductors. Journal of Applied Physics, 2005, 97(4): 043102

[21] 李勃，周济，李龙土，等. 鲍鱼壳中的一维光子带隙结构. 科学通报，2005, 50(13):1422-1424.

[22] 欧阳征标, 李景镇. 光子晶体的研究进展. 激光杂志, 2000, 21(2): 4-6.

[23] 苏萍, 许振丰, 顾华荣, 等. 光子晶体发光二极管. 光学技术, 2007, 33(4): 505-509.

[24] 王媛媛, 何晓东, 胡贵军, 等. 一维光子晶体微谐振腔的调谐特性与品质因子. 光子学报, 2009, 38(2): 285-288.

[25] 殷建玲, 黄旭光, 刘颂豪. 光子晶体波导可调光衰减器. 中国激光, 2007, 34(5): 671-674.

[26] 杜晓宇, 郑婉华, 张冶金, 等. 慢光在光子晶体弯折波导中的高透射传播. 物理学报, 2008, 57(11): 7005-7011.

[27] 方云团, 辛立民. 基于各向异性介质一维光子晶体缺陷模的偏振分束器. 人工晶体学报, 2009, 38(5): 1199-1201.

[28] 朱志宏, 叶卫民, 袁晓东, 等. 光子晶体波导定向耦合器. 光学学报, 2003, 23(10): 1237-1240.

[29] 李熙斌, 柴路, 张玉颖, 等. 光子晶体光纤中四波混频光谱增益特性的研究光电子. 激光, 2009, 2: 030.

[30] 冯莉, 梁斌明, 李卓, 等. 入射光频率变化对负折射现象的影响. 激光与光电子学进展, 2008, (3): 61-65.

[31] Luo C, Ibanescu M, Johnson S G, et al. Cerenkov radiation in photonic crystals. Science, 2003, 299(5605): 368-371.

[32] 陈小军, 吴立军, 胡巍, 等. 非线性光子晶体中光敏超棱镜现象的研究. 物理学报, 2009, (2): 1025-1030.

[33] 孙运涛. 光子晶体的负折射效应. 激光与光电子学进展, 2007, 44(1): 51-56.

[34] 周兴平, 疏静, 卢斌杰, 等. 基于三角晶格光子晶体谐振腔的双通道解波分复用器. 光学学报, 2013, (1): 211-215.

[35] 刘启能. 一种新型优质光子晶体偏振滤波器的设计. 压电与声光, 2010, 32(4): 642-645.

[36] Pendry J B, Holden A J, Stewart W J, et al. Extremely low frequency plasmons in metallic mesostructures. Physical Review Letters, 1996, 76(25): 4773.

[37] Shelby R A, Smith D R, Schultz S, et al. Experimental verification of a negative index of refraction. Science, 2001, 292(5514): 77-79.

[38] Veselago V G. The electrodynamics of substances with simultaneously negative values of ε and μ. Physics-Uspekhi, 1968, 10(4): 509-514.

[39] Lin S Y, Hietala V M, Wang L, et al. Highly dispersive photonic band-gap prism. Optics Letters, 1996, 21(21): 1771-1773.

[40] Knight J C, Birks T A, Atkin D M, et al. All-silica single-mode optical fiber with Photonic crystal cladding. Optics Letter, 1996, 21: 1547-1549.

[41] Knight J C, Broeng J, Birks T A, et al. Photonic band gap guidance in optical fibers. Science, 1998, 282: 1476-1478.

[42] Harris S E. Eleetromagnetically induced transpareney. Physics Today, 1997, 50(9): 36-42.

[43] Hau L V, Harris S E, Dutton Z, et al. Light speed reduction to 17 metres per second in an ultracold atomic gas. Nature, 1999, 397(6720): 594-598.

[44] Bigelow M S, Lepeshkin N N, Boyd R W, et al. Observation of ultraslow light propagation in a ruby crystal at room temperature. Physical Review Letters, 2003, 90(11): 113903.

[45] 邱巍, 掌蕴东, 叶建波, 等. 室温条件下掺铒光纤中光脉冲群速可控特性的研究. 物理学报, 2008, 56(12): 7009-7014.

[46] 董永康. 光纤中基于受激布里渊散射的慢光传输研究. 哈尔滨: 哈尔滨工业大学, 2008.

[47] Song K Y, Herráez M G, Thévenaz L, et al. Observation of pulse delaying and advancement in optical fibers using stimulated Brillouin scattering. Optics Express, 2005, 13(1): 82-88.

[48] Zhu Z, Dawes A M C, Gauthier D J, et al. Broadband SBS slow light in an optical fiber. Journal of Lightwave Technology, 2007, 25(1): 201-206.

[49] Totsuka K, Tomita M. Dynamics of fast and slow pulse propagation through a microsphere–optical-fiber system. Physical Review E, 2007, 75(1): 016610.

[50] Scalora M, Flynn R J, Reinhardt S B, et al. Ultrashort pulse propagation at the photonic band edge: Large tunable group delay with minimal distortion and loss. Physical Review E, 1996, 54(2): R1078.

[51] Mori D, Baba T. Dispersion-controlled optical group delay device by chirped photonic crystal waveguides. Applied Physics Letters, 2004, 85(7): 1101-1103.

[52] Petrov A Y, Eich M. Zero dispersion at small group velocities in photonic crystal waveguides. Applied Physics Letters, 2004, 85(21): 4866-4868.

[53] Frandsen L H, Lavrinenko A V, Fage-Pedersen J, et al. Photonic crystal waveguides with semi-slow light and tailored dispersion properties. Optics Express, 2006, 14(20):

9444-9450.

[54] 武隽, 李艳萍, 杨川川, 等. 基于光子晶体的楔形槽波导的慢光效应分析. 科学通报, 2009, (20): 3074-3078.

[55] Yablonovitch E, Gmitter T J, Leung K M, et al. Photonic band structure: The face-centered-cubic case employing nonspherical atoms. Physical Review Letters, 1991, 67(17): 2295.

[56] Yablonovitch E, Gmitter T J. Photonic band structure: the face-centered-cubic case. Physical Review Letters, 1989, 63(18): 1950.

[57] Divliansky I B, Shishido A, Khoo I C, et al. Fabrication of two-dimensional photonic crystals using interference lithography and electrodeposition of CdSe. Applied Physics Letters, 2001, 79(21): 3392-3394.

[58] Panoiu N C, Osgood Jr R M, Zhang S, et al. Zero-$\overline{n}$ bandgap in photonic crystal superlattices. Journal of the Optical American B, 2006, 23(3): 506-513.

[59] 刘少斌，刘崧，洪伟. 色散介质时域有限差分方法. 北京：科学出版社，2010.

[60] Born M, Wolf E. Principle of Optics. Oxford, U.K: Pergamon, 1980.

[61] Sakai O, Tachibana K. Plasmas as metamaterials: a review. Plasma Sources Science and Technology, 2012, 21(1): 013001.

[62] Hojo H, Mase A. Dispersion relation of electromagnetic waves in one-dimensional plasma photonic crystals. J. Plasma Fusion Res, 2004, 80(2): 89, 90.

[63] 李伟, 张海涛, 巩马理, 等. 等离子体光子晶体. 光学技术, 2004, 30(3): 263-266.

[64] 刘少斌, 朱传喜, 袁乃昌. 等离子体光子晶体的 FDTD 分析. 物理学报, 2005, 54(6): 2804-2808.

[65] Shiveshwari L, Mahto P. Photonic band gap effect in one-dimensional plasma dielectric photonic crystals. Solid State Communications, 2006, 138(3): 160-164.

[66] 刘少斌, 顾长青, 周建江, 等. 磁化等离子体光子晶体的 FDTD 分析. 物理学报, 2006, 55(3): 1283-1288.

[67] 刘建全. 等离子体光子晶体的理论研究. 长沙: 国防科技大学, 2005.

[68] 章海锋. 用时域有限差分方法 (FDTD) 研究等离子体光子晶体的特性. 南昌: 南昌大学, 2008.

[69] 马力, 章海锋, 刘少斌. 非磁化等离子体光子晶体缺陷态的研究. 物理学报, 2008, 57(8): 5089-5094.

[70] 章海锋, 马力, 刘少斌. 磁化等离子体光子晶体缺陷态的研究. 物理学报, 2009, 58(2): 1071-1076.

[71] 章海锋, 马力, 刘少斌. 非磁化等离子体光子晶体的禁带周期特性研究. 光子学报, 2008, 37(8): 1566-1570.

[72] 章海锋, 马力, 刘少斌. 时变磁化等离子体光子晶体的禁带特性. 发光学报, 2009, 30(2): 142-146.

[73] 章海锋, 马力, 刘少斌. 温度、密度对非磁化等离子体光子晶体禁带特性的影响. 南昌大学学报 (理科版), 2008, 31(6): 540-544.

[74] 肖晴. 等离子体光子晶体的禁带特性研究. 南昌: 南昌大学, 2009.

[75] 孔祥鲲. 一维等离子体及其光子晶体电磁特性的研究. 南京: 南京农业大学, 2009.

[76] 林明东. 等离子体光子晶体的数值研究. 长沙: 国防科技大学, 2007.

[77] Sakai O, Sakaguchi T, Tachibana K. Photonic bands in two-dimensional microplasma arrays. I. Theoretical derivation of band structures of electromagnetic waves. Journal of Applied Physics, 2007, 101(7): 073304.

[78] Sakai O, Tachibana K. Properties of electromagnetic wave propagation emerging in 2-D periodic plasma structures. Plasma Science, IEEE Transactions on, 2007, 35(5): 1267-1273.

[79] Guo B. Photonic band gap structures of obliquely incident electromagnetic wave propagation in a one-dimension absorptive plasma photonic crystal. Physics of Plasmas, 2009, 16(4): 043508.

[80] Guo B. Transfer matrix for obliquely incident electromagnetic waves propagating in one dimension plasma photonic crystals. Plasma Science and Technology, 2009, 11: 18-22.

[81] Qi L, Yang Z, Lan F, et al. Properties of obliquely incident electromagnetic wave in one-dimensional magnetized plasma photonic crystals. Physics of Plasmas, 2010, 17(4): 042501.

[82] 亓丽梅, 杨梓强, 兰峰, 等. 二维色散和各向异性磁化等离子体光子晶体色散特性研究. 物理学报, 2010, (1): 351-359.

[83] Qi L, Yang Z, Lan F, et al. Dispersion characteristics of two-dimensional unmagnetized dielectric plasma photonic crystal. Chinese Physics B, 2010, 19(3): 034210.

[84] Qi L, Yang Z. Modified plane wave method analysis of dielectric plasma photonic crystal. Progress In Electromagnetics Research, 2009, 91: 319-332.

[85] Qi L, Zhang X. Band gap characteristics of plasma with periodically varying external magnetic field. Solid State Communications, 2011, 151(23): 1838-1841.

[86] Shiveshwari L. Zero permittivity band characteristics in one-dimensional plasma dielectric photonic crystal. Optik - International Journal for Light and Electron Optics, 2011, 122(17): 1523-1526.

[87] Prasad S, Singh V, Singh A K, et al. Modal propagation characteristics of EM waves in ternary one-dimensional plasma photonic crystals. Optik - International Journal for Light and Electron Optics, 2010, 121(16): 1520-1528.

[88] Prasad S, Singh V, Singh A K, et al. A comparative study of dispersion relation of EM waves in ternary one-dimensional plasma photonic crystals having two different structures. Optik - International Journal for Light and Electron Optics, 2011, 122(14): 1279-1283.

[89] Li C, Liu S, Kong X, et al. A novel comb-like plasma photonic crystal filter in the presence of evanescent wave. Plasma Science, IEEE Transactions on, 2011, 39(10): 1969-1973.

[90] Qi L, Yang Z, Fu T, et al. Defect modes in one-dimensional magnetized plasma photonic crystals with a dielectric defect layer. Physics of Plasmas, 2012, 19(1): 012509.

[91] Kong X K, Liu S B, Zhang H F, et al. A novel tunable filter featuring defect mode of the TE wave from one-dimensional photonic crystals doped by magnetized plasma. Physics of Plasmas, 2010, 17(10): 103506.

[92] Kong X K, Liu S B, Zhang H F, et al. Omnidirectional photonic band gap of one-dimensional ternary plasma photonic crystals. Journal of Optics, 2011, 13(3): 035101.

[93] Pandey G N, Ojha S P. Band structure, group velocity, effective group index and effective phase index of one dimensional plasma photonic crystal. Optik - International Journal for Light and Electron Optics, 2013, 124(18): 3514-3519.

[94] Hamidi S M. Optical and magneto-optical properties of one-dimensional magnetized coupled resonator plasma photonic crystals. Physics of Plasmas, 2012, 19(1): 012503.

[95] Zhang H F, Liu S B, Kong X K. Photonic band gaps in one-dimensional magnetized plasma photonic crystals with arbitrary magnetic declination. Physics of Plasmas, 2012, 19(12): 122103.

[96] Mehdian H, Mohammadzahery Z, Hasanbeigi A, et al. Analysis of plasma-magnetic photonic crystal with a tunable band gap. Physics of Plasmas, 2013, 20(4): 043505.

[97] Fu T, Yang Z, Tang X, et al. Defect mode properties of two-dimensional plasma-filled defective metallic photonic crystal. Physics of Plasmas, 2014, 21(1): 013106.

[98] Fu T, Yang Z, Shi Z, et al. Dispersion properties of a 2D magnetized plasma metallic photonic crystal. Physics of Plasmas, 2013, 20(2): 023109.

[99] Kong X K, Liu S B, Zhang H F, et al. Tunable bistability in photonic multilayers doped by unmagnetized plasma and coupled nonlinear defects. IEEE Journal of Selected Topics in Quantum Electronics, 2013, 19(1): 8401407

[100] Mehdian H, Mohammadzahery Z, Hasanbeigi A.The effect of magnetic field on bistability in 1D photonic crystal doped by magnetized plasma and coupled nonlinear defects. Physics of Plasmas, 2014, 21(1): 012101.

[101] Ghasempour Ardakani A. Nonreciprocal electromagnetic wave propagation in one-dimensional ternary magnetized plasma photonic crystals. Journal of the Optical Society of America B, 2014, 31(2): 332.

[102] Kong X K, Liu S B, Zhang H F, et al. A broadband omnidirectional absorber based on a hetero-structure composed of a collision plasma and a ternary plasma Bragg mirror. Journal of Electromagnetic Waves and Applications, 2013, 27(8): 945-952.

[103] Sakai O, Sakaguchi T, Tachibana K, et al.Verification of a plasma photonic crystal for microwaves of millimeter wavelength range using two-dimensional array of columnar

microplasmas. Applied Physics Letters, 2005, 87(24): 241505.

[104] Sakai O, Sakaguchi T, Ito Y, et al. Interaction and control of millimetre-waves with microplasma arrays. Plasma Physics and Controlled Fusion, 2005, 47(12B): B617-B627.

[105] Sakai O, Kishimoto Y, Tachibana K, et al. Integrated coaxial-hollow micro dielectric-barrier-discharges for a large-area plasma source operating at around atmospheric pressure.Journal of Physics D: Applied Physics, 2005, 38(3): 431-441.

[106] Sakaguchi T, Sakai O, Tachibana K, et al. Photonic bands in two-dimensional microplasma arrays. II. Band gaps observed in millimeter and subterahertz ranges . Journal of Applied Physics, 2007, 101(7): 073305.

[107] Fan W, Zhang X, Dong L, et al.Two-dimensional plasma photonic crystals in dielectric barrier discharge. Physics of Plasmas, 2010, 17(11): 113501.

[108] Dong L, Xiao H, Fan W, et al. A plasma photonic crystal with tunable lattice constant. IEEE Transactions on Plasma Science, 2010, 38(9): 2486-2490.

[109] Fan W, Dong L. Tunable one-dimensional plasma photonic crystals in dielectric barrier discharge . Physics of Plasmas, 2010, 17(7): 073506.

[110] Mitu M L, Toader D, Banu N, et al. A 1-D dusty plasma photonic crystal. Journal of Applied Physics, 2013, 114(11): 113305.

[111] Naito T, Sakai O, Tachibana K, et al. Experimental verification of complex dispersion relation in lossy photonic crystals. Applied Physics Express, 2008, 1(6): 066003.

[112] Cao Z, Nie Q, Bayliss D L, et al. Spatially extended atmospheric plasma arrays. Plasma Sources Science and Technology, 2010, 19(2): 025003.

[113] Lo J, Sokoloff J, Callegari T, et al. Reconfigurable electromagnetic band gap device using plasma as a localized tunable defect. Applied Physics Letters, 2010, 96(25): 251501.

[114] Varault S, Gabard B, Sokoloff J R, et al. Plasma-based localized defect for switchable coupling applications. Applied Physics Letters, 2011, 98(13): 134103.

[115] Zhang W, Chan C T, Sheng P, et al. Multiple scattering theory and its application to photonic band gap systems consisting of coated spheres. Optics Express, 2001, 8(3): 203-208.

[116] Axmann W, Kuchment P. An efficient finite element method for computing spectra of photonic and acoustic band-gap materials: I. Scalar case. Journal of Computational Physics, 1999, 150(2): 468-481.

[117] Li F L, Wang Y S, Zhang C, et al. Boundary element method for bandgap computation of photonic crystals. Optics Communications, 2012, 285(5): 527-532.

[118] Asatryan A, Busch K, Mcphedran R, et al. Two-dimensional Green's function and local density of states in photonic crystals consisting of a finite number of cylinders of infinite length. Physical Review E, 2001, 63(4): 046612.

[119] Jiang B, Zhou W, Liu A, et al. Improved combined wave number eigenvalue equations

method for band structure calculations of metal photonic crystal. Optics Communications, 2012, 285(7): 1859-1863.

[120] Yu C, Chang H. Compact finite-difference frequency-domain method for the analysis of two-dimensional photonic crystals. Optics Express, 2004, 12(7): 1397-1408.

[121] Guo S, Wu F, Albin S, et al. Photonic band gap analysis using finite-difference frequency-domain method. Optics Express, 2004, 12(8): 1741-1746.

[122] Checoury X, Lourtioz J M. Wavelet method for computing band diagrams of 2D photonic crystals. Optics Communications, 2006, 259(1): 360-365.

[123] Yuan J, Lu Y Y. Computing photonic band structures by Dirichlet-to-Neumann maps: The triangular lattice. Optics Communications, 2007, 273(1): 114-120.

[124] Hu Z, Lu Y Y. Efficient analysis of photonic crystal devices by Dirichlet-to-Neumann maps. Optics Express, 2008, 16(22): 17383-17399.

[125] Lou M, Liu Q H. Three-dimensional dispersive metallic photonic crystals with a bandgap and a high cutoff frequency. Journal of Optical Society of America. A, 2010, 27(8): 1878-1884.

[126] Luo M, Liu Q H. Spectral element method for band structures of three-dimensional anisotropic photonic crystals. Physical Review E, 2009, 80(5): 056702.

[127] Luo M, Liu Q H. Accurate determination of band structures of two-dimensional dispersive anisotropic photonic crystals by the spectral element method. Journal of Optical Society of America A, 2009, 26(7): 1598-1605.

[128] Chiang P J, Yu C P, Chang H C, et al. Analysis of two-dimensional photonic crystals using a multidomain pseudospectral method. Physical Review E, 2007, 75(2): 026703.

[129] Li Z Y, Lin L L. Photonic band structures solved by a plane-wave-based transfer-matrix method. Physical Review E, 2003, 67(4): 046607.

[130] Marrone M, Rodriguez-Esquerre V, Hernandez-Figueroa H, et al. Novel numerical method for the analysis of 2D photonic crystals: the cell method. Optics express, 2002, 10(22): 1299-1304.

[131] Johnson S, Joannopoulos J. Block-iterative frequency-domain methods for Maxwell's equations in a planewave basis. Optics Express, 2001, 8(3): 173-190.

[132] Chern R L, Chang C C, Chang C C, et al. Interfacial operator approach to computing band structures for photonic crystals of polar materials. Physical Review B, 2006, 73(23): 235123.

[133] Chern R L. Surface plasmon modes for periodic lattices of plasmonic hole waveguides. Physical Review B, 2008, 77(4): 045409.

[134] Chern R L, Chang C, Chang C, et al. Surface and bulk modes for periodic structures of negative index materials. Physical Review B, 2006, 74(15): 155101.

[135] Chern R L. Large magnetic resonance band gaps for split ring structures with high internal fractions. Optics express, 2008, 16(25): 20186-20192.

[136] 王辉, 李永平. 用特征矩阵法计算光子晶体的带隙结构. 物理学报, 2001, 50(11): 2172-2179.

[137] Rahimi H. Study of self-similar fractal structures composed of lossy single-negative materials with multiple defect layers. Optical and Quantum Electronics, 2013, 46(5): 649-658.

[138] Li J J, Li Z Y, Zhang D Z. Second harmonic generation in one-dimensional nonlinear photonic crystals solved by the transfer matrix method. Physical Review E, 2007, 75(5): 056606.

[139] Yee K S. Numerical solution of initial boundary value problems involving Maxwell's equations in isotropic media. IEEE Trans. Antennas Propag, 1966, 14(3): 302-307.

[140] Mur G. Absorbing boundary conditions for the finite-difference approximation of the time-domain electromagnetic-field equations.Electromagnetic Compatibility, IEEE Transactions on, 1981, (4): 377-382.

[141] Berenger J P. A perfectly matched layer for the absorption of electromagnetic waves. Journal of Computational Physics, 1994, 114(2): 185-200.

[142] Kuzmiak V, Maradudin A A. Distribution of electromagnetic field and group velocities in two-dimensional periodic systems with dissipative metallic components. Physical Review B, 1998, 58(11): 7230-7251.

[143] Kuzmiak V, Maradudin A A. Photonic band structures of one-and two-dimensional periodic systems with metallic components in the presence of dissipation. Physical Review B, 1997, 55(12): 7427-7444.

[144] Kuzmiak V, Maradudin A A, McGurn A R, et al. Photonic band structures of two-dimensional systems fabricated from rods of a cubic polar crystal. Physical Review B, 1997, 55(7): 4298-4311.

[145] http://zh.wikipedia.org/wiki/CUDA[EB/OL].

[146] Chen Q, Katsurai M, Aoyagi P H, et al. An FDTD formulation for dispersive media using a current density. IEEE Transactions on Antennas and Propagation, 1998, 46(11): 1739-1746.

[147] Sullivan D M. Frequency-dependent FDTD methods using Z transforms. IEEE Transactions on Antennas and Propagation, 1992, 40(10): 1223-1230.

[148] 刘少斌, 莫锦军, 袁乃昌. 各向异性磁化等离子体 JEC-FDTD 算法. 物理学报, 2004, 53(3): 783-787.

[149] Young J L. Propagation in linear dispersive media: Finite difference time-domain methodologies. IEEE Transactions on Antennas and Propagation, 1995, 43(4): 422-426.

[150] Kelley D F, Luebbers R J. Piecewise linear recursive convolution for dispersive media using FDTD. IEEE Transactions on Antennas and Propagation, 1996, 44(6): 792-797.

[151] Liu S, Yuan N, Mo J. A novel FDTD formulation for dispersive media. IEEE Microwave and Wireless Components Letters, 2003, 13(5): 187-189.

[152] 刘少斌. 等离子体覆盖目标的电磁特性及其在隐身技术中的应用. 长沙: 国防科技大学, 2004.

[153] 刘崧. 等离子体时域有限差分算法及其应用研究. 南京: 南京航天航空大学, 2010.

[154] Xie Y T, Yang L X. Bandgap characteristics of 2D plasma photonic crystal with oblique incidence: TM case . Chinese Physics B, 2011, 20(6): 060201.

[155] 葛德彪, 闫玉波. 电磁波时域有限差分方法. 西安: 西安电子科技大学出版社, 2002.

[156] Choy T C. Effective Medium Theory: Principles and Applications. Oxford, U.K: Oxford University, 1999.

[157] Milton G W. The Theory of Composite. Cambridge, U.K: Cambridge University, 2002.

[158] King T, Kuo W, Yang T, et al. Magnetic-field dependence of effective plasma frequency for a plasma photonic crystal. IEEE Photonics Journal, 2013, 5(1): 4700110.

[159] Wu C J, Yang T J, Li C C, et al. Investigation of effective plasma frequencies in one-dimensional plasma photonic crystals. Progress In Electromagnetics Research, 2012, 126.

[160] Hsu H T, Wu J J, Liu C C, et al. Numerical study of effective plasma frequency for a plasma photonic crystal in the presence of magnetic field. Progress In Electromagnetics Research Symposium Proceeding, 2012, 347-351.

[161] Guo B. Negative refraction in one- and two-dimensional lossless plasma dielectric photonic crystals. Physics of Plasmas, 2013, 20(7): 074504.

[162] Guo B. Negative refraction in the terahertz region by using plasma metamaterials. Journal of Electromagnetic Waves and Applications, 2012, 26(17/18): 2445-2451.

[163] Guo B. Chirality-induced negative refraction in magnetized plasma. Physics of Plasmas, 2013, 20(9): 093506.

[164] Guo B, Xie M Q, Qiu X M, et al. Photonic band structures of 1-D plasma photonic crystal with time-variation plasma density. Physics of Plasmas, 2012, 19(4): 044505.

[165] Qi L, Shang L, Zhang S, et al. One-dimensional plasma photonic crystals with sinusoidal densities. Physics of Plasmas, 2014, 21(1): 013501.

[166] Zhang H F, Liu S B, Kong X K, et al. Comment on "Photonic bands in two-dimensional microplasma array. I. Theoretical derivation of band structures of electromagnetic waves". Journal of Applied Physics, 2011, 110(2): 026104.

[167] Wang R, Wang X H, Gu B Y, et al. Effects of shapes and orientations of scatterers and lattice symmetries on the photonic band gap in two-dimensional photonic crystals. Journal of Applied Physics, 2001, 90(9): 4307-4313.

[168] Zhou Y S, Gu B Y, Wang F H, et al. Guide modes in photonic crystal heterostructures composed of rotating non-circular air cylinders in two-dimensional lattices. Journal of Physics: Condensed Matter, 2003, 15(24): 4109.

[169] Sedghi A, Kalafi M, Soltani Vala A，et al. The influence of shape and orientation of

scatterers on the photonic band gap in 2D metallic photonic crystals. Optics Communications, 2010, 283(11): 2356-2362.

[170] 吕同富, 康兆敏, 方秀男. 数值计算方法. 北京: 清华大学出版社, 2008.

[171] 杨一都. 数值计算方法. 北京: 高等教育出版社, 2008.

[172] 刘玲, 王正盛. 数值计算方法. 北京: 科学出版社, 2010.

[173] 龚纯, 王正林. Matlab 语言常用算法程序集 (第 2 版). 北京: 电子工业出版社, 2011.

[174] 《现代应用数学手册》编委会. 现代应用数学手册 —— 计算与数值方法卷. 北京: 清华大学出版社, 2005.

[175] 余锦华, 杨维权. 多元统计分析与应用. 广州: 中山大学出版社, 2005.

[176] 何晓群. 现代统计分析方法与应用 (第二版). 北京: 中国人民大学出版社, 2011.

[177] Chiang Y C, Chiou Y P, Chang H C, et al. Finite-difference frequency-domain analysis of 2-D photonic crystals with curved dielectric interfaces. Journal of Lightwave Technology, 2008, 26(8): 971-976.

[178] Sozuer H S, Haus J, Inguva R, et al. Photonic bands: Convergence problems with the plane-wave method. Physical Review B, 1992, 45(24): 13962.

[179] Yang H Y. Finite difference analysis of 2-D photonic crystals. Microwave Theory and Techniques, IEEE Transactions on, 1996, 44(12): 2688-2695.

[180] Shen L, He S, Xiao S.et al. A finite-difference eigenvalue algorithm for calculating the band structure of a photonic crystal. Computer physics communications, 2002, 143(3): 213-221.

[181] Zhu Z, Brown T. Full-vectorial finite-difference analysis of microstructured optical fibers. Optics Express, 2002, 10(17): 853-864.

[182] Li Y, Xue Q Z, Du C, et al. Two-Dimensional Metallic Photonic Crystal with Point Defect Analysis Using Modified Finite-Difference Frequency-Domain Method. Journal of Lightwave Technology, 2010, 28(2): 216-222.

[183] Hanif A G, Uno T, Arima T, et al. FDFD and FDTD analysis of 2-Dimensional lossy photonic crystals. IEICE Electronics Express, 2011, 8(9): 695-698.

[184] Hanif A G, Arima T, Uno T, et al. Finite-difference frequency-domain algorithm for band-diagram calculation of 2-D photonic crystals composed of Debye-type dispersive materials. Antennas and Wireless Propagation Letters, IEEE, 2012, 11:41-44.

[185] Shen L, He S. Analysis for the convergence problem of the plane-wave expansion method for photonic crystals. Journal of Optical Society of America A, 2002, 19(5): 1021-1024.

[186] Zoli R, Gnan M, Castaldini D, et al. Reformulation of the plane wave method to model photonic crystals. Optics express, 2003, 11(22): 2905-2910.

[187] Zhang H F, Liu S B. Enlargement of the omnidirectional photonic band gap by one-dimensional plasma-dielectric photonic crystals with fractal structure. Optical and Quantum Electronics, 2013, 45(9): 925-936.

[188] Ibanescu M, Fink Y, Fan S, et al. An all-dielectric coaxial waveguide . Science, 2000, 289(5478): 415-419.

[189] Hart S D, Maskaly G R, Temelkuran B, et al. External reflection from omnidirectional dielectric mirror fibers. Science, 2002, 296(5567): 510-513.

[190] Winn J N, Fink Y, Fan S, et al. Omnidirectional reflection from a one-dimensional photonic crystal. Optics Letters, 1998, 23(20): 1573-1575.

[191] Gonzalo R, De Maagt P, Sorolla M, et al. Enhanced patch-antenna performance by suppressing surface waves using photonic-bandgap substrates. Microwave Theory and Techniques, IEEE Transactions on, 1999, 47(11): 2131-2138.

[192] Xifr P Rez E, Marsal L, Pallares J, et al. Porous silicon mirrors with enlarged omnidirectional band gap. Journal of applied physics, 2005, 97(6): 064503.

[193] Zhang H, Zhang Y, Liu W, et al. Zero-averaged refractive-index gaps extension by using photonic heterostructures containing negative-index materials. Applied Physics B, 2009, 96(1): 67-70.

[194] Deng X, Liu N. Resonant tunneling properties of photonic crystals consisting of single-negative materials. Chinese Science Bulletin, 2008, 53(4): 529-533.

[195] Zhang H F, Liu S B, Kong X K, et al. Enlarged omnidirectional photonic band gap in heterostructure of plasma and dielectric photonic crystals. Optik-International Journal for Light and Electron Optics, 2013, 124(8): 751-756.

[196] Ouyang Z, Mao D, Liu C P, et al. Photonic structures based on dielectric and magnetic one-dimensional photonic crystals for wide omnidirectional total reflection. Journal of Optical Society of America B, 2008, 25(3): 297-301.

[197] Lee H Y, Yao T. Design and evaluation of omnidirectional one-dimensional photonic crystals. Journal of applied physics, 2003, 93(2): 819-830.

[198] Deng X H, Liu J T, Huang J H, et al. Omnidirectional bandgaps in Fibonacci quasicrystals containing single-negative materials. Journal of Physics: Condensed Matter, 2010, 22(5): 055403.

[199] Awasthi S K, Malaviya U, Ojha S P, et al. Enhancement of omnidirectional total-reflection wavelength range by using one-dimensional ternary photonic bandgap material. Journal of Optical Society of America B, 2006, 23(12): 2566-2571.

[200] Zhang H F, Liu S B, Kong X K, et al. Enlarged omnidirectional photonic band gap in one-dimensional ternary plasma photonic crystals based on a new Thue–Morse aperiodic structure. Solid State Communications, 2013, 174:19-25.

[201] Jiang H, Chen H, Li H, et al. Properties of one-dimensional photonic crystals containing single-negative materials. Physical Review E, 2004, 69(6): 066607.

[202] Feng L, Liu X P, Lu M H, et al. Phase compensating effect in left-handed materials. Physics Letters A, 2004, 332(5): 449-455.

[203] Zhang H F, Liu S B, Kong X K, et al. Enhancement of omnidirectional photonic band gaps in one-dimensional dielectric plasma photonic crystals with a matching layer. Physics of Plasmas, 2012, 19(2): 022103.

[204] Zhang H F, Liu S B, Kong X K, et al. Properties of omnidirectional photonic band gap in one-dimensional staggered plasma photonic crystals. Optics Communications, 2012, 285(24): 5235-5241.

[205] Monsoriu J A, Zapata-Rodr Guez C J, Silvestre E, et al. Cantor-like fractal photonic crystal waveguides. Optics communications, 2005, 252(1): 46-51.

[206] Steurer W, Sutter-Widmer D. Photonic and phononic quasicrystals. Journal of Physics D: Applied Physics, 2007, 40(13): R229.

[207] JVehel J L, Mignot P. Multifractal segmentation of images. Fractals, 1994, 2(03): 371-377.

[208] Best S R. On the resonant properties of the Koch fractal and other wire monopole antennas. Antennas and Wireless Propagation Letters, IEEE, 2002, 1(1): 74-76.

[209] Alia M A, Samsudin A. A new digital signature scheme based on mandelbrot and julia fractal sets. American Journal of Applied Sciences, 2007, 4(11): 850-858.

[210] Wolny J, WnęK A, Verger-Gaugry J L, et al. Fractal behaviour of diffraction pattern of thue–morse sequence. Journal of Computational Physics, 2000, 163(2): 313-327.

[211] Ozbakis B, Kustepeli A. The resonant behavior of the fibonacci fractal tree antennas. Microwave and optical technology letters, 2008, 50(4): 1046-1050.

[212] Jiang X, Zhang Y, Feng S, et al. Photonic band gaps and localization in the Thue-Morse structures. Applied Physics Letters, 2005, 86(20): 201110.

[213] Xu P, Tian H, Ji Y, et al. One-dimensional fractal photonic crystal and its characteristics. JOSA B, 2010, 27(4): 640-647.

[214] Zhang H F, Liu S B, Kong X K, et al. Properties of omnidirectional photonic band gaps in Fibonacci quasi-periodic one-dimensional superconductor photonic crystals . Progress In Electromagnetics Research B, 2012, 40: 415-431.

[215] Wiersma D S, Bartolini P, Lagendijk A, et al. Localization of light in a disordered medium. Nature, 1997, 390(6661): 671-673.

[216] DalNegro L, Oton C J, Gaburro Z, et al. Light transport through the band-edge states of Fibonacci quasicrystals. Physical review letters, 2003, 90(5): 055501.

[217] Gellermann W, Kohmoto M, Sutherland B, et al. Localization of light waves in Fibonacci dielectric multilayers. Physical review letters, 1994, 72(5): 633.

[218] Hsueh W, Chen C, Chen C, et al. Omnidirectional band gap in Fibonacci photonic crystals with metamaterials using a band-edge formalism. Physical Review A, 2008, 78(1): 013836.

[219] Macia E. Optical engineering with Fibonacci dielectric multilayers. Applied Physics Letters, 1998, 73(23): 3330-3332.

[220] Zhang H F, Liu S B, Kong X K, et al. Omnidirectional photonic band gap enlarged by one-dimensional ternary unmagnetized plasma photonic crystals based on a new Fibonacci quasiperiodic structure. Physics of Plasmas, 2012, 19(11): 112102.

[221] Shalaev V M. Optical negative-index metamaterials. Nature photonics, 2007, 1(1): 41-48.

[222] Kosaka H, Kawashima T, Tomita A, et al. Self-collimating phenomena in photonic crystals. Applied Physics Letters, 1999, 74(9): 1212-1214.

[223] Kosaka H, Kawashima T, Tomita A, et al. Superprism phenomena in photonic crystals. Physical Review B, 1998, 58(16): R10096.

[224] Smith D, Pendry J, Wiltshire M, et al. Metamaterials and negative refractive index. Science, 2004, 305(5685): 788-792.

[225] Cregan R, Mangan B, Knight J, et al. Single-mode photonic band gap guidance of light in air. science, 1999, 285(5433): 1537-1539.

[226] Md Zain A R, Johnson N P, Sorel M, et al. Ultra high quality factor one dimensional photonic crystal/photonic wire micro-cavities in silicon-on-insulator (SOI).Optics express, 2008, 16(16): 12084-12089.

[227] Qiu M. Effective index method for heterostructure-slab-waveguide-based two-dimensional photonic crystals. Applied physics letters, 2002, 81(7): 1163-1165.

[228] Song B S, Noda S, Asano T, et al. Ultra-high-Q photonic double-heterostructure nanocavity. Nature materials, 2005, 4(3): 207-210.

[229] Baba T. Slow light in photonic crystals. Nature photonics, 2008, 2(8): 465-473.

[230] Gralak B, Enoch S, Tayeb G, et al. Anomalous refractive properties of photonic crystals. JOSA A, 2000, 17(6): 1012-1020.

[231] Pustai D, Shi S, Chen C, et al. Analysis of splitters for self-collimated beams in planar photonic crystals. Optics Express, 2004, 12(9): 1823-1831.

[232] Manolatou C, Haus H A. High density integrated optics//Passive Components for Dense Optical Integration. Springer US, 2002: 97-125.

[233] 林鸿生，章世玲. 固体物理及物理量测量. 北京：科学出版社，2005.

[234] 张克潜，李德杰. 微波与光电子学中的电磁理论. 北京：电子工业出版社，2001.

[235] Goplen B, Ludeking L, Smithe D, et al. Magic User's Manual. Virginia: Techical report of Mission Research Corportion, 1996.

[236] 章海锋, 刘少斌, 孔祥鲲. TM 模式下二维非磁化等离子体光子晶体的禁带调制特性分析. 物理学报, 2011, 60(5): 055209.

[237] Yan Y, Xu H, Yu M, et al. Bandgap characteristics of one-dimensional plasma photonic crystal. Physics of Plasmas (1994-present), 2009, 16(10): 102103.

[238] Chern R L, Chang C C, Chang C C. Analysis of surface plasmon modes and band structures for plasmonic crystals in one and two dimensions. Physical Review E, 2006, 73(3): 036605.

[239] Ginzburg V L. The Propagation Of Electromagnetic Waves In Plasmas. International Series of Monographs in Electromagnetic Waves. 2nd. Oxford: Pergamon Press, 1970.

[240] 章海锋, 刘少斌, 孔祥鲲. 横磁模式下二维非磁化等离子体光子晶体的线缺陷特性研究. 物理学报, 2011, 60(2): 025215.

[241] Chung K, Kim S. Defect modes in a two-dimensional square-lattice photonic crystal.Optics communications, 2002, 209(4): 229-235.

[242] Fan S, Joannopoulos J, Winn J N, et al. Guided and defect modes in periodic dielectric waveguides. Journal of Optical Society of America B, 1995, 12(7): 1267-1272.

[243] Sarrafi P, Naqavi A, Mehrany K, et al. An efficient approach toward guided mode extraction in two-dimensional photonic crystals . Optics communications, 2008, 281(10): 2826-2833.

[244] Qiu M, He S. Numerical method for computing defect modes in two-dimensional photonic crystals with dielectric or metallic inclusions. Physical Review B, 2000, 61(19): 12871.

[245] Feng S, Wang Y. Tunable multichannel drop filters based on the two-dimensional photonic crystal with oval defects. Optik-International Journal for Light and Electron Optics, 2012, 123(8): 688-691.

[246] Doremus R. Scattering and absorption of light by small metallic particles in a thin film. Journal of Colloid and Interface Science, 1968, 27(3): 412-418.

[247] Yan Y, Xu H, Yu M, et al. Bandgap characteristics of one-dimensional plasma photonic crystal. Physics of Plasmas (1994-present), 2009, 16(10): 102103.

[248] Sinha R K, Kalra Y. Design of optical waveguide polarizer using photonic band gap . Optics express, 2006, 14(22): 10790-10794.

[249] Hwang J, Ryu H, Song D, et al. Continuous room-temperature operation of optically pumped two-dimensional photonic crystal lasers at 1.6/spl mu/m. Photonics Technology Letters, IEEE, 2000, 12(10): 1295-1297.

[250] Painter O, Vučovič J, Scherer A, et al. Defect modes of a two-dimensional photonic crystal in an optically thin dielectric slab. Journal of Optical Society of America B, 1999, 16(2): 275-285.

[251] Scheuer J, Yariv A. Annular Bragg defect mode resonators. Journal of Optical Society of America B, 2003, 20(11): 2285-2291.

[252] Kurt H, Citrin D. Photonic crystals for biochemical sensing in the terahertz region. Applied Physics Letters, 2005, 87(4): 041108.

[253] Giden I H, Kurt H. Modified annular photonic crystals for enhanced band gap properties and iso-frequency contour engineering . Applied optics, 2012, 51(9): 1287-1296.

[254] Villeneuve P R, Piche M. Photonic band gaps in two-dimensional square and hexagonal lattices. Physical Review B, 1992, 46(8): 4969.

[255] Qiu M, He S. Optimal design of a two-dimensional photonic crystal of square lattice with a large complete two-dimensional bandgap. Journal of Optical Society of America B, 2000, 17(6): 1027-1030.

[256] Chau Y F. Intersecting veins effects of a two-dimensional photonic crystal with a large two-dimensional complete bandgap. Optics Communications, 2009, 282(21): 4296-4298.

[257] Ho H F, Chau Y F, Yeh H F, et al. Complete bandgap arising from the effects of hollow, veins, and intersecting veins in a square lattice of square dielectric rods photonic crystal. Applied Physics Letters, 2011, 98(26): 263115.

[258] Kepler J. Harmonices mundi libri V. Bologna Forni, 1969.

[259] Ueda K, Dotera T, Gemma T, et al. Photonic band structure calculations of two-dimensional Archimedean tiling patterns. Physical Review B, 2007, 75(19): 195122.

[260] Jovanovic D, Gajic R, Hingerl K. Refraction and band isotropy in 2D square-like Archimedean photonic crystal lattices . Optics express, 2008, 16(6): 4048-4058.

[261] Meisels R, Gajic R, Kuchar F, et al. Negative refraction and flat-lens focusing in a 2d square-lattice photonic crystal at microwave and millimeter wave frequencies. Optics express, 2006, 14(15): 6766-6777.

[262] Luo C, Johnson S G, Joannopoulos J, et al. All-angle negative refraction without negative effective index. Physical Review B, 2002, 65(20): 201104.

[263] Haas T, Hesse A, Doll T, et al. Omnidirectional two-dimensional photonic crystal band gap structures. Physical Review B, 2006, 73(4): 045130.

[264] Li Z Y, Xia Y. Omnidirectional absolute band gaps in two-dimensional photonic crystals. Physical Review B, 2001, 64(15): 153108.

[265] Feng X P, Arakawa Y. Off-plane angle dependence of photonic band gap in a two-dimensional photonic crystal . Quantum Electronics, IEEE Journal of, 1996, 32(3): 535-542.

[266] Leonard S, Mondia J, Van Driel H, et al. Tunable two-dimensional photonic crystals using liquid crystal infiltration. Physical Review B, 2000, 61(4): R2389.

[267] Sakoda K. Optical Properties of Photonic Crystals. Berlin: Springer, 2005.

[268] Tian H, Zi J. One-dimensional tunable photonic crystals by means of external magnetic fields. Optics communications, 2005, 252(4): 321-328.

[269] Noda S, Imada M, Chutinan A, et al. Semiconductor Photonic Crystals//Photonic Crystals and Light Localization in the 21st Century. Springer, 2001: 93-103.

[270] El-Kady I, Sigalas M, Biswas R, et al. Metallic photonic crystals at optical wavelengths. Physical Review B, 2000, 62(23): 15299.

[271] Anlage S M. The physics and applications of superconducting metamaterials. Journal of Optics, 2011, 13(2): 024001.

[272] Li Y, Gu B Y, Yang G Z. Improvement of absolute band gaps in 2D photonic crystals by anisotropy in dielectricity. The european physical journal B-condensed matter and

complex systems, 1999, 11(1): 65-73.

[273] Zhang H F, Liu S B. The anisotropic photonic band gaps in three-dimensional photonic crystals with high-symmetry lattices composed of metamaterials and uniaxial materials. Optical Materials, 2014, 36(5): 903-910.

[274] Ullal C K, Maldovan M, Thomas E L, et al. Photonic crystals through holographic lithography: Simple cubic, diamond-like, and gyroid-like structures. Applied physics letters, 2004, 84(26): 5434-6.

[275] Busch K, John S. Photonic band gap formation in certain self-organizing systems. Physical Review E, 1998, 58(3): 3896.

[276] Zhang H F, Liu S B, Kong X K, et al. The characteristics of photonic band gaps for three-dimensional unmagnetized dielectric plasma photonic crystals with simple-cubic lattice. Optics Communications, 2013, 288: 82-90.

[277] Li Z Y, Wang J, Gu B Y, et al. Creation of partial band gaps in anisotropic photonic-band-gap structures . Physical Review B, 1998, 58(7): 3721.

[278] Süzöer H S, Haus J W. Photonic bands: simple-cubic lattice. Journal of Optical Society of America B, 1993, 10(2): 296-302.

[279] Maldovan M, Thomas E L. Diamond-structured photonic crystals. Nature Materials, 2004, 3(9): 593-600.

[280] Zhang H F, Liu S B, Kong X K, et al. The properties of photonic band gaps for three-dimensional plasma photonic crystals in a diamond structure. Physics of Plasmas (1994-present), 2013, 20(4): 042110.

[281] Zhang H F, Liu S B, Kong X K. Dispersion properties of three-dimensional plasma photonic crystals in diamond lattice arrangement. Journal of Lightwave Technology, 2013, 31(11): 1694-702.

[282] Chern R L, Chang C C, Chang C C. Surface and bulk modes for periodic structures of negative index materials. Physical Review B, 2006, 74(15): 155101.

[283] Hamidi S. Optical and magneto-optical properties of one-dimensional magnetized coupled resonator plasma photonic crystals. Physics of Plasmas (1994-present), 2012, 19(1): 012503.

[284] Shiveshwari L. Zero permittivity band characteristics in one-dimensional plasma dielectric photonic crystal. Optik-International Journal for Light and Electron Optics, 2011, 122(17): 1523-1526.

[285] Zhang H F, Liu S B, Kong X K, et al. Analysis of Voigt effects in dispersive properties for tunable three-dimensional face-centered-cubic magnetized plasma photonic crystals. Journal of Electromagnetic Waves and Applications, 2013, 27(10): 1276-1292.

[286] Bittencourt J A. Fundamentals of Plasma Physics. Springer, 2004.

[287] Zhang H F, Liu S B, Kong X K, et al. Photonic band gaps in one-dimensional magnetized plasma photonic crystals with arbitrary magnetic declination. Physics of Plasmas (1994-

present), 2012, 19(12): 122103.

[288] Zhang H F, Liu S B, Li X, et al. The properties of photonic band gaps for three-dimensional tunable photonic crystals with simple-cubic lattices doped by magnetized plasma. Optics & Laser Technology, 2013, 50: 93-102.

[289] Ustyantsev M, Marsal L, Ferr-Borrull J, et al. Effect of the dielectric background on dispersion characteristics of metallo-dielectric photonic crystals. Optics communications, 2006, 260(2): 583-587.

[290] Garcia-Adeva A. Band gap atlas for photonic crystals having the symmetry of the kagome and pyrochlore lattices . New Journal of Physics, 2006, 8(6): 86.

[291] Li Z Y, Gu B Y, Yang G Z. Large absolute band gap in 2D anisotropic photonic crystals. Physical Review Letters, 1998, 81(12): 2574.

[292] Takeda H, Takashima T, Yoshino K, et al. Flat photonic bands in two-dimensional photonic crystals with kagome lattices. Journal of Physics: Condensed Matter, 2004, 16(34): 6317.

[293] Dyachenko P N, Kundikova N D, Miklyaev Y V, et al. Band structure of a photonic crystal with the clathrate Si-34 lattice. Physical Review B, 2009, 79(23): 233102.

[294] Linon P M, Gh Lian P K, Perez A, et al. Phonon density of states of silicon clathrates: Characteristic width narrowing effect with respect to the diamond phase. Physical Review B, 1999, 59(15): 10099.

[295] Garcia-Adeva A J. Band structure of photonic crystals with the symmetry of a pyrochlore lattice . Physical Review B, 2006, 73(7): 073107.

[296] Garcia-Adeva A J, Balda R, Fernandez J, et al. The density of electromagnetic modes in photonic crystals based on the pyrochlore and kagomé lattices . Optical Materials, 2005, 27(11): 1733-1742.

[297] Champion J, Holdsworth P. Soft modes in the easy plane pyrochlore antiferromagnet. Journal of Physics: Condensed Matter, 2004, 16(11): S665.

[298] Zhang H F, Liu S B, Tang Y J, et al. Enhanced complete photonic band gap for three-dimensional plasma photonic crystals in pyrochlore arrangement. Solid State Communications, 2014, 190: 10-17.

[299] Luo C, Johnson S, Joannopoulos J, et al. Negative refraction without negative index in metallic photonic crystals. Optics Express, 2003, 11(7): 746-754.

[300] Zhang H F, Liu S B, Li B X, et al. Study on the anisotropic photonic band gaps in three-dimensional tunable photonic crystals containing the epsilon-negative materials and uniaxial materials. Annals of Physics, 2014, 347:110-121.

[301] Alagappan G, Sun X, Shum P, et al. One-dimensional anisotropic photonic crystal with a tunable bandgap. Journal of Optical Society of America B, 2006, 23(1): 159-167.

[302] Zhang H F, Liu S B, Kong X K, et al. Properties of anisotropic photonic band gaps in three-dimensional plasma photonic crystals containing the uniaxial material with

different lattices.Progress In Electromagnetics Research, 2013, 141: 267-289.

[303] Zhang H F, Liu S B, Yang H, et al. Analysis of photonic band gap in dispersive properties of tunable three-dimensional photonic crystals doped by magnetized plasma. Physics of Plasmas (1994-present), 2013, 20(3): 032118.

[304] Luo C, Johnson S G, Joannopoulos J, et al. All-angle negative refraction in a three-dimensionally periodic photonic crystal. Applied physics letters, 2002, 81(13): 2352-2354.

[305] Zhang H F, Liu S B, Li H M, et al. A comparative study of band Faraday effects in 3D magnetized photonic crystals with different high-symmetry lattices with uniaxial materials. Journal of Electromagnetic Waves and Applications, 2014, 28(2): 165-183.

[306] Zhang H F, Liu S B, Kong X K, et al. Investigation of anisotropic photonic band gaps in three-dimensional magnetized plasma photonic crystals containing the uniaxial material. Physics of Plasmas (1994-present), 2013, 20(9): 092105.

[307] Raether H. Surface Plasmons on Smooth Surfaces. Springer, 1988.

[308] Chan C, Zhang W, Wang Z, et al. Photonic band gaps from metallo-dielectric spheres. Physica B: Condensed Matter, 2000, 279(1): 150-154.

[309] Aryal D, Tsakmakidis K, Hess O, et al. Complete bandgap switching in photonic opals. New Journal of Physics, 2009, 11(7): 073011.

[310] Cicek A, Ulug B. Influence of Kerr nonlinearity on the band structures of two-dimensional photonic crystals. Optics Communications, 2008, 281(14): 3924-3931.

[311] Zhang H F, Liu S B, Kong X K, et al. Investigation of the unusual surface plasmon modes and switching bandgap in three-dimensional photonic crystals with pyrochlore lattices composed of epsilon-negative materials. Journal of Optical Society of America B, 2014, 31(6): A31-A39.

[312] Zhang H F, Liu S B. Study on the properties of switching bandgap and surface plasmon modes in 3-D plasma photonic crystals with pyrochlore lattices in core-shell structure. Plasma Science, IEEE Transactions on, 2014, 42(7): 1839-1846.

[313] Joannopoulos J D, Villeneuve P R, Fan S, et al. Photonic crystals. Solid State Communications, 1997, 102(2): 165-173.

[314] Zhang H F, Liu S B, Zhen J P, et al. The right circular polarized waves in the three-dimensional anisotropic dispersive photonic crystals consisting of the magnetized plasma and uniaxial material as the Faraday effects considered. Physics of Plasmas (1994-present), 2014, 21(3): 032127.

[315] Moroz A, Sommers C. Photonic band gaps of three-dimensional face-centred cubic lattices. Journal of Physics: Condensed Matter, 1999, 11(4): 997.

[316] Zhang H F, Liu S B, Ding G W, et al. Optical switching realized in three-dimensional unusual surface-plasmon-induced photonic crystals composed of plasma-coated spheres. Solid State Communications, 2014, 191:40-48.

[317] Zhang H F, Liu S B. Magneto-optical Faraday effects in dispersive properties and unusual surface plasmon modes in the three-dimensional magnetized plasma photonic crystals. IEEE Photonics Journal, 2014, 6 (1): 1-12.

[318] Zhang H F, Liu S B. The properties of surface plasmon modes and switching gap for extraordinary mode in the three-dimensional magnetized plasma photonic crystals based on the vogit effects. IEEE Journal of Quantum Electronics, 2014, 50(7): 518-588.

[319] Zhang H F, Liu S B, Ding G W, et al. Investigation on the magneto-optical Voigt effects in surface plasmon modes and anisotropic photonic band gap in the three-dimensional magnetized plasma photonic crystals as the mixed polarized modes considered. Solid State Communications, 2014, 196: 32-39.

索　引